U0171407

国家科学技术学术著作出版基金资助出版

光刻机像质检测技术(上册)

王向朝　戴凤钊 等　著

科学出版社

北京

内 容 简 介

光刻机像质检测技术是支撑光刻机整机与分系统满足光刻机分辨率、套刻精度等性能指标要求的关键技术。本书系统地介绍了光刻机像质检测技术。介绍了国际主流的光刻机像质检测技术，详细介绍了本团队提出的系列新技术，涵盖了光刻胶曝光法、空间像测量法、干涉测量法等检测技术，包括初级像质参数、波像差、偏振像差、动态像差、热像差等像质检测技术。本书介绍了这些技术的理论基础、原理、模型、算法、仿真与实验验证等内容。以光刻机原位与在线像质检测技术为主，也介绍了投影物镜的离线像质检测技术，涵盖了深紫外干式、浸液光刻机以及极紫外光刻机像质检测技术。

本书适用于从事光刻机研究与应用的科研与工程技术人员，可作为高等院校、科研院所相关领域的科研人员、教师、研究生与本科生的参考书。同时，可为现代光学精密检测、光学成像等领域的科技人员、研究生和高等院校的本科生提供参考。

图书在版编目（CIP）数据

光刻机像质检测技术. 上册 / 王向朝等著. —北京：科学出版社，2021.3

ISBN 978-7-03-067354-1

Ⅰ. ①光…　Ⅱ. ①王…　Ⅲ. ① 光刻设备-影像质量-质量检验　Ⅳ. ①TN305.7

中国版本图书馆 CIP 数据核字（2020）第 255350 号

责任编辑：钱　俊　崔慧娴 / 责任校对：杨聪敏
责任印制：吴兆东 / 封面设计：无极书装

科学出版社 出版
北京东黄城根北街 16 号
邮政编码：100717
http://www.sciencep.com
北京建宏印刷有限公司印刷
科学出版社发行　各地新华书店经销
*
2021 年 3 月第　一　版　开本：787 × 1092　1/16
2023 年 7 月第三次印刷　印张：34　1/4
字数：784 000

定价：248.00 元
（如有印装质量问题，我社负责调换）

本书全体作者

（按姓氏笔画排序）

王向朝　李思坤　段立峰

施伟杰　唐　锋　戴凤钊

序　言

王向朝研究员是国家科技重大专项“极大规模集成电路制造装备及成套工艺”（以下简称 02 专项）的总体专家组成员。我和他都出身于中国科学院光学研究所，是多年的老同行、老战友。看到他和团队成员近 20 年研发工作总结的著作得以付梓，祝贺之余，也很高兴为这本凝结着多年辛苦与汗水的著作作序。

光波是人类获取信息的主要载体。在研究光的产生、传播、控制与应用的光学学科与技术发展体系中，光学检测一直占有重要地位，而在代表人类加工制造水平的精密、超精密光学（其实不只是光学，也包括机械）发展进程中，检测的作用就更加重要。光学研究机构里经常有这样的争议，高精度是加工出来的还是检测出来的？在什么样的条件下达到什么样的检测精度和效率才能满足需求？等等。毫无疑问，检测是实现精密、超精密的前提和保障。走进任何一个光学实验室，检测仪器经常是全部装备中最重要的组成部分，其精度和效率指标也是该实验室水平与能力的主要标志。

作为一个发展中国家，光学检测手段和装备的欠缺曾是我国光学相关技术、工程和产业能力落后于发达国家的重要原因，也严重制约了我国精密机械、精密仪器仪表等相关技术和产业的发展。记得本人 20 世纪 80 年代初在中科院长春光机所（中国装备最好的光学研究所之一）读研究生时，用于指导加工制造的光学检测能力也就是 10nm 量级（可见光波长的 1/10 左右），检测精度达到纳米量级的数字干涉仪还是难以企及的梦想。后来我到国外去读博士，看到实验室里大量精度比国内高几个数量级的测量仪器可以任由学生们使用，其喜悦兴奋和激动至今历历在目。相信有同样经历的向朝同志也一定会有同样的记忆。

进入新世纪之后，我国光学检测的综合能力（包括研发和产业应用）普遍有了大幅度提高。一方面是中国经济水平提高和加大研发投入的结果，以数字干涉技术为主的手段和仪器迅速普及；另一方面，中国的制造业也在迅速升级换代，以精密、超精密加工制造为代表的先进制造对检测技术装备及其发展提出了强烈需求。其中最有代表性（也是最难啃的硬骨头），代表着当今世界人类超精密加工水平和能力的装备正是用于超大规模集成电路前道制造中的光刻机。也正因为此，从 02 专项开始讨论立项时起，光刻机研发就被确认为是02 专项,也是我国集成电路总体发展进程中最需要集中攻关的重中之重。

光刻机在集成电路制造中的作用是将掩模（mask）上的电路图形转移到基片（wafer）上。图形通过光刻机上的投影物镜以成像的方式实现转移，成像质量决定着光刻机的分辨率、套刻精度等一系列最重要的性能指标。随着集成电路对集成度的要求不断提高，对光刻机成像质量的要求也越来越高。目前业界公认光刻机投影物镜的成像质量要求是所有成像光学系统中最高的，也是最苛刻的。仅就投影物镜的光学系统而言，其波像差要在短工作波长、高数值孔径和大视场条件下达到亚纳米量级的近零像差，要将这种近零像差检测出来实属不易(目前通常高质量光学系统的波像差是纳米量级或10nm量级)。如果没有这种检测能力，研制和生产光刻机镜头就是一句空话。更为困难的是，光刻机成像质量要求的是工作过程中的整机成像质量，它不仅包括投影物镜的成像质量，还与光刻机的其他分系统密切相关。例如，工作时照明系统和镜头持续受热导致的热像差；工件台/掩模台同步相对运动导致的动态像差；像面平移、旋转、倾斜及焦面偏移等初级像质参数变化；投影物镜的畸变、偏振像差等等。因此，必须对这些影响整机成像质量的因素进行仔细研究，还必须有能力把它们检测出来。只有这样，才能实现对整机成像质量的高精度控制和补偿。

因此，光刻机像质检测是一项内容庞杂、工作量巨大、充满难关险阻的艰苦工作。正如本书后记中所提到的，自21世纪初起，先后有27名博士在向朝同志指导下，以光刻机像质检测为大框架完成了博士论文；团队共发表了60篇SCI论文，69篇国内期刊论文，34篇国际会议论文；申请并获授权国内外发明专利100余项。这些研究工作是该书的主要内容。据我了解，这也是国内第一本全面、系统且密切结合高水平研发工作的光学检测专著。由于光刻机本身的高指标、高难度和先进性，我相信该书对所有涉及光学精密、超精密测量检测的相关工作都具有重要参考价值。

作为中国光刻机研发大团队中的一员，我还想就该书的特点谈几点体会。

（1）该书是中国光刻机研发攻坚克难历史进程的一个缩影。我国的光刻机研发始于20世纪60年代，从时间上看并不晚。问题在于，当发达国家认识到集成电路支撑的微电子产业将成为推动整个社会由工业化向信息化过渡的基础时，他们有能力将集成电路的发展推入快车道，有能力集中财力和相关技术来支持集成电路高速发展（包括材料、装备和制造工艺）。所谓摩尔定律，描述的就是这种集中全社会（甚至全球）之力所能达到的结果。遗憾的是，当时的中国，包括20世纪70年代、80年代甚至90年代，都还不具备上述条件，而且由于发达国家的封锁，我们无法参与集成电路发展的主流。在集成电路制造装备方面，我们在技术基础上（主要是精密光学、精密机械和高精度测量与控制）本来就有不小差距，加上研发投入不够（比发达国家差几个数量级），我们和发达国家的差距越来越大。一个基本事实是，2006年《国家中长期科学和技术发展规划纲要（2006～2020年）》公布之时，中国的集成电路制造装备产业可以说还是一张白纸。

真正开始改变这种状态的是2008年国家科技重大专项的启动。光刻机成了02专项的重中之重，国家意志开始落实为基本资源保证，于是才有了接下来的队伍组织和研发攻关。有了这些基础条件，科技人员才能确立比较远大的奋斗目标（在这里，具体体现为现代化大规模集成电路生产制造用的光刻机，而不是实验室或单项技术突破用的实验模型），才能下决心吃透和掌握每一项关键技术及其在产业规模应用条件下的相互关系。这是一条漫长艰苦的发展道路，又是一条绕不开、省不了的道路。这类关键技术还有很多，光刻机像质检测技术只是其中的一个代表。

（2）该书的内容是中国科技队伍在一个集中最新研发成果并应用于发展最快的高技术产业装备研发中如何学习、应用、改进、创新的典型。的确，关于光刻机的研发、生产和在生产线上的使用，我们都是后来者，我们也不是相关的关键技术的发明者，但中国科技队伍善于学习，这是我们最大的优势之一。光刻机的研发过程证明，我们不仅善于学习基础理论，还敢于在实践中应用，敢于在条件比国外同行差的条件下应用，同时在学习和应用中改进、创新。宋代大诗人陆游有两句很有名的诗：“纸上得来终觉浅，绝知此事要躬行。”我们应该牢记这条古训。正反两个方面的历史经验都告诉我们，不能总是坐而论道，掌握新技术、创造新技术的必要条件是干，是实践。新中国的科学技术，特别是其中的技术科学和工程科学，基本都是用任务带学科（老一辈科学家的总结）发展起来的，这一光荣传统值得我们继承和发扬。

（3）中国光刻机的研发还在路上，相关的像质检测技术研究也在不断发展之中。相信在下一步的研发与攻关进程中，中国的光刻机像质检测技术还会有“第二版”、“第三版”……今天的“第一版”可以告诉世人，在光刻机的关键技术方面，中国的科技队伍是一步一个脚印走过来的，并且在不断地与世界的同行交流、切磋（60 篇英文 SCI 文章和 34 篇国际会议论文就是明证）。今后，我们会继续这样做。从本质上讲，科学技术不分种族，也没有国界，理应为全人类的福祉和进步贡献力量。

（4）和当年 02 专项启动，也是该书涉及的主要工作之奋斗目标确定之时相比，我们的进步是巨大的，其影响对国内相关领域的推动与促进作用也开始明显地体现出来。但我们也清醒地懂得，下一步的任务会更艰巨，挑战会更多，压力会更大，尤其是我们所面临的外部环境，比起当年可能要更加复杂和不确定。我们的内部环境也会有些变化，例如，当年的争论可能主要是能不能干，该不该干；今天更多的或许是如何干，如何尽早出成果，解决“卡脖子”问题。对于中国科技队伍来说，最重要的还是坚定信心，坚持成功的经验，克服曾经影响发展的体制机制障碍，继续一步一个脚印地走下去。我愿意用毛主席的诗句与该书作者及整个光刻机研发团队共勉：世上无难事，只要肯登攀！

是为序。

国家科技部原副部长
中国光学学会原副理事长
集成电路产业技术创新战略联盟理事长
02 专项光刻机工程指挥部总指挥/研究员

2020 年 10 月

前　言

1958 年，世界上第一块集成电路诞生。60 多年来集成电路一直按照摩尔定律快速发展，集成度越来越高，单个芯片上的晶体管数量已经由最初的数十个发展到现在的数十亿个。伴随着集成电路的发展，其应用领域不断扩大。从身份证、手机到可穿戴设备，从计算机到移动通信，从汽车电子到高铁、飞机，集成电路的应用已经渗透到国民经济的各个领域以及人们生活的方方面面。随着 5G、物联网、人工智能、云计算、大数据等新一代信息技术的快速发展，其重要性日益凸显。

光刻机是集成电路制造的核心装备，其技术水平决定了集成电路的集成度，关乎摩尔定律的生命力。光刻机的分辨率、套刻精度等性能指标决定了集成电路的集成度，而光刻机的产率直接影响集成电路的制造成本，是集成电路实现量产的关键因素。为支撑集成电路按照摩尔定律不断向更高集成度发展，光刻机技术持续进步，分辨率、套刻精度与产率等性能指标持续提升。

为实现更高的分辨率，光刻机曝光波长持续缩短，由可见光到紫外、深紫外，再到极紫外。投影物镜数值孔径持续增大，曝光波长为 193nm 的深紫外光刻机的数值孔径从 0.6 增大到 0.75、0.93，浸液技术的引入使得数值孔径最大达到 1.35。采用光源掩模联合优化等分辨率增强技术，193nm 浸液光刻机的分辨率达到了 38nm。38nm 分辨率已经逼近其理论极限值 35.7nm，很难再进一步提升。为了实现集成电路的更高集成度，光刻机的套刻精度和产率持续提升，分别达到了 1.4nm 和 275wph（硅片数/小时），结合多重图形技术，38nm 分辨率的浸液光刻机已经应用于 14nm、10nm 乃至 7nm 技术节点集成电路的量产。曝光波长 13.5nm、数值孔径 0.33 的极紫外光刻机分辨率达到了 13nm，已经应用于 7nm 技术节点集成电路的制造。随着数值孔径的增大，极紫外光刻机的分辨率将进一步提升。

光刻机在集成电路制造中的作用是将掩模图形高质量地转移到硅片面。图形转移是通过投影物镜以成像的方式实现的，成像质量决定了光刻机的分辨率，直接影响套刻精度。随着集成电路按照摩尔定律持续向更高集成度发展，光刻机的分辨率、套刻精度等性能指标持续提升，对光刻机成像质量的要求越来越高。满足光刻机成像质量要求的投影物镜被誉为成像光学的最高境界，其波像差要在大视场、高数值孔径、短波长条件下控制到亚纳米量级，接近零像差，而且这个零像差是在光刻机曝光过程中，投影物镜持续受热的情况下实现的。光刻机成像以掩模台与工件台动态同步扫描的方式实现。二者的同步运动误差会产生动态像差，降低成像质量。为实现高成像质量，工件台与掩模台在高速运动过程中的同步运动误差需要控制到几纳米（相当于人类头发丝直径的几万分之一），被誉为超精密机械技术的最高峰。为确保成像质量，光刻机在高速扫描曝光过程中，硅片面需要始终保持在投影物镜~100nm 的焦深范围之内，需要对硅片面的轴向位置进行高精度控制。

光刻机的成像质量是整机的成像质量，与光刻机的多个分系统密切相关。影响成像质量的像质参数不仅有投影物镜的波像差、投影物镜持续受热导致的热像差，工件台/掩模台同步运动误差导致的动态像差，还有像面平移、像面旋转、像面倾斜、最佳焦面偏移等初级像质参数以及投影物镜的畸变、偏振像差等。

为了实现高的成像质量，满足分辨率、套刻精度等光刻机性能指标要求，需要进行高精度的成像质量控制（像质控制）。像质控制是通过控制具体的像质参数实现的。实现高精度的像质控制，不仅需要控制初级像质参数，投影物镜的畸变、波像差、偏振像差，还需要控制热像差、动态像差等像质参数。光刻机分辨率、套刻精度等性能指标的不断提升，对光刻机成像质量的要求越来越高，需要控制的像质参数越来越多，控制精度要求越来越高。随着像质控制水平的提高，光刻机成像质量不断提升，使得性能指标得以不断提升，支撑着集成电路按照摩尔定律不断向更高集成度发展。

像质检测是像质控制的前提。为了实现各种像质参数的控制，光刻机需要初级像质参数、波像差、偏振像差、热像差、动态像差等不同类型像质参数检测技术。同样的像质参数在离线、原位、在线等不同场合需要不同的检测技术。以波像差检测为例，投影物镜制造过程中需要离线检测技术，光刻机集成测校与周期性维修维护时需要原位检测技术，而光刻机曝光过程中还需要在线检测技术。为满足不同类型像质参数在不同场合的检测需求，光刻机需要光刻胶曝光法、空间像测量法、干涉测量法等多种类型像质检测技术。这些技术构成了一个完整的光刻机像质检测技术体系。

这个像质检测技术体系支撑着像质控制的实现，使得光刻机的成像质量能够满足分辨率、套刻精度等性能指标的要求。随着集成电路不断向更小技术节点发展，光刻机性能指标持续提升，对成像质量提出了更高的要求，要求像质控制水平不断提升。不仅要求像质参数控制的精度、速度随之提升，而且要求控制的像质参数越来越多。在技术节点达到 250nm 以前，只需要控制初级像质参数；技术节点达到 130nm 时，需要控制球差、彗差等波像差；当技术节点延伸至 90nm 时，需要控制更高阶的 Zernike 像差；技术节点达到 65nm 及以下时，需要对 Z_5 到 Z_{37} 甚至到 Z_{64} 的波像差以及偏振像差进行精确控制。像质控制水平的不断提升对像质检测提出了更高的要求，要求检测精度更高、速度更快、可测的像质参数更多。为满足不断提升的像质检测要求，新的像质检测技术不断出现，光刻机像质检测技术体系的内涵不断丰富，检测技术水平不断取得突破。这个不断发展的像质检测技术体系支撑着高精度像质控制的实现，使得成像质量满足了不断提升的分辨率、套刻精度等光刻机性能指标要求，促进了光刻机整机与分系统技术的进步。

本研究团队多年来面向光刻机成像质量不断提升的需求，在国际主流的光刻机像质检测技术基础上，以提升检测精度与速度、扩展可测像质参数为目标，提出了一系列新的像质检测技术。这些技术中，一部分是现有检测手段的改进性技术，一部分是以现有技术为背景技术的新原理检测技术，一部分是本团队提出的全新的检测技术。这些检测技术丰富了光刻机像质检测技术体系，成为这个体系的重要组成部分。

本书系统地介绍了光刻机像质检测技术。介绍了国际主流的光刻机像质检测技术，详细介绍了本团队提出的系列新技术。涵盖了光刻胶曝光法、空间像测量法、干涉测量法等检测技术类型。包括初级像质参数、波像差、偏振像差、动态像差、热像差等像质检测技术。本书介绍了这些技术的理论基础、原理、模型、算法、仿真与实验验证等内容。以光刻机原位与在线像质检测技术为主，也介绍了投影物镜的离线像质检测技术。涵盖了深紫外干式、浸液光刻机以及极紫外光刻机像质检测技术。

本书是光刻机像质检测技术的系统性论著。希望读者通过本书能够了解像质控制与光刻机性能指标提升、像质控制水平与光刻机整机与分系统技术进步的关系，了解光刻机的像质检测技术体系及其对像质控制的重要作用。能够在理论基础、检测原理、关键技术等方面深入理解体系中的系列像质检测技术，对光刻机像质检测技术的基础研究、应用技术研究以及工程技术研发有所帮助。作为超精密光学检测技术，光刻机像质检测技术可应用于离线、原位、在线等多种场合，检测的参数丰富、技术类型多，具有超高的检测精度，对天文观测、机器视觉、生物医学成像等光学成像以及光学精密检测等领域具有重要的借鉴意义。作者希望本书对相关领域的发展有所助益。

由于作者水平有限，书中不妥之处在所难免，恳请读者批评指正。

作 者

2020 年 8 月 8 日于中国科学院上海光学精密机械研究所

目　录

（上　册）

(下　册)

第1章　绪　　论

集成电路是信息技术的核心基础，是现代信息社会的基石，其应用早已渗透到工业、农业、教育、医疗、国防以及人们生活的方方面面。集成电路制造需要经过光刻、刻蚀、离子注入等多种复杂工艺，而光刻工艺是所有制造工艺的中心。光刻机是集成电路制造的核心装备。正是光刻机与光刻技术的持续进步，推动着集成电路按照摩尔定律不断向更高集成度发展。

1.1　集成电路发展历程

所谓集成电路是指采用半导体制造工艺，将一个电路所需的晶体管、电阻、电容等元件及它们之间的连接导线全部集成在一小块硅片上，然后封装在一个管壳内，成为具有一定电路功能的微型结构。从外观上看，集成电路是一个不可分割的完整器件，在体积、重量、功耗、寿命、可靠性及电性能等方面远远优于分立元器件组成的电路，而且成本低，便于大规模生产。

集成电路的诞生与发展经历了一个相对漫长的过程。从1904年电子管的发明到1947年晶体管的发明经历了40余年。1952年，英国皇家雷达研究所的科学家杰弗里·达默(Geoffrey Dummer)提出了集成电路的概念，把晶体管、电阻、电容等元器件制作在一小块晶片上，形成一个完整电路[1-3]。

1958年9月12日，德州仪器公司的工程师杰克·基尔比(Jack Kilby)在一块锗片上成功地制作了若干个晶体管、电阻和电容器件，并用极细的导线通过热焊的方法将它们互连起来[1-3]。图1-1(a)为基尔比发明的世界上第一块锗集成电路，其工作效能比使用离散元器件要高很多。

(a)

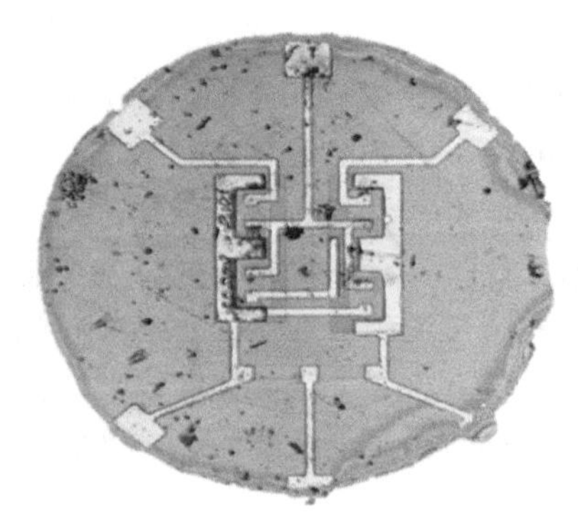

(b)

图1-1　(a)世界上第一块锗集成电路[4]和(b)世界上第一块硅集成电路[5]

1959 年 7 月，仙童半导体公司的联合创始人罗伯特·诺伊斯(Robert Noyce)基于硅平面工艺，发明了世界上第一块硅集成电路(图 1-1(b))[5,6]。诺伊斯的工艺领先于基尔比，更适合工业生产。诺伊斯将平面工艺用于制造集成电路，为集成电路的大批量生产奠定了坚实的基础。人类从此由集成电路的“发明时代”进入了“商用时代”。

1965 年，在首个平面晶体管问世 6 年后，仙童半导体公司的研发总监戈登·摩尔(Gordon Moore)在《电子学杂志》(*Electronics Magazine*)35 周年纪念刊上发表了一篇题为《让集成电路填满更多的元件》(*Cramming more components onto integrated circuits*)的论文，总结了 1959～1965 年集成电路复杂度增加的情况[7]。在这篇论文中，摩尔绘制了一幅曲线图(图 1-2)，描绘了从 1959 年平面晶体管问世至 1965 年集成电路上的器件数量随时间的变化关系。摩尔从这幅图中发现，自 1959 年首款平面晶体管问世后，单个芯片上的元器件数量基本上是每年翻一倍，到 1965 年达到了 60 个[7]。摩尔预测集成电路的复杂度将至少在未来十年保持这个增长速度，到 1975 年单个芯片上将集成 65000 个元器件。事实证明这个跨三个数量级的预测是相当准确的[8]。

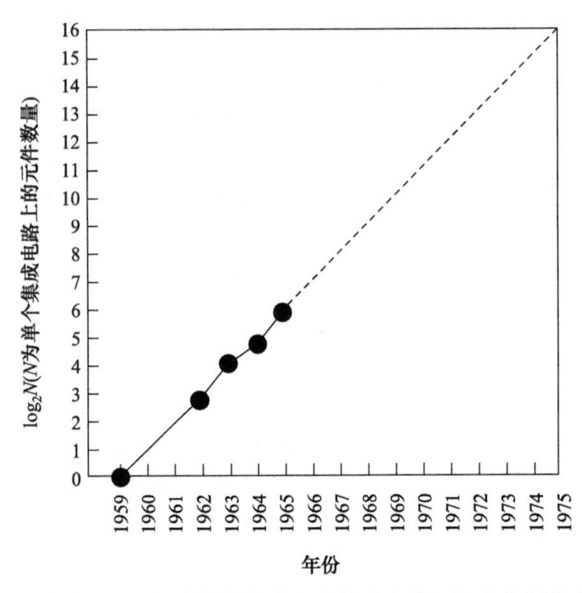

图 1-2 摩尔 1965 年绘制的集成电路集成度的逐年变化规律曲线[7]

1975 年，摩尔在 IEEE 国际电子器件会议上所做的分析报告中，将单个芯片上晶体管数量的预测由“每年翻一倍”修订为“每两年翻一倍”[9]。后来几十年的数据证明，半导体芯片中可容纳的晶体管数目，约 18 个月增加一倍，是摩尔前后预测的翻倍时间的平均值，这就是我们所熟知的摩尔定律[10]。

在摩尔定律的推动下，集成电路的集成度不断提高，先后经历了小规模集成电路、中规模集成电路、大规模集成电路、超大规模集成电路以及极大规模集成电路等几个阶段，各种规模集成电路的产业周期以及芯片上的元器件数量如表 1-1 所示[11,12]。

表 1-1　集成电路集成度的发展

集成电路类型	产业周期	芯片上元器件数量
小规模集成电路	20 世纪 60 年代前期	2～50
中规模集成电路	20 世纪 60 年代至 70 年代前期	50～5000
大规模集成电路	20 世纪 70 年代前期至 70 年代后期	5000～100000
超大规模集成电路	20 世纪 70 年代后期至 80 年代后期	100000～10000000
极大规模集成电路	20 世纪 90 年代至今	>10000000

1970 年，英特尔公司推出 1kB 动态随机存储器(DRAM)，标志着大规模集成电路的出现[12-14]。1978 年，64kB DRAM 诞生，在不到 0.5cm^2 的面积上集成了 14 万个晶体管[15]，标志着超大规模集成电路时代的到来。十年后的 1988 年，16MB DRAM 问世，1cm^2 的面积上集成了 3500 万个晶体管[16]，将半导体产业带入极大规模集成电路阶段。而在微处理器方面，从 1971 年的 10μm 工艺发展到 2019 年的 10nm 工艺水平，单个芯片上的晶体管数量从 2300 个增长到数十亿个[17-19]。

图 1-3 为 1971～2018 年单个芯片上晶体管数量的增长规律[20,21]，可以看出晶体管数量按照摩尔定律呈指数规律增长。

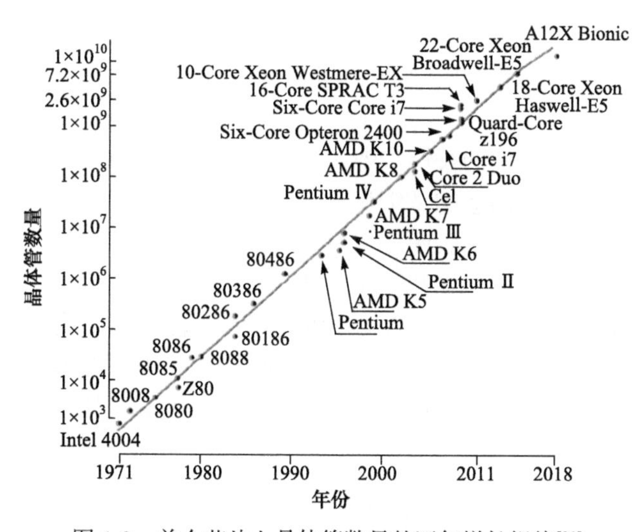

图 1-3　单个芯片上晶体管数量的逐年增长规律[20]

1.2　集成电路制造工艺

集成电路生产包括设计、制造与封装测试等几个环节。设计环节根据市场需求制定系统指标，确定芯片结构与各模块的电路功能，经过系统仿真验证后，由电路工程师按照电路功能设计芯片电路图；经过电路仿真验证后，再由版图工程师进行版图设计；经过验证后的版图进入制造环节，按照一定的工艺顺序逐层制作在硅片上，形成具有一定电路功能的微结构；制造完成后进入封装测试环节，将硅片进行切割，并对每个芯片进行封装与测试，形成最终的芯片。集成电路制造的主流工艺是平面工艺，光刻工艺是平面工艺的关键步骤，决定了集成电路的微细化水平。

当前集成电路制造的主流工艺还是延续1959年仙童半导体公司发明的平面工艺，几乎所有的数字或模拟集成电路都是采用平面工艺制作的。平面工艺是在半导体基底上通过氧化、光刻、扩散、离子注入等一系列工艺流程，制作出晶体管、电容、电阻等元器件，并且将它们互连起来的加工过程。一般而言，集成电路制造的各种工艺步骤可以概括为3类：薄膜沉积、图形化和掺杂。薄膜沉积用于制作导体薄膜(如多晶硅、铝、钨、铜等)和绝缘体薄膜(如二氧化硅、氮化硅等)，分别用于互连和隔离半导体基底上的晶体管、电阻、电容等元器件。图形化用于在硅衬底和沉积薄膜上制作各种电路图形，主要包括光刻和刻蚀两种工艺。掺杂通过对半导体各个区域进行选择性掺杂，在合适的电压下改变硅的导电特性，包括扩散掺杂和离子注入掺杂两种工艺。通过这些工艺的组合，可以在一块半导体衬底上制作出数十亿个晶体管等元器件，并将它们互连起来形成复杂的电子线路[8]。

图形化工艺是集成电路制造的核心工艺，集成电路复杂的微细三维结构就是通过图形化工艺实现的。首先通过光刻工艺将掩模图形转印到光刻胶上；然后以此光刻胶图形为掩模，通过刻蚀工艺将图形转移到硅片上。光刻胶分为正光刻胶和负光刻胶两种类型，正光刻胶将掩模上的图形直接转移到硅片上，负光刻胶则将掩模上互补的图形转移到硅片上。除刻蚀工艺外，以光刻胶图形为掩模进行图形转移的工艺还有选择性沉积和离子注入两种[8]。

光刻工艺是集成电路制造的关键步骤。光刻胶图形为所有后续图形转移工艺提供了基础，直接决定了集成电路制造的微细化水平。光刻工艺是对光刻胶进行曝光和显影形成三维光刻胶图形的过程。光刻胶图形使得基底被部分覆盖，被覆盖的部分不会被下一步的刻蚀、离子注入等图形转移工艺影响，从而使得光刻胶图形可以转移到基底上。光刻工艺的主要步骤如图1-4所示，包括气相成底膜、旋转涂胶、软烘(前烘)、对准曝光、曝光后烘焙(后烘)、显影、坚膜烘焙和显影后检查等8个基本步骤[22]。图中HMDS是hexamethyldisilizane的缩写，指六甲基二硅胺烷，用于对硅片进行成膜处理。

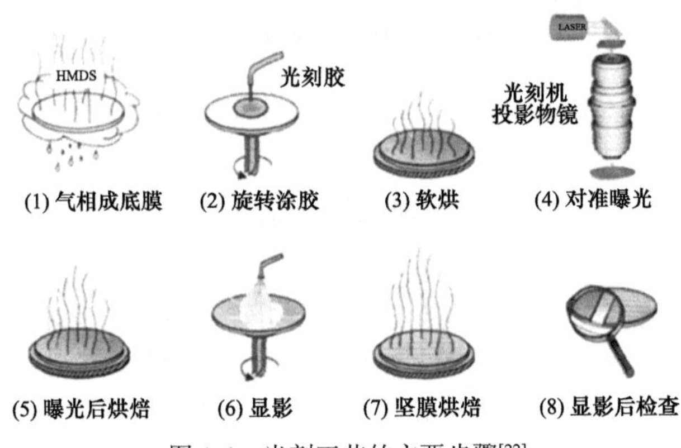

图1-4 光刻工艺的主要步骤[22]

集成电路整个制造过程中，光刻步骤至少要重复10次，一般要重复25～40次，而且每次通过光刻在硅片上形成的图形都要与上一层图形对准。光刻工艺的重要性体现在两个方面：①在集成电路制造过程中需要进行多次光刻，光刻成本占集成电路制造成本的30%以上；②光刻技术水平限制了集成电路的性能提升及关键尺寸的进一步减小[8]。光刻工艺的核心是对准和曝光，而对准和曝光是由光刻机实现的。

1.3 光刻机技术的发展

光刻机是决定集成电路关键尺寸、集成度以及终端产品最终性能的关键设备，其曝光方式先后经历了接触式、接近式和投影式三个阶段，而投影式光刻机又经历了扫描投影、分步重复式投影与步进扫描投影等几个阶段。随着曝光波长的减小，数值孔径的增大，以及各种分辨率增强技术的应用，光刻分辨率也持续提升。

1.3.1 光刻机曝光方式的演变

早期的光刻机主要是接触式光刻机和接近式光刻机。20世纪60～70年代，接触式光刻机是集成电路制造的主流光刻设备。接触式光刻机曝光过程中掩模与硅片上的光刻胶直接接触，光透过掩模图形对光刻胶曝光。接触式曝光的优点是掩模与光刻胶直接接触，可以有效减小光衍射效应的影响；缺点是掩模版和光刻胶直接接触，会污染、损坏掩模版和光刻胶层，缩短掩模的使用寿命，且极易形成图形缺陷，影响良率[23,24]。

为了解决上述问题，20世纪70年代半导体工业开始采用接近式光刻机[25]。与接触式光刻机不同，接近式光刻机在掩模和硅片之间留有微小的间距，有效减少了掩模与光刻胶层的污染和损坏。接近式光刻机与接触式光刻机结构相似，主要区别仅在于掩模和硅片是否接触，因此接触式光刻机和接近式光刻机通常合称为接近/接触式光刻机。为了得到更高分辨率，需要减小掩模版与硅片的间距，而当间距接近几十微米时，就很难再减小。由于光学衍射效应的影响，接近式光刻机的分辨率在当时只能达到3μm左右[26]。

为了解决接近/接触式光刻机存在的掩模和光刻胶污染、损坏以及分辨率低等问题，1973年Perkin Elmer公司(美国)推出了世界上首台扫描投影光刻机Micralign[27,28]。与接近式光刻机不同，扫描投影光刻机在工作过程中将掩模上的图形投影成像到硅片面。掩模和硅片明显分开，解决了掩模和光刻胶的污染、损坏等问题[24,26]。

扫描投影光刻机采用的是1∶1的缩放比例，掩模与硅片尺寸相同。随着芯片关键尺寸的不断缩小，由于掩模上的图形必须保持等比例缩小，掩模的加工制作越来越困难，而且扫描过程中微振动引入的图形失真等问题同样不容忽视。分步重复式投影光刻机采用缩小倍率的投影物镜解决了这些问题，得到了业界的关注。1978年，美国GCA(Geophysical Corporation of America)公司推出了世界上首台商用分步重复式投影光刻机DSW 4800[29,30]。对于分步重复式投影曝光方式，硅片上包含若干个曝光场，每次曝光一个场。一个场曝光完成后，工件台带动硅片步进到下一个场进行曝光，直至完成整个硅片的曝光。曝光过程中，工件台与掩模台保持静止，减小了振动引起的图形失真。

此外，由于分步重复式投影光刻机采用了缩小倍率(4∶1、5∶1 或 10∶1)的投影物镜系统，掩模设计制造的难度和成本显著降低。

随着集成电路的发展，芯片的集成度越来越高，尺寸不断增大。集成度的提高要求光刻机投影物镜具有更高的分辨率，需要增大数值孔径。芯片尺寸的增大则要求光刻机在实现高分辨率的同时增大曝光场。对于分步重复式光刻机，增大曝光场需要增大投影物镜视场，设计与制造同时具有大视场和大数值孔径的投影物镜难度非常大[26]。1990 年，美国 SVGL(Silicon Valley Group Lithography)公司推出了世界上首台步进扫描投影光刻机 Micrascan Ⅰ，在投影物镜视场大小一定的情况下，通过扫描实现更大的曝光场。相比分步重复式投影光刻机，步进扫描投影光刻机可以在大数值孔径下以较小的视场实现更大的曝光场，明显降低了对投影物镜视场大小的要求，减小了投影物镜的研发难度[31]。

步进扫描投影式曝光的基本原理如图 1-5 所示，(a)给出了场内扫描与场间步进的曝光路径，(b)为场内扫描曝光原理示意图。曝光过程中曝光狭缝位置保持不变，在曝光当前场时，承载硅片的工件台和承载掩模的掩模台反向同步运动，实现整个场的扫描曝光。当前场曝光结束后，工件台步进到下一个曝光场重复扫描曝光过程，直至完成整个硅片的曝光。

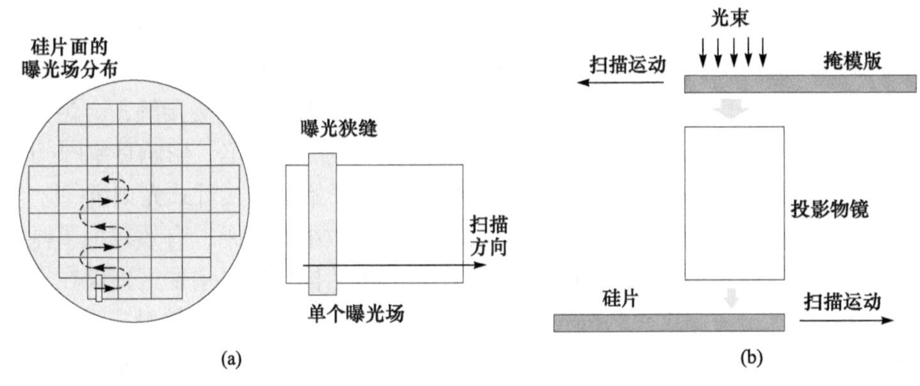

图 1-5　步进扫描投影式曝光原理

(a) 步进扫描路径示意图；(b) 场内扫描曝光原理示意图

1995 年，Nikon 公司推出其首台步进扫描投影光刻机 NSR-S201，这也是世界上首台商用 KrF(波长 248nm)步进扫描投影光刻机，分辨率达到 250nm[29,30]。1997 年，荷兰 ASML(Advanced Semiconductor Material Lithography)公司推出其首台 KrF 步进扫描投影光刻机 PAS 5500/500，数值孔径(*NA*)为 0.63，分辨率达到了 220nm[29,30,32]，产率达到了 96wph(wafer per hour)，在当时处于行业领先地位。同年，Canon 公司也推出了其首台 KrF 步进扫描投影光刻机 FPA-4000ES1[29]。

步进扫描投影光刻机推出后，逐渐成为集成电路制造的主力机型，发挥着不可替代的作用。自诞生至今，步进扫描投影光刻机已经历 30 年。当今最先进的光刻机——极紫外 EUV(extreme ultraviolet)光刻机，采用的同样是步进扫描投影曝光方式，在 7nm 技术节点集成电路制造中发挥着关键作用，并将支撑集成电路向 5nm 及以下技术节点迈进。

1.3.2 光刻分辨率的提升

投影光刻机是集成电路制造的主流机型。对投影光刻技术而言，光刻分辨率由瑞利公式决定，即 $R = k_1 \lambda / NA$，其中 R 为光刻分辨率，λ 为曝光波长，k_1 为工艺因子。k_1 与照明方式、掩模类型、光刻胶显影工艺等相关。由瑞利公式可以看出，提高光刻分辨率的方法包括：减小曝光波长 λ，增大投影物镜的数值孔径 NA，采用分辨率增强技术降低工艺因子 k_1 等。表 1-2 列举了自 1978 年 GCA 公司推出 DSW 4800 至今光刻分辨率的演变过程[29,30,32-38](以 ASML 光刻机为例)。除第一行以外，表中的每一行表示 ASML 光刻机的分辨率、首次实现该分辨率的年份，以及对应的光刻机机型、曝光波长、数值孔径和工艺因子情况。

表 1-2 不同的光刻分辨率 R 对应的曝光波长 λ、数值孔径 NA 以及工艺因子 k_1

分辨率 R	年份	机型	曝光波长 λ	数值孔径 NA	工艺因子 k_1
1.4μm	1978	GCA 4800	436nm	0.28	0.90
0.7μm	1987	PAS 2500/40	365nm	0.40	0.77
250nm	1995	PAS 5500/300	248nm	0.57	0.57
220nm	1997	PAS 5500/500	248nm	0.63	0.56
100nm	2000	PAS 5500/1100	193nm	0.75	0.39
58nm	2004	TWINSCAN XT1400	193nm	0.93	0.28
38nm	2007	TWINSCAN XT1900i	193nm	1.35	0.27
27nm	2010	NXE 3100	13.5nm	0.25	0.50
18nm	2012	NXE 3300	13.5nm	0.33	0.44
13nm	2017	NXE 3400	13.5nm	0.33	0.32
8nm	>2020	NXE High NA	13.5nm	0.55	0.32

在曝光波长方面，高压汞灯光源的 g 线(436nm)、i 线(365nm)相继被采用。KrF 和 ArF 准分子激光器技术成熟后也相继被应用于光刻机，曝光波长先后减小到 248nm 和 193nm。随着曝光波长从 436nm 减小到 193nm，光刻分辨率也从 1.4μm 提高到 38nm。

在数值孔径方面，如表 1-2 所示，数值孔径从初期的 0.28 持续增大，到 2007 年达到了最大值 1.35，为光刻分辨率的提升起到了非常重要的作用。在 248nm 曝光波长不变的情况下，随着投影物镜数值孔径从 0.57 增加到 0.63，光刻分辨率从 250nm 提升到 220nm；对于 193nm 曝光波长，数值孔径从 0.75 增大到 0.93，结合分辨率增强技术，光刻分辨率从 100nm 提升到 58nm。

通过引入浸液曝光技术，在投影物镜的最后一片透镜与硅片之间填充折射率为 1.437 的超纯水，投影物镜数值孔径达到 1.35[8]。采用多种分辨率增强技术，单次曝光分辨率可以达到 38nm。结合多重图形技术，193nm 浸液光刻机已用于 10nm 乃至 7nm 技术节点集成电路的量产[33]。

除减小曝光波长和增大数值孔径之外，通过分辨率增强技术降低工艺因子 k_1 也是提升光刻分辨率的有效手段，主要的分辨率增强技术包括离轴照明(OAI)、光学邻近效应修正(OPC)、相移掩模(PSM)、偏振照明和光源掩模联合优化(SMO)等[8]。

如表 1-2 所示，随着曝光波长从 193nm 减小到极紫外光刻的 13.5nm，光刻分辨率也从 38nm 提升到 27nm。随着 EUV 光刻机数值孔径的增大以及工艺因子的降低，光刻分辨率持续提升，2017 年已经达到 13nm。如前所述，EUV 光刻机已经应用于 7nm 技术节点集成电路的制造。随着数值孔径的进一步增大，EUV 光刻机的分辨率将进一步提升。

1.4 光刻机整机关键技术

目前集成电路生产线广泛采用的是步进扫描投影光刻机，这是本章后面要介绍的光刻机类型，对理解分步重复投影光刻机的工作原理、基本结构、关键技术等有直接的帮助。

1.4.1 光刻机基本结构

在集成电路制造过程中，光刻机的作用是将承载集成电路版图信息的掩模图形转移到硅片面的光刻胶内。图形转移是通过对光刻胶进行曝光实现的。如图 1-6 所示，光束照射掩模后，一部分穿过掩模继续传输，另一部分被阻挡，从而将掩模图形投射到光刻胶上。光刻胶被光照射的部分发生光化学反应，而未被光照射的部分不发生光化学反应，从而将掩模图形转移到光刻胶内。投影光刻机通过成像的方式将掩模图形曝光到光刻胶上，穿过掩模的光被投影物镜会聚到光刻胶上形成掩模图形的像，实现光刻胶的曝光。

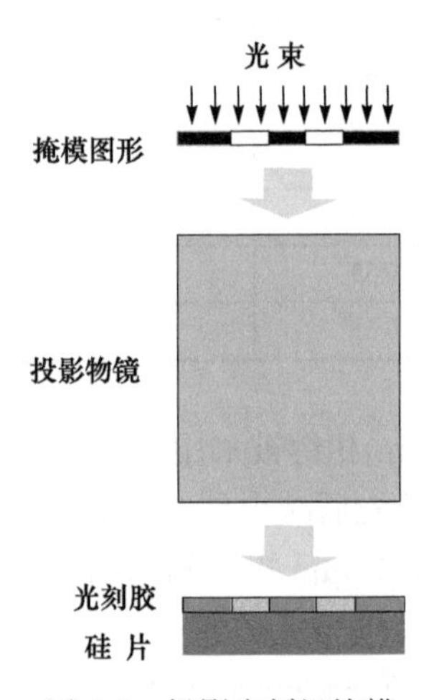

图 1-6 投影光刻机掩模图形转移示意图

图 1-7 为投影光刻机基本结构示意图。为了将掩模图形以成像的方式曝光到光刻胶内，投影光刻机首先需要一个投影物镜系统，将掩模图形成像到硅片面。由于实现成像需要对掩模图形进行照明，投影光刻机还需要光源和照明系统，光源发出的光经过照明系统后形成满足掩模照明要求的照明光束。

将掩模图形投影成像到硅片面，需要使掩模面位于投影物镜的物面，硅片面位于投影物镜的像面，投影光刻机还需要分别承载掩模与硅片并控制其位置的掩模台与工件台。

曝光时硅片面必须处于投影物镜的焦深范围之内，因此光刻机需要调焦调平系统，精确测量并调整硅片面在光轴方向的位置。为了使掩模图形精准曝光到硅片面的对应位置，光刻机需要对准系统，精确测量并调整掩模与硅片的相对位置，在曝光之前实现掩模与硅片的对准，使掩模图形在硅片上的曝光位置偏差在容限范围之内。

投影光刻机还需要掩模传输系统和硅片传输系统，用于自动传输、更换掩模和硅片。

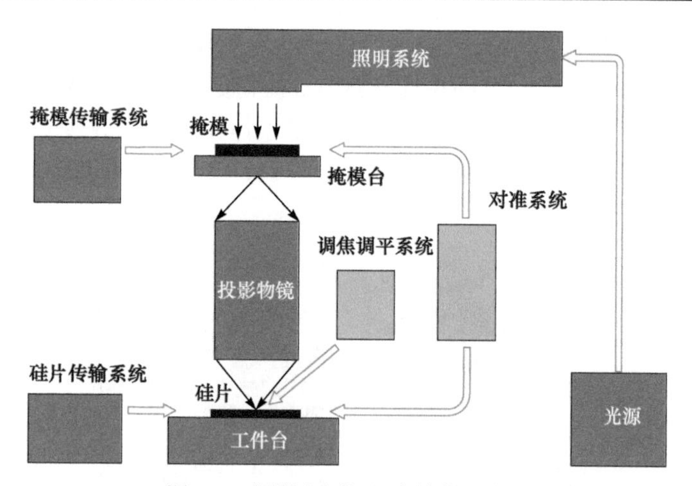

图 1-7 投影光刻机基本结构示意图

1. 投影物镜

投影物镜的功能是将掩模图形按照一定的缩放比例成像到硅片面。目前用于芯片制造的主流光刻机的投影物镜通常采用 4×缩小倍率。光刻机投影物镜主要有全折射式、折反式与全反射式三种，如图 1-8 所示。全折射式投影物镜的物面光轴与像面光轴一致，便于集成装配，但镜片的色散会导致投影物镜存在较大的色差。为了减小色差，必须严格控制光源线宽。全折射式投影物镜通常用于干式光刻机中。干式光刻机的投影物镜和硅片之间的介质为空气，数值孔径的理论最大值为 1.0。

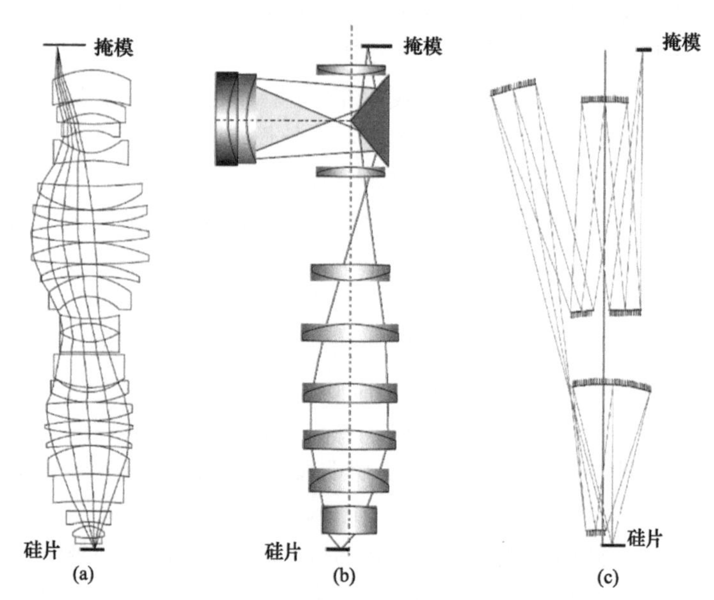

图 1-8 光刻机投影物镜结构示意图

(a) 全折射式[39]；(b) 折反式[39]；(c) 全反射式[40]

光刻技术的发展要求投影物镜的数值孔径越来越大，采用全折射式结构实现高数值孔径，将明显增大物镜镜片的尺寸，镜片的加工与镀膜难度更高。折反式结构可以有效控制色差，同时保持较小的物镜体积，通常用于数值孔径更大的浸液光刻机中。浸液光刻机在投影物镜和硅片之间填充超纯水，使得数值孔径突破了 1.0 的限制，最大达到 1.35。为了实现浸液曝光，光刻机中增加了液体供给与回收装置，如图 1-9 所示。由于 EUV 波段的光可被几乎所有光学材料强吸收，EUV 光刻机投影物镜只能采用全反射式结构。

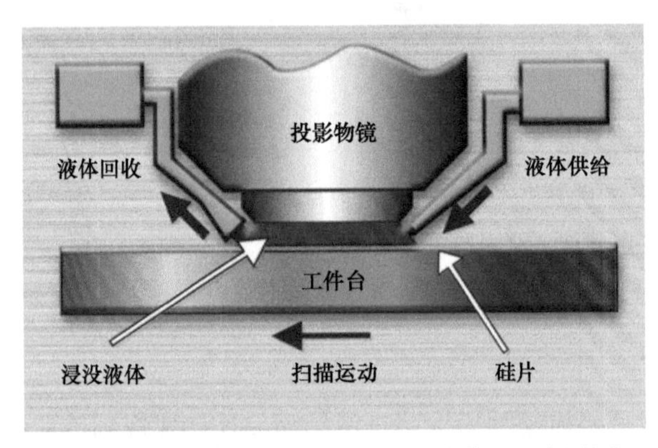

图 1-9　浸液光刻机液体供给与回收装置示意图[41]

2. 照明系统

照明系统的主要功能包括：①在掩模面整个视场内实现均匀照明；②产生不同的照明模式，控制照明光的空间相干性；③对到达硅片面上的曝光剂量进行控制[42]。

为了实现均匀照明，照明系统通常采用科勒照明方式。照明系统的部分相干因子表征照明光空间相干性的强弱。与相干照明相比，部分相干照明，特别是离轴照明，能够明显提高成像对比度和分辨率。照明模式和部分相干因子会影响投影物镜的焦深和曝光剂量裕度，对曝光成像具有至关重要的作用。部分相干因子决定了投影物镜光瞳面上的采样区域，投影物镜采样区域内的波像差影响成像质量。通常情况下，采样区域不同，波像差不同，因此不同的部分相干因子会导致空间像具有不同的光强分布[31]。

随着投影物镜数值孔径的不断增大，照明光的偏振态对投影物镜成像质量的影响越来越明显。为确保大数值孔径下的成像质量，光刻机照明系统由传统照明升级为偏振照明。相对于传统照明系统，偏振照明系统增加了偏振控制单元，用于产生所需要的照明偏振态。典型的偏振照明系统包括 ASML 公司的 Aerial XP 照明系统和 Nikon 公司的 POLANO 照明系统。Aerial XP 照明系统采用衍射光学元件产生照明光瞳形状。图 1-10 是 Aerial XP 照明系统产生的偏振照明模式示意图，图中箭头表示照明光的偏振方向。

照明系统通常采用能量监测单元与可变透过率单元来控制曝光剂量。能量监测单元用于监测准分子激光器发出的单个脉冲能量，根据监测结果控制激光器后续产生的单脉冲能量，使累积的能量达到预定的曝光剂量。可变透过率单元根据曝光剂量及其均匀性的要求改变光的透过率，调整照明光的强度。

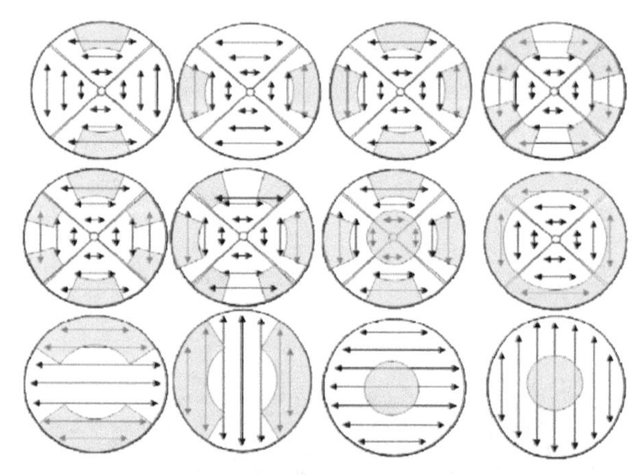

图 1-10 Aerial XP 照明系统产生的偏振照明模式示意图[43]

3. 工件台/掩模台系统

投影光刻机以成像的方式将掩模图形转移到硅片面，成像质量直接决定了图形转移的质量。光刻机主要性能指标的实现依赖于成像质量。步进扫描投影光刻机以扫描的方式将掩模图形成像到硅片面。扫描过程中，掩模图形与硅片面当前曝光场要保持严格的物像关系，掩模图形的每一点都需要精准地成像到硅片面上对应的像点处，并且需要掩模台与工件台高精度地同步运动，以确保光刻机的动态成像质量[44]。工件台与掩模台的同步运动误差会导致成像位置偏移，降低动态成像质量。

掩模图形在硅片面的成像质量与硅片面在光轴方向的位置直接相关。为确保成像质量，需要硅片面当前曝光场处于投影物镜的焦深范围之内。硅片面在光轴方向的位置精度依赖于工件台的轴向定位精度。为了将掩模图形高精度地成像到硅片面指定位置处，工件台与掩模台在水平方向上要具有高精度的定位功能，以实现掩模与硅片的高精度对准。

在硅片曝光过程中，工件台需要反复进行步进、加速、扫描、减速等运动。实现高产率要求工件台具有很高的步进速度、很高的加速度与扫描速度。

为了降低芯片制造成本，2000 年左右硅片直径从 200mm 升级到 300mm，硅片上的芯片数量增加一倍，使得芯片的制造成本降低了 30%[45]。对于光刻机而言，硅片直径增大意味着需要增大工件台尺寸，对于单个硅片，需要曝光更多的场。为保证光刻机的产率(每小时曝光的硅片数量)不降低，工件台需要具有更快的运动速度。同时，集成电路特征尺寸的持续减小，还需要工件台具有更高的定位精度。单工件台同时满足更大尺寸、更快速度以及更高的定位精度等条件是极其困难的[46]。

为解决上述问题，光刻机由单工件台结构升级为双工件台结构，如图 1-11 所示。双工件台工作时，一个工件台上进行硅片曝光，另一个工件台上对新的硅片进行对准与调焦调平测量。测量与曝光同时进行，使得光刻机可以实现更高的产率。除提高产率外，相对于单工件台光刻机，双工件台光刻机有更多时间进行对准和调焦调平测量，可以在不影响产率的前提下对硅片进行更精确的对准和调焦调平，从而支撑更小特征尺寸的芯片制造。

图 1-11　光刻机双工件台结构示意图[47]

4. 调焦调平系统

光刻机的作用是将掩模图形曝光到硅片面上的光刻胶内，经过显影后形成光刻胶图形。光刻胶图形的质量与曝光时硅片面在光轴方向的位置密切相关。为满足光刻胶图形质量要求，硅片面在光轴方向的位置必须控制在一定范围之内，光刻机对掩模图形曝光时，必须对硅片面进行高精度的调焦调平。首先通过调焦调平传感器测量出硅片面相对于投影物镜最佳焦面的距离(离焦量)和倾斜量，然后通过工件台的轴向调节机构进行调节，使硅片面的待曝光区域垂直于投影物镜的光轴并位于其焦深范围之内。

ASML 公司调焦调平传感器的测量原理如图 1-12 所示。光源发出的光束照射振幅型投影光栅，投影光栅以一定的倾斜角度 θ 投影到硅片面。由于倾斜入射，硅片离焦量的变化使得投影光栅的像在探测光栅上发生移动。探测器用于检测透过探测光栅后的光强。光强随着硅片离焦量的变化而变化，根据光强变化可获得硅片面的离焦量变化。投影光栅与探测光栅的周期与入射角 θ 等决定了测量分辨率。通过使用足够大的入射角和足够小的光栅周期，该技术可探测到 1nm 的硅片面离焦量变化[48]。

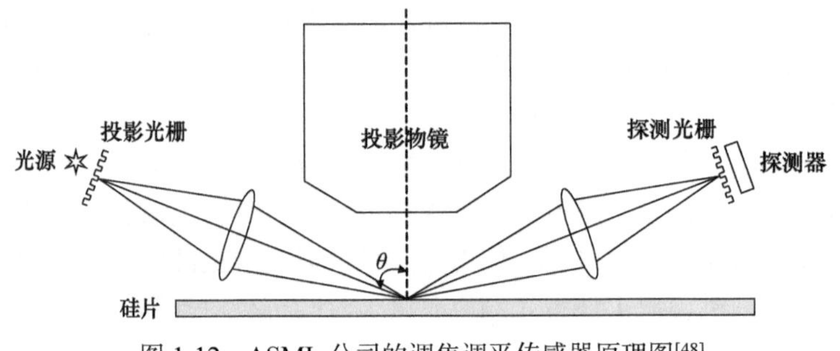

图 1-12　ASML 公司的调焦调平传感器原理图[48]

5. 对准系统

在集成电路的制造过程中，光刻机要将多个掩模图形逐层曝光到硅片上，每一层图形都需要精准地曝光到硅片面的对应位置上，以确保套刻精度，因此，曝光之前需要将掩模与硅片进行高精度的对准。首先需要测量出掩模与硅片的相对位置，然后根据测量结果移动工件台与掩模台，实现掩模与硅片的对准。对准包括同轴对准与离轴对准，其中同轴对准系统的测量光路经过光刻机的投影物镜，用于测量掩模的位置；离轴对准系统的测量光路不经过投影物镜，具有独立的光学模块，用于测量硅片的位置。掩模与硅片相对位置关系的建立通过离轴对准结合同轴对准来实现。

6. 曝光光源

光刻机的曝光光源主要有汞灯、准分子激光器与 EUV 等离子体光源。汞灯因其发射的光谱范围较宽且具有较高的亮度，被用作光刻机的曝光光源。光刻机中最常用的谱线为波长 435.83 nm 的 g 线、波长 404.65 nm 的 h 线和波长 365.48 nm 的 i 线[49]。当曝光波长缩短至深紫外区域时，光刻机开始使用准分子激光器作为曝光光源，包括波长 248nm 的 KrF 准分子激光器和波长 193nm 的 ArF 准分子激光器。EUV 光源主要有放电等离子体光源和激光等离子体光源，目前商用 EUV 光刻机采用的是激光等离子体光源。

7. 计算光刻

为实现更高的成像质量，光刻机软硬件系统不断发展。然而，光刻机软硬件系统的更新换代是阶段性的，一种新机型诞生后，其软硬件在较长的一段时间内保持不变。这种情况下如何提高光刻成像质量成为推动芯片向更高集成度发展的关键因素。

对于给定的光刻机，相同的掩模图形在不同照明方式下的成像质量可以相差很多。相同的照明方式下不同掩模图形的成像质量通常也存在较大差异。对于给定的光刻机和掩模图形，采用不同的工艺参数获得的光刻成像质量通常也不同。采用数学模型和软件算法对照明方式、掩模图形与工艺参数等进行优化，可有效提高光刻机成像质量，此类技术即计算光刻技术(computational lithography)[50]。计算光刻技术主要包括光学邻近效应修正技术、亚分辨辅助图形技术、光源掩模联合优化技术、反演光刻技术等。

随着芯片关键尺寸的减小，光刻工艺窗口逐渐减小，对关键尺寸均匀性和套刻误差的控制提出了更严格的要求。需要综合利用多种计算光刻技术，并在光刻过程中融入更多的检测、优化与控制，扩大并稳定工艺窗口。这是一体化光刻技术(holistic lithography)的基本思想，是光刻技术的主要发展方向之一。

193nm 浸液光刻机结合多种计算光刻技术，已经实现 10nm 乃至 7nm 技术节点集成电路的量产。但是随着集成电路特征尺寸的减小，采用 193nm 浸液光刻机，需要越来越复杂的制造工艺，制造成本也随之大幅增加，而且 193nm 浸液光刻机很难支撑集成电路向 5nm 及以下技术节点发展。相比于深紫外(deep ultraviolet, DUV)光刻机，极紫外光刻机的曝光波长大幅减小，直接由 193nm 减小为 13.5nm，能够以相对简单的制造工艺实现更高的光刻分辨率，且可以支撑集成电路向更小技术节点发展。EUV 光刻机依然采用步进扫描投影曝光方式，且沿用了双工件台结构。对于 13.5nm 波长的光，几乎所有材料都具有强吸收性，因此 EUV 光刻机的投影物镜采用反射式结构，曝光过程在真空环境下进行。图 1-13 为 ASML 公司的浸液式、双工件台步进扫描投影光刻机 NXT:1980Di 与 EUV 光刻机 NXE 3300 的系统结构图。

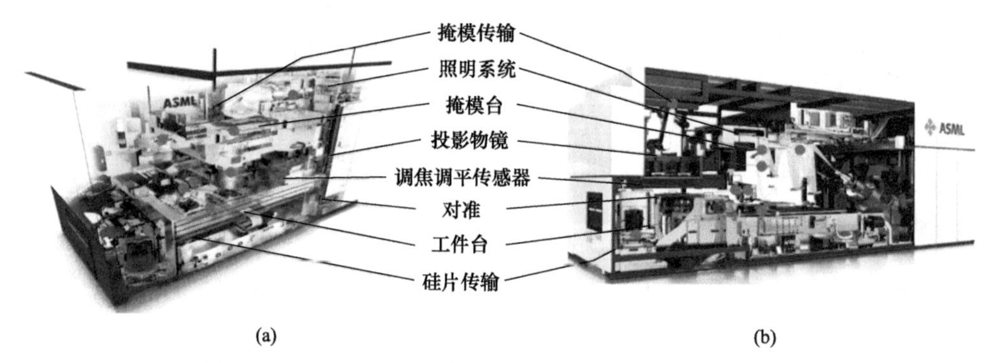

图 1-13　ASML 双工件台步进扫描投影光刻机系统结构图
(a) 浸液光刻机 NXT:1980Di[51]；(b) EUV 光刻机 NXE 3300[52]

1.4.2　光刻机主要性能指标

光刻机在集成电路制造中将掩模图形转移到硅片面。评价光刻机性能主要有三个指标，即分辨率(resolution)、套刻精度(overlay)和产率(throughput)。简而言之，分辨率评价光刻机转移图形的微细化程度，套刻精度评价图形转移的位置准确度，而产率则评价图形转移的速度。

光刻分辨率一般有两种表征方式，即 pitch 分辨率(pitch resolution)和 feature 分辨率(feature resolution)。pitch 分辨率是指光刻工艺可以制作的最小周期的一半，即 hp(half-pitch)，而 feature 分辨率是指光刻工艺可以制作的最小特征图形的尺寸，即特征尺寸(feature size)，又称为关键尺寸(critical dimension, CD)[8,53]。关键尺寸均匀性(critical dimension uniformity, CDU)也是影响集成电路性能的关键指标。CDU 指标与 CD 大小密切相关，一般要求控制到 CD 的 10%左右[48]。

集成电路制造需要经过几十甚至上百次的光刻曝光过程[33]，将不同的掩模图形逐层转移到硅片上，从而形成集成电路的复杂三维结构。每一层图形都需要精准地转移到硅片面上的正确位置，使其相对于上一层图形的位置误差在容限范围之内。套刻精度用于评价硅片上新一层图形相对于上一层图形的位置误差(套刻误差)大小。芯片制造对套刻精度的要求与 CD 密切相关，即 CD 越小，要求套刻精度越高。一般而言，套刻精度要小于 CD 的 30%。多重图形(multi-patterning)技术的引入对套刻精度提出了更高的要求，要求小于 CD 的 15%[45]。

产率是指光刻机单位时间曝光的硅片数量，一般用每小时曝光的硅片数量表示。提高光刻机产率可以降低芯片的制造成本。

随着集成电路的发展，光刻机的分辨率、套刻精度、产率等主要性能指标不断提升。表 1-3 列出了 1987～2018 年 ASML 公司推出的 PAS 系列和 TWINSCAN 系列光刻机(部分机型)的分辨率、套刻精度和产率指标。从表中可以看出，随着光刻机分辨率从 1987 年的 700nm 提升至 2007 年的 38nm，套刻精度从 150nm 提升到 4.6nm，产率从 55wph 提升到 131wph。

表 1-3 ASML 公司 PAS 系列和 TWINSCAN 系列光刻机(部分机型)性能指标

年份	机型	分辨率/nm	套刻精度/nm	产率/wph
1987	PAS 2500/40	700	150	55
1989	PAS 5000/50	500	125	50
1993	PAS 5500/60	450	85	56
1995	PAS 5500/300	250	50	80
1997	PAS 5500/500	220	45	96
2000	PAS 5500/1100	100	25	90
2004	TWINSCAN XT1400	58	7	124
2007	TWINSCAN XT 1900i	38	4.6	131
2009	TWINSCAN NXT:1950i	38	3.5	148
2013	TWINSCAN NXT:1970Ci	38	2.0	250
2015	TWINSCAN NXT:1980Di	38	1.6	275
2018	TWINSCAN NXT:2000i	38	1.4	275

光刻机的分辨率由瑞利公式确定。对于 193nm 曝光波长的 ArF 浸液光刻机，数值孔径最大达到 1.35，而 k_1 因子的理论最小值为 0.25，由瑞利公式得到的光刻分辨率理论极限值为 35.7nm。2007 年 ASML 公司推出的 ArF 浸液光刻机 TWINSCAN XT 1900i 实现了 38nm 的分辨率，已经接近理论极限值。后续推出的 TWINSCAN 系列 ArF 浸液光刻机的分辨率没有进一步提升，仍为 38nm，主要性能提升体现在套刻精度与产率方面。

从 2007 年至 2018 年，套刻精度从 4.6nm 逐步提升到 1.4nm，产率从 131wph 逐步提升到 275wph。表 1-3 中的 TWINSCAN NXT:2000i 目前仍为商用深紫外光刻机最先进机型。随着套刻精度和产率的提升，38nm 分辨率的光刻机与双重图形、多重图形等技术相结合，相继实现了 22nm、14nm、10nm 和 7nm 技术节点集成电路的量产。

1.4.3 光刻机的技术挑战

投影光刻机以成像的方式将掩模图形转移到硅片面，其成像质量对光刻机分辨率有着决定性的影响，也直接影响套刻精度。ArF 浸液光刻机 38nm 的分辨率已经非常接近理论极限，而 1.4nm 的套刻精度相当于人类头发丝直径的几万分之一。这些极端性能指标的实现对光刻机的成像质量要求极高。首先投影物镜的像差需要控制到亚纳米量级，接近零像差。这个“零像差”是大视场、高数值孔径、短波长条件下的“零像差”，是在曝光过程中投影物镜持续受热情况下的“零像差”。实现这个“零像差”对投影物镜的镜片级检测、加工、镀膜，系统级的检测、装校，以及投影物镜像差的在线检测与控制都提出了极为严苛的要求。

实现“零像差”必须将投影物镜的色差控制到极低的水平。色差与光源线宽成正比。

成像质量不断提升，要求光源线宽不断变窄。目前用于 193nm 浸液光刻机的 ArF 准分子激光器的线宽已经压窄到 0.3pm。

为实现光刻机极端的性能指标要求，工件台的定位精度已达到亚纳米量级，速度达到 1m/s，而加速度达到 30m/s^2，甚至更高。30m/s^2 的加速度远高于目前全球最顶尖跑车的加速度水平。对于 38nm 分辨率来说，光刻机在高速扫描曝光过程中，工件台与掩模台的同步运动误差的平均值(moving average，MA)和标准差(moving standard deviation, MSD)需要分别控制到 1nm 和 7nm[46]。工件台以 1m/s 的速度与掩模台同步扫描时，若 MA 控制到 1nm，相当于两架时速 1000km 的飞机同步飞行，两者相对位置的偏差平均值要控制到约 0.28μm(约人类头发丝直径的 1/300)。这个难度远高于坐在其中一架飞机上拿着线头穿进另一架飞机上的缝衣针针孔(针孔宽度约为 500μm)。此外，工件台/掩模台在高速扫描曝光过程中，硅片面需要控制在投影物镜约 100nm 的焦深范围之内。以上加速度、速度、同步运动精度、定位精度等指标的实现对超精密机械技术而言是极大的挑战。

为确保成像质量，工件台在高速扫描过程中需要将硅片面的当前曝光场一直控制在投影物镜的焦深范围之内。当前最先进的 ArF 浸液光刻机的焦深在 100nm 以下[48]，这意味着工件台在扫描运动过程中，硅片面的当前曝光场在焦深方向的位置变化必须控制在 100nm 以内。100nm 相当于人类头发丝直径的几百分之一。为确保硅片面当前曝光场处于 100nm 焦深范围之内，要求调焦调平传感器达到几纳米的测量精度。

此外，光刻机性能指标的实现对照明、对准等分系统以及光刻机的整机控制、整机软件、运行环境等均提出了很高的要求。

光刻机整机与分系统汇聚了光学、精密机械、控制、材料等众多领域大量的顶尖技术，很多技术需要做到工程极限。此外，各个分系统、子系统要在整机的控制下协同工作，达到最优的工作状态，才能满足光刻机严苛的技术指标要求。因此，光刻机是大系统、高精尖技术与工程极限高度融合的结晶，是迄今为止人类所能制造的最精密的装备，被誉为集成电路产业链“皇冠上的明珠”。

1.5 光刻机的成像质量与主要性能指标

光刻机以成像的方式将掩模图形转移到硅片上。成像效果的好坏或者成像质量的高低直接决定了图形转移的精准度，影响 CD、CDU 与套刻精度。光刻机的成像质量是整机的成像质量，是整机层面的概念，其影响因素非常复杂，涉及光刻机整机技术与多个关键分系统。

1.5.1 成像质量的影响因素

光刻机通过投影物镜将掩模图形成像到硅片面，其成像质量主要取决于投影物镜。投影物镜的畸变、波像差、偏振像差等直接影响光刻机的成像质量，但是光刻机的成像质量又不仅仅取决于投影物镜。光刻机的其他分系统，如照明、工件台/掩模台、调焦调平等分系统对成像质量均有关键性的影响，因此光刻机的成像质量是整机的成像质量，而不等同于投影物镜的成像质量。

照明系统为光刻机成像提供照明条件。照明模式、部分相干因子、偏振分布等条件直接影响光刻机的成像质量。光刻机以掩模与硅片同步扫描的方式实现整个掩模图形的成像，掩模台与工件台的同步运动误差会对成像质量产生很大影响。光刻机的成像质量与硅片面在光轴方向的位置密切相关,调焦调平系统用于测量并调节硅片面的轴向位置,其精度水平对光刻机成像质量也有重要影响。

1.5.2 成像质量对光刻机性能指标的影响

投影物镜的数值孔径与曝光波长决定了光刻机分辨率的理论极限。实际的分辨率能在多大程度上接近理论极限则取决于光刻机的成像质量。投影物镜的畸变、波像差、偏振像差等会降低光刻机的成像质量，影响分辨率。光刻机工作过程中投影物镜吸收光能产生的热效应会引起热像差，工件台与掩模台的同步运动误差会导致动态像差。热像差和动态像差都会降低光刻机成像质量，影响分辨率。

光刻机曝光过程中，硅片面需要始终处于投影物镜的焦深范围之内(图 1-14)，偏离最佳焦面将明显降低成像质量。如果偏离焦深范围，成像质量将不能满足光刻机分辨率指标要求。光刻机投影物镜的场曲、像散、球差等轴向像质参数都会降低焦深，间接影响分辨率。

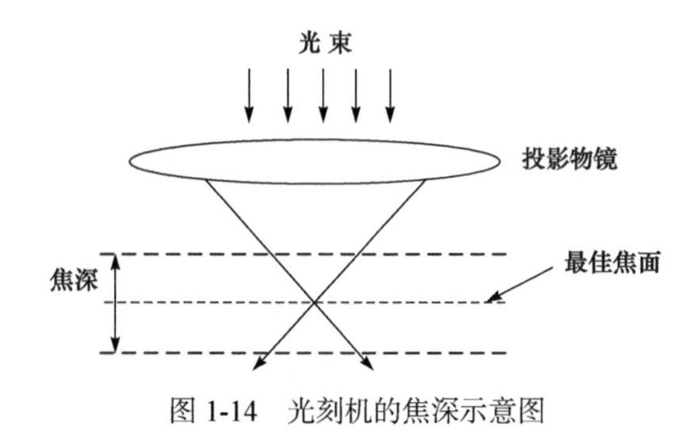

图 1-14 光刻机的焦深示意图

套刻精度用于评价硅片上的新一层图形相对于上一层图形的位置误差大小。硅片上新一层图形的位置由掩模图形在硅片面的成像位置决定。影响掩模图形在硅片面成像位置的因素都会影响套刻精度。投影物镜的波像差、偏振像差、投影物镜热效应导致的热像差、工件台与掩模台的同步运动误差导致的动态像差等像质参数都会使得掩模图形在硅片面的成像位置产生偏移，从而降低套刻精度。

随着集成电路按照摩尔定律不断向微细化方向发展，光刻机的分辨率和套刻精度越来越高。深紫外光刻机的分辨率达到了 38nm，已经逼近理论极限值 35.7nm，很难再进一步提升。为了实现集成电路的持续微细化，需要采用双重或多重图形技术，要求光刻机具有更高的套刻精度。光刻机成像质量是影响套刻精度的重要因素。通过提升对准精度、成像质量等途径，光刻机套刻精度不断提升。通过提升套刻精度，38nm 分辨率的光刻机支撑了 14nm、10nm 乃至 7nm 技术节点集成电路的量产。

1.6　光刻机的技术进步与成像质量提升

集成电路的发展要求不断提升光刻机成像质量，而光刻机成像质量的提升对光刻机整机与分系统技术水平的要求越来越高。

1.6.1　光刻机成像质量与像质控制

集成电路的持续微细化对光刻机成像质量提出了越来越高的要求。为了实现高的成像质量，需要对各种像质参数进行高精度的控制，不仅需要控制初级像质参数、波像差以及偏振像差，还需要控制光刻机工作过程中投影物镜热效应产生的热像差以及工件台/掩模台同步运动误差导致的动态像差等。

集成电路发展的不同阶段，对光刻机成像质量的要求不同，对各种像质参数的控制要求日趋严格。技术节点达到 250nm 以前，通常只需要控制像面平移、旋转、倾斜、最佳焦面偏移、倍率变化、畸变、场曲、像散等像质参数，本书将这些参数定义为初级像质参数。随着技术节点达到 130nm，仅仅控制初级像质参数已不能满足光刻分辨率和套刻精度的要求，需要对球差、彗差等波像差进行精确控制。集成电路技术节点延伸至 90nm 时，需要控制更高阶的 Zernike 像差。65nm 及以下技术节点，需要对 Z_5～Z_{37} 甚至到 Z_{64} 的波像差进行精确控制。

曝光波长为 193nm 的光刻机有干式和浸液式两种。干式光刻机投影物镜(最后一片镜片)和硅片之间的介质为空气，而浸液光刻机为超纯水。在 65nm 技术节点，干式光刻机数值孔径达到最大值 0.93。采用浸液技术使得数值孔径得以继续增大，最大达到 1.35。数值孔径的增大及偏振光照明技术的使用，使得投影物镜的偏振像差对光刻成像质量的影响不可忽略。除初级像质参数与波像差外，还需要对偏振像差进行精确控制。

光刻机工作过程中投影物镜吸收光能产生的热效应会导致热像差。光源功率的增大以及光源掩模联合优化等分辨率增强技术的应用，使得投影物镜内光强更强且分布更加不均匀，产生的热像差更大。热像差明显降低光刻成像质量，因此曝光过程中必须对其进行高精度补偿。

光刻机通过控制掩模台与工件台的同步运动实现了整个掩模图形的成像。二者的同步运动误差会导致动态像差，降低光刻机成像质量，影响光刻分辨率和套刻精度，因此必须对动态像差进行高精度控制。

1.6.2　像质控制与光刻机技术进步

光刻机的作用是将多个掩模图形逐层、高质量、快速地转移到硅片上。如图 1-15 所示，为了实现图形的逐层转移，光刻机需要具备对准、步进扫描曝光的功能。为了确保图形转移的质量，光刻机需要确保高的成像质量，需要具备成像质量控制功能，实现初级像质参数、波像差、偏振像差、热像差以及动态像差等像质参数的高精度控制。这些像质参数的高精度控制与整机控制、环境控制、曝光光源，以及投影物镜、照明系统、工件台/掩模台、调焦调平等整机与分系统的技术水平密切相关。

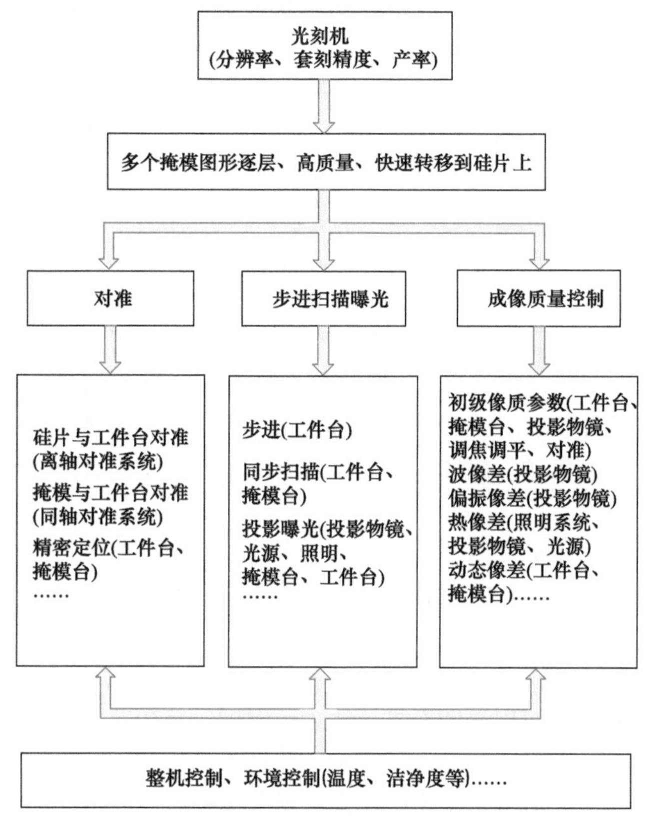

图 1-15　光刻机的功能实现与成像质量控制

投影物镜是影响光刻机成像质量的主要分系统。为满足光刻机成像质量不断提升的需求，投影物镜的设计、制造以及像质控制水平不断提升，畸变已经控制到 0.7nm(PV)，波像差已降低到 0.5nm(RMS)以下[54]。随着光源功率的增大以及光源掩模联合优化等分辨率增强技术的应用，投影物镜热效应导致的热像差对光刻机成像质量的影响越来越明显。为了降低热像差对成像质量的影响，高精度的像差补偿技术相继出现。Nikon 公司和 ASML 公司分别研发了 Quick Reflex 技术和 Flexwave 技术，分别在投影物镜中加入变形镜和可局部加热的光学平板元件，通过自由控制波前实现了热像差的高精度补偿。

投影物镜的色差也是影响光刻机成像质量的重要因素。色差与光源线宽成正比。成像质量不断提升，要求光源线宽不断变窄。光源的线宽稳定性也直接降低成像质量，影响关键尺寸均匀性(CDU)。高质量成像对光源线宽稳定性的要求越来越高。目前用于 193nm 浸液光刻机的 ArF 准分子激光器的线宽已经压窄到 0.3pm，线宽稳定性控制到 ±0.005pm[55]。

光刻机的成像质量与照明模式、部分相干因子、偏振分布等因素密切相关。为了提高成像质量，光刻机普遍采用离轴照明方式。20 世纪 90 年代至今，离轴照明模式经历了漫长的演变过程，2009 年左右出现了自由照明模式。随着投影物镜数值孔径的增大，为实现高质量成像，照明系统由非偏振照明升级为偏振照明。结合自由照明与计算光刻等技术，k_1因子降低到约 0.27，使得 193nm 浸液光刻机实现了 38nm 的分辨率。

光刻机的成像质量与硅片面轴向位置的控制精度有关，焦深越小，控制精度要求越高。随着光刻机曝光波长的减小以及投影物镜数值孔径的增大，光刻机的焦深持续减小。当前最先进的 ArF 浸液光刻机，焦深在 100nm 以下[48]。为了实现高成像质量，光刻机调焦调平技术不断发展，硅片面轴向位置的测量与调节精度不断提升，调焦调平传感器的工艺适应性逐渐提高。

工件台与掩模台的同步运动误差会导致动态像差，降低了光刻机的动态成像质量。随着光刻机技术发展，产率越来越高，工件台与掩模台的加速度、运动速度不断提升。为了实现高的动态成像质量，工件台与掩模台在高速扫描过程中需要达到极高的同步运动精度。对于 38nm 分辨率的光刻机，同步运动误差需要控制到 10nm 以下[46]。为了提高同步运动精度，工件台/掩模台技术持续发展，不断突破超精密机械的技术瓶颈，满足了集成电路制造对光刻机动态成像质量越来越高的要求，支撑着集成电路不断向更小技术节点发展。

光刻机作为超精密集成电路制造装备，对温度、压力、湿度、洁净度等环境因素有着严苛的要求。光刻机内部环境的温度、湿度、压力的变化都会引起气体(如氮气、空气等)折射率的变化，降低成像质量。空气折射率的变化还会降低调焦调平传感器、工件台/掩模台位置测量干涉仪等光电系统的精度，进而影响成像质量。为实现高成像质量，光刻机需要环境控制系统，对内部的温度、压力、湿度、洁净度等进行高精度控制。随着成像质量的不断提高，光刻机环境控制技术不断进步。

光刻机高成像质量的实现依赖于曝光光源以及照明、投影物镜、工件台/掩模台、调焦调平等分系统的技术水平，同样依赖于控制各分系统协同工作的整机技术。光刻机整机与分系统技术的进步支撑着成像质量不断提升。

伴随着成像质量的提升，光刻机分辨率、套刻精度不断提高，产率也在不断增加，从而推动集成电路按照摩尔定律不断向更小技术节点发展[56]。

1.7　光刻机像质检测技术

随着集成电路按照摩尔定律不断向微细化方向发展，光刻机的分辨率和套刻精度越来越高。深紫外光刻机的分辨率已经逼近理论极限，达到了 38nm，套刻精度达到了 1.4nm，与多重图形技术相结合已经实现 7nm 技术节点集成电路的量产。为满足不断提升的性能指标要求，光刻机的曝光波长不断减小，数值孔径持续增大，工艺因子不断降低，双工件台、浸液、自由照明等关键技术相继得到应用。光刻机技术难度日益增大，不断向高精尖发展。

成像质量是光刻机分辨率的决定性因素，直接影响套刻精度。为了满足不断提升的分辨率和套刻精度需求，要求光刻机成像质量越来越高，对成像质量(像质)控制技术的要求越来越高。光刻机作为大系统、高精尖技术与工程极限高度融合的产物，其成像质量的影响因素非常复杂。除投影物镜外，光刻机照明系统、工件台/掩模台、调焦调平等分系统对成像质量也都有重要影响，使得光刻机成像质量的控制难度极高。

高精度的像质检测技术是光刻机实现高精度像质控制的前提。如图 1-16 所示，为了满足光刻机成像质量的控制需求，需要检测多种类型的像质参数，需要多种类型的像质检测技术，像质检测需要在不同的场合下进行。投影物镜的制造阶段需要离线像质检测技术，光刻机的使用过程中需要原位像质检测技术，曝光过程中还需要在线像质检测技术，因此，为了实现高质量成像，光刻机需要一个完整的像质检测技术体系。

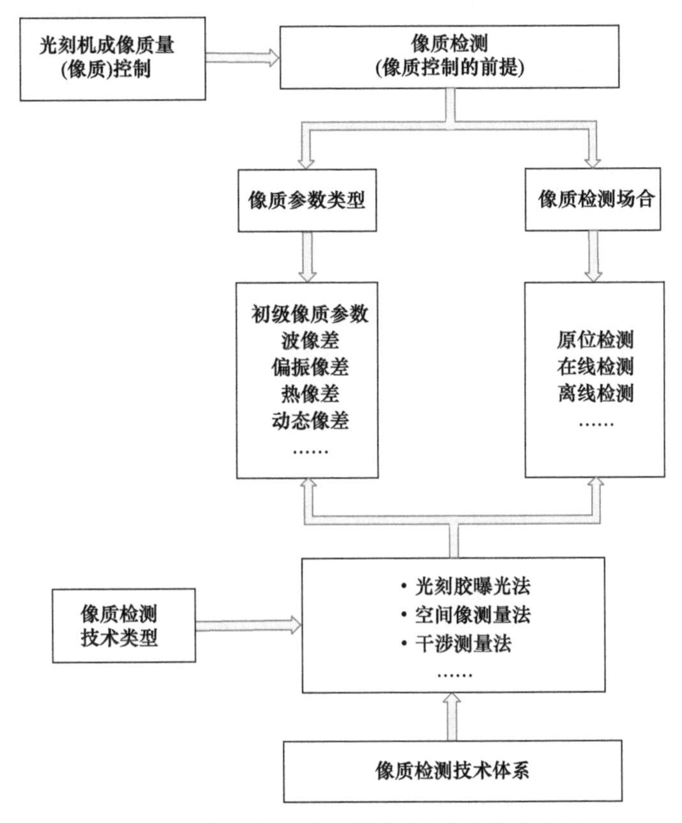

图 1-16 光刻机像质检测需求及检测技术类型

1.7.1 不同类型像质参数的检测需求

如 1.6.1 节所述，集成电路发展的不同阶段，对光刻机成像质量的要求不同。随着集成电路的发展，光刻机成像质量越来越高，对各种像质参数的控制要求日趋严格，需要控制与检测的像质参数越来越多。

在 250nm 技术节点以前，只需要检测初级像质参数；技术节点达到 130nm 时，需要检测低阶波像差；90nm 技术节点需要检测更高阶的波像差；65nm 及以下技术节点，则需要对 Z_5～Z_{37} 甚至到 Z_{64} 的波像差进行高精度的检测。

数值孔径的增大及偏振光照明技术的使用，使得投影物镜的偏振像差对光刻机成像质量的影响不可忽略。除初级像质参数与低阶、高阶波像差外，还需要对偏振像差进行高精度的检测。

工件台与掩模台的同步扫描误差会导致动态像差，为实现高成像质量，需要对动态像质参数进行高精度的检测。光刻机工作过程中投影物镜热效应产生的热像差明显降低成像质量。为实现高成像质量，必须对热像差进行高精度的检测与预测，为热像差的补偿提供依据。

随着光刻机成像质量的提升，从初级像质参数到波像差再到偏振像差，需要检测的像质参数越来越多，检测精度要求越来越高。随着成像质量的提升，热像差的影响愈加突出，动态像差的控制要求越来越严格，这两类像差的高精度检测愈加重要。

1.7.2 不同场合下像质参数的检测需求

为保证光刻机的成像质量，在投影物镜制造、光刻机的整机集成测校、曝光以及周期性维修维护等过程中都需要对像质参数进行高精度检测。投影物镜制造过程中需要离线检测，光刻机的整机集成测校与周期性维修维护过程中需要原位检测，而曝光过程中需要进行在线像质检测。

离线检测用于检测投影物镜的波像差、畸变等像质参数。由于检测过程不在光刻机内进行，所以称为离线检测。由于不依赖于光刻机的软硬件条件，离线检测可以采用多种手段进行。

光刻机的成像质量是整机的成像质量，主要取决于投影物镜，但又不仅仅取决于投影物镜，与照明、工件台/掩模台、调焦调平等分系统都密切相关。与离线检测不同，光刻机整机成像质量的检测只能依托光刻机本身的软硬件系统进行。由于检测过程在光刻机内进行，检测时各个分系统都在光刻机正常运行时的位置上，因此称为原位检测。

光刻机整机集成测校时，需要提升成像质量，使其满足光刻机正常运行的曝光需求。进行周期性维修维护时，需要对已经发生较大漂移的像质参数进行校正，使光刻机回到正常的工作状态。两种情况下都需要进行原位像质检测，在整机的控制下，通过照明、投影物镜、调焦调平、对准、工件台/掩模台等分系统产生与获取检测数据，然后通过检测模型计算出待测像质参数。

光刻机曝光过程中像质参数也会发生一定的漂移，影响成像质量，因此光刻机处于正常运行状态时，也需要进行原位像质检测，一般每曝光一批硅片(如 25 片)或者一片硅片进行一次检测。由于检测是在光刻机正常运行时进行的，因此称为在线像质检测。在线像质检测属于原位检测。与光刻机集成测校、周期性维修维护时的原位检测不同，在线检测速度非常快，可在 1s 内完成，对光刻机产率的影响较小。

1.7.3 像质检测的技术类型

光刻机像质检测技术主要分为光刻胶曝光法、空间像测量法、干涉测量法等三类。本节主要以 ASML 公司的像质检测技术为例对这三类技术进行简要介绍。

1.7.3.1 光刻胶曝光法

光刻胶曝光法采用专用的测试掩模，对制作在其上的、专门设计的检测标记进行曝光，经显影后，得到标记的光刻胶像；然后，利用光刻机对准系统或者 CD-SEM、套刻测量仪、光学显微镜等设备检测光刻胶像的位置、形状等信息，根据检测模型求解出待测像质参数，精度可以达到约 2nm[57,58]。光刻胶曝光法主要有用于检测初级像质参数的 XY-SETUP 技术、FOCAL 技术，用于检测波像差的 DAMIS 技术、FAMIS 技术、ARTEMIS 技术等。

在空间像测量法应用于光刻机之前，这类技术是唯一能够实现原位检测的光刻机像质检测技术。目前，DAMIS、FAMIS、ARTEMIS 等基于光刻胶曝光的波像差检测技术已经被原位相位测量干涉仪(phase measurement interferometer, PMI)取代。FOCAL 技术、XY-SETUP 技术仍然是不可替代的光刻机初级像质参数检测技术，其检测结果为各类初级像质参数的控制提供了基准。

光刻胶曝光法通过曝光进行像质检测，与光刻机正常运行时的硅片曝光相同，也要经历硅片涂胶、曝光、显影等工艺步骤，得到的光刻胶图形直接反映了光刻机的像质信息。与其他类型的检测技术相比，该技术测得的初级像质参数最为准确。但是这类技术获取检测数据的过程耗时较多，完成一次检测需要约 3 小时，而且测量精度易受光刻工艺的影响，对光刻工艺水平要求较高。

1.7.3.2　空间像测量法

空间像测量法直接测量掩模标记的空间像，获取标记的成像位置偏移量、空间像光强分布等信息，然后通过检测模型计算出待测像质参数。这类技术的检测精度可以达到约 2nm[59]，与光刻胶曝光法处于同一精度水平。与曝光法相比，空间像测量法不需要涂胶、曝光、显影等步骤，检测过程简单，所需时间短。另外，空间像测量法利用光刻机原有的 TIS 传感器获取检测数据，不增加光刻机的制造成本。

这类像质检测技术主要有 TIS 技术和 TAMIS 技术。TIS 技术速度快，可在几秒内完成检测，不影响光刻机的产率，主要用于初级像质参数漂移的在线检测。在 TIS 技术的基础上，TAMIS 技术通过改变照明系统的部分相干因子、投影物镜的数值孔径等参数，在不同条件下产生并获取检测数据，可实现球差、彗差、像散等波像差的检测。TAMIS 技术完成一次检测需要约 11 小时，一般用于光刻机整机集成测校与周期性维修维护的场合。

TIS 技术目前仍然是重要的光刻机初级像质参数在线检测技术。TAMIS 技术由于不需要额外的硬件，不增加光刻机的制造成本，仍然广泛应用于光刻机投影物镜的波像差检测。通过技术改进，该技术的检测精度可大幅提升。

1.7.3.3　干涉测量法

相比于光刻胶曝光法和空间像测量法，干涉测量法精度最高。这种方法广泛应用于高端光刻机投影物镜波像差的离线、原位与在线检测，是高端光刻机投影物镜波像差检测的主要技术手段。

投影物镜集成装校阶段，通常采用 Fizeau 干涉、Twyman-Green 干涉、点衍射干涉、剪切干涉等测量技术进行离线波像差检测，精度可以达到亚纳米量级。

早期由于干涉测量装置体积较大，难以集成到光刻机内实现投影物镜波像差的原位检测。2004 年左右，ASML 公司基于 Ronchi 剪切干涉原理开发了能够集成于光刻机内的原位 PMI 技术，即 ILIAS(integrated lens interferometer at scanner)技术，实现了投影物镜波像差 37 项 Zernike 系数亚纳米精度的原位检测[60]。

ILIAS 技术可实现波像差的快速检测，可以支撑光刻机正常运行过程中实现波像差的批间在线检测，即每曝光一批硅片(如 25 片)或者几批硅片检测一次，不影响光刻机的产率。

2013 年，在 ILIAS 技术的基础上，ASML 公司开发了 PARIS(parallel ILIAS)技术，进一步提升了检测速度，可支撑光刻机实现波像差的片间在线检测，即每曝光一片硅片检测一次。

1.7.4　光刻机像质检测技术体系

光刻机对成像质量有着极为严苛的要求，为此必须实现高精度的成像质量控制。像质检测是像质控制的前提。为确保高质量成像，光刻机需要在不同的场合实现多种类型像质参数的高精度检测。

图 1-17 中的橙色线条显示了像质参数类型与检测场合之间的关系，同样的像质参数需要在离线、原位、在线等多种场合进行检测，在同一种场合也需要检测多种不同类型的像质参数，不同的像质参数在不同的场合需要不同的检测技术。为实现高质量成像，光刻机需要一个像质检测技术体系，以满足多种类型的像质参数在多种不同场合的高精度检测需求。

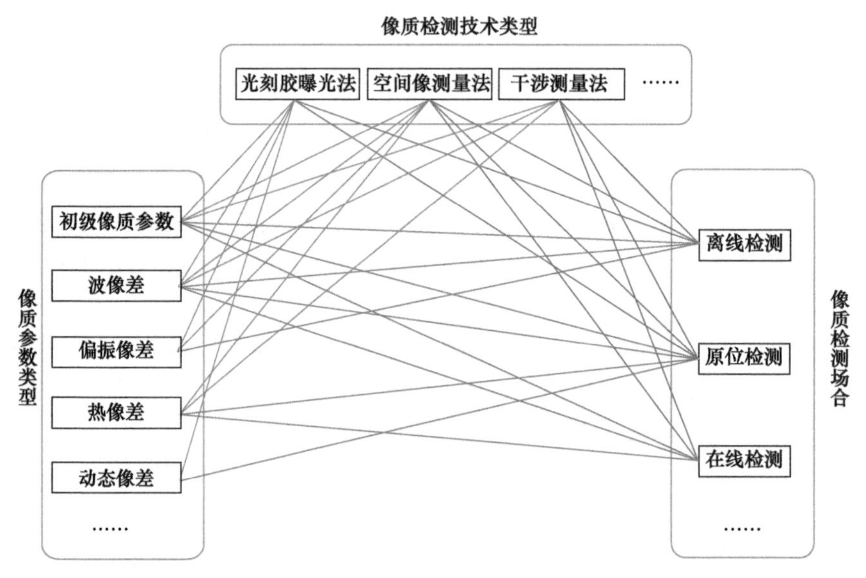

图 1-17　光刻机像质检测技术体系

图 1-17 中的紫色线条显示了像质参数类型与检测技术类型之间的关系。同一种像质参数可以采用多种不同类型的技术进行检测。如初级像质参数，可以通过基于空间像测

量的 TIS 技术检测，也可以通过基于光刻胶曝光法的 XY-SETUP 技术和 FOCAL 技术检测；波像差既可以通过光刻胶曝光法、空间像测量法进行检测，也可以通过干涉测量法进行检测。同一种类型的检测技术可以实现不同类型像质参数的检测。如光刻胶曝光法既可以实现初级像质参数、波像差的检测，也可以实现偏振像差的检测；空间像测量法可以实现初级像质参数、波像差、偏振像差、热像差等像质参数的检测。

图 1-17 中的蓝色线条显示了像质检测场合与检测技术类型之间的关系。同一种场合可以采用多种类型的检测技术实现像质参数检测，如在光刻机整机集成测校与周期性维修维护过程中，既可以采用光刻胶曝光法、空间像测量法，也可以采用干涉测量法实现初级像质参数、波像差等像质参数的原位检测。光刻机正常运行过程中，可以采用空间像测量法在线检测初级像质参数，采用干涉测量法在线检测波像差。同一种类型的检测技术也可以应用于多种不同的场合，如基于光刻胶曝光的像质检测技术，既可以应用于离线检测，也可以应用于原位检测；基于干涉测量与空间像测量的像质检测技术，在离线、原位与在线检测等场合均得到应用。

初级像质参数、波像差、偏振像差等不同的像质参数需要不同的检测技术。同样的像质参数，在离线、原位、在线等不同场合需要的检测技术不同。为满足不同类型像质参数在不同场合下的检测需求，需要光刻胶曝光法、空间像测量法、干涉测量法等多种不同类型的检测技术。这些技术构成了一个完整的像质检测技术体系。

正是这个检测技术体系支撑着高精度像质控制的实现，使得成像质量满足了光刻机不断提升的分辨率、套刻精度等指标要求，促进了光刻机整机与分系统技术的发展。

随着光刻机技术水平的不断提升，依赖于光刻机本身的软硬件系统进行数据产生与获取的光刻机原位与在线像质检测技术的精度与速度不断提高。

随着光刻机技术的发展，光刻机分辨率、套刻精度等性能指标不断提升，对像质检测技术提出了更高的要求。为满足不断提升的要求，新的像质检测技术不断出现，整个像质检测技术体系的内涵不断丰富，检测技术水平不断取得突破。

1.8 本书主要内容

本研究团队多年来面向光刻机成像质量不断提升的需求，在国际主流的光刻机像质检测技术基础上，以提升检测精度与速度、扩展可测像质参数为目标，提出了一系列新的像质检测技术。这些技术中，一部分是现有检测手段的改进性技术，一部分是以现有技术为背景技术的新原理检测技术，一部分是本团队提出的全新的检测技术。对上述三类技术，我们进行了系统研究，采用商用光刻仿真软件进行了仿真验证，利用多项技术进行了光刻机实验验证。

本书后续章节对光刻机像质检测技术进行了系统介绍，主要介绍本团队提出的上述检测技术，包括这些技术的理论基础、原理、模型、算法、仿真与实验验证等内容；另外，也兼顾了光刻机像质检测领域国际主流的检测技术，主要包括初级像质参数、波像差、偏振像差、动态像差、热像差等检测技术，涵盖了光刻胶曝光法、空间像测量法、干涉测量法等检测技术类型。以光刻机原位与在线像质检测技术为主，部分内容涉及投影物镜的离线检测技术。以深紫外光刻机像质检测技术为主，部分章节涉及极紫外光刻机像质检测技术。

第 2 章介绍光刻机像质检测技术的理论基础；第 3 章介绍初级像质参数检测技术；第 4 章至第 7 章介绍波像差检测技术，其中第 4 章为基于光刻胶曝光的波像差检测技术，第 5 章与第 6 章为不同类型的基于空间像测量的波像差检测技术，第 7 章为基于干涉测量的波像差检测技术；第 8 章介绍偏振像差检测技术；第 9 章介绍极紫外光刻投影物镜波像差检测技术；第 3 章至第 8 章均为光刻机整机原位像质检测技术，第 9 章为离线像质检测技术；第 10 章介绍光刻机原位像质检测的关键依托技术，包括工件台位置参数检测、调焦调平传感、硅片对准、照明参数检测与控制、光刻成像多参数优化以及极紫外光刻掩模衍射成像仿真等技术。

参 考 文 献

[1] Kilby J S. The integrated circuit's early history. Proceedings of the IEEE, 2000, 88(1): 109-111.

[2] Kilby J S. Turning potential into realities: The invention of the integrated circuit (Nobel lecture). Chem. Phys. Chem., 2001, 2(8): 482-489.

[3] Kilby J S. Invention of the integrated circuit. IEEE Transactions on Electron Devices, 1976, 23(7): 648-654.

[4] Guarnieri M. The unreasonable accuracy of Moore's law historical. IEEE Industrial Electronics Magazine, 2016, 10(1): 40-43.

[5] Riordan M. From Bell labs to silicon Valley: A saga of semiconductor technology transfer, 1955-61. Interface-Pennington, 2007, 16(3): 36.

[6] Saxena A N. Monolithic concept and the inventions of integrated circuits by kilby and noyce.Tech. Proc. Nano Science and Technology Inst. Ann. Conf., 2007, 3: 460-474.

[7] Moore G E. Cramming more components onto integrated circuits. Electronics, 1965, 38(8): 114-117.

[8] Mack C. Fundamental Principles of Optical Lithography: The Science of Microfabrication. John Wiley & Sons, 2008.

[9] Moore G E. Progress in digital integrated electronics. Proc. IEDM Tech. Dig., 1975, 11-13.

[10] Schaller R R. Moore's law: Past, present and future. IEEE Spectrum, 1997, 34(6): 52-59.

[11] San Yoo C. Semiconductor manufacturing technology. World Scientific, 2008.

[12] Quirk M, Serda J. Semiconductor manufacturing technology. Upper Saddle River, NJ: Prentice Hall, 2001.

[13] Memory lane. Nat Electron, 2018, 1: 323.

[14] Gray R R, Hodges D A, Brodersen R W. Early development of mixed-signal MOS circuit technology. IEEE Solid-State Circuits Magazine, 2014, 6(2): 12-17.

[15] Arai E, Ieda N. A 64-kbit dynamic MOS RAM. IEEE Journal of Solid-State Circuits, 1978, 13(3): 333-338.

[16] Aoki M, Nakagome Y, Horiguchi M, et al. A 60ns 16Mbit CMOS DRAM with a transposed data-line structure. IEEE Journal of Solid-State Circuits, 1988, 23(5): 1113-1119.

[17] El-Aawar H, Sous A. Applying the Moore's Law for a long time using multi-layer crystal square on a chip. 2019 IEEE XVth International Conference on the Perspective Technologies and Methods in MEMS Design (MEMSTECH). IEEE, 2019: 12-16.

[18] Henn M A, Zhou H, Barnes B M. Data-driven approaches to optical patterned defect detection. OSA Continuum, 2019, 2: 2683-2693.
[19] Rahman S S M, Ahamed S V.Architecture and design of micro knowledge and micro medical processing units.International Journal of Network Security & Its Applications, 2017, 9(5):1-20.
[20] 茅言杰. 投影光刻机匹配关键技术研究. 中国科学院上海光学精密机械研究所博士学位论文, 2019.
[21] Wikipedia contributors. Moore's Law. https://en.wikipedia.org/wiki/Moore%27s_law[2020-05-31].
[22] 夸克, 瑟达. 半导体制造技术. 北京: 电子工业出版社, 2015.
[23] Bruning J H. Optical lithography–thirty years and three orders of magnitude: The evolution of optical lithography tools. Advances in Resist Technology and Processing XIV. International Society for Optics and Photonics, 1997, 3049: 14-27.
[24] 诸波尔. 浸没式光刻机投影物镜波像差检测技术研究. 中国科学院上海光学精密机械研究所博士学位论文, 2018.
[25] Lin B J. A new perspective on proximity printing: from UV to X-ray. J. Vac. Sci. Technol. B, 1990, 8: 1539-1546.
[26] Smith B W, Suzuki K. Microlithography: Science and Technology. CRC Press, 2018.
[27] Markle D A. A new projection printer. Solid State Technol., 1974,17: 6, 50-53.
[28] Bruning J H. Optical lithography: 40 years and holding, optical microlithography XX. International Society for Optics and Photonics, 2007, 6520: 652004.
[29] Kato A. Chronology of Lithography Milestones. 2007.
[30] Mack C. Milestones in Optical Lithography Tool Suppliers. Lithoguru WEB site.
[31] 段立峰. 基于空间像主成分分析的光刻机投影物镜波像差检测技术. 中国科学院上海光学精密机械研究所博士学位论文, 2012.
[32] de Zwart G, van den Brink M A, George R A,et al. Performance of a step and scan system for DUV lithography. Proc. SPIE, 1997, 3051: 817-835.
[33] https://www.asml.com/en [2020-05-31].
[34] Veendrick H. Bits on Chips. Springer, 2018.
[35] Luo X. Engineering Optics 2.0: A Revolution in Optical Theories, Materials, Devices and Systems. Springer, 2019.
[36] Jürgens D. EUV lithography Optics Current Status and Outlook. Presentation, 2018.
[37] Blumenstock G M. Meinert C, Farrar N R, et al. Evolution of light source technology to support immersion and EUV lithography. Advanced Microlithography Technologies. International Society for Optics and Photonics, 2005, 5645: 188-195.
[38] Stoeldraijer J, Slonaker S, Baselmans J, et al. A high throughput DUV wafer stepper with flexible illumination source. Semicon/Japan, December, 1996.
[39] Smith B W. Optical Projection Lithography, Nanolithography. Woodhead Publishing, 2014.
[40] Bakshi V. EUV Lithography. SPIE Press, 2009.
[41] Stix G. Shrinking circuits with water. Scientific American, 2005, 293: 64-67.
[42] Levinson H J. Principles of lithography. SPIE Press, 2010.
[43] Setten E, Boeij W D,Hepp B, et al. Pushing the boundary: Low-k_1 extension by polarized illumination. Proc. SPIE, 2007, 6520, 65200C
[44] Wang C, Hu, J, Zhu, Y, et al. Optimal synchronous trajectory tracking control of wafer and reticle stages. Tsinghua Science and Technology, 2009,14(3): 287-292.
[45] Schmidt R H M. Ultra-precision engineering in lithographic exposure equipment for the semiconductor industry. Phil. Trans. Roy. Soc. A, 2012, 370: 3951-3952.

[46] Butler H. Position control in lithographic equipment: An enabler for current-day chip manufacturing. Control Systems, IEEE, 2011,31 (5): 28-47.

[47] https://ece.northeastern.edu/edsnu/mcgruer/class/ece1406/asmlat110000204.pdf

[48] den Boef A J. Optical wafer metrology sensors for process-robust CD and overlay control in semiconductor device manufacturing. Surface Topography: Metrology and Properties, 2016, 4(2): 023001.

[49] Lin B J. Optical Lithography: Here is Why. SPIE Press, 2010.

[50] https://www.asml.com/en/products/computational-lithography[2020-05-31].

[51] Brink M. Litho today, litho tomorrow. ASML Investor Day, 2016.

[52] Young C, Stepanenko N. EUV–Supporting Moore's Law. Jefferies 2014 Global TMT Conference, Miami, Florida, May 06, 2014.

[53] Mack C. Field Guide to Optical Lithography, Vol.6. Bellingham, WA: SPIE Press, 2006.

[54] Ohmura Y, Tsuge Y, Hirayama T, et al. High-order aberration control during exposure for leading-edge lithography projection optics. Proc. SPIE, 2016, 9780: 97800Y.

[55] https://www.cymer.com (2020-05-31).

[56] 王向朝, 戴凤钊, 李思坤, 等. 集成电路与光刻机. 北京: 科学出版社, 2020.

[57] Sytsma J, van der Laan H, Moers M, et al. Improved imaging metrology needed for advanced lithography. Semiconductor International, 2001, 4:

[58] van der Laan H, Moers M. US patent No. 6646729, 2003.

[59] van der Laan H, Dierichs M, van Greevenbroek H, et al. Aerial image measurement methods for fast aberration set-up and illumination pupil verification. Proc. SPIE, 2001, 4346: 394-407.

[60] Kerkhof M A, de Boeij W, Kok H, et al. Full optical column characterization of DUV lithographic projection tools. International Society for Optics and Photonics, 2004, 5377: 1960-1970.

第 2 章　光刻成像模型

光刻成像模型用于对光刻成像的物理和化学过程进行仿真与分析，可分为空间像模型和光刻胶像模型。空间像模型用于仿真投影物镜的部分相干成像过程，计算掩模图形在像空间的强度分布。光刻胶像模型以空间像模型的结果为输入计算显影后的光刻胶轮廓，用于仿真光在光刻胶中的折射、反射、干涉过程以及曝光后光刻胶内发生的酸碱扩散、中和、光化学反应等过程。

从 20 世纪 70 年代开始，经过几十年的发展，光刻成像模型已比较成熟，在光刻相关材料、设备和工艺的研发与工程应用等方面发挥着重要作用。采用光刻成像模型进行仿真研究可以提前发现材料、技术、器件和工艺中潜在的问题。与成本高、耗时长的曝光实验相比，采用光刻成像模型对光刻机和光刻工艺中存在的诸多成像质量影响因素进行仿真研究，不仅成本低、速度快，而且有利于研发人员和工程师理解问题背后的物理本原。随着光刻分辨率不断逼近极限，许多原本基于经验或者实验的技术被基于光刻成像模型的技术所替代。在先进计算光刻、热效应控制与补偿、光刻机像质检测等技术中，光刻成像模型已成为重要的技术组成部分。

光刻成像模型尤其是空间像模型是多种像质检测技术的基础，多种初级像质参数、波像差、偏振像差检测技术需要在光刻成像模型的基础上形成检测方案。因此，在系统介绍光刻机像质检测技术之前，本章对光刻成像的空间像模型进行探讨。根据适用范围的不同，空间像模型包括标量成像模型和矢量成像模型两种，前者适用于数值孔径较小的干式光刻机，而对于大数值孔径光刻机特别是浸液光刻机，则需要采用矢量成像模型。本书涉及干式光刻机和浸液光刻机的像质检测，本章在介绍标量和矢量衍射理论的基础上，对标量成像模型和矢量成像模型进行探讨。

随着光刻机光源功率的增大和光源掩模优化等分辨率增强技术的应用，投影物镜热效应越来越明显，热像差对成像质量的影响也更加严重。本章最后也对投影物镜的热效应模型进行了探讨。

2.1　光刻成像理论

光刻成像理论是光刻空间像建模的基础，根据是否考虑光的矢量特性可分为标量衍射理论与矢量衍射理论。

2.1.1　标量衍射理论[1]

用于光刻成像建模的标量衍射理论包括相干成像理论和部分相干成像理论。基于惠更斯-菲涅耳原理，基尔霍夫(Kirchhoff)于 19 世纪末推导出了用于标量衍射的基尔霍夫积分定理，然后应用基尔霍夫边界条件，得到标量场的基尔霍夫衍射积分公式。虽然在衍射孔径大于一个波长和观察面在一个波长之外的情况下，基尔霍夫衍射公式能够和实验结果很好地吻合，但是因为它在数学上不自洽，许多后来的研究人员仍然尝试对其进行修正。数学上自洽的瑞利-索末菲(Rayleigh-Sommerfeld)衍射积分公式回避了基尔霍夫边界条件的缺点，只对标量场或标量场的一阶方向导数做出限定。不论是基尔霍夫衍射积分还是瑞利-索末菲衍射积分，都可以根据观察面和衍射孔径之间距离的远近看作菲涅耳近似或夫琅禾费近似。由于光刻机掩模到投影物镜和投影物镜到硅片面的距离都满足夫琅禾费衍射条件，因此可以利用夫琅禾费近似描述光刻机成像过程中标量场在自由空间的衍射行为。根据傅里叶光学观点，夫琅禾费衍射相当于空间域和频率域之间的傅里叶变换。把光刻机投影物镜的光瞳作为联系物方和像方的桥梁，应用傅里叶光学和傅里叶变换的相关知识，可以得到基于空间频率域处理方法的相干成像模型，然后根据成像系统的线性平移不变性，将其用于部分相干成像模型[1]。

1. 标量惠更斯-菲涅耳原理

惠更斯-菲涅耳原理认为光波波前上的任意一点都可以看成一个次级的扰动源，次级光源向外发出球面波，光的传播过程就是次级扰动源发出的球面波重新干涉叠加的过程。惠更斯-菲涅耳原理可以表示为

$$U(P_1)=\iint_S K(\chi)U(P_0)\frac{\exp(\mathrm{j}ks)}{s}\,\mathrm{d}S \tag{2.1}$$

其中，$U(P_0)$为初始波前；s为次级扰动源到观察点的距离；$K(\chi)$为倾斜因子；$U(P_1)$为观察点的复振幅。

2. 标量基尔霍夫衍射理论

标量基尔霍夫定理考察均匀无源介质中一个闭合曲面内的光场分布，如图 2-1 所示，其表达式为

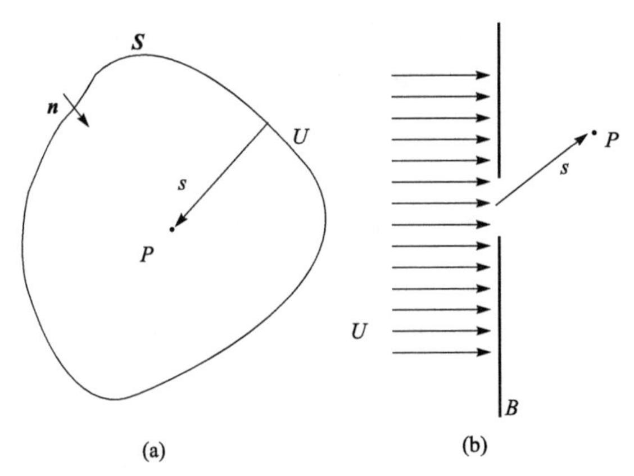

图 2-1 闭合曲面内的光场分布示意图

$$U(P)=\frac{1}{4\pi}\iint_S\left[U\frac{\partial}{\partial \boldsymbol{n}}\left(\frac{\mathrm{e}^{\mathrm{i}ks}}{s}\right)-\frac{\mathrm{e}^{\mathrm{i}ks}}{s}\frac{\partial U}{\partial \boldsymbol{n}}\right]\mathrm{d}S \tag{2.2}$$

其中，$\boldsymbol{n}$ 是闭合曲面的内法向矢量；P 是观察点；U 是闭合曲面上的光场复振幅函数。

用标量基尔霍夫定理分析不透光屏上孔径的衍射即得到标量基尔霍夫衍射公式，此时需要采用基尔霍夫边界条件，即位于屏 B 后方不透光区域的光场及其方向导数均为零，而位于透光区域的光场及其方向导数不变。由于边界条件同时限定了光场及其一阶方向导数，因此基尔霍衍射公式被认为不自洽。

3. 瑞利-索末菲衍射理论

瑞利-索末菲衍射理论弥补了基尔霍夫公式不自洽的缺陷，但是它的计算结果在和实验结果相吻合方面并不一定比基尔霍夫积分公式更准确。仍旧有人对瑞利-索末菲衍射公式持怀疑态度，认为数学上的不自洽并不能说明物理上的不合理。瑞利-索末菲积分公式包括第一类和第二类，它们分别如式(2.3)和式(2.4)所示：

$$U(x,y,z)=-\frac{1}{2\pi}\iint_B U(x',y',0)\frac{\partial}{\partial n}\left(\frac{\mathrm{e}^{\mathrm{i}ks}}{s}\right)\mathrm{d}x'\mathrm{d}y' \tag{2.3}$$

$$U(x,y,z)=-\frac{1}{2\pi}\iint_B \frac{\mathrm{e}^{\mathrm{i}ks}}{s}\frac{\partial U(x',y',0)}{\partial n}\,\mathrm{d}x'\mathrm{d}y' \tag{2.4}$$

需要强调的是，瑞利-索末菲衍射积分只适用于分析平面屏上的孔径衍射，对于任意空间曲面的衍射问题并不适用。

4. 傅里叶光学与标量平面波谱理论

任意平面上分布的光场都可以分解成为无数的平面波谱分量，这些平面波谱分量有不同的传播方向，它们互相叠加即得到原光场。设 $z=0$ 平面上的光场分布为 $U(x,y)$，其平面波谱为 $A(f_x,f_y)$，为单色波长，即平面波谱的变换公式为

$$A(f_x,f_y,0)=\iint_\infty U(x,y,0)\exp\left[-\mathrm{i}\frac{2\pi}{\lambda}(f_x\cdot x+f_y\cdot y)\right]\mathrm{d}x\mathrm{d}y \tag{2.5}$$

$$U(x,y,0)=\frac{1}{\lambda^2}\iint_\infty A(f_x,f_y,0)\exp\left[\mathrm{i}\frac{2\pi}{\lambda}(f_x\cdot x+f_y\cdot y)\right]\mathrm{d}f_x\mathrm{d}f_y \tag{2.6}$$

由式(2.5)和式(2.6)可知，如果将平面坐标按波长归一化，则 $A(f_x,f_y,0)$ 和 $U(x,y,0)$ 是一对傅里叶变换对。

2.1.2 矢量衍射理论[1,2]

矢量衍射理论可以分为两类，一类是基于麦克斯韦方程组的衍射积分公式，通常能够给出矢量衍射的解析表达式；另一类则是通过数值方法严格求解麦克斯韦方程组的矢量衍射理论。通常情况下，在大数值孔径光刻成像的矢量场建模中需要同时用到上述两

类矢量衍射理论，采用数值计算得到厚掩模的近场分布，然后采用矢量衍射积分公式求解在物方和像方的自由空间矢量衍射场[1,2]。

2.1.2.1　基于麦克斯韦方程组的矢量衍射理论

早期矢量衍射理论的研究延续了标量场基尔霍夫衍射积分定理研究的思路，通过求解麦克斯韦方程组得到空间闭合曲面内电磁场分布的积分表达式，然后在不同边界条件下将积分公式用于衍射问题的求解。基于经典的电磁场理论，Kottler[3]、Stratton 和 Chu[4]、Franz[5]和 Tai[6]等分别从麦克斯韦方程出发讨论了电磁场在自由空间的传播和衍射行为，这些理论被应用于光学领域讨论不透光屏上的小孔衍射和大数值孔径光学系统的成像等问题，统称为矢量衍射理论。

1. 矢量衍射积分

基于麦克斯韦方程组的矢量衍射理论不仅考虑电磁场在三维空间中的方向性，同时将空间中的电场 $\boldsymbol{E}$ 和磁场 $\boldsymbol{H}$ 看成一个互相耦合的并发系统，对联系 $\boldsymbol{E}$ 和 $\boldsymbol{H}$ 的一阶矢量方程进行求解。按照通常的处理情况，考虑一个空气介质均匀分布的三维自由空间，其中闭合曲面 S 上的 $\boldsymbol{E}$ 和 $\boldsymbol{H}$ 已知，且该闭合曲面包含一个无源的内部，即不包括电流源、点电荷和磁流源等激励源，如图 2-2 所示。

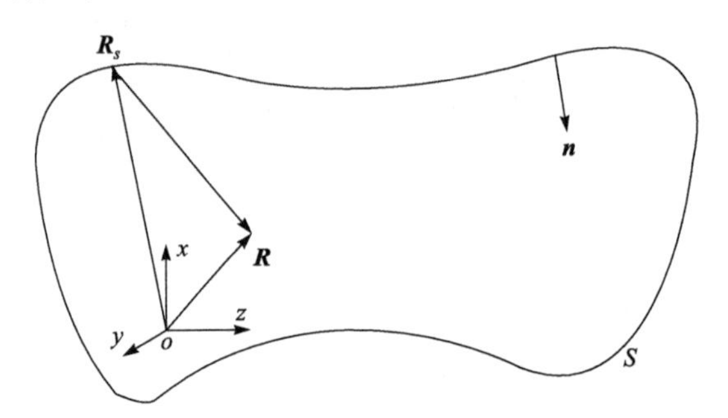

图 2-2　空气介质组成的自由空间中的闭合曲面

S 曲面上的点坐标为 $\boldsymbol{R}_s(x_s, y_s, z_s)$，其内部的点坐标为 $\boldsymbol{R}(x, y, z)$，$\boldsymbol{n}$ 表示闭合曲面的内法向矢量，忽略简谐振动的电磁场的时间因子 $\exp(-\mathrm{i}\omega t)$，$S$ 曲面及其内部的电磁场满足麦克斯韦方程组

$$\begin{cases}\nabla\times\boldsymbol{E}=\mathrm{i}\omega\mu_0\boldsymbol{H}\\ \nabla\times\boldsymbol{H}=\boldsymbol{J}-\mathrm{i}\omega\varepsilon_0\boldsymbol{E}\\ \nabla\cdot\boldsymbol{E}=\dfrac{\rho}{\varepsilon_0}\\ \nabla\cdot\boldsymbol{H}=0\\ \nabla\cdot\boldsymbol{J}=\mathrm{i}\omega\rho\end{cases} \tag{2.7}$$

其中，$\boldsymbol{J}$ 是电流密度；ρ 是自由电荷密度；ω 是电磁场的谐振角频率；ε_0 和 μ_0 分别为空气中的介电常数和磁导率。由于所考虑的自由空间是一个无源区域，因此有 J=0 和 ρ=0。

Kottler 首先考虑在曲面 S 上存在一个缺口的情况，缺口导致曲面不再闭合，缺口边沿的曲线表示为 Γ 。然后，将标量场的基尔霍夫积分公式(2.2)扩展为矢量场的形式

$$4\pi\phi^R = \iint_S \left\{\varphi_0\left[n\cdot\nabla\phi^S - \phi^S(n\cdot\nabla\varphi_0)\right]\right\}\mathrm{d}S \tag{2.8}$$

其中，ϕ^S 是未受到不连续曲面干扰的原电磁场分量；ϕ^R 是曲面内部衍射的结果；$\varphi_0 = \exp(\mathrm{i}kR_0)/R_0$ 是辅助函数，其中 $\boldsymbol{R}_0 = \boldsymbol{R} - \boldsymbol{R}_s$，且有关系式 $R_0 = |\boldsymbol{R}_0|$ 和 $\boldsymbol{r}_0 = \boldsymbol{R}_0 / R_0$。于是变换得到

$$\begin{aligned}4\pi\phi^R &= \oint_\Gamma (\mathrm{d}l\times\phi^S)\varphi_0 - \iint_S \varphi_0 n\times(\nabla\times\phi^S)\mathrm{d}S \\ &\quad -\nabla\times\iint_S \varphi_0(n\times\phi^S)\mathrm{d}S + \nabla\iint_S \varphi_0(n\cdot\phi^S)\mathrm{d}S\end{aligned} \tag{2.9}$$

再将式(2.7)中的 E 和 H 分别代入式(2.9)中，得到

$$\begin{aligned}4\pi E(R) &= \oint_\Gamma\left[\mathrm{d}l\times E(R_s)\right]\varphi_0 - \frac{1}{\mathrm{i}k}\nabla\oint_\Gamma\left[\mathrm{d}l\cdot H(R_s)\right]\varphi_0 \\ &\quad -\nabla\times\iint_S \varphi_0\left[n\times E(R_s)\right]\mathrm{d}S + \frac{1}{\mathrm{i}k}\nabla\times\nabla\times\iint_S \varphi_0\left[n\times H(R_s)\right]\mathrm{d}S\end{aligned} \tag{2.10}$$

$$\begin{aligned}4\pi H(R) &= \oint_\Gamma\left[\mathrm{d}l\times H(R_s)\right]\varphi_0 + \frac{1}{\mathrm{i}k}\nabla\oint_\Gamma\left[\mathrm{d}l\cdot E(R_s)\right]\varphi_0 \\ &\quad -\nabla\times\iint_S \varphi_0\left[n\times H(R_s)\right]\mathrm{d}S - \frac{1}{\mathrm{i}k}\nabla\times\nabla\times\iint_S \varphi_0\left[n\times E(R_s)\right]\mathrm{d}S\end{aligned} \tag{2.11}$$

在式(2.10)和式(2.11)中，Kottler 已经推导出了 Franz 公式，但是并没有引起他的注意。上式中的 $-\frac{1}{\mathrm{i}k}\nabla\oint_\Gamma\left[\mathrm{d}l\cdot H(R_s)\right]\varphi_0$ 和 $\frac{1}{\mathrm{i}k}\nabla\oint_\Gamma\left[\mathrm{d}l\cdot E(R_s)\right]\varphi_0$ 即是 Stratton 和 Chu 为了使矢量基尔霍夫积分公式能够在不连续边界条件下继续满足麦克斯韦方程组所加入的衍射孔径边沿的线积分。在式(2.10)和式(2.11)的基础上，Kottler 继续根据 Saltus 边界条件，把矢量基尔霍夫公式写为

$$\begin{aligned}4\pi E(R) &= \iint_S\left[\varphi_0\frac{\partial E(R_s)}{\partial n} - E(R_s)\frac{\partial\varphi_0}{\partial n}\right]\mathrm{d}S \\ &\quad -\oint_\Gamma[\mathrm{d}l\times E(R_s)]\varphi_0 + \frac{1}{\mathrm{i}k}\nabla\oint_\Gamma[\mathrm{d}l\cdot H(R_s)]\varphi_0\end{aligned} \tag{2.12}$$

$$\begin{aligned}4\pi H(R) &= \iint_S\left[\varphi_0\frac{\partial H(R_s)}{\partial n} - H(R_s)\frac{\partial\varphi_0}{\partial n}\right]\mathrm{d}S \\ &\quad -\oint_\Gamma[\mathrm{d}l\times H(R_s)]\varphi_0 - \frac{1}{\mathrm{i}k}\nabla\oint_\Gamma[\mathrm{d}l\cdot E(R_s)]\varphi_0\end{aligned} \tag{2.13}$$

式(2.12)和式(2.13)是 Kottler 最先推导出的矢量衍射积分公式，它能够用于分析不连续边界曲面上的电磁场衍射，积分结果满足麦克斯韦方程组。如果用 Kottler 提出的边界上的跳跃(saltus)理论来解释基尔霍夫边界条件，矢量基尔霍夫积分公式将被证明为在数学上是自洽的。但是在 1975 年，他在边界上的解释被证明有错误，Asvestas[7]认为他

在衍射孔径边沿的场的假设和实际情况不相符。需要注意式中的梯度算符均对观察点坐标 $\boldsymbol{R}(x,y,z)$ 起作用。

Stratton 和 Chu[4]推导的矢量衍射积分公式最广为人知，应用最广泛。他们利用矢量格林定理，从麦克斯韦方程组出发，推导了连续闭合曲面上的电磁场的衍射积分公式

$$E(R)=-\frac{1}{4\pi}\iint_S\left\{\mathrm{i}\omega\mu_0\left[n\times H(R_s)\varphi_0\right]+\left[n\times E(R_s)\right]\times\nabla\varphi_0+(n\cdot E)\nabla\varphi_0\right\}\mathrm{d}S \tag{2.14}$$

$$H(R)=\frac{1}{4\pi}\iint_S\left\{\mathrm{i}\omega\varepsilon_0\left[n\times E(R_s)\varphi_0\right]-\left[n\times H(R_s)\right]\times\nabla\varphi_0+(n\cdot H)\nabla\varphi_0\right\}\mathrm{d}S \tag{2.15}$$

为了使式(2.14)和式(2.15)能够适用于不连续边界面的衍射，他们仿照 Kottler 的处理方法引入了沿孔径边沿的曲线积分 $-\frac{1}{\mathrm{i}k}\oint_\Gamma\nabla\varphi_0 H(R_s)\cdot\mathrm{d}l$ 和 $\frac{1}{\mathrm{i}k}\oint_\Gamma\nabla\varphi_0 E(R_s)\cdot\mathrm{d}l$ 。

Tai[6]从麦克斯韦方程组出发，利用并矢格林函数重新推导了 Franz 公式，指出 Franz 公式本身包含了 Stratton-Chu 公式中人为加入的线积分项，它既能用于连续闭合曲面，也可以用于不连续的边界条件。Tai 重新推导得到的 Franz 公式为

$$E(\boldsymbol{R})=\oiint_S\left\{\nabla\times[G_0(\boldsymbol{n}\times E(\boldsymbol{R}_s))]+\frac{\mathrm{i}}{k}\sqrt{\frac{\mu_0}{\varepsilon_0}}\nabla\times\nabla\times[G_0(\boldsymbol{n}\times H(\boldsymbol{R}_s))]\right\}\mathrm{d}S \tag{2.16}$$

$$H(\boldsymbol{R})=\oiint_S\left\{\nabla\times[G_0(\boldsymbol{n}\times H(\boldsymbol{R}_s))]-\frac{\mathrm{i}}{k}\sqrt{\frac{\varepsilon_0}{\mu_0}}\nabla\times\nabla\times[G_0(\boldsymbol{n}\times E(\boldsymbol{R}_s))]\right\}\mathrm{d}S \tag{2.17}$$

其中，G_0 表示自由空间标量格林函数 $G_0=\exp(\mathrm{i}kR_0)/(4\pi R_0)$ 。对比式(2.16)、式 (2.17)和式 (2.10)、式(2.11)可知，Kottler 在推导其矢量基尔霍夫积分公式时已经得到了 Franz 公式，即应用于不连续曲面的 Kottler 公式和 Stratton-Chu 公式都可以进一步化简为 Franz 公式。

Stratton、Chu[4]和 Tai[6]等均对人为加入的曲线积分进行了解释，即在不连续边界上电场和磁场分布的跳变会引起一个沿边界的线电流积分，这个线积分弥补了衍射公式在不连续边界不满足麦克斯韦方程组的缺点。如果仔细考察这个线电流积分，将会发现它实际表示了在边界上采用基尔霍夫近似条件，因为在计算线积分时孔径内的场是原入射电磁场，而孔径外不透光部分的场都取为零。通过化简 Franz 公式，可以找到惠更斯原理中描述的二次惠更斯源的具体表达形式，利用二次惠更斯源的表达式能够进一步解释不透光屏上小孔的衍射现象。

2. 严格数值计算方法

虽然上述矢量衍射理论均从麦克斯韦方程出发得到衍射的解析表达式，但是它们有一个共同的无法解决的难题，即如何确定严格的边界条件。严格边界衍射问题的解析解一般无法得到，少量的严格解只适用于一些特殊实例，如索末菲对理想的无限薄半平面导体衍射问题的求解。由于在边界条件上通常只能取近似，因此上述矢量衍射理论并不能完美解决实际中的衍射问题。为了解决矢量衍射中的边界条件问题，多种通过严格数值计算求解麦克斯韦方程组的方法被提出，并随着计算机技术的飞速发展而得到广泛应

用。这些数值计算方法包括时域有限差分法(finite-difference time-domain, FDTD)、严格耦合波分析法(the rigorous coupled-wave analysis，RCWA)、波导法(the waveguide method，WG)、离散偶极子近似法(discrete dipole approximation，DDA)和有限元法(finite element method, FEM)等。

1) 时域有限差分法[2]

时域有限差分法是经典电磁场计算方法之一，被广泛用于电磁兼容、天线设计等不同电磁场仿真领域。该方法将所仿真的物体在空间域内划分成离散的立方元胞(Yee 元胞)，对各元胞采用差分计算代替电磁场的偏微分，结合照明及边界条件，在时间轴上按一定的时间步长，迭代求解含时变化的麦克斯韦微分方程组，直至数值解稳定收敛，得到仿真物体的电磁场分布。

其基本原理如下：首先根据麦克斯韦方程组有

$$\nabla\times\boldsymbol{H}=\frac{\partial\boldsymbol{D}}{\partial t}+\boldsymbol{J}\tag{2.18}$$

$$\nabla\times\boldsymbol{E}=-\frac{\partial\boldsymbol{B}}{\partial t}-\boldsymbol{J}_{\mathrm{m}}\tag{2.19}$$

其中，$\boldsymbol{D}$，$\boldsymbol{J}$，$\boldsymbol{E}$ 分别为电通量密度、电流密度及电场强度；$\boldsymbol{H}$，$\boldsymbol{B}$，$\boldsymbol{J}_{\mathrm{m}}$ 分别为磁场强度、磁通量密度及磁流密度。在各向同性线性介质中满足物质方程：

$$\boldsymbol{D}=\varepsilon\boldsymbol{E},\ \boldsymbol{B}=\mu\boldsymbol{H},\ \boldsymbol{J}=\sigma\boldsymbol{E},\ \boldsymbol{J}_{\mathrm{m}}=\sigma_{\mathrm{m}}\boldsymbol{H}\tag{2.20}$$

其中，ε，σ 分别为介电常数及电导率；μ，σ_{m} 分别为磁导系数和磁导率。通常对非磁性材料有 $\mu=\mu_0$，$\sigma_{\mathrm{m}}=0$。在上述条件下将麦克斯韦方程组在直角坐标系中展开为

$$\begin{cases}\dfrac{\partial\boldsymbol{H}_z}{\partial y}-\dfrac{\partial\boldsymbol{H}_y}{\partial z}=\varepsilon\dfrac{\partial\boldsymbol{E}_x}{\partial t}+\sigma\boldsymbol{E}_x\\[2mm]\dfrac{\partial\boldsymbol{H}_x}{\partial z}-\dfrac{\partial\boldsymbol{H}_z}{\partial x}=\varepsilon\dfrac{\partial\boldsymbol{E}_y}{\partial t}+\sigma\boldsymbol{E}_y\\[2mm]\dfrac{\partial\boldsymbol{H}_y}{\partial x}-\dfrac{\partial\boldsymbol{H}_x}{\partial y}=\varepsilon\dfrac{\partial\boldsymbol{E}_z}{\partial t}+\sigma\boldsymbol{E}_z\end{cases}\tag{2.21}$$

及

$$\begin{cases}\dfrac{\partial\boldsymbol{E}_z}{\partial y}-\dfrac{\partial\boldsymbol{E}_y}{\partial z}=-\mu\dfrac{\partial\boldsymbol{H}_x}{\partial t}-\sigma_{\mathrm{m}}\boldsymbol{H}_x\\[2mm]\dfrac{\partial\boldsymbol{E}_x}{\partial z}-\dfrac{\partial\boldsymbol{E}_z}{\partial x}=-\mu\dfrac{\partial\boldsymbol{H}_y}{\partial t}-\sigma_{\mathrm{m}}\boldsymbol{H}_y\\[2mm]\dfrac{\partial\boldsymbol{E}_y}{\partial x}-\dfrac{\partial\boldsymbol{E}_x}{\partial y}=-\mu\dfrac{\partial\boldsymbol{H}_z}{\partial t}-\sigma_{\mathrm{m}}\boldsymbol{H}_z\end{cases}\tag{2.22}$$

将仿真物体划分为如图 2-3 所示的立方体网格，对每个网格上对应的电场及磁场分量，采用有限差分近似，计算式(2.21)和式(2.22)所描述的偏微分方程。采用标记表示在步长为 $(\varDelta_x,\varDelta_y,\varDelta_z,\varDelta_t)$ 的空间、时间步索引 (m,n,p,q) 上各电磁场分量的值，以电磁场六个

分量中的一个为例，如下所示：

$$H_x(x,y,z,t)=H_x(m\Delta_x,n\Delta_y,p\Delta_z,q\Delta_t)=H_x^q[m,n,p] \tag{2.23}$$

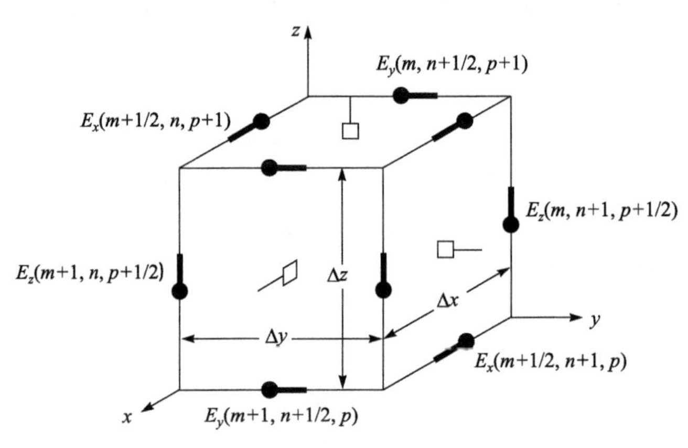

图 2-3　FDTD 方法 Yee 元胞示意图

同样以式(2.22)中的一个方程：$\frac{\partial \boldsymbol{E}_z}{\partial y}-\frac{\partial \boldsymbol{E}_y}{\partial z}=-\mu\frac{\partial \boldsymbol{H}_x}{\partial t}-\sigma_{\mathrm{m}}\boldsymbol{H}_{\mathrm{x}}$ 为例，对该方程中时间及坐标的偏导数分别求取其对应的二阶中心差分近似，有

$$-\mu\frac{\partial \boldsymbol{H}_x}{\partial t}-\sigma_{\mathrm{m}}\boldsymbol{H}_x=\left.\frac{\partial \boldsymbol{E}_z}{\partial y}-\frac{\partial \boldsymbol{E}_y}{\partial z}\right|_{z=m\Delta_x,y=(n+1/2)\Delta_y,z=(p+1/2)\Delta_z,t=q\Delta_t} \tag{2.24}$$

其他方程可类似展开，结合上述方程及标记展开麦克斯韦方程组，得到各电磁场的差分迭代公式。同样以 H_x 为例有

$$\begin{aligned}H_x^{q+\frac{1}{2}}\left[m,n+\frac{1}{2},p+\frac{1}{2}\right]&=\frac{1-\frac{\sigma_{\mathrm{m}}\Delta_t}{2\mu}}{1+\frac{\sigma_{\mathrm{m}}\Delta_t}{2\mu}}H_x^{q-\frac{1}{2}}\left[m,n+\frac{1}{2},p+\frac{1}{2}\right]\\&+\frac{1}{1+\frac{\sigma_{\mathrm{m}}\Delta_t}{2\mu}}\left(\begin{aligned}&\frac{\Delta_t}{\mu\Delta_z}\left\{E_y^q\left[m,n+\frac{1}{2},p+1\right]-E_y^q\left[m,n+\frac{1}{2},p\right]\right\}\\&-\frac{\Delta_t}{\mu\Delta_z}\left\{E_z^q\left[m,n+1,p+\frac{1}{2}\right]-E_y^q\left[m,n,p+\frac{1}{2}\right]\right\}\end{aligned}\right)\end{aligned} \tag{2.25}$$

在假定各网格空间坐标步长相等即 $\Delta_x=\Delta_y=\Delta_z=\delta$，且介质参数不随时间变化的情况下，迭代更新公式的系数可表示为

$$C_{hxh}\left[m,n+\frac{1}{2},p+\frac{1}{2}\right]=\left.\frac{1-\frac{\sigma_{\mathrm{m}}\Delta_t}{2\mu}}{1+\frac{\sigma_{\mathrm{m}}\Delta_t}{2\mu}}\right|_{m\delta,\left(n+\frac{1}{2}\right)\delta,\left(p+\frac{1}{2}\right)\delta} \tag{2.26}$$

$$C_{hxe}\left[m,n+\frac{1}{2},p+\frac{1}{2}\right]=\frac{1}{1+\dfrac{\sigma_{\mathrm{m}}\Delta_t}{2\mu}}\frac{\Delta_t}{\mu\delta}\Bigg|_{m\delta,\left(n+\frac{1}{2}\right)\delta,\left(p+\frac{1}{2}\right)\delta} \tag{2.27}$$

结合(2.25)～式(2.27)，对不同时间步的迭代更新为

$$\begin{aligned}H_x^{q+1}[m,n,p]&=C_{hxh}[m,n,p]H_x^q[m,n,p]\\&\quad+C_{hxe}[m,n,p]\begin{pmatrix}\left\{E_y^q[m,n,p+1]-E_y^q[m,n,p]\right\}\\-\left\{E_z^q[m,n+1,p]-E_y^q[m,n,p]\right\}\end{pmatrix}\end{aligned} \tag{2.28}$$

其他五个分量的迭代公式可依此类推，利用对各磁场分量的迭代公式，选定空间时间步长后，进行迭代求解，直至各分量值收敛稳定，即得到仿真物体的电磁场分布。

FDTD 利用立方体网格的特殊结构，结合电场矢量与磁场矢量相互垂直的特性，解耦其他无关分量。同时利用前一时刻的电场/磁场分量计算下一时刻的磁场/电场分量，物理图像较为直观，可得到不同时间步下的电磁场分布。在采用精细网格划分尺寸的条件下，FDTD 可实现对不同复杂结构及材料的高精度电磁场仿真计算。然而，由于采用差分近似代替偏导数计算会带来一定误差，这将影响其计算求解的稳定性。此外，FDTD 的差分近似同样会导致电磁波的相速与频率有关，产生由数值离散引起的色散问题。为保证求解的稳定性，应将时间步长 Δt 及空间步长 δ 取到足够小，即通常应满足式 (2.29)所示的 Courant 稳定性条件，同时应满足经验公式 $\delta<\lambda/12$，以减少数值色散问题的影响。

$$c\Delta t\leqslant\frac{1}{\sqrt{\dfrac{1}{(\Delta x)^2}+\dfrac{1}{(\Delta y)^2}+\dfrac{1}{(\Delta z)^2}}}=\frac{\delta}{\sqrt{3}} \tag{2.29}$$

2) 严格耦合波分析法[2]

严格耦合波分析法同波导法及傅里叶模式展开法(modal method by Fourier expansion，MMFE)计算原理相同，为同一类基于模式理论及傅里叶展开的方法[8-12]。这类方法通过将仿真物体划分为具有不同介质区域的多层层状结构，将不同区域的电磁场及材料电介质系数展开为傅里叶级数，并结合区域边界条件求解麦克斯韦方程组，可直接得到仿真物体的远场衍射谱振幅和相位分布。本小节介绍针对三维结构的严格电磁场波导法的原理。

以三维 EUV 掩模的衍射计算为例，如图 2-4 所示，将三维 EUV 掩模结构划分为多层结构，各层结构在 z 方向具有各向同性的电介质分布，而在 x，y 方向被矩形块网格划分。在每层内电介质分布由 $\varepsilon(x,y)$ 表示。

在高斯单位制下，麦克斯韦方程组为

$$
\begin{cases}
\nabla \cdot (\varepsilon \boldsymbol{E}) = 0 \\
\nabla \times \boldsymbol{E} = \mathrm{i}k\boldsymbol{H} \\
\nabla \cdot \boldsymbol{H} = 0 \\
\nabla \times \boldsymbol{H} = -\mathrm{i}k\varepsilon\boldsymbol{E}
\end{cases}
\tag{2.30}
$$

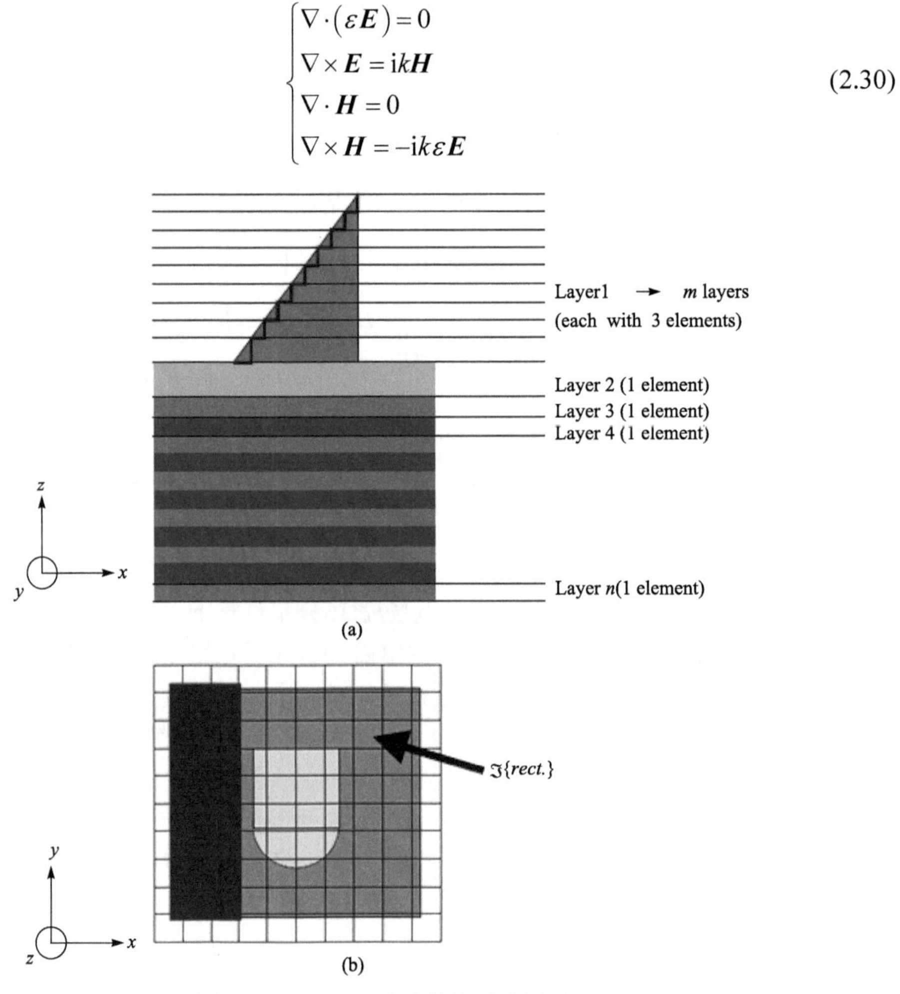

图 2-4　RCWA 方法掩模分割示意图

采用传统方法对电磁场进行求解，通常基于电磁波的 $\boldsymbol{E}$ 和 $\boldsymbol{H}$，在计算中考虑每个矢量的空间坐标分量，共计有 6 个，而采用其对应的矢势(标量电势 ϕ，磁矢势 $\boldsymbol{A}$，共计 4 个分量)可有效减少计算分量，从而提高计算速度。对此，根据矢量的旋度无散，以及矢量梯度无旋的特性，结合电磁场所满足的麦克斯韦方程组，按如下方式定义磁场矢势 $\boldsymbol{A}$：

$$
\boldsymbol{H} = \nabla \times \boldsymbol{A}
\tag{2.31}
$$

及电势 ϕ：

$$
\boldsymbol{E} = \mathrm{i}k\boldsymbol{A} - \nabla\phi
\tag{2.32}
$$

将式(2.31)和式(2.32)代入式(2.30)的第四个方程有

$$
\nabla^2 \boldsymbol{A} + k^2 \varepsilon \boldsymbol{A} - \nabla(\nabla \cdot \boldsymbol{A}) + \mathrm{i}k\varepsilon\nabla\phi = 0
\tag{2.33}
$$

由于仅采用上述定义，所以由 ϕ 和 $\boldsymbol{A}$ 所描述的电磁场并不唯一，即当 ϕ 和 $\boldsymbol{A}$ 进行度规变换时($\boldsymbol{A} \to \boldsymbol{A} - \nabla\Lambda,\ \phi \to \phi - \nabla\phi$)，并不影响对电磁场的描述。对此，利用洛伦兹规范

式 (2.34)对 ϕ 和 $\boldsymbol{A}$ 进行进一步约束，

$$\nabla\cdot\boldsymbol{A}=\mathrm{i}k\varepsilon\phi \tag{2.34}$$

则只要选取任意满足式(2.35)的度规函数 $\varLambda$，即可满足式(2.34)的规范，

$$\nabla^2\varLambda+k^2\varepsilon\varLambda=0 \tag{2.35}$$

同时可将式(2.33)简化为

$$\nabla^2\boldsymbol{A}+k^2\varepsilon\boldsymbol{A}-\nabla(\log\varepsilon)(\nabla\cdot\boldsymbol{A})=0 \tag{2.36}$$

对如图 2-4 所示的各层介质，由于 z 方向电介质系数相同，梯度为 0，式(2.36)的 z 方向分量可表示为

$$\nabla^2\boldsymbol{A}_z+k^2\varepsilon\boldsymbol{A}_z=0 \tag{2.37}$$

选取适当的度规函数 $\varLambda$，使其满足式(2.18)并有 $\dfrac{\partial\varLambda}{\partial z}=\boldsymbol{A}_z$，则式(2.36)可简化为对 $\boldsymbol{A}_x(x,y,z)$，$\boldsymbol{A}_y(x,y,z)$ 两分量耦合微分方程的求解

$$\nabla^2\boldsymbol{A}_x+k^2\varepsilon\boldsymbol{A}_x-\frac{\partial}{\partial x}(\log\varepsilon)\left(\frac{\partial\boldsymbol{A}_x}{\partial x}+\frac{\partial\boldsymbol{A}_y}{\partial y}\right)=0 \tag{2.38}$$

$$\nabla^2\boldsymbol{A}_y+k^2\varepsilon\boldsymbol{A}_y-\frac{\partial}{\partial y}(\log\varepsilon)\left(\frac{\partial\boldsymbol{A}_x}{\partial x}+\frac{\partial\boldsymbol{A}_y}{\partial y}\right)=0 \tag{2.39}$$

$$\boldsymbol{A}_z=0 \tag{2.40}$$

根据方程形式，可对 $\boldsymbol{A}_x(x,y,z)$，$\boldsymbol{A}_y(x,y,z)$ 进行变量分离

$$\boldsymbol{A}_x=f(x,y)Z(z),\quad \boldsymbol{A}_y=g(x,y)Z(z) \tag{2.41}$$

将式(2.41)代入式(2.38)和式(2.39)有

$$\frac{\partial^2 f}{\partial x^2}Z+\frac{\partial^2 f}{\partial y^2}Z+f\frac{\partial^2 Z}{\partial z^2}+k^2\varepsilon fZ-\frac{\partial}{\partial x}(\log\varepsilon)\left(\frac{\partial f}{\partial x}Z+\frac{\partial g}{\partial y}Z\right)=0 \tag{2.42}$$

$$\frac{\partial^2 g}{\partial x^2}Z+\frac{\partial^2 g}{\partial y^2}Z+g\frac{\partial^2 Z}{\partial z^2}+k^2\varepsilon gZ-\frac{\partial}{\partial y}(\log\varepsilon)\left(\frac{\partial f}{\partial x}Z+\frac{\partial g}{\partial y}Z\right)=0 \tag{2.43}$$

单独针对 z 部分，由其对应的二阶微分方程解的特性，可得

$$Z(z)=C\exp(\alpha z)+C'\exp(-\alpha z) \tag{2.44}$$

将式(2.44)代入式(2.42)和式(2.43)，有

$$\frac{\partial^2 f}{\partial x^2}+\frac{\partial^2 f}{\partial y^2}+f\alpha^2+k^2\varepsilon f-\frac{\partial}{\partial x}(\log\varepsilon)\left(\frac{\partial f}{\partial x}+\frac{\partial g}{\partial y}\right)=0 \tag{2.45}$$

$$\frac{\partial^2 g}{\partial x^2}+\frac{\partial^2 g}{\partial y^2}+g\alpha^2+k^2\varepsilon g-\frac{\partial}{\partial y}(\log\varepsilon)\left(\frac{\partial f}{\partial x}+\frac{\partial g}{\partial y}\right)=0 \tag{2.46}$$

同样，观察上述微分方程，将 $f(x,y)$，$g(x,y)$ 展开为傅里叶级数试探解形式

$$f(x,y)=\sum_{l=-L}^{L}\sum_{m=-M}^{M}B_{l,m}\exp[\mathrm{i}2\pi(b_1lx+b_2my)] \tag{2.47}$$

$$g(x,y)=\sum_{l=-L}^{L}\sum_{m=-M}^{M}D_{l,m}\exp[\mathrm{i}2\pi(b_1lx+b_2my)] \tag{2.48}$$

同时将电介质函数进行傅里叶级数展开有

$$\begin{cases}\varepsilon(x,y)=\sum_{n}\sum_{p}\varepsilon_{n,p}\exp[\mathrm{i}2\pi(b_1nx+b_2py)]\\ \log[\varepsilon(x,y)]=\sum_{n}\sum_{p}\varepsilon'_{n,p}\exp[\mathrm{i}2\pi(b_1nx+b_2py)]\end{cases} \tag{2.49}$$

将式(2.47)～式(2.49)代入式(2.45)和式(2.46)，得到一系列对应不同展开级次的方程组，对级次为(m,l)的方程组有

$$\begin{aligned}&\varPhi_l^2B_{l,m}+\varGamma_m^2B_{l,m}+\alpha^2B_{l,m}+k^2\sum_{n}\sum_{p}\varepsilon_{l-n,m-p}B_{n,p}\\&-\sum_{n}\sum_{p}\varPhi_{l-n}\varepsilon'_{l-n,m-p}\varPhi_nB_{n,p}-\sum_{n}\sum_{p}\varPhi_{l-n}\varepsilon'_{l-n,m-p}\varGamma_pD_{n,p}=0\end{aligned} \tag{2.50}$$

$$\begin{aligned}&\varPhi_l^2D_{l,m}+\varGamma_m^2D_{l,m}+\alpha^2D_{l,m}+k^2\sum_{n}\sum_{p}\varepsilon_{l-n,m-p}D_{n,p}\\&-\sum_{n}\sum_{p}\varGamma_{m-p}\varepsilon'_{l-n,m-p}\varPhi_nB_{n,p}-\sum_{n}\sum_{p}\varGamma_{m-p}\varepsilon'_{l-n,m-p}\varGamma_pD_{n,p}=0\end{aligned} \tag{2.51}$$

其中，$\varPhi_l=\mathrm{i}2\pi b_1l,\ \varGamma_m=\mathrm{i}2\pi b2m$。

将上述系列方程组写成矩阵形式，以双求和级次(m,l)对应矩阵行，(n,p)对应列有

$$\begin{bmatrix}G_1 & G_2\\ G_4 & G_3\end{bmatrix}\begin{pmatrix}B\\ D\end{pmatrix}=-\alpha^2\begin{pmatrix}B\\ D\end{pmatrix} \tag{2.52}$$

其中在各子矩阵对角线上，行为(m,l)，列为(n,p)，$n=m$，$p=l$，有

$$\begin{cases}[G_1]=-\varPhi_l^2-\varGamma_m^2-k^2\varepsilon_{0,0},\quad [G_2]=\varPhi_0\varepsilon'_{0,0}\varGamma_m=0\\ [G_4]=\varGamma_0\varepsilon'_{0,0}\varPhi_l=0,\quad [G_3]=-\varPhi_l^2-\varGamma_m^2-k^2\varepsilon_{0,0}\end{cases} \tag{2.53}$$

而在非对角线上，行为(m,l)，列为(n,p)，$n\neq m$，$p\neq l$，有

$$\begin{cases}[G_1]=-k^2\varepsilon_{l-n,m-p}+\varPhi_{l-n}\varepsilon'_{l-n,m-p}\varPhi_n,\quad [G_2]=\varPhi_{l-n}\varepsilon'_{l-n,m-p}\varGamma_p\\ [G_4]=\varGamma_{m-p}\varepsilon'_{l-n,m-p}\varPhi_n,\quad [G_3]=-k^2\varepsilon_{l-n,m-p}+\varGamma_{m-p}\varepsilon'_{l-n,m-p}\varGamma_p\end{cases} \tag{2.54}$$

通过求解式(2.52)所描述的特征方程问题，即可求得$\boldsymbol{A}_x$，$\boldsymbol{A}_y$中$f(x,y)$及$g(x,y)$的展开式系数。而对$Z(z)$分量的展开式系数，通过各介质层交界处电磁场连续性边界条件可求得，具体如下。

在第j层和第j+1层交界处，有

$$\begin{cases} E_x^j = E_x^{j+1}, & E_y^j = E_y^{j+1} \\ H_x^j = H_x^{j+1}, & H_y^j = H_y^{j+1} \end{cases} \tag{2.55}$$

而对入射光所在的空气层有

$$\boldsymbol{A}_x(\text{air})=\sum_l\sum_m[X_{l,m}^0\exp(-z\Omega_{l,m}^{\text{air}})+a_{x(l,m)}\exp(-z\Omega_{l,m}^{\text{air}})]\Psi_{l,m} \tag{2.56}$$

$$\boldsymbol{A}_y(\text{air})=\sum_l\sum_m[Y_{l,m}^0\exp(-z\Omega_{l,m}^{\text{air}})+a_{y(l,m)}\exp(z\Omega_{l,m}^{\text{air}})]\Psi_{l,m} \tag{2.57}$$

其中，

$$\Psi_{l,m}=\exp[\text{i}2\pi(b_1lx+b_2my)],\quad \Omega_{l,m}^{\text{air}}=\text{i}k[1-(lb_1\lambda)^2-(mb_2\lambda)^2]$$

对第 j 层介质层，有

$$\boldsymbol{A}_x^j=\sum_{h=1}^{2N}\{C_h^j\exp[\alpha_h^j(z-z_j)]+C_h^{j'}\exp[-\alpha_h^j(z-z_j)]\}\sum_{l=-L}^{L}\sum_{m=-M}^{M}B_{h,l,m}^j\Psi_{l,m} \tag{2.58}$$

$$\boldsymbol{A}_y^j=\sum_{h=1}^{2N}\{C_h^j\exp[\alpha_h^j(z-z_j)]+C_h^{j'}\exp[-\alpha_h^j(z-z_j)]\}\sum_{l=-L}^{L}\sum_{m=-M}^{M}D_{h,l,m}^j\Psi_{l,m} \tag{2.59}$$

对基底层，有

$$\boldsymbol{A}_x(\text{sub})=\sum_l\sum_m(X_{l,m}^S\exp\{\text{i}k(z-z_S)[\varepsilon_S-(lb_1\lambda)^2-(mb_2\lambda)^2]^{1/2}\})\Psi_{l,m} \tag{2.60}$$

$$\boldsymbol{A}_y(\text{sub})=\sum_l\sum_m(Y_{l,m}^S\exp\{\text{i}k(z-z_S)[\varepsilon_S-(lb_1\lambda)^2-(mb_2\lambda)^2]^{1/2}\})\Psi_{l,m} \tag{2.61}$$

根据式(2.31)、式(2.32)与式(2.56)～式(2.61)求得对应各界面的电场强度、磁场强度，同时为便于求解边界条件，将涉及的电介质系数的倒数进行傅里叶级数展开，有

$$\frac{1}{\varepsilon(x,y)}=\sum_n\sum_p\varepsilon_{n,p}''\exp[\text{i}2\pi(b_1nx+b_2py)] \tag{2.62}$$

则在 z=0 的入射界面，即空气与第 1 层介质交界面处，将计算得到的电场、磁场代入连续性条件式(2.55)，则对每一级次(m,l)有

$$\begin{aligned} &k^2[X_{l,m}^0+a_{x(l,m)}]+\Phi_l^2[X_{l,m}^0+a_{x(l,m)}]+\Phi_l\Gamma_m[Y_{l,m}^0+a_{y(l,m)}] \\ &=\sum_h(C_h^1+C_h'^1)\left[k^2B_{h,l,m}^1+\sum_n\sum_p\Phi_{l-n}\varepsilon_{l-n,m-p}''(\Phi_nB_{h,n,p}^1+\Gamma_pD_{h,n,p}^1)\right. \\ &\quad\left.+\sum_n\sum_p\varepsilon_{l-n,m-p}''(\Phi_n^2B_{h,n,p}^1+\Phi_n\Gamma_pD_{h,n,p}^1)\right] \end{aligned} \tag{2.63}$$

$$\begin{aligned} &k^2[Y_{l,m}^0+a_{y(l,m)}]+\Phi_l\Gamma_m[X_{l,m}^0+a_{x(l,m)}]+\Gamma_m^2[Y_{l,m}^0+a_{y(l,m)}] \\ &=\sum_h(C_h^1+C_h'^1)\left[k^2D_{h,l,m}^1+\sum_n\sum_p\Gamma_{m-p}\varepsilon_{l-n,m-p}''(\Phi_nB_{h,n,p}^1+\Gamma_pD_{h,n,p}^1)\right. \\ &\quad\left.+\sum_n\sum_p\varepsilon_{l-n,m-p}''(\Phi_n\Gamma_pB_{h,n,p}^1+\Gamma_p^2D_{h,n,p}^1)\right] \end{aligned} \tag{2.64}$$

$$\Omega_{l,m}[-X_{l,m}^0 + a_{x(l,m)}] = \sum_h \alpha_h^1 B_{h,n,p}^1 (C_h^1 - C_h'^1) \tag{2.65}$$

$$\Omega_{l,m}[-Y_{l,m}^0 + a_{y(l,m)}] = \sum_h \alpha_h^1 B_{h,n,p}^1 (C_h^1 - C_h'^1) \tag{2.66}$$

结合式(2.63)～式(2.66)消除 X^0 和 Y^0 项后写成矩阵形式，有

$$\begin{bmatrix} F_1^1 & F_2^1 \\ F_3^1 & F_4^1 \end{bmatrix} \begin{pmatrix} C^1 \\ C'^1 \end{pmatrix} = \begin{bmatrix} R_1 & R_2 \\ R_3 & R_4 \end{bmatrix} \begin{pmatrix} a_x \\ a_y \end{pmatrix} \tag{2.67}$$

或进一步写为

$$T^0 \begin{pmatrix} C^1 \\ C'^1 \end{pmatrix} = \begin{pmatrix} a_x \\ a_y \end{pmatrix}, \quad T^0 = R^{-1} F \tag{2.68}$$

其中，C 和 R 有 $2N$ 个元素，而 $N = (2N_x + 1)(2N_y + 1)$，$N_x = L, N_y = M$ 。F 拥有 $4N$ 行和 $2N$ 列。

而对介质层中的第 j 层和第 j+1 层，同样根据边界连续条件，写成矩阵形式

$$\begin{bmatrix} F_1^j & F_2^j \\ F_3^j & F_4^j \end{bmatrix} \begin{bmatrix} \exp(\alpha_h^j \Delta z_j) & -\exp(-\alpha_h^j \Delta z_j) \\ \exp(\alpha_h^j \Delta z_j) & \exp(-\alpha_h^j \Delta z_j) \end{bmatrix} \begin{pmatrix} C^j \\ C'^j \end{pmatrix} = \begin{bmatrix} F_1^{j+1} & 0 \\ F_2^{j+1} & 0 \\ 0 & F_3^{j+1} \\ 0 & F_4^{j+1} \end{bmatrix} \begin{bmatrix} 1 & -1 \\ 1 & 1 \end{bmatrix} \begin{pmatrix} C^{j+1} \\ C'^{j+1} \end{pmatrix} \tag{2.69}$$

式(2.69)进一步可表示为

$$\begin{pmatrix} C^j \\ C'^j \end{pmatrix} = T^j \begin{pmatrix} C^{j+1} \\ C'^{j+1} \end{pmatrix} \tag{2.70}$$

$$T^j = \frac{1}{2} \begin{bmatrix} \exp(-\alpha_h^j \Delta z_j) & \exp(-\alpha_h^j \Delta z_j) \\ -\exp(\alpha_h^j \Delta z_j) & \exp(\alpha_h^j \Delta z_j) \end{bmatrix} \begin{bmatrix} \begin{pmatrix} F_1^j \\ F_1^j \end{pmatrix}^{-1} & 0 \\ 0 & \begin{pmatrix} F_1^j \\ F_1^j \end{pmatrix}^{-1} \end{bmatrix} \begin{bmatrix} F_1^{j+1} & 0 \\ F_2^{j+1} & 0 \\ 0 & F_3^{j+1} \\ 0 & F_4^{j+1} \end{bmatrix} \begin{bmatrix} 1 & -1 \\ 1 & 1 \end{bmatrix} \tag{2.71}$$

同样，介质层最底层(q 层)与基底层(S 层)交界处连续条件的矩阵形式为

$$\begin{pmatrix} C^q \\ C'^q \end{pmatrix} = T^q \begin{pmatrix} X^S \\ Y^S \end{pmatrix} \tag{2.72}$$

$$T^q = \frac{1}{2} \begin{bmatrix} \exp(-\alpha_h^q \Delta z_q) & \exp(-\alpha_h^q \Delta z_q) \\ -\exp(\alpha_h^q \Delta z_q) & \exp(\alpha_h^q \Delta z_q) \end{bmatrix} \begin{bmatrix} \begin{pmatrix} F_1^q \\ F_1^q \end{pmatrix}^{-1} & 0 \\ 0 & \begin{pmatrix} F_1^q \\ F_1^q \end{pmatrix}^{-1} \end{bmatrix} \begin{bmatrix} G_1 & 0 \\ 0 & G_2 \\ G_3 & G_4 \\ G_5 & G_6 \end{bmatrix} \tag{2.73}$$

将各层连续性条件联立，即从底层到上层依次将各层 $\boldsymbol{T}$ 矩阵相乘可得最上层的振幅系数 U：

$$U^j = T^j T^{j+1} T^{j+2} T^{j+3} \cdots T^q \tag{2.74}$$

则从最底层的基底到最顶层的空气层有

$$\begin{pmatrix} a_x \\ a_y \end{pmatrix} = U^0 \begin{pmatrix} X^S \\ Y^S \end{pmatrix}, \quad \begin{pmatrix} X^S \\ Y^S \end{pmatrix} = \left(U^0\right)^{-1} \begin{pmatrix} a_x \\ a_y \end{pmatrix} \tag{2.75}$$

其中，a_x，a_y 为入射平面波对应的矢势 $\boldsymbol{A}$ 的振幅，其值可由入射平面波的电磁场强度确定

$$a_{x(l,m)} = \frac{H_{0y(l,m)}}{\Omega_{l,m}^{\text{air}}}, \quad a_{y(l,m)} = \frac{-H_{0x(l,m)}}{\Omega_{l,m}^{\text{air}}}, \quad \Omega_{l,m}^{\text{air}} = \mathrm{i}k[1-(lb_1\lambda)^2-(mb_2\lambda)^2] \tag{2.76}$$

则据式(2.74)～式(2.76)可求得底层透射光振幅系数 X^S 和 Y^S，以及介质层内任意层的振幅系数 C^j 和 C'^j。而对最上层的反射光振幅系数 $X_{l,m}^0$ 和 $Y_{l,m}^0$ 有

$$X_{l,m}^0 = a_{x(l,m)} - \sum_h \alpha_h^1 B_{h,n,p}^1 \frac{C_h^1 - C_h'^1}{\Omega_{l,m}} \tag{2.77}$$

$$Y_{l,m}^0 = a_{y(l,m)} - \sum_h \alpha_h^1 B_{h,n,p}^1 \frac{C_h^1 - C_h'^1}{\Omega_{l,m}} \tag{2.78}$$

至此，各介质层磁矢势的振幅系数皆可求得，再根据磁矢势定义式(2.31)及麦克斯韦方程组(2.30)即可求得对应的各电磁场展开式的振幅系数，从而求得电磁场分布。

由上述计算过程可知，RCWA 或波导法将周期性介质物体分割为多层堆叠的薄层，各薄层在 z 方向具有均匀的与 z 无关而与 x，y 有关的电介质分布，通过将电磁场对应的矢势及电介质分布展开，结合麦克斯韦方程组及边界面处电磁场切向分量的连续性条件，最终求得各层的电磁场分布值。这类方法无需在空域进行随时间步的迭代，且对电介质参数网格的划分精度相对 FDTD 等方法要求更宽松，使得其对周期性分层介质在计算速度、内存及收敛性上具有较为优异的性能。然而这类方法对于复杂形貌仍需精细的网格划分，同时需要较高的截断级次，以保证足够的精度。对此，研究人员后续提出多种改进方法，如 Peter 等对 WG 算法进行了改进，解决了在各层 T 矩阵传递计算时数值不稳定性问题，优化了仿真速度[10]。Erdmann 等也提出对非周期性图形加入吸收隔断层的处理方法，以优化 WG 方法对非周期性掩模的仿真[11]。严格电磁场仿真方法根据麦克斯韦方程组进行计算，精度较高，适用于亚波长结构、较小仿真区域的高精度仿真研究。目前严格仿真方法(如 FDTD、RCWA、WG 等)已被应用于 PROLITH、Dr.LiTHO、Hyperlith 等商用光刻仿真软件。

2.1.2.2　基于 Franz 公式的矢量惠更斯原理

惠更斯原理是光学领域广泛接受的普遍原理，目前基于该原理已经推导出了多种衍

射积分公式。然而，在惠更斯原理中被预言的二次惠更斯光源一直都没有确定的形式，因此也没有针对电磁场衍射的基于二次惠更斯源积分的衍射公式。按照惠更斯-菲涅耳原理，只要找到了确切的二次惠更斯源，所有的衍射问题均可以通过对这些二次光源的叠加来求解。Marathay 和 McCalmont 在 2001 年讨论了这个问题[13]，他们从 Schelkunoff 的等效理论(equivalence theorems)出发，首先将一个二次惠更斯源假设成为电偶极子和磁偶极子的叠加，通过对二次光源求积分来分析光学衍射问题。然而，为了方便处理，他们在处理衍射问题时省略掉了 r^{-2} 项，使所讨论的理论只能应用于尺寸大于一个波长的孔径的衍射，且观察面和衍射孔径的距离也需要大于一个波长。他们在分析中过分强调了对数值计算的简化，而忽略了引入二次惠更斯源的物理意义。本小节将从 Franz 公式出发推导出基于二次惠更斯源积分的矢量衍射公式，并用这种新的更详细的惠更斯原理解释实际的光学衍射现象，重新解释在不连续边界发生衍射时为何会出现传统数学意义上的不自洽，而借助于二次惠更斯源的概念，数学上的不自洽将在物理上获得圆满的解释。

首先利用标准的矢量算符等式对式(2.16)和式(2.17)进行化简，得到

$$E(\boldsymbol{R})=\oiint_S\left\{\nabla G_0\times[\boldsymbol{n}\times E(\boldsymbol{R}_s)]-\frac{\mathrm{i}}{k}\sqrt{\frac{\mu_0}{\varepsilon_0}}\big[\boldsymbol{n}\times H(\boldsymbol{R}_s)\big]\nabla^2 G_0+\frac{\mathrm{i}}{k}\sqrt{\frac{\mu_0}{\varepsilon_0}}\big[\big(\boldsymbol{n}\times H(\boldsymbol{R}_s)\big)\cdot\nabla\big]\nabla G_0\right\}\mathrm{d}S \tag{2.79}$$

$$H(\boldsymbol{R})=\oiint_S\left\{\nabla G_0\times[\boldsymbol{n}\times H(\boldsymbol{R}_s)]+\frac{\mathrm{i}}{k}\sqrt{\frac{\varepsilon_0}{\mu_0}}\big[\boldsymbol{n}\times E(\boldsymbol{R}_s)\big]\nabla^2 G_0-\frac{\mathrm{i}}{k}\sqrt{\frac{\varepsilon_0}{\mu_0}}\big[\big(\boldsymbol{n}\times E(\boldsymbol{R}_s)\big)\cdot\nabla\big]\nabla G_0\right\}\mathrm{d}S \tag{2.80}$$

再利用格林函数相关的等式

$$\begin{cases}\nabla G_0=\left(\mathrm{i}k-\dfrac{1}{R_0}\right)G_0\boldsymbol{r}_0, \qquad \nabla\cdot\nabla G_0=\nabla^2 G_0=-k^2G_0\\[2ex](\boldsymbol{\alpha}\cdot\nabla)\nabla G_0=\left[G_0\left(-k^2-\dfrac{3\mathrm{i}k}{R_0}+\dfrac{3}{R_0^2}\right)\boldsymbol{\alpha}\cdot\boldsymbol{r}_0\right]\boldsymbol{r}_0+G_0\left(\mathrm{i}k-\dfrac{1}{R_0}\right)\dfrac{1}{R_0}\boldsymbol{\alpha}\end{cases} \tag{2.81}$$

其中 $\boldsymbol{\alpha}$ 是一个任意的辅助矢量，对式(2.79)和式(2.80)进行化简得到

$$\begin{aligned}E(\boldsymbol{R})=\oiint_S\Bigg\{&G_0(\mathrm{i}k-\frac{1}{R_0})[r_0\times(\boldsymbol{n}\times E(\boldsymbol{R}_s))]+\frac{\mathrm{i}}{k}\sqrt{\frac{\mu_0}{\varepsilon_0}}(\boldsymbol{n}\times H(\boldsymbol{R}_s))k^2G_0\\&+\frac{\mathrm{i}}{k}\sqrt{\frac{\mu_0}{\varepsilon_0}}\left[G_0\left(-k^2-\frac{3\mathrm{i}k}{R_0}+\frac{3}{R_0^2}\right)(\boldsymbol{n}\times H(\boldsymbol{R}_s))\cdot\boldsymbol{r}_0\right]\boldsymbol{r}_0\\&+\frac{\mathrm{i}}{k}\sqrt{\frac{\mu_0}{\varepsilon_0}}G_0\frac{1}{R_0}\left(\mathrm{i}k-\frac{1}{R_0}\right)(\boldsymbol{n}\times H(\boldsymbol{R}_s))\Bigg\}\mathrm{d}S\end{aligned} \tag{2.82}$$

$$H(\boldsymbol{R})=\oiint_{S}\left\{G_0(\mathrm{i}k-\frac{1}{R_0})[r_0\times(\boldsymbol{n}\times H(\boldsymbol{R}))]-\frac{\mathrm{i}}{k}\sqrt{\frac{\varepsilon_0}{\mu_0}}(\boldsymbol{n}\times E(\boldsymbol{R}_s))k^2G_0\right.$$
$$-\frac{\mathrm{i}}{k}\sqrt{\frac{\varepsilon_0}{\mu_0}}\left[G_0\left(-k^2-\frac{3\mathrm{i}k}{R_0}+\frac{3}{R_0^2}\right)(\boldsymbol{n}\times E(\boldsymbol{R}_s))\cdot\boldsymbol{r}_0\right]\boldsymbol{r}_0$$
$$\left.-\frac{\mathrm{i}}{k}\sqrt{\frac{\varepsilon_0}{\mu_0}}G_0\frac{1}{R_0}\left(\mathrm{i}k-\frac{1}{R_0}\right)(\boldsymbol{n}\times E(\boldsymbol{R}_s))\right\}\mathrm{d}S \tag{2.83}$$

将式(2.82)和式(2.83)作为衍射积分的标准形式，下面将通过变换电偶极子和磁偶极子的辐射场的形式，在上述标准衍射积分公式中找到等价的二次惠更斯源。

考虑位于闭合曲面 S 上的电偶极子，其位置坐标为 $\boldsymbol{R}_s$，在闭合曲面内部由该电偶极子辐射出的磁场和电场分别为

$$P_{\boldsymbol{p}}^{H}=4\pi\sqrt{\frac{\varepsilon_0}{\mu_0}}\frac{k}{\mathrm{i}}(\boldsymbol{r}_0\times\boldsymbol{p})G_0\left(\mathrm{i}k-\frac{1}{R_0}\right) \tag{2.84}$$

$$\begin{aligned}P_{\boldsymbol{p}}^{E}&=k^2(\boldsymbol{r}_0\times\boldsymbol{p})\times\boldsymbol{r}_0\frac{\exp(\mathrm{i}kR_0)}{R_0}+[3\boldsymbol{r}_0(\boldsymbol{r}_0\cdot\boldsymbol{p})-\boldsymbol{p}]\left(\frac{1}{R_0^3}-\frac{1}{R_0^2}\right)\exp(\mathrm{i}kR_0)\\&=4\pi\left[k^2G_0\boldsymbol{p}+G_0\left(-k^2-\frac{3\mathrm{i}k}{R_0}+\frac{3}{R_0^2}\right)(\boldsymbol{r}_0\cdot\boldsymbol{p})\boldsymbol{r}_0+G_0\frac{1}{R_0}\left(\mathrm{i}k-\frac{1}{R_0}\right)\boldsymbol{p}\right]\end{aligned} \tag{2.85}$$

其中，$P_{\boldsymbol{p}}^{H}$ 和 $P_{\boldsymbol{p}}^{E}$ 分别表示由电偶极子辐射出的磁场和电场；$\boldsymbol{p}$ 表示电偶极子的极矩。相同的考虑，位于边界面上的磁偶极子辐射出的磁场和电场分别为

$$M_{\boldsymbol{m}}^{H}=\sqrt{\frac{\varepsilon_0}{\mu_0}}4\pi\left[k^2G_0\boldsymbol{m}+G_0\left(-k^2-\frac{3\mathrm{i}k}{R_0}+\frac{3}{R_0^2}\right)(\boldsymbol{r}_0\cdot\boldsymbol{m})\boldsymbol{r}_0+G_0\frac{1}{R_0}\left(\mathrm{i}k-\frac{1}{R_0}\right)\boldsymbol{m}\right] \tag{2.86}$$

$$M_{\boldsymbol{m}}^{E}=-4\pi\frac{k}{\mathrm{i}}(\boldsymbol{r}_0\times\boldsymbol{m})G_0\left(\mathrm{i}k-\frac{1}{R_0}\right) \tag{2.87}$$

其中，$M_{\boldsymbol{m}}^{H}$ 和 $M_{\boldsymbol{m}}^{E}$ 分别表示由磁偶极子辐射出的磁场和电场；$\boldsymbol{m}$ 表示该磁偶极子的极矩。将式(2.84)～式(2.87)和式(2.82)及式(2.83)比较，发现 Franz 衍射积分中已经包含了电偶极子和磁偶极子辐射电磁场的表达形式，即得到

$$E(\boldsymbol{R})=\frac{1}{4\pi}\oiint_{S}\left(-\frac{\mathrm{i}}{k}M_{[\boldsymbol{n}\times E(\boldsymbol{R}_s)]}^{E}+\frac{\mathrm{i}}{k}\sqrt{\frac{\mu_0}{\varepsilon_0}}P_{[\boldsymbol{n}\times H(\boldsymbol{R}_s)]}^{E}\right)\mathrm{d}S \tag{2.88}$$

$$H(\boldsymbol{R})=\frac{1}{4\pi}\oiint_{S}\left(\frac{\mathrm{i}}{k}P_{[\boldsymbol{n}\times H(\boldsymbol{R}_s)]}^{H}-\frac{\mathrm{i}}{k}\sqrt{\frac{\varepsilon_0}{\mu_0}}M_{[\boldsymbol{n}\times E(\boldsymbol{R}_s)]}^{H}\right)\mathrm{d}S \tag{2.89}$$

两个表示电磁场衍射的详细的惠更斯原理表达式，如式(2.88)和式(2.89)所示，其二次惠更斯源分别是由入射场的磁场和电场所确定的电偶极子和磁偶极子，因此惠更斯-菲涅耳原理可以更详细地表述如下。

(1) 对于电磁场衍射，波前上的每一点都可以表示成一个二次惠更斯源。波前可以是

虚构的波前，不受实际波前形状的限制。

(2) 在所考察的波前上，每一个二次惠更斯源都是一个点光源，该点光源由一个电偶极子和一个磁偶极子组成。电偶极子的极矩由该点的磁场的切向分量决定，磁偶极子的极矩则由该点的电场的切向分量决定。

(3) 闭合曲面内的衍射是所有二次点光源发出的电磁场叠加得到的结果，这些二次光源之间彼此相干。

(4) 由于传播中的波前既可以被看成电磁场，也可以被看成二次惠更斯源，因此波前上的每一点都包含了从辐射源到被辐射出的场的跳变，如果是连续分布的波前，这种跳变将被抑制；如果所考察的波前分布不连续，这种跳变就会被释放出来，原波前上的电磁场不再满足麦克斯韦方程组。波前上的每一点被单独作为以偶极子形式出现的点光源来对待，偶极子向外辐射出新的电磁场，从而发生衍射现象。

在第(4)条中采用了 Kottler 所使用的跳变(saltus)的概念，但是其内涵完全不同。如果仅仅将波前看作二次惠更斯源的集合，那么所考察的波前是否满足麦克斯韦方程组就不再重要，因为独立的电偶极子和磁偶极子可以任意分布，而其辐射出的电磁场均满足麦克斯韦方程组。如果把波前看作一个被激发的电磁场的集合，那么它本身就应该满足麦克斯韦方程组，而同时它又以另外一种形式包含了二次惠更斯源。当所考察的边界面连续时，被激发的电磁场的分布和二次惠更斯源之间就可以统一，即实现数学上的自洽，决定二次惠更斯源的场的分布也满足麦克斯韦方程组。但是，在不连续边界面的情况下，二次惠更斯源和被激发的电磁场之间出现了跳变，即不能从二次惠更斯源所辐射出的场的积分公式求解中得到决定这些二次惠更斯源的初始电磁场，这些初始电磁场由边界条件确定。可以认为传播中的电磁场是一种辐射源和被激发的场之间实现统一的特殊情况，因为一般情况下从偶极子辐射的场方程中不能求解得到偶极子的极矩，而自由空间中传播的电磁场正好具备了这一特点。

为了进一步证明上述矢量场的惠更斯原理，本小节分三种不同情况考虑一个圆孔的衍射。如图 2-5(a)所示，一个位于 Z=0 平面上尺寸无限大、厚度无限薄的不透光黑屏和一个半径无限大的半球面组成一个闭合曲面，黑屏上以原点 O 为圆心有一个直径为 D 的圆孔。下面考察 $Z>0$ 的空间里电磁场的衍射结果。假设电场沿 X 方向偏振的平面波垂直入射到衍射屏上，即入射电磁场的电场分量和磁场分量分别为 $E^i=\{1,0,0\}$ 和 $H^i=\{0,\sqrt{\varepsilon_0/\mu_0},0\}$ 。考虑三种不同大小的圆孔衍射：理想的点孔；直径为一个波长的圆孔；直径无限大的圆孔。第一种和第三种圆孔是普通圆孔的极限情况，第二种则代表了普通的衍射圆孔。采用矢量衍射积分公式分析时，衍射屏的边界沿用基尔霍夫近似条件。对于无限薄的黑屏，在 $Z=0^+$平面位于孔径区域的电场和磁场保持入射场的大小不变，位于屏后区域的电场和磁场均为零。

$$\begin{cases}E=E^i,\ H=H^i, & R\in\widetilde{D}\\ E=0,\ H=0, & R\notin\widetilde{D}\end{cases}\tag{2.90}$$

其中，E^i 和 H^i 表示垂直入射衍射屏的电场和磁场；$\widetilde{D}$ 表示衍射圆孔。上述讨论针对无限薄衍射屏，如果衍射屏有一定的厚度，分界面 Z=0 将由另外两个独立的平面 $Z=\xi$ 和

$Z=\eta$ 代替，如图 2-5(b)所示。这两个平面同样无限薄，且处于连续自由空间和被衍射屏截断的非连续空间的分界处，在分界面上将发生惠更斯原理第(4)条中所说的跳变现象。当电磁场传播穿过这两个平面时，首先在 $Z=\xi$ 平面随着介质分布从连续到不连续，其波前中的惠更斯源将被不连续边界面切断，从而使入射场不再满足麦克斯韦方程组而失去其波动性，原波前退化成为以偶极子为表现形式的辐射源。从 $Z=\xi$ 到 $Z=\eta$ 平面的传播等价于光在波导中的传播。当波导中的电磁场穿过 $Z=\eta$ 平面传播到介质连续分布的自由空间中时，同样的跳跃发生在从不连续边界到连续边界的过渡中，波导中的电磁场在 $Z=\eta$ 平面上决定的偶极子向自由空间辐射的电磁场在整个 $Z>0$ 区域都满足麦克斯韦方程组，同时波前上的惠更斯二次点光源和波前上的电磁场分布之间的跳跃再一次在介质连续分布的空间中被抑制，但是此时能够被观察到的场分布已经包含了来自于不连续介质边界引起的衍射的贡献。

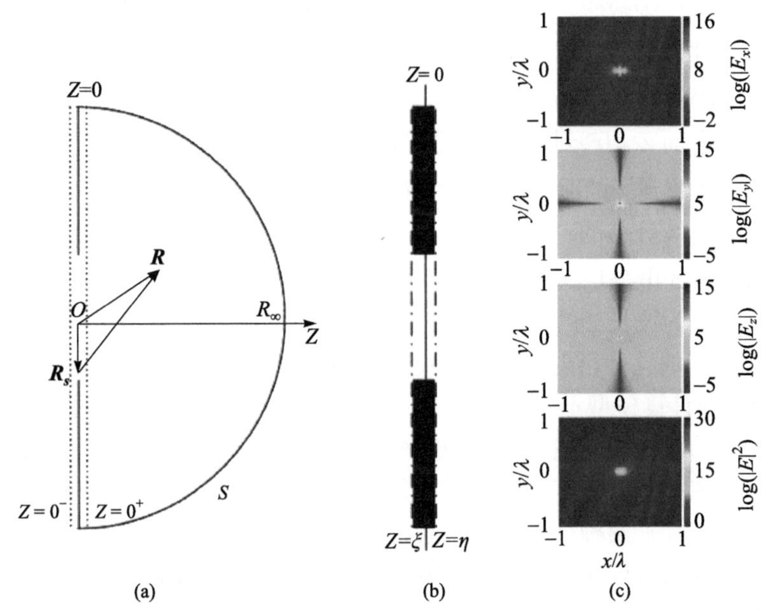

图 2-5　(a)一个由尺寸无限大、厚度无限薄的不透光黑屏和半径无限大的半球面组成的闭合曲面，在黑屏的中央原点 O 开有一个圆孔；(b)对于无限薄的衍射屏，$Z=0$ 平面是介质从连续分布到不连续分布的分界面，对于有一定厚度的衍射屏，则存在这样两个平面，分别是 $Z=\xi$ 和 $Z=\eta$ 平面；(c)一个无限薄衍射屏上半径无限小的圆孔构成的点孔径在 $Z=0.001\lambda$ 平面上的衍射结果

根据式(2.88)和式(2.89)可知，对于半径无限小的圆孔构成的点孔径，其衍射场是位于原点 O 的电偶极矩为 $\boldsymbol{p}=\{-\sqrt{\varepsilon_0/\mu_0},0,0\}$ 的电偶极子和磁偶极矩为 $\boldsymbol{m}=\{0,1,0\}$ 的磁偶极子辐射出的电磁场相干叠加的结果，如图 2-5(c)所示。一个点的衍射虽然在实际中并不存在，但是在理论上仍旧可行，而且一个点的衍射是分析普通孔径衍射时所需要面对的一个最基本的问题。根据惠更斯原理，如果能够确定衍射孔径在不连续边界上所有的二次惠更斯源的分布，那么长期以来困扰光学领域的边界衍射问题就可以得到理想的解析解。利用标量或者矢量的基尔霍夫积分公式分析衍射现象的理论通常被批评为数学上不

自洽，以及基尔霍夫边界条件对电场和磁场的过度限定。由于考察衍射积分公式时，随着被考察点无限靠近衍射边界，积分公式并不能得到初始的边界条件，因此式(2.12)～式 (2.17)的分析模型首先被 Poincaré 批评为数学上不自洽，而且一直延续至今。然而，如果从式(2.88)和式(2.89)所示的惠更斯原理来考虑，数学上的不自洽将在物理上获得合理的解释。在介质不连续分布的 $Z=0$ 平面上，E 和 H 的空间分布被截断，因此它们以偶极子的形式作为惠更斯二次点光源出现，而不再是在整个平面上满足麦克斯韦方程组或者波动方程的连续电磁场分布。其中 E 确定了以磁偶极子出现的二次惠更斯源 $\boldsymbol{m}=\boldsymbol{n}\times E(\boldsymbol{R}_s)$，而 H 则确定了以电偶极子出现的二次惠更斯源 $\boldsymbol{p}=\boldsymbol{n}\times H(\boldsymbol{R}_s)$。众所周知，$\boldsymbol{m}$ 和 $\boldsymbol{p}$ 的值并不能通过式(2.84)～式(2.87)所示的偶极子的辐射场公式计算得到，同理，在平面 $Z=0$ 被不透光屏截断的情况下，入射电磁场波前所体现出的二次惠更斯源也具有同样的性质。又考虑到二次惠更斯源的电偶极矩和磁偶极矩分别由原磁场和电场确定，因此被广泛批评为数学不自洽的缺点恰好说明了物理上的合理性。值得注意的是，当介质分布的连续性被破坏时，电磁场所同时具备的辐射源的特性和被激发的场的特性将彼此分离，如惠更斯原理第(4)条所述，会发生从源到场或者从场到源的跳跃。从场到源的跳跃发生在平面 $Z=0^-$ 到 $Z=0$ 之间，连续波前被截断的同时决定了不连续分布的二次惠更斯点源。从源到场的跳跃发生在平面 $Z=0$ 和 $Z=0^+$ 之间，介质分布从不连续到连续的过程即是不连续分布的二次惠更斯点源向连续的自由空间辐射电磁场的过程，因此在 $Z=0^+$ 平面分布的电磁场再次满足麦克斯韦方程组。

继续考虑直径为波长 λ 的普通圆孔的衍射，其观察面的位置为 $z=0.4\lambda$。作为对比，用 FDTD 计算相同的孔径衍射问题，仿真时采用相同的平面波入射，衍射屏同样为无限薄。与衍射积分的计算模型不同之处在于，组成 FDTD 仿真的衍射屏的材料是理想导体，而不是衍射积分的基尔霍夫边界条件中所考虑的黑屏。对于黑屏，边界上的电场和磁场均为零；对于理想导体，只有横向的电场分量会消失，而横向的磁场分量保持不变。由于边界条件上的差异，两种计算结果之间将难以完全吻合，但是它们的相似性却能够说明上述惠更斯原理的合理性，而点的衍射结果和圆孔衍射结果的相似性也说明了相同的问题。两种方法的电场的衍射结果如图 2-6 所示，磁场的衍射结果如图 2-7 所示。

边界面上的介质不连续分布导致了惠更斯原理中所描述的场和源之间的跳跃。分析一个直径无穷大的圆孔的衍射，根据惠更斯原理，随着直径趋近于无穷大，不连续边界导致的跳跃将会消失，而得到电磁场的自由传播。将式(2.82)和式(2.83)应用于 $Z=0$ 的衍射屏的分析，得到电场 $\boldsymbol{E}$ 的三个分量的表达式为

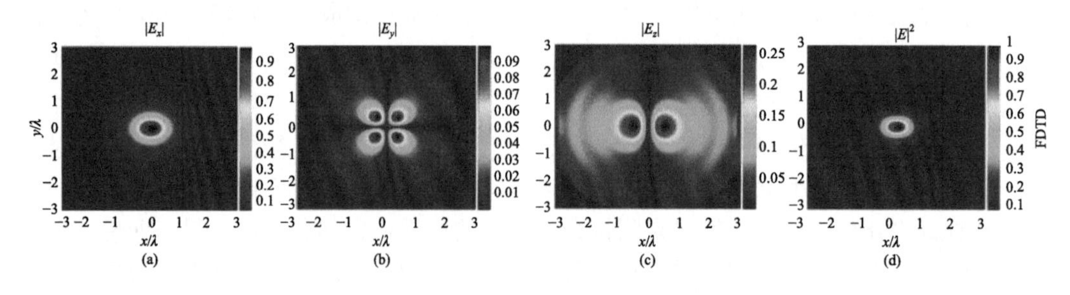

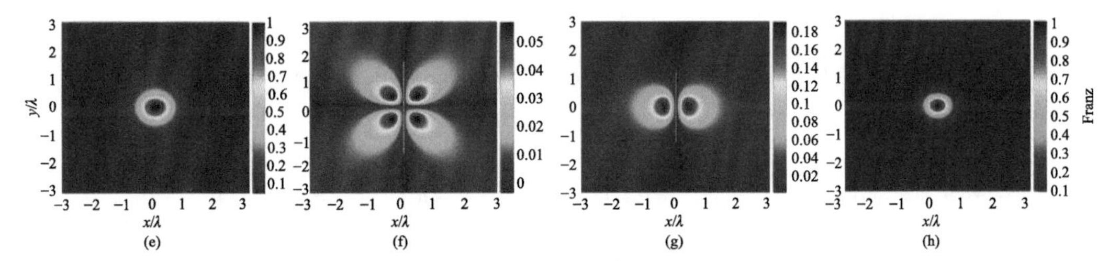

图 2-6　利用 FDTD 仿真计算无限薄理想导体屏上的圆孔衍射(a)～(d)和利用矢量衍射积分计算无限薄黑屏上的圆孔衍射(e)～(h)所得到的电场分布。圆孔的直径均为一个波长，观察面位于 $Z=0.4\lambda$ 平面

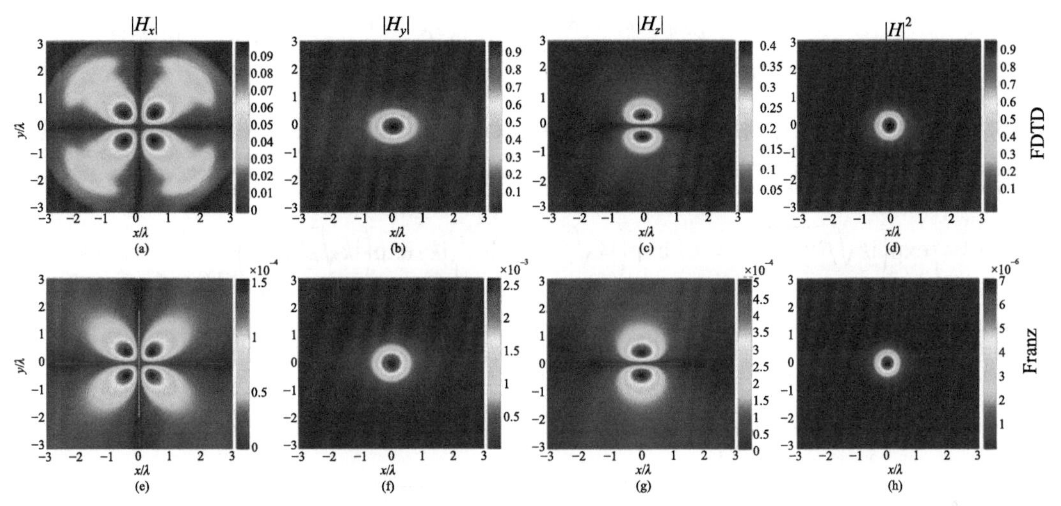

图 2-7　利用 FDTD 仿真计算无限薄理想导体屏上的圆孔衍射(a)～(d)和利用矢量衍射积分计算无限薄黑屏上的圆孔衍射(e)～(h)所得到的磁场分布。圆孔的直径均为一个波长，观察面位于 $Z=0.4\lambda$ 平面

$$E_x(R)=-\iint\limits_{-\infty}^{+\infty}\left[\frac{z}{R_0}\left(\mathrm{i}k-\frac{1}{R_0}\right)G_0+\mathrm{i}kG_0+\frac{\mathrm{i}}{kR_0^2}(x-x_s)^2\left(-k^2-\frac{3\mathrm{i}k}{R_0}+\frac{3}{R_0^2}\right)G_0+\frac{\mathrm{i}}{kR_0}\left(\mathrm{i}k-\frac{1}{R_0}\right)G_0\right]\mathrm{d}x_s\mathrm{d}y_s \tag{2.91}$$

$$E_y(R)=-\iint\limits_{-\infty}^{+\infty}\frac{\mathrm{i}}{kR_0^2}(x-x_s)(y-y_s)\left(-k^2-\frac{3\mathrm{i}k}{R_0}+\frac{3}{R_0^2}\right)G_0\mathrm{d}x_s\mathrm{d}y_s \tag{2.92}$$

$$E_z(R)=\iint\limits_{-\infty}^{+\infty}\left[\frac{1}{R_0}\left(\mathrm{i}k-\frac{1}{R_0}\right)(x-x_s)G_0-\frac{\mathrm{i}z}{kR_0^2}(x-x_s)\left(-k^2-\frac{3\mathrm{i}k}{R_0}+\frac{3}{R_0^2}\right)\right]\mathrm{d}x_s\mathrm{d}y_s \tag{2.93}$$

考虑奇函数的对称性，有 $E_y(R)=0$ 和 $E_z(R)=0$ 。利用极坐标化简

$$\begin{cases}x_s=r_s\cos\theta,\ y_s=r_s\sin\theta,\ \beta=r_s^2,\ z_s=0\\ \mathrm{d}x_s\mathrm{d}y_s=r_s\mathrm{d}r_s\mathrm{d}\theta=\dfrac{1}{2}\mathrm{d}\beta\mathrm{d}\theta\end{cases} \tag{2.94}$$

同时考虑 $H_y(R)$ 分量，即得到

$$E_x(R) = -\frac{1}{2}\int_0^{+\infty}\int_0^{2\pi}\left[\frac{z}{R_\beta}\left(ik - \frac{1}{R_\beta}\right)G_{0\beta} + \mathrm{i}kG_{0\beta}\right.$$
$$\left. + \frac{\mathrm{i}}{kR_\beta^2}\left(-k^2 - \frac{3\mathrm{i}k}{R_\beta} + \frac{3}{R_\beta^2}\right)G_{0\beta}\beta\cos^2\theta + \frac{\mathrm{i}}{kR_\beta}\left(\mathrm{i}k - \frac{1}{R_\beta}\right)G_{0\beta}\right]\mathrm{d}\theta\mathrm{d}\beta \tag{2.95}$$

$$\sqrt{\frac{\mu_0}{\varepsilon_0}}H_y(R) = -\frac{1}{2}\int_0^{+\infty}\int_0^{2\pi}\left[\frac{z}{R_\beta}\left(\mathrm{i}k - \frac{1}{R_\beta}\right)G_{0\beta} + \mathrm{i}kG_{0\beta}\right.$$
$$\left. + \frac{\mathrm{i}}{kR_\beta^2}\left(-k^2 - \frac{3\mathrm{i}k}{R_\beta} + \frac{3}{R_\beta^2}\right)G_{0\beta}\beta\sin^2\theta + \frac{\mathrm{i}}{kR_\beta}\left(\mathrm{i}k - \frac{1}{R_\beta}\right)G_{0\beta}\right]\mathrm{d}\theta\mathrm{d}\beta \tag{2.96}$$

其中，$R_\beta = \sqrt{\beta + z^2}$ 。$G_{0\beta}$ 和自由空间格林函数 G_0 有相同的形式，其中的 R_0 被替换为 R_β 。根据对称性，$E_x(R)$ 和 $\sqrt{\mu_0/\varepsilon_0}H_y(R)$ 相等。利用积分关系

$$\int\frac{\exp\left(\mathrm{i}k\sqrt{\beta + z^2}\right)}{(\beta + z^2)^l}\mathrm{d}\beta = -\frac{\exp\left(\mathrm{i}k\sqrt{\beta + z^2}\right)}{(l-1)(\beta + z^2)^{l-1}} + \int\frac{\mathrm{i}k\cdot\exp\left(\mathrm{i}k\sqrt{\beta + z^2}\right)}{2(l-1)(\beta + z^2)^{l-1/2}}\mathrm{d}\beta,\quad l > 1 \tag{2.97}$$

化简 E_x 得到

$$E_x(R) = \sqrt{\frac{\mu_0}{\varepsilon_0}}H_y(R)$$
$$= \frac{1}{8}\left[6\exp(\mathrm{i}kz) - \int_0^\infty\frac{\mathrm{i}k\cdot\exp\left(\mathrm{i}k\sqrt{\beta + z^2}\right)}{\sqrt{\beta + z^2}}\mathrm{d}\beta\right] = \exp(\mathrm{i}kz) \tag{2.98}$$

在最后一步积分中采用了稳相法。需要注意的是，Silver、Ehrlich[14]和 Held[15]分别推导了圆孔衍射的轴上点的严格解。如果利用他们的结论，并将圆孔直径取为无穷大，且认为考察平面上任意一点均和通过圆孔中心的轴上点等价，那么也能迅速得到式(2.98)的解。式(2.98)的结果表明，当衍射孔径的直径趋近于无穷大时，由边界不连续引起的衍射现象将会消失，并最终表现为平面波在自由空间中的传播。这是一个不难推测的结果，它说明随着衍射孔径直径的不断增大，由边界不连续导致的电磁场内部在作为能够激发电磁场的惠更斯二次点源和作为被激发的电磁场之间的跳跃将会消失，同时波前上的每一点不仅能够表示成一个惠更斯二次点光源，而且作为引起二次点光源的原电磁场也满足麦克斯韦方程组。如果重新考虑实际情况下的电磁场，能够在自由空间无限制任意传播的电磁场其实很少，通常所考虑的问题都会涉及不连续边界的情况，因此在这样的边界附近就需要考虑介质不连续引起的电磁场在两种状态之间的跳跃。即使对于尺寸远大于一个波长的孔径，任何边界都会对整体的电磁场分布产生影响，但是从二次惠更斯点源的角度来考虑，此时未受边界影响的点源数目将远大于属于边界附近的对衍射现象做出贡献的点源的数目，此时由边界引起的衍射效应也可以忽略不计。

2.2　标量光刻成像模型

标量光刻成像模型假设光从掩模到投影物镜入瞳、从投影物镜出瞳到像面的衍射都满足夫琅禾费衍射条件，采用标量成像理论对空间像进行建模，适用于 $NA \leqslant 0.6$ 的光刻成像系统的空间像仿真。利用倾斜因子对光瞳函数进行修正后，应用范围可拓展到 $NA \leqslant 0.75$。该模型可以分为相干成像模型和部分相干成像模型。部分相干成像模型根据积分顺序的不同又可以分为 Abbe 成像模型和 Hopkins 成像模型。

2.2.1　相干成像模型[1]

光刻成像的全过程可以描述为，照明光源发出的光束照明掩模并被掩模衍射，部分衍射级次进入投影物镜并被投影物镜会聚到像面成像。光刻机的照明光源一般为部分相干照明光源，但是为了说明光刻成像模型建立的过程，首先从相干照明条件出发，推导光刻成像公式。

在科勒照明条件下，相干照明光源(点光源)发出的光束被会聚透镜转换成平面波照射到掩模上。由于透镜的傅里叶变换作用，光瞳面的光强分布对应于掩模的傅里叶频谱。低频分量通过光瞳面的中心区域，高频分量通过光瞳面的外围区域。可以用一对光瞳面坐标 (f,g) 来表示每一个频率分量。这样像面上 (x_i,y_i) 点对应的电场强度为 $O(f,g)\mathrm{e}^{-\mathrm{j}2\pi(fx_i+gy_i)}$，$O(f,g)$ 表示掩模的频谱。这个电场强度只表示一个频率分量在像面的贡献，最终的总电场强度等于各个频率分量电场强度的叠加，表示如下：

$$E(x_i,y_i)=\iint_{-\infty}^{+\infty}H(f,g)O(f,g)\mathrm{e}^{-\mathrm{j}2\pi(fx_i+gy_i)}\mathrm{d}f\mathrm{d}g \tag{2.99}$$

其中，$H(f,g)$ 是光瞳函数，表示光瞳的透过率，包含波像差等因素，$\mathrm{j}=\sqrt{-1}$。对于典型的光刻成像系统，光瞳的透过率变化较小可以忽略，因此光瞳函数完全由波像差决定：

$$H(f,g)=\begin{cases}\mathrm{e}^{-\mathrm{i}\frac{2\pi}{\lambda}W(f,g)}, & \sqrt{f^2+g^2}=v\leqslant\dfrac{NA}{\lambda}\\ 0, & \text{其他}\end{cases} \tag{2.100}$$

其中，λ 是光刻机的曝光波长；W 是投影物镜的波像差；NA 是投影物镜的数值孔径。因此，硅片面 (x_i,y_i) 点的光强可以写为

$$I(x_i,y_i)=\left|E(x_i,y_i)\right|^2=\left|\iint_{-\infty}^{+\infty}H(f,g)O(f,g)\mathrm{e}^{-\mathrm{j}2\pi(fx_i+gy_i)}\mathrm{d}f\mathrm{d}g\right|^2 \tag{2.101}$$

上式表示像面的总光强等于对掩模频谱和光瞳函数乘积做傅里叶变换，然后求平方的结果。这个结果可以理解为掩模的频谱 $O(f,g)$ 在光瞳上每处受到光瞳函数 $H(f,g)$ 的调制。为了方便分析和计算，将物面坐标、光瞳面坐标以及像面坐标分别作以下归一化：

$$\begin{cases} \hat{x}_o = -\dfrac{Mx_o}{\lambda / NA}, & \hat{y}_o = -\dfrac{My_o}{\lambda / NA} \\ \hat{x}_i = \dfrac{x_i}{\lambda / NA}, & \hat{y}_i = \dfrac{y_i}{\lambda / NA} \\ \hat{f} = \dfrac{f}{NA / \lambda}, & \hat{g} = \dfrac{g}{NA / \lambda} \end{cases} \tag{2.102}$$

其中，M 为投影物镜的缩放倍率(对于步进扫描投影光刻机，M 为 0.25)；λ 为单色光源的波长；NA 为投影物镜的像方数值孔径。物面坐标 (x_o, y_o) 和像面坐标 (x_i, y_i) 均通过衍射单位 λ / NA 分别归一化为 $(\hat{x}_o, \hat{y}_o)$ 和 $(\hat{x}_i, \hat{y}_i)$。光瞳面内的坐标 (f, g) 则通过频率单位 NA / λ 归一化为 $(\hat{f}, \hat{g})$。这样式(2.101)转换为

$$I(\hat{x}_i, \hat{y}_i) = \left|E(\hat{x}_i, \hat{y}_i)\right|^2 = \left|\iint_{-\infty}^{+\infty} H(\hat{f}, \hat{g}) O(\hat{f}, \hat{g}) \mathrm{e}^{-\mathrm{j}2\pi(\hat{f}\hat{x}_i + \hat{g}\hat{y}_i)} \mathrm{d}\hat{f}\mathrm{d}\hat{g}\right|^2 \tag{2.103}$$

其中，光瞳函数表示为

$$H(\hat{f}, \hat{g}) = \begin{cases} \mathrm{e}^{-\mathrm{i}\frac{2\pi}{\lambda} W(\hat{f}, \hat{g})}, & \sqrt{\hat{f}^2 + \hat{g}^2} \leqslant 1 \\ 0, & \text{其他} \end{cases} \tag{2.104}$$

通过以上公式可以看出，整个光刻成像系统相当于一个低通滤波器，通过投影物镜的最高频率由投影物镜的数值孔径决定。最终的成像结果是所有通过投影物镜的频率分量的光波叠加的结果。

2.2.2　部分相干成像模型[1]

在光刻成像中，为了提高分辨率，通常采用部分相干光照明。这种照明方式下一般采用 Hopkins 部分相干成像理论或者基于 Abbe 方法的非相干点源叠加的处理方法对空间像进行建模[16]。由于 Hopkins 部分相干成像公式更加简洁、紧凑，其讨论的成像条件几乎和光刻成像模型完全吻合，因此 Hopkins 部分相干成像模型在光刻成像建模中被广泛应用。

2.2.2.1　理论模型

实际上，光学光刻成像系统是一个扩展物(an extended object)在科勒照明条件下通过投影物镜成空间像或光刻胶像的部分相干成像系统。为了方便讨论其成像性能，将空间域和频率域笛卡儿坐标归一化，采用基于交叉传递函数的 Hopkins 部分相干成像理论对该系统建模。归一化的笛卡儿坐标系如式(2.102)所示。由式(2.102)可知，物面内每一点的坐标按照倍率 M 缩放，从而获得与像面上对应的几何像点相同的坐标值。Hopkins 部分相干成像公式的标量形式如下所示：

$$\begin{aligned} &I(x_i, y_i) \\ &= \iiiint_{-\infty}^{+\infty} \mathrm{TCC}(f_1, g_1; f_2, g_2) O(f_1, g_1) O^*(f_2, g_2) \mathrm{e}^{-\mathrm{i}2\pi[(f_1 - f_2)x_i + (g_1 - g_2)y_i]} \mathrm{d}f_1 \mathrm{d}f_2 \mathrm{d}g_1 \mathrm{d}g_2 \end{aligned} \tag{2.105}$$

其中，$\mathrm{TCC}(f_1,g_1;f_2,g_2)$ 为交叉传递函数：

$$\mathrm{TCC}(f_1,g_1;f_2,g_2)=\iint_{-\infty}^{+\infty} J(f,g)H(f+f_1,g+g_1)H^*(f+f_2,g+g_2)\mathrm{d}f\mathrm{d}g \tag{2.106}$$

$O(f_1,g_1)$ 是掩模的衍射光谱；$J(f,g)$ 是在科勒照明条件下有效光源的强度分布，采用传统的部分相干照明方式时：

$$J(f,g)=\begin{cases}1/(\pi\sigma^2), & \sqrt{f^2+g^2}\leqslant\sigma\\ 0, & 其他\end{cases} \tag{2.107}$$

此时，投影物镜的光瞳函数 $H(f,g)$ 可以表达为

$$H(f,g)=\begin{cases}\mathrm{e}^{-\mathrm{i}\frac{2\pi}{\lambda}W(f,g)+\mathrm{i}2\pi\Delta z\frac{1}{NA^2}\sqrt{1-NA^2(f^2+g^2)}}, & f^2+g^2<1\\ 0, & 其他\end{cases} \tag{2.108}$$

其中，Δz 表示成像面的离焦量，以瑞利长度 λ/NA^2 为单位。

一般情况下，当 NA>0.6 时，标量场成像模型开始出现较大误差。如果对式(2.108)中的光瞳函数进行优化，可以将标量场成像模型延伸至 0.60<NA<0.75 的情况。式(2.108)的光瞳函数适用于普通数值孔径，适用于 0.60<NA<0.75 的大数值孔径的光瞳函数可以用下式表示

$$H(f,g)=\left[\frac{1-NA^2(f^2+g^2)/M^2}{1-NA^2(f^2+g^2)}\right]^{1/4}\mathrm{e}^{-\mathrm{i}\frac{2\pi}{\lambda}W(f,g)+\mathrm{i}2\pi\Delta z\frac{1}{NA^2}\sqrt{1-NA^2(f^2+g^2)}},\ f^2+g^2<1 \tag{2.109}$$

式(2.109)中的振幅因子在 ENZ 理论中又被称为 Radiometric 效应，最早出现于矢量场成像理论的研究中。

2.2.2.2　数值计算方法

1. SOCS 计算方法

SOCS 是基于矩阵运算的部分相干成像数值计算模型，首先将式(2.105)离散化，得到

$$\begin{aligned}I(l_i,k_i)=&\sum_{m_1=-M}^{M}\sum_{m_2=-M}^{M}\sum_{n_1=-M}^{M}\sum_{n_2=-M}^{M}T(m_1,n_1;m_2,n_2)\\&\cdot O(m_1,n_1)O^*(m_2,n_2)\cdot\mathrm{e}^{-\mathrm{i}2\pi[(m_1-m_2)l_i+(n_1-n_2)k_i]}\end{aligned} \tag{2.110}$$

其中，$T(m_1,n_1;m_2,n_2)$ 为

$$T(m_1,n_1;m_2,n_2)=\sum_{m=1}^{M}\sum_{n=1}^{N}J(m,n)H(m+m_1,n+n_1)H^*(m+m_2,n+n_2) \tag{2.111}$$

在上述离散化过程中，对 X 和 Y 分量分别取相同的频率间隔 Δf 和空间位置坐标间隔 Δl ，即

$$\begin{cases} f_1 = m_1 \cdot \Delta f,\ f_2 = m_2 \cdot \Delta f \\ g_1 = n_1 \cdot \Delta f,\ g_2 = n_2 \cdot \Delta f \\ g = n \cdot \Delta f,\ g = n \cdot \Delta f \\ x_i = l_i \cdot \Delta l,\quad y_i = k_i \cdot \Delta l \end{cases} \tag{2.112}$$

此时得到表示交叉传递函数的四维矩阵$T(m_1,n_1,m_2,n_2)$。将四维矩阵 $\boldsymbol{T}$ 降维，得到二维矩阵 TCC，

$$\mathrm{TCC} = \begin{bmatrix} T(1,1,1,1) & T(1,1,2,1) & \cdots & T(1,1,N,1) & T(1,1,1,2) & \cdots & T(1,1,N,N) \\ T(2,1,1,1) & T(2,1,2,1) & \cdots & T(2,1,N,1) & T(2,1,1,2) & \cdots & T(2,1,N,N) \\ \vdots & \vdots & & \vdots & \vdots & & \vdots \\ T(N,1,1,1) & T(N,1,2,1) & \cdots & T(N,1,N,1) & T(N,1,1,2) & \cdots & T(N,1,N,N) \\ T(1,2,1,1) & T(1,2,2,1) & \cdots & T(1,2,N,1) & T(1,2,1,2) & \cdots & T(1,2,N,N) \\ T(2,2,1,1) & T(2,2,2,1) & \cdots & T(2,2,N,1) & T(2,2,1,2) & \cdots & T(2,2,N,N) \\ \vdots & \vdots & & \vdots & \vdots & & \vdots \\ T(N,2,1,1) & T(N,2,2,1) & \cdots & T(N,2,N,1) & T(N,2,1,2) & \cdots & T(N,2,N,N) \\ \vdots & \vdots & & \vdots & \vdots & & \vdots \\ T(N,N,1,1) & T(N,N,2,1) & \cdots & T(N,N,N,1) & T(N,N,1,2) & \cdots & T(N,N,N,N) \end{bmatrix} \tag{2.113}$$

在处理该矩阵之前，定义矩阵的压栈操作(stacking)为

$$S(X) = \begin{bmatrix} x_1 \\ x_2 \\ \vdots \\ x_M \end{bmatrix},\quad X = \begin{bmatrix} x_{11} & x_{12} & \cdots & x_{1M} \\ x_{21} & x_{22} & \cdots & x_{2M} \\ \vdots & \vdots & & \vdots \\ x_{M1} & x_{M2} & \cdots & x_{MM} \end{bmatrix} = [x_1\ x_2 \cdots x_M] \tag{2.114}$$

利用奇异值分解(singular value decomposition，SVD)法将 TCC 矩阵分解为

$$\mathrm{TCC} = \sum_{k=1}^{N} \sigma_k V_k V_k^* \tag{2.115}$$

然后通过压栈操作的逆运算得到二维矩阵 $T(m,n)$对应于本征值σ_k的本征向量

$$\Phi_k = S^{-1}(V_k) \tag{2.116}$$

于是表示部分相干成像的交叉传递矩阵 $\boldsymbol{T}$ 就可以近似表示为一系列用于描述相干成像的传递矩阵的叠加

$$T(m,n) \approx \sum_{k=1}^{N_{\max}} \sigma_k \Phi_k(m) \Phi_k^*(n) \tag{2.117}$$

然后对 $\boldsymbol{\Phi}_k$ 作二维逆傅里叶变换得到卷积运算的核函数

$$\phi_k = \mathrm{IFFT}(\Phi_k) \tag{2.118}$$

再对每次相干成像的强度作非相干叠加，即得到部分相干成像的强度分布

$$I = \sum_{k=1}^{N_{\max}} \sigma_k \left|(\phi_k * o)(x, y)\right|^2 \tag{2.119}$$

考察一个中间厚度为 1μm 的环形方孔通过一个数值孔径为 0.65 的投影物镜成像，部分相干因子为 0.3，照明光波长为 193nm。表示成像系统部分相干成像特性的 TCC 矩阵的元素分布如图 2-8 所示。由于等效光源上的离散点数量很大，SVD 算法实质上是对这些相干传递函数的重新组合，使较少的相干成像能够体现整体非相干成像的特性，从而提高计算速度。

环形方孔的空间像如图 2-9 所示，实际 OPC 技术中需要同时处理成千上万个这样的图形，此时需要大型的工作站来完成运算。奇异值分解得到的本征值 σ_k 随 k 的变化关系如图 2-10 所示，从图中可知，σ_k 随奇异值序数 k 的增大而快速减小，即这种对部分相干成像进行相干近似的方法能得到很好的收敛性。

图 2-8　TCC 矩阵元素分布示意图

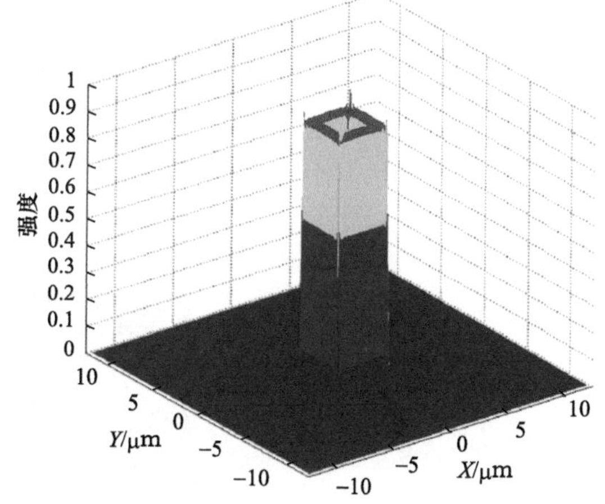

图 2-9　环形方孔的空间像

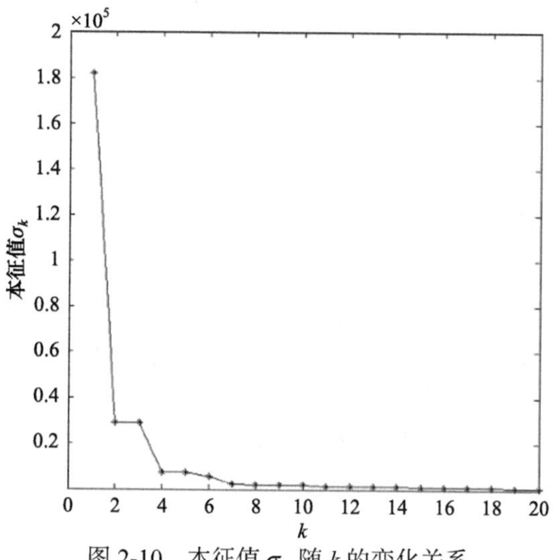

图 2-10　本征值 σ_k 随 k 的变化关系

2. 基于 FFT 求解交叉传递函数的计算方法

直接积分计算交叉传递函数 TCC 会消耗大量的时间，可以采用快速傅里叶变换(FFT)的方法计算 TCC。将式(2.111)表达为矩阵形式，可得

$$t[l_1,k_1,l_2,k_2]=a[-l_1-l_2,-k_1-k_2]h[l_1,k_1]h^*[-l_2,-k_2] \tag{2.120}$$

其中

$$T[m_1,n_1,m_2,n_2]=\mathrm{FFT4}(t[l_1,k_1,l_2,k_2]) \tag{2.121}$$

$$H(m,n)=\mathrm{FFT2}(h[l,k]) \tag{2.122}$$

$$J(m,n)=\mathrm{FFT2}(a[l,k]) \tag{2.123}$$

式(2.120)～式(2.123)将空间频率域的 TCC 函数矩阵转换到空间域计算，然后再用一个四维的快速傅里叶变换计算得到空间频率域的 TCC 函数矩阵。将仿真条件设置为：成像系统的数值孔径 NA=0.55，部分相干因子 σ=0.3，照明光波长为 193nm，在该仿真条件下利用该方法计算得到成像系统的 TCC 函数矩阵如图 2-11 所示。

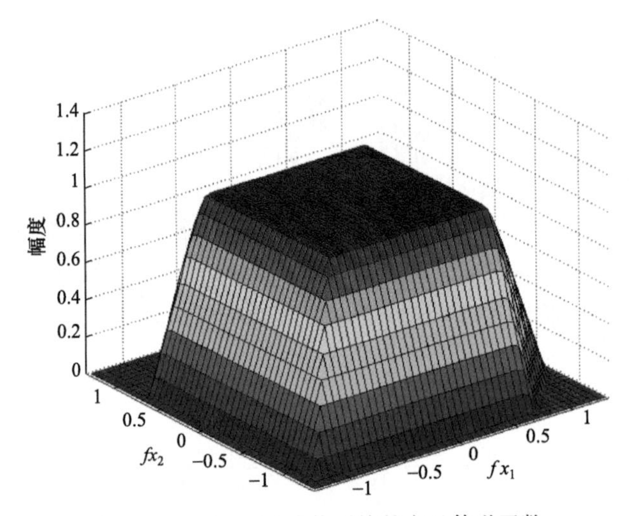

图 2-11 部分相干成像系统的交叉传递函数

3. 基于光束干涉法的计算方法

如果所考察的成像物体是周期图形，特别是周期较小的一维光栅图形，此时进入光瞳的衍射光的级次有限，连续的积分将转化成各级衍射光之间的干涉叠加，因此采用光束干涉法的计算模型不仅能获得较高的计算精度，同时也不影响运算速度。在部分相干成像模型中，衍射光进行叠加的同时还要对扩展光源做数值积分计算交叉传递函数，其原理如图 2-12 所示。图中两个光瞳的中心正处于 1 级衍射光的位置，如果要处理 2 级衍射光的干涉，就需要将两个光瞳中心平移到 2 级衍射光的位置，其余衍射光的干涉叠加依次类推。

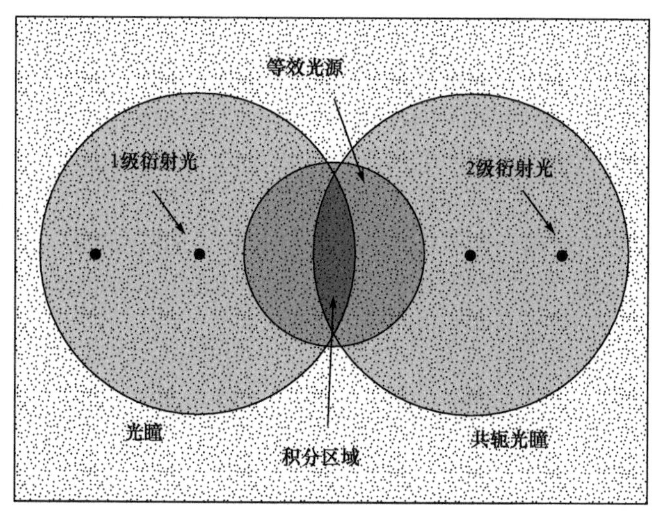

图 2-12　光束干涉法计算 TCC 的原理

4. 分析与比较

SOCS 计算模型适用于大面积的掩模图形计算，它的优点是速度快、精度高，经常用于 OPC 技术。但是 SOCS 计算模型要直接存储和处理四维矩阵 TCC，需要消耗大量的内存。因此 SOCS 通常被用于大规模的工程应用，在大型的服务器上运行。同时，虽然通过重采样的方法可以减小四维矩阵计算时内存的消耗量[17]，但是在普通计算机上采用这类方法一般无法同时顾及计算速度、精度和所消耗资源等因素。

基于光束干涉法的计算模型虽然简单，但是它不用一次性计算出整个成像系统的交叉传递函数，而只需要针对某一干涉级次的衍射光对等效光源做数值积分，或者在考虑一维图形成像时，只计算二维的交叉传递函数矩阵。两种处理方法都可行，前者准确度更高，但是消耗的时间也更多；后者虽然速度快，但是因为要对交叉传递函数进行较大量的插值，计算的准确度会下降。

基于上述分析，基于光束干涉法的计算模型具有针对性强的优点，在处理一维周期图形成像时可以综合利用 SOCS 模型和基于 FFT 求解交叉传递函数算法的优点，快速计算空间像，并能够考虑投影物镜波像差的影响。

2.2.2.3　仿真结果与分析

以标量衍射理论和 Hopkins 部分相干成像理论为基础，对普通数值孔径光刻成像系统建模，计算掩模上的一维周期图形和一维非周期图形的空间像。在处理部分相干成像时，四维交叉传递函数算法的效率是关键，它决定了成像模型的运算速度、准确度、精度和消耗资源的多少。仿真采用的模型综合了 SOCS 计算模型、基于 FFT 求解交叉传递函数的计算模型与光束干涉成像模型三者的优点，快速计算得到成像系统的交叉传递函数，然后分析一维光栅图形的空间频谱，最后利用光束干涉成像模型对各级衍射光做干涉叠加计算空间像。该模型对投影物镜波像差建模时，利用 Zernike 多项式表示光瞳面的波像差。通过对普通光瞳函数进行修正，能够将标量场成像模型适用范围延伸至

$0.60<NA\leqslant 0.75$。

为了说明所建立的光刻成像模型的性能，将模型计算得到的一维周期图形和一维非周期图形的成像结果与 PROLITH 的仿真结果进行对比。仿真时所考察的成像系统的数值孔径 NA=0.55，部分相干因子 σ=0.3，照明光波长为 193nm。被成像的掩模图形包括一维周期二元掩模光栅图形、一维非周期二元掩模双线条图形、一维周期相移掩模光栅图形和一维非周期相移掩模双线条图形，其中，计算非周期图形空间像时，对投影物镜彗差的影响也进行了仿真。一维周期二元和相移掩模光栅图形的薄掩模模型如图 2-13 所示，它们的成像结果分别如图 2-14 和图 2-15 所示。

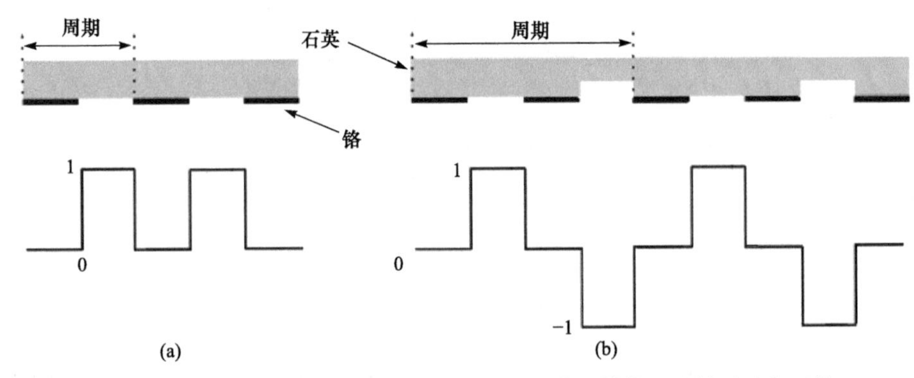

图 2-13 二元掩模(a)和交替型相移掩模(b)的薄掩模模型及其透过率函数

为了便于比较，表示一维空间距离的横轴坐标均分别对所成像图形的周期归一化。需要强调的是，二元掩模光栅图形的一个周期包括一个透光和一个不透光区域，而相移掩模光栅图形的一个周期包含了两个透光和两个不透光区域，即相移掩模光栅的周期是

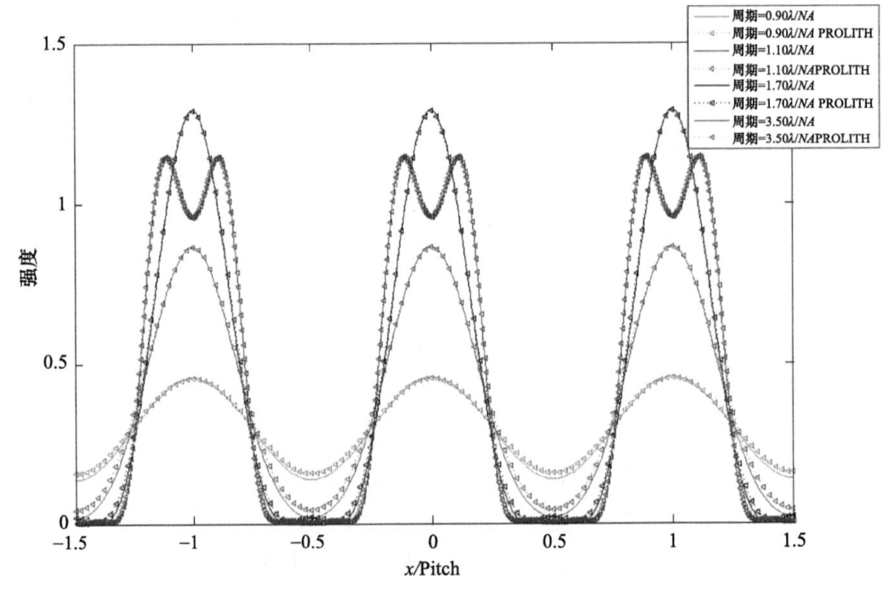

图 2-14 二元掩模光栅图形空间像

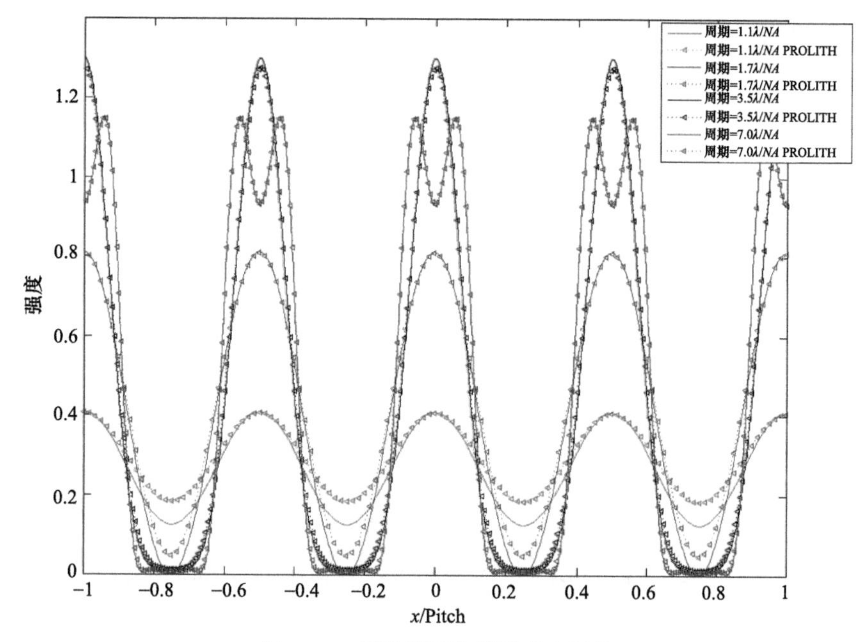

图 2-15　相移掩模光栅图形空间像

其线条宽度的 4 倍。因此，对于同一投影物镜，理论上相移掩模光栅图形的分辨率是二元掩模光栅图形成像分辨率的两倍。但是随着工艺因子 k_1 在分辨率增强技术的作用下不断减小，投影物镜波像差对光刻成像质量的影响也越来越大。同时，诸如相移掩模、离轴照明和 OPC 等技术在理论上对成像分辨率的贡献通常并不能在实际光刻成像中全部实现。

一维非周期二元掩模和相移掩模双线条图形如图 2-16 所示，其中双线条宽度和相隔的距离相等。两种双线条的空间像分别如图 2-17 和图 2-18 所示，对比可知，仿真条件中的投影物镜不能对 130nm 的二元双线条成像，却能够分辨相同线宽的相移掩模图形。因此，在相同投影物镜成像条件下，如果不考虑波像差的影响，采用相移掩模能够提高成像系统分辨率。

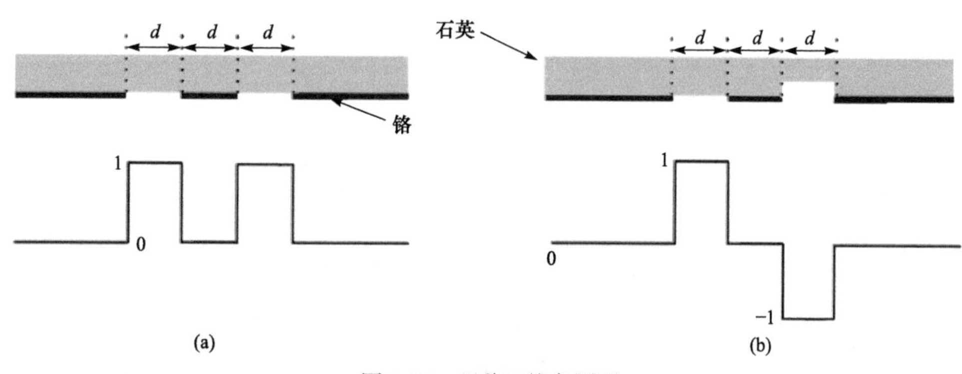

图 2-16　两种双线条图形

(a) 二元掩模；(b) 相移掩模

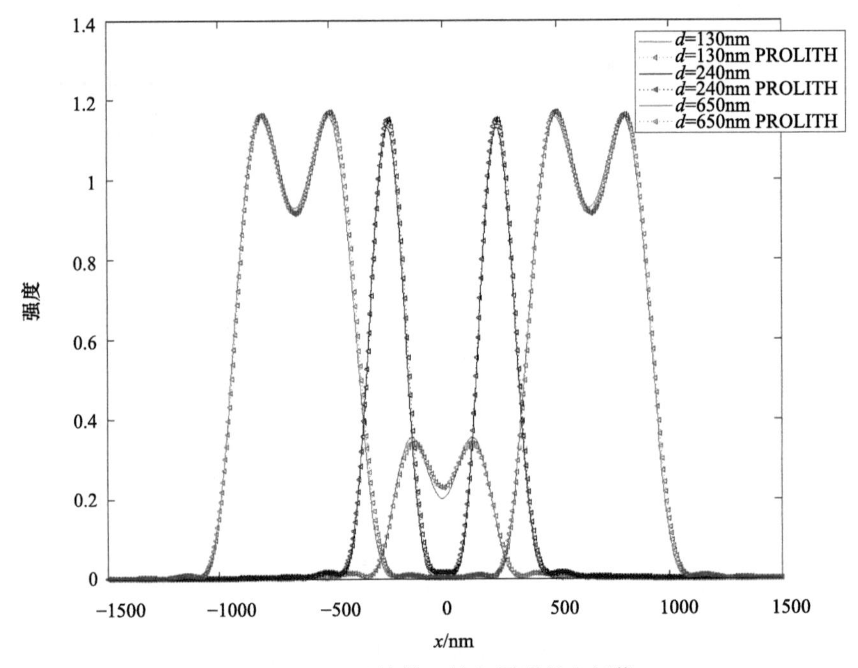

图 2-17 二元掩模双线条图形的空间像

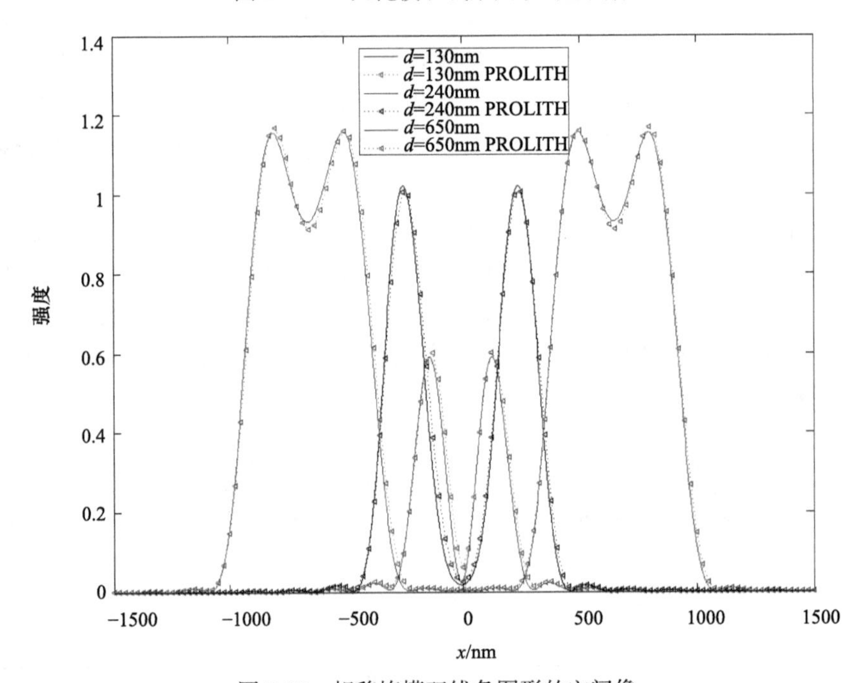

图 2-18 相移掩模双线条图形的空间像

考虑投影物镜的彗差对两种双线条图形空间像的影响，分别如图 2-19 和图 2-20 所示，其中投影物镜的彗差为 0.05λ。从图中可知，彗差在成像时会破坏双线条的对称性。

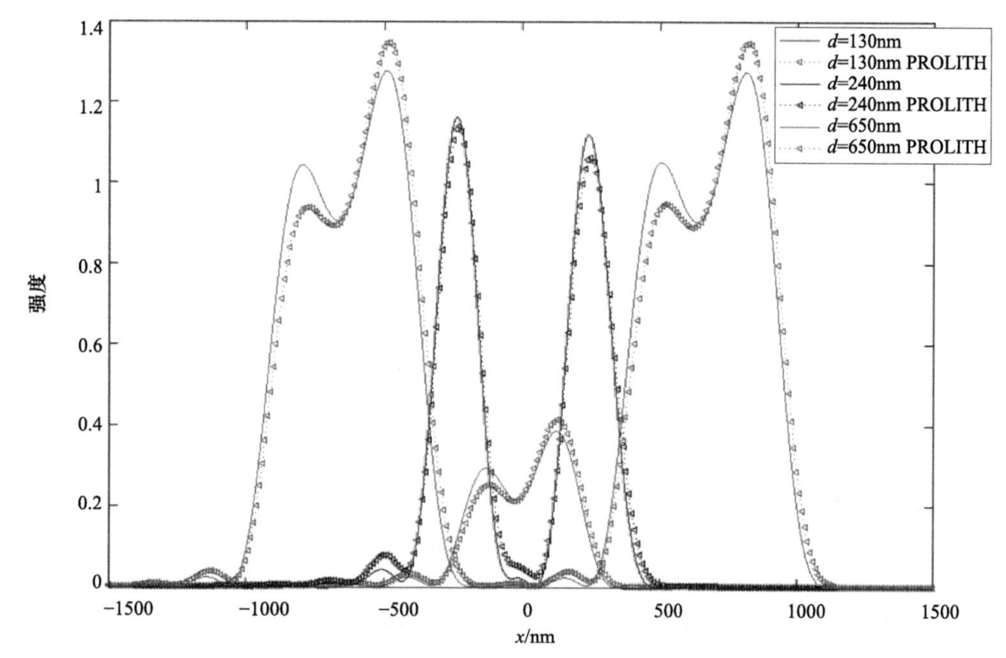

图 2-19　存在彗差时二元掩模双线条的空间像

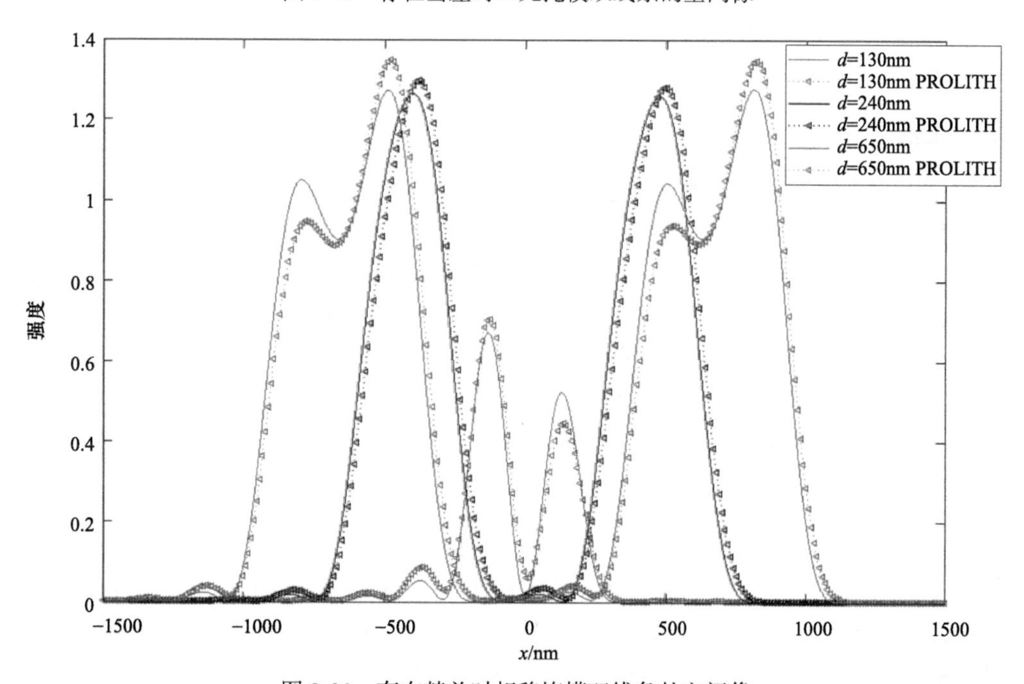

图 2-20　存在彗差时相移掩模双线条的空间像

从图 2-14～图 2-20 可知，在无像差条件下，本小节给出的标量场成像模型对一维光栅和一维双线条的成像结果和 PROLITH 的仿真结果一般都能够很好地吻合。但是在两种情况下会出现较大偏差，一种是无像差条件下接近分辨率极限的光栅图形成像，另一种则是在存在像差时双线条空间像的部分区域。部分相干成像模型中扩展光源离散采样的采样率和采样点的选择策略的不同是造成上述计算偏差的主要原因，特别是对于高频分量和位于光瞳边缘的空间频率分量的选择策略上的不同造成了这些微小的计算差别。上述两种误差属于计算模型原理上的差异导致的固有误差，通常它不会造成同一计算模型内的相对误差，即同一计算模型内线条的空间像都包括了上述误差，只是在对比时有些线条表现得比较明显。另外，存在彗差时的空间像计算误差主要体现在图形的高频部分，因为这一部分对光瞳采样率的差异更敏感。通常情况下，分析光刻成像时需要采用阈值法分析线条的宽度，上述误差对能够正常成像的线条线宽的影响由计算模型的精度决定，本小节所采用的模型在空间的采样精度大约是 0.4nm，对于成像分辨率低于 90nm 的成像系统，这个误差是可以接受的。

2.3 矢量光刻成像模型[1]

对于大数值孔径(NA>0.75)的投影物镜，特别是数值孔径超过 1 的浸液光刻情况下，光的矢量特性对空间像的影响变得不可忽视，需要对掩模的近场分布做严格的仿真计算，需考虑照明光的偏振态和非近轴近似条件下自由空间的矢量衍射特性等因素，这时需要采用基于矢量衍射理论的矢量光刻成像模型。按照光刻成像的物理过程，该模型主要包括厚掩模近场模型、物方矢量远场衍射模型、入瞳球面和出瞳球面之间的映射关系与像方矢量场会聚成像模型四个部分[1]。

2.3.1 建模基础

矢量光刻成像系统原理如图 2-21 所示，根据实际光刻机的照明系统和投影物镜系统结构参数，该成像系统具备一些消球差光学系统所共有的和光刻成像系统自身特有的性质。第一，该成像系统采用科勒照明，一个点源和会聚透镜组成的照明系统发出的线偏振的平面波垂直入射到掩模面上，相干成像代替了通常情况下的部分相干成像。第二，该成像系统严格满足正弦条件，因此它是一个线性平移不变系统，即当掩模在物方 x-y 平面横向移动时，掩模空间像在像面随之一起移动且强度分布保持不变。同时，投影物镜入瞳位于掩模的远场区域，且掩模成像区域的尺寸远小于掩模面到投影物镜入瞳的距离。第三，该成像系统是一个大菲涅耳数系统，即

$$N \gg 1, \quad N = r^2 / (\lambda f) \tag{2.124}$$

其中，N 是投影物镜出瞳的菲涅耳数；r 是出瞳半径；f 是像方的几何焦距。另外，像面也位于出瞳球面的远场区域，因此基尔霍夫边界条件可以应用于推导 Debye-Wolf 矢量场成像公式。

根据上述第二点和第三点，投影物镜的入瞳和出瞳将分别被看成以物面中心点和像面中心点为圆心，以 R_{o} 和 R_{i} 为半径的球面，球面的范围分别由物方孔径角和像方孔径角限定，如图 2-21 所示。因此，入瞳球面和出瞳球面上的任意一点可以分别用球坐标 $(R_{\mathrm{o}}, \theta_{\mathrm{o}}, \varphi_{\mathrm{o}})$ 和 $(R_{\mathrm{i}}, \theta_{\mathrm{i}}, \varphi_{\mathrm{i}})$ 表示，坐标系如图 2-22 所示。

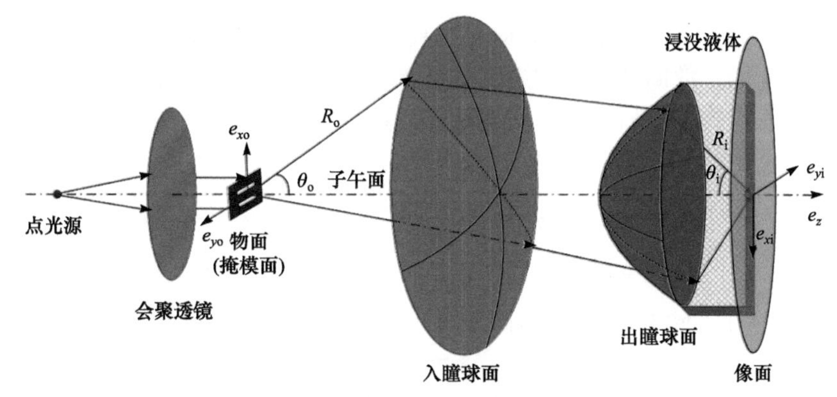

图 2-21　大数值孔径浸液矢量光刻成像系统原理示意图

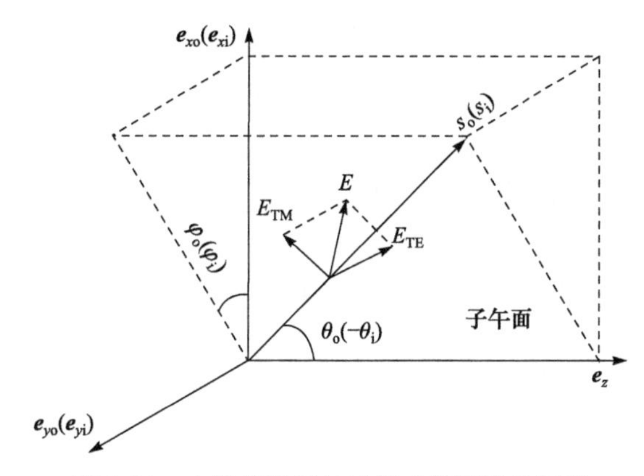

图 2-22　大数值孔径矢量场成像模型坐标系

为了计算方便，像方和物方共用 z 轴，但是 x, y 坐标轴的方向分别相反。物方的方向矢量 $\boldsymbol{s}_{\text{o}}$ 和像方的方向矢量 $\boldsymbol{s}_{\text{i}}$ 分别表示从物平面中心点出发和从像平面中心点出发的单位方向矢量，它们分别被表示为

$$
\begin{aligned}
s_{\text{o}} &= s_{\text{o}x}e_{x\text{o}} + s_{\text{o}y}e_{y\text{o}} + s_{\text{o}z}e_{z\text{o}} \\
&= \sin\theta_{\text{o}}\cos\varphi_{\text{o}}e_{x\text{o}} + \sin\theta_{\text{o}}\sin\varphi_{\text{o}}e_{y\text{o}} + \cos\theta_{\text{o}}e_{z\text{o}}
\end{aligned} \tag{2.125}
$$

$$
\begin{aligned}
s_{\text{i}} &= s_{\text{i}x}e_{x\text{i}} + s_{\text{i}y}e_{y\text{i}} + s_{\text{i}z}e_{z\text{i}} \\
&= -\sin\theta_{\text{i}}\cos\varphi_{\text{i}}e_{x\text{i}} - \sin\theta_{\text{i}}\sin\varphi_{\text{i}}e_{y\text{i}} + cos\theta_{\text{i}}e_{z\text{i}}
\end{aligned} \tag{2.126}
$$

其中，$(e_{x\text{o}}, e_{y\text{o}}, e_{z\text{o}})$ 和 $(e_{x\text{i}}, e_{y\text{i}}, e_{z\text{i}})$ 分别表示在物方和像方沿 x，y，z 方向的单位矢量。第四，该成像系统可以是浸液光刻成像系统。物方介质的折射率为 n_{o}=1，数值孔径 $NA_{\text{o}} = n_{\text{o}}\sin\theta_{\text{omax}}$，$\theta_{\text{omax}}$ 是物方的最大孔径角。像方介质的折射率为 n_{i}，数值孔径为 $NA_{\text{i}} = n_{\text{i}}\sin\theta_{\text{imax}}$，通常情况下也用 NA 表示，θ_{imax} 是像方的最大孔径角。当采用浸液光刻成像时，$n_{\text{i}} > 1$；当采用干式光刻成像时，$n_{\text{i}} = 1$。本小节中的模型假设浸没液体的折射率可以任意增大，直到使物方的数值孔径达到 1，同时保持成像系统的放大率不变。采用浸液光刻成像时，假设 $\sin\theta_{\text{imax}} = 0.93$ 为常数固定不变，物方数值孔径为

$$NA_{\text{o}} = Mn_{\text{i}}\sin\theta_{\text{imax}} \tag{2.127}$$

其中，M 为成像系统的缩小倍率，在一般的 193nm ArF 光刻机中，M 为 0.25。从式 (2.127)

可知，本小节所讨论的浸液成像的数值孔径直接由浸没液体的折射率决定。在图 2-21 中，虽然浸没液体充满了像面和投影物镜出瞳之间的空间，但是在实际的浸液光刻中浸没液体仅仅充满了投影物镜最后一片镜片和硅片上表面之间的空间。为了方便计算和分析，将照明光在真空中的波长 λ 作为物面(掩模下表面)和像面的空间坐标的长度单位

$$r_{\mathrm{o}} = \lambda(x_{\mathrm{o}}e_{x\mathrm{o}} + y_{\mathrm{o}}e_{y\mathrm{o}} + z_{\mathrm{o}}e_{z\mathrm{o}}),\quad z_{\mathrm{o}} = 0,\ x_{\mathrm{o}}, y_{\mathrm{o}} \ll R_{\mathrm{o}} / \lambda \tag{2.128}$$

$$r_{\mathrm{i}} = \lambda(x_{\mathrm{i}}e_{x\mathrm{i}} + y_{\mathrm{i}}e_{y\mathrm{i}} + z_{\mathrm{i}}e_{z\mathrm{i}}),\quad z_{\mathrm{i}} = 0,\ x_{\mathrm{i}}, y_{\mathrm{i}} \ll R_{\mathrm{i}} / \lambda \tag{2.129}$$

因此，在像空间的平面波可以表示为

$$\begin{aligned} E_{\mathrm{i}}(x_{\mathrm{i}}, y_{\mathrm{i}}, z_{\mathrm{i}}) &= E_{\mathrm{i}0}(x_{\mathrm{i}}, y_{\mathrm{i}}, z_{\mathrm{i}})\exp\left[-\mathrm{i}\frac{2\pi}{\lambda_0}n_{\mathrm{i}}(s_{\mathrm{i}x}x_{\mathrm{i}}\lambda_0 + s_{\mathrm{i}y}y_{\mathrm{i}}\lambda_0 + s_{\mathrm{i}z}z_{\mathrm{i}}\lambda_0)\right] \\ &= E_{\mathrm{i}0}(x_{\mathrm{i}}, y_{\mathrm{i}}, z_{\mathrm{i}})\exp[-\mathrm{i}2\pi n_{\mathrm{i}}(s_{\mathrm{i}x}x_{\mathrm{i}} + s_{\mathrm{i}y}y_{\mathrm{i}} + s_{\mathrm{i}z}z_{\mathrm{i}})] \end{aligned} \tag{2.130}$$

第五，物方的入射光线和像方对应的出射光线在同一个子午平面内。不论在物空间还是像空间，与子午面垂直的电场分量为 TE 偏振分量，与子午面平行的电场分量为 TM 偏振分量。针对衍射场应用两种不同的坐标系，分别是以(e_x, e_y, e_z)为单位矢量的笛卡儿坐标系和以(e_{TE} , e_{TM})为单位矢量的 TE/TM 坐标系。如果考虑物方掩模下表面近场向入瞳球面衍射，TE/TM 坐标系的单位矢量分别满足如下关系

$$e_{\mathrm{TEo}} = \frac{s_{\mathrm{o}} \times e_{z\mathrm{o}}}{|s_{\mathrm{o}} \times e_{z\mathrm{o}}|} = \sin\varphi_{\mathrm{o}}e_{x\mathrm{o}} - \cos\varphi_{\mathrm{o}}e_{y\mathrm{o}} \tag{2.131}$$

$$e_{\mathrm{TMo}} = \frac{s_{\mathrm{o}} \times e_{\mathrm{TEo}}}{|s_{\mathrm{o}} \times e_{\mathrm{TEo}}|} = \cos\theta_{\mathrm{o}}\cos\varphi_{\mathrm{o}}e_{x\mathrm{o}} + \cos\theta_{\mathrm{o}}\sin\varphi_{\mathrm{o}}e_{y\mathrm{o}} - \sin\theta_{\mathrm{o}}e_{z\mathrm{o}} \tag{2.132}$$

如果考虑像方出瞳球面电场会聚成像，则有

$$e_{\mathrm{TEi}} = \frac{s_{\mathrm{i}} \times e_{z\mathrm{i}}}{|s_{\mathrm{o}} \times e_{z\mathrm{i}}|} = -\sin\varphi_{\mathrm{i}}e_{x\mathrm{i}} + \cos\varphi_{\mathrm{i}}e_{y\mathrm{i}} \tag{2.133}$$

$$e_{\mathrm{TMi}} = \frac{s_{\mathrm{i}} \times e_{\mathrm{TEi}}}{|s_{\mathrm{i}} \times e_{\mathrm{TEi}}|} = -\cos\theta_{\mathrm{i}}\cos\varphi_{\mathrm{i}}e_{x\mathrm{i}} - \cos\theta_{\mathrm{i}}\sin\varphi_{\mathrm{i}}e_{y\mathrm{i}} - \sin\theta_{\mathrm{i}}e_{z\mathrm{i}} \tag{2.134}$$

由于此处关注的焦点是光学成像系统的矢量特性，尤其是物方矢量衍射模型对成像系统性能的影响，因此讨论范围仅限于空间像的计算。空间像的主要计算流程如下：首先平面波垂直照明厚掩模，通过 FDTD 得到厚掩模的近场；然后近场衍射到远场区域的投影物镜入瞳球面；最后衍射场通过投影物镜光瞳后会聚成像。

2.3.2　厚掩模近场模型

基于基尔霍夫边界条件的薄掩模模型只能适用于掩模图形的尺寸相对照明光波长很大的情况。随着光刻特征尺寸的不断减小，掩模的三维形貌、材料的光学性质和入射光的偏振态等因素对掩模图形的衍射结果影响越来越大。在计算掩模图形的远场衍射时，通常先采用严格电磁场仿真计算得到掩模图形的近场分布，然后按照衍射公式计算其远场的衍射图样。一个用于仿真计算的三维掩模图形如图 2-23 所示，它是一对长 1 个波

长，宽 0.7 个波长，间距 0.7 个波长的三维双缝线条。针对这种厚掩模的严格三维电磁场仿真计算，此处采用时域有限差分方法(FDTD)，所有的掩模近场分布计算结果都通过 MIT 发布的免费软件 MEEP 得到。假设点光源的波长为 193nm，垂直照明掩模的平面波的电场沿 y 方向偏振，其电场和磁场分别为 $E=\{0,1,0\}$ 和 $H=\{-\sqrt{\varepsilon_0/\mu_0},0,0\}$。假设 $H_{\rm o}$ 和 $E_{\rm o}$ 分别是利用 MEEP 仿真计算得到的掩模下表面的磁场和电场的近场分布，将该平面记为 $z_{\rm o}=0$ 的初始平面，于是在该平面上有

$$\begin{cases} H_{\rm o}=H_{{\rm o}x}e_{{\rm o}x}+H_{{\rm o}y}e_{{\rm o}y}+H_{{\rm o}z}e_{{\rm o}z} \\ E_{\rm o}=E_{{\rm o}x}e_{{\rm o}x}+E_{{\rm o}y}e_{{\rm o}y}+E_{{\rm o}z}e_{{\rm o}z} \end{cases} \tag{2.135}$$

根据矢量衍射积分公式，掩模近场分布的横向分量决定了物方的衍射结果，因此在仿真计算中通常只考虑 $H_{{\rm o}x}$，$H_{{\rm o}y}$ 和 $E_{{\rm o}x}$，$E_{{\rm o}y}$ 四个分量。

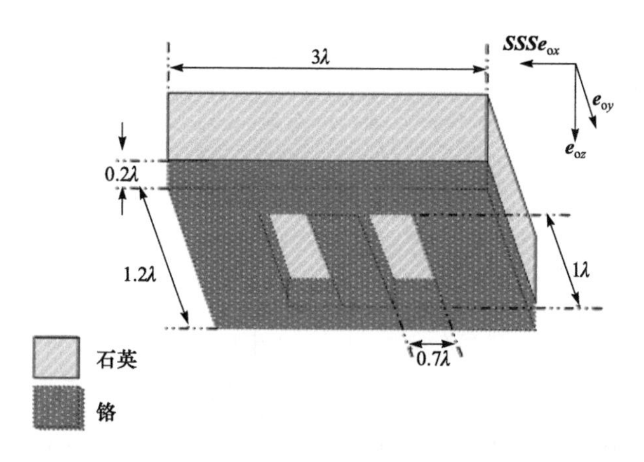

图 2-23　用于计算空间像的厚掩模模型

对于波长为 193nm 的深紫外光，石英的折射率为 1.56，而铬是具有色散性质的金属，MEEP 在其 FDTD 仿真计算中采用基于 Lorentz-Drude 谐振模型的辅助方程法对色散介质建模。假设色散介质内的电场和电位移矢量分别为 $\boldsymbol{E}$ 和 $\boldsymbol{D}$，且满足关系式

$$\boldsymbol{D}=\varepsilon_\infty\boldsymbol{E}+\boldsymbol{P} \tag{2.136}$$

其中，P 是材料中和频率相关的极化密度矢量；ε_∞ 是瞬时的介电常数。P 有其自身的演化方程，其形式决定了与频率相关的介电常数 $\varepsilon(\omega)$。

MEEP 通过具有不同谐振频率的谐振子和一个频率相关的电导率的线性组合来模拟任意的色散介质，其色散方程为

$$\begin{aligned}\varepsilon(\omega,x_{\rm o})&=\left[1+\frac{{\rm i}\cdot\sigma_{\rm D}(x_{\rm o})}{\omega}\right]\left[\varepsilon_\infty(x_{\rm o})+\sum_n\frac{\sigma_n(x_{\rm o})\cdot\omega_n^2}{\omega_n^2-\omega^2-{\rm i}\omega\gamma_n}\right]\\&=\left[1+\frac{{\rm i}\cdot\sigma_{\rm D}(x_{\rm o})}{2\pi f}\right]\left[\varepsilon_\infty(x_{\rm o})+\sum_n\frac{\sigma_n(x_{\rm o})\cdot f_n^2}{f_n^2-f^2-{\rm i}f\gamma_n/(2\pi)}\right]\end{aligned} \tag{2.137}$$

其中，$\sigma_D(x_o)$ 是材料的电导率。如果是非色散材料，在 MEEP 中只需要设置介电常数 ε 的实部和虚部，且有 $\mathrm{Re}(\varepsilon)=\varepsilon_\infty$，$\mathrm{Im}(\varepsilon)=\mathrm{i}\varepsilon_\infty\sigma_D/\omega$。对于色散材料，MEEP 需要设定用于表示材料色散特性的参数 ω_n、σ_n 和 γ_n。

仿真中铬的色散参数来自于 Aleksandar 的实验数据[18]，其介电常数的实部和虚部随频率变化的色散关系如图 2-24 所示。MEEP 中用于 Cr 的仿真参数如表 2-1 所示。根据表中的参数，使用 MEEP 仿真图 2-23 中双缝线条的近场分布，结果如图 2-25 所示。其中，每个单缝的宽度大约是 135nm，缩小四倍所成空间像的单缝宽度应该约为 34nm。仿真结果与薄掩模模型相比较可知，基于基尔霍夫边界条件的薄掩模模型与实际的掩模散射结果之间存在较大的误差。

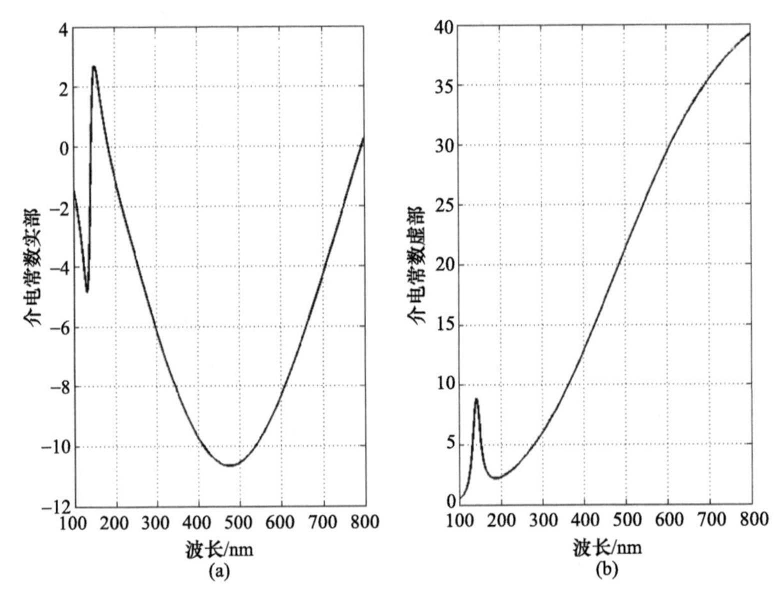

图 2-24　掩模材料铬(Cr)的色散性质

表 2-1　掩模材料铬的色散参数

n	ω_n	γ_n	σ_n
1	1×10^{-30}	0.047	$1.941450000000000\times10^{61}$
2	0.121	3.175	$1.191854210777952\times10^{3}$
3	0.543	1.305	58.79068607999348
4	1.970	2.676	34.21405150867067
5	8.775	1.335	1.23815959286045

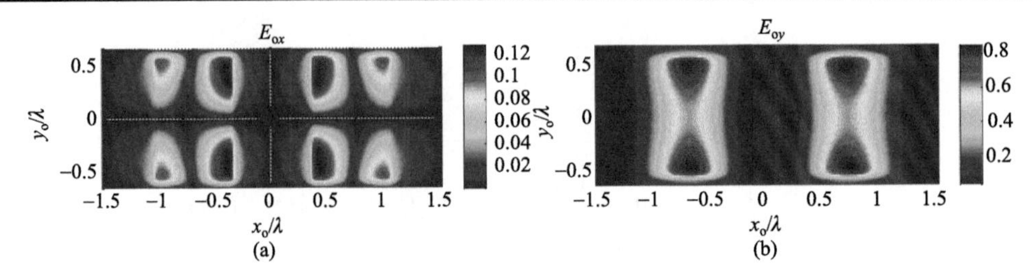

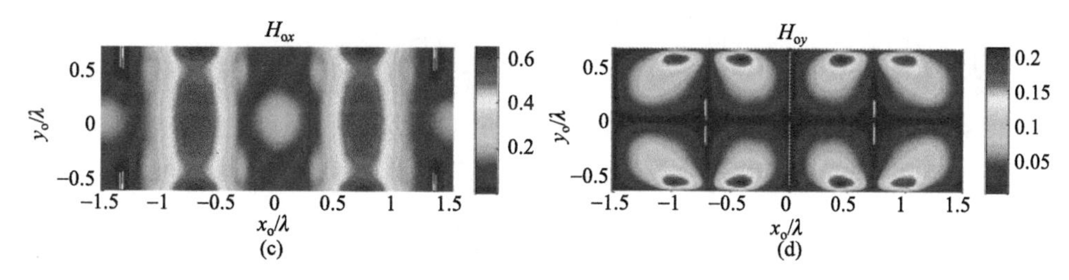

图 2-25　双缝厚掩模的近场分布

2.3.3　物方矢量场远场衍射模型

在讨论矢量成像时，实际上是指掩模下表面的近场通过投影物镜成空间像的过程，第一步就是掩模的近场衍射到入瞳球面。为了表示方便，假设确定掩模近场分布的平面为 z=0 平面。由于掩模成像区域的尺寸远小于入瞳球面半径，因此假定掩模图形位于入瞳球面的球心，入瞳球面上的电场分布可作如下近似，

$$E_{\text{in}} \approx E_{\text{in\_angle}}(s_{\text{o}})\frac{\exp(-\text{i}kR_{\text{o}})}{R_{\text{o}}} \tag{2.138}$$

式(2.138)表明，入瞳球面上的任意一点的电场只与该点的空间立体角有关，且该点的电场本质上是一个振幅由衍射光的角谱确定的平面波。这个近似关系可以分别通过对格林函数作远场近似，对矢量平面波谱公式应用稳相法，以及在标量场的条件下应用惠更斯-菲涅耳积分得到。

2.3.3.1　矢量平面波谱远场衍射模型

矢量平面波谱公式也可以用于计算入瞳球面的电场分布。Guo 等[19,20]通过将电磁场横向模式展开，然后结合传输线方程推导出均匀介质中任意偏振电磁场的矢量平面波谱公式

$$E_{\text{o}}(r_{\text{o}}) = -\lambda^2 \iint_{\infty} [E_{\text{TE\_vpws}}(s_{\text{o}})e_{\text{TEo}} + E_{\text{TM\_vpws}}(s_{\text{o}})e_{\text{TMo}}]\exp[-\text{j}2\pi(s_{\text{o}}\cdot r_{\text{o}})]\text{d}s_{\text{o}x}\text{d}s_{\text{o}y} \tag{2.139}$$

$$E_{\text{TE\_vpws}}(s_{\text{o}}) = \iint_{\infty} (s_{\text{o}x}^2 + s_{\text{o}y}^2)^{-\frac{1}{2}}(s_{\text{o}y}E_{\text{o}x} - s_{\text{o}x}E_{\text{o}y})\exp[\text{j}2\pi(s_{\text{o}}\cdot r_{\text{o}})]\text{d}x_{\text{o}}\text{d}y_{\text{o}} \tag{2.140}$$

$$E_{\text{TM\_vpws}}(s_{\text{o}}) = \iint_{\infty} s_{\text{o}z}^{-1}(s_{\text{o}x}^2 + s_{\text{o}y}^2)^{-\frac{1}{2}}(s_{\text{o}x}E_{\text{o}x} + s_{\text{o}y}E_{\text{o}y})\exp[\text{j}2\pi(s_{\text{o}}\cdot r_{\text{o}})]\text{d}x_{\text{o}}\text{d}y_{\text{o}} \tag{2.141}$$

式(2.139)～式(2.141)提供了一种将任意偏振态的电磁场分解成 TE 偏振和 TM 偏振的平面波叠加的方法。由于复振幅和偏振方向在表达式上互相分离，因此将式(2.139)应用于本小节所述的矢量场成像模型时将会非常方便。通过不同的方法，与式(2.139)等价的另一种形式的平面波谱变换对公式也被推导出来

$$E_{\text{o}}(r_{\text{o}}) = -\lambda^2 \iint_{\infty} E_s(s_{\text{o}x}, s_{\text{o}y}, s_{\text{o}z})\exp[-\text{j}2\pi(s_{\text{o}}\cdot r_{\text{o}})]\text{d}s_{\text{o}x}\text{d}s_{\text{o}y} \tag{2.142}$$

$$E_s = \iint_{\infty} [e_{\text{ox}} E_{\text{ox}} + e_{\text{oy}} E_{\text{oy}} - e_{\text{oz}} s_{\text{oz}}^{-1} (s_{\text{ox}} E_{\text{ox}} + s_{\text{oy}} E_{\text{oy}})] \exp[\text{j}2\pi(s_{\text{ox}} x_{\text{o}} + s_{\text{oy}} y_{\text{o}})] \text{d}x_{\text{o}} \text{d}y_{\text{o}} \tag{2.143}$$

仿照 Sherman[21]、Stamnes[22]、Guo[19]等的处理方法，对式(2.142)应用稳相法，可以得到入瞳球面上任意一点的电场

$$E_{\text{in\_vpws}} = E_{\text{angle\_vpws}} \frac{\exp(-\text{j}kR_{\text{o}})}{R_{\text{o}}} \tag{2.144}$$

$$E_{\text{angle\_vpws}} = -s_{\text{oz}} \frac{\text{j}}{\lambda} \left[E_{\text{TE\_vpws}}(s_{\text{o}}) e_{\text{TMo}} + E_{\text{TM\_vpws}}(s_{\text{o}}) e_{\text{TMo}} \right] \tag{2.145}$$

把式(2.140)和式(2.141)代入式(2.145),化简得到

$$E_{\text{angle\_vpws}} = -\frac{\text{j}}{\lambda} \iint_{\infty} [e_{\text{ox}} s_{\text{oz}} E_{\text{ox}} + e_{\text{oy}} s_{\text{oz}} E_{\text{oy}} - e_{\text{oz}} (s_{\text{ox}} E_{\text{ox}} + s_{\text{oy}} E_{\text{oy}})] \exp[\text{j}2\pi(s_{\text{ox}} x_{\text{o}} + s_{\text{oy}} y_{\text{o}})] \, \text{d}x_{\text{o}} \text{d}y_{\text{o}} \tag{2.146}$$

对比式(2.140)、式(2.141)和式(2.165)可知，基于矢量平面波谱公式的衍射模型可以直接得到入瞳球面上的 TE、TM 偏振分量，因此联立式(2.140)、式(2.141)和式(2.175)即可计算出基于矢量平面波谱衍射公式的空间像。图 2-23 所示的双缝图形通过图 2-21 所示的大数值孔径成像系统成像，根据基于 VPWS 衍射的空间像计算结果，TE/TM 偏振分量分别在空间中的传播情况，掩模近场电场和空间像的强度分布如图 2-26 所示。

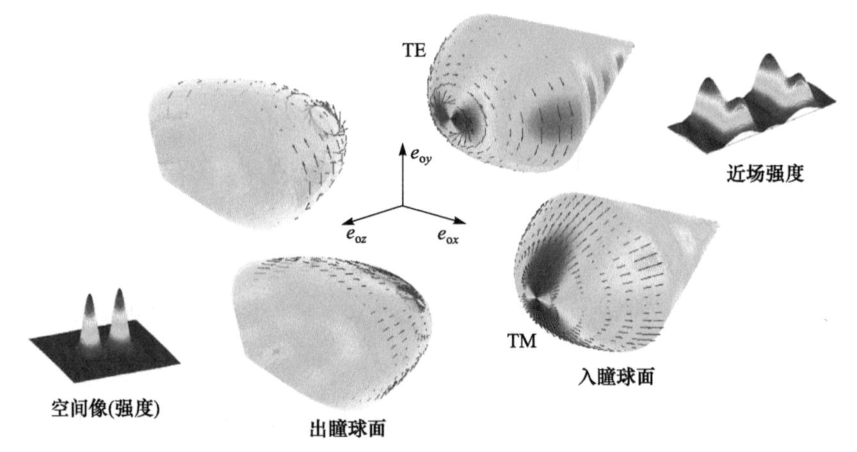

图 2-26　厚掩模的双缝线条通过大数值孔径投影物镜成像的矢量场建模，包括 TE 和 TM 偏振态的衍射光在空间中的传播过程

2.3.3.2　基于 Franz 公式的远场衍射模型

根据严格的电磁场衍射理论，一个有界的连续空间中的电磁场分布完全由该连续空间边界面上电磁场的切向分量确定，Stratton-Chu 和 Franz 衍射公式都给出了具体的表达式。如果考虑电磁场非连续分布的闭合曲面，在 Stratton-Chu 公式中需要加入线积分使表达式满足麦克斯韦方程组。然而，Franz 公式本身已经包含了这个附加的线积分，既能够用于横向电磁场分量连续分布的情况，也能够用于横向电磁场分量非连续分布的情况。

需要指出的是，在讨论横向电磁场分量非连续分布时，Kottler、Stratton-Chu 和 Tai 都将衍射屏看作黑屏，即在边界上的电场和磁场分量均为零，这种近似方法和 Kirchhoff 的近似边界条件的效果相同。因此使用 Franz 公式讨论衍射问题时，实际上是在用 Kirchhoff 边界近似条件讨论矢量场的衍射。

为了在矢量场成像模型中采用 Franz 公式，将式(2.82)和式(2.83)应用于厚掩模近场所在的初始平面 z_o=0，采用 2.3.1 节中规定的坐标系得到物方衍射场电场的三个分量的表达式分别为

$$\begin{aligned}E_x(R)=-\iint_S\Bigg\{&E_x(r_o)G_0\left(\mathrm{i}k-\frac{1}{R_0}\right)\frac{z}{R_0}+\mathrm{i}k\sqrt{\frac{\mu_0}{\varepsilon_0}}G_0H_y(r_o)\\&+\frac{\mathrm{i}}{k}\sqrt{\frac{\mu_0}{\varepsilon_0}}[H_y(r_o)(x-m)-H_x(r_o)(y-n)]G_0\frac{1}{R_0^2}(x-m)\left(-k^2-\frac{3\mathrm{i}k}{R_0}+\frac{3}{R_0^2}\right)\\&+\frac{\mathrm{i}}{k}\sqrt{\frac{\mu_0}{\varepsilon_0}}H_y(r_o)\frac{1}{R_0}\left(\mathrm{i}k-\frac{1}{R_0}\right)G_0\Bigg\}\mathrm{d}x_o\mathrm{d}y_o\end{aligned}\tag{2.147}$$

$$\begin{aligned}E_y(R)=-\iint_S\Bigg\{&E_y(r_o)G_0\left(\mathrm{i}k-\frac{1}{R_0}\right)\frac{z}{R_0}-\mathrm{i}k\sqrt{\frac{\mu_0}{\varepsilon_0}}G_0H_x(r_o)\\&+\frac{\mathrm{i}}{k}\sqrt{\frac{\mu_0}{\varepsilon_0}}[H_y(r_o)(x-m)-H_x(r_o)(y-n)]G_0\frac{1}{R_0^2}(y-n)\left(-k^2-\frac{3\mathrm{i}k}{R_0}+\frac{3}{R_0^2}\right)\\&-\frac{\mathrm{i}}{k}\sqrt{\frac{\mu_0}{\varepsilon_0}}H_x(r_o)\frac{1}{R_0}\left(\mathrm{i}k-\frac{1}{R_0}\right)G_0\Bigg\}\mathrm{d}x_o\mathrm{d}y_o\end{aligned}\tag{2.148}$$

$$\begin{aligned}E_z(R)=\iint_S\Bigg\{&G_0\left(\mathrm{i}k-\frac{1}{R_0}\right)\frac{1}{R_0}[E_x(r_o)(x-m)+E_y(r_o)(y-n)]\\&-\frac{i}{k}\sqrt{\frac{\mu_0}{\varepsilon_0}}[H_y(r_o)(x-m)-H_x(r_o)(y-n)]G_0\frac{z}{R_0^2}\left(-k^2-\frac{3\mathrm{i}k}{R_0}+\frac{3}{R_0^2}\right)\Bigg\}\mathrm{d}x_o\mathrm{d}y_o\end{aligned}\tag{2.149}$$

其中，G_0 为自由空间的标量格林函数，$G_0(r_o,R)=\exp(\mathrm{i}k|R-r_o|)/4\pi|R-r_o|$；$R(x,y,z)$ 为物空间中的点坐标，$R_0=R-r_o$ 为初始平面上的点指向观察点的空间矢量。同理得到衍射平面后磁场的表达式为

$$\begin{aligned}H_x(R)=-\iint_S\Bigg\{&H_x(r_o)G_0\left(\mathrm{i}k-\frac{1}{R_0}\right)\frac{z}{R_0}-\mathrm{i}k\sqrt{\frac{\mu_0}{\varepsilon_0}}G_0E_y(r_o)\\&-\frac{\mathrm{i}}{k}\sqrt{\frac{\mu_0}{\varepsilon_0}}[E_y(r_o)(x-m)-E_x(r_o)(y-n)]G_0\frac{1}{R_0^2}(x-m)\left(-k^2-\frac{3\mathrm{i}k}{R_0}+\frac{3}{R_0^2}\right)\\&-\frac{\mathrm{i}}{k}\sqrt{\frac{\mu_0}{\varepsilon_0}}E_y(r_o)\frac{1}{R_0}\left(\mathrm{i}k-\frac{1}{R_0}\right)G_0\Bigg\}\mathrm{d}x_o\mathrm{d}y_o\end{aligned}\tag{2.150}$$

$$H_y(R)=-\iint_S\left\{H_y(r_o)G_0\left(\mathrm{i}k-\frac{1}{R_0}\right)\frac{z}{R_0}+\mathrm{i}k\sqrt{\frac{\varepsilon_0}{\mu_0}}G_0E_x(r_o)\right.$$

$$-\frac{\mathrm{i}}{k}\sqrt{\frac{\varepsilon_0}{\mu_0}}[E_y(r_o)(x-m)-E_x(r_o)(y-n)]G_0\frac{1}{R_0^2}(y-n)\left(-k^2-\frac{3\mathrm{i}k}{R_0}+\frac{3}{R_0^2}\right)$$

$$\left.+\frac{\mathrm{i}}{k}\sqrt{\frac{\varepsilon_0}{\mu_0}}E_x(r_o)\frac{1}{R_0}\left(\mathrm{i}k-\frac{1}{R_0}\right)G_0\right\}\mathrm{d}x_o\mathrm{d}y_o \tag{2.151}$$

$$H_z(R)=\iint_S\left\{G_0\left(\mathrm{i}k-\frac{1}{R_0}\right)\frac{1}{R_0}[H_x(r_o)(x-m)+H_y(r_o)(y-n)]\right.$$

$$\left.+\frac{\mathrm{i}}{k}\sqrt{\frac{\mu_0}{\varepsilon_0}}[E_y(r_o)(x-m)-E_x(r_o)(y-n)]G_0\frac{z}{R_0^2}\left(-k^2-\frac{3\mathrm{i}k}{R_0}+\frac{3}{R_0^2}\right)\right\}\mathrm{d}x_o\mathrm{d}y_o \tag{2.152}$$

利用 FDTD 对厚掩模仿真计算得到掩模近场初始平面 $z_o=0$ 上的电磁场分布之后，再通过式(2.147) ～ 式(2.152)计算得到在 $z>0$ 的物空间的衍射结果。令 $R=r_{\text{pupil}}$ 表示入瞳球面上的点坐标

$$r_{\text{pupil}}=x_{\text{pupil}}e_{xo}+y_{\text{pupil}}e_{yo}+z_{\text{pupil}}e_{zo},\ x_{\text{pupil}}^2+y_{\text{pupil}}^2+z_{\text{pupil}}^2=R_{\text{p}}^2 \tag{2.153}$$

对格林函数 $G_0(r_o,r_{\text{pupil}})$ 作远场衍射近似

$$G_0(r_o,r_{\text{pupil}})=\frac{\exp\left(\mathrm{i}k\left|r_{\text{pupil}}-r_o\right|\right)}{4\pi\left|r_{\text{pupil}}-r_o\right|}\approx\frac{\exp(\mathrm{i}kR_{\text{p}})}{4\pi R_{\text{p}}}\exp(-\mathrm{i}2\pi s_o\cdot r_o) \tag{2.154}$$

由于投影物镜入瞳球面上的电磁场分布满足式(2.138)所示的远场衍射近似，联立式 (2.125)、式(2.126)、式(2.147)～式(2.149)，令 $r_{\text{pupil}}\to\infty$ 并将入瞳球面上的点坐标均近似为方向矢量 $\boldsymbol{s}_o$，得到入瞳球面电场的表达式

$$E_{\text{in\_Franz}}=E_{\text{angle\_Franz}}\frac{\exp(-\mathrm{i}kR_{\text{p}})}{R_{\text{p}}} \tag{2.155}$$

$$E_{\text{angle\_Franz}}=-\frac{\mathrm{i}}{2\lambda}\iint_{S_{\text{mask}}}\begin{bmatrix}e_{ox}\left\{s_{oz}E_{ox}+\sqrt{\dfrac{\mu_0}{\varepsilon_0}}[s_{ox}s_{oy}H_{ox}+(1-s_{ox}^2)H_{oy}]\right\}\\ e_{oy}\left\{s_{oz}E_{oy}+\sqrt{\dfrac{\mu_0}{\varepsilon_0}}[-(1-s_{oy}^2)H_{ox}-s_{ox}s_{oy}H_{oy}]\right\}\\ e_{oz}\left\{-s_{ox}E_{ox}-s_{oy}E_{oy}+\sqrt{\dfrac{\mu_0}{\varepsilon_0}}(s_{oy}s_{oz}H_{ox}-s_{ox}s_{oz}H_{oy})\right\}\end{bmatrix}$$
$$\times\exp[-\mathrm{i}2\pi(s_{ox}x_o+s_{oy}y_o)]\mathrm{d}x_o\mathrm{d}y_o \tag{2.156}$$

同理，联立式(2.125)、式(2.126)、式(2.150)～式(2.152)得到磁场在投影物镜入瞳的分布为

$$H_{\text{in\_Franz}}=H_{\text{angle\_Franz}}\frac{\exp(-\mathrm{i}kR_{\text{p}})}{R_{\text{p}}} \tag{2.157}$$

$$H_{\text{angle\_Franz}} = -\frac{i}{2\lambda}\iint_{S_{\text{mask}}}\begin{bmatrix} e_{\text{ox}}\left\{s_{\text{oz}}H_{\text{ox}} + \sqrt{\frac{\varepsilon_0}{\mu_0}}[-s_{\text{ox}}s_{\text{oy}}E_{\text{ox}} - (1-s_{\text{ox}}^2)E_{\text{oy}}]\right\} \\ e_{\text{oy}}\left\{s_{\text{oz}}H_{\text{oy}} + \sqrt{\frac{\varepsilon_0}{\mu_0}}[(1-s_{\text{oy}}^2)E_{\text{ox}} + s_{\text{ox}}s_{\text{oy}}E_{\text{oy}}]\right\} \\ e_{\text{oz}}\left\{-s_{\text{ox}}H_{\text{ox}} - s_{\text{oy}}H_{\text{oy}} + \sqrt{\frac{\varepsilon_0}{\mu_0}}(-s_{\text{oy}}s_{\text{oz}}E_{\text{ox}} + s_{\text{ox}}s_{\text{oz}}E_{\text{oy}})\right\} \end{bmatrix} \times \exp[-\mathrm{i}2\pi(s_{\text{ox}}x_{\text{o}} + s_{\text{oy}}y_{\text{o}})]\mathrm{d}x_{\text{o}}\mathrm{d}y_{\text{o}} \tag{2.158}$$

利用式(2.156)和式(2.158)的结果可以立即证明入瞳面的电磁场分布满足散度为零的条件，即

$$s_{\text{o}} \cdot E_{\text{angle\_Franz}} = 0 \tag{2.159}$$

$$s_{\text{o}} \cdot H_{\text{angle\_Franz}} = 0 \tag{2.160}$$

且电场、磁场和方向矢量构成正交的右手系

$$H_{\text{angle\_Franz}} = \sqrt{\frac{\varepsilon_0}{\mu_0}} s_{\text{o}} \times E_{\text{angle\_Franz}} \tag{2.161}$$

最后联立式(2.156)、式(2.165)和式(2.131)～式(2.134)将 $E_{\text{angle\_Franz}}$ 分解成沿 e_{TEo} 偏振方向的 $E_{\text{TE\_Franz}}$ 分量和沿 e_{TMo} 偏振方向的 $E_{\text{TM\_Franz}}$ 分量，最后求解基于 Franz 衍射公式的空间像。虽然在 Debye 积分公式中，出瞳面上的磁场不会影响空间像的电场强度分布，但是如式(2.156)所示，掩模面的磁场分布对电场的远场衍射结果产生影响，同时也会影响最终的空间像。

2.3.3.3　近轴近似与标量衍射模型

入瞳球面上的电场分布是掩模近场分布的远场衍射结果。根据惠更斯-菲涅耳积分，标量衍射模型被用于计算入瞳球面上的电场分布

$$E_{\text{in\_scalar}} = E_{\text{angle\_scalar}} \frac{\exp(-\mathrm{j}kR_{\text{o}})}{R_{\text{o}}} \tag{2.162}$$

$$E_{\text{angle\_scalar}} = -s_{\text{ox}}\frac{j}{\lambda}\iint_{S_{\text{mask}}} \left|E_{\text{oy}}(x_{\text{o}}, y_{\text{o}})\right| \exp[-\mathrm{j}2\pi(s_{\text{ox}}x_{\text{o}} + s_{\text{oy}}y_{\text{o}})]\mathrm{d}x_{\text{o}}\mathrm{d}y_{\text{o}} \tag{2.163}$$

$E_{\text{angle\_scalar}}$ 是一个关于 s_{o} 的标量函数，需要先利用式(2.165)将从标量扩展得到的矢量{0, $E_{\text{angle\_scalar}}$, 0}分解

$$\{0, E_{\text{angle\_scalar}}, 0\} = E_{\text{TE\_angle}}(s_{\text{o}})e_{\text{TEo}} + E_{\text{TM\_angle}}(s_{\text{o}})e_{\text{TMo}} \tag{2.164}$$

然后将式(2.164)得到的结果代入式(2.175)计算出基于标量衍射的空间像。

2.3.3.4　远场衍射模型的比较

虽然三种衍射模型有一个统一的近似表达式(2.138)，但是每一个衍射模型的 $E_{\text{in\_angle}}$ 分别是对实际衍射结果在不同程度上的近似。为了叙述方便，下面的讨论中将三种衍射模型分别称为标量衍射、Franz 衍射和 VPWS 衍射。假设投影物镜没有波像差 ($\Phi(s_{ix}, s_{iy}) = 0$)，照明光的波长为 193nm。依据三种衍射模型计算得到入瞳球面上的电场分布，然后按照式(2.156)计算图 2-23 所示的掩模图形的空间像强度，结果如图 2-27 所示。

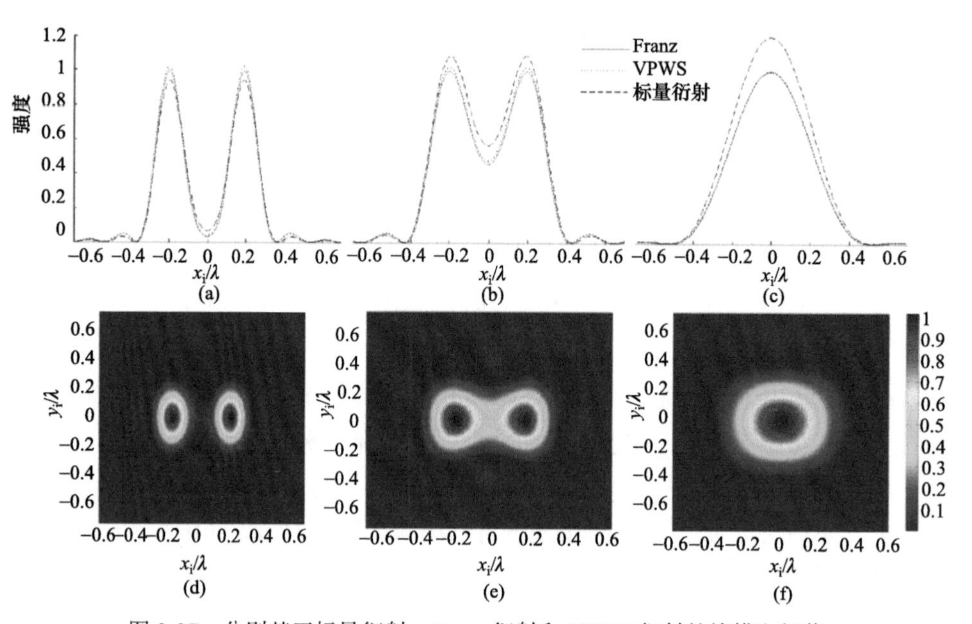

图 2-27　分别基于标量衍射、Franz 衍射和 VPWS 衍射的掩模空间像

图 2-27(a)～(c)是在三种不同数值孔径条件下空间像的电场强度在像面上沿 x 轴的分布，图 2-27(d)～(f)则是基于 VPWS 衍射计算得到的不同数值孔径条件下的空间像的强度分布。从图 2-27(d)～(f)可知，在不采用任何分辨率增强技术的情况下，为了能够分辨 32nm 节点的孤立图形，浸没液体的折射率必须高达 2.6。实际的生产和研发中还不可能获得如此高的折射率液体，然而 Double-patterning 和 SMO 等分辨率增强技术的联合使用已经使光学光刻延伸至 22nm 节点。从图 2-27(a)～(c)中可知，相对于 Franz 衍射和 VPWS 衍射的计算结果，基于标量衍射的空间像存在较大的误差，它是精确度最低的一种远场衍射模型。从标量衍射的表达式(2.164)可知，能够决定入瞳球面电场分布的横向磁场分量 H_{ox}, H_{oy} 和横向电场分量 E_{ox} 都被忽略了，其次射向入瞳球面的大角度发散的衍射光束被近似为传播方向与 z 轴平行的沿 y 轴线偏振的平行光束，因此基于标量衍射计算得到的空间像存在较大误差。

Franz 和 VPWS 公式都被认为是麦克斯韦方程组的严格解，而且在式(2.138)表示的远场衍射模型中对 Franz 衍射和 VPWS 衍射所做的近似都相同，因此二者本质上应该是等价的衍射过程。然而，无论从它们各自的表达式还是图 2-27 (a)～(c)中均可以看出二者之间存在差别。利用基于矢量衍射理论的大数值光刻成像模型分别分析点光源和实际的厚掩模图形的空间像，并分别利用 Franz 衍射公式和 E-VPWS 衍射公式计算分析物空间的远场衍射过程，讨论两种不同的物方衍射模型对空间像计算结果的影响。

对于点光源成像，E-VPWS 通常只能计算通过电场分量来表示的点光源，对于用磁场分量表示的偏振点光源则无能为力，如磁场沿 x 方向偏振的点光源。结合矢量惠更斯原理和本小节中对 E-VPWS 理论与 Franz 衍射公式之间关系的讨论可知，通过 E-VPWS 理论分析电场为 E_0 偏振的点光源成像时，实质上是在分析一个磁偶极子的空间像，该磁偶极子的极矩为 $e_{0z} \times E_0$。然而，用磁场分量表示 H_0 的偏振点光源在 H-VPWS 公式和 Franz 公式中均是一个极矩为 $e_{0z} \times H_0$ 的电偶极子。通常情况下，E-VPWS 只能用于求解磁偶极子的空间像。如果要用 E-VPWS 计算由磁场分量 H_0 表示的电偶极子的空间像，首先需要计算得到该电偶极子在初始平面 z_0=0 上的横向电场分布，然后再利用 E-VPWS 的公式计算其空间像。由于电偶极子在初始平面上的电场分布充满整个无穷大的平面，因此这种处理方法并不可行。Franz 衍射公式是 E-VPWS 公式和 H-VPWS 公式的组合，因此 Franz 公式既能处理由初始偏振磁场表示的电偶极子的空间像，也能处理由初始偏振电场表示的磁偶极子的空间像，同时还能处理二者混合出现的情况。当发出球面波的偏振点源通过大数值孔径光学系统成像时，其空间像的电场分布旋转 90°以后并不能够得到空间像的磁场分布，而在小数值孔径的成像系统中这是普遍满足的关系。一般认为大数值孔径是造成这种现象的主要原因。然而，如果认识到在矢量场成像模型中由 $E_0=\{1,0,0\}$ 所确定的偏振点源其实是一个磁偶极子而不是一个能够辐射出理想球面波的点源，就可以很容易理解为什么其空间像的电场和磁场分布不再满足相对旋转 90°后能够互相重合的关系，因为在物面上这种关系本身就不成立。

利用基于 Franz 衍射公式的浸液光刻矢量场成像模型，计算各种偏振点源的空间像，投影物镜的数值孔径为 1.35，浸没液体折射率为 1.44。由 $E_0=\{1,0,0\}$ 确定的磁偶极子成像时，其结果将和基于 E-VPWS 衍射公式的成像模型的空间像的结果相同，如图 2-28 所示。图 2-28 表明，由 $E_0=\{1,0,0\}$ 所确定的磁偶极子的空间像的电场能量密度和磁场能量密度不满足相对旋转 90°后能够重合的特殊关系，图中所示的磁场能量密度的旁瓣更大一些。由 $H_0=\{1,0,0\}$ 所确定的电偶极子的空间像分布如图 2-29 所示，它将和基于 H-VPWS 衍射公式的成像模型计算得到的空间像结果相同。对比图 2-28 和图 2-29 可知，图 2-28 中所示的电场能量密度和图 2-29 中所示的磁场能量密度分布相同，并且，图 2-28 中所示的磁场能量密度和图 2-29 中所示的电场能量密度分布相同，这种现象可以直接从电偶极子和磁偶极子辐射出的电磁场的表达式(2.84)～(2.87)中得到解释。

通过配置初始点源的电场和磁场，可以得到多种不同偏振态的偶极子，由 $E_0=\{1,0,0\}$ 和 $H_0=\{1,0,0\}$ 确定的混合偶极子的空间像如图 2-30 所示，其表示电场能量密度分布的椭圆光斑的长轴沿 45°方向倾斜，类似于由 $E_0=\{1,-1,0\}$ 所确定的磁偶极子的能量密度分布，如图 2-31 所示。然而，二者并不相同，图 2-30 中电场能量密度分布旋转 90°以后将完全和磁场能量密度重合，而图 2-31 中电场能量密度分布旋转 90°以后并不能和磁场能量密度重合。图 2-30 和图 2-31 对比表明，极矩相等的混合偶极子的电场和磁场满足相对旋转 90°后互相重合的特点，而单纯的电偶极子或磁偶极子的空间像不具备这样的特点。

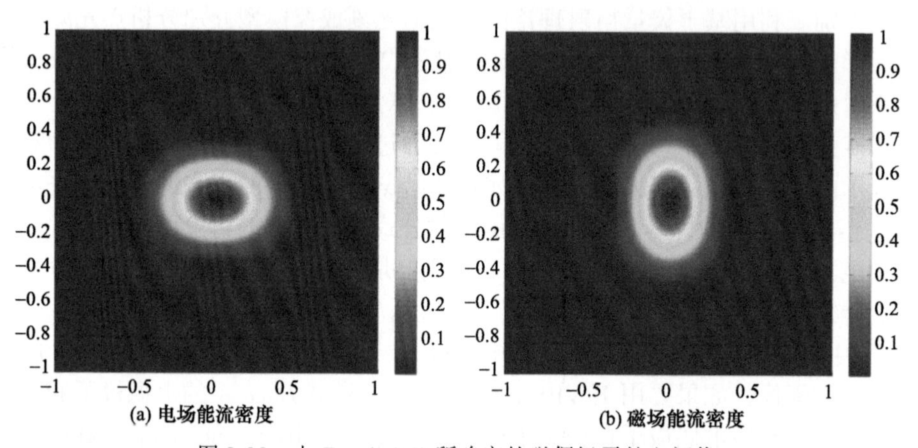

图 2-28　由 $E_o=\{1,0,0\}$ 所确定的磁偶极子的空间像

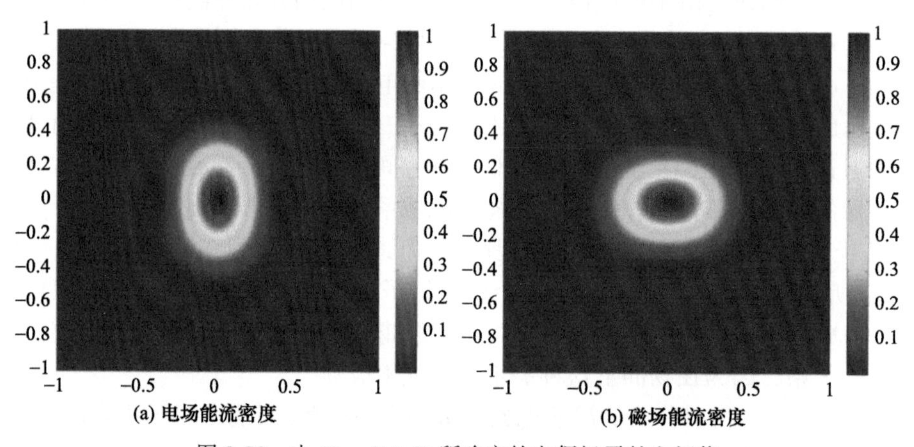

图 2-29　由 $H_o=\{1,0,0\}$ 所确定的电偶极子的空间像

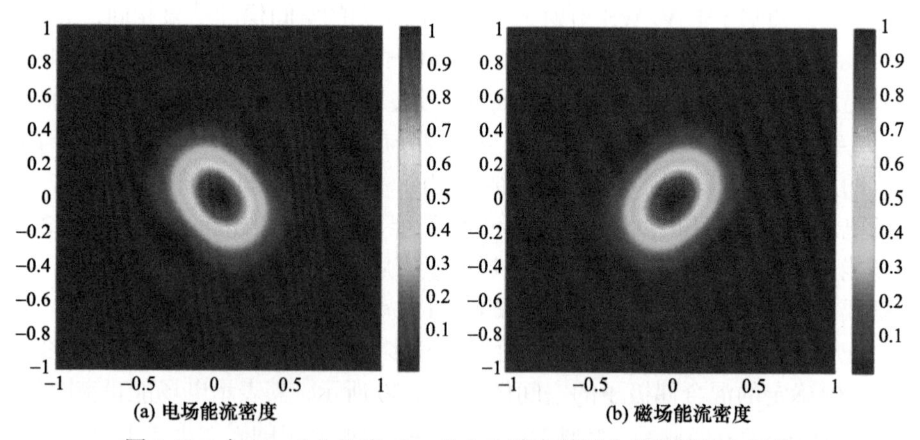

图 2-30　由 $E_o=\{1,0,0\}$ 和 $H_o=\{1,0,0\}$ 确定的混合偶极子的空间像

图 2-32 表示极矩右旋偏振的磁偶极子 $E_o=\{1,i,0\}$ 的空间像，从图中可知，该偏振态的磁偶极子成像时能够获得较高分辨率。最后在仿真中发现 $E_o=\{1,0,0\}$ 和 $H_o=\{0,-1,0\}$ 所确定的混合偶极子的空间像具有特殊性质，如图 2-33 所示，电场和磁场的能量密度在最

佳焦面上没有唯一的聚焦中心，光斑中心是呈梭状的空洞，而沿短轴分布的两个旁瓣分别是能量密度分布最大的区域。

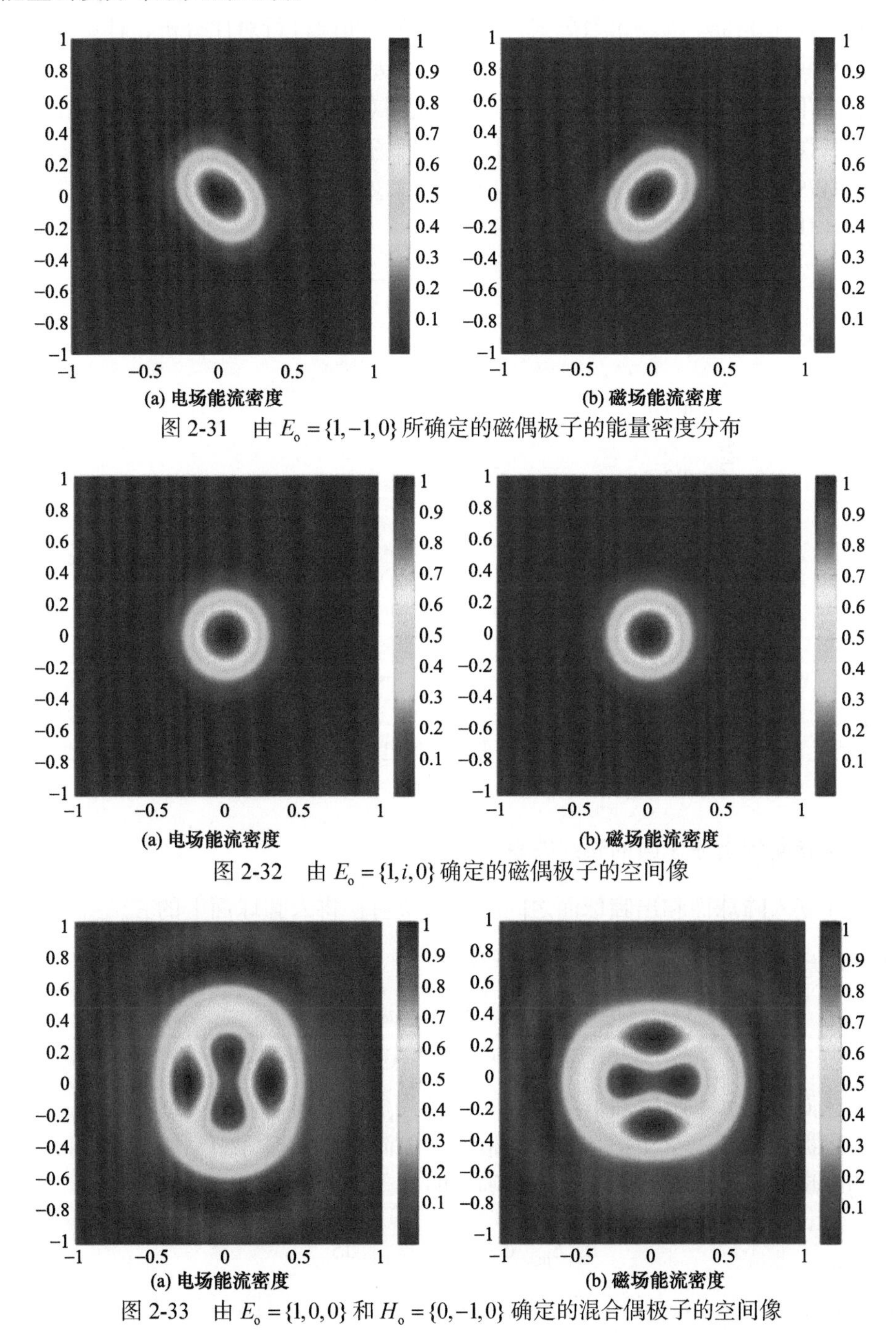

(a) 电场能流密度　(b) 磁场能流密度

图 2-31　由 $E_o=\{1,-1,0\}$ 所确定的磁偶极子的能量密度分布

(a) 电场能流密度　(b) 磁场能流密度

图 2-32　由 $E_o=\{1,i,0\}$ 确定的磁偶极子的空间像

(a) 电场能流密度　(b) 磁场能流密度

图 2-33　由 $E_o=\{1,0,0\}$ 和 $H_o=\{0,-1,0\}$ 确定的混合偶极子的空间像

分别利用基于 E-VPWS 和 Franz 远场衍射公式的矢量场成像模型计算厚掩模图形的空间像。厚掩模图形如图 2-23 所示，成像条件和 2.3.3.1 节中的描述相同，投影物镜数值

孔径变化范围为 0.6～1.36。利用 FDTD 计算得到厚掩模近场初始平面上的横向电场和横向磁场分布后,将厚掩模图形的近场在不同的数值孔径条件下成像,将分别基于 E-VPWS 远场衍射公式和 Franz 远场衍射公式计算得到的空间像进行对比分析，计算二者在最佳焦面上的空间像的电场强度分布的均方根相对误差(RMS of intensity)。强度均方根相对误差随数值孔径的变化关系如图 2-34 所示，该相对误差为强度均方根误差除以对应 *NA* 的最大电场强度。从图中可知，厚掩模图形的近场通过大数值孔径成像系统成像时，分别基于 VPWS 远场衍射和 Franz 远场衍射的空间像计算模型之间存在误差，该误差不可忽略，而且其随数值孔径的增大而减小。

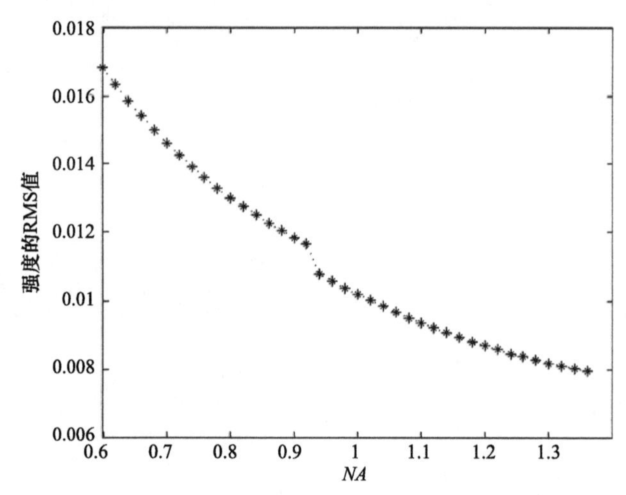

图 2-34　基于 Franz 衍射和 E-VPWS 衍射模型的空间像电场强度之间的均方根相对误差随数值孔径的变化关系

2.3.4　入瞳球面到出瞳球面的映射关系

为了建立入瞳球面和出瞳球面之间电场的映射，将入瞳球面上的 $E_{\text{in\_angle}}(s_{\text{o}})$ 分别在坐标系 $(e_{x\text{o}}, e_{y\text{o}}, e_{z\text{o}})$ 和 $(e_{\text{TEo}}, e_{\text{TMo}})$ 中表示为

$$\begin{aligned} E_{\text{in\_angle}}(s_{\text{o}}) &= E_{x\_\text{angle}}(s_{\text{o}})e_{\text{o}x} + E_{y\_\text{angle}}(s_{\text{o}})e_{\text{o}y} + E_{z\_\text{angle}}(s_{\text{o}})e_{\text{o}z} \\ &= E_{\text{TE\_angle}}(s_{\text{o}})e_{\text{TEo}} + E_{\text{TM\_angle}}(s_{\text{o}})e_{\text{TMo}} \end{aligned} \tag{2.165}$$

出瞳球面电场和入瞳球面电场之间的映射关系满足两条普遍规则：其一，根据能量守恒确定复振幅；其二，在正弦条件下根据子午面确定偏振方向。能量守恒指通过单位面元内的电场能量在出瞳和入瞳面上相等，即

$$n_o\left|E_{\text{in}}\right|^2 \mathrm{d}S_{\text{in}} = n_{\text{i}}\left|E_{\text{out}}\right|^2 \mathrm{d}S_{\text{out}} \tag{2.166}$$

其中，E_{out} 是出瞳球面的电场分布；$\mathrm{d}S_{\text{in}}$ 和 $\mathrm{d}S_{\text{out}}$ 分别是入瞳球面和出瞳球面的面积微元。根据正弦条件和球面微元的关系式

$$\mathrm{d}S_{\text{in}} = R_{\text{o}}^2 \sin\theta_{\text{o}} \mathrm{d}\theta_{\text{o}} \mathrm{d}\varphi_{\text{o}} \tag{2.167}$$

$$dS_{\text{out}} = R_{\text{i}}^2 \sin\theta_{\text{i}} d\theta_{\text{i}} d\varphi_{\text{i}} \tag{2.168}$$

$$n_{\text{o}}\sin\theta_{\text{o}} = Mn_{\text{i}}\sin\theta_{\text{i}}, \quad d\varphi_{\text{o}} = d\varphi_{\text{i}} \tag{2.169}$$

得到

$$|E_{\text{out}}| = M\frac{R_{\text{o}}}{R_{\text{i}}}\sqrt{\frac{n_{\text{i}}\cos\theta_{\text{i}}}{n_{\text{o}}\cos\theta_{\text{o}}}}|E_{\text{in}}| \tag{2.170}$$

在确定 E_{out} 的偏振方向时，需要依据子午面的位置采用光线追迹的方法来分析。物方的每条入射光线和在像方与其对应的出射光线在同一子午面内，当线偏振的入射光在投影物镜中传播时，其偏振态在每一次折射中都保持线偏振且偏振方向不变，因此可以认为像方出射光和物方入射光的偏振方向和子午面之间的夹角相等。考虑光从入瞳球面传播到出瞳球面时投影物镜波像差对相位的影响，假设 $\exp[-\text{i}2\pi\Phi(s_{\text{i}x}, s_{\text{i}y}) - \text{i}kC]$ 为传播过程中引入的相位变化量，其中 $\Phi(s_{\text{i}x}, s_{\text{i}y})$ 是以波长为单位的像差函数，C 是一个常量。把出瞳球面上的电场分解成 $(e_{\text{TEi}}, e_{\text{TMi}})$ 坐标系中两个互相垂直的分量，即

$$E_{\text{out}} = E_{\text{out\_TE}}e_{\text{TEi}} + E_{\text{out\_TM}}e_{\text{TMi}} \tag{2.171}$$

根据能量守恒、偏振态的映射关系，以及由于光传播和投影物镜波像差引入的相位因子，结合式(2.165)～式(2.171)得到入瞳球面和出瞳球面电场之间的关系

$$\begin{cases} E_{\text{out\_TE}}(s_{\text{i}}) = M\dfrac{E_{\text{TE\_angle}}(Mn_{\text{i}}s_{\text{i}})}{R_i}\sqrt{\dfrac{n_{\text{i}}\cos\theta_{\text{i}}}{n_{\text{o}}\cos\theta_{\text{o}}}}\exp[-\text{i}k(R_{\text{o}}+C)]\exp[-\text{i}2\pi\Phi(s_{\text{i}x}, s_{\text{i}y})] \\ E_{\text{out\_TM}}(s_{\text{i}}) = M\dfrac{E_{\text{TM\_angle}}(Mn_{\text{i}}s_{\text{i}})}{R_{\text{i}}}\sqrt{\dfrac{n_{\text{i}}\cos\theta_{\text{i}}}{n_{\text{o}}\cos\theta_{\text{o}}}}\exp[-\text{i}k(R_{\text{o}}+C)]\exp[-\text{i}2\pi\Phi(s_{\text{i}x}, s_{\text{i}y})] \end{cases} \tag{2.172}$$

2.3.5　像方矢量场会聚成像模型

最后，出瞳球面上的电场在像方衍射并且会聚成空间像。Ignatowsky、Wolf 和 Richards 发表的针对大数值孔径光学系统的矢量 Debye 衍射积分公式能够计算单个点光源的空间像，它们也被用于近似求解扩展物的空间像。由于这里主要考虑大数值孔径光学系统的矢量场空间像计算，因此像面附近区域的电场分布表示为

$$E_{\text{image}}(x_{\text{i}}, y_{\text{i}}, z_{\text{i}}) = \frac{\text{j}}{\lambda}\iint_{s_{\text{i}x}^2+s_{\text{i}y}^2\leqslant NA^2}\frac{a(s_{\text{i}x}, s_{\text{i}y})}{s_{\text{i}z}}\exp[-\text{j}2\pi(\Phi(s_{\text{i}x}, s_{\text{i}y}) + n_{\text{i}}s_{\text{i}x}x_{\text{i}} + n_{\text{i}}s_{\text{i}y}y_{\text{i}} + n_{\text{i}}s_{\text{i}z}z_{\text{i}})]ds_{\text{i}x}ds_{\text{i}y} \tag{2.173}$$

其中，$a(s_{\text{i}x}, s_{\text{i}y})$ 是强度因子，它和出瞳球面上电场之间的关系为

$$E_{\text{out}}(s_{\text{i}x}, s_{\text{i}y}, s_{\text{i}z}) = \frac{a(s_{\text{i}x}, s_{\text{i}y})}{R_{\text{i}}}\exp[-\text{j}2\pi\Phi(s_{\text{i}x}, s_{\text{i}y}) - \text{i}k(C - R_{\text{i}})] \tag{2.174}$$

结合式(2.172)～式(2.174)，可以得到像面的电场分布

$$E_{\text{image}}(x_i, y_i, z_i) = \frac{j}{\lambda} \iint_{s_{ix}^2 + s_{iy}^2 \leqslant NA^2} \frac{E_{\text{TE\_angle}}(Mn_i s_i) e_{\text{TEi}} + E_{\text{TM\_angle}}(Mn_i s_i) e_{\text{TMi}}}{s_{iz}} \times M \sqrt{\frac{n_i \cos\theta_i}{n_o \cos\theta_o}} \exp[-j2\pi\Phi(s_{ix}, s_{iy}) - j2\pi n_i(s_{ix}x_i + s_{iy}y_i + s_{iz}z_i)] ds_{ix} ds_{iy} \tag{2.175}$$

为了方便计算，式(2.173)和式(2.175)中忽略了由于光的传播引起的常数位相因子。根据 Debye-Wolf 积分公式的意义，$z_i = 0$ 表示最佳焦面的位置。e_{TEi}，e_{TMi} 和 s_i 的表达式分别如式(2.133)、式(2.134)和式(2.126)所示。

上述矢量场空间像计算模型的主要理论基础包括物方的远场衍射，入瞳球面和出瞳球面电场映射关系的近似，出瞳球面电场的衍射会聚成像。虽然这些分析方法被广泛应用于大数值孔径消球差光学系统的矢量成像分析，本章所述的矢量空间像计算模型也完全基于这些方法建立起来，但是严格来讲它们并不能构成理想的全矢量成像模型。首先入瞳球面和出瞳球面电场映射中所做的近似与实际情况之间存在较大误差。从菲涅耳折射定律可知，只有当光线近似垂直入射时入射光和折射光的偏振方向才会保持一致。然而，如果考虑数值孔径为 0.85 的投影物镜，其最后一片镜片的下表面通常是一个平面，此时该分界面上的折射角大约为 58°，光线垂直入射分界面的假设已经不成立。

2.4　投影物镜热效应模型

投影物镜热效应引起的热像差导致成像对比度降低、光刻工艺窗口减小，是光刻机成像质量的主要影响因素之一[23-26]。先进节点光刻成像中光刻机光源功率的增大，光源掩模联合优化等先进分辨率增强技术以及负显影工艺的应用使得投影物镜的热效应更强，热像差对成像的影响更加严重。热像差可以达到数十至数百纳米，远超过正常工作允许的像差范围。除此之外，随着曝光时间的推移，热像差还会逐渐累积、动态变化，对成像质量的影响更加复杂。为了快速、高精度地分析投影物镜热效应对波像差的影响，需要建立光刻机投影物镜热效应模型。基于热效应模型可以对热像差进行预测。本节介绍一种快速热效应模型，以及一种既能分析物镜综合热像差又可分析物镜单个镜片热像差的严格热效应模型[23-26]。

2.4.1　快速热效应模型[23,25]

2.4.1.1　模型

一个典型的光刻成像系统主要包括照明光源、掩模(位于物平面上)、投影物镜和硅片(位于像平面上)，如图 2-35 所示。成像过程可以简单描述为光源发出的激光经过照明系统照射到掩模上，掩模衍射光的低频部分进入投影物镜并成像在硅片面上。

投影物镜热效应对波像差的影响过程可以表示为：当掩模衍射光进入投影物镜后，在通过镜片时，由于镜片对光能的吸收作用，被镜片吸收的光能在镜片内部会形成一个热源，热源在镜片内部的热扩散会引起镜片的温度变化，镜片的温度变化进一步引起镜片的热折变和热形变，从而导致投影物镜光瞳面上出射波前的变化，即引起投影物镜波像差的变化。随着光刻机曝光过程的进行，热效应引起的波像差改变也随之发生动态变化。

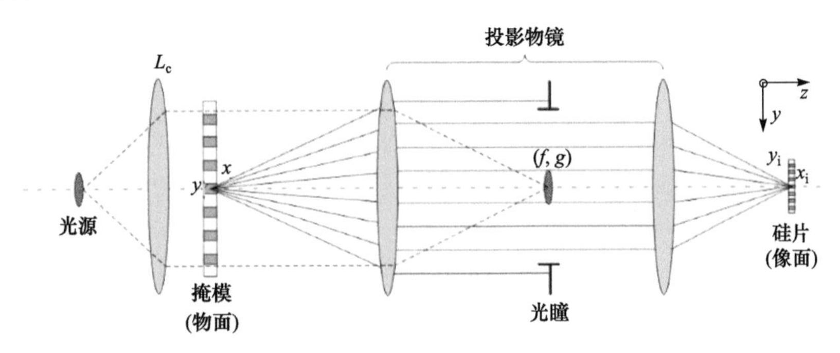

图 2-35　典型的光刻成像系统示意图

光刻机投影物镜快速热效应模型(FTM)的建立流程主要分为三部分：镜片表面光强计算、镜片温度计算和投影物镜波像差计算，如图 2-36 所示。

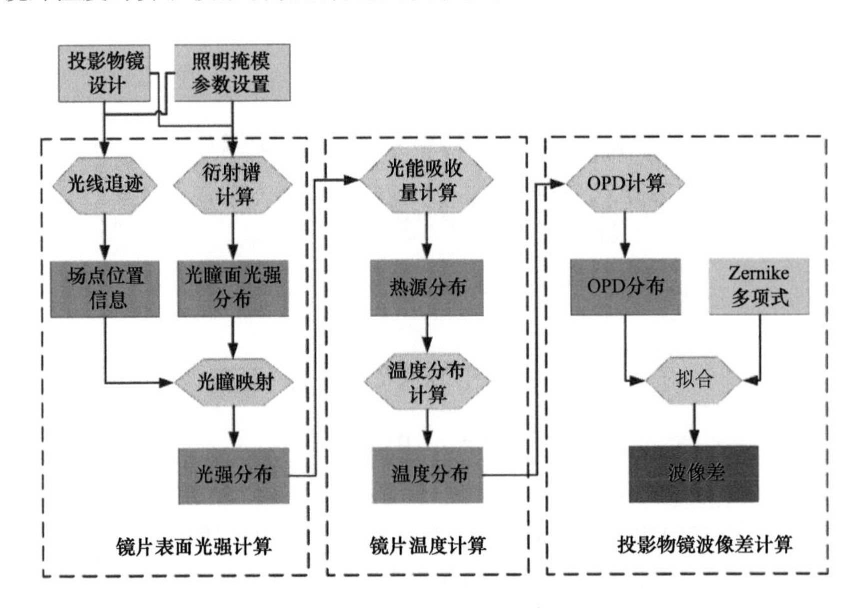

图 2-36　快速热效应模型建立流程

在快速热效应模型的镜片表面光强计算部分，根据衍射理论，光刻机投影物镜光瞳面上光强分布可以表示为

$$I(f,g)=S(f,g)*M(f,g) \tag{2.176}$$

其中，$I(f,g)$ 表示投影物镜光瞳面上的光强分布；$S(f,g)$ 表示有效光源函数；$M(f,g)$ 表示掩模的衍射谱；(f,g) 表示光瞳面坐标；*是卷积符号。

计算得到光瞳面光强分布 $I(f,g)$ 后，根据投影物镜设计阶段保存的场点位置信息，通过场点映射得到镜片前表面的相对光强分布；再根据入射光的光强，得到镜片前表面的绝对光强分布 $I_{\text{in}}(r,\theta)$。

在快速热效应模型的镜片温度计算部分，首先需要计算镜片的热源分布，图 2-37 为投影物镜镜片结构图。根据投影物镜镜片对光能的吸收，镜片内部的热源分布表达式如下：

$$g(r,\theta,t) = I_{\text{in}}(r,\theta,t)[1-\mathrm{e}^{-\beta \cdot d(r,\theta)}] \tag{2.177}$$

其中，β 表示镜片对光能的吸收系数；$I_{\text{in}}(r,\theta,t)$ 表示在 t 时刻镜片前表面的绝对光强分布；$d(r,\theta)$ 表示镜片在 (r,θ) 坐标位置的厚度。

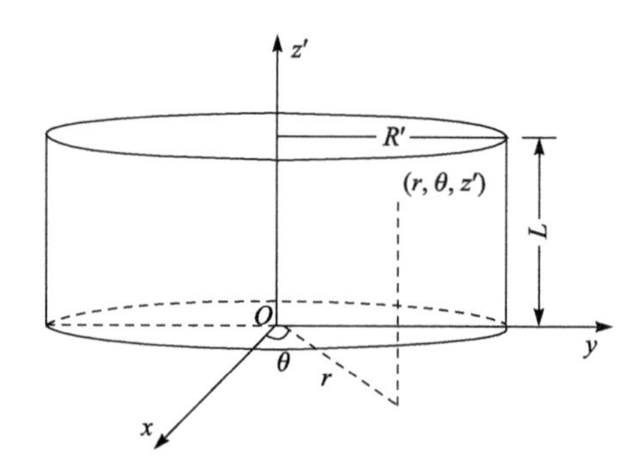

图 2-37　投影物镜镜片结构示意图

根据热传导理论，投影物镜镜片的热传导方程组可以表示如下：

$$\frac{\partial T(r,\theta,z',t)}{\partial t} = \alpha \cdot \nabla^2 T(r,\theta,z',t) + \frac{g(r,\theta,t)}{k} \tag{2.178}$$

$$k \cdot \frac{\partial T(r,\theta,z',t)}{\partial n'} + h \cdot [T(r,\theta,z',t) - T_0]|_S = q(r) \tag{2.179}$$

$$k \cdot \frac{\partial T(r,\theta,z',t)}{\partial n'} + h \cdot [T(r=R',\theta,z',t) - T_0] = 0 \tag{2.180}$$

$$T(r,\theta,z',t=0) = T_0 \tag{2.181}$$

其中，$T(r,\theta,z',t)$ 表示镜片内部的温度分布；k 是镜片内部的热传导系数；α 是镜片内部的热扩散系数。式(2.179)和式(2.180)分别表示镜片表面和边缘的边界条件，其中 S 代表镜片的上、下表面，h 表示镜片上、下表面和边缘的热交换系数，$q(r)$ 表示镜片表面膜层吸收的能量(入射光能的 2%)，$\dfrac{\partial T(r,\theta,z',t)}{\partial n'}$ 表示温度分布函数 $T(r,\theta,z',t)$ 在镜片表面法线方向的偏导，T_0 表示镜片初始温度。镜片内部的热扩散系数 α 与镜片内部的热传导系数 k 满足关系式：$\alpha = \dfrac{k}{\rho \cdot c_{\text{p}}}$，其中，$\rho$ 表示镜片的材料密度，c_{p} 表示镜片的热容。

有限元分析方法是一种可以实现精确计算投影物镜镜片温度分布的严格仿真方法，但缺点是耗时非常长。为了快速、高精度地计算镜片的温度分布，需要对投影物镜镜片作一些合理的近似。

一般来说，光刻机投影物镜镜片的曲率半径都较大，且热传导过程对镜片上、下表面的细微厚度变化并不敏感，因此，可以将投影物镜镜片进行等体积近似成具有相同半径的平行平板以实现镜片温度分布的快速计算。等效平行平板的厚度 L 可以表示为 $L=\dfrac{V_e}{\pi\cdot R'^2}$，其中，$V_e$ 表示投影物镜镜片的体积。

根据上述近似，公式(2.179)可以改写成

$$k\cdot\frac{\partial T(r,\theta,z',t)}{\partial n'}+h\cdot[T(r,\theta,z',t)-T_0]|_{z'=0,L}=q(r) \tag{2.182}$$

投影物镜镜片的温度分布 $T(r,\theta,z',t)$ 可以采用泰勒(Taylor)展开，由于光刻机冷却系统的作用，在曝光过程中投影物镜镜片的温度变化不会太大，因此，可以用 $T(r,\theta,z',t)$ 泰勒展开式的前两阶项近似表示投影物镜镜片的温度分布 $T(r,\theta,z',t)$，表达式如下：

$$\begin{aligned}T(r,\theta,z',t)&=T_0+\chi_0(r,\theta,t)-\sum_{i=1}\chi_i(r,\theta,t)\left(z'-\frac{L}{2}\right)^{2i}\\&\approx T_0+\chi_0(r,\theta,t)-\chi_1(r,\theta,t)\left(z'-\frac{L}{2}\right)^2\end{aligned} \tag{2.183}$$

其中，$\chi_0(r,\theta,t)$ 是 $T(r,\theta,z',t)$ 泰勒展开式的第 0 阶项，表示镜片中间层的温度分布；$\chi_1(r,\theta,t)$ 是 $T(r,\theta,z',t)$ 泰勒展开式的第 1 阶项。

根据式(2.179)和式(2.183)，投影物镜镜片的温度分布 $T(r,\theta,z',t)$ 可以用 $\chi_0(r,\theta,t)$ 的解析式表示：

$$\begin{aligned}T(r,\theta,z',t)&\approx T_0+\chi_0(r,\theta,t)-\left[\frac{4h\cdot\chi_0(r,\theta,t)-4q(r)}{hL^2+4kL}\right]\left(z'-\frac{L}{2}\right)^2\\&=T_0+\chi_0(r,\theta,t)\cdot\left[1-\frac{4h}{hL^2+4kL}\left(z'-\frac{L}{2}\right)^2\right]+\frac{4q(r)}{hL^2+4kL}\left(z'-\frac{L}{2}\right)^2\end{aligned} \tag{2.184}$$

将式(2.184)代入式(2.178)和式(2.180)，联立得到方程：

$$\frac{\partial\chi_0(r,t)}{\partial t}=\alpha\cdot\frac{\partial^2\chi_0(r,t)}{\partial r^2}-\alpha b\cdot\chi_0(r,t)+\frac{1}{a}\left[\frac{g(r,z,t)}{k}+\frac{8\alpha\cdot q(r)}{hL^2+4kL}\right] \tag{2.185}$$

其中，a 和 b 是两个系数，表达式如下：

$$\begin{cases}a=1-\dfrac{hL^2}{3(hL^2+4kL)}\\[2ex] b=\dfrac{12h}{hL^2+6kL}\end{cases} \tag{2.186}$$

对式(2.185)采用傅里叶变换法求解，得到投影物镜镜片中间层的温度分布 $\chi_0(r,\theta,t)$ 的表达式如下：

$$\chi_0(r,\theta,t)=\frac{e^{-\alpha bt}}{4\alpha\pi t}\times\int_0^{2\pi}\int_0^{R'}\varepsilon\cdot\varphi(\varepsilon,\eta,0)\cdot e^{\frac{(r-\varepsilon)^2}{4\alpha t}}\mathrm{d}\varepsilon\mathrm{d}\eta$$
$$+\int_0^t\frac{e^{-\alpha b\tau}\mathrm{d}\tau}{4\alpha\pi t}\times\int_0^{2\pi}\int_0^{R'}\frac{\varepsilon}{a}\left[\frac{g(\varepsilon,\tau)}{k}+\frac{8\alpha\cdot q(\varepsilon)}{hL^2+4kL}\right]\cdot e^{\frac{(r-\varepsilon)^2}{4\alpha(t-\tau)}}\mathrm{d}\varepsilon\mathrm{d}\eta \tag{2.187}$$

其中，$\varphi(r,\theta,0)=\chi_0(r,\theta,t=0)$。

根据式(2.184)和式(2.187)，可以得到投影物镜镜片温度分布$T(r,\theta,z',t)$的解析表达式，根据该解析表达式可以实现镜片温度分布的快速计算。

在快速热效应模型的投影物镜波像差计算部分，根据视场点光程差的变化来拟合得到波像差变化量。

图 2-38 为投影物镜热效应引起的光程差变化示意图。投影物镜镜片温度的改变引起镜片的热折变和热形变，从而导致每个视场点的光程差的改变，最终引起投影物镜波像差的变化。

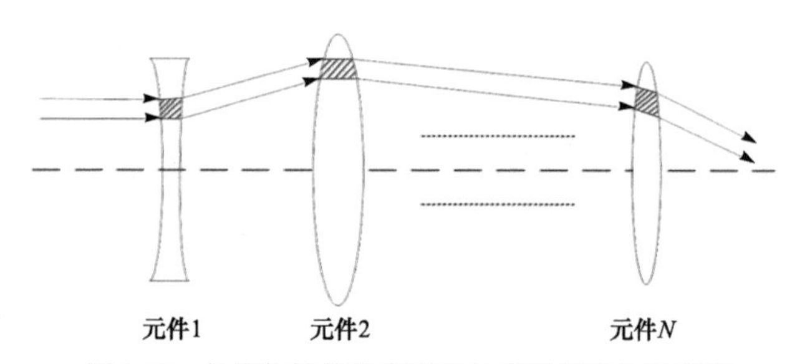

图 2-38　投影物镜热效应引起的光程差变化示意图

由投影物镜镜片 l 引起的视场点光程差的变化量可以用以下线性公式进行表达：

$$\mathrm{OPD}_l(r,\theta)=\left[\frac{d_n}{d_T}+\tau(n-1)\right]\cdot\Delta T_l\cdot d_l(r,\theta) \tag{2.188}$$

其中，$\frac{d_n}{d_T}$是镜片 l 的热光系数；τ 是镜片 l 的热膨胀系数；ΔT_l 是镜片 l 的等效温差分布；n 是镜片 l 的折射率；$d_l(r,\theta)$ 是镜片 l 在坐标 (r,θ) 位置处的厚度。

一个视场点光程差的总变化量是投影物镜中所有镜片引起的光程差变化之和，因此，光刻机投影物镜热效应在该视场点引起的波像差的变化量可以通过采用 Zernike 多项式拟合视场点光程差总变化量得到，表达式如下：

$$\mathrm{OPD}(r,\theta)=\sum_{l=1}^{N}\mathrm{OPD}_l(r,\theta)$$
$$=\sum_{\gamma=1}^{37}Z_\gamma\cdot R_\gamma(r,\theta) \tag{2.189}$$

其中，Z_γ 表示 Zernike 系数；$R_\gamma(r,\theta)$ 表示 Zernike 多项式。由式(2.189)拟合得到的 Zernike 系数 Z_γ 即为光刻机投影物镜热效应引起的波像差的改变量。

2.4.1.2　数值仿真与实验验证

为了评估光刻机投影物镜快速热效应模型的性能，需要将快速热效应模型的仿真结果与光刻机投影物镜热效应实验结果进行对比评估。光刻机投影物镜热效应实验在一台商用 i-line 前道扫描光刻机 SSB600/10 上进行，该光刻机由上海微电子装备(集团)有限公司(SMEE)生产制造。

表 2-2 为光刻机投影物镜热效应的仿真和实验条件。光刻机照明光源采用高压汞灯，其工作功率为 5000 W。测量标记为垂直(V)线和水平(H)线组成的密集线，视场点之间的距离为 5500 μm，V 线和 H 线之间的间距为 4000 μm，如图 2-39 所示。在投影物镜热效应仿真和实验过程中，光刻机持续曝光 1 小时，保证了投影物镜的镜片温度从初始温度随着曝光过程逐渐上升至稳态。该过程中测量标记对应的三个视场点的波像差变化量将被仿真和检测。光刻机投影物镜快速热效应模型的仿真实验在一台 Pentium G620 CPU、主频 2.60GHz、2G 内存的计算机上进行。

表 2-2　仿真与实验条件

波长 λ	365 nm
照明类型	环形照明
部分相干因子 σ_{out}, σ_{in}	0.7,0.4
检测标记图形	密集线
NA	0.65

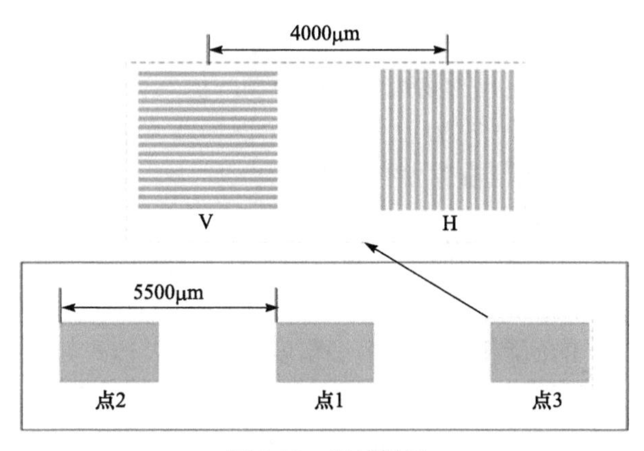

图 2-39　测量标记

光刻机投影物镜快速热效应模型的仿真结果(归一化后的结果)如图 2-40 和图 2-41 所示。图 2-40 所示为视场点 1(视场中心点)在三个时间节点(t=313s, 1871s 和 3432s)的光瞳面光程差变化量的仿真结果；图 2-41 所示为视场点 1 在三个时间节点(t=313s, 1871s 和 3432s)因投影物镜热效应引起的波像差变化量(Z_2-Z_{37})的仿真结果。在 t=3432s 时，投影物镜镜片温度已经上升至稳态，此时投影物镜热效应引起的波像差变化量也同样处于稳态。由图 2-41 可知，在 Z_2～Z_{37} 共 36 阶 Zernike 像差变化量中，Z_4, Z_5, Z_9 和 Z_{16} 四项

Zernike 像差是主要的变化量，也是受投影物镜热效应影响最大的四项 Zernike 像差。

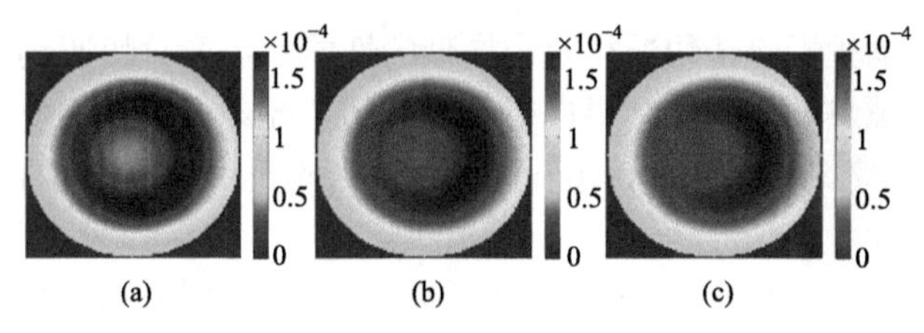

图 2-40　不同时刻的光程差变化量

(a) t=313s, (b) t=1871s, (c) t=3432s

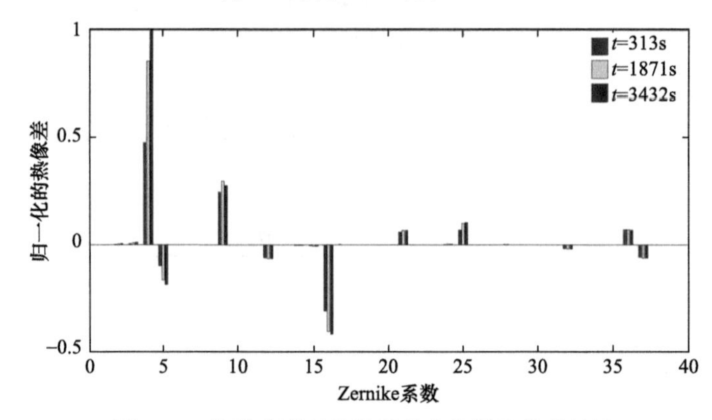

图 2-41　热效应引起的波像差变化量的仿真结果

在光刻机上进行投影物镜热效应实验时，工件台上的空间像传感器每隔 5 分钟检测一次测量标记的成像位置，最终得到测量标记在一系列时间节点上的成像位置信息，根据这些成像位置信息可以计算出在这一系列时间节点上投影物镜热效应引起的波像差(Z_4 和 Z_5)变化量，并对光刻机投影物镜热效应模型的仿真精度进行验证。

图 2-42 为光刻机投影物镜热效应引起的三个视场点波像差变化量(Z_4 和 Z_5)的仿真结果和实验结果(归一化)。在光刻机投影物镜热效应实验中，三个视场点分别对应测量标记中每对 V 线和 H 线的中间位置。

从图 2-42 中可以看出，光刻机投影物镜快速热效应模型的仿真结果与光刻机上得到的实验结果匹配得很好。为了定量表征该快速热效应模型的精度，采用回归分析中的 R_s^2 (R-square)进行评估(R_s^2 的值越接近 1，模型精度越高)，表达式如下：

$$R_s^2 = 1 - \frac{SS_{\mathrm{Res}}}{SS_{\mathrm{Tot}}} = \frac{\sum_{j=1}^{M}(u_j - v_j)^2}{\sum_{j=1}^{M}(v_j - \overline{v})^2} \tag{2.190}$$

其中，u 表示快速热效应模型的仿真结果；v 表示光刻机上得到的热效应实验结果；M 表示热效应实验的检测次数。

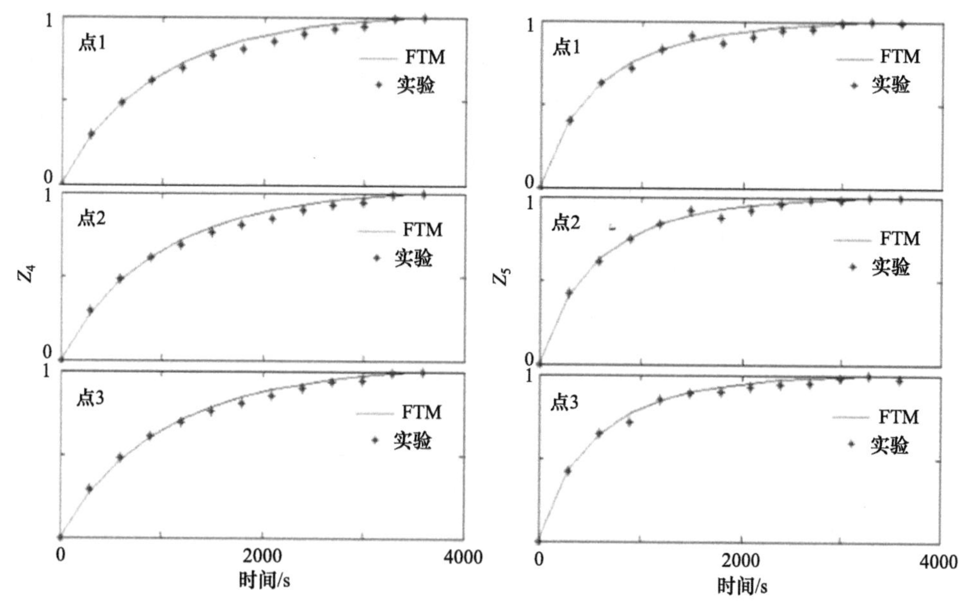

图 2-42　热效应引起的波像差变化量的仿真和实验结果对比

对于检测的三个视场点，R_s^2 均大于 0.99，快速热效应模型的仿真数据与实验数据吻合度很高，说明快速热效应模型是精确的；同时，快速热效应模型所需的仿真时间仅为 10 min，证明了该模型能够快速、精确地分析投影物镜热效应对波像差的影响。

传统照明、环形照明、二极照明和四极照明是光刻机中最常用的照明模式，因此，需要研究在不同照明模式下投影物镜热效应对波像差的影响，采用该快速热效应模型进行仿真。表 2-3 为仿真所用的照明模式及其参数。除照明模式以外的仿真条件，与表 2-2 一致。图 2-43 为快速热效应模型在四种不同照明模式下的仿真结果(归一化)。

表 2-3　照明模式及参数设置

照明模式	部分相干因子	张角	方向角
环形	σ=0.7		
二极(a)	[σ_{out}, σ_{in}]=[0.7, 0.4]	30°	0°
二极(b)	[σ_{out}, σ_{in}]=[0.7, 0.4]	30°	90°
四极	[σ_{out}, σ_{in}]=[0.7, 0.4]	30°	0°

图 2-43 所示为视场点 1 在三个时间节点(t=313s, 1871s 和 3432s)因投影物镜热效应引起的波像差变化量(Z_2～Z_{37})的仿真结果。

在二极照明或四极照明模式下，由于光刻机投影物镜光瞳面光强分布类似于照明模式形状，引起投影物镜镜片局部温度变化，导致高阶 Zernike 像差受到投影物镜热效应的影响比较显著(相比于传统照明或环形照明模式)。由图 2-43 可知，在二极照明和四极照明模式下，投影物镜热效应对高阶 Zernike 像差(主要为 Z_{17}, Z_{21} 和 Z_{28})的影响远远高于在传统照明或环形照明模式下的影响。光刻机投影物镜快速热效应模型的仿真结果有效验证了上述物理现象。

此外，导致投影物镜热效应对波像差的影响差异的另一个重要因素是照明模式的有效功率。有效功率越高，投影物镜镜片吸收的光能越多，投影物镜热效应也越剧烈，对波像差的影响也越大。虽然高压汞灯的工作功率是 5000 W，但根据采用的照明模式的不同，照明模式的有效功率也不同。在四种常用的照明模式中，有效功率由高到低依次是传统照明模式、环形照明模式、四极照明模式和二极照明模式。当采用传统照明模式时，投影物镜热效应对 Zernike 像差的影响最大；而采用二极照明模式时，投影物镜热效应对 Zernike 像差的影响最小，图 2-43 也验证了这一物理现象。

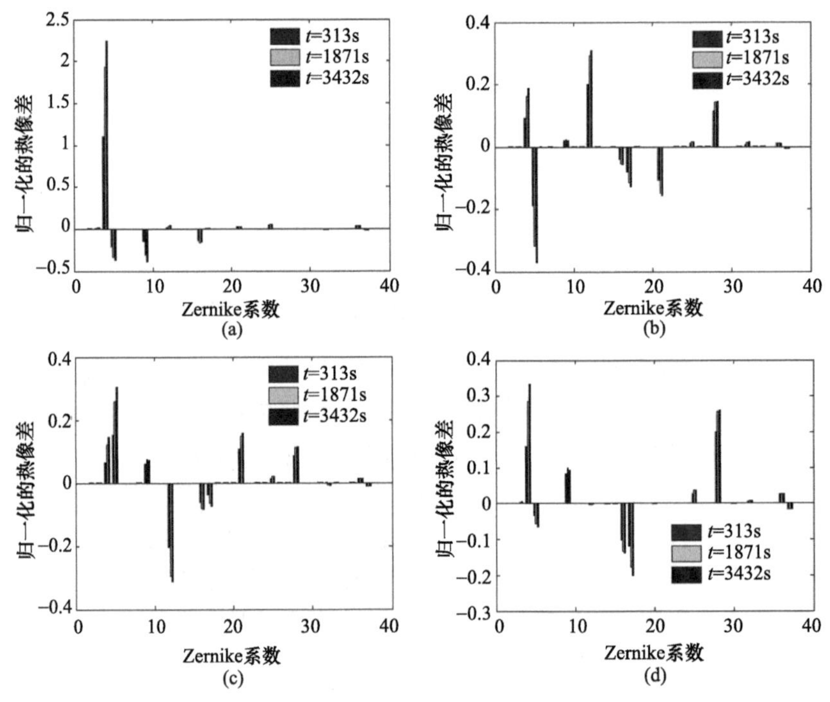

图 2-43　不同照明模式下的波像差变化量仿真结果

(a)传统照明；(b)二极照明(0°)；(c)二极照明(90°)；(d)四极照明

该快速热效应模型可以实现高精度仿真，模型精度(R_s^2)优于 0.99；同时，快速热效应模型运行一次所需的时间约为 10 分钟，而物理模型在同等条件下运行一次需要 1 周左右，快速热效应模型的运行速度比物理模型快 1000 倍左右。

经过上述数值仿真与实验验证，光刻机投影物镜快速热效应模型可以快速、精确地分析光刻机曝光过程中投影物镜热效应对波像差的影响，例如不同 Zernike 系数在曝光过程中的动态变化差异、动态变化范围等，对光刻机投影物镜高灵敏度波像差检测模型建立过程中测量标记设计、Zernike 系数组合设置等步骤具有指导作用。

2.4.2　严格热效应模型[24,26]

2.4.2.1　模型

投影物镜热效应模型的流程如图 2-44 所示，包含了辐射分析、热分析和光学分析三个模块。

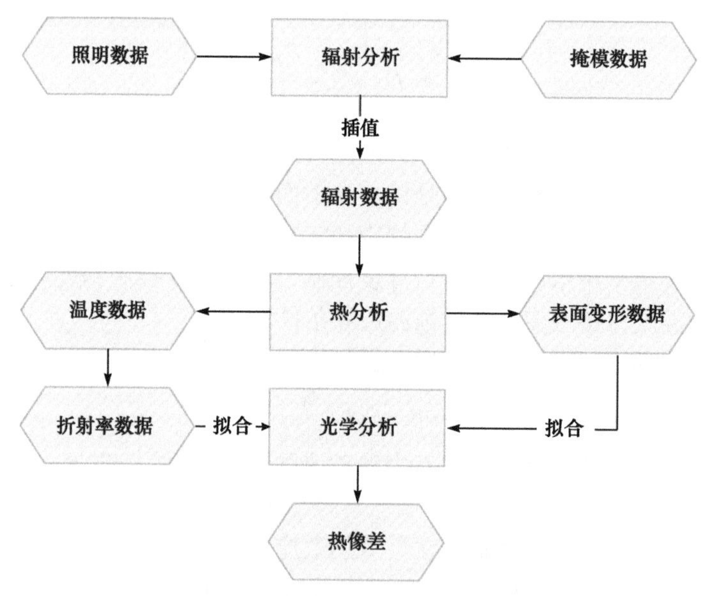

图 2-44　投影物镜热效应模型流程图

辐射分析模块根据光源设置和掩模图形计算投影物镜各镜片上的热负载，即计算镜片内部的热源分布的过程。首先，根据照明光源和掩模图形计算掩模衍射光，得到掩模衍射光后需要计算物镜各镜片内部的光强分布。该模型采用光线追迹法计算各镜片内部的光强分布，首先对物方视场不同场点各角度的光线进行采样，然后根据几何光学计算每条光线的光路，获得各条光线的光路后，计算其强度分布。考虑一条光线，由于材料内部的吸收与散射，光线在某一镜片内部通过光路长度为 l 时，其光强度为

$$I = I_0 \exp\left[-\left(\alpha_{\text{abs}} + \alpha_{\text{sc}}\right)l\right] \tag{2.191}$$

其中，I_0 为入射光光强；α_{abs} 为材料的吸收系数；α_{sc} 为散射系数。对于这条光线上的任意一点，假设吸收的能量全部转换为热，镜片吸收的能量 Q 可以表示为

$$Q = \alpha_{\text{abs}} I \tag{2.192}$$

通过光线追迹法可以计算全部采样光线及其光路上任意一点吸收的热量。然而，在采用有限元等数值方法计算温度分布时，镜片内部由材料吸收引起的热源以及温度分布是以离散网格的形式存储与计算的。由于光线追迹获得的热源分布是基于光线计算的，无法直接应用于温度分布的计算中，因此需要将光线追迹获得的热源分布进一步转换为以离散格点形式表示的热源分布，即热负载数据。Yu 等提出了一种将光线追迹生成的热源分布数据转换为适用于有限元分析的热负载数据的方法，该模型采用该方法生成热负载[27]。

热分析模块根据热负载计算温度变化引起的折射率变化和镜片表面形变。在计算折射率变化与镜片表面形变之前需要计算镜片内部的温度分布。由于光刻投影物镜的结构非常复杂，无法通过解析方法计算镜片内部的温度分布与镜片表面的形变，因此本章采

用有限元方法计算镜片内部的温度分布和镜片表面的形变。镜片内的温度分布采用热传导方程计算：

$$\frac{\partial T}{\partial t}=D\cdot\nabla^2 T+\frac{S}{\rho_{\rm d}c} \tag{2.193}$$

其中，D 为热扩散系数；S 为热负载；$\rho_{\rm d}$ 为材料密度；c 为比热。对于每一个光学镜片，热传导模型中存在两种边界条件：一是镜片光学面的热交换，物镜内部充满氮气，在镜片的光学面发生热交换，该过程可用牛顿冷却定律描述；二是镜片边缘和支撑机构的热交换，由于投影物镜采用水冷系统进行温度控制，环境温度控制精度可达(22±0.01)℃，可认为该区域的温度保持不变，满足恒温边界条件。

在获得镜片内部的三维温度分布后，折射率变化量的分布可采用如下公式计算：

$$\delta n=k\left(T-T_{\rm r}\right) \tag{2.194}$$

其中，T 为镜片内部三维温度分布；$T_{\rm r}$ 为参考温度(参考温度为 22℃)；k 为材料的热光系数。

光学分析模块中，采用光线追迹法计算热效应引起的波像差，该模型采用 CODE V 的 UDG(user-defined gradient)和 UDS(user-defined surface)模块计算热像差。通过 UDG 模块定义具有特定三维折射率分布材料的方式导入折射率变化量数据。考虑到 CODE V 中进行光线追迹时需要所定义的材料可提供任意空间位置的折射率、折射率梯度及其方向，因此该模型使用 CODE V 中函数定义的方式实现镜片内部的折射率分布的设置，折射率分布函数为

$$\delta n(r,\phi,z)=\sum_{i=1}^{N_{\rm r}}a_i R_i\left(\frac{r}{r_{\max}},\phi\right)\left(1+\sum_{j=1}^{N_{\rm z}}b_j z^j\right) \tag{2.195}$$

其中，δn 是折射率偏移量；(r,ϕ,z) 是柱坐标下的空间坐标；$R_i(r,\phi)$ 是 Zernike 多项式；$r_{\max}$ 是光学元件的半径；a_i 和 b_j 为拟合参数；$N_{\rm r}$、$N_{\rm z}$ 为拟合多项式的阶数。在计算热像差时，首先将热分析获得的折射率分布利用式(2.195)进行拟合，然后将拟合参数以 MACRO 文件的形式导入 CODE V 中。计算热像差时，CODE V 中的光线追迹函数调用式(2.195)及其各个方向的导数计算折射率及其梯度信息。

镜片表面的热形变是热像差的另一个来源之一，由热效应引起的镜片表面形变采用 Zernike 多项式的形式导入 CODE V(UDS 模块)。

光程差(optical path difference，OPD)是光程(optical path length，OPL)的变化量，同一个视场点不同方向的光程差分布构成了波前信息。光线追迹法即是为了获取光程，对于折射率均匀分布的介质，光程可采用几何光学进行计算。对于折射率非均匀分布的介质，光路为曲线，其光程需要根据如下光线方程进行严格计算：

$$\frac{\rm d}{{\rm d}s}\left(n\frac{{\rm d}\boldsymbol{r}}{{\rm d}s}\right)=\nabla n \tag{2.196}$$

其中，$\boldsymbol{r}$ 为光线矢量；s 为光路的长度；n 为折射率；∇n 为折射率梯度。式(2.196)一般采用龙格-库塔(Runge-Kutta)法计算。最后，通过光线追迹法获得的光程差利用 Zernike 多

项式拟合得到 Zernike 系数，即为投影物镜热效应引起的波像差改变量。

为了分析每个光学镜片的热效应对投影物镜热像差的贡献，分别将单个光学镜片的热负载导入 CODE V 并保持其他镜片温度不变。进一步考虑单个镜片热效应引起的波像差，可以将其分为三部分(图 2-45)，第一部分是由折射率变化引起的波像差，第二部分是由镜片表面形变引起的波像差，第三部分是通过后续镜片时光路变化引起的波像差。

由折射率变化引起的光程差可由如下公式进行计算：

$$\begin{cases} L_m = |\boldsymbol{r}_m - \boldsymbol{r}_{m-1}| \\ \mathrm{OPD}_{\mathrm{index}} = \sum_{m=1}^{N} \delta n_m L_m \end{cases} \tag{2.197}$$

其中，$m = 0,1,\cdots,N-1$，N 为光线追迹时镜片前后表面之间光线的分段数量；δn_m 为热效应引起的折射率变化量；$\boldsymbol{r}_m$ 为光线的位置矢量；L_m 为每段光线传播的距离。由镜片表面形变引起的光程差为

$$\mathrm{OPD}_{\mathrm{deformation}} = nL_{\mathrm{hot}} - L_{\mathrm{cold}} \tag{2.198}$$

其中，n 为折射率；L_{cold} 和 L_{hot} 分别为图 2-45 中所示加热前后两表面之间光线传播的距离。由于光路变化引起的光程差为

$$\mathrm{OPD}_{\mathrm{path}} = \mathrm{OPL}_{\mathrm{hot}} - \mathrm{OPL}_{\mathrm{cold}} \tag{2.199}$$

其中，$\mathrm{OPL}_{\mathrm{cold}}$ 和 $\mathrm{OPL}_{\mathrm{hot}}$ 分别是镜片处于冷却状态和加热状态时镜片后表面到像面的光程。

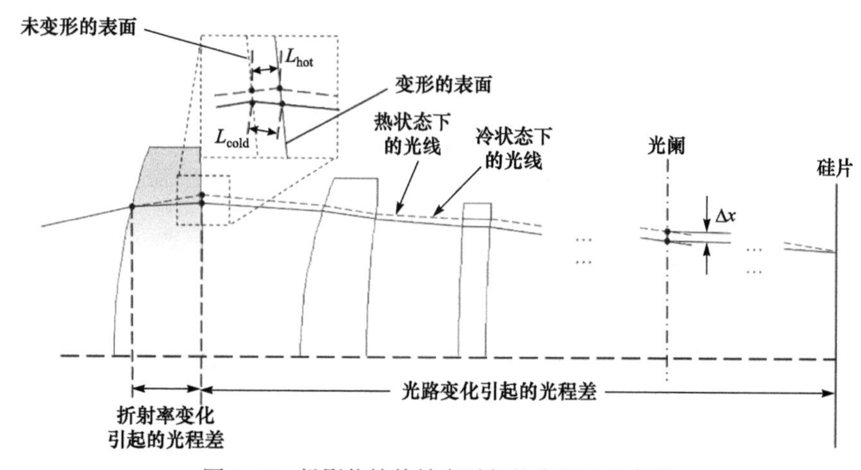

图 2-45　投影物镜热效应引起的光程差示意图

2.4.2.2　仿真结果与分析

对一个由 29 枚熔融石英镜片组成的投影物镜进行热像差仿真与分析。数值孔径为 0.93，工作波长为 193.304nm，放大倍率为−0.25。视场范围内的波前误差的 RMS 值小于 2.4nm。环形照明和二极照明条件下热稳态时的波像差如图 2-46 所示。环形照明条件下热像差主要表现为球差(Z_4，Z_9，Z_{16} 和 Z_{25})，而二极照明下像差项主要表现为像散(Z_5 和

Z_{12})以及四波差(Z_{17} 和 Z_{18})。热像差随时间的变化如图 2-47 所示，曝光开始阶段，各阶像差快速上升，随后由于热扩散和热交换效应的增强，热像差的增长率不断下降，最后各阶热像差达到稳态。低阶热像差到达稳态的时间普遍大于高阶项，其中 Z_{17}、Z_{28}、Z_{32}、Z_{36} 和 Z_{37} 项到达热稳态的时间普遍小于 1 小时，而初级球差 Z_4 和初级像散 Z_5 达到热稳态的时间则大于 1.5 小时。

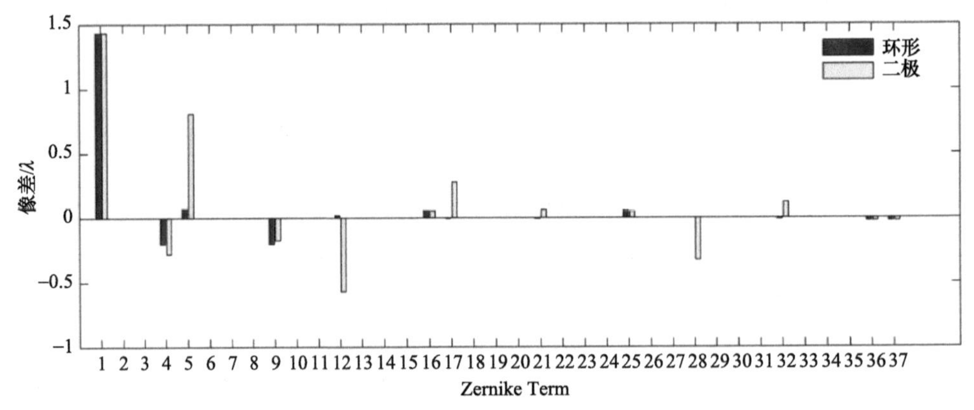

图 2-46　热稳态时热效应引起的波像差变化量

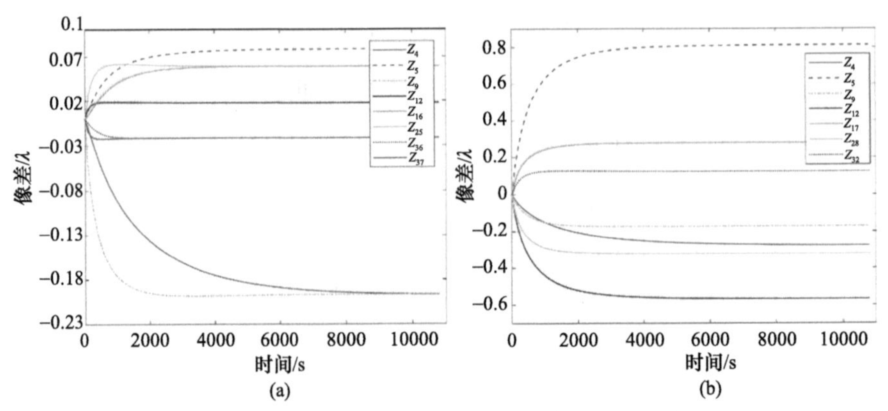

图 2-47　不同照明模式下热效应引起的波像差变化量

(a) 环形照明；(b) 二极照明

热稳态时由单个镜片引起的中心视场点的波前误差 RMS 值如图 2-48 所示。由图可以看出，靠近物面的镜片对热像差的贡献较大，尤其是第 4、7、10 枚镜片，而镜片表面形变引起的热像差不到折射率变化引起的热像差的 2%。图 2-49 分别为环形照明和二极照明条件下第 4 枚镜片和第 23 枚镜片引起的热像差。由图可以看出，靠近光瞳的镜片引起的热像差与光源形状有着密切的关系，而远离光瞳的镜片引起的热像差则对光源形状并不敏感。需要指出的是，环形照明条件下热像差仍然存在少量像散，这是由于物镜的矩形视场破坏了镜片温度分布旋转对称性，进而导致热像差存在像散分量。图 2-50(a)、(b)分别为投影物镜热效应引起的镜片后表面内光路在水平方向的偏移，红色箭头为光线偏移的方向向量，图 2-50(c)、(d)为环形照明条件下由光路变化引起的光程差。结合图 2-48 和图 2-50 可以看出，投影物镜热效应导致后续光路发生了变化，进而改变了波前。

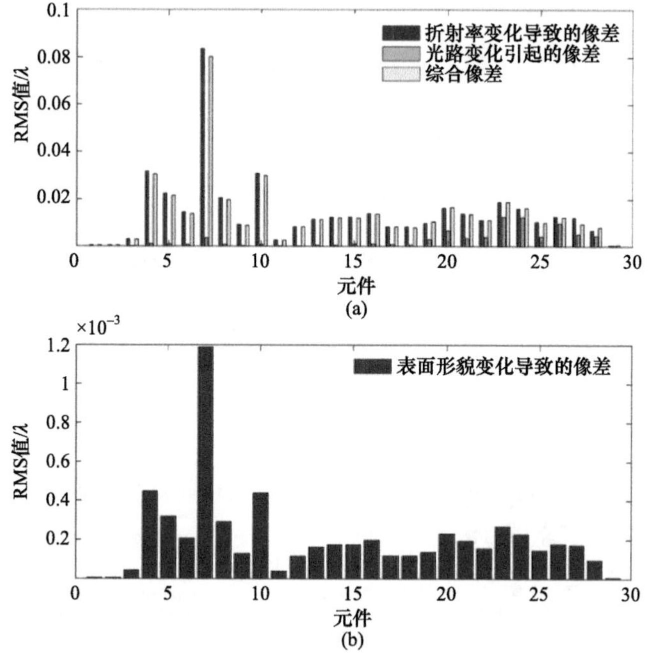

图 2-48　不同因素引起的热像差

(a) 折射率变化与光路变化；(b) 镜片表面形变

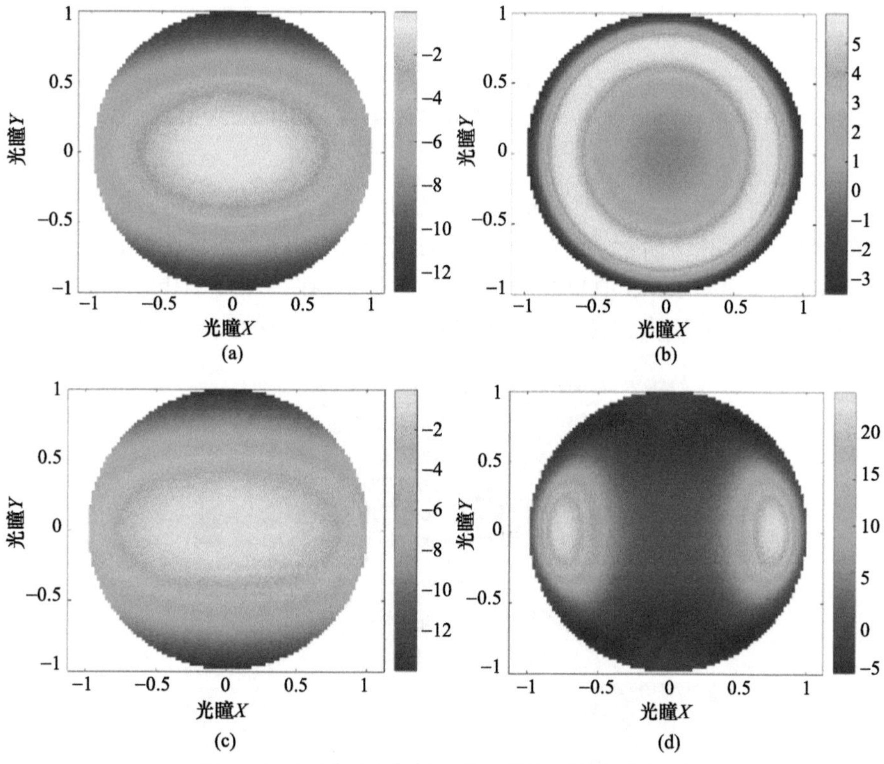

图 2-49　不同照明条件下单个镜片引起的热像差

(a)镜片 4、环形照明；(b)镜片 23、环形照明；(c)镜片 4、二极照明；(d)镜片 23、二极照明

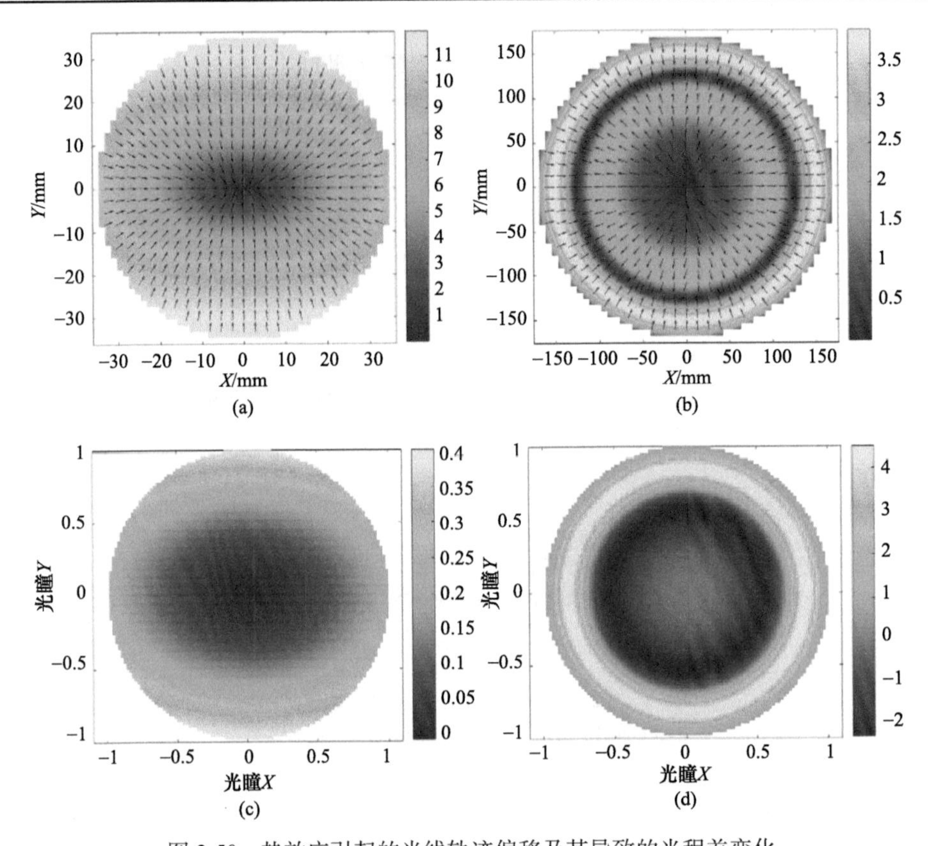

图 2-50　热效应引起的光线轨迹偏移及其导致的光程差变化

热效应引起的光线轨迹偏移：(a) 镜片 4 的热效应；(b) 镜片 23 的热效应；光线轨迹偏移引起的光程差：(c) 镜片 4 的热效应；(d) 镜片 23 的热效应

投影物镜热效应同样会导致全视场波像差的分布发生变化。投影物镜全视场波前误差 RMS 值分布如图 2-51 所示。由于投影物镜具有圆对称性且视场中心位于物镜光轴上，因此冷物镜的波前误差 RMS 值呈圆对称分布(图 2-51(a))。图 2-51(b)和图 2-51(c)分别为热稳态时视场范围内分别由镜片 4 和镜片 23 的热效应引起的波前误差 RMS 值分布。当

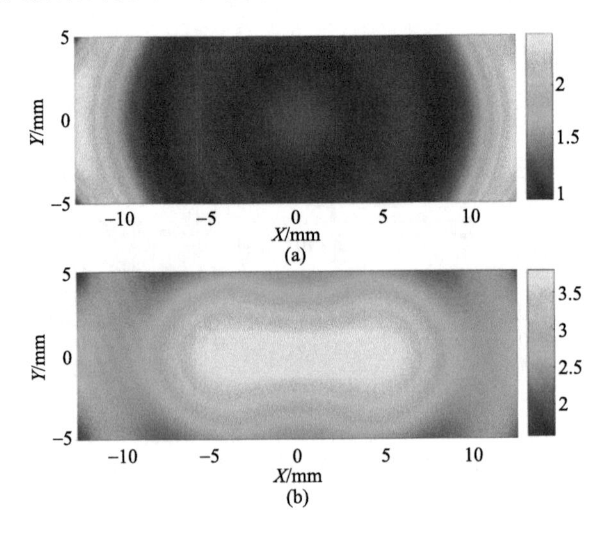

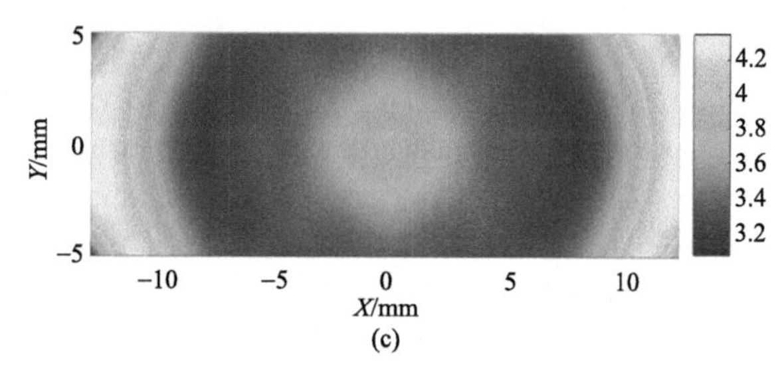

(c)

图 2-51 冷物镜和物镜热效应引起的波前误差 RMS 值分布

(a) 冷物镜；(b) 镜片 4 的热效应；(c) 镜片 23 的热效应

单独加热镜片 23 时，全视场的波前误差几乎同步升高，而加热镜片 4 时全视场波前误差 RMS 值分布发生了明显的变化，不再具有圆对称的特性。该现象表明，靠近光瞳面的镜片引起的热像差主要表现为全视场波像差平均值的变化，而远离光瞳面的镜片引起的热像差主要表现为全视场波像差强度分布的变化。

参 考 文 献

[1] 邱自成. 基于标量与矢量衍射理论的光刻成像模型及其应用. 中国科学院上海光学精密机械研究所博士学位论文, 2010.

[2] 张恒. 三维极紫外光刻掩模建模及缺陷补偿技术研究. 中国科学院上海光学精密机械研究所博士学位论文, 2019.

[3] Kottler F. Diffraction at a black screen, part II: Electromagnetic theory. Progress in Optics, 1993, 31: 331.

[4] Stratton J A, Chu L J. Diffraction theory of electromagnetic waves. Phys. Rev., 1939, 56: 99-107.

[5] Franz W. Zur formulierung des huygensschen prinzips. Zeitschrift für Naturforschung A, 1948, 3 (8-11): 500-506.

[6] Tai C T. Direct integration of field equations. PIER, 2000, 28: 339-359.

[7] Asvestas J S. Diffraction by a black screen. J. Opt. Soc. Am., 1975, 65: 155-158.

[8] Schiavone P, Granet G, Robic J Y. Rigorous electromagnetic simulation of EUV masks: Influence of the absorber properties. Microelectronic Engineering, 2001, 57: 497-503.

[9] Zhu Z, Lucas K, Cobb J L, et al. Rigorous EUV mask simulator using 2D and 3D Waveguide methods. Proc. SPIE, 2003, 5037: 494-503.

[10] Evanschitzky P, Erdmann A. Three dimensional EUV simulations - A new mask near field and imaging simulation system. Proc. SPIE, 2005, 5992: 59925B.

[11] Evanschitzky P, Erdmann A. Advanced EUV mask and imaging modeling. J. Micro/Nanolith. MEMS MOEMS, 2017, 16(4): 041005.

[12] Smaali R, Besacier M, Schiavone P. Three-dimensional rigorous simulation of EUV defective masks using modal method by Fourier expansion. Proc. SPIE, 2006, 6151: 615124.

[13] Marathay A S, McCalmont J F. Vector diffraction theory for electromagnetic waves. J. Opt. Soc. Am. A, 2001, 18: 2585-2593.

[14] Silver S, Ehrlich M J. Diffraction of a plane electromagnetic wave by a circular aperture and complementary obstacle: Part I, high frequency approximation. University of California, Antenna Laboratory, 181.

[15] Silver S, Ehrlich M J, Held G. Diffraction of a plane electromagnetic wave by a circular aperture and complementary obstacle: Part II, discussion of experimental results. University of California, Antenna

Laboratory, 185.

[16] Hopkins H H. On the diffraction theory of optical images. Proc. R. Soc. A, 1953, 217(A): 408-432.

[17] Köhle R. Fast TCC algorithm for the model building of high NA lithography simulation. Proc. SPIE, 2005, 5754: 918-929.

[18] Rakić A D, Djurišić A B, Elazar J M, et al. Optical properties of metallic films for vertical-cavity optoelectronic devices. Appl. Opt., 1998, 37: 5271-5283.

[19] Guo H, Zhuang S L, Chen J B, et al. Imaging theory of an aplanatic system with a stratified medium based on the method for a vector coherent transfer function. Opt. Lett., 2006, 31: 2978-2980.

[20] Guo H, Chen J B, Zhuang S L. Resolution of aplanatic systems with various semiapertures, viewed from the two sides of the diffracting aperture. J. Opt. Soc. Am. A, 2006, 23: 2756-2763.

[21] Sherman G C, Stamnes J J, Lalor E. Asymptotic approximation to angular-spectrum representations. J. Math. Phys., 1976, 17: 760.

[22] Stamnes J J. Waves in Focal Regions. Hilger, Bristol, UK, 1986, (Chapter 15): 17-40.

[23] 诸波尔. 浸没式光刻机投影物镜波像差检测技术研究. 中国科学院上海光学精密机械研究所博士学位论文, 2018.

[24] 茅言杰. 投影光刻机匹配关键技术研究. 中国科学院上海光学精密机械研究所博士学位论文, 2019.

[25] Zhu B E, Li S K, Mao Y J, et al. Fast thermal aberration model for lithographic projection lenses. Optics Express, 2019, 27(23): 34038-34049.

[26] Mao Y J, Li S K, Sun G, et al. Modeling and optimization of lens heating effect for lithographic projector. J. Micro/Nanolith. MEMS MOEMS, 2018, 17(2): 023501.

[27] Yu X F, Ni M, Rui D, et al. Computational method for simulation of thermal load distribution in a lithographic lens. Applied Optics, 2016, 55(15): 4186-4191.

第 3 章　初级像质参数检测

初级像质参数主要影响光刻成像的位置，可分为垂轴和轴向像质参数两类，分别引起垂轴和轴向的成像位置偏移。初级像质参数检测技术主要利用光刻机本身的软硬件系统检测出标记成像位置偏移量，进而根据像质参数与成像位置偏移量之间的关系计算出相应的像质参数。垂轴像质检测技术主要是 XY-SETUP 技术，轴向像质检测技术主要有 FEM 技术和 FOCAL 技术。TIS 技术和镜像 FOCAL 技术既可以检测垂轴像质，也可以检测轴向像质，本书将这类技术称为垂轴与轴向像质同步检测技术。

本章 3.1 节介绍初级像质参数对光刻成像位置的影响，3.2～3.4 节分别介绍垂轴像质检测技术、轴向像质检测技术以及垂轴与轴向像质同步检测技术，3.5 节介绍初级像质参数检测技术在焦深检测、硅片表面不平度检测、套刻精度检测和像质参数热漂移检测等方面的拓展应用。

3.1　初级像质参数对光刻成像位置的影响

3.1.1　垂轴像质参数的影响[1]

初级垂轴像质参数主要由掩模误差、对准误差及投影物镜制造误差引起。初级垂轴像质参数主要包括像面平移、像面旋转、倍率变化和畸变等。像面平移指投影物镜像面的横向偏移，即硅片上任意一曝光场中心相对于硅片中心在 x 与 y 方向的平移。在曝光过程中，像面平移使曝光到硅片上任意一个曝光场内的图形相对于其理想成像位置产生位置偏移。如图 3-1 所示，坐标系 xoy 是曝光视场坐标系，虚线框为曝光图形的理想位置，实线框是曝光图形的实际位置。像面平移可表示为曝光图形内任意一点的实际成像位置相对于其理想成像位置在坐标系 xoy 中的位置变化。若 T_x，T_y 分别表示 x 向与 y 向像面平移，由像面平移引起的曝光图形内任意一点 A' 相对理想成像位置 A 的成像位置偏移量 Δx, Δy 可表示为

$$\begin{cases} \Delta x = T_x \\ \Delta y = T_y \end{cases} \tag{3.1}$$

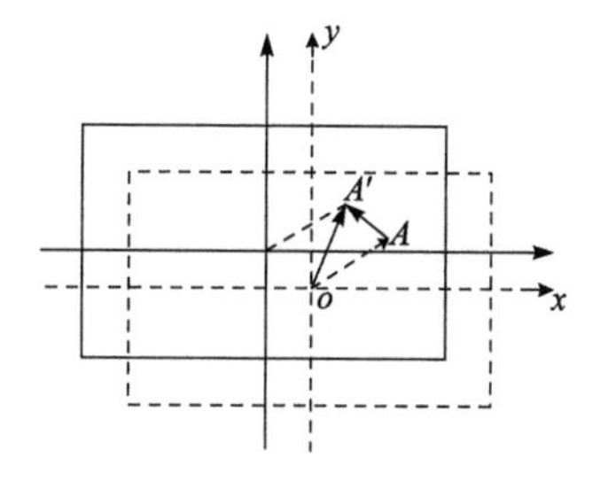

图 3-1　像面平移

像面旋转指投影物镜像面绕光轴的旋转。在曝光过程中，像面旋转使曝光到硅片上任意一个曝光场内的图形发生绕其中心位置的旋转。如图 3-2 所示，坐标系 xoy 是曝光场坐标系，实线框表示有像面旋转误差情况下曝光到硅片上图形的实际位置。曝光场内任意一点 A'的实际位置坐标为(x', y')，理想位置坐标为(x, y)。图 3-2 中虚线框表示

曝光图形的理想位置，点 A 为 A'在理想情况下曝光所处的位置，点 A 到原点的距离为 r。设像面旋转角度为 θ，A'的实际位置坐标(x', y')，可表示为

$$\begin{cases} x' = x\cos\theta - y\sin\theta \\ y' = y\cos\theta + x\sin\theta \end{cases} \tag{3.2}$$

由于像面旋转一般仅为几百微弧度，可认为 $\cos\theta \approx 1$, $\sin\theta \approx \theta$。由式(3.2)可知，由像面旋转引起的成像位置偏移量 Δx、Δy 可表示为

$$\begin{cases} \Delta x = x' - x = -y \cdot \theta \\ \Delta y = y' - y = x \cdot \theta \end{cases} \tag{3.3}$$

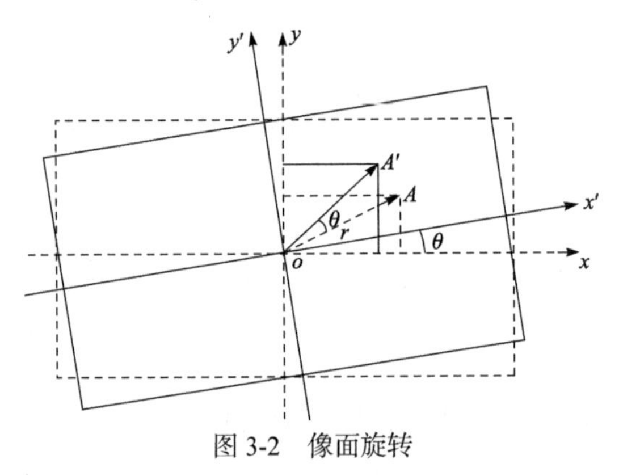

图 3-2　像面旋转

步进扫描投影光刻机投影物镜的倍率一般为 0.25。投影物镜的倍率相对于其正常值的偏差与其正常值的比值为倍率变化。在曝光过程中，倍率变化使曝光到硅片上任意一个曝光场内的图形在 x 向与 y 向的尺寸相对于其理想尺寸产生缩放。如图 3-3 所示，将投影物镜的理想倍率表示为 M，在实际曝光过程中的倍率表示为 M'，则掩模上位于曝光

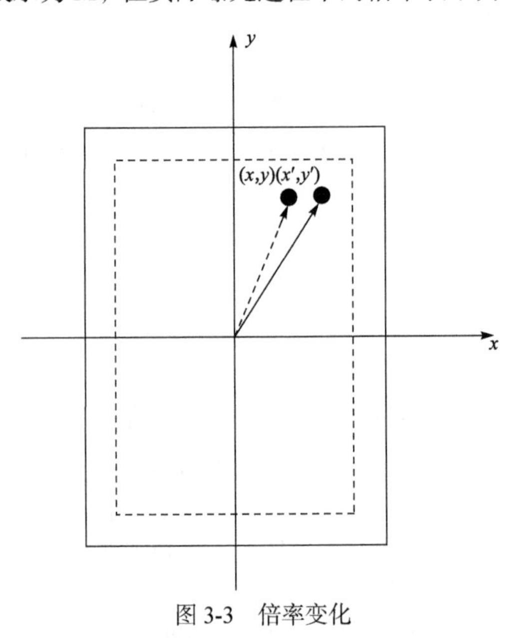

图 3-3　倍率变化

视场内任意一点(x_R, y_R)经投影物镜成像到硅片上某曝光场内的理想位置坐标(x,y)与实际坐标(x',y')分别为

$$\begin{cases} x = M \cdot x_R \\ y = M \cdot y_R \end{cases}, \quad \begin{cases} x' = M' \cdot x_R \\ y' = M' \cdot y_R \end{cases} \tag{3.4}$$

若 ΔM 表示倍率变化，由式(3.4)可知，倍率变化引起的成像位置偏移量 Δx、Δy 表示为

$$\begin{cases} \Delta x = x' - x = \left(M' - M\right) \cdot x_R = \dfrac{M' - M}{M} \cdot x = \Delta M \cdot x \\ \Delta y = y' - y = \left(M' - M\right) \cdot y_R = \dfrac{M' - M}{M} \cdot y = \Delta M \cdot y \end{cases} \tag{3.5}$$

畸变指轴外像点的径向移动。当投影物镜仅存在畸变时，由同一物点发出的全部光线皆交于一点，但该点和理想像点离开一个距离。像点本身是清晰的，但像有变形。投影物镜的三阶畸变引起的成像位置偏移量可表示为

$$\begin{cases} \Delta x = D_3 \cdot x \cdot (x^2 + y^2) \\ \Delta y = D_3 \cdot y \cdot (x^2 + y^2) \end{cases} \tag{3.6}$$

其中，D_3 表示三阶畸变；x、y 表示曝光场内任意一点在硅片曝光视场坐标系下的位置坐标。

初级垂轴像质参数引起光刻图形的水平成像位置偏移量为各项初级垂轴像质参数单独引起的成像位置偏移量的总和。将上述初级垂轴像质参数的影响进行叠加，可以得到初级垂轴像质参数引起的光刻图形的水平成像位置偏移量，

$$\begin{cases} \Delta x = T_x - \theta \cdot y + \Delta M \cdot x + x \cdot (x^2 + y^2) \cdot D_3 \\ \Delta y = T_y + \theta \cdot x + \Delta M \cdot y + y \cdot (x^2 + y^2) \cdot D_3 \end{cases} \tag{3.7}$$

3.1.2　轴向像质参数的影响[1]

光刻机轴向像质参数对成像质量的影响表现在光刻图形的实际成像位置与理想成像位置沿光轴方向的差异，即光刻图形的实际像面与理想像面之间的差异，即 z 向成像位置偏移量[2]。图 3-4 是光刻机轴向像质参数对成像位置影响的示意图。图中物面为掩模图形所在的平面，p 为掩模图形在照明区域内的任意一点。掩模图形的理想像面为图中所示的理想像面，相应 p 点的理想像即高斯像点 p''。由于投影物镜轴向像质参数对成像的影响，在实际光刻成像过程中，实际的像面不再是理想的平面，而是略有弯曲的曲面，从而使掩模图形的实际成像位置在光轴方向上偏离理想的成像位置，因此相应于 p 点的实际像点为 p'。由于光刻图形的 z 向成像位置的偏差可由各项轴向像质参数单独引起的 z 向成像位置偏移的总和表示，因此可以通过 z 向成像位置偏差信息来求解轴向像质参数。

光刻机初级轴向像质参数主要包括最佳焦面偏移、像面倾斜与场曲。其中，最佳焦面偏移指光刻图形成像的实际最佳焦面(实际像面)与理想最佳焦面(理想像面)在 z 向的偏移量。由最佳焦面偏移引起的视场中任意一点 z 向成像位置偏移量均相同。如图 3-5 所示，若最佳焦面偏移表示为 Z_w，则由最佳焦面偏移引起的曝光视场内某点$\left(x', y'\right)$的 z 向

成像位置偏移量可表示为

$$\Delta Z(x', y') = Z_w \tag{3.8}$$

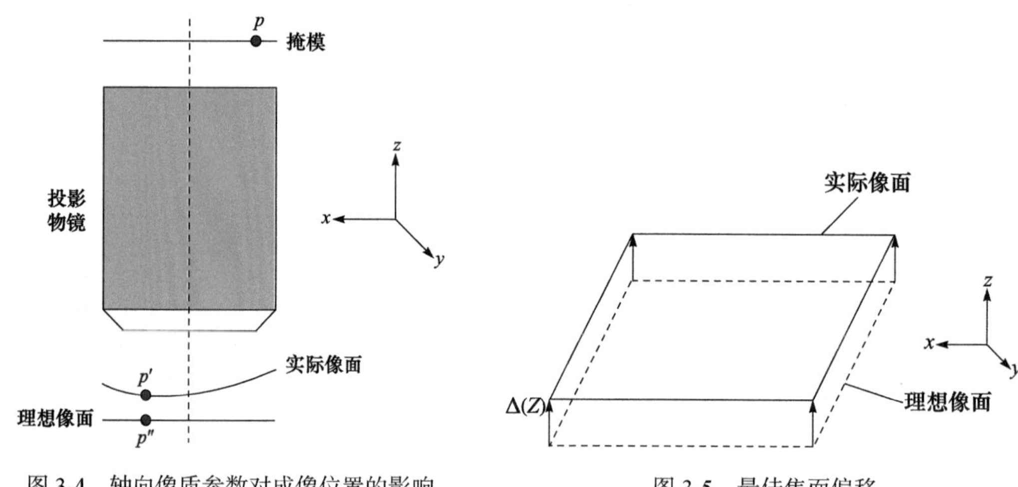

图 3-4　轴向像质参数对成像位置的影响

图 3-5　最佳焦面偏移

像面倾斜指实际像面相对于理想像面发生倾斜，包括绕 x 轴的倾斜与绕 y 轴的倾斜。如图 3-6 所示，若绕 x 轴与 y 轴的像面倾斜分别表示为 R_x、R_y，由于倾斜角度较小，由像面倾斜引起的曝光视场内某点 (x', y') 的 z 向成像位置偏移量可表示为

$$\Delta Z(x, y) = R_x \cdot y' + R_y \cdot x' \tag{3.9}$$

图 3-6　像面倾斜

场曲指实际像面相对于理想像面发生弯曲，如图 3-7 所示，$r = \sqrt{x'^2 + y'^2}$ 表示曝光视场内某点 (x', y') 到曝光视场中心的距离，R 表示像面弯曲曲率半径。若场曲用 FC 表示，则 FC=1/(2R)。由图 3-7 可知，当存在场曲时，曝光视场内某点 (x', y') 的 z 向成像位置偏移量可表示为

$$\Delta Z(x', y') = R\left(1 - \sqrt{1 - r^2/R^2}\right) = r^2/2R = FC \cdot (x'^2 + y'^2) \tag{3.10}$$

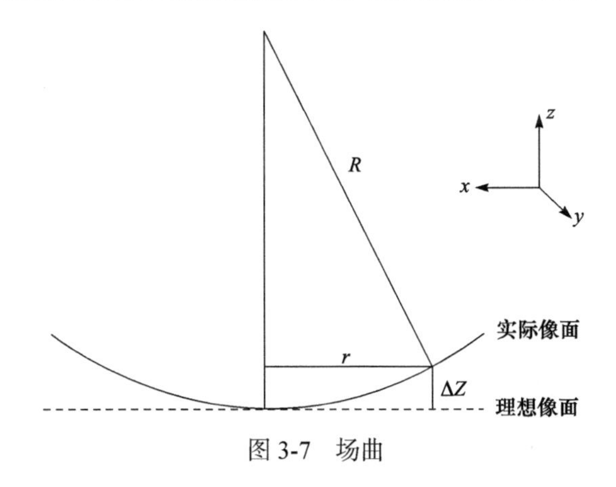

图 3-7　场曲

综合上述初级轴向像质参数对成像位置的影响，曝光视场内某点(x',y')总的 z 向成像位置偏移量可表示为

$$\Delta Z(x',y') = Z_w + R_y \cdot x' + R_x \cdot y' + FC \cdot (x'^2 + y'^2) \tag{3.11}$$

通常选择投影物镜的初始最佳焦平面为参考平面，并将其 z 向坐标设为 0，式(3.11)中的 ΔZ 即是相对于初始最佳焦平面的 z 向位置偏移量。由于轴向像质参数中像散的影响，实际像面中子午像面与弧矢像面并不完全重合，ΔZ 通常表示为子午像面与弧矢像面的 Z 向位置偏移量的平均值。用 $\Delta Z_x(x,y)$与 $\Delta Z_y(x,y)$分别表示子午像面与弧矢像面的 z 向位置偏移量，则式(3.11)可表示为

$$(\Delta Z_x + \Delta Z_y)/2 = Z_w + R_y \cdot x + R_x \cdot y + FC \cdot (x^2 + y^2) \tag{3.12}$$

3.2　垂轴像质检测技术

XY-SETUP 技术是获得广泛应用的垂轴像质检测技术[3]，该技术利用专用的测试掩模进行检测。测试掩模上包含 19 行与 13 列的对准标记，对准标记结构如图 3-8 所示。该对准标记是 ASML 公司 TTL 对准标记的一种改进，既可用于 TTL 对准，也可用于 ATHENA 对准，因此，采用该标记比采用传统的 TTL 对准标记得到的对准精度高。

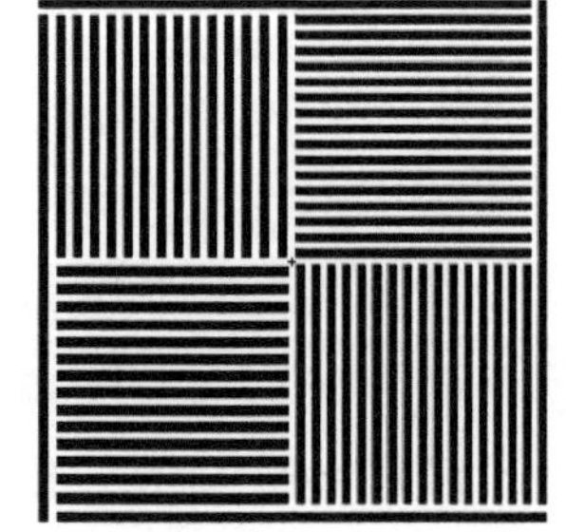

图 3-8　XY-SETUP 检测标记

XY-SETUP 检测技术主要包括标记曝光、对准测量与参数计算三个过程。首先将掩模上位于曝光视场内的 3 行标记在最佳焦面处曝光在硅片上的 12 个曝光场内，之后对硅片进行后烘显影，再次将硅片传送至工件台上，利用 TTL 或 ATHENA 对准系统对硅片上形成的具有位相光栅结构的对准标记图形进行光学对准。曝光时硅片应该在最佳焦面上。如果硅片不在最佳焦面上或

轴向像质参数太大未校正，将会影响垂轴像质参数的计算结果，因此在 XY-SETUP 检测前通常先进行 FOCAL 像质检测，以减小轴向像质参数对垂轴像质参数检测精度的影响[1]。

由于 XY-SETUP 检测技术采用的标记与对准参考标记相似，其位相光栅具有对称性，因此对准位置就是标记的几何中心位置。利用工件台位置测量系统——激光干涉仪记录标记图形对准时的位置坐标，也就是该标记在工件台坐标系下的坐标。根据理想成像关系可以计算得到掩模上的标记在硅片上的名义坐标位置。利用实际测量得到的对准标记位置坐标减去标记的名义坐标即可获得对准标记的成像偏移量 Δx 和 Δy。对准标记成像位置偏移量满足

$$\begin{cases}\Delta x = T_x - \varphi \cdot y + M \cdot x + x \cdot (x^2 + y^2) \cdot D_3 + R_x \\ \Delta y = T_y + \varphi \cdot x + M \cdot y + y \cdot (x^2 + y^2) \cdot D_3 + R_y\end{cases} \tag{3.13}$$

其中，R_x，R_y 表示残余误差，由式(3.13)通过一定的算法即可计算得到光刻机的初级垂轴像质参数。对于每个对准标记的成像位置偏移量，由式(3.13)均可得到一组方程。将得到的方程进行合并整理，可得

$$\begin{bmatrix} R_{x1} \\ R_{x2} \\ \vdots \\ R_{xn} \end{bmatrix} = \begin{bmatrix} \Delta x_1 \\ \Delta x_2 \\ \vdots \\ \Delta x_n \end{bmatrix} - \begin{bmatrix} 1 & x_1 & -y_1 & x_1 \cdot (x_1^2 + y_1^2) \\ 1 & x_2 & -y_2 & x_2 \cdot (x_2^2 + y_2^2) \\ \vdots & \vdots & \vdots & \vdots \\ 1 & x_n & -y_n & x_n \cdot (x_n^2 + y_n^2) \end{bmatrix} \begin{bmatrix} T_x \\ \Delta M \\ \theta \\ D_3 \end{bmatrix} \tag{3.14}$$

$$\begin{bmatrix} R_{y1} \\ R_{y2} \\ \vdots \\ R_{yn} \end{bmatrix} = \begin{bmatrix} \Delta y_1 \\ \Delta y_2 \\ \vdots \\ \Delta y_n \end{bmatrix} - \begin{bmatrix} 1 & y_1 & x_1 & y_1 \cdot (x_1^2 + y_1^2) \\ 1 & y_2 & x_2 & y_2 \cdot (x_2^2 + y_2^2) \\ \vdots & \vdots & \vdots & \vdots \\ 1 & y_n & x_n & y_n \cdot (x_n^2 + y_n^2) \end{bmatrix} \begin{bmatrix} T_y \\ \Delta M \\ \theta \\ D_3 \end{bmatrix} \tag{3.15}$$

将式(3.14)与式(3.15) 的两个矩阵方程合并，得到

$$\begin{bmatrix} R_{x1} \\ R_{y1} \\ R_{x2} \\ R_{y2} \\ \vdots \\ R_{xn} \\ R_{yn} \end{bmatrix} = \begin{bmatrix} \Delta x_1 \\ \Delta y_1 \\ \Delta x_2 \\ \Delta y_2 \\ \vdots \\ \Delta x_n \\ \Delta y_n \end{bmatrix} - \begin{bmatrix} 1 & 0 & x_1 & -y_1 & x_1 \cdot (x_1^2 + y_1^2) \\ 0 & 1 & y_1 & x_1 & y_1 \cdot (x_1^2 + y_1^2) \\ 1 & 0 & x_2 & -y_2 & x_2 \cdot (x_2^2 + y_2^2) \\ 0 & 1 & y_2 & x_2 & y_2 \cdot (x_2^2 + y_2^2) \\ \vdots & \vdots & \vdots & \vdots & \vdots \\ 1 & 0 & x_n & -y_n & x_n \cdot (x_n^2 + y_n^2) \\ 0 & 1 & y_n & x_n & y_n \cdot (x_n^2 + y_n^2) \end{bmatrix} \begin{bmatrix} T_x \\ \Delta M \\ \theta \\ D_3 \end{bmatrix} \tag{3.16}$$

根据最小二乘法，使方程中的残余误差的平方和最小即可得到方程的解，即使残余误差平方和表达式的一阶偏导数等于 0，二阶偏导数大于 0。将式(3.16)中残余误差的平方和分别对初级垂轴像质参数求导可得

$$\begin{cases}\dfrac{\partial\left[\sum\limits_{n}R_{xn}^2+R_{yn}^2\right]}{\partial T_x}=0, & \dfrac{\partial\left[\sum\limits_{n}R_{xn}^2+R_{yn}^2\right]}{\partial T_y}=0, & \dfrac{\partial\left[\sum\limits_{n}R_{xn}^2+R_{yn}^2\right]}{\partial \Delta M}=0\\ \dfrac{\partial\left[\sum\limits_{n}R_{xn}^2+R_{yn}^2\right]}{\partial \theta}=0, & \dfrac{\partial\left[\sum\limits_{n}R_{xn}^2+R_{yn}^2\right]}{\partial D_3}=0 \end{cases} \tag{3.17}$$

由式(3.16)与式(3.17)可得

$$\begin{bmatrix}1 & 0 & x_1 & -y_1 & x_1\cdot(x_1^2+y_1^2)\\ 0 & 1 & y_1 & x_1 & y_1\cdot(x_1^2+y_1^2)\\ 1 & 0 & x_2 & -y_2 & x_2\cdot(x_2^2+y_2^2)\\ 0 & 1 & y_2 & x_2 & y_2\cdot(x_2^2+y_2^2)\\ \vdots & \vdots & \vdots & \vdots & \vdots\\ 1 & 0 & x_n & -y_n & x_n\cdot(x_n^2+y_n^2)\\ 0 & 1 & y_n & x_n & y_n\cdot(x_n^2+y_n^2)\end{bmatrix}'\cdot\begin{bmatrix}R_{x1}\\ R_{y1}\\ R_{x2}\\ R_{y2}\\ \vdots\\ R_{xn}\\ R_{yn}\end{bmatrix}=0 \tag{3.18}$$

将式(3.16)代入式(3.17)后，即可求解得到初级垂轴像质参数。XY-SETUP 检测技术利用了硅片曝光检测垂轴像质参数，检测过程考虑了光刻胶等工艺因素的影响，检测结果可直接用于光刻机初级垂轴像质参数的校正而无须再进行其他校正。但在集成电路生产过程中，测试时间与测试成本都必须进行严格控制，以免影响集成电路的产率。XY-SETUP 技术测量的精度主要与对准系统测量精度有关，其中畸变测量重复精度(3σ)可达 1nm/cm^3。

3.3　轴向像质检测技术

FOCAL 技术是获得广泛应用的轴向像质检测技术，本节对其进行重点介绍。此外，介绍 FEM 技术、基于神经网络的检测技术和基于双线线宽变化量的检测技术，并简单介绍其他几种国际上广泛关注的轴向像质检测技术。

3.3.1　FEM 技术

FEM(focus exposure matrix)技术使用特定的检测标记与测试掩模进行检测，检测标记主要由不同周期的水平与垂直密集线条、水平与垂直孤立线条等组成。FEM 技术的检测主要包括硅片曝光、标记 z 向偏移量读取和轴向像质参数计算等过程。在硅片曝光之前，应选择曝光时需要的离焦量范围与步长。硅片曝光时，首先设置一定的离焦量，将掩模上位于曝光视场内的检测标记曝光到硅片上；之后选择另外一个离焦量，将硅片在 y 方向移动一定的距离后，将掩模上位于曝光视场内的检测标记再次曝光到硅片上。重复上述曝光过程直至在选定的离焦范围内的离焦量下均进行了曝光。FEM 技术需要在三个曝光场内进行曝光，每个曝光场的曝光方式均相同。曝光完毕后，每个曝光场内包含

10 个标记阵列，分为 2 行 5 列，且在曝光视场内均匀分布。每个标记阵列包含 31 个标记，其中中间标记曝光于参考焦面位置，其上下分别有 15 个标记，每上下曝光一个标记，增加或减少一离焦步进量(焦面步长)，使硅片置于不同的离焦面上。每个曝光场内共有 310 个标记，其中每 10 个标记为一组。这 10 个标记在同一个离焦量下曝光到硅片上[4]。

在 FEM 中，离焦步进量的设定与 FEM 测试的工作模式有关。FEM 技术共有四种工作模式，分别对应 4 组离焦步进量，如表 3-1 所示。四种模式下的硅片离焦量可变范围分别为±15μm、±4.5μm、±3.0μm、±1.5μm。一般情况下，在进行 FEM 测试时，由于开始时基准焦面与最佳焦面的偏离可能较大，因此先选用最大的离焦步进量，即在第一种工作模式下，在最大离焦量范围确定最佳焦面的初始值。将该值作为新的基准焦面，在第二种工作模式下重新进行 FEM 测试，直至完成第四种工作模式。每次硅片曝光完毕后，利用光学显微镜观察曝光到硅片上的标记成像质量。选取成像质量最好的标记，记录该标记曝光时使用的离焦量即 z 向偏移量与标记位置(x, y)。将获得的 z 向偏移量代入下述计算模型

$$z(x, y) = -R_y \cdot x + R_x \cdot y + Z_b \tag{3.19}$$

其中，R_x、R_y 为像面倾斜；Z_b 为最佳焦面。

表 3-1　FEM 测试的四种工作模式

工作模式序号	离焦步进量/mm	离焦量范围/μm
1	1.0	−15～15
2	0.3	−4.5～4.5
3	0.2	−3.0～3.0
4	0.1	−1.5～1.5

FEM 技术由于操作原理与算法都较为简单，测量范围较大，长期以来是用于检测初级轴向像质参数的主流技术。但由于 FEM 技术采用逐步逼近的方法进行检测，每个过程都需要进行曝光与显影等一整套工艺，因而整个过程耗时较长。同时 FEM 技术中获取 z 向偏移量需要通过高倍率的光学显微镜来确定最佳曝光线条的位置，不但费时而且读数结果受人为因素影响较大，从而使测量结果的偏差较大。

3.3.2　FOCAL 技术[4]

FOCAL(focus calibration using alignment system)技术是 ASML 公司开发的轴向像质参数检测技术，该技术采用线宽不相等的特殊掩模标记，即 FOCAL 标记进行检测。利用 FOCAL 标记成像水平位置与硅片离焦量成一定规律的特点，将最佳焦面偏移这一轴向位置检测转化为硅片上标记位置的水平位置检测。通过光刻机对准系统可得到曝光在硅片上的标记水平向位置数据，经过算法运算得到最佳焦面偏移。整个 FOCAL 测试过

程包含涂胶、曝光、显影、对准位置检测、数据处理等。首先将硅片均匀涂胶后上传至光刻机的承片台上，然后通过工件台轴向运动控制机构调整硅片，使其处于投影物镜的不同离焦平面内。在每一离焦面内将 FOCAL 掩模图形曝光在硅片上的不同区域，当曝光结束后，对硅片进行后烘、显影等工艺处理；当硅片显影结束后重新上片，利用光刻机对准系统检测所有曝光在硅片上的标记位置坐标。最后，对检测结果进行数据处理，得到最佳焦面偏移参数，即确定了投影物镜的最佳焦面。该技术避免了 FEM 技术存在的受工艺因素及人为因素影响较大等问题，耗时仅约为 FEM 的 1/4。

本小节从 FOCAL 标记的成像规律、对准位置偏移量检测方法、最佳焦面偏移量的计算方法、像质参数检测方法和曝光剂量确定方法等方面对 FOCAL 技术进行探讨[4]。

3.3.2.1　FOCAL 标记的成像规律

1. 最佳焦面处的像函数

FOCAL 技术测试掩模上的标记如图 3-9(a)所示。FOCAL 标记是由两组光栅方向互相垂直的特殊光栅组成的。与线空比为 1:1 的光栅结构不同，FOCAL 标记的一个光栅周期内包含一宽线条和一部分具有等线空比密集线条的精细结构，如图 3-9(b)所示。FOCAL 标记的一个光栅周期可设为 T=a+b+c，其中，T 为光栅周期，a 为光栅周期内宽线条的宽度，b 为精细结构的总宽度，c 为光栅周期内的空宽，d 为精细结构中密集线条的线宽。

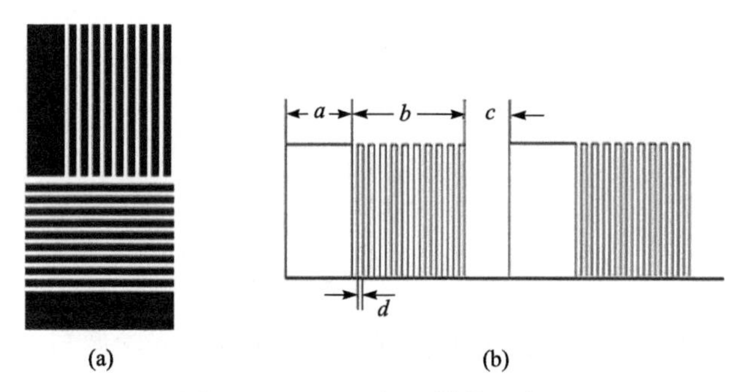

图 3-9　FOCAL 标记结构示意图

假设 FOCAL 标记精细结构的线条数为 P，则 P 值为 $P=\left[b/(2\cdot d)\right]$，[ ]表示对其内部的数值取整数。仅考虑 FOCAL 标记的一个周期，则物函数 $g(x)$在一个周期内的表达式可以写为

$$g(x)=\begin{cases} t, & 0<x<a \\ t, & a+(2m+1)d<x<A+2(m+1)d, \quad m=0,1,2,3,\cdots,p-1 \\ 0, & \text{其他} \end{cases} \tag{3.20}$$

其中，t 为光栅的透过率。因为 $g(x)$是周期函数，所以可以用傅里叶级数展开。由傅里叶级数展开公式

$$
\begin{cases}
f(x) = a_0 + \sum\limits_{n=1}^{+\infty}\left[a_n\cos(2\pi nfx) + b_n\sin(2\pi nfx)\right] \\
a_0 = \dfrac{1}{T}\displaystyle\int_{-T/2}^{T/2} f(x)\,\mathrm{d}x \\
a_n = \dfrac{2}{T}\displaystyle\int_{-T/2}^{T/2} f(x)\cos(2\pi nfx)\,\mathrm{d}x \\
b_n = \dfrac{2}{T}\displaystyle\int_{-T/2}^{T/2} f(x)\sin(2\pi nfx)\,\mathrm{d}x
\end{cases}
\tag{3.21}
$$

将 $g(x)$的表达式代入式(3.21)，并整理得

$$
g(x) = a_0 + \sum_{n=1}^{+\infty}\left[a_n\cos(2\pi nfx) + b_n\sin(2\pi nfx)\right] \tag{3.22}
$$

其中

$$
\begin{cases}
a_0 = \dfrac{t}{T}(a + Pd) \\
a_n = \dfrac{t}{\pi n}\sin(2\pi nfa) + \sum\limits_{m=0}^{P-1}\dfrac{2t}{\pi n}\sin(\pi nfd)\cdot\cos\left[\pi nf(2a + (4m+3)d)\right] \\
b_n = \dfrac{t}{\pi n}\left[1 - \cos(2\pi nfa)\right] + \sum\limits_{m=0}^{P-1}\dfrac{2t}{\pi n}\sin(\pi nfd)\cdot\sin\left[\pi nf(2a + (4m+3)d)\right]
\end{cases}
\tag{3.23}
$$

掩模上的 FOCAL 标记经投影物镜后在像面上成像，其理想像函数为

$$
g_{\mathrm{g}}(x) = g(x)\Bigg|_{\substack{a \to M\cdot a \\ b \to M\cdot b \\ c \to M\cdot c \\ d \to M\cdot d}} \tag{3.24}
$$

其中，M 为成像系统的倍率。像的复振幅分布是理想几何光学像与点扩散函数的卷积，因此，掩模上 FOCAL 像的复振幅分布为

$$
g(x') = g_{\mathrm{g}}(x) * \tilde{h}(x', y') \tag{3.25}
$$

其中，点扩散函数 $\tilde{h}(x', y')$ 是光瞳函数 $P(\xi,\eta)$ 的傅里叶变换，即

$$
h(x', y') = \mathit{\Gamma}\left\{P(\xi,\eta)\right\} = \iint\limits_{\infty} P(\xi,\eta)\exp\left[-\mathrm{i}2\pi(f_x{}' x' + f_y{}' y')\right]\mathrm{d}\xi\,\mathrm{d}\eta \tag{3.26}
$$

由傅里叶变换性质，式(3.25)可写为

$$
g(x') = \mathit{\Gamma}^{-1}\left[\mathit{\Gamma}(g_{\mathrm{g}}(x))\cdot\mathit{\Gamma}(\tilde{h}(x', y'))\right] \tag{3.27}
$$

$\mathit{\Gamma}(g_{\mathrm{g}}(x))$ 的表达式为

$$\varGamma(g_{\rm g}(x)) = \int_{-\infty}^{\infty} g_{\rm g}(x)\cdot {\rm e}^{-{\rm j}2\pi fx}{\rm d}x = \int_{-\infty}^{\infty}\sum_{n=-\infty}^{+\infty} C_n {\rm e}^{{\rm j}nw_0x}\cdot {\rm e}^{-{\rm j}2\pi fx}{\rm d}x$$

$$= \sum_{n=-\infty}^{\infty} C_n \int_{-\infty}^{\infty} {\rm e}^{-{\rm j}2\pi(f-nf_0)x}{\rm d}x = \sum_{n=-\infty}^{+\infty} C_n\delta(f_x - nf_0) \tag{3.28}$$

其中，$f_0 = w_0/2\pi$，将式(3.28)代入式(3.27)可得

$$g(x') = \varGamma^{-1}\left[\sum_{n=-\infty}^{\infty} C_n\delta(f_x - nf_0)\cdot {\rm circ}\left(\frac{\sqrt{f_x^2+f_y^2}}{\frac{l}{2}\lambda d_{\rm i}}\right)\right] \tag{3.29}$$

其中，l 为光瞳直径；$d_{\rm i}$ 为出瞳到像面的距离。由傅里叶逆变换性质得

$$g(x') = \varGamma^{-1}\left[\sum_{n=0}^{\infty} C_n\delta(f_n - n)\right] * \varGamma^{-1}\left[{\rm circ}\left(\frac{\sqrt{f_x^2+f_y^2}}{\frac{l}{2}\lambda d_{\rm i}}\right)\right] \tag{3.30}$$

经傅里叶逆变换后，得到掩模上的 FOCAL 标记在无像差情况下的像函数表达式：

$$g(x') = \sum_{n=0}^{\infty} C_n \exp({\rm j}2\pi nx) * \left(\frac{l}{2}\right)^2 \frac{J_1(\pi lP)}{lP/2} \tag{3.31}$$

其中，$C_n = \sqrt{a_n^2 + b_n^2}$，$n$=0,1,2,⋯,且

$$\begin{cases} a_0 = \dfrac{t}{T}(a+Pd) \\ a_n = \dfrac{t}{\pi n}\sin(2\pi nfa) + \displaystyle\sum_{m=0}^{P-1}\frac{2t}{\pi n}\sin(\pi nfd)\cdot\cos\left\{\pi nf\left[2a+(4m+3)d\right]\right\} \\ b_n = \dfrac{t}{\pi n}\left[1-\cos(2\pi nfa)\right] + \displaystyle\sum_{m=0}^{P-1}\frac{2t}{\pi n}\sin(\pi nfd)\cdot\sin\left\{\pi nf\left[2a+(4m+3)d\right]\right\} \end{cases} \tag{3.32}$$

2. 不同离焦位置的像函数

如图 3-10 所示，$U_0(x_0, y_0)$表示被照射掩模后紧靠掩模处的复振幅分布，物距用 d_0 表示。$U_{\rm i}(x_{\rm i}, y_{\rm i})$表示像面上的复振幅分布，像距用 $d_{\rm i}$ 表示。设成像透镜组入瞳处的场分布为 $U_1(x, y)$，成像透镜组出瞳处的场分布为 $U_1'(x,y)$。

由于波动传播是线性的，可以把像场分布 $U_{\rm i}(x_{\rm i}, y_{\rm i})$表示成下述叠加积分：

$$U_{\rm i}(x_{\rm i}, y_{\rm i}) = \iint_{-\infty}^{\infty} h(x_{\rm i}, y_{\rm i}; x_0, y_0) U_0(x_0, y_0){\rm d}x_0{\rm d}y_0 \tag{3.33}$$

可由 $U_0(x_0', y_0') = \delta(x_0 - x_0', y_0 - y_0')$ 表示物面上任意一点的振幅分布，由菲涅耳衍射理论可知：

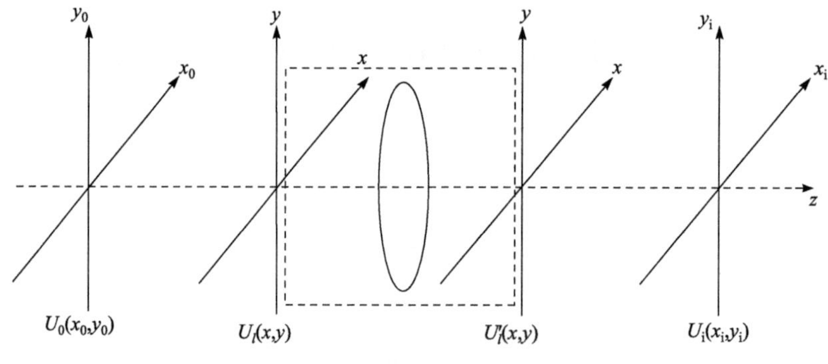

图 3-10　掩模成像系统示意图

$$U_l(x,y)=\frac{1}{\mathrm{j}\lambda z}\mathrm{e}^{\mathrm{j}kz}\iint_{-\infty}^{\infty}U_0(x_0,y_0)\cdot\exp\left\{\mathrm{j}\frac{k}{2z}\left[(x-x_0)^2+(y-y_0)^2\right]\right\}\mathrm{d}x_0\mathrm{d}y_0 \tag{3.34}$$

把$U_0(x_0',y_0')$的表达式代入上式，可得透镜前侧场分布 $U_l(x,y)$为

$$\begin{aligned}U_l(x,y)&=\frac{1}{\mathrm{j}\lambda d_0}\mathrm{e}^{\mathrm{j}kd_0}\iint_{-\infty}^{\infty}\delta(x_0-x_0',y_0-y_0')\cdot\exp\left\{\mathrm{j}\frac{k}{2d_0}\left[(x-x_0)^2+(y-y_0)^2\right]\right\}\mathrm{d}x_0\mathrm{d}y_0\\&=\frac{1}{\mathrm{j}\lambda d_0}\mathrm{e}^{\mathrm{j}kd_0}\exp\left\{\mathrm{j}\frac{k}{2d_0}\left[(x-x_0)^2+(y-y_0)^2\right]\right\}\end{aligned} \tag{3.35}$$

则$U_l'(x,y)$可表示为

$$U_l'(x,y)=U_l(x,y)\cdot\exp(\mathrm{j}kn\Delta_0)\cdot\exp\left[-\frac{\mathrm{j}k}{2f}(x^2+y^2)\right]\cdot P(x,y) \tag{3.36}$$

其中，$P(x,y)$为光瞳函数；Δ_0为透镜的最大厚度；n 为透镜材料的折射率；f 为成像系统的焦距。由式(3.33)可得最后的像场分布$U_\mathrm{i}(x_\mathrm{i},y_\mathrm{i})$为

$$U_l(x,y)=\frac{1}{\mathrm{j}\lambda d_\mathrm{i}}\mathrm{e}^{\mathrm{j}kd_\mathrm{i}}\iint_{-\infty}^{\infty}U_l'(x,y)\exp\left\{\mathrm{j}\frac{k}{2d_\mathrm{i}}\left[(x_\mathrm{i}-x)^2+(y_\mathrm{i}-x)^2\right]\right\}\mathrm{d}x\mathrm{d}y \tag{3.37}$$

把式(3.33)、式(3.34)代入式(3.35)得

$$\begin{aligned}U_l(x,y)&=\frac{1}{\mathrm{j}\lambda d_\mathrm{i}}\mathrm{e}^{\mathrm{j}kd_\mathrm{i}}\iint_{-\infty}^{\infty}U_l'(x,y)\cdot\exp\left\{\mathrm{j}\frac{k}{2d_\mathrm{i}}\left[(x_\mathrm{i}-x)^2+(y_\mathrm{i}-y)^2\right]\right\}\mathrm{d}x\mathrm{d}y\\&=\frac{1}{\mathrm{j}\lambda d_\mathrm{i}}\mathrm{e}^{\mathrm{j}kd_\mathrm{i}}\iint_{-\infty}^{\infty}\frac{1}{\mathrm{j}\lambda d_0}\mathrm{e}^{\mathrm{j}kd_0}\exp\left\{\mathrm{j}\frac{k}{2d_0}\left[(x-x_0)^2+(y-y_0)^2\right]\right\}\cdot\exp(\mathrm{j}kn\Delta_0)\\&\quad\cdot\exp\left[-\frac{\mathrm{j}k}{2f}(x^2+y^2)\right]\cdot P(x,y)\cdot\exp\left\{\mathrm{j}\frac{k}{2d_\mathrm{i}}\left[(x_\mathrm{i}-x)^2+(y_\mathrm{i}-y)^2\right]\right\}\mathrm{d}x\mathrm{d}y\end{aligned} \tag{3.38}$$

经过整理得到物面任意一点在最佳焦面处的像场分布：

$$U_{\mathrm{i}}(x_{\mathrm{i}},y_{\mathrm{i}})=\frac{-\mathrm{e}^{\mathrm{j}k(d_{\mathrm{i}}+d_0+n\varDelta_0)}}{\lambda^2 d_0 d_{\mathrm{i}}}\iint_{-\infty}^{\infty} P(x,y)\exp\left\{\frac{\mathrm{j}k}{2}\left[(x^2+y^2)\left(\frac{1}{d_0}+\frac{1}{d_{\mathrm{i}}}-\frac{1}{f}\right)+\frac{x_0^2+y_0^2-2xx_0-2yy_0}{d_0}+\frac{x_{\mathrm{i}}^2+y_{\mathrm{i}}^2-2xx_{\mathrm{i}}-2yy_{\mathrm{i}}}{d_{\mathrm{i}}}\right]\right\}\mathrm{d}x\mathrm{d}y \tag{3.39}$$

在理想成像情况下，物像关系满足

$$\frac{1}{d_0}+\frac{1}{d_{\mathrm{i}}}=\frac{1}{f} \tag{3.40}$$

在 FOCAL 测试中，需要对处于不同离焦面上的硅片进行曝光，在这种情况下，式(3.40)不成立，会存在一定的偏差 ε 。此时有下式成立：

$$\frac{1}{d_0}+\frac{1}{d_{\mathrm{i}}}=\frac{1}{f}+\varepsilon \tag{3.41}$$

假设离焦量为 Δd ，则满足下式：

$$\frac{1}{d_0}+\frac{1}{d_{\mathrm{i}}+\Delta d}=\frac{1}{f} \tag{3.42}$$

由式(3.41)、式(3.42)整理可得离焦量 Δd 与 ε 的关系为

$$\varepsilon=\frac{\Delta d}{d_{\mathrm{i}}(d_{\mathrm{i}}+\Delta d)} \tag{3.43}$$

因此，式(3.39)可以写为

$$\begin{aligned}U_{\mathrm{i}}(x_{\mathrm{i}},y_{\mathrm{i}})&=\frac{-\mathrm{e}^{\mathrm{j}k(d_{\mathrm{i}}+d_0+n\varDelta_0)}}{\lambda^2 d_0 d_{\mathrm{i}}}\iint_{-\infty}^{\infty} P(x,y)\exp\left\{\frac{\mathrm{j}k}{2}\left[(x^2+y^2)\cdot\varepsilon+\frac{x_0^2+y_0^2-2xx_0-2yy_0}{d_0}+\frac{x_{\mathrm{i}}^2+y_{\mathrm{i}}^2-2xx_{\mathrm{i}}-2yy_{\mathrm{i}}}{d_{\mathrm{i}}}\right]\right\}\mathrm{d}x\mathrm{d}y\\&=\frac{-\mathrm{e}^{\mathrm{j}k(d_{\mathrm{i}}+d_0+n\varDelta_0)}}{\lambda^2 d_0 d_{\mathrm{i}}}\iint_{-\infty}^{\infty} P(x,y)\exp\left\{\frac{\mathrm{j}k}{2}\left[(x^2+y^2)\cdot\frac{\Delta d}{d_{\mathrm{i}}(d_{\mathrm{i}}+\Delta d)}+\frac{x_0^2+y_0^2-2xx_0-2yy_0}{d_0}+\frac{x_{\mathrm{i}}^2+y_{\mathrm{i}}^2-2xx_{\mathrm{i}}-2yy_{\mathrm{i}}}{d_{\mathrm{i}}}\right]\right\}\mathrm{d}x\mathrm{d}y\end{aligned} \tag{3.44}$$

此时物点所成的像即系统的点扩散函数 $h(x_{\mathrm{i}},y_{\mathrm{i}};x_0,y_0)$ ，其表达式为

$$h(x_{\mathrm{i}},y_{\mathrm{i}};x_0,y_0)=\frac{S}{\lambda^2 d_0 d_{\mathrm{i}}}\iint_{-\infty}^{\infty}\mathrm{circ}(r)\exp\left\{\mathrm{j}k\left[(x^2+y^2)\frac{\Delta d}{2d_{\mathrm{i}}(d_{\mathrm{i}}+\Delta d)}-\left(\frac{x_0}{d_0}+\frac{x_{\mathrm{i}}}{d_{\mathrm{i}}}\right)x-\left(\frac{y_0}{d_0}+\frac{y_{\mathrm{i}}}{d_{\mathrm{i}}}\right)y\right]\right\}\mathrm{d}x\mathrm{d}y \tag{3.45}$$

其中，$S=-\exp\left[jk(d_0+d_i+n_0\Delta_0)\right]\cdot\exp\left(\frac{jk}{2}\cdot\frac{x_0^2+y_0^2}{d_0}\right)\cdot\exp\left(\frac{jk}{2}\cdot\frac{x_i^2+y_i^2}{d_i}\right)$，$P(x,y)$可看成一个圆域函数，$\mathrm{circ}(r)=\begin{cases}1, & r\leqslant r_p\\0, & r>r_p\end{cases}$，$r_p$为通光孔半径。

将$g(x)$进行傅里叶级数展开可得

$$\begin{cases}g(x)=C_0+\sum\limits_{n=-\infty}^{\infty}C_n\mathrm{e}^{\mathrm{i}nw_0x}\\C_0=\dfrac{2}{T_0}\displaystyle\int_0^{T_0}g(x)\mathrm{d}x\\C_n=\dfrac{2}{T_0}\displaystyle\int_0^{T_0}g(x)\mathrm{e}^{-\mathrm{i}nw_0x}\mathrm{d}x\end{cases}\tag{3.46}$$

其中，$w_0=2\pi/T_0$。将式(3.20)代入式(3.46)得

$$C_0=\frac{2}{T_0}\int_0^{T_0}g(x)\mathrm{d}x=\frac{t}{T_0}(a+Pd)\tag{3.47}$$

$$\begin{aligned}C_n&=\frac{2}{T_0}\int_0^{T_0}g(x)\mathrm{e}^{-\mathrm{i}nw_0x}\mathrm{d}x\\&=\frac{2}{T_0}\left\{\frac{\mathrm{i}t}{nw}(\mathrm{e}^{-\mathrm{i}nw_0a}-1)+\sum_{m=0}^{P-1}\frac{\mathrm{i}t}{nw}\left[\mathrm{e}^{-\mathrm{i}nw_0[a+2(m+1)]}-\mathrm{e}^{-\mathrm{i}nw_0[a+(2m+1)d]}\right]\right\}\\&=\frac{2}{T_0}\left\{\frac{\mathrm{i}t}{nw_0}(\mathrm{e}^{-\mathrm{i}nw_0a}-1)-2\sum_{m=0}^{P-1}\frac{\mathrm{i}t}{nw_0}\sin\frac{nw_0d}{2}\mathrm{e}^{\mathrm{i}[\pi/2-nw_0(a+2md+3/2d)]}\right\}\end{aligned}\tag{3.48}$$

由式(3.47)、式(3.48)得

$$C_n=\begin{cases}\dfrac{t}{T_0}(a+Pd)\\\dfrac{2}{T_0}\left[\dfrac{\mathrm{i}t}{nw_0}\left(\mathrm{e}^{-\mathrm{i}nw_0a}-1\right)-2\sum\limits_{m=0}^{P-1}\dfrac{\mathrm{i}t}{nw_0}\sin\dfrac{nw_0d}{2}\mathrm{e}^{\mathrm{i}\left[\pi/2-nw_0\left(a+2md+3d/2\right)\right]}\right]\end{cases}\tag{3.49}$$

把式(3.46)、式(3.47)代入式(3.20)得物函数为

$$\begin{aligned}g(x)=&\sum_{n=-\infty}^{+\infty}C_n\mathrm{e}^{\mathrm{i}nw_0x}=\frac{t}{T_0}(a+Pd)\\&+\sum_{n=-\infty}^{\infty}\frac{2}{T_0}\left[\frac{\mathrm{i}t}{nw_0}(\mathrm{e}^{-\mathrm{i}nw_0a}-1)-2\sum_{m=0}^{P-1}\frac{\mathrm{i}t}{nw_0}\sin\frac{nw_0d}{2}\mathrm{e}^{\mathrm{i}[\pi/2-nw_0(a+2md+3d/2)]}\right]\mathrm{e}^{\mathrm{i}nw_0x}\end{aligned}\tag{3.50}$$

像的复振幅分布是理想几何光学像与点扩散函数的卷积，掩模上的 FOCAL 标记经投影物镜后，设放大率为 M，则像面上所成的理想像函数为

$$g_{\mathrm{g}}(x_{\mathrm{i}})=\frac{t}{T_0}(Ma+MPd)+\sum_{n=-\infty}^{\infty}\frac{2}{T_0}\left[\frac{\mathrm{i}t}{nw_0}(\mathrm{e}^{-\mathrm{i}nw_0Ma}-1)-2\sum_{m=0}^{P-1}\frac{\mathrm{i}t}{nw_0}\sin\frac{nw_0Md}{2}\mathrm{e}^{\mathrm{i}[\pi/2-nw_0M(a+2md+3d/2)]}\right]\mathrm{e}^{\mathrm{i}nw_0x} \tag{3.51}$$

由式(3.45)、式(3.48)可得，掩模上 FOCAL 标记的像在一定离焦量下的复振幅分布为

$$g_{\mathrm{i}}(x_{\mathrm{i}})=g_{\mathrm{g}}(x_{\mathrm{i}})*h(x_{\mathrm{i}},y_{\mathrm{i}};x_0,y_0) \tag{3.52}$$

为便于计算，假设光瞳函数为 1，点扩散函数可写为

$$\begin{aligned}h(x_{\mathrm{i}},y_{\mathrm{i}};x_0,y_0)&=\frac{S}{\lambda^2d_0d_{\mathrm{i}}}\iint_{-\infty}^{\infty}\exp\left\{\mathrm{j}k\left[A(x^2+y^2)+Bx+Cy\right]\right\}\mathrm{d}x\mathrm{d}y\\&=\frac{S}{\lambda^2d_0d_{\mathrm{i}}}\exp\left[\frac{-\mathrm{j}k}{4A}(B^2+C^2)\right]\\&\quad\cdot\int_{-\infty}^{+\infty}\exp\left\{\mathrm{j}k\left[A\left(x+\frac{B}{2A}\right)^2\right]\right\}\mathrm{d}x\cdot\int_{-\infty}^{+\infty}\exp\left\{\mathrm{j}k\left[A\left(y+\frac{C}{2A}\right)^2\right]\right\}\mathrm{d}y\end{aligned} \tag{3.53}$$

其中

$$\begin{cases}S=-\exp\left[\mathrm{j}k(d_{\mathrm{o}}+d_{\mathrm{i}}+n_0\varDelta_0)\right]\cdot\exp\left(\dfrac{\mathrm{j}k}{2}\cdot\dfrac{x_0^2+y_0^2}{d_0}\right)\cdot\exp\left(\dfrac{\mathrm{j}k}{2}\cdot\dfrac{x_{\mathrm{i}}^2+y_{\mathrm{i}}^2}{d_{\mathrm{i}}}\right)\\A=\dfrac{\Delta d}{2d_{\mathrm{i}}(d_{\mathrm{i}}+\Delta d)}\\B=-\left(\dfrac{x_0}{d_0}+\dfrac{x_{\mathrm{i}}}{d_{\mathrm{i}}}\right)\\C=-\left(\dfrac{y_0}{d_0}+\dfrac{y_{\mathrm{i}}}{d_{\mathrm{i}}}\right)\end{cases} \tag{3.54}$$

利用菲涅耳积分公式：$\int_{-\infty}^{+\infty}\exp(\mathrm{j}ax^2)\mathrm{d}x=\sqrt{\dfrac{\pi}{2a}}(1+\mathrm{j})$，可得

$$\int_{-\infty}^{+\infty}\exp\left\{\mathrm{j}k\left[A\left(x+\frac{B}{2A}\right)^2\right]\right\}\mathrm{d}x=\int_{-\infty}^{+\infty}\exp\left\{\mathrm{j}k\left[A\left(y+\frac{C}{2A}\right)^2\right]\right\}\mathrm{d}y=\sqrt{\frac{\pi}{2kA}}(1+\mathrm{j}) \tag{3.55}$$

将式(3.55)代入式(3.54)整理得

$$h(x_{\mathrm{i}},y_{\mathrm{i}};x_0,y_0)\cong\frac{jS}{2\lambda Ad_0d_{\mathrm{i}}}\exp\left[\frac{-\mathrm{j}k}{4A}(B^2+C^2)\right] \tag{3.56}$$

所以，掩模上 FOCAL 标记的像在一定离焦量下的复振幅分布为

$$g_{\mathrm{i}}(x_{\mathrm{i}})=\frac{\mathrm{j}S}{2\lambda Ad_0d_{\mathrm{i}}}\exp\left[\frac{-\mathrm{j}k}{4A}(B^2+C^2)\right]\cdot\left\{\frac{t}{T_0}(Ma+MPd)+\sum_{n=-\infty}^{\infty}\frac{2}{T_0}\left\{\frac{\mathrm{i}t}{nw_0}(\mathrm{e}^{-\mathrm{i}nw_0Ma}-1)-2\sum_{m=0}^{P-1}\frac{\mathrm{i}t}{nw_0}\sin\frac{nw_0Md}{2}\mathrm{e}^{\mathrm{i}[\pi/2-nw_0M(a+2md+3d/2)]}\right\}\mathrm{e}^{\mathrm{i}nw_0x'}\right\} \tag{3.57}$$

其中

$$S=-\exp[\mathrm{j}k(d_0+d_{\mathrm{i}}+n_0\Delta_0)]\cdot\exp\left(\frac{\mathrm{j}k}{2}\cdot\frac{x_0^2+y_0^2}{d_0}\right)\cdot\exp\left(\frac{\mathrm{j}k}{2}\cdot\frac{x_{\mathrm{i}}^2+y_{\mathrm{i}}^2}{d_{\mathrm{i}}}\right)$$

$$A=\frac{\Delta d}{2d_{\mathrm{i}}(d_{\mathrm{i}}+\Delta d)}$$

$$B=-\left(\frac{x_0}{d_0}+\frac{x_{\mathrm{i}}}{d_{\mathrm{i}}}\right)$$

$$C=-\left(\frac{y_0}{d_0}+\frac{y_{\mathrm{i}}}{d_{\mathrm{i}}}\right)$$

因为点扩散函数 $h(x_{\mathrm{i}}, y_{\mathrm{i}}; x_0, y_0)$是描述物面上任意一点发出的发散球面波经过透镜后的场分布情况，所以在计算机模拟时可取 $x_0=y_0=0$，则点扩散函数可写为

$$h(x_{\mathrm{i}},y_{\mathrm{i}};x_0=0,y_0=0)\cong\frac{\mathrm{j}S}{2\lambda Ad_0d_{\mathrm{i}}}\exp\left[\frac{-\mathrm{j}k}{4Ad_{\mathrm{i}}^2}(x_{\mathrm{i}}^2+y_{\mathrm{i}}^2)\right] \tag{3.58}$$

其中

$$\begin{cases}S=-\exp[\mathrm{j}k(d_0+d_{\mathrm{i}}+n\Delta_0)]\cdot\exp\left(\dfrac{\mathrm{j}k}{2}\cdot\dfrac{x_{\mathrm{i}}^2+y_{\mathrm{i}}^2}{d_{\mathrm{i}}}\right)\\ A=\dfrac{\Delta d}{2d_{\mathrm{i}}(d_{\mathrm{i}}+\Delta d)}\end{cases} \tag{3.59}$$

一般地，仅需通过模拟计算得到空间像在水平轴方向(x 轴)的光强分布情况，根据对称原理可知，结果与空间像在垂轴方向(y 轴)的光强分布情况相同。取 $y_{\mathrm{i}}=0$，得到

$$h(x_{\mathrm{i}},y_{\mathrm{i}}=0;x_0=0,y_0=0)\cong\frac{\mathrm{j}S}{2\lambda Ad_0d_{\mathrm{i}}}\exp\left(\frac{-\mathrm{j}k}{4Ad_{\mathrm{i}}^2}x_{\mathrm{i}}^2\right) \tag{3.60}$$

其中

$$\begin{cases}S=-\exp[\mathrm{j}k(d_0+d_{\mathrm{i}}+n\Delta_0)]\cdot\exp\left(\dfrac{\mathrm{j}k}{2}\cdot\dfrac{x_{\mathrm{i}}^2}{d_{\mathrm{i}}}\right)\\ A=\dfrac{\Delta d}{2d_{\mathrm{i}}(d_{\mathrm{i}}+\Delta d)}\end{cases} \tag{3.61}$$

由式(3.60)、式(3.61)得，掩模 FOCAL 标记在一定离焦量下成像的复振幅分布为

$$g_{\mathrm{i}}(x_{\mathrm{i}})=g_{\mathrm{g}}(x_{\mathrm{i}})*h(x_{\mathrm{i}},y_{\mathrm{i}}=0;x_0=0,y_0=0) \tag{3.62}$$

卷积后的空间像的振幅为

$$g_{\mathrm{i}}(x_{\mathrm{i}})=\frac{\mathrm{j}S}{2\lambda Ad_0d_{\mathrm{i}}}\sqrt{-2Ad_{\mathrm{i}}^2\lambda}\left\{\frac{t}{T_0}(Ma+MPd)+D\cdot\exp\left[\mathrm{i}\left(\frac{{n_0}^2w_0^2Ad_{\mathrm{i}}^2}{R}+nw_0x\right)\right]\right\}\tag{3.63}$$

其中

$$D=\sum_{n=-\infty}^{\infty}\frac{2}{T_0}\left\{\frac{\mathrm{i}t}{nw_0}(\mathrm{e}^{-\mathrm{i}nw_0Ma}-1)-2\sum_{m=0}^{P-1}\frac{\mathrm{i}t}{nw_0}\sin\frac{nw_0Md}{2}\mathrm{e}^{\mathrm{i}[\pi/2-nw_0M(a+2md+3d/2)]}\right\}\tag{3.64}$$

$$\begin{cases}S=-\exp\left[\mathrm{j}k(d_0+d_{\mathrm{i}}+n_0\varDelta_0)\right]\cdot\exp\left(\dfrac{\mathrm{j}k}{2}\cdot\dfrac{x_{\mathrm{i}}^2}{d_{\mathrm{i}}}\right)\\ A=\dfrac{\Delta d}{2d_{\mathrm{i}}(d_{\mathrm{i}}+\Delta d)}\end{cases}\tag{3.65}$$

式中，d_0、d_{i}分别为成像物镜的物距和像距；Δd 为离焦量；$\varDelta_0$ 为透镜的最大厚度；n_0 为透镜材料的折射率；f 为成像系统的焦距；M 为光刻机投影物镜放大率。a、b、c、d、P、T_0、w_0、t 为与 FOCAL 标记有关的参数。T_0 为光栅周期，$T_0=a+b+c$，a 为主光栅的线宽，b 为精细结构的宽度，c 为主光栅的缝宽，d 为精细结构的线宽，w_0 为 FOCAL 标记空间频率，P 为精细结构的线条数，t 为光栅标记中 Space 的透射率。

根据以上 FOCAL 标记在离焦面上的空间像分布函数的理论推导，以 FOCAL / 550 0.25μm 标记为例讨论空间像光强分布与离焦量之间的关系。对于 FOCAL / 550 0.25μm 标记，精细结构内的占空比为 50%，密集线条线宽为 0.25μm。其他相关参数分别为 a=5.5μm，b=7.5μm，c=3.0μm，d=0.25μm，T_0=16μm，w_0=π/8μm，P＝15，n=1.5，k=2π/λ，λ＝0.193μm，$\varDelta_0$＝0，M=0.25，t= 1 。设物距 d_0=200mm，焦距 f=150mm，则由成像公式可得像距 d_{i}=600mm。Δd 的取值范围为–0.75～0.75μm。取水平方向上 x 坐标的变化范围为 FOCAL 标记的一个周期，即 0～16μm。将上述参数代入式(3.62)～式(3.64)中，用 Matlab 计算 FOCAL 标记的空间像光强分布。

在 6 种不同离焦量下，得到在像面上的水平方向上的空间像光强的分布曲线。图 3-11 为离焦量分别为 10nm、50nm、100nm、200nm、400nm、600nm 时的 FOCAL 标记一个周期空间像光强分布。因为掩模上 FOCAL 标记的一个周期为 64μm，成像系统的放大倍率为 1/4，故在硅片上水平位置取 16μm 为一周期。图 3-12 为离焦量分别为 10nm、–50nm、100nm、–200nm、400nm、–700nm 时，FOCAL 标记平移 6μm 后的空间像光强分布。横坐标为掩模标记横向坐标，纵坐标为归一化的空间像光强。

由图 3-11 可以看出，空间像光强随着离焦量的增大而减小。光强最大区域表示 FOCAL 标记主光栅的透光区；光强最小区域表示主光栅的非透光区，其透过率为 0；中间成波浪线的区域表示 FOCAL 标记精细结构的空间像光强分布。由于在成像规律推导过程中采用光瞳函数为 1 的假设，因此 FOCAL 标记的精细结构不能完全反映出来。图 3-11 表示硅片在一个方向离焦的情况，图 3-12 表示硅片在上下两个方向离焦时 FOCAL 标记的成像规律。可以看出，当硅片沿光轴在最佳焦面的上下两个方向有一定量的离焦时，光强分布是相同的，即空间像光强分布仅与离焦量的绝对值有关。

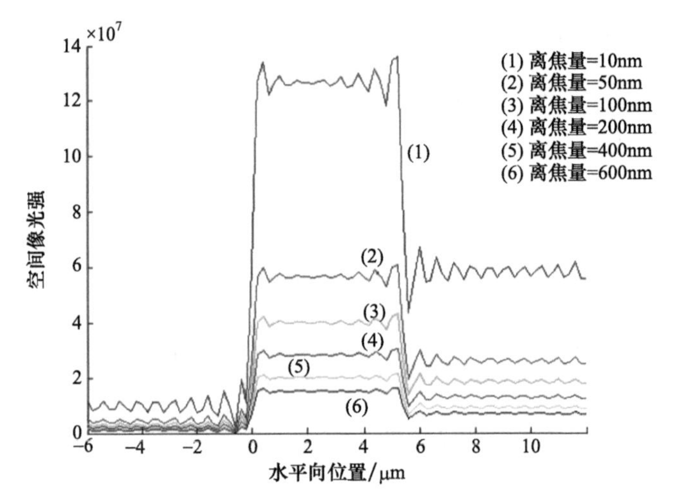

图 3-11　不同离焦量下的空间像光强分布曲线(硅片在一个方向离焦)

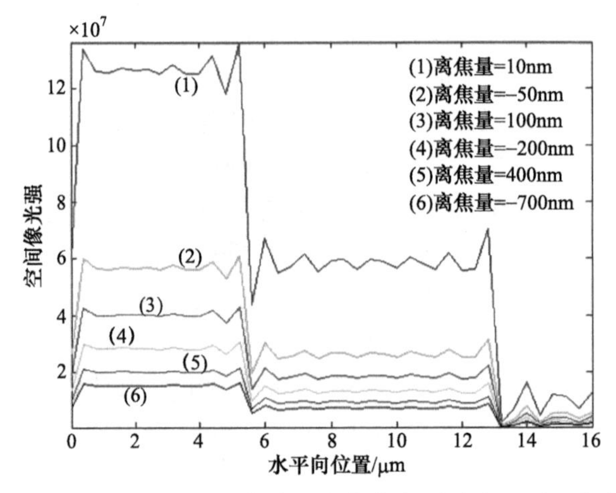

图 3-12　不同离焦量下的空间像光强分布曲线(硅片在上下两个方向离焦)

3. PROLITH 光刻仿真实验

通过以上理论分析及仿真模拟可以得到 FOCAL 标记的空间像光强分布与离焦量的变化规律，但是在成像规律推导过程中，采用点光源照射且假设光瞳函数为 1，不能真实反映实际成像条件，结果与实际的空间像光强分布存在偏差。为分析更多的 FOCAL 标记的成像规律，如精细结构的密集线条线宽随离焦量的变化规律、密集线条线宽随曝光剂量的变化规律等，需要采用专用的光刻仿真软件对 FOCAL 标记的成像特征进行仿真。

PROLITH 光刻仿真软件是 KLA-Tencor 公司推出的一种可精确确定光刻过程及效果的仿真软件。通过 PROLITH 可以设定光刻工艺工程中的相关参数，实现在不同工艺参数设置下的空间像光强、显影图形特征等的仿真模拟。

在照明方式为传统照明，曝光波长为 193nm，数值孔径为 0.75，放大倍率为 1/4 的仿真条件下，对 FOCAL 标记的密集线条空间像光强分布进行仿真。仿真的掩模图形标记为线空比 1:1 孤立线条，线宽为 200nm。在−0.75～0.75μm 的离焦范围内，通过 PROLITH 仿真得到空间像光强随离焦量的变化曲线，如图 3-13 所示。

图 3-13 中横坐标为掩模标记横向坐标，单位为 nm，纵坐标为归一化的空间像光强，右侧为离焦量的大小，单位为 μm。可以看出，曲线两侧的部分，即孤立线条透光区，空间像光强随离焦量的增大而减小；横坐标为 0 附近的区域，即孤立线条的非透光区，空间像光强随离焦量的增大而增大。当离焦量为 0 或较小时，空间像对比度较大；随着离焦量的增大，空间像光强分布曲线趋向于平缓，像对比度降低。

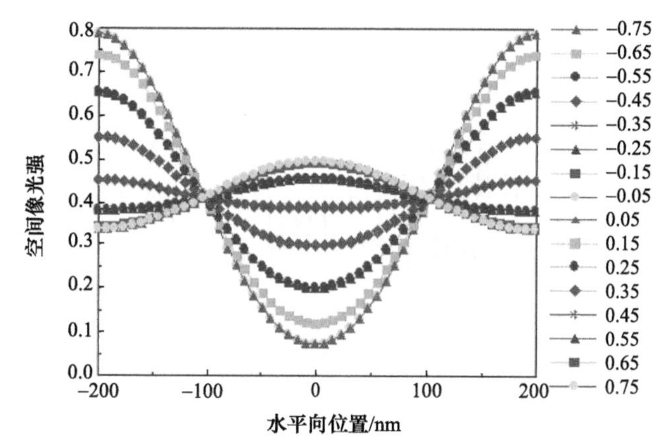

图 3-13　线宽为 200nm 密集线条在不同离焦量下的空间像光强分布

为了更明确地分析 FOCAL 标记在不同离焦量下的成像情况，将仿真条件中的掩模标记图形改为 FOCAL 标记图形，如图 3-14 所示，图中的绿色长条框表示要仿真的标记图形。在照明方式为传统照明，曝光波长为 193nm，数值孔径为 0.75，放大倍率为 1/4 的仿真条件下，利用 PROLITH 仿真最佳焦面处曝光的 FOCAL 标记在一个光栅周期内的空间像光强分布。

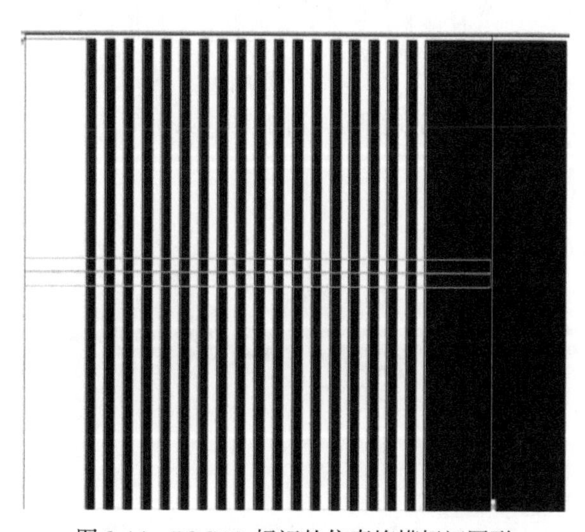

图 3-14　FOCAL 标记的仿真掩模标记图形

图 3-15 为在最佳焦面处曝光的 FOCAL 标记一个光栅周期的空间像光强分布，横坐标为水平方向的位置坐标，单位为 μm，纵坐标表示归一化的空间像光强，无量纲。图 3-16 为 FOCAL 标记一个光栅周期在最佳焦面处曝光显影后的光刻胶轮廓图像，横坐标表示水平方向的位置坐标，单位为 μm，纵坐标表示硅片上光刻胶的厚度，单位为 μm。图 3-17 为 FOCAL 标记一个光栅周期在最佳焦面曝光后的显影三维图像，其中灰色层表示硅片基底；绿色层表示硅片上涂的一层 AR3 抗反射层，以减小光的反射；蓝色层表示光刻胶层。在图 3-17 中可分辨出一个光栅周期中的精细结构。

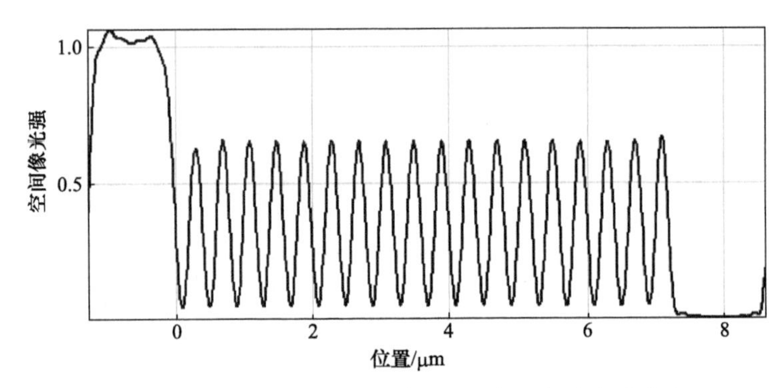

图 3-15　FOCAL 标记在最佳焦面下的空间像光强分布

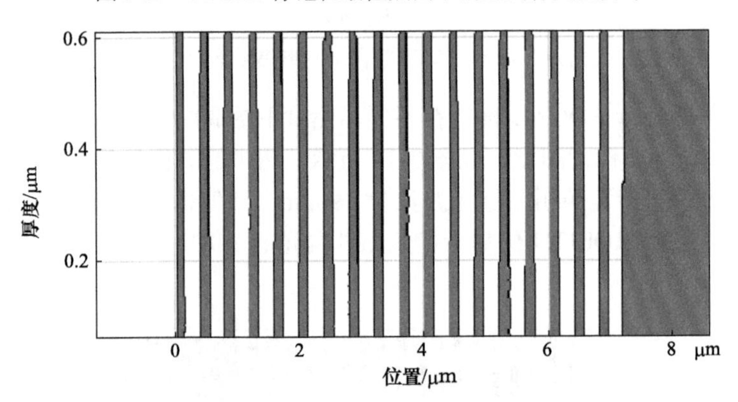

图 3-16　FOCAL 标记在最佳焦面处曝光显影后的光刻胶轮廓图像

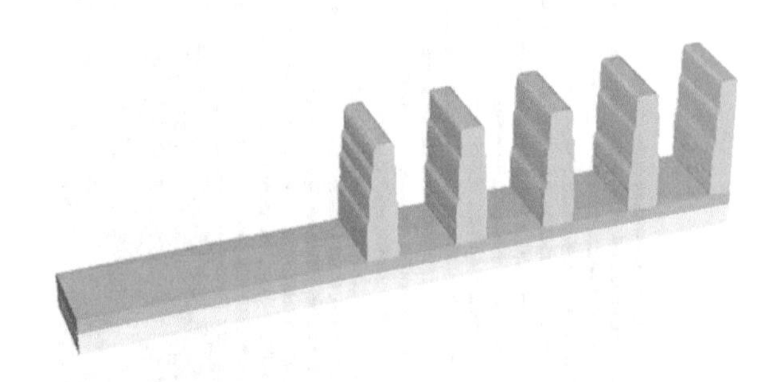

图 3-17　FOCAL 标记在最佳焦面曝光后的显影三维图像

如图 3-15 所示，光强分布曲线可分为 3 部分，曲线左侧表示 FOCAL 标记主光栅的透光区域的光强分布，趋于 1，经显影后被照射的光刻胶被完全清洗，如图 3-16 左侧所示。图 3-15 曲线右侧表示 FOCAL 标记主光栅非透光区域的光强分布，趋于 0，由于光刻胶没有发生光化学反应，因此经过显影后光刻胶在硅片上保留下来，如图 3-16 右侧所示。图 3-15 曲线的中部表示 FOCAL 标记的密集线条的光强分布，具有较高的对比度，经过显影后形成梳状的光刻胶轮廓图形，如图 3-16 中部所示。

同理，在照明方式为传统照明，曝光波长为 193nm，数值孔径为 0.75，放大倍率为 1/4 的仿真条件下，仿真在离焦量较小时 FOCAL 标记在一个光栅周期内的空间像光强分布，结果如图 3-18 所示。横坐标为水平方向的位置坐标，单位为 μm，纵坐标表示归一化的空间像光强，无量纲。图 3-19 为对应的曝光显影后的光刻胶轮廓图像。横坐标表示水平方向的位置坐标，单位为 μm，纵坐标表示硅片上光刻胶的厚度，单位为 μm。

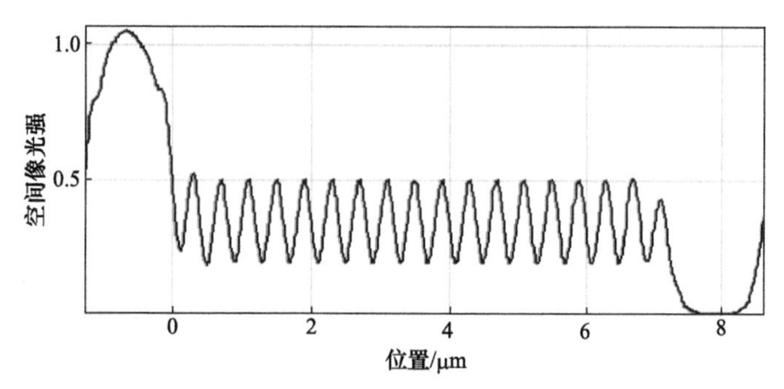

图 3-18　FOCAL 标记在一定离焦面上的空间像光强分布

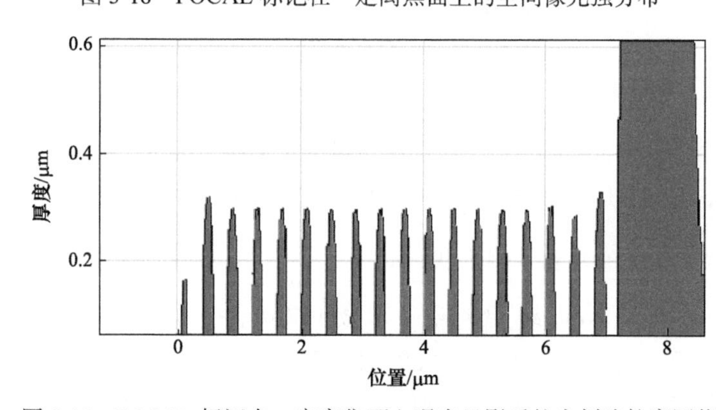

图 3-19　FOCAL 标记在一定离焦面上曝光显影后的光刻胶轮廓图像

与在最佳焦面曝光时的情况相比，密集线条的图形对比度降低，且显影后光刻胶轮廓图像的密集线条变细。

同理，在相同仿真条件下，通过 PROLITH 对 FOCAL 标记在偏离最佳焦面较大情况下的成像规律进行仿真。图 3-20 为 FOCAL 标记在偏离最佳焦面较大位置处的空间像光强分布，横坐标表示水平方向的位置坐标，单位为 μm，纵坐标表示归一化的空间像光强。图 3-21 为对应的曝光显影后的光刻胶轮廓图像，横坐标表示水平方向的位置坐标，单位

为 μm，纵坐标表示硅片上光刻胶的厚度，单位为 μm。

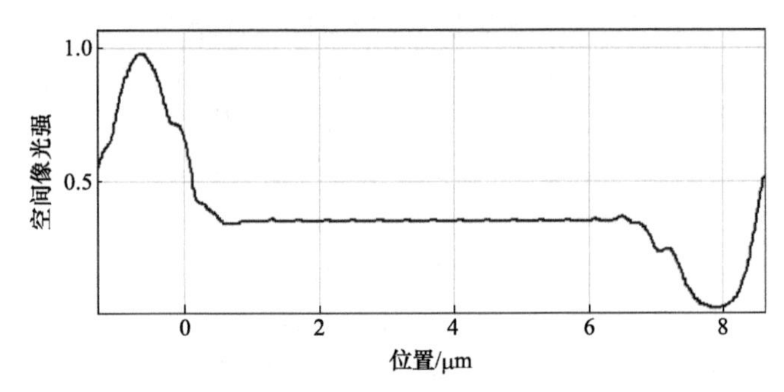

图 3-20　FOCAL 标记在偏离最佳焦面较大位置处的空间像光强分布

可以看出，当离焦量较大时，FOCAL 密集线条成像光强的对比度降低为 0，且平均光强较高，除了 FOCAL 标记主光栅的非透光区外，所有光刻胶都发生光化学反应，经过显影后光刻胶被洗掉，因此，在图 3-21 中不能看到 FOCAL 标记的密集线条。

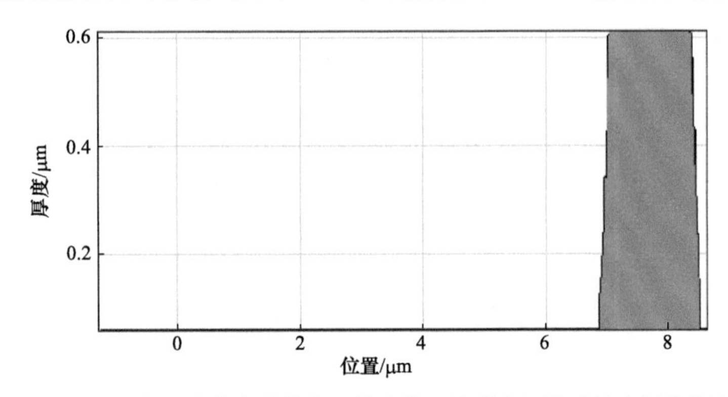

图 3-21　FOCAL 标记在偏离最佳焦面较大位置处曝光显影后的光刻胶轮廓图像

由图 3-15～图 3-21 可以看出，随着离焦量的增大，FOCAL 标记密集线条空间像的对比度逐渐变小，显影后的密集线条逐渐变细，直至最后消失。

3.3.2.2　对准位置偏移量检测方法

在 FOCAL 技术中，FOCAL 掩模标记在最佳曝光剂量下曝光在处于不同离焦面的硅片上，经过显影后，硅片上将会形成 FOCAL 标记的条纹。将显影后的硅片重新上片，由对准系统对准硅片上的 FOCAL 标记位置，利用双频干涉仪检测工件台坐标位置，从而得到硅片上的 FOCAL 标记位置，即对准位置。根据获取的 FOCAL 标记的对准位置信息，计算得到对准位置与理想位置(名义位置)之间的偏差，即对准位置偏移量。对准位置的检测与对准位置偏移量的计算是 FOCAL 技术中数据获取与数据预处理的关键部分，下面分别就 FOCAL 标记对准位置的检测原理及对准位置偏移量的计算方法进行深入讨论。

1. 对准位置检测原理

FOCAL 技术中对准位置的检测是通过光刻机离轴对准系统与工件台干涉仪共同实现的。曝光 FOCAL 标记后的硅片经显影后重新传输到承片台上，通过离轴对准系统将硅片上的某一 FOCAL 标记与对准系统内部的参考标记对准。由于离轴对准系统中参考标记的位置不变，通过扫描工件台移动硅片实现硅片上的 FOCAL 标记与离轴对准系统参考标记的对准。对准后，再利用工件台干涉仪检测当前的工件台位置，该位置就是所检测的对准位置。同样，扫描工件台，将离轴对准系统的参考标记与下一个 FOCAL 标记对准，利用工件台干涉仪检测此时的工件台位置，得到该标记的对准位置。这样，就可以获得硅片上所有 FOCAL 标记的对准位置。

在离轴对准系统中，红、绿两束经调制的线偏振激光分别照射在硅片的光栅标记上，由光栅标记衍射产生 1～7 级衍射光，通过 4f 成像系统成像在对应的参考光栅上，从而实现对光栅标记各个衍射级次的独立精确测量。离轴对准系统的原理如图 3-22 所示，波长 1 是由 YAG 二倍频激光器产生的 532nm 绿光，波长 2 是由氦氖激光器产生的 633nm 红光，二者分别经射频调制后，通过光纤耦合系统(自聚焦透镜)输出直径为 1～2mm 的细平行光束。绿光经小反射镜和偏振分光镜入射到硅片光栅标记上。红光经小反射镜和偏振分光镜后，来回两次经过 1/4 波片，偏振方向改变 90°，再照射到硅片光栅标记上。红绿两束激光在光栅标记上产生衍射光，经过偏振分光棱镜后进入各自的光路系统。其中 0 级衍射光被空间滤波器挡住，$\pm n$ 级衍射光通过 4f 系统会聚于参考光栅面，并在参考光栅面上发生双光束干涉，参考光栅面各衍射子光束的光强分布为

$$\begin{aligned} I(x_c,\varphi) &= E_{+n}^2 + E_{-n}^2 + 2E_{+n}E_{-n} \times \cos\delta \\ &= E_{+n}^2 + E_{-n}^2 + 2E_{+n}E_{-n} \times \cos\left(2\pi\frac{x_c}{p_1} + \varphi\right) \end{aligned} \tag{3.66}$$

式中，x_c 为参考光栅面 X 方向坐标；φ 为初始位相；δ 为两光束位相差；p_1 为干涉条纹在参考光栅面的周期。由于 $E_{+n}=E_{-n}=E_n$，且 p_1 与两干涉光束之间的交角有关，设硅片对准光栅周期为 p，n 是衍射级次，4f 系统的成像放大倍率为 R，根据光栅方程

$$p\sin\theta_{\pm n} = \pm n \times \lambda \tag{3.67}$$

得到两个相同衍射级次光束的干涉角为

$$\theta' = \frac{\theta_{+n} + \theta_{-n}}{R} = 2\frac{n\lambda}{pR} \tag{3.68}$$

而 $\theta' = \lambda/p_1$，所以 $p_1 = pR/2n$。φ 值由硅片位置 x_w 确定，即 $\varphi = 2\pi x_w/(np/2)$。将上述分析代入式(3.68)得

$$I(x_c, x_w) = 2I\left[1 + \cos\left(2\pi\frac{x_c}{p_1} + 2\pi\frac{x_w}{np/2}\right)\right] \tag{3.69}$$

参考光栅为线空比为 1:1 的光栅，光栅周期为 p_1，透光缝宽为 $p_1/2$，则透过参考光栅的光强为

$$
\begin{aligned}
I(x_w) &= \int_{-\frac{p_1}{4}}^{+\frac{p_1}{4}} I(x_c, x_w)\mathrm{d}x_c \\
&= \int_{-\frac{p_1}{4}}^{+\frac{p_1}{4}} 2I\left[1+\cos\left(2\pi\frac{x_c}{p_1}+2\pi\frac{x_w}{np/2}\right)\right]\mathrm{d}x_c \\
&= 2IpR\left[\frac{1}{4}+\frac{1}{2\pi}\cos\left(\frac{4\pi x_w}{np}\right)\right]
\end{aligned}
\tag{3.70}
$$

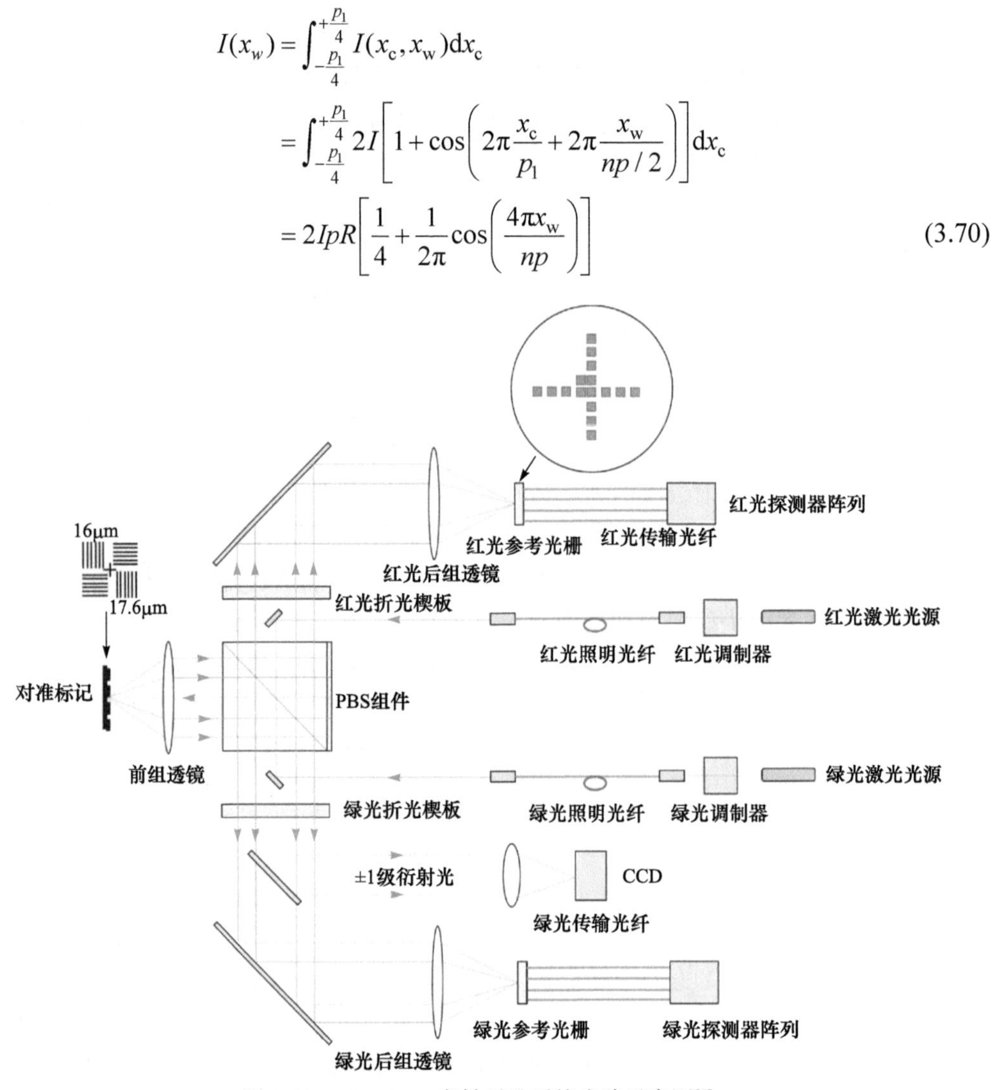

图 3-22　ATHENA 离轴对准系统光路示意图[5]

两相同级次衍射光的干涉光强被探测器探测，进入信号处理系统。根据零位对准原理，以光强最大位置作为对准判据，通过扫描工件台，确定输出光强信号最大的位置，接着由相应的检测器件将这一位置坐标信息读出。在高分辨率步进扫描光刻机中，通过在工件台上安装一组双频激光干涉仪来精确检测工件台的 x，y，z 坐标位置信息。双频激光干涉仪系统是用 He-Ne 激光器作为光源，发出的光经激光偏转控制系统分出频率分别为 f_1 与 f_2 的线偏振光束。经取样系统分离出一小部分光束被光电检测器接收作为参考信号，其余光束经光学系统放大与准直，被反射到光电探测器上。承片台的任何移动都会使干涉仪产生多普勒效应，从而产生多普勒频移±Δf，即干涉仪把位置信息转换成测量光束的频率信息。光电检测器接收到的频率信号($f_1-f_2\pm\Delta f$)与参考信号(f_1-f_2)被送到测量显示器，经频率放大、脉冲计数，送入 VME 数字总线。经数据处理，对在镜面上的非垂直反射造成的余弦误差和阿贝误差进行修正，最后得到工件台当前的位置坐标，也就是硅片上对准标记的对准位置坐标。

2. 对准位置偏移量计算方法

FOCAL 测试采用 FOCAL 掩模作为测试掩模。FOCAL 掩模上的 FOCAL 标记不同于一般的对准标记。对准标记一般是线空比 1:1 的周期性光栅结构，在一个光栅周期内仅包含尺寸相同的透光区与非透光区两部分。而在 FOCAL 标记的一个光栅周期内，除了具有一部分主光栅的线空外，还包含具有更精细线空尺寸的精细结构，如图 3-23 所示，$2a$ 表示对准标记的光栅周期。根据上述对准位置检测原理可知，对准系统是通过检测被测标记的衍射光在探测平面的干涉光强最大值来确定标记的对准位置坐标。对于位于硅片相同位置的 FOCAL 标记与对准标记，由于二者的光栅结构不同，其衍射光的干涉光强最大值对应的位置也不相同，而是存在一定的偏差，这一偏差被称为对准位置偏移量。

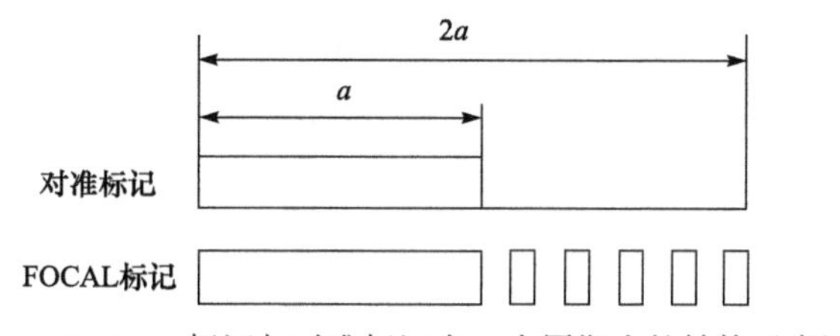

图 3-23　FOCAL 标记与对准标记在一个周期内的结构示意图

所谓对准位置偏移量是指由对准系统检测到的 FOCAL 标记的对准位置坐标(x_i, y_i)的值与相应的名义位置坐标之间的偏差。名义位置坐标是指对准标记在该位置处的对准位置坐标(x_{i0}, y_{i0})。对准位置偏移量可表示为

$$\begin{cases}\Delta X_i = x_i - x_{i0} \\ \Delta Y_i = y_i - x_{i0}\end{cases} \tag{3.71}$$

式中，i 对应第 i 个标记。

3.3.2.3　最佳焦面偏移量的计算方法

最佳焦面偏移量的计算过程是 FOCAL 数据处理过程的主要单元。通过这一过程可以实现将每个 FOCAL 标记在水平方向的对准位置偏移量转化为最佳像点的 z 向坐标。根据一个 FOCAL 标记在不同离焦量下的对准位置偏移量，经数据处理得到该标记对应点的最佳像点坐标。同样，根据硅片上所有曝光 FOCAL 标记的对准位置偏移量与离焦量的变化曲线，可以得到硅片一个曝光场内所有曝光位置的最佳像点坐标，从而可以构建出投影物镜的最佳焦面，确定出最佳焦面偏移量。

最佳焦面偏移量的计算过程可分为五部分：四次曲线拟合、有效数据点的判断、二次曲线拟合、最佳像点坐标计算与最佳焦面偏移量的确定，如图 3-24 所示，标出了最佳像面计算过程的输入、输出及最佳像面数据处理过程。在数据处理过程中，首先，前三部分是为了提取有用数据，以获得良好的对准位置偏移量与离焦量的关系曲线，然后通

过最佳像点计算确定曝光视场内所有曝光标记的最佳像点，最后由最佳像点坐标确定最佳焦面偏移量。其中四次曲线拟合和二次曲线拟合均采用标准最小二乘法。有效数据点的判断依靠二次曲线拟合离焦范围及四次曲线拟合最大值来确定。

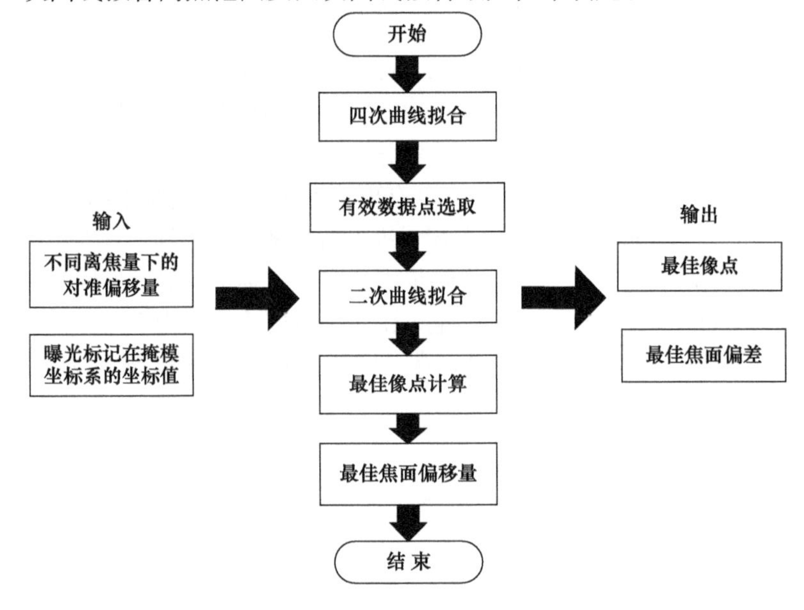

图 3-24 最佳焦面偏差计算数据处理过程

1. 四次曲线拟合

在 FOCAL 检测最佳焦面偏移的测试中，在 16 个不同离焦量下将 FOCAL 标记曝光在硅片上，用离轴对准系统与工件台干涉仪得到曝光场某一位置的 FOCAL 标记在 16 个不同离焦量下的对准位置偏移量。

横坐标 x 表示离焦量，纵坐标 y 表示对准位置偏移量，设四次拟合曲线表达式为

$$y = Ax^4 + Bx^3 + Cx^2 + Dx + E \tag{3.72}$$

式中，A，B，C，D，E 分别为拟合曲线表达式的系数。根据此四次拟合曲线表达式，可在 16 个不同的离焦量 x 下得到 16 个对准位置偏移量 y 的计算值。

设对准位置偏移量的测量值为 $\tilde{y}_1$，$\tilde{y}_2$，…，$\tilde{y}_{16}$，由拟合曲线计算的对准位置偏移量理论值为 y_1，y_2，…，y_{16}，可分别表示为

$$\tilde{Y} = \begin{pmatrix} \tilde{y}_1 \\ \tilde{y}_2 \\ \vdots \\ \tilde{y}_{16} \end{pmatrix}, \quad Y = \begin{pmatrix} y_1 \\ y_2 \\ \vdots \\ y_{16} \end{pmatrix} \tag{3.73}$$

由最小二乘法，相应的误差方程组为

$$\begin{cases} \tilde{y}_1 - y_1 = \tilde{y}_1 - (Ax_1^4 + Bx_1^3 + Cx_1^2 + Dx_1 + E) \\ \tilde{y}_2 - y_2 = \tilde{y}_2 - (Ax_2^4 + Bx_2^3 + Cx_2^2 + Dx_2 + E) \\ \quad\cdots\cdots \\ \tilde{y}_{16} - y_{16} = \tilde{y}_{16} - (Ax_{16}^4 + Bx_{16}^3 + Cx_{16}^2 + Dx + E) \end{cases} \tag{3.74}$$

线性方程组(3.74)可用矩阵表示为

$$\boldsymbol{V} = \tilde{y} - \boldsymbol{XM} \tag{3.75}$$

式中，$\boldsymbol{V}$ 是误差矩阵，

$$\boldsymbol{V} = \begin{pmatrix} v_1 \\ v_2 \\ \vdots \\ v_{16} \end{pmatrix} \tag{3.76}$$

即 $\boldsymbol{V} = \tilde{\boldsymbol{Y}} - \boldsymbol{Y}$。为了使 V^2 有极值，且有最小值，需要使 V^2 分别对方程变量的系数求偏导数，并令偏导数为 0，二次偏导数大于 0，即需要满足下列方程组与不等式组：

$$\begin{cases} \dfrac{\partial(y-\tilde{y})^2}{\partial A} = 0 \\ \dfrac{\partial(y-\tilde{y})^2}{\partial B} = 0 \\ \dfrac{\partial(y-\tilde{y})^2}{\partial C} = 0 \\ \dfrac{\partial(y-\tilde{y})^2}{\partial D} = 0 \\ \dfrac{\partial(y-\tilde{y})^2}{\partial E} = 0 \end{cases}, \quad \begin{cases} \dfrac{\partial^2(y-\tilde{y})^2}{\partial A^2} > 0 \\ \dfrac{\partial^2(y-\tilde{y})^2}{\partial B^2} > 0 \\ \dfrac{\partial^2(y-\tilde{y})^2}{\partial C^2} > 0 \\ \dfrac{\partial^2(y-\tilde{y})^2}{\partial D^2} > 0 \\ \dfrac{\partial^2(y-\tilde{y})^2}{\partial E^2} > 0 \end{cases} \tag{3.77}$$

由式(3.73)、式(3.76)整理可得

$$\begin{cases} \dfrac{\partial v_1^2}{\partial A} + \dfrac{\partial v_2^2}{\partial A} + \cdots + \dfrac{\partial v_{16}^2}{\partial A} = 0 \\ \dfrac{\partial v_1^2}{\partial B} + \dfrac{\partial v_2^2}{\partial B} + \cdots + \dfrac{\partial v_{16}^2}{\partial B} = 0 \\ \dfrac{\partial v_1^2}{\partial C} + \dfrac{\partial v_2^2}{\partial C} + \cdots + \dfrac{\partial v_{16}^2}{\partial C} = 0 \\ \dfrac{\partial v_1^2}{\partial D} + \dfrac{\partial v_2^2}{\partial D} + \cdots + \dfrac{\partial v_{16}^2}{\partial D} = 0 \\ \dfrac{\partial v_1^2}{\partial E} + \dfrac{\partial v_2^2}{\partial E} + \cdots + \dfrac{\partial v_{16}^2}{\partial E} = 0 \end{cases} \tag{3.78}$$

通过解方程组(3.78)可确定式(3.72)中的系数 A，B，C，D，E，从而确定了四次拟合

曲线的表达式，为下一步的有效测量点选取做准备。同理，通过上述过程可以确定曝光视场内每个 FOCAL 标记在 16 个离焦量下的四次拟合曲线。例如，若在一个曝光视场内曝光 13×3 个标记，最后可得到 39 个四次曲线拟合方程。

2. 有效测量点选取

首先根据上文确定的四次拟合曲线确定对准位置偏移量为极大值时所对应的离焦量 x_0，称该值为粗最佳像点坐标。具体算法如下。

设通过拟合得到的四次曲线方程为

$$y = a_4x^4 + a_3x^3 + a_2x^2 + a_1x + a_0 \tag{3.79}$$

其中，a_i 为方程相应的系数；x 为离焦量；y 为对准位置偏移量。取四次曲线方程的极值只需计算如下方程的根：

$$4a_4x^3 + 3a_3x^2 + 2a_2x + a_1 = 0 \tag{3.80}$$

根据方程(3.80)可以在复数范围内求解出三个根。确定粗最佳像点坐标的通常做法是将方程(3.80)的三个根代回式(3.79)中，在有效离焦量范围(–0.9～0.9)内函数值最大的离焦量即为粗最佳像点坐标。该算法在曲线均为正常曲线时(即 a_4<0)成立，当曲线为翻转曲线(a_4>0)时所计算的粗最佳像点是错误的。因此，在程序中必须要考虑到 a_4>0 时曲线粗最佳像点的计算问题。解决算法如下。

对方程(3.79)进行二次求导，并计算曲线两个拐点(x_1、x_2)，

$$12a_4x^2 + 6a_3x + 2a_2 = 0 \tag{3.81}$$

两个拐点之间的极值点即为粗最佳像点轴向坐标 x_0。以点(x_0，0)为中心，沿 x 坐标轴在给定抛物线拟合区间(focus range parabolic fit，FRPF)内，多相关因子(multiple correlation coefficient，MCC)满足一定条件的测量点为有效测量点，作为参与下一步抛物线拟合的样本数据。MCC 是衡量最佳像点计算过程中拟合结果与实验结果相关性的评价参数。计算方法如下：

$$\text{MCC} = \sqrt{R - \text{square}} = \sqrt{\frac{\text{SSR}}{\text{SST}}} \tag{3.82}$$

其中

$$\text{SSR} = \sum_{i=1}^{n} \omega_i (\hat{y}_i - \overline{y})^2 \tag{3.83}$$

$$\text{SST} = \sum_{i=1}^{n} \omega_i (y_i - \overline{y})^2 \tag{3.84}$$

式中，$\hat{y}_i$ 是拟合得到的数值；y_i 是原始测量值；$\overline{y}$ 是所有 y_i 的平均值；ω_i 是各数据项的权值，这里取为 1。根据四次拟合曲线方程可计算不同离焦量下对准位置偏移量的拟合数值 $\hat{y}_i$，同时将检测到的对准位置偏移量原始测量值代入式(3.82)～式(3.84)可得到 MCC。对于 FOCAL 测试，认为 MCC<0.5 时拟合结果是有效的。

根据上述方法，以确定的粗最佳像点坐标，即点(x_0,0)为中心，在给定抛物线拟合区

间 FRPF 内，满足多相关因子 MCC<0.5 的测量点为有效测量点，作为下一步抛物线拟合的样本数据。在进行四次曲线拟合时有 16 个数据参加运算，经过数据筛选后应至少获得 7 个有效测量点，参与下一步的二次曲线拟合。

3. 二次曲线拟合

对获得的 7 个(或大于 7 个)有效测量点，用最小二乘法进行二次曲线拟合。横坐标 x 表示离焦量，纵坐标 y 表示对准位置偏移量。设二次曲线方程为

$$y = Ax^2 + Bx + C \tag{3.85}$$

其中，A，B，C 是二次曲线拟合表达式的系数。由此曲线方程，可在 7 个不同离焦量 x 下得到 7 个对准位置偏移量 y 的计算值。设对准位置偏移量的测量值为 $\tilde{y}_1$，$\tilde{y}_2$，$\cdots$，$\tilde{y}_7$，由拟合曲线计算的对准位置偏移量理论值为 y_1，y_2，$\cdots$，y_7，用矩阵形式分别表示为

$$\tilde{\boldsymbol{Y}} = \begin{pmatrix} \tilde{y}_1 \\ \tilde{y}_2 \\ \vdots \\ \tilde{y}_7 \end{pmatrix}, \quad \boldsymbol{Y} = \begin{pmatrix} y_1 \\ y_2 \\ \vdots \\ y_7 \end{pmatrix} \tag{3.86}$$

由最小二乘法，相应的误差方程组为

$$\begin{cases} \tilde{y}_1 - y_1 = \tilde{y}_1 - (Ax_1^2 + Bx_1 + C) \\ \tilde{y}_2 - y_2 = \tilde{y}_2 - (Ax_2^2 + Bx_2 + C) \\ \quad\cdots\cdots \\ \tilde{y}_7 - y_7 = \tilde{y}_7 - (Ax_7^2 + Bx_7 + C) \end{cases} \tag{3.87}$$

线性方程(3.87)可用矩阵表示为

$$\boldsymbol{V} = \tilde{y} - XM \tag{3.88}$$

式中，$\boldsymbol{V}$ 为误差矩阵，

$$\boldsymbol{V} = \begin{pmatrix} v_1 \\ v_2 \\ \vdots \\ v_7 \end{pmatrix} \tag{3.89}$$

即 $\boldsymbol{V} = \tilde{\boldsymbol{Y}} - \boldsymbol{Y}$。为了使 V^2 有极值，且有最小值，需要使 V^2 分别对方程变量的系数求偏导数，令偏导数为 0，二次偏导数大于 0，即需要满足下列方程组与不等式组：

$$\begin{cases} \dfrac{\partial(y-\tilde{y})^2}{\partial A} = 0 \\ \dfrac{\partial(y-\tilde{y})^2}{\partial B} = 0, \\ \dfrac{\partial(y-\tilde{y})^2}{\partial C} = 0 \end{cases} \quad \begin{cases} \dfrac{\partial^2(y-\tilde{y})^2}{\partial A^2} > 0 \\ \dfrac{\partial^2(y-\tilde{y})^2}{\partial B^2} > 0 \\ \dfrac{\partial^2(y-\tilde{y})^2}{\partial C^2} > 0 \end{cases} \tag{3.90}$$

由式(3.88)、式(3.90)整理可得

$$
\left\{\begin{array}{l}
\dfrac{\partial v_1^2}{\partial A}+\dfrac{\partial v_2^2}{\partial A}+\cdots+\dfrac{\partial v_7^2}{\partial A}=0 \\
\dfrac{\partial v_1^2}{\partial B}+\dfrac{\partial v_2^2}{\partial B}+\cdots+\dfrac{\partial v_7^2}{\partial B}=0 \\
\dfrac{\partial v_1^2}{\partial C}+\dfrac{\partial v_2^2}{\partial C}+\cdots+\dfrac{\partial v_7^2}{\partial C}=0
\end{array}\right. \tag{3.91}
$$

解此三元一次方程组可得到二次曲线拟合表达式的系数 A，B，C。

4. 最佳像点坐标计算

FOCAL 技术利用 FOCAL 标记特有的精细结构，可将水平方向的参数与垂直方向的参数联系起来，即通过检测对准位置偏移量，可获得最佳像点的轴向坐标位置。根据前文对 FOCAL 标记在不同离焦量下的空间像分布规律的推导，以及通过 PROLITH 对显影后的光刻胶轮廓图像的仿真可知，在最佳焦面处曝光，FOCAL 标记可以较好地被复制在光刻胶上。随着离焦量的增大，FOCAL 标记密集线条的空间像对比度逐渐变小，显影后的密集线条逐渐变细，直至最后密集线条完全消失，如图 3-25 所示。图中的宽框表示主光栅的透光区，窄框表示 FOCAL 标记精细结构的透光区。为了便于比较，图中给出了对准标记与 FOCAL 标记在一个周期内的结构示意图。图中的箭头表示检测到的 FOCAL 标记的对准位置。

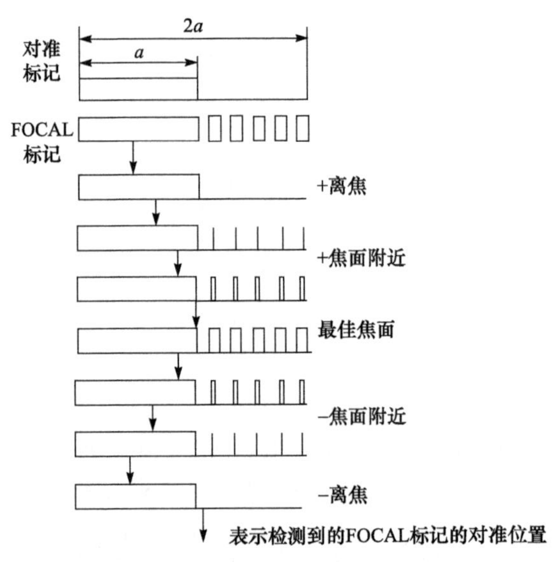

图 3-25　FOCAL 标记在不同离焦量下的对准位置示意图

由图 3-25 可以看出，在最佳焦面曝光时，FOCAL 标记被较好地复制，箭头表示此时离轴对准系统所检测的对准位置；当存在较小的离焦时，FOCAL 标记的密集线条变窄，对准位置也相应地发生偏移；当存在较大的离焦时，FOCAL 标记的密集线条完全消失，此时对准位置也随之改变。由于此时的结构与对准标记的结构相同，因此该位置就是名

义位置 P_0。也就是说，对准位置偏移量是所检测的 FOCAL 标记的对准位置与 P_0 的差。从图 3-25 中容易看出，在最佳焦面曝光得到的 FOCAL 标记的对准位置与 P_0 的差值最大，即当得到对准位置偏移量最大值时，对应的该点的轴向位置坐标就是最佳像点的位置坐标。由此可确定投影物镜的最佳像点。

根据上述运算可得到二次曲线拟合表达式 $y = Ax^2 + Bx + C$，其中，x 表示离焦量，y 表示对准位置偏移量。由对准位置偏移量与离焦量的关系曲线可知，对准位置偏移量有最大值 y_0。对准位置偏移量最大值时所对应的离焦量就是该点通过投影物镜成像的最佳像点所对应的 Z 轴坐标值，

$$Z_{\text{best}} = -\frac{B}{2A} \tag{3.92}$$

用相同的方法分别计算出标记的水平线条与垂直线条所对应的最佳像点。二者取平均得到该点的最佳像点坐标。同理，可以得到曝光场内所有曝光点的最佳像点坐标。

5. 最佳焦面偏移量计算

若在一个曝光场内有 13×3 个 FOCAL 标记，则通过以上运算确定了 13×3 个最佳像点轴向坐标。将这些点拟合一个平面，得到投影物镜的最佳焦面。其对应的轴向坐标就是所求的最佳焦面偏移量 FO(focus offset)，

$$FO = \frac{Z_1 + Z_2 + \cdots + Z_n}{n} \tag{3.93}$$

式中，Z_1, Z_2, Z_n 是曝光场内各点对应的最佳像点轴向坐标值，n 为曝光场内曝光 FOCAL 标记的个数。由此，得到了最佳焦面偏移量。

3.3.2.4　像质参数检测方法

此处将初级轴向像质参数分为静态轴向像质参数和动态轴向像质参数两类，详细讨论 FOCAL 技术实现这两种像质参数检测的原理，并进行了实验验证。

1. 静态像质参数检测方法

静态像质参数决定了投影物镜的成像质量，FOCAL 技术通过将最佳像点坐标的轴向偏差检测转换为水平面的成像位置偏移量检测，可实现静态像质参数的精确检测，下面对其进行介绍。

1) 原理

FOCAL 技术对轴向像质参数的检测流程主要包括以下几步：首先在不同的离焦量下，将 FOCAL 掩模上 $m \times n$ 阵列的标记曝光在涂胶硅片曝光场内的不同位置。在曝光过程中，掩模台与工件台静止不动。由于是静态曝光，m 与 n 的大小由投影物镜的成像视场决定。曝光结束后，将硅片后烘显影。然后，再次将硅片传送至工件台上，通过离轴对准系统对准硅片上的 FOCAL 标记，并同时记录工件台的位置坐标。对检测结果进行数据处理得到像面倾斜角、场曲等静态轴向像质参数。

在 FOCAL 测试中，硅片曝光与对准位置检测是利用光刻机自身的功能来实现的，因此本小节主要对数据处理算法进行讨论。数据处理过程主要包括对准位置偏移量的计算、最佳像点坐标的计算、轴向像质参数的计算。其中，对准位置偏移量的计算与最佳像点坐标的计算模型在前文中已经有详细介绍，下面介绍轴向像质参数的计算方法。轴向像质参数满足下式，

$$\begin{cases}\Delta Z_s = Z_w - R_x \cdot x' + R_y \cdot y' + FC \cdot (x'^2 + y'^2) + R_{ws} \\ \Delta Z_a = AST \cdot (x'^2 + y'^2) + R_{wa}\end{cases} \tag{3.94}$$

其中，Z_w, R_x, R_y, FC, AST 分别表示最佳焦面、x 方向像面倾斜角、y 方向像面倾斜角、场曲、像散等像质参数；x', y' 分别表示任意被曝光标记在工件台坐标系的坐标值。因为输入的参数是曝光标记在掩模坐标系的坐标值，所以应进行掩模坐标系与工件台坐标系之间的坐标变换。R_{ws}, R_{wa} 指残余误差，$\Delta Z_s, \Delta Z_a$ 分别表示所测最佳像点(z 坐标值)误差参数的对称项与非对称项，这里 $\Delta Z_s, \Delta Z_a$ 满足

$$\begin{cases}\Delta Z_s = (\Delta Z_x + \Delta Z_y)/2 \\ \Delta Z_a = \Delta Z_x - \Delta Z_y\end{cases} \tag{3.95}$$

其中，$\Delta Z_x, \Delta Z_y$ 分别为 FOCAL 标记水平方向线条 x 方向最佳像点的轴向坐标值与垂直线条 y 方向最佳像点的轴向坐标值。因为总是以上一次的最佳焦面为 z=0 基准面，所以计算出的最佳像点的轴向坐标值实际上是当前最佳像点轴向坐标值与上次最佳焦面坐标值的差值，故加 Δ 符号来表示。在上文中已经讨论了利用 FOCAL 测试得到最佳像点轴向坐标值的原理与计算方法。将式(3.95)代入式(3.94)整理得

$$\begin{cases}R_{ws} = \dfrac{\Delta Z_x + \Delta Z_y}{2} - \left[Z_w - R_x \cdot y' + R_y \cdot x' + FC \cdot (x'^2 + y'^2)\right] \\ R_{wa} = (\Delta Z_x - \Delta Z_y) - AST \cdot (x'^2 + y'^2)\end{cases} \tag{3.96}$$

把每个标记对应的 x', y' $\Delta Z_x, \Delta Z_y$ 分别代入式(3.96)得

$$\begin{bmatrix} R_{ws1} \\ R_{ws2} \\ \vdots \\ R_{wsn} \end{bmatrix} = \begin{bmatrix} \dfrac{\Delta Zx_1 + \Delta Zy_1}{2} \\ \dfrac{\Delta Zx_2 + \Delta Zy_2}{2} \\ \vdots \\ \dfrac{\Delta Zx_m + \Delta Zy_m}{2} \end{bmatrix} - \begin{bmatrix} 1 & -y_1' & x_1' & x_1'^2 + y_1'^2 \\ 1 & -y_2' & x_2' & x_2'^2 + y_2'^2 \\ \vdots & \vdots & \vdots & \vdots \\ 1 & -y_n' & x_n' & x_m'^2 + y_m'^2 \end{bmatrix} \cdot \begin{bmatrix} Z_w \\ R_x \\ R_y \\ FC \end{bmatrix} \tag{3.97}$$

$$\begin{bmatrix} R_{wa1} \\ R_{wa2} \\ \vdots \\ R_{wam} \end{bmatrix} = \begin{bmatrix} \Delta Zx_1 - \Delta Zy_1 \\ \Delta Zx_2 - \Delta Zy_2 \\ \vdots \\ \Delta Zx_m - \Delta Zy_m \end{bmatrix} - \begin{bmatrix} x_1'^2 + y_1'^2 \\ x_2'^2 + y_2'^2 \\ \vdots \\ x_m'^2 + y_m'^2 \end{bmatrix} \cdot AST \tag{3.98}$$

由最小二乘法，使残余误差的平方和最小，即满足残余误差平方和的一阶偏导数等于 0，二阶偏导数大于零，解方程求出静态最佳焦点、静态像面倾斜角 R_x，R_y、静态场曲、静态像散等像质参数。

将式(3.97)中的 $\sum_{n=1}^{m}(R_{wsn})^2$ 分别对 Z_w, R_x, R_y, FC 求偏导数得下列方程组：

$$
\begin{cases}
\sum_{n=1}^{m} R_{wsn} = 0 \\
\sum_{n=1}^{m} R_{wsn} \cdot y_n' = 0 \\
\sum_{n=1}^{m} R_{wsn} \cdot x_n' = 0 \\
\sum_{n=1}^{m} R_{wsn} \cdot (x_n'^2 + y_n'^2) = 0
\end{cases}
\tag{3.99}
$$

将式(3.96)代入式(3.99)得

$$
\begin{cases}
\sum_{n=1}^{m} \left[\dfrac{\Delta Zx_n + \Delta Zy_n}{2} - Z_w + R_x \cdot y_n' - R_y \cdot x_n' - FC(x_n'^2 + y_n'^2) \right] = 0 \\
\sum_{n=1}^{m} \left[\dfrac{\Delta Zx_n + \Delta Zy_n}{2} - Z_w + R_x \cdot y_n' - R_y \cdot x_n' - FC(x_n'^2 + y_n'^2) \right] \cdot y_n' = 0 \\
\sum_{n=1}^{m} \left[\dfrac{\Delta Zx_n + \Delta Zy_n}{2} - Z_w + R_x \cdot y_n' - R_y \cdot x_n' - FC(x_n'^2 + y_n'^2) \right] \cdot x_n' = 0 \\
\sum_{n=1}^{m} \left[\dfrac{\Delta Zx_n + \Delta Zy_n}{2} - Z_w + R_x \cdot y_n' - R_y \cdot x_n' - FC(x_n'^2 + y_n'^2) \right] \cdot (x_n'^2 + y_n'^2) = 0
\end{cases}
\tag{3.100}
$$

将方程组整理得

$$
M \cdot \begin{bmatrix} Z_w \\ R_x \\ R_y \\ FC \end{bmatrix} = \begin{bmatrix} \sum_{n=1}^{m} \dfrac{\Delta Zx_n + \Delta Zy_n}{2} \\ \sum_{n=1}^{m} \dfrac{\Delta Zx_n + \Delta Zy_n}{2} \cdot y_n' \\ \sum_{n=1}^{m} \dfrac{\Delta Zx_n + \Delta Zy_n}{2} \cdot x_n' \\ \sum_{n=1}^{m} \dfrac{\Delta Zx_n + \Delta Zy_n}{2} \cdot (x_n'^2 + y_n'^2) \end{bmatrix}
\tag{3.101}
$$

式中，M 表达式为

$$M=\begin{bmatrix} m & -\sum_{n=1}^{m} y_n' & \sum_{n=1}^{m} x_n' & \sum_{n=1}^{m}(x_n'^2+y_n'^2) \\ \sum_{n=1}^{m} x_n' & -\sum_{n=1}^{m} x_n' y_n' & \sum_{n=1}^{m} x_n'^2 & \sum_{n=1}^{m} x_n'(x_n'^2+y_n'^2) \\ \sum_{n=1}^{m} y_n' & -\sum_{n=1}^{m} y_n'^2 & \sum_{n=1}^{m} x_n' y_n' & \sum_{n=1}^{m} y_n'(x_n'^2+y_n'^2) \\ \sum_{n=1}^{m}(x_n'^2+y_n'^2) & -\sum_{n=1}^{m} y_n'(x_n'^2+y_n'^2) & \sum_{n=1}^{m} x_n'(x_n'^2+y_n'^2) & \sum_{n=1}^{m}(x_n'^2+y_n'^2)^2 \end{bmatrix} \tag{3.102}$$

当$M\neq 0$时，则线性方程组(3.101)的解可表示为

$$\begin{bmatrix} Z_w \\ R_x \\ R_y \\ FC \end{bmatrix}=\boldsymbol{M}^{-1}\cdot\begin{bmatrix} \sum_{n=1}^{m}\frac{\Delta Zx_n+\Delta Zy_n}{2} \\ \sum_{n=1}^{m}\frac{\Delta Zx_n+\Delta Zy_n}{2}\cdot x_n' \\ \sum_{n=1}^{m}\frac{\Delta Zx_n+\Delta Zy_n}{2}\cdot y_n' \\ \sum_{n=1}^{m}\frac{\Delta Zx_n+\Delta Zy_n}{2}\cdot(x_n'^2+y_n'^2) \end{bmatrix} \tag{3.103}$$

式中，$\boldsymbol{M}^{-1}$是系数矩阵$\boldsymbol{M}$的逆矩阵。将式(3.98)中的$\sum_{n=1}^{m}(R_{wan})^2$分别对$AST$求偏导数得下列方程：

$$\sum_{n=1}^{m} R_{wan}\cdot(x_n'^2+y_n'^2)=0 \tag{3.104}$$

将式(3.96)代入式(3.101)得

$$\sum_{n=1}^{m}\left[\Delta Zx_n-\Delta Zy_n-AST\cdot(x_n'^2+y_n'^2)\right]\cdot(x_n'^2+y_n'^2)=0 \tag{3.105}$$

解此方程得像散的表达式

$$AST=\frac{\sum_{n=1}^{m}(\Delta Zx_n-\Delta Zy_n)\cdot(x_n'^2+y_n'^2)}{\sum_{n=1}^{m}(x_n'^2+y_n'^2)^2} \tag{3.106}$$

通过以上计算过程获得静态最佳焦面偏差、静态像面倾斜角R_x、R_y、静态场曲以及静态像散。

2) 实验

在 ASML 公司的 PAS5500/550 型步进扫描投影光刻机上进行 FOCAL 静态测试。首先在−0.75～0.75μm 的 16 个不同离焦量下，将 FOCAL 掩模上 13×3 阵列的标记静态曝光在涂胶硅片的不同位置。曝光结束后，将硅片后烘显影。在 Olympus MX50 光学显微镜下所拍摄的 FOCAL 标记显影后的照片如图 3-26 所示。再次将硅片传至工件台上，通过

离轴对准系统对准硅片上的 FOCAL 标记，利用双频干涉仪得到工件台的位置坐标。根据 3.3.2.3 节介绍的最佳焦面偏移量计算过程，可得到曝光场内各点的最佳像点轴向坐标，如图 3-27 所示。通过上文的静态像质参数计算模型，得到静态最佳焦面偏移量 FO、静态像面倾斜 R_x，R_y、静态场曲 FC 与静态像散 AST 等静态像质参数，结果如表 3-2 所示。

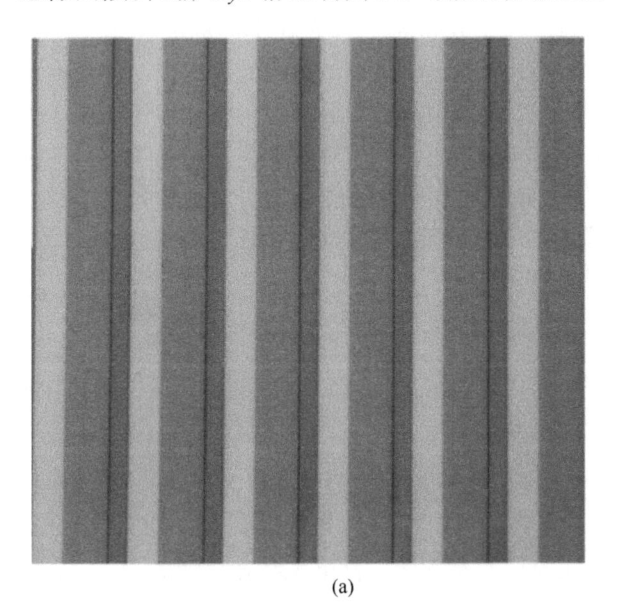

(a)

(b)

图 3-26 显影后的 FOCAL 标记

(a)FOCAL 标记多个周期的显影图形；(b)FOCAL 标记在一个周期内的放大显影图像

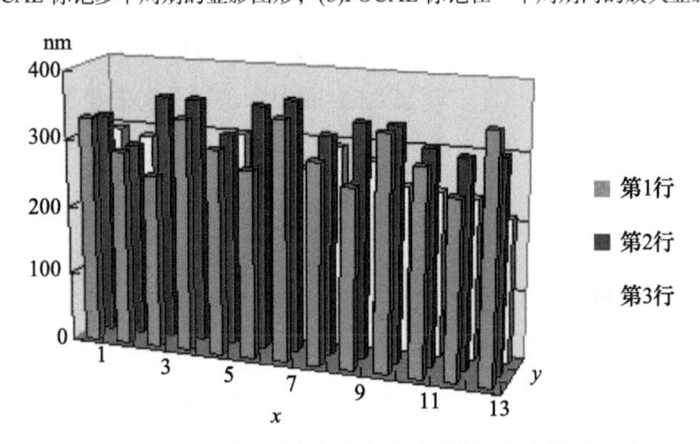

图 3-27　13×3 曝光矩阵内各点的最佳像点轴向坐标

表 3-2　静态像质参数检测结果

静态像质参数	最佳焦面偏移量/nm	像面倾斜 R_x/μrad	像面倾斜 R_y/μrad	场曲/(nm/cm^2)	像散/nm
检测结果	124.148	−2.990	−0.871	50.943	61

2. 动态像质参数检测方法

对于扫描投影光刻机，硅片曝光采用动态扫描方式进行，曝光过程中掩模台与硅片台的同步扫描误差等因素将使光刻成像质量降低，因此需要对动态像质参数进行检测。FOCAL 技术在动态扫描曝光方式下将检测标记曝光在硅片上，通过对标记位置的检测与数据处理，可获得投影物镜的动态像质参数。

1) 原理

FOCAL 技术对轴向像质参数的检测流程主要包括：首先在不同的离焦量下，将 FOCAL 掩模上 $m \times n$ 阵列的标记曝光在涂胶硅片的不同位置。在曝光过程中，掩模台与工件台作同步扫描运动。曝光结束后，将硅片后烘显影。然后，再次将硅片传送至工件台上，通过离轴对准系统对准硅片上的 FOCAL 标记，利用双频干涉仪得到工件台的位置坐标。对检测结果进行数据处理得到像面倾斜角、场曲等静态轴向像质参数。

在 FOCAL 动态测试中，动态轴向像质参数的计算过程与静态测试存有较大的区别。下面主要就动态轴向像质参数的计算模型进行详细讨论。

轴向像质参数满足

$$\begin{cases} \Delta Z_s = Z_w + R_y \cdot x' + FC \cdot x'^2 + R_{ws} \\ \Delta Z_a = AST \cdot x'^2 + R_{wa} \end{cases} \tag{3.107}$$

其中，Z_w, R_y, FC, AST 分别表示最佳焦面、像面倾斜角、场曲、像散等像质参数；x', y' 分别表示任意被曝光标记在工件台坐标系的坐标值；R_{ws}, R_{wa} 是残余误差；$\Delta Z_s, \Delta Z_a$ 分别为所测最佳像点(z 坐标值)误差参数的对称项与非对称项。这里 $\Delta Z_s, \Delta Z_a$ 满足

$$\begin{cases} \Delta Z_s = (\Delta Z_x + \Delta Z_y)/2 \\ \Delta Z_a = \Delta Z_x - \Delta Zy \end{cases} \tag{3.108}$$

其中，$\Delta Z_x, \Delta Z_y$ 分别为 FOCAL 标记水平方向线条 x 方向最佳像点的轴向坐标值与垂直线条 y 方向最佳像点的轴向坐标值。将式(3.108)代入式(3.107)整理得

$$\begin{cases} R_{ws} = \dfrac{\Delta Z_x + \Delta Z_y}{2} - (Z_w + R_y \cdot x' + FC \cdot x'^2) \\ R_{wa} = (\Delta Z_x - \Delta Z_y) - AST \cdot x'^2 \end{cases} \tag{3.109}$$

把每个标记对应的 x', y' $\Delta Z_x, \Delta Z_y$ 分别代入式(3.109)得

$$\begin{bmatrix} R_{ws1} \\ R_{ws2} \\ \vdots \\ R_{wsn} \end{bmatrix} = \begin{bmatrix} \dfrac{\Delta Zx_1 + \Delta Zy_1}{2} \\ \dfrac{\Delta Zx_2 + \Delta Zy_2}{2} \\ \vdots \\ \dfrac{\Delta Zx_m + \Delta Zy_m}{2} \end{bmatrix} - \begin{bmatrix} 1 & x_1' & x_1'^2 \\ 1 & x_2' & x_2'^2 \\ \vdots & \vdots & \vdots \\ 1 & x_n' & x_m'^2 \end{bmatrix} \cdot \begin{bmatrix} Z_w \\ R_y \\ FC \end{bmatrix} \tag{3.110}$$

$$\begin{bmatrix} R_{wa1} \\ R_{wa2} \\ \vdots \\ R_{wam} \end{bmatrix} = \begin{bmatrix} \Delta Zx_1 - \Delta Zy_1 \\ \Delta Zx_2 - \Delta Zy_2 \\ \vdots \\ \Delta Zx_m - \Delta Zy_m \end{bmatrix} - \begin{bmatrix} x_1'^2 \\ x_2'^2 \\ \vdots \\ x_m'^2 \end{bmatrix} \cdot AST \tag{3.111}$$

将 $\sum_{n=1}^{m}(R_{wsn})^2$ 分别对 Z_w, R_y, FC 求偏导数得下列方程组：

$$\begin{cases} \sum_{n=1}^{m} R_{wsn} = 0 \\ \sum_{n=1}^{m} R_{wsn} \cdot x'_n = 0 \\ \sum_{n=1}^{m} R_{wsn} \cdot x'^2_n = 0 \end{cases} \tag{3.112}$$

将式(3.109)代入式(3.112)得

$$\begin{cases} \sum_{n=1}^{m}\left(\frac{\Delta Zx_n + \Delta Zy_n}{2} - Z_w - R_y \cdot x'_n - FC \cdot x'^2_n\right) = 0 \\ \sum_{n=1}^{m}\left(\frac{\Delta Zx_n + \Delta Zy_n}{2} - Z_w - R_y \cdot x'_n - FC \cdot x'^2_n\right) \cdot x'_n = 0 \\ \sum_{n=1}^{m}\left(\frac{\Delta Zx_n + \Delta Zy_n}{2} - Z_w - R_y \cdot x'_n - FC \cdot x'^2_n\right) \cdot x'^2_n = 0 \end{cases} \tag{3.113}$$

将方程组整理得

$$\boldsymbol{M} \cdot \begin{bmatrix} Z_w \\ R_y \\ FC \end{bmatrix} = \begin{bmatrix} \sum_{n=1}^{m} \frac{\Delta Zx_n + \Delta Zy_n}{2} \\ \sum_{n=1}^{m} \frac{\Delta Zx_n + \Delta Zy_n}{2} \cdot x'_n \\ \sum_{n=1}^{m} \frac{\Delta Zx_n + \Delta Zy_n}{2} \cdot (x'^2_n + y'^2_n) \end{bmatrix} \tag{3.114}$$

式中，M 表达式为

$$\boldsymbol{M} = \begin{bmatrix} m & \sum_{n=1}^{m} x'_n & \sum_{n=1}^{m} x'^2_n \\ \sum_{n=1}^{m} x'_n & \sum_{n=1}^{m} x'^2_n & \sum_{n=1}^{m} x'^3_n \\ \sum_{n=1}^{m} x'^2_n & \sum_{n=1}^{m} x'^3_n & \sum_{n=1}^{m} x'^4_n \end{bmatrix} \tag{3.115}$$

当 $\boldsymbol{M} \neq 0$ 时，线性方程组(3.114)的解可表示为

$$\begin{bmatrix} Z_w \\ R_y \\ FC \end{bmatrix} = \boldsymbol{M}^{-1} \cdot \begin{bmatrix} \sum_{n=1}^{m} \frac{\Delta Zx_n + \Delta Zy_n}{2} \\ \sum_{n=1}^{m} \frac{\Delta Zx_n + \Delta Zy_n}{2} \cdot x'_n \\ \sum_{n=1}^{m} \frac{\Delta Zx_n + \Delta Zy_n}{2} \cdot x'^2_n \end{bmatrix} \tag{3.116}$$

式中，$\boldsymbol{M}^{-1}$ 是系数矩阵 $\boldsymbol{M}$ 的逆矩阵。将 $\sum_{n=1}^{m}(R_{wan})^2$ 对 AST 求偏导数得下列方程：

$$\sum_{n=1}^{m} R_{wan} \cdot x_n'^2 = 0 \tag{3.117}$$

式(3.109)代入式(3.117)得

$$\sum_{n=1}^{m}(\Delta Zx_n - \Delta Zy_n - AST \cdot x_n'^2) \cdot x_n'^2 = 0 \tag{3.118}$$

解此方程得像散的表达式：

$$AST = \frac{\sum_{n=1}^{m}(\Delta Zx_n - \Delta Zy_n) \cdot x_n'^2}{\sum_{n=1}^{m} x_n'^4} \tag{3.119}$$

通过以上计算过程获得动态最佳焦面偏差、动态像面倾斜角 R_y、动态场曲以及动态像散。

2) 实验

在 ASML 公司的 PAS5500/550 型步进扫描投影光刻机上进行 FOCAL 动态测试。首先在−0.75～0.75μm 之间的 16 个不同离焦量下，在扫描曝光方式下，将 FOCAL 掩模上 13×7 阵列的标记曝光在涂胶硅片的不同位置。曝光结束后，将硅片后烘显影。

图 3-28 为所拍摄的显影后硅片上的 FOCAL 图形，硅片上的 16 个曝光场分别为在 16 个不同离焦量下的曝光图形。再次将硅片传送至工件台上，通过离轴对准系统对准硅片上的 FOCAL 标记，利用双频干涉仪检测工件台的位置坐标。根据 3.3.2.3 节介绍的最佳焦面偏移量计算过程，可得到曝光场内各点的最佳像点轴向坐标，如图 3-29 所示。通过动态像质参数计算模型，得到动态最佳焦面偏移量 FO、动态像面倾斜 R_y、动态场曲 FC 与动态像散 AST 等动态像质参数，结果如表 3-3 所示。

图 3-28　显影后硅片上的 FOCAL 曝光图形

表 3-3　动态像质参数检测结果

动态像质参数	最佳焦面偏移量/nm	像面倾斜 R_y/μrad	场曲/(nm/cm^2)	像散/nm
检测结果	46.940	1.512	20.121	80

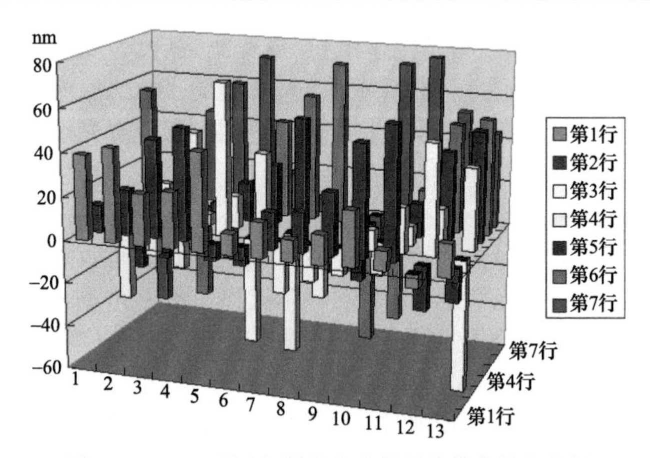

图 3-29 13×7 曝光矩阵内各点的最佳像点轴向坐标

3.3.2.5 曝光剂量确定方法[4,6]

FOCAL 技术需要在适合的曝光剂量下，将 FOCAL 掩模上的标记图形成像在光刻胶上。曝光剂量过小或过大会引起光刻胶的不完全曝光或者过曝光现象，将造成显影后标记图形失真。因此在进行 FOCAL 测试前，需要确定最佳曝光剂量。常用的方法是在一定曝光剂量范围内进行 FOCAL 测试，根据测试结果确定满足一定条件的曝光剂量，从而得到最佳曝光剂量的大小。在最佳曝光剂量测试中，若曝光剂量范围选取不当，如最佳曝光剂量不包含在曝光剂量范围内，则无法找到最佳曝光剂量，因此选择合适的曝光剂量范围是完成 FOCAL 测试的重要前提条件。在晶圆厂生产线的设备检测过程中，通常采取的方法是选择 FOCAL 技术的曝光剂量范围，此过程需要反复多次，既费时又费力，而且曝光剂量范围受照明方式、光刻工艺的影响较大，当测试条件改变后，原来所确定的曝光剂量范围便不再适用，需要重新进行测试来确定曝光剂量范围。因此，为节约测试时间、降低测试成本，需要寻求一种简便可靠的确定 FOCAL 曝光剂量范围的方法。本小节在理论与实验的基础上，分析 FOCAL 曝光剂量范围所需满足的条件，通过在不同曝光剂量下对曝光过程进行仿真，确定满足条件的曝光剂量范围。通过 PROLITH 光刻仿真软件进行仿真分析，既不影响光刻机的正常工作，又省时有效，并且可确定任意照明、工艺条件下的曝光剂量范围。最后利用该方法分析胶厚、后烘温度、后烘时间、显影时间等工艺因素对 FOCAL 曝光剂量范围的影响。

1. 最佳曝光剂量的确定

曝光剂量是光刻工艺过程的一个重要参数，在多曝光剂量的 FOCAL 测试中可以确定最佳曝光剂量。FOCAL 确定最佳曝光剂量的过程是尝试性的，在测量前需要确定最佳曝光剂量的大致范围，这个范围称为曝光剂量范围。它通常与所用光刻胶的性能、后烘显影等工艺条件有关。

确定最佳曝光剂量的过程包括：首先确定曝光剂量范围。在曝光剂量范围内改变曝光剂量，将 FOCAL 标记曝光在硅片上。改变硅片的离焦量，按照同样的规律改变曝光剂量，将 FOCAL 标记曝光在硅片上的另一位置上，分别需要在 16 个不同离焦量下，将

FOCAL 标记在不同曝光剂量下曝光在硅片上。曝光结束后，将硅片后烘显影。然后，再次将硅片传送到工件台上，通过对准系统对准硅片上的 FOCAL 标记，利用双频干涉仪检测工件台的位置坐标，对检测结果进行数据处理得到最佳曝光剂量。确定最佳曝光剂量的数据处理过程如下。

首先由检测到的硅片标记的对准位置数据，计算标记的对准位置偏移量。获得对准位置偏移量后，最佳曝光剂量的计算还包括四次曲线拟合、有效数据判断、二次曲线拟合、曲线评价及确定最佳曝光剂量等步骤，计算流程如图 3-30 所示。在计算过程中，为确定最佳曝光剂量，还需要若干参数，包括抛物线拟合离焦范围和抛物线评价标准相关数据等。

当曝光硅片偏离最佳焦平面较远时，对准位置偏移量随离焦量的变化将变得振荡，情况较为复杂，因此在进行二次曲线拟合前需要对数据进行筛选。四次曲线拟合为数据筛选做准备。曲线拟合按照其基函数的不同可以分为：多项式拟合、指数函数拟合、三角函数拟合(傅里叶变换)以及一些特殊函数拟合，通常采用最小二乘法(即回归算法)和最佳平方逼近法进行拟合。满足哈尔条件的最简单多项式集为$[1, x, x^2, x^3, \ldots, x^n]$，设拟合函数为

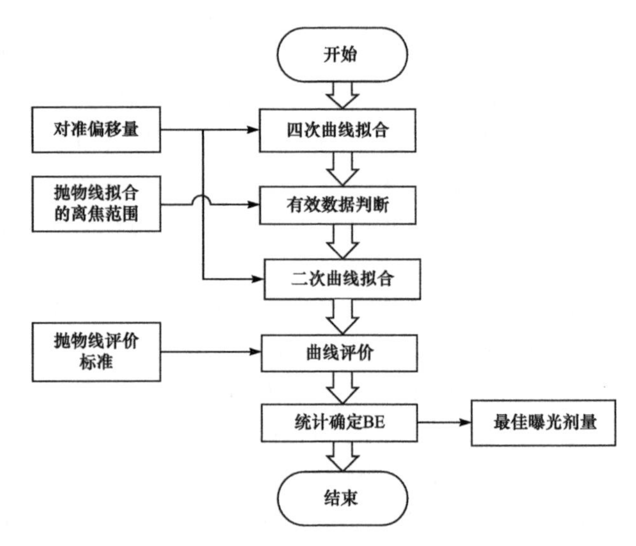

图 3-30 最佳曝光剂量计算流程

$$y = a_0 + a_1 x + a_2 x^2 + a_3 x^3 + a_4 x^4 \tag{3.120}$$

拟合样本数据对为(x_i, y_i)，其中$i = 1, 2, \cdots, 16$。

令$y_i^* = a_0 + a_1 x_i + a_2 x_i^2 + a_3 x_i^3 + a_4 x_i^4$，设

$$I(a_0, a_1, a_2, a_3, a_4) = \sum_{i=1}^{16} [y_i^* - y_i]^2 \tag{3.121}$$

式(3.121)取最小值的必要条件为

$$\frac{\partial I}{\partial a_k}=2\sum_{i=1}^{16}[a_0+a_1x_i+a_2x_i^2+a_3x_i^3+a_4x_i^4-y_i]x_i^k=0 \tag{3.122}$$

求解式(3.122)中变量a_0,a_1,a_2,a_3,a_4代入式(3.121)中，完成曲线拟合。对准位置偏移量与相应离焦量实验数据对如表 3-4 所示。

表 3-4　不同离焦量下 FOCAL 图形的对准位置偏移量

序号	离焦量/μm	对准位置偏移量/μm
1	−0.90	0.6
2	−0.78	0.9
3	−0.66	0.3
4	−0.54	1.2
5	−0.42	0.2
6	−0.30	1.0
7	−0.18	1.3
8	−0.06	0.9
9	0.06	2.9
10	0.18	4.9
11	0.30	5.9
12	0.42	6.8
13	0.54	7.1
14	0.66	5.9
15	0.78	2.9
16	0.90	0.9

利用上述拟合算法对表 3-4 中数据进行四次曲线拟合，所得结果如图 3-31 所示。其中各项系数如表 3-5 所示。

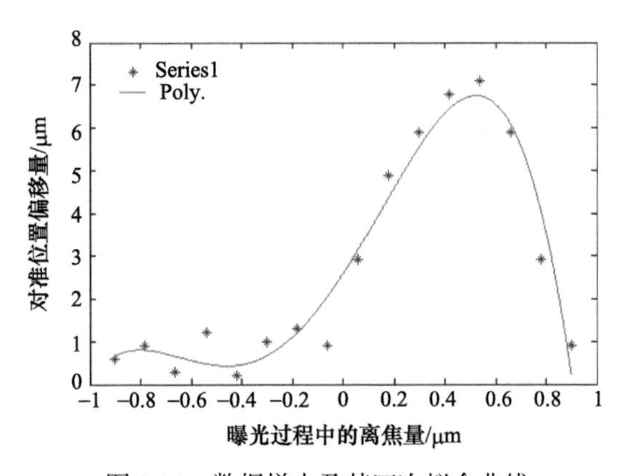

图 3-31　数据样本及其四次拟合曲线

表 3-5 四次拟合曲线各项系数

a_4	a_3	a_2	a_1	a_0
−11.9940	−11.7014	7.0735	9.2142	2.5777

在上述拟合结果中，各数据点对四次拟合曲线的平均距离、最大距离和最小距离分别为 0.4143μm、0.7126μm、−1.1758μm，可见拟合的质量并不很高，误差达到 15.9%。

从图 3-31 中可以看到，拟合的误差主要来自于前端部分数据的振荡。需要说明的是四次曲线拟合主要是进行有效数据判断，所以拟合精度要求并不是很高，简单算法可以满足要求。

四次拟合的结果用于确定参与二次曲线拟合的数据点。根据上述四次曲线表达式，由在 16 个离焦量下得到的 16 对测试数据以及用于抛物线拟合的离焦范围(focus range parabolic fit)来确定有效数据点。四次拟合曲线的极值点横坐标是如下方程

$$\frac{\partial y}{\partial x}=a_1+2a_2x+3a_3x^2+4a_4x^3=0 \tag{3.123}$$

的三个根 x_1, x_2, x_3，其对应的纵坐标分别为 y_1,y_2,y_3。曲线的最大值为 $y_{\max}=\max\{y_1,y_2,y_3\}$，对应的横坐标为 $x_0=x_i|_{y_i=y_{\max}}$。

设 focus range parabolic fit 的数值为 d，这样参与二次曲线拟合的有效离焦范围为 $[x_0-0.5d,\ x_0+0.5d]$。在 16 个测试数据点 (x_i,y_i)，$i=1,2,\cdots,16$ 中，只要满足 $x_i\in[x_0-0.5d,\ x_0+0.5d]$ 的条件，相应的数据 (x_i,y_i) 对即为参与二次曲线拟合的有效数据点。

针对上例中四次拟合曲线 $y=2.5777+9.2142x+7.0735x^2-11.7014x^3-11.9940x^4$，其极值点坐标求解方程为 $\partial y/\partial x=9.2142+14.1470x-35.1042x^2-47.9760x^3=0$，方程的解为：$x_1=0.5254$，$x_2=-0.8003$，$x_3=-0.4568$，相应的纵坐标为 $y_1=6.7604$，$y_2=0.818$，$y_3=0.4378$。由此可知最大值坐标为[0.5254, 6.7604]，即 x_0=0.5254。当 d=0.75 时，有效数据范围为[0.1504,0.9004]。由表 3-4 可以看出，在此范围内的点有第 10 个到第 16 个，即这 7 个点可作为二次曲线拟合的数据。二次曲线拟合的目的是精确反映在一定离焦量范围内对准位置偏移量与离焦量之间的关系，为计算抛物线参数做数据上的准备。二次曲线拟合与四次曲线拟合的算法相同。

设拟合函数为

$$y=b_0+b_1x+b_2x^2 \tag{3.124}$$

拟合样本数据对为 (x_i,y_i)，令 $y_i^*=b_0+b_1x_i+b_2x_i^2$，设

$$I(b_0,b_1,b_2)=\sum_{i=10}^{16}\left(y_i^*-y_i\right)^2 \tag{3.125}$$

式(3.125)取得最小值的必要条件为

$$\frac{\partial I}{\partial a_k}=2\sum_{i=10}^{16}\left(b_0+b_1x_i+b_2x_i^2-y_i\right)x_i^k=0 \tag{3.126}$$

求解式(3.126)中变量 b_0, b_1, b_2，并代入式(3.124)中，完成曲线拟合。利用表 3-4 中的 10～16 号数据做二次曲线拟合，得到的结果如图 3-32 所示。二次曲线的各项系数见表 3-6。图 3-33 中分别画出了四次拟合曲线及经数据筛选后的二次拟合曲线。

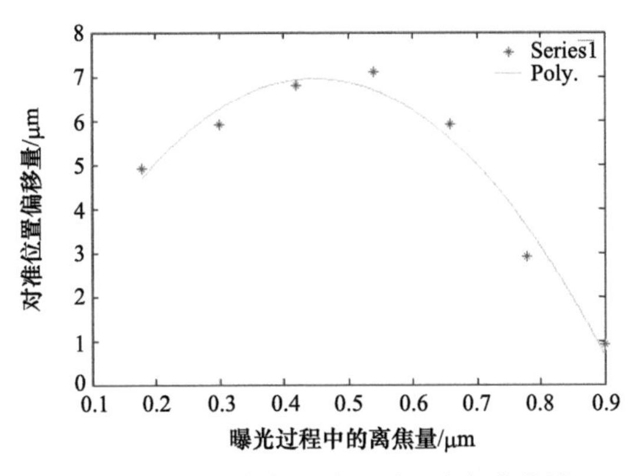

图 3-32　有效数据样本及其二次拟合曲线

表 3-6　二次拟合曲线各项系数

b_1	b_2	b_3
−31.0020	27.8571	0.6973

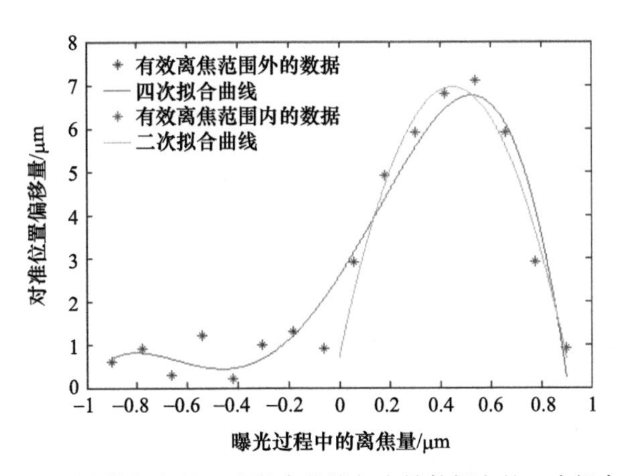

图 3-33　所有数据点的四次拟合曲线与有效数据点的二次拟合曲线

通过对二次曲线的形状特征参数的计算以确定该曝光剂量对视场中某一点的曝光是否最佳。若某一曝光剂量对视场中选取的五个标记的 x，y 方向的曝光效果良好，即每个二次曲线的评价参数都满足特定条件，则该曝光剂量为最佳曝光剂量。二次曲线评价参数包括曲线平均高度、平均提升因子、抛物线符号、多相关因子 MCC、拟合点数等。

曲线平均高度(average height)指的是最低数据点与抛物线半宽度对应点之间的高度差，如图 3-34 所示。所谓半宽度对应点是指抛物线上水平两点，它们之间的距离是最低高度时抛物线宽度的一半。曲线平均高度太小表明曝光剂量过大。

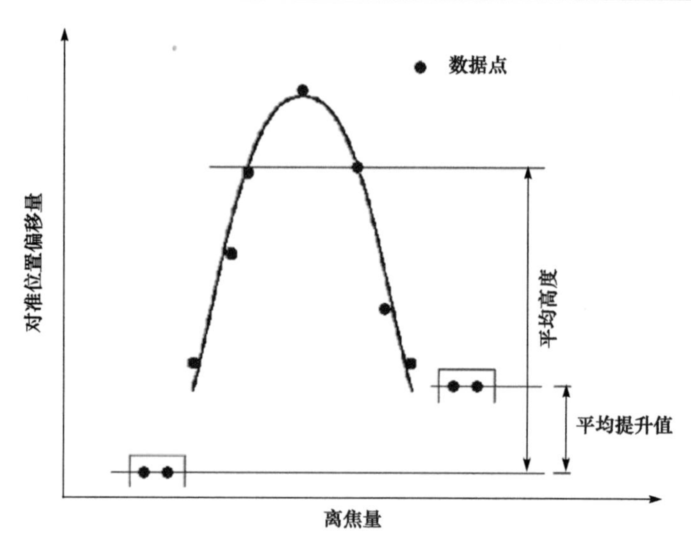

图 3-34　对准位置偏移量与离焦量的二次曲线评价参数

由二次曲线方程式(3.124)可知曲线对称轴为

$$x_c = -\frac{b_1}{2b_2} \tag{3.127}$$

设最低数据点纵坐标 $e = \min\{y_i\}$，对应于 $y_{\min}$，抛物线上点的坐标由下式决定：

$$b_2 x^2 + b_1 x + b_0 - e = 0 \tag{3.128}$$

解方程(3.128)得

$$x_{1,2} = \frac{-b_1 \pm \sqrt{\varDelta}}{2b_2}, \quad \varDelta = b_1^2 - 4b_2(b_0 - e) \tag{3.129}$$

令 $l = |x_{1,2} - x_c| = \sqrt{\varDelta}/2b_2$，则抛物线半宽度对应点的横坐标为 $x'_{1,2} = x_c \pm l/2$。对应的纵坐标为

$$y_{1,2} = b_2(x'_{1,2})^2 + b_1(x'_{1,2}) + b_0 \tag{3.130}$$

考虑到抛物线的对称性，$y_1=y_2$，曲线平均高度为 $y_{1,2}-e$。曲线平均高度的数值应选择大于 0.5μm 的点。平均提升因子(average lifting factor)为平均提升值(average lifting)与抛物线平均高度的比值。平均提升值是指抛物线对称轴两侧最低点的高度差，如图 3-34 所示。如果该值太大，则说明曝光剂量的取值过小。通常平均提升因子应小于 0.33。抛物线符号(curve sign)描述的是抛物线的形状，如果曲线是凸函数，则抛物线符号为负，否则为正。如果曲线是凹函数，则说明曝光剂量太小。MCC 表示的是在参加二次曲线拟合的数据点中，与曲线的距离在一定范围内的点所占的百分比应不小于 50%。拟合点数(number of points required for fit)为参与二次曲线拟合数据点的最少的个数，它与 focus range parabolic fit 参数以及四次曲线有关，通常要求至少有 7 个数据点参与二次曲线的拟合。

当五个抛物线评价参数都满足评价标准时，说明该抛物线代表的曝光剂量对应于视场中该点是合适的。如果在某一曝光剂量下，视场中所选的 FOCAL 标记的对准位置偏移量与离焦量之间的关系曲线都满足上述五个评价标准，则该曝光剂量为最佳曝光剂量。

2. 曝光剂量范围的确定

该方法直接通过 PROLITH 光刻仿真软件实现最佳曝光剂量的确定，不影响光刻机的正常工作，不仅省时有效，并且可确定任意照明、工艺条件下的曝光剂量范围。本部分利用该方法分析胶厚、后烘温度、后烘时间、显影时间等工艺因素对 FOCAL 曝光剂量范围的影响。

1) 曝光剂量范围的确定方法

为了确定 FOCAL 技术的曝光剂量范围，首先需要明确 FOCAL 曝光剂量必须满足的条件。

A. 最佳曝光剂量下对准位置偏移量与离焦量的关系

FOCAL 技术根据 FOCAL 标记的对准位置偏移量与硅片离焦量的变化规律确定最佳像点位置，因此在 FOCAL 曝光剂量范围内得到的对准位置偏移量与硅片离焦量的变化规律应与最佳曝光剂量下对准位置偏移量与硅片离焦量的变化规律一致。

在 ASML 光刻机上进行 FOCAL 测试实验，通过分析实验结果可得到最佳曝光剂量下的对准位置偏移量与硅片离焦量的变化规律，可记录下最佳曝光剂量下硅片在不同离焦面曝光时的对准位置偏移量，如图 3-35 所示，其中，横坐标为硅片的离焦量，纵坐标为 FOCAL 标记的对准位置偏移量。其中的星点表示不同离焦量所对应的对准位置偏移量，将数据点进行拟合后得曲线 c。

由图 3-35 可以看出，对准位置偏移量与离焦量之间满足近似二次曲线关系，离焦量的绝对值越小，对准位置偏移量越大。对准位置偏移量达到极大值时所对应的硅片离焦位置为光刻机成像系统的最佳焦面。FOCAL 技术正是利用对准位置偏移量与离焦量的这一变化规律，计算对准位置偏移量为极大值时的离焦量，从而高精度地确定最佳像面、像面倾斜角、场曲等像质参数。

曲线 c 可表示为多项式函数：

$$AO = a_0 + a_1\Delta f + a_2\Delta f^2 + a_3\Delta f^3 + \cdots + a_n\Delta f^n \tag{3.131}$$

式中，Δf 为离焦量；a_0，a_1，a_2，…，a_n 为多项式系数。

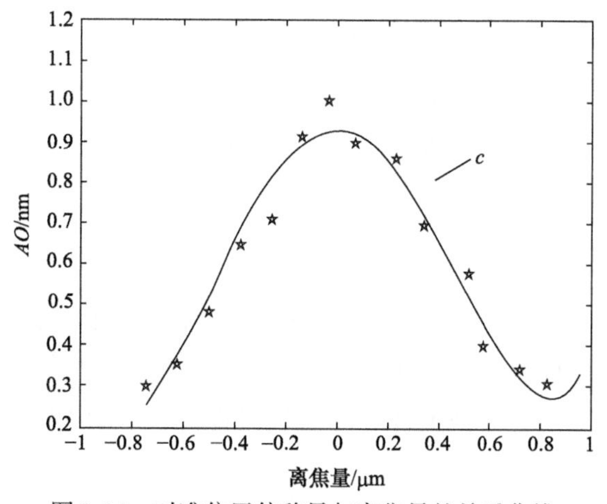

图 3-35　对准位置偏移量与离焦量的关系曲线

B. 最佳曝光剂量下精细结构线宽与离焦量的关系

根据前面的分析已知，FOCAL 标记精细结构线宽的变化将引起标记反射光强空间分布的变化，从而产生对准位置的偏移。通过分析 FOCAL 标记不同线宽所对应的空间光强分布规律，可得到 FOCAL 标记的空间像光强表达式，求导后得到 FOCAL 标记的对准位置偏移量，表达式为

$$AO=\frac{\phi_n(r)}{2\pi fn}=\frac{1}{2\pi fn}\arctan\left(\frac{b_n}{a_n}\right) \tag{3.132}$$

式中，f=1/T，T 为光栅周期；a_n 和 b_n 与精细结构线宽有关，其表达式分别为

$$\begin{aligned}a_n=\frac{1}{n\pi}\Bigg\{&\exp(\mathrm{j}2kd)\sin(2\pi nfa)+2\exp(\mathrm{j}2kd')\sum_{m=1}^{M}\sin\frac{n\pi fL_{\mathrm{w}}r}{M(1+r)}\cos2\pi nf\left(a+\frac{mL_{\mathrm{w}}}{M}-\frac{L_{\mathrm{w}}r}{2M(1+r)}\right)\\&+2\sum_{m=1}^{M}\sin\frac{n\pi fL_{\mathrm{w}}}{M(1+r)}\cos\left[2\pi nf\left(a+\frac{2m-1}{2M}L_{\mathrm{w}}-\frac{Lwr}{2M(1+r)}\right)\right]+\sin(2\pi nfc)\Bigg\}\end{aligned} \tag{3.133}$$

$$\begin{aligned}b_n=\frac{1}{n\pi}\Bigg\{&\exp(\mathrm{j}2kd)\left[1-\cos(2\pi nfa)\right]+2\exp(j2kd')\sum_{m=1}^{M}\sin\frac{n\pi fL_{\mathrm{w}}r}{M(1+r)}\sin\left[2\pi nf\left(a+\frac{mL_{\mathrm{w}}}{M}-\frac{L_{\mathrm{w}}r}{2M(1+r)}\right)\right]\\&+2\sum_{m=1}^{M}\sin\frac{n\pi fL_{\mathrm{w}}}{M(1+r)}\sin\left[2\pi nf\left(a+\frac{2m-1}{2M}L_{\mathrm{w}}-\frac{L_{\mathrm{w}}r}{2M(1+r)}\right)\right]+\cos(2\pi nfc)-1\Bigg\}\end{aligned} \tag{3.134}$$

其中，d 为主光栅刻槽深度；d'为精细光栅的刻槽深度；a 为主光栅的线宽；L_{w}为精细结构的宽度；c 为主光栅的缝宽；r 为精细结构的占空比；M 为精细结构的周期数；n 为衍射级次。

由式(3.132)～式(3.134)可得对准位置偏移量与精细结构线宽的关系曲线，如图 3-36 所示。可以看出，对准位置偏移量与线宽 L_{w}之间成近似线性关系，即

$$AO=k\cdot L_{\mathrm{w}} \tag{3.135}$$

其中，k 为比例系数。前面已通过实验确定了对准位置偏移量与离焦量的变化规律，根据式(3.135)对准位置偏移量与密集线条线宽的关系可确定密集线条线宽与离焦量的关系。由式(3.131)与式(3.135)可得

$$CD=a_0'+a_1'\Delta f+a_2'\Delta f^2+a_3'\Delta f^3+\cdots+a_n'\Delta f^n \tag{3.136}$$

式中，Δf 为离焦量；a_0'，a_1'，a_2'，…，a_n' 为多项式系数。可以看出，精细结构线宽与离焦量之间满足二次曲线关系。在最佳焦面附近，曲线达到最大值；随着离焦量绝对值的变大，线宽逐渐变小。精细结构线宽与离焦量的关系曲线如图 3-37 所示。

C. 曝光剂量范围的确定

通过以上分析可知，在 FOCAL 曝光剂量范围内，精细结构线宽与离焦量之间满足二次曲线关系。利用 PROLITH 光刻仿真软件，可精确快速地实现不同曝光剂量、不同

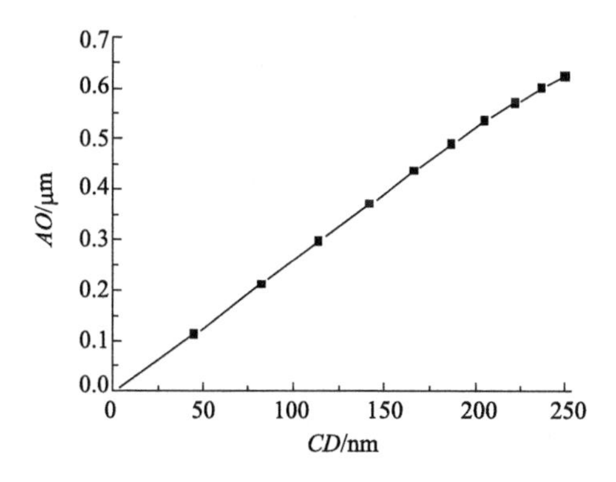

图 3-36　对准位置偏移量与密集线条线宽的关系曲线

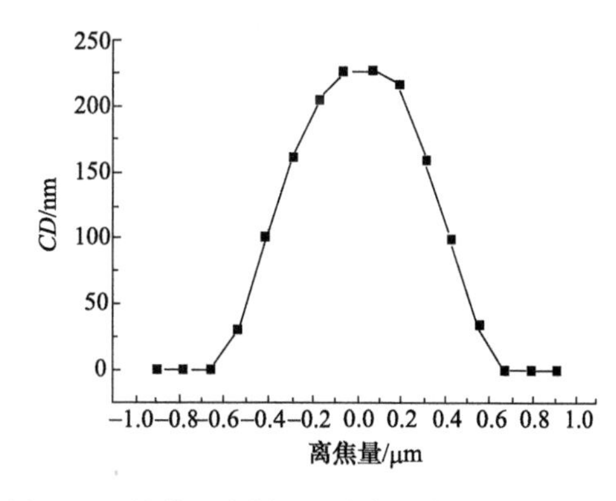

图 3-37　最佳曝光剂量下密集线条线宽与离焦量的关系曲线

离焦量下曝光图形的仿真，得到一系列不同曝光剂量下的精细结构线宽与离焦量的关系曲线(L_W～离焦量曲线)。通过分析 PROLITH 仿真结果可准确地确定满足条件的曝光剂量范围。

由于在 FOCAL 曝光剂量范围内选取最佳曝光剂量时，要求至少有 5 个测量点落在最佳曝光剂量的 *AO*～离焦量曲线上，因此，采用与测试过程相同的离焦步进量作为模拟仿真的离焦步进量，FOCAL 曝光剂量范围内的 L_W～离焦量曲线应满足 L_W 随离焦量绝对值的增大而减小的变化规律，且曲线上至少有五个非零模拟点，由此可确定 FOCAL 技术的曝光剂量范围。

在 *NA* 为 0.57、部分相干因子为 0.75，光刻胶为 JSR AR165J，后烘温度与时间分别为 115°、60s，显影时间为 60s 的条件下，利用 PROLITH 仿真不同曝光剂量下的 L_W～离焦量曲线，结果如图 3-38 所示。横坐标为硅片离焦量，纵坐标为 FOCAL 标记精细结构线宽 L_W。在 16 个不同的曝光剂量下(见图 3-38 右侧)，得到 16 条 L_W～离焦量曲线。可以看出，在不同的曝光剂量下，光刻胶标记图形的精细结构线宽与硅片离焦量的变化规律有三种情况：精细结构线宽随着离焦量绝对值的变大而增加；随着离焦量的变化，精

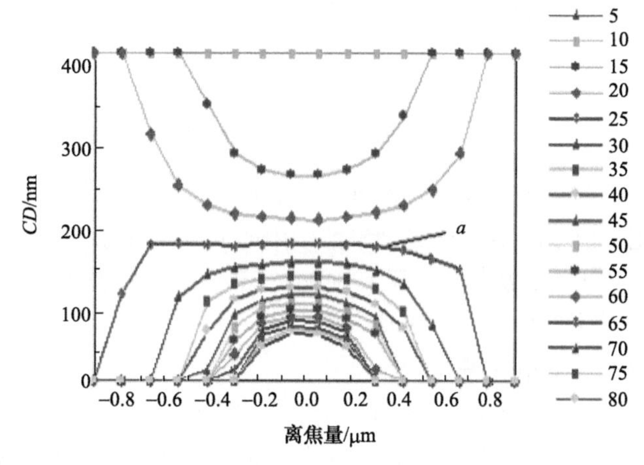

图 3-38　不同曝光剂量下密集线条线宽随离焦量的变化关系曲线

细结构线宽几乎不变(如曲线 *a*，在离焦量−0.6～0.6μm 范围内为一近似直线，离焦量太大的数据已无意义)；精细结构线宽随离焦量绝对值的变大而减小。

通过分析图 3-38 可知，当曝光剂量大于 30mJ/cm^2 时，对应的 L_W～离焦量曲线满足 L_W 随离焦量绝对值增大而减小的变化规律；当曝光剂量小于 65mJ/cm^2 时，L_W～离焦量曲线上至少有五个非零模拟点。由此可以确定，在该照明条件与工艺条件下，FOCAL 曝光剂量范围为 30～65mJ/cm^2。

2) 仿真分析

实际工作中，不同用户可能会在不同光刻胶、胶厚、后烘等工艺条件下进行 FOCAL 测试。这些工艺条件的改变可能会引起 FOCAL 测试的曝光剂量范围的变化。为了更好地确定不同工艺条件下的 FCOAL 曝光剂量范围，根据上述确定曝光剂量范围的方法，通过仿真分析胶厚、后烘温度、后烘时间、显影时间等工艺因素对 FOCAL 曝光剂量范围的影响。

A. 光刻胶厚度的影响

采用 ArF Sumitomo PAR710 光刻胶，在不同曝光剂量下仿真光刻胶厚度分别为 600nm、700nm、800nm、900nm 时的 L_W～离焦量曲线，利用该方法可得到不同光刻胶厚度下的曝光剂量范围，如图 3-39 所示。

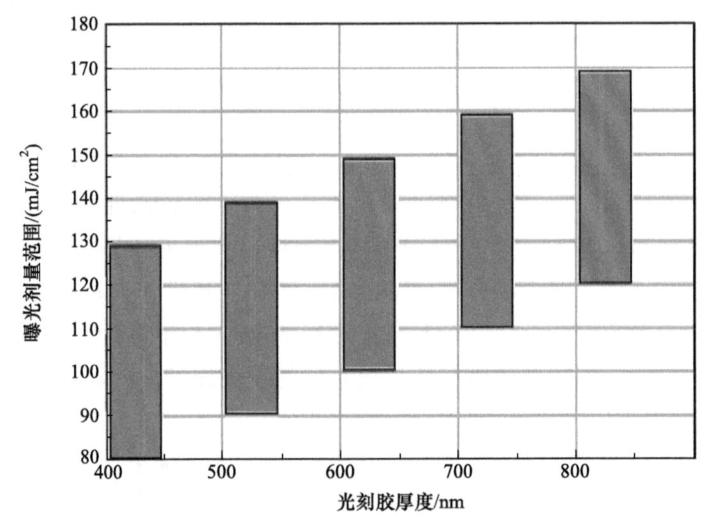

图 3-39　曝光剂量范围随光刻胶厚度的变化关系

可以看出，当光刻胶的厚度逐渐变大时，曝光剂量范围的大小(即图中矩形的长度)几乎不发生变化，但 FOCAL 曝光剂量范围内的剂量值逐渐变大。例如，当光刻胶的厚度为 600nm 时，FOCAL 曝光剂量范围为 90～150mJ/cm^2；当光刻胶的厚度为 900nm 时，FOCAL 曝光剂量范围为 140～200mJ/cm^2。

B. 后烘温度与时间的影响

采用 ArF Sumitomo PAR710 光刻胶，在不同曝光剂量下仿真后烘温度分别为 100℃、105℃、110℃、115℃、120℃时的 L_W～离焦量曲线，得到不同后烘温度下的曝光剂量范围，如图 3-40 所示。可以看出，随着后烘温度的增高，曝光剂量范围的大小(即图中矩形的长度)几乎不发生变化，但 FOCAL 曝光剂量范围内的剂量值逐渐变小。

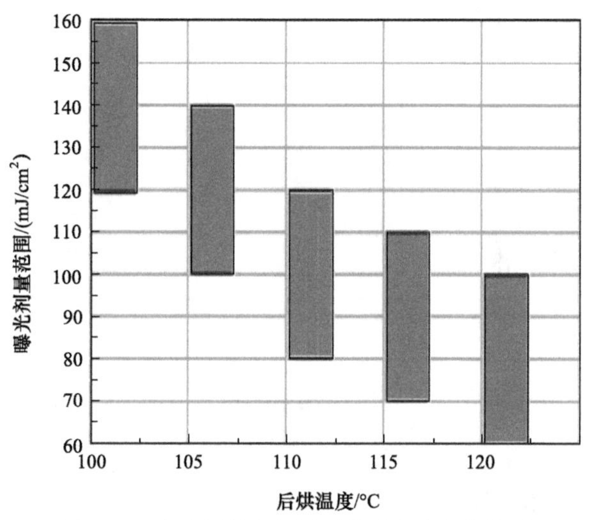

图 3-40　曝光剂量范围随后烘温度的变化关系

同样，采用 ArF Sumitomo PAR710 光刻胶，在不同曝光剂量下仿真后烘时间分别为 40s、50s、60s、70s、80s 时的 L_W～离焦量曲线，得到不同后烘时间下的曝光剂量范围，如图 3-41 所示。可以看出，随着后烘时间的延长，FOCAL 曝光剂量范围内的剂量值逐渐变小，而且图中矩形的长度变小，即曝光剂量范围逐渐变小。

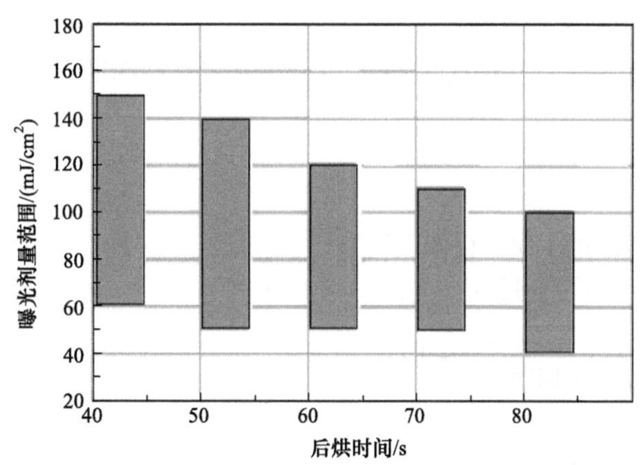

图 3-41　曝光剂量范围随后烘时间的变化关系

C. 显影时间的影响

采用 ArF Sumitomo PAR710 光刻胶，在不同曝光剂量下仿真显影时间分别为 40s、50s、60s、70s、80s 时的 L_W～离焦量曲线，得到不同显影时间下的曝光剂量范围，如图 3-42 所示。可以看出，显影时间对 FOCAL 曝光剂量范围影响很小，即随着显影时间的延长，FOCAL 曝光剂量范围几乎不发生变化。

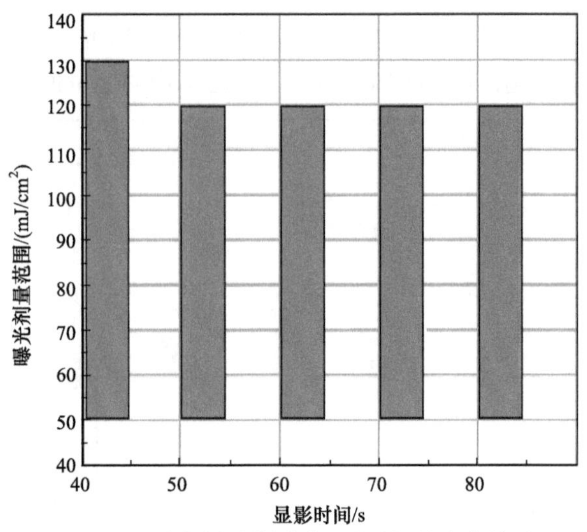

图 3-42 曝光剂量范围随显影时间的变化关系

3.3.3 基于神经网络的检测技术[7,8]

对于 3.3.2 节介绍的 FOCAL 技术，标记轴向偏移量通过最小二乘曲线拟合来计算。由于最小二乘算法本身的限制，当参与拟合的数据量较大或由于噪声的影响导致拟合数据偏差较大时，求解最小二乘问题的方程组是病态的，这将影响 FOCAL 像质检测的精度。在采用最小二乘法进行曲线拟合前进行大量的数据筛选与数据预处理工作，可以避免拟合失败。该方法虽然能取得一定效果，但将花费大量的计算时间，并可能因测量条件的不同而需要人为干预数据筛选过程，从而降低了算法的稳定性和可靠性。本节介绍采用 BP 神经网络计算轴向偏移量的方法，并介绍基于神经网络的 FOCAL 轴向像质参数原位检测技术[7-9]。

3.3.3.1 检测原理

基于 BP 神经网络的 FOCAL 像质检测技术包括标记曝光、标记对准、轴向偏移量计算以及像质参数计算等四个过程，流程如图 3-43 所示。

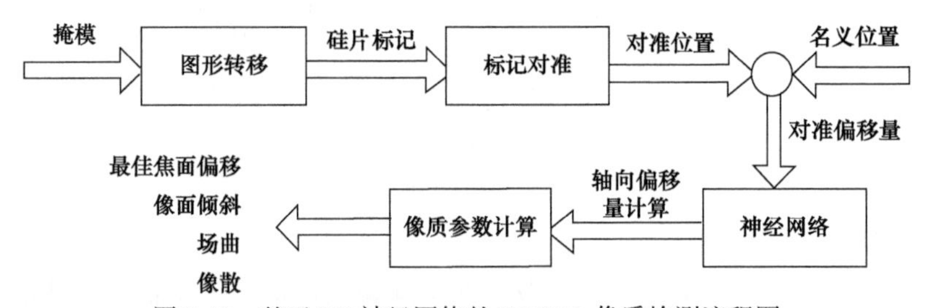

图 3-43 基于 BP 神经网络的 FOCAL 像质检测流程图

除轴向偏移量计算外，该技术的其余过程与基于最小二乘法的 FOCAL 技术大体相同。首先在不同离焦量下，将具有多个 FOCAL 标记的掩模版曝光在硅片上，并将硅片显影或后烘；然后利用光刻机中的光学对准系统对曝光在硅片上的 FOCAL 图形进行对准，记录不同离焦量下标记的对准位置(x, y)，并根据透镜成像关系计算对准偏移量(Δx，Δy)。标记轴向偏移量的计算是 FOCAL 检测技术的核心过程，采用 BP 人工神经网络算法可以计算标记的轴向偏移量。BP 网络的输入为各离焦量对应的对准偏移量，输出即为标记轴向偏移量。通过轴向偏移量($\Delta z_x, \Delta z_y$)即可求得物镜场曲、最佳焦面、像面倾斜及像散等像质参数。下面介绍神经网络的算法原理。

神经网络算法是模拟大脑运行机制进行复杂运算的一种算法，它包括许多并行处理单元，即人工神经元。人工神经元(以下简称神经元)模拟了大脑神经元 150 多项功能中的三种功能，即加权、求和、转移。典型的人工神经元如图 3-44 所示。

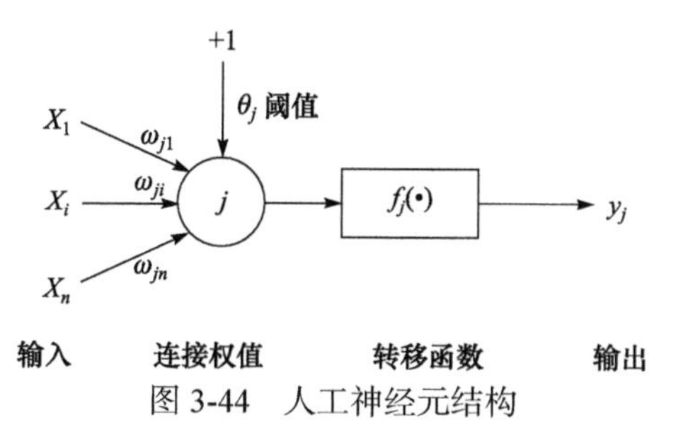

图 3-44　人工神经元结构

图 3-44 中 $x_1 \cdots x_i \cdots x_n$ 为神经元 j 的 n 个输入；y_j 为神经元 j 的输出；$\omega_{j1} \cdots \omega_{ji} \cdots \omega_{jn}$ 为神经元 j 的 n 个输入连接权值；θ_j 为神经元的阈值；$f_j(\bullet)$ 为神经元的转移函数。神经元的加权、求和、转移功能可以由下式表示：

$$y_j = f_j\left(\sum_{i=1}^{n} \omega_{ji} x_i + \theta_j\right) \tag{3.137}$$

这里的转移函数理论上可以为任意连续函数。

常用的转移函数为 Sigmond 型函数以及斜率为 1 的线性函数，其中 Sigmond 函数包括 log-sig 函数与 tan-sig 函数，如图 3-45 所示。它们的表达式分别为

$$f_{\log}(x) = \frac{1}{1+\mathrm{e}^{-x}} \tag{3.138}$$

$$f_{\tan}(x) = \frac{2}{1+\mathrm{e}^{-2x}} - 1 \tag{3.139}$$

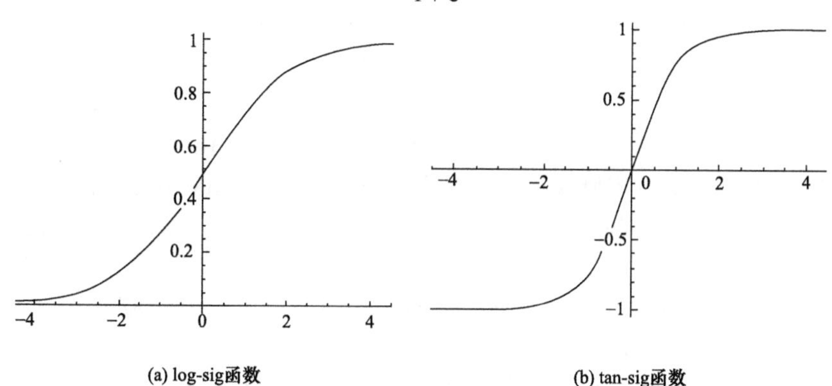

图 3-45　常用的两种 Sigmond 函数

人工神经元与人工神经元之间以一定形式相互连接即形成了人工神经网络。按照神经元之间的连接方式，可以将人工神经网络分为前馈型神经网络、反馈型神经网络以及混合型神经网络。单隐层前馈型人工神经网络结构如图 3-46 所示。该神经网络包括输入层、输出层以及一个隐层。输入层中包括 n 个输入结点(并不是神经元，因为它们只是提供输入数据而没有神经元求和、加权、转移等功能)。隐层和输出层分别有 q 和 m 个神经元。连接在输入层与隐层以及隐层与输出层之间的连接权值分别为矩阵 $\boldsymbol{V}$ 和 $\boldsymbol{W}$。

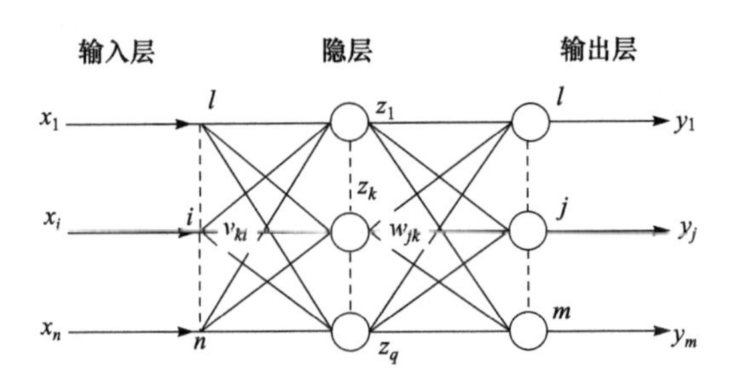

图 3-46 单隐层前馈型人工神经网络结构图

无论哪种神经网络都具有学习的功能。所谓神经网络的学习就是连接各层神经元之间的连接权值的调整。由于调整权值的具体方案不同，便产生了不同的学习规则。神经网络的学习规则一般分为有监督学习和无监督学习两种方式。有监督学习方式要求在给出输入模式X的同时在输出侧还要给出与之相应的目标模式T(又称期望输出模式或教师信号)。两者一起称为一个训练对。通常，训练一个网络需要许多个训练对，叫做训练集(trainning set)或训练样本。训练时，使用训练集中的某个输入模式计算出网络的实际输出模式 Y，再与期望模式 T 相比，求出误差。根据误差，再按某种算法调整各层的权矩阵，以使误差朝着减小的方向变化。逐个使用训练集中的每一个训练对，不断地修改网络的权值。整个训练集要反复地作用于网络许多次，直到整个训练集作用下的误差小于事前规定的容许值为止。在无监督学习方式中，训练集只由各种输入模式组成，而不提供相应的输出目标。由学习算法保证网络能抽取训练集的统计特性，从而把输入模式按其相似程度划分为若干类，对于每一类的输入模式产生相同的输出。通常在网络训练结束后，需要取若干输入和输出样本对网络进行测试，这些样本通常不包括训练集中，被称为网络的测试样本或检验样本。按照神经网络调整权值算法的不同，网络学习规则包括 Hebb 学习规则、感知器学习规则、Delta 学习规则、Widrow-Hoff 学习规则、相关学习规则等。

本节介绍的人工神经网络为误差逆向传播(back propagation)的前馈型神经网络，即 BP 神经网络，其学习规则是基于误差梯度下降法的 Delta 学习算法，基本思想是学习过程由信号的正向传播与误差的逆向传播两个过程组成。正向传播时，模式作用于输入层，经隐层处理后，传向输出层。若输出层未能得到期望的输出，则转入误差的逆向传播阶段，将输出误差按某种形式通过隐层向输入层逐层返回，并“分摊”给各层的所有单元，从而获得各层单元的参考误差或称误差信号，以作为修改各单元权值的依据。这种信号正向传播与误差逆向传播的各层权矩阵的修改过程，是周而复始进行的。权值不断修改的过程，也就是网络的学习(或称训练)过程。此过程一直进行到网络输出的误差逐渐减少到可接受的程度或达到设定的学习次数为止。BP 算法具体说明如下：

设图 3-46 所示的人工网络的输入为 $X=\begin{bmatrix}x_1 & \cdots & x_i & \cdots & x_n\end{bmatrix}^{\mathrm{T}}$，网络输出为 $Y=\begin{bmatrix}y_1 & \cdots & y_j & \cdots & y_m\end{bmatrix}$。连接权值 $\boldsymbol{V}$ 与 $\boldsymbol{W}$ 分别为 $q\times n$ 和 $m\times q$ 的权值矩阵。设神经网络的训练样本容量为 P 个样本，即网络的训练集为 $\{X_p,T_p\}$，$p=1\sim P$。设网络隐层神经元的输出量为 $Z=\begin{bmatrix}z_1 & \cdots & z_k & \cdots & z_q\end{bmatrix}$，则网络的输入输出关系可以由矩阵等式 $Y=\Gamma(W\times Z)$，且 $Z=\Pi(V\times X)$ 表示，其中 Π 与 Γ 分别代表神经网络隐层与输出层神经元的转移函数。当第 p 个训练样本作用于网络时，输出层的误差函数 E_p 定义为

$$E_p=\frac{1}{2}\sum_{j}^{m}(t_{j,p}-y_{j,p})^2 \tag{3.140}$$

为使 E_p 取得最小值，连接权值 w_{jk} 的调整量为

$$\Delta w_{jk}=-\eta\frac{\partial E_p}{\partial w_{jk}} \tag{3.141}$$

式中，η 为学习速率，其数值通常大于 0 小于 1。其目的是在网络训练过程中保持网络稳定收敛。设网络输出层第 j 个单元的净输入 $S_j=\sum_{k=1}^{q}w_{jk}z_k$，其输出为 $y_j=\varphi_j(s_j)$，其中 φ_j 为第 j 个输出神经元的转移函数。定义误差信号项为

$$\delta_{yj}=-\frac{\partial E_p}{\partial S_j} \tag{3.142}$$

则由导数运算的链式法有

$$\frac{\partial E_p}{\partial w_{jk}}=\frac{\partial E_p}{\partial S_j}\times\frac{\partial S_j}{\partial w_{jk}} \tag{3.143}$$

其中，$\partial S_j/\partial w_{jk}=z_k$，且 $z_k=\pi_k(\sum_{i=1}^{n}v_{ki}x_i)$；$\pi_k(\bullet)$ 为第 k 个隐层的转移函数，代入式(3.141)中有

$$\Delta w_{jk}=\eta\delta_{yj}z_k=\eta\delta_{yj}\pi_k(\sum_{i=1}^{n}v_{ki}x_i) \tag{3.144}$$

可见输出层权值调整量 Δw_{jk} 正比于该权值一端所连的输入信号 z_k 以及另一端所连神经元的输出误差信号 δ_{yj}。可以证明，只要神经元的传递函数 $\varphi(\bullet)$ 是连续的，不论是何种函数，都有

$$\delta_{yj} = -\frac{\partial E_p}{\partial S_j} = (t_j - y_j)\varphi_j'(S_j) \tag{3.145}$$

式中，$\varphi_j'(S_j)$表示输出层中第 j 个神经元的转移函数对其净输入 S_j 的导数。一般而言，同一层神经元的转移函数是相同的。适于输出层的标准 Delta 规则算式的最终形式为

$$\Delta w_{jk} = \eta\delta_{yj}z_k = \eta(t_j - y_j)\varphi'(S_j)\pi(\sum_{i=1}^{n} v_{ki}x_i) \tag{3.146}$$

根据上述推导过程，同样可以得到输入层与隐层之间连接权值的调整量为

$$\Delta v_{ki} = \eta\delta_{zk}x_i = \eta\left[\sum_{j=1}^{m}\delta_{yj}w_{jk}\pi'(S_k)x_i\right] \tag{3.147}$$

式(3.146)与式(3.147)中的 S_k 与 S_j 分别为隐层神经元与输出层神经元的净输入。根据式(3.146)与式(3.147)，神经网络经过 p 个输入的训练，其权值变为

$$w_{jk,p+1} = w_{jk,p} + \Delta w_{jk} \tag{3.148}$$

$$v_{ki,p+1} = v_{ki,p} + \Delta v_{ki} \tag{3.149}$$

从而实现了网络权值的一次学习。利用 P 个训练样本对网络进行反复训练，最终使得网络具有一定计算能力。下面介绍按照上述神经网络学习规则，针对标记轴向偏移量计算问题建立并训练神经网络的过程。

3.3.3.2 BP 神经网络训练方法

采用 C++语言，按照上述 BP 神经网络学习规则，编制误差逆向传播人工神经网络算法程序。在 ASML PAS5500/550 型光刻机上于相同环境下进行若干次 FOCAL 测试，并获取测试数据作为网络训练与网络检验的数据。

1. BP 网络的输入与输出

利用 BP 神经网络拟合对准偏移量与离焦量之间的关系，计算出标记的最佳成像位置，即轴向偏移量。因此，网络的输入为 16 个离焦量下的对准偏移量，数值在 [0, 2]，采用微米为单位。网络的输出为垂向偏移量，采用微米为单位，数值在[−0.9, 0.9]。将 16 个输入与对应的输出作为一组样本，选取 91 组样本作为网络的训练样本，另选取 273 组样本作为网络的测试样本。

2. 确定网络结构参数

人工神经网络的结构参数包括网络的层数以及每层网络中的神经元结点数。此处建立具有三层结构的 BP 人工神经网络，它们是网络的输入层、隐层及输出层。从上文的讨论中可知，网络的输入层有 16 个输入结点，输出层包含 1 个结点，网络采用单隐层，其结构如图 3-47 所示。

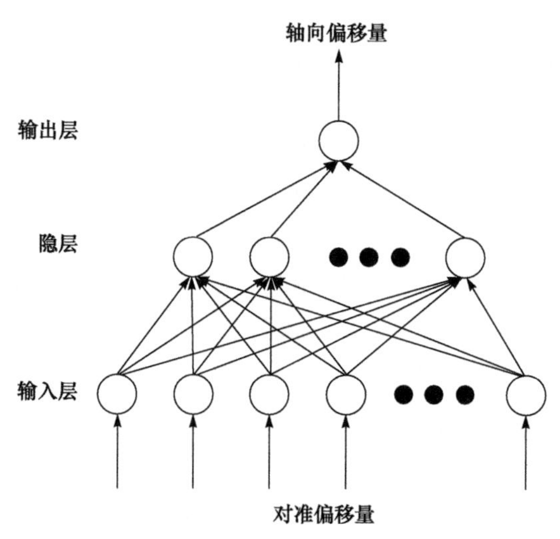

图 3-47　BP 神经网络结构示意图

网络的隐层结点数即网络隐层神经元的数目，它是 BP 神经网络关键的结构参数之一，目前尚无完整的理论来确定隐层结点数，实际中通常采用尝试的方法在一定范围内选取合适的隐层神经元数目。

采用带有动量及变学习率的 BP 算法对神经网络进行训练，隐层和输出层转移函数分别为 tansig 函数和线性函数，最大训练次数为 50000 次，训练目标为误差平方均值(mean squared error，MSE)等于 0。采用不同的隐层神经元数目来训练该 BP 网络，并分别以训练样本和测试样本的误差平方和(sum squared error，SSE)与绝对误差平均值(mean absolute error，MAE)来描述 BP 网络计算的准确程度与泛化能力，结果如表 3-7 所示。MSE、SSE、MAE 由式(3.150)～式(3.152)确定。

$$\mathrm{MSE}=\frac{1}{N}\sum_{i=1}^{N}(\mathrm{out}_i-t_i)^2 \tag{3.150}$$

$$\mathrm{SSE}=\sum_{i=1}^{N}(\mathrm{out}_i-t_i)^2 \tag{3.151}$$

$$\mathrm{MAE}=\frac{1}{N}\sum_{i=1}^{N}\left|\mathrm{out}_i-t_i\right| \tag{3.152}$$

表 3-7　隐层结点数对 BP 神经网络性能的影响

隐层神经元数目	训练样本 SSE/μm²	训练样本 MAE/μm	测试样本 SSE/μm²	测试样本 MAE/μm
2	7.6433×10^{-4}	0.0028	4.5999×10^{-4}	0.0044
3	3.3973×10^{-4}	0.0020	1.4732×10^{-4}	0.0024
4	1.0718×10^{-5}	0.0026	6.9946×10^{-4}	0.0046
5	8.2180×10^{-4}	0.0029	5.9124×10^{-4}	0.0051
6	4.1783×10^{-4}	0.0021	2.5352×10^{-4}	0.0029

续表

隐层神经元数目	训练样本 SSE/μm²	训练样本 MAE/μm	测试样本 SSE/μm²	测试样本 MAE/μm
7	6.9013×10^{-4}	0.0028	3.9428×10^{-4}	0.0036
8	5.6070×10^{-4}	0.0024	9.7528×10^{-4}	0.0061
9	7.9604×10^{-4}	0.0030	5.5252×10^{-4}	0.0048
10	5.1420×10^{-4}	0.0025	7.2524×10^{-4}	0.0051
11	3.7972×10^{-4}	0.0021	2.0421×10^{-4}	0.0030
12	6.8840×10^{-4}	0.0028	0.0016	0.0084
13	5.0009×10^{-4}	0.0022	6.3145×10^{-4}	0.0049
14	8.3825×10^{-4}	0.0030	0.0012	0.0066
15	4.3457×10^{-4}	0.0022	0.0016	0.0073

从表 3-7 中可以看出，当隐层结点数为 3、6、11 时，BP 神经网络的训练样本的 MAE 较小(不超过 2.2nm)，同时测试样本 MAE 也较低(不超过 3.0nm)，即网络同时具备了一定的计算精度与泛化能力。分别定义隐层结点数为 3、6、11 的神经网络为网络 I、网络 II、网络 III。

3. 训练次数对 BP 神经网络计算结果的影响

表 3-8～表 3-10 分别描述了上述三个网络在不同训练次数下网络计算能力的变化情况。网络训练算法仍为带动量及变学习率的 BP 算法，训练目标为 MSE＝0。

表 3-8　训练次数对网络 I 计算结果的影响

	20000 次	50000 次	80000 次	100000 次
训练样本 MAE	0.0025	0.0020	0.0016	0.0019
测试样本 MAE	0.0052	0.0024	0.0046	0.0042

表 3-9　训练次数对网络 II 计算结果的影响

	20000 次	50000 次	80000 次	100000 次
训练样本 MAE	0.0035	0.0021	0.0018	0.0019
测试样本 MAE	0.0063	0.0029	0.0052	0.0033

表 3-10　训练次数对网络 III 计算结果的影响

	20000 次	50000 次	80000 次	100000 次
训练样本 MAE	0.0024	0.0021	0.0020	0.0021
测试样本 MAE	0.0079	0.0030	0.0049	0.0036

从三个表中可以看出，当训练次数较少时，训练样本和测试样本的 MAE 都比较高，说明此时网络的计算精度较低。随着训练次数的增加，网络得到充分训练，训练样本与测试样本的 MAE 都降低，网络计算精度得到提高；当训练次数过大时，网络训练样本 MAE 趋于稳定或略有减小，而测试样本的 MAE 增大，这说明网络训练次数过大导致产生所谓过度吻合现象。实验证明，只要保证训练样本数量远远超过网络隐层神经元数，就可避免过度吻合现象。

4. BP 神经网络的训练

设置训练次数为 50000，训练算法及其他条件同前，训练上述三个网络。统计它们对测试样本的计算结果，如表 3-11 所示。

表 3-11　三个网络对测试样本的计算结果统计

	网络 I	网络 II	网络 III
最大绝对误差/nm	6.2177	6.2252	6.4325
最大相对误差/%	2.6533	3.8465	3.6229
最小绝对误差/nm	0.4769	0.2087	0.5032
最小相对误差/%	0.0290	0.0601	0.0687
平均绝对误差/nm	2.4038	3.2717	2.9708
平均相对误差/%	1.0085	1.4527	1.0281

从表 3-11 中可以看出，网络 I 的平均绝对误差小于 2.5nm，网络 II 和网络 III 的平均绝对误差也在 3.0nm 左右；它们的最大绝对误差均不超过 7.0nm；三个网络的平均相对误差都小于 1.5%，最大相对误差不超过 4%。

从图 3-48 中可以看出，三个 BP 神经网络的运算速度分别是基于曲线拟合算法运算速度的 2.5938 倍、2.5137 倍、2.4466 倍。三个 BP 神经网络计算速度接近，随着隐层神经元数的增加，运算时间略有增加。基于图 3-48，选取网络 I(即隐层具有 3 个神经元的网络)计算标记垂向偏移量。

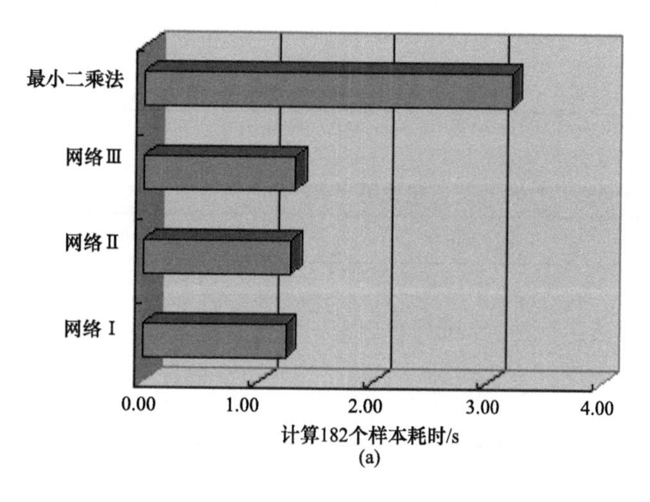

(a)

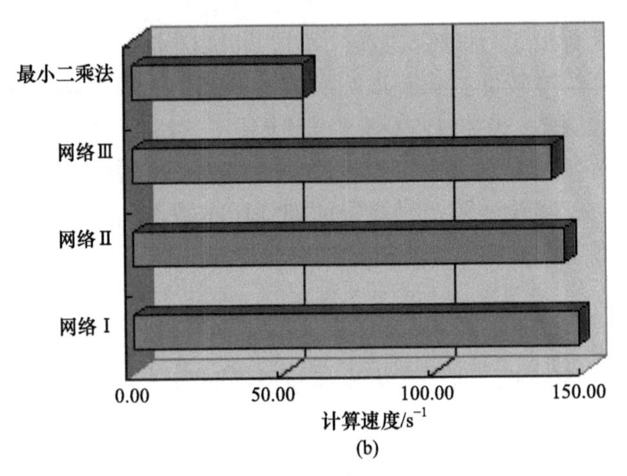

图 3-48　计算时间与计算速度的比较

3.3.3.3　实验

在 ASML 公司 PAS5500/550 型光刻机上进行 FOCAL 测试，测试环境同上，记录测试结果及测试过程中对准偏移量($\Delta z_x, \Delta z_y$)的信息。利用上述训练的神经网络及式(3.94)、式(3.95)编程计算像质参数，结果如表 3-12 所示。同样，在 ASML 公司 PAS5500/1100 型光刻机上进行 FOCAL 测试，并用神经网络计算轴向像质，计算结果如表 3-12 所示。

从表 3-12 中可以看出，基于 BP 神经网络的 FOCAL 检测技术对最佳焦面与像面倾斜的计算相对误差分别为 1.72%和 1.63%，场曲的计算相对误差小于 1%，像散的计算相对误差比其他参数大，但其绝对误差小于 2nm。从表 3-13 中可以看出，所有四项像质参数的计算相对误差都小于 3%。这些实验数据说明基于 BP 人工神经网络的 FOCAL 像质检测技术是一种高精度的轴向像质参数检测技术。

表 3-12　在 PAS5500/550 型光刻机上基于 BP 神经网络的 FOCAL 技术的像质计算结果

	实际值	计算值	相对误差/%
最佳焦面偏移/nm	−242.265	−238.087	1.72
像面倾斜/μrad	−0.8773	−0.8916	1.63
场曲/(nm/cm²)	51.051	50.717	0.65
像散/nm	61.0	62.8	2.95

表 3-13　在 PAS5500//1100 型光刻机上基于 BP 神经网络的 FOCAL 技术的像质计算结果

	实际值	计算值	相对误差/%
最佳焦面偏移/nm	54.296	52.998	2.3906
像面倾斜/μrad	−2.022	−2.007	0.7418
场曲/(nm/cm²)	−0.649	−0.633	2.4653
像散/nm	77	75	2.5974

3.3.4　基于双线线宽变化量的检测技术[1,10]

本节介绍一种基于双线线宽变化量的轴向像质参数检测技术。该技术利用检测标记的线宽变化，实现了初级轴向像质参数的快速高精度检测。检测时仅需在一个离焦位置对硅片进行曝光，就可直接利用检测时得到的测量数据通过线性拟合得到 z 向成像位置偏移量，最后通过最小二乘法计算光刻机轴向像质参数。检测过程与数据处理相对简单，提高了光刻机轴向像质参数检测的速度[1,10]。

3.3.4.1　检测标记

基于双线线宽变化量的轴向像质参数检测技术采用的检测标记由三组垂直密集线条、三组水平密集线条与分别位于三组水平密集线条和三组垂直密集线条之间的宽线条组成，如图 3-49 所示。图 3-49 中，黑色区域代表不透光区域，白色区域代表透光区域，灰色区域代表透过该区域的光附加了一个 90°的相移。三组垂直密集线条与三组水平密集线条的结构相同，其周期为 P。位于三组垂直密集线条之间的宽线条的线宽相等，为 d。按照从左至右的顺序，若第一组垂直密集线条的取向为 0°，以逆时针为旋转方向，则第二组与第三组垂直密集线条的取向分别为 180°与 0°。按照从上至下的顺序，第一组、第二组与第三组水平密集线条的取向分别为 90°、270°、90°。检测标记中密集线条的每个周期包含两个线宽相同的透光区与一个不透光区，透光区与不透光区的线宽之比为 1:2，透过两个透光区的光的相位之差为 90°。

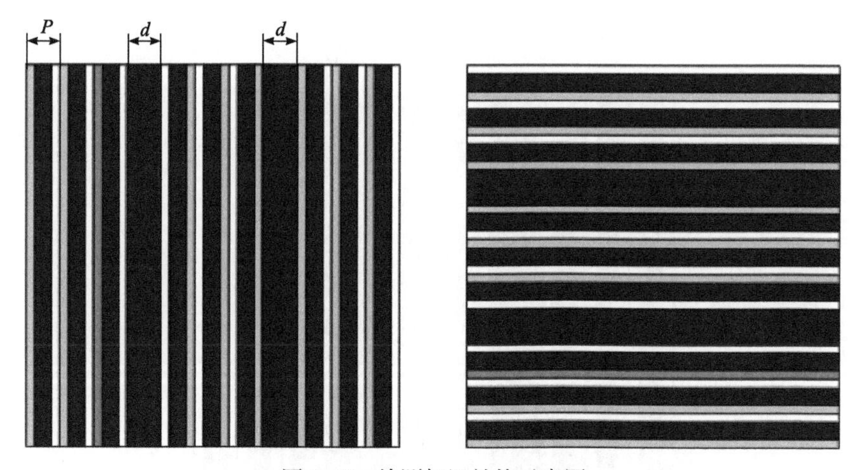

图 3-49　检测标记结构示意图

对于检测标记中的垂直密集线条，其复透过率可表示为

$$t(x)=\left(\mathrm{e}^{\mathrm{j}\frac{\pi}{2}}\mathrm{rect}\left(\frac{x+\frac{3}{8}p}{p/4}\right)+\mathrm{rect}\left(\frac{x-\frac{3}{8}d}{p/4}\right)\right)*\left[\frac{1}{p}\mathrm{comb}\left(\frac{x}{p}\right)\right] \tag{3.153}$$

当使用平行光垂直照射检测标记时，物镜光瞳面上的振幅分布为其傅里叶变换

$$
\begin{aligned}
E(f_x) &= \left\{ \frac{p}{4} \cdot \operatorname{sinc}(pf_x/4) \cdot \left[\mathrm{e}^{\mathrm{j}[p(3\pi/4)f_x + \pi/2]} + \mathrm{e}^{-\mathrm{j}p(3\pi/4)f_x} \right] \right\} \cdot \operatorname{comb}(pf_x) \\
&= \frac{p}{4}(j+1) \cdot \operatorname{sinc}(pf_x/4) \\
&\quad \cdot \left(\cos\left(\frac{3\pi}{4} pf_x \right) - \sin\left(\frac{3\pi}{4} pf_x \right) \right) \cdot \sum_{n=-\infty}^{\infty} \delta\left(f_x - \frac{n}{p} \right), \quad n \in Z
\end{aligned}
\tag{3.154}
$$

其中，$E(f_x)$为物镜光瞳面上的复振幅；f_x为空间频率。由式(3.154)可知，检测标记中密集线条的−1 级衍射光缺级。

当在某一离焦位置处进行曝光时，成像在硅片上的检测标记的宽线条的线宽将发生变化，如图 3-50 所示，仅给出了硅片上的检测标记图形中垂直方向的线条图形。由图 3.50 可知，标记中的宽线条的线宽发生改变，其中一个宽线条的线宽变大，而另一个宽线条的线宽变小。这主要是由于检测标记中密集线条在硅片离焦位置的成像位置受到光刻机轴向像质参数的影响，在 XY 平面内产生成像位置偏移，使检测标记中的宽线条的线宽发生变化。对于检测标记中取向为 0°与 180°的密集线条，由光刻机垂轴像质参数引起的密集线条的成像位置偏移量的大小、方向均相同，因而光刻机垂轴像质参数不会引起检测标记中宽线条的线宽变化；对于取向为 0°与 180°的密集线条，由轴向像质参数引起的密集线条的成像位置偏移量方向相反，因而使检测标记中的双线结构中其中一个线条的线宽变大，而另外一个线条的线宽变小。由上述分析可知，利用线条宽度变化量可实现光刻机轴向像质参数的检测。

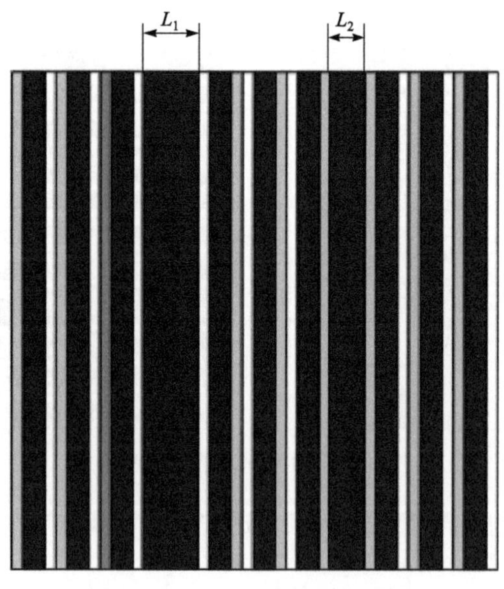

图 3-50　硅片上的检测标记图形

3.3.4.2　检测原理

该检测技术包括硅片曝光、线宽变化量检测与轴向像质参数计算等过程。检测标记的密集线条周期为 400nm，宽线条的线宽为 1μm。首先在一定的照明条件下，将硅片放置在一定的离焦位置处，如图 3-51 所示，参考平面即光刻机当前的最佳焦平面，此处的离焦量为 0。当前曝光平面的位置即硅片所处位置，此处的离焦量即相对于参考平面的 z 向偏移量。之后，将掩模上的检测标记曝光到硅片上不同位置处。硅片后烘与显影后，利用特征尺寸测量仪器(如 KLA-Tencor 公司的 8200 特征尺寸测量仪器)检测曝光到硅片上的检测标记中宽线条的线宽。利用测得的标记宽线条线宽计算得到线宽变化量。利用线宽变化量，通过一定的模型即可计算得到光刻机轴向像质参数。

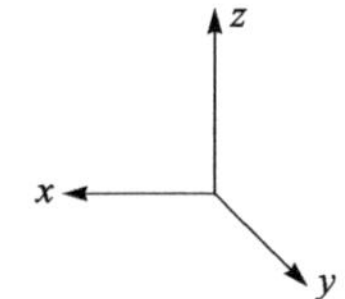

图 3-51　硅片曝光时所处 z 向位置示意图

如图 3-51 所示，若曝光到硅片上的检测标记的宽线条的线宽分别为 L_1，L_2，则线条线宽变化量可表示为

$$\begin{cases}\Delta x_i = \left(L_2^x - L_1^x\right)_i \\ \Delta y_i = \left(L_2^y - L_1^y\right)_i\end{cases} \tag{3.155}$$

其中，Δx_i、Δy_i 分别表示曝光到硅片上的检测标记中宽线条在 x 方向与 y 方向的线宽变化量；宽线条的线宽 L_1，L_2 的上标 x 与 y 分别表示线宽变化的方向。

硅片上曝光场内某位置处的检测标记中宽线条的线宽变化量是由曝光时的离焦引起的，可表示为

$$\begin{cases}\Delta x_i = K_{\mathrm{f}} \cdot (Z - Z_x) \\ \Delta y_i = K_{\mathrm{f}} \cdot (Z - Z_y)\end{cases} \tag{3.156}$$

其中，Z 为硅片曝光时所处的离焦位置；Z_x，Z_y 分别为垂直宽线条与水平宽线条得到的 z 向成像位置偏移量；K_{f} 为离焦所引起的线宽变化量的灵敏度系数。

灵敏度系数 K_{f} 可使用光刻仿真软件 PROLITH 计算得到。首先在一定的离焦量 f 下，利用光刻仿真软件 PROLITH 仿真得到该离焦量下掩模检测标记的线宽变化量 $\Delta x(f)$或 $\Delta y(f)$。灵敏度系数可由下式计算：

$$K_{\mathrm{f}} = \frac{\partial \Delta x(f)}{\partial f} = \frac{\partial \Delta y(f)}{\partial f} \tag{3.157}$$

对于硅片上的曝光场内每个位置处的检测标记，均可由式(3.156)计算得到该位置处检测标记的 z 向成像位置偏移量，由式(3.12)可知，各个位置处的 z 向成像位置偏移量可表示为

$$(\Delta Zx_i + \Delta Zy_i)/2 = Z_w + R_y \cdot x_i + R_x \cdot y_i + FC \cdot (x_i^2 + y_i^2) + R_i \tag{3.158}$$

其中，R_i 表示残余误差。将各个位置处所得到的方程进行整理，可得到式(3.159)所示的矩阵方程组

$$\begin{bmatrix} R_1 \\ R_2 \\ \vdots \\ R_n \end{bmatrix} = \begin{bmatrix} (\Delta Zx_1 + \Delta Zy_1)/2 \\ (\Delta Zx_2 + \Delta Zy_2)/2 \\ \vdots \\ (\Delta Zx_n + \Delta Zy_n)/2 \end{bmatrix} - \begin{bmatrix} 1 & x_1 & y_1 & x_1^2 + y_1^2 \\ 1 & x_2 & y_2 & x_2^2 + y_2^2 \\ \vdots & \vdots & \vdots & \vdots \\ 1 & x_n & y_n & x_n^2 + y_n^2 \end{bmatrix} \cdot \begin{bmatrix} Z_w \\ R_y \\ R_x \\ FC \end{bmatrix} \tag{3.159}$$

式(3.159)所示的方程组是超定的，通过最小二乘法即可得到光刻机的各项初级轴向像质参数。由式(3.159)可知，z 向成像位置偏移量的测量精度是决定各项轴向像质参数测量精度的关键因素。与 FOCAL 技术相比，基于双线线宽变化量的轴向像质参数检测技术由于检测标记的特殊性，测量数据不受垂轴像质参数的影响。同时，由于仅需在一个离焦位置处进行曝光，所以大大节约了检测时间。

3.3.4.3　仿真结果

使用光刻仿真软件 PROLITH 对离焦引起的线宽变化量、z 向成像位置偏移量与检测标记中线宽变化量之间的灵敏度系数进行了仿真实验，并对仿真结果进行了分析比较。图 3-52 是在传统照明，投影物镜数值孔径为 0.7、部分相干因子为 0.3，离焦量范围为 −0.4～0.4μm，离焦量的间隔为 0.1μm 的条件下，利用 PROLITH 光刻仿真软件进行仿真得到的在不同离焦位置处曝光时的检测标记双线结构的线宽变化量。

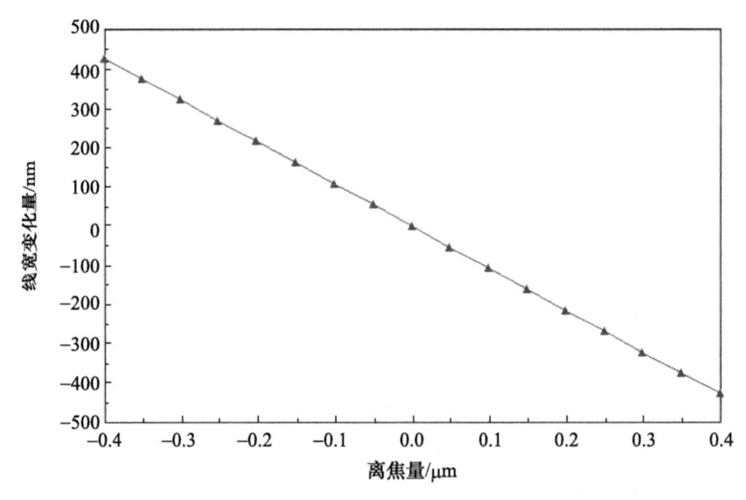

图 3-52　传统照明条件下检测标记线宽变化量的仿真结果

图 3-53 是在环形照明，投影物镜数值孔径为 0.7、部分相干因子为 0.3、环带宽度为 0.3，离焦量范围为−0.4～0.4μm，离焦量的间隔为 0.1μm 的条件下，利用 PROLITH 光刻仿真软件进行仿真得到的在不同离焦位置处曝光时的检测标记双线结构的线宽变化量。

由图 3-52 与图 3-53 与可知，检测标记中双线的线宽变化量与检测标记曝光时的 z 向位置成线性关系。在传统照明与环形照明条件下，检测标记线宽变化量相对于离焦量的灵敏度系数 K_{f} 如表 3-14 所示。

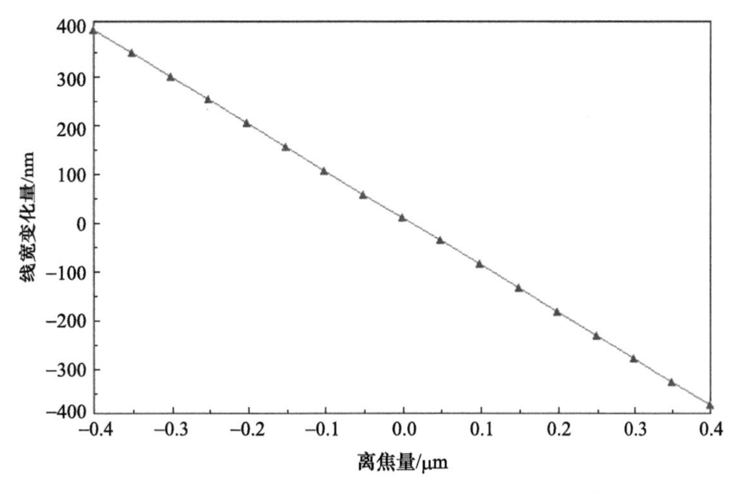

图3-53　环形照明条件下离焦量引起的检测标记线宽变化量

表3-14　不同条件下灵敏度系数 K_f

条件	灵敏度系数 K_f
传统照明	1.0702
环形照明	0.9583

由式(3.157)可知，z 向成像位置偏移量的测量精度由检测标记线宽变化量的测量精度与灵敏度系数 K_f决定。由误差传递理论可知，z 向成像位置偏移量的测量精度可由下式估算：

$$\begin{cases}\delta(\Delta x)+K_{\mathrm{f}}\cdot\delta(Z)=K_{\mathrm{f}}\cdot\delta(Z_y)\\ \delta(\Delta y)+K_{\mathrm{f}}\cdot\delta(Z)=K_{\mathrm{f}}\cdot\delta(Z_x)\end{cases} \tag{3.160}$$

其中，$\delta(\Delta x)$，$\delta(\Delta y)$表示检测标记线宽变化量的测量误差；$\delta(Z)$表示检测标记曝光时所处 z 向位置的测量误差；$\delta(Z_x)$，$\delta(Z_y)$表示 z 向成像位置偏移量的测量误差。

检测标记线宽变化量的测量误差主要有两个来源，一是光刻机高阶轴向像质参数(投影物镜偶像差)的影响，二是利用特征尺寸测量仪器测量标记线宽时测量误差的影响。利用特征尺寸测量仪器测量线宽的测量误差仅为 0.5nm。由式(3.155)与误差传递理论可知，由线宽测量误差引起的线宽变化量的测量误差为 1nm。

利用 PROLITH 光刻仿真软件对高阶轴向像质参数引起的误差进行了仿真。首先在传统照明，数值孔径为 0.7、部分相干因子为 0.3 的条件下，分别在离焦量为 50nm、高阶轴向像质参数为 0 和离焦量为 50nm、高阶轴向像质参数中三阶像散与三阶球差分别为 0.005λ 的情况下进行了仿真实验；其次在环形照明，数值孔径为 0.7、部分相干因子为 0.3、环带宽度为 0.3 的条件下，分别在离焦量为 50nm、高阶轴向像质参数为 0 和离焦量为 50nm、高阶轴向像质参数中三阶像散与三阶球差分别为 0.005λ 的情况下进行了仿真实验。表 3-15 对比了上述利用 PROLITH 光刻仿真软件进行仿真得到的仿真结果。由表 3-15 可以看出，在传统照明条件下，由高阶轴向像质参数引起的线宽变化量的绝对误差为 4nm，相对误差约为 7%；而在环形照明条件下，由高阶轴向像质参数引起的线宽变化量的绝对误差仅为 0.8nm，相对误差约为 1.6%。

由误差传递理论可知，线宽变化量的测量误差为两处误差的叠加。因此，对于传统照明，线宽变化量的测量误差为 5nm；对于环形照明，线宽变化量的测量误差为 1.8nm。

表 3-15　不同条件下线宽变化量的仿真结果对比

条件		线宽变化量/nm
传统照明	高阶轴向像质参数为 0	53.6
	高阶轴向像质参数不为 0	49.6
环形照明	高阶轴向像质参数为 0	47.6
	高阶轴向像质参数不为 0	46.8

检测标记曝光时所处 z 向位置的测量误差主要由光刻机的调焦调平系统的误差决定。调焦调平系统的误差为 10nm，因而检测标记曝光时所处 z 向位置的测量误差为 10nm。将上述误差代入式(3.160)，即可计算得到 z 向成像位置偏移量的误差。表 3-16 给出了不同条件下 z 向成像位置偏移量误差的计算结果。

表 3-16　z 向成像位置偏移量测量误差

条件	z 向成像位置偏移量测量误差
传统照明	30nm
环形照明	24nm

由表 3-16 可知，该技术的 z 向成像位置偏移量的测量误差在传统照明与环形照明条件下分别为 30nm 与 24nm。而在 FOCAL 技术中，z 向成像位置偏移量的测量误差为 40nm。与 FOCAL 检测技术相比，该技术的 z 向成像位置偏移量的测量误差在传统照明与环形照明的条件下分别降低了 25%与 40%，即 z 向成像位置偏移量的测量精度分别提高了 25%与 40%。由于 z 向成像位置偏移量的测量精度决定了各项轴向像质参数的测量精度，因此与 FOCAL 检测技术相比，利用该技术检测轴向像质参数的精度可提高 25%以上。

3.3.5　其他检测技术

1. PSFM 技术

1993 年，Brunner 在 OCG 会议上提出 PSFM(phase shift focus monitor)技术[11]，即基于移相掩模的焦面监控技术，其主要检测原理是利用交替型移相图形曝光位置随离焦量呈线性变化的规律，将焦面的检测转换为对图像水平向曝光位置的检测。PSFM 技术的优点是数据处理较为简单，最佳焦面的测量精度较高，优于 50nm；缺点是需要专用测试工具，如套刻精度检测仪或 SEM 等，由此导致测量时间较长，成本较高。特别是移相掩模的高精度要求与高制作成本成为阻碍该技术应用的重要原因。在 PSFM 技术的基础上发展出的 PGM 技术[12,13]，其测量原理与 PSFM 相同，不同的是 PGM 利用具有交替移相光栅的结构代替了 PSFM 的交替移相孤立线。应用交替移相光栅的优势是减小了掩模制造误差对测量结果的影响，缺点是测量费时。

2. LES 技术

LES 技术是利用离焦后曝光线条的末端变短这一现象[14]，通过测量线条在不同离焦量下的长度，拟合长度随离焦量变化的关系曲线，并利用拟合曲线计算线条长度最大时对应的离焦位置，该位置即为视场中该点的最佳成像位置。统计计算视场中所有点的最佳成像位置即可计算出最佳焦面偏移等轴向像质参数。该方法在 ArF 光刻机之前有一定的应用，但由于线条长度的测量较为费时，且精度低，因此在 100nm 节点以下就鲜有应用了。

3. 基于楔形标记的检测技术

基于楔形标记的检测技术是针对 Nikon 的激光扫描对准系统 LSA 设计的检测方式[15]。楔形标记是由一组两头尖的锥形图形构成的。当标记在离焦位置曝光时，由于分辨率降低，楔形标记的两个尖头不能被完整曝光，所以整个标记的长度将有所变化；当标记长度达到最长时，即可以认为该处为掩模的最佳成像位置。利用该技术可以测量最佳焦面偏移、像面倾斜等多种轴向像质参数，测量精度不低于 30nm。但该技术需要利用对准系统进行逐行扫描检测，所以耗时比较长。特别是由于该技术是针对 Nikon 光刻机特有的对准系统所设计，在非 Nikon 光刻机上很难应用，所以该技术未能被广泛采用。

3.4　垂轴与轴向像质同步检测技术

与 3.2 节和 3.3 节介绍的像质检测技术仅能检测垂轴或轴向像质参数不同，本节介绍的垂轴与轴向像质同步检测技术可实现垂轴与轴向像质参数的同步检测，即可实现垂轴和轴向的标记成像位置偏移量的同步检测。垂轴与轴向像质同步检测技术包括 TIS 技术[2]和镜像 FOCAL 技术[7]两种，TIS 技术是基于空间像测量的检测技术，而镜像 FOCAL 技术是基于光刻胶曝光的检测技术，是对 FOCAL 技术的拓展。

3.4.1　TIS 技术[2]

基于曝光的方法能够以较高的精度测量像质参数，但是这类方法耗时较长，为此人们提出一种利用像传感器(TIS)测量像质参数的方法。该方法首先通过像传感器测量掩模或掩模台基准板上标记成像的三维光强分布，对光强信号进行数据拟合后得到成像位置，然后根据测量得到的成像位置计算得出像质参数。该方法在测量精度接近曝光方法的同时，具有测量时间短、成本低、测量过程简单等优点。除了进行光刻机像质参数检测外，根据像传感器测量得到的成像位置，还可以进行掩模对准、投影物镜数值孔径测量以及照明系统部分相干因子测量。

3.4.1.1　硬件结构

最初提出的像传感器用于测量光刻机投影物镜像差，其硬件结构包括掩模台基准板上的 TIS 标记和工件台上的像传感器模块，如图 3-54 所示。其中像传感器模块又包含 TIS 标记、荧光板、光电二极管、模数转换器等，如图 3-55 所示。

像传感器测量掩模台基准板上的 TIS 标记成像位置时，由 ArF 准分子激光器发出的 193nm 深紫外光经照明系统后照射于掩模台基准板，这样掩模台基准板上的 TIS 标记经投影物镜成像在像面附近，光线经像传感器模块中的 TIS 标记后照射在荧光板上，并激发出荧光，由光电二极管将光信号转化为电信号，然后经过前置放大和模数转换后输出到 ISIB 板。

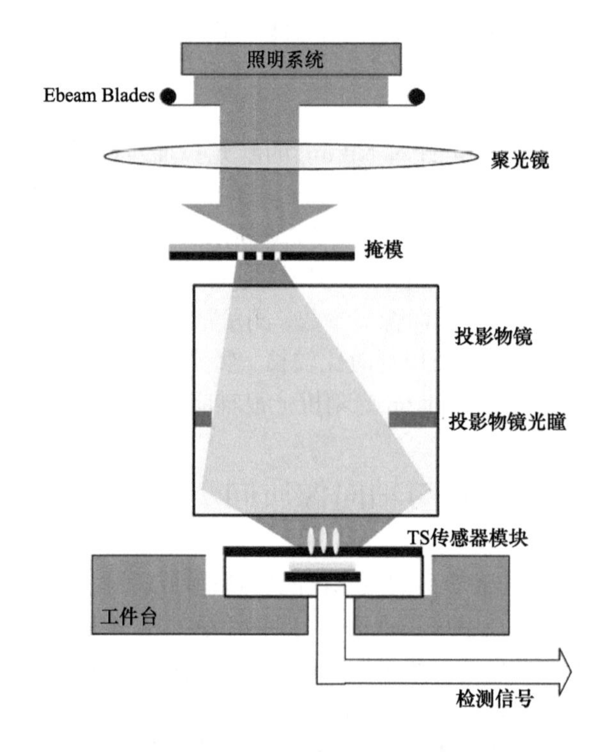

图 3-54　像传感器的硬件结构示意图[16]

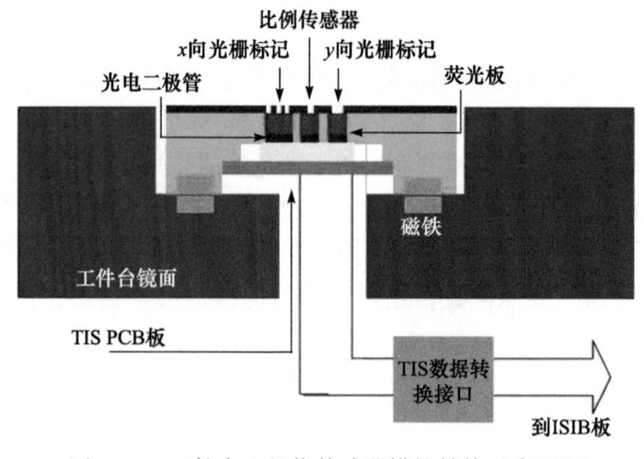

图 3-55　工件台上的像传感器模块结构示意图[16]

像传感器模块中的 TIS 标记(下称工件台 TIS 标记)图样如图 3-56 所示，分别由比例传感器和四个光栅组合构成的分支 Txv、Tyv、Txh、Tyh 组成。比例传感器及每个分支下面各有一套包括荧光板、光电二极管在内的光电转换装置。Txv、Tyv、Txh、Tyh 光栅组合的光栅组间隔为 16μm，Txv 与 Txh 分支有 12 个光栅组，Tyv、Tyh 分支有 2 个光栅组。每个光栅组分别有三个线条，其线宽为 0.2μm，线间距为 3μm。28μm×28μm 的比例传感器用于测量每次成像时照明光的光强度，以便消除光源强度波动的影响，以确定每次测量的光强基准。

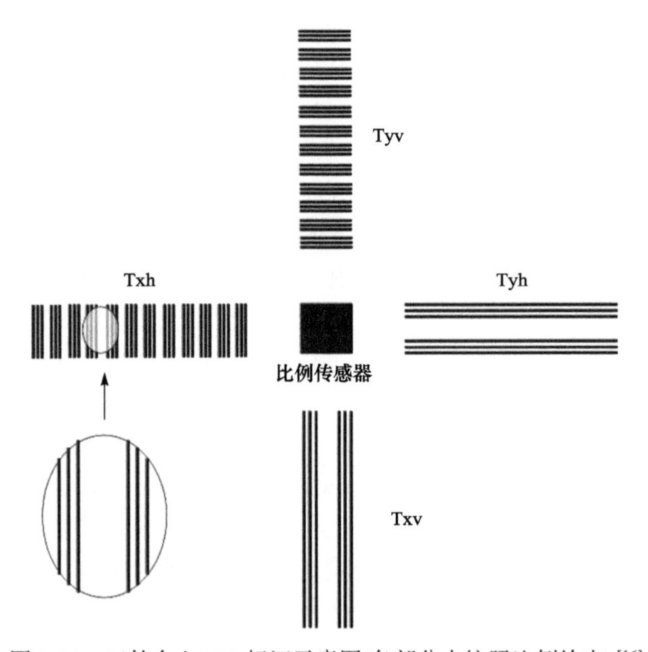

图 3-56　工件台上 TIS 标记示意图(各部分未按照比例绘出) [16]

掩模台基准板上有多个分布于边缘的 TIS 标记。掩模台基准板上的 TIS 标记与工件台上的 TIS 标记形状相似，由 Txv、Tyv、Txh、Tyh 分支中的两个或三个与方孔(对应工件台上的比例传感器)共同构成。由于光刻机投影物镜成 4 倍的倒像，因此各分支位置与工件台上的 TIS 标记相反，且线条之间以及各分支与方孔之间的间距为工件台上 TIS 标记的四倍。Txv、Tyv、Txh、Tyh 光栅组合的光栅组间隔为 64μm，Txv、Txh 分别有 12 个光栅组，Tyv、Tyh 分别有 2 个光栅组。每个光栅组分别有三个细线条，其线宽为 0.8～1.6μm，线间距为 12μm。40μm×40μm 的方孔透射的光强由工件台上 TIS 参考标记中的比例传感器测量，可得到照明光强。

3.4.1.2　成像位置测量原理

像传感器为莫尔(Moire)测量系统，当掩模台基准板上 TIS 标记空间像的光栅图形和工件台上的光栅图形重叠时，将产生莫尔条纹。掩模台基准板上的 TIS 标记相当于固定不动的参考光栅，而工件台上的 TIS 标记则相当于标尺光栅。由于工件台上的 TIS 标记相对于空间像有一微小运动，所以将引起较大的光强变化。当掩模台基准板上 TIS 标记的像与工件台 TIS 标记完全重合时，也就是说像传感器测量的光强信号最大的位置即为掩模台基准板上 TIS 标记的成像位置。由于工件台 TIS 标记固定在工件台上，因此可以得到掩模台基准板上 TIS 标记的成像位置在工件台坐标系中的坐标。

TIS 标记中 Txh 分支与 Txv 分支为 Y 方向光栅，当工件台 X 方向移动时，其光强变化比较大,因此 Txh 分支与 Txv 分支用于测量 Y 方向线条成像位置的 X 与 Z 坐标值。Tyh 分支与 Tyv 分支为 X 方向光栅，当工件台沿 Y 方向移动时，其光强变化比较大，因此 Tyh 分支与 Tyv 分支用于测量 X 方向线条成像位置的 Y 与 Z 坐标值。

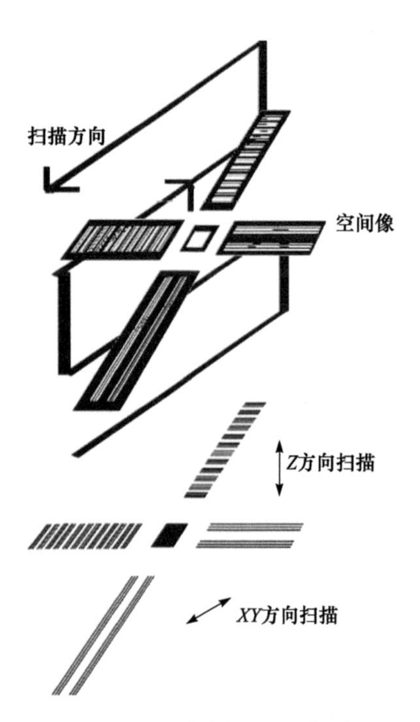

图 3-57　TIS 扫描过程示意图[16]

像传感器测量掩模台基准板上的 TIS 标记成像位置时,由 ArF 准分子激光器发出的 193nm 深紫外光经照明系统后照射于掩模台基准板，这样掩模台基准板上的 TIS 标记经投影物镜成像在像面附近。工件台 TIS 标记对掩模台基准板 TIS 标记的空间像进行三维扫描，即在不同的高度处，工件台在水平面内沿对角线方向进行经过期望位置的 45° 扫描，如图 3-57 所示。在扫描过程中，利用工件台 TIS 标记下面的五个传感器测量光强，与此同时利用激光干涉仪测量工件台的水平坐标(X，Y)，利用调焦调平系统测量工件台 Z 方向的坐标。将测得的各分支光强信号除以比例传感器测得的光强信号后的结果，对应不同的工件台位置，采用一定的算法分别进行拟合，从而确定对应各个分支的最大光强处的 X(或 Y)及 Z 两个坐标值。

3.4.1.3　扫描方式与信号分析

考虑到扫描的捕获范围、成像位置的测量精度及扫描时间等问题，采用了通过多种扫描方式确定成像位置的方法。比例传感器扫描方式(Ration $X(Y)$)仅在 XY 平面内进行扫描，该扫描方式捕获范围最大，但是测量精度最低。粗扫描、中等扫描及精扫描均为三维扫描。这三种扫描方式测量精度依次增高，而捕获范围依次减小。各种扫描方式的捕获范围与测量精度在一定范围内可调。此外，在上述扫描方式中，粗扫描、中等扫描及精扫描也可根据测量的实际情况设定为 XY 平面内的二维扫描或 Z 向的一维扫描，见表 3-17。

表 3-17　扫描方式及其捕获范围与测量精度

扫描方式	捕获范围/μm		精度 3σ/μm	
	X Y	Z	X Y	Z
比例传感器扫描	16.0	—	0.5	—
粗扫描	4.0	6	0.25	0.75
中等扫描	0.55	1.6	0.05	0.1
精扫描	0.2	0.85	0.003	0.025

在上述扫描方式中，比例传感器扫描仅使用了比例传感器测量得到的光强信号。由于掩模台基准板上 TIS 标记中的方孔较大，在像面附近光强变化小，无法进行像面位置的三维扫描。比例传感器对应掩模台基准板上 TIS 标记中的方孔，因此在 *XY* 平面内扫描时的方式为先在 *X* 方向进行扫描，然后在 *Y* 方向进行扫描，以避免两个方向的光强变化趋势互相影响。粗扫描、中等扫描及精扫描在 *XY* 平面内的扫描则采用了省时的 45° 角扫描方式。

ArF 准分子激光器发出的光为脉冲激光，其脉冲频率为 1000～6000Hz 可调，TIS 扫描在激光器发出每个脉冲的时刻进行采样，因此 *XY* 向的扫描时间与采样点数及激光器的频率有关。如果在 *XY* 平面内需要采样 100 个点，而激光器的脉冲频率为 1000Hz，那么扫描时间为 100ms。工件台 *Z* 向运动的时间则由调焦调平时间来确定，通常为 20ms。这样，如果激光器的脉冲频率为 1000Hz，需要采样 10 个 *XY* 平面，且每个平面内采样 100 个点，那么总共的扫描时间约为 1.2s。

具体的扫描方式可根据实际情况选择。通常在考虑产率的情况下，首先选择的是精扫描，一旦超出扫描范围则会自动调转至粗扫描，然后再由粗至精依次进行扫描。像传感器扫描得到的光强信号经光电转换及模数转换后，必须经过进一步的信号处理才能得到掩模台基准板上标记的成像位置。首先必须去除信号中暗电流的影响，然后对于除比例传感器扫描外的其他几种扫描方式，还必须利用比例传感器的信号进行归一化，

$$I_{\text{nom}} = \left(I_{\text{mea}} - I_{\text{dark}}\right) / \left(I_{\text{ratio}} - I_{\text{dark\_ratio}}\right) \tag{3.161}$$

式中，I_{mea} 为光强测量值；I_{dark} 为 TIS 传感器的暗电流，各个分支的暗电流大小可能不相同；I_{ratio} 为比例传感器测得的光强值；$I_{\text{dark\_ratio}}$ 为比例传感器的暗电流。这样得到的归一化光强去除了暗电流以及照明光源光强波动的影响。

对于比例传感器扫描，其光强无须进行归一化，只需去除暗电流的影响

$$I_{\text{nom\_ratio}} = I_{\text{ratio}} - I_{\text{dark\_ratio}} \tag{3.162}$$

在利用式(3.161)及式(3.162)求得光强的基础上，采用一定算法进行数据拟合即可得到成像位置。由于中等扫描的数据拟合方法与精扫描完全相同，不同的只是采样点间隔与测量范围，因此下面将仅对像传感器精扫描、粗扫描以及比例传感器扫描的数据拟合方法进行分析。

1. 精扫描数据拟合

掩模台基准板上的 TIS 标记各分支中线条之间的距离远大于投影物镜的分辨率与线条的宽度，因此成像时线条之间光强的互相影响可以忽略。掩模台基准板上 TIS 标记的每个分支与工件台 TIS 标记分支的线条数目相同，而且线条之间间距成四倍关系。由于精扫描的范围不超过线条之间的距离，因此，精扫描得到的光强与掩模台上单个线条的像被工件台上单个狭缝所扫描得到的光强应随 *XYZ* 坐标变化的趋势完全相同，且大小成比例。

为了方便计算，假设精扫描得到的光强即为掩模台上单个线条的像被工件台上单个

狭缝扫描得到的光强，此时扫描得到的光强分布应为单个线条成像的光强分布与 0.2μm 狭缝的卷积。图 3-58 是利用光刻仿真软件 SOLID-C 计算得出的 Y 方向 0.25μm 线条成像光强分布与 0.2μm 狭缝的卷积的结果。图中 Z 轴为归一化的光强，对于 X 方向线条得到的结果完全相同，只是将 X 变成 Y。

利用像传感器精扫描可测量得到类似图 3-58 的结果，对像传感器扫描得到的光强进行二次曲线拟合，以求解光强最大点的位置。由于像传感器测量信号较小时的噪声较大，

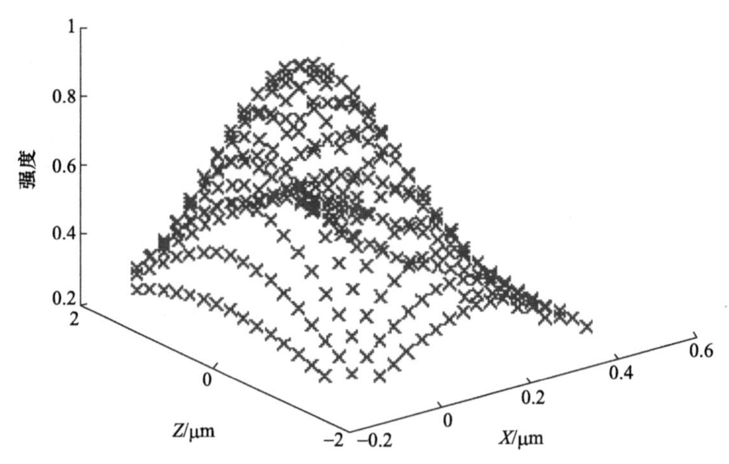

图 3-58　利用 SOLID-C 计算得出的 0.25μm 线条卷积光强

且卷积光强分布不完全满足二次曲线分布，因此仅对相对光强大于最大光强 50%的点进行二次曲线拟合。用于对工件台 TIS 标记测量 X 方向位置分支(Txh 和 Txv)得到光强进行拟合的函数是

$$I(x,z)=\beta_1x^2+\beta_2xz+\beta_3z^2+\beta_4x+\beta_5z+\beta_6 \tag{3.163}$$

类似地，用于对工件台 TIS 标记测量 Y 方向位置分支(Tyh 和 Tyv)得到光强进行拟合的函数则是

$$I(y,z)=\beta_1y^2+\beta_2yz+\beta_3z^2+\beta_4y+\beta_5z+\beta_6 \tag{3.164}$$

使用最小二乘法计算式(3.163)和式(3.164)中的系数。取样的范围为所有光强大于阈值(最大光强 50%)的扫描点。以 Txh 为例，设 N 个光强信号有效，那么

$$\begin{pmatrix} I_{x1} \\ I_{x2} \\ \vdots \\ I_{xN} \end{pmatrix}_{N\times1}=\begin{pmatrix} X_1^2 & X_1Z_1 & Z_1^2 & X_1 & Z_1 & 1 \\ X_2^2 & X_2Z_2 & Z_2^2 & X_2 & Z_2 & 1 \\ \vdots & \vdots & \vdots & \vdots & \vdots & \vdots \\ X_N^2 & X_NZ_N & Z_N^2 & X_N & Z_N & 1 \end{pmatrix}_{N\times6}\begin{pmatrix} \beta_1 \\ \beta_2 \\ \beta_3 \\ \beta_4 \\ \beta_5 \\ \beta_6 \end{pmatrix} \tag{3.165}$$

其中，$I_{x1},I_{x2},\cdots,I_{xN}$ 为测量得到的有效光强信号；X_1，X_2,⋯，X_N 为光强信号相应的 X 坐标；Z_1，Z_2, ⋯，Z_N 为光强信号相应的 Z 坐标，令

$$P=\begin{pmatrix} X_1^2 & X_1Z_1 & Z_1^2 & X_1 & Z_1 & 1 \\ X_2^2 & X_2Z_2 & Z_2^2 & X_2 & Z_2 & 1 \\ \vdots & \vdots & \vdots & \vdots & \vdots & \vdots \\ X_N^2 & X_NZ_N & Z_N^2 & X_N & Z_N & 1 \end{pmatrix}_{N\times 6},\quad I_x=\begin{pmatrix} I_{x1} \\ I_{x2} \\ \vdots \\ I_{xN} \end{pmatrix}_{N\times 1},\quad B=\begin{pmatrix} \beta_1 \\ \beta_2 \\ \beta_3 \\ \beta_4 \\ \beta_5 \\ \beta_6 \end{pmatrix}$$

则有

$$B=\left(P'P\right)^{-1}P'I_x \tag{3.166}$$

由式(3.166)得到的向量 B，可求得对准位置

$$\begin{cases} x_{\text{align}}=\dfrac{-2\beta_3\beta_4+\beta_5\beta_2}{4\beta_1\beta_3-\beta_2^2} \\ z_{\text{align}}=\dfrac{-2\beta_1\beta_5+\beta_4\beta_2}{4\beta_1\beta_3-\beta_2^2} \end{cases} \tag{3.167}$$

图 3-59 比较了测量得到的光强结果与拟合得到的光强，(a)为测量得到的光强，(b)为拟合得到的光强。在光强大于阈值的情况下，MCC 大于 90%。多次测量同一个标记的空间像成像位置，其测量重复精度(3σ) XY 向为 3nm，Z 向为 25nm。

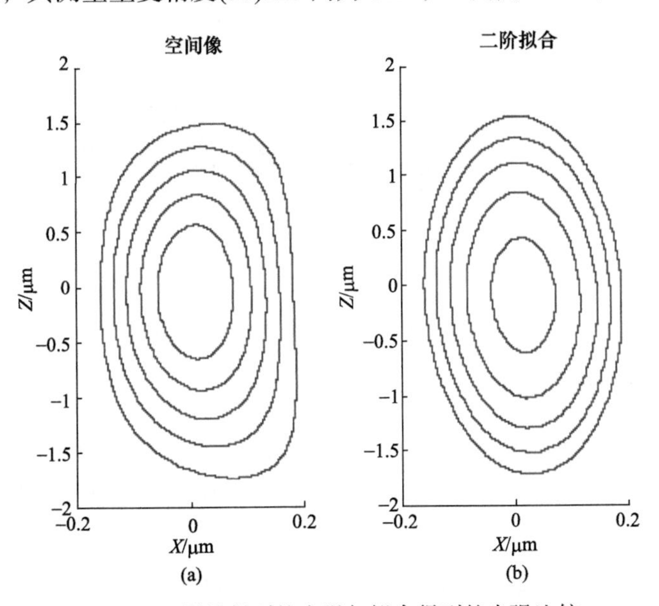

图 3-59　测量得到的光强与拟合得到的光强比较

XY 平面内的扫描以及 Z 向一维扫描的数据拟合方法与三维扫描类似，只不过在 XY 平面内扫描时，数据拟合去除了 Z 向相关的部分，在 Z 向扫描时，数据拟合去除了 XY 向相关部分，拟合由二维变成了一维。

2. 粗扫描数据拟合

像传感器粗扫描范围为 ± 4μm，因此将得到 3 个光强极大值，经过式(3.161)处理后得到的光强如图 3-60 所示。当 *XY* 向采样点间隔较大(如 150nm)时，直接采用采样点最大光强位置作为空间像成像位置的 *X* 坐标(*Y* 坐标)，然后在 *Z* 向取光强最大点以及附近的 *Z* 向的两个点进行一维拟合得到空间像成像位置的 *Z* 向坐标。采用该方法在 *XY* 方向的测量精度约为采样点间隔的 1/2，当 *XY* 向采样点间隔为 150nm 时，*XY* 向测量精度为 75nm。

当 *XY* 向采样点间隔较小时(如 100nm)，将采样点最大光强位置光强大于阈值的点进行二维光强拟合，拟合方法与精扫描类似。该方法需要的采样点较多，但测量精度明显优于上述方法。当 *XY* 向采样点间隔为 100nm 时，*XY* 向测量重复精度(3σ)为 20nm。

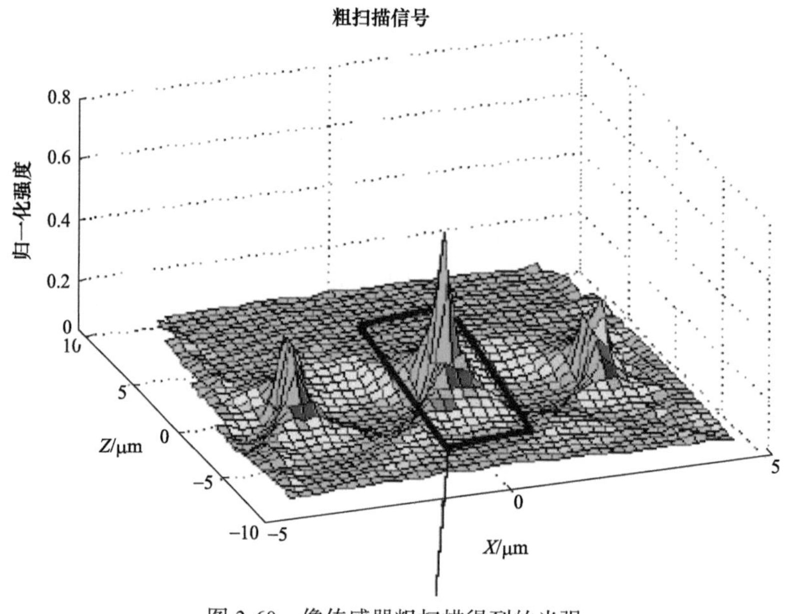

图 3-60　像传感器粗扫描得到的光强

3. 比例传感器扫描数据拟合

比例传感器扫描时，经过式(3.162)处理后得到的光强如图 3-61(a)所示。像传感器粗扫描时测量得到的光强为一梯形，难以直接寻找成像位置。为此将测量得到的信号与一个矩形函数进行卷积

$$I_{\mathrm{conv\_ratio}}(x) = I_{\mathrm{nom\_ratio}}(x) * \mathrm{rect}(x / C) \tag{3.168}$$

其中，*C* 为常数，取值需大于光强为常数的扫描范围；光强为常数的扫描范围为 18μm。此外，*C* 还要小于比例传感器上有信号的范围，因此 *C* 应在 18～38μm 之间取值。通常 *C* 的取值在 20 左右，图 3-61 中 *C* 取为 22μm。掩模台基准板上 TIS 标记中的方孔为 40μm×40μm，像面上像的大小为 10μm×10μm，而工件台 TIS 标记的比例传感器大小为 28μm×28μm。卷积后的结果如图 3-61(b)所示。此时即可采用与精扫描类似的一维二次曲

线拟合方法对卷积后的结果进行拟合，从而确定成像位置。比例传感器扫描结果拟合得到的成像位置测量重复精度(3σ)约为 0.5μm。

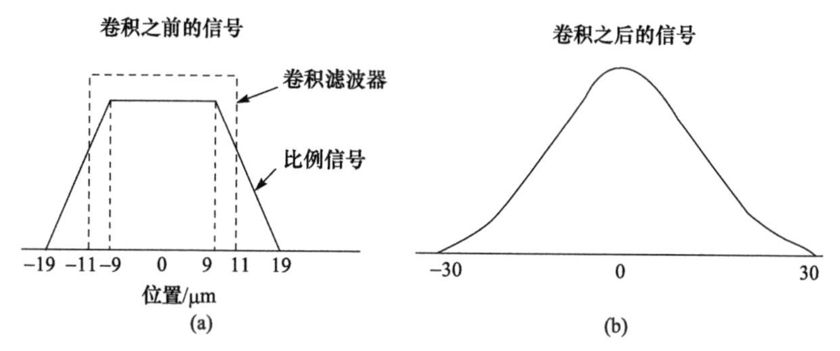

图 3-61　(a) 比例传感器扫描处理后得到的光强；(b) 将比例传感器扫描处理后得到的光强卷积后的结果

3.4.1.4　像质参数计算方法

由于成像位置受到包括像差在内的多种像质参数共同影响，因此无法单独计算投影物镜像差。除像差外，其他像质参数(如最佳焦面、像面平移、像面旋转和像面倾斜)对光刻机同样重要。利用像传感器计算像差时，将得到包括像差在内的多个像质参数。基于像传感器的像质检测技术通过测量掩模台基准板 TIS 标记空间像的实际位置与理想位置的偏差得到光刻机在 XYZ 空间内的各项像质参数。根据不同的包括像差在内的像质参数对成像位置的影响，可将像质参数计算模型分为垂轴像质参数计算模型与轴向像质参数计算模型。

1. 垂轴像质参数计算

垂轴像质参数数据处理模型是建立在套刻数学模型基础上的。对于扫描式光刻机，场内套刻数学模型为

$$\begin{cases}\Delta x = \mathrm{d}x_\mathrm{f} + x_\mathrm{f} M_\mathrm{fx} - y_\mathrm{f}\phi_\mathrm{fx} - {x_\mathrm{f}}^2 T_{xx} - x_\mathrm{f} y_\mathrm{f} T_{yx} + y_\mathrm{f}^2 W_x + x_\mathrm{f} r_\mathrm{f}^2 D_{3x} + x_\mathrm{f} r_\mathrm{f}^4 D_{5x} + R_\mathrm{fx} \\ \Delta y = \mathrm{d}y_\mathrm{f} + y_\mathrm{f} M_\mathrm{fy} + x_\mathrm{f}\phi_\mathrm{fy} - {y_\mathrm{f}}^2 T_{yy} - x_\mathrm{f} y_\mathrm{f} T_{xy} + x_\mathrm{f}^2 W_y + y_\mathrm{f} r_\mathrm{f}^2 D_{3y} + y_\mathrm{f} r_\mathrm{f}^4 D_{5y} + R_\mathrm{fy}\end{cases} \tag{3.169}$$

其中，Δx 、Δy 表示 x 方向和 y 方向的场内位置误差；x_f、y_f 为任意一点的场内坐标；$r_\mathrm{f}=\sqrt{x_\mathrm{f}^2+y_\mathrm{f}^2}$；$\mathrm{d}x_\mathrm{f}$、$\mathrm{d}y_\mathrm{f}$ 为场内像面平移；M_fx、M_fy 为场内倍率；ϕ_fx、ϕ_fy 为像面旋转；T_{xx}、T_{yx}、T_{yy}、T_{xy} 表示不规则四边形；W_x、W_y 表示楔形畸变；D_3、D_5 分别表示三阶畸变与五阶畸变；R_f 为场内残余误差。

式(3.169)中的各项误差参数可分解为对称项与非对称项，以 P 表示式(3.169)中的任意一项误差参数，P_x 与 P_y 分别表示其 X 向分量与 Y 向分量，P_s 与 P_a 分别表示其对称项与非对称项，因此有

$$\begin{cases}P_\mathrm{s} = \dfrac{P_x + P_y}{2} \\ P_\mathrm{a} = \dfrac{P_x - P_y}{2}\end{cases} \tag{3.170}$$

在式(3.169)中，场内的倍率误差、像面旋转、三阶畸变等参数均包括对称部分和非对称部分，通常在像质参数检测时只考虑对称部分，即各误差参量 $P_x=P_y$。垂轴像质参数主要包含以下几类。

1) 不规则四边形

不规则四边形误差主要是曝光场内各点的倍率不同造成的。当掩模存在一定梯度时，掩模上各点到投影物镜入瞳的距离不同，使掩模上各点通过投影物镜在像面上所成像的倍率不同，从而产生不规则四边形误差。但对于双远心光路而言，掩模到投影物镜入瞳的距离改变不会改变掩模通过投影物镜在像面上所成像的倍率，故对于双远心光路可以不考虑不规则四边形误差。光刻机投影物镜均采用双远心光路，所以在像质参数检测模型中不包含不规则四边形(T_{xx}、T_{yx}、T_{yy}、T_{xy})误差。

2) 楔形畸变

楔形畸变是由光路中的楔形形状引起的，如投影物镜内部透镜单元的离心、倾斜或者投影物镜内部包含有楔形元件。在初级像质参数检测模型中不包含楔形畸变(W_x、W_y)误差。在初级垂轴像质参数检测模型中仅包含三阶畸变误差，该项误差不包含非对称部分，即 $D_{3x}=D_{3y}$、$D_5=0$。

由上述分析，从式(3.169)中可得到

$$\begin{cases}\Delta x = \mathrm{d}x_{\mathrm{f}} + x_{\mathrm{f}} M_{\mathrm{f}} - y_{\mathrm{f}}\phi_{\mathrm{f}} + x_{\mathrm{f}} r_{\mathrm{f}}^2 D_3 + R_{\mathrm{f}x} \\ \Delta y = \mathrm{d}y_{\mathrm{f}} + y_{\mathrm{f}} M_{\mathrm{f}} - x_{\mathrm{f}}\phi_{\mathrm{f}} + y_{\mathrm{f}} r_{\mathrm{f}}^2 D_3 + R_{\mathrm{f}y}\end{cases} \tag{3.171}$$

假设成像位置偏差已经测量得到，则可利用最小二乘法求解场内各误差参数，将式(3.171)写为如下形式：

$$\begin{cases}\begin{bmatrix} R_{\mathrm{f}x1} \\ R_{\mathrm{f}x2} \\ \vdots \end{bmatrix} = \begin{bmatrix} \mathrm{d}X_1 \\ \mathrm{d}X_2 \\ \vdots \end{bmatrix} - \begin{bmatrix} 1 & x_{\mathrm{f}1} & -y_{\mathrm{f}1} & x_{\mathrm{f}1} r_{\mathrm{f}1}^2 \\ 1 & x_{\mathrm{f}2} & -y_{\mathrm{f}2} & x_{\mathrm{f}2} r_{\mathrm{f}2}^2 \\ \vdots & \vdots & \vdots & \vdots \end{bmatrix} \begin{bmatrix} \Delta x \\ M_{\mathrm{f}} \\ \phi_{\mathrm{f}} \\ D_3 \end{bmatrix} \\ \begin{bmatrix} R_{\mathrm{f}y1} \\ R_{\mathrm{f}y2} \\ \vdots \end{bmatrix} = \begin{bmatrix} \mathrm{d}Y_1 \\ \mathrm{d}Y_2 \\ \vdots \end{bmatrix} - \begin{bmatrix} 1 & y_{\mathrm{f}1} & x_{\mathrm{f}1} & y_{\mathrm{f}1} r_{\mathrm{f}1}^2 \\ 1 & y_{\mathrm{f}2} & x_{\mathrm{f}2} & y_{\mathrm{f}2} r_{\mathrm{f}2}^2 \\ \vdots & \vdots & \vdots & \vdots \end{bmatrix} \begin{bmatrix} \Delta y \\ M_{\mathrm{f}} \\ \phi_{\mathrm{f}} \\ D_3 \end{bmatrix}\end{cases} \tag{3.172}$$

在 $\sum\limits_{39} R_{\mathrm{f}x}^2 + R_{\mathrm{f}y}^2$ 达到最小的情况下，由矩阵方程组(3.172)可解出 Δx、Δy、M_{f}、ϕ_{f}、D_3。将式(3.172)中两个矩阵合并，得到

$$\begin{bmatrix} R_{\mathrm{f}x1} \\ R_{\mathrm{f}y1} \\ R_{\mathrm{f}x2} \\ R_{\mathrm{f}y2} \\ \vdots \end{bmatrix} = \begin{bmatrix} \mathrm{d}X_1 \\ \mathrm{d}Y_1 \\ \mathrm{d}X_2 \\ \mathrm{d}Y \\ \vdots \end{bmatrix} - \begin{bmatrix} 1 & 0 & x_{\mathrm{f}1} & -y_{\mathrm{f}1} & x_{\mathrm{f}1} r_{\mathrm{f}1}^2 \\ 0 & 1 & y_{\mathrm{f}1} & x_{\mathrm{f}1} & y_{\mathrm{f}1} r_{\mathrm{f}1}^2 \\ 1 & 0 & x_{\mathrm{f}2} & -y_{\mathrm{f}2} & x_{\mathrm{f}2} r_{\mathrm{f}2}^2 \\ 0 & 1 & y_{\mathrm{f}2} & x_{\mathrm{f}2} & y_{\mathrm{f}2} r_{\mathrm{f}2}^2 \\ \vdots & \vdots & \vdots & \vdots & \vdots \end{bmatrix} \begin{bmatrix} \Delta_x \\ \Delta_y \\ M_{\mathrm{f}} \\ \phi_{\mathrm{f}} \\ D_3 \end{bmatrix} \tag{3.173}$$

该方程组为超定方程组，利用最小二乘法可得

$$\begin{cases} A'(D-AP)=0 \\ A'AP=A'D \\ P=(A'A)^{-1}A'D \end{cases} \tag{3.174}$$

其中

$$R=\begin{bmatrix} r_{f1} \\ r_{f2} \\ r_{f3} \\ r_{f4} \\ \vdots \end{bmatrix}=\begin{bmatrix} R_{fx1} \\ R_{fy1} \\ R_{fx2} \\ R_{fy2} \\ \vdots \end{bmatrix},\quad D=\begin{bmatrix} D_{11} \\ D_2 \\ D_3 \\ D_4 \\ \vdots \end{bmatrix}=\begin{bmatrix} \mathrm{d}X_1 \\ \mathrm{d}Y_1 \\ \mathrm{d}X_2 \\ \mathrm{d}Y_2 \\ \vdots \end{bmatrix},\quad P=\begin{bmatrix} p_1 \\ p_2 \\ p_3 \\ p_4 \\ p_5 \end{bmatrix}=\begin{bmatrix} \varDelta_x \\ \varDelta_y \\ M_f \\ \phi_f \\ D_3 \end{bmatrix}$$

$$A=\begin{bmatrix} a_{11} & a_{12} & a_{13} & a_{14} & a_{15} \\ a_{21} & a_{22} & a_{23} & a_{24} & a_{25} \\ \vdots & \vdots & \vdots & \vdots & \vdots \end{bmatrix}=\begin{bmatrix} 1 & 0 & x_{f1} & -y_{f1} & x_{f1}r_{f1}^2 \\ 0 & 1 & y_{f1} & x_{f1} & y_{f1}r_{f1}^2 \\ 1 & 0 & x_{f2} & -y_{f2} & x_{f2}r_{f2}^2 \\ 0 & 1 & y_{f2} & x_{f2} & y_{f2}r_{f2}^2 \\ \vdots & \vdots & \vdots & \vdots & \vdots \end{bmatrix}$$

利用像传感器或对准测量等方法得到成像位置偏移量 $\mathrm{d}X$、$\mathrm{d}Y$，根据式(3.174)即可求解出垂轴像质参数 Δx、Δy、M_f、ϕ_f 和 D_3。

2. 轴向像质参数计算

轴向像质参数主要表征实际像面的形貌变化以及实际像面与理想像面之间沿光轴方向的差异。在 3.1 节中分析了轴向像质参数对光刻成像位置的影响，并得到表示成像位置偏移与像面倾斜、最佳焦面偏移以及场曲关系的表达式(3.11)。考虑到投影物镜像散的影响，实际成像时子午像面与弧矢像面并不完全重合，以 $\Delta Zx(x',y')$ 与 $\Delta Zy(x',y')$ 分别表示子午像面与弧矢像面，则式(3.11)可以改写为

$$\begin{cases} \Delta Z_s = Z_w + R_y \cdot x' + Rx \cdot y' + FC \cdot (x'^2 + y'^2) \\ \Delta Z_a = AS \cdot (x'^2 + y'^2)/2 \end{cases} \tag{3.175}$$

其中，AS 即为投影物镜的像散，且有

$$\begin{cases} \Delta Z_x = \Delta Z_s + \Delta Z_a \\ \Delta Z_y = \Delta Z_s - \Delta Z_a \end{cases} \tag{3.176}$$

将数据代入式(3.175)中，得到如下矩阵方程组：

$$\begin{bmatrix} R_{f1} \\ R_{f2} \\ \vdots \end{bmatrix}=\begin{bmatrix} \mathrm{d}z_{s1} \\ \mathrm{d}z_{s2} \\ \vdots \end{bmatrix}-\begin{bmatrix} 1 & x_{f1} & y_{f1} & r_{f1} \\ 1 & x_{f2} & y_{f2} & r_{f2} \\ \vdots & \vdots & \vdots & \vdots \end{bmatrix}\begin{bmatrix} z_w \\ R_x \\ R_y \\ FC \end{bmatrix} \tag{3.177}$$

利用最小二乘法可得

$$\begin{cases} A'(D-AP)=0 \\ A'AP=A'D \\ P=(A'A)^{-1}A'D \end{cases} \tag{3.178}$$

其中

$$R=\begin{bmatrix} r_{\text{f}1} \\ r_{\text{f}2} \\ \vdots \end{bmatrix}=\begin{bmatrix} R_{\text{f}1} \\ R_{\text{f}2} \\ \vdots \end{bmatrix},\quad D=\begin{bmatrix} d_1 \\ d_2 \\ \vdots \end{bmatrix}=\begin{bmatrix} \text{d}z_{\text{s}1} \\ \text{d}z_{\text{s}2} \\ \vdots \end{bmatrix},\quad P=\begin{bmatrix} p_1 \\ p_2 \\ p_3 \\ p_4 \end{bmatrix}=\begin{bmatrix} z_w \\ R_x \\ R_y \\ FC \end{bmatrix}$$

$$A=\begin{bmatrix} a_{11} & a_{12} & a_{13} & a_{14} \\ a_{21} & a_{22} & a_{23} & a_{24} \\ \vdots & \vdots & \vdots & \vdots & \vdots \end{bmatrix}=\begin{bmatrix} 1 & x_{\text{f}1} & y_{\text{f}1} & r_{\text{f}1} \\ 1 & x_{\text{f}2} & y_{\text{f}2} & r_{\text{f}2} \\ \vdots & \vdots & \vdots & \vdots \end{bmatrix}$$

利用像传感器或对准系统测量得到的轴向成像位置偏移量 $\text{d}z_\text{s}$，根据式(3.178)即可求得轴向像质参数 z_w、R_x、R_y 以及 FC 的最小二乘解。

3.4.1.5 实验结果

由于 TIS 像质检测技术在扫描对准时获得的标记最佳位置为空间坐标，因此利用空间坐标 Z 向即沿光轴方向的坐标值可以计算部分轴向像质参数。TIS 像质测试包括两个模型，一个模型用来测定垂轴像质参数，另一个模型用来测定轴向像质参数。其中垂轴像质参数包括像面平移、像面旋转、倍率、三阶畸变，轴向像质参数包括焦面偏移量、像面倾斜、场曲。

在投影物镜数值孔径为 0.5，照明系统部分相干因子为 0.65 的情况下，利用像传感器测量掩模台基准板上的 TIS 标记成像位置偏移量，并利用式(3.174)与式(3.178)分别计算得出场曲与畸变。多次测量场曲和畸变的大小，计算得出场曲测量重复精度(均方根表示)为 1nm/cm^2，畸变测量重复精度(均方根表示)为 0.5nm/cm^2。

3.4.2 镜像 FOCAL 技术[7,17]

本节首先研究镜像 FOCAL 标记成像规律的基础，然后介绍一种基于镜像 FOCAL 标记的像质参数检测技术[7]，简称为 IQMFM(image quality measurement using mirror-symmetry FOCAL marks)技术。该技术利用镜像 FOCAL 标记的对称性，不仅可以完成最佳焦面、场曲、像散等轴向像质参数的原位检测，同时还实现了畸变、倍率、平移、旋转等垂轴像质参数的精确测量，有效避免了垂轴像质原位检测技术中对轴向像质限制的依赖，拓展了 FOCAL 像质检测技术的检测范围，简化了光刻机像质检测过程。

3.4.2.1 检测原理

IQMFM 技术是一种基于硅片曝光的像质原位检测技术，检测过程包括标记曝光、硅片显影、对准读数与像质参数计算等四个过程，如图 3-62 所示[17]。

IQMFM 将若干镜像 FOCAL 标记在一系列离焦量下曝光在涂有光刻胶的硅片上。硅片后烘和显影后，由光学对准系统对曝光在硅片上的镜像 FOCAL 标记图形进行对准，记录下不同离焦量下镜像 FOCAL 标记在曝光视场中的对准位置坐标。

从图 3-63 中可以看出，镜像 FOCAL 标记由左右两个 FOCAL 图形构成，两个图形的周期与线条宽度完全相同，不同的是两个图形精细结构相对于宽线条的位置互为镜像。光学对准系统分别对镜像 FOCAL 标记的左右两个 FOCAL 图形进行对准，将其对准位置坐标记为 $P_{\rm L}(x_{\rm L},y_{\rm L})$ 和 $P_{\rm R}(x_{\rm R},y_{\rm R})$。根据透镜成像关系计算镜像 FOCAL 标记左右两个 FOCAL 图形在曝光视场中成像的理论位置(也就是名义位置)，表示为 $P_{\rm 0L}(x_{\rm 0L},y_{\rm 0L})$ 与 $P_{\rm 0R}(x_{\rm 0R},y_{\rm 0R})$。对准偏移量 $AO_{\rm L}(\Delta x_{\rm L},\Delta y_{\rm L})$ 和 $AO_{\rm R}(\Delta x_{\rm R},\Delta y_{\rm R})$ 分别为各 FOCAL 图形对准位置与其对应的名义位置的差值，即

$$\begin{cases}\Delta x_{\rm L(R)}=x_{\rm L(R)}-x_{\rm 0L(R)}\\ \Delta y_{\rm L(R)}=y_{\rm L(R)}-y_{\rm 0L(R)}\end{cases}\tag{3.179}$$

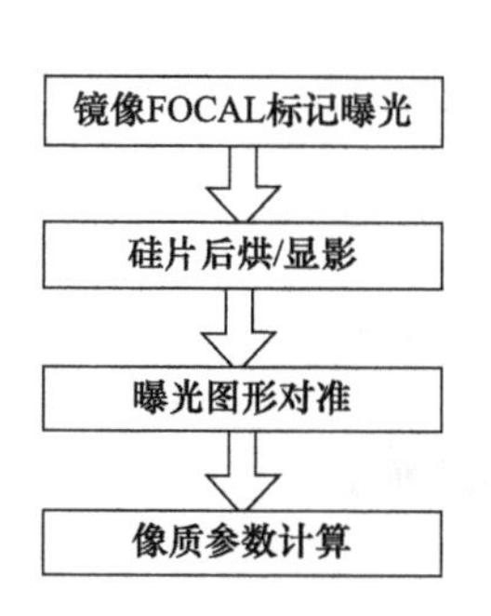

图 3-62　IQMFM 技术像质检测流程图

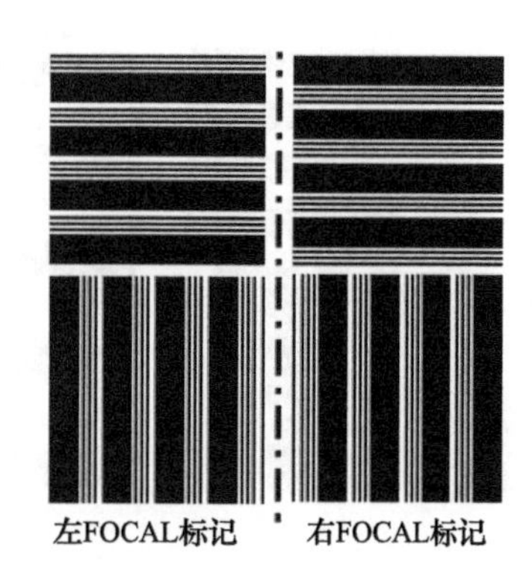

图 3-63　镜像 FOCAL 标记示意图

在光刻曝光系统中，导致 FOCAL 图形对准位置与理论曝光位置有偏差的原因可以归纳为两个方面。一方面，由于离焦、场曲、像散等轴向像质的影响，FOCAL 标记精细结构线宽发生变化，从而导致对准位置发生偏移，这部分偏移量用 AO^v 表示；另一方面，由于畸变、平移、旋转等光刻系统的垂轴像质对 FOCAL 标记曝光位置的影响而产生的对准位置偏移，这部分偏移量用 AO^h 表示。由此，上述对准偏移量 $AO_{\rm L}$ 和 $AO_{\rm R}$ 可以由式(3.180)和式(3.181)分别表示：

$$AO_{\rm L}=AO_{\rm L}^v+AO_{\rm L}^h\tag{3.180}$$

$$AO_{\rm R}=AO_{\rm R}^v+AO_{\rm R}^h\tag{3.181}$$

从式(3.180)和式(3.181)中可以看出，测量得到的对准偏移量 $AO_{\rm L}$ 和 $AO_{\rm R}$ 中既包含了轴向像质的影响因素，又包含了垂轴像质的影响因素。通过对准偏移量 $AO_{\rm L}$ 和 $AO_{\rm R}$ 精确计算最佳焦面、像面倾斜、场曲、像散等轴向像质参数的原理与方法已在 3.3.2.4 节介绍。下面就如何利用对准偏移量 $AO_{\rm L}$ 和 $AO_{\rm R}$ 精确计算垂轴像质参数的原理与方法进行详

细讨论。

IQMFM 技术计算垂轴像质的关键是如何在测量得到的对准偏移量 AO_L 和 AO_R 中除去由轴向像质导致的对准偏移量 AO^v，提取出由垂轴像质贡献的对准偏移量 AO^h。根据 FOCAL 技术测量原理可知，由轴向像质引起的对准偏移量 AO^v 的大小将随离焦的变化而变化。当硅片在最佳焦平面上曝光时系统分辨能力较强，标记精细结构可以被完全转移到硅片上，对准偏移量较大；而当硅片在离焦的平面上曝光时，系统分辨能力较差，标记的精细结构不能被无失真地转移到硅片上，导致光学对准的偏移量较小。该过程如图 3-64 (b)和(c)所示。对准偏移量 AO^v (Δx^v 或 Δy^v)与离焦量 Δf 的关系可以通过如下多项式拟合得到：

$$AO^v = a_0 + a_1\Delta f + a_2\Delta f^2 + a_3\Delta f^3 + a_4\Delta f^4 + \cdots \tag{3.182}$$

其中，a_0, a_1, a_2, a_3, a_4 等为多项式各项系数。式(3.182)中对准偏移量 AO^v (Δx^v 或 Δy^v)取极大值时对应的离焦量 $\Delta f = \Delta Z_x$ (或 $\Delta f = \Delta Z_y$)称为标记的轴向偏移量。

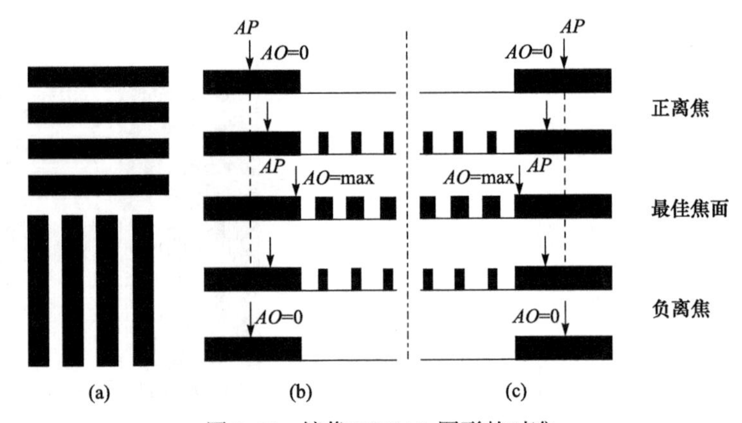

图 3-64 镜像 FOCAL 图形的对准

(a) 对准参考光栅；(b) 左侧 FOCAL 标记的对准；(c) 右侧 FOCAL 标记的对准。*AO*：对准偏移量；*AP*：对准位置

在硅片上，每个 FOCAL 标记的大小约为 0.5mm×0.25mm，对于镜像 FOCAL 标记而言，两个 FOCAL 标记间隔为 75μm。标准对准标记的大小为 0.5mm×0.5mm，而整个投影系统曝光视场的大小为 26mm×8mm。由上述尺寸可知，镜像 FOCAL 标记的大小与标准对准标记的大小近似相等，两个 FOCAL 标记的间隔远远小于每个 FOCAL 标记，更远远小于曝光视场，因此相对于整个曝光视场而言，可以认为两个图形的成像条件近似相同，即由垂轴像质引起的对准位置偏移量基本相等，即 $AO_\mathrm{L}^h \approx AO_\mathrm{R}^h$。同样，可以认为由轴向像质影响导致的精细结构线宽的变化而导致的对准偏移量大小也近似相等，但精细结构位置的镜像结构导致偏移量的方向相反(图 3-63)，即 $AO_\mathrm{R}^v \approx -AO_\mathrm{L}^v$。利用镜像 FOCAL 标记的这一近似，分别将式(3.180)、式(3.181)相加、相减得

$$AO_\mathrm{L}^h \approx AO_\mathrm{R}^h = \frac{AO_\mathrm{R} + AO_\mathrm{L}}{2} \tag{3.183}$$

$$AO_\mathrm{R}^v \approx -AO_\mathrm{L}^v = \frac{AO_\mathrm{R} - AO_\mathrm{L}}{2} \tag{3.184}$$

将式(3.184)代入式(3.182)中进行曲线拟合，计算轴向偏移量并按照式(3.178)计算光刻系统轴向像质参数。将式(3.183)中的对准偏移量以坐标的形式表现，并通过标记轴向偏移量下的对准偏移量计算标记水平偏移量，计算方法如下：

$$\Delta x' = \frac{\Delta x_{\mathrm{R}} + \Delta x_{\mathrm{L}}}{2}\bigg|_{\Delta f=\Delta Z_x} \tag{3.185}$$

$$\Delta y' = \frac{\Delta y_{\mathrm{R}} + \Delta y_{\mathrm{L}}}{2}\bigg|_{\Delta f=\Delta Z_y} \tag{3.186}$$

计算视场中若干标记的水平偏移量 $\Delta x'$ 、$\Delta y'$ ，并利用式(3.174)，即可获得光刻系统的垂轴像质参数。

根据上述检测原理，基于镜像 FOCAL 标记的像质检测技术，即 IQMFM 技术的数据处理与像质计算过程如图 3-65 所示。

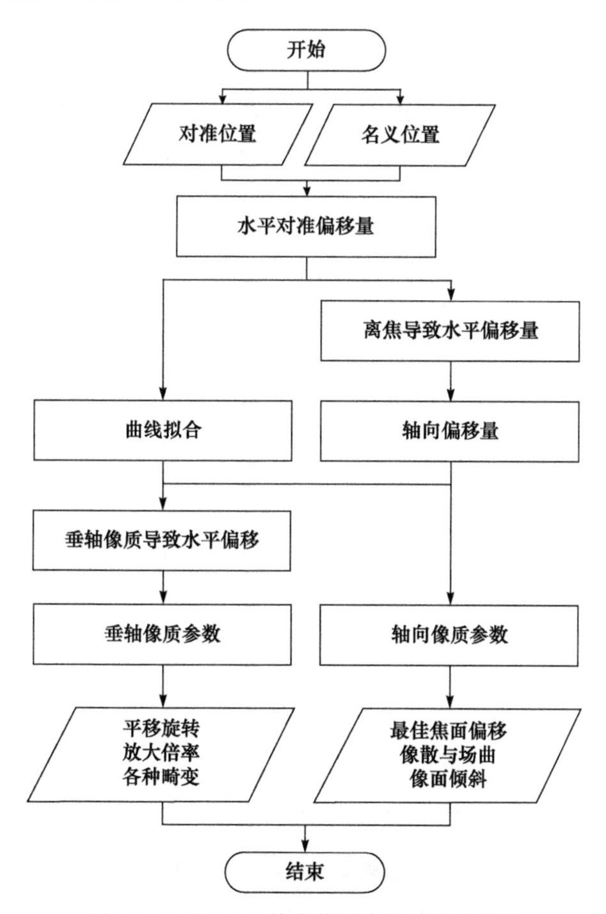

图 3-65　IQMFM 技术像质参数计算流程图

3.4.2.2　实验

首先，在相同实验条件下，在 ASML 公司的 PAS 5500/550 型步进扫描投影光刻机上进行 FOCAL 测试和 XY-SETUP 测试，并记录镜像 FOCAL 标记的对准位置信息为数据 I。

利用 IQMFM 程序按照图 3-65 所示的计算流程计算最佳焦面、像散、场曲、像面倾斜等轴向像质参数，并将计算结果与 FOCAL 测试结果相比较，如表 3-18 所示。

表 3-18　PAS 5500/550 型光刻机镜像 FOCAL 技术与 IQMFM 技术轴向像质参数检测结果比较

轴向像质参数	单位	FOCAL 计算结果	IQMFM 计算结果	相对误差
最佳焦面	nm	−242.148	−240.905	0.5%
像面倾斜 R_x	μrad	−2.990	−2.998	−0.3%
像面倾斜 R_y	μrad	−0.871	−0.877	0.8%
像散	nm	61.203	61.203	0.0%
场曲	nm/cm²	50.943	49.740	−2.3%

从表 3-18 中可以看出，利用 IQMFM 技术计算获得的轴向像质参数与利用 FOCAL 技术计算获得的轴向像质参数基本相等，两种技术对轴向像质测量最大相对误差不超过 3%，绝对误差也都小于 5 个单位。从表中可以看出，目前光刻机的轴向像质参数数值较大，特别是最佳焦面的偏移已经接近半个焦深(该机型的焦深为 0.5μm)，较大的离焦将会使得光刻机投影物镜的成像质量降低。图 3-66 是当前视场中曝光图形的偏移情况，可以看出当前离焦是影响曝光图形偏移的主要因素。

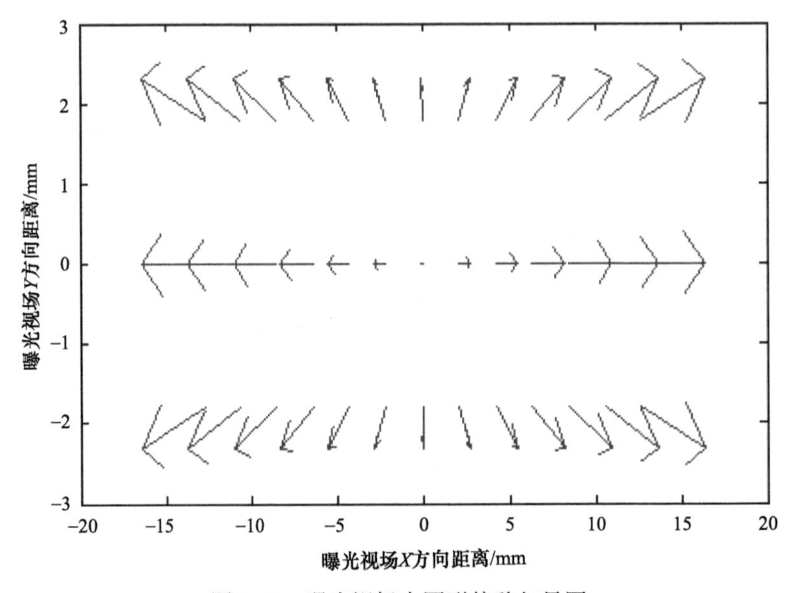

图 3-66　曝光视场中图形偏移矢量图

在上述 PAS5500/550 型光刻机中执行 FOCAL 轴向像质校正程序，更新光刻机机器常数，校正最佳焦面偏移、像面倾斜、场曲等像质参数。在轴向像质校正完毕后，再次进行 FOCAL 测试与 XY-SETUP 测试，并记录测试数据为数据 II。利用上述 IQMFM 程序再次计算轴向像质，与 FOCAL 计算结果相比较并列于表 3-19 中。

表 3-19　PAS 5500/550 型光刻机轴向像质校正后 IQMFM 技术与 FOCAL 技术检测结果

轴向像质参数	单位	FOCAL 计算结果	IQMFM 计算结果	相对误差
最佳焦面	nm	−8.028	−8.030	0.02%
像面倾斜 R_x	μrad	0.522	0.518	−0.8%
像面倾斜 R_y	μrad	1.563	1.565	0.13%
像散	nm	71.203	71.203	0.0%
场曲	nm/cm^2	22.830	22.800	−0.13%

从表 3-19 中仍然可以看出，利用 IQMFM 技术计算获得的轴向像质参数与利用 FOCAL 技术测量结果的一致性。将表 3-19 与图 3-66 相比可以看出，经过轴向像质校正后，除像散外其余像质参数均得到了不同程度的改善，特别是最佳焦面偏移已经小于 10nm，降到焦深的 1/50。

图 3-67 为校正后曝光视场中的图形偏移矢量图。从图中可以看出，曝光面离焦情况得到了有效的改善，目前影响曝光图形水平偏移的主要原因为像面旋转。以上考察了在 PAS 5500/550 型光刻机上 IQMFM 技术对轴向像质检测的准确性，为说明该技术的普遍适用性，下面在 PAS 5500/1100 型光刻机上重复上述实验。

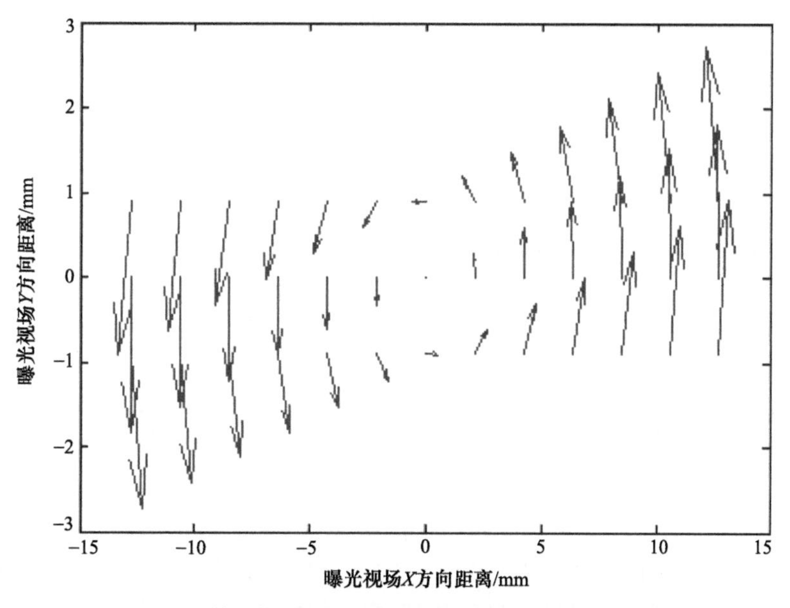

图 3-67　轴向像质校正后曝光视场中的图形偏移矢量图

在 ASML 公司的 PAS 5500/1100 型光刻机上完成 FOCAL 测试与 XY-SETUP 测试，并记录实验数据为数据 III。根据 IQMFM 像质计算程序完成轴向像质计算，其计算结果与 FOCAL 技术计算结果如表 3-20 所示。

表 3-20　PAS 5500/1100 型机上 IQMFM 技术与 FOCAL 技术轴向像质参数计算结果

轴向像质参数	单位	FOCAL 计算结果	IQMFM 计算结果	相对误差
最佳焦面	nm	27.355	27.535	0.7%
像面倾斜 R_x	μrad	0.865	0.859	−0.7%
像面倾斜 R_y	μrad	0.553	0.560	1.3%
像散	nm	85.383	85.388	0.0%
场曲	nm/cm²	−11.828	−11.253	−4.8%

综合图 3-66、表 3-19、表 3-20 可以看出，无论是在分辨率为 180nm 的 PAS 5500/550 型光刻机上还是在分辨率为 100nm 的 PAS5500/1100 型光刻机上，利用 IQMFM 技术得到的轴向像质参数与利用 FOCAL 技术得到的测量结果很接近。最佳焦面、像面倾斜与像散的相对误差不超过 2%，场曲的相对计算误差不超过 7%，绝对误差都在一个整数单位范围内。这说明 IQMFM 技术可以实现高精度的轴向像质检测，其检测精度与 FOCAL 测试技术相当。

利用 PAS 5500/550 型步进扫描投影光刻机上记录的 FOCAL 测试与 XY-SETUP 测试的实验数据 I。利用 IQMFM 程序，通过图 3-65 所示流程计算像面平移、像面旋转、放大率变化量及三阶畸变等垂轴像质参数，并与记录的 XY-SETUP 的测量结果相比较，结果如表 3-21 所示。

表 3-21　PAS 5500/550 型光刻机上 IQMFM 技术与 XY-SETUP 技术的垂轴像质测量结果

垂轴像质参数	单位	XY-SETUP 计算结果	IQMFM 计算结果	相对误差
X 向像面平移	nm	4111.006	−20.760	100.5%
Y 向像面平移	nm	1960.848	6.975	99.6%
像面旋转 R_z	μrad	124.261	124.014	0.2%
放大率变化量	ppm	0.734	0.702	4.3%
三阶畸变 D_3	nm/cm³	2.560	2.489	2.8%

从表 3-21 中可以看出，除了 X 向与 Y 向像面平移外，对于像面旋转、放大率变化量与三阶畸变等参数的测量而言，IQMFM 技术与 XY-SETUP 技术的测量结果接近，其最大相对误差不超过 10%；而对 X 向与 Y 向像面平移而言，XY-SETUP 的测量误差远远大于 IQMFM。这是因为 XY-SETUP 测试技术本身没有考虑轴向像质参数对测试结果的影响。由于离焦和像面倾斜等轴向像质参数过大导致了，XY-SETUP 测试中像面平移的计算误差偏大，因此在进行 XY-SETUP 测试前需要进行轴向像质的校正工作。利用 FOCAL 技术对轴向像质参数进行校正后的数据 II，再进行 XY-SETUP 与 IQMFM 测试，将测量得到的垂轴像质参数结果列于表 3-22 中。

表 3-22　轴向像质校正后 IQMFM 技术与 XY-SETUP 技术测量结果比较

垂轴像质参数	单位	XY-SETUP 计算结果	IQMFM 计算结果	相对误差
X 向像面平移	nm	−19.307	−19.690	1.9%
Y 向像面平移	nm	7.560	7.437	1.6%
像面旋转 R_z	μrad	124.458	124.009	0.3%
放大率变化量	ppm	0.289	0.268	7.8%
三阶畸变 D_3	nm/cm^3	1.660	1.499	6.4%

从表 3-22 中可以看出，轴向像质参数校正后，IQMFM 技术与 XY-SETUP 技术的测试结果基本相同，各项参数的相对误差不大于 10%，其中 X 向与 Y 向像面平移相对误差均小于 2%。比较表 3-21 与表 3-22 中 IQMFM 技术垂轴像质的测量结果可以看出，在轴向像质校正前和校正后，像面平移的绝对误差小于 2nm，而像面旋转的绝对误差小于 0.05μrad。这说明 IQMFM 技术对垂轴像质的检测过程不依赖于轴向像质的校正程度。在轴向像质校正前和校正后，放大率变化量与三阶畸变测量结果的减小是由于在进行轴向像质补偿时投影物镜中可变镜片位置得到了优化。此外，从表 3-22 中可以看出，当前投影物镜像面旋转数值较大，与图 3-67 所示的曝光图形水平偏移的图形相吻合。

同样，为说明 IQMFM 技术的普遍适用性，利用了记录在 PAS 5500/1100 型光刻机上进行 FOCAL 测试与 XY-SETUP 测试的相关数据的数据 III 计算垂轴像质参数，其结果如表 3-23 所示。

表 3-23　PAS 5500/1100 型光刻机上 IQMFM 技术与 XY-SETUP 技术测量结果比较

垂轴像质参数	单位	XY-SETUP 计算结果	IQMFM 计算结果	相对误差
X 向像面平移	nm	16.171	16.030	−0.9%
Y 向像面平移	nm	−15.463	−13.974	−9.6%
像面旋转 R_z	μrad	−1.003	−1.068	6.4%
放大率变化量	ppm	0.816	0.807	−1.1%
三阶畸变 D_3	nm/cm^3	6.625	6.778	2.3%

从表 3-23 中可以看出，在分辨率为 100nm 的 PAS 5500/1100 型光刻机上，IQMFM 技术检测的垂轴像质参数与 XY-SETUP 技术的检测结果的相对误差不超过 10%。综合表 3-21、表 3-22 和表 3-23 可知，IQMFM 技术是具有高精度的垂轴像质检测技术，其检测精度不低于 XY-SETUP 技术，同时该技术可以有效避免轴向像质参数对垂轴像质参数检测精度的影响，具有较高的可靠性。

在 ASML 公司的 PAS 5500/550 型步进扫描投影光刻机上，每隔 90 分钟利用超平硅片进行一次 IQMFM 测试，连续进行三次，其垂轴像质测量结果如表 3-20 所示。

从表 3-24 中可以看出，在 90 分钟内，IQMFM 技术测量的 X 向与 Y 向像面平移的测量重复精度优于 2nm，像面旋转的测量重复精度优于 0.2μrad，放大率变化量与三阶畸变的测量重复精度将分别优于 0.02ppm 与 1.5nm/cm^3。该实验表明，在至少 3 个小时内 IQMFM 技术具有较高测试重复精度。在相隔较长的时间内，由于长时间曝光导致的透镜热效应及环境变化的影响，IQMFM 技术的测试结果偏差增大，从而导致测试重复精度有所降低。

表 3-24　IQMFM 技术测量重复性(相邻两次测量时间间隔 90 分钟)

垂轴像质参数	单位	第一次	第二次	第三次
X 向像面平移	nm	−13.063	−15.258	−16.258
Y 向像面平移	nm	10.529	12.587	11.434
像面旋转 R_z	μrad	1.156	1.051	1.249
放大率变化量	ppm	0.969	1.001	1.013
三阶畸变 D_3	nm/cm^3	−5.702	−4.921	−6.363

3.5　初级像质参数检测技术的应用拓展

如前所述，初级像质参数检测技术的基本原理是通过检测标记的成像位置偏移量计算出像质参数，这些像质参数检测技术可以在光刻机中得到多种拓展应用，如可以将 FOCAL 技术拓展应用于光刻机的焦深检测和硅片不平度检测，将镜像 FOCAL 技术拓展应用于套刻精度检测和像质参数的热漂移检测等。本节对初级像质参数检测技术的拓展应用进行介绍。

3.5.1　焦深检测[7,18]

通常认为焦深(depth of focus，DOF)是工艺允许的、可获得所需光刻效果的聚焦误差范围。在 SEMI 标准中焦深被定义为能够形成一定分辨力的工艺像的离焦范围。从上述定义与光刻机焦深计算公式可知，光刻机焦深不仅与光刻机投影物镜的光学焦深有关，而且与光刻工艺及光刻特征图形相关。这里的特征图形包括接触孔、密集线、孤立线等光刻工艺中需要制作的图形。由于密集线是最常用的光刻图形，因此如果没做特别说明，光刻机的焦深指的是密集线焦深。此外，光刻机焦深还与考察的特征尺寸相关。对同一光刻系统而言，较大的特征尺寸具有较大的焦深。密集线焦深是指经光学系统投影后，密集线条能够被“完美”成像的像面变化范围。随着光刻特征尺寸的减小，密集线焦深的大小受到芯片制造商特别是 DRAM 制造商越来越多的关注。快速、准确的密集线焦深检测技术对于设备性能检测与光刻工艺评价而言非常重要。

芯片制造商广泛使用的焦深检测技术是 FEM(focus exposure matrix)测试技术。该技术将具有多种特征尺寸的密集线条在不同离焦量下曝光在硅片上，由扫描电子显微镜(scan electronic microscope，SEM)测量硅片上特征图形的特征尺寸。根据特征尺寸的误差容忍范围确定焦深的范围。该技术具有测量范围大、测量结果较为直观等优点。但由于在 FEM 测试中采用 SEM 进行线宽测量，该技术检测速度较慢，测量需要人为干预，人为因素影响测量结果。通常 FEM 技术的最高测量精度为 100nm。

本节介绍基于光学自动对准系统的密集线焦深原位检测技术，为方便起见，下文简称为 DMAS(DOF measurement using alignment system)技术[7,18]。该技术通过对曝光在硅片上的、具有精细结构的测量标记图形进行对准测量，利用测量标记图形的对准位置信息计算密集线焦深。整个测量无需人为干预，具有测量精度高、测量操作简单等优点。

3.5.1.1　检测原理

DMAS 技术是一种基于对测量标记进行光学对准的原位测量技术。光学对准系统的参考光栅与测量标记如图 3-68 所示。测量标记与对准参考光栅均包含一组水平线条和一组垂直线条，它们分别用于测量投影光学系统在 Y 方向上和 X 方向上的密集线焦深。测量标记中主线条的光栅周期与对准参考光栅的周期相等。与对准参考光栅不同的是，在测量标记中，主线条之间还包含一个由密集线条构成的精细结构。如图 3-69 所示，测量标记的一个光栅周期(设周期为 p)中包含三个区域，即主线条区(宽度为 a)、密集线条区(总宽度为 b，密集线条周期为 q)及空白区(宽度为 c)。密集线条的线宽($q/2$)等于所考察的密集线特征尺寸 CD。

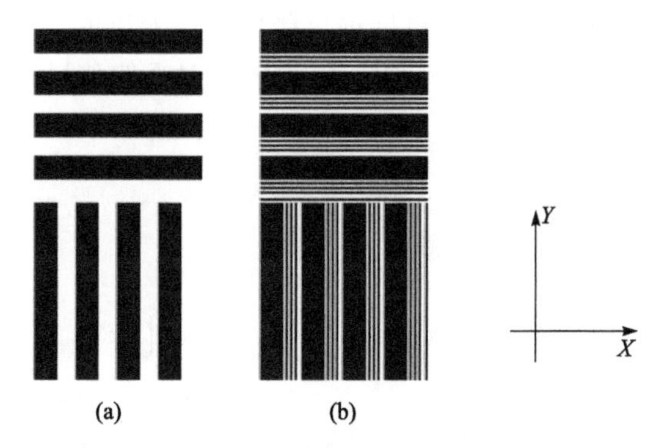

图 3-68　光学对准系统参考光栅结构与测量标记结构示意图
(a) 对准参考光栅；(b) 测量标记

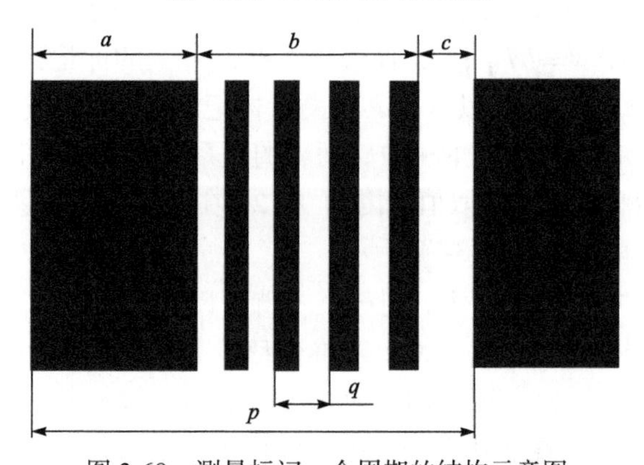

图 3-69　测量标记一个周期的结构示意图

将具有多个测量标记的掩模曝光到处于一系列离焦位置的硅片上，硅片显影后在硅片表面形成了测量标记的显影像。由于光刻机的投影光学成像系统在不同离焦处的分辨能力不同，硅片上测量标记显影像精细结构的线宽将随离焦量的变化而变化。典型的变化规律如图 3-70 所示。图 3-70 中曲线(2)代表密集线在最佳曝光剂量下曝光时线宽随离焦量的变化情况；曲线(1)和曲线(3)分别代表曝光剂量小于和大于最佳曝光剂量时线宽随离焦量的变化情况。从图 3-70 中可以看出，无论曝光剂量如何选取，精细结构的线宽随离焦量的变化规律都可以用二次多项式近似表示。

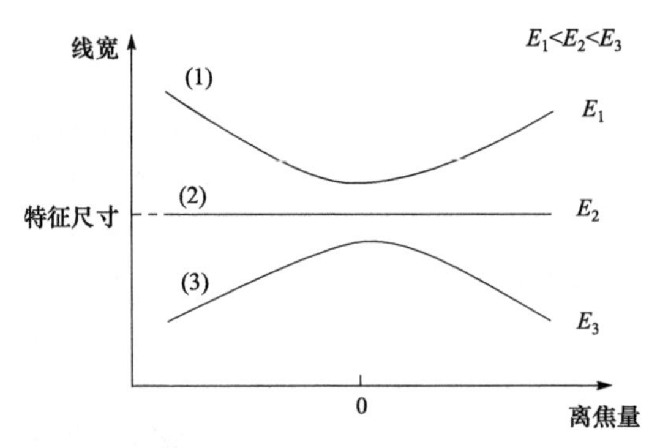

图 3-70　线宽随离焦量的变化关系

利用光学对准系统对硅片上的测量标记显影像进行对准时，其对准偏移量 AO (在直角坐标系中 x 方向的对准偏移量用 Δx 表示；y 方向的对准偏移量由 Δy 表示)由下式决定，

$$\Delta x=\frac{1}{2\pi f}\arctan\left(\frac{S}{C}\right) \tag{3.187}$$

其中，f 为测量标记主线条的光栅频率，即 $f=1/p$，

$$S=\frac{1}{\pi f}\sum_{n=1}^{N}\sin\left[\pi f\left(\frac{a}{2}-\frac{q}{4}+nq\right)\right]\cdot\sin[\pi f(L_w)] \tag{3.188}$$

$$C=\frac{1}{\pi f}\sin\left(\pi fa\right)+\frac{1}{\pi f}\sum_{n=1}^{N}\cos\left[\pi f\left(\frac{a}{2}-\frac{q}{4}+nq\right)\right]\cdot\sin[\pi f(L_w)] \tag{3.189}$$

式中，a、q 的含义如图 3-69 所示，分别代表主线条宽度和密集线条周期；N 为标记中密集线条的总个数，即 $N=b/q$；L_w 代表曝光在硅片上的标记精细结构的线宽。从式(3.187)、式(3.188)和式(3.189)可以看出，当测量标记结构参数确定后，对准偏移量只是测量标记显影像精细结构线宽 L_w 的函数，两者的关系曲线如图 3-71 所示。图中 R 为线宽 L_w 与特征尺寸 CD 的比率，其取值范围为 0～2。在不同曝光剂量下，对准偏移量 AO、比率 R 随离焦量变化的情况如图 3-72 所示。

从图 3-71、图 3-72 中可以看出，对于某一特征尺寸 CD 而言，对准偏移量 AO 随线宽 L_w 的增大而近似呈线性增大。因此，对准偏移量 AO 随离焦量的变化关系同线宽 L_w 与离焦量之间变化关系一样，可以用二次多项式表示。设硅片上标记图形的对准位置为 (x,y)，测量标记显影像在硅片上的理论成像位置即名义位置为 (x_0,y_0)，则对准偏移量由下式计算：

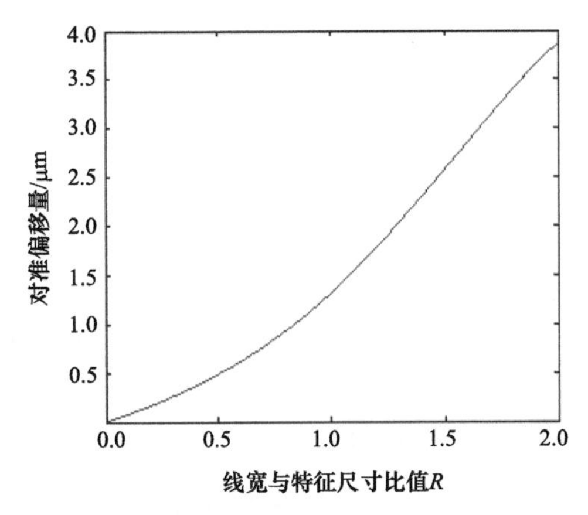

图 3-71　对准偏移量随精细结构线宽变化关系曲线

$$
\begin{cases}
\Delta x = x - x_0 \\
\Delta y = y - y_0
\end{cases}
\tag{3.190}
$$

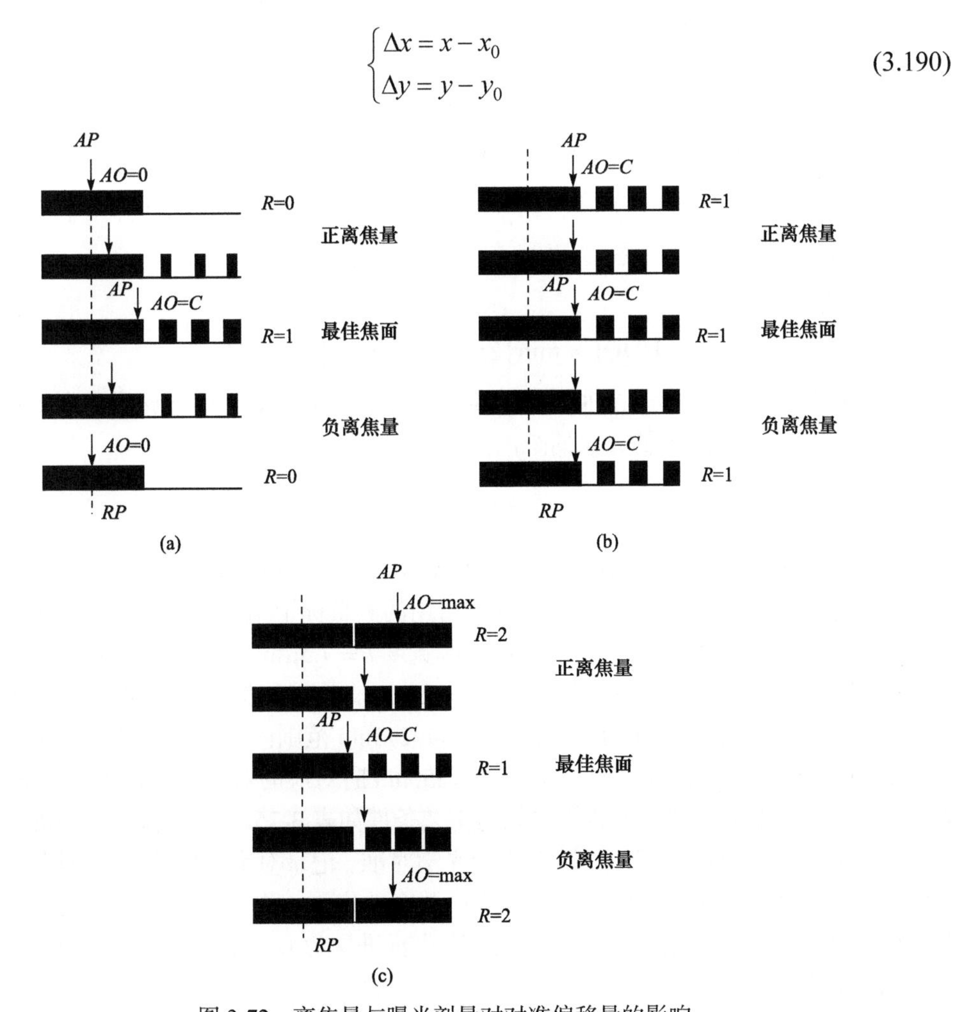

图 3-72　离焦量与曝光剂量对对准偏移量的影响

(a) 高曝光剂量；(b) 最佳曝光剂量；(c) 低曝光剂量；*RP*：参考位置；*AP*：对准位置；*AO*：对准偏移量

利用式(3.190)计算得到的 X 向对准偏移量 Δx 与 Y 向对准偏移量 Δy 及对应的离焦量 Δf 分别进行二次多项式拟合，可以得到

$$\begin{cases}\Delta x = a_0 + a_1\Delta f + a_2\Delta f^2 + R_{\mathrm{f}} \\ \Delta y = b_0 + b_1\Delta f + b_2\Delta f^2 + R'_{\mathrm{f}}\end{cases} \tag{3.191}$$

其中，a_0 、a_1 、a_2 与 b_0 、b_1 、b_2 分别为 X 向与 Y 向二次多项式的拟合系数；R_{f} 与 R'_{f} 为拟合残余误差。

在实际光刻工艺中，通常认为特征尺寸在 10%范围内变化所对应的离焦范围即为焦深，因此不等式 $0.9CD \leqslant L_w \leqslant 1.1CD$ ，即 $0.9 \leqslant R \leqslant 1.1$ 是焦深范围的判断条件。将该判断条件的边界点 $L_w = 0.9CD$ 和 $L_w = 1.1CD$ 分别代入式(3.187)中，计算对应的对准偏移量分别为 $AO_{0.9CD}$ 和 $AO_{1.1CD}$ 。方便起见，对准偏移量 $AO_{0.9CD}$ 和 $AO_{1.1CD}$ 分别用 c_1 与 c_2 表示。将 c_1 与 c_2 代入式(3.191)中，构成不等式

$$\begin{cases}c_1 \leqslant a_0 + a_1\Delta f + a_2\Delta f^2 \leqslant c_2 \\ c_1 \leqslant b_0 + b_1\Delta f + b_2\Delta f^2 \leqslant c_2\end{cases} \tag{3.192}$$

解不等式(3.192)可以分别得到平行于 Y 轴密集线焦深的上下界点 Zx_1 ，Zx_2 ($Zx_1 \leqslant Zx_2$)与平行于 X 轴密集线焦深的上下界点 Zy_1 ，Zy_2 ($Zy_1 \leqslant Zy_2$)。据此可以计算出平行于 Y 轴的密集线焦深为 $\mathrm{DOF}_x = Zx_2 - Zx_1$ ，平行于 X 轴的密集线焦深为 $DOF_y = Zy_2 - Zy_1$ 。有效焦深 UDOF 为

$$\mathrm{UDOF} = \min\{Zx_2, Zy_2\} - \max\{Zx_1, Zy_1\} \tag{3.193}$$

这里的有效焦深是指平行于 X 轴的密集线与平行于 Y 轴的密集线能够同时满足特征尺寸在 10%范围内变化的沿光轴方向的距离。

3.5.1.2　实验

按照上述 DMAS 技术的测量原理，在 ASML PAS 5500/550 型扫描投影光刻机上进行特征尺寸为 250nm 的密集线焦深检测。所用的测量标记结构参数为：主线条光栅周期 p=16μm，主线条宽度 a=5.5μm，密集线区宽度 b=7.5μm，密集线周期 q=500nm，密集线线宽 CD=250nm，空白区域宽度 c=3.0μm。将上述测量标记的结构参数代入式(3.187)，计算得到线宽 L_w 在±10%CD 即 225～275nm 范围内变化时对准偏移量的变化范围为 1.1053～1.5275μm，其中当 L_w=CD=250nm 时对应的对准偏移量为 1.3065μm。曝光、后烘、显影等工艺过程中照明参数与工艺条件如表 3-25 所示。利用光刻机上的光学对准系统对硅片上测量标记的显影像进行光学对准，记录对准位置信息，根据式(3.190)、式(3.191)及式(3.192)计算视场中各点的焦深及有效焦深。作为比较，在相同的照明与工艺条件下进行了 FEM 测试，FEM 测试的离焦步进量为 0.1μm。两种技术密集线焦深的测量结果如表 3-26 所示。

表 3-25　250nm 密集线焦深测试的照明与工艺条件

照明参数		工艺参数	
波长/nm	248	光刻胶	JSR M206y
照明方式	传统照明	胶厚/nm	500
数值孔径	0.75	后烘时间/s	90
相干因子	0.57	后烘温度/℃	120
剂量/ (J/cm^2)	29	显影时间/s	60

表 3-26　DMAS 技术与 FEM 技术焦深测量结果的比较

标记位置 /mm	DMAS 检测结果/μm			FEM 检测结果 /μm		
	水平密集线焦深	垂直密集线焦深	有效焦深	水平密集线焦深	垂直密集线焦深	有效焦深
(0,0)	0.53	0.50	0.48	0.5	0.5	0.5
(0,1.8)	0.52	0.50	0.48	0.5	0.4	0.4
(12.72,0)	0.43	0.43	0.43	0.4	0.5	0.4
(12.72,1.8)	0.44	0.42	0.41	0.4	0.4	0.3

表 3-26 中选择的测量标记分别位于视场中心，视场 Y 向边缘、视场 X 向边缘及视场最远点。它们在图 3-73 所示的曝光场中的位置如 20、21、38、39 所示。从表 3-26 中可以看出，FEM 焦深测试结果的有效位数为 1 位。由于 FEM 测试工件台轴向步进距离的最小值为 100nm，所以 FEM 测试的最小分辨率只有 100nm。对于 DMAS 测试而言，光学对准的读数精度为 7nm，用于获取工件台位置信息的激光干涉仪测量精度为 0.6nm。由于采用了插值、曲线拟合等算法，当 DMAS 中工件台轴向步进距离为 100nm 时，计算结果可近似精确到 10～30nm。因此，DMAS 测试结果具有两位的有效位数，其分辨率为 30nm。与 FEM 相比，DMAS 测试具有较高的测量分辨率。

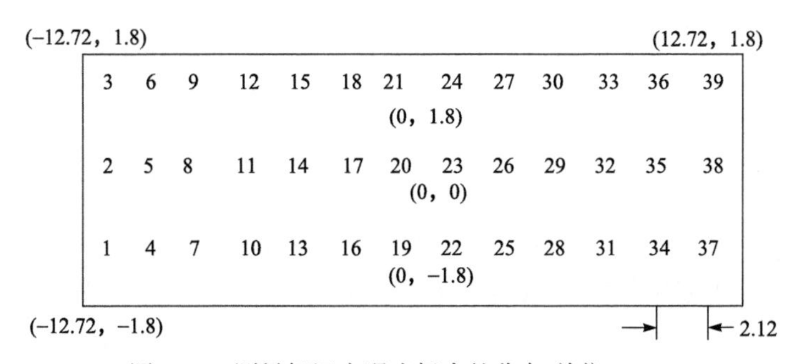

图 3-73　测量标记在曝光场中的分布(单位：mm)

在焦深测试实验中，记录了 DMAS 和 FEM 的测试时间，DMAS 测试需要 23 分钟，而 FEM 测试需要 93 分钟，是 DMAS 耗时的 4 倍，说明 DMAS 是一种准确、快速、高效的密集线焦深检测技术。

为检测 DMAS 测试的测量重复精度，在 ASML PAS 5500/550 型扫描投影光刻机上重复进行 DMAS 测试五次，测量标记的结构参数与照明、工艺条件与上面相同，测试结果如表 3-27 所示。

表 3-27　DMAS 测试的重复精度

焦深/μm		第一次	第二次	第三次	第四次	第五次
标记位置	(0,0)	0.51	0.50	0.51	0.50	0.50
	(0,1.8)	0.50	0.50	0.49	0.50	0.50
	(12.72,0)	0.45	0.46	0.46	0.46	0.46
	(12.72,1.8)	0.43	0.43	0.42	0.43	0.43
全视场有效焦深/μm		0.39	0.38	0.40	0.39	0.39
耗时/min		24	22	22	29	24

表 3-27、表 3-28 中的全视场有效焦深(field UDOF)指整个视场无论水平密集线还是垂直密集线都能够同时完美成像的离焦范围。从表 3-27 中可以看出，DMAS 测试对视场中某一点的密集线焦深的测量重复误差小于 20nm，对于全视场有效焦深的重复误差小于 15nm，即测量重复误差小于测量值的 2.8%。从表 3-28 中可以看出，FEM 对视场中某一点的密集线焦深的测量重复误差高达 200nm，对于全场有效焦深的重复误差达到 100nm。该实验表明，与 FEM 测试相比，DMAS 测试具有较高的重复精度。

表 3-28　FEM 测试的重复精度

焦深/μm		第一次	第二次	第三次	第四次	第五次
标记位置	(0,0)	0.5	0.4	0.5	0.4	0.6
	(0,1.8)	0.4	0.5	0.5	0.4	0.4
	(12.72,0)	0.3	0.4	0.4	0.4	0.4
	(12.72,1.8)	0.4	0.3	0.3	0.4	0.4
全视场有效焦深/μm		0.4	0.3	0.4	0.4	0.3
耗时/min		95	94	101	92	89

上述实验结论可以通过如下误差分析得到进一步的解释。影响 FEM 测试重复精度的因素包括工件台的重复定位精度 10nm，FEM 技术算法本身的计算误差为 100nm。根据重复精度复合公式

$$\delta = \sqrt{\sum_{n=1}^{N} \delta_n} \tag{3.194}$$

可以计算得到 FEM 测试的重复精度为 $\sqrt{100^2+10^2}=100.49\approx 100$ nm。影响 DMAS 测试重

复精度的因素包括：工件台重复定位精度 10nm，光学对准系统对准的重复精度 7nm，曲线拟合算法计算误差 15nm。根据上述重复精度复合公式可以计算得到 DMAS 测试的重复精度为 $\sqrt{10^2+15^2+7^2}=19.3\approx 20\,\text{nm}$。

以上针对特征尺寸为 250nm 的密集线焦深检测进行了实验和讨论。其他特征尺寸密集线焦深的检测过程与上述检测过程相同，只要适当改变测量标记的结构，使其满足密集线线条宽度等于所考察的特征尺寸，同时使密集线周期为特征尺寸两倍，即可实现对所考察密集线焦深的精确测量。

3.5.2 硅片表面不平度检测[4,19]

在半导体制造工艺中，图形密度的增加与工艺层数的增加，使芯片的集成度愈来愈高。随着各种各样的工艺层被刻蚀成图形，晶圆表面可能会变得高低不平，从而造成涂胶后晶圆表面的不平整。另外，硅片本身的不平整也会造成涂胶后晶圆表面的不平整。这种硅片(晶圆)表面的不平整将会在硅片曝光工艺中引起系列问题。一方面，由于光刻机投影物镜具有一定的焦深，涂胶硅片的高低起伏可能会使硅片上的某些区域偏离了焦深，从而造成 CD 均匀性的降低以及该区域曝光图形的失真；另一方面，在硅片的高低表面会形成一梯度斜坡，光在梯度斜坡处的反射将引起周围非曝光区域光刻胶的光化学反应，从而造成显影后图形质量恶化，因此硅片表面的平整性是决定光刻质量的重要因素。

硅片表面不平度(wafer flatness，WF)是表征硅片表面平整性的物理量，是光刻工艺的关键参数之一。WF 可用硅片表面上的点到最佳焦面之间的沿平行于投影物镜光轴方向的最大距离来表示，硅片位于真空吸盘上，由于硅片表面的不平整，硅片上的某些区域偏离了最佳焦面。根据以上问题，为保证硅片上曝光图形的成像质量，需要利用硅片表面不平度或硅片形貌检测技术，对硅片表面不平度进行高精度检测，从而可通过校正硅片高度来消除硅片表面不平度对光刻成像质量的影响。

本节介绍一种高精度硅片表面不平度原位检测技术，该技术以 FOCAL 技术为基础，以下简称为 WFMFT(wafer flatness measurement using FOCAL technique)技术[4,19]。与利用调焦调平传感器的原位检测方法相比，硅片表面不平度的测量空间分辨率可提高 1.67 倍，可检测硅片微细区域的高度差异，实现硅片表面形貌的原位检测。

3.5.2.1 检测原理

WFMFT 技术是一种通过检测被曝光硅片上的图形位置偏差来确定硅片表面不平度的原位检测技术。WFMFT 技术所采用的测试掩模是包含一系列 FOCAL 标记的 FOCAL 掩模。与线空比 1:1 的光栅结构不同，FOCAL 标记的一个光栅周期内包含线宽更窄的密集线条，这部分密集线条称为 FOCAL 标记的精细结构，如图 3-74 所示。

WFMFT 技术包括测试准备、被测硅片曝光、硅片显影、对准读数与硅片表面不平度计算等五个过程。在光刻机最佳工作状态下，采用 FOCAL 最佳曝光剂量将 FOCAL 标记图形转移到涂有光刻胶的硅片上。由于硅片表面不同位置处光刻胶的厚度偏差仅为

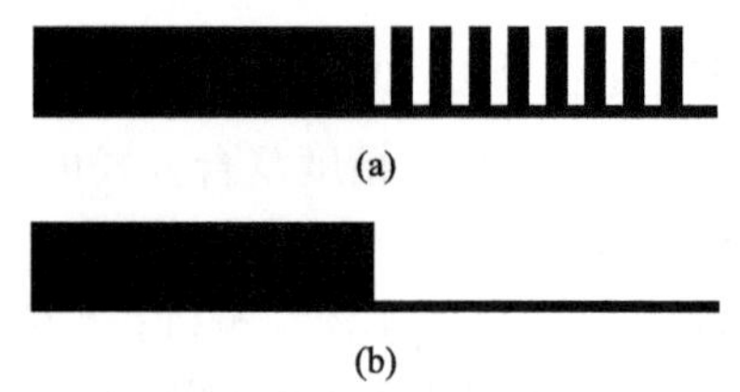

图 3-74　FOCAL 标记的光栅周期(a)与线空比 1:1 的光栅周期(b)

几纳米，而硅片表面不平度在 0.1～10μm，因此在硅片表面不平度测试中，光刻胶厚度的非均匀性可忽略不计。若硅片表面是一理想平面，则硅片上每一点都处于最佳焦面上，各点的曝光图形线宽相同；若硅片表面具有高度起伏，硅片的不同区域会处于不同的离焦面上，显影后 FOCAL 标记图形的密集线条具有不同的线宽。对于近似理想成像系统，密集线条的线宽与硅片表面起伏高度的关系可写为

$$Lw_{\Delta f} \approx P - \left(2 \cdot \Delta h \cdot \tan\frac{\theta}{2} + \frac{Lw_0}{R}\right) \tag{3.195}$$

式中，$Lw_{\Delta f}$ 表示在某硅片表面起伏高度 Δh 下的 FOCAL 标记的密集线条线宽；P 为 FOCAL 精细结构的栅距；θ 为光刻机投影物镜的像方孔径角；Lw_0 为掩模上 FOCAL 标记的密集线条线宽；R 为光刻机投影物镜的放大倍率。利用 PROLITH 光刻仿真软件模拟 248nm 曝光波长下的 FOCAL 密集线条线宽与硅片表面起伏高度的变化关系曲线，如图 3-75 所示。由式(3.195)与图 3-75 均可看出，FOCAL 密集线条线宽随着硅片表面起伏高度的增大而减小。

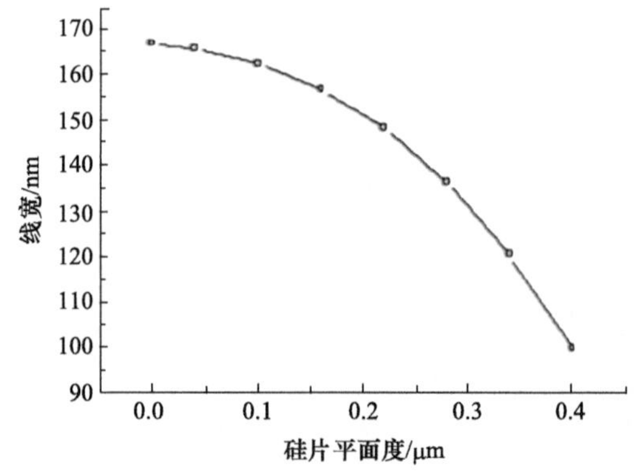

图 3-75　PROLITH 仿真得到的线宽与硅片表面起伏高度的关系曲线

硅片显影后，由光刻机的光学对准系统对曝光在硅片上的 FOCAL 标记图形进行对准，记录下曝光视场不同位置处 FOCAL 标记的对准位置坐标。由于光栅精细结构的存在，硅片上标记反射光强的空间分布随着密集线条线宽的大小而改变，因此反射光强达到极值所对应的标记位置产生偏移。该标记位置通过对准系统记录下来，它相对于 FOCAL 标记中心基准点的位置偏移量称为 FOCAL 对准位置偏移量(alignment offset，AO)。FOCAL 对准位置偏移量与密集线条线宽的关系为

$$AO = F\left(Lw_{\Delta f}\right) = \frac{1}{2\pi f}\arctan\left(\frac{\exp(\mathrm{j}2kd)\left(1-\cos(\omega a)+2\sum_{m=1}^{M}\sin Br\cdot\sin C\right)+2\sum_{m=1}^{M}\sin B\cdot\sin C+\cos(\omega c)-1}{\exp(\mathrm{j}2kd)\left(\sin(\omega a)+2\sum_{m=1}^{M}\sin Br\cdot\cos C\right)+2\sum_{m=1}^{M}\sin B\cdot\cos C+\sin(\omega c)}\right) \tag{3.196}$$

其中

$$\begin{cases} A = a + \dfrac{Lw_{\Delta f}}{M}\left(m - \dfrac{r}{2(1+r)}\right) \\ B = \dfrac{\pi f Lw_{\Delta f}}{M(1+r)} \\ C = 2\pi fa + 2\pi f\dfrac{Lw_{\Delta f}}{2M}\left(2m-1-\dfrac{r}{1+r}\right) \\ k = \dfrac{2\pi}{\lambda}\omega = \dfrac{2\pi}{T} \end{cases} \tag{3.197}$$

式中，a 为主光栅的线宽；c 为主光栅的缝宽；d 为光栅刻槽深度；r 为精细结构的占空比；M 为精细结构的周期数；λ 为光刻机对准系统的工作波长；T 为主光栅周期。

由式(3.195)～式(3.197)可以得出硅片表面起伏高度与 FOCAL 标记对准位置偏移量的理论关系表达式：

$$\Delta h = g(AO) = \frac{P\cdot R - Lw_0 - R\cdot F^{-1}(AO)}{2R\cdot\tan\left(\dfrac{\theta}{2}\right)} \tag{3.198}$$

式中，$F^{-1}(\ )$ 表示 $F(\ )$ 的逆函数。可以看出硅片表面起伏高度与对准位置偏移量满足一一对应关系。将对准系统得到的硅片不同位置的 FOCAL 标记对准位置偏移量代入式 (3.198)可计算出硅片各点的起伏高度。

在利用 WFMFT 技术进行硅片表面不平度测试时，照明方式、投影物镜成像性能、后烘、显影等因素都会对硅片表面起伏高度与对准位置偏移量的变化关系产生影响。为解决此问题，WFMFT 技术通过 *WF*～*AO*(wafer flatness versus, AO)测试来确定硅片表面起伏高度与对准位置偏移量的变化关系。*WF*～*AO* 测试仅在 WFMFT 测试条件改变时进行，得到新的硅片表面起伏高度与对准位置偏移量的变化关系，在 WFMFT 测试的准备步骤中完成，测试流程如图 3-76 所示。

WF～*AO* 测试包括标记曝光、硅片显影、对准读数与曲线拟合等四个过程。采用表面不平度可忽略不计的超平硅片，在已知的不同离焦量下将 FOCAL 标记曝光在涂胶超平硅片上。显影后，利用光刻机对准系统检测 FOCAL 标记的对准位置偏移量，得到一系列表征不同离焦量所对应的对准位置偏移量的数据点。通过曲线拟合，得到对准位置偏移量与离焦量的关系曲线 g，如图 3-77 所示。在对被测硅片进行测试时，离焦量是由被测硅片的高度起伏引起的，因此曲线 g 可看成硅片表面起伏高度与对准位置偏移量关

系的基准曲线，即 $WF\sim AO$ 基准曲线。基准曲线 g 的表达式可写为

$$\Delta h = g'(AO) \tag{3.199}$$

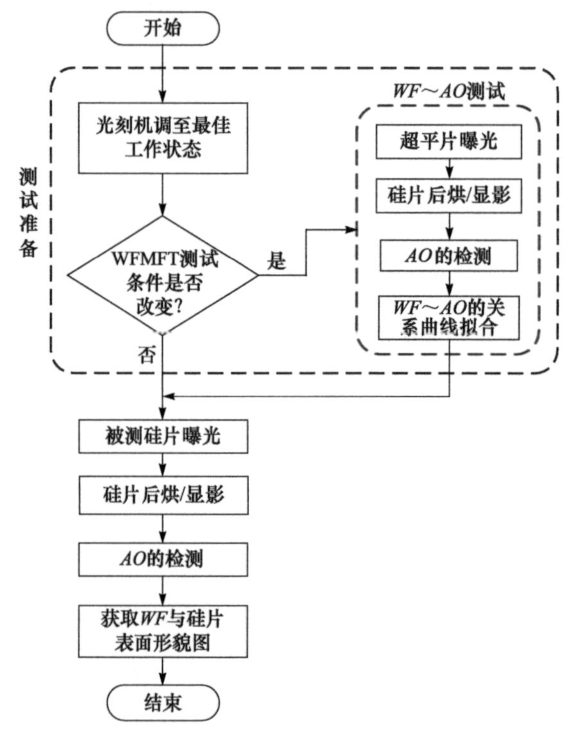

图 3-76　WFMFT 测试过程

将被测硅片的 FOCAL 标记对准位置偏移量代入式(3.199)可计算出硅片各点的起伏高度，各点高度起伏的最大值就是所求的硅片表面不平度。根据得到的硅片所有被测点的起伏高度，可确定硅片被测区域的表面形貌。

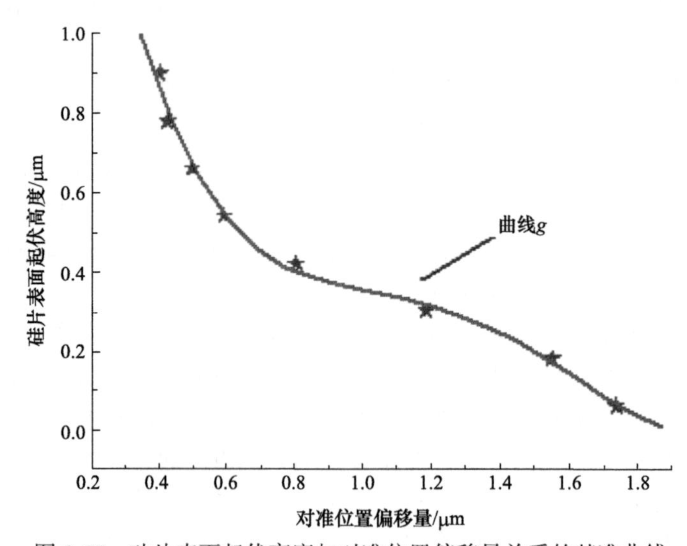

图 3-77　硅片表面起伏高度与对准位置偏移量关系的基准曲线

一般情况下，光刻机对准系统检测对准位置偏移量的精度为几纳米至几十纳米，根据图 3-77 曲线可得对应的硅片表面高度起伏的测量灵敏度为纳米量级，因此 WFMFT 技术可实现硅片表面不平度的高精度检测。WFMFT 技术的测量光斑尺寸与硅片上单个 FOCAL 标记的大小相同，约为 0.6mm^2，而基于调焦调平传感器检测方法的测量光斑尺寸大于 1 mm^2。与现有的基于调焦调平传感器的检测方法相比，WFMFT 技术的测量空间分辨率提高了 1.67 倍，可检测硅片微细区域内的高度差异，实现硅片表面形貌的原位检测。

3.5.2.2　实验

在 ASML 公司的 PAS 5500/550D 型步进扫描投影光刻机上进行 WFMFT 测试实验，曝光波长为 248nm，套刻精度小于 35nm。首先通过 $WF\sim AO$ 测试确定 $WF\sim AO$ 基准曲线。测试中选取一片平整度最优的超平片作为实验中的基准硅片，在 0～0.9μm 范围内的 8 个不同离焦量下将 FOCAL 标记曝光在涂胶基准硅片上。经显影、检测后，通过曲线拟合得到对准位置偏移量与离焦量的关系曲线 g，如图 3-77 所示。

取被测硅片，均匀涂胶后，在光刻机最佳工作状态下将 FOCAL 标记曝光在被测硅片上。对一曝光视场的 13 × 7 个点进行曝光，得到 91 个对准位置偏移量，代入基准曲线 g 表达式(3.199)，确定每个对准位置偏移量所对应的该点的表面起伏高度。图 3-78(a)为检测到的曝光场内沿水平分布的 13 个点的对准位置偏移量，根据基准曲线表达式得到这 13 个点所对应的硅片起伏高度，如图 3-78(b)所示。同理，可得到曝光场内所有被测点对应的硅片表面起伏高度，做出硅片被测区域的表面形貌图与等高线图，见图 3-79(a)和(b)。硅片表面不平度为各点起伏高度的最大值 0.36757μm。

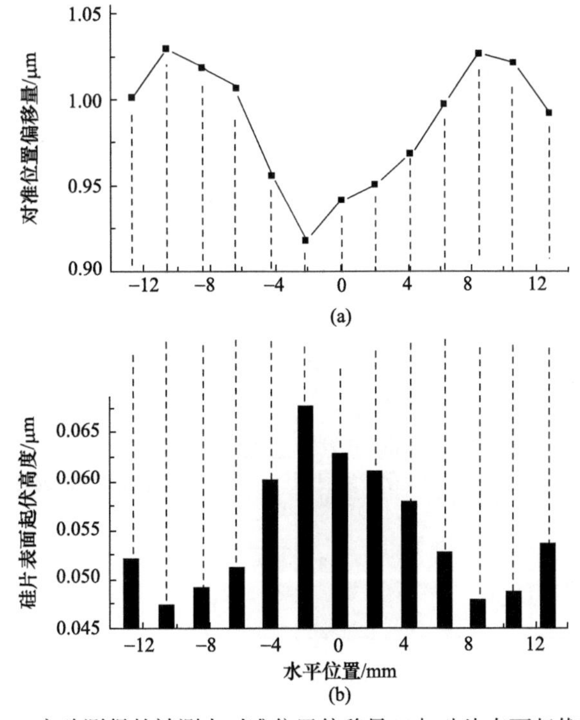

图 3-78　实验测得的被测点对准位置偏移量(a)与硅片表面起伏高度(b)

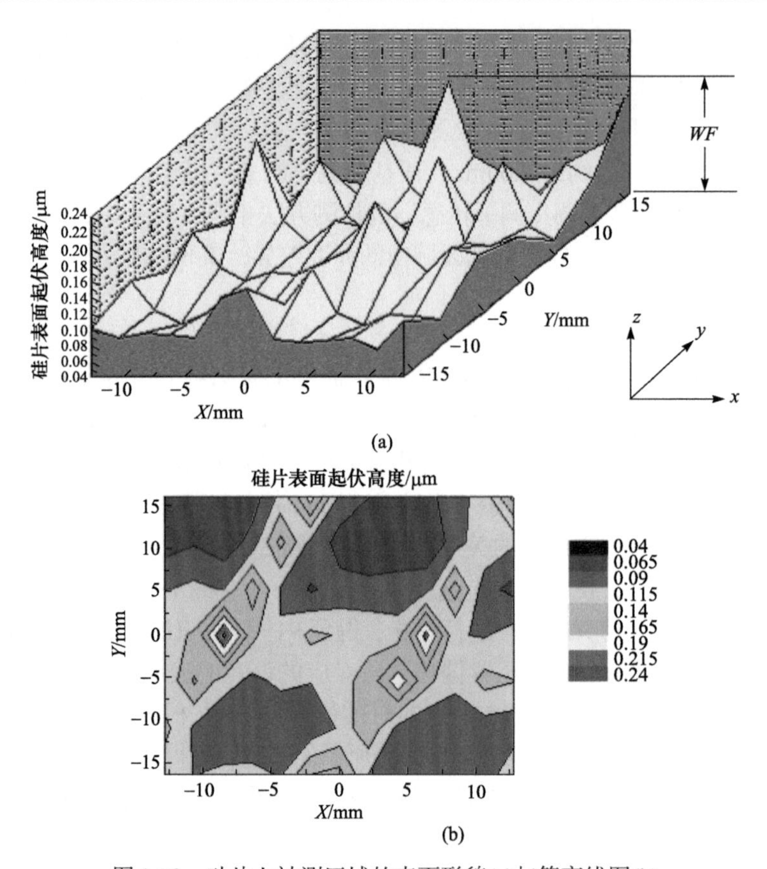

图 3-79 硅片上被测区域的表面形貌(a)与等高线图(b)

利用基于调焦调平传感器的硅片不平度测量方法对同一被测硅片进行检测，两种方法的测量结果如图 3-80 所示，可以看出二者的测量结果接近，相对误差仅为 3.6%。调焦调平传感器法的测量光斑较大，仅获得硅片表面的平均起伏高度，而 WFMFT 技术采用更小的测量光斑，可检测其微细区域的起伏高度，更真实地反映了硅片的表面形貌。

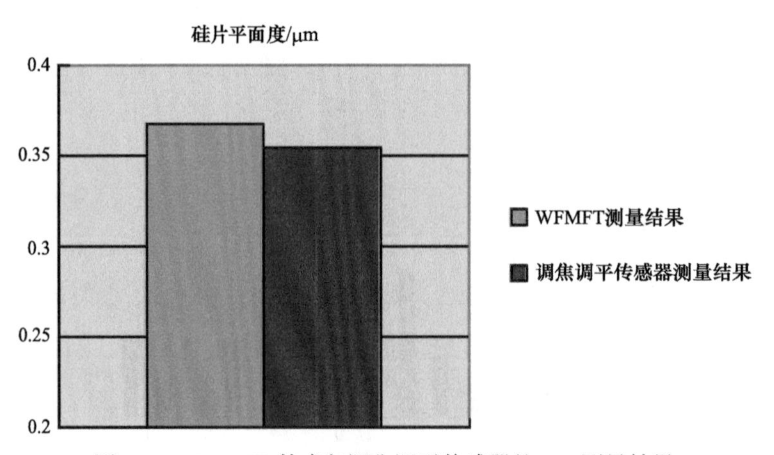

图 3-80 WFMFT 技术与调焦调平传感器的 *WF* 测量结果

实验表明，WFMFT 技术提高了硅片表面不平度的测量空间分辨率，可实现硅片表面形貌的高精度原位检测。

3.5.3　套刻精度检测[7,20]

本节介绍基于镜像 FOCAL 标记的套刻性能测量技术，以下简称为 OPMFM(overlay performance measurement using mirror- symmetry FOCAL marks)技术[7,20]。OPMFM 技术利用镜像 FOCAL 标记的成像规律，有效避免了目前套刻性能原位测量技术中测量精度对轴向像质校正的依赖。实验结果表明，该技术在进行套刻误差精确测量的同时还可全面、定量地计算影响光刻机单机套刻误差的场内及场间参数，从而简化了光刻机整机性能检测的过程。

套刻性能包括套刻精度(或称套刻误差)以及引起套刻误差的主要因素。套刻性能的检测相应包括了套刻精度的计算与套刻误差的分解(overlay budget)两个部分。无论是离线套刻性能检测还是原位套刻性能检测，其检测过程基本类似，即首先在硅片上曝光一层或多层套刻测量标记或生产图形；然后对标记或图形的位置进行测量，计算标记或图形与其名义位置(对一层而言)或与其相邻层标记之间的位置偏差；最后利用大量的偏差信息建模计算套刻精度与导致套刻误差的各种因素。

按照 PASS/FAIL 原则，套刻精度可表示为 mean±3σ。设共有 N 个测量标记或测量图形，每个测量标记或图形的偏移量为

$$\Delta R_i=\sqrt{\Delta x_i^2+\Delta y_i^2},\quad i=1,2,\cdots,N \tag{3.200}$$

其中，Δx_i 与 Δy_i 分别为直角坐标系中标记或图形沿 X 轴正方向和 Y 轴正方向的偏移，即

$$\begin{cases}\Delta x_i=x_i-x_{0i}\\ \Delta y_i=y_i-y_{0i}\end{cases} \tag{3.201}$$

式中，(x_i,y_i) 为待测标记或图形在硅片上或曝光场中的坐标；(x_{0i},y_{0i}) 为待测标记的参考坐标或名义坐标。

统计计算标记或图形偏移的平均值与标准差如下：

$$\overline{OV}=\frac{1}{N}\sum_{i=1}^{N}\Delta R_i \tag{3.202}$$

$$\sigma=\sqrt{\frac{\sum_{i=1}^{N}\left(\Delta R_i-\overline{OV}\right)^2}{N-1}} \tag{3.203}$$

根据式(3.202)与式(3.203)即可将套刻精度表示为$\overline{OV}\pm 3\sigma$ 。

3.5.3.1　检测原理

从上文中的介绍可知，套刻性能的检测包括影响套刻精度的场内参数测量、场间参数测量及套刻精度的统计计算等三个过程。OPMFM 是一种基于硅片曝光的套刻性能原位检测技术，能够完成对场内参数、场间参数的精确检测以及对套刻精度统计分析等全

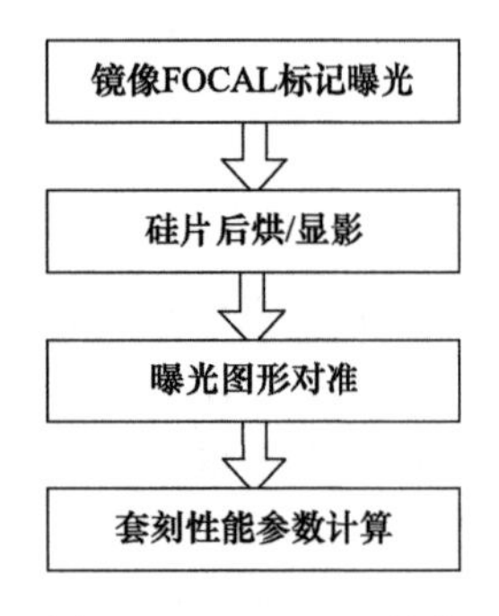

图 3-81 OPMFM 技术检测流程图

部套刻性能检测工作。

与 XY-SETUP 技术和 FOCAL 技术相同，OPMFM 技术的测试过程包括标记曝光、硅片显影、对准读数与套刻性能参数计算等四个过程，如图 3-81 所示。OPMFM 技术首先将若干(通常为 13×3、13×5 或 13×7 个)镜像 FOCAL 标记在一定离焦范围内重复曝光在涂有光刻胶的硅片上。OPMFM 技术所采用的镜像 FOCAL 标记与 IQMFM 技术中镜像 FOCAL 标记相同，即镜像 FOCAL 标记由左右两个 FOCAL 图形构成，两个图形的周期与线条宽度完全相同，不同的是两个图形精细结构相对于宽线条的位置互为镜像。镜像 FOCAL 标记被重复 16 次曝光在硅片的不同位置处，在硅片上形成了 16 个曝光场。

1. 场内参数测量原理

将曝光的硅片后烘和显影，由光学对准系统对曝光在硅片上每个曝光场中的镜像 FOCAL 标记图形进行逐一对准，并记录镜像 FOCAL 标记在曝光视场中的对准位置坐标。光学对准系统分别对镜像 FOCAL 标记的左右两个 FOCAL 图形进行对准，记录其对准位置坐标为 $P_{\mathrm{L}}(x_{\mathrm{L}},y_{\mathrm{L}})$ 和 $P_{\mathrm{R}}(x_{\mathrm{R}},y_{\mathrm{R}})$。根据透镜成像关系计算镜像 FOCAL 标记左右两个 FOCAL 图形在曝光视场中成像的理论位置，也就是名义位置为 $P_{0\mathrm{L}}(x_{0\mathrm{L}},y_{0\mathrm{L}})$ 与 $P_{0\mathrm{R}}(x_{0\mathrm{R}},y_{0\mathrm{R}})$。对准偏移量 $AO_{\mathrm{L}}(\Delta x_{\mathrm{L}},\Delta y_{\mathrm{L}})$ 和 $AO_{\mathrm{R}}(\Delta x_{\mathrm{R}},\Delta y_{\mathrm{R}})$ 分别为各 FOCAL 图形对准位置与其对应的名义位置的差值，即

$$\begin{cases}\Delta x_{\mathrm{L(R)}} = x_{\mathrm{L(R)}} - x_{0\mathrm{L(R)}} \\ \Delta y_{\mathrm{L(R)}} = y_{\mathrm{L(R)}} - y_{0\mathrm{L(R)}}\end{cases} \tag{3.204}$$

导致 FOCAL 图形对准位置与理论曝光位置有偏差的原因可以归纳为两个方面：一方面，由于离焦、场曲、像散等轴向像质的影响，FOCAL 标记精细结构线宽发生变化而导致的对准位置偏移，这部分偏移量用 AO^{v} 表示；另一方面，由于畸变、平移、旋转等光刻系统垂轴像质对 FOCAL 标记曝光位置的影响而产生的对准位置偏移，这部分偏移量用 AO^{h} 表示。由此，上述对准偏移量 AO_{L} 和 AO_{R} 可用下式表示：

$$AO_{\mathrm{L}} = AO_{\mathrm{L}}^{v} + AO_{\mathrm{L}}^{h} \tag{3.205}$$

$$AO_{\mathrm{R}} = AO_{\mathrm{R}}^{v} + AO_{\mathrm{R}}^{h} \tag{3.206}$$

由于镜像 FOCAL 标记左右两部分图形之间距离小于 0.3mm，相对于一个曝光视场而言可以认为两个图形的成像条件近似相同，即由轴向像质影响精细结构线宽的变化而导致的对准偏移量大小也近似相等。但精细结构位置的镜像结构导致偏移量的方向相反，即 $AO_{\mathrm{R}}^{v} \approx -AO_{\mathrm{L}}^{v}$。利用镜像 FOCAL 标记的这一近似，将式(3.205)和式(3.206)相加得

$$AO_{\mathrm{L}}^{h} \approx AO_{\mathrm{R}}^{h} = \frac{AO_{\mathrm{R}} + AO_{\mathrm{L}}}{2} \tag{3.207}$$

可以看出式(3.207)中已不包含轴向像质对对准偏移量的影响因素，因此可以说该技术有效避免了轴向像质对测量结果的影响。将式(3.207)中的对准偏移量以坐标的形式表示如下：

$$\Delta x' = \frac{\Delta x_{\mathrm{R}} + \Delta x_{\mathrm{L}}}{2} \tag{3.208}$$

$$\Delta y' = \frac{\Delta y_{\mathrm{R}} + \Delta y_{\mathrm{L}}}{2} \tag{3.209}$$

计算视场中若干标记的水平偏移量 $\Delta x'$ 、$\Delta y'$ ，并利用最小二乘法拟合下式，即可获得光刻系统中影响套刻性能的每个曝光场的场内参数。

$$\begin{cases} \Delta x' = \mathrm{d}x + x_0 M_{\mathrm{ag}} - y_0 \varphi + x_0 r_0^2 D_3 \\ \Delta y' = \mathrm{d}y + y_0 M_{\mathrm{ag}} + x_0 \varphi + y_0 r_0^2 D_3 \end{cases} \tag{3.210}$$

其中，$\mathrm{d}x$ 、$\mathrm{d}y$ 为曝光场在 X 向与 Y 向的平移；M_{ag}为曝光系统的放大倍率变化量；φ 为曝光视场绕光轴的旋转；D_3 为曝光系统的三阶畸变(初级畸变)。对每个曝光场计算得到的场内参数进行平均可得平均的场内参数。

2. 场间参数检测原理

由于场间参数描述的是曝光场位置误差的产生原因，因此场间参数的测量对象是曝光场的位置信息。记录每个曝光场按照式(3.210)计算得到的曝光场平移 $\mathrm{d}x$ 与 $\mathrm{d}y$ ，并将 16 组 $\mathrm{d}x$ 与 $\mathrm{d}y$ 以及曝光场名义位置坐标进行最小二乘法拟合，拟合结果为

$$\begin{cases} \mathrm{d}x = \mathrm{d}x_{\mathrm{w}} + x_{\mathrm{w}} M_{\mathrm{w}} - y_{\mathrm{w}} \varphi_{\mathrm{w}} + y_{\mathrm{w}}^2 D_2 \\ \mathrm{d}y = \mathrm{d}x_{\mathrm{w}} + y_{\mathrm{w}} M_{\mathrm{w}} + x_{\mathrm{w}} \varphi_{\mathrm{w}} + x_{\mathrm{w}}^2 D_2 \end{cases} \tag{3.211}$$

其中，x_{w} 、y_{w} 为曝光场中心点在硅片坐标系下的坐标；$\mathrm{d}x_{\mathrm{w}}$ 、$\mathrm{d}y_{\mathrm{w}}$ 为硅片的平均偏移；M_{w} 为硅片比例缩放(wafer scaling)；φ_{w} 为硅片绕光轴的旋转角度；D_2 为硅片弓形形变(wafer bow)。所得的式(3.211)中各项多项式的系数即为所求场间参数。

3. 套刻精度的计算

套刻精度的描述方法为硅片上有标记图形的水平对准偏移量 $\Delta x'$ 、$\Delta y'$ 的数理统计值，即 Mean±3σ。在 OPMFM 技术中，取硅片上所有参与光学对准的 13×3×16＝624 个标记的对准偏移量 $\Delta x'$、$\Delta y'$ 并代入式(3.202)与式(3.203)中，即得到套刻精度指标。OPMFM 技术的数据处理与计算过程如图 3-82 所示。

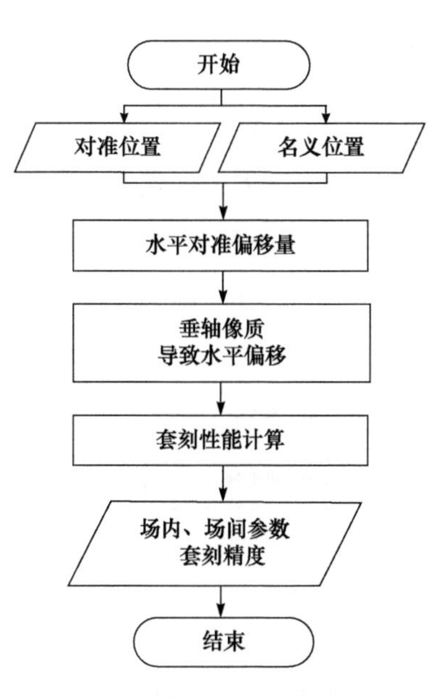

图 3-82　套刻精度计算流程图

3.5.3.2 实验

1. 场内参数测量

在相同测试条件下,分别在 ASML 公司的 PAS 5500/550 型步进扫描投影光刻机上进行 OPMFM 测试与 XY-SETUP 测试。为了说明 OPMFM 技术与轴向像质校正无关,OPMFM 测试采用 FOCAL 测试的曝光方法，即在离焦量从−0.9μm 到 0.9μm 之间 16 个不同离焦位置处对硅片进行曝光，对准后记录镜像 FOCAL 标记的对准位置信息。利用 Matlab 软件按照图 3-82 所示的流程计算像面平移、像面旋转、放大率变化量及三阶畸变等影响套刻性能的场内参数，并与 XY-SETUP 的测量结果相比较，结果如表 3-29 所示。

表 3-29 OPMFM 技术与 XY-SETUP 技术场内参数测量结果比较

场内参数	单位	XY-SETUP 计算结果	OPMFM 计算结果	相对误差
X 向像面平移	nm	4111.006	−23.454	100.5%
Y 向像面平移	nm	1960.848	−1.975	99.6%
像面旋转 R_z	μrad	124.261	124.039	0.2%
放大率变化量	ppm	0.734	0.702	4.3%
三阶畸变 D_3	nm/cm^3	2.760	2.987	8.2%

从表 3-29 中可以看出，除了 *X* 向与 *Y* 向像面平移外，对于像面旋转、放大率变化量与三阶畸变等参数的测量而言，OPMFM 技术与 XY-SETUP 技术的测量结果接近，其最大相对误差不超过 10%；而对 *X* 向与 *Y* 向像面平移而言，XY-SETUP 的测量数值远远大于 OPMFM 的测量数值。这是因为 XY-SETUP 测试技术本身没有考虑轴向像质参数对测试结果的影响。由于离焦和像面倾斜等轴向像质参数过大导致 XY-SETUP 测试中像面平移的计算结果偏大，在进行 XY-SETUP 测试前需要进行轴向像质的校正工作。利用 FOCAL 技术对轴向像质参数进行校正后，再进行 XY-SETUP 与 OPMFM 测试，将测量得到的场内参数结果列于表 3-30 中。

表 3-30 轴向像质校正后采用 OPMFM 技术与 XY-SETUP 技术获得的场内参数

场内参数	单位	XY-SETUP 计算结果	OPMFM 计算结果	相对误差
X 向像面平移	nm	−19.307	−19.690	1.9%
Y 向像面平移	nm	−0.797	−0.810	1.6%
像面旋转 R_z	μrad	124.458	124.009	0.3%
放大率变化量	ppm	0.289	0.268	7.8%
三阶畸变 D_3	nm/cm^3	1.660	1.499	6.4%

从表 3-30 中可以看出，轴向像质参数校正后，OPMFM 技术与 XY-SETUP 技术的测试结果基本相同，各项参数的相对误差不大于 10%，其中 X 向与 Y 向像面平移相对误差均小于 2%。比较表 3-29 与表 3-30 中 OPMFM 技术场内参数的测量结果可以看出，在轴向像质校正前和校正后，像面平移的绝对误差小于 5nm，而像面旋转的绝对误差小于 0.05μrad。这说明 OPMFM 技术对场内参数的检测过程不依赖于轴向像质的校正程度。在轴向像质校正前和校正后，放大率变化量与三阶畸变测量结果减小。这是由于在进行轴向像质补偿时投影物镜中可变镜片位置得到了优化。

为了考察离焦对场内参数计算的影响，利用上述轴向像质校正之前，统计计算 OPMFM 测量得到的每个视场中标记对准偏移量的均值与标准差值，列入表 3-31 中。标记 X 向与 Y 向对准偏移量的标准差随离焦量的变化情况如图 3-83、图 3-84 所示。

表 3-31　不同离焦面上曝光视场中标记偏移量的统计值

离焦量/μm	X 向均值/μm	Y 向均值/μm	X 向标准差/μm	Y 向标准差/μm
−0.9000	0.0282	0.0001	0.1882	0.9956
−0.7800	0.0334	−0.0042	0.1875	0.9937
−0.6600	0.0333	−0.0089	0.1883	0.9946
−0.5400	0.0312	−0.0132	0.1886	0.9950
−0.4200	0.0300	−0.0033	0.1886	0.9956
−0.3000	0.0299	0.0029	0.1884	0.9944
−0.1800	0.0272	0.0007	0.1890	0.9955
−0.0600	0.0230	0.0070	0.1893	0.9954
0.0600	0.0150	0.0117	0.1888	0.9956
0.1800	0.0177	0.0016	0.1889	0.9952
0.3000	0.0193	0.0022	0.1888	1.0002
0.4200	0.0217	−0.0012	0.1897	0.9975
0.5400	0.0270	−0.0089	0.1882	0.9968
0.6600	0.0199	−0.0021	0.1901	0.9984
0.7800	0.0102	−0.0056	0.1891	0.9983
0.9000	0.0083	0.0082	0.1876	0.9962

表 3-31 中列出了 OPMFM 技术测量得到的镜像 FOCAL 标记水平偏移量在不同曝光场中 X、Y 方向的偏移量平均值以及标准差，以及它们随离焦量的变化情况。标记偏移量平均值的变化与离焦等轴向像质与场间参数的影响都可能有关，而标记偏移量标准差反应的是在一个曝光场内标记偏移量的变化范围，因此该数值也可能与离焦等轴向像质、场间参数相关。但如果考察标准差随曝光场变化范围的含义，就可发现标准差变化反映

的是离焦等轴向像质的影响水平。这是因为离焦等轴向像质参数会导致曝光场中标记偏移量随视场的增大而增大，从而使得整个视场标记偏移量标准差的数值增大。基于上述原理，做图 3-83、图 3-84。从两个图中可以看出，无论是 X 方向还是 Y 方向，标记偏移量的标准差几乎不随离焦量的变化而变化。这说明在 OPMFM 技术中，虽然某些曝光场有离焦，但并不影响场内参数的测量结果。图 3-83 与图 3-84 的实验结果进一步说明了 OPMFM 技术具有不依赖于轴向像质校正程度的优点。与 XY-SETUP 套刻精度检测技术相比，利用 OPMFM 技术进行套刻精度检测前不需要专门的轴向像质参数校正过程，从而节约了检测时间与检测成本。

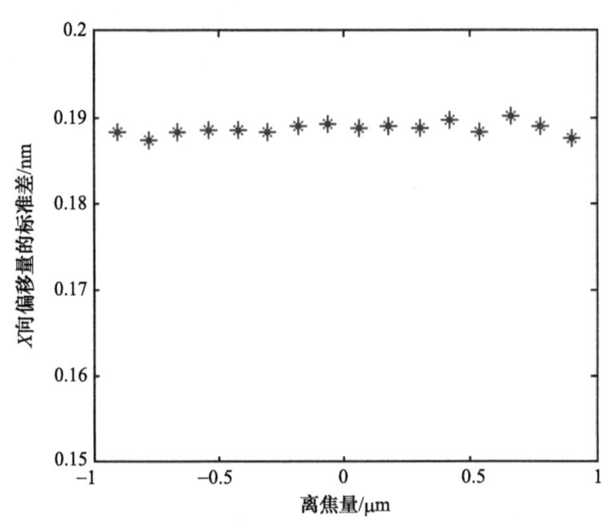

图 3-83 标记 X 向对准偏移量的标准差随离焦量变化情况

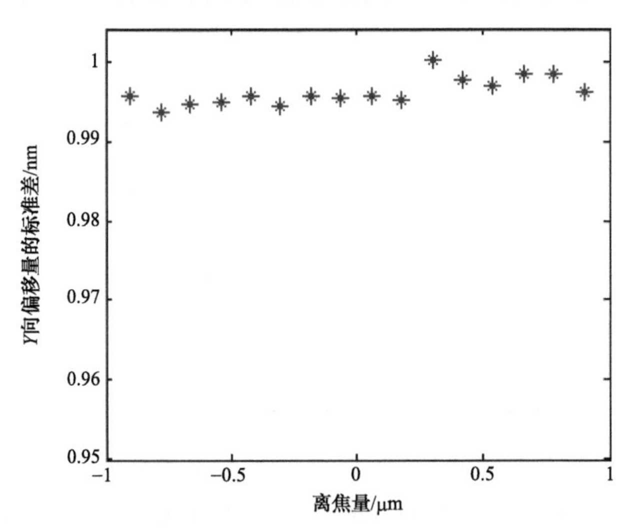

图 3-84 标记 Y 向对准偏移量的标准差随离焦量变化情况

2. 场间参数测量

利用轴向像质校正后 OPMFM 测试得到的各曝光场的像面平移数据，按照式(3.211)

进行场间参数的求解，并将计算结果与 XY-SETUP 测试的测量结果相比较，见表 3-32。

表 3-32　轴向像质校正后采用 OPMFM 技术与 XY-SETUP 技术获得的场间参数

场间参数	单位	XY-SETUP 计算结果	OPMFM 计算结果	误差
X 向硅片平均偏移	nm	−22.102	−24.329	−2.227
Y 向硅片平均偏移	nm	−0.897	−1.126	−0.229
硅片旋转 R_z	μrad	−0.027	−0.023	0.004
硅片比例缩放	ppm	−0.132	−0.104	0.028
硅片弓形形变 D_2	nm/cm^2	0.019	0.014	−0.005

从图 3-30 中可以看出，两种测试对场间参数的计算结果误差很小。其中对硅片平均偏移的测量误差在 3nm 以内，远小于工件台的定位精度 10nm。对硅片旋转、硅片比例缩放及硅片弓形形变的测量结果误差均小于 0.03 个测量单位，在实际测量中可以忽略不计。表 3-31 说明 OPMFM 技术对场间参数的测量精度与 XY-SETUP 技术的测量精度相同，可以实现对场间参数的精确测量。

3. 套刻误差的测量结果与分析

对两种测试中所获得的标记偏移量进行数理统计计算，分别获得 X 向、Y 向的套刻误差，如表 3-33 所示。

表 3-33　采用 OPMFM 技术与 XY-SETUP 技术的套刻误差测量结果

	X 向套刻误差		Y 向套刻误差	
	平均值 /nm	方差/nm	平均值/nm	方差/nm
OPMFM 技术	−23.5	186.6	− 0.8	984.1
XY-SETUP 技术	−21.8	205.8	− 0.8	854.3

从表 3-33 中可以看出，OPMFM 技术与 XY-SETUP 技术对套刻误差的测量结果接近，其中套刻误差的平均值相差不超过 2nm。表 3-32 中两种测试的标准差是平均值的十倍到百倍，这是场内参数及场间参数还没有进行校正的原因。按照表 3-29、表 3-30 中 OPMFM 技术的计算结果对场内参数及场间参数进行校正，校正后重新进行 OPMFM 测试，获得的套刻误差如图 3-85 所示。

在场内参数与场间参数得到校正后，OPMFM 技术计算得到的 X 向与 Y 向套刻误差分别为(1.3±35.7)nm(mean±3σ)和(6.1±30.9)nm，说明硅片上 99.7%的标记的套刻误差小于 40nm，满足 PAS 5500/550 型光刻机套刻误差≤40nm 的性能要求。

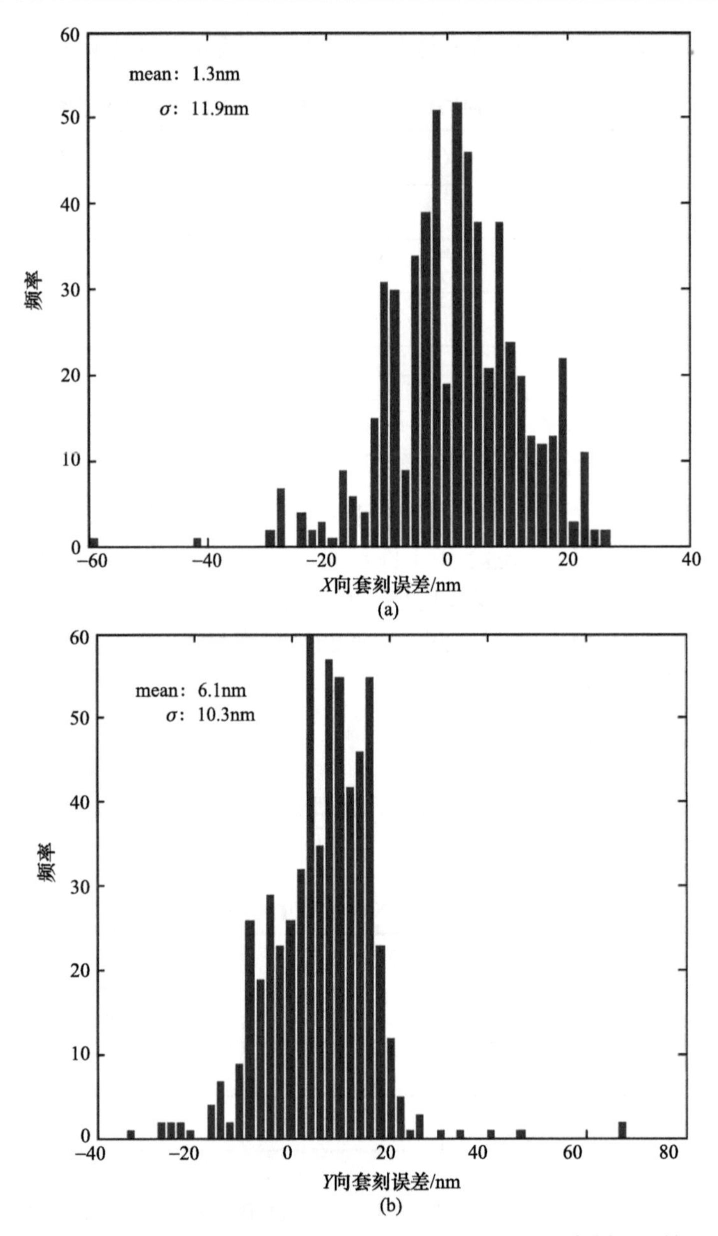

图 3-85　场内及场间参数校正后 OPMFM 测量得到的套刻误差结果

3.5.4　像质参数热漂移检测[4,21]

在光刻机的工作过程中，光刻机投影物镜对光线的吸收使其温度不断升高。光刻机成像质量参数，如最佳焦面、放大倍率等随着物镜温度的升高而发生热漂移，从而导致光刻质量随工作时间的推移而不断下降。目前国际上广泛采用像质参数前馈校正技术对像质参数热漂移进行精确补偿。根据像质参数热漂移量随工作时间的变化规律，在每片硅片曝光之前，通过调整投影物镜的可调镜片位置与工件台高度将最佳焦面、放大倍率等像质参数的热漂移补偿为零，从而保证了不同工作时刻的最佳成像质量。因此，确定像质参数热漂移量随工作时间变化规律的高精度像质参数热漂移检测方法在光刻机像质参数前馈校正技术中不可或缺，它是正确补偿像质参数热漂移的重要前提。

最佳焦面热漂移检测技术 FFT(focus fine tune)是常用的对光刻机投影物镜的最佳焦面漂移规律进行检测的技术。在光刻机不同工作时刻下，检测投影物镜的最佳焦面偏移。由于温度的变化，不同时刻得到的最佳焦面偏移会发生改变，从而得到最佳焦面偏移随工作时间的变化关系，即最佳焦面热漂移变化规律。根据 FFT 确定的最佳焦面热漂移变化规律，可以调整光刻机在不同工作时刻的曝光硅片位置，从而实现在光刻机工作过程中曝光硅片始终处于投影物镜的最佳焦面上，从而保证曝光硅片上的图形质量。

同样，在光刻机长时间的曝光工作过程中，投影物镜的放大倍率会随着物镜温度的升高而发生热漂移，导致硅片上的曝光图形失真，套刻误差变大。因此，为了保证光刻机在长时间的工作过程中始终处于良好的运行状态，需要通过专用技术对光刻机的放大倍率热漂移规律进行检测，从而可以实现对放大倍率的实时校正。

放大倍率热漂移检测技术 MFT(magnification fine tune)是常用的对光刻机投影物镜的放大倍率漂移规律进行检测的技术。在光刻机不同工作时刻下，检测投影物镜的放大倍率偏移。不同时刻得到的放大倍率数值会发生改变，从而得到放大倍率随工作时间的变化关系，即放大倍率热漂移变化规律。根据 MFT 所确定的放大倍率热漂移变化规律，可以在光刻机不同的工作时刻，调整投影物镜的可动镜片，调整放大倍率到理想的数值，从而消除了温度对投影物镜放大倍率的影响，保证了硅片上的图形质量。

本小节介绍一种与 FFT 技术和 MFT 技术不同的光刻机投影物镜像质参数热漂移检测技术，以下简称为 TDFM(thermal drift measurement of focus and magnification)技术。该技术可同时实现最佳焦面与放大倍率热漂移的精确测量，有效解决了 MFT 技术中放大倍率热漂移受最佳焦面热漂移影响的问题。该技术简化了光刻机像质参数前馈校正的测试过程，降低了光刻设备的测试成本。

3.5.4.1　检测原理

TDFM 热漂移检测技术是在 FFT 技术的基础上提出的。FFT 技术在不同工作时刻将检测标记曝光在涂胶硅片的不同区域。在每次检测标记曝光时，承片台旋转一定角度，使硅片与 x 轴成一夹角，如图 3-86 所示。检测标记成像在处于不同离焦平面的硅片上。在硅片上排布的相邻两检测标记沿 z 轴的距离为

$$\Delta f = M_0 \cdot \Delta l_{\mathrm{m}} \cdot \tan\alpha_{\mathrm{w}} \tag{3.212}$$

其中，Δl_{m} 为掩模上沿 x 轴相邻两检测标记之间的距离；α_{w} 为硅片与 x 轴的夹角；M_0 为投影物镜的放大倍率。根据离焦量与最佳焦面热漂移引起的对准位置偏移量之间的关系，通过多项式拟合可得到该时刻的最佳焦面热漂移 ΔF 为

$$\Delta F = G^{-1}(AO)\big|_{AO=AO_{\mathrm{MAX}}} \tag{3.213}$$

式中，AO 为对准位置偏移量，通过光刻机对准系统检测得到；$G(AO)$为最佳焦面热漂移与对准位置偏移量所满足的函数表达式。FFT 技术通过上述方法实现了光刻机投影物镜

最佳焦面热漂移的检测。TDFM 技术除了能够根据以上原理检测最佳焦面热漂移外，还能够同时实现放大倍率热漂移的检测。测试过程包括检测标记曝光与非图形区的空曝光(dummy exposure)、硅片显影、对准读数、不同时刻像质参数热漂移量计算等，测试流程如图 3-87 所示。TDFM 技术将检测标记曝光在倾斜硅片上，如图 3-86 所示。在每两次检测标记曝光的时间间隔内进行多次空曝光。

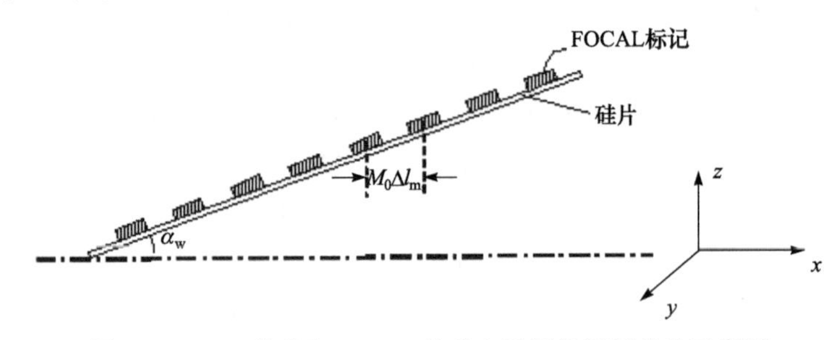

图 3-86　FFT 技术与 TDFM 技术中采用的倾斜硅片示意图

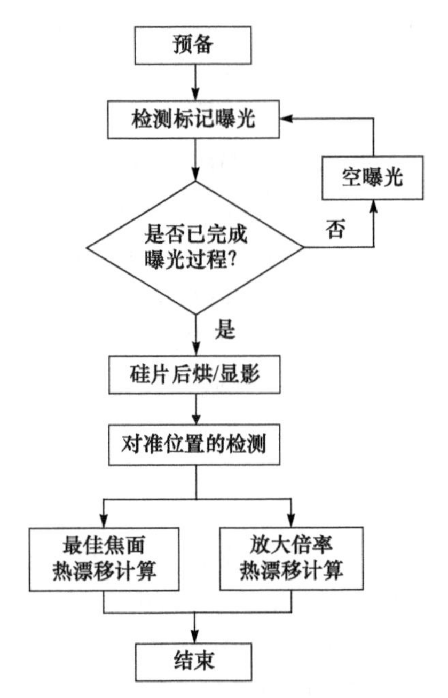

图 3-87　像质参数热漂移的 TDFM 技术检测流程图

硅片曝光过程结束后，经后烘与显影，由光学对准系统对曝光在硅片上的标记图形进行对准，记录下硅片上的检测标记在曝光视场中的对准位置坐标。所采用的检测标记是由左右两个 FOCAL 图形构成的 FOCAL 标记，如图 3-88 所示。左右两个 FOCAL 图形的周期与线条宽度完全相同，两个图形精细结构相对于宽线条的位置互为镜像。在 TDFM 技术的对准位置检测过程中，光学对准系统分别对镜像 FOCAL 标记的左右两个 FOCAL 图形进行对准，记录其对准位置坐标为 $P_L(x_L,y_L)$ 和 $P_R(x_R,y_R)$。根据透镜成像关系计算镜像 FOCAL 标记的左右两个 FOCAL 图形在曝光视场中成像的理论位置 $P_{0L}(x_{0L},y_{0L})$ 与 $P_{0R}(x_{0R},y_{0R})$。对准位置偏移量 $AO_L(\Delta x_L,\Delta y_L)$ 与 $AO_R(\Delta x_R,\Delta y_R)$ 分别为

FOCAL 图形对准位置与其对应的理论成像位置的差值

$$\begin{cases}\Delta x_{\mathrm{L}} = x_{\mathrm{L}} - x_{0\mathrm{L}} \\ \Delta x_{\mathrm{R}} = x_{\mathrm{R}} - x_{0\mathrm{R}} \\ \Delta y_{\mathrm{L}} = y_{\mathrm{L}} - y_{0\mathrm{L}} \\ \Delta y_{\mathrm{R}} = y_{\mathrm{R}} - y_{0\mathrm{R}}\end{cases} \tag{3.214}$$

图 3-88 镜像 FOCAL 标记示意图

在 TDFM 技术中，导致 FOCAL 图形对准位置与其理论曝光位置存在偏差的原因主要有两个: 一方面，由温度升高所致的最佳焦面热漂移引起的对准位置偏移，这部分偏移量用 AO^{F} (Δx^{F} 或 Δy^{F})表示;另一方面，由温度升高导致放大倍率的热漂移，从而引起实际曝光位置的偏移，这部分对准位置偏移量用 AO^{M} (Δx^{M} 或 Δy^{M})表示。对准位置偏移量 AO_{L} 与 AO_{R} 分别表示为

$$\begin{cases}AO_{\mathrm{L}} = AO_{\mathrm{L}}^{\mathrm{F}} + AO_{\mathrm{L}}^{\mathrm{M}} \\ AO_{\mathrm{R}} = AO_{\mathrm{R}}^{\mathrm{F}} + AO_{\mathrm{R}}^{\mathrm{M}}\end{cases} \tag{3.215}$$

FOCAL 标记左右两部分图形之间距离相对于整个曝光视场而言可忽略不计,因此可认为两个 FOCAL 图形的成像条件近似相同。由物镜放大倍率热漂移引起的左右两部分图形的对准位置偏移量相等，即

$$AO_{\mathrm{L}}^{\mathrm{M}} = AO_{\mathrm{R}}^{\mathrm{M}} \tag{3.216}$$

由于 FOCAL 标记的两个 FOCAL 图形互为镜像，根据 FOCAL 技术的基本原理，由最佳焦面热漂移引起的左右两个 FOCAL 图形的对准位置偏移量 AO_{R}^{v} ， AO_{L}^{v} 满足

$$AO_{\mathrm{R}}^{\mathrm{F}} = -AO_{\mathrm{L}}^{\mathrm{F}} \tag{3.217}$$

由式(3.215)～式(3.217)可得

$$\begin{cases}\left|AO_{\mathrm{L}}^{\mathrm{F}}\right| = \left|AO_{\mathrm{R}}^{\mathrm{F}}\right| = \left|\dfrac{AO_{\mathrm{R}} - AO_{\mathrm{L}}}{2}\right| \\ AO_{\mathrm{L}}^{\mathrm{M}} = AO_{\mathrm{R}}^{\mathrm{M}} = \dfrac{AO_{\mathrm{R}} + AO_{\mathrm{L}}}{2}\end{cases} \tag{3.218}$$

由式(3.218)可分别得到由最佳焦面热漂移引起的对准位置偏移量 Δx^{F} 、 Δy^{F} ，及由放大倍率热漂移引起的对准位置偏移量 Δx^{M} 、 Δy^{M} 。利用最小二乘法拟合下式

$$\begin{cases}\Delta x^{\mathrm{M}} = \mathrm{d}x + x_0\Delta M - y_0\varphi + x_0 r_0^2 D_3 \\ \Delta y^{\mathrm{M}} = \mathrm{d}y + y_0\Delta M + x_0\varphi + y_0 r_0^2 D_3\end{cases} \tag{3.219}$$

得到该时刻的放大倍率热漂移。式中，$\mathrm{d}x$ 、$\mathrm{d}y$ 为 FOCAL 标记在 x 向与 y 向的平移；ΔM 为曝光系统的放大倍率热漂移；φ 为曝光视场绕光轴的旋转；D_3 为曝光系统的三阶畸变。由于在计算中已将由最佳焦面热漂移引起的对准位置偏移量滤除，因此 TDFM 技术消除了最佳焦面热漂移对放大倍率热漂移测量结果的干扰。

根据上述检测原理，TDFM 技术仅需对一片硅片进行曝光、显影、检测标记位置检测，就可同时完成不同工作时刻最佳焦面与放大倍率的热漂移检测。

3.5.4.2　实验

在相同测试条件下，分别在 ASML 公司的 PAS 5500/550 型步进扫描投影光刻机上进行 TDFM 测试、FFT 测试与 MFT 测试。根据 TDFM 测试中检测到的镜像 FOCAL 标记的对准位置信息，得到在 25 个工作时刻的最佳焦面热漂移与放大倍率热漂移。图 3-89 给出了 TDFM 技术最佳焦面热漂移的测量结果。横坐标为工作时间，单位 t_0 是每两次检测的时间间隔；纵坐标为最佳焦面热漂移。由于 TDFM 技术与 FFT 技术检测最佳焦面热漂移的原理相同，所以两者的检测结果一致。

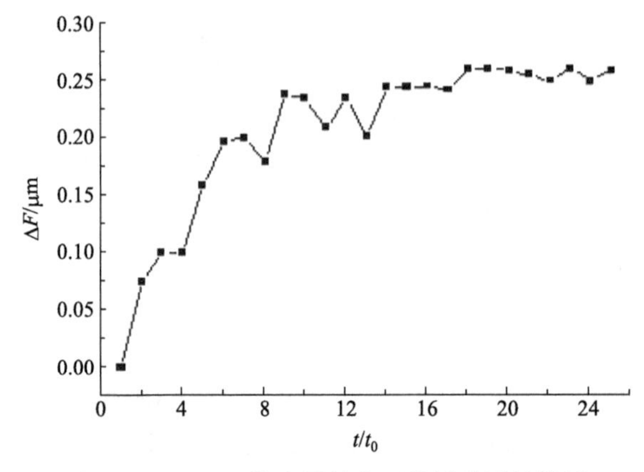

图 3-89　TDFM 技术最佳焦面热漂移测量结果

图 3-90 给出了采用 TDFM 技术与 MFT 技术测量放大倍率热漂移的结果。横坐标为工作时间，纵坐标为放大倍率热漂移。可以看出，TDFM 技术与 MFT 技术的放大倍率热漂移检测结果接近，测量绝对偏差小于 0.2ppm，相当于对线宽为 250nm 的孤立线条，测量绝对偏差小于 0.01nm，可忽略不计。TDFM 技术放大倍率热漂移的检测结果不受最佳焦面热漂移的影响，更可靠地反映了放大倍率随工作时间的变化规律。实验结果表明，TDFM 技术可同时实现最佳焦面热漂移与放大倍率热漂移的高精度原位检测。

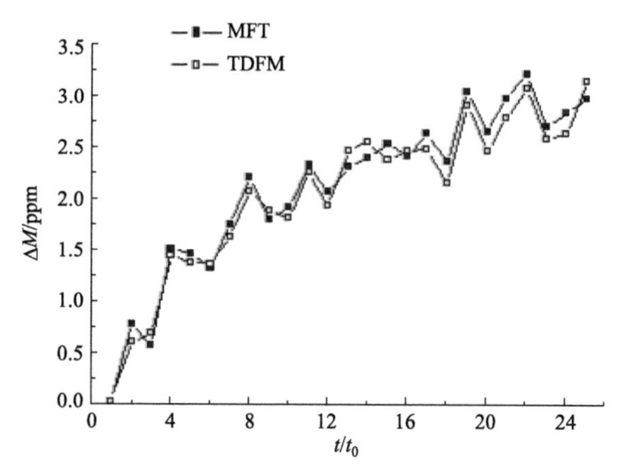

图 3-90　TDFM 技术与 MFT 技术放大倍率热漂移测量结果的比较

参 考 文 献

[1] 马明英. 步进扫描投影光刻机像质参数检测技术的研究. 中国科学院上海光学精密机械研究所博士学位论文, 2007.

[2] 王帆. 基于像传感器的光刻机投影物镜像差测量技术. 中国科学院上海光学精密机械研究所硕士学位论文, 2004.

[3] 王帆, 王向朝, 马明英, 等. 光刻机投影物镜像差的现场测量技术. 激光与光电子学进展, 2004, 41(6): 33-37.

[4] 张冬青. 投影光刻机 FOCAL 技术的应用研究. 中国科学院上海光学精密机械研究所博士学位论文, 2006.

[5] 杜聚有. 基于位相衍射光栅的投影光刻机对准技术研究. 中国科学院上海光学精密机械研究所博士学位论文, 2019.

[6] Zhang D Q, Wang X Z, Shi W J. A novel method to determine the FOCAL energy range. Chinese Optics Letters, 2005, 3(10): 589-592.

[7] 施伟杰. 投影光刻机性能与像质原位检测技术的研究. 中国科学院上海光学精密机械研究所博士学位论文, 2005.

[8] Shi W J, Wang X Z, Zhang D Q. A novel FOCAL technique based on BP-ANN. Optik, 2006, 117(4):145-150.

[9] 施伟杰, 王向朝, 张冬青, 等. 基于人工神经网络权值优化的投影光刻机像质校正灵敏矩阵的计算方法. 中国激光, 2006, 33(4): 516-520.

[10] Ma M Y, Wang F, Wang X Z. Novel method for measuring axial aberrations of projection optics for lithographic tools. Proc. SPIE, 2007, 6724: 67240N.

[11] Brunner T A.New focus metrology technique using special test mask. OCG Interface, 1993, 93: 5-13.

[12] La Fontaine B M, Dusa M V, Krist, et al. Analysis of focus errors in lithography using phase shift monitors. Proc. SPIE, 2002, 4691: 315-324.

[13] Nomura H. New phase-shift gratings for measuring aberrations. International Society for Optics and Photonics, 2001, 4346: 25-36.

[14] Zuniga M A, Wallraff G M, Neureuther A R. Reaction diffusion kinetics in deep-UV positive-tone resist systems. Proc. SPIE, 1995, 2438:113-124.

[15] Suwa K, Tateno H, Irie N, et al. Automatic laser-scanning focus detection method using printed focus pattern. International Society for Optics and Photonics, 1995, 2440: 712-721.

[16] 袁琼雁. 基于空间像传感的光刻机投影物镜波像差检测技术的研究. 中国科学院上海光学精密机械研究所博士学位论文, 2009.

[17] Shi W J, Wang X Z, Zhang D Q, et al. Method for measuring the lateral aberrations of a lithographic projection system with mirror-symmetric FOCAL marks. Optical Engineering, 2006, 45(5): 053201.

[18] 施伟杰, 王向朝, 张冬青, 等. 基于光学对准的光刻机投影物镜密集线焦深原位检测技术. 中国激光, 2006, 33(1): 85-90.

[19] 张冬青, 王向朝, 施伟杰. 光刻机硅片表面不平度原位检测技术. 光子学报, 2006, 35(12): 1975-1979.

[20] 施伟杰, 王向朝, 张冬青, 等. 基于镜像焦面检测对准标记的套刻性能原位测量技术. 光学学报, 2006, 26(3): 398-402.

[21] 张冬青, 王向朝, 施伟杰, 等. 一种新的光刻机像质参数热漂移检测技术. 中国激光, 2005, 32(12): 1668-1672.

第 4 章　基于光刻胶曝光的波像差检测

基于光刻胶曝光的波像差检测技术对专门设计的检测标记进行曝光，经完整的光刻工艺处理后，得到标记的光刻胶像；然后，利用光刻机对准系统或者 CD-SEM、套刻测量仪、光学显微镜等设备检测光刻胶像的位置、形状等信息，根据检测模型求解出投影物镜的波像差。根据曝光位置的不同，可以分为像面曝光法和多离焦面曝光法。光束干涉检测法通过改变投影物镜光瞳面的采样位置和范围提高波像差检测的灵敏度和精度，从该技术路线出发，发展出了双光束干涉、三光束干涉和多光束干涉等技术，本章将光束干涉法单独作为一类检测技术。本章首先分析波像差对光刻成像质量的影响，然后系统介绍光束干涉法、像面曝光法和多离焦面曝光法三类检测技术。

4.1　波像差对光刻成像质量的影响

投影物镜的波像差对光刻成像质量的影响主要表现为实际成像相对于理想高斯像的位置偏离和变形，可分为奇像差和偶像差。奇像差相对投影物镜光轴不对称，包括彗差(Z_7,Z_8,Z_{14},Z_{15})、三波差(Z_{10},Z_{16})等，主要影响空间像在 XY 平面内的(垂轴)位置与光强分布。偶像差相对投影物镜光轴对称，包括像散(Z_5,Z_6,Z_{12},Z_{13})、球差(Z_9,Z_{16})等，主要影响空间像的 Z 向(轴向)位置与光强分布。

4.1.1　奇像差对光刻成像质量的影响[1]

4.1.1.1　彗差的影响

由几何光学像差理论的观点来看，彗差导致光轴外一点发出的光线经物镜折射后，不同孔径的光线在像面上的交点不重合。对于子午宽光束，原来对称于主光线的一对光线经球面折射以后，其交点偏离主光线，成为子午彗差。对于弧矢光束，与上下子午光线孔径相同的弧矢光线经球面折射后的交点偏离主光线，成为弧矢彗差。

1. 对横向成像位置的影响

彗差对投影物镜成像的影响表现在边缘光线与傍轴光线在像面上的交点不同，如图 4-1 所示。其产生原因可由 Zernike 多项式中表征彗差的项分析得到。Zernike 多项式第 7 项三阶彗差的表达式为

$$Z_7\left(3\rho^3-2\rho\right)\cos\theta=Z_7\left[\left(3\rho^2-2\right)\rho\cos\theta\right] \tag{4.1}$$

其中，$\rho\cos\theta$ 为 Zernike 多项式的第 2 项，即 X 方向成像位置偏移，因此 Z_7 将引起 X 方向成像位置偏移，且该偏移大小与光线的孔径角(空间频率)有关。该成像位置偏移可表

示为

$$\Delta X(\rho) \propto Z_7(3\rho^2 - 2) \tag{4.2}$$

Zernike 多项式第 8 项三阶彗差可写为

$$Z_8\left(3\rho^3 - 2\rho\right)\sin\theta = Z_8\left[\left(3\rho^2 - 2\right)\rho\sin\theta\right] \tag{4.3}$$

其中，$\rho\sin\theta$ 为 Zernike 多项式中第 3 项，即 Y 方向成像位置偏移，因此 Z_8 将引起 Y 方向成像位置偏移，且该偏移大小与光线的孔径角有关。

$$\Delta Y(\rho) \propto Z_8(3\rho^2 - 2) \tag{4.4}$$

类似地，对于高阶彗差 Z_{14}、Z_{15}、Z_{23}、Z_{24}、Z_{34}、Z_{35}，其导致的成像位置偏移可分别表示为

$$\Delta X(\rho) \propto Z_{14}(10\rho^4 - 12\rho^2 + 3) \tag{4.5}$$

$$\Delta Y(\rho) \propto Z_{15}(10\rho^4 - 12\rho^2 + 3) \tag{4.6}$$

$$\Delta X(\rho) \propto Z_{23}(35\rho^6 - 60\rho^4 + 30\rho^2 - 4) \tag{4.7}$$

$$\Delta Y(\rho) \propto Z_{24}(35\rho^6 - 60\rho^4 + 30\rho^2 - 4) \tag{4.8}$$

$$\Delta X(\rho) \propto Z_{34}(126\rho^8 - 280\rho^6 + 210\rho^4 - 60\rho^2 + 5) \tag{4.9}$$

$$\Delta Y(\rho) \propto Z_{35}(126\rho^8 - 280\rho^6 + 210\rho^4 - 60\rho^2 + 5) \tag{4.10}$$

由式(4.5)～式(4.10)可以看出，高阶彗差与三阶彗差类似，同样将导致与光线孔径角相关的成像位置偏移，且随着像差阶次的升高，彗差导致的成像位置偏差随孔径角的变化增快。

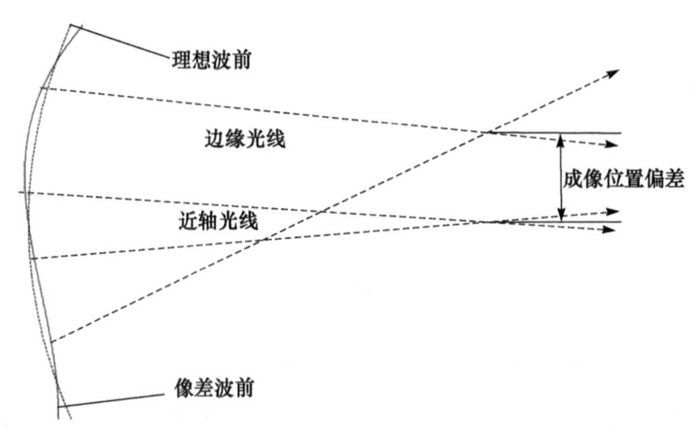

图 4-1 彗差对投影物镜成像的影响示意图

下面以三阶 X 方向彗差 Z_7 为例分析彗差对空间像光强分布对称性以及光刻胶图形线宽对称性的影响。

2. 对空间像光强分布的影响

彗差使不同孔径角的光线具有不同的成像位置，因此导致了不同离焦位置的光强分布不对称。在投影物镜数值孔径为 0.75、曝光波长为 193nm、部分相干因子为 0.6 的情况下，利用光刻仿真软件 PROLITH 计算得出的 0.10μm 孤立线条所成的空间像在 XZ 平面内的光强分布如图 4-2 所示。图中横坐标表示 X 坐标，纵坐标表示 Z 坐标(离焦量)，不同的颜色表示不同的光强。在物镜无像差的情况下，孤立线条空间像光强关于 Z 轴成对称分布，如图 4-2(a)所示。在物镜彗差(Z_7)为 0.1λ 情况下，孤立线条成像位置发生变化，且空间像光强关于 Z 轴不对称，形成“香蕉形”光强分布，如图 4-2(b)所示。

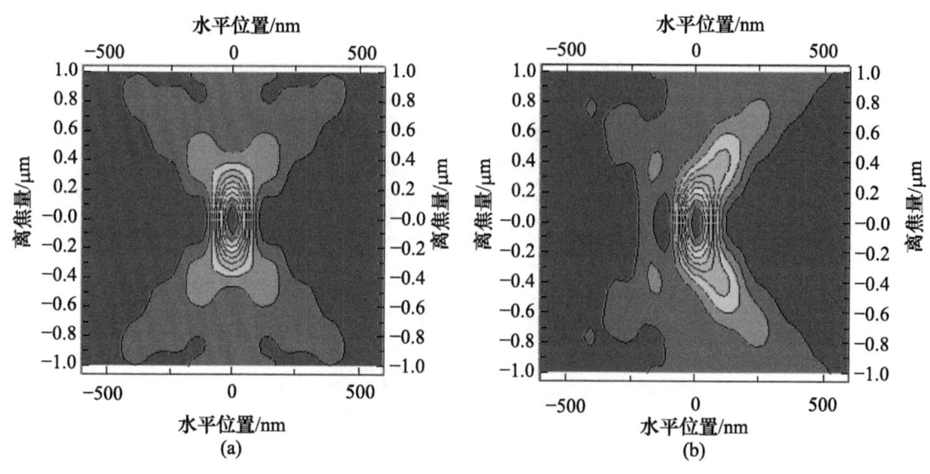

图 4-2　PROLITH 计算得出孤立线条的空间像在 XZ 平面内的光强分布图

(a)物镜无像差；(b)彗差(Z_7)为 0.1λ

图 4-3 是在投影物镜数值孔径为 0.75、曝光波长为 193nm、部分相干因子为 0.6 的情况下，由 PROLITH 计算得出的 0.10μm 的接触孔所成的空间像在 XZ 平面内的光强分布图。其中图 4-3(a)是物镜无像差情况下接触孔空间像的轮廓图，图 4-3(b)是物镜有 0.1λ 彗差(Z_7)情况下接触孔空间像在 XZ 平面内的光强分布图，图 4-3(c)是物镜有 0.2λ 彗差(Z_7)情况下接触孔空间像在 XZ 平面内的光强分布图。由图 4-3 可以看出，彗差对接触孔成像的影响与孤立线条基本相同，即导致成像位置变化以及空间像的轮廓弯曲，且随着彗差的增加，彗差对空间像的影响越来越明显。与图 4-2 比较可知，彗差对接触孔空间像的影响小于孤立线条，这是接触孔与孤立线条具有不同的空间频谱导致的。

由上述分析可知，彗差使得掩模上图形的成像位置发生变化，且使空间像的轮廓发生弯曲。彗差对投影物镜空间像的影响与光瞳面上的空间频谱分布有关。投影物镜数值孔径、照明系统的部分相干因子、照明方式以及掩模图案大小、方向、形状等因素的变化将改变透过物镜光瞳的光强空间频谱分布，是彗差导致物镜成像质量恶化的因素。

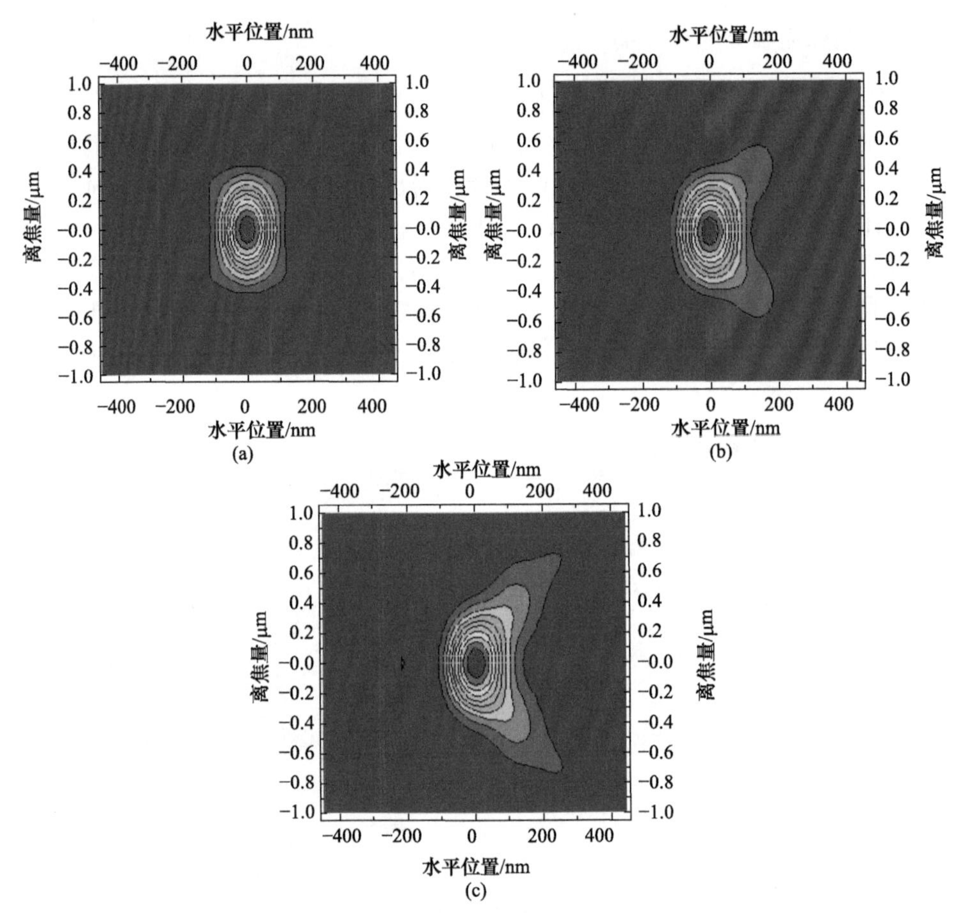

图 4-3　PROLITH 计算得出接触孔的空间像在 *XZ* 平面内的光强分布图

(a) 物镜无像差；(b)彗差(Z_7)为 0.1λ；(c)彗差(Z_7)为 0.2λ

3. 对光刻胶图形线宽的影响

由于彗差导致空间像轮廓不对称，掩模上原本等线宽的相邻线条经具有一定彗差的物镜成像到硅片上后，空间像的线宽不再相同，从而导致曝光显影后的光刻胶图形线宽不对称。图 4-4 是在曝光波长为 248nm、投影物镜数值孔径为 0.5 的情况下，PROLITH 计算得出的间距为 0.5μm、宽度为 0.25μm 的三条线条曝光显影后的光刻胶图形。图 4-4(a)是在部分相干因子为 0.6、无像差的情况下，三条线条曝光显影后的光刻胶图形。图中光刻胶图形中心对称，且外部两条线比中间线条宽度略宽。图 4-4(b)是在部分相干因子为 0.6、彗差 Z_7=0.035λ 的情况下，三条线条曝光显影后的光刻胶图形。图中左侧的线条相对右侧线条线宽少 50nm。图 4-4(c) 是在部分相干因子为 0.3、彗差 Z_7=0.035λ 的情况下，三条线条曝光显影后的光刻胶图形。由图可以发现，部分相干因子减小后，彗差导致的线条宽度不对称性更加显著，而且左侧线条的光刻胶厚度也小于右侧线条。图 4-4(d) 是在环形照明(σ_{out}=0.7，σ_{in}=0.6)、彗差 Z_7=0.035λ 的情况下，三条线条曝光显影后的光刻胶图形。与前面的几种情况相反，环形照明条件下右侧线条宽度小于左侧线条宽度。由式(4.2)可知，ρ 接近 1 与 ρ 接近 0 时的成像位置偏移正好相反。由于离轴照明时 0 级衍射光孔径角较大，因此彗差带来的光刻胶线条不对称性也与传统照明时的情况相反。

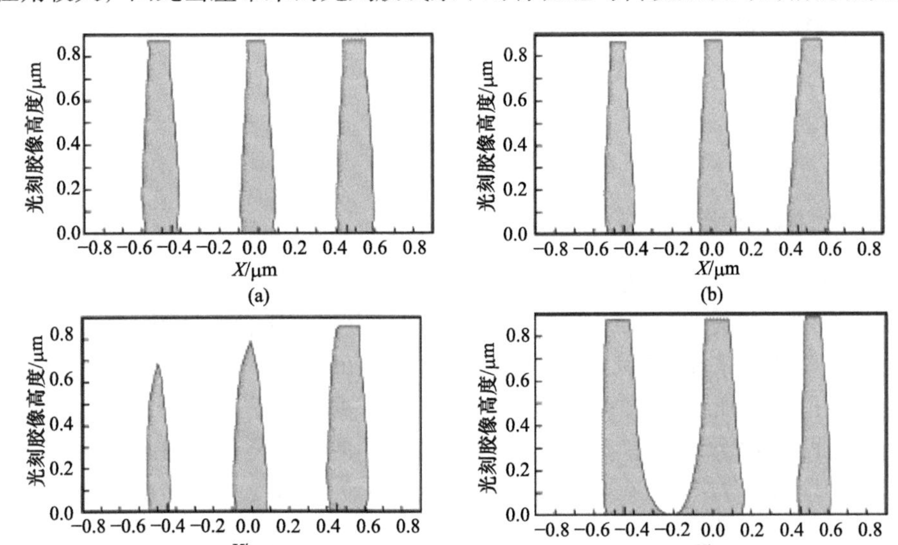

图 4-4　PROLITH 计算得出的曝光显影后的光刻胶图形

(a)部分相干因子为 0.6、无像差；(b)部分相干因子为 0.6、彗差 Z_7=0.035λ；(c)部分相干因子为 0.3、彗差 Z_7=0.035λ；(d)环形照明(σ_{out}=0.7，σ_{in}=0.6)、彗差 Z_7=0.035λ

彗差不仅会影响图形线宽对称性，而且会影响图形的中心位置。彗差对曝光显影后图形位置的影响同样与掩模图形的形状、大小以及照明条件有关。如在部分相干因子为 0.3 时，彗差导致特征尺寸为 $0.5\lambda / NA$ 的接触孔曝光显影后图形位置偏移小于 $1.5\lambda / NA$ 的接触孔。

CD 均匀性、套刻精度是衡量光刻质量的两个主要指标。彗差导致的图形线宽不对称性将导致曝光视场内的 *CD* 不均匀，而图形中心位置的变化则会影响套刻精度。更为严重的是，彗差影响套刻精度的大小随着物镜出瞳面空间频谱分布的变化而不同，也就是在不同照明条件下曝光不同图形时，套刻精度也不同。这对分析与消除层内、层间套刻误差带来了较大的困难。

4.1.1.2　三波差的影响

1. 对横向成像位置的影响

三波差对投影物镜成像的影响与彗差类似，其导致不同空间频率的光线与像面的交点不同。该效应产生的原因同样可由 Zernike 多项式中表征三波差的项分析得到。由 Zernike 多项式第 10 项与 11 项，*X* 方向三波差与 *Y* 方向三波差分别可写为

$$Z_{10}\rho\cos 3\theta = Z_{10}\left(4\cos^2\theta - 3\right)\rho\cos\theta \tag{4.11}$$

$$Z_{11}\rho\sin 3\theta = Z_{11}\left(3 - 4\sin^2\theta\right)\rho\sin\theta \tag{4.12}$$

其中，$\rho\cos\theta$ 与 $\rho\sin\theta$ 为 Zernike 多项式中第 2 项与第 3 项，即 *X* 方向与 *Y* 方向成像位

置偏移，因此 Z_{10} 与 Z_{11} 将分别引起 X 方向与 Y 方向成像位置偏移，且该偏移大小不仅与光线的空间频率的极坐标半径 ρ 有关，还与方向角 θ 有关。该成像位置偏移可表示为

$$\Delta X(\rho) \propto Z_{10}\left(4\cos^2\theta - 3\right) \tag{4.13}$$

$$\Delta Y(\rho) \propto Z_{11}\left(3 - 4\sin^2\theta\right) \tag{4.14}$$

2. 对空间像光强分布的影响

三波差使不同孔径角的光线具有不同的成像位置，因此导致不同离焦位置的光强分布不对称。在投影物镜数值孔径为 0.75、曝光波长为 193nm、部分相干因子为 0.6 的情况下，利用光刻仿真软件 PROLITH 计算得出的 0.10μm 接触孔所成的空间像在像平面内的光强分布如图 4-5 所示。图中横坐标表示 X 坐标，纵坐标表示 Y 坐标，不同的颜色表示不同的光强。在物镜无像差情况下，接触孔像面内的光强分布为圆形，该图形关于 X、Y 轴均成对称分布，如图 4-5(a)所示。在物镜 X 方向三波差(Z_{10})为 0.1λ 的情况下，接触孔成像中心位置未发生变化，但其空间像光强形状不再是正圆形，而是接近于三角形。光强分布关于 X、Y 轴不对称，且在 60°、180°、300°位置形成三个旁瓣(光强次极大)，如图 4-5(b)所示。图 4-5(c)为物镜 X 方向三波差(Z_{10})为 0.2λ 时接触孔的成像情况。由图 4-5(c)

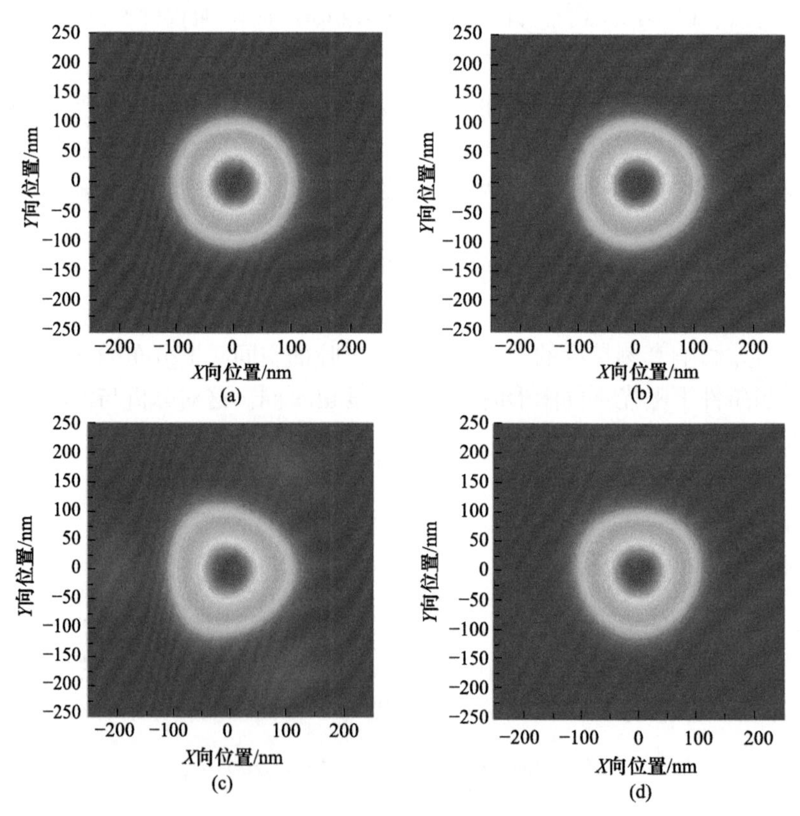

图 4-5　PROLITH 计算得出的接触孔空间像在像平面内的光强分布图

(a)物镜无像差；(b)Z_{10} 为 0.1λ；(c) Z_{10} 为 0.2λ；(d) Z_{11} 为 0.1λ

可知，接触孔成像光强形状更接近于三角形，且旁瓣现象更为显著。由图 4-5(d)可知，Y 方向三波差(Z_{11})与 X 方向三波差(Z_{10})的影响基本相同，区别主要是三角形与旁瓣的位置旋转了 60°。

三波差对空间像的影响不仅与空间频率的极坐标半径 ρ 有关，还与方向角 θ 有关。与方向角 θ 的相关性削弱了三波差对光刻质量的影响，使得三波差的影响小于彗差等像差的影响。三波差对光刻的影响主要表现在对衰减型移相掩模接触孔图形成像形状的影响，以及对 Brick Wall 与 Honey Comb 等特殊图形形状的影响。三波差对其他常用图形光刻质量的影响不大，不再进行更详细的讨论。

4.1.2　偶像差对光刻成像质量的影响[1]

4.1.2.1　球差的影响

由几何光学像差理论的观点来看，球差是指由光轴上一点发出的光线经物镜折射后，不同倾角的光线与光轴的交点到理想的像点之间的距离。由于投影物镜具有圆形入瞳，轴上光点的成像光束是关于光轴对称的，所以对应于轴上点球差的光束结构是非同心轴对称光束，它与参考像面截得一弥散圆。因此，球差对投影物镜的影响，是它在像平面上引起一定半径的弥散圆，从而使投影物镜的分辨率降低。对于 0.75 以上大数值孔径投影物镜，球差的影响尤为明显。

1. 对轴向成像位置的影响

球差(Z_9)对投影物镜成像的影响表现在边缘光线与傍轴光线的交点不同，如图 4-6 所示。其产生原因可由 Zernike 多项式中表征球差的项分析得到。Zernike 多项式第 9 项球差可写为

$$Z_9(6\rho^4-6\rho^2+1)=Z_9\left[\left(3\rho^2-\frac{3}{2}\right)(2\rho^2-1)-\frac{1}{2}\right]$$

其中，$2\rho^2-1$ 为 Zernike 多项式的第 4 项，即最佳像点(Z 向成像位置)偏移。由上式可知，

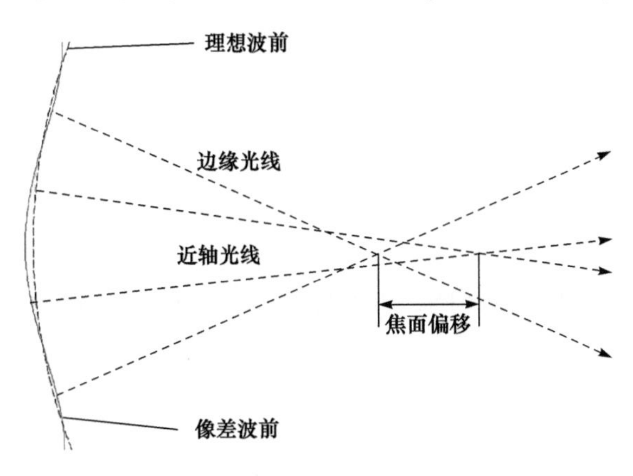

图 4-6　球差对成像的影响示意图

不同孔径角的光线具有不同最佳像点位置。由于高阶球差可进行与三阶球差类似的分解，故将导致与光线的孔径角相关的成像位置偏移，且随着像差阶次的升高，球差导致的成像位置偏移随孔径角的变化增快。

下面以三阶球差 Z_9 为例分析投影物镜球差对光刻的影响。由于不同周期图形的衍射角(主要是±1 级)不同，即成像光束的孔径角不同，而球差导致不同孔径角的光线具有不同焦面位置，因此球差使得不同周期图形的最佳焦面位置不同。图 4-7 反映了线空比 1∶1 密集线条的移相掩模，在投影物镜数值孔径为 0.5、部分相干因子为 0.3，$Z_9=0.045\lambda$ 时，PROLITH 计算得到的最佳焦面与图形特征尺寸的关系，周期较小的图形衍射角较大，因此其导致的焦面平移与周期较大的图形的焦面平移大小不同，甚至方向相反。普通二元掩模上不同周期图形对最佳焦面的影响与移相掩模相似，但影响相对较小。由于不同周期图形具有不同的最佳焦面位置，因此对于同一层上具有不同周期图形的集成电路来说，球差降低了可用焦深。此外，投影物镜数值孔径、部分相干因子对有球差投影物镜的最佳焦面位置也有影响。

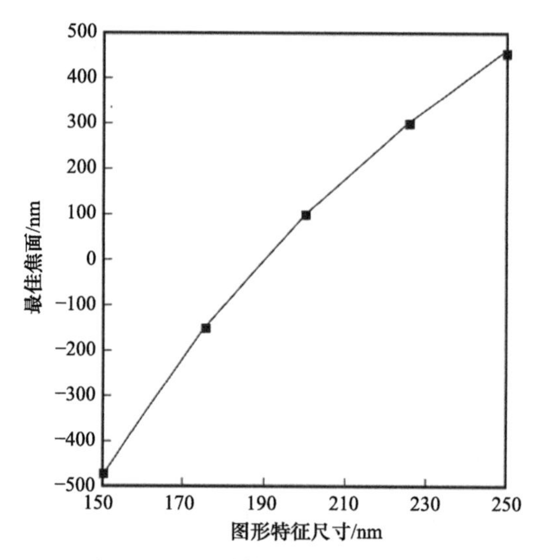

图 4-7 Z_9 为 0.045λ 时 PROLITH 计算得到的最佳焦面与图形特征尺寸的关系

2. 对空间像光强分布的影响

由于球差是偶像差，因此在仅有球差而无其他像差的情况下，投影物镜对点光源所成的像绕光轴(Z 轴)旋转对称。在此仅考虑空间像在 XZ 平面内的光强分布。图 4-8 是 PROLITH 计算得出的在仅有球差而无其他像差的情况下，投影物镜对 200nm 孤立线所成的像在 XZ 平面内的光强分布图，理想像点位于 $x=0$, $z=0$ 处。不难发现，球差导致了最佳焦面的漂移。此外，球差使空间像的光强分布相对最佳焦面不对称。

球差对密集线条空间像的光强分布的影响更为明显。图 4-9 是在曝光波长为 248nm、投影物镜数值孔径为 0.5、部分相干因子为 0.3 的情况下，PROLITH 计算得出的周期为 350nm、线空比为 1:1 的密集线条所成的空间像在 XZ 平面内的光强分布图。其中图 4-9(a) 是无像差的投影物镜所成空间像在 XZ 平面内的光强分布图，图 4-9(b)是 $Z_9=0.045\lambda$ 时的

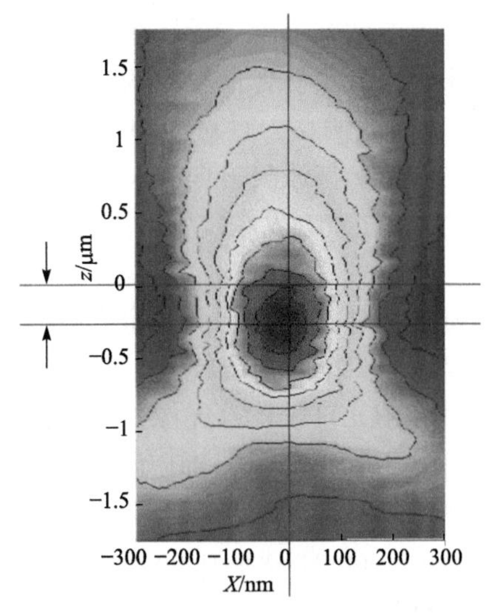

图 4-8　球差对空间像光强的影响

投影物镜所成空间像在 *XZ* 平面内的光强分布图。图 4-9(a)中，空间像关于最佳焦面(ΔZ=0 处)对称，而在距最佳焦面约为 1600nm 处，反衬度发生了反转，也就是说掩模上不透明部分的像比透明部分的像光强更强。图 4-9(b)中，最佳焦面相对图 4-9(a)中最佳焦面偏移了几百纳米，但最佳焦面附近光强分布变化不大。反衬度反转在ΔZ=1900nm 处减弱，而在ΔZ=−1300nm 处增强。

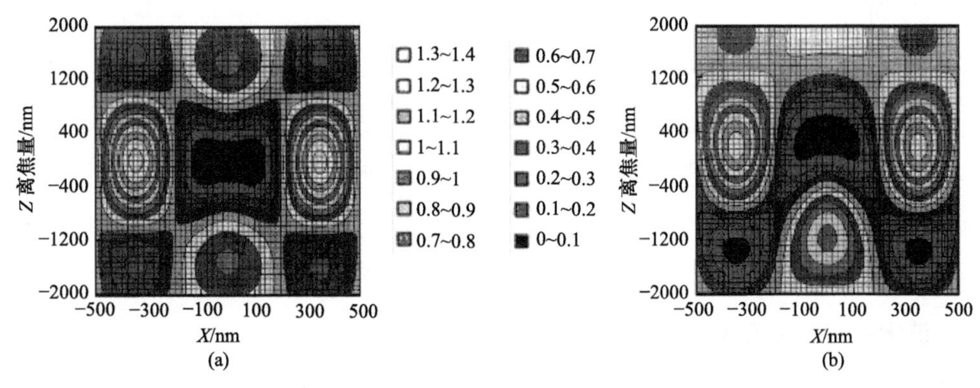

图 4-9　PROLITH 计算得出的密集线空间像在 *XZ* 平面内的光强分布图
(a)物镜无像差；(b)球差(Z_9)为 0.045λ

4.1.2.2　像散的影响

由几何光学像差理论的观点来看，像散是指由光轴上一点发出的光线经物镜折射后子午光线交点与弧矢光线交点之间的距离。因此，像散对投影物镜成像的影响是使子午光线与弧矢光线之间的交点不重合，也就是在任一像平面上引起一定半径的弥散圆，从而使投影物镜的分辨率降低。表征像散的 Zernike 系数包括 Z_5、Z_{12}、Z_{21}、Z_6、Z_{13}、Z_{22}等，前三项分别代表 *XY* 方向的三阶、五阶和七阶像散，后三项分别代表 45°角方向的三阶、五阶和七阶像散。由于三阶像散对成像质量影响较大，在此仅分析 Z_5 与 Z_6 对光刻的影响。

像散使得投影物镜出瞳面上的波像差形状成鞍状，如在一个方向的曲率半径为正，与之垂直的另一个方向的曲率半径为负。像散导致的结果是不同方向的线条成像位置相对于无像差的成像位置发生 Z 向的偏移，且对于两个方向互相垂直的线条，偏移的方向恰好相反。Z_5 导致子午方向(X 向)与弧矢方向(Y 向)的线条的 Z 向成像位置的差异，而 Z_6 导致+45°与−45°两方向线条的 Z 向成像位置的差异。这样 Z_5 与 Z_6 的组合将导致不同方向的像散。

通常在光刻过程中，需要同时对 X 向与 Y 向两个方向线条进行曝光，因此像散对光刻的影响表现在工艺窗口的缩小。在投影物镜数值孔径为 0.5、部分相干因子为 0.6 的情况下，曝光 350nm 密集线，由 PROLITH 计算无像差时以及 Z_5 为 0.05λ 时的工艺窗口，结果如图 4-10 所示。由图 4-10 可看出，X 方向线条与 Y 方向线条的工艺窗口大小相对于无像差的情况均没有发生变化，但是分别在 Z 方向移动了+243nm 和−243nm。这样可用焦深将大大减小，从原来的 1450nm 将减小到 964nm。由 Z_5 导致的 Z 向成像位置的变化只与线条的方向有关，而与特征尺寸、照明条件等无关。

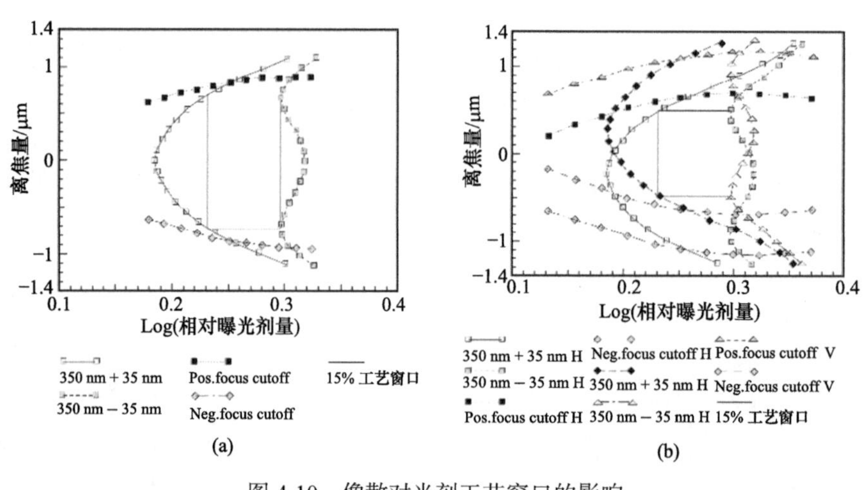

图 4-10　像散对光刻工艺窗口的影响

(a)物镜无像差；(b)像散(Z_5)为 0.05λ

4.1.3　波像差对套刻精度的影响[1]

波像差是影响投影光刻机套刻精度的重要因素。随着光刻特征尺寸的不断减小，波像差对套刻精度的影响越来越突出。深入理解波像差对套刻精度的影响，对于充分发挥现有光刻设备的作用、分析新型光刻设备的像差容限都非常必要。套刻误差、特征尺寸和产率是光刻机的三大性能指标。波像差导致的套刻误差(aberration induced overlay, AIO)是套刻误差的重要组成部分。下面介绍 AIO 计算方法，并进行仿真分析。

1. 套刻误差计算方法

假定掩模复透过率为 $t(x_0, y_0)$，平行光照射掩模时，物镜光瞳面振幅分布为 t 的傅里叶变换

$$U(\xi,\eta)=\left(\frac{M\cdot\lambda}{NA}\right)^2 F\left(t\left(\frac{M\cdot\lambda}{NA}x_0,\frac{M\cdot\lambda}{NA}y_0\right)\right) \tag{4.15}$$

其中，λ 为曝光波长；M 为投影物镜倍率；$\xi=\rho\cos\theta-\rho_0\cos\theta_0$；$\eta=\rho\sin\theta-\rho_0\sin\theta_0$；$\rho_0$，$\theta_0$ 代表平行光直接入射到物镜出瞳的坐标位置。考虑到波像差的影响，像面上的复振幅可表示为

$$\begin{aligned}U(x,y)&=\iint_S \rho U(\rho,\theta)\exp(-\mathrm{j}kNA\rho\cos\rho x)\exp(-\mathrm{j}k\rho\sin\theta y)\exp\left[\mathrm{j}k\sum_n Z_n R_n(\rho,\theta)\right]\mathrm{d}\rho\mathrm{d}\theta\\&=\left\{\iint_S \rho U(\xi,\eta)\exp\left[-\mathrm{j}kNA\left(\xi x+\eta y-\sum_n Z_n\varphi_n/NA\right)\right]\mathrm{d}\rho\mathrm{d}\theta\right\}\\&\quad\cdot\exp(-\mathrm{j}kNA\rho_0\cos\theta_0 x)\exp(-\mathrm{j}kNA\rho_0\sin\theta_0 y)\exp\left[\mathrm{j}k\sum_n Z_n R_n(\rho_0,\theta_0)\right]\end{aligned} \tag{4.16}$$

其中，x, y 为物面的位置坐标；S 为物镜出瞳面积；k 为波数，$k=2\pi/\lambda$；$\phi_n=R_n(\rho,\ \theta)-R_n(\rho_0,\ \theta_0)$，像面上的光强为

$$\begin{aligned}I_\mathrm{c}(x,y)&=|U(x,y)|^2=U(x,y)U^*(x,y)\\&=\iint_{S'}\rho'\iint_S \rho U(\xi,\eta)U^*(\xi',\eta')\exp\left[-\mathrm{j}kNA\left(\xi x+\eta y-\sum_n Z_n\varphi_n/NA\right)\right]\\&\quad\exp\left[\mathrm{j}kNA\left(\xi' x+\eta' y-\sum_n Z_n\varphi_n'/NA\right)\right]\mathrm{d}\rho\mathrm{d}\theta\mathrm{d}\rho'\mathrm{d}\theta'\end{aligned} \tag{4.17}$$

在部分相干照明条件下，物面上的光强为

$$I(x,y)=\iint_{S_\sigma}\rho_0 J(\rho_0,\theta_0)I_\mathrm{c}(x,y)\mathrm{d}\rho_0\mathrm{d}\theta_0 \tag{4.18}$$

其中，S_σ与 $J(\rho_0,\theta_0)$分别为照明光直接投射在光瞳上的面积与归一化复振幅。光刻机投影物镜的波像差通常较小，可近似认为其导致的成像位置偏差等于有像差与无像差时的光强极值位置之差。当$\partial I_\mathrm{c}(x,y)/\partial x=0$，$\partial I_\mathrm{c}(x,y)/\partial y=0$ 时，光强有极值，即

$$\begin{aligned}&\iint_{SS}\rho_0 J(\rho_0,\theta_0)\iint_{S'}\rho'\iint_S \rho(\xi'-\xi)U(\xi,\eta)U^*(\xi',\eta')\exp\left[-\mathrm{j}kNA\left(\xi x+\eta y-\sum_n Z_n\varphi_n/NA\right)\right]\\&\exp\left[\mathrm{j}kNA\left(\xi' x+\eta' y-\sum_n Z_n\varphi_n'/NA\right)\right]\mathrm{d}\rho\mathrm{d}\theta\mathrm{d}\rho'\mathrm{d}\theta\mathrm{d}\rho_0\mathrm{d}\theta_0=0\end{aligned} \tag{4.19}$$

$$\begin{aligned}&\iint_{SS}\rho_0 J(\rho_0,\theta_0)\iint_{S'}\rho'\iint_S \rho(\eta'-\eta)U(\xi,\eta)U^*(\xi',\eta')\exp\left[-\mathrm{j}kNA\left(\xi x+\eta y-\sum_n Z_n\varphi_n/NA\right)\right]\\&\exp\left[\mathrm{j}kNA\left(\xi' x+\eta' y-\sum_n Z_n\varphi_n'/NA\right)\right]\mathrm{d}\rho\mathrm{d}\theta\mathrm{d}\rho'\mathrm{d}\theta\mathrm{d}\rho_0\mathrm{d}\theta_0=0\end{aligned} \tag{4.20}$$

由式(4.19)与式(4.20)可计算出有像差与无像差时的光强极值位置，从而计算出波像差导致的套刻误差。掩模上的图案通常由中心对称的图形构成。对于中心对称图形，$U(\xi,\eta)$绕原点对称且辐角与ξ,η成线性关系，即

$$U(\xi,\eta)=\left|U(\xi,\eta)\right|\exp\left[\mathrm{j}KNA(\xi C_{x0}+\eta C_{y0})\right] \tag{4.21}$$

其中，C_{x0}、C_{y0}为掩模上图形的对称中心。目前光刻机的照明方式主要包括传统照明、环形照明、二级照明、四级照明等，其在物镜出瞳上的光强均为中心对称，故可近似认为

$$J(\rho_0,\theta_0)=1 \tag{4.22}$$

且S_σ中心对称。此外，光刻机投影物镜的波像差通常较小，可认为

$$kNA\left[\xi\left(x-C_{x0}\right)+\eta\left(y-C_{y0}\right)-\sum_n Z_n\phi_n/NA\right]\approx 0 \tag{4.23}$$

将式(4.21)与式(4.22)代入式(4.19)与式(4.20)，得

$$a_1(x-C_{x0})+b_1(y-C_{y0})=\sum_n c_{1,n}Z_n \tag{4.24}$$

$$a_2(x-C_{x0})+b_2(y-C_{y0})=\sum_n c_{2,n}Z_n \tag{4.25}$$

其中

$$\begin{cases} a_1=\iint\limits_{S_\sigma}\rho_0\iint\limits_{S}\rho\xi^2U(\xi,\eta)\mathrm{d}\rho\mathrm{d}\theta\mathrm{d}\rho_0\mathrm{d}\theta_0 \\ a_2=b_1=\iint\limits_{S_\sigma}\rho_0\iint\limits_{S}\rho\xi\eta U(\xi,\eta)\mathrm{d}\rho\mathrm{d}\theta\mathrm{d}\rho_0\mathrm{d}\theta_0 \\ b_2=\iint\limits_{S_\sigma}\rho_0\iiint\limits_{S}\rho\eta^2U(\xi,\eta)\mathrm{d}\rho\mathrm{d}\theta\mathrm{d}\rho_0\mathrm{d}\theta_0 \\ c_{1,n}=\iint\limits_{S_\sigma}\rho_0\iint\limits_{S}\rho\xi\varphi_nU(\xi,\eta)\mathrm{d}\rho\mathrm{d}\theta\mathrm{d}\rho_0\mathrm{d}\theta_0 \\ c_{2,n}=\iint\limits_{S_\sigma}\rho_0\iint\limits_{S}\rho\eta\varphi_nU(\xi,\eta)\mathrm{d}\rho\mathrm{d}\theta\mathrm{d}\rho_0\mathrm{d}\theta_0 \end{cases} \tag{4.26}$$

由上式可以看出，无像差时(C_{x0}、C_{y0})点为像面光强极值点，$x-C_{x0}$,$y-C_{y0}$即为X方向与Y方向的套刻误差。若$a_1b_2-a_2b_1\neq 0$，波像差导致的套刻误差为

$$AIO_x=\sum_n S_{nx}Z_n\text{，}\quad AIO_y=\sum_n S_{ny}Z_n \tag{4.27}$$

其中，S_{nx}与S_{ny}为灵敏度，且

$$S_{nx}=\frac{1}{NA}\frac{b_2c_{1,n}-b_1c_{2,n}}{a_1b_2-a_2b_1}\text{，}\quad S_{ny}=\frac{1}{NA}\frac{-a_2c_{1,n}+a_1c_{2,n}}{a_1b_2-a_2b_1} \tag{4.28}$$

由式(4.27)与式(4.28)可知，AIO 与各项 Zernike 系数成线性关系，且灵敏度同曝光波

长、照明方式、部分相干因子、物镜数值孔径、掩模图形形状与方向等因素有关。若一定条件下的灵敏度 S_{nx} 与 S_{ny} 已知，即可方便地求出相应的 AIO。

对于偶像差有 $\phi_n(\rho,\theta)=\phi_n(\rho,\pi+\theta)$，代入式(4.26)可得 $c_{1,n}=c_{2,n}=0$，因此偶像差产生的 AIO 为零。若 $U(\xi,\eta)$ 为轴对称函数，则 $a_2=b_1=0$，故

$$S_{nx}=\frac{1}{NA}\frac{c_{1,n}}{a_1}\,,\quad S_{ny}=\frac{1}{NA}\frac{c_{2,n}}{b_2} \tag{4.29}$$

Zernike 多项式中 ρ 与 $\cos(2n+1)\theta$ 的函数对应的一类像差，称为 X 向奇像差，ρ 与 $\sin(2n+1)\theta$ 的函数对应的一类像差，称为 Y 向奇像差。分析式(4.26)可知，对于 X 向奇像差，$c_{2,n}=0$，对于 Y 向奇像差，$c_{1,n}=0$。因此，若 $U(\xi,\eta)$ 为轴对称函数，X 向 AIO 仅受 X 向奇像差影响，Y 向 AIO 仅受 Y 向奇像差影响。

2. 仿真分析

由式(4.26)～式(4.29)建立 AIO 算法模型，在多种条件下利用 PROLITH 光刻仿真软件与该 AIO 算法模型分别对单项奇像差导致的套刻误差(SAIO)进行了计算。仿真条件设定为某项奇像差为 0.05λ，其他像差为 0；密集线线宽为 90nm、线空比为 1:1；曝光波长为 193nm；NA 在 0.7～0.9 变化；照明条件包括传统照明与环形照明两种，其中传统照明的部分相干因子在 0.3～0.8 变化，环形照明环带宽度为 0.3，环带中心部分相干因子在 0.4～0.7 变化。PROLITH 仿真计算空间像时采用了矢量模型进行计算。

图 4-11 反映了 2244 种不同条件下得出的仿真计算与模型计算结果的相关性。对于单项奇像差导致的套刻误差，仿真计算与模型计算结果的相关系数优于 0.9998，结果均方根值偏差小于 0.07nm。整个 PROLITH 仿真过程耗时为 15min，而利用该模型计算耗时仅为 90s。

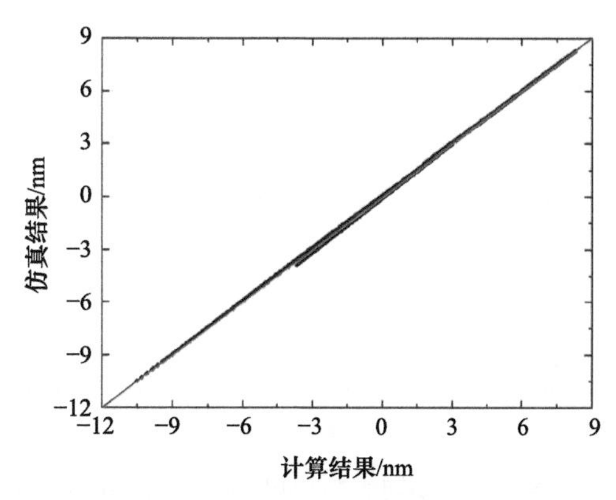

图 4-11　不同条件下 PROLITH 仿真计算与根据 AIO 算法模型计算得出的 SAIO 的相关性

在 748 种条件下利用 PROLITH 光刻仿真软件与该模型分别对实际光刻机投影物镜的 AIO 进行了计算，计算时采用实际光刻机投影物镜波像差作为输入。利用模型计算时直接根据上面实验计算得出的灵敏度，由式(4.27)计算 AIO，从而节约计算时间。图 4-12 反映了仿真计算与模型计算结果的相关性。仿真计算与模型计算结果的相关系数优于

0.9996，均方根偏差小于 0.01nm。该模型计算过程耗时小于 0.1ms，PROLITH 仿真过程耗时为 30min。

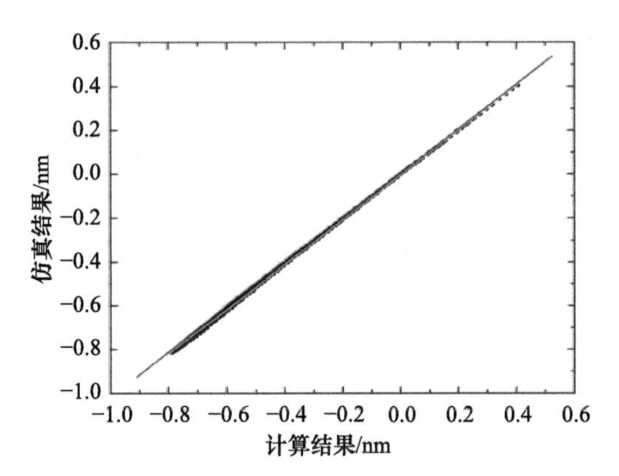

图 4-12　不同条件下 PROLITH 仿真计算与根据 AIO 算法模型计算得到的 AIO 的相关性

波像差导致的套刻误差与曝光波长、照明方式、部分相干因子、物镜数值孔径、掩模图形形状与方向等因素有关。为减小波像差的影响，应在光刻前根据实际的掩模图形通过仿真计算优化照明方式与部分相干因子设置。分别在物镜数值孔径为 0.75 与 0.8，传统照明与环形照明，环带宽度为 0.3 的条件下，利用式(4.28)计算得到 90nm 密集线条的波像差导致的套刻误差灵敏度，如图 4-13 所示。图中环形照明的部分相干因子指外圆部分相干因子。由图 4-13 可知，波像差导致的套刻误差随物镜数值孔径的增加而增加。当部分相干因子较小时，环形照明条件下的灵敏度与传统照明基本相同；当部分相干因子较大时，环形照明条件下的灵敏度大于传统照明，即采用环形照明时，波像差导致的套刻误差增加。

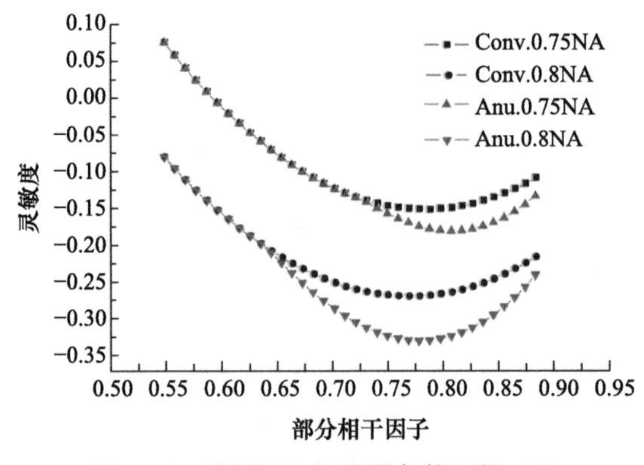

图 4-13　不同 NA 与照明条件下的 AIO

由式(4.27)可知，当物镜出瞳处的复振幅分布与波像差一定，即 $U(\xi,\eta)$、$S\sigma$、S 与 ω 一定的情况下，物镜波像差导致的套刻误差与数值孔径成反比。但光刻的发展趋势表明光刻的特征尺寸总是随着 NA 的增加而减小，而对套刻误差的控制也随着特征尺寸的减小越来越严格。分析不同特征尺寸线条的套刻误差时，相对套刻误差(即套刻误差与特征尺寸的比值)对于套刻误差控制更具实际意义。由式(4.27)与式(4.28)，相对套刻误差为

$$\mathrm{AIO}/CD = \frac{1}{k_1\lambda}\sum_n \frac{b_2 c_{1,n} - b_1 c_{2,n}}{a_1 b_2 - a_2 b_1} Z_n \tag{4.30}$$

由于 a,b,c 均与 k_1 有关，AIO/CD 与 k_1 之间的关系比较复杂。利用式(4.30)计算数值孔径为 0.75 的物镜的低阶奇像差导致的相对套刻误差随 k_1 变化的情况，如图 4-14 所示。由图 4-14 可知，波像差导致的相对套刻误差的总体变化趋势是随着 k_1 的减小而增加，因此低工艺因子光刻中对波像差的控制必须更加严格。

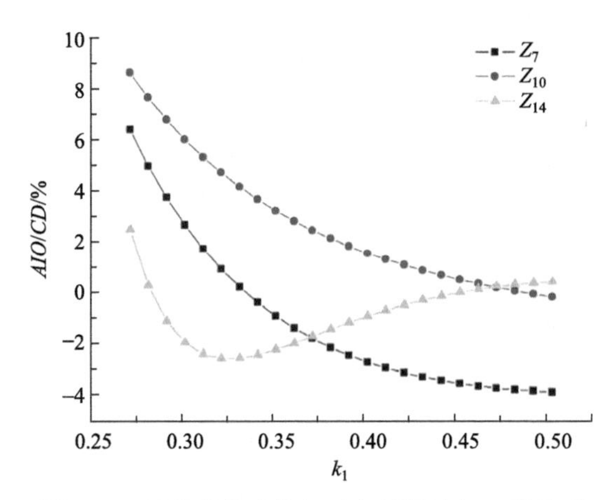

图 4-14　波像差导致的相对套刻误差与 k_1 的关系

4.2　光束干涉检测法

光束干涉检测法通过曝光特定特征尺寸的光栅标记检测投影物镜波像差。照明光束经过光栅衍射后，一部分衍射级次的光透过投影物镜会聚于物镜像面，形成干涉条纹。这些干涉条纹中包含光线透射处物镜出瞳位置的波前信息。通过设计标记特征尺寸，实现对物镜不同位置波前的抽样。通过波前分析，可计算出物镜波像差。光束干涉检测法包括双光束干涉、三光束干涉与多光束干涉等。

4.2.1　双光束干涉检测

根据曝光次数的不同，双光束干涉检测技术可分为多次曝光法和单次曝光法两种。

4.2.1.1　多次曝光法

多次曝光法由 Kirk 于 1999 年提出，该技术首先利用一定周期的移相光栅图形作为测试标记[2]，该标记成像时只有 0 级与+1 级衍射光经过物镜光瞳；然后通过显微镜观察曝光到硅片上标记的最佳成像位置；最后通过分析测试标记的最佳成像位置得到波像差。该方法需要在多个离焦面进行曝光。

在光刻机成像过程中，部分相干光垂直照射到掩模标记上并发生衍射。投影物镜将经过其光瞳的掩模标记的衍射光进行会聚，从而在像面上形成掩模标记的像。Kirk 提出的光束干涉技术采用一种特殊的移相光栅标记，通过选择合适的数值孔径与部分相干因子，标记的衍射光中仅有 0 级与+1 级衍射光通过物镜的光瞳。0 级与+1 级衍射光经投影物镜在硅片处形成测试标记的像。当测试标记具有不同的旋转角度时，+1 级衍射光在投影物镜光瞳上将具有不同的径向角度。利用光学显微镜观察各个标记像的最佳焦面位置，即可获得投影物镜的像差。

Kirk 提出的光束干涉技术中，光束干涉成像指经过投影物镜光瞳的衍射光只有 0 级与+1 级时的成像情况，如图 4-15 所示。当测试标记旋转角度的分布范围为 0°～360°时，+1 级衍射光在光瞳面上的径向角度也相应地分布在 0°～360°，如图 4-16 所示。由于该技术不考虑部分相干因子的影响，因此可使用 0 级与+1 级衍射光中心位置处的波前代替整个 0 级与+1 级衍射光的波前。当投影物镜的像差是 $\cos(n\theta)(n=1, 2, 3, \cdots)$的函数时，认为该项像差的周期为 $2\pi/n$，各项像差引起的 Z 向成像位置偏移量的周期也为 $2\pi/n$。若某项像差引起的 Z 向成像位置偏移量表示为 Z_n，则有

$$Z_n \propto \cos(n\theta) \tag{4.31}$$

如三阶 x 向彗差是 $\cos\theta$ 的函数，其周期为 2π，因而三阶 x 向彗差引起的 Z 向成像位置偏移量的周期也为 2π。

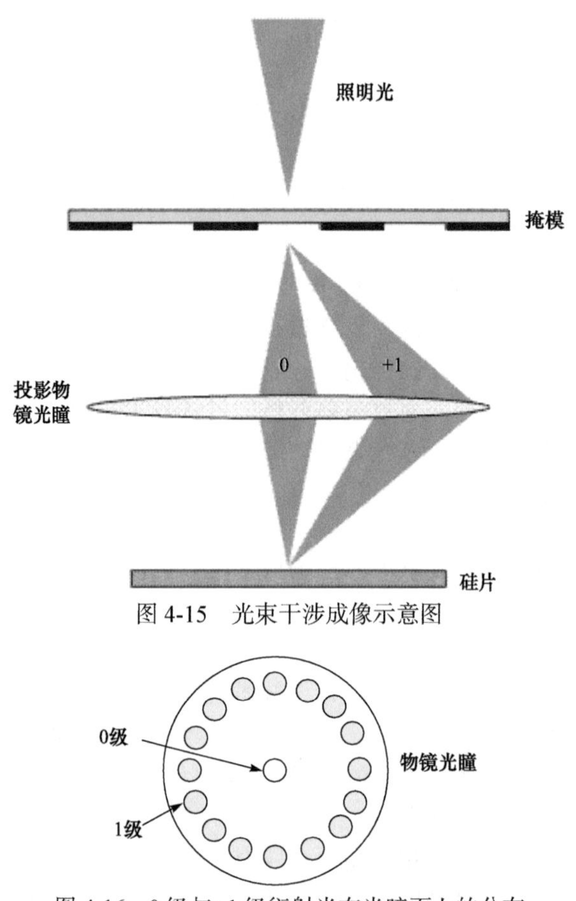

图 4-15　光束干涉成像示意图

图 4-16　0 级与+1 级衍射光在光瞳面上的分布

当测试标记旋转角度的分布范围在 0°～360°时，通过显微镜观察，即可得到各个标记的 Z 向成像位置偏移量，如图 4-17 所示。对得到的数据进行快速傅里叶变换，即可得到 Z 向成像位置偏移量的一级谐波、二级谐波、三级谐波等谐波的幅值。由上述分析可知，Z 向成像位置偏移量的一级谐波、二级谐波、三级谐波等谐波的幅值对应于周期为 2π、π、π/2 的像差单独引起的 Z 向成像位置偏移量。对于一级谐波有

$$H_1 = k_{z7} \cdot Z_7 + k_{z14} \cdot Z_{14} + k_{z23} \cdot Z_{23} + k_{z34} \cdot Z_{34} \tag{4.32}$$

其中，H_1 表示一级谐波的幅值；k_{Zn} 为各项像差引起的 Z 向成像位置偏移量的灵敏度系数。同理，二级谐波、三级谐波等谐波的幅值表达式均可由上述理论得到。

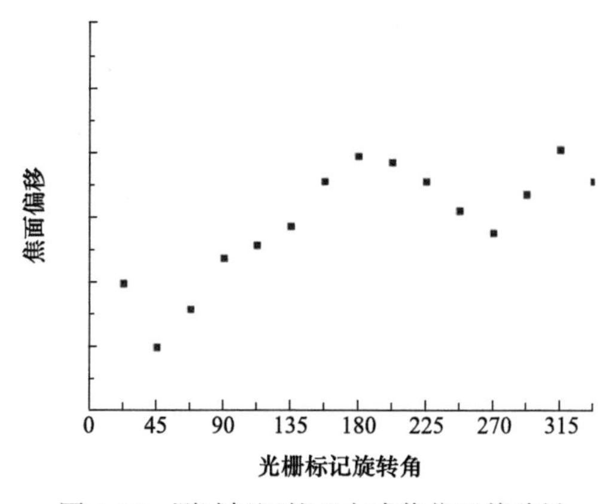

图 4-17　测试标记的 Z 向成像位置偏移量

式(4.32)中的灵敏度系数利用仿真软件通过仿真计算得到。设投影物镜仅有 x 向三阶彗差，在这种条件下通过仿真得到的 Z 向偏移量为 ΔZ，则灵敏度系数可通过下式进行计算

$$k_{z7} = \frac{\partial \Delta Z}{\partial Z_7} \tag{4.33}$$

同理，对于其他像差的灵敏度系数，可通过相同的方法仿真计算得到。当一定周期测试标记的旋转角度分布在 0°～360°时，通过显微镜获得测试标记的 Z 向成像位置偏移量，再经过傅里叶变换后得到 Z 向成像位置偏移量的谐波幅值，从而得到如式(4.32)所示的表达式；当测试标记的周期发生变化时，式(4.32)中的灵敏度系数将发生变化。因此，对于旋转角度分布在 0°～360°的不同周期的测试标记，可得

$$\begin{bmatrix} H_{11} \\ H_{12} \\ \vdots \\ H_{1n} \end{bmatrix} = \begin{bmatrix} (k_{z7})_1 & (k_{z14})_1 & (k_{z23})_1 & (k_{z34})_1 \\ (k_{z7})_2 & (k_{z14})_2 & (k_{z23})_2 & (k_{z34})_2 \\ \vdots & \vdots & \vdots & \vdots \\ (k_{z7})_n & (k_{z14})_n & (k_{z23})_n & (k_{z34})_n \end{bmatrix} \begin{bmatrix} Z_7 \\ Z_{14} \\ Z_{23} \\ Z_{34} \end{bmatrix} \tag{4.34}$$

由式(4.34)通过最小二乘法即可得到投影物镜的像差[3]。

4.2.1.2　单次曝光法[3,4]

Kirk 提出的双光束干涉检测技术需要在多个离焦面进行曝光，检测过程较为复杂。单次曝光法采用一种特殊的套刻测试标记，只需要在最佳焦面进行一次曝光即可实现波像差的检测，检测过程相对简单，且考虑了部分相干光照明对双光束干涉成像的影响，降低了像差检测的系统误差，提高了检测精度。

1. 测试标记

该技术采用的移相套刻测试标记如图 4-18 所示。该测试标记由外部密集线条标记 Y1、X1、Y2、X2 与内部不透明方框标记 B 两部分图形组成。外部密集线条标记 Y1、X1、Y2 与 X2 均具有相同的标记结构且光栅周期分别相同，其标记取向分别为 0°、90°、180°与 270°。以测试标记中的外部标记 Y1 为例，其截面如图 4-19 所示。其中，a 为掩模基底，通常为石英；b 为掩模放置环境，通常为空气；密集线条的周期为 P，每个周期包括三个线条，其线宽之比为 1∶2∶1。一个周期内相邻两个透光区域的厚度差为 h，$h = \lambda/4\Delta n$，其中 λ 为曝光波长，Δn 为 a 与 b 的折射率差，这样相邻线条之间将产生 90°相移。

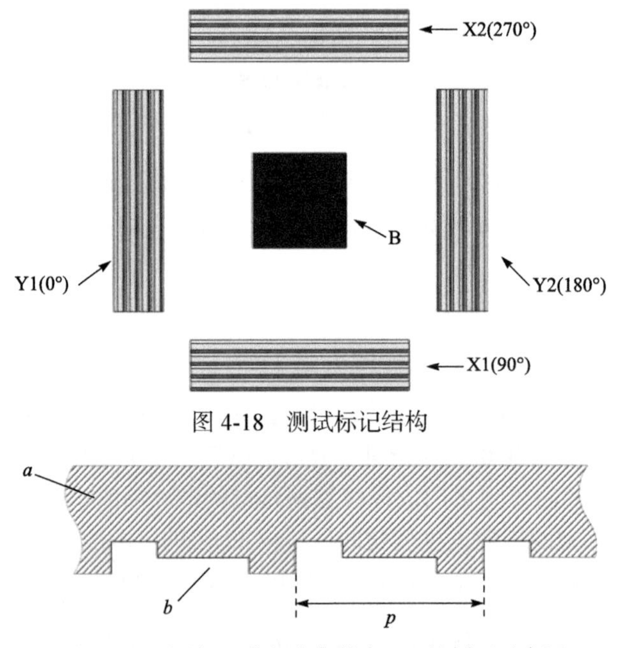

图 4-18　测试标记结构

图 4-19　测试标记外部密集线条 Y1 的剖面示意图

密集线条标记 Y1 的复透过率可表示为

$$t(x)=\left[\operatorname{rect}\left(\frac{x+\frac{3}{8}P}{P/4}\right)+e^{j\frac{\pi}{2}}\operatorname{rect}\left(\frac{x}{P/2}\right)+e^{j\pi}\operatorname{rect}\left(\frac{x-\frac{3}{8}P}{P/4}\right)\right]*\left[\frac{1}{P}\operatorname{comb}\left(\frac{x}{P}\right)\right] \tag{4.35}$$

当使用平行光垂直照射掩模标记时，物镜光瞳面上的振幅分布为 $t(x)$ 的傅里叶变换，即

$$
\begin{aligned}
E'(f_x) &= \left\{\frac{P}{4}\operatorname{sinc}\left(\frac{P}{4}f_x\right)\cdot\left[e^{j\pi 3\frac{P}{4}f_x}+e^{j\left(\pi-\pi 3\frac{P}{4}f_x\right)}\right]+\frac{P}{2}\operatorname{sinc}\left(\frac{P}{2}f_x\right)\cdot e^{\frac{j\pi}{2}}\right\}\cdot\operatorname{comb}(Pf_x) \\
&= \frac{1}{2}j\left[\sin\left(3\pi\frac{P}{4}f_x\right)\operatorname{sinc}\left(\frac{P}{4}f_x\right)+\operatorname{sin}c\left(\frac{P}{2}f_x\right)\right]\cdot\sum_{n=-\infty}^{\infty}\delta\left(f_x-\frac{n}{P}\right),\quad n\in Z
\end{aligned}
\tag{4.36}
$$

其中，$f_x=\sin\theta/\lambda$ 为标记的空间频率。由式(4.36)可知，测试标记的衍射光中 −1 级衍射光的振幅为 0，即在投影物镜的光瞳面上−1 级衍射光缺级。

2. 双光束干涉模型

在光刻机成像过程中，将测试标记的衍射光中只有两束不同衍射级次的光束全部或部分经过物镜光瞳干涉成像的情况称为双光束干涉成像。本节所述的检测技术中，双光束干涉成像即在物镜光瞳面上仅有 0 级与+1 级衍射光通过。单次曝光法中的双光束干涉成像包括两种情况，即当 0 级与+1 级衍射光全部通过投影物镜光瞳时的成像情况与 0 级与+1 级衍射光部分通过投影物镜光瞳时的成像情况。当测试标记的密集线条标记周期 P、投影物镜数值孔径 NA 与部分相干因子 σ、曝光波长满足下式时

$$\frac{\lambda}{NA(1-\sigma)}\leqslant P\leqslant\frac{2\lambda}{NA(1+\sigma)} \tag{4.37}$$

0 级与+1 级衍射光能够全部通过物镜光瞳，如图 4-20(a)所示。当测试标记的密集线条标记的周期 P 满足如下条件时

$$\frac{\lambda}{NA}\leqslant P\leqslant\frac{\lambda}{NA(1-\sigma)} \tag{4.38}$$

0 级与+1 级衍射光仅能部分通过物镜光瞳，且+1 级衍射光的中心位于光瞳之内，如图 4-20(b)所示。

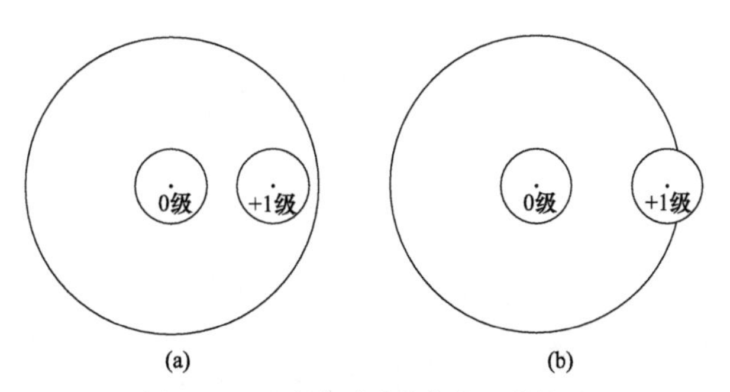

图 4-20　双光束干涉成像的两种情况

(a) 0 级与+1 级衍射光全部通过投影物镜光瞳；(b) 0 级与+1 级衍射光部分通过投影物镜光瞳

在双光束干涉成像情况下，物镜光瞳面上的振幅分布可表示为

$$E(f_x)=\frac{1}{2}j\left[\delta(f_x)+\frac{2}{\pi}\delta\left(f_x-\frac{1}{P}\right)\right] \tag{4.39}$$

当使用部分相干光照明且投影物镜无像差时，像面上的光强分布可表示为

$$\begin{aligned}I'(x,y) &= \oint_{S_{\sigma+1}} J(f_x,f_y)\left|\iint_S E(f_x'-f_x,f_y'-f_y)\cdot \mathrm{e}^{\mathrm{j}2\pi[(f_x'-f_x)x+(f_y'-f_y)y]}\mathrm{d}f_x'\mathrm{d}f_y'\right|^2 \mathrm{d}f_x\mathrm{d}f_y \\ &= \iint_{S_{\sigma+1}} J(f_x,f_y)\cdot\left[\frac{1}{2}+\frac{2}{\pi^2}+\frac{2}{\pi}\cos\left(2\pi\frac{x}{P}\right)\right]\mathrm{d}f_x\mathrm{d}f_y\end{aligned} \tag{4.40}$$

其中，f_x，f_y 为空间频率；$S_{\sigma+1}$ 为+1 级衍射光在物镜光瞳面上所占面积；J 为光源的像在光瞳面上的归一化光强分布；S 为物镜光瞳的归一化面积。

当考虑投影物镜的像差时，在双光束干涉成像情况下，硅片处的光强分布为

$$\begin{aligned}I'(x,y) &= \iint_{S_{\sigma+1}} J(f_x,f_y)\cdot\left|\iint_S E(f_x'-f_x,f_y'-f_y)\cdot \mathrm{e}^{\mathrm{j}2\pi[(f_x'-f_x)x+(f_y'-f_y)y]}\cdot \mathrm{e}^{\mathrm{j}\frac{2\pi}{\lambda}W(f_x',f_y')}\mathrm{d}f_x'\mathrm{d}f'\right|^2 \mathrm{d}f_x\mathrm{d}f_y \\ &= \iint_{S_{\sigma+1}} J(f_x,f_y)\cdot\left\{\frac{1}{2}+\frac{2}{\pi^2}+\frac{2}{\pi}\cos\left[\frac{2\pi}{\lambda}\frac{x}{P}\lambda+W^{0^\circ}\left(f_x+\frac{1}{P},f_y\right)-W^{0^\circ}(f_x,f_y)\right]\right\}\frac{2\pi}{\lambda}\mathrm{d}f_x\mathrm{d}f_y\end{aligned} \tag{4.41}$$

其中，$W^a(f_x, f_y)$表示投影物镜的像差，上标 $a=0°$，90°，180°，270°表示+1 级衍射光在物镜光瞳面上的径向角度。由式(4.40)可知，当投影物镜不存在像差时，光强分布的中心位于 $x=0$。将式(4.40)与式(4.41)进行对比可知，当投影物镜存在像差时，光强分布的中心发生偏移

$$\Delta x^{0^\circ} = -\frac{P}{\lambda}\frac{\iint_{S_{\sigma+1}} J(\rho,\theta)\cdot[W^{0^\circ}(\rho_1,\theta_1)-W^{0^\circ}(\rho,\theta)]\rho\mathrm{d}\rho\mathrm{d}\theta}{\iint_{S_{\sigma+1}} J(\rho,\theta)\rho\mathrm{d}\rho\mathrm{d}\theta} \tag{4.42}$$

其中，Δx^b 表示像面上光强分布中心的位置偏移量，即测试标记中密集线条标记的成像位置偏移量；上标 $b=0°$，90°，180°，270°表示测试标记中外部密集线条标记的旋转角度取向，即Δx^{0°，Δx^{90°，Δx^{180°，Δx^{270°分别表示测试标记中外部密集线条标记 Y1，X1，Y2，X2 的成像位置偏移量。

使用极坐标来表示测试标记中密集线条的成像位置偏移量，可得

$$\Delta x^{0^\circ} = -\frac{P}{\lambda}\frac{\iint_{S_{\sigma+1}} J(\rho,\theta)\cdot[W^{0^\circ}(\rho_1,\theta_1)-W^{0^\circ}(\rho,\theta)]\rho\mathrm{d}\rho\mathrm{d}\theta}{\iint_{S_{\sigma+1}} J(\rho,\theta)\rho\mathrm{d}\rho\mathrm{d}\theta} \tag{4.43}$$

其中，$(\rho，\theta)$与$(\rho_1，\theta_1)$分别表示 0 级与+1 级衍射光束在物镜光瞳上的极坐标，如图 4-21 所示；$(\rho_{1,0},0)$ 表示当使用相干光照明时，+1 级衍射光在物镜光瞳上的极坐标。

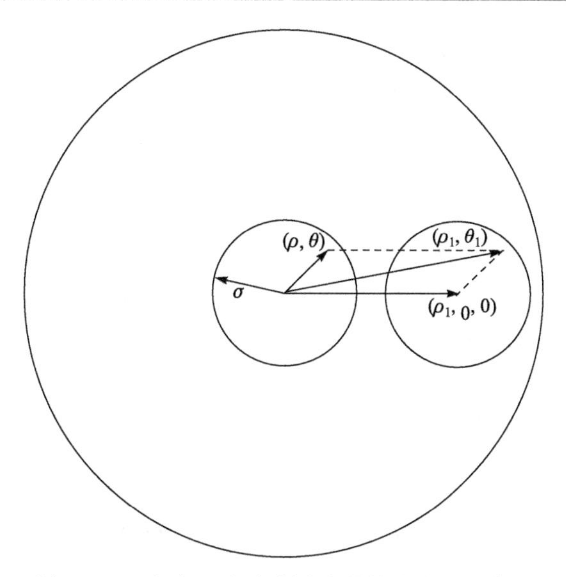

图 4-21　0 级与+1 级衍射光在物镜光瞳上的位置

同理，可得到测试标记中外部密集线条标记 X1，Y2，X2 的成像位置偏移量$\Delta x^{180°}$，$\Delta x^{90°}$，$\Delta x^{270°}$分别为

$$\Delta x^{180°}=-\frac{P}{\lambda}\frac{\iint\limits_{S_{\sigma+1}}J(\rho,\theta)\cdot[W^{180°}(\rho_1,\theta_1)-W^{180°}(\rho,\theta)]\rho\mathrm{d}\rho\mathrm{d}\theta}{\iint\limits_{S_{\sigma+1}}J(\rho,\theta)\rho\mathrm{d}\rho\mathrm{d}\theta} \tag{4.44}$$

$$\Delta y^{b}=-\frac{P}{\lambda}\frac{\iint\limits_{S_{\sigma+1}}J(\rho,\theta)\cdot[W^{b}(\rho_1,\theta_1)-W^{b}(\rho,\theta)]\rho\mathrm{d}\rho\mathrm{d}\theta}{\iint\limits_{S_{\sigma+1}}J(\rho,\theta)\rho\mathrm{d}\rho\mathrm{d}\theta},\quad b=90°,270° \tag{4.45}$$

对于彗差、三波差等奇像差，有

$$W^{0°}(\rho_1,\theta_1)-W^{0°}(\rho,\theta)=W^{180°}(\rho_1,\theta_1)-W^{180°}(\rho,\theta) \tag{4.46}$$

$$W^{90°}(\rho_1,\theta_1)-W^{90°}(\rho,\theta)=-[W^{270°}(\rho_1,\theta_1)-W^{270°}(\rho,\theta)] \tag{4.47}$$

对于球差、像散等偶像差，有

$$W^{0°}(\rho_1,\theta_1)-W^{0°}(\rho,\theta)=-[W^{180°}(\rho_1,\theta_1)-W^{180°}(\rho,\theta)] \tag{4.48}$$

$$W^{0°}(\rho_1,\theta_1)-W^{0°}(\rho,\theta)=W^{180°}(\rho_1,\theta_1)-W^{180°}(\rho,\theta) \tag{4.49}$$

对于测试标记中的内部标记 B 而言，其成像位置偏移量仅由彗差、三波差等奇像差引起。在投影物镜数值孔径、部分相干因子与内部标记 B 的线宽尺寸一定的情况下，由球差、像散等偶像差引起的内部标记 B 的成像位置偏移量为一常数，而外部标记的成像位置偏移量随其周期的不同而改变。

由式(4.43)～式(4.49)可得到

$$\begin{cases}\Delta x_{\mathrm{Y1}}+\Delta x_{\mathrm{Y2}}=(\Delta x^{0^\circ}-\Delta x_2)+(\Delta x^{180^\circ}-\Delta x_2)=S_{Zm}\cdot Z_m+C_1\\ m=7,10,14,19,23,26,30,34\end{cases} \tag{4.50}$$

$$\begin{cases}\Delta y_{\mathrm{X1}}+\Delta y_{\mathrm{X2}}=(\Delta y^{90^\circ}-\Delta y_2)+(\Delta y^{270^\circ}-\Delta y_2)=S_{Zn}\cdot Z_n+C_2\\ n=8,11,15,20,24,27,31,35\end{cases} \tag{4.51}$$

$$\begin{cases}\Delta x_{\mathrm{Y1}}-\Delta x_{\mathrm{Y2}}=(\Delta x^{0^\circ}-\Delta x_2)-(\Delta x^{180^\circ}-\Delta x_2)=S_{Zl}\cdot Z_l\\ l=4,5,9,12,16,17,21,25\end{cases} \tag{4.52}$$

其中，Δx_{Y1}，Δx_{Y2}，Δy_{X1}，Δy_{X2}分别表示测试标记中密集线条标记 Y1，Y2，X1，X2 的相对成像位置偏移量；Δx_2与Δy_2表示内部标记 B 的成像位置偏移量；S_{Zm}，S_{Zn}，S_{Zl}表示像差的灵敏度系数，可表示为

$$S_{Zj}=-\frac{2P}{\lambda}\cdot\frac{1}{Z_j}\cdot\frac{\iint_{S_{\sigma+1}}J(\rho,\theta)\cdot[W_j^c(\rho_1,\theta_1)-W_j^c(\rho,\theta)]\rho\mathrm{d}\rho\mathrm{d}\theta}{\iint_{S_{\sigma+1}}J(\rho,\theta)\rho\mathrm{d}\rho\mathrm{d}\theta},\quad\begin{cases}若j=m,l,\ 则c=0^\circ\\ 若j=n,\ 则c=90^\circ\end{cases} \tag{4.53}$$

其中，Z_j为表征像差的 Zernike 系数；$W^c{}_j$表示与 Zernike 系数 Z_j相对应的像差。

由上述分析可知，相对成像位置偏移量与测试标记中密集线条的周期相关。投影物镜的像差可通过测量测试标记中不同周期密集线条的相对成像位置偏移量获得。

3. 波像差检测原理

该技术的检测过程主要包括标记曝光、硅片后烘与显影、相对成像位置偏移量获取与像差计算等四个过程。在一定的数值孔径与部分相干因子设置下，将一组具有不同密集线条周期的测试标记曝光在涂有光刻胶的硅片上，硅片后烘与显影后，在硅片上的光刻胶上形成测试标记的图形。利用专用套刻精度测量仪器(如 KLA-Tencor 公司的 Archer 10 套刻精度测量仪器)检测曝光到硅片上的测试标记图形中密集线条的相对成像位置偏移量，将测量得到的数据代入式(4.50)～式(4.52)，通过最小二乘法计算得到光刻机的像差。以下将以 x 方向彗差与三波差的求解为例来说明单次曝光法像差的计算过程。

由得到的相对成像位置偏移量与式(4.50)，可得到如下方程组

$$\begin{cases}\Delta x_{\mathrm{Y1}}(P_1)+\Delta x_{\mathrm{Y2}}(P_1)=S_{Zm}(P_1)\cdot Z_m+C_1\\ \Delta x_{\mathrm{Y1}}(P_2)+\Delta x_{\mathrm{Y2}}(P_2)=S_{Zm}(P_2)\cdot Z_m+C_1\\ \Delta x_{\mathrm{Y1}}(P_3)+\Delta x_{\mathrm{Y2}}(P_3)=S_{Zm}(P_3)\cdot Z_m+C_1\\ \quad\vdots\end{cases},\ m=7,10,14,19,23,26,30,34 \tag{4.54}$$

其中，$\Delta x_{\mathrm{Y1}}(P_k)$，$\Delta x_{\mathrm{Y2}}(P_k)$分别表示测试标记中密集线条 Y1 与 Y2 的相对成像位置偏移量；P_k表示测试标记中密集线条的周期。利用式(4.54)通过最小二乘法即可计算得到彗差与三波差。同理，其他像差可使用相同的方法计算得到。

由式(4.54)可知，投影物镜的像差为一定值，测试标记中密集线条的相对成像位置偏

移量与灵敏度系数成正比。当灵敏度系数的范围较大时，相对成像位置偏移量的范围也较大。由于像差通过相对成像位置偏移量与灵敏度系数之间的最小二乘拟合计算得到，因而灵敏度系数的范围扩大，表明最小二乘拟合的数据范围扩大，因而计算精度高。由以上分析可知，相对成像位置偏移量的检测精度与灵敏度系数的变化范围是影响像差检测精度的关键因素。

4. 仿真实验

单次曝光法的检测过程中，测试标记密集线条的相对成像位置偏移量利用套刻精度测量仪器进行检测，其检测精度可达到 1nm，像差的测量误差可由下式进行估算，

$$MA_{Z_k} \propto \frac{MA_r}{\left|\left(S_{Z_k}\right)_{\max} - \left(S_{Z_k}\right)_{\min}\right|} \tag{4.55}$$

其中，MA_r 是相对成像位置偏移量的测量误差；MA_{Z_k} 是投影物镜像差的测量误差；$\left(S_{Z_k}\right)_{\max}$ 与 $\left(S_{Z_k}\right)_{\min}$ 分别为表征像差的 Zernike 系数 Z_k 的灵敏度系数的最大值与最小值。

多次曝光法中标记的 Z 向成像位置偏移量测量误差为 3nm。该技术中像差的测量误差可通过下式进行估算

$$MA_{Z_k} \propto \frac{MA_f}{\left|\left(S_{Z_k}\right)_{\max} - \left(S_{Z_k}\right)_{\min}\right|} \tag{4.56}$$

其中，MA_f 是该技术中 Z 向成像位置偏移量的测量误差；$\left(S_{Z_k}\right)_{\max}$ 与 $\left(S_{Z_k}\right)_{\min}$ 分别为该技术使用的表征像差的 Zernike 系数 Z_k 的灵敏度系数的最大值与最小值。

利用式(4.53)与光刻仿真软件 PROLITH 分别计算了单次曝光法与多次曝光法使用的像差灵敏度系数，并利用式(4.55)与式(4.56)分别计算了二者的像差测量误差。表 4-1 列出了仿真实验过程的条件。

表 4-1　仿真实验条件

照明波长	193nm
数值孔径	0.6
部分相干因子	0.3
密集线条标记周期	300nm ,320nm ,340nm ,360nm, 380nm, 400nm ,420nm ,440nm , 460nm , 480nm

图 4-22 是利用 PROLITH 光刻仿真软件计算得到的测试标记中不同密集线条周期对应的彗差灵敏度系数。其中，图 4-22(a)与图 4-22(b)分别对应单次曝光法与多次曝光法使用的灵敏度系数。表 4-2 列出了根据仿真结果计算得到的彗差灵敏度系数的变化范围。根据灵敏度系数的变化范围，由式(4.55)与式(4.56)可计算得到不同技术的像差测量误差。表 4-3 列出了像差测量误差的计算结果。从表 4-3 可以看出，与多次曝光法相比，单次曝光法的彗差测量误差降低了 60%以上，彗差测量精度提高了 60%以上。

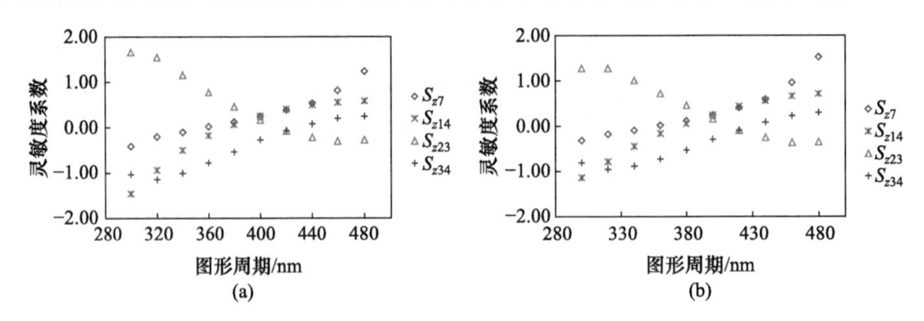

图 4-22　彗差灵敏度系数的仿真结果

(a) 单次曝光法的彗差灵敏度系数仿真结果；(b) 多次曝光法的彗差灵敏度系数仿真结果

表 4-2　不同条件下彗差灵敏度系数的变化范围

灵敏度系数	检测技术	最大值	最小值	变化范围
S_{Z_7}	单次曝光法	1.24	−0.41	1.65
S_{Z_7}	多次曝光法	1.54	−0.32	1.86
$S_{Z_{14}}$	单次曝光法	0.58	−1.45	2.03
$S_{Z_{14}}$	多次曝光法	0.72	−1.13	1.85
$S_{Z_{23}}$	单次曝光法	1.66	−0.28	1.94
$S_{Z_{23}}$	多次曝光法	1.29	−0.35	1.64
$S_{Z_{34}}$	单次曝光法	0.24	−1.14	1.38
$S_{Z_{34}}$	多次曝光法	0.3	−0.94	1.24

表 4-3　不同技术中彗差的测量误差

Zernike 系数	单次曝光法的 MA_{Z_k} /nm	多次曝光法的 MA_{Z_k} /nm
Z_7	0.61	1.61
Z_{14}	0.49	1.62
Z_{23}	0.52	1.83
Z_{34}	0.72	2.42

图 4-23 是利用 PROLITH 光刻仿真软件计算得到的测试标记不同密集线条周期对应的像散灵敏度系数。其中，图 4-23(a)与(b)与分别对应单次曝光法与多次曝光法使用的灵敏度系数。表 4-4 列出了根据仿真结果计算得到的像散灵敏度系数的变化范围。根据灵敏度系数的变化范围，由式(4.55)与式(4.56)可计算得到不同技术的像差测量误差。表 4-5 列出了像差测量误差的计算结果。从表 4-5 可以看出，与多次曝光法相比，单次曝光法的像散测量误差降低了 30%以上。因此，单次曝光法中像散的测量精度可提高 30%以上。

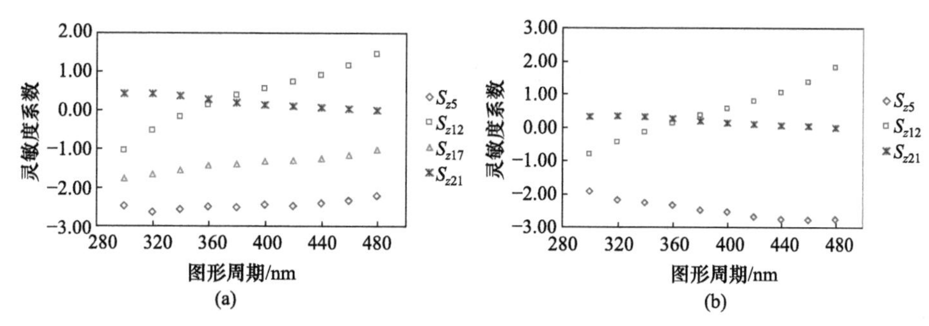

图 4-23　像散灵敏度系数的仿真结果

(a) 单次曝光法的像散灵敏度系数仿真结果；(b) 多次曝光法的像散灵敏度系数仿真结果

表 4-4　不同技术中像散灵敏度系数的变化范围

灵敏度系数	检测技术	最大值	最小值	变化范围
S_{Z_5}	单次曝光法	−2.20	−2.63	0.43
S_{Z_5}	多次曝光法	−1.91	−2.76	0.85
$S_{Z_{12}}$	单次曝光法	1.46	−1.04	2.5
$S_{Z_{12}}$	多次曝光法	1.82	−0.81	2.63
$S_{Z_{21}}$	单次曝光法	0.41	0.0	0.41
$S_{Z_{21}}$	多次曝光法	0.34	0.0	0.34

表 4-5　不同技术中像散的测量误差

Zernike 系数	单次曝光法中的 MA_{Z_4} /nm	多次曝光法的 MA_{Z_4} /nm
Z_5	2.33	3.53
Z_{12}	0.4	1.14
Z_{21}	2.44	8.82

利用 PROLITH 光刻仿真软件对测试标记相位误差引起的像差测量误差进行了仿真，当测试标记的相位误差为±1°时，像差灵敏度系数变化量为 0.2,因此单次曝光法的检测精度对测试标记的相位误差较为敏感，因此，必须严格控制标记制作过程中的相位误差，且需要对相位误差引起的像差测量系统误差进行必要的校正。

4.2.2　三光束干涉检测

三光束干涉技术由 Nomura 于 1999 年提出[5]，采用一定特征尺寸的光栅图形作为标记，该标记的 0 级、+1 级与−1 级衍射光可全部透过光瞳。这三束光在像面形成干涉条纹。通过改变光栅图形的特征尺寸，可实现对物镜光瞳不同位置处光强信息的抽样。该方法可利用套刻测量设备或 CD-SEM 测量曝光、显影后硅片上标记的位置信息，并通过该信息计算得出投影物镜像差。

光刻成像时，照明光通过掩模后发生衍射，仅有 0 级、+1 级与−1 级衍射光可全部透过光瞳的情况为三光束干涉，如图 4-24 所示。此时，掩模上密集线标记的线宽需满足

$$\frac{\lambda}{NA(1-\sigma)} \leqslant P \leqslant \frac{3\lambda}{NA(1+\sigma)}, \quad L=S \tag{4.57}$$

$$\frac{\lambda}{NA(1-\sigma)} \leqslant P \leqslant \frac{2\lambda}{NA(1+\sigma)}, \quad L \neq S \tag{4.58}$$

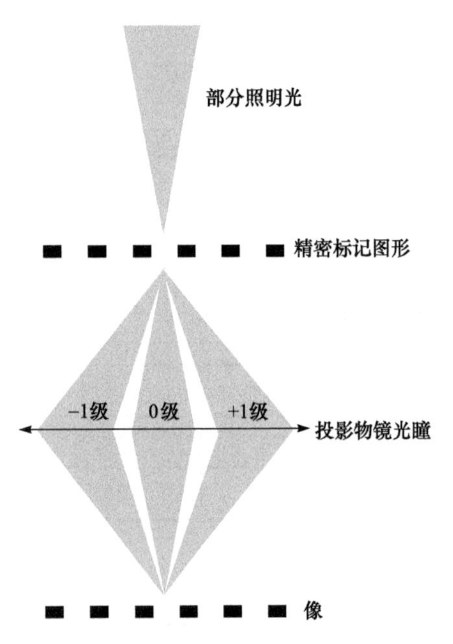

图 4-24　三光束干涉成像示意图

其中，P 为密集线线条周期；NA 为投影物镜数值孔径；σ为照明部分相干因子；L 与 S 分别为线与空的宽度。式(4.57)为线空比 1:1 密集线的三光束干涉条件，此时衍射光±2 级为缺级，因此仅需避免±3 级光进入光瞳范围即可实现三光束干涉，该条件下密集线条周期取值范围较大；相反，式(4.58)中线空比非 1:1 的密集线，此时需避免±2 级光进入光瞳范围方可实现三光束干涉，该条件下密集线条周期取值范围较小。由式(4.57)与式(4.58)可知，当σ增大时，密集线条周期取值范围减小。因此，三光束干涉技术检测物镜波像差时，通常使用线空比 1:1 的密集线条作为测量标记，并同时采用小部分相干因子照明，以扩大空间频谱采样范围。

在三光束干涉条件下，由于照明部分相干因子较小，可近似使用 0 级与±1 级衍射光的中心空间频率位置处的波前代替整个 0 级与±1 级衍射光的波前。考虑波像差的影响时，仅需考虑这三个点的波前的影响。

特定物镜光瞳面位置的偶像差可表示为离焦量的函数

$$W_{\text{even}}(\rho)=\frac{1-\sqrt{1-NA^2\rho^2}}{\lambda}\delta F \approx -\frac{NA^2\rho^2}{2\lambda}\delta F \tag{4.59}$$

其中，δF 为离焦量；ρ 为物镜光瞳面上的坐标。三光束干涉时，±1 级衍射光在物镜光瞳面上的坐标为

$$\rho=\frac{\lambda}{P}\frac{1}{NA} \tag{4.60}$$

类似地，特定物镜光瞳面位置的奇像差可表示为像面上成像位置偏移量的函数

$$W_{\text{odd}}(\rho)=\frac{\delta x}{P}=\frac{NA\cdot\rho}{\lambda}\delta x \tag{4.61}$$

考虑到不同类型的偶像差有

$$\frac{W_{\cos 2\theta}(\rho)}{\rho^2}=\left(Z_5-3Z_{12}+6Z_{21}\right)+\left(4Z_{12}-20Z_{21}\right)\rho^2+15Z_{21}\rho^4 \tag{4.62}$$

$$\frac{W_{\sin 2\theta}(\rho)}{\rho^2} = \left(Z_6 - 3Z_{13} + 6Z_{22}\right) + \left(4Z_{13} - 20Z_{22}\right)\rho^2 + 15Z_{22}\rho^4 \tag{4.63}$$

$$\frac{W_{\text{sym}}(\rho)}{\rho^2} = C_0 + \left(6Z_9 - 30Z_{16}\right)\rho^2 + 20Z_{16}\rho^4 \tag{4.64}$$

其中，$W_{\cos 2\theta}(\rho)$表示 H/V 像散；$W_{\sin 2\theta}(\rho)$表示 45°像散；$W_{\text{sym}}(\rho)$表示球差。这三种不同的像差可通过测量不同方向线条的离焦量来区分

$$W_{\cos 2\theta}(\rho) = \frac{W^{(90^\circ)} - W^{(0^\circ)}}{2} \tag{4.65}$$

$$W_{\cos 2\theta}(\rho) = \frac{W^{(135^\circ)} - W^{(45^\circ)}}{2} \tag{4.66}$$

$$W_{\cos 2\theta}(\rho) = \frac{W^{(0^\circ)} + W^{(90^\circ)} + W^{(135^\circ)} + W^{(180^\circ)}}{2} \tag{4.67}$$

其中，$W^{(0^\circ)}$、$W^{(90^\circ)}$、$W^{(135^\circ)}$与$W^{(180^\circ)}$分别表征不同方向线条衍射光的波前误差，即不同空间频率光的波前误差。偶像差测量标记由不同线宽、不同方向的密集线条组成，如图 4-25 所示。通过在不同离焦量下曝光掩模标记，可测量得到不同方向、不同线宽线条的离焦量，由式(4.59)即可求出不同方向不同线宽线条的波像差，利用式(4.65)～式(4.67)求出不同线宽线条的像散与球差项大小，最后利用(4.62)～式(4.64)得出各阶偶像差。

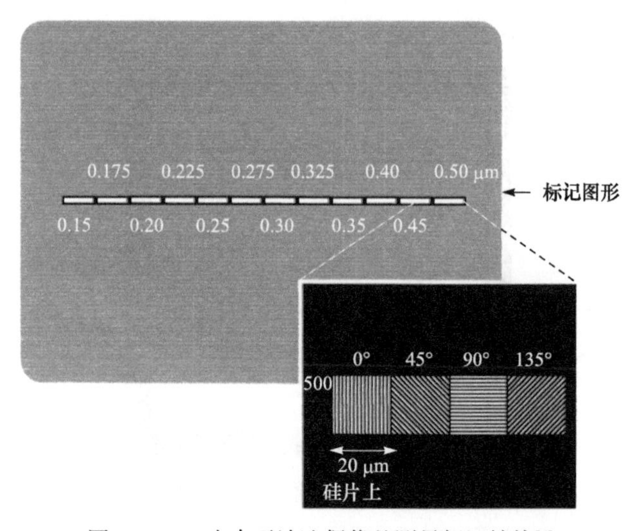

图 4-25　三光束干涉法偶像差测量标记结构[6]

类似地，对于考虑到不同类型的奇像差有

$$\frac{W_{\cos\theta}(\rho)}{\rho} = C_1 + \left(3Z_7 - 12Z_{14} + 30Z_{23}\right)\rho^2 + \left(10Z_{14} - 60Z_{23}\right)\rho^4 + 35Z_{23}\rho^6 \tag{4.68}$$

$$\frac{W_{\sin\theta}(\rho)}{\rho} = C_2 + \left(3Z_8 - 12Z_{15} + 30Z_{24}\right)\rho^2 + \left(10Z_{15} - 60Z_{24}\right)\rho^4 + 35Z_{24}\rho^6 \tag{4.69}$$

$$\frac{W_{\cos 3\theta}(\rho)}{\rho}=\left(Z_{10}-4Z_{19}+10Z_{30}\right)\rho^2+\left(5Z_{19}-30Z_{30}\right)\rho^4+21Z_{30}\rho^6 \tag{4.70}$$

$$\frac{W_{\sin 3\theta}(\rho)}{\rho}=\left(Z_{11}-4Z_{20}+10Z_{31}\right)\rho^2+\left(5Z_{20}-30Z_{31}\right)\rho^4+21Z_{31}\rho^6 \tag{4.71}$$

其中，$W_{\cos\theta}(\rho)$ 表示 X 方向彗差；$W_{\sin\theta}(\rho)$ 表示 Y 方向彗差；$W_{\cos 3\theta}(\rho)$ 表示 X 方向三波差；$W_{\sin 3\theta}(\rho)$ 表示 30°方向三波差。这四种不同的像差可利用测量不同方向线条的成像位置偏移量来区分

$$W_{\cos\theta}(\rho)=\frac{W_X^{(0^\circ)}+W_X^{(120^\circ)}+W_X^{(240^\circ)}}{3} \tag{4.72}$$

$$W_{\sin\theta}(\rho)=\frac{W_Y^{(0^\circ)}+W_Y^{(120^\circ)}+W_Y^{(240^\circ)}}{3} \tag{4.73}$$

$$\begin{pmatrix} W_{\cos 3\theta}(\rho) \\ W_{\sin 3\theta}(\rho) \end{pmatrix}=\frac{1}{3}\sum_{\alpha=0^\circ,120^\circ,240^\circ}\begin{pmatrix} \cos\alpha & \sin\alpha \\ -\sin\alpha & \cos\alpha \end{pmatrix}\begin{pmatrix} W_X^{\alpha}-W_{\cos\theta} \\ W_Y^{\alpha}-W_{\sin\theta} \end{pmatrix} \tag{4.74}$$

其中，$W_X^{(0^\circ)}$、$W_X^{(120^\circ)}$与$W_X^{(240^\circ)}$分别表征不同方向线条衍射光的 X 方向波前误差，即不同空间频率的光的 X 方向波前误差；$W_Y^{(0^\circ)}$、$W_Y^{(120^\circ)}$与$W_Y^{(240^\circ)}$分别表征不同方向线条衍射光的 Y 方向波前误差，即不同空间频率的光的 Y 方向波前误差。奇像差测量掩模由不同线宽不同方向的测量标记组成，单个标记如图 4-26 所示。

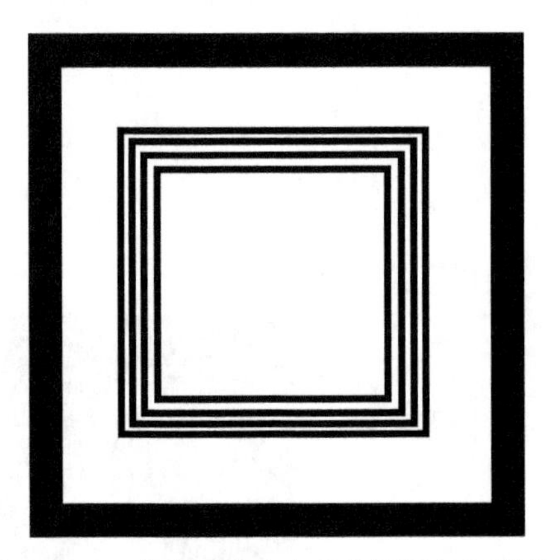

图 4-26　三光束干涉法奇像差测量标记结构[5]

图 4-26 所示的标记中，线宽较小的线条满足三光束干涉条件，其曝光显影后图形的位置偏差可用上面公式表述，而线宽较大的线条在物镜出瞳面上分布近似为常数，因此波像差导致的位置偏差也近似为常数。通过套刻测量设备可测得线宽较大线条与较小线条曝光显影后图形的位置偏差，该偏差与线宽较小线条的图形位置偏差仅相差一常数项。利用不同方向、不同线宽线条的位置偏差，由式(4.61)即可求出不同方向、不同线宽线条对应的波像差，利用式(4.72)～式(4.74)求出不同线宽线条的彗差与三波差的大小，最后利用式(4.68)～式(4.71)计算得出各阶奇像差[1]。

4.2.3　多光束干涉检测[1,7]

Nomura 提出的三光束干涉检测技术的算法模型未考虑部分相干照明的影响，系统误差较大，且检测条件局限于三光束干涉，限制了检测精度的提高。多光束干涉检测技术的算法模型在考虑部分相干照明以及多光束干涉的条件下，得到了图形位置偏差与波像差的关系，适用于双光束干涉、三光束干涉以及双光束与三光束的混合干涉，提高了波像差的检测精度。

4.2.3.1　检测原理

1. 光束干涉条件分析

根据±1 级衍射光透过物镜光瞳光束的情况，密集线标记成像可分为四类。有且仅有±1 级衍射光能完全透过物镜光瞳的情况为三光束干涉，如图 4-27(a)所示。三光束干涉时，密集线周期需满足

$$\frac{\lambda}{NA(1-\sigma)} \leqslant P \leqslant \frac{m\lambda}{NA(1+\sigma)} \tag{4.75}$$

其中，P 为周期；NA 为物镜数值孔径；m 为常数。当密集线线空比 1:1 时，m 为 3，否则 m 为 2。密集线标记的±1 级衍射光束仅有部分能通过物镜光瞳，且±1 级衍射光的中心在物镜光瞳之内的情况为混合光束干涉，如图 4-27(b)所示。此时，密集线周期需满足

$$\frac{\lambda}{NA} \leqslant P \leqslant \frac{\lambda}{NA(1-\sigma)},\quad P \leqslant \frac{m\lambda}{NA(1+\sigma)} \tag{4.76}$$

密集线标记的±1 级衍射光束仅有部分能通过物镜光瞳，且±1 级衍射光的中心在物镜光瞳之外的情况为双光束干涉，如图 4-27(c)所示。此时，密集线周期需满足

$$\frac{\lambda}{NA(1+\sigma)} \leqslant P \leqslant \frac{\lambda}{NA} \tag{4.77}$$

密集线标记的高级衍射光束通过物镜光瞳的情况为多光束干涉，如图 4-27(d)所示。此时，密集线周期需满足

$$P \geqslant \frac{m\lambda}{NA(1+\sigma)} \tag{4.78}$$

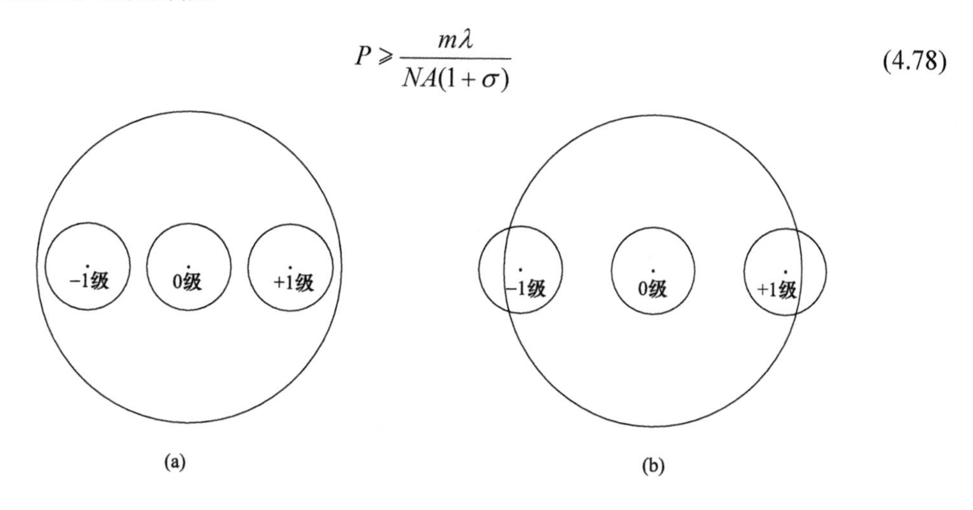

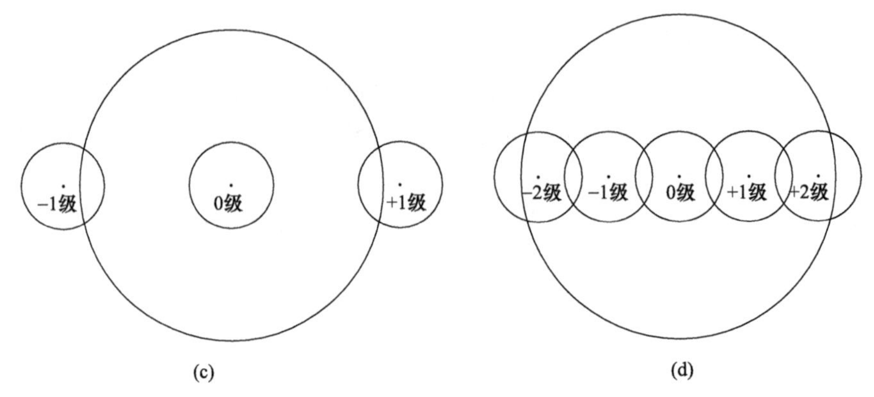

图 4-27　四种成像条件下光瞳面上的衍射光

(a) 三光束干涉；(b) 混合光束干涉；(c) 双光束干涉；(d) 多光束干涉

由式(4.75)～式(4.78)计算得出线空比 1∶1 密集线条干涉成像情况与照明部分相干因子σ及衍射光中心位置ρ的关系，如图 4-28 所示。由图 4-28 可知，三光束干涉的情况(黄色区域)仅占所有成像情况的 1/3，而双光束干涉与混合光束干涉则占另外 1/3。对于密集线周期较小的光刻成像的情况，通常仅有三束光线可通过物镜光瞳，因此下面的分析主要基于双光束、三光束以及混合光束干涉的情况。

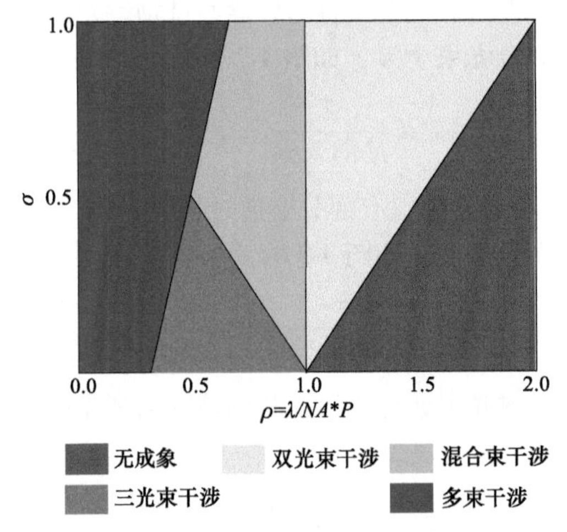

图 4-28　衍射光中心、部分相干因子与光束成像情况的关系

2. 奇像差检测方法

首先考虑相干光对 Y 方向密集线成像的情况，定义 A_0、A_1 与 A_{-1} 分别为 0 级、+1 级与−1 级衍射光的振幅，φ_0, φ_1 与 φ_{-1} 分别为 0 级、+1 级与−1 级衍射光的波前位相差则有

$$\phi_i(\boldsymbol{\rho}_i)=\frac{2\pi}{\lambda}\omega(\boldsymbol{\rho}_i),\quad i=-1,0,1 \tag{4.79}$$

其中，$\boldsymbol{\rho}_i$ 为 i 级衍射光在物镜出瞳面上的归一化极坐标向量，且

$$\boldsymbol{\rho}_i=\boldsymbol{\rho}_{i,0}+\boldsymbol{\rho}_{ill} \tag{4.80}$$

$\boldsymbol{\rho}_{i,0}$ 为照明光平行于光轴时的 i 级衍射光在物镜出瞳面上的极坐标向量，如图 4-29 所示。$\boldsymbol{\rho}_{ill}$ 为照明光束直接在投射物镜出瞳面上的极坐标向量。

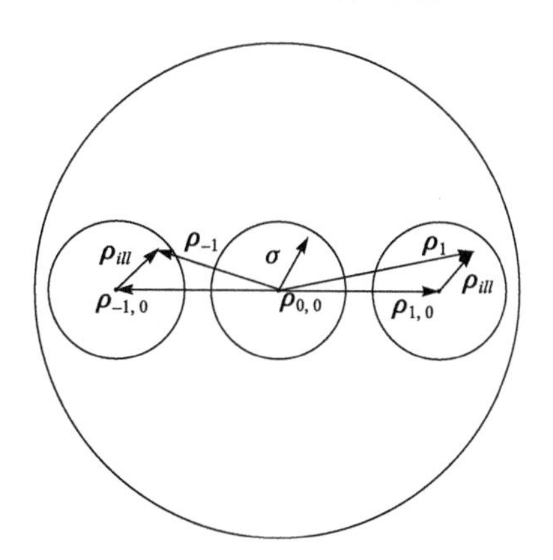

图 4-29　物镜出瞳面上的衍射光

在双光束干涉条件下，0 级与+1 级衍射光在像面上的干涉光强为

$$
\begin{aligned}
I_{\text{coh}}(x) &= \left|A_0 \exp[\mathrm{j}\phi_0(\boldsymbol{\rho}_0)] + A_1 \exp(\mathrm{j}2\pi x / P)\exp\left[j\varphi_1(\boldsymbol{\rho}_1)\right]\right|^2 \\
&= A_0{}^2 + A_1{}^2 + 2A_0A_1\cos\left(\frac{2\pi x}{P} + \varphi_1(\boldsymbol{\rho}_1) - \varphi_0(\boldsymbol{\rho}_0)\right)
\end{aligned} \tag{4.81}
$$

其中，x 为像面上的坐标。式(4.81)中，$A_0{}^2$ 与 $A_1{}^2$ 分别为 0 级与+1 级衍射光光强，$2A_0A_1\cos\left(\dfrac{2\pi x}{P} + \phi_1(\boldsymbol{\rho}_1) - \phi_0(\boldsymbol{\rho}_0)\right)$ 为 0 级与+1 级干涉光强。由式(4.81)与式(4.79)，密集线标记成像位置偏移量为

$$
\Delta x = -\frac{P}{\lambda}\left[\omega(\boldsymbol{\rho}_1) - \omega(\boldsymbol{\rho}_0)\right] \tag{4.82}
$$

类似地，0 级与−1 级衍射光干涉时，密集线标记成像位置偏移量为

$$
\Delta x = -\frac{P}{\lambda}[\omega(\boldsymbol{\rho}_0) - \omega(\boldsymbol{\rho}_{-1})] \tag{4.83}
$$

在三光束干涉条件下，像面上的光强为

$$
\begin{aligned}
I_{\text{coh}}(x) &= \left|A_0 \exp(\mathrm{j}\phi_0) + A_1 \exp(\mathrm{j}2\pi x / P + \mathrm{j}\phi_1) + A_1 \exp(-\mathrm{j}2\pi x / P + \mathrm{j}\phi_{-1})\right|^2 \\
&= A_0{}^2 + 2A_1{}^2 + 2A_0A_1\cos\left(-\frac{2\pi x}{P} + \phi_{-1}(\boldsymbol{\rho}_{-1}) - \phi_0(\boldsymbol{\rho}_0)\right) \\
&\quad + 2A_0A_1\cos\left(\frac{2\pi x}{P} + \phi_1(\boldsymbol{\rho}_1) - \phi_0(\boldsymbol{\rho}_0)\right) + 2A_1{}^2\cos\left(\frac{4\pi x}{P} + \phi_1(\boldsymbol{\rho}_1) - \phi_{-1}(\boldsymbol{\rho}_{-1})\right)
\end{aligned} \tag{4.84}
$$

式中，前两项表示 0 级与±1 级光强，后三项分别表示 0 级与−1 级干涉光强、0 级与+1 级干涉光强、+1 级与−1 级干涉光强。为了分析成像位置偏移量，式(4.84)可写为

$$I_{\text{coh}}(x) = A_0^2 + 2A_1^2 + 4A_0A_1\cos\left(\frac{2\pi x}{P} + \frac{\phi_1(\boldsymbol{\rho}_1) - \phi_{-1}(\boldsymbol{\rho}_{-1})}{2}\right) \cdot \cos\left(\frac{\phi_1(\boldsymbol{\rho}_1) + \phi_{-1}(\boldsymbol{\rho}_{-1})}{2} - \phi_0\right) + 2A_1^2\cos\left(\frac{4\pi x}{P} + \phi_1(\boldsymbol{\rho}_1) - \phi_{-1}(\boldsymbol{\rho}_{-1})\right) \tag{4.85}$$

由式(4.85)，三光束条件下密集线标记成像位置偏移量可写为

$$\Delta x = -\frac{P}{2\lambda}[\omega(\boldsymbol{\rho}_1) - \omega(\boldsymbol{\rho}_{-1})] \tag{4.86}$$

由式(4.83)、式(4.84)与式(4.86)，三光束干涉条件下密集线标记成像位置偏移量为 0 级与+1 级、0 级与−1 级两种双光束干涉条件下密集线标记成像位置偏移量的平均。

部分相干照明条件下像面上的光强为

$$I_{\text{part}}(x) = \int_{s_\sigma} I_{\text{coh}}(x, \boldsymbol{\rho}_{ill})\mathrm{d}\boldsymbol{\rho}_{ill} \tag{4.87}$$

其中，S_σ 为部分相干照明函数。由上式可知，相干照明条件下密集线标记成像位置偏移量是通过光瞳光束的成像位置偏移量的平均。假设照明光在不同空间频率上均匀分布，三光束、双光束与混合光束的情况下，密集线标记成像位置偏移量均可表示为

$$\Delta x = -\frac{P}{2\lambda}\frac{\int_{s_1}\omega(\boldsymbol{\rho}_1) - \omega(\boldsymbol{\rho}_0)\mathrm{d}\boldsymbol{\rho}_1 + \int_{s_{-1}}\omega(\boldsymbol{\rho}_0) - \omega(\boldsymbol{\rho}_{-1})\mathrm{d}\boldsymbol{\rho}_{-1}}{S_1 + S_{-1}} \tag{4.88}$$

其中，S_1 与 S_{-1} 分别为+1 级与−1 级衍射光通过物镜光瞳的面积。对于奇像差，

$$\int_{s_1}\omega(\boldsymbol{\rho}_1) - \omega(\boldsymbol{\rho}_0)\mathrm{d}\boldsymbol{\rho}_1 = \int_{s_{-1}}\omega(\boldsymbol{\rho}_0) - \omega(\boldsymbol{\rho}_{-1})\mathrm{d}\boldsymbol{\rho}_{-1} \tag{4.89}$$

代入式(4.88)可得奇像差引起的密集线标记成像位置偏移量

$$\Delta x = -\frac{P}{\lambda}\frac{\int_{s_1}\omega(\boldsymbol{\rho}_1) - \omega(\boldsymbol{\rho}_0)\mathrm{d}\boldsymbol{\rho}_1}{S_1} \tag{4.90}$$

对于偶像差，

$$\int_{s_1}\omega(\boldsymbol{\rho}_1) - \omega(\boldsymbol{\rho}_0)\mathrm{d}\boldsymbol{\rho}_1 = \int_{s_{-1}}\omega(\boldsymbol{\rho}_0) - \omega(\boldsymbol{\rho}_{-1})\mathrm{d}\boldsymbol{\rho}_{-1} \tag{4.91}$$

代入式(4.88)可知，偶像差引起的密集线标记成像位置偏移量为零。考虑到不同 Zernike 系数的影响，式(4.88)可以改写为

$$\Delta x = k_2 \cdot Z_2 + k_7 \cdot Z_7 + k_{10}Z_{10} + k_{14}Z_{14} \tag{4.92}$$

其中 k 为灵敏度且

$$k_n = -\frac{P}{\lambda}\frac{\int_{s_1}R(\boldsymbol{\rho}_1) - R(\boldsymbol{\rho}_0)\mathrm{d}\boldsymbol{\rho}_1}{S_1} \tag{4.93}$$

类似地，对于 X 方向密集线条标记

$$\Delta y = k_3 \cdot Z_3 + k_8 \cdot Z_8 + k_{11} Z_{11} + k_{15} Z_{15} \tag{4.94}$$

由上式可知，奇像差导致密集线标记的成像位置产生偏移，且偏移量与±1 级衍射光的物镜光瞳采样有关。奇像差可由不同物镜光瞳采样情况下的密集线标记成像位置偏移得到。利用该算法，物镜光瞳采样范围由双光束扩展至双光束、三光束与混合光束，从而提高了测量灵敏度。此外，由于该模型考虑了照明条件的影响，检测系统误差减小了。

3. 偶像差检测方法

在相干照明条件下，Y 方向密集线 0 级与+1 级双光束干涉成像物面附近的光强可表示为

$$\begin{aligned} I_{\text{coh}}(x,z) &= \left| A_0 \exp\left[\mathrm{j}\phi_0(\boldsymbol{\rho}_0) \right] + A_1 \exp(\mathrm{j}2\pi x / P) \exp\left[\mathrm{j}\phi_1(\boldsymbol{\rho}_1) + j\pi z\lambda / P^2 \right] \right|^2 \\ &= A_0{}^2 + A_1{}^2 + 2A_0 A_1 \cos\left(\frac{2\pi x}{P} + \phi_1(\boldsymbol{\rho}_1) - \phi_0(\boldsymbol{\rho}_0) + \pi z\lambda / P^2 \right) \end{aligned} \tag{4.95}$$

其中，z 是像面坐标。由式(4.95)，当 z 发生变化时，密集线水平成像位置也随之改变。部分相干照明时，该效应反映为不同离焦量下成像对比度的变化。密集线标记像面偏移量为

$$\Delta z = -\frac{2P^2}{\lambda^2}\left[\omega(\boldsymbol{\rho}_1) - \omega(\boldsymbol{\rho}_0) \right] \tag{4.96}$$

类似地，密集线标记 0 级与+1 级双光束干涉成像像面偏移量为

$$\Delta z = -\frac{2P^2}{\lambda^2}\left[\omega(\boldsymbol{\rho}_{-1}) - \omega(\boldsymbol{\rho}_0) \right] \tag{4.97}$$

Y 方向密集线三光束干涉成像物面附近的光强可表示为

$$\begin{aligned} I_{\text{coh}}(x,z) &= \left| \begin{array}{l} A_0 \exp[\mathrm{j}\phi_0(\boldsymbol{\rho}_0)] + A_1 \exp(\mathrm{j}2\pi x / P) \exp\left[\mathrm{j}\phi_1(\boldsymbol{\rho}_1) + \mathrm{j}\pi z\lambda / P^2 \right] \\ + A_1 \exp(-\mathrm{j}2\pi x / P) \exp\left[\mathrm{j}\phi_{-1}(\boldsymbol{\rho}_{-1}) + \mathrm{j}\pi z\lambda / P^2 \right] \end{array} \right|^2 \\ &= A_0{}^2 + 2A_1{}^2 + 2A_1{}^2 \cos\left(\frac{4\pi x}{P} + \phi_1(\boldsymbol{\rho}_1) - \varphi_{-1}(\boldsymbol{\rho}_{-1}) \right) \\ &\quad + 4A_0 A_1 \cos\left(\frac{2\pi x}{P} + \frac{\phi_1(\boldsymbol{\rho}_1) - \phi_{-1}(\boldsymbol{\rho}_{-1})}{2} \right) \cos\left(\frac{\phi_1(\boldsymbol{\rho}_1) + \phi_{-1}(\boldsymbol{\rho}_{-1})}{2} - \phi_0(\boldsymbol{\rho}_0) + \pi z\lambda / P^2 \right) \end{aligned} \tag{4.98}$$

密集线标记 0 级与+1 级双光束干涉成像像面偏移量为

$$\Delta z = -\frac{P^2}{\lambda^2}\left[\omega(\boldsymbol{\rho}_1) + \omega(\boldsymbol{\rho}_{-1}) - 2\omega(\boldsymbol{\rho}_0) \right] \tag{4.99}$$

由式(4.96)、式(4.97)与式(4.99)，三光束条件下密集线标记成像位置轴向偏移量为 0 级与+1 级、0 级与−1 级两种双光束干涉条件下密集线标记成像位置轴向偏移量的平均。对于部分相干照明，轴向成像位置偏移量为

$$\Delta z = -\frac{P^2}{\lambda^2}\frac{\int_{S_1}\omega(\boldsymbol{\rho}_1)-\omega(\boldsymbol{\rho}_0)\mathrm{d}\boldsymbol{\rho}_1+\int_{S_{-1}}\omega(\boldsymbol{\rho}_{-1})-\omega(\boldsymbol{\rho}_0)\mathrm{d}\boldsymbol{\rho}_{-1}}{S_1+S_{-1}} \tag{4.100}$$

对于奇像差

$$\int_{S_1}\omega(\boldsymbol{\rho}_1)-\omega(\boldsymbol{\rho}_0)\mathrm{d}\boldsymbol{\rho}_1 = -\int_{S_{-1}}\omega(\boldsymbol{\rho}_{-1})-\omega(\boldsymbol{\rho}_0)\mathrm{d}\boldsymbol{\rho}_{-1} \tag{4.101}$$

因此奇像差引起的轴向成像位置偏移量为零。考虑到不同 Zernike 系数的影响，式(4.100)可以改写为

$$\Delta z_x = \sum_n k_n \cdot Z_n, \quad n = 4,5,6,9,12,13,16,\cdots \tag{4.102}$$

其中，k 为灵敏度，且

$$k_n = -\frac{2P^2}{\lambda^2}\frac{\int_{S_1}R(\boldsymbol{\rho}_1)-R(\boldsymbol{\rho}_0)\mathrm{d}\boldsymbol{\rho}_1}{S_1} \tag{4.103}$$

类似地，对于 X 方向密集线条标记

$$\Delta z_y = \sum_n k_n \cdot Z_n, \quad n = 4,5,6,9,12,13,16,\cdots \tag{4.104}$$

由上式可知，偶像差导致密集线标记的像面位置产生偏移，且偏移量与±1 级衍射光的物镜光瞳采样有关。偶像差可由不同物镜光瞳采样情况下密集线标记的像面位置偏移量得到。利用该算法，物镜光瞳采样范围由双光束扩展至双光束、三光束与混合光束，从而提高了测量灵敏度。此外，由于该模型考虑了照明条件的影响，检测系统误差减小了。

4.2.3.2　实验

实验采用光刻机装调时常用的 XY-SETUP 掩模与 FOCAL 掩模，掩模上的标记与 H. Nomura 三光束干涉实验采用的专用测试标记有所不同。但 4.2.3.1 节中的测试原理也适用于 H. Nomura 三光束干涉实验中的标记，并可扩大其测量范围与算法精度。

实验过程包括 XY-SETUP 掩模曝光、FOCAL 掩模曝光、硅片显影、对准读数、数据处理等。改变数值孔径 NA 与部分相干因子σ，在不同照明方式下将 XY-SETUP 掩模曝光在处于最佳焦面的涂胶硅片上；然后在不同照明方式下将 FOCAL 掩模曝光在处于不同离焦面的涂胶硅片上；后烘、显影后，由光刻机对准系统记录 FOCAL 标记与 XY-SETUP 标记的对准位置坐标，经数据处理得到投影物镜波像差，见图 4-30。

测试所采用的标记是由左右两个 FOCAL 图形构成的镜像 FOCAL 标记(参见 3.4.2 节)。与 XY-SETUP 掩模上的线空比 1∶1 的标准对准标记不同，FOCAL 标记的一个光栅周期内包含线宽更细的密集线条，这部分密集线条称为 FOCAL 标记的精细结构，如图 4-31 所示。左右两个 FOCAL 图形的周期与线条宽度完全相同，两个图形精细结构相对于宽线条的位置互为镜像。在对准位置检测过程中，光刻机对准系统分别对镜像 FOCAL 标记的左右两个 FOCAL 图形进行对准，记录其对准位置坐标 $P_{\mathrm{L}}(x_{\mathrm{L}}, y_{\mathrm{L}})$、

$P_R(x_R, y_R)$。对准位置偏移量 $AO_L(\Delta x_L, \Delta y_L)$ 与 $AO_R(\Delta x_R, \Delta y_R)$ 分别为各 FOCAL 图形对准位置坐标与其对应的名义位置坐标 $P_{0L}(x_{0L}, y_{0L})$ 与 $P_{0R}(x_{0R}, y_{0R})$ 的差值，即

$$\begin{cases} \Delta x_{L(R)} = x_{L(R)} - x_{0L(R)} \\ \Delta y_{L(R)} = y_{L(R)} - y_{0L(R)} \end{cases} \tag{4.105}$$

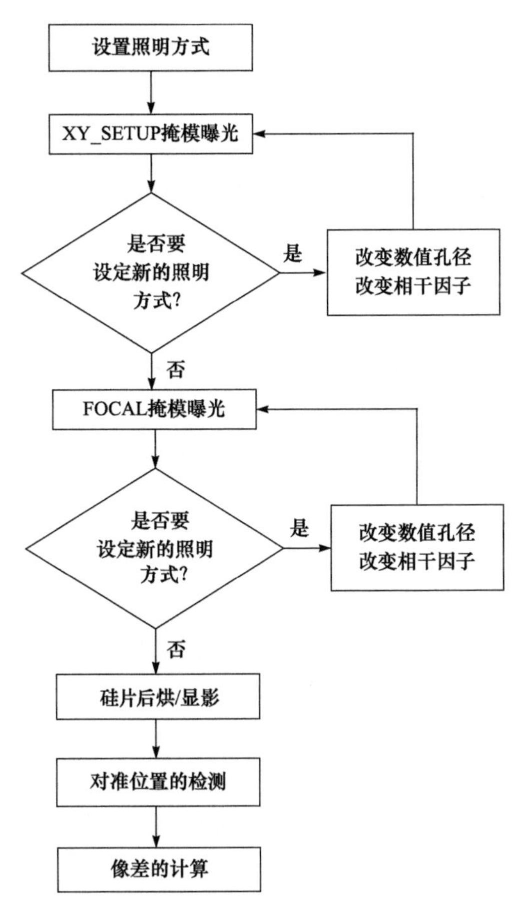

图 4-30　多光束干涉法波像差检测流程图

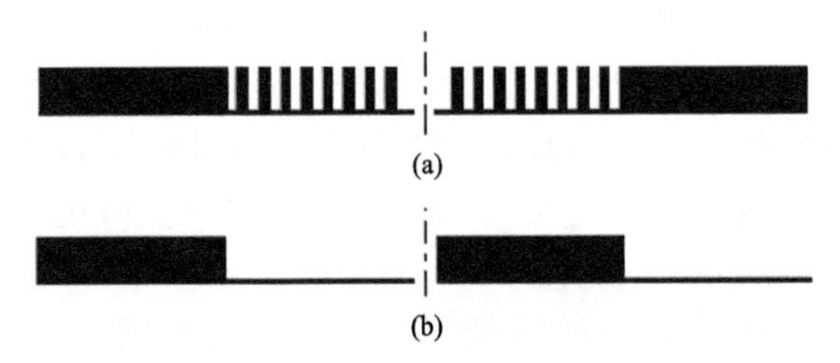

图 4-31　(a) FOCAL 标记的镜像结构；(b) 线空比 1:1 的光栅结构

引起 FOCAL 标记对准位置偏移的因素有两方面：一方面在不同离焦量下对硅片曝光，FOCAL 标记精细结构线宽发生变化导致对准位置发生偏移，这部分偏移量可用 AO^v (Δx^v 或 Δy^v)表示；另一方面是标记的水平成像位置偏移量，这部分偏移量可用 AO^h (Δx^h

或 Δy^h)表示。对准位置偏移量 AO_{L} 与 AO_{R} 可表示为

$$AO_{\mathrm{L}} = AO_{\mathrm{L}}^v + AO_{\mathrm{L}}^h \tag{4.106}$$

$$AO_{\mathrm{R}} = AO_{\mathrm{R}}^v + AO_{\mathrm{R}}^h \tag{4.107}$$

镜像 FOCAL 标记左右两部分图形之间距离小于 0.3mm，相对于整个曝光视场而言，可认为两个图形的成像条件近似相同，因为左右两部分图形的水平成像位置偏移量相等，即

$$AO_{\mathrm{L}}^h = AO_{\mathrm{R}}^h \tag{4.108}$$

由于标记的两个 FOCAL 图形互为镜像，由离焦引起的左右两个 FOCAL 图形的对准位置偏移量 AO_{R}^v ，AO_{L}^v 满足

$$AO_{\mathrm{R}}^v = -AO_{\mathrm{L}}^v \tag{4.109}$$

由式(4.106)～式(4.109)可得

$$AO_{\mathrm{L}}^h = AO_{\mathrm{R}}^h = \frac{AO_{\mathrm{R}} + AO_{\mathrm{L}}}{2} \tag{4.110}$$

根据离焦量与对准位置偏移量之间的变化关系，通过曲线拟合可得到最佳焦面处的对准位置偏移量 $AO_{\mathrm{R}}^{\mathrm{BF}}$ ($\Delta x_{\mathrm{R}}^{\mathrm{BF}}$ 或 $\Delta y_{\mathrm{R}}^{\mathrm{BF}}$)与 $AO_{\mathrm{L}}^{\mathrm{BF}}$ ($\Delta x_{\mathrm{L}}^{\mathrm{BF}}$ 或 $\Delta y_{\mathrm{L}}^{\mathrm{BF}}$)。将 $AO_{\mathrm{R}}^{\mathrm{BF}}$ 与 $AO_{\mathrm{L}}^{\mathrm{BF}}$ 代入式(4.110)得到 FOCAL 标记的水平成像位置偏移量

$$\begin{cases} \Delta x_{\mathrm{FOCAL}} = \dfrac{\Delta x_{\mathrm{R}}^{\mathrm{BF}} + \Delta x_{\mathrm{L}}^{\mathrm{BF}}}{2} \\ \Delta x_{\mathrm{FOCAL}} = \dfrac{\Delta y_{\mathrm{R}}^{\mathrm{BF}} + \Delta y_{\mathrm{L}}^{\mathrm{BF}}}{2} \end{cases} \tag{4.111}$$

以及不同方向密集线条的像面位置偏移 Δz_x 与 Δz_y 。

密集线条的成像位置偏移量，可利用镜像 FOCAL 标记曝光后测量得到的标记成像位置偏移量与 XY-SETUP 掩模上的对准标记曝光后测量得到的标记成像位置偏移量计算得出，

$$\Delta x = (ra+1)\cdot \Delta x_{\mathrm{FOCAL}} - ra\cdot \Delta x_{\mathrm{align}} \tag{4.112}$$

$$\Delta y = (ra+1)\cdot \Delta y_{\mathrm{FOCAL}} - ra\cdot \Delta y_{\mathrm{align}} \tag{4.113}$$

其中，$\Delta x_{\mathrm{align}}$ 与 $\Delta y_{\mathrm{align}}$ 是对准标记成像位置偏移量；ra 为对准标记与镜像 FOCAL 标记中的精细结构所占面积的比值。在多种不同的照明条件下对镜像 FOCAL 标记与对准标记进行曝光，可得出 Δx 、Δy 、Δz_x 与 Δz_y 。将测量结果代入式(4.92)、式(4.94)、式(4.102)与式(4.104)即可计算得出各种波像差。

在 ASML 公司的 PAS 5500 步进扫描投影光刻机上进行测试。依照图 4-30 的测试步骤，在 5 种照明方式下，将 XY-SETUP 掩模与镜像 FOCAL 掩模静态曝光于硅片上。实验使用的照明方式及相应的灵敏度系数如表 4-6 所示。在每种照明方式下将 13×3 个镜像 FOCAL 标记成像在涂胶硅片上，由对准系统记录每个对准标记与镜像 FOCAL 标记左右两个图形的对准位置信息，将拟合得到的最佳像点轴向位置偏差代入球差计算模型，得到球差相关的 Zernike 系数 Z_9 和 Z_{16}；将式(4.112)与式(4.113)计算得到的水平成像位置

偏移量代入彗差计算模型，得到彗差的 Zernike 系数 Z_7 和 Z_{14}。由不同照明条件下视场内各点的成像位置偏移量得到各点的 Zernike 系数，结果如图 4-32 与图 4-33 所示，图中各点表示实验得到的曝光视场内不同位置处的 Zernike 系数，横坐标为视场内 X 与 Y 方向的不同位置坐标，纵坐标为表征各像差的 Zernike 系数。由图 4-32 可知，投影物镜视场内彗差相关 Zernike 系数 Z_7 和 Z_{14} 分别小于 5nm 与 3nm。由图 4-33 可知，投影物镜视场内球差相关 Zernike 系数 Z_9 与 Z_{16} 分别小于 11nm 与 3nm。

表 4-6　各阶 Zernike 系数及其对应的灵敏度

NA	σ	k_7	k_{14}	k_9	k_{16}
0.5	0.3	1.46	−0.58	10.29	−9.90
0.5	0.8	1.75	−1.21	2.73	−1.84
0.75	0.3	0.65	0.18	8.68	−5.16
0.75	0.8	0.52	0.00	−0.33	0.45
0.65	0.7	1.14	−0.35	3.02	0.00

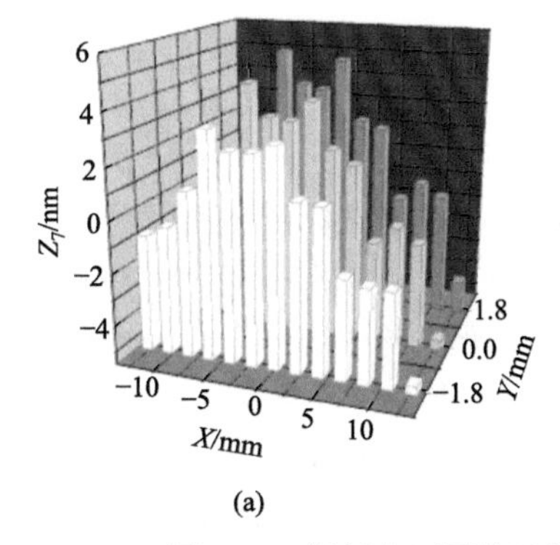

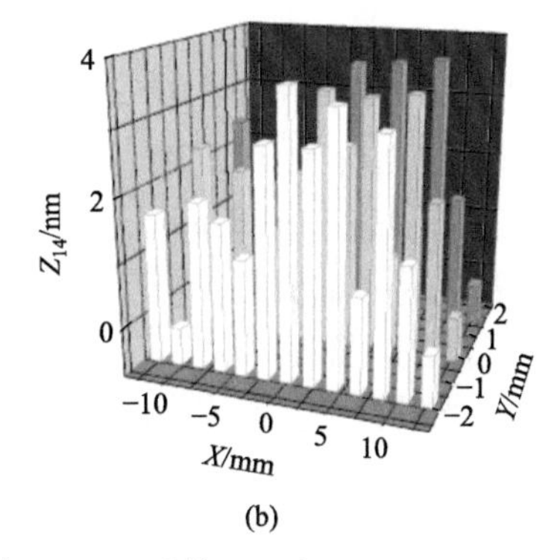

图 4-32　视场内不同位置处的 Zernike 系数(a)Z_7 与(b)Z_{14}

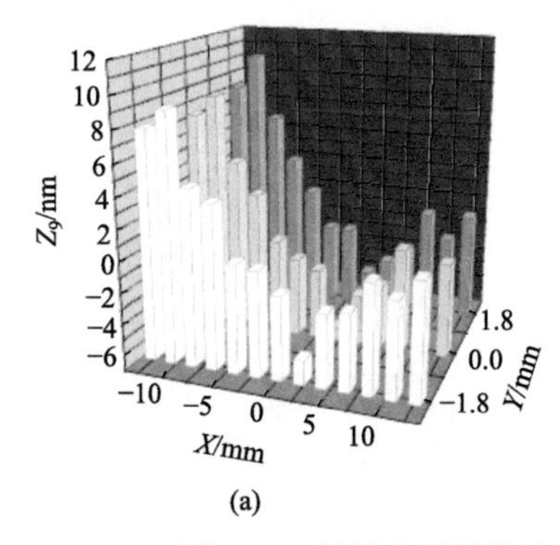

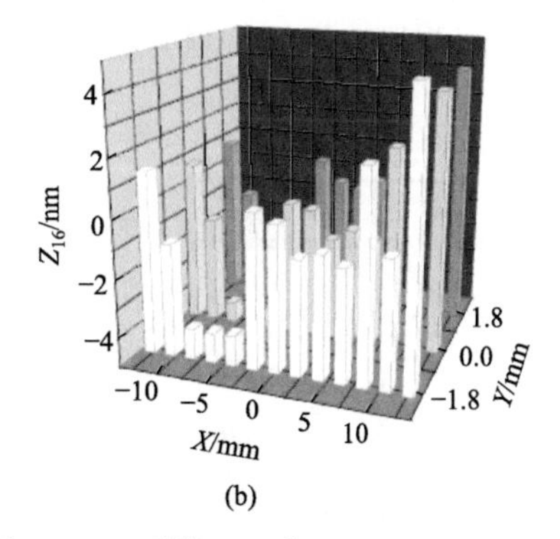

图 4-33　视场内不同位置处的 Zernike 系数(a)Z_9 与(b)Z_{16}

实验采用镜像 FOCAL 技术测量最佳焦面，其测量精度远优于显微镜，因此偶像差测量精度大大提高。该算法也可用于 Nomura 的检测方法，以扩大其检测条件，并降低系统误差。

4.3 像面曝光检测法

根据照明条件的不同，基于像面曝光的波像差检测技术可以分为单一照明条件下的检测技术和多照明条件下的检测技术两类。单一照明条件下的检测技术在一种照明条件下将检测标记曝光于像面，通过测量检测标记的成像位置偏移量实现波像差的检测，代表性技术有 SPIN(slant projection through a PINhole)技术和 ISI(in-situ interferometer)技术。多照明条件下的检测技术在多种照明条件下将检测标记曝光于像面，通过测量检测标记的成像位置偏移量实现波像差的检测，代表性技术有 DAMIS(distortion at multiple illumination settings)技术等。IQMFO(image quality parameters in xy plane measurement using fine overlay metrology marks)技术也是一种有代表性的多照明条件检测技术，与 DAMIS 技术不同的是，该技术通过测量检测标记的相对成像位置偏移量实现波像差的检测。

4.3.1 单一照明条件检测

4.3.1.1 SPIN 技术

SPIN 技术是 Canon 公司用于 90nm 及其以下节点的光刻机像质原位检测技术[8,9]。SPIN 技术的测量原理如图 4-34 所示。在掩模和照明光源之间有一个扩束器，其作用是将部分照明光源的部分相干因子扩大为 1。掩模上的测试标记由两部分构成，一部分是掩模上层的小孔，另一部分是掩模下层的 YAMATO 二元光栅标记。在整个曝光区域都布满了 YAMATO 标记和针孔，每一个小孔对应于视场中的一个点，因此整个视场的像差都可以测量。当照明光照射掩模时，照明光通过针孔然后照射到栅格分布的 YAMATO 标记上，在硅片上形成栅格分布的图形。当投影物镜存在像差时，栅格图形的成像位置将发生偏移，于是相对于参考标记的位置偏移量将被测量，并用于计算 Zernike 系数[10]。YAMATO 标记经过设计，抑制了高级衍射光，使得仅有 0 级衍射光通过光瞳，其余级次得到抑制，从而获得高像差检测灵敏度，如图 4-35 所示。

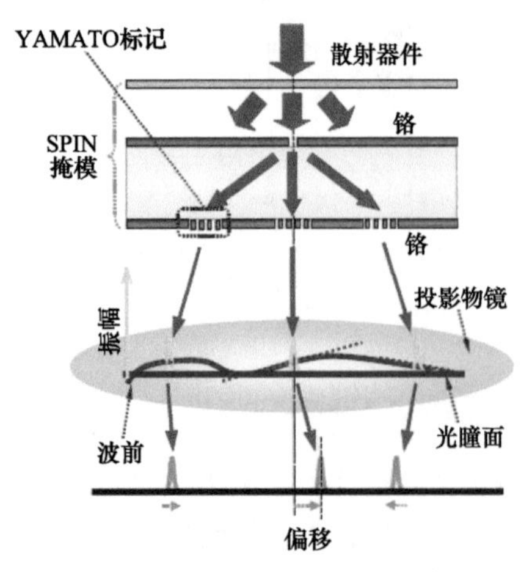

图 4-34 SPIN 技术测量原理示意图[9]

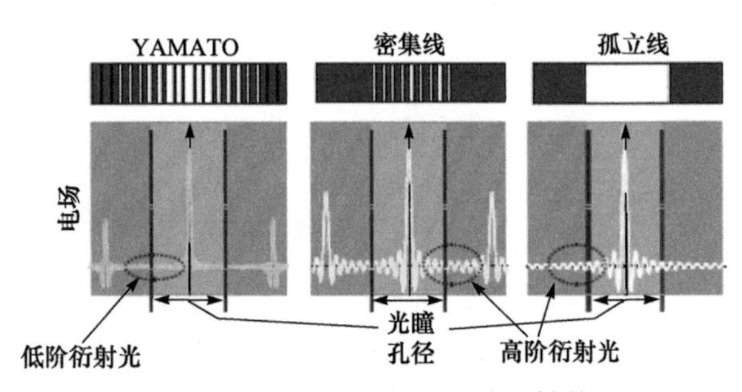

图 4-35 YAMATO 标记及其衍射谱[9]

SPIN 技术最早被用于 90nm 节点光刻机的投影物镜波像差检测。由于 YAMATO 标记具有多个方向，SPIN 技术可以检测 35 项 Zernike 系数，检测重复精度(3σ)优于 $0.8\text{m}\lambda$。

4.3.1.2　ISI 技术

ISI 技术是 LITEL 公司开发的波像差检测技术[11]，该技术是一种改进型 Shack-Hartmann 波前传感器，其测量原理如图 4-36 所示。在掩模和投影物镜第一片镜头之间插入一孔径板 AP，掩模上点 P 的衍射光线 1,2,3,4 由于孔径板上开孔的限制，只有光线 3 才能通过成像系统 PO 投影到位于像面 IP 的硅片上。图 4-36 中实线部分为理想光线和参考波前，虚线为实际光线和失真波前。由于投影物镜像差的存在，光线 3 将偏离理想轨迹，硅片面上的成像点 PI 与理想位置有一横向偏差，此偏差值与波前斜率 $\Phi'(u)$成正比。与此相似，掩模面上 P 点附近的 P'点发出的光线 1′经过投影物镜成像于硅片面上 $P'I$ 点，该点与理想位置的偏差与波前斜率 $\Phi'(u)$同样成正比，其中 u'为光线 1′经过孔径光栏时的位置或者角度。如果不放置孔径板 AP，则掩模面上只能有一个发光点，所有的入射光都来源于此点，此时实际成像点和理想像点间的位置偏移量与各光线所在波前斜率的平均值成正比。

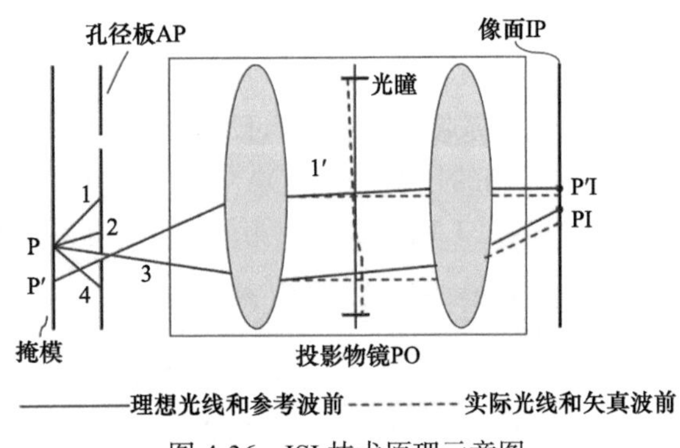

图 4-36　ISI 技术原理示意图

在掩模面上设计多个独立的小开孔，这些开孔发出的光线经过孔径板 AP 后，通过投影物镜成像，其像点也能够被分辨出来。各开孔的像点质心与其理想位置间的偏移量与波前斜率的平均值成正比。由于数值孔径的限制，只有 $2NA_oZ$ 区域内的小孔可以通过投影物镜成像，其中 NA_o为物方的数值孔径，Z 为孔径板 AP 与掩模间的距离。可以通过测量实际点成像位置与理想位置的偏差，计算波前斜率 $\Phi'(u)$的平均值，实现入瞳处波前的采样测量[12]。

为了实现上述测量原理，LITEL 技术采用专用的掩模，该掩模分 3 层：微透镜阵列层、图形层和孔径板层。三层的总厚度为 6.35mm，尺寸与标准的掩模完全相同，可以在光刻机上实现上、下片及掩模对准等功能，与光刻机完全兼容。掩模的最顶层为微透镜阵列，它的主要目的是提高入射到图形层光线的均匀性。微透镜阵列中每个透镜均与照明相匹配，将照明入射光聚焦到其下方孔径板的小孔上。掩模图形层位于微透镜阵列层与孔径板层之间，图形层上的图形有两种：一种是相互交叉的网格状诊断图形，如图 4-37(a)所示；另一种是方块阵列的参考图形，如图 4-37(b)所示。其中网格状图形尺寸较小，对投影物镜波像差较为敏感，曝光后位置受像差影响会发生偏移；而方块阵列的标记尺寸较大，成像后位置不受波像差影响，因此作为参考图形衡量网格图形的位置偏差。参考图形与诊断图形分两次曝光，在光刻胶上的最终曝光图形如图 4-37(c)所示。利用套刻测量设备可精准地测量网格图形相对参考图形的位置偏移量，该偏移量可用于计算波前斜率 $\Phi'(u)$。ISI 测量各项 Zernike 系数的重复精度优于 1nm，测量精度则在 1～2nm。

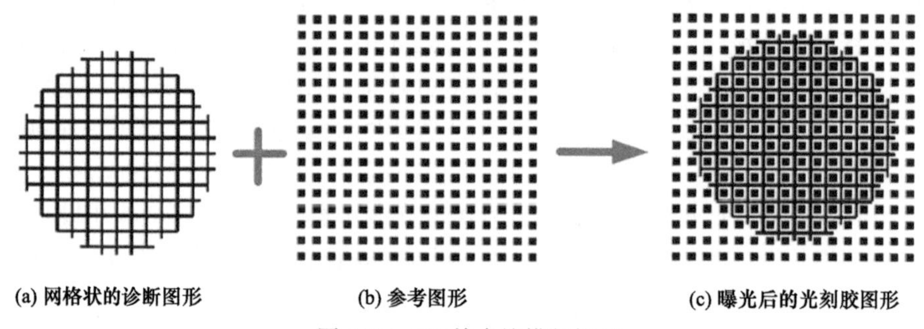

图 4-37　ISI 技术掩模版标记

4.3.2　多照明条件检测

4.3.2.1　DAMIS 技术

DAMIS 技术采用专用测试掩模版，是一种通过离轴对准系统测量曝光后标记位置偏差，从而实现投影物镜波像差检测的技术[13,14]。DAMIS 测试掩模版上的对准标记按照一定的规则排布。对准标记由线空比 1:1 的光栅阵列组成，如图 4-38(a)所示。

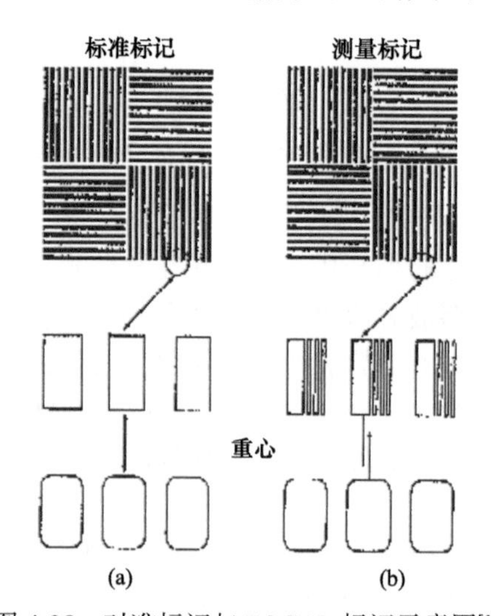

图 4-38　对准标记与 FOCAL 标记示意图[15]

该技术通过在不同照明条件下将测试掩模静态曝光于硅片，然后用离轴对准系统测量显影后硅片上标记的位置，从而得到不同照明条件下视场内不同位置处各标记的对准位置；将标记的对准位置与标记理想位置相比较，可计算出不同照明条件下视场内不同位置处的成像位置偏移量；最后利用相应的数据处理模型分析后得到彗差相应的 Zernike

系数 Z_7、Z_8、Z_{14} 和 Z_{15}。DAMIS 技术的测量重复精度(3σ)可达 2nm。该技术仅检测投影物镜的彗差，其测量精度依赖于对离焦量、像面倾斜角等像质参数的限制程度[1]。

4.3.2.2　IQMFO 技术[3,16]

IQMFO 技术是基于对套刻标记进行细分，使其对彗差更敏感的一种像差检测技术。由于传统套刻测试标记的内部标记与外部标记均由 2μm 左右的孤立线条组成(图 4-39)，奇像差对其成像位置的影响较小，因而无法检测奇像差。IQMFO 技术通过将传统的套刻测试标记进行内部细分，使标记的成像位置对奇像差更敏感，利用在不同数值孔径与部分相干因子设置下曝光到硅片上的测试标记图形的相对成像位置偏移量计算出彗差。该技术可同时检测得到初级垂轴像质参数与彗差，且彗差的检测精度大幅度提高。

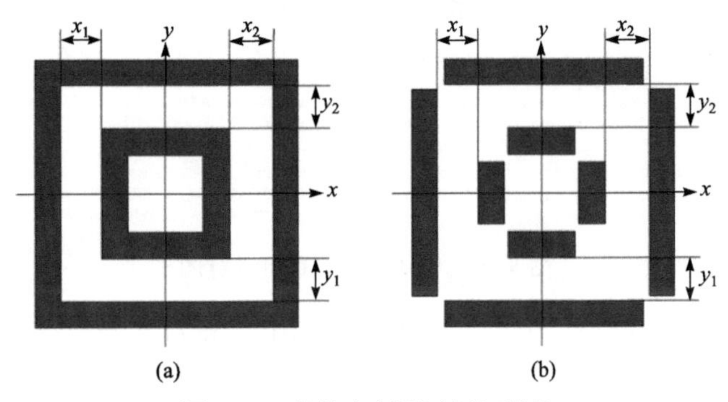

图 4-39　传统套刻测试标记结构

IQMFO 技术使用的套刻测试标记如图 4-40 所示，该标记由线宽为 0.5μm、线空比 1:1 的内部密集线条标记 A 与线宽 2μm 的外部孤立线条标记 B 两部分图形组成，其中标记 A 由交替型移相光栅构成。由图 4-40 可知，与传统套刻测试标记相比，该测试标记的内部标记具有细分结构，该细分结构即交替型移相光栅，而外部标记的结构不变。

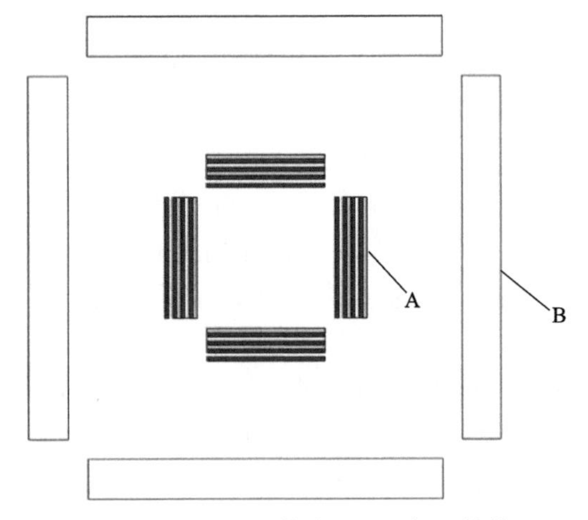

图 4-40　IQMFO 技术的测试标记结构

当使用该标记进行曝光并显影后，利用套刻精度测量仪器测量标记的相对位置时，以外部标记为参考标记，内部标记相对于外部标记的成像位置偏移量即为该标记的成像位置偏移量。由于套刻测量仪器无法分辨内部标记的细分结构，因而其测量的相对位置偏移量为内部标记整体相对于外部标记的偏移量，如图 4-41 所示。

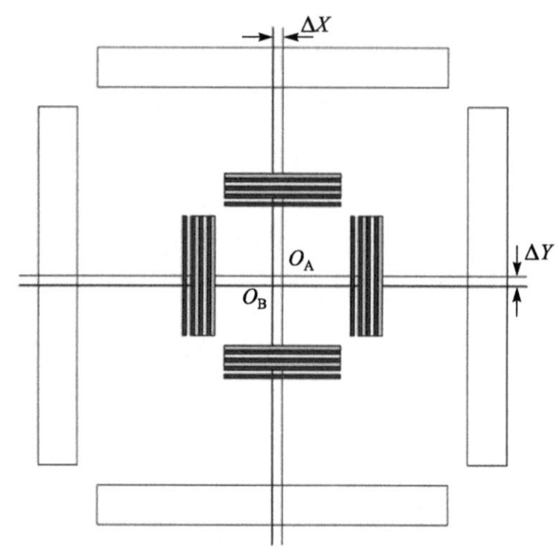

图 4-41　成像位置偏移量示意图

图 4-41 中，套刻测试标记内部标记 A 图形的中心为 O_A，外部孤立线条标记 B 图形的中心为 O_B，内部标记与外部标记的成像位置即其中心的成像位置。若标记 A 与标记 B 的绝对成像位置偏移量分别为(Δx_A，Δy_A)、(Δx_B，Δy_B)，相对成像位置偏移量ΔX与ΔY可表示为

$$\begin{cases}\Delta X = \Delta x_A - \Delta x_B \\ \Delta Y = \Delta y_A - \Delta y_B\end{cases} \tag{4.114}$$

1. 原理

IQMFO 技术测试时采用正常的曝光流程进行，如图 4-42 所示，其检测过程包括标记曝光、硅片后烘与显影、成像位置偏移量获取与像质参数计算等四个过程。首先在相同的照明条件下，将测试标记中的 B 标记曝光在硅片上，当 B 标记曝光完毕后，硅片无需下片，在不同的数值孔径与部分相干因子下，将测试标记中的 A 标记曝光在硅片上相同的位置处，硅片后烘与显影后，在硅片上的光刻胶上形成套刻测试标记图形。利用套刻精度测量仪器检测曝光到硅片上的套刻测试标记图形，即可得到标记 A 相对于标记 B 的成像位置偏移量。

测试标记中的 B 标记在相同的数值孔径与部分相干因子条件下进行曝光，因而其绝对成像位置偏移量主要由初级垂轴像质参数引起，且成像位置偏移量的大小固定不变。由式 (3.7)可知，标记 B 的成像位置偏移量可表示为

$$\begin{cases}\Delta x_B = T_x - \theta \cdot y_B + \Delta M \cdot x_B + x_B \cdot ({x_B}^2 + {y_B}^2) \cdot D_3 \\ \Delta y_B = T_y + \theta \cdot x_B + \Delta M \cdot y_B + y_B \cdot ({x_B}^2 + {y_B}^2) \cdot D_3\end{cases} \tag{4.115}$$

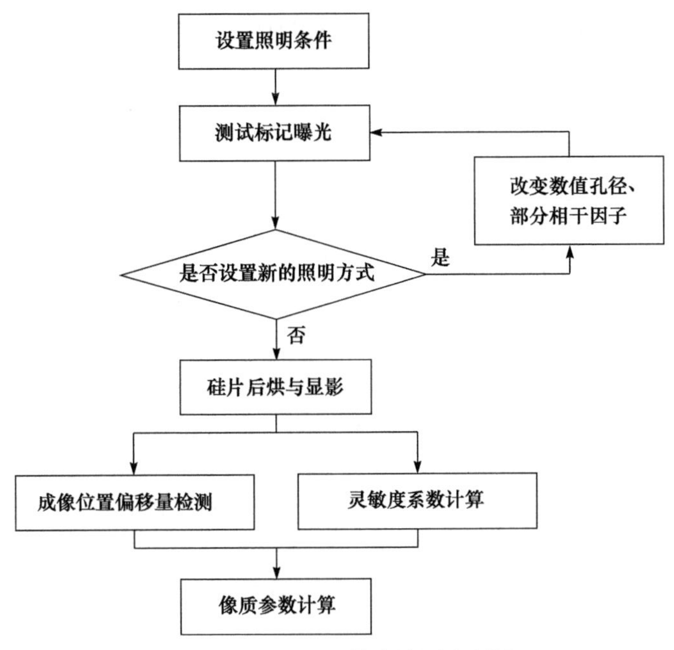

图 4-42　IQMFO 技术检测流程图

其中，Δx_B，Δy_B 为测试标记中标记 B 的绝对成像位置偏移量；(x_B, y_B)为标记 B 的理想成像位置坐标。

对于测试标记中的 A 标记，在不同的照明条件下进行曝光，其成像位置偏移量主要由彗差引起，且成像位置偏移量的大小随数值孔径与部分相干因子设置的变化而变化。对于某一特定的照明设置，测试标记中 A 标记的成像位置偏移量可表示为

$$\begin{cases}\Delta x_{\mathrm{A}}(NA,\sigma)=K_{Z_2}(NA,\sigma)\cdot Z_2+K_{Z_7}(NA,\sigma)\cdot Z_7+K_{Z_{14}}(NA,\sigma)\cdot Z_{14}\\ \Delta y_{\mathrm{A}}(NA,\sigma)=K_{Z_3}(NA,\sigma)\cdot Z_3+K_{Z_8}(NA,\sigma)\cdot Z_8+K_{Z_{15}}(NA,\sigma)\cdot Z_{15}\end{cases} \tag{4.116}$$

其中，Δx_A，Δy_A 为测试标记中标记 A 的绝对成像位置偏移量；K_{Z_n} 为标记 A 的成像位置偏移量相对于各项 Zernike 系数的灵敏度系数。

灵敏度系数随投影物镜数值孔径与照明系统的部分相干因子变化，可利用 PROLITH 等光刻仿真软件进行仿真计算得到。如计算灵敏度系数 K_{Z_7}，选择一定的数值孔径 NA 与部分相干因子σ，取 Z_7 为一定值 x，其他 Zernike 系数为 0。利用 PROLITH 光刻仿真软件进行仿真得到由 x 向三阶彗差引起的成像位置偏移量 $\Delta x_{Z_7}(NA, \sigma)$。对应于上述数值孔径与部分相干因子的灵敏度系数 $K_{Z_7}(NA,\sigma)$，可由下式计算得到

$$K_{Z_7}(NA,\sigma)=\frac{\Delta x_{Z_7}(NA_1,\sigma_1)}{x} \tag{4.117}$$

选择不同的数值孔径与部分相干因子设置，可利用光刻仿真软件进行仿真计算得到灵敏度系数 $K_{Z_7}(NA,\sigma)$ 的不同值。同理，可计算得到对应于不同数值孔径与部分相干因子设置的灵敏度系数 $K_{Z_8}(NA, \sigma)$、$K_{Z_{14}}(NA, \sigma)$、$K_{Z_{15}}(NA, \sigma)$的值。

由式(4.114)～式(4.116)可知，测试标记的相对成像位置偏移量为

$$\begin{cases}\Delta X = \Delta x_{\mathrm{A}} - \Delta x_{\mathrm{B}} \\ \quad = \dfrac{\partial \Delta x_{\mathrm{A}}(NA,\sigma)}{\partial Z_2}\cdot Z_2 + \dfrac{\partial \Delta x_{\mathrm{A}}(NA,\sigma)}{\partial Z_7}\cdot Z_7 + \dfrac{\partial \Delta x_{\mathrm{A}}(NA,\sigma)}{\partial Z_{14}}\cdot Z_{14} - \Delta x_{\mathrm{B}} \\ \Delta Y = \Delta y_{\mathrm{A}} - \Delta y_{\mathrm{B}} \\ \quad = \dfrac{\partial \Delta y_{\mathrm{A}}(NA,\sigma)}{\partial Z_3}\cdot Z_3 + \dfrac{\partial \Delta y_{\mathrm{A}}(NA,\sigma)}{\partial Z_8}\cdot Z_8 + \dfrac{\partial \Delta y_{\mathrm{A}}(NA,\sigma)}{\partial Z_{15}}\cdot Z_{15} - \Delta y_{\mathrm{B}}\end{cases} \tag{4.118}$$

对于每种照明条件，均可得到式(4.118)所示的方程。将所得的方程组进行联立，通过最小二乘法，即可计算得到彗差与标记 B 的成像位置偏移量。对于视场内的不同位置处，均可得到式(4.115)所表示的方程，将得到的方程组联立，再次利用最小二乘法，即可计算得到初级垂轴像质参数。

由上述可知，彗差可由最小二乘法计算得到。由式(4.118)可知，当灵敏度系数的变化范围较大时，最小二乘拟合的范围扩大，拟合精度较高。因此，在成像位置偏移量检测精度一定的情况下，灵敏度系数的变化范围是决定奇像差检测精度的关键因素。

2. 仿真实验

为分析灵敏度系数变化范围的增加对彗差检测精度的影响，利用光刻仿真软件 PROLITH 对灵敏度系数进行了仿真实验，并且对仿真结果进行了分析与比较。仿真过程中所使用的曝光波长为 193nm，投影物镜数值孔径的变化范围为 0.5～0.75。

图 4-43 为 IQMFO 技术中利用 PROLITH 光刻仿真软件仿真计算得到的灵敏度系数 $K_{Z_7}(NA, \sigma)$随不同数值孔径与部分相干因子的变化情况。其中图 4-43(a)对应传统照明，部分相干因子变化范围为 0.3～0.7 的条件下，利用 PROLITH 光刻仿真软件仿真计算得到 IQMFO 技术使用的灵敏度系数 $K_{Z_7}(NA, \sigma)$的等高图。图 4-43(b)对应环形照明，环带宽度为 0.3、部分相干因子变化范围为 0.3～0.7 的条件下，利用 PROLITH 光刻仿真软件仿真计算得到的 IQMFO 技术使用的灵敏度系数 $K_{Z_7}(NA, \sigma)$的等高图。

下面通过 PROLITH 光刻仿真软件将该技术与 ASML 公司的 TAMIS 技术(见第 5 章)进行比较。图 4-44 为 TAMIS 技术中利用 PROLITH 光刻仿真软件仿真计算得到的灵敏度系数 $K_{Z_7}(NA, \sigma)$随不同数值孔径与部分相干因子的变化情况。图 4-44(a)对应传统照明、部分相干因子变化范围为 0.3～0.7 的条件下，利用 PROLITH 光刻仿真软件仿真计算得到的 TAMIS 技术使用的灵敏度系数 $K_{Z_7}(NA, \sigma)$的等高图。图 4-44(b)对应环形照明，环带宽度为 0.3、部分相干因子变化范围为 0.3～0.7 的条件下，利用 PROLITH 光刻仿真软件仿真计算得到的 TAMIS 技术使用的灵敏度系数 $K_{Z_7}(NA, \sigma)$的等高图。

比较图 4-43 与图 4-44 中灵敏度系数的变化范围可以看出，不论是在传统照明还是环形照明条件下，IQMFO 技术中灵敏度系数 $K_{Z_7}(NA, \sigma)$的变化范围均大于 TAMIS 技术中灵敏度系数 $K_{Z_7}(NA, \sigma)$的变化范围。表 4-7 列出了不同条件下灵敏度系数 $K_{Z_7}(NA, \sigma)$的变化范围。从表中可知，在传统照明条件下，IQMFO 技术灵敏度系数 $K_{Z_7}(NA, \sigma)$的变

化范围为 1.83，而 TAMIS 技术中相应灵敏度系数的变化范围为 1.39，相比于 TAMIS 技术，传统照明条件下 IQMFO 技术中灵敏度系数 K_{Z_7} (NA, σ)的变化范围提高了 31.7%；在环形照明条件下，IQMFO 技术中灵敏度系数 K_{Z_7} (NA, σ)的变化范围为 2.43，而 TAMIS 技术中相应灵敏度系数的变化范围为 1.92，相比于 TAMIS 技术，环形照明条件下 IQMFO 技术中灵敏度系数 K_{Z_7} (NA, σ)的变化范围提高了 26.6%。

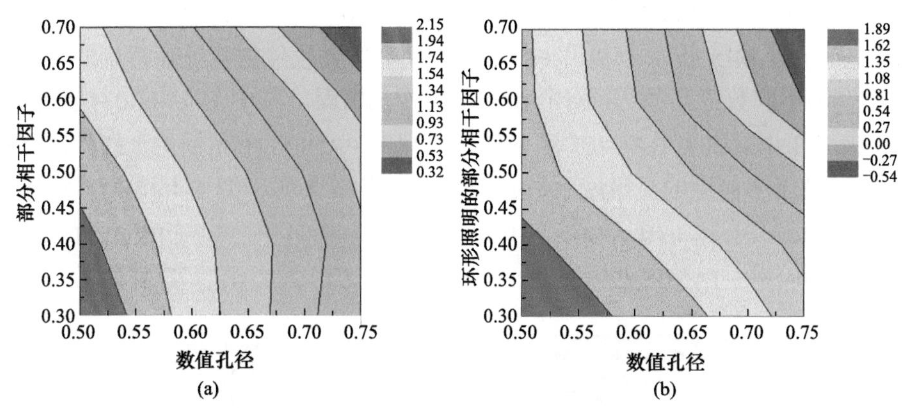

图 4-43　IQMFO 技术的灵敏度系数 K_{Z_7} (NA, σ)在传统照明条件下(a)与环形照明条件下(b)随数值孔径与部分相干因子变化的等高图

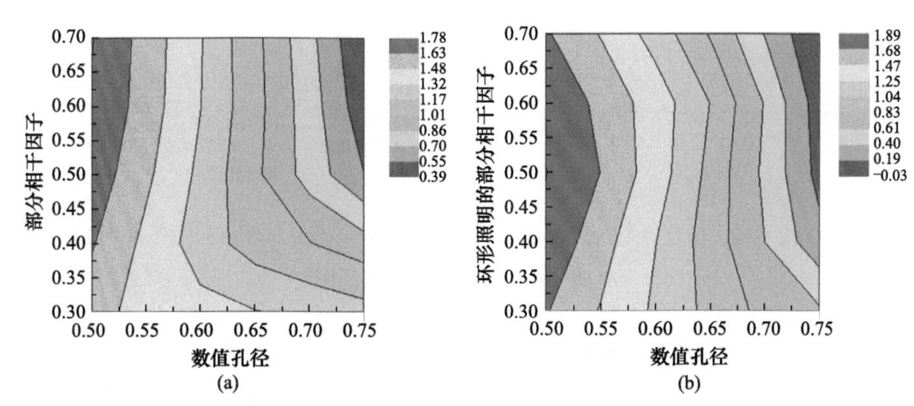

图 4-44　TAMIS 技术采用的灵敏度系数 K_{Z_7} (NA, σ)在传统照明条件下(a)与环形照明条件下(b)随数值孔径与部分相干因子变化的等高图

表 4-7　不同条件下灵敏度系数 K_{Z_7} (NA, σ)的 PROLITH 仿真计算结果比较

条件		最大值	最小值	变化范围
传统照明	IQMFO 技术	2.15	0.32	1.83
	TAMIS 技术	1.78	0.39	1.39
环形照明	IQMFO 技术	1.89	−0.54	2.43
	TAMIS 技术	1.89	−0.03	1.92

图 4-45 为 IQMFO 技术中利用 PROLITH 光刻仿真软件仿真计算得到的灵敏度系数 $K_{Z_{14}}(NA, \sigma)$随不同数值孔径与部分相干因子的变化情况。其中图 4-45(a)对应传统照明、部分相干因子变化范围为 0.3～0.7 的条件下，利用 PROLITH 光刻仿真软件仿真计算得到 IQMFO 技术使用的灵敏度系数 $K_{Z_{14}}(NA, \sigma)$的等高图；图 4-45(b)对应环形照明、环带宽度为 0.3、部分相干因子变化范围为 0.3～0.7 的条件下，利用 PROLITH 光刻仿真软件仿真计算得到的 IQMFO 技术使用的灵敏度系数 $K_{Z_{14}}(NA, \sigma)$的等高图。

图 4-46 为 TAMIS 技术中利用 PROLITH 光刻仿真软件仿真计算得到的灵敏度系数 $K_{Z_{14}}(NA, \sigma)$随不同数值孔径与部分相干因子的变化情况。其中图 4-46(a)对应传统照明、部分相干因子变化范围为 0.3～0.7 的条件下，利用 PROLITH 光刻仿真软件仿真计算得到的 TAMIS 技术中使用的灵敏度系数 $K_{Z_{14}}(NA, \sigma)$的等高图；图 4-46(b)对应环形照明，环带宽度为 0.3、部分相干因子变化范围为 0.3～0.7 的条件下，利用 PROLITH 光刻仿真软件仿真计算得到的 TAMIS 技术使用的灵敏度系数 $K_{Z_{14}}(NA, \sigma)$的等高图。

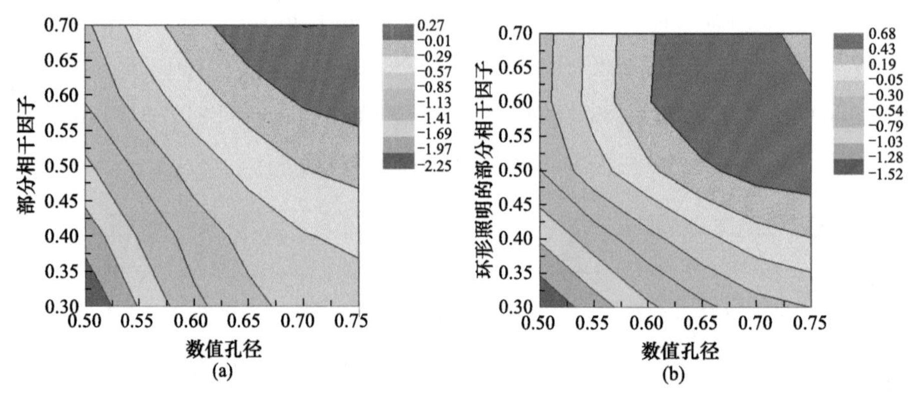

图 4-45　IQMFO 技术的灵敏度系数 $K_{Z_{14}}(NA, \sigma)$在传统照明条件下(a)与环形照明条件下(b)随数值孔径与部分相干因子变化的等高图

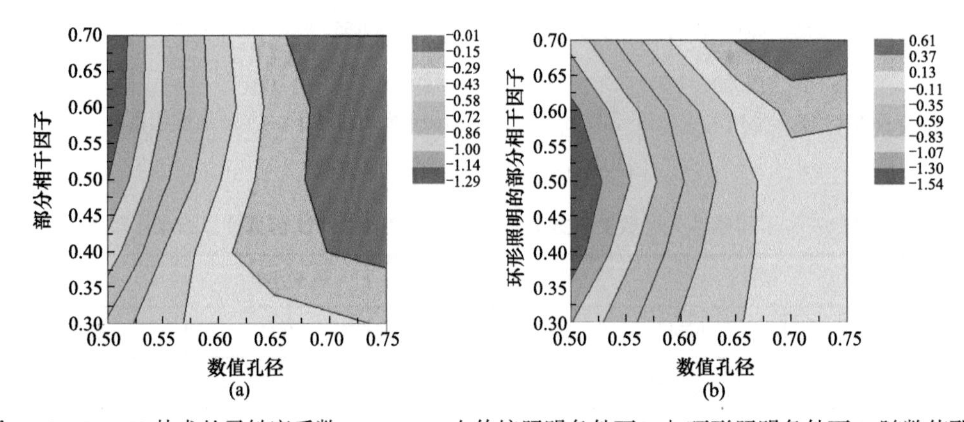

图 4-46　TAMIS 技术的灵敏度系数 $K_{Z_{14}}(NA, \sigma)$在传统照明条件下(a)与环形照明条件下(b)随数值孔径与部分相干因子变化的等高图

比较图 4-45 与图 4-46 中灵敏度系数的变化范围可以看出，不论是在传统照明还是

环形照明条件下，IQMFO 技术中灵敏度系数 $K_{Z_{14}}(NA, \sigma)$的变化范围均大于 TAMIS 技术中灵敏度系数 $K_{Z_{14}}(NA, \sigma)$的变化范围。表 4-8 列出了不同条件下灵敏度系数 $K_{Z_{14}}(NA, \sigma)$的变化范围。从表中可知，在传统照明条件下，IQMFO 技术灵敏度系数 $K_{Z_{14}}(NA, \sigma)$的变化范围为 2.52，而 TAMIS 技术中相应灵敏度系数的变化范围为 1.28，相比于 TAMIS 技术，传统照明条件下 IQMFO 技术中灵敏度系数 $K_{Z_{14}}(NA, \sigma)$的变化范围提高了 96.9%。在环形照明条件下，IQMFO 技术中灵敏度系数 $K_{Z_{14}}(NA, \sigma)$的变化范围为 2.20，而 TAMIS 技术中相应灵敏度系数的变化范围为 2.15，相比于 TAMIS 技术，环形照明条件下 IQMFO 技术中灵敏度系数 $K_{Z_{14}}(NA, \sigma)$的变化范围提高了 2.3%。

表 4-8 不同条件下灵敏度系数 $K_{Z_{14}}(NA, \sigma)$的 PROLITH 仿真计算结果比较

条件		最大值	最小值	变化范围
传统照明	IQMFO 技术	0.27	−2.25	2.52
	TAMIS 技术	−0.01	−1.29	1.28
环形照明	IQMFO 技术	0.68	−1.52	2.20
	TAMIS 技术	0.61	−1.54	2.15

由于 Y 向彗差引起的 Y 向成像位置偏移量的大小与 X 向彗差引起的 X 向成像位置偏移量的大小相同，因此灵敏度系数 $K_{Z_8}(NA, \sigma)$与 $K_{Z_7}(NA, \sigma)$的值相等，灵敏度系数 $K_{Z_{15}}(NA, \sigma)$与 $K_{Z_7}(NA, \sigma)$的值相等，从而 $K_{Z_8}(NA, \sigma)$与 $K_{Z_{15}}(NA, \sigma)$的变化情况分别与 $K_{Z_7}(NA, \sigma)$与 $K_{Z_{14}}(NA, \sigma)$的变化情况相同。

在成像位置偏移量检测精度一定的情况下，灵敏度系数的变化范围是决定彗差检测精度的关键因素。IQMFO 技术与 TAMIS 技术相比，在传统照明条件下，灵敏度系数 K_{Z_7} 与 $K_{Z_{14}}$ 的变化范围分别增加了 31.7%与 96.9%，在环形照明条件下，灵敏度系数 K_{Z_7} 与 $K_{Z_{14}}$ 的变化范围分别增加了 26.6%与 2.3%。因此，相比于 TAMIS 技术，在传统照明条件下，IQMFO 技术的三阶彗差的检测精度提高 31.7%，五阶彗差的检测精度提高 96.9%。在环形照明条件下，三阶彗差与五阶彗差的检测精度分别提高 26.6%与 2.3%。

4.4 多离焦面曝光检测法

多离焦面曝光检测技术利用标记在多个离焦量下的成像位置偏移量或形变信息实现波像差的检测。根据照明条件设置的不同，可以分为单一照明条件下的检测技术和多照明条件下的检测技术两种。

4.4.1 单一照明条件检测

单一照明条件下的检测技术在一种照明条件下将检测标记曝光于多个离焦面，通过检测标记在多个离焦面下的形变或成像位置偏移量实现波像差检测。基于形变检测的代表性技术有 Phase wheel 技术，可实现 37 项 Zernike 系数的检测。IQMD(image quality parameters in xy plane measurement based on defocus)技术基于成像位置偏移量检测，可实现彗差的高精度检测。

4.4.1.1 Phase wheel 技术

2004 年，罗切斯特理工学院 Smith 等提出基于相位轮(phase wheel)的波像差检测技术[17,18]。该技术在不同离焦量下将测试掩模曝光在硅片上，通过扫描电子显微镜测量显影后图形，并对曝光显影后的图形进行分析，利用迭代算法计算得出投影物镜的波像差。相位轮技术可实现 37 项 Zernike 系数的检测，波像差理论测量精度为 2nm，测量重复精度为 1nm。

相位轮技术采用的掩模为移相掩模，其相位轮测试标记如图 4-47(a)所示，图中阴影区域相对其他区域高度差为 $\lambda/2$，即有 180°移相。如投影物镜无像差，曝光显影后的光刻胶图形如图 4-47(b)所示。受到投影物镜波像差的影响，相位轮标记的实际曝光结果将发生形变，如图 4-47(c)所示。不同的投影物镜波像差对相位轮标记曝光显影后的图形会产生不同的影响。在投影物镜有像散的情况下，离焦量为正时，Y 方向环形出现缺口；离焦量为负时，X 方向环形出现缺口。在投影物镜有 45°像散的情况下，离焦量为正时，225°方向环形出现缺口，离焦量为负值时，45°方向环形出现缺口。在投影物镜有球差的情况下，根据离焦量的不同，球差将导致环形的对称扩张或缩小，由于球差是对称像差，因此该效果也是旋转对称的。投影物镜彗差导致的环形形变是多方向的，彗差产生的环形缺口方向指向某点，该点的位置与彗差大小相关。与彗差方向相反的环形图案是闭合的，没有缺口。投影物镜三波差导致的形变同样也是多方向的。三波差产生的环形缺口方向指向某点，该点的位置与三波差大小相关。与彗差不同的是，三波差导致全部环形图案的变形。

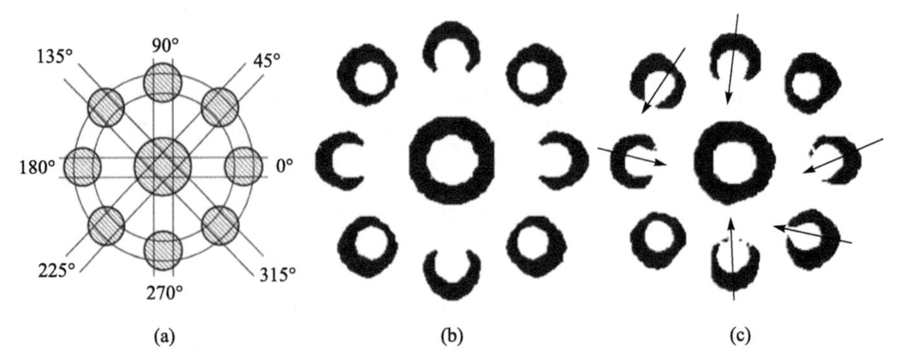

图 4-47　(a) 相位轮标记、(b) 未受像差影响的理想光刻胶图形及 (c) 受像差影响的光刻胶图形[17]

相位轮的空间域函数可以通过傅里叶变换算法变换到频域内，投影物镜的波像差信息都将包含于相位轮在投影物镜像面的成像信息之中，因此可以从相位轮的成像信息中计算出波像差。从相位轮的成像信息提取波像差的过程，实质上是一个逆成像问题的求解过程，这是一个典型的多输入多输出的非线性逆问题。相位轮技术需要在不同离焦量下曝光，并用扫描电镜对曝光结果进行测量，存在测量周期长，效率低的缺点[12]。

4.4.1.2　IQMD 技术[3,19]

IQMD 技术可同时实现初级垂轴像质参数以及彗差的检测。

1. 原理

由第 3 章描述的垂轴像质参数对成像质量的影响可知，像面平移、像面旋转、倍率变化、畸变等初级垂轴像质参数引起的成像位置偏移量主要与光刻机的对准性能以及掩模的制造误差相关，而彗差引起的成像位置偏移量随成像平面的离焦量变化。因此，当成像平面位于不同的离焦量下时，由初级垂轴像质参数引起的成像位置偏移量为一常数，而由彗差引起的成像位置偏移量随离焦量不同而变化。

当成像平面位于一定的离焦量下时，像面平移、像面旋转、倍率变化、畸变引起的成像位置偏移量可表示为

$$\begin{cases} \mathrm{d}x = T_x - \theta \cdot y + \Delta M \cdot x + x \cdot (x^2 + y^2) \cdot D_3 \\ \mathrm{d}y = T_y + \theta \cdot x + \Delta M \cdot y + y \cdot (x^2 + y^2) \cdot D_3 \end{cases} \tag{4.119}$$

其中，$\mathrm{d}x$，$\mathrm{d}y$ 表示由初级垂轴像质参数引起的成像位置偏移量；x，y 表示掩模测试标记在曝光视场内的理想成像位置坐标；T_x、T_y 分别表示 X 向像面平移与 Y 向像面平移；ΔM 表示倍率变化；θ 表示像面旋转；D_3 表示畸变。

在一定的离焦量下，由彗差引起的成像位置偏移量与彗差成线性关系。由彗差引起的成像位置偏移量可表示为

$$\begin{cases} \Delta X(\Delta f) = S_{Z_7}(\Delta f) \cdot Z_7 + S_{Z_{14}}(\Delta f) \cdot Z_{14} \\ \Delta Y(\Delta f) = S_{Z_8}(\Delta f) \cdot Z_8 + S_{Z_{15}}(\Delta f) \cdot Z_{15} \end{cases} \tag{4.120}$$

其中，$\Delta X(\Delta f)$与$\Delta Y(\Delta f)$为成像平面离焦量为Δf的情况下由彗差引起的成像位置偏移量；Z_7、Z_{14}、Z_8、Z_{15} 为表征彗差的 Zernike 系数，分别表示 X 向三阶彗差、Y 向三阶彗差、X 向五阶彗差、Y 向五阶彗差；$S_{Z_7}(\Delta f)$，$S_{Z_8}(\Delta f)$，$S_{Z_{14}}(\Delta f)$，$S_{Z_{15}}(\Delta f)$为由彗差引起的成像位置偏移量与彗差之间的比例因子，随成像平面的离焦量Δf变化。

比例因子可利用光刻仿真软件 PROLITH 计算得到。在一定的离焦量Δf下，设 Zernike 系数 Z_7 或 Z_8 的大小为 1nm，而其他 Zernike 系数为 0。利用光刻仿真软件仿真得到该离焦量下掩模测试标记的成像位置偏移量 $\Delta X_{Z_7=1\mathrm{nm}}(\Delta f)$或 $\Delta Y_{Z_8=1\mathrm{nm}}(\Delta f)$。比例因子 $S_{Z_7}(\Delta f)$，$S_{Z_8}(\Delta f)$可由下式计算

$$\begin{aligned} S_{Z_7}(\Delta f) = S_{Z_8}(\Delta f) &= \frac{\partial \Delta X_{Z_7}(\Delta f)}{\partial Z_7} = \frac{\partial \Delta Y_{Z_8}(\Delta f)}{\partial Z_8} \\ &= \Delta X_{Z_7=1\mathrm{nm}}(\Delta f) = \Delta Y_{Z_8=1\mathrm{nm}}(\Delta f) \end{aligned} \tag{4.121}$$

由上述分析可知，在一定的离焦量下，曝光到硅片上的图形成像位置偏移量可由下式表示

$$\begin{cases}\Delta x = \mathrm{d}x + \Delta X(\Delta f) = \mathrm{d}x + S_{Z7}(\Delta f)\cdot Z_7 + S_{Z_{14}}(\Delta f)\cdot Z_{14} \\ \Delta y = \mathrm{d}y + \Delta Y(\Delta f) = \mathrm{d}y + S_{Z8}(\Delta f)\cdot Z_8 + S_{Z_{15}}(\Delta f)\cdot Z_{15}\end{cases} \tag{4.122}$$

该技术的检测过程包括对准标记曝光、硅片后烘与显影、对准标记位置检测、彗差比例因子计算与像质参数计算等，如图 4-48 所示。首先在不同的离焦量下，将掩模上的多个测试标记曝光在涂有光刻胶的硅片上。掩模版上任一测试标记结构如图 4-49 所示，图中 O 表示测试标记的测量位置。对硅片进行后烘与显影后，在硅片上的光刻胶上形成掩模测试标记图形。利用光刻机中的光学对准系统对形成于光刻胶上的测试标记图形进行对准，记录不同离焦量下掩模测试标记图形测量位置处的成像位置坐标(x, y)。根据物镜成像关系计算掩模测试标记的理论成像位置(x_0, y_0)。利用 PROLITH 光刻仿真软件计算出不同离焦量下的比例因子 $S_{Z_7}(\Delta f)$、$S_{Z_8}(\Delta f)$、$S_{Z_{14}}(\Delta f)$、$S_{Z_{15}}(\Delta f)$。由成像位置偏移量的定义可知，掩模测试标记的成像位置偏移量$(\Delta x, \Delta y)$为其实际成像位置(x,y)与理想成像位置(x_0, y_0)的差值，即

$$\begin{cases}\Delta x = x - x_0 \\ \Delta y = y - y_0\end{cases} \tag{4.123}$$

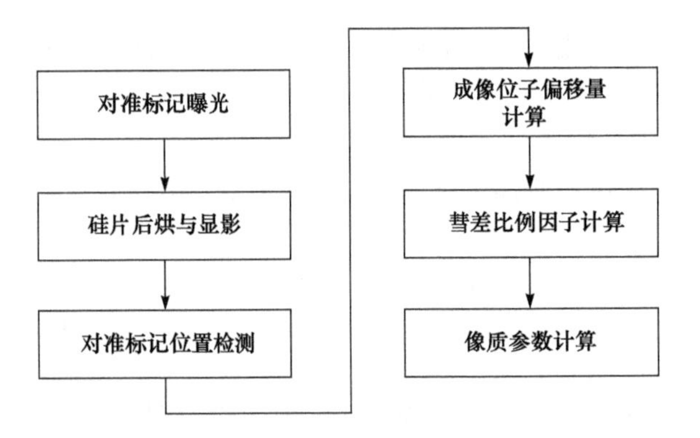

图 4-48　IQMD 检测技术检测流程

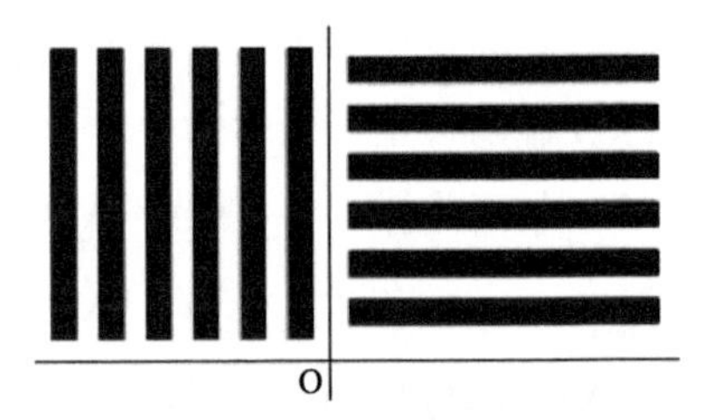

图 4-49　IQMD 技术测试标记结构

由成像位置偏移量、比例因子与式(4.121)可得

$$\begin{bmatrix} Rx_1 \\ Ry_1 \\ \vdots \\ Rx_n \\ Ry_n \end{bmatrix} = \begin{bmatrix} \Delta x_1 \\ \Delta y_1 \\ \vdots \\ \Delta x_n \\ \Delta y_n \end{bmatrix} - \begin{bmatrix} 1 & 0 & S_{Z_7}(\Delta f_1) & 0 & S_{Z_{14}}(\Delta f_1) & 0 \\ 0 & 1 & 0 & S_{Z_8}(\Delta f_1) & 0 & S_{Z_{15}}(\Delta f_1) \\ \vdots & \vdots & \vdots & \vdots & \vdots & \vdots \\ 1 & 0 & S_{Z_7}(\Delta f_n) & 0 & S_{Z_{14}}(\Delta f_n) & 0 \\ 0 & 1 & 0 & S_{Z_8}(\Delta f_n) & 0 & S_{Z_{15}}(\Delta f_n) \end{bmatrix} \begin{bmatrix} \mathrm{d}x \\ \mathrm{d}y \\ Z_7 \\ Z_8 \\ Z_{14} \\ Z_{15} \end{bmatrix} \tag{4.124}$$

其中，R_x，R_y 表示残余误差。根据式(4.124)，利用最小二乘法得到由像面平移、像面旋转、倍率变化、畸变引起的成像位置偏移量 dx、dy 与彗差 Z_7、Z_8、Z_{14}、Z_{15}。在硅片上

的曝光视场中按照式(4.124)计算不同位置处的 dx 与 dy，将得到的各个 dx 与 dy 代入式 (4.119)中，建立矩阵方程，并根据最小二乘法即可获得像面平移、像面旋转、倍率变化与畸变。

根据上述检测原理，IQMD 技术的数据处理与像质参数计算过程如图 4-50 所示。

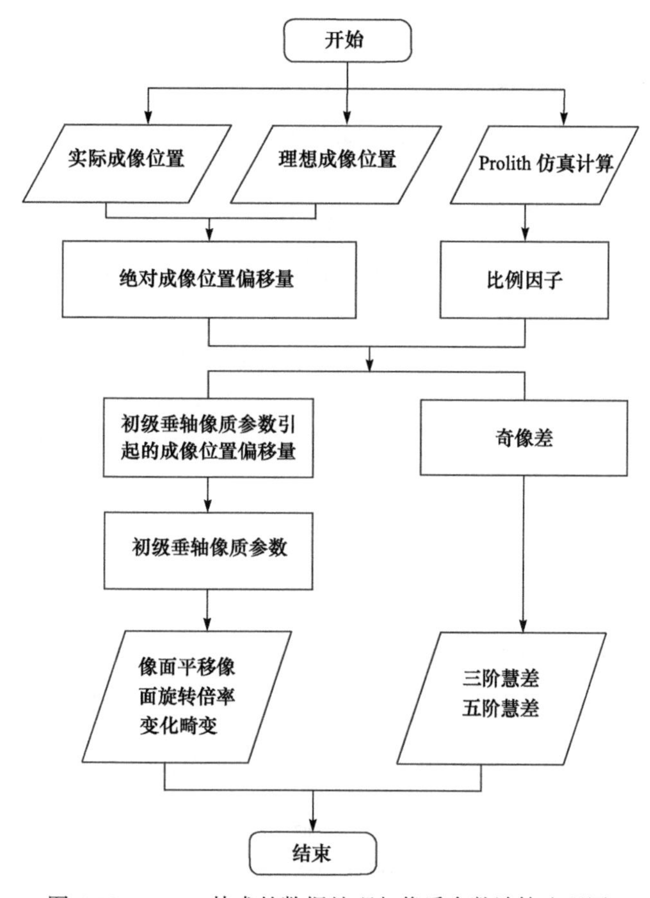

图 4-50　IQMD 技术的数据处理与像质参数计算流程图

2. 仿真

使用 PROLITH 光刻仿真软件对彗差引起的成像位置偏移量及奇像差的比例因子进行了仿真实验。仿真实验中采用的曝光波长为 193nm，测试标记的线条宽度为 8μm。图 4-51 是在数值孔径为 0.57、部分相干因子为 0.75，离焦量分别为 0.75μm、0.65μm、0.55μm、0.45μm、0.35μm、0.25μm、0.15μm、0.05μm 的条件下，利用 PROLITH 进行仿真得到的在不同的离焦量下，三阶 x 向彗差引起的对准标记在 x 方向的成像位置偏移量，其中 x 向三阶彗差 Z_7 的变化范围为 0.01λ～0.05λ。由图 4-51 可知，三阶 x 向彗差引起的成像位置偏移量随离焦量而变化，当离焦量一定时，三阶 x 向彗差引起的成像位置偏移量与三阶彗差的大小成线性关系。

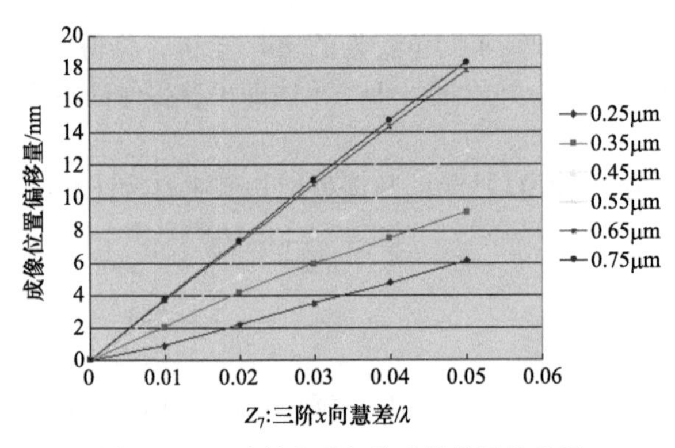

图 4-51　三阶彗差引起的成像位置偏移量

图 4-52 是在数值孔径为 0.57、部分相干因子为 0.75、离焦量分别为 0.75μm、0.65μm、0.55μm、0.45μm、0.35μm、0.25μm、0.15μm、0.05μm 的条件下，利用 PROLITH 进行仿真得到的在不同的离焦量下，五阶 x 向彗差引起的对准标记在 x 方向的成像位置偏移量，其中 x 向五阶彗差 Z_7 的变化范围为 0.01λ～0.05λ。由图 4-52 可知，五阶 x 向彗差引起的成像位置偏移量随离焦量而变化，当离焦量一定时，五阶 x 向彗差引起的成像位置偏移量与五阶彗差的大小成线性关系。

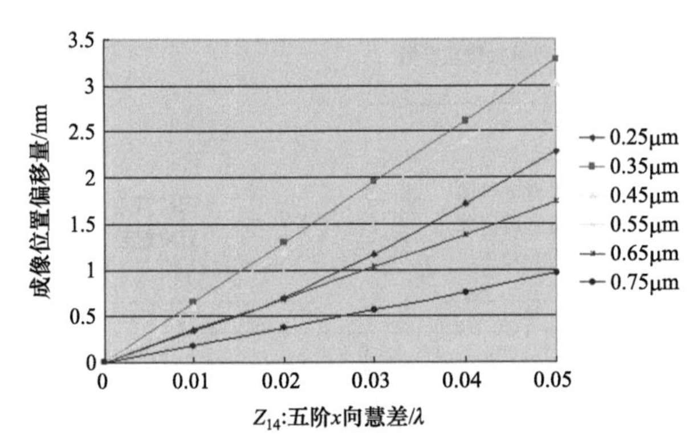

图 4-52　五阶彗差引起的成像位置偏移量

图 4-53 是由图 4-51 中的成像位置偏移量计算得到的三阶 x 向彗差的比例因子随离焦量的变化关系。由图 4-53 可知，三阶 x 向彗差的比例因子最大值为 1.92，最小值为 0.45，比例因子的变化范围为 1.47。由于三阶 y 向彗差引起的 y 向成像位置偏移量与三阶 x 向彗差引起的 x 向的成像位置偏移量相同，因而其比例因子大小与变化范围也相同。

图 4-54 是由图 4-52 中的成像位置偏移量计算得到的五阶 x 向彗差的比例因子随离焦量的变化关系。由图 4-54 可知，五阶 x 向彗差的比例因子最大值为 0.35，最小值为 0.1，比例因子的变化范围为 0.25。由于五阶 y 向彗差引起的 y 向成像位置偏移量与五阶 x 向彗差引起的 x 向的成像位置偏移量相同，因而其比例因子大小与变化范围也相同。

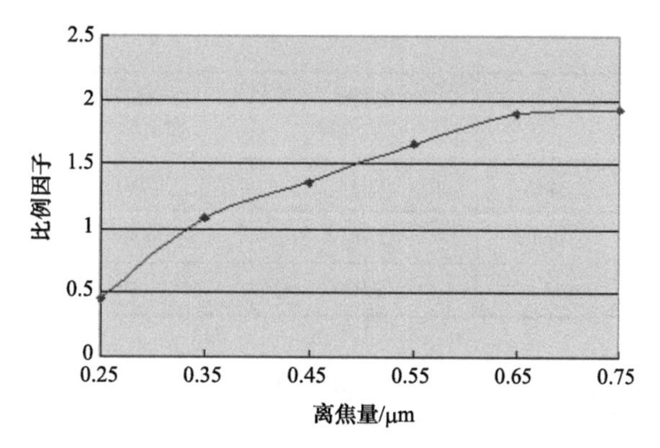

图 4-53　三阶彗差的比例因子随离焦量的变化

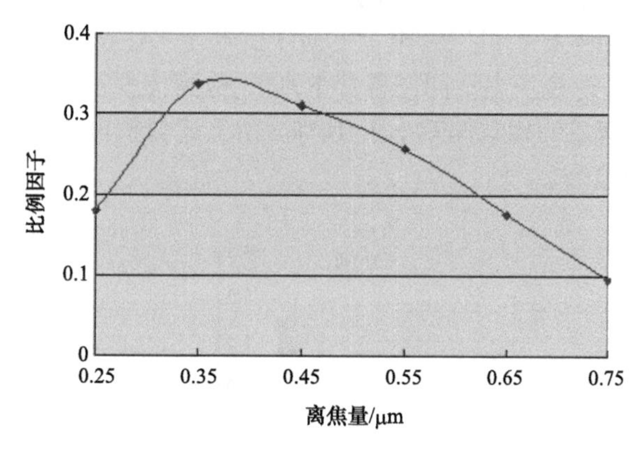

图 4-54　五阶彗差的比例因子随离焦量的变化

3. 实验

在 ASML 公司的 PAS 5500/1100 型步进扫描投影光刻机上分别进行 IQMD 测试与 XY-SETUP 测试。表 4-9 将 IQMD 测得的像面平移、像面旋转、倍率变化、畸变与 XY-SETUP 的检测结果进行了比较。从表 中可以看出，IQMD 技术与 XY-SETUP 技术对像面平移、像面旋转、倍率变化、畸变的测量结果接近，其中，像面平移相差不超过 3nm，像面旋转相差不超过 0.1μrad，倍率误差相差不超过 0.3ppm，三阶畸变相差不超过 2nm/cm^3。与 XY-SETUP 技术相比，IQMD 技术测得的像面平移、像面旋转、倍率变化、畸变的相对误差不超过 8%。IQMD 技术通过一次测量实现了光刻机初级垂轴像质参数与彗差的检测，有效减少了各像质参数之间的相互影响，从而减小了测量误差。由上述可知，IQMD 技术可实现像面平移、像面旋转、倍率变化、畸变的高精度原位检测。

表 4-9　IQMD 技术与 XY-SETUP 技术测量结果比较

垂轴像质参数	单位	IQMD 测量结果	XY-SETUP 测量结果	绝对 误差	相对 误差
X 向像面平移 T_x	nm	29.830	31.914	2.084	6.5%
Y 向像面平移 T_y	nm	28.847	29.357	0.51	1.7%

续表

垂轴像质参数	单位	IQMD 测量结果	XY-SETUP 测量结果	绝对误差	相对误差
像面旋转 θ	μrad	1.033	1.080	0.047	4.4%
倍率误差ΔM	ppm	2.482	2.698	0.216	8.0%
三阶畸变 D_3	nm/cm^3	18.970	20.526	1.556	7.6%

图 4-55 将 IQMD 测得的曝光视场内不同位置处的三阶彗差与 TAMIS 技术(见第 5 章)的检测结果进行了比较，图中红线与黑线上各点表示由实验数据得到的曝光视场内不同位置处的三阶彗差大小，横坐标为视场内 X 方向的不同位置坐标，纵坐标为表征三阶彗差的 Zernike 系数。从图 4-55 可以看出，IQMD 技术与 TAMIS 技术彗差测量结果接近。与 TAMIS 技术相比，在视场内不同位置处 IQMD 检测技术三阶彗差测量结果的绝对偏差小于 0.3nm，三阶彗差的相对偏差小于 10%。由上述分析可知，IQMD 技术可实现三阶彗差的高精度原位检测。

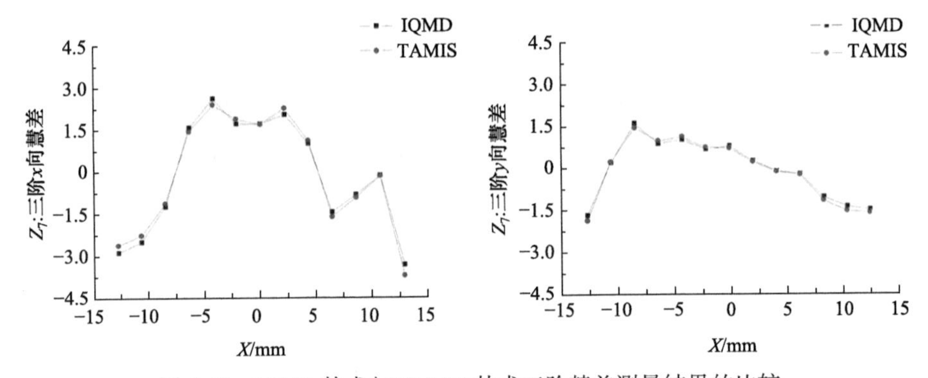

图 4-55　IQMD 技术与 TAMIS 技术三阶彗差测量结果的比较

如图 4-56 所示，将 IQMD 测得的曝光视场内不同位置处的五阶彗差与 TAMIS 检测结果进行了比较。从图 4-56 可以看出，IQMD 技术与 TAMIS 技术的五阶彗差测量结果接近。与 TAMIS 技术相比，在视场内不同位置处 IQMD 检测技术的五阶彗差测量结果

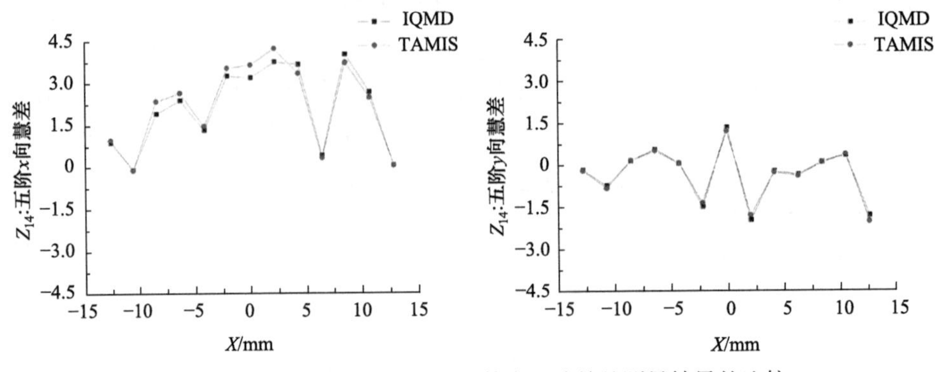

图 4-56　IQMD 技术与 TAMIS 技术五阶彗差测量结果的比较

的绝对偏差小于 0.5nm，五阶彗差测量结果的相对偏差小于 10%。因此，IQMD 技术可实现五阶彗差的高精度原位检测。

4.4.2　多照明条件检测

多照明条件下的检测技术在不同的照明条件下将检测标记曝光于多个离焦面，代表性技术有 ARTEMIS(aberration ring test exposed at multiple illumination settings)技术和 FAMIS(FOCAL at multiple illumination settings)技术，ARTEMIS 技术通过分析不同照明条件、多个离焦量下检测标记的形变信息检测波像差，可检测 25 项 Zernike 系数。FAMIS 技术是多照明条件下的 FOCAL 技术，主要用于球差的检测。AMF(aberration measurement based on famis technique)技术在 FAMIS 技术的基础上进行了改进，除球差外，还实现了彗差和像散的检测。基于细分型光栅标记的检测技术通过测量多个离焦量和多种照明条件下检测标记的相对成像位置偏移量实现波像差的检测，该技术也具有一定的代表性。

4.4.2.1　ARTEMIS 技术

ARTEMIS 是 ASML 公司的专利技术，最高可检测到第 25 项 Zernike 系数。对于不同类型的像差，其检测重复测量精度(3σ)在 1.5～4.5nm[20]。ARTEMIS 技术采用蚀刻在相移掩模上的圆柱孔作为测试标记，如图 4-57(a)所示。在不同离焦量和不同照明条件下将其曝光在硅片上，通过分析扫描电镜测量的图像来求解投影物镜波像差。在无像差成像系统下，该标记在光刻胶上的像为理想的圆环。对于实际的成像系统，该圆环受到投影波像差的影响而产生变形，如图 4-57(b)所示。对不同离焦量下的圆环图像进行傅里叶分析，每个傅里叶分量对应不同类型的像差(如球差、彗差、三波差等)。这些傅里叶分量被称为集总像差(lumped aberrations)，与对应类型的低、高阶像差成线性关系。

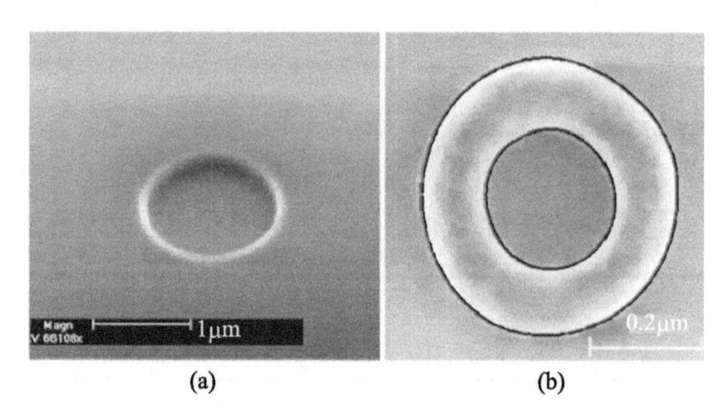

图 4-57　(a)相移掩模上的圆柱形标记；(b)标记曝光显影后在光刻胶上的环状扫描电镜图像[15]

集总像差与 Zernike 系数直接的关系如下式所示：

$$\boldsymbol{L} = \boldsymbol{S} \cdot \boldsymbol{Z} \tag{4.125}$$

式中，$\boldsymbol{L}$ 为测量得到的集总像差组成的矢量；$\boldsymbol{Z}$ 为 Zernike 系数构成的矢量；$\boldsymbol{S}$ 为集总像差的灵敏度系数。灵敏度系数 $\boldsymbol{S}$ 与投影物镜数值孔径 NA、照明部分相干因子σ和测试标记的直径 Φ 等参数相关，利用物理仿真软件可以精确求解灵敏度系数。利用最小二乘法即可求解投影物镜波像差系数：

$$\boldsymbol{Z}=\left(\boldsymbol{S}^{\mathrm{T}}\cdot\boldsymbol{S}\right)^{-1}\cdot\boldsymbol{S}^{\mathrm{T}}\cdot\boldsymbol{L} \tag{4.126}$$

式中，$\boldsymbol{S}^{\mathrm{T}}$ 为 $\boldsymbol{S}$ 的转置矩阵；$\boldsymbol{S}^{-1}$ 为 $\boldsymbol{S}$ 的逆矩阵。

该方法需要设计特殊的掩模标记，并利用扫描电镜对其光刻胶曝光结果进行精确测量，测试周期长、效率较低。ARTEMIS 方法中设计的移相掩模标记曝光生成的图像为一个单环，信息量较少，在分析高阶 Zernike 系数时，重复性精度低，因此只能检测 25 阶以下 Zernike 系数，具有一定的局限性[12]。

4.4.2.2　FAMIS 技术

FAMIS 技术是一种利用离轴对准系统测量 FOCAL 标记曝光后图形的重心位置检测物镜波像差的技术。该技术可用于测量投影物镜球差[13,14]。

FAMIS 测试采用多个按照一定规则排列的 FOCAL 测量标记构成的掩模版。FOCAL 测量标记是一种对光栅线条修改得到的对准标记，和标准对准标记不同的是，测量标记具有不对称的裂缝式结构，如图 4-38(b)所示。在不同离焦量的情况下，FOCAL 测量标记的曝光显影后的图形重心位置不同，而对准系统的测量值即为该标记的重心位置。通过测量不同离焦量下的标记重心位置，可以计算得出物镜的最佳像点。

该测试进行时，首先将掩模版上多个对准标记在不同照明条件、不同离焦位置的情况下曝光在硅片上，然后用离轴对准系统测量标记重心位置，并对标记重心位置进行分析后得到各标记的最佳成像位置。在不同的照明条件下进行 FOCAL 测试，得到视场内不同位置处最佳成像位置(Z 向)，最后利用相应的数据处理模型进行分析后得到球差相应的 Zernike 系数 Z_9 和 Z_{16}。FAMIS 技术的测量重复精度(3σ)约为 2nm。该技术仅能检测光刻机投影物镜的球差与像散，不能实现彗差的检测[1]。

4.4.2.3　AMF 技术[21,22]

AMF 技术是在 FAMIS 技术基础上提出的一种光刻机投影物镜像差原位检测技术。与 DAMIS 与 FAMIS 相比，AMF 可同时实现球差、彗差、像散的检测，如表 4-10 所示。AMF 考虑了光刻胶等工艺因素对像差引起的成像位置偏移量的影响，有效避免了 DAMIS 技术对离焦量、像面倾斜角等像质参数限制的依赖。

表 4-10　几种像差检测技术所能检测的像差参数

	球差	彗差	像散
TAMIS	√	√	√
DAMIS		√	
FAMIS	√		√
AMF	√	√	√

1. 原理

AMF 技术的检测过程包括硅片曝光、硅片显影、对准读数、数据处理等，如图 4-58 所示。改变数值孔径 NA 与部分相干因子σ，在不同照明方式下将 FOCAL 掩模曝光在处于不同离焦面的涂胶硅片上；后烘、显影后，由光刻机对准系统记录 FOCAL 标记的对准位置坐标；经数据处理得到球差、彗差、像散等像差。

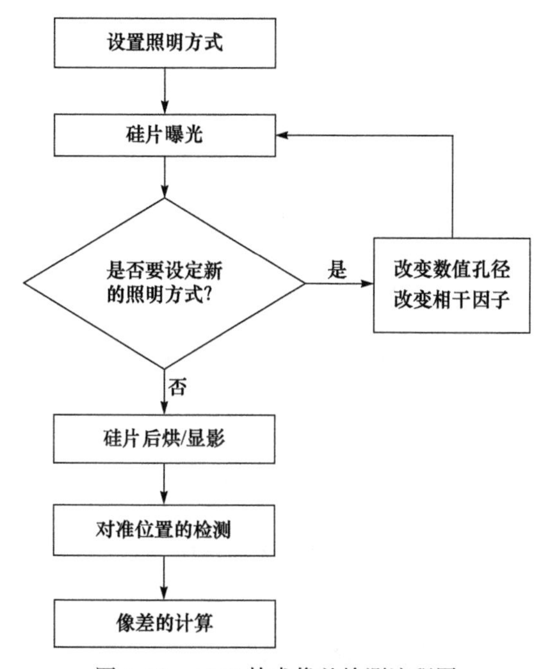

图 4-58　AMF 技术像差检测流程图

为了充分考虑光的波动性，采用波像差理论对投影物镜像差进行分析。物镜出瞳面上的波像差指实际波前与理想波前之间的光程差，通常将其分解为 Zernike 多项式

$$\begin{aligned} w(\rho,\theta) = & Z_1 + Z_2 \cdot \rho\cos\theta + Z_3 \cdot \rho\sin\theta + Z_4 \cdot (2\rho^2 - 1) + Z_5 \cdot \rho^2 \cos 2\theta \\ & + Z_6 \cdot \rho^2 \sin 2\theta + Z_7 (3\rho^3 - 2\rho)\cos\theta + Z_8 (3\rho^3 - 2\rho)\sin\theta \\ & + Z_9 \cdot (6\rho^4 - 6\rho^2 + 1) + \cdots \end{aligned} \tag{4.127}$$

其中，ρ 与 θ 为出瞳面上的归一化极坐标；Z_2 与 Z_3 表征波前倾斜；Z_4 表征焦面偏移；Z_5 与 Z_6 表征三阶像散；Z_7 与 Z_8 分别表征 X 方向与 Y 方向的三阶彗差；Z_9 表征三阶球差。通过 AMF 测试可得到 Z_7，Z_8，Z_9 以及五阶球差 Z_{16}，X 方向与 Y 方向的五阶彗差 Z_{14}、Z_{15}，五阶、七阶像散 Z_{12}，Z_{21} 等像差参数。

AMF 技术首先确定不同照明方式下曝光视场中各点对应的最佳子午像点与最佳弧矢像点，其轴向位置偏差分别表示为$\Delta Z_H(NA,\sigma)$、$\Delta Z_V(NA,\sigma)$。球差 Z_9、Z_{16} 与像散 Z_{12}、Z_{21} 由下式计算得到

$$\begin{bmatrix} Z_4 \\ Z_9 \\ Z_{16} \end{bmatrix} = \left(S'_{\text{Sphe}} \cdot S_{\text{Sphe}}\right)^{-1} S'_{\text{Sphe}} \begin{bmatrix} \Delta Z_s\left(NA_1, \sigma_1\right) \\ \Delta Z_s\left(NA_2, \sigma_2\right) \\ \vdots \end{bmatrix} \tag{4.128}$$

$$\begin{bmatrix} Z_5 \\ Z_{12} \\ Z_{21} \end{bmatrix} = \left(S'_{\text{Ast}} \cdot S_{\text{Ast}}\right)^{-1} S'_{\text{Ast}} \begin{bmatrix} \Delta Z_a\left(NA_1, \sigma_1\right) \\ \Delta Z_a\left(NA_2, \sigma_2\right) \\ \vdots \end{bmatrix} \tag{4.129}$$

其中

$$\begin{cases} \Delta Z_s = (\Delta Z_{\text{H}} + \Delta Z_{\text{V}}) / 2 \\ \Delta Z_a = \Delta Z_{\text{H}} - \Delta Z_{\text{V}} \end{cases} \tag{4.130}$$

S_{Sphe}与S_{Ast}分别表示球差与像散在不同照明条件下的灵敏度矩阵，每个分量由下式计算

$$S_{n,Z_m} = \frac{\partial \Delta M(NA_n, \sigma_n)}{\partial Z_m} \tag{4.131}$$

式中，S_{n,Z_m}表示第n种照明方式下第m项 Zernike 系数的灵敏度矩阵分量；ΔM为像差Z_m引起的位置偏移量。

下面详细讨论 AMF 技术检测投影物镜彗差的基本原理。通过分析 Zernike 多项式可知，彗差引起的水平成像位置偏移量的大小与光线的空间频率有关，

$$\begin{cases} \Delta X_{Z_7}(\rho) \propto Z_7(3\rho^2 - 2) \\ \Delta Y_{Z_8}(\rho) \propto Z_8(3\rho^2 - 2) \\ \Delta X_{Z_{14}}(\rho) \propto Z_{14}(10\rho^4 - 12\rho^2 + 3) \\ \Delta Y_{Z_{15}}(\rho) \propto Z_{15}(10\rho^4 - 12\rho^2 + 3) \end{cases} \tag{4.132}$$

式中，ΔX_{Z_7}，ΔY_{Z_8}，$\Delta X_{Z_{14}}$，$\Delta Y_{Z_{15}}$分别表示由 Zernike 多项式第 7、8、14、15 项像差引起的水平成像位置偏移量。照明系统的部分相干因子σ或投影物镜数值孔径 NA 改变后，不同空间频率的光强分布会发生变化，因此，彗差引起的水平成像位置偏移量与 NA、σ有关。通过 PROLITH 仿真得到 Z_7 与 Z_{14} 引起的水平成像位置偏移量随 NA、σ的变化规律，结果如图 4-59 所示。

对于高分辨率的投影光刻机，成像系统的彗差仅在几纳米范围内，水平成像位置偏移量与彗差各分量之间均成线性关系，关系式为

$$\begin{cases} \Delta X(NA,\sigma) = \dfrac{\partial \Delta X(NA,\sigma)}{\partial Z_2} \cdot Z_2 + \dfrac{\partial \Delta X(NA,\sigma)}{\partial Z_7} \cdot Z_7 + \dfrac{\partial \Delta X(NA,\sigma)}{\partial Z_{14}} \cdot Z_{14} \\ \Delta Y(NA,\sigma) = \dfrac{\partial \Delta X(NA,\sigma)}{\partial Z_3} \cdot Z_3 + \dfrac{\partial \Delta X(NA,\sigma)}{\partial Z_8} \cdot Z_8 + \dfrac{\partial \Delta X(NA,\sigma)}{\partial Z_{15}} \cdot Z_{15} \end{cases} \tag{4.133}$$

其中，$\Delta X(NA,\sigma)$，$\Delta Y(NA,\sigma)$是在给定 NA 与σ下的成像位置 X 向偏移量与 Y 向偏移量。对于不同的 NA 和σ可以得到

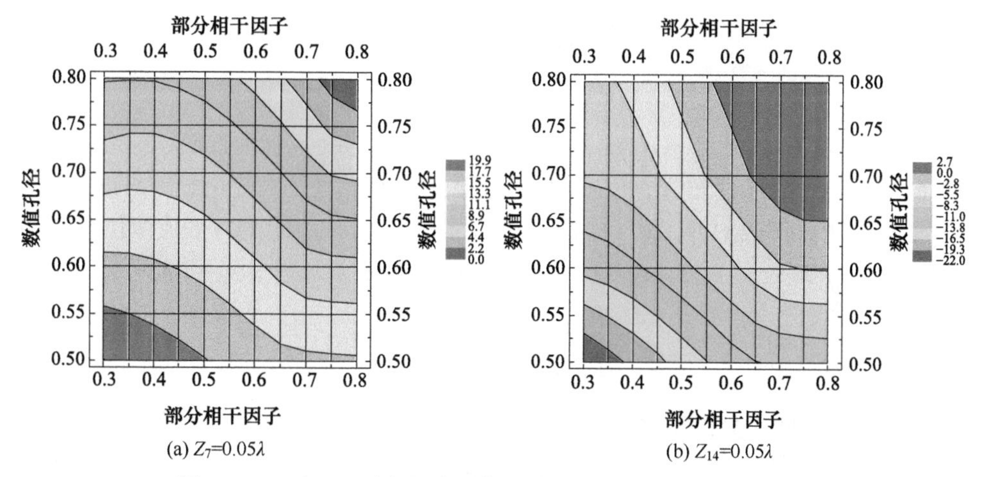

(a) Z_7=0.05λ　(b) Z_{14}=0.05λ

图 4-59　Z_7 与 Z_{14} 引起的水平位置偏移量随 NA、σ 的变化关系

$$\begin{bmatrix} \Delta X(NA_1,\sigma_1) \\ \Delta X(NA_2,\sigma_2) \\ \vdots \end{bmatrix} = \begin{bmatrix} \dfrac{\partial \Delta X(NA_1,\sigma_1)}{\partial Z_2} & \dfrac{\partial \Delta X(NA_1,\sigma_1)}{\partial Z_7} & \dfrac{\partial \Delta X(NA_1,\sigma_1)}{\partial Z_{14}} \\ \dfrac{\partial \Delta X(NA_2,\sigma_2)}{\partial Z_2} & \dfrac{\partial \Delta X(NA_2,\sigma_2)}{\partial Z_7} & \dfrac{\partial \Delta X(NA_2,\sigma_2)}{\partial Z_{14}} \\ \vdots & \vdots & \vdots \end{bmatrix} \begin{bmatrix} Z_2 \\ Z_7 \\ Z_{14} \end{bmatrix} \tag{4.134}$$

$$\begin{bmatrix} \Delta Y(NA_1,\sigma_1) \\ \Delta Y(NA_2,\sigma_2) \\ \vdots \end{bmatrix} = \begin{bmatrix} \dfrac{\partial \Delta Y(NA_1,\sigma_1)}{\partial Z_3} & \dfrac{\partial \Delta Y(NA_1,\sigma_1)}{\partial Z_8} & \dfrac{\partial \Delta Y(NA_1,\sigma_1)}{\partial Z_{15}} \\ \dfrac{\partial \Delta Y(NA_2,\sigma_2)}{\partial Z_3} & \dfrac{\partial \Delta Y(NA_2,\sigma_2)}{\partial Z_8} & \dfrac{\partial \Delta Y(NA_2,\sigma_2)}{\partial Z_{15}} \\ \vdots & \vdots & \vdots \end{bmatrix} \begin{bmatrix} Z_3 \\ Z_8 \\ Z_{15} \end{bmatrix} \tag{4.135}$$

式(4.134)和式(4.135)可简写为 $\boldsymbol{M} = \boldsymbol{S} \cdot \boldsymbol{Z}$，其中 $\boldsymbol{M}$ 为不同 NA、σ 下的成像位置 X 向偏移量或 Y 向偏移量，$\boldsymbol{Z}$ 为要求解的 Zernike 系数向量，$\boldsymbol{S}$ 为彗差的灵敏度矩阵。由式(4.134)和式(4.135)可计算得到表征彗差的 Zernike 多项式系数 Z_7、Z_8、Z_{14} 和 Z_{15}。

根据上述彗差计算模型，为得到彗差，AMF 技术需检测由彗差引起的水平成像位置偏移量(ΔX, ΔY)。下面就如何利用 AMF 测试标记的对准位置坐标计算彗差引起的水平成像位置偏移量(ΔX, ΔY)进行详细讨论。

AMF 技术所采用的测试标记是由左右两个 FOCAL 图形构成的镜像 FOCAL 标记。与线空比 1∶1 的光栅结构不同，FOCAL 标记的一个光栅周期内包含线宽更细的密集线条，这部分密集线条称为 FOCAL 标记的精细结构，如图 4-31 所示。左右两个 FOCAL 图形的周期与线条宽度完全相同，两个图形精细结构相对于宽线条的位置互为镜像。在 AMF 技术的对准位置检测过程中，光刻机对准系统分别对镜像 FOCAL 标记的左右两个 FOCAL 图形进行对准，记录其对准位置坐标 $P_{\rm L}(x_{\rm L}, y_{\rm L})$、$P_{\rm R}(x_{\rm R}, y_{\rm R})$。对准位置偏移量 $AO_{\rm L}(\Delta x_{\rm L}, \Delta y_{\rm L})$ 与 $AO_{\rm R}(\Delta x_{\rm R}, \Delta y_{\rm R})$ 分别为各 FOCAL 图形对准位置坐标与其对应的名义位置坐标 $P_{0\rm L}(x_{0\rm L}, y_{0\rm L})$ 与 $P_{0\rm R}(x_{0\rm R}, y_{0\rm R})$ 的差值，即

$$\begin{cases}\Delta x_{\mathrm{L(R)}} = x_{\mathrm{L(R)}} - x_{0\mathrm{L(R)}} \\ \Delta y_{\mathrm{L(R)}} = y_{\mathrm{L(R)}} - y_{0\mathrm{L(R)}}\end{cases} \tag{4.136}$$

在 AMF 测试中，引起 FOCAL 标记对准位置偏移的因素有两方面：一方面 AMF 测试在不同离焦量下对硅片曝光，FOCAL 标记精细结构线宽发生变化导致对准位置偏移，这部分偏移量用 AO^v (Δx^v 或 Δy^v)表示；另一方面是由彗差引起的水平成像位置偏移，这部分偏移量用 AO^C (Δx^C 或 Δy^C)表示。对准位置偏移量 AO_{L} 与 AO_{R} 可表示为

$$\begin{cases}AO_{\mathrm{L}} = AO_{\mathrm{L}}^v + AO_{\mathrm{L}}^C \\ AO_{\mathrm{R}} = AO_{\mathrm{R}}^v + AO_{\mathrm{R}}^C\end{cases} \tag{4.137}$$

FOCAL 标记左右两部分图形之间距离小于 0.3mm，相对于整个曝光视场而言，可认为两个图形的成像条件近似相同，由物镜彗差引起的左右两部分图形的水平成像位置偏移量相等，即

$$AO_{\mathrm{L}}^C = AO_{\mathrm{R}}^C \tag{4.138}$$

由于 FOCAL 标记的两个 FOCAL 图形互为镜像，由离焦引起的左右两个 FOCAL 图形的对准位置偏移量 AO_{R}^v，AO_{L}^v 满足

$$AO_{\mathrm{R}}^v = -AO_{\mathrm{L}}^v \tag{4.139}$$

由式(4.137)～式(4.139)可得

$$AO_{\mathrm{L}}^C = AO_{\mathrm{R}}^C = \frac{AO_{\mathrm{R}} + AO_{\mathrm{L}}}{2} \tag{4.140}$$

根据离焦量与对准位置偏移量之间的变化关系，通过曲线拟合可得到最佳焦面处的对准位置偏移量 $AO_{\mathrm{R}}^{\mathrm{BF}}$ ($\Delta x_{\mathrm{R}}^{\mathrm{BF}}$ 或 $\Delta y_{\mathrm{R}}^{\mathrm{BF}}$)与 $AO_{\mathrm{L}}^{\mathrm{BF}}$ ($\Delta x_{\mathrm{L}}^{\mathrm{BF}}$ 或 $\Delta y_{\mathrm{L}}^{\mathrm{BF}}$)。将 $AO_{\mathrm{R}}^{\mathrm{BF}}$ 与 $AO_{\mathrm{L}}^{\mathrm{BF}}$ 代入式 (4.140)得到由彗差引起的水平成像位置偏移量

$$\begin{cases}\Delta X = \dfrac{\Delta x_{\mathrm{R}}^{\mathrm{BF}} + \Delta x_{\mathrm{L}}^{\mathrm{BF}}}{2} \\ \Delta Y = \dfrac{\Delta y_{\mathrm{R}}^{\mathrm{BF}} + \Delta y_{\mathrm{L}}^{\mathrm{BF}}}{2}\end{cases} \tag{4.141}$$

将式(4.141)得到的水平成像位置偏移量代入式(4.134)和式(4.135)可得到彗差 Z_7，Z_8，Z_{14}，Z_{15}。AMF 技术利用硅片曝光的方法检测投影物镜的球差、彗差与像散等像差参数，考虑了光刻胶等工艺因素对像差引起的成像位置偏移量的影响。利用曲线拟合得到的最佳焦面处的水平成像位置偏移量来计算彗差，有效地避免了测量精度对离焦量、像面倾斜角等像质参数限制的依赖。

2. 实验

在 ASML 公司的 PAS 5500/550 型步进扫描投影光刻机上进行 AMF 测试。依照图 4-58 的测试步骤，在 4 种照明方式下，将 FOCAL 掩模曝光在处于不同离焦面的硅片上，在每种照明方式下将 11×1 个 FOCAL 标记沿垂直于工件台扫描运动方向——X 方向成像在涂胶硅片上，由对准系统记录每个 FOCAL 标记左右两个图形的对准位置信息；将拟

合得到的最佳像点轴向位置偏差代入球差与像散计算模型，得到球差与像散的 Zernike 系数 Z_9，Z_{16}，Z_{12}，Z_{21}；将式(4.141)计算得到的彗差引起的水平成像位置偏移量代入彗差计算模型，得到彗差的 Zernike 系数 Z_7，Z_8，Z_{14}，Z_{15}。由不同照明条件下视场内各点的成像位置偏移量得到各点 Zernike 系数，结果如图 4-60～图 4-62 所示。图中各点表示实验得到的曝光视场内不同位置处的 Zernike 系数，横坐标为视场内 X 方向的不同位置坐标，纵坐标为表征各像差的 Zernike 系数。

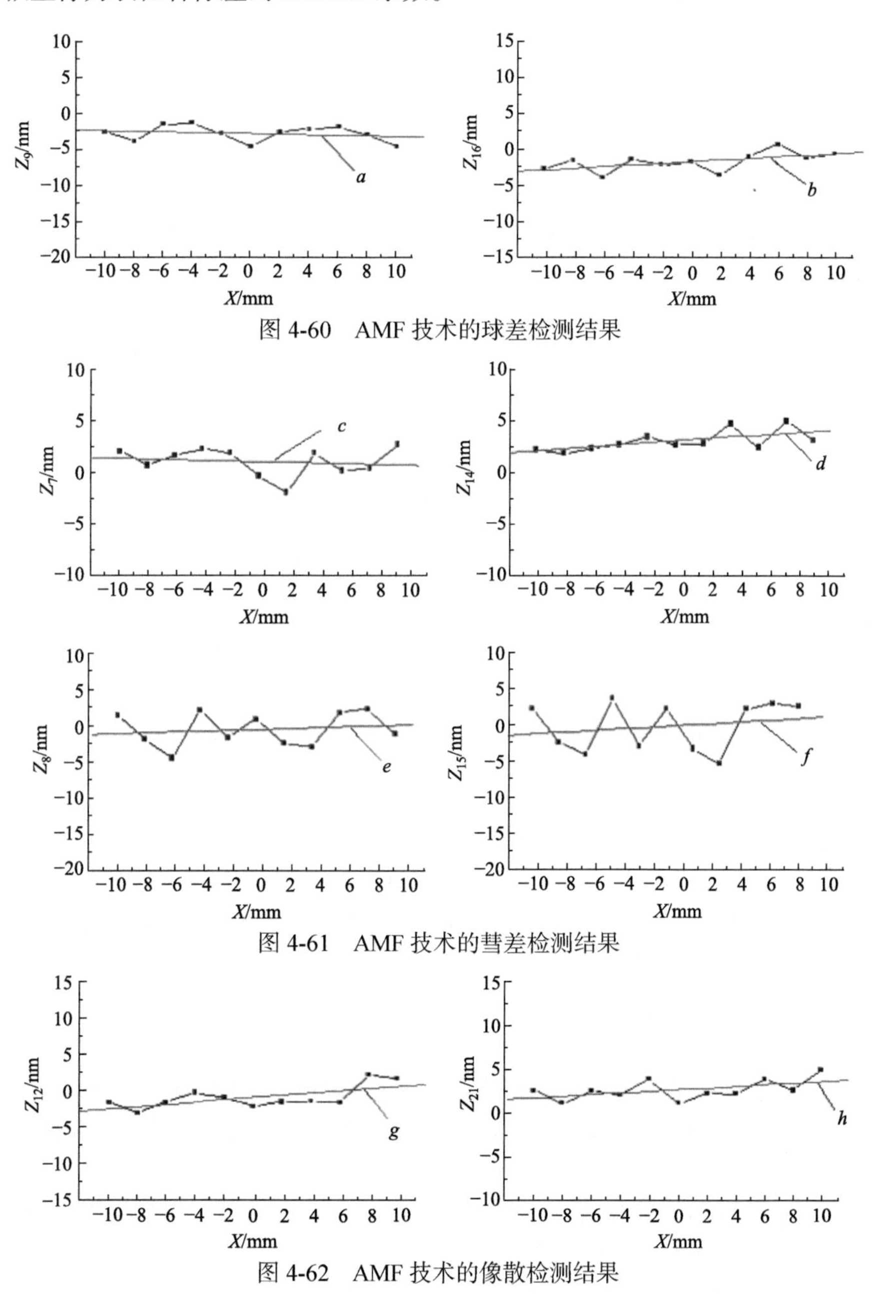

图 4-60 AMF 技术的球差检测结果

图 4-61 AMF 技术的彗差检测结果

图 4-62 AMF 技术的像散检测结果

实验采用的对比技术是 ASML 公司提出的 TAMIS 技术(参见第 5 章)，该技术基于空间像传感原理，用于对投影物镜的彗差、球差、像散进行原位检测。在同一 PAS 5500/550 型步进扫描投影光刻机上进行 TAMIS 测试，将 TAMIS 的像差测量结果与 AMF 的测量结果进行比较。TAMIS 技术采用最小二乘法对视场内各点的 Zernike 系数进行一次曲线拟合，分别得到各 Zernike 系数的拟合直线。对实验得到的曝光视场内不同位置处的 Zernike 系数进行一次曲线拟合，得到曲线 a～h，如图 4-60～图 4-62 所示。拟合直线表达式为

$$\begin{cases} Z_{\mathrm{Sphe}}(x) = a_{\mathrm{Sphe}} \cdot x + b_{\mathrm{Sphe}} \\ Z_{\mathrm{coma}}(x) = a_{\mathrm{coma}} \cdot x + b_{\mathrm{coma}} \\ Z_{\mathrm{Ast}}(x) = a_{\mathrm{Ast}} \cdot x + b_{\mathrm{Ast}} \end{cases} \tag{4.142}$$

式中，Z 表示各像差的 Zernike 系数；a，b 为各表达式的系数；b_{Sphe}、b_{coma}、b_{Ast} 分别为所求的球差、彗差与像散。两种技术像差测量结果的比较如图 4-63 所示。

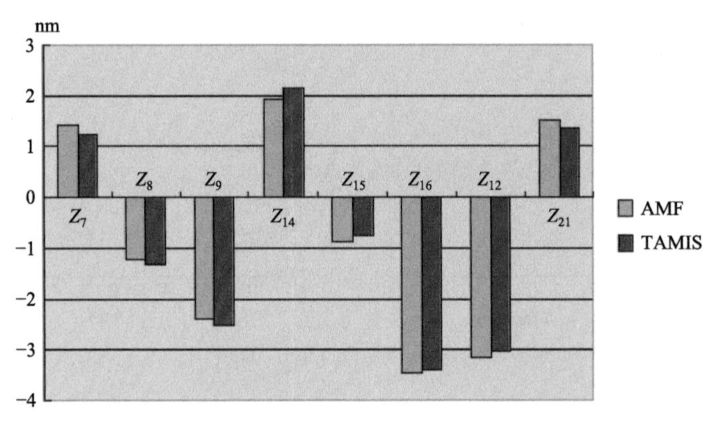

图 4-63　AMF 技术与 TAMIS 技术像差测量结果的比较

从图 4-63 可以看出，AMF 技术与 TAMIS 技术的测量结果接近。球差、彗差与像散的绝对误差分别小于 0.13nm、0.3nm、0.15nm，远小于光刻机光学对准系统的对准精度 7nm，这表明 AMF 技术可实现彗差的高精度原位检测。AMF 技术根据光刻胶上的曝光图形位置偏差计算像差，而 TAMIS 技术利用空间像光强分布计算像差，未考虑光刻胶等工艺因素对像差引起的成像位置偏移量的影响。

4.4.2.4　基于细分型光栅标记的检测技术[3,23]

4.2.2 节所述的三光束干涉检测技术没有考虑部分相干光照明对像差引起的成像位置偏移量的影响，得到的成像位置偏移量系统误差较大，影响像差检测精度。基于细分型光栅标记的检测技术是在三光束干涉检测技术的基础上提出的。该技术利用多种照明条件下光栅标记的相对成像位置偏移量与 Z 向成像位置偏移量，实现投影物镜像差的精确测量。与三光束检测技术相比，该技术考虑了部分相干光照明对成像位置偏移量的影响，降低了像差测量的系统误差，提高了像差检测精度。

1. 测试标记

该技术采用的细分型光栅标记如图 4-64 所示。该测试标记由外部标记 A 与内部标记 B 两部分组成，其中，外部标记 A 由两组水平与两组垂直方向的具有精细结构的密集线条组成，内部标记 B 由两组水平与两组垂直方向的线宽为 2μm 的二元光栅组成。外部标记 A 的精细结构由线宽为亚微米量级的交替型移相光栅组成。由于测试标记中外部标记 A 的细分结构的线宽较小，外部标记的成像位置偏移量受投影物镜像差的影响更加明显，因而能够用于投影物镜像差的检测。

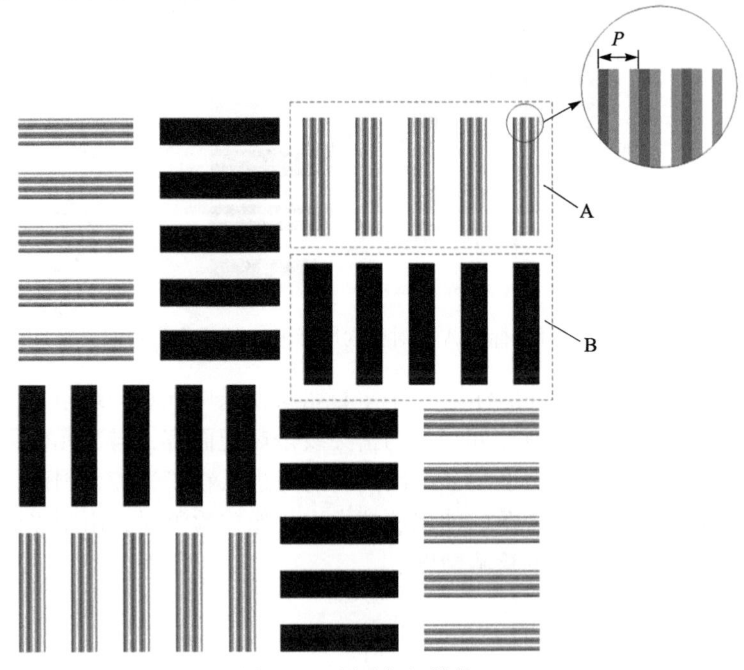

图 4-64　测试标记结构

该技术使用套刻精度测量仪器检测测试标记在 XY 平面内的成像位置偏移量。由于套刻精度测量仪器无法分辨出测试标记的外部标记 A 的精细结构，因而套刻精度测量仪器检测得到的是外部标记 A 图形中心相对于内部标记 B 图形中心的成像位置偏移量，如图 4-65 所示。

对于外部标记 A 中垂直密集线条中任意一线条，其复透过率可表示为

$$t(x)=\left[\operatorname{rect}\left(\frac{x+P/4}{P/4}\right)-\operatorname{rect}\left(\frac{x-P/4}{P/4}\right)\right]*\frac{1}{P}\operatorname{comb}(x/P) \tag{4.143}$$

当使用平行光垂直照射掩模标记时，物镜光瞳面上的振幅分布为 $t(x)$的傅里叶变换，即

$$\begin{aligned}E(f_x)&=\frac{P}{4}\cdot\left\{\mathrm{e}^{\mathrm{j}2\pi\cdot\frac{P}{4}f_x}\cdot\operatorname{sinc}\left(\frac{P}{4}\cdot f_x\right)-\mathrm{e}^{-\mathrm{j}2\pi\cdot\frac{P}{4}f_x}\cdot\operatorname{sinc}\left(\frac{P}{4}\cdot f_x\right)\right\}\cdot\operatorname{comb}(Pf_x)\\&=\mathrm{j}\frac{P}{2}\cdot\operatorname{sinc}\left(\frac{P}{4}\cdot f_x\right)\cdot\sin\left(\pi\cdot\frac{P}{2}f_x\right)\cdot\sum_{n=-\infty}^{\infty}\delta\left(f_x-\frac{n}{P}\right),\quad n\in Z\end{aligned} \tag{4.144}$$

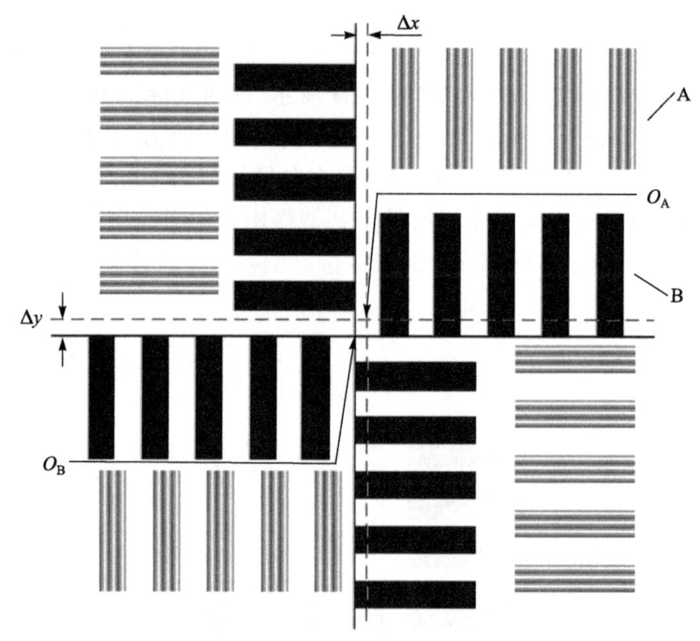

图 4-65　外部标记 A 相对于内部标记 B 的成像位置偏移量

由式(4.144)可知，对于外部标记 A 中垂直密集线条中任意一线条，其衍射光中偶数级次的衍射光缺级。对于具有相同线宽的密集线条标记而言，与二元密集线条相比，移相密集线条标记的衍射光中会有更多级次的衍射光进入物镜光瞳，因而像差对移相密集线条标记的影响更加明显。因此，使用该技术进行像差检测时，由于光栅标记中采用了移相结构，所以将提高像差的检测精度。

2. 检测原理

该技术的检测过程包括测试标记曝光、硅片后烘与显影、成像位置偏移量的检测与像差计算等，如图 4-66 所示。设置数值孔径 NA 与相干因子σ，在最佳焦面与不同离焦位

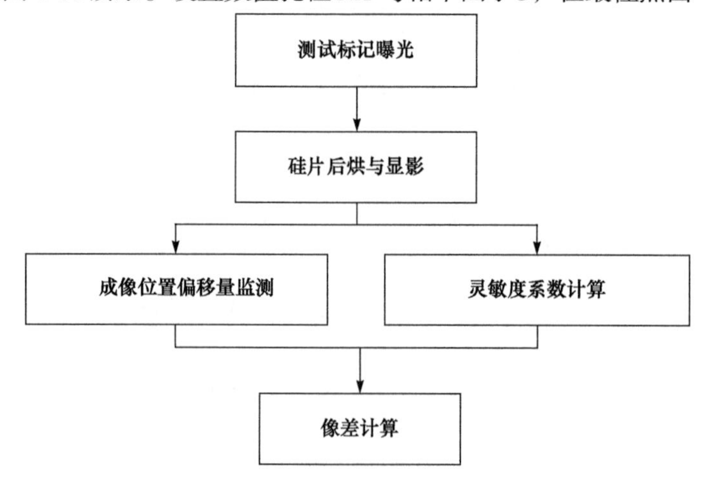

图 4-66　基于细分型光栅标记检测技术的检测流程图

置处，将若干具有不同精细结构周期的外部标记 A 与内部标记 B 组成的测试标记曝光在涂有光刻胶的硅片上。改变数值孔径与部分相干因子，重复上述曝光过程，直至在所有照明设置条件下曝光完毕。硅片经过后烘和显影后，利用专用套刻精度测量仪器与特征尺寸测量仪器获取曝光到硅片上的测试标记的相对成像位置偏移量与 Z 向成像位置偏移量。根据得到的相对成像位置偏移量与 Z 向成像位置偏移量，利用一定的数据处理模型计算得到投影物镜的像差。

在最佳焦面处，一定照明条件下曝光的测试标记，相对成像位置偏移量可表示为

$$\Delta x = \Delta x_{\rm A} - \Delta x_{\rm B} \tag{4.145}$$

其中，$\Delta x_{\rm A}$ 与 $\Delta x_{\rm B}$ 分别为在 XY 平面内由投影物镜像差引起的外部标记 A 与内部标记 B 的成像位置偏移量。在投影物镜的奇像差为一定值的情况下，奇像差引起的 XY 平面内的成像位置偏移量与表征该项像质参数的 Zernike 系数成线性关系，即

$$\Delta x_{{\rm A}n} = K_7(P_n)\cdot Z_7 + K_{10}(P_n)\cdot Z_{10} + K_{14}(P_n)\cdot Z_{14}, \quad n\in Z \tag{4.146}$$

其中，$\Delta x_{{\rm A}n}$ 为精细结构周期为 P_n 的外部标记 A 的 x 向绝对成像位置偏移量；P_n 为密集线条标记 A 精细结构的周期；$K_n(n=7, 10, 14)$ 为灵敏度系数，可利用 PROLITH 光刻仿真软件仿真计算得到。由于内部标记 B 周期不变，因而投影物镜奇像差引起的 XY 平面内的成像位置偏移量为常数。由式(4.145)与式(4.146)可知

$$\Delta x_n = K_7(P_n)\cdot Z_7 + K_{10}(P_n)\cdot Z_{10} + K_{14}(P_n)\cdot Z_{14} + C, \quad n\in Z \tag{4.147}$$

其中，$C=-\Delta x_{\rm B}$ 为内部标记 B 的 x 向成像位置偏移量。

对由具有一定精细结构周期的外部标记 A 与内部标记 B 组成的测试标记，其在不同照明条件下的 Z 向成像位置偏移量可表示为

$$\begin{aligned}\Delta Z_{{\rm S}n} &= \frac{\Delta Z_{xn} + \Delta Z_{yn}}{2} \\ &= K_4(NA_n,\sigma_n)\cdot Z_4 + K_9(NA_n,\sigma_n)\cdot Z_9 + K_{16}(NA_n,\sigma_n)\cdot Z_{16}, \quad n\in Z\end{aligned} \tag{4.148}$$

$$\Delta Z_{{\rm A}n} = \frac{\Delta Z_{xn} - \Delta Z_{yn}}{2} = K_5(NA_n,\sigma_n)\cdot Z_5 + K_{12}(NA_n,\sigma_n)\cdot Z_{12}, \quad n\in Z \tag{4.149}$$

其中，ΔZ_{xn} 与 ΔZ_{yn} 分别表示测试标记中外部标记 A 的水平密集线条与垂直密集线条的 Z 向成像位置偏移量；$K_n(n=4, 9, 16, 5, 12)$ 表示灵敏度系数，可利用 PROLITH 光刻仿真软件计算得到。

在一定的照明条件下，最佳焦面处具有不同精细结构周期的测试标记的相对成像位置偏移量由式(4.147)表示，这些方程组成方程组，通过最小二乘法拟合，即可计算得到奇像差。对于具有一定精细结构周期的测试标记，在不同照明条件下的 Z 向成像位置偏移量由式(4.148)与式(4.149)表示，式(4.148)与式(4.149)得到的方程分别组成方程组，通过最小二乘法拟合即可计算得到偶像差。整个像质参数的计算流程如图 4-67 所示。

由式(4.147)～式(4.149)可知，投影物镜像差分别通过 XY 平面内成像位置偏移量、Z 向成像位置偏移量和灵敏度系数之间的最小二乘拟合计算得到。当成像位置偏移量的测量精度一定时，灵敏度系数变化范围越大，表明用于最小二乘拟合的数据范围扩大，因

而拟合精度高，像差的计算精度也将提高。因此，灵敏度系数的变化范围是决定像差检测精度的关键因素。

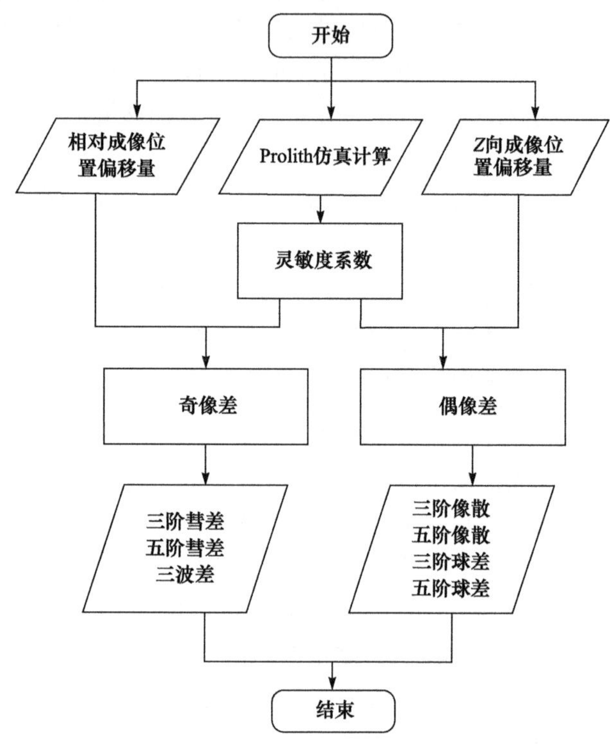

图 4-67　投影物镜像差计算流程图

3. 仿真实验

当成像位置偏移量的检测精度一定时，投影物镜像差的检测精度取决于灵敏度系数的变化范围。像差的测量误差可由下式估算

$$(\mathrm{Error})_{Z_n} \propto \frac{1}{\left|\left(K_{Z_n}\right)_{\max} - \left(K_{Z_n}\right)_{\min}\right|} \tag{4.150}$$

其中，$(\mathrm{Error})_{Z_n}$ 表示 Zernike 系数 Z_n 的测量误差；K_{Z_n} 表示 Zernike 系数 Z_n 的灵敏度系数。灵敏度系数的计算过程为：首先在一定条件下(包括照明条件与测试标记周期)，设定某项 Zernike 系数 Z_n 的大小；之后利用光刻仿真软件计算该项像差引起的成像位置偏移量Δx、Δy 或Δz，灵敏度系数由式(4.151)计算

$$K_{Z_n} = \frac{\partial \Delta x}{\partial Z_n} \text{ 或 } \frac{\partial \Delta y}{\partial Z_n} \text{ 或 } \frac{\partial \Delta z}{\partial Z_n} \tag{4.151}$$

由于灵敏度系数的范围决定了像差的检测精度，因此使用 PROLITH 光刻仿真软件对此像差检测技术使用的灵敏度系数进行了仿真实验，以证明该技术由于灵敏度系数范围增加而提高了像差的检测精度。表 4-11 列出了仿真实验的条件。

表 4-11　仿真实验条件

曝光波长	照明设置		外部标记 A 的精细结构周期
	NA	σ	
193nm	0.5	0.6	400nm，480nm，560nm，640nm，720nm
	0.55	0.3	
	0.6	0.3	
	0.6	0.5	
	0.68	0.3	

图 4-68 是在数值孔径为 0.6、部分相干因子为 0.3 的条件下，利用光刻仿真软件 PROLITH 进行仿真得到的对应于不同外部标记 A 精细结构周期的灵敏度系数 K_7 的大小。图 4-69 是在数值孔径为 0.6、部分相干因子为 0.3 的条件下，利用光刻仿真软件 PROLITH 进行仿真得到的对应于不同外部标记 A 精细结构周期的灵敏度系数 K_{14} 的大小。表 4-12 列出了灵敏度系数 K_7 与 K_{14} 的变化范围。由表 4-12 可以看出，该技术使用的灵敏度系数 K_7 与 K_{14} 的变化范围分别为 2.08 与 1.26。根据表 4-12 中灵敏度系数的变化范围，由

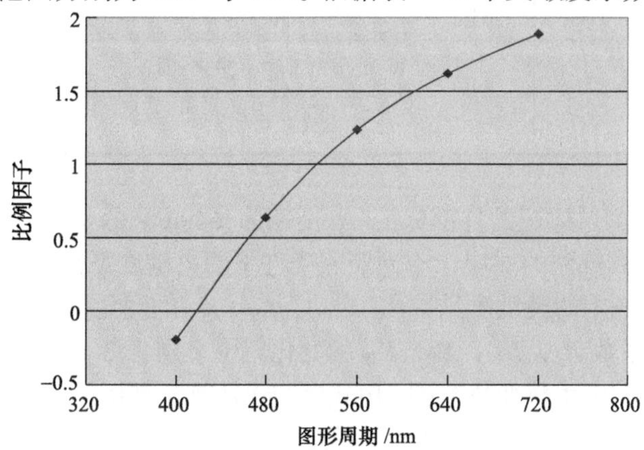

图 4-68　测试标记不同精细结构周期对应的灵敏度系数 K_7

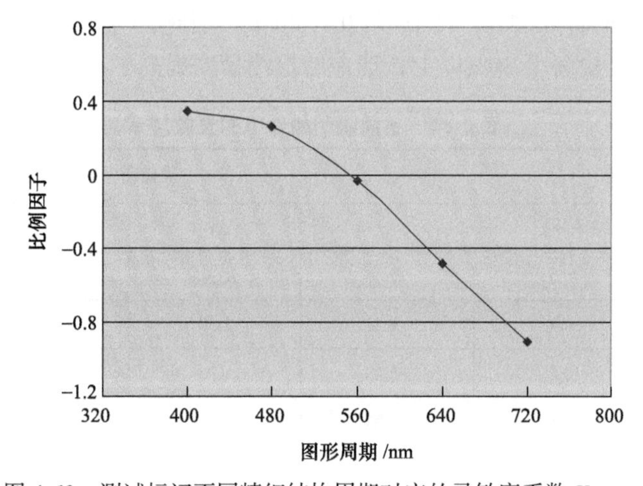

图 4-69　测试标记不同精细结构周期对应的灵敏度系数 K_{14}

式 (4.150)估算了该技术奇像差的测量误差，并与三光束干涉技术进行了对比。表 4-13 列出了对比结果。由表 4-13 可知，与三光束干涉技术相比，该技术的三阶彗差与五阶彗差的检测误差分别降低了 29.4%与 26.9%以上。

表 4-12　灵敏度系数 K_7 与 K_{14} 的变化范围

灵敏度系数	最大值	最小值	变化范围
灵敏度系数 $K_7(P_n)$	1.89	−0.19	2.08
灵敏度系数 $K_{14}(P_n)$	0.35	−0.91	1.26

表 4-13　不同检测技术的彗差测量误差对比

Zernike 系数	检测技术	测量误差
Z_7	基于细分型光栅标记的检测技术	0.48
	三光束干涉技术	0.68
Z_{14}	基于细分型光栅标记的检测技术	0.79
	三光束干涉技术	1.08

表 4-14 是在测试标记的外部标记 A 周期为 640μm 的条件下，利用光刻仿真软件 PROLITH 进行仿真得到的对应于不同照明条件下的灵敏度系数 K_5, K_{12}, K_9, K_{16} 的大小。表 4-15 列出了偶像差的灵敏度系数 K_5，K_{12}，K_9，K_{16} 的变化范围。由表 4-15 可以看出，该技术的灵敏度系数 K_5，K_{12}，K_9，K_{16} 的变化范围分别为 3.42、8.29、12.96 与 9.9。根据表 4-15 中的灵敏度系数变化范围，由式(4.150)估算了利用该技术进行测量时偶像差的测量误差，并与三光束干涉技术进行了对比。表 4-16 列出了对比结果。由表 4-16 可知，与三光束干涉技术相比，该技术中三阶像散、五阶像散、三阶球差与五阶球差的检测误差分别降低了 35.6%、33.3%、11.1%与 9.1%以上。因此，与三光束干涉技术相比，该技术像散的检测精度提高了 30%以上，球差的检测精度提高了 9%以上。

表 4-14　不同照明条件下的灵敏度系数

照明设置		灵敏度系数			
NA	σ	K_5	K_{12}	K_9	K_{16}
0.5	0.6	−7.46	−3.94	−1.04	3.42
0.55	0.3	−6.22	1.50	10.36	4.56
0.6	0.4	−5.28	1.76	8.81	0.57
0.6	0.5	−5.03	−0.05	4.97	−0.47
0.68	0.3	−4.04	4.35	11.92	−5.34

表 4-15　偶像差的灵敏度系数的变化范围

灵敏度系数	最大值	最小值	变化范围
K_5	−4.04	−7.46	3.42
K_{12}	4.35	−3.94	8.29
K_9	11.92	−1.04	12.96
K_{16}	4.56	−5.34	9.9

表 4-16　不同检测技术偶像差测量误差对比

Zernike 系数	检测技术	测量误差
Z_5	基于细分型光栅标记的检测技术	0.29
	三光束干涉技术	0.45
Z_{12}	基于细分型光栅标记的检测技术	0.12
	三光束干涉技术	0.18
Z_9	基于细分型光栅标记的检测技术	0.08
	三光束干涉技术	0.09
Z_{16}	基于细分型光栅标记的检测技术	0.10
	三光束干涉技术	0.11

参 考 文 献

[1] 王帆. 光刻机投影物镜波像差原位检测技术的研究. 中国科学院上海光学精密机械研究所博士学位论文, 2006.
[2] Kirk J P, Progler C J. Application of blazed gratings for determination of equivalent primary azimuthal aberrations. International Society for Optics and Photonics, 1999, 3679:70-77.
[3] 马明英. 步进扫描投影光刻机像质参数检测技术的研究. 中国科学院上海光学精密机械研究所博士学位论文, 2007.
[4] Ma M Y, Wang X Z, Wang F. Aberration measurement of projection optics in lithographic tools based on two-beam interference theory. Appl. Opt., 2006, 45(32): 8200-8208.
[5] Nomura H, Sato T. Techniques for measuring aberrations in lenses used in photolithography with printed patterns. Appl. Opt., 1999, 38: 2800-2807.
[6] Nomura H, Tawarayama K, Kohno T. Aberration measurement from specific photolithographic images: A different approach. Appl. Opt., 2000, 39(7): 1136-1147.
[7] Wang F, Wang X Z, Ma M Y. Measurement technique for in situ characterizing aberrations of projection optics in lithographic tools. Appl. Opt., 2006, 45: 6086-6093.
[8] Kanda T, ShiodeY, Shinoda K I. 0.85NA ArF Exposure system and performance. Proc. SPIE, 2003, 5040: 789-800.
[9] Ebihara T, Shiode Y, Yoshikawa T, et al. Novel metrology methods for image quality control. Microelectronic Engineering, 2006, 83(4-9): 634-639.
[10] 袁琼雁. 基于空间像传感的光刻机投影物镜波像差检测技术的研究. 中国科学院上海光学精密机

械研究所博士学位论文, 2009.

[11] Farrar N R, Smith, A H, Busath, D R, et al. In-situ measurements of lens aberrations. Proc. SPIE, 2000, 4000: 18-29.

[12] 段立峰. 基于空间像主成分分析的光刻机投影物镜波像差检测技术. 中国科学院上海光学精密机械研究所博士学位论文, 2012.

[13] Sytsma J, van der Laan H, Moers M. Improved imagine metrology needed for advances lithography. Semiconductor International, 2001, 24(4): 84-88.

[14] van Der Laan H, Moers M H. Method of measuring aberration in an optical imaging system. US patent No. 6646729, 11 Nov. 2003.

[15] 王帆, 王向朝, 马明英, 等. 光刻机投影物镜像差的现场测量技术. 激光与光电子学进展, 2004, (06): 33-37.

[16] 马明英, 王向朝, 王帆, 等. 基于套刻误差测试标记的彗差检测技术. 光学学报, 2006, 26(7): 1037-1042.

[17] Zavyalova L V, Smith B W, Suganaga T, et al. In-situ aberration monitoring using phase wheel targets. Proc. SPIE, 2004, 5377: 172-184.

[18] Zavyalova L V, Smith B W, Bourov A, et al. Practical approach to full-field wavefront aberration measurement using phase wheel targets. Proc. SPIE, 2006, 6154: 61540Y.

[19] Ma M Y, Wang X Z, Wang F. A novel method to measure coma aberration of projection system. Optik, 2006, 117(11): 532-536.

[20] Dirksen P, Juffermans C A, Engelen A, et al. Impact of high-order aberrations on the performance of the aberration monitor. Proc. SPIE, 2000, 4000: 9-17.

[21] 张冬青. 投影光刻机FOCAL技术的应用研究. 中国科学院上海光学精密机械研究所博士学位论文, 2006.

[22] Zhang D Q, Wang X Z, Shi W J, Wang F. A novel method for measuring the coma of a lithographic projection system by use of mirror-symmetry marks. Optics & Laser Technology, 2007, 39(5): 922-925.

[23] 马明英, 王向朝, 王帆. 移相光栅标记及利用该标记检测光刻机成像质量的方法. 中国专利, 专利号: ZL200610116544.X, 2007-3-14.

第 5 章　基于空间像测量的波像差检测

基于光刻胶曝光的波像差检测技术在硅片涂胶、曝光、显影以及图形检测上耗时较多，且测量精度易受光刻工艺的影响。相对于光刻胶曝光法，空间像测量法直接对掩模标记的空间像进行测量与分析，具有检测速度快、稳定性高等优点。空间像测量法的代表性技术主要有 TAMIS(TIS at multiple illumination settings)技术，是在 TIS 技术(见第 3 章)基础上发展而来的一种以标记成像位置偏移量为测量对象的检测技术。对 TAMIS 技术的照明光源、检测标记等进行优化，形成了系列精度更高、可测像差项数更多的检测技术。在 TAMIS 技术的基础上，通过改变检测量形成了以标记空间像线宽不对称度和峰值光强差为测量对象的检测技术。以空间像光强分布为测量对象，通过分析全部光强信息提取波像差，可以进一步提高检测精度、实现更高阶的 Zernike 系数检测，这类技术包括基于空间像傅里叶分析的检测技术、基于空间像解析线性模型的检测技术和基于空间像主成分分析的检测技术等。

本章系统介绍基于空间像位置偏移量、线宽不对称度、峰值光强差的检测技术以及基于空间像傅里叶分析和解析线性模型的检测技术。基于空间像主成分分析的波像差检测技术通过主成分分析和回归分析建立检测模型，实现 Zernike 像差检测，通过优化照明光源、检测标记、检测模型等方式，形成了系列检测技术，已经构成一个技术体系。鉴于此，基于空间像主成分分析的检测技术将单独在第 6 章进行系统介绍。

5.1　基于空间像位置偏移量的检测

基于检测标记成像位置偏移量的检测技术通过在不同的数值孔径和部分相干因子下测量标记成像位置偏移量，计算出 Zernike 系数。根据检测标记的不同，可以分为二元光栅标记检测法、相移掩模标记检测法以及二元光栅与相移掩模的混合标记检测法三类。

5.1.1　二元光栅标记检测法

二元光栅标记检测法采用二元光栅作为检测标记，代表性技术有 TAMIS 技术等。TAMIS 技术在 TIS 基础上增加了多种照明方式，以实现彗差、球差和像散等波像差的检测，并通过对其照明光源进行优化，又发展出了多种改进技术。MIQM(multiple image quality measurement)技术也是对 TIS 技术的改进。与 TIS 技术相比，MIQM 技术的检测过程增加了多照明条件，检测模型同时考虑了初级像质参数和彗差、球差对成像位置偏移量的影响，在提高初级像质参数检测精度的同时，实现了彗差、球差的检测。

5.1.1.1　MIQM 技术[1,2]

MIQM 技术可同时检测光刻机的多种像质参数，简化了检测过程，节约了检测时间，有效避免了像质参数之间的相互影响，提高了检测精度。

1. 检测原理

传统的初级像质参数检测技术中未考虑波像差的影响。虽然第 4 章已经分析了波像差对成像质量的影响，但是为便于下文的分析，此处进行进一步的分析。波像差中的彗差对投影物镜成像的影响反映为边缘光线与傍轴光线交点在像面上的位置不同。彗差导致 XY 平面内的成像位置偏差，且偏差的大小与投影物镜数值孔径、部分相干因子以及掩模图案形状、方向、尺寸有关。彗差导致的成像位置偏差与彗差成线性关系，可表示为

$$\begin{aligned} \Delta X &= S_{\mathrm{C}}(NA,\sigma,w)\cdot C_x(x',y') \\ \Delta Y &= S_{\mathrm{C}}(NA,\sigma,w)\cdot C_y(x',y') \end{aligned} \tag{5.1}$$

其中，C_x 与 C_y 分别为投影物镜的 X 方向彗差与 Y 方向彗差；NA 为投影物镜数值孔径；σ 为照明系统部分相干因子；w 为标记线条宽度；S_{C} 为彗差灵敏度，且

$$S_{\mathrm{C}}(NA,\sigma,w)=\frac{\partial \Delta X(NA,\sigma,w)}{\partial C_x}=\frac{\partial \Delta Y(NA,\sigma,w)}{\partial C_y} \tag{5.2}$$

球差对投影物镜成像的影响表现为边缘光线与傍轴光线交点在光轴方向的位置不同。球差导致 Z 向成像位置偏差，且偏差大小与投影物镜数值孔径、部分相干因子以及掩模图案形状、方向、尺寸有关。球差导致的成像位置偏差与球差成线性关系，可表示为

$$\Delta Z = S_{\mathrm{S}}(NA,\sigma,w)\cdot SA(x',y') \tag{5.3}$$

其中，SA 为投影物镜球差；S_{S} 为球差灵敏度，且

$$S_{\mathrm{S}}(NA,\sigma,w)=\frac{\partial \Delta Z(NA,\sigma,w)}{\partial SA} \tag{5.4}$$

考虑到球差与彗差的影响，对像质参数检测模型进行拓展。水平面内实际成像位置与理想成像位置之间的偏差为

$$\begin{cases} \Delta X = T_x + \mathrm{Mag}\cdot x' - \mathrm{Rot}\cdot y' + D_3\cdot x'\cdot\sqrt{x'^2+y'^2} + S_{\mathrm{C}}\cdot C_x(x',y') \\ \Delta Y = T_y + \mathrm{Mag}\cdot y' + \mathrm{Rot}\cdot x' + D_3\cdot y'\cdot\sqrt{x'^2+y'^2} + S_{\mathrm{C}}\cdot C_y(x',y') \end{cases} \tag{5.5}$$

Z 向成像位置偏差为

$$\begin{cases} \Delta Z_s = Z_w + R_x\cdot x' + R_y\cdot y' + FC\cdot(x'^2+y'^2) + S_{\mathrm{S}}\cdot SA \\ \Delta Z_a = AS\cdot(x'^2+y'^2)/2 \end{cases} \tag{5.6}$$

MIQM 检测技术包括灵敏度计算、成像位置偏移量测量与像质参数计算等三个过程。MIQM 检测技术中的彗差与球差灵敏度可利用光刻仿真软件计算得到。如设定一定的彗

差，利用光刻仿真软件计算出一定照明条件下特定线宽标记导致的成像位置偏差，则可将此时的成像位置偏差与彗差的比值作为 $S_{\mathrm{C}}(NA,\sigma,w)$ 。

利用透射像传感器(TIS)可测量成像位置偏移量(ΔX, ΔY, ΔZ_x, ΔZ_y)。透射像传感器包括工件台上的 TIS 标记以及光强探测器两部分。通过 TIS 扫描掩模上类似标记的空间像可以得到其光强分布，并计算得到该标记的成像位置(X, Y, Z_x, Z_y)。用标记成像位置减去理想位置即可得出成像位置偏移量(ΔX, ΔY, ΔZ_x, ΔZ_y)。MIQM 技术中，像传感器在不同照明条件下测量测试掩模版上不同线宽标记的空间像位置，得到不同线宽标记在视场内不同位置处的成像位置偏移量，其成像位置偏移量测量流程如图 5-1 所示。

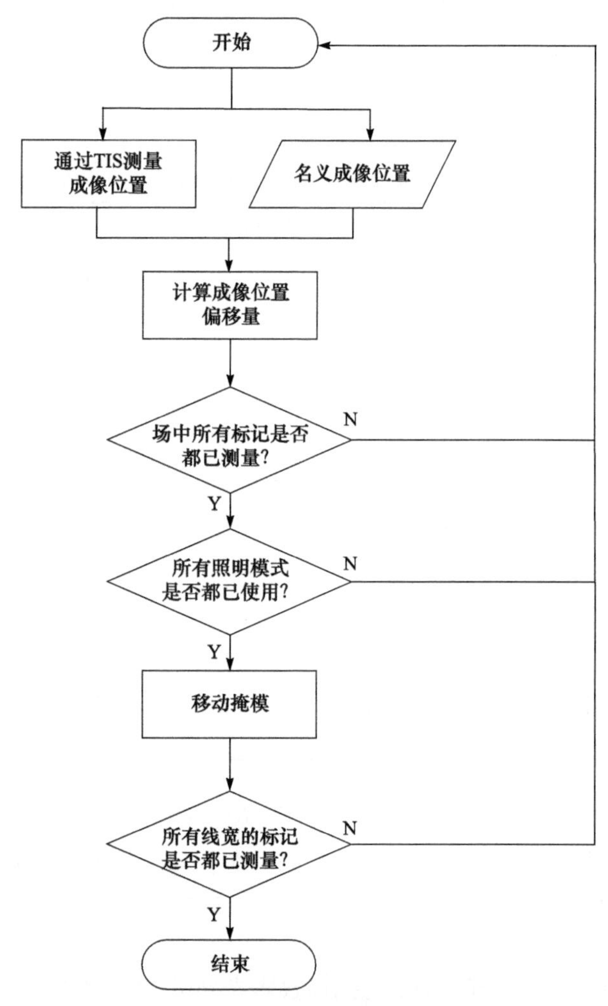

图 5-1　成像位置偏移量测量流程图

将测得的成像位置偏移量及理想的成像位置代入式(5.5)与式(5.6)，即可得出多个方程组。这些方程组是超定的，可通过最小二乘法求解出式中的初级像质参数与投影物镜像差。

2. 实验

对 ASML 公司的 PAS 5500 型步进扫描投影光刻机 MIQM 测试与 TIS 测试结果进行了分析，测试结果均为 5 次测量结果的平均值。将采用 MIQM 技术测得的最佳焦面、像面倾斜、场曲、像散、像面平移、像面旋转、倍率变化、畸变与采用 TIS 技术得到的测试结果进行比较，如表 5-1 所示。

由表 5-1 可知，MIQM 技术测量初级像质参数的重复精度与 TIS 技术相近或略优于 TIS 技术。MIQM 技术与 TIS 技术的像质参数测量结果接近。其中像面平移相差不超过 5nm，像面旋转相差不超过 0.5μrad，倍率变化相差不超过 0.5ppm，三阶畸变相差不超过 2nm/cm^3，最佳焦面偏移相差不超过 10nm，像面倾斜相差不超过 0.5μrad，场曲与像散相差不超过 2nm/cm^2。考虑到光刻机 7nm 的对准重复精度以及 50nm 的调焦调平精度，两者的测试结果具有很好的一致性。

表 5-1　采用 MIQM 技术与 TIS 技术的像质参数测量结果

像质参数	单位	TIS 测量结果		MIQM 测量结果	
		平均值	重复性	平均值	重复性
X 方向像面平移	nm	41.231	0.81	37.950	0.57
Y 方向像面平移	nm	17.606	0.85	16.486	0.46
像面旋转	μrad	21.481	0.14	21.861	0.09
倍率变化	ppm	−19.312	0.07	−19.762	0.11
三阶畸变	nm/cm^3	−36.721	0.87	−35.019	0.62
最佳焦面偏移	nm	199.311	2.4	190.273	2.8
X 方向倾斜	μrad	−19.763	1.4	−20.146	0.12
Y 方向倾斜	μrad	−19.426	0.21	−19.713	0.10
场曲	nm/cm^2	−18.069	1. 14	−17.388	0.83
像散	nm/cm^2	−32.295	1.37	−30.539	0.62

像面平移、倍率变化以及最佳焦面测量结果偏差相对其他参数较大，这是由于这些参数的测量结果较易受物镜像差的影响，而 TIS 技术未考虑这一影响。MIQM 技术通过一次测量光刻机多种像质参数，有效减少了各像质参数之间的相互影响，从而减小了测量误差。

对 ASML 公司的 PAS 5500 型步进扫描投影光刻机 MIQM 测试结果与 TAMIS 测试结果进行分析，将 MIQM 测得的视场内不同位置处的彗差与球差同 TAMIS 测试结果进行比较，如图 5-2 所示。图 5-2(a)～(c)分别显示了 *X* 方向彗差、*Y* 方向彗差与球差的测量结果相关性。图中横坐标为视场内 *X* 方向的不同位置坐标，纵坐标分别表征 *X* 方向彗差、*Y* 方向彗差和球差大小。视场内不同位置处 MIQM 技术与 TAMIS 技术分别测得的彗差偏差的均方根值小于 0.7nm，球差偏差的均方根值小于 0.5nm。多次进行 MIQM 测试，彗差与球差测量重复精度均优于 1nm，而 TAMIS 测量精度与重复精度均为 2nm，因此 MIQM 技术像差测量精度应不低于 TAMIS 技术，可实现像差的高精度原位检测。

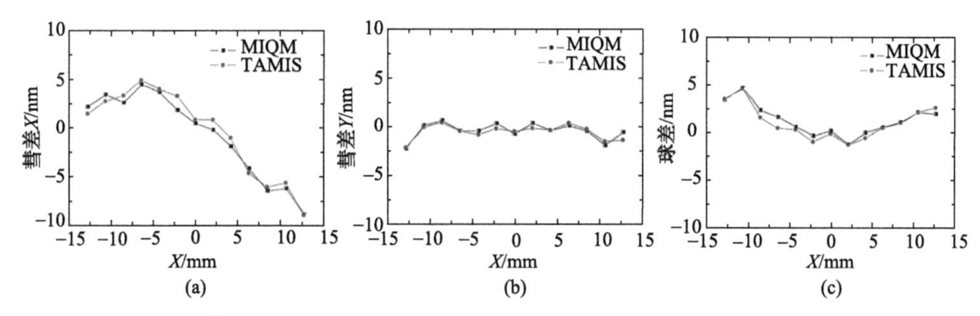

图 5-2 采用 MIQM 技术与 TAMIS 技术测得的(a)X 方向彗差、(b)Y 方向彗差与(c)球差的结果比较

ASML 公司的 PAS 5500 型步进扫描投影光刻机中，可通过现有的两种方法完成初级像质参数与彗差、球差的原位测量。可利用 FOCAL、XY-SETUP、ARTEMIS 等三种基于硅片曝光的技术完成各像质参数的测量，也可利用 TIS 与 TAMIS 等两种基于空间像测量的技术完成各像质参数的测量。

利用 FOCAL、XY-SETUP、ARTEMIS 等三种技术测量各像质参数共需 6 小时，利用 TIS 与 TAMIS 等两种技术测量各像质参数共需 70 分钟，而利用 MIQM 技术测量各像质参数仅需 30 分钟，因此，MIQM 测试简化了光刻机像质检测过程，大大节约了测量时间。

5.1.1.2 TAMIS 技术

TAMIS 技术通过在不同的数值孔径(NA)与部分相干因子(σ)下测量 TAMIS 掩模版上各个 TIS 标记的空间像位置，得到不同照明条件下视场内不同位置处的成像位置偏移($\Delta X, \Delta Y, \Delta Z$)，然后利用数学模型进行分析后得到相应的 Zernike 系数 Z_7，Z_8，Z_{14}，Z_{15}，Z_9，Z_{16}，Z_{12}，Z_{21}[1,3]。

1. 检测原理

波前的偏离对成像的影响表现为实际所成像对于理想高斯像的偏离和变形。在远心照明情况下，根据这种表现形式可以定义两类像差：奇像差和偶像差。奇像差是指波前偏离相对于光轴不对称的像差，例如彗差、三波差，它使得近轴光线和边缘光线有不同的像点，这样成像位置就产生了横向偏移。由于高阶波像差影响较小，考虑三阶以下像差的影响，该偏移量可表示为

$$\Delta X(\rho,\theta) \propto Z_2 + Z_7\left(3\rho^2 - 2\right) + Z_{14}\left(10\rho^4 - 12\rho^2 + 3\right) + Z_{10}\rho^2\left(4\cos^3\theta - 3\cos\theta\right) \tag{5.7}$$

$$\Delta Y(\rho,\theta) \propto Z_3 + Z_8\left(3\rho^2 - 2\right) + Z_{15}\left(10\rho^4 - 12\rho^2 + 3\right) - Z_{11}\rho^2\left(4\sin^3\theta - 3\sin\theta\right) \tag{5.8}$$

其中，ρ 与 θ 为投影物镜出瞳面上的归一化极坐标。由式(5.1)与式(5.2)可知，奇像差引起的横向偏移量与衍射光在空间频率上的振幅分布有关。衍射光在空间频率上的振幅分布则由投影物镜数值孔径、照明部分相干因子以及掩模图案共同决定。也就是说，奇像差

引起的横向偏移量的大小依赖于投影物镜数值孔径、照明部分相干因子以及掩模图案。

与奇像差相反，偶像差是指波前偏离相对于光轴是对称的像差，例如球差、像散，它使得近轴光线和边缘光线有不同的像点，这样成像位置就产生了轴向偏移。该偏移量可表示为

$$\Delta Z_s(\rho) \propto Z_4 + Z_9(3\rho^2 - 1.5) + Z_{16}(10\rho^4 - 10\rho^2 + 1) \tag{5.9}$$

$$\Delta Z_a(\rho) \propto Z_5 + Z_{12}(4\rho^2 - 3) \tag{5.10}$$

其中

$$\begin{cases} \Delta Z_s = (\Delta Z_x + \Delta Z_y)/2 \\ \Delta Z_a = \Delta Z_x - \Delta Z_y \end{cases} \tag{5.11}$$

ΔZ_x、ΔZ_y 分别为 X 方向图形与 Y 方向图形的轴向位置偏移量。Z_6 与 Z_{12} 也能引起轴向位置偏移，但其引起的轴向位置偏移对于光刻中使用频率较高的 X 方向图形与 Y 方向图形为零，因此这里不予讨论。由式(5.9)与式(5.10)可知，偶像差引起的轴向偏移量与衍射光在空间频率上的振幅分布有关。衍射光在空间频率上的振幅分布则由投影物镜数值孔径、照明部分相干因子以及掩模图案共同决定。也就是说，偶像差引起的轴向偏移量的大小依赖于投影物镜数值孔径、照明部分相干因子以及掩模图案。

对于 TIS 标记，Z_{10} 引起的横向偏移量相对较小，可以忽略，因此由式(5.7)～式(5.11)，对于给定的数值孔径与部分相干因子，光刻机投影物镜波像差引起的成像位置偏移量可表示为

$$\Delta X(NA,\sigma) = S_{Z2} \cdot Z_2 + \frac{\partial \Delta X(NA,\sigma)}{\partial Z_7} \cdot Z_7 + \frac{\partial \Delta X(NA,\sigma)}{\partial Z_{14}} \cdot Z_{14} \tag{5.12}$$

$$\Delta Y(NA,\sigma) = S_{Z3} \cdot Z_3 + \frac{\partial \Delta \mathrm{Y}(NA,\sigma)}{\partial Z_8} \cdot Z_8 + \frac{\partial \Delta \mathrm{Y}(NA,\sigma)}{\partial Z_{15}} \cdot Z_{15} \tag{5.13}$$

$$\Delta Z_s(NA,\sigma) = S_{Z4} \cdot Z_4 + \frac{\partial \Delta Z_s(NA,\sigma)}{\partial Z_9} \cdot Z_9 + \frac{\partial \Delta Z_s(NA,\sigma)}{\partial Z_{16}} \cdot Z_{16} \tag{5.14}$$

$$\Delta Z_a(NA,\sigma) = S_{Z5} \cdot Z_5 + \frac{\partial \Delta Z_a(NA,\sigma)}{\partial Z_{12}} \cdot Z_{12} \tag{5.15}$$

其中，$\Delta X(NA,\sigma)$ 与 $\Delta Y(NA,\sigma)$ 是在给定的数值孔径和部分相干因子下透射像传感器检测到的 X 与 Y 方向成像位置偏移；$\Delta Z_s(NA,\sigma)$ 与 $\Delta Z_a(NA,\sigma)$ 是在给定的数值孔径和部分相干因子下透射像传感器检测到的 Z 方向成像位置偏移。在不同的 NA 和σ条件下，利用像传感器测量 X 方向成像位置偏移量，可以得到如下矩阵方程组：

$$\begin{bmatrix} \Delta X(NA_1,\sigma_1) \\ \Delta X(NA_2,\sigma_2) \\ \vdots \end{bmatrix} = \begin{bmatrix} \dfrac{\partial \Delta X(NA_1,\sigma_1)}{\partial Z_2} & \dfrac{\partial \Delta X(NA_1,\sigma_1)}{\partial Z_7} & \dfrac{\partial \Delta \mathrm{X}(NA_1,\sigma_1)}{\partial Z_{14}} \\ \dfrac{\partial \Delta X(NA_2,\sigma_2)}{\partial Z_2} & \dfrac{\partial \Delta X(NA_2,\sigma_2)}{\partial Z_7} & \dfrac{\partial \Delta \mathrm{X}(NA_2,\sigma_2)}{\partial Z_{14}} \\ \vdots & \vdots & \vdots \end{bmatrix} \begin{bmatrix} Z_2 \\ Z_7 \\ Z_{14} \end{bmatrix} \tag{5.16}$$

方程组(5.16)可简写为 $\overline{\Delta X} = S \cdot \vec{Z}$。其中，$\overline{\Delta X}$ 是在不同 NA、σ 下透射像传感器检测到的

成像位置 X 向偏移量；S 是灵敏度矩阵；$\vec{Z}$ 是要求解的 Zernike 系数向量。同理，通过透射像传感器测量不同 NA 和σ情况下的成像位置 Y 向偏移、最佳焦面、最佳焦面在 X、Y 方向上的差异，可计算对应于 Y 向彗差的 Zernike 系数(Z_3、Z_8、Z_{15})、对应于球差的 Zernike 系数(Z_4、Z_9、Z_{16})和对应于像散的 Zernike 系数(Z_5、Z_{12}、Z_{21})。

通常投影物镜波像差与视场位置有关，因此需在视场内不同位置对波像差进行测量。波像差中像散与彗差与视场位置成正比，球差与视场位置无关，而且对于步进扫描光刻机，波像差在 Y 方向的变化将被扫描过程所平均，因此对于像散与彗差来说，只需测量像差在 X 方向的变化，对于球差则需要测量多个点取平均。出于上述考虑，TAMIS 技术采用的测试掩模上由 11 个不同位置的 TIS 标记组成。

利用 TAMIS 技术测量投影物镜波像差的过程中，首先在特定照明条件下利用像传感器依次扫描每个标记，得到每个标记的成像位置偏移量；然后改变投影物镜数值孔径与照明部分相干因子，并再次测量视场内各标记的成像位置偏移量。重复上述过程，直至所有设定的物镜数值孔径与照明部分相干因子情况下的成像位置偏移量均测量完毕。测量完毕后，利用相应的波像差计算模型计算得出各项 Zernike 系数。

2. 波像差计算模型

基于像传感器的波像差测量可分为奇像差测量与偶像差测量两个相对独立的部分。本节中奇像差包括 Zernike 多项式表征的彗差项，偶像差包括 Zernike 多项式表征的球差以及像散项。奇像差测量与偶像差测量各包括两个波像差计算模型。奇像差测量的数据处理模型包括 X 方向彗差的计算模型以及 Y 方向彗差的计算模型，偶像差测量的数据处理模型包括球差的计算模型以及像散的计算模型。

1) X 方向彗差计算模型

X 方向彗差计算模型如式(5.16)，由最小二乘法，有

$$\vec{Z}=\left(S'S\right)^{-1}S'\cdot\overrightarrow{\Delta X}$$

即

$$\begin{bmatrix} Z_2 \\ Z_7 \\ Z_{14} \end{bmatrix}=\left(S'S\right)^{-1}S'\begin{bmatrix} \Delta X\left(NA_1,\sigma_1\right) \\ \Delta X\left(NA_2,\sigma_2\right) \\ \vdots \end{bmatrix} \tag{5.17}$$

其中

$$S=\begin{bmatrix} \dfrac{\partial\Delta X\left(NA_1,\sigma_1\right)}{\partial Z_2} & \dfrac{\partial\Delta X\left(NA_1,\sigma_1\right)}{\partial Z_7} & \dfrac{\partial\Delta X\left(NA_1,\sigma_1\right)}{\partial Z_{14}} \\ \dfrac{\partial\Delta X\left(NA_2,\sigma_2\right)}{\partial Z_2} & \dfrac{\partial\Delta X\left(NA_2,\sigma_2\right)}{\partial Z_7} & \dfrac{\partial\Delta X\left(NA_2,\sigma_2\right)}{\partial Z_{14}} \\ \vdots & \vdots & \vdots \end{bmatrix}$$

如在 N 组照明条件下进行奇像差测量，则对于式(5.17)，矩阵 S 为 $N\times3$ 的矩阵，ΔX

为 N 维向量。利用像传感器测量得到的视场内不同位置处不同照明条件下的 TIS 标记成像位置偏移量 ΔX，由式(5.17)可求得视场内各点的 Z_2、Z_7 以及 Z_{14}。

2) Y 方向彗差计算模型

Y 方向彗差计算模型为

$$\begin{bmatrix} \Delta Y(NA_1,\sigma_1) \\ \Delta Y(NA_2,\sigma_2) \\ \vdots \end{bmatrix} = \begin{bmatrix} \dfrac{\partial \Delta Y(NA_1,\sigma_1)}{\partial Z_3} & \dfrac{\partial \Delta Y(NA_1,\sigma_1)}{\partial Z_8} & \dfrac{\partial \Delta Y(NA_1,\sigma_1)}{\partial Z_{15}} \\ \dfrac{\partial \Delta Y(NA_2,\sigma_2)}{\partial Z_3} & \dfrac{\partial \Delta Y(NA_2,\sigma_2)}{\partial Z_8} & \dfrac{\partial \Delta Y(NA_2,\sigma_2)}{\partial Z_{15}} \\ \vdots & \vdots & \vdots \end{bmatrix} \begin{bmatrix} Z_3 \\ Z_8 \\ Z_{15} \end{bmatrix} \tag{5.18}$$

上式可简写为 $\overrightarrow{\Delta Y} = S\cdot\vec{Z}$。由最小二乘法，有 $\vec{Z} = (S'S)^{-1} S'\cdot\overrightarrow{\Delta Y}$，即

$$\begin{bmatrix} Z_3 \\ Z_8 \\ Z_{15} \end{bmatrix} = (S'S)^{-1} S' \begin{bmatrix} \Delta Y(NA_1,\sigma_1) \\ \Delta Y(NA_2,\sigma_2) \\ \vdots \end{bmatrix} \tag{5.19}$$

其中

$$S = \begin{bmatrix} \dfrac{\partial \Delta Y(NA_1,\sigma_1)}{\partial Z_3} & \dfrac{\partial \Delta Y(NA_1,\sigma_1)}{\partial Z_8} & \dfrac{\partial \Delta Y(NA_1,\sigma_1)}{\partial Z_{15}} \\ \dfrac{\partial \Delta Y(NA_2,\sigma_2)}{\partial Z_3} & \dfrac{\partial \Delta Y(NA_2,\sigma_2)}{\partial Z_8} & \dfrac{\partial \Delta Y(NA_2,\sigma_2)}{\partial Z_{15}} \\ \vdots & \vdots & \vdots \end{bmatrix}$$

如果在 N 组照明条件下进行奇像差测量，则对于式(5.19)，矩阵 S 为 $N\times 3$ 的矩阵，向量 ΔY 为 N 维向量。利用像传感器测量得到的视场内不同位置处不同照明条件下的 TIS 标记成像位置偏移量 ΔY，由式(5.19)可求得视场内各点的 Z_3、Z_8 和 Z_{15}。

3) 球差计算模型

球差测量的计算模型为

$$\begin{bmatrix} \Delta Z_s(NA_1,\sigma_1) \\ \Delta Z_s(NA_2,\sigma_2) \\ \vdots \end{bmatrix} = \begin{bmatrix} \dfrac{\partial \Delta Z_s(NA_1,\sigma_1)}{\partial Z_4} & \dfrac{\partial \Delta Z_s(NA_1,\sigma_1)}{\partial Z_9} & \dfrac{\partial \Delta Z_s(NA_1,\sigma_1)}{\partial Z_{16}} \\ \dfrac{\partial \Delta Z_s(NA_2,\sigma_2)}{\partial Z_4} & \dfrac{\partial \Delta Z_s(NA_2,\sigma_2)}{\partial Z_9} & \dfrac{\partial \Delta Z_s(NA_2,\sigma_2)}{\partial Z_{16}} \\ \vdots & \vdots & \vdots \end{bmatrix} \begin{bmatrix} Z_4 \\ Z_9 \\ Z_{16} \end{bmatrix} \tag{5.20}$$

上式可简写为 $\overrightarrow{\Delta Z_s} = S\cdot\vec{Z}$。由最小二乘法，有 $\vec{Z} = (S'S)^{-1} S'\cdot\overrightarrow{\Delta Z_s}$，即

$$\begin{bmatrix} Z_4 \\ Z_9 \\ Z_{16} \end{bmatrix} = (S'S)^{-1} S' \begin{bmatrix} \Delta Z_s(NA_1,\sigma_1) \\ \Delta Z_s(NA_2,\sigma_2) \\ \vdots \end{bmatrix} \tag{5.21}$$

其中

$$S = \begin{bmatrix} \dfrac{\partial \Delta Z_s(NA_1,\sigma_1)}{\partial Z_4} & \dfrac{\partial \Delta Z_s(NA_1,\sigma_1)}{\partial Z_9} & \dfrac{\partial \Delta Z_s(NA_1,\sigma_1)}{\partial Z_{16}} \\ \dfrac{\partial \Delta Z_s(NA_2,\sigma_2)}{\partial Z_4} & \dfrac{\partial \Delta Z_s(NA_2,\sigma_2)}{\partial Z_9} & \dfrac{\partial \Delta Z_s(NA_2,\sigma_2)}{\partial Z_{16}} \\ \vdots & \vdots & \vdots \end{bmatrix}$$

如果在 N 组照明条件下进行偶像差测量，则对于式(5.21)，矩阵 $\boldsymbol{S}$ 为 $N\times3$ 的矩阵，向量 ΔZ_s 为 N 维向量。利用像传感器测量得到的视场内不同位置处不同照明条件下的 TIS 标记成像位置偏移量 ΔZ_x 与 ΔZ_y，由式(5.11)与式(5.21)可求得视场内各点的 Z_4、Z_9 以及 Z_{16}。

4) 像散计算模型

像散计算模型为

$$\begin{bmatrix} \Delta Z_a(NA_1,\sigma_1) \\ \Delta Z_a(NA_2,\sigma_2) \\ \vdots \end{bmatrix} = \begin{bmatrix} \dfrac{\partial \Delta Z_a(NA_1,\sigma_1)}{\partial Z_5} & \dfrac{\partial \Delta Z_a(NA_1,\sigma_1)}{\partial Z_{12}} & \dfrac{\partial \Delta Z_a(NA_1,\sigma_1)}{\partial Z_{21}} \\ \dfrac{\partial \Delta Z_a(NA_2,\sigma_2)}{\partial Z_5} & \dfrac{\partial \Delta Z_a(NA_2,\sigma_2)}{\partial Z_{12}} & \dfrac{\partial \Delta Z_a(NA_2,\sigma_2)}{\partial Z_{21}} \\ \vdots & \vdots & \vdots \end{bmatrix} \begin{bmatrix} Z_5 \\ Z_{12} \\ Z_{21} \end{bmatrix} \tag{5.22}$$

上式可简写为 $\overrightarrow{\Delta Z_a} = S\cdot\vec{Z}$。由最小二乘法，有 $\vec{Z} = (S'S)^{-1} S'\cdot\overrightarrow{\Delta Z_a}$，即

$$\begin{bmatrix} Z_5 \\ Z_{12} \\ Z_{21} \end{bmatrix} = (S'S)^{-1} S' \begin{bmatrix} \Delta Z_a(NA_1,\sigma_1) \\ \Delta Z_a(NA_2,\sigma_2) \\ \vdots \end{bmatrix} \tag{5.23}$$

其中

$$S = \begin{bmatrix} \dfrac{\partial \Delta Z_a(NA_1,\sigma_1)}{\partial Z_5} & \dfrac{\partial \Delta Z_a(NA_1,\sigma_1)}{\partial Z_{12}} & \dfrac{\partial \Delta Z_a(NA_1,\sigma_1)}{\partial Z_{21}} \\ \dfrac{\partial \Delta Z_a(NA_2,\sigma_2)}{\partial Z_5} & \dfrac{\partial \Delta Z_a(NA_2,\sigma_2)}{\partial Z_{12}} & \dfrac{\partial \Delta Z_a(NA_2,\sigma_2)}{\partial Z_{21}} \\ \vdots & \vdots & \vdots \end{bmatrix}$$

如果在 N 组照明条件下进行偶像差测量，则对于式(5.23)，矩阵 $\boldsymbol{S}$ 为 $N\times3$ 的矩阵，

向量 ΔZ_a 为 N 维向量。利用像传感器测量得到的视场内不同位置处不同照明条件下的 TIS 标记成像位置偏移量 ΔZ_x 与 ΔZ_y，由式(5.11)与式(5.23)可求得视场内各点的 Z_5、Z_{12} 以及 Z_{21}。

3. 灵敏度矩阵的计算

上述 Zernike 系数求解过程中，灵敏度矩阵作为一个已知量直接用在数据处理模型中，实际上灵敏度矩阵是在测试前用专用的光刻仿真软件计算得出的，常用的光刻仿真软件有 SOLID_C、PROLITH 等。下面以 Z_9 为例说明灵敏度矩阵的计算过程。

首先，在光刻仿真软件中设定其他像差为零，Z_9 为 0.05λ，并设定好包括掩模形状(如 TIS 标记某个分支形状)、数值孔径与部分相干因子在内的其他条件，即可利用光刻仿真软件计算得出空间像光强的分布 $I(x,z)$(对于 Txh)或者 $I(y,z)$(对于 Tyh)；然后，将光刻仿真软件计算得到的空间像光强分布与像传感器透过率函数进行卷积

$$I_{\text{conv}} = I(x,z) \otimes t_{\text{TIS}} \tag{5.24}$$

这样做的目的是模拟 TIS 标记的扫描过程，对卷积得到的结果选取光强大于阈值的点并进行二次曲线拟合，计算得到光强最大点的位置，光强最大点与理想的零点之间 Z 向偏差即为球差引起的成像位置偏差，将所得到的成像位置偏差除以 0.05λ 即为该照明条件下的灵敏度矩阵系数。其他 Zernike 灵敏度矩阵系数的求解基本与上述方法类似。在不同照明条件下求出不同 Zernike 系数对应的灵敏度矩阵系数，这样可求得 X 方向彗差、Y 方向彗差、球差、像散相应的灵敏度矩阵。

由于投影物镜数值孔径与部分相干因子可在一定范围内自由选择，因此恰当地选择数值孔径与部分相干因子，提高灵敏度矩阵的灵敏度，对实现高精度测量是非常重要的。通常对于球差而言，选择 Z_9 导致成像位置偏移量最大和最小以及为零的三个照明条件，以及 Z_{16} 导致成像位置偏移量最大和最小以及为零的三个照明条件。这样测量不同的像差将选择不同的照明条件。

在像传感器测量成像位置偏移量精度一定的条件下，灵敏度系数是影响 TAMIS 技术波像差测量精度的关键因素。提高灵敏度变化范围是在无须对像传感器硬件做出改变的情况下提高测量精度的简单、有效的方法。

5.1.1.3 基于光源优化的 TAMIS 技术

1. 二极照明检测法[4,5]

该技术采用交替型相移掩模(alternating phase-shift mask，Alt-PSM)作为检测标记，二极照明作为照明光源，通过测量标记空间像的位置偏移量来提取波像差。二极照明能够减小光瞳抽样的平均效应，增加光束对光瞳抽样区域的灵敏度，可大幅度提高检测精度。

1) 检测原理

在光刻机投影物镜所包含的波像差中，奇像差引起成像位置偏移。彗差和三波差是最重要的两种奇像差。彗差会影响套刻精度和线宽均匀性，也会减小有效焦深。三波差

对光刻成像的影响与彗差类似，但是它引入的成像位置偏移相对较小。彗差和三波差在 Zernike 多项式中的表达式如下：

$$
\begin{aligned}
W(\hat{f},\hat{g}) &= \sum_{n=1}^{\infty} Z_n R_n(\hat{f},\hat{g}) \\
&= Z_1 + Z_2\hat{f} + Z_3\hat{g} + \cdots \\
&\quad + Z_7\left[3(\hat{f}^2+\hat{g}^2)-2\right]\hat{f} + Z_8\left[3(\hat{f}^2+\hat{g}^2)-2\right]\hat{g} + \cdots \\
&\quad + Z_{10}(4\hat{f}^3 - 3\hat{f}) + Z_{11}(3\hat{g} - 4\hat{g}^3) + \cdots \\
&\quad + Z_{14}\left[10(\hat{f}^2+\hat{g}^2)^2 - 12(\hat{f}^2+\hat{g}^2)+3\right]\hat{f} \\
&\quad + Z_{15}\left[10(\hat{f}^2+\hat{g}^2)^2 - 12(\hat{f}^2+\hat{g}^2)+3\right]\hat{g} + \cdots
\end{aligned} \tag{5.25}
$$

在该技术中，使用 Alt-PSM 作为检测奇像差的检测标记。Alt-PSM 标记的透过率函数可以表示为

$$
t(x_o) = \sum_{n=-\infty}^{+\infty} \delta(x_o - 2np) * \left[\mathrm{rect}\left(\frac{x_o + p/2}{w}\right) - \mathrm{rect}\left(\frac{x_o - p/2}{w}\right)\right], \quad n \in Z \tag{5.26}
$$

其中，f 和 g 分别为光瞳面 x 方向和 y 方向的坐标。通过坐标归一化，可以将掩模的透过率函数改写为

$$
O(\hat{f},\hat{g}) = \frac{\mathrm{i}w}{p}\sum_{-N}^{+N}\delta\left(\hat{f} - \frac{n\lambda}{2pNA}\right)\mathrm{sinc}\left(\frac{wNA\hat{f}}{\lambda}\right)\sin\left(\frac{\pi pNA\hat{f}}{\lambda}\right)\delta(\hat{g}), \quad n \in Z \tag{5.27}
$$

其中，$\hat{f}$ 和 $\hat{g}$ 分别为光瞳面的归一化坐标；sinc 函数的定义为 $\mathrm{sinc}(x) = \sin(\pi x)/\pi x$；$N$ 是进入光瞳的最高衍射级次。最高衍射级次 N 可以通过改变 Alt-PSM 标记的线条占空比和周期加以控制。将上式代入 Hopknis 部分相干成像公式，可以得到如下结果：

$$
\begin{aligned}
I(\hat{x}_i) = C\bullet &\sum_{m=-N}^{+N}\sum_{n=-N}^{+N}\mathrm{sinc}\left(\frac{mw}{2p}\right)\sin\left(\frac{m}{2}\pi\right)\mathrm{sinc}\left(\frac{nw}{2p}\right)\sin\left(\frac{n}{2}\pi\right) \\
&\times \mathrm{TCC}(m\hat{f}_0, 0; n\hat{f}_0, 0; \sigma)\mathrm{e}^{-\mathrm{i}2\pi(m-n)\hat{f}_0\hat{x}_i}
\end{aligned} \tag{5.28}
$$

其中，C 表示一个常数因子；$\hat{f}_0 = \lambda/2pNA$，最高衍射级次 N 由下式决定

$$
N < (1+\sigma')/\hat{f}_0, \quad N \in Z \tag{5.29}
$$

其中，σ' 可以是传统照明方式的部分相干因子或者其他照明方式下的照明形状外径。

用式(5.27)和式(5.28)计算出空间像光强分布，就可以通过阈值法确定成像位置偏移量的大小。该技术选用线空比为 1∶2 的 Alt-PSM 作为检测标记，选择这种标记的理由是其衍射频谱的±3 级消光。因为在双光束干涉条件下，成像位置偏移量通常随光栅周期的增加而增加，因此这种结构的光栅可以在±5 级衍射光进入光瞳前获得较大的成像位置偏移量，与线空比 1∶1 的 Alt-PSM 光栅标记相比，检测灵敏度大幅度提升。然而，波像差的检测精度是由灵敏度变化范围决定的，通过研究单个照明设置下的像差灵敏度来

评估检测精度并不完全合适，因此在下面的研究中，通过在实际操作中使用多照明设置条件下的像差灵敏度范围评价波像差检测精度。

除 Alt-PSM 标记的结构以外，照明光源形状也影响成像位置偏移量的大小。为了从公式上直接研究 Alt-PSM 的成像位置偏移量，将式(5.28)重新写为

$$
\begin{aligned}
I(\widehat{x_i}) = {} & 2C \bullet \sum_{m=-N}^{N} \sum_{n=-N}^{N} g(m,n) \cos[2\pi(m=n)\widehat{f_0}\widehat{x_i} + \alpha(m,n)] \\
& + C \bullet \sum_{m=-N}^{+N} \operatorname{sinc}^2\left(\frac{mw}{2p}\right) \sin^2\left(\frac{m}{2}\pi\right) \times \mathrm{TCC}(m\widehat{f_0},0;m\widehat{f_0},0;\sigma)
\end{aligned}
\tag{5.30}
$$

其中，$g(m,n) = \operatorname{sinc}[mw/(2p)]\sin(m\pi/2)\operatorname{sinc}[nw/(2p)]\sin(n\pi/2)A(m,n)$；$A(m,n)$ 是交叉传递函数 $\mathrm{TCC}(m\widehat{f_0},0;n\widehat{f_0},0;\sigma)$ 的绝对值；$\alpha(m,n)$ 是 $\mathrm{TCC}(m\widehat{f_0},0;n\widehat{f_0},0;\sigma)$ 的相位。当 N=1 时，成像满足双光束干涉条件，式(5.25)可以写为一个余弦函数和一个常量之和，因此可以将成像位置偏移量表示为

$$
\Delta\widehat{x_i} = \frac{\alpha(1,-1)}{4\pi f_0} \tag{5.31}
$$

当 N>1 时，总光强变成频率不同的余弦函数和常数项之和。如果选取不同的光强阈值，会得到不同的成像位置偏移量，无法写出成像位置偏移量的解析表达式，但是可以通过计算空间像的光强分布来确定成像位置偏移量。图 5-3 表示双光束干涉和多光束干涉条件下的光强分布，给出了成像位置偏移量的确定方法。

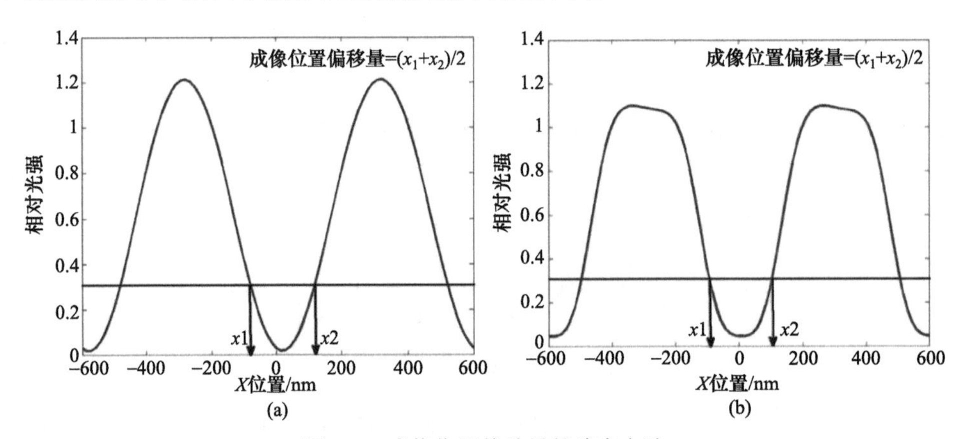

图 5-3　成像位置偏移量的确定方法

(a)双光束干涉条件下的光强分布和成像位置偏移量的确定；(b)多光束干涉条件下的光强分布和成像位置偏移量的确定

利用式(5.27)和式(5.28)，计算所使用的 Alt-PSM 光栅标记在二极照明方式下和传统照明方式下的成像位置偏移量，在计算过程中，NA 的变化范围为 0.5～0.8，传统照明的部分相干因子和二极照明的极中心因子的变化范围为 0.3～0.8。在这种多照明设置条件下，计算成像位置偏移量的最大值和最小值，得到了成像位置偏移量的变化范围。为了观察检测标记的周期与成像位置偏移量的关系，计算周期在 600～1800nm 的相移掩模标记的成像位置偏移量变化范围，结果如图 5-4 所示。

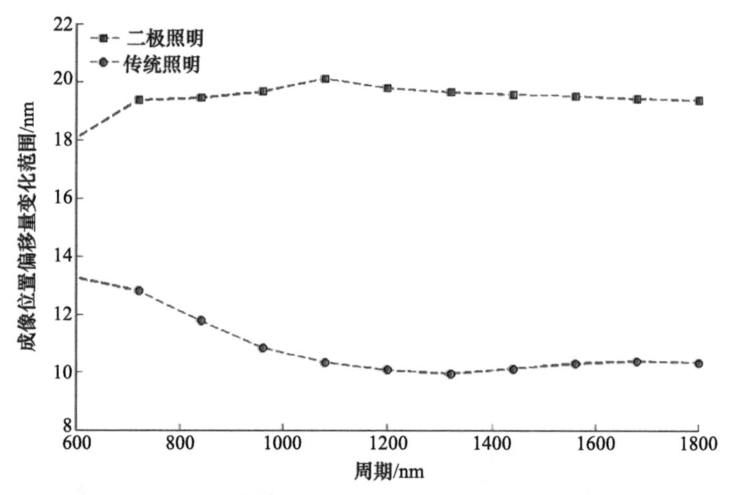

图 5-4　传统照明和二极照明下 Alt-PSM 光栅标记的成像位置偏移量变化范围

从图 5-4 中可以看出，二极照明方式下的成像位置偏移量明显大于传统照明方式下的成像位置偏移量。当标记的周期为 1080nm 时，成像位置偏移量变化范围最大。

成像位置偏移量只与奇像差有关，若忽略高阶像差的影响，成像位置偏移量与 Zernike 系数之间的关系可以表示为

$$\Delta x = S_2 Z_2 + S_7 Z_7 + S_{10} Z_{10} + S_{14} Z_{14} \tag{5.32}$$

其中，S_i 表示像差灵敏度。当使用相对成像位置偏移量作为检测信号时，可以消除畸变的影响，因此上式可以修改为

$$\Delta x = S_7 Z_7 + S_{10} Z_{10} + S_{14} Z_{14} \tag{5.33}$$

当检测标记在二极照明方式下进行检测时，成像位置偏移量的大小由二极照明的极中心半径和投影物镜的 NA 共同决定。在考虑 NA 和极中心半径影响的条件下，可以将成像位置偏移量的关系式表达如下

$$\Delta x(NA,\sigma) = S_7(NA,\sigma) Z_7 + S_{10}(NA,\sigma) Z_{10} + S_{14}(NA,\sigma) Z_{14} \tag{5.34}$$

像差灵敏度 S_i 可以由下式计算得到

$$S_i(NA,\sigma) = \frac{\partial \Delta x(NA,\sigma)}{\partial Z_i} \tag{5.35}$$

在多照明设置条件下，可以得到如下方程组：

$$\begin{bmatrix} \Delta x(NA_1,\sigma_1) \\ \Delta x(NA_2,\sigma_2) \\ \vdots \end{bmatrix} = \begin{bmatrix} \dfrac{\partial \Delta x(NA_1,\sigma_1)}{\partial Z_7} & \dfrac{\partial \Delta x(NA_1,\sigma_1)}{\partial Z_{10}} & \dfrac{\partial \Delta x(NA_1,\sigma_1)}{\partial Z_{14}} \\ \dfrac{\partial \Delta x(NA_2,\sigma_2)}{\partial Z_7} & \dfrac{\partial \Delta x(NA_2,\sigma_2)}{\partial Z_{10}} & \dfrac{\partial \Delta x(NA_2,\sigma_2)}{\partial Z_{14}} \\ \vdots & \vdots & \vdots \end{bmatrix} \begin{bmatrix} Z_7 \\ Z_{10} \\ Z_{14} \end{bmatrix} \tag{5.36}$$

此方程组是超定方程组，可以通过最小二乘法求解，在多种照明方式下收集测试数据之

后就可以求解出 Zernike 系数。式(5.31)中的矩阵元素的变化范围越大，求解 Zernike 系数的精度就越高。

2) 仿真实验

光刻仿真不仅在集成电路的研发和生成中具有重要的应用价值，在光刻技术的相关研究中也占据着越来越重要的地位。为了验证理论分析的正确性，使用 PROLITH 仿真了 4 种典型照明模式下的成像结果，计算成像位置偏移量，并比较了四种典型照明方式下的检测精度。光刻机中常用的 4 种典型照明模式如图 5-5 所示，仿真参数如表 5-2 所示。

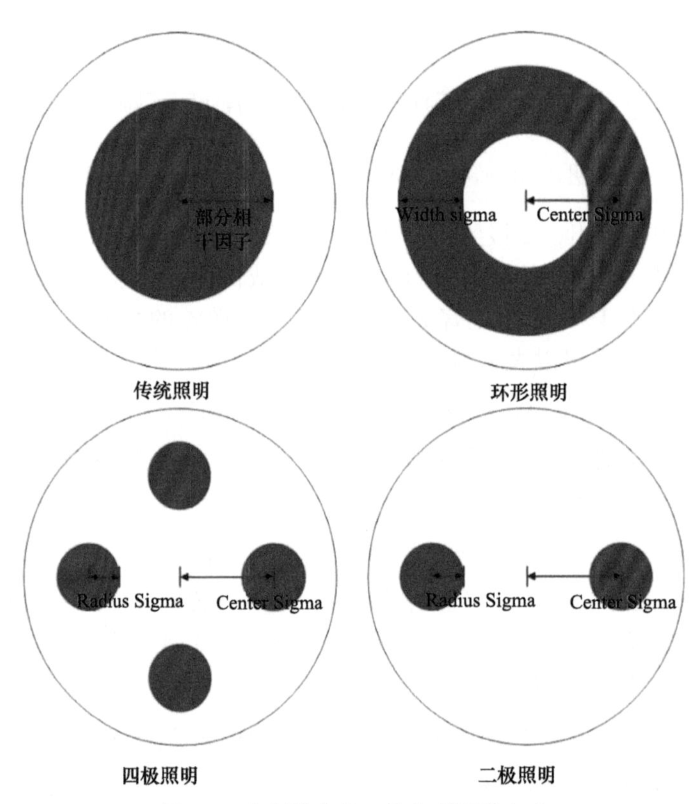

图 5-5　光刻机中的 4 种典型照明方式

表 5-2　仿真参数

参数	值
照明波长 λ	193nm
数值孔径 NA	0.5～0.8
部分相干因子 σ	0.3～0.8
极半径	0.2
环带宽度	0.4
Z_7	0.05λ
周期	600～1800nm
线空比	1∶2

在多种数值孔径和部分相干因子组合下共获得 24 组照明设置条件，在这些照明设置下仿真得到检测标记的光强分布，计算出成像位置偏移量的变化范围。为了比较不同周期检测标记的成像位置偏移量大小，以 120nm 的间隔仿真了周期为 600～1800nm 的相移掩模光栅标记的成像位置偏移量变化范围。图 5-6 显示了 4 种典型照明方式下的成像位置偏移量变化范围。为了和理论计算结果对照，图 5-6 中也将理论计算结果加入其中。

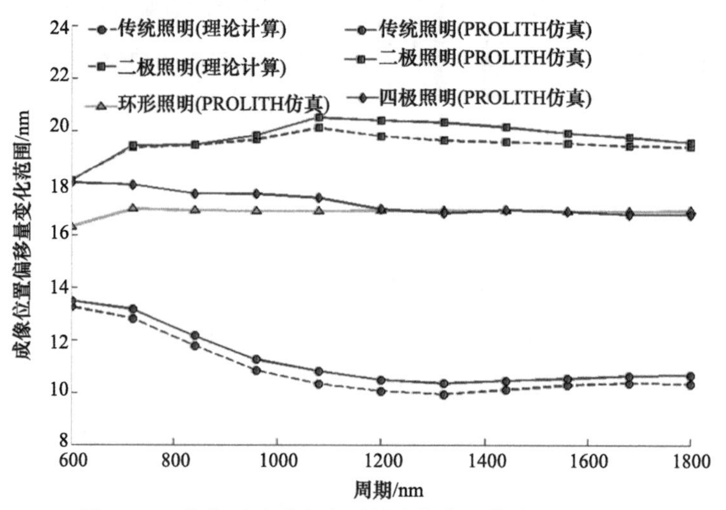

图 5-6　4 种典型照明方式下的成像位置偏移量变化范围

图 5-6 中的计算结果与 PROLITH 的仿真结果符合良好，最大误差小于 0.7nm。在 4 种照明方式中，传统照明下成像位置偏移量的变化范围最小，而环形照明的成像位置偏移量变化范围与四极照明接近。在所计算的周期范围内，二极照明下的成像位置偏移量变化范围明显大于另外三种。波像差在进入光瞳的光束中引入相位延迟，成像位置偏移量是光瞳被抽样区域的相位延迟综合效应的结果。光瞳上的抽样位置和抽样区域的大小决定了最终的成像位置偏移量大小。在二极照明方式下，光瞳上的抽样区域保持在较小范围内，可以较为有效地抽样光瞳分布的细节。通常，成像位置偏移量随部分相干因子的增加而减小。在部分相干因子分别为 0.3 和 0.8 时，二极照明形成的抽样光斑分别位于彗差分布的极大值和极小值上，因此二极照明方式下的成像位置偏移量相比其他照明方式明显增大。根据图 5-6 的结果，光栅标记的周期为 1080nm 时，成像位置偏移量的变化范围最大，因此将检测标记的周期定为 1080nm。该技术使用的检测标记如图 5-7 所示，其中，标记 A 用于检测 Z_7,Z_{10},Z_{14}，标记 B 用来检测 Z_8,Z_{11},Z_{15}；标记的线宽为 360nm，透光区为 720nm；白色区域表示非相移透光区，红色区域表示 180°透光区。

3) 精度评估

在该技术中，通过成像位置偏移量提取奇像差。奇像差的检测精度与光刻机的套刻精度以及像差灵敏度的变化范围相关，表示如下：

$$MA_i \propto \frac{OA}{\left|(S_i)_{\max} - (S_i)_{\min}\right|} \tag{5.37}$$

其中，OA 表示光刻机的套刻精度；MA_i 表示第 i 项 Zernike 系数的检测精度；$(S_i)_{\max}$ 和

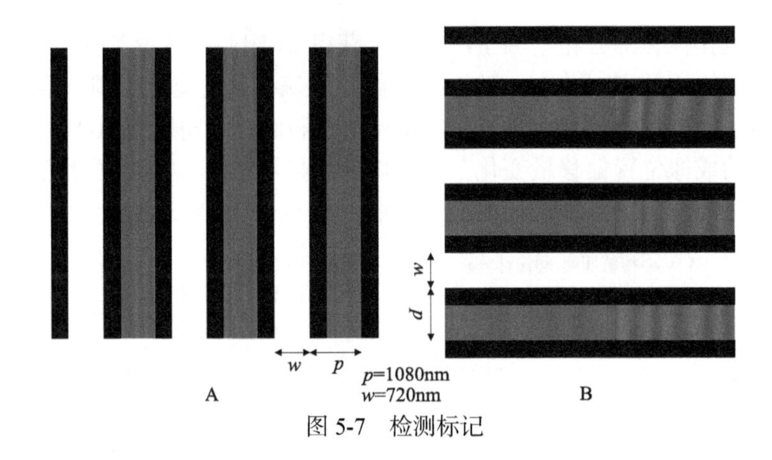

图 5-7　检测标记

$(S_i)_{\min}$ 分别是对应 Z_i 的像差灵敏度的最大值和最小值。由式(5.28)可知，成像位置偏移量与灵敏度系数成正比，因此可以通过仿真成像位置偏移量来评估检测精度。当像差大小为 0.05λ 时，Z_7、Z_{10} 和 Z_{14} 引起的成像位置偏移量随照明设置的分布如图 5-8 所示。

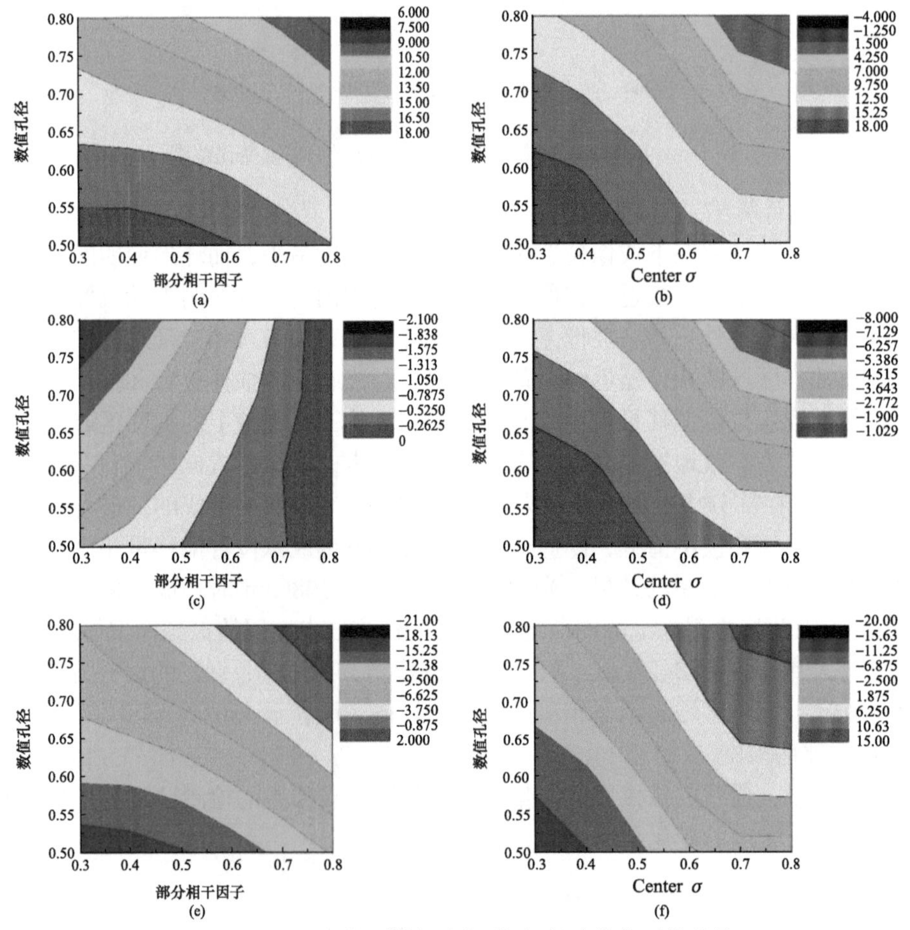

图 5-8　二极照明和传统照明下标记的成像位置偏移量

(a) Z_7，传统照明；(b) Z_7，二极照明；(c) Z_{10}，传统照明；(d) Z_{10}，二极照明；(e) Z_{14}，传统照明；(f) Z_{14}，二极照明

比较二极照明和传统照明方式下的结果可以发现，Z_7、Z_{10} 和 Z_{14} 引起的成像位置偏移量变化范围分别从 10.8nm、2.1nm、22.1nm 增加到 20.5nm、6.3nm、30.3nm。表 5-3 给出了上述三种奇像差的灵敏度系数变化范围和检测精度。由表 5-3 的结果可以看出，Z_7、Z_{10} 和 Z_{14} 的检测精度提高了 25%以上。

表 5-3　像差灵敏度和检测精度的仿真结果

Zernike 系数	照明方式	最大灵敏度	最小灵敏度	检测精度/nm
Z_7	传统照明	1.81	0.69	0.89
	二极照明	1.79	−0.33	0.47
Z_{10}	传统照明	−0.04	−0.22	5.55
	二极照明	−0.13	−0.79	1.51
Z_{14}	传统照明	0.21	−2.08	0.44
	二极照明	1.19	−1.95	0.32

除了检测精度之外，Zernike 像差和成像位置偏移量之间的线性关系的质量也是评价该技术的重要指标。图 5-9 是成像位置偏移量与 Z_7 之间的关系。Z_7 的范围限制在 0～0.05λ。

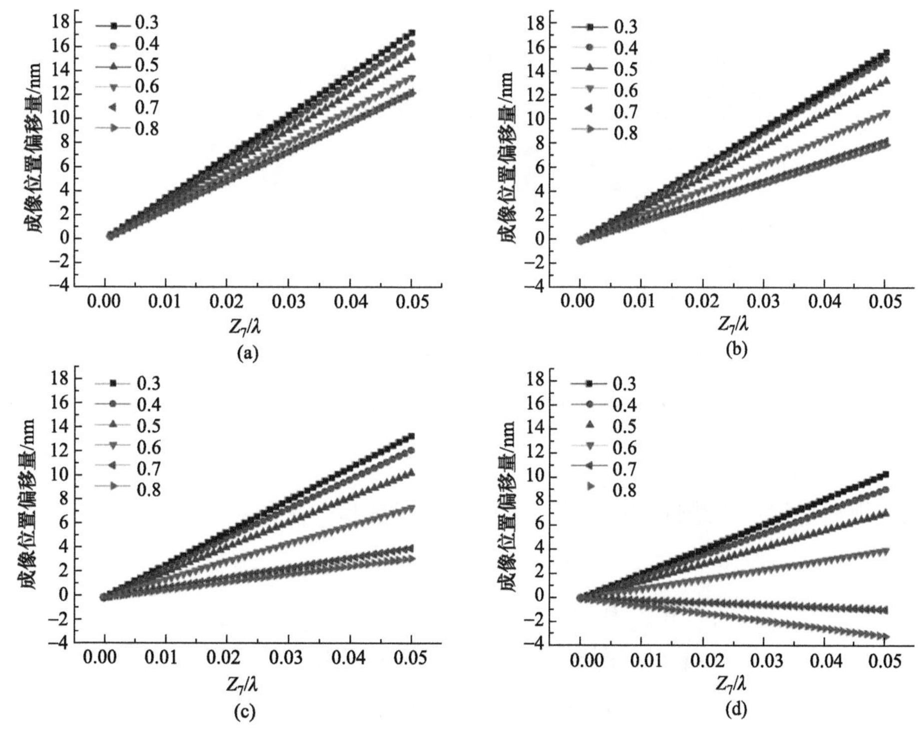

图 5-9　成像位置偏移量和 Z_7 之间的关系

(a) 传统照明；(b) 环形照明；(c) 二极照明；(d) 四极照明

从图中可以看到，在需要采用的 24 种照明设置下，成像位置偏移量与 Z_7 之间呈良好的线性关系，Z_{10} 和 Z_{14} 也有类似的结果。高端光刻机投影物镜的单项 Zernike 像差的大小一般控制在 0.004λ 以下，因此线性范围不是该技术应用的障碍。另外，在二极照明方式下，检测标记的成像对比度也高于传统照明方式，更有利于精确测量成像位置偏移量。

相移掩模的实际相移量与设计的数值之间有一定偏差，这种误差会影响该技术的检测精度。通过仿真发现，±5° 的相移量误差会引起 0.03 的灵敏度系数误差。这个误差无法完全忽略，因此 Alt-PSM 光栅标记在制造完成之后要重新对相移量做标定。

Zernike 像差之间的串扰也会影响检测精度。为充分模拟实际投影物镜中的像差状况，需要输入包含 37 阶 Zernike 像差的波前。但在所有种类的像差中，偶像差只引入最佳焦面偏移，当照明光源对称分布时，偶像差不会引起成像位置偏移，Z_2 的影响可以通过相对成像位置偏移量消除，高阶像差(Z_{19},Z_{23},Z_{26},Z_{30},Z_{34})的影响可以忽略，因此可以考虑投影物镜中只包含 Z_7,Z_{10} 和 Z_{14}。图 5-10 中给出了 3 组随机输入的 Zernike 像差的检测结果。由仿真结果可知，Z_7 的绝对误差小于 0.0011λ，Z_{10} 的绝对误差小于 0.0030λ, Z_{14} 的绝对误差小于 0.0008λ。由于将二极照明的方向和掩模的方向旋转 90°后，Z_8,Z_{11},Z_{15} 与 Z_7,Z_{10},Z_{14} 完全等同，因此它们的检测精度也完全一致。

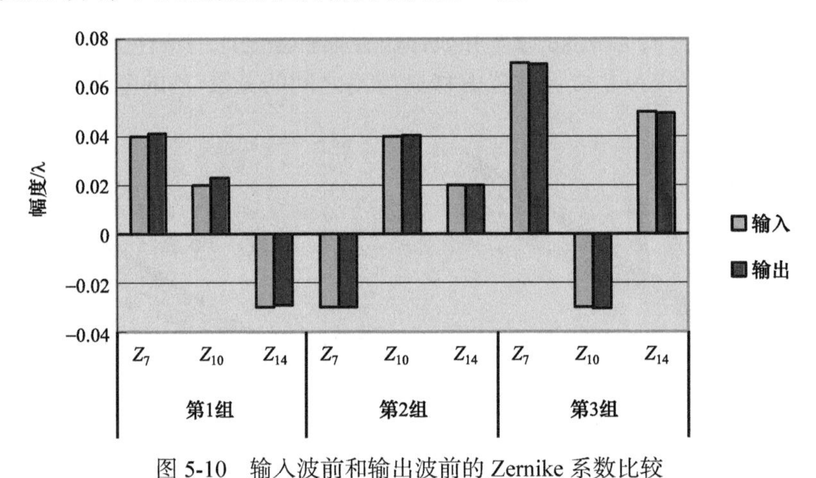

图 5-10　输入波前和输出波前的 Zernike 系数比较

2. 二次规划光源优化检测法[6,7]

1) 检测原理

二次规划是特殊的线性约束问题，它的目标函数是二次函数，约束条件是线性函数。其一般形式为

$$\begin{cases} \min & 0.5\boldsymbol{x}^{\mathrm{T}}\boldsymbol{G}\boldsymbol{x}+\boldsymbol{c}^{\mathrm{T}}\boldsymbol{x}, \\ \text{s.t.} & \boldsymbol{a}_i^{\mathrm{T}}\boldsymbol{x}-\boldsymbol{b}_i=0, \quad i\in E=\{1,\cdots,l\} \\ & \boldsymbol{a}_i^{\mathrm{T}}\boldsymbol{x}-\boldsymbol{b}_i\geqslant 0, \quad i\in I=\{l+1,\cdots,m\} \end{cases} \tag{5.38}$$

其中，s.t. 表示约束条件；矩阵 $\boldsymbol{G}$ 是实对称矩阵。可以证明，当矩阵 $\boldsymbol{G}$ 是半正定矩阵时，上述二次规划问题的局部极小点就是整体极小点。因而，通过选择合适的目标函数，可以采用二次规划方法优化光源获得全局最优解。二次规划问题有很多求解方法，此处采

用有效集法求解。MATLAB 软件中的函数 quadprog 提供了对有效集法求解二次规划问题的支持。

采用上述基于二次规划的光源优化方法对 TAMIS 技术进行优化。TAMIS 的理论依据是空间像成像位置偏移量与波像差之间的线性关系，线性关系越好，则波像差检测精度越高。由于奇像差和偶像差分别在垂轴和轴向引起空间像成像位置的改变，因而对这两类像差分别进行讨论。

以 Zernike 像差 Z_7 为例，当光刻机光瞳仅含有幅值为 a=0.02λ 的 Z_7 时，最佳焦面(z=0)上的空间像具有如下形式：

$$I=\sum_{i=1}^{M} s_i I_{s_i}^{Z_7} \tag{5.39}$$

其中，$I_{s_i}^{Z_7}$ 表示 s_i 对应的单位点光源引起的空间像。因而像差 Z_7 引起的空间像变化量为

$$\delta I^{Z_7}=\sum_{i=1}^{M} s_i\left(I_{s_i}^{Z_7}-I_{s_i}\right)=\sum_{i=1}^{M} s_i \cdot \delta I_{s_i}^{Z_7} \tag{5.40}$$

空间像变化量 δI^{Z_7} 越大，像差对空间像的影响也越大，因而 δI^{Z_7} 可以用来衡量空间像与像差的线性关系。由于奇像差引起的空间像变化是关于 x 的奇函数，而偶像差引起的最佳焦面上的空间像变化是关于 x 的偶函数，为排除偶像差的影响，将 x 轴两侧的 δI^{Z_7} 做差得到

$$\delta I_{\mathrm{nb}}^{Z_7}=\delta I^{Z_7}(x)-\delta I^{Z_7}(-x),\quad x>0 \tag{5.41}$$

根据式(5.40)可知，$\delta I_{\mathrm{nb}}^{Z_7}$ 与光源也保持线性关系。

A. 目标函数一

以 $\delta I_{\mathrm{nb}}^{Z_7}$ 中所有点的平方和作为目标函数：

$$F=-\left\|\delta I_{\mathrm{nb}}^{Z_7}\right\|_2^2=-\boldsymbol{s}^{\mathrm{T}}\left(\mathbf{ISM}_{Z_7}\cdot\mathbf{ISM}_{Z_7}^{\mathrm{T}}\right)\boldsymbol{s}=\boldsymbol{s}^{\mathrm{T}}\left(-\mathbf{H}_{Z_7}\right)\boldsymbol{s} \tag{5.42}$$

上式中负号的作用是将求最大值转化为求最小值。其中，矩阵 $\mathbf{ISM}_{Z_7}$ 为

$$\mathbf{ISM}_{Z_7}=\begin{bmatrix} \delta I_{\mathrm{nb},s_1}^{Z_7,1} & \delta I_{\mathrm{nb},s_1}^{Z_7,2} & \cdots & \delta I_{\mathrm{nb},s_1}^{Z_7,N} \\ \delta I_{\mathrm{nb},s_2}^{Z_7,1} & \delta I_{\mathrm{nb},s_2}^{Z_7,2} & \cdots & \delta I_{\mathrm{nb},s_2}^{Z_7,N} \\ \vdots & \vdots & & \vdots \\ \delta I_{\mathrm{nb},s_M}^{Z_7,1} & \delta I_{\mathrm{nb},s_M}^{Z_7,2} & \cdots & \delta I_{\mathrm{nb},s_M}^{Z_7,N} \end{bmatrix} \tag{5.43}$$

其中，$\delta I_{s_i}^{Z_7,j}$ 表示第 $i\left(1\leqslant i\leqslant M\right)$ 个点光源对应的 $\delta I_{s_i}^{Z_7}$ 中的第 $j\left(1\leqslant j\leqslant N\right)$ 个点；向量 $\delta I_{s_i}^{Z_7}$ 中点的排列方式如前文所述。

根据上述讨论，可以得到求解对 Z_7 的灵敏度最大的光源的二次规划问题。类似地，可以得到求解对 Z_{10}、Z_{14}、Z_{23} 等灵敏度最大光源的二次规划问题。与分辨率增强技术中的应用类似，可以通过一定权重因子得到求解对多个奇像差灵敏度最大的光源的二次规划问题：

$$\begin{cases} \min \ : \quad F = \boldsymbol{s}^{\mathrm{T}}\left(-\sum_{n=1}^{K}\omega_n \boldsymbol{H}_{Z_n}\right)\boldsymbol{s} \\ \text{s.t.} \ : \\ \qquad \sum_{i=1}^{M} s_i = 1 \\ \qquad 0 \leqslant s_i \leqslant 1, 1 \leqslant i \leqslant M \end{cases} \tag{5.44}$$

其中，K 表示像差总数。

B. 目标函数二

上述目标函数只能间接地衡量成像位置偏移量，此处引入成像位置偏移量的一种求解方法。如图 5-11 所示，I_{tr} 表示空间像阈值，由图可知偏移量 IPE(image placement error)为

$$\mathrm{IPE} = x_0 - (-a) = x_0 + a \tag{5.45}$$

计算时可以选定 a 的值，但是由于 x_0 未知，因而无法直接采用上式计算。选恰当的 a 值，使$-a$～x_0之间的曲线是线性的，因而

$$\mathrm{IPE} = x_0 + a \approx \frac{I(a) - I(-a)}{\mathrm{d}I\mathrm{d}x(-a)} \tag{5.46}$$

其中，dIdx 表示空间像对成像位置 x 的导数。

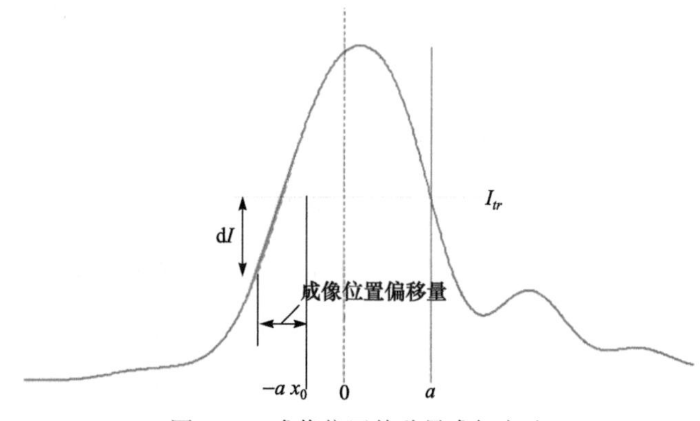

图 5-11　成像位置偏移量求解方法

用式(5.46)计算成像位置偏移量，为了构造上式中的 IPE 与光源的线性关系，将空间像用 dIdx($-a$)归一化，而不是采用总光源值归一化，可得

$$\mathrm{IPE} = I(a) - I(-a) = \sum s_i I_{aa}^{s_i} \tag{5.47}$$

其中，$I_{aa}^{s_i}$ 表示 s_i 对应的单位点光源引起的空间像强度在位置 a 和$-a$ 处的差值。上述归一化方式产生如下的约束条件：

$$\mathrm{d}I\mathrm{d}x(-a)=\sum s_i \mathrm{d}I_{-a}^{s_i}=1 \tag{5.48}$$

其中，$\mathrm{d}I_{-a}^{s_i}$ 表示对应的单位点光源在位置$-a$处引起的空间像梯度。由于未采用总光源值归一化，因而点光源 s_i 的取值范围为 0 到一个正整数 A：

$$0 \leqslant s_i \leqslant A \tag{5.49}$$

采用 IPE 的平方的相反数为目标函数，利用式(5.47)～式(5.49)可以构造出一个二次规划问题，从而可采用二次规划方法求解。

类似地，可以得到优化偶像差的灵敏度的二次规划问题。由于偶像差引起空间像的轴向移动，因而只需要计算 x=0 时的空间像。

2) 仿真实验

采用 TAMIS 技术使用的孤立空掩模标记，空宽度为 250nm，周期为 3000nm，垂轴坐标 x 的取值范围为−200～200nm。数值孔径为 0.75，光源离散间隔为 0.1，优化前的照明为部分相干因子σ_{out}=0.8，σ_{in}=0.6，极张角为 30°的二极照明。根据式(5.40)和式(5.43)得到矩阵 $\mathbf{ISM}_{Z_n}$，同时采用目标函数一和目标函数二优化光源，以偏移量最大时的结果为最终结果。以奇像差 Z_7 和 Z_{14} 为例优化单个像差的偏移量，优化前后 Z_7 对应的偏移量如图 5-12 所示。由图可知，通过光源优化，Z_7 对应的偏移量由 5nm 提高到了 9nm。

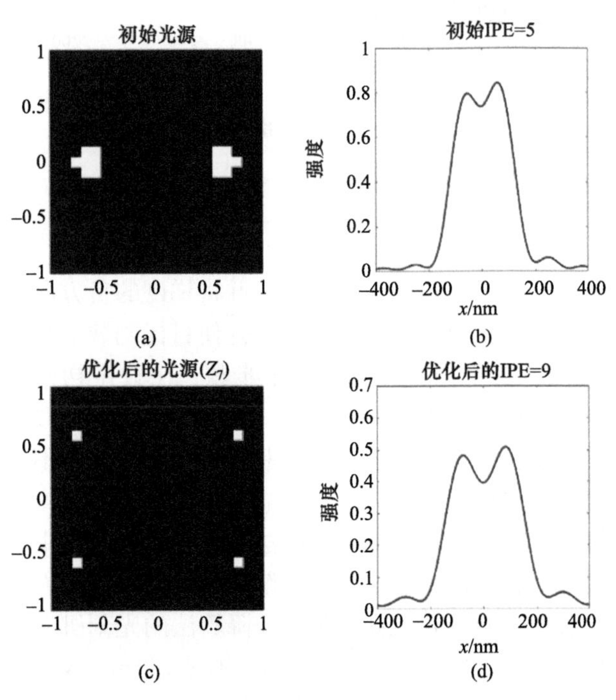

图 5-12　Z_7 偏移量优化前后结果对比

优化前后 Z_{14} 对应的偏移量如图 5-13 所示。由图可知，通过光源优化，Z_{14} 对应的偏移量由 3nm 提高到了 6nm。上述结果表明，通过光源优化，像差引起的偏移量提高了。采用使各像差对应偏移量最大的照明光源组合检测波像差，可提高波像差检测精度。

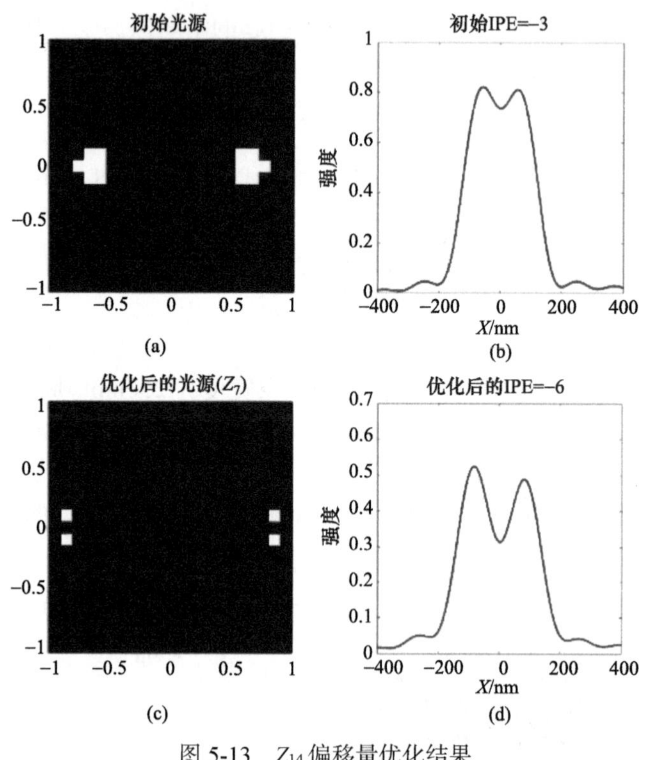

图 5-13　Z_{14} 偏移量优化结果

3. 梯度法光源优化检测法[6,8]

1) 检测原理

梯度法通过计算目标函数对自变量的梯度，并将梯度的负方向作为自变量的变化方向进行优化。由泰勒多项式可以证明负梯度方向是使目标函数下降最快的方向，因而梯度法又称为最速下降法。梯度法包括如下基本步骤：①设定初始值和迭代终止条件；②计算目标函数的梯度，并对梯度进行归一化；③确定使目标函数值降低最大的迭代步长；④根据梯度和迭代步长更新自变量；⑤检验终止条件，如果不满足终止条件则转到步骤②，否则结束迭代并输出结果。

上述步骤的关键是计算梯度。在基于梯度法的光源掩模优化中，当目标函数有关于光源和掩模的解析公式时，可以推导出梯度的解析解，然而这种方法限制了目标函数的种类，且依赖于成像模型。基于随机并行梯度速降算法的光刻机光源与掩模联合优化方法无法保证光源的对称性[9]。为了解决上述问题，根据求导的链式法则，可以将目标函数对光源和掩模的梯度分成两个部分，分别是目标函数对空间像的梯度和空间像对光源(掩模)的梯度。目标函数与空间像没有显式的解析公式时，根据梯度的定义计算梯度，梯度法可应用于任意的目标函数。另外，采用广义的 Abbe 成像公式可使优化得到的光源总是具有对称性。

以式(5.41)所示的 $\delta I_{\mathrm{nb}}^{Z_7}$ 为目标函数，容易得到

$$\frac{\mathrm{d}\left(\delta I_{\mathrm{nb}}^{Z_7}\right)}{\mathrm{d}s_i}=\delta I_{s_i}^{Z_7,j} \tag{5.50}$$

采用式(5.42)所示的目标函数对 TAMIS 技术进行优化。当优化奇像差对应的光源时，在最佳焦面计算 $\delta I_{\mathrm{nb}}^{Z_7}$；当优化偶像差对应的光源时，在光轴上计算 $\delta I_{\mathrm{nb}}^{Z_7}$。

2) 仿真实验

下面对上述方法进行仿真验证。掩模标记采用宽 250nm，周期 3000nm 的孤立空图形。光源的离散间隔为 0.1，优化的步长为 0.2，迭代次数为 800 次。对奇像差对应的灵敏度优化时，x 的取值范围为−100～100nm，离散间隔为 1nm。对偶像差对应的灵敏度进行优化时，z 的取值范围为−200～200nm，离散间隔为 1nm。所有像差的幅值都为 0.02λ，初始照明都是σ_{out}=0.8，σ_{in}=0.6 的环形照明。Z_7 灵敏度对应的光源的优化结果如图 5-14 所示。

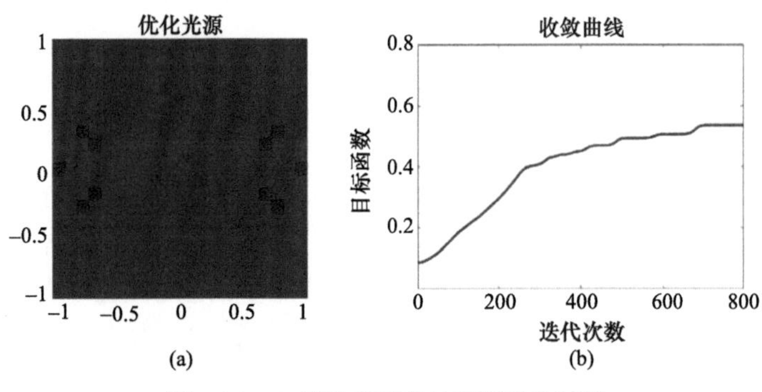

图 5-14 Z_7 灵敏度对应的光源优化结果

与图 5-12(a)的结果相比，梯度法得到的结果与基于二次规划方法得到的结果是一致的。从图 5-14(b)所示的收敛曲线可知，经过光源优化，目标函数从小于 0.1 增加到了 0.4 以上，偏移量也由 3nm 增加到 5nm。类似地，对 Z_{10}、Z_{14}、Z_9、Z_{16} 偏移量对应的光源的优化结果如图 5-15 所示。其中，光源优化后，Z_{10} 对应的偏移量由 2nm 增加到了 7nm，Z_{14} 对应的偏移量由 2nm 增加到了 5nm，而 Z_9 和 Z_{16} 的偏移量都没有增加。分析表明，优化光源主要改变了 Z_9 和 Z_{16} 引起的空间像变化量的幅值，而对不对称性影响不大，因而偏移量没有增加。

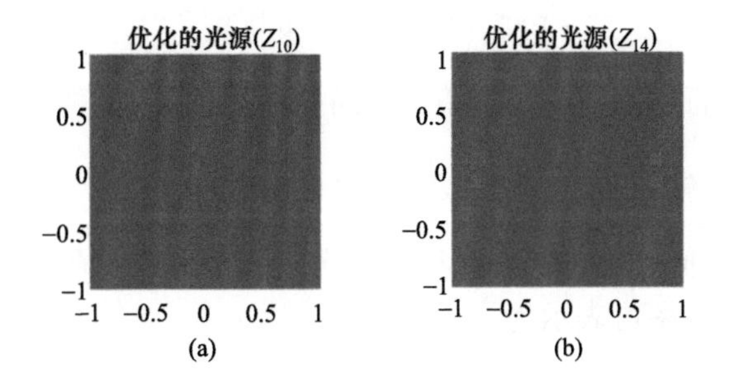

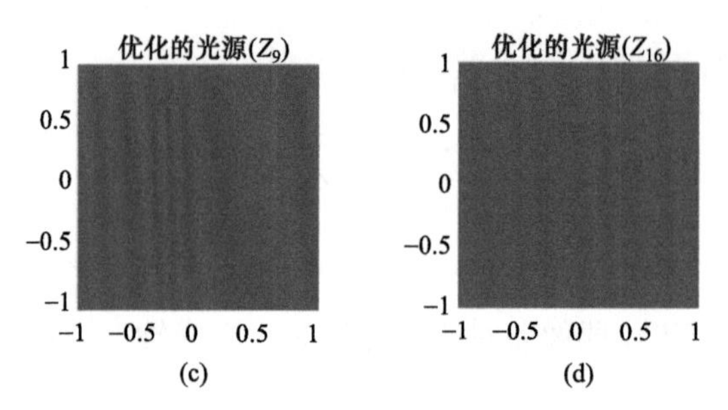

图 5-15　Z_{10}、Z_{14}、Z_9、Z_{16} 偏移量对应的光源优化结果

5.1.2　相移掩模标记检测法

使用相移掩模代替二元光栅作为检测标记，可以增强高级次衍射光的光强，提高波像差检测灵敏度，从而提高检测精度。根据所采用相移掩模标记的不同，可分为 Alt-PSM 标记检测法、线空比优化的相移掩模标记检测法、非对称相移掩模标记检测法以及平移对称相移掩模标记检测法四种。后两种技术相关性较大，一并在 5.1.2.3 节进行讨论。

5.1.2.1　Alt-PSM 标记检测法[1,10]

1. 检测原理

基于 Alt-PSM 的彗差检测标记的 X 方向线条与 Y 方向线条的截面图均如图 5-16 所示，a 为掩模基底，通常为石英；b 为基底上的不透光涂层，通常为铬；c 为掩模放置环境，通常为空气；f 为线条宽度，线条间距为 $2f$。相邻两个透光位置厚度差为 d，$d=\lambda/2\Delta n$，这样相邻线条之间能产生 180°相移，其中 λ 为曝光波长，Δn 为 1 与 3 的折射率差。

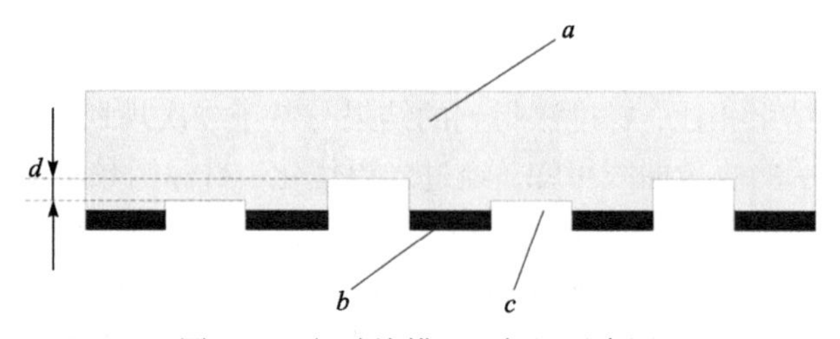

图 5-16　相移掩模 TIS 标记示意图

当使用二元掩模制作的普通标记时，Y 方向线条标记的复透过率可表示为

$$t=\mathrm{rect}(x/f)*\frac{1}{2f}\mathrm{comb}(x/2f) \tag{5.51}$$

这样用垂直掩模的平行光照射时，物镜光瞳面振幅分布为 t 的傅里叶变换，即

$$E(f_x)=f\sin c(ff_x)\mathrm{comb}(2ff_x)=\frac{1}{2}\sin c(ff_x)\sum_{-\infty}^{\infty}\delta\left(fx-\frac{n}{2f}\right),\ n\in Z \tag{5.52}$$

其中，$f_x=\sin\theta/\lambda$，为空间频率，θ 为孔径角。当使用上述相移掩模制作的相移标记时，Y 方向线条标记的复透过率可表示为

$$t = \mathrm{rect}(x/f) * \frac{1}{4f}\mathrm{comb}\left[(x+f)/4f\right] - \mathrm{rect}(x/f) * \frac{1}{4f}\mathrm{comb}\left[(x-f)/4f\right]$$

这样用垂直掩模的平面光照射时，物镜光瞳面振幅分布为

$$\begin{aligned} E(fx) &= f\mathrm{sinc}(ff_x)\left[\exp(\mathrm{i}2\pi ff_x)\mathrm{comb}(4ff_x) - \exp(\mathrm{i}2\pi ff_x)\mathrm{comb}(4ff_x)\right] \\ &= 2\mathrm{i}f\sin(2\pi ff_x)\mathrm{sinc}(ff_x)\mathrm{comb}(4ff_x) \\ &= \frac{1}{2}\mathrm{i}\mathrm{sinc}(ff_x)\sin(2\pi ff_x)\sum_{-\infty}^{\infty}\delta\left(f_x - \frac{n}{4f}\right), \quad n \in Z \end{aligned} \tag{5.53}$$

使用相移标记与普通标记时，物镜出瞳面上的光场强度分布如图 5-17 所示。图中红线表示普通标记的光场强度分布，绿线表示相移标记的光场强度分布。由图中可以看出，采用相移标记时 0 级衍射光为缺级，而±1 级相对于普通标记的±1 级向内平移。普通标记的除 0 级以外的偶数级为缺级。当使用 250nm 线宽的 TIS 标记时，曝光波长为 193nm，物镜最大数值孔径为 0.8 时，对于普通标记仅有 0 级衍射光与±1 级衍射光在投影物镜出瞳以内，而相移标记±1、±2 级衍射光在投影物镜出瞳以内。

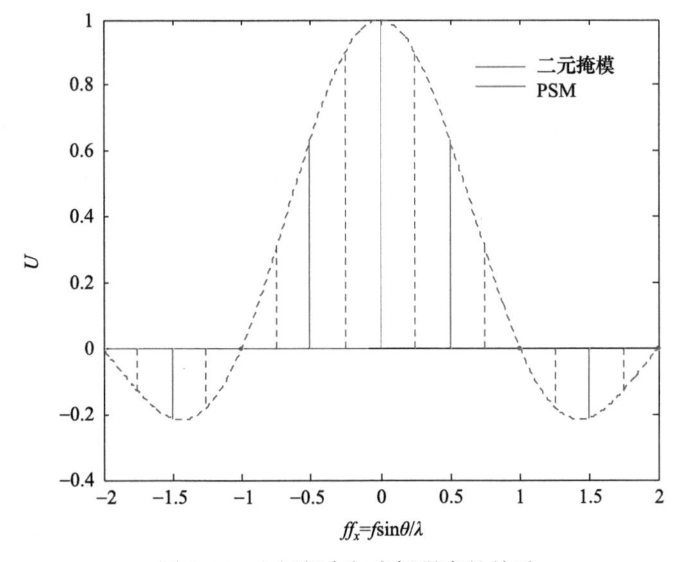

图 5-17　空间频率与光场强度的关系

首先考虑相移标记对三阶彗差灵敏度矩阵的影响。由式(5.7)与式(5.8)可知，三阶彗差导致的横向成像位置偏移当 ρ=0 时取最大值，而当 ρ=1 时取最小值。普通标记的 0 级衍射光与±1 级衍射光在投影物镜出瞳以内，且 0 级衍射光光强较大，而相移标记±1、±2 级衍射光在投影物镜出瞳以内，因此考虑到不同的照明方式，由于没有了光强很大的 0 级光，因此相移标记产生的衍射光在投影物镜出瞳边缘处的光强应大于普通标记。由于 0 级光强较大，因此普通标记产生的衍射光在投影物镜出瞳中心附近的光强应大于相移标记。但考虑到相移标记±1 级衍射光空间频率为普通标记的 1/2，因此采用适当照明方式的情况下，投影物镜出瞳中心附近的光强应与普通标记近似相同，即相移标记产生的横向成像位置偏移量最小值应小于普通标记，而最大值与普通标记近似相同。因此，相

移标记产生的 X 方向成像位置偏移量的变化范围大于普通标记，即相移标记使得三阶彗差 Z_7、Z_8 的灵敏度系数的变化范围变大。

由式(5.9)与式(5.10)可知，三阶球差与像散导致的轴向成像位置偏移，当 $\rho=0$ 时取最小值，而当 $\rho=1$ 时取最大值。与彗差相比，较低频率的光线对三阶球差与像散导致的轴向成像位置偏移量贡献较小。因此，相移标记同样将使得三阶球差 Z_9 与三阶像散 Z_{12} 的灵敏度系数的变化范围变大，但灵敏度系数的增加幅度应小于三阶彗差。

同样地，使用相移标记可使包括 Z_{14}、Z_{15}、Z_{16} 在内的高阶像差的灵敏度系数变化范围增大。但高阶像差引起的成像位置偏移，在 $\rho=0$ 时取最大值，在 $\rho=0.7$ 时取最小值。由图 5-17 可知，相移标记的±3 级衍射光恰好处于 $\rho=0.7$ 位置附近。因此，使用相移标记后，高阶像差引起的成像位置最小值将大大减小。相移掩模对高阶像差灵敏度系数变化范围的影响将大于三阶像差。

综上所述，使用相移标记使得波像差的灵敏度系数变化范围增加。与此同时，由于相移标记空间像的对比度大于普通标记，成像位置偏移量的测量精度有一定提高，因此相移掩模将提高投影物镜波像差的测量精度。

2. 仿真实验

为了证明相移标记使得波像差的灵敏度系数变化范围增加，从而提高投影物镜波像差测量精度，利用光刻仿真软件 PROLITH 对不同条件下使用相移掩模和普通掩模时波像差导致的成像位置偏移量进行了仿真，并对结果进行了比较和分析。下面将分别对奇像差与偶像差导致的成像位置偏移量仿真结果进行比较和分析。

利用光刻仿真软件 PROLITH，计算不同照明条件下的奇像差引起的横向成像位置偏移量。在其他 Zernike 系数为零、Z_7 为 0.05λ，物镜最大数值孔径为 0.8，曝光波长为 193nm，密集线条宽度为 250nm 的条件下，图 5-18 比较了使用相移掩模和未使用相移掩模时，由 PROLITH 计算得出的 X 方向成像位置偏移量随投影数值孔径与部分相干因子变化的情况。其中图 5-18(a)和(c)分别对应传统照明与环形照明，环带宽度为 0.3，使用普通标记时，由 PROLITH 计算得到的成像位置偏移量的等高图；图 5-18(b)和(d)分别对应传统

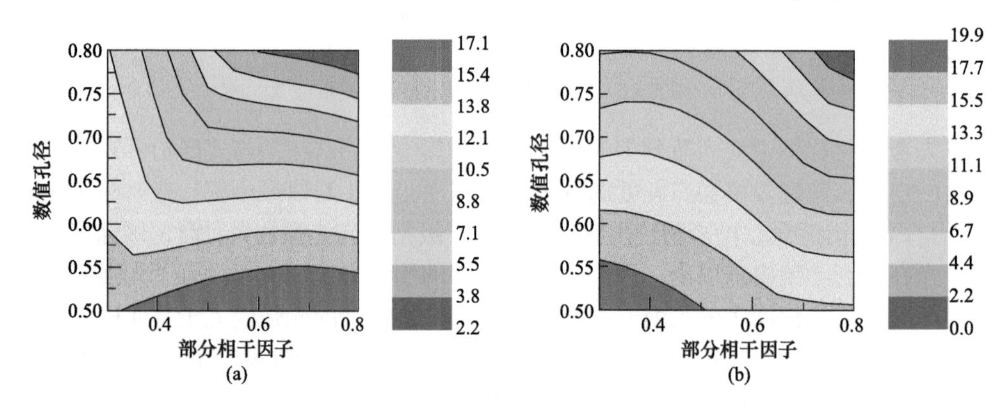

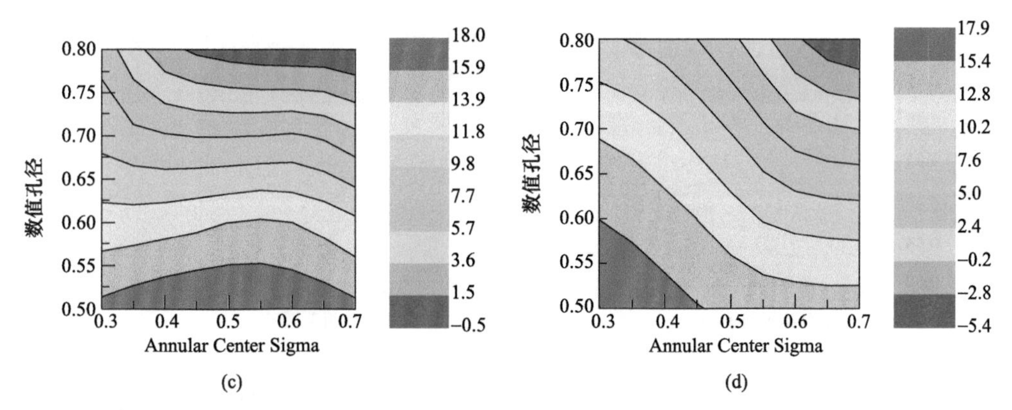

图 5-18　Z_7 为 0.05λ 时，使用相移掩模(b)、(d)和未使用相移掩模(a)、(c)时，由 PROLITH 计算得出的 ΔX 随数值孔径与部分相干因子变化等高图

照明与环形照明，环带宽度为 0.3，使用相移标记时，由 PROLITH 计算得到的成像位置偏移量的等高图。不同条件下 Z_7 灵敏度系数变化范围如表 5-4 所示。两种照明方式下，Z_7 灵敏度系数变化范围分别增加了 33.6%与 26.0%。

两种照明方式下，相移标记的 Z_7 灵敏度最小值均小于普通标记。环形照明条件下相移标记的 Z_7 灵敏度最大值与普通标记近似相同，这与上面的分析相同。传统照明条件下相移标记的 Z_7 灵敏度最大值大于普通标记。这是由于此时普通标记±1 级中心位置影响相对较大。

表 5-4　Z_7 灵敏度系数变化范围

条件	灵敏度最大值	灵敏度最小值	灵敏度变化范围
普通标记　传统照明	1.71	0.22	1.49
相移标记　传统照明	1.99	0.00	1.99
普通标记　环形照明	1.80	−0.05	1.85
相移标记　环形照明	1.79	−0.54	2.33

在其他 Zernike 系数为 0、Z_{14} 为 0.05λ，物镜最大数值孔径为 0.8，曝光波长为 193nm，密集线条宽度为 250nm 的条件下，图 5-19 比较了使用相移掩模和未使用相移掩模时，由 PROLITH 计算得出的 X 方向成像位置偏移量随投影物镜数值孔径与部分相干因子变化的情况。其中图 5-19(a)和(c)分别对应传统照明与环形照明，环带宽度为 0.3，使用普通标记时，由 PROLITH 计算得到的成像位置偏移量的等高图；图 5-19(b)和(d)分别对应传统照明与环形照明，环带宽度为 0.3，使用相移标记时，由 PROLITH 计算得到的成像位置偏移量的等高图。不同条件下 Z_{14} 灵敏度系数变化范围如表 5-5 所示。两种照明方式下，Z_{14} 灵敏度系数变化范围分别增加了 54.4%与 2.3%。

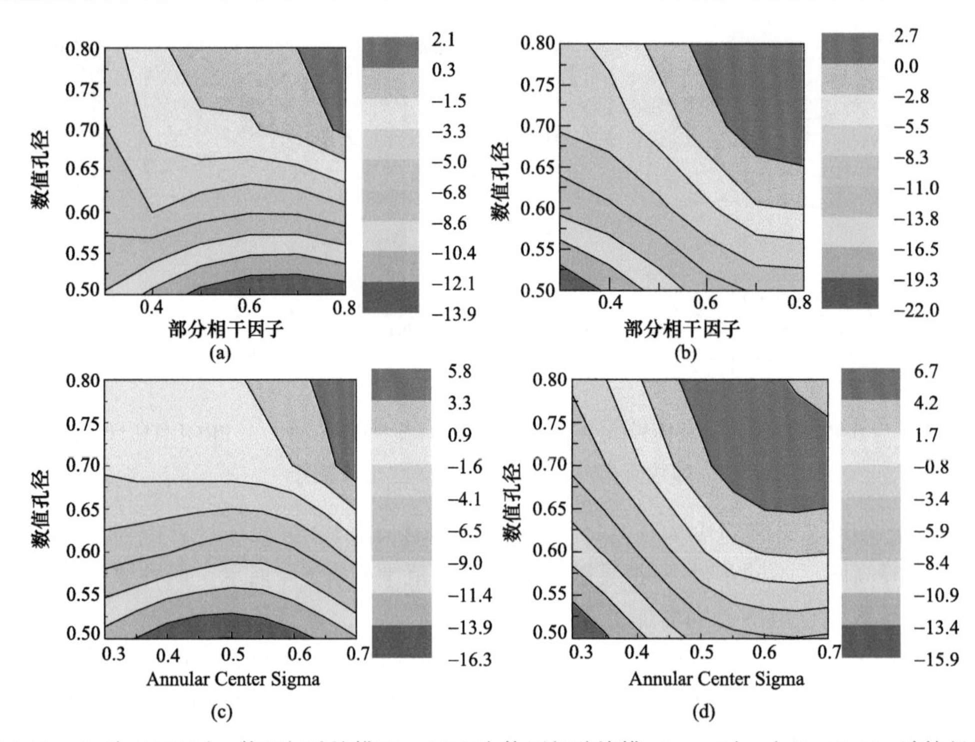

图 5-19　Z_{14}为 0.05λ 时，使用相移掩模(b)、(d)和未使用相移掩模(a)、(c)时，由 PROLITH 计算得出的 ΔX 随数值孔径与部分相干因子变化等高图

表 5-5　Z_{14} 灵敏度系数变化范围

条件	灵敏度最大值	灵敏度最小值	灵敏度变化范围
普通标记 传统照明	0.21	−1.39	1.6
相移标记 传统照明	0.27	−2.20	2.47
普通标记 环形照明	0.58	−1.63	2.21
相移标记 环形照明	0.67	−1.59	2.26

Y 方向彗差 Z_8 与 Z_{15} 对 X 方向线条产生的 Y 向偏移量分别与 X 方向彗差 Z_7 与 Z_{14} 对 Y 方向线条产生的 X 向偏移量相同，因此灵敏度矩阵的变化情况也与 X 方向彗差相同。

由式(5.7)与式(5.8)可知，除彗差对横向成像位置偏移量产生影响外，三波差也将影响横向成像位置偏移量。该影响是彗差检测的主要误差源之一。在其他 Zernike 系数为 0、Z_{10} 为 0.05λ，物镜最大数值孔径为 0.8，曝光波长为 193nm，密集线条宽度为 250nm 的条件下，图 5-20 比较了使用相移掩模和未使用相移掩模时，由 PROLITH 计算得出的 X 方向成像位置偏移量随投影数值孔径与部分相干因子变化的情况。其中图 5-20(a)和(c)分别对应传统照明与环形照明，环带宽度为 0.3，使用普通标记时，由 PROLITH 计算得到的成像位置偏移量的等高图；图 5-20(b)和(d)分别对应传统照明与环形照明，环带宽度为 0.3，使用相移标记时，由 PROLITH 计算得到的成像位置偏移量的等高图。由图 5-20

可知，在环形照明条件下，采用相移掩模后 Z_{10} 导致的成像位置偏差相对于采用二元掩模减小了 1.47nm，同时大部分区域的成像位置偏移量大大减小；在传统照明条件下，采用相移掩模后 Z_{10} 导致的成像位置偏差相对于采用二元掩模增加了 0.59nm，但采用相移掩模时 Z_{10} 导致的成像位置偏差小于 2nm 的区域远大于采用二元掩模的情况。因此，使用相移标记时，三波差导致成像位置偏移量产生的测量误差应不大于使用普通标记的情况。

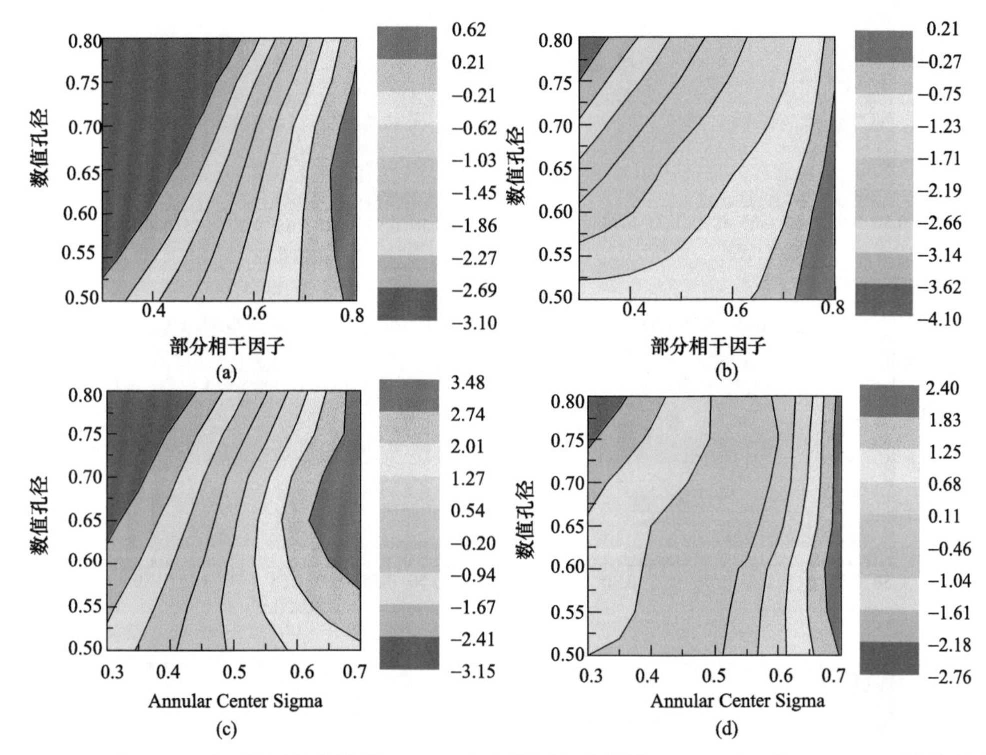

图 5-20　Z_{10} 为 0.05λ 时，使用相移掩模(b)、(d)和未使用相移掩模(a)、(c)时，由 PROLITH 计算得出的 ΔX 随数值孔径与部分相干因子变化等高图

在传统照明的情况下，三阶彗差与五阶彗差灵敏度系数变化范围分别增加了 33.6%与 54.4%，而在环形照明情况下，灵敏度系数变化范围分别增加了 26.0%与 2.3%。因此，在传统照明条件下，三阶彗差测量精度可提高 30%以上，而在环形照明条件下，三阶彗差测量精度可提高 20%以上。

利用光刻仿真软件 PROLITH，计算不同照明条件下的偶像差引起的轴向成像位置偏移量。在物镜最大数值孔径为 0.8，曝光波长为 193nm，密集线条宽度为 250nm 的条件下，图 5-21 比较了使用相移掩模和未使用相移掩模时，由 PROLITH 计算得出的各阶偶像差引起的轴向成像位置偏移量随投影数值孔径与部分相干因子变化的情况。其中图 5-21(a)和(b)分别对应传统照明，使用普通标记与相移标记时，由 PROLITH 计算得到的 Z_9 引起的轴向成像位置偏移量的等高图；图 5-21(c)和(d)分别对应传统照明，使用普通标记与相移标记时，由 PROLITH 计算得到的 Z_{16} 引起的轴向成像位置偏移量的等高图；图 5-21(e)和(f)分别对应传统照明，使用普通标记与相移标记时，由 PROLITH 计算得到

的 Z_{12} 引起的轴向成像位置偏移量的等高图。偶像差灵敏度系数变化范围如表 5-6 所示。由表 5-6 可知，使用相移掩模后，Z_9、Z_{16} 与 Z_{12} 灵敏度系数变化范围分别增加了 15.6%、25.7%与 3.2%。

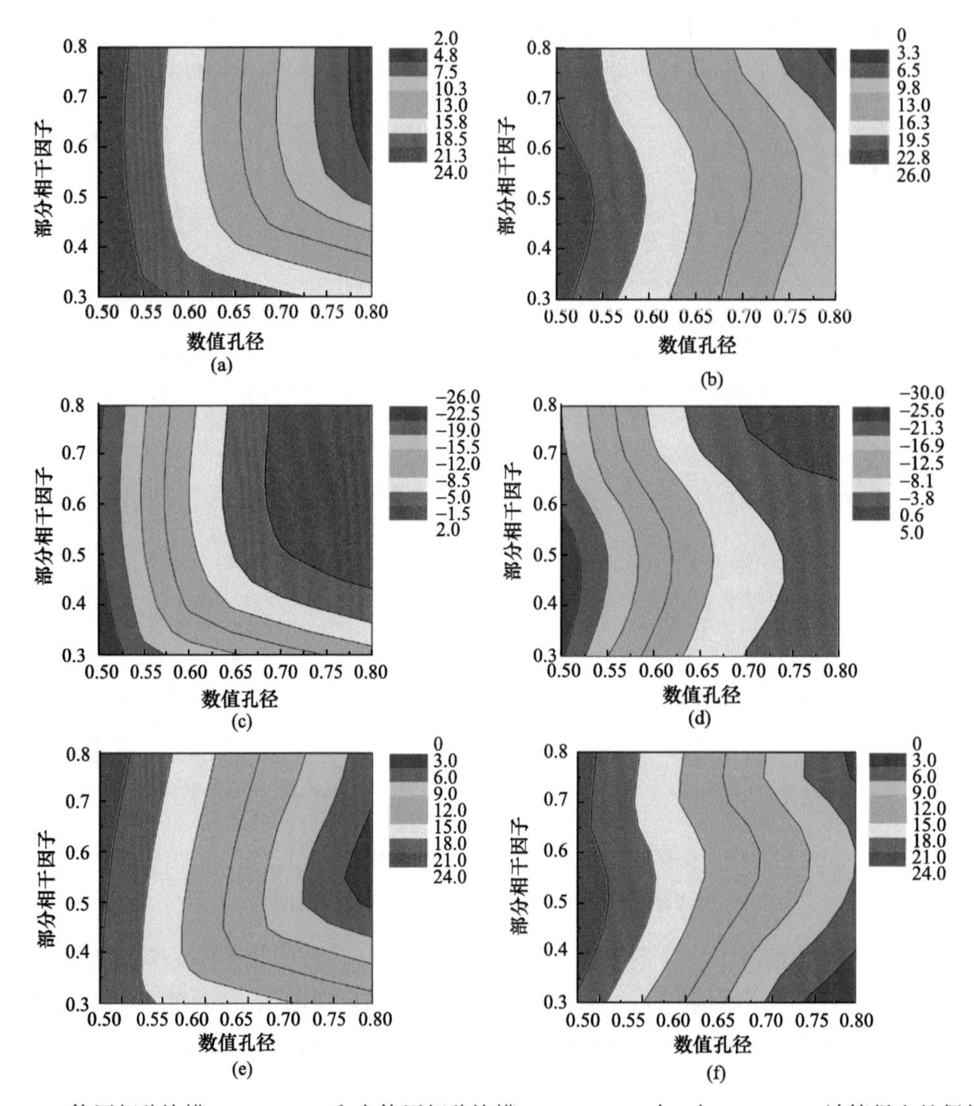

图 5-21 使用相移掩模(b)、(d)、(f)和未使用相移掩模(a)、(c)、(e)时，由 PROLITH 计算得出的偶像差灵敏度系数随数值孔径与部分相干因子变化等高图

表 5-6 偶像差灵敏度系数变化范围

Zernike	标记	灵敏度最大值	灵敏度最小值	灵敏度变化范围
Z_9	普通标记	23.9	2.8	21.1
Z_9	相移标记	25.1	0.7	24.4
Z_{16}	普通标记	0.10	−25.6	25.7

续表

Zernike	标记	灵敏度最大值	灵敏度最小值	灵敏度变化范围
Z_{16}	相移标记	2.3	−30.0	32.3
Z_{12}	普通标记	23.0	1.1	21.9
Z_{12}	相移标记	23.1	0.5	22.6

在基于相移掩模的波像差检测技术中，掩模相移器的制造误差将引起检测系统误差。利用 PROLITH，对掩模相移器的制造误差引起的像差灵敏度变化进行计算。仿真结果表明，当相移器的制造误差在±5°时，奇像差灵敏度变化小于 0.002，偶像差灵敏度变化小于 0.01。因此，相移器的制造误差引起的像差灵敏度变化可以忽略。

综上所述，使用相移掩模后，彗差与球差的灵敏度变化范围均提高了 20%以上，且相移器的制造误差引起的像差灵敏度变化可以忽略。考虑到相移掩模可以提高光刻机成像的对比度，从而提高 TIS 成像位置偏差的测量精度，因此基于相移掩模的波像差检测技术的检测精度相对于 TAMIS 技术将提高 20%以上。

5.1.2.2　线空比优化的 Alt-PSM 标记检测法[11,12]

该技术通过优化 Alt-PSM 光栅标记的线空比，增大其对偶像差的灵敏度系数，从而提高偶像差的检测精度。

1. 检测原理

光刻机投影物镜波像差可以用 Zernike 多项式表征，如下式所示:

$$
\begin{aligned}
W(\rho,\theta) &= \sum_{n=1}^{\infty} Z_n \cdot R_n(\rho,\theta), \quad n \in Z \\
&= Z_1 + Z_2\rho\cos\theta + Z_3\rho\sin\theta + Z_4(2\rho^2-1) + Z_5\rho^2\cos 2\theta + Z_6\rho^2\sin 2\theta + \cdots \\
&\quad + Z_9(6\rho^4-6\rho^2+1) + \cdots + Z_{12}(4\rho^2-3)\rho^2\cos 2\theta + Z_{13}(4\rho^2-3)\rho^2\sin 2\theta \\
&\quad + \cdots + Z_{16}(20\rho^6-30\rho^4+12\rho^2-1) + \cdots + Z_{21}(15\rho^4-20\rho^2+6)\rho^2\cos 2\theta \\
&\quad + Z_{22}(15\rho^4-20\rho^2+6)\rho^2\sin 2\theta + \cdots
\end{aligned} \tag{5.54}
$$

其中，ρ 是归一化的投影物镜光瞳半径；θ 是方位角。在 TAMIS 等国际主流光刻机投影物镜波像差原位检测技术中，高阶球差和像散对检测标记空间像的最佳焦面偏移的影响通常被忽略。球差可以由 Zernike 系数 Z_9 和 Z_{16} 表示，像散可以由 Zernike 系数 Z_5、Z_6、Z_{12}、Z_{13}、Z_{21} 和 Z_{22} 表示。

在光刻成像模型中，最佳焦面偏移定义为测得的焦面位置和理想焦面位置之间的轴向距离。在最佳焦面通常具有最大的空间像光强。偶像差引起的最佳焦面偏移是投影物镜光瞳半径的函数，可以表示为

$$\Delta F_s(\rho) \propto Z_4 + Z_9\left(3\rho^2 - 1.5\right) + Z_{16}\left(10\rho^4 - 10\rho^2 + 1\right) \tag{5.55}$$

$$\Delta F_a^{H/V}(\rho) \propto Z_5 + Z_{12}\left(4\rho^2 - 3\right) + Z_{21}\left(15\rho^4 - 20\rho^2 + 6\right) \tag{5.56}$$

$$\Delta F_a^{\pm 45^\circ}(\rho) \propto Z_6 + Z_{13}\left(4\rho^2 - 3\right) + Z_{22}\left(15\rho^4 - 20\rho^2 + 6\right) \tag{5.57}$$

其中，$\Delta F_s(\rho)$是由球差引起的最佳焦面偏移量；$\Delta F_a^{H/V}(\rho)$是由水平/垂直像散引起的最佳焦面偏移量；$\Delta F_a^{\pm 45^\circ}(\rho)$是由 ±45° 像散引起的最佳焦面偏移量。由式(5.55)～式(5.57)三式可知，偶像差对最佳焦面偏移的影响取决于检测标记衍射光在投影物镜光瞳面的分布。

用于测量球差和像散的检测标记如图 5-22 所示，该标记由位于 0°、45°、90°和 135°方向的交替相移光栅标记组成。图中，黑色区域代表铬，即不透光区，白色区域代表 0°相位透光区域，灰色区域代表 180°相位透光区域。0°相位透光区域和 180°相位透光区域具有相同的宽度。线空比为 1 ∶ m，以位于 90°方向的交替型相移光栅标记为例，其透射方程为

$$\begin{aligned} t(x) = & \frac{1}{2(m+1)w}\mathrm{comb}\left[\frac{x}{2(m+1)w}\right] * \left\{\mathrm{rect}\left[\frac{x+(m+1)w/2}{mw}\right] + \mathrm{e}^{\mathrm{j}\pi}\mathrm{rect}\left[\frac{x-(m+1)w/2}{mw}\right]\right\} \\ & \cdot \frac{1}{2(m+1)w}\mathrm{comb}\left[\frac{x}{2(m+1)w}\right] * \left\{\mathrm{rect}\left[\frac{x+(m+1)w/2}{mw}\right] - \mathrm{rect}\left[\frac{x-(m+1)w/2}{mw}\right]\right\}, \quad n \in Z \end{aligned} \tag{5.58}$$

其中，w 是交替型相移光栅标记的线宽。交替型相移光栅标记的频谱为透射函数$t(x)$的傅里叶变换，结果为

$$U(f_x) = 2\mathrm{j}mw \cdot \mathrm{comb}\left[2(m+1)wf_x\right]\mathrm{sinc}(mwfx)\sin\left[\pi(m+1)wf_x\right], \quad n \in Z \tag{5.59}$$

其中，$f_x = \sin\theta / \lambda$ 是空间频率变量；sinc 函数可以定义为$\mathrm{sinc}(x) = \sin(\pi x)/\pi x$。

图 5-22　检测标记

由式(5.55)～式(5.57)可知，偶像差引起的检测标记空间像最佳焦面偏移量取决于检测标记衍射光在光瞳面的分布。由 Z_9、Z_{12}、Z_{13} 引起的最佳焦面偏移量的最大值发生在投影物镜光瞳面的 ρ=1 处，最小值发生在 ρ=0 处。由 Z_{16}、Z_{21}、Z_{22} 引起的最佳焦面偏移量的最大值发生在投影物镜光瞳面的 ρ=0 处，最小值发生在 ρ=0.7～0.8 附近。偶像差检测标记的衍射谱应当具有某些级次位于光瞳面由偶像差引起最大相位误差的位置，使其对最佳焦面位置偏移量的灵敏度更大。

从式(5.59)可以发现，用作检测标记的 Alt-PSM 光栅标记的频谱分布取决于 Alt-PSM 光栅标记的线空比 1：m。使用光刻仿真软件 PROLITH 对交替型相移光栅标记的线空比进行优化，以获得最大的球差和像散灵敏度系数。在 PROLITH 仿真过程中，模拟了检测标记的空间像，未使用光刻胶。仿真过程中的参数设置如下，数值孔径的变化范围为 0.5～0.8，部分相干因子的变化范围为 0.3～0.8。交替型相移光栅标记的线宽为 250nm，与 TAMIS 技术采用的线宽参数相同，交替型相移光栅标记的线空比为 1：1、1：2、1：3 和 1：4。每一项 Zernike 系数设置为 0.01，Z_9 和 Z_{16} 引起的最佳焦面偏移即为四个方向交替型相移光栅标记的空间像最佳焦面偏移量的平均值，Z_{12}/Z_{13} 和 Z_{21}/Z_{22} 引起的最佳焦面偏移量即为相互垂直的交替型相移光栅标记的空间像最佳焦面之间的轴向距离。由各项与偶像差相关的 Zernike 系数引起的最佳焦面偏移量的最大值如表 5-7 所示。

表 5-7　不同线空比情况下的最佳焦面偏移量仿真结果

	1：1	1：2	1：3	1：4
Z_9	26.8	31.9	29.2	29.2
Z_{16}	−36.2	−54.0	−45.0	−45.0
Z_{12}/Z_{13}	24.6	31.0	28.0	27.6
Z_{21}/Z_{22}	−28.2	−51.0	−40.0	−39.8

从表 5-7 中可以看出，当交替型相移光栅标记的线空比为 1：2 时，与球差和像散有关的 Zernike 系数具有最大的灵敏度。当线空比为 1：2 时，式(5.59)可以写成

$$U(f_x)=4\mathrm{j}w\cdot\mathrm{comb}(6wf_x)\mathrm{sinc}(2wfx)\sin[3\pi wf_x],\quad n\in Z \tag{5.60}$$

从式(5.60)可以看出，对于一个最大数值孔径为 0.8 的光刻机投影物镜，当交替型相移光栅的线空比为 1：2 时，只有 ±1 级和 ±5 级衍射光可以通过投影物镜光瞳，±5 级衍射光恰好位于光瞳面可以获得最大偶像差灵敏度的区域。因此，采用线空比为 1：2 的交替型相移光栅标记作为偶像差的检测标记。

将位于 0°、45°、90°和 135°方向的四个线空比优化后的交替型相移光栅标记通过待测投影物镜成像，由球差引起的平均最佳焦面偏移量可由下式表示

$$\Delta F_s(\rho)=\frac{\Delta F^{0^\circ}+\Delta F^{45^\circ}+\Delta F^{90^\circ}+\Delta F^{135^\circ}}{4} \tag{5.61}$$

由水平/垂直像散引起的最佳焦面偏移可表示为

$$\Delta F_a^{H/V}(\rho)=\Delta F^{0^\circ}-\Delta F^{90^\circ} \tag{5.62}$$

由 ±45° 像散引起的最佳焦面偏移可表示为

$$\Delta F_a^{\pm 45^\circ}(\rho)=\Delta F^{45^\circ}-\Delta F^{135^\circ} \tag{5.63}$$

在式(5.61)～式(5.63)中，ΔF_a 为测得的优化相移光栅标记的最佳焦面偏移量，上标 0°，45°，90°，135°表示的是标记的方向。

检测标记衍射光的强度分布随着光刻机投影物镜数值孔径以及照明系统部分相干因子的变化而变化，因此，检测标记的频谱分布还取决于光刻机投影物镜的数值孔径以及照明系统的部分相干因子。科勒照明是光刻机常用的照明方式。对于圆形光源和光瞳，部分相干因子定义为光源通过数值孔径为 NA 的光刻机投影物镜成像在光瞳面的半径。部分相干因子由照明系统中聚光镜的数值孔径和投影物镜的数值孔径来控制。通过适当的照明设置，可以获得最大和最小的灵敏度系数。最佳焦面偏移量可以表示为

$$\Delta F_s(NA,\sigma)=\frac{\partial \Delta F_s(NA,\sigma)}{\partial Z_4}Z_4+\frac{\partial \Delta F_s(NA,\sigma)}{\partial Z_9}Z_9+\frac{\partial \Delta F_s(NA,\sigma)}{\partial Z_{16}}Z_{16} \tag{5.64}$$

$$\Delta F_a^{H/V}(NA,\sigma)=\frac{\partial \Delta F_a^{H/V}(NA,\sigma)}{\partial Z_5}Z_5+\frac{\partial \Delta F_a^{H/V}(NA,\sigma)}{\partial Z_{12}}Z_{12}+\frac{\partial \Delta F_a^{H/V}(NA,\sigma)}{\partial Z_{21}}Z_{21} \tag{5.65}$$

$$\Delta F_a^{\pm 45^\circ}(NA,\sigma)=\frac{\partial \Delta F_a^{\pm 45^\circ}(NA,\sigma)}{\partial Z_6}Z_6+\frac{\partial \Delta F_a^{\pm 45^\circ}(NA,\sigma)}{\partial Z_{13}}Z_{13}+\frac{\partial \Delta F_a^{\pm 45^\circ}(NA,\sigma)}{\partial Z_{22}}Z_{22} \tag{5.66}$$

其中，$\Delta F_s(NA,\sigma)$、$\Delta F_a^{H/V}(NA,\sigma)$、$\Delta F_a^{\pm 45^\circ}(NA,\sigma)$ 是给定 NA 和σ条件下的最佳焦面偏移量。对于每个 NA 和σ设置值，可以得到一个线性方程。在多照明设置情况下，可以得到如下线性方程组

$$\begin{bmatrix}\Delta F_s(NA_1,\sigma_1)\\ \Delta F_s(NA_2,\sigma_2)\\ \vdots\end{bmatrix}=\begin{bmatrix}\dfrac{\partial \Delta F_s(NA_1,\sigma_1)}{\partial Z_4} & \dfrac{\partial \Delta F_s(NA_1,\sigma_1)}{\partial Z_9} & \dfrac{\partial \Delta F_s(NA_1,\sigma_1)}{\partial Z_{16}}\\ \dfrac{\partial \Delta F_s(NA_2,\sigma_2)}{\partial Z_4} & \dfrac{\partial \Delta F_s(NA_2,\sigma_2)}{\partial Z_9} & \dfrac{\partial \Delta F_s(NA_2,\sigma_2)}{\partial Z_{16}}\\ \vdots & \vdots & \vdots\end{bmatrix}\begin{bmatrix}Z_4\\ Z_9\\ Z_{16}\end{bmatrix} \tag{5.67}$$

$$\begin{bmatrix}\Delta F_a^{H/V}(NA_1,\sigma_1)\\ \Delta F_a^{H/V}(NA_2,\sigma_2)\\ \vdots\end{bmatrix}=\begin{bmatrix}\dfrac{\partial \Delta F_a^{H/V}(NA_1,\sigma_1)}{\partial Z_5} & \dfrac{\partial \Delta F_a^{H/V}(NA_1,\sigma_1)}{\partial Z_{12}} & \dfrac{\partial \Delta F_a^{H/V}(NA_1,\sigma_1)}{\partial Z_{21}}\\ \dfrac{\partial \Delta F_a^{H/V}(NA_2,\sigma_2)}{\partial Z_5} & \dfrac{\partial \Delta F_a^{H/V}(NA_2,\sigma_2)}{\partial Z_{12}} & \dfrac{\partial \Delta F_a^{H/V}(NA_2,\sigma_2)}{\partial Z_{21}}\\ \vdots & \vdots & \vdots\end{bmatrix}\begin{bmatrix}Z_5\\ Z_{12}\\ Z_{21}\end{bmatrix} \tag{5.68}$$

$$
\begin{bmatrix} \Delta F_a^{\pm 45^\circ}(NA_1,\sigma_1) \\ \Delta F_a^{\pm 45^\circ}(NA_2,\sigma_2) \\ \vdots \end{bmatrix} = \begin{bmatrix} \dfrac{\partial \Delta F_a^{\pm 45^\circ}(NA_1,\sigma_1)}{\partial Z_6} & \dfrac{\partial \Delta F_a^{\pm 45^\circ}(NA_1,\sigma_1)}{\partial Z_{13}} & \dfrac{\partial \Delta F_a^{\pm 45^\circ}(NA_1,\sigma_1)}{\partial Z_{22}} \\ \dfrac{\partial \Delta F_a^{\pm 45^\circ}(NA_2,\sigma_2)}{\partial Z_6} & \dfrac{\partial \Delta F_a^{\pm 45^\circ}(NA_2,\sigma_2)}{\partial Z_{13}} & \dfrac{\partial \Delta F_a^{\pm 45^\circ}(NA_2,\sigma_2)}{\partial Z_{22}} \\ \vdots & \vdots & \vdots \end{bmatrix} \begin{bmatrix} Z_6 \\ Z_{13} \\ Z_{22} \end{bmatrix} \tag{5.69}
$$

用更简洁的表达方式，上式可以写成$\Delta \boldsymbol{F}_s = \boldsymbol{S} \cdot \boldsymbol{Z}$，$\Delta \boldsymbol{F}_a^{H/V} = \boldsymbol{S} \cdot \boldsymbol{Z}$，$\Delta \boldsymbol{F}_a^{\pm 45^\circ} = \boldsymbol{S} \cdot \boldsymbol{Z}$，其中$\Delta \boldsymbol{F}$是在所有 NA 和σ设置情况下的最佳焦面偏移量矢量，$\boldsymbol{S}$是由 PROLITH 等光刻仿真软件计算得到的球差灵敏度矩阵。这些方程组都是超定方程组，需要使用最小二乘法求解。使用安装在光刻机工件台上的像传感器，可以测量多照明设置情况下视场内不同位置检测标记成像的最佳焦面偏移量，计算与偶像差相关的 Zernike 系数。从式(5.67)～式(5.69)可以看出，偶像差灵敏度系数的变化范围越大，用于最小二乘法拟合的数据范围越大，最小二乘法拟合精度便越高。因此，灵敏度系数的变化范围是影响与偶像差相关 Zernike 系数测量精度的关键因素。

2. 仿真实验

使用光刻仿真软件 PROLITH，计算了在不同 NA 和σ设置情况下优化相移光栅标记的偶像差灵敏度系数。仿真中的数值孔径和部分相干因子设置值参考了广泛用于主流光刻机的设置值。用于仿真的曝光波长为193nm，投影物镜数值孔径的变化范围为0.5～0.8，照明光部分相干因子变化范围为 0.3～0.8。仿真中的栅格大小取为 1nm。同时仿真计算了线空比 1：1 的交替型相移光栅标记的偶像差灵敏度系数，用于比较。

图 5-23 显示了在多数值孔径和部分相干因子设置条件下的球差灵敏度系数，其中(a)、(b)分别显示了普通相移光栅标记和优化相移光栅标记的 Z_9 灵敏度系数；(c)、(d)分别显示了普通相移光栅标记和优化相移光栅标记的 Z_{16} 灵敏度系数。Z_9 和 Z_{16} 的灵敏度系数变化范围总结在表 5-8 中。从表 5-8 和图 5-23 中可以发现，使用优化的相移光栅标记后，Z_9 和 Z_{16} 的灵敏度系数变化范围分别增加了 15%和 40%。

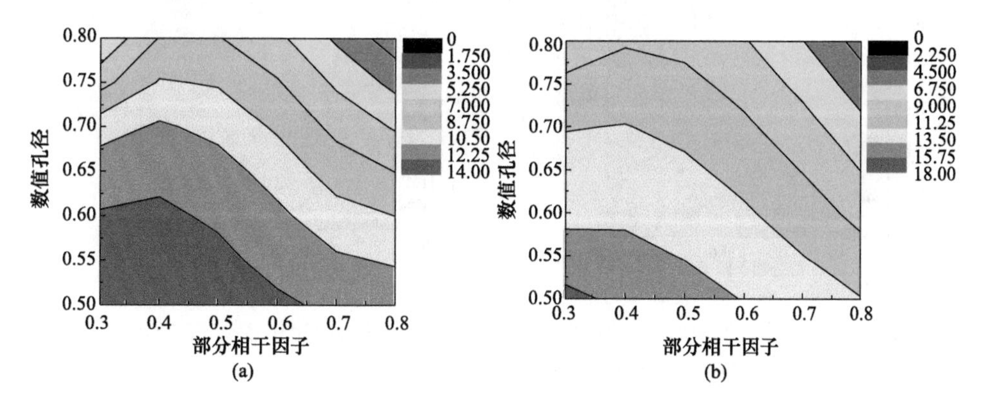

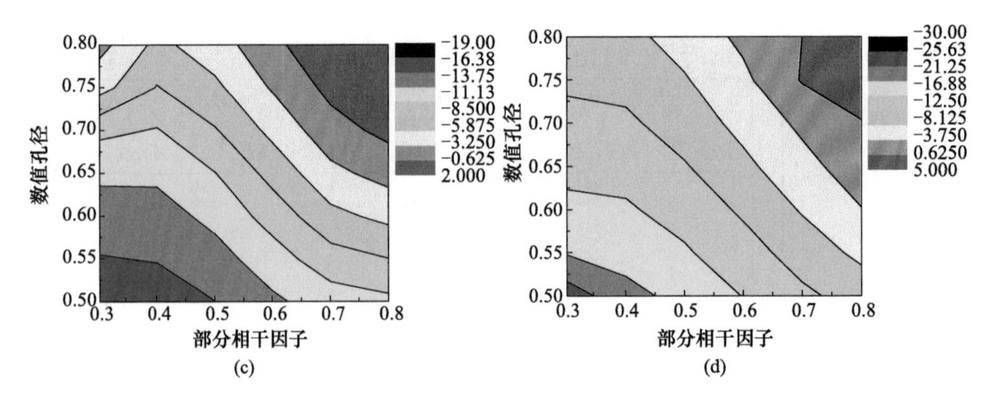

图 5-23 (a) 使用常规相移掩模时 Z_9 的灵敏度系数；(b) 使用优化相移掩模时 Z_9 的灵敏度系数；(c) 使用常规相移掩模时 Z_{16} 的灵敏度系数；(d) 使用优化相移掩模时 Z_{16} 的灵敏度系数

表 5-8 Z_9 和 Z_{16} 的灵敏度系数变化范围

Zernike 系数	掩模类型	最大值	最小值	变化范围
Z_9	常规相移掩模	13.89	0.73	13.16
Z_9	优化相移掩模	16.53	1.4	15.13
Z_{16}	常规相移掩模	1.55	−18.76	20.31
Z_{16}	优化相移掩模	2.18	−27.98	30.16

图 5-24 显示了在多数值孔径和部分相干因子设置条件下的像散灵敏度系数，其中

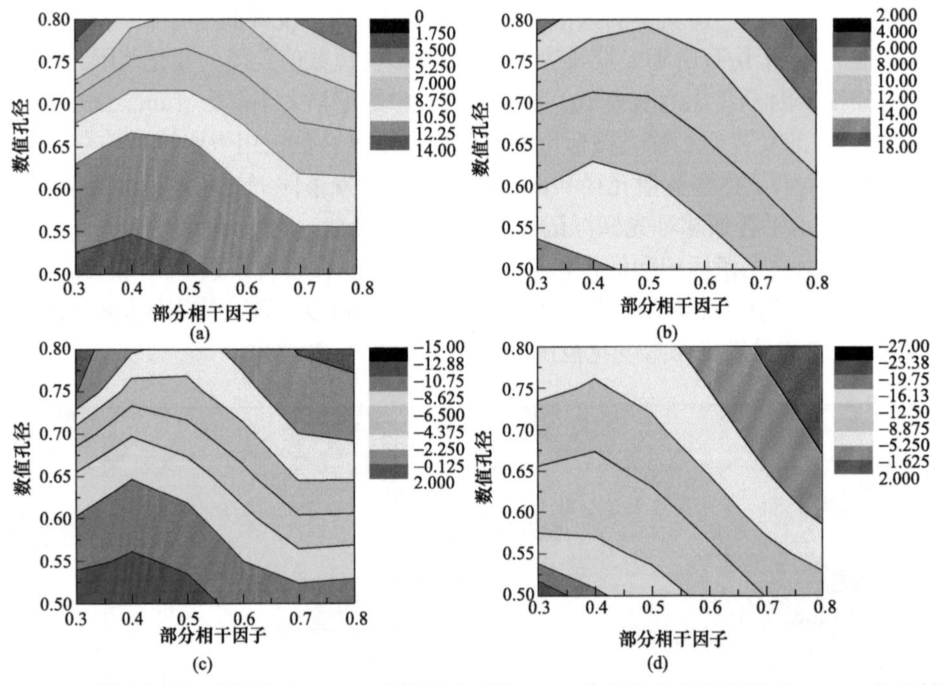

图 5-24 (a) 使用常规相移掩模时 Z_{12}/ Z_{13} 的灵敏度系数，(b) 使用优化相移掩模时 Z_{12}/ Z_{13} 的灵敏度系数，(c) 使用常规相移掩模时 Z_{21}/ Z_{22} 的灵敏度系数，(d) 使用优化相移掩模时 Z_{21}/ Z_{22} 的灵敏度系数

(a)、(b)分别显示了普通相移光栅标记和优化相移光栅标记的 Z_{12}/Z_{13} 灵敏度系数；(c)、(d)分别显示了普通相移光栅标记和优化相移光栅标记的 Z_{21}/Z_{22} 的灵敏度系数。Z_{12}/Z_{13} 和 Z_{21}/Z_{22} 的灵敏度系数变化范围见表 5-9。从表 5-9 和图 5-24 中可以发现，使用优化相移光栅标记之后，Z_{12}/Z_{13} 和 Z_{21}/Z_{22} 的灵敏度系数变化范围分别增加了 8%和 70%。

表 5-9　Z_{12}/Z_{13} 和 Z_{21}/Z_{22} 的灵敏度系数变化范围

Zernike	掩模类型	最大值	最小值	变化范围
Z_{12}/Z_{13}	普通 Alt-PSM	12.75	0	12.75
Z_{12}/Z_{13}	优化 Alt-PSM	16.06	2.28	13.78
Z_{21}/Z_{22}	普通 Alt-PSM	0.73	−14.61	15.34
Z_{21}/Z_{22}	优化 Alt-PSM	0.52	−26.42	26.94

通过仿真计算相移掩模相位误差对偶像差灵敏度系数的影响，分析偶像差测量过程中的系统误差。仿真结果表明，当相位误差在 ± 5°以内时，偶像差灵敏度系数变化范围的变化小于 0.05。因此相位误差对偶像差灵敏度系数变化范围的影响可以忽略。

从上述仿真结果可以看出，采用优化相移光栅标记后，偶像差灵敏度系数的变化范围增大了，偶像差的测量精度得到了明显提高。球差的测量精度可提高 15%，像散的测量精度可提高 8%。

将一个有波像差的波前数据导入光刻仿真软件 PROLITH，如图 5-25 所示，这一波前数据中包含奇像差和偶像差。采用该技术对偶像差进行测量，仿真结果如图 5-26 所示。在图 5-25 和图 5-26 中，λ 表示仿真中使用的波长，即 193nm。从仿真结果可知，偶像差相关 Zernike 系数的测量误差低于 0.0003λ。

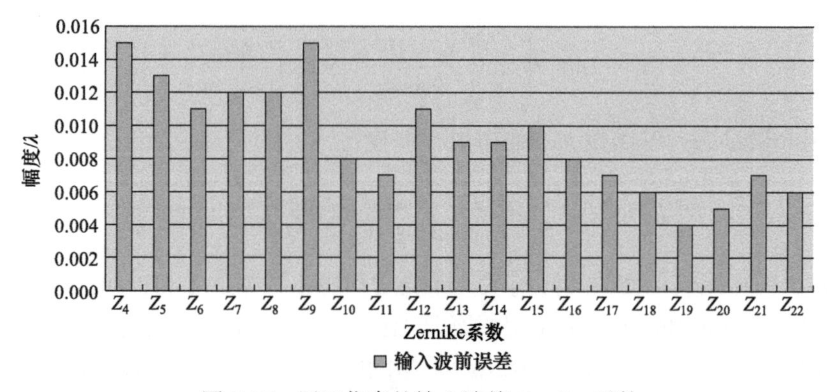

图 5-25　用于仿真的输入波前 Zernike 系数

5.1.2.3　非对称与平移对称 Alt-PSM 标记检测法[13,15]

1. 检测原理

波像差灵敏度表示单位大小的波像差在一定照明方式下对某种掩模图形的空间像所

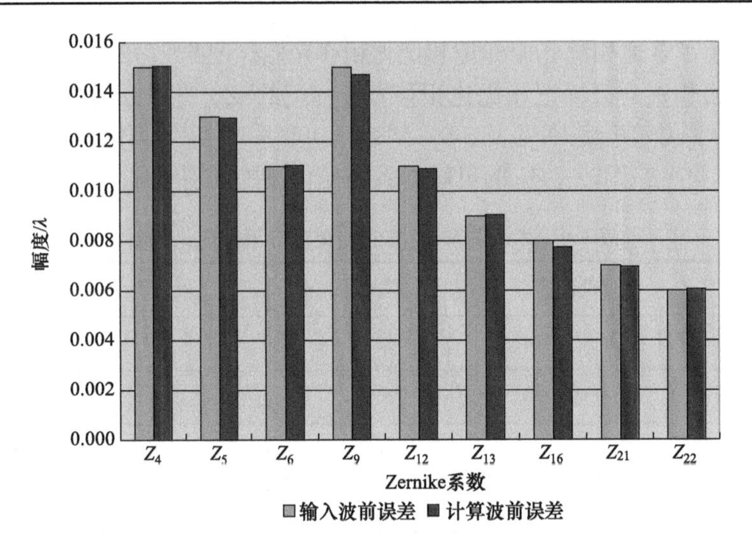

图 5-26　输入波前和计算波前的 Zernike 系数比较

产生影响的强弱。通常情况下，彗差的灵敏度系数由彗差引起的成像位置偏移量和彗差量的比值给出，球差和像散的灵敏度系数则分别由球差和像散引起的最佳焦面偏移量和它们自身大小的比值给出。只有在成像位置偏移量和彗差，以及最佳焦面偏移量和球差的关系分别满足线性近似的条件下，采用灵敏度系数分析波像差对空间像的影响，以及基于灵敏度系数通过空间像检测波像差才不会引起较大的误差。因此，在检测彗差、球差和像散时，它们所满足的近似线性模型的精度决定了这类波像差检测技术所能达到的检测精度上限。当然，对线性模型作高阶补偿，可以提高检测精度。因为对二元光栅标记和普通相移掩模标记的波像差灵敏度已经有过讨论，而且已经证明相移掩模光栅标记的灵敏度更高，因此本节将重点讨论相移掩模光栅标记在波像差检测中的应用。

当相移掩模光栅标记通过投影物镜成像时，其透过率函数为

$$t(x_0)=\sum_{n=-\infty}^{+\infty}\delta\left(x_0-2np\right)*\left[\mathrm{rect}\left(\frac{x_0+p/2}{pw}\right)-\mathrm{rect}\left(\frac{x_0-p/2}{pw}\right)\right],\quad n\in Z \tag{5.70}$$

标记的衍射光谱是透过率函数 $t(x_0)$的傅里叶变换：

$$O\left(f\right)=\frac{i\cdot pw}{p}\sum_{-N}^{+N}\delta\left(f-\frac{n}{2p}\right)\cdot\mathrm{sinc}\left(pw\cdot f\right)\cdot\sin\left(\pi pf\right) \tag{5.71}$$

其中，p 表示相移掩模光栅的几何周期，即线宽和相位区宽度之和；pw 表示相位区的宽度。普通相移掩模光栅标记和优化相移掩模光栅标记满足+/−1 级衍射光双光束干涉成像的条件分别是 $\lambda/2(1-\sigma)NA<p\leqslant 3\lambda/2(\sigma+1)NA$ 和 $\lambda/2(1-\sigma)NA<p\leqslant 5\lambda/2(\sigma+1)NA$，即

$$O\left(f\right)=C_{\mathrm{o}}[\delta\left(f-f_0\right)-\delta\left(f+f_0\right)] \tag{5.72}$$

其中，$f_0=1/2p$ 和 $C_{\mathrm{o}}=0.5\cdot i\cdot\mathrm{sinc}\left(0.25\right)$。结合第 2 章论述的标量成像模型，根据式(5.72)得到标记空间像的强度分布为

$$
\begin{aligned}
I(x_i,\Delta z) = &\ \mathrm{TCC}(f_0,0;f_0,0) + \mathrm{TCC}(-f_0,0;f_0,0) \\
&+ \exp(-\mathrm{i}4f_0x_i)\iint J(f,g)\exp(-\mathrm{i}\alpha)\exp(\mathrm{i}\beta)\mathrm{d}f\mathrm{d}g \\
&+ \exp(\mathrm{i}4f_0x_i)\iint J(f,g)\exp(\mathrm{i}\alpha)\exp(-\mathrm{i}\beta)\mathrm{d}f\mathrm{d}g
\end{aligned} \tag{5.73}
$$

其中

$$
\begin{cases}
\alpha = 2\pi\Phi(f+f_0,g)/\lambda + \pi\Delta z[(f+f_0)^2+g^2] \\
\beta = 2\pi\Phi(f-f_0,g)/\lambda + \pi\Delta z[(f-f_0)^2+g^2]
\end{cases} \tag{5.74}
$$

对光瞳函数 $H(f,g)$ 中的离焦项取近似,即

$$
\sqrt{1-NA^2(f^2+g^2)} \approx 1-NA^2(f^2+g^2)/2
$$

化简式(5.73)得

$$
I(x_i,\Delta z) = 2{C_0}^2\left[\iint J(f,g)\cos(\alpha-\beta-4\pi f_0x)\mathrm{d}f\mathrm{d}g + 1\right] \tag{5.75}
$$

分别求解方程 $\partial I(x_i,\Delta z=0)/\partial x_i=0$ 和 $\partial I(x_i=0,\Delta z)/\partial\Delta z=0$ 得到成像位置偏移量 IPE 和最佳焦面偏移量 BFS(best focus shift)的解

$$
\mathrm{IPE} = \sum_{n=1}^{37} S_{\mathrm{IPE}-n}\cdot Z_n = \frac{1}{2\lambda f_0}\sum_{n=1}^{37}\frac{\iint J(f,g)[R_n(f+f_0,g)-R_n(f-f_0,g)]\mathrm{d}f\mathrm{d}g}{\iint J(f,g)\mathrm{d}f\mathrm{d}g}\cdot Z_n \tag{5.76}
$$

$$
\mathrm{BFS} = \sum_{n=1}^{37} S_{\mathrm{BFS}-n}\cdot Z_n = \frac{-1}{2\lambda f_0}\sum_{n=1}^{37}\frac{\iint J(f,g)\cdot f\cdot[R_n(f+f_0,g)-R_n(f-f_0,g)]\mathrm{d}f\mathrm{d}g}{\iint J(f,g)f^2\mathrm{d}f\mathrm{d}g}\cdot Z_n \tag{5.77}
$$

其中，$S_{\mathrm{IPE}-n}$ 和 $S_{\mathrm{BFS}-n}$ 分别表示成像位置偏移量和最佳焦面偏移量相关的灵敏度系数。由式(5.76)和式(5.77)可知，波像差灵敏度系数和照明方式、掩模图形有关。当采用传统部分相干照明时，对于偶像差，$S_{\mathrm{IPE}-n}\equiv 0$；对于奇像差，$S_{\mathrm{BFS}-n}\equiv 0$。当部分相干因子 σ、标记结构和数值孔径 NA 一定时，成像位置偏移量和奇像差 Zernike 系数成线性关系，最佳焦面偏移量和偶像差 Zernike 系数成线性关系。

当 p 增大并突破双光束干涉成像的限制条件时，标记空间像由多光束干涉形成，此时无法得到 IPE 和 BFS 的解析表达式，只能通过数值求解 Alt-PSM 标记的 Hopkins 部分相干成像模型分析其线性关系。图 5-27(a)、图 5-28(a)和图 5-29(a)分别给出了当 pitch 值不同时彗差-IPE、球差-BFS 和像散-$\mathrm{BFS_{hv}}$ 的线性关系的数值解，作为对照，图中也给出了 PROLITH 的仿真结果。

表 5-10　彗差-IPE、球差-BFS 和像散-$\mathrm{BFS_{hv}}$ 的一阶多项式拟合结果

线性度	a	b
Z_7-IPE　周期=0.90 λ/NA	0.804142	0
Z_7-IPE　周期=1.15 λ/NA	1.162937	0
Z_{14}-IPE　周期=0.90 λ/NA	−0.08324	0

续表

线性度	a	b
Z_{14}-IPE　周期=1.15 λ/NA	−0.60035	0
Z_9-BFS　周期=0.90 λ/NA	2.885993011	-4.35644×10^{-5}
Z_9-BFS　周期=1.15 λ/NA	5.703698311	-3.16832×10^{-5}
Z_{16}-BFS　周期=0.90 λ/NA	−1.899941759	1.24752×10^{-5}
Z_{16}-BFS　周期=1.15 λ/NA	−2.818287711	-3.06931×10^{-5}
Z_{12}-BFS$_{hv}$　周期=0.90 λ/NA	1.208019	-5.4×10^{-5}
Z_{12}-BFS$_{hv}$　周期=1.15 λ/NA	4.2679	-3.2×10^{-5}

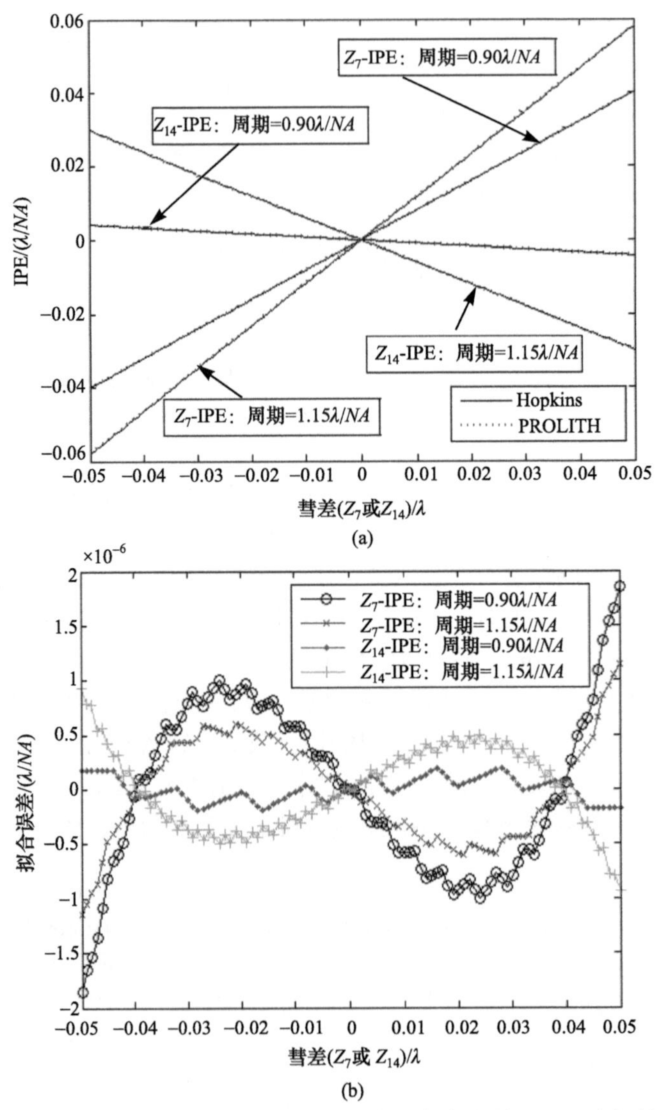

图 5-27　投影物镜彗差和相移掩模标记空间像的位置偏移量(彗差-IPE)之间的线性关系模型

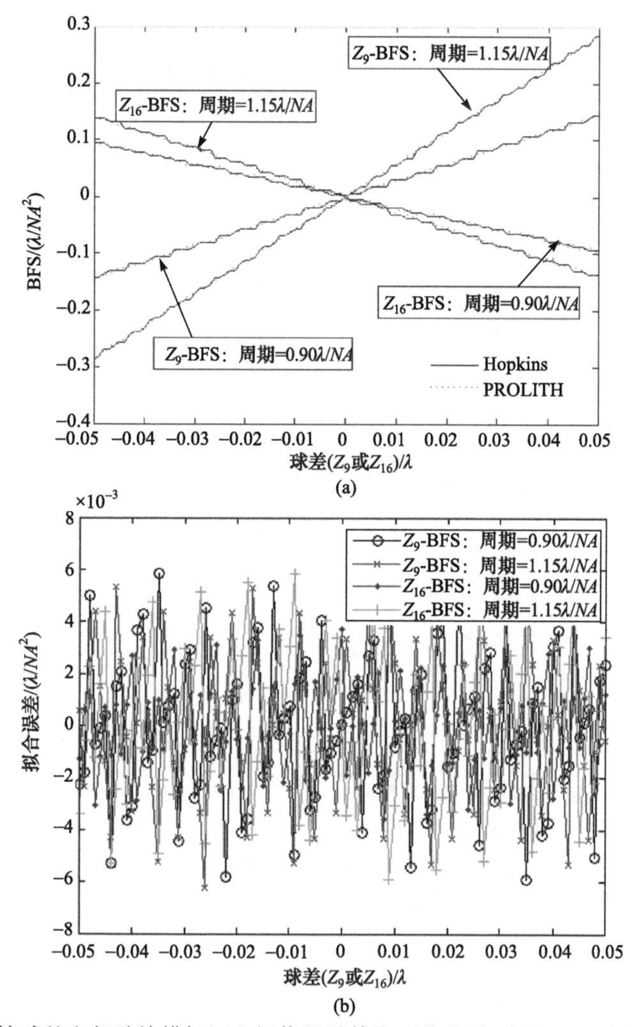

图 5-28　投影物镜球差和相移掩模标记空间像的最佳焦面偏移量(球差-BFS)之间的线性关系模型

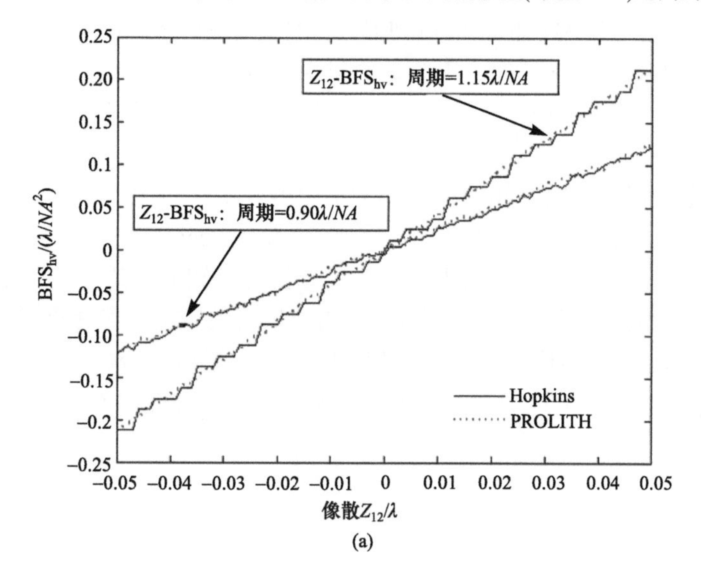

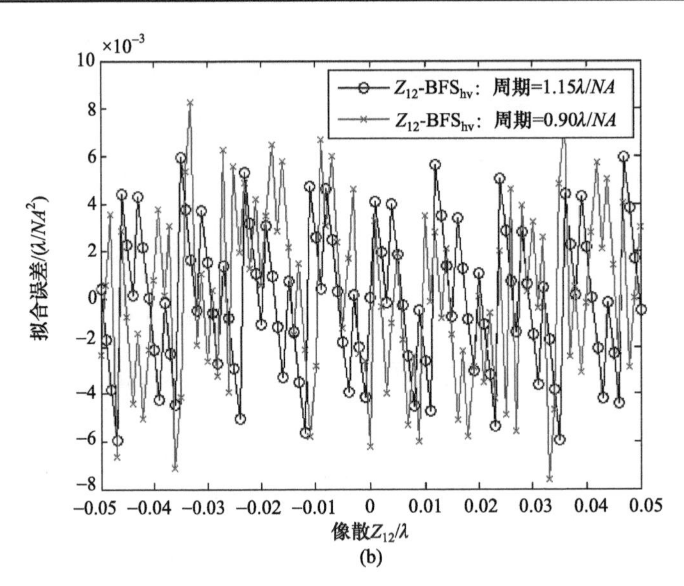

图 5-29　投影物镜像散和相移掩模标记空间像的最佳焦面偏移量(像散- BFS$_{hv}$)之间的线性关系模型

对基于 Hopkins 部分相干成像理论的数值计算结果作一阶线性回归，其回归方程为

$$Y_i = a * X_i + b + \varepsilon_i \tag{5.78}$$

其中，X_i分别表示彗差(Z_7, Z_{14})、球差(Z_9, Z_{16})和像散(Z_{12})；Y_i分别表示与X_i对应的 IPE、BFS 和 BFS$_{hv}$；ε_i 为一阶线性回归的残差。线性拟合得到的(a, b)的值如表 5-10 所示，其中拟合所得直线的斜率，即 a 的值，分别为 Alt-PSM 标记对 Z_7，Z_{14}，Z_9，Z_{16}和 Z_{12}的灵敏度系数。每条曲线的拟合误差分别如图 5-27(b)、图 5-28(b)和图 5-29(b)所示。从图 5-27～图 5-29 可知，Coma-IPE、Spherical-BFS 和 Astigmatism-BFS$_{hv}$ 均具有良好的线性关系，其中 Coma-IPE 的线性关系最好，Spherical-BFS 和 Astigmatism-BFS$_{hv}$ 的一阶线性回归的误差相对于 Coma-IPE 的误差较大。计算最佳焦面时要分别计算不同离焦面上的空间像，使得计算 BFS 的过程很繁琐且容易产生较大误差。计算 IPE 时则只需要扫描一个成像面上的空间像，从而能够快速且精确地得到 IPE 的计算结果。在实际测量中，由于确定 BFS 时要测量不同离焦面上的标记像，BFS 的测量误差也大于 IPE 的测量误差。双光束干涉成像时空间像强度的峰值没有受到高级次衍射光的调制，故能够采用极值法确定 IPE 和 BFS。

检测过程中，首先利用空间像传感器测量检测标记空间像的横向位置偏移量和轴向的最佳焦面偏移量，然后，分别基于 Coma-IPE、Spherical-BFS 和 Astigmatism-BFS$_{hv}$ 的线性模型，利用不同照明方式下获得的横向位置偏移量和最佳焦面偏移量在线性方程组中求解出投影物镜的波像差。在实际检测中，需要通过设定空间像强度的阈值来确定 IPE 和 CD，如图 5-30(a)、(b)所示。在模拟计算中，空间像强度的阈值取 0.3。确定 BFS 时则需要扫描不同离焦面内的 CD 值，根据 CD 的偏差确定最佳焦面的位置，如图 5-30(c)、(d)所示。

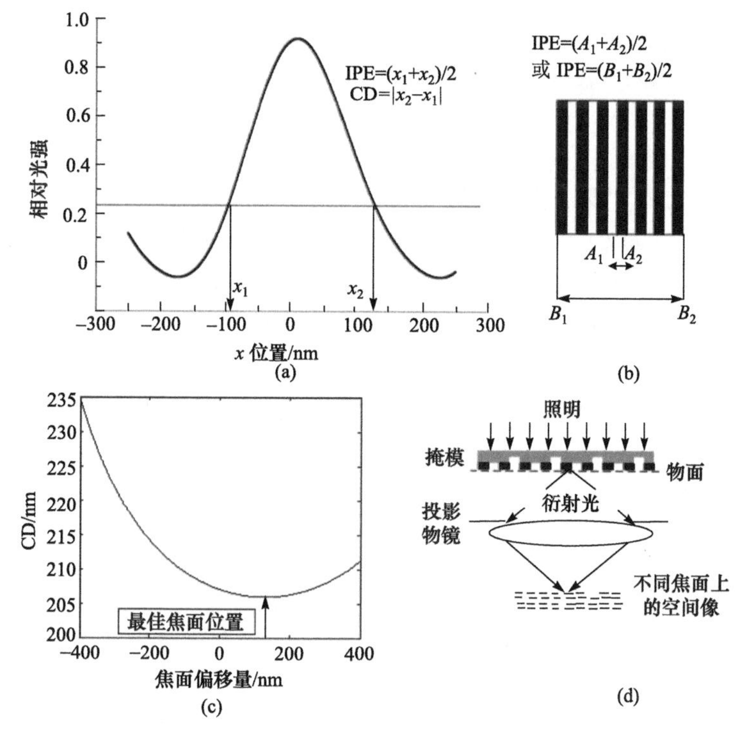

图 5-30　基于标记空间像测量的成像位置偏移量和最佳焦面偏移量的检测原理

根据波像差线性模型，通过成像位置偏移量和最佳焦面偏移量求解投影物镜波像差的线性方程组为

$$
\begin{cases}
\mathrm{IPE}(NA_i,\sigma_j)=S_{\mathrm{IPE}-2}(NA_i,\sigma_j)\cdot Z_2+S_{\mathrm{IPE}-7}(NA_i,\sigma_j)\cdot Z_7+S_{\mathrm{IPE}-14}(NA_i,\sigma_j)\cdot Z_{14}+\cdots \\
\mathrm{BFS}(NA_i,\sigma_j)=S_{\mathrm{BFS}-4}(NA_i,\sigma_j)\cdot Z_4+S_{\mathrm{BFS}-9}(NA_i,\sigma_j)\cdot Z_9+S_{\mathrm{BFS}-16}(NA_i,\sigma_j)\cdot Z_{16}+\cdots \\
\mathrm{BFS}_{\mathrm{hv}}(NA_i,\sigma_j)=S_{\mathrm{BFS}-12}(NA_i,\sigma_j)\cdot Z_{12}+S_{\mathrm{BFS}-5}(NA_i,\sigma_j)\cdot Z_5+S_{\mathrm{BFS}-21}(NA_i,\sigma_j)\cdot Z_{21}+\cdots
\end{cases}
\tag{5.79}
$$

其中，(NA_i,σ_j) 表示不同的成像条件和照明方式的组合，i=1,2,3,⋯，j= 1,2,3,⋯。$\mathrm{IPE}(NA_i,\sigma_j)$、$\mathrm{BFS}(NA_i,\sigma_j)$，$\mathrm{BFS}_{\mathrm{hv}}(NA_i,\sigma_j)$ 是在不同条件下测量得到的成像位置偏移量和最佳焦面偏移量,其中与像散对应的 $\mathrm{BFS}_{\mathrm{hv}}(NA_i,\sigma_j)$ 表示线条方向互相垂直的相移掩模光栅标记的最佳焦面偏移量之差。采用最小二乘法求解式(5.79)所示的方程组即可得到表示投影物镜波像差的 Zernike 系数。

2. 标记的设计

1) 设计原则

Alt-PSM 光栅标记的结构会影响波像差灵敏度。数值计算分析 Alt-PSM 光栅标记的彗差灵敏度、球差灵敏度和像散灵敏度分别与标记光栅周期之间的关系，计算结果如图 5-31 所示。从图 5-31 可知，Alt-PSM 标记对 Z_7、Z_{14}、Z_9、Z_{16} 和 Z_{12} 的灵敏度均先随 pitch 的增大而增大，在光栅周期=1.15λ/NA 附近达到峰值，然后随光栅周期的增大而减小。这种波像差灵敏度随光栅周期的变化规律可以用光束干涉成像理论来解释。当光栅周期<1.15λ/NA时，只有±1级衍射光进入光瞳，标记空间像由双光束干涉形成，此时标记的像差灵敏度随着光栅周期的增大而增大，并最终达到峰值。当光栅周期继续增大时，+/−3级衍射光进入光瞳，标记空间像由多光束干涉形成，此时的IPE和BFS可以看成多组不同级次衍射光之间互相干涉后相叠加的结果，由于高级次衍射光的平均效应，IPE和BFS开始随着光栅周期的增大而减小。根据以上分析可知，在保证双光束干涉成像的条件下，设计具有更大周期的光栅标记是提高标记波像差灵敏度的一个有效途径，设计思想如下：

(1) 重新设计标记的光栅结构，使标记的衍射光在+/−2、+/−3、+/−4、+/−5、+/−6、+/−7等衍射级次处缺级。

(2) 使+/−1级衍射光进入光瞳，标记的空间像通过双光束干涉成像形成。

(3) 在保证双光束干涉成像的条件下，使光栅周期取最大值。

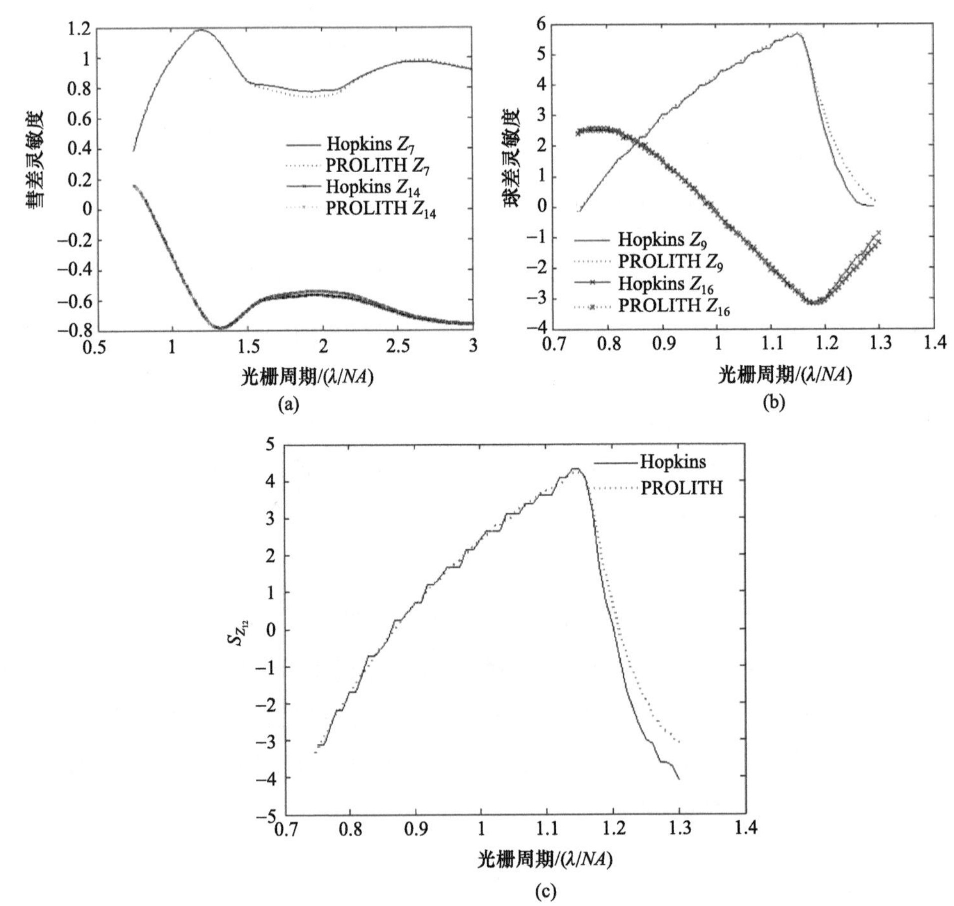

图 5-31　相移掩模光栅标记的(a)彗差灵敏度、(b)球差灵敏度与(c)像散灵敏度随光栅周期的变化关系

2) 非对称标记设计

通过分析相移掩模光栅标记的灵敏度与其结构之间的关系，发现在相移掩模光栅一个周期内部透光部分和周期的占空比满足 2∶3 时，相移掩模的±3级衍射光缺级，将这

种标记称为非对称 Alt-PSM 光栅标记。利用此标记，在双光束干涉成像条件下能够得到的最大波像差灵敏度大于普通的 Alt-PSM 标记所能达到的最大灵敏度。以彗差为例，普通相移掩模的彗差灵敏度随其周期变化的关系如图 5-31 所示，彗差灵敏度出现峰值时正是检测标记的 ±3 级衍射光进入光瞳并参与干涉成像的临界条件。因此，采用占空比为 2：3 的非对称相移掩模可以提高彗差灵敏度。非对称相移掩模光栅标记的彗差灵敏度随光栅周期的变化关系如图 5-32 所示，由于对光栅结构进行了优化，能够达到的最大灵敏度在原普通相移掩模的基础上得到了提高。普通相移掩模光栅和非对称相移掩模光栅的结构如图 5-33 所示，它们的衍射光在光瞳中的分布如图 5-34 所示。从图 5-34 中可知，非对称相移掩模光栅标记 ±3 级衍射光缺级，这是波像差灵敏度提高的主要原因。

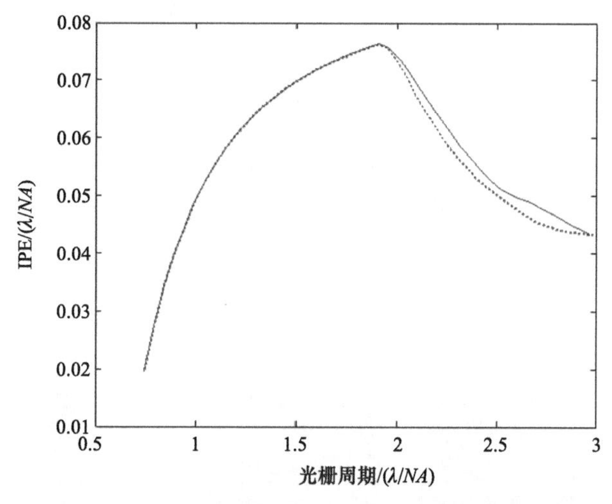

图 5-32　占空比为 2：3 的非对称相移掩模光栅的彗差灵敏度随光栅周期的变化关系

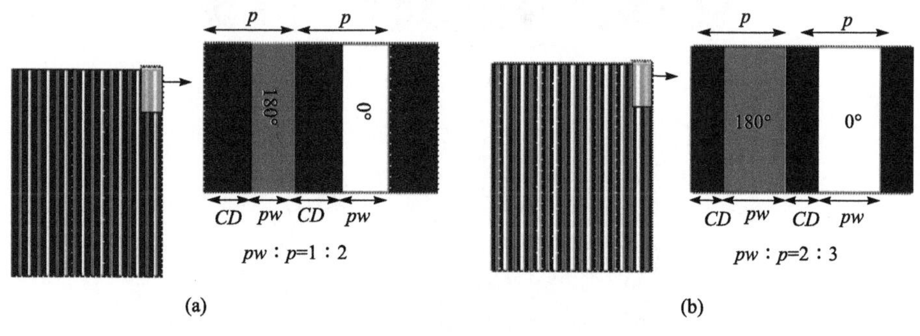

图 5-33　普通相移掩模光栅(a)和非对称相移掩模光栅(b)的结构

3) 平移对称标记设计

基于前述检测标记设计思想，利用达曼光栅和平移对称型光栅的设计方法设计一种偶数级、+/–3、+/–5 级衍射光缺级的相移掩模光栅。首先将光栅在一个周期内的透过率函数表示为

$$t(x_0) = w(x_0)\exp[\mathrm{i}\cdot\theta(x_0)], \qquad 0 \leqslant x_0 \leqslant 1 \tag{5.80}$$

其中，$w(x_0)$ 为振幅透过率函数，只取 0 和 1，取 1 时表示对入射光无衰减，取 0 时表

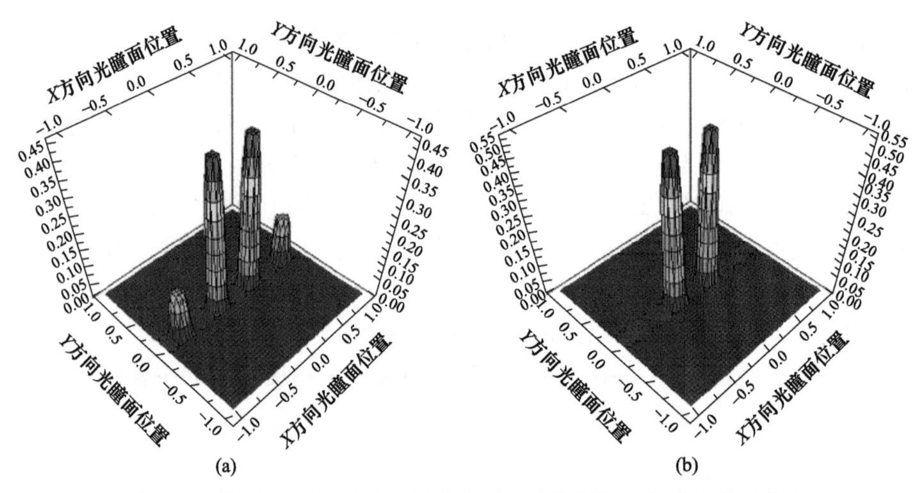

图 5-34　普通(a)和非对称(b)相移掩模光栅的衍射光在光瞳中的分布

示不透光；$\theta(x_0)$ 是相位调制函数，只取 0 和 π。将光栅周期一半的区域平移到另一半，同时附加大小为 π 的相移，使光栅所有的偶数级次光缺级，则有

$$\begin{cases} w(x_0) = w(x_0 - 1/2), & 1/2 \leqslant x_0 \leqslant 1 \\ \theta(x_0) = \theta(x_0 - 1/2) + \pi \end{cases} \tag{5.81}$$

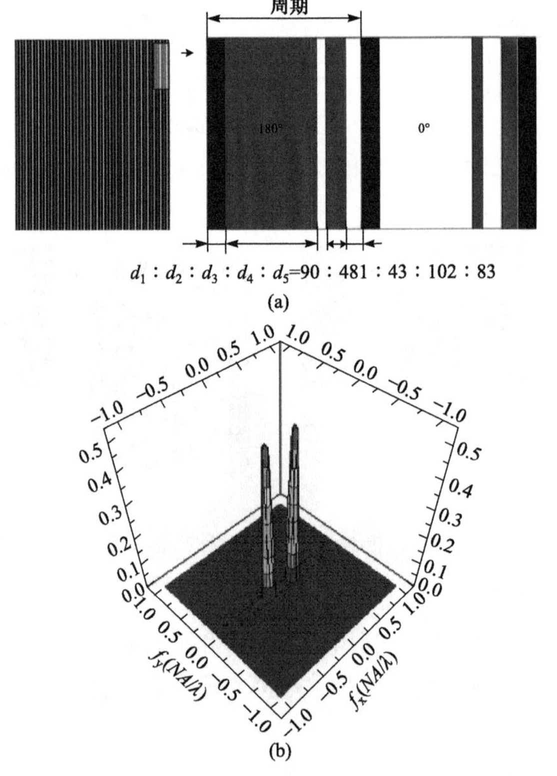

图 5-35　平移对称型相移掩模光栅标记(a)及其在光瞳面的衍射光谱(b)

根据+/−3、+/−5 级衍射光缺级，可得方程

$$A(n)=\int_0^{1/2} w(x_0)\exp[\mathrm{i}\cdot\theta(x_0)]\exp[-2\pi\mathrm{i}nx_0][1-(-1)^n]\,\mathrm{d}x=0,\quad n=3,5 \tag{5.82}$$

求解方程(5.82)，得到一种平移对称型相移掩模光栅标记，如图 5-35(a)所示。这种标记的一个周期被分成结构相同但是存在 π 相位差的两部分，每一部分为一个周期。一个周期由五部分组成，它们分别是：不透光的线条，一个 π 相位透光区，一个 0 相位透光区，另一个 π 相位透光区和另一个 0 相位透光区，且五部分的宽度的比值为 90：481：43：102：83。当部分相干因子的最小值为 0.3 时，一个周期的宽度为 $2.693\lambda/NA$。图 5-35(b)为平移对称型 Alt-PSM 光栅标记的衍射光谱，从图中可知 0、+/−2、+/−3、+/−4、+/−5 级衍射光均缺级。

3. 检测精度评估

通过 PROLITH 仿真，评估非对称相移掩模光栅标记和平移对称型相移掩模光栅标记用于波像差检测时的检测精度。计算不同 NA 和 σ 设置的照明条件下波像差灵敏度的变化范围，波像差的检测精度可以由下式估算：

$$MA\propto\frac{\mathrm{ODA}}{|S_{\max}-S_{\min}|} \tag{5.83}$$

其中，MA 是检测精度；ODA 是光刻机的套刻精度或离焦量的检测精度；$S_{\max}$ 和 $S_{\min}$ 分别是波像差灵敏度的最大值和最小值。

由于考虑实际测量的情况，这里灵敏度的单位与前文中讨论线性关系模型时的灵敏度单位不同，它表示在其他波像差均为零时，每 1nm 的某波像差引起的以 nm 为单位的 IPE 或 BFS 的值。仿真过程中，NA 的变化范围为 0.5～0.8，σ 的变化范围为 0.3～0.8。假设光刻机的套刻精度为 1nm，离焦量检测精度为 2nm，照明光波长为 193nm，数值孔径 NA 的平均值为 0.65，则平移对称型相移掩模光栅的周期为 799nm，其五个部分的宽度分别为 90nm、481nm、43nm、102nm 和 83nm。用 PROLITH 分别仿真计算普通相移掩模光栅、优化型相移掩模光栅和平移对称型相移掩模光栅作为检测标记时波像差的检测精度。普通相移掩模光栅和优化型相移掩模光栅的周期值分别为 171nm 和 570nm，它们均满足双光束干涉成像的条件，且使波像差灵敏度达到最大值。仿真得到的灵敏度的变化范围和估算的波像差检测精度如表 5-11 所示。由表可知，优化型相移掩模光栅标记的检测精度高于普通相移掩模光栅标记，平移对称型相移掩模光栅标记作为检测标记时的检测精度又高于前两种标记。

表 5-11　普通、非对称型、平移对称型相移掩模光栅标记的波像差灵敏度和检测精度

Zernike 系数	检测标记	最大灵敏度	最小灵敏度	变化范围	检测精度/nm
Z_7	普通 Alt-PSM	1.96	0.04	1.92	0.52
Z_7	优化 Alt-PSM	2.21	0.01	2.20	0.45
Z_7	TS Alt-PSM	3.65	−0.11	3.76	0.27
Z_{14}	普通 Alt-PSM	0.32	−1.97	2.29	0.44

续表

Zernike 系数	检测标记	最大灵敏度	最小灵敏度	变化范围	检测精度/nm
Z_{14}	优化 Alt-PSM	0.35	−2.67	3.02	0.33
Z_{14}	TS Alt-PSM	0.67	−4.11	4.78	0.21
Z_9	普通 Alt-PSM	12.55	−0.89	13.44	0.74
Z_9	优化 Alt-PSM	13.84	−0.40	14.24	0.70
Z_9	TS Alt-PSM	16.34	0.49	15.85	0.63
Z_{16}	普通 Alt-PSM	0.29	−13.65	13.94	0.72
Z_{16}	优化 Alt-PSM	1.69	−23.11	24.80	0.40
Z_{16}	TS Alt-PSM	0.69	−27.70	28.39	0.35
Z_{12}	普通 Alt-PSM	10.96	−2.39	13.35	0.75
Z_{12}	优化 Alt-PSM	13.54	−1.40	14.94	0.67
Z_{12}	TS Alt-PSM	15.94	−0.20	16.14	0.62

5.1.3 混合标记检测法[11,16]

该技术的检测标记由 Alt-PSM 光栅标记和二元光栅标记组合而成，主要用于彗差的检测。相比于二元光栅标记，Alt-PSM 光栅标记对彗差的灵敏度更高。通过测量二者的相对成像位置偏移量计算彗差，可以消除畸变的影响，从而提高彗差的检测精度。

5.1.3.1 检测原理

该技术采用的检测标记如图 5-36 所示，由两个互相垂直的交替型相移光栅标记作为检测标记，由两个互相垂直的二元光栅标记作为参考标记。检测标记的线宽为 250nm，栅距为 500nm，参考标记的线宽为 2μm，栅距为 4μm。将两个检测标记标示为标记 A 和标记 C，将两个参考标记标示为标记 B 和标记 D。标记 A 和标记 B 用于测量 X 方向彗差，标记 C 和标记 D 用于测量 Y 方向彗差。

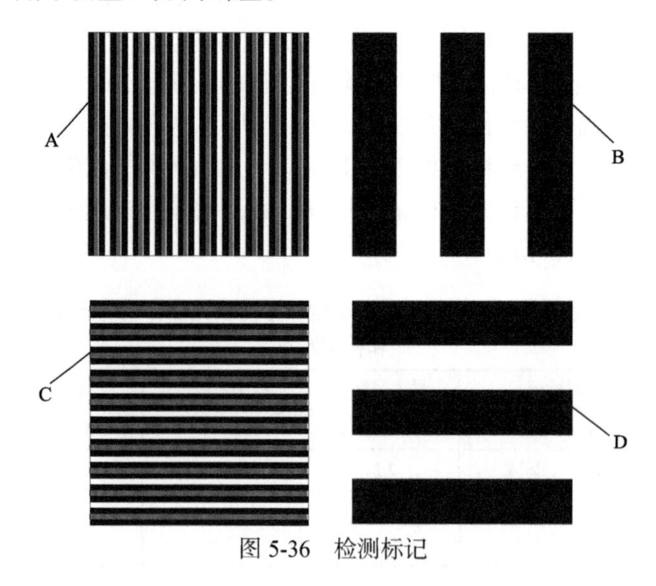

图 5-36　检测标记

交替型相移光栅的透射方程为

$$t(x)=\sum_{n=-\infty}^{+\infty}\delta(x-2np)*\left[\operatorname{rect}\left(\frac{x+p/2}{p/2}\right)-\operatorname{rect}\left(\frac{x-p/2}{p/2}\right)\right],\quad n\in Z \tag{5.84}$$

其中，p 是交替型相移光栅的栅距。交替型相移光栅标记的频谱是透射方程 $t(x)$ 的傅里叶变换，可表示为

$$U\left(f_x\right)=\frac{j}{2}\sum_{n=-\infty}^{+\infty}\delta\left(f_x-\frac{n}{2p}\right)\operatorname{sinc}\left(\frac{pf_x}{2}\right)\sin\left(\pi pf_x\right),\quad n\in Z \tag{5.85}$$

其中，$f_x=\sin\theta/\lambda$ 是空间频率变量；sinc 函数可以定义为 $\operatorname{sinc}(x)=\sin(\pi x)/\pi x$。二元光栅的频谱可表示为

$$U\left(f_x\right)=\frac{1}{2}\sum_{n=-\infty}^{+\infty}\delta\left(f_x-\frac{n}{p}\right)\operatorname{sinc}\left(\frac{pf_x}{2}\right),\quad n\in Z \tag{5.86}$$

从式(5.85)和式(5.86)可看出，交替型相移光栅标记零级衍射光和二元光栅标记的偶数级衍射光缺级。对于交替型相移光栅标记，更多的高阶衍射光可以通过光瞳，由于零级衍射光缺级，高阶衍射光的强度将高一些，所以当交替型相移光栅标记与二元光栅标记线宽相同时，交替型相移光栅标记的光瞳边缘衍射光强度大于二元光栅标记。因此，彗差对交替型相移光栅标记空间像成像位置偏移的影响变得更加显著。

在忽略高阶彗差的情况下，影响图形成像位置偏移量的像差函数可以表示为

$$W_X(\rho)=Z_2\rho+Z_7\left(3\rho^3-2\rho\right)+Z_{14}\left(10\rho^5-12\rho^3+3\rho\right) \tag{5.87}$$

$$W_Y(\rho)=Z_3\rho+Z_8\left(3\rho^3-2\rho\right)+Z_{15}\left(10\rho^5-12\rho^3+3\rho\right) \tag{5.88}$$

式(5.87)和式(5.88)的线性项包含了所谓的畸变，畸变对图形成像位置偏移量的影响与图形的尺寸无关。然而，彗差对图形成像位置偏移量的影响依赖于图形的尺寸和密度。因此，为了区分彗差和畸变的影响，有必要关注一个精细光栅图形和一个相对较大图形之间的相对成像位置偏移量。在该技术中，标记 B 和标记 D 的尺寸足够大，几乎所有的频谱能量都集中在光轴附近。利用空间像传感器检测标记 A 和标记 B，标记 C 和标记 D 的相对成像位置偏移量。X 方向彗差和 Y 方向彗差可以由测得的相对成像位置偏移量计算得到。相对成像位置偏移量可表示为

$$\Delta X=\Delta X_{\mathrm{A}}-\Delta X_{\mathrm{B}} \tag{5.89}$$

$$\Delta Y=\Delta Y_{\mathrm{C}}-\Delta Y_{\mathrm{D}} \tag{5.90}$$

其中，ΔX_{A}、ΔX_{B}、ΔY_{C} 和 ΔY_{D} 分别为标记 A、标记 B、标记 C、标记 D 的成像位置偏移量。通过测量相对成像位置偏移量，畸变对成像位置偏移的影响被消除，相对成像位置偏移量可表示为

$$\Delta X\propto Z_7 3\rho^3+Z_{14}\left(10\rho^5-12\rho^3\right) \tag{5.91}$$

$$\Delta Y\propto Z_8 3\rho^3+Z_{15}\left(10\rho^5-12\rho^3\right) \tag{5.92}$$

由式(5.91)和式(5.92)可以发现，彗差引起的相对成像位置偏移量取决于检测标记在光瞳面的频谱分布。三阶彗差引起的相对成像位置偏移量的最大值发生在光瞳面的 ρ=1 处，最小值发生在光瞳面的 ρ=0 处。五阶彗差引起的相对成像位置偏移量的最大值发生在光瞳面的 ρ=0 处，最小值发生在光瞳面的 ρ=0.8 处，与三阶彗差的情况不同。上文提到对于该技术采用的检测标记，包含交替型相移光栅标记，更多的高阶衍射光可以通过光刻机投影物镜的光瞳，衍射谱具有某些级次位于光瞳面上由彗差引起最大相位误差的位置，最终使其对相对成像位置偏移量的灵敏度更大。

检测标记衍射光的强度分布随着光刻机投影物镜的数值孔径以及照明系统的部分相干因子的变化而变化，因此，彗差引起的相对成像位置偏移量还取决于光刻机投影物镜的数值孔径以及照明系统的部分相干因子。彗差灵敏度系数的最大值和最小值可以通过适当的照明设置获得。相对成像位置偏移量与 Zernike 系数之间近似成线性关系，对于标记 A 和标记 B，标记 C 和标记 D，它们的相对成像位置偏移量可以表示为

$$\Delta X(NA,\sigma) = S_1(NA,\sigma)Z_7 + S_2(NA,\sigma)Z_{14} \tag{5.93}$$

$$\Delta Y(NA,\sigma) = S_3(NA,\sigma)Z_8 + S_4(NA,\sigma)Z_{15} \tag{5.94}$$

其中，$\Delta X(NA,\sigma)$、$\Delta Y(NA,\sigma)$ 是在给定的数值孔径和部分相干因子条件下的相对成像位置偏移量，可由空间像传感器测得；$S_1(NA,\sigma)$、$S_2(NA,\sigma)$、$S_3(NA,\sigma)$ 和 $S_4(NA,\sigma)$ 是灵敏度系数，可以表示为

$$S_1(NA,\sigma) = \frac{\partial \Delta X(NA,\sigma)}{\partial Z_7} \tag{5.95}$$

$$S_2(NA,\sigma) = \frac{\partial \Delta X(NA,\sigma)}{\partial Z_{14}} \tag{5.96}$$

$$S_3(NA,\sigma) = \frac{\partial \Delta Y(NA,\sigma)}{\partial Z_8} \tag{5.97}$$

$$S_4(NA,\sigma) = \frac{\partial \Delta Y(NA,\sigma)}{\partial Z_{15}} \tag{5.98}$$

灵敏度系数随着数值孔径和部分相干因子的变化而变化，可以使用 PROLITH 等光刻仿真软件计算得到。对于每一个数值孔径和部分相干因子，可以获得一个线性方程。在多数值孔径和部分相干因子设置条件下，可以获得如下线性方程组

$$\begin{bmatrix} \Delta X(NA_1,\sigma_1) \\ \Delta X(NA_2,\sigma_2) \\ \vdots \end{bmatrix} = \begin{bmatrix} \dfrac{\partial \Delta X(NA_1,\sigma_1)}{\partial Z_7} & \dfrac{\partial \Delta X(NA_1,\sigma_1)}{\partial Z_{14}} \\ \dfrac{\partial \Delta X(NA_2,\sigma_2)}{\partial Z_7} & \dfrac{\partial \Delta X(NA_2,\sigma_2)}{\partial Z_{14}} \\ \vdots & \vdots \end{bmatrix} \begin{bmatrix} Z_7 \\ Z_{14} \end{bmatrix} \tag{5.99}$$

$$\begin{bmatrix} \Delta Y(NA_1,\sigma_1) \\ \Delta Y(NA_2,\sigma_2) \\ \vdots \end{bmatrix} = \begin{bmatrix} \dfrac{\partial \Delta Y(NA_1,\sigma_1)}{\partial Z_8} & \dfrac{\partial \Delta Y(NA_1,\sigma_1)}{\partial Z_{15}} \\ \dfrac{\partial \Delta Y(NA_2,\sigma_2)}{\partial Z_8} & \dfrac{\partial \Delta Y(NA_2,\sigma_2)}{\partial Z_{15}} \\ \vdots & \vdots \end{bmatrix} \begin{bmatrix} Z_8 \\ Z_{15} \end{bmatrix} \tag{5.100}$$

式(5.99)和式(5.100)是超定方程组，可以使用最小二乘法求解。使用空间像传感器可以测量检测标记在不同视场位置在多照明设置条件下的相对成像位置偏移量，进而测得不同视场位置的表征彗差的 Zernike 系数 Z_7、Z_8、Z_{14} 和 Z_{15}。从式(5.99)和式(5.100)可以看出，彗差灵敏度系数的变化范围越大，用于最小二乘法拟合的数据范围越大，最小二乘法拟合精度越高。因此，灵敏度系数的变化范围是影响与彗差相关 Zernike 系数测量精度的关键因素。

5.1.3.2　仿真实验

在该技术中，检测标记的相对成像位置偏移量被用于提取彗差信息。相对成像位置偏移量的测量精度取决于光刻机的套刻精度。彗差的测量精度可由下式估计：

$$MA \propto \frac{OA}{\left|S_{\max} - S_{\min}\right|} \tag{5.101}$$

其中，MA 是彗差相关 Zernike 系数的测量精度；OA 是光刻机的套刻精度；$S_{\max}$ 和 $S_{\min}$ 是彗差灵敏系数的最大值和最小值。

使用光刻仿真软件 PROLITH，计算了该技术和 TAMIS 技术的检测标记在多数值孔径和部分相干因子设置条件下的彗差灵敏度系数。数值孔径和部分相干因子设置值参考了广泛用于主流光刻机的设置值。用于仿真的曝光波长为 193nm，投影物镜的数值孔径变化范围为 0.5～0.8，常规照明和环形照明的部分相干因子变化范围分别为 0.25～0.85 和 0.3～0.8，环形照明环带宽度为 0.3。用于 TAMIS 技术仿真的检测标记为二元光栅标记，线宽为 250nm。

图 5-37(a)显示了该技术在多数值孔径和部分相干因子设置条件下，常规照明条件下 Z_7 的灵敏度系数仿真结果。图 5-37(b)显示了该技术在多数值孔径和部分相干因子设置条件下，环形照明条件下 Z_7 的灵敏度系数仿真结果。图 5-37(c)显示了 TAMIS 技术在多数值孔径和部分相干因子设置条件下，常规照明条件下 Z_7 的灵敏度系数仿真结果。图 5-37(d)显示了 TAMIS 技术在多数值孔径和部分相干因子设置条件下，环形照明条件下 Z_7 的灵敏度系数仿真结果。根据灵敏度系数的仿真结果，利用式(5.101)可以估算 Z_7 的测量精度，假设光刻机的套刻精度为 2nm。

Z_7 灵敏度系数的仿真结果和估算的测量精度总结在表 5-12 中。由图 5-37 和表 5-12 可知，相对于 TAMIS 技术，Z_7 的测量精度在常规照明和环形照明条件下分别提高了 25% 和 21.7%。

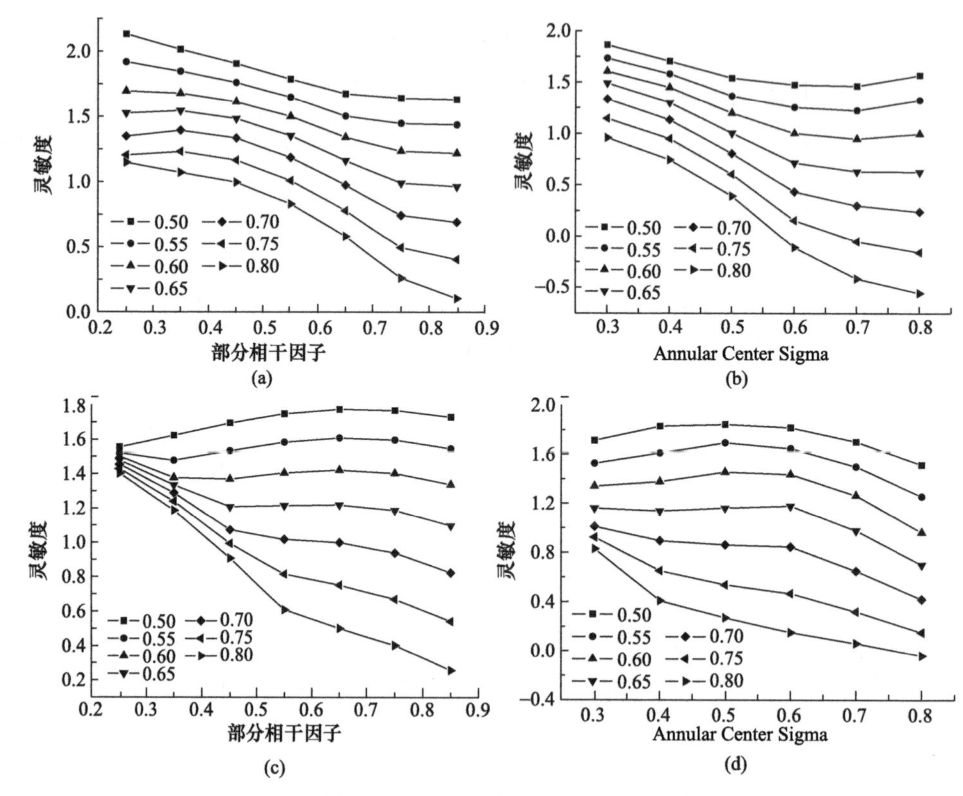

图 5-37　不同 NA 和照明设置情况下的 Z_7 灵敏度系数

(a) 混合标记检测技术，常规照明；(b) 混合标记检测技术，环形照明；
(c) TAMIS 技术，常规照明；(d) TAMIS 技术，环形照明

表 5-12　Z_7 灵敏度系数和测量精度的仿真结果

照明方式	技术	最大值	最小值	测量精度 /nm
常规照明	混合标记检测技术	2.13	0.10	0.99
	TAMIS 技术	1.77	0.26	1.32
环形照明	混合标记检测技术	1.86	−0.55	0.83
	TAMIS 技术	1.84	−0.04	1.06

图 5-38(a)显示了混合标记检测技术在多数值孔径和部分相干因子设置条件下，常规照明条件下 Z_{14} 的灵敏度系数仿真结果。图 5-38(b)显示了混合标记检测技术在多数值孔径和部分相干因子设置条件下，环形照明条件下 Z_{14} 的灵敏度系数仿真结果。图 5-38(c)显示了 TAMIS 技术在多数值孔径和部分相干因子设置条件下，常规照明条件下 Z_{14} 的灵敏度系数仿真结果。图 5-38(d)显示了 TAMIS 技术在多数值孔径和部分相干因子设置条件下，环形照明条件下 Z_{14} 的灵敏度系数仿真结果。

Z_{14} 灵敏度系数的仿真结果和估算的测量精度总结在表 5-13 中。由图 5-38 和表 5-13 可知，相对于 TAMIS 技术，Z_{14} 的测量精度在常规照明和环形照明条件下分别提高了 36.8%和 2.2%。

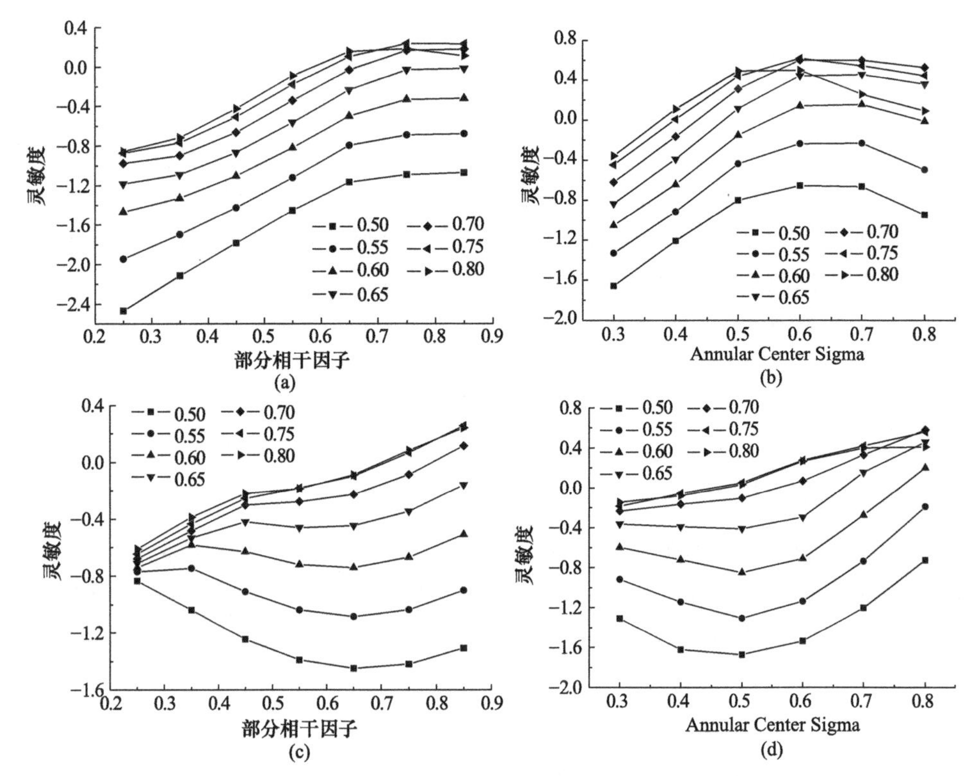

图 5-38　不同 NA 和 σ 设置情况下的 Z_{14} 灵敏度系数

(a) 混合标记检测技术，常规照明，(b) 混合标记检测技术，环形照明；
(c) TAMIS 技术，常规照明，(d) TAMIS 技术，环形照明

表 5-13　Z_{14} 灵敏度系数和测量精度的仿真结果

照明方式	技术	最大值	最小值	测量精度 /nm
常规照明	混合标记检测技术	0.24	−2.47	0.74
	TAMIS 技术	0.26	−1.45	1.17
环形照明	混合标记检测技术	0.63	−1.66	0.87
	TAMIS 技术	0.57	−1.67	0.89

Y 方向彗差从多照明设置条件下标记 C 和标记 D 之间的相对成像位置偏移量提取得到。Y 方向彗差的测量原理和计算方法与 X 方向彗差相似，因此，Z_8 和 Z_{15} 的灵敏度系数变化范围与 Z_7 和 Z_{14} 的相同。

从上述仿真结果可知，由于彗差灵敏度系数变化范围增大，该技术的彗差测量精度明显提高。与 TAMIS 技术相比，在常规照明条件下，彗差的测量精度提高了 25%以上。在环形照明条件下，三阶彗差的测量精度提高了 20%以上。

5.2 基于空间像线宽不对称度的检测

上述检测技术通过测量标记成像位置偏移量实现波像差检测，畸变、场曲等初级像质参数对成像位置偏移量的测量结果具有较大影响。基于空间像线宽不对称度的波像差检测技术根据像传感器在多种照明条件下测得的空间像线宽不对称度计算投影物镜波像差，避免了初级像质参数的影响，提高了像差检测精度。根据检测标记的不同，可分为双线标记检测法和 Brick Wall 标记检测法两种，前者主要用于检测彗差，后者主要用于检测三波差。

5.2.1 双线标记检测法[1,17-20]

5.2.1.1 检测原理

图 5-39(a)为该检测技术使用的双线标记示意图。图中白色为透光部分，黑色为不透光部分。标记线宽为 d，间距为 $2d$。奇像差导致的 XY 平面内空间像光强分布的变化使得图中标记的空间像线宽不对称。给定光强阈值下的标记及其空间像轮廓如图 5-39(b)所示。定义空间像线宽不对称度

$$\mathrm{LWA} = L_1 - L_2 \tag{5.102}$$

其中，L_1 与 L_2 为给定阈值下的空间像线宽。

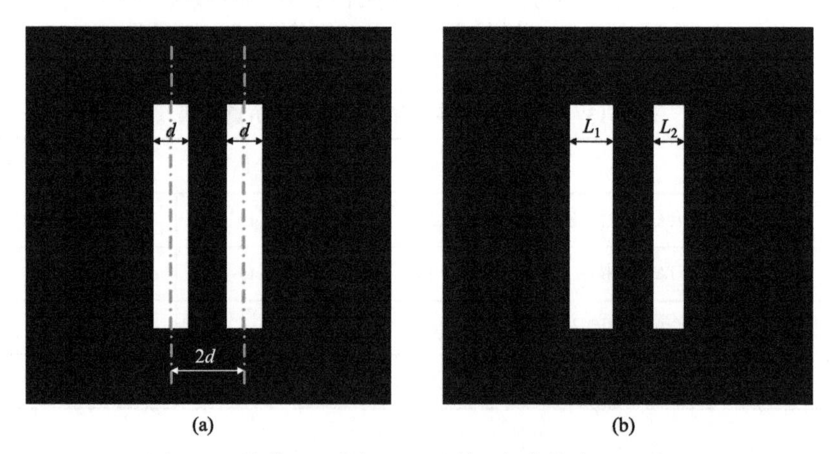

图 5-39 掩模上双线标记(a)及其空间像轮廓(b)示意图

奇像差中 Z_7、Z_{10}、Z_{14} 影响 Y 向双线标记空间像 X 向线宽的不对称度(LWA_x)，Z_8、Z_{11}、Z_{15} 影响 X 向双线标记空间像 Y 向线宽的不对称度(LWA_y)。同种条件下，Z_7、Z_{10}、Z_{14} 产生的 LWA_x 与 Z_8、Z_{11}、Z_{15} 产生的 LWA_y 相等。下面仅就 Z_7、Z_{10}、Z_{14} 对 LWA_x 的影响进行分析。

在物镜最大数值孔径 NA=0.8，环形照明部分相干因子σ=0.55–0.85，曝光波长为 193nm，双线线宽 d=150nm 的条件下，利用 PROLITH 光刻仿真软件分别对 Z_7、Z_{10}、Z_{14}

导致的 LWA_x 进行了计算，计算结果如图 5-40 所示。由图可知，空间像线宽不对称度与各项奇像差成线性关系。分析其他条件下的仿真计算结果可知，该线性关系也成立，且奇像差之间交叉项的影响可以忽略。一般地，对于 Y 方向线条

$$\mathrm{LWA}_x = S_1(NA,\sigma)Z_7 + S_2(NA,\sigma)Z_{10} + S_2(NA,\sigma)Z_{14} \tag{5.103}$$

其中，S_1,S_2,S_3 为灵敏度。

$$S_1(NA,\sigma) = \frac{\partial LWA_x(NA,\delta)}{\partial Z_7}$$

$$S_2(NA,\sigma) = \frac{\partial LWA_x(NA,\delta)}{\partial Z_{10}}$$

$$S_3(NA,\sigma) = \frac{\partial LWA_x(NA,\delta)}{\partial Z_{14}} \tag{5.104}$$

灵敏度 S_1～S_3 可利用光刻仿真软件计算得到。如设定一定的 Z_7，取其他 Zernike 系数为零，利用光刻仿真软件计算出此时的 LWA_x，则可将此时的 LWA_x 除以 Z_7，作为 LWA_x 对 Z_7 的灵敏度 S_1。

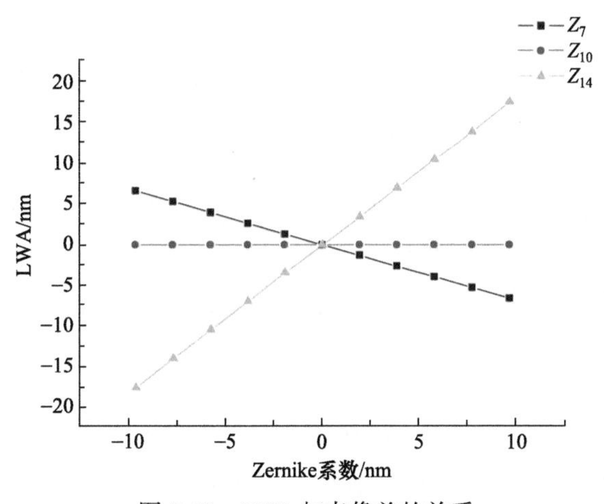

图 5-40 LWA 与奇像差的关系

空间像线宽不对称度可利用透射像传感器(TIS)测量。通过 TIS 扫描掩模上类似标记的空间像可以得到其光强分布并计算得到 LWA。

本节中测试掩模采用线宽为 150nm 的双线标记，由图 5-40 可知，此时三波差 Z_{10} 的影响可以忽略。对于 Y 方向线条，有

$$\mathrm{LWA}_x(NA,\sigma) = S_1(NA,\sigma)Z_7 + S_3(NA,\sigma)Z_{14} \tag{5.105}$$

其中，$\mathrm{LWA}_x(NA,\sigma)$是在给定的数值孔径与部分相干因子下透射像传感器测量到的 Y 方向线条空间像线宽不对称度。类似地，对于 X 方向线条三波差 Z_{11} 的影响也可忽略

$$\mathrm{LWA}_y(NA,\sigma) = S_1(NA,\sigma)Z_8 + S_3(NA,\sigma)Z_{15} \tag{5.106}$$

其中，$\mathrm{LWA}_y(NA,\sigma)$是在给定的数值孔径与部分相干因子下透射像传感器测量到的 X 方向

线条空间像线宽不对称度。在多个 NA 和σ条件下测量 LWA，可得到如下矩阵方程组：

$$\begin{bmatrix} \mathrm{LWA}_x(NA_1,\sigma_1) \\ \mathrm{LWA}_x(NA_2,\sigma_2) \\ \vdots \end{bmatrix} = \begin{bmatrix} \dfrac{\partial \mathrm{LWA}_x(NA_1,\sigma_1)}{\partial Z_7} & \dfrac{\partial \mathrm{LWA}_x(NA_1,\sigma_1)}{\partial Z_{14}} \\ \dfrac{\partial \mathrm{LWA}_x(NA_2,\sigma_2)}{\partial Z_7} & \dfrac{\partial \mathrm{LWA}_x(NA_2,\sigma_2)}{\partial Z_{14}} \\ \vdots & \vdots \end{bmatrix} \begin{bmatrix} Z_7 \\ Z_{14} \end{bmatrix} \tag{5.107}$$

$$\begin{bmatrix} \mathrm{LWA}_y(NA_1,\sigma_1) \\ \mathrm{LWA}_y(NA_2,\sigma_2) \\ \vdots \end{bmatrix} = \begin{bmatrix} \dfrac{\partial \mathrm{LWA}_y(NA_1,\sigma_1)}{\partial Z_8} & \dfrac{\partial \mathrm{LWA}_y(NA_1,\sigma_1)}{\partial Z_{15}} \\ \dfrac{\partial \mathrm{LWA}_y(NA_2,\sigma_2)}{\partial Z_8} & \dfrac{\partial \mathrm{LWA}_y(NA_2,\sigma_2)}{\partial Z_{15}} \\ \vdots & \vdots \end{bmatrix} \begin{bmatrix} Z_8 \\ Z_{15} \end{bmatrix} \tag{5.108}$$

方程组(5.107)与(5.108)可简写为 $\boldsymbol{L}_x = \boldsymbol{S}_x \cdot \boldsymbol{Z}_x$ 与 $\boldsymbol{L}_y = \boldsymbol{S}_y \cdot \boldsymbol{Z}_y$，其中 $\boldsymbol{L}_x$ 与 $\boldsymbol{L}_y$ 是在不同 NA、σ 设定下测得的 LWA_x 与 LWA_y，$\boldsymbol{Z}_x$ 与 $\boldsymbol{Z}_y$ 是要求解的 X 方向与 Y 方向彗差，$\boldsymbol{S}_x$ 与 $\boldsymbol{S}_y$ 是灵敏度矩阵，且 $\boldsymbol{S}_x = \boldsymbol{S}_y$。该方程组是超定的，可通过最小二乘法求解。

利用 TIS 在 5 个 NA 与σ设定下测量视场内不同位置处的空间像线宽不对称度(LWA_x，LWA_y)，由方程组(5.107)与(5.108)即可得出视场内相应位置的 Zernike 系数 Z_7，Z_8，Z_{14}，Z_{15}。相对于 TAMIS 测量技术，基于双线空间像线宽不对称度的彗差测量技术排除了 Z_2、Z_3 与标记位置误差的影响，可降低测量误差。同时，需测量的 Zernike 系数由 3 个减少至 2 个，可以减少 NA 和σ设定的数量，从而节约 1/3 的测量时间。

5.2.1.2　仿真

在 TIS 测量精度一定的情况下，灵敏度的变化范围是彗差测量精度的关键因素。下面就该技术与 TAMIS 技术的灵敏度变化范围进行比较。为了方便起见，假定曝光波长为 193nm，被测物镜最大数值孔径为 0.8。

在不同 NA 与照明设定的情况下，利用 PROLITH 计算得到双线标记 LWA_x 与 TAMIS 测试的 Z_7 灵敏度，结果如图 5-41 所示。图 5-41(a)与(b)分别反映了传统照明与环形照明环带宽度为 0.3 时，双线标记 LWA_x 的 Z_7 灵敏度与 NA、σ之间的关系。图 5-41(c)与(d)分别反映了传统照明与环形照明环带宽度为 0.3 时，TAMIS 测试的 Z_7 灵敏度与 NA、σ 之间的关系。由图 5-41 可知，考虑到环形照明与传统照明两种情况，双线标记 LWA_x 的 Z_7 灵敏度在−1.10～2.00 之间变化，变化范围为 3.30；而 TAMIS 测试的 Z_7 灵敏度在−0.40～1.97 之间变化，变化范围为 2.37。因此，采用基于双线空间像线宽不对称度的彗差测量技术的 Z_7 灵敏度变化范围相对 TAMIS 技术可增大 30.8%。

在不同 NA 与照明设定的情况下，利用 PROLITH 计算得到双线标记 LWA_x 与 TAMIS 测试的 Z_{14} 灵敏度，结果如图 5-42 所示。图 5-42(a)与(b)分别反映了传统照明与环形照明

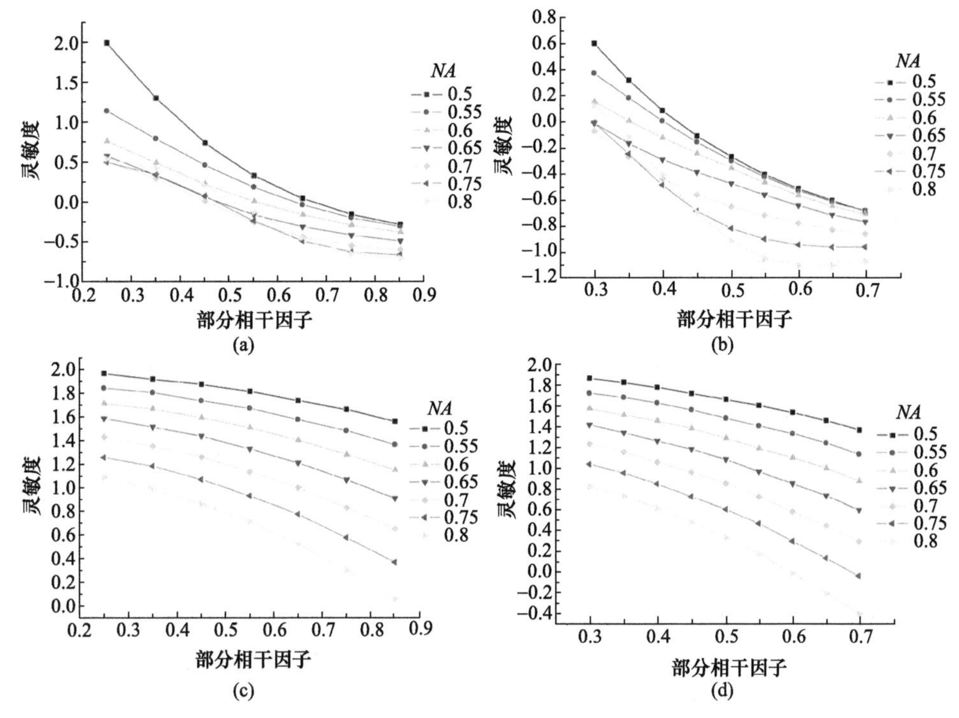

图 5-41　使用双线标记(a)、(b)与 TAMIS 中的密集线标记(c)、(d)时，由 PROLITH 计算得出的 Z_7 灵敏度与数值孔径、部分相干因子的关系

环带宽度为 0.3 时，双线标记 LWAx 的 Z_{14} 灵敏度与 NA、σ之间的关系。图 5-41(c)与(d)分别反映了传统照明与环形照明环带宽度为 0.3 时，TAMIS 测试的 Z_{14} 灵敏度与 NA、σ之间的关系。由图 5-41 可知，考虑到环形照明与传统照明两种情况，双线标记 LWA$_x$ 的 Z_{14} 灵敏度在−5.71～1.81 之间变化，变化范围为 7.52；而 TAMIS 测试的 Z_{14} 灵敏度在−2.04～0.83 之间变化，变化范围为 2.87。因此，采用基于双线空间像线宽不对称度的彗差测量技术的 Z_{14} 灵敏度变化范围相对 TAMIS 技术可增大 162%。

综上，采用基于双线空间像线宽不对称度的彗差测量技术可分别将 Z_7、Z_{14} 灵敏度变化范围增加 30.8%与 162%。基于双线空间像线宽不对称度的彗差测量技术排除了 Z_2、Z_3 与标记位置误差的影响，降低了测量误差；在相同硬件的情况下，采用基于双线空间

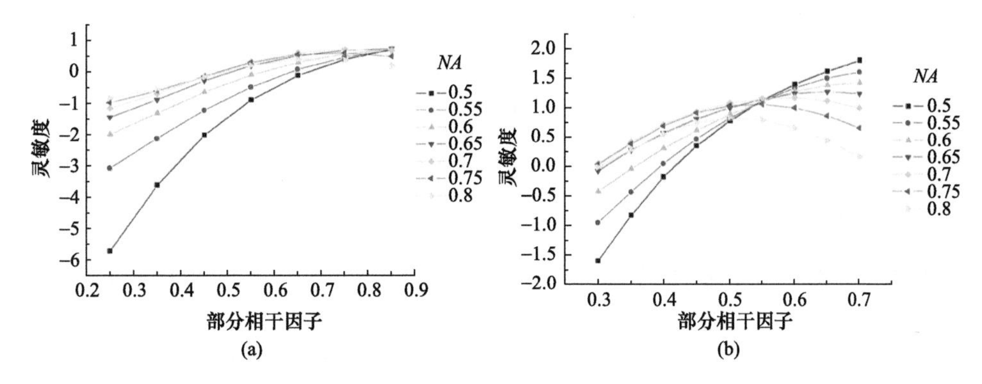

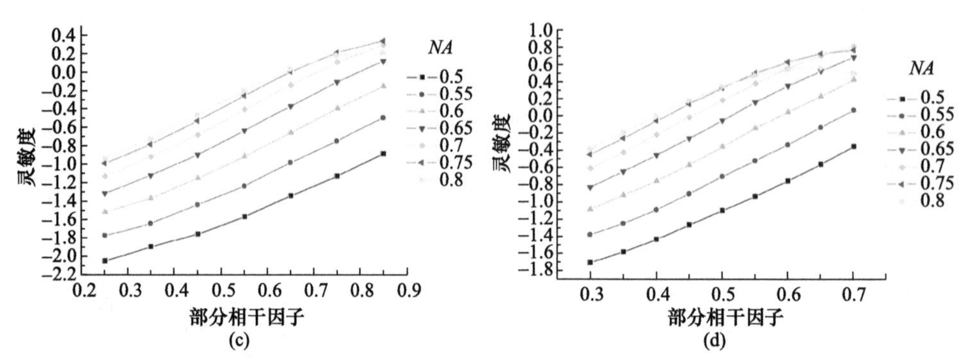

图 5-42　使用双线标记(a)、(b)与 TAMIS 中的密集线标记(c)、(d)时，由 PROLITH 计算得出的 Z_{14} 灵敏度与数值孔径、部分相干因子的关系

像线宽不对称度的彗差测量技术可提高彗差测量精度 30%以上。TAMIS 技术测量彗差精度为 2nm，因此基于双线空间像线宽不对称度的彗差测量技术的精度优于 1.4nm。

5.2.1.3　实验

在 ASML 公司的 PAS 5500 型步进扫描投影光刻机上，利用该技术测量了投影物镜的彗差。在 5 种照明方式下，通过 TIS 测量视场内不同位置处双线标记空间像的 LWA。将测得的 LWA 代入彗差计算模型，得到表征彗差的 Zernike 系数 Z_7，Z_8，Z_{14}，Z_{15}。测量得到的曝光视场内不同位置处的 Zernike 系数如图 5-43 所示，横坐标为视场内 X 方向

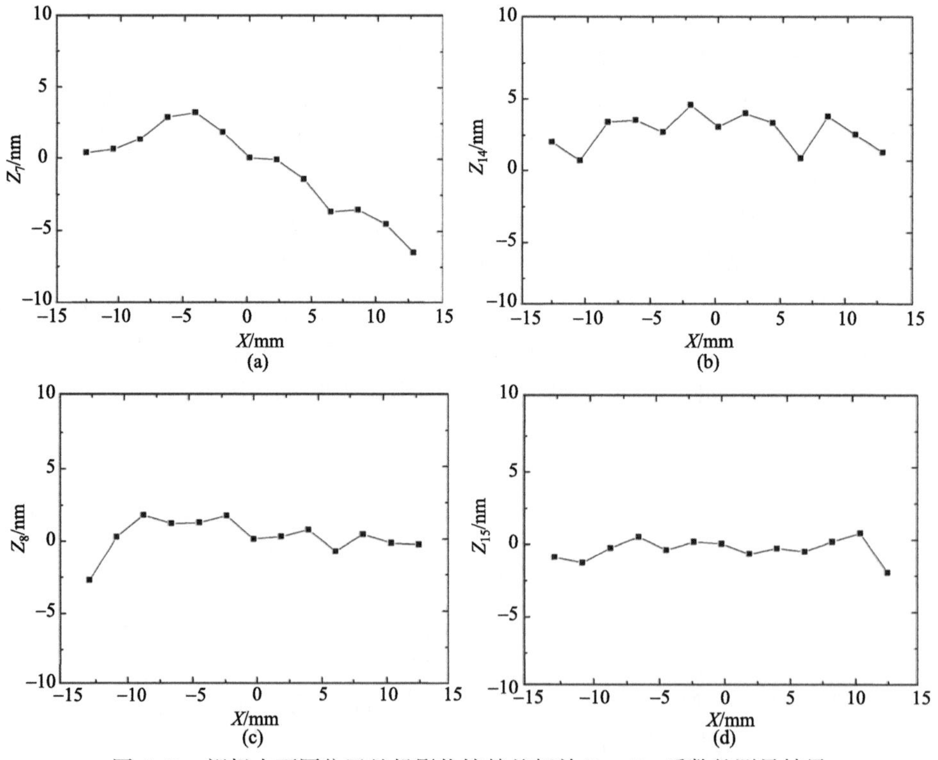

图 5-43　视场内不同位置处投影物镜彗差相关 Zernike 系数的测量结果

(a)Z_7 测量结果；(b)Z_{14} 测量结果；(c)Z_8 测量结果；(d)Z_{15} 测量结果

的位置坐标，纵坐标为表征彗差的 Zernike 系数。

在相同条件下进行多次测试，各彗差相关 Zernike 系数测量重复精度均优于 1.2nm，而 TAMIS 技术测量重复精度为 2nm，因此该技术彗差测量重复精度优于 TAMIS 技术，可实现彗差的高精度原位检测。

5.2.2　Brick Wall 标记检测法[11,21]

基于 Brick Wall 标记空间像线宽不对称度的检测技术主要用于三波差的检测。该技术采用水平方向和垂直方向的 Brick Wall 图形作为检测标记，通过测量多照明条件下标记空间像线宽不对称度计算三波差。线宽不对称度由安装在工件台上的空间像传感器直接测量，因此，该技术是一种直接测量技术，具有快速省时的优点，且检测标记结构简单，制作成本较低。

5.2.2.1　检测原理

光刻机投影物镜的波像差可以表示为光瞳面的波前与理想波前之间的光程差。当没有波像差时，理想波前为球面波，波像差的存在引起了实际波前偏离理想波前，并导致成像位置的偏移和成像的变形。投影物镜波像差可通过 Zernike 多项式表征：

$$
\begin{aligned}
W(\rho,\theta) &= \sum_{n=1}^{\infty} Z_n \cdot R_n(\rho,\theta), \quad n \in Z \\
&= Z_1 + Z_2\rho\cos\theta + Z_3\rho\sin\theta + Z_4(2\rho^2-1) + \cdots + Z_{10}\rho^3\cos 3\theta + Z_{11}\rho^3\sin 3\theta \\
&\quad + \cdots + Z_{19}(5\rho^2-4)\rho^3\cos 3\theta + Z_{20}(5\rho^2-4)\rho^3\sin 3\theta + \cdots
\end{aligned} \tag{5.109}
$$

其中，ρ 是归一化的投影物镜光瞳半径；θ 是方位角；Z_{10} 是 30°方向三波差；Z_{11} 是三波差；Z_{19} 是 30°方向高阶三波差；Z_{20} 是高阶三波差。

该技术使用的检测标记如图 5-44 所示，其中水平方向 Brick Wall 标记用于测量 Z_{10} 和 Z_{19}，垂直方向 Brick Wall 标记用于测量 Z_{11} 和 Z_{20}。水平方向和垂直方向 Brick Wall 标记具有相同的结构和尺寸，不同的方向。以水平方向 Brick Wall 标记为例，经过三波差的灵敏度优化，X 方向线宽、Y 方向线宽、X 方向栅距、Y 方向栅距分别为 600nm、130nm、1000nm 和 520nm。三波差影响检测标记空间像的强度分布，并导致线宽不对称。线宽不对称度可以定义

$$A_y = L_1 - L_2 \tag{5.110}$$

$$A_x = L_3 - L_4 \tag{5.111}$$

其中，L_1、L_2、L_3 和 L_4 为特定测量阈值下的空间像线宽。检测标记的衍射谱为蜂窝状分布。衍射谱的某些级次位于光瞳面由三波差引起最大相位误差的位置，最终导致较大的线宽不对称度灵敏度。

三波差引起的线宽不对称取决于图形形状、图形尺寸、图形方向和照明设置，因为衍射光的强度分布随这些参数改变。像差引起的效应可由检测标记形状、尺寸、方向的

改变，或者数值孔径 NA 和部分相干因子σ的变化来表征。改变最后两个参数是最方便的，因为主流光刻机均可以方便、自动地设置 NA 和σ，因此不需要制作各种结构和尺寸的测试掩模，因此测量成本也得到了有效控制。

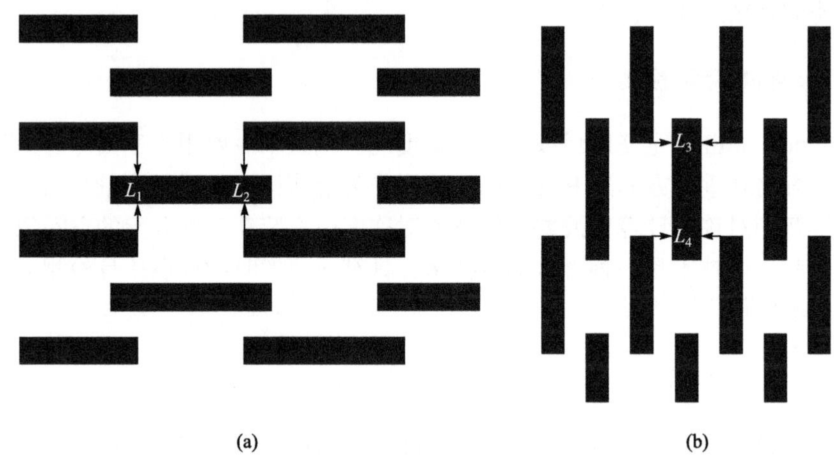

图 5-44　Brick Wall 标记示意图
(a) 水平方向；(b) 垂直方向

Z_{10} 和 Z_{19} 主要影响线宽不对称度 A_y，Z_{11} 和 Z_{20} 主要影响线宽不对称度 A_x。线宽不对称度与三波差相关的 Zernike 系数之间近似成线性关系。对于如图 5-44 所示的水平方向 Brick Wall 标记，由 Z_{10} 和 Z_{19} 引起的线宽不对称度可以表示为

$$A_y(NA,\sigma) = S_1(NA,\sigma)Z_{10} + S_2(NA,\sigma)Z_{19} \tag{5.112}$$

由 Z_{11} 和 Z_{20} 引起的线宽不对称度可以表示为

$$A_x(NA,\sigma) = S_3(NA,\sigma)Z_{11} + S_4(NA,\sigma)Z_{20} \tag{5.113}$$

其中，$A_y(NA,\sigma)$ 和 $A_x(NA,\sigma)$ 是一定 NA 和σ设置情况下由空间像传感器测得的线宽不对称度；$S_1(NA,\sigma)$、$S_2(NA,\sigma)$、$S_3(NA,\sigma)$ 和 $S_4(NA,\sigma)$ 是三波差相关 Zernike 系数的灵敏度系数，可以表示为

$$S_1(NA,\sigma) = \frac{\partial A_y(NA,\sigma)}{\partial Z_{10}} \tag{5.114}$$

$$S_2(NA,\sigma) = \frac{\partial A_y(NA,\sigma)}{\partial Z_{19}} \tag{5.115}$$

$$S_3(NA,\sigma) = \frac{\partial A_x(NA,\sigma)}{\partial Z_{11}} \tag{5.116}$$

$$S_4(NA,\sigma) = \frac{\partial A_x(NA,\sigma)}{\partial Z_{20}} \tag{5.117}$$

灵敏度系数随着 NA 和σ的变化而变化，可以利用 PROLITH 等光刻仿真软件计算得到。对于每个 NA 和σ设置，可以得到两个线性方程，在多照明设置的情况下，可以得到两个线性方程组，表示为

$$\begin{bmatrix} A_y(NA_1,\sigma_1) \\ A_y(NA_2,\sigma_2) \\ \vdots \end{bmatrix} = \begin{bmatrix} \dfrac{\partial A_y(NA_1,\sigma_1)}{\partial Z_{10}} & \dfrac{\partial A_y(NA_1,\sigma_1)}{\partial Z_{19}} \\ \dfrac{\partial A_y(NA_2,\sigma_2)}{\partial Z_{10}} & \dfrac{\partial A_y(NA_2,\sigma_2)}{\partial Z_{19}} \\ \vdots & \vdots \end{bmatrix} \begin{bmatrix} Z_{10} \\ Z_{19} \end{bmatrix} \tag{5.118}$$

$$\begin{bmatrix} A_x(NA_1,\sigma_1) \\ A_x(NA_2,\sigma_2) \\ \vdots \end{bmatrix} = \begin{bmatrix} \dfrac{\partial A_x(NA_1,\sigma_1)}{\partial Z_{11}} & \dfrac{\partial A_x(NA_1,\sigma_1)}{\partial Z_{20}} \\ \dfrac{\partial A_x(NA_2,\sigma_2)}{\partial Z_{11}} & \dfrac{\partial A_x(NA_2,\sigma_2)}{\partial Z_{20}} \\ \vdots & \vdots \end{bmatrix} \begin{bmatrix} Z_{11} \\ Z_{20} \end{bmatrix} \tag{5.119}$$

式(5.118)和式(5.119)为超定方程组，可以通过最小二乘法求解。使用安装在光刻机工件台上的像传感器，可以测量在多照明设置情况下视场内不同位置检测标记空间像的线宽不对称度，计算与三波差相关的 Zernike 系数 Z_{10}，Z_{11}，Z_{19} 和 Z_{20}。

5.2.2.2　仿真实验

灵敏度系数的变化范围是影响三波差测量的关键因素。使用 PROLITH 光刻仿真软件，计算了在多照明设置情况下三波差相关 Zernike 系数灵敏度系数的变化范围。数值孔径和部分相干因子设置值参考了广泛用于主流光刻机的设置值。用于仿真的曝光波长为 193nm，投影物镜的数值孔径变化范围为 0.65～0.85，常规照明和环形照明的部分相干因子变化范围分别为 0.3～0.8 和 0.3～0.7，环形照明环带宽度为 0.3。

图 5-45(a)为该技术在多数值孔径和部分相干因子设置条件下，常规照明条件下 Z_{10}/Z_{11} 的灵敏度系数仿真结果。图 5-45(b)为该技术在多数值孔径和部分相干因子设置条件下，环形照明条件下 Z_{10}/Z_{11} 的灵敏度系数仿真结果。根据仿真结果，在所有照明设置情况下，Z_{10}/Z_{11} 的灵敏度系数变化区间为–2.63～1.66，Z_{10}/Z_{11} 的灵敏度系数变化范围为 4.29。

5-46(a)为该技术在多数值孔径和部分相干因子设置条件下，常规照明条件下 Z_{19}/Z_{20} 的灵敏度系数仿真结果。图 5-46(b)为该技术在多数值孔径和部分相干因子设置条件下，环形照明条件下 Z_{19}/Z_{20} 的灵敏度系数仿真结果。根据仿真结果，在所有照明设置情况下，Z_{19}/Z_{20} 的灵敏度系数变化区间为–2.24～3.97，Z_{19}/Z_{20} 的灵敏度系数变化范围为 6.21。

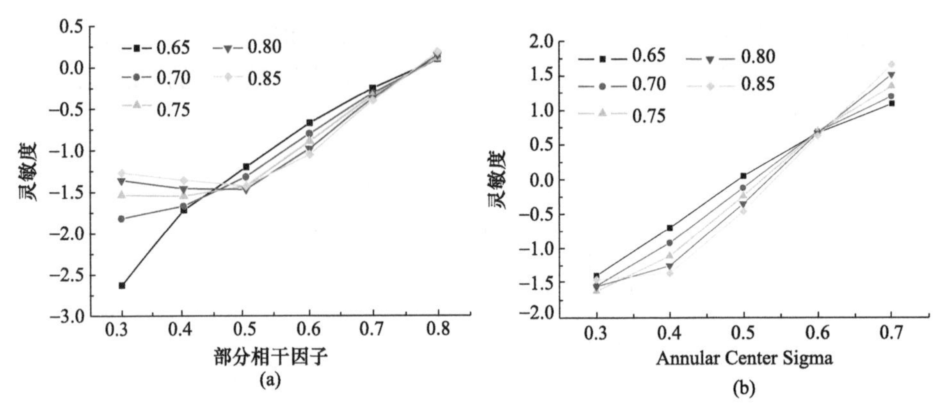

图 5-45 不同 NA 和照明设置情况下的 Z_{10}/Z_{11} 灵敏度系数

(a) 常规照明；(b) 环形照明

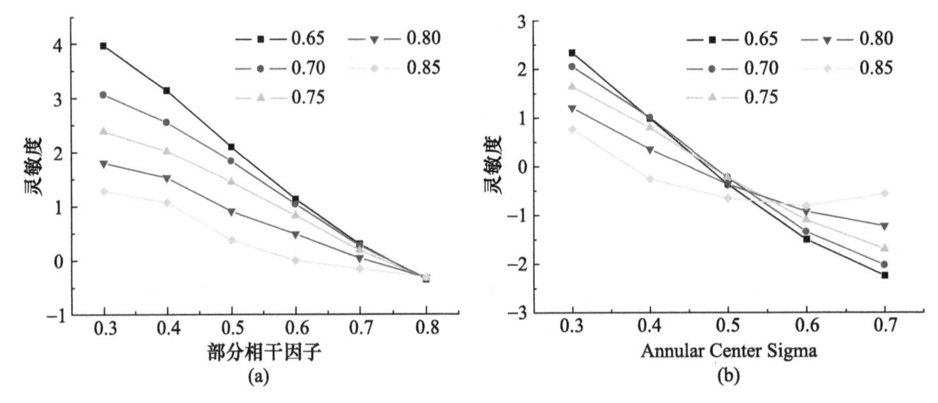

图 5-46 不同 NA 和照明设置情况下的 Z_{19}/Z_{20} 灵敏度系数

(a) 常规照明；(b) 环形照明

在该技术中，使用检测标记空间像的线宽不对称度计算三波差的大小。三波差的测量精度取决于线宽不对称度的测量精度。三波差的测量精度 MA_{trefoil} 可由下式估算：

$$MA_{\text{trefoil}} \propto \frac{MA_{\text{CDA}}}{\left|S_{\max} - S_{\min}\right|} \tag{5.120}$$

其中，MA_{CDA} 是线宽不对称度的测量精度；$S_{\max}$ 和 $S_{\min}$ 是灵敏度系数的最大值和最小值。根据灵敏度系数的仿真结果，三波差的测量精度可由式(5.120)估算，假设 MA_{CDA} 为 2nm。

三波差灵敏度系数的仿真结果和估算精度如表 5-14 所示。低阶三波差的测量精度为 0.466nm，高阶三波差的测量精度为 0.322nm，相对于基于双光束干涉的三波差原位检测技术(见第 4 章)，该技术在测量精度方面也具有优势。

表 5-14 三波差灵敏度系数和测量仿真结果

Zernike 系数	最大值	最小值	灵敏度系数变化范围	测量精度 /nm
Z_{10}/Z_{11}	1.66	−2.63	4.29	0.466
Z_{19}/Z_{20}	3.97	−2.24	6.21	0.322

5.3　基于空间像峰值光强差的检测

前述基于空间像位置偏移量和空间像线宽不对称度的检测技术，波像差检测精度受到空间像定位精度和线宽测量精度的限制。基于检测标记空间像峰值光强差的检测技术，以光栅图形在像面上的相邻峰值光强不均衡性为测量对象，降低了对空间像定位精度的要求，提高了检测精度。根据检测标记的不同，可分为相移掩模标记检测法和二元双缝图形标记检测法两类，分别用于偶像差和奇像差的检测。

5.3.1　相移掩模标记检测法[4,22,23]

IBM 公司于 1982 年首次提出了相移掩模技术。这项技术提出之初，并未受到人们的关注，但是随着时间的推移，相移掩模逐渐引起了人们的重视，并作为一项重要的分辨率增强技术被应用到光刻技术之中。相移掩模的基本原理是在掩模上所有相邻的透光区，相间增厚(或减薄)透光介质的厚度，使透过相邻区域的光的相位形成 180° 的相位差。两个相邻透光区光波的电场强度符号相反，叠加后相交部分的电场强度为 0，因此可以减小相邻透光区之间的光强，改善光刻分辨率。相移掩模的特殊结构也引入了新的问题，如光强不均衡效应、CD 不均匀性、成像位置偏移等，其中光强不均衡效应是以上问题的根本原因，研究人员针对相移掩模的光强不均衡效应进行了大量研究。在这些研究的基础上，人们提出了各种补偿相移掩模光强不均衡效应的方法，包括改变相移掩模透光区的宽度、加入辅助线等。相移掩模光强不均衡性主要由掩模三维结构的不对称性和投影物镜的波像差引起。通过将相移掩模光强不均衡性分解为相移掩模结构引起的光强不均衡性和波像差引起的光强不均衡性，可通过相移掩模空间像光强不均衡性来检测投影物镜的波像差。

本节首先分析相移掩模的衍射光强特性，介绍基于基尔霍夫修正模型的相移掩模成像模型，基于该模型和 Hopkins 部分相干成像公式，推导相移掩模光强不均衡性与投影物镜波像差的线性关系表达式，在表达式中清晰地将相移掩模光强不均衡性分解为相移掩模结构引起的光强不均衡性和投影物镜波像差引起的光强不均衡性。相移掩模标记检测法基于投影物镜波像差与相移掩模光强不均衡性之间的线性关系，因此可利用相移掩模空间像的光强不均衡性检测投影物镜的波像差。与 TAMIS 技术相比，检测精度进一步提高，检测流程得到简化。

5.3.1.1　相移掩模成像模型

基尔霍夫模型忽略掩模的厚度，将掩模视为一个无限薄的物体。当光场通过掩模时，掩模对光场的强度和相位进行调制。考虑相移掩模光栅，其透过率函数可以写为

$$t(x_o)=\sum_{n=-\infty}^{+\infty}\delta\left[x_o-2n(L+W)\right]*\left[\mathrm{rect}\left(\frac{x_o-\dfrac{L+W}{2}}{W}\right)+\mathrm{e}^{\mathrm{i}\varphi}\mathrm{rect}\left(\frac{x_o+\dfrac{L+W}{2}}{W}\right)\right],\quad n\in Z \tag{5.121}$$

其中，L 是相移掩模的线宽；W 是透光区宽度；x_o 是掩模面上的物理坐标；φ 是相移区引入的相移量。该式描述的是 Alt-PSM 的透过率函数，其周期为 $2(L+W)$。右边部分表示一个周期内的透过率函数分布，与一系列脉冲函数卷积得到周期性重复的相移掩模光栅结构。

基于上述相移掩模模型，可得到用归一化光瞳坐标表示的相移掩模的频谱分布为

$$
\begin{aligned}
O(\hat{f}) = & \frac{W}{L+W} \times \sum_{-N}^{+N} \delta\left[\hat{f} - \frac{n\lambda}{(2L+2W)\ NA}\right] \\
& \times \operatorname{sinc}\left(W\frac{NA}{\lambda}\hat{f}\right)\exp\left(\mathrm{i}\frac{\varphi}{2}\right)\cos\left[2\pi(L+W)\frac{NA}{\lambda}\hat{f} + \frac{\varphi}{2}\right]
\end{aligned} \tag{5.122}
$$

其中，N 是进入光瞳的最高级次衍射光，由下式决定

$$
N < \frac{1+\sigma}{\widehat{f_0}}, \quad N \in Z \tag{5.123}
$$

$$
\widehat{f_0} = \frac{\lambda}{2(L+W)NA} \tag{5.124}
$$

σ 是照明光源的部分相干因子，λ 为照明光波长。通过式(5.122)可以看出，当使用基尔霍夫薄掩模近似时，相移量为 180°的相移掩模频谱的 0 级消光，$\pm n$ 级的光强完全相同，而符号相反。

随着光刻特征尺寸的减小，掩模图形的尺寸已经接近波长。这时掩模形貌影响日益突出，基尔霍夫薄掩模近似不再准确。通过严格的电磁场仿真可精确计算掩模衍射场，但是通常要耗费大量的时间和计算资源。另外，这些方法属于数值计算方法，无法给出解析表达式，不能与现有的光刻成像公式兼容，为此可使用基尔霍夫修正模型来模拟厚掩模的衍射特性，通过与 FDTD 算法计算的掩模衍射频谱进行匹配来确定基尔霍夫修正模型的附加参数。在基尔霍夫修正模型下，掩模的透过率函数可以写作

$$
\begin{aligned}
t(x_o) = & \sum_{n=-\infty}^{+\infty} \delta\left[x_o - 2n(L+W)\right] \\
& * \left[t_1 e^{\mathrm{i}\alpha} \operatorname{rect}\left(\frac{x_o - \frac{L+W}{2}}{W}\right) + t_2 e^{\mathrm{i}(\beta+\varphi)} \operatorname{rect}\left(\frac{x_o + \frac{L+W}{2}}{W}\right)\right], \quad n \in Z
\end{aligned} \tag{5.125}
$$

其中，t_1 和 t_2 分别表示掩模非相移区和相移区的有效透过率；α, β 分别表示非相移区和相移区由形貌效应引入的额外位相因子。则对应的归一化光瞳坐标下的掩模频谱表达为

$$
\begin{aligned}
O(\hat{f}) = & \frac{W}{2L+2W} \times \sum_{n=-N}^{+N} \delta\left[\hat{f} - \frac{n\lambda}{(2L+2W)NA}\right] \operatorname{sinc}\left(\frac{WNA\hat{f}}{\lambda}\right) \\
& \left[t_1 e^{\mathrm{i}\alpha} e^{-\mathrm{i}\pi\hat{f}\frac{NA}{\lambda}(L+W)} + t_2 e^{\mathrm{i}(\beta+\varphi)} e^{\mathrm{i}\pi\hat{f}\frac{NA}{\lambda}(L+W)}\right], \quad n \in Z
\end{aligned} \tag{5.126}
$$

当掩模的镀铬层厚度、相移区的刻蚀深度、掩模材料的特性参数确定之后，可通过 FDTD 方法计算出掩模的近场分布和衍射频谱。将 FDTD 法计算的衍射频谱与式(5.126)相匹配，可以确定 t_1,t_2,α,β 的参数值。

5.3.1.2　空间像光强不均衡性分析

联合基尔霍夫修正模型和 Hopkins 部分相干成像模型，可以计算相移掩模的空间像分布。为便于分析，假设满足三光束干涉条件，即 N=1。将式(5.126)代入 Hopkins 成像公式[4]可得

$$I\left(\hat{x}_i\right)=\sum_{m=1}^{+1}\sum_{n=1}^{+1}\mathrm{TCC}\left(m\hat{f}_0,0;n\hat{f}_0,0\right)O\left(m\hat{f}_0\right)O^*\left(n\hat{f}_0\right)\mathrm{e}^{-\mathrm{i}2x(m-n)\hat{f}_0\hat{x}_i},\quad m,n\in Z \tag{5.127}$$

其中，TCC 函数包含了投影物镜中波像差的影响。当投影物镜中存在奇像差时，TCC 函数满足

$$\begin{aligned}\mathrm{TCC}\left(m\hat{f}_0,0;n\hat{f}_0,0\right)&=\mathrm{TCC}\left(-n\hat{f}_0,0;-m\hat{f}_0,0\right)\\&=\mathrm{TCC}^*\left(n\hat{f}_0,0;m\hat{f}_0,0\right)\\&=\mathrm{TCC}^*\left(-m\hat{f}_0,0;-n\hat{f}_0,0\right),\quad m,n\in Z\end{aligned} \tag{5.128}$$

当投影物镜中只存在偶像差时，TCC 函数有以下性质

$$\begin{aligned}\mathrm{TCC}\left(\mathrm{m}\hat{f}_0,0;n\hat{f}_0,0\right)&=\mathrm{TCC}\left(-m\hat{f}_0,0;-n\hat{f}_0,0\right)\\&=\mathrm{TCC}^*\left(n\hat{f}_0,0;m\hat{f}_0,0\right)\\&=\mathrm{TCC}^*\left(-n\hat{f}_0,0;-m\hat{f}_0,0\right),\quad m,n\in Z\end{aligned} \tag{5.129}$$

应用这些性质，则投影物镜中分别存在奇像差和偶像差时的光强分布可以表达如下：

$$I(\widehat{x_i})=C_1+C_3\cos(4\pi\widehat{f_0}\widehat{x_i}+\phi) \tag{5.130}$$

$$I(\widehat{x_i})=C_1+C_2\sin(2\pi\widehat{f_0}\widehat{x_i})+C_3\cos(4\pi\widehat{f_0}\widehat{x_i}) \tag{5.131}$$

其中

$$\begin{aligned}C_1=&\mathrm{TCC}(\widehat{f_0},0;\widehat{f_0},0)O(\widehat{f_0})O^*(\widehat{f_0})+\mathrm{TCC}(0,0;0,0)O(0)O^*(0)\\&+\mathrm{TCC}(-\widehat{f_0},0;-\widehat{f_0},0)O(-\widehat{f_0})O^*(-\widehat{f_0})\end{aligned} \tag{5.132}$$

$$C_2=4\,\mathrm{Im}[\mathrm{TCC}(\widehat{f_0},0;0,0)O(\widehat{f_0})O^*(0)] \tag{5.133}$$

$$C_3=-2\,\mathrm{TCC}(\widehat{f_0},0;-\widehat{f_0},0)O(\widehat{f_0})O^*(\widehat{f_0}) \tag{5.134}$$

$$\phi=-\mathrm{Arg}[\mathrm{TCC}(\widehat{f_0},0;-\widehat{f_0},0)] \tag{5.135}$$

可以根据式(5.133)和式(5.134)分析波像差与光强不均衡性的关系。奇像差引起 $\phi/4\pi\widehat{f_0}$ 的

成像位置偏移量，而偶像差引入光强不均衡性。图 5-47 中显示了 Z_9 存在时，相移量为 90°的 Alt-PSM 的空间像光强分布。可以看出，空间像光强存在不均衡现象，不均衡性的大小与像差的幅度有关。

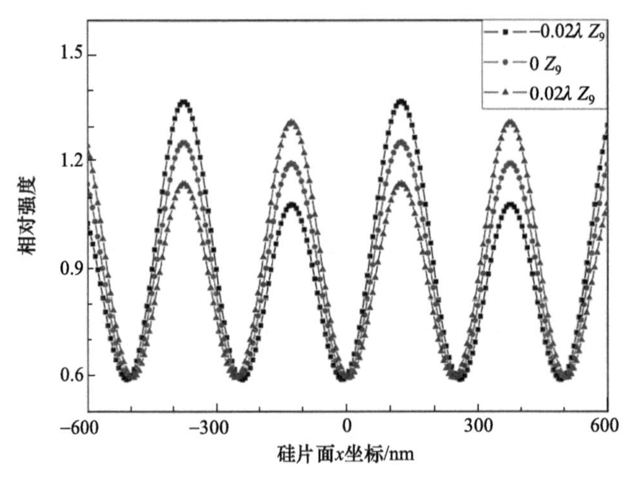

图 5-47　Z_9 存在时相移掩模的空间像光强分布

$L=W=125\text{nm}, \sigma=0.3, NA=0.5, \varphi=90°$

当式(5.131)中的系数满足 $C_2>4C_3$ 条件时，相邻峰值的光强可以写为

$$\begin{cases} I_{\max_1}=C_1+C_2-C_3 \\ I_{\max_2}=C_1-C_2-C_3 \end{cases} \tag{5.136}$$

相邻峰值的光强差可以表示为

$$\Delta I=2C_2=8\operatorname{Im}[\text{TCC}(\widehat{f_0},0;0,0)O(\widehat{f_0})O^*(0)] \tag{5.137}$$

将 TCC 函数展开成泰勒多项式，并取一阶近似可得

$$\begin{aligned}&\text{TCC}(\widehat{f}',\widehat{g}';\widehat{f}'',\widehat{g}'')\\&=\iint_{-\infty}^{+\infty}J(\widehat{f},\widehat{g})\mathrm{d}\widehat{f}\mathrm{d}\widehat{g}+\mathrm{i}\frac{2\pi}{\lambda}\sum_{n=1}^{37}Z_n\iint_{-\infty}^{+\infty}J(\widehat{f},\widehat{g})[R_n(\widehat{f}+\widehat{f}'',\widehat{g}+\widehat{g}'')-R_n(\widehat{f}+\widehat{f}',\widehat{g}+\widehat{g}')]\mathrm{d}\widehat{f}\mathrm{d}\widehat{g},\\&n\in Z\end{aligned} \tag{5.138}$$

将式(5.138)和式(5.126)代入式(5.137)可得

$$\Delta I=C'+\sum_{n=1}^{37}S_nZ_n,\quad n\in Z \tag{5.139}$$

其中

$$C'=2c\operatorname{sinc}\left(\frac{WNA\widehat{f_0}}{\lambda}\right)({t_2}^2-{t_1}^2)\iint_{-\infty}^{+\infty}J(\widehat{f},\widehat{g})\,\mathrm{d}\widehat{f}\mathrm{d}\widehat{g} \tag{5.140}$$

$$S_n = \frac{8\pi}{\lambda} \mathrm{c} t_1 t_2 \sin(\beta + \varphi - \alpha) \operatorname{sinc}\left(\frac{WNA\widehat{f_0}}{\lambda}\right)$$
$$\times \iint_{-\infty}^{+\infty} J(\widehat{f},\widehat{g})[R_n(\widehat{f},\widehat{g}) - R_n(\widehat{f}+\widehat{f_0},\widehat{g})]\mathrm{d}\widehat{f}\mathrm{d}\widehat{g} \tag{5.141}$$

其中，S_n表示像差的灵敏度系数，当Z_n代表奇像差时，S_n=0。从以上公式易知，当 TCC 函数作一阶近似时，相移掩模相邻峰值的光强差与偶像差成线性关系。常数项C'代表掩模结构引起的光强不均衡性，$\sum S_n Z_n$代表波像差引起的光强不均衡性。当$\varphi = 0$时，相移掩模退化为二元掩模。由于相邻透光区的结构完全对称，它们引入相同的相移，其有效透过率也相同。因此，二元掩模成像时，掩模引起的光强不均衡性C'以及波像差引起的光强不均衡性都为 0。

波像差和相移掩模光强不均衡性之间的线性关系是在三光束干涉条件下建立起来的，但是该线性关系也可以扩展到多光束干涉条件。图 5-48 显示了三光束干涉条件下和

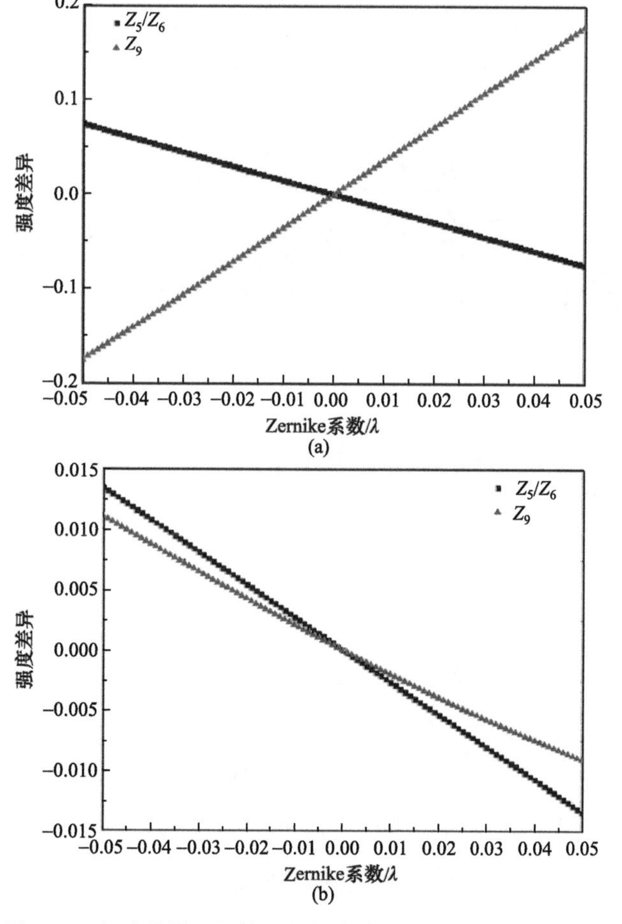

图 5-48　相移掩模空间像的相邻峰值光强差与波像差的关系

(a) σ= 0.3, NA = 0.5;(b) σ= 0.8, NA = 0.8, L=W=150nm，φ =90°

多光束干涉条件下相移掩模相邻峰值光强差和波像差幅度之间的线性关系。该图中相移掩模的相邻峰值光强差特指由波像差引起的部分，如无特殊说明，本节后续部分提到的相移掩模的相邻峰值光强差也特指波像差引起的部分。

从图 5-48 可以看出，在三光束条件下，两者之间存在优良的线性关系；在多光束干涉条件下，线性关系略微恶化。使用一次多项式 $y = p_1 x + p_2 + r$ 对两者的关系进行拟合，其中 p_1 表示直线的斜率，p_2 表示偏置量，r 表示拟合残差。定义线性关系的优良度指标为 $G = \mathrm{RMSE} / |p_1 \cdot R|$，其中 RMSE 是拟合残差的均方根值，$R$ 表示拟合数据的范围。G 值越小表示线性度越好。在图 5-48(a) 中的三光束干涉条件下，Z_5 和 Z_9 的 G 值分别为 4.657×10^{-5} 和 1.690×10^{-3}。在图 5-48(b)中的多光束干涉条件下，Z_5 和 Z_9 的 G 值分别为 3.351×10^{-4} 和 1.490×10^{-2}。可见在三光束干涉条件下，波像差与相移掩模空间像的相邻峰值光强差有着良好的线性关系，而在多光束干涉条件下，线性关系恶化，这在掩模参数选择时需要加以考虑。

5.3.1.3 检测原理

该技术使用的检测标记如图 5-49 所示。标记分布的方向为 0°,45°,90°,135°。黑色部分是不透光区，白色部分是非相移透光区，黄色部分是透光相移区。

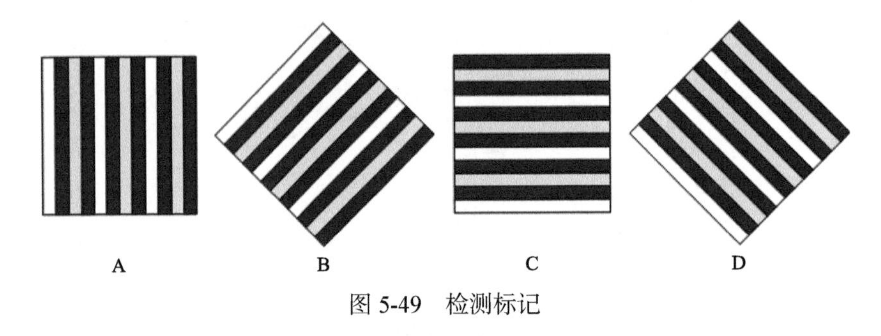

图 5-49 检测标记

将 0°、45°、90°、135°掩模的相邻峰值光强差表示为 $\Delta I_{0^\circ}, \Delta I_{45^\circ}, \Delta I_{90^\circ}, \Delta I_{135^\circ}$，则离焦和像散引起的光强差可以表示为

$$\Delta I = \frac{\Delta I_{0^\circ} + \Delta I_{45^\circ} + \Delta I_{90^\circ} + \Delta I_{135^\circ}}{4} \tag{5.142}$$

0°/90°像散引起的光强差可以表示为

$$\Delta I_{\mathrm{H/V}} = \Delta I_{0^\circ} - \Delta I_{90^\circ} \tag{5.143}$$

±45°像散引起的光强差可以表示为

$$\Delta I_{\pm 45^\circ} = \Delta I_{45^\circ} - \Delta I_{135^\circ} \tag{5.144}$$

由于波像差和相移掩模空间像的相邻峰值光强差之间成线性关系，因此

$$\Delta I = S_4 Z_4 + S_9 Z_9 + S_{16} Z_{16} + C' \tag{5.145}$$

$$\Delta I_{\mathrm{H/V}} = S_5 Z_5 + S_{12} Z_{12} + S_{21} Z_{21} \tag{5.146}$$

$$\Delta I_{\pm 45^\circ} = S_6 Z_6 + S_{13} Z_{13} + S_{22} Z_{22} \tag{5.147}$$

在多种照明设置下成像时，相移掩模空间像相邻峰值光强差的大小也与部分相干因子、投影物镜数值孔径相关。因此，式(5.145)～式(5.147)可以表示成以下形式：

$$\Delta I(NA,\sigma)=S_4(NA,\sigma)Z_4+S_9(NA,\sigma)Z_9+S_{16}(NA,\sigma)Z_{16}+C'(NA,\sigma) \tag{5.148}$$

$$\Delta I_{\mathrm{H/V}}(NA,\sigma)=S_5(NA,\sigma)Z_5+S_{12}(NA,\sigma)Z_{12}+S_{21}(NA,\sigma)Z_{21} \tag{5.149}$$

$$\Delta I_{\pm 45^\circ}(NA,\sigma)=S_6(NA,\sigma)Z_6+S_{13}(NA,\sigma)Z_{13}+S_{22}(NA,\sigma)Z_{22} \tag{5.150}$$

其中，像差灵敏度系数由光强差对某种像差的偏导数决定

$$S_i(NA,\sigma)=\frac{\partial \Delta I(NA,\sigma)}{\partial Z_i},\quad i=4,9,16 \tag{5.151}$$

$$S_i(NA,\sigma)=\frac{\partial \Delta I_{\mathrm{H/V}}(NA,\sigma)}{\partial Z_i},\quad i=5,12,21 \tag{5.152}$$

$$S_i(NA,\sigma)=\frac{\partial \Delta I_{\pm 45^\circ}(NA,\sigma)}{\partial Z_i},\quad i=6,13,22 \tag{5.153}$$

在多照明设置条件下，最终可以通过灵敏度系数矩阵将投影物镜波像差和相移掩模空间像的相邻峰值光强差联系起来

$$\begin{bmatrix}\Delta I(NA_1,\sigma_1)\\ \Delta I(NA_2,\sigma_2)\\ \vdots\end{bmatrix}=\begin{bmatrix}S_4(NA_1,\sigma_1) & S_9(NA_1,\sigma_1) & S_{16}(NA_1,\sigma_1)\\ S_4(NA_2,\sigma_2) & S_9(NA_2,\sigma_2) & S_{16}(NA_2,\sigma_2)\\ & \vdots & \end{bmatrix}\begin{bmatrix}Z_4\\ Z_9\\ Z_{16}\end{bmatrix}+\begin{bmatrix}C'(NA_1,\sigma_1)\\ C'(NA_2,\sigma_2)\\ \vdots\end{bmatrix} \tag{5.154}$$

$$\begin{bmatrix}\Delta I_{\mathrm{H/V}}(NA_1,\sigma_1)\\ \Delta I_{\mathrm{H/V}}(NA_2,\sigma_2)\\ \vdots\end{bmatrix}=\begin{bmatrix}S_5(NA_1,\sigma_1) & S_{12}(NA_1,\sigma_1) & S_{21}(NA_1,\sigma_1)\\ S_5(NA_2,\sigma_2) & S_{12}(NA_2,\sigma_2) & S_{21}(NA_2,\sigma_2)\\ & \vdots & \end{bmatrix}\begin{bmatrix}Z_5\\ Z_{12}\\ Z_{21}\end{bmatrix} \tag{5.155}$$

$$\begin{bmatrix}\Delta I_{\pm 45^\circ}(NA_1,\sigma_1)\\ \Delta I_{\pm 45^\circ}(NA_2,\sigma_2)\\ \vdots\end{bmatrix}=\begin{bmatrix}S_6(NA_1,\sigma_1) & S_{13}(NA_1,\sigma_1) & S_{22}(NA_1,\sigma_1)\\ S_6(NA_2,\sigma_2) & S_{13}(NA_2,\sigma_2) & S_{22}(NA_2,\sigma_2)\\ & \vdots & \end{bmatrix}\begin{bmatrix}Z_6\\ Z_{13}\\ Z_{22}\end{bmatrix} \tag{5.156}$$

式(5.154)中常数项表示相移掩模自身引起的相邻峰值光强差。上面三个方程组中的方程个数都超过了变量个数，属于超定方程组，可以使用最小二乘法求解。与 TAMIS 技术类似，求解精度也与灵敏度系数的变化范围成正比。

5.3.1.4　检测标记设计与优化

为了设计出高精度的相移掩模检测标记，分别仿真了相移量、线空比和周期与相移掩模空间像的相邻峰值光强差之间的关系。图 5-50 显示了相移掩模空间像的相邻峰值光强差与相移量之间的关系。仿真条件为σ=0.3,NA = 0.5,L=W=150nm。每项 Zernike 像差的大小为 0.02λ。从图中可以看到，相移掩模空间像相邻峰值光强差的绝对值在相移量为 90°时达到峰值，在相移量为 270°时达到第二个峰值。当令 $\alpha=\beta=0$，厚掩模模型退化为薄掩模模型时，相移掩模空间像的相邻峰值光强差在 90°和 270°时最大；而当掩模采用

厚掩模模型时，90°时掩模空间像相邻峰值光强差略大于 270°时，因此相移量为 90°，像差灵敏度系数最大。

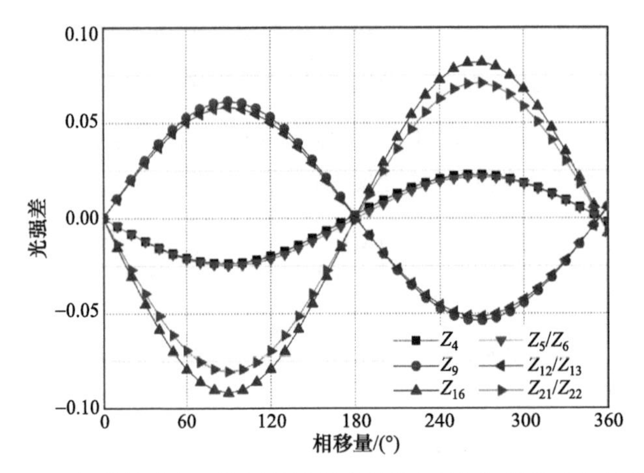

图 5-50　相移掩模空间像相邻峰值光强差与检测标记相移量的关系

图 5-51 显示了相移掩模空间像相邻峰值光强差与检测标记线宽的关系(保持周期恒定)。仿真条件为σ= 0.3，NA = 0.5，φ =90°，相移掩模标记的周期为 600 nm。每项 Zernike 系数的大小为 0.02λ，相移掩模空间像相邻峰值光强差的绝对值随线宽增加而下降，这说明纯相位掩模的像差灵敏度系数最大。

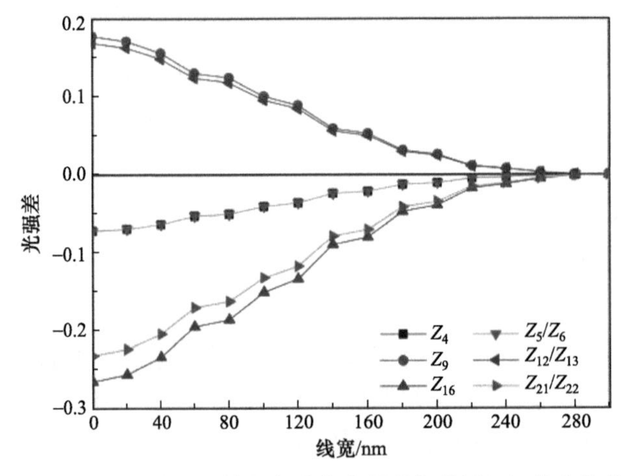

图 5-51　相移掩模空间像相邻峰值光强差与检测标记线宽的关系

图 5-52 显示了相移掩模空间像相邻峰值光强差与纯相位掩模周期之间的关系。仿真条件为σ=0.3，NA=0.5，φ=90°，每项 Zernike 系数的大小为 0.02λ。从 400nm 开始，相移掩模空间像相邻峰值光强差的绝对值随周期增加而增加，在周期为 500nm 附近时达到最大，然后逐渐下降。其中对 Z_4，Z_5/Z_6，最大值约在 500nm 处，对 Z_9，Z_{12}/Z_{13}，Z_{16}，Z_{21}/Z_{22}，最大值在 520nm 处。

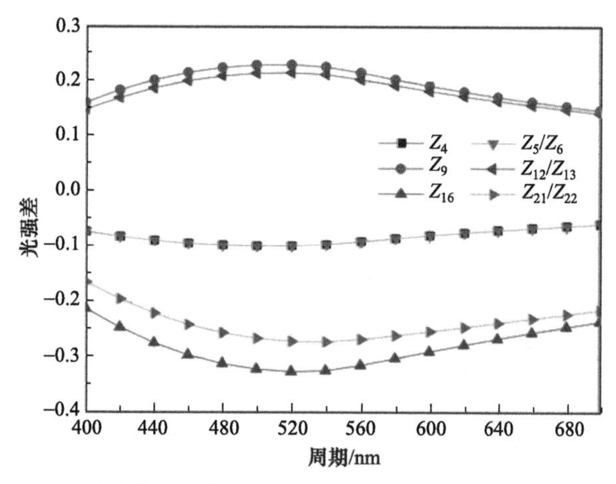

图 5-52　相移掩模空间像相邻峰值光强差与纯相位掩模周期的关系

根据以上结果，设计了如图 5-53 所示的检测标记，标记由方向为 0º, 45º, 90° ,135° 的相移光栅构成，相移量为 90°，相移区和非相移区的宽度相同，光栅周期为 500nm。

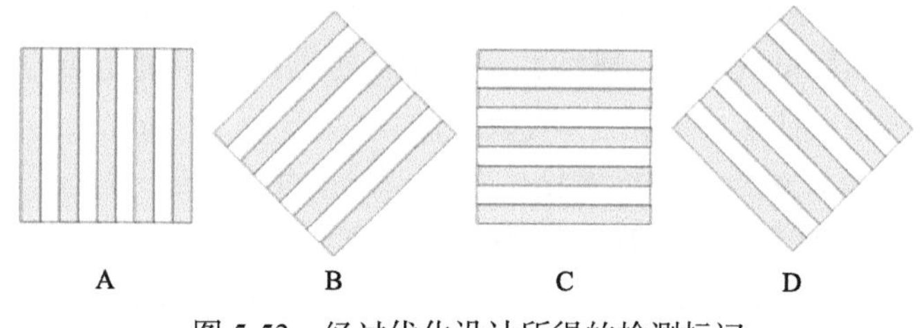

图 5-53　经过优化设计所得的检测标记

5.3.1.5　仿真结果与精度评估

为了评估该技术的检测精度，通过 PROLITH 仿真计算了多种 NA 和σ条件下检测标记的空间像分布，并计算了相邻峰值光强差和像差灵敏度系数。仿真中 NA 的变化范围设置为 0.5～0.8，部分相干因子的变化范围设置为 0.3～0.8。像差检测精度由下式评估：

$$MA \propto \frac{QA}{\left|S_{\max} - S_{\min}\right|} \tag{5.157}$$

其中，QA 是某个物理量的测量精度，比如光强或最佳焦面偏移量；$S_{\max}$ 和 $S_{\min}$ 表示多种照明设置条件下的最大和最小灵敏度系数。为评估该技术的检测精度，将其与改进型 TAMIS 技术进行对比。在该技术中，使用经过优化的 Alt-PSM 作为检测标记，检测精度获得了显著提升。该技术使用的检测标记线宽 250nm，透光区宽 500nm，相移量为 180°。表 5-15 中给出了像差灵敏度系数变化范围和估算的检测精度。

表 5-15　像差灵敏度系数和检测精度的仿真结果

像差系数	检测技术	最小灵敏度	最大灵敏度	检测精度/nm
Z_4	改进型 TAMIS	−15.54	−5.18	0.9653
	相移掩模标记检测法	−0.0306	−0.0049	0.234

续表

像差系数	检测技术	最小灵敏度	最大灵敏度	检测精度/nm
Z_5/Z_6	改进型 TAMIS	5.18	15.54	0.9653
	相移掩模标记检测法	0.0049	0.0306	0.234
Z_9	改进型 TAMIS	10.36	34.2	0.4195
	相移掩模标记检测法	0.0058	0.0659	0.099
Z_{12}/Z_{13}	改进型 TAMIS	−21.76	0	0.4596
	相移掩模标记检测法	−0.0608	−0.0102	0.12
Z_{16}	改进型 TAMIS	−44.56	2.07	0.2145
	相移掩模标记检测法	−0.0848	0.008	0.066
Z_{21}/Z_{22}	改进型 TAMIS	−2.07	37.3137	0.2539
	相移掩模标记检测法	−0.0013	0.0686	0.087

表 5-51 中的灵敏度系数定义为存在 1nm 某种类型的像差时，相移掩模相邻峰值光强差或者最佳焦面偏移量的大小。典型的空间像传感器测量相对光强的精度为 0.003。参考现在光刻机中测量最佳焦面的精度，将改进的 TAMIS 技术中最佳焦面的测量精度设为 10nm。根据表中结果，该技术的检测精度相对改进的 TAMIS 技术有了大幅度提高。

使用该技术进行测试时还需要考虑 Zernike 像差之间的串扰，需要输入一个包含所有 37 阶 Zernike 像差的波前来评估该技术检测精度。由于奇像差不引入相移掩模空间像的光强不均衡性，而部分高阶像差(Z_{25}，Z_{28}，Z_{29}，Z_{32}，Z_{33}，Z_{36}，Z_{37})受环境的影响较小，在投影物镜进行装校时可以通过 PMI 检测将其影响排除，因此只测试包含 Z_4，Z_5，Z_6，Z_9，Z_{12}，Z_{13}，Z_{16}，Z_{21}，Z_{22} 的波前的检测结果，如图 5-54 所示。根据计算结果，图 5-54 中的单项 Zernike 检测误差小于 0.0001λ，说明该技术有极高的检测精度。

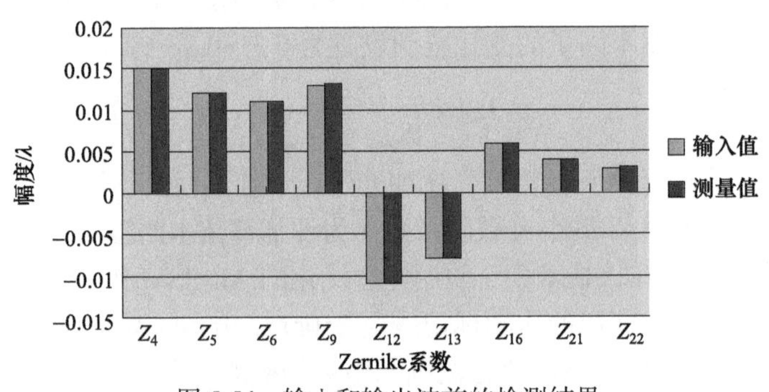

图 5-54 输入和输出波前的检测结果

5.3.2 二元双缝图形标记检测法[24,25]

5.3.2.1 双缝图形成像模型

该技术采用的检测标记为双缝图形，如图 5-55 所示。图中白色为透光区域，黑色为不透光区域，双缝图形的缝宽和中心距离分别为 200nm 和 300nm，对两者进行坐标归一化后分别用 $\hat{a}$ 和 $\hat{d}$ 表示。

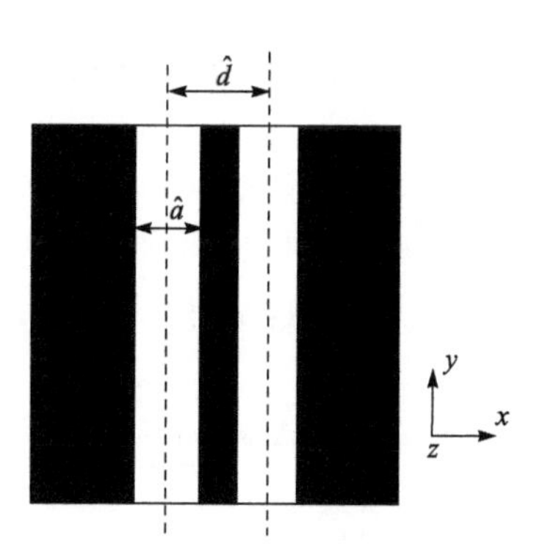

图 5-55　双缝图形检测标记

在标量成像模型中掩模被看成薄掩模。根据基尔霍夫近似，可用透过率函数表示掩模的成像特性。对光刻技术中常采用的二元掩模(binary intensity mask，BIM)、Alt-PSM 以及衰减型相移掩模(attenuated phase-shift mask，Att-PSM)进行薄掩模近似，所得到的透过率函数如图 5-56 所示。其中二元掩模在透明的石英基底上用铬制作掩模图形，Alt-PSM 在相邻的图形中通过刻蚀石英基底引入 180°的相移，而衰减型相移掩模中的不透光区为 MoSi 材料，它通常具有 6%的透过率，并且通过控制 MoSi 材料的厚度引入 180°的相移。

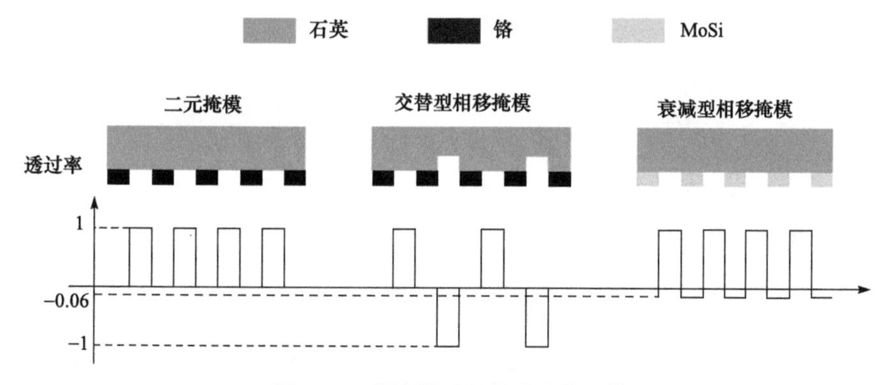

图 5-56　薄掩模近似的透过率函数

根据基尔霍夫薄掩模近似，图 5-55 中的双缝掩模图形在 x 方向上的透过率函数为

$$t(\hat{x}_o)=\mathrm{rect}\left(\frac{\hat{x}_o}{\hat{a}}\right)*\left[\delta\left(\hat{x}_o-\frac{\hat{d}}{2}\right)+\delta\left(\hat{x}_o+\frac{\hat{d}}{2}\right)\right] \tag{5.158}$$

对双缝图形的透过率函数进行傅里叶变换，得到

$$\mathscr{F}\{t(\hat{x}_o)\}=2\hat{a}\,\mathrm{sinc}(\hat{a}\hat{f})\cos(\pi\hat{f}\hat{d}) \tag{5.159}$$

上式即为 Hopkins 部分相干成像公式中的掩模频谱 $O(\hat{f})$。由于双缝图形在 y 方向上无限延伸，因此根据 TCC 的定义计算得到 $\mathrm{TCC}(\hat{f}',0;\hat{f}'',0)$。

Hopkins 标量部分相干成像理论中像面上的光强分布为

$$I(\hat{x}_i,\hat{y}_i)=\iiiint_{-\infty}^{+\infty}\mathrm{TCC}(\hat{f}',\hat{g}';\hat{f}'',\hat{g}'')O(\hat{f}',\hat{g}')O^*(\hat{f}'',\hat{g}'')$$
$$\exp\{-\mathrm{j}2\pi[(\hat{f}'-\hat{f}'')\hat{x}_i+(\hat{g}'-\hat{g}'')\hat{y}_i]\}\mathrm{d}\hat{f}'\mathrm{d}\hat{g}'\mathrm{d}\hat{f}''\mathrm{d}\hat{g}'' \tag{5.160}$$

将 $\mathrm{TCC}(\hat{f}',0;\hat{f}'',0)$ 与 $O(\hat{f})$ 代入式(5.160)得到双缝图形的空间像光强分布为

$$I(\hat{x}_i)=\iiiint_{-\infty}^{+\infty}\mathrm{TCC}(\hat{f}',0;\hat{f}'',0)O(\hat{f}')O^*(\hat{f}'')\exp[-\mathrm{j}2\pi(\hat{f}'-\hat{f}'')\hat{x}_i]\mathrm{d}\hat{f}'\mathrm{d}\hat{f}'' \tag{5.161}$$

该技术以双缝图形峰值光强差为测量对象，并且奇像差与双缝图形峰值光强差的关系是检测的基础，因此，需要推导峰值光强差的表达式，并验证奇像差能引起双缝图形出现峰值光强差。根据式(5.161)计算 $I(-\hat{d}/2)$ 与 $I(\hat{d}/2)$，得到峰值光强差 $\Delta I=I(\hat{d}/2)-I(-\hat{d}/2)$，即

$$\Delta I=\iiiint_{-\infty}^{+\infty}\mathrm{TCC}(\hat{f}',0;\hat{f}'',0)O(\hat{f}')O^*(\hat{f}'')2\mathrm{j}\sin[\pi\hat{d}(\hat{f}'-\hat{f}'')]\mathrm{d}\hat{f}'\mathrm{d}\hat{f}'' \tag{5.162}$$

由上式可知，ΔI 是否为非零值与积分内函数的奇偶对称性密切相关，并且标量波像差只影响其中 TCC 的奇偶对称性。例如，光刻仿真条件为曝光波长 λ=193nm，传统圆形照明 σ=0.6，NA=0.6，投影物镜只存在彗差 Z_7 或球差 Z_9 时，计算式(5.162)中 TCC 的虚部分布，所得结果如图 5-57 所示。图 5-57 中奇像差 Z_7 破坏了 TCC 关于 $\hat{f}'$ 和 $\hat{f}''$ 轴的奇对称性，而偶像差 Z_9 没有改变该奇对称性。

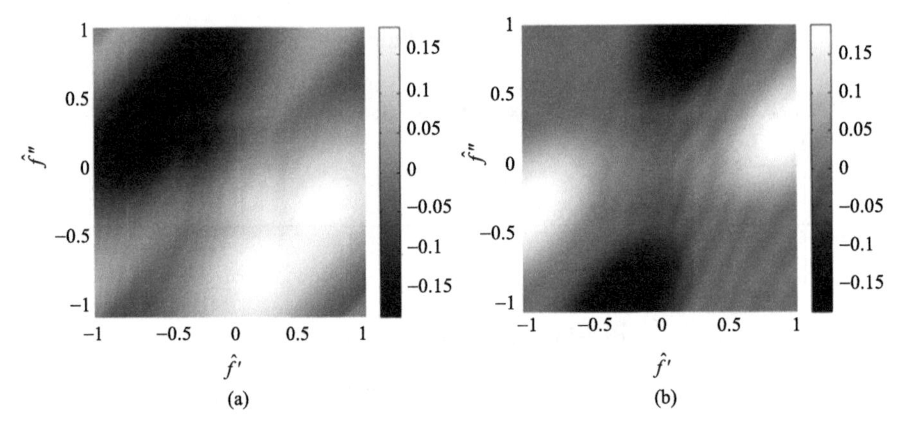

图 5-57　TCC 的虚部分布，投影物镜只存在(a)彗差 Z_7；(b)球差 Z_9

图 5-57 只给出了 Z_7 与 Z_9 的 TCC 计算结果，同样还可以分析其他奇、偶波像差的 TCC 分布，上述奇偶对称特性同样成立。因此，只有投影物镜存在奇像差时，式(5.162)才具有非零值，即只有奇像差引起双缝图形空间像出现峰值光强差。利用式(5.161)分别计算投影物镜不存在波像差、存在彗差 Z_7 和球差 Z_9 时的空间像光强分布，结果如图 5-58 所示。由图可知，投影物镜不存在波像差和只存在 Z_9 时，双缝图形的峰值光强相同，只存在彗差 Z_7 时出现峰值光强差。

5.3.2.2　检测原理

投影物镜标量波像差检测标记在成像过程中受到标量波像差的影响，其成像位置或最佳焦面发生偏移等。投影物镜波像差引起的偏移量与光刻成像过程中的照明条件、投影物镜数值孔径、波像差大小等有关。改变投影物镜数值孔径和部分相干因子，测量不同光刻成像条件下的成像位置偏移量或最佳焦面偏移量等测量对象，通过数值处理即可

得到波像差大小。上述过程即为 TAMIS 技术的核心检测原理。

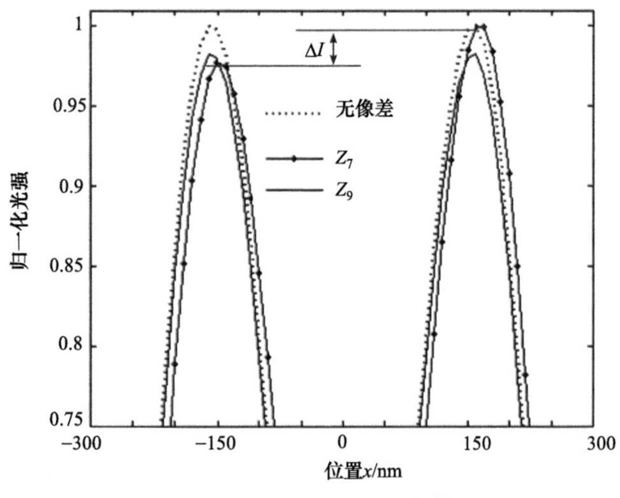

图 5-58　双缝图形的空间像

TAMIS 技术检测波像差的前提是测量对象(成像位置偏移、最佳焦面偏移)与波像差之间存在线性关系。因此，利用双缝图形检测投影物镜奇像差时，除了需要验证奇像差能引起双缝图形空间像出现峰值光强差外，还必须验证两者之间具有线性关系。Zernike 像差中 x 方向上的奇像差有 Z_7、Z_{10}、Z_{14}、Z_{19}、Z_{23}、Z_{26}、Z_{30} 和 Z_{34}。接下来对上述奇像差与峰值光强差之间的线性关系进行分析与验证。光刻仿真条件为：设定各个奇像差的变化范围为-0.05λ～0.05λ(λ 为曝光波长，此处为 193nm)，传统圆形照明光源σ为 0.55，投影物镜 NA 为 0.55。利用 PROLITH 仿真软件分别计算上述奇像差引起的峰值光强差，结果如图 5-59 所示。

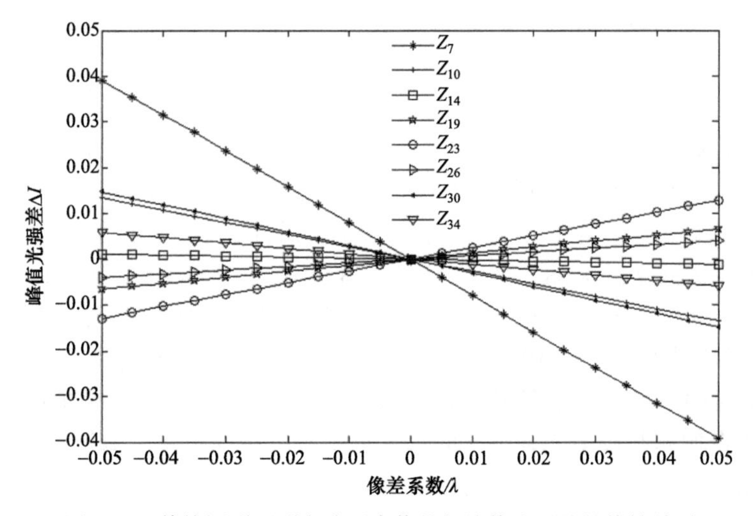

图 5-59　传统圆形照明方式下奇像差与峰值光强差的线性关系

光刻成像过程中，照明光源的形状对空间像有重要影响。离轴照明方式是光刻技术中常用的分辨率增强技术。如 5.1.1.3 节所述，TAMIS 技术采用二极照明方式能进一步提高波像差检测精度。该技术定义的二极照明光源参数如图 5-60 所示，σ_c 的大小对应传统圆形照明的σ，σ_d 取固定值 0.3。光刻仿真的其他参数同图 5-59，用 PROLITH 软件仿真得到二极照明方式下奇像差线性与峰值光强差的线性关系如图 5-61 所示。

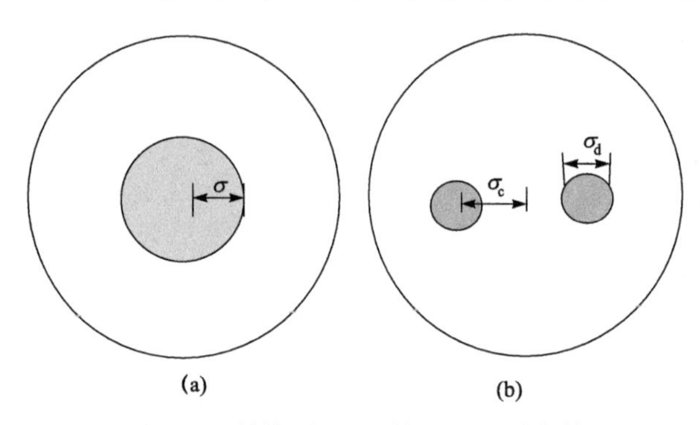

图 5-60　传统圆形照明与二极照明参数

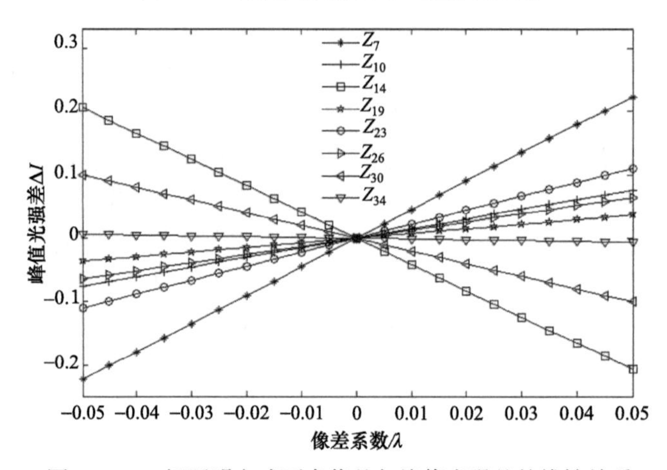

图 5-61　二极照明方式下奇像差与峰值光强差的线性关系

为了评估投影物镜奇像差与双缝图形峰值光强差之间的线性关系，采用标准线性模型 $y_i = Ax_i + B + \varepsilon$ (A 与 B 为线性拟合系数，ε 为误差项)中的残差平方和(RSS)作为评估指标，其中 RSS 是误差项ε的平方和。经过线性拟合后计算 RSS，按图 5-59 中标签顺序计算传统圆形照明方式下的 RSS，结果分别为：3.2×10^{-7}，4.8×10^{-9}，8.2×10^{-9}，1.1×10^{-8}，3.4×10^{-10}，3.3×10^{-9}，2.5×10^{-8} 和 1.6×10^{-9}。同样按图 5-61 中标签顺序计算二极照明方式下的 RSS，结果分别为：7.4×10^{-6}，1.9×10^{-8}，3.3×10^{-6}，3.0×10^{-7}，7.4×10^{-7}，2.7×10^{-8}，2.8×10^{-7} 和 1.6×10^{-9}。传统圆形照明与二极照明方式下所得的 RSS 数值都极小，说明两种照明方式下奇像差与峰值光强差之间都具有良好的线性关系。分析其他(NA,σ)成像条件下的计算结果可知，该线性关系同样成立。

5.3.2.3　检测精度分析

根据式(5.162)和图 5-59 可知，在传统圆形照明方式下，图 5-55 所示 x 方向上的双缝

图形检测标记成像时，受到 x 方向上的奇像差影响出现的峰值光强差为

$$\begin{aligned}\Delta I(NA,\sigma) = & S_7(NA,\sigma)Z_7 + S_{10}(NA,\sigma)Z_{10} + S_{14}(NA,\sigma)Z_{14} + S_{19}(NA,\sigma)Z_{19} \\ & + S_{23}(NA,\sigma)Z_{23} + S_{26}(NA,\sigma)Z_{26} + S_{30}(NA,\sigma)Z_{30} + S_{34}(NA,\sigma)Z_{34}\end{aligned} \tag{5.163}$$

式中，S 为波像差灵敏度，定义为单位波像差系数引起的峰值光强差。以彗差 Z_7 的灵敏度 S_7 为例，它可通过下式计算得到

$$S_7(NA,\sigma) = \frac{\partial \Delta I(NA,\sigma)}{\partial Z_7} \tag{5.164}$$

利用光刻仿真软件 PROLITH 设定相应的(NA,σ)和 Z_7，如将 Z_7 设为 0.02λ，其他的波像差均设为零。由于奇像差与峰值光强差之间具有线性关系，因此将 PROLITH 得到的双线图形峰值光强差 $\Delta I(NA,\sigma)$ 除以 Z_7 大小即可作为式(5.164)定义的波像差灵敏度。

在多种成像条件下，即不同的 NA 和σ条件下，记为(NA_i,σ_i)，其中 $i = 1, 2, 3, \cdots$，可以计算得到相应的波像差灵敏度，并且不同的波像差、不同的(NA,σ)成像条件下所得到的波像差灵敏度不同。将多种成像条件下波像差灵敏度、波像差与峰值光强差的关系以矩阵的形式统一写为

$$\begin{bmatrix} \Delta I(NA_1,\sigma_1) \\ \Delta I(NA_2,\sigma_2) \\ \vdots \end{bmatrix} = \begin{bmatrix} S_7(NA_1,\sigma_1) & S_{10}(NA_1,\sigma_1) & \cdots & S_{34}(NA_1,\sigma_1) \\ S_7(NA_2,\sigma_2) & S_{10}(NA_2,\sigma_2) & \cdots & S_{34}(NA_2,\sigma_2) \\ \vdots & \vdots & & \vdots \end{bmatrix} \begin{bmatrix} Z_7 \\ Z_{10} \\ \vdots \\ Z_{34} \end{bmatrix} \tag{5.165}$$

将上式中的矩阵以向量的形式表示，得到结构更为紧凑的波像差计算模型。因此，上式可简单表示为

$$\boldsymbol{\Delta I} = \boldsymbol{S} \cdot \boldsymbol{Z} \tag{5.166}$$

其中，$\boldsymbol{\Delta I}$ 由对应(NA_i,σ_i)的多组峰值光强差测量数据组成；$\boldsymbol{S}$ 为波像差灵敏度矩阵；$\boldsymbol{Z}$ 为该技术要求解的奇像差 Zernike 系数组成的向量。数学上可通过下式求解 $\boldsymbol{Z}$，

$$\boldsymbol{Z} = \boldsymbol{S}^{-1} \cdot \boldsymbol{\Delta I} \tag{5.167}$$

然而，式(5.165)是超定方程组，通常无法求得 Zernike 系数的解析解，需要利用最小二乘法求解相应的奇像差 Zernike 系数。利用最小二乘法得到式(5.165)的数值解为

$$\boldsymbol{Z} = (\boldsymbol{S}'\boldsymbol{S})^{-1}\boldsymbol{S}' \cdot \boldsymbol{\Delta I} \tag{5.168}$$

将上式展开为

$$\begin{bmatrix} Z_7 \\ Z_{10} \\ \vdots \\ Z_{34} \end{bmatrix} = (\boldsymbol{S}'\boldsymbol{S})^{-1}\boldsymbol{S}' \begin{bmatrix} \Delta I(NA_1,\sigma_1) \\ \Delta I(NA_2,\sigma_2) \\ \vdots \end{bmatrix} \tag{5.169}$$

其中

$$\boldsymbol{S} = \begin{bmatrix} S_7(NA_1,\sigma_1) & S_{10}(NA_1,\sigma_1) & \cdots & S_{34}(NA_1,\sigma_1) \\ S_7(NA_2,\sigma_2) & S_{10}(NA_2,\sigma_2) & \cdots & S_{34}(NA_2,\sigma_2) \\ \vdots & \vdots & & \vdots \end{bmatrix}$$

通过光刻仿真软件预先计算对应不同光刻成像条件的奇像差灵敏度矩阵 $\boldsymbol{S}$,改变 NA 和 σ 测量实际的双缝图形空间像得到测量数据 $\boldsymbol{\Delta I}$ ，最后根据式(5.169)即可求解奇像差 Zernike 系数。式(5.169)的求解精度直接影响奇像差的检测精度。除提高像传感器测量精度进而得到更精确的峰值光强差测量值外，奇像差灵敏度矩阵 $\boldsymbol{S}$ 也是影响奇像差检测精度的重要因素。$\boldsymbol{S}$ 的变化范围越大，可用于最小二乘拟合的数据越多，则利用最小二乘法进行拟合近似的精度越高，因此波像差灵敏度矩阵 $\boldsymbol{S}$ 的变化范围影响 Zernike 系数计算精度。综合上述两点影响最小二乘法求解精度的因素，基于 TAMIS 检测原理的波像差检测技术的检测精度可通过下式进行评估：

$$MA \propto \frac{QA}{|S_{\max} - S_{\min}|} \tag{5.170}$$

其中，MA 为奇像差检测精度；QA 为测量对象的测量精度，例如利用像传感器测量成像位置偏移、最佳焦面偏移或光强度等的测量精度；$S_{\max}$ 和 $S_{\min}$ 分别为不同(NA,σ)成像条件下的最大和最小波像差灵敏度。

5.3.2.4　仿真实验

利用该技术检测奇像差时，计算式(5.169)中的奇像差灵敏度矩阵是检测过程的第一步。为评估该技术的奇像差检测精度，利用 PROLITH 仿真软件分析了奇像差灵敏度随(NA,σ)的变化情况。光刻仿真条件为传统圆形照明方式和二极照明方式下 σ/σ_c 的变化范围为 0.3～0.8，投影物镜 NA 的变化范围为 0.5～0.8。奇像差 Z_7、Z_{10} 以及 Z_{14} 在两种照明方式下的波像差灵敏度分布如图 5-62 所示。

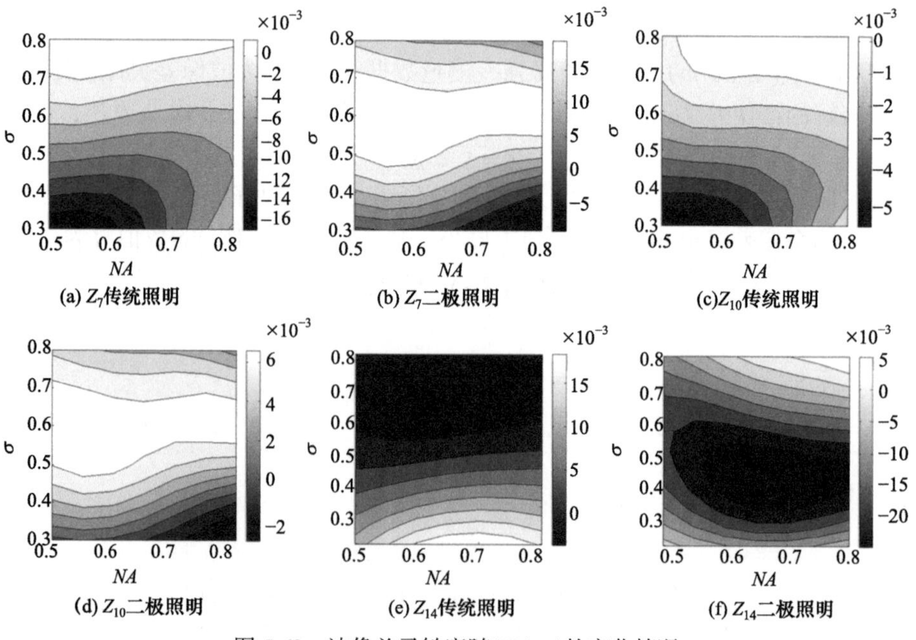

图 5-62　波像差灵敏度随(NA, σ)的变化情况

由图 5-62 可知，奇像差 Z_7，Z_{10} 以及 Z_{14} 在二极照明方式下比传统圆形照明方式下具有更大的波像差灵敏度变化范围。这说明以峰值光强差为测量对象时采用二极照明同样能进一步提高奇像差检测精度。根据图 5-62 所得的波像差灵敏度变化范围以及像传感器的相对光强度测量精度计算该技术的奇像差检测精度。现有的像传感器的相对光强度测量精度高达 0.003，这对提高该技术的检测精度是十分有利的。

根据式(5.170)计算该技术在两种照明方式下的奇像差检测精度，并与 5.1.2.3 节介绍的基于非对称型相移掩模光栅检测标记的彗差检测技术进行比较，结果如表 5-16 所示，其中 CI 和 DI 分别代表传统圆形照明和二极照明。由表 5-16 可知，该技术的奇像差(Z_7, Z_{14})的检测精度有明显提高。例如，在传统圆形照明方式下，Z_7 和 Z_{14} 的检测精度比基于非对称型相移掩模光栅检测标记的彗差检测技术分别提高了 36%和 27%。在二极照明方式下，Z_7 和 Z_{14} 的检测精度则分别提高了 58%和 42%。此外，该技术还能高精度地检测高阶奇像差，例如二极照明方式下，高阶奇像差 Z_{19}、Z_{23}、Z_{26}、Z_{30} 和 Z_{34} 的检测精度分别达到了 0.30nm、0.19nm、0.54nm、0.28nm 与 0.28nm，可实现高精度的投影物镜标量奇像差检测。

表 5-16　奇像差灵敏度与检测精度的仿真结果

Zernike 系数	检测技术		最小灵敏度	最大灵敏度	检测精度/nm
Z_7	改进的 TAMIS		0.01	2.21	0.45
	二元双缝图形标记检测法	CI	−0.0169	0.0039	0.29
		DI	−0.0093	0.0230	0.19
Z_{14}	改进的 TAMIS		−2.67	0.35	0.33
	二元双缝图形标记检测法	CI	−0.0036	0.0210	0.24
		DI	−0.0255	0.0065	0.19
Z_{10}	二元双缝图形标记检测法	CI	−0.0056	0.0009	0.92
		DI	−0.0031	0.0078	0.55
Z_{19}		CI	−0.0027	0.0075	0.59
		DI	−0.0106	0.0097	0.30
Z_{23}		CI	−0.0166	0.0027	0.31
		DI	−0.0089	0.0229	0.19
Z_{26}		CI	−0.0039	0.0012	1.18
		DI	−0.0040	0.0072	0.54
Z_{30}		CI	−0.0026	0.0041	0.90
		DI	−0.0115	0.0097	0.28
Z_{34}		CI	−0.0026	0.0077	0.58
		DI	−0.0162	0.0051	0.28

投影物镜同时存在多种波像差时，可能对波像差检测结果形成串扰。因此，在评估波像差检测技术的实用性时，还需要分析同时存在多种波像差的情况下该技术的检测效果。彗差 Z_7、三波差 Z_{10} 与五阶彗差 Z_{14} 是 x 方向上影响较大的三个奇像差。以投影物镜

同时存在上述三种奇像差为例，分析该技术的多像差检测过程。在二极照明方式下，改变(NA,σ)设定四种成像条件，通过 PROLITH 仿真软件得到相应的峰值光强差。将峰值光强差结果与奇像差灵敏度代入式(5.169)，利用最小二乘法求解得到 Zernike 系数 Z_7，Z_{10} 与 Z_{14}。图 5-63 为两组波像差输入以及相应的计算输出结果。

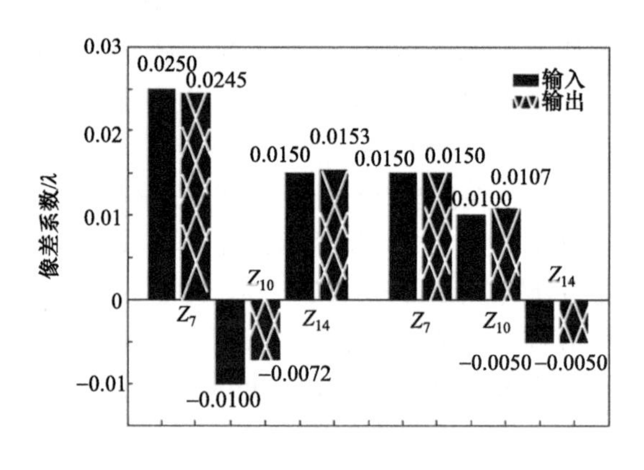

图 5-63　波像差输入输出对比

由图 5-63 可知，两组 Z_7，Z_{10} 与 Z_{14} 的绝对误差较大值分别为 0.0005λ，0.0028λ 以及 0.0003λ。上述结果说明该技术在多种奇像差同时存在的情况下仍然具有高检测精度。根据波像差的对称性，可以将图 5-55 中 x 方向上的双缝图形旋转 90°来检测相应的 y 方向上的奇像差(如 Z_8, Z_{11}, Z_{15} 等)，并且 y 方向上的奇像差检测精度与表 5-16 所示相同。

该技术以峰值光强差为测量对象，相比于以成像位置偏移为测量对象的奇像差检测技术，不需要成像面上光强分布的具体位置信息，有效地降低了对空间像定位精度的要求，减小了空间像定位误差对奇像差检测精度的影响。此外，高精度的光强度测量能有效地提高该技术的奇像差检测精度。

5.4　基于空间像傅里叶分析的检测

该技术即 Nikon 公司开发的 Z37 AIS(aerial image sensor)技术[26]，通过对标记的空间像进行傅里叶分析，提取出空间像中单一频率分量的强度和相位信息，在波像差和强度及相位之间建立线性关系，然后依据该线性关系求解出 Zernike 系数[4]。

5.4.1　检测原理

Z37 AIS 技术采用测量标记空间像光强分布的办法提取投影物镜的波像差。该技术采用线空比为 1:1、分布于多个方向的二元光栅掩模作为检测标记，通过对硅片面的空间像传感器探测的空间像进行分析处理计算相应波像差。图 5-64 为 Z37 AIS 技术的检测原理示意图[26]。

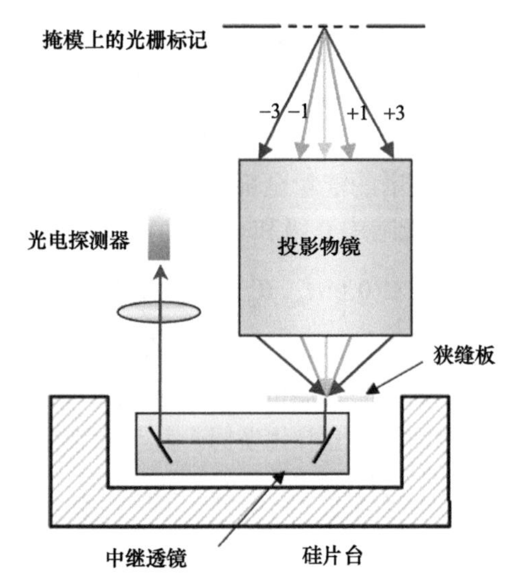

图 5-64　Z37 AIS 技术检测原理示意图[26]

光源发出的照明光束经过掩模的衍射作用形成不同衍射级次的光，其中高频的衍射级次被投影物镜滤除，而低频的衍射级次进入投影物镜中。这些衍射光经过投影物镜时对光瞳面不同位置的波像差进行抽样，最后由投影物镜出射的衍射光包含了投影物镜的波像差。衍射光会聚到硅片面并通过一个狭缝进入光束传输系统中，最后空间像传感器将光束传输系统中输出的光强分布记录下来。通过对光强分布进行傅里叶分析，提取出 1 级衍射光的强度和相位信息。基于 1 级衍射光和波像差之间的线性关系计算出各项 Zernike 系数的大小。该技术采用的检测标记的结构如图 5-65 所示。

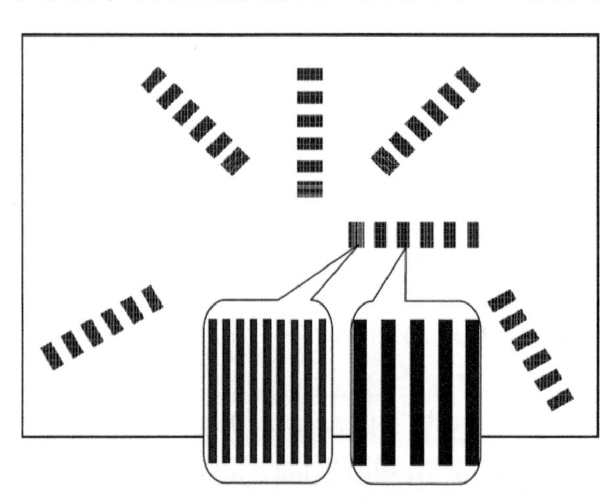

图 5-65　Z37 AIS 技术检测标记结构示意图[26]

如图 5-65 所示，Z37 AIS 技术使用的检测标记包括 6 种方向、6 种周期共 36 组二元光栅。考虑位于 θ 方向，归一化频率 $P_m = 1/\rho_m$，线宽为 $P_m/2$ 的二元光栅标记(m=1,2,3,⋯, 36)，其频谱为

$$O(\rho)=\frac{1}{2}\text{sinc}\left(\frac{\rho}{2\rho_m}\right)\sum_{l=-\infty}^{+\infty}\delta(\rho-l\rho_m),\quad l\in Z \tag{5.171}$$

其中，ρ 为 θ 方向的归一化空间频率。从上式中容易看出，光栅频谱的偶级次衍射光除了 0 级衍射光外全部缺级，其频谱的能量全部分布于 $\rho=0, \pm\rho_m, \cdots, \pm(2k+1)\rho_m$，$k\in N$。空间像光强的+1 级频率分量由光瞳中 0 级和±1 级衍射光作用而成。

$$I(\rho_m,\theta_m,\sigma,h)=\frac{1}{2\pi}[\text{TCC}(0,0;\alpha_m,\beta_m;\sigma,h)+\text{TCC}(-\alpha_m,-\beta_m;0,0;\sigma,h)] \tag{5.172}$$

其中，σ 是照明光源的部分相干因子，由照明系统的数值孔径和投影物镜的数值孔径之比决定，部分相干因子越小，则照明光源的相干度越高；h 是空间像传感器在轴向的位置；(α_m,β_m) 表示经过归一化的光瞳笛卡儿坐标，其与极坐标 (ρ_m,θ_m) 的转换关系为

$$\alpha_m=\rho_m\cos\theta_m,\quad \beta_m=\rho_m\sin\theta_m \tag{5.173}$$

TCC 的计算公式改写如下：

$$\begin{aligned}\text{TCC}(\hat{f}',\hat{g}';\hat{f}'',\hat{g}'';\sigma,h)=&\iint_{-\infty}^{+\infty}J(\hat{f},\hat{g},\sigma)\\&H(\hat{f}+\hat{f}',\hat{g}+\hat{g}',h)H^*(\hat{f}+\hat{f}'',\hat{g}+\hat{g}'',h)\mathrm{d}\hat{f}\mathrm{d}\hat{g}\end{aligned} \tag{5.174}$$

其中，$J(\hat{f},\hat{g},\sigma)$ 表示有效光源函数；$H(\hat{f},\hat{g},h)$ 表示包含离焦效应的光瞳函数，表示如下：

$$H(\hat{f},\hat{g},h)=\mathrm{e}^{-\mathrm{j}kW(\hat{f},\hat{g},h)}\text{circ}\left(\sqrt{\hat{f}^2+\hat{g}^2}\right) \tag{5.175}$$

$W(\hat{f},\hat{g},h)$ 是波像差函数，可以写为偶像差、奇像差以及离焦量三者之和

$$W(\hat{f},\hat{g},h)=W_{\text{Odd}}(\hat{f},\hat{g})+W_{\text{Even}}(\hat{f},\hat{g})+W_{\text{defocus}}(\hat{f},\hat{g},h) \tag{5.176}$$

$$W_{\text{defocus}}(\hat{f},\hat{g},h)=h\cdot w_{\text{defocus}}(\hat{f},\hat{g})=h\left[\sqrt{1-NA^2(\hat{f}^2+\hat{g}^2)}-1\right] \tag{5.177}$$

其中，NA 表示投影物镜的像方数值孔径。

如图 5-66 所示，奇像差会引起垂轴方向的成像位置偏移，偶像差会引起轴向方向的成像位置偏移。对光强进行傅里叶变换后，这种位置偏移分别转换为频谱的相位偏移和光强变化。根据式(5.172)，相位偏移

$$\varphi(\rho_m,\theta_m,\sigma,h)=\arctan\left(\frac{\text{Im}[I(\rho_m,\theta_m,\sigma,h)]}{\text{Re}[I(\rho_m,\theta_m,\sigma,h)]}\right) \tag{5.178}$$

$$|I(\rho_m,\theta_m,\sigma,h)|=\sqrt{\text{Re}^2[I(\rho_m,\theta_m,\sigma,h)]+\text{Im}^2[I(\rho_m,\theta_m,\sigma,h)]} \tag{5.179}$$

其中，光强的实部 $\text{Re}[I(\rho_m,\theta_m,\sigma,h)]$ 和虚部 $\text{Im}[I(\rho_m,\theta_m,\sigma,h)]$ 分别由下式决定：

$$\begin{aligned}\text{Re}[I(\rho_m,\theta_m,\sigma,h)]=&\frac{1}{\pi\sigma^2}\iint_{S(\sigma)}\cos\{k[W_{\text{Odd}}(\hat{f}+\alpha_m,\hat{g}+\beta_m)-W_{\text{Odd}}(f_c,g_c)]\}\\&\times\cos\{k[W_{\text{Even}}(\hat{f}+\alpha_m,\hat{g}+\beta_m)-W_{\text{Even}}(f_c,g_c)]\\&+h\cdot w_{\text{defocus}}(\hat{f}+\alpha_m,\hat{g}+\beta_m)-h\cdot w_{\text{defocus}}(\hat{f},\hat{g})\}\mathrm{d}\hat{f}\mathrm{d}\hat{g}\end{aligned} \tag{5.180}$$

$$\begin{aligned}\mathrm{Im}[I(\rho_m,\theta_m,\sigma,h)]=\frac{1}{\pi\sigma^2}\iint\limits_{S(\sigma)}&\sin\{k[W_{\mathrm{Odd}}(\hat{f}+\alpha_m,\hat{g}+\beta_m)-W_{\mathrm{Odd}}(f_c,g_c)]\}\\&\times\cos\{k[W_{\mathrm{Even}}(\hat{f}+\alpha_m,\hat{g}+\beta_m)-W_{\mathrm{Even}}(f_c,g_c)]\\&+h\cdot w_{\mathrm{defocus}}(\hat{f}+\alpha_m,\hat{g}+\beta_m)-h\cdot w_{\mathrm{defocus}}(\hat{f},\hat{g})\}\mathrm{d}\hat{f}\mathrm{d}\hat{g}\end{aligned}\tag{5.181}$$

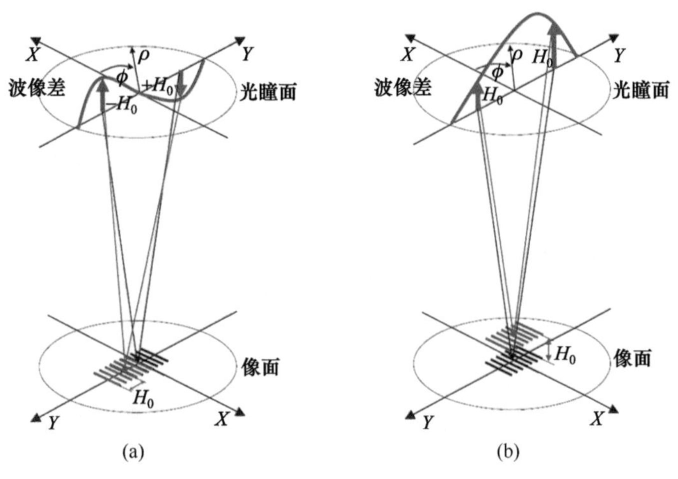

图 5-66　像差对光栅成像空间位置的影响

(a)奇像差引起的成像位置偏移；(b)偶像差引起的最佳焦面偏移[26]

由于波像差幅度较小，可以做以下近似

$$\begin{cases}W(\hat{f},\hat{g},h)\sim 0,\cos[kW(\hat{f},\hat{g},h)]\sim 1\\ \tan[kW(\hat{f},\hat{g},h)]\sim\sin[kW(\hat{f},\hat{g},h)]\sim kW(\hat{f},\hat{g},h)\end{cases}\tag{5.182}$$

因此，在 h=0 处对应于 1 级频谱的相移量表达式可以写成

$$\varphi(\rho_m,\theta_m,\sigma)=k\iint\limits_{S(\sigma)}W_{\mathrm{Odd}}(\hat{f}+\alpha_m,\hat{g}+\beta_m)-W_{\mathrm{Odd}}(\hat{f},\hat{g})\mathrm{d}\hat{f}\mathrm{d}\hat{g}\tag{5.183}$$

当存在偶像差时，1 级衍射光的强度随轴向位置而改变，光强的极值对应于标记的最佳焦面位置。

$$\frac{\partial\left|I(\rho_m,\theta_m,\sigma,h)\right|}{\partial h}=0\tag{5.184}$$

由此得到的最佳焦面位置偏移量的表达式为

$$D(\rho_m,\theta_m,\sigma)=\frac{\iint\limits_{S(\sigma)}W_{\mathrm{Even}}(\hat{f}+\alpha_m,\hat{g}+\beta_m)-W_{\mathrm{Even}}(\hat{f},\hat{g})\times[w_{\mathrm{defocus}}(\hat{f},\hat{g})-w_{\mathrm{defocus}}(\hat{f}+\alpha_m,\hat{g}+\beta_m)]\mathrm{d}\hat{f}\mathrm{d}\hat{g}}{\iint\limits_{S(\sigma)}[w_{\mathrm{defocus}}(\hat{f},\hat{g})-w_{\mathrm{defocus}}(\hat{f}+\alpha_m,\hat{g}+\beta_m)]^2\mathrm{d}\hat{f}\mathrm{d}\hat{g}}\tag{5.185}$$

当把奇像差构成的波面以及偶像差构成的波面展开成一系列 Zernike 多项式之后，可以将(5.183)式和式(5.185)改写为以下形式：

$$\varphi(\rho_m,\theta_m,\sigma)=\sum_{n\_\mathrm{Odd}} Z_{n\_\mathrm{Odd}} F_{n\_\mathrm{Odd}}(\rho_m,\theta_m,\sigma) \tag{5.186}$$

$$D(\rho_m,\theta_m,\sigma)=\sum_{n\_\mathrm{Even}} Z_{n\_\mathrm{Even}} G_{n\_\mathrm{Even}}(\rho_m,\theta_m,\sigma) \tag{5.187}$$

其中，$\varphi(\rho_m,\theta_m,\sigma)$ 和 $D(\rho_m,\theta_m,\sigma)$ 分别由下式决定

$$F_{n\_\mathrm{Odd}}(\rho_m,\theta_m,\sigma)=k\iint_{S(\sigma)} R_{n\_\mathrm{Odd}}(\hat{f}+\alpha_m,\hat{g}+\beta_m)-R_{n\_\mathrm{Odd}}(\hat{f},\hat{g})\mathrm{d}\hat{f}\mathrm{d}\hat{g} \tag{5.188}$$

$$G_{n\_\mathrm{Even}}(\rho_m,\theta_m,\sigma)=\frac{\left\{\begin{array}{l}\iint_{S(\sigma)} R_{n\_\mathrm{Even}}(\hat{f}+\alpha_m,\hat{g}+\beta_m)-R_{n\_\mathrm{even}}(\hat{f},\hat{g})\\ \times[w_{\mathrm{defocus}}(\hat{f},\hat{g})-w_{\mathrm{defocus}}(\hat{f}+\alpha_m,\hat{g}+\beta_m)]\mathrm{d}\hat{f}\mathrm{d}\hat{g}\end{array}\right\}}{\iint_{S(\sigma)}[w_{\mathrm{defocus}}(\hat{f},\hat{g})-w_{\mathrm{defocus}}(\hat{f}+\alpha_m,\hat{g}+\beta_m)]^2\mathrm{d}\hat{f}\mathrm{d}\hat{g}} \tag{5.189}$$

其中，$R_n(\hat{f},\hat{g})$ 表示第 n 阶 Zernike 多项式。

检测标记由 36 个二元光栅组成，因此可以针对奇像差和偶像差分别建立以下方程组：

$$\begin{bmatrix}\varphi(\rho_1,\theta_1,\sigma)\\ \varphi(\rho_2,\theta_2,\sigma)\\ \vdots\\ \varphi(\rho_{36},\theta_{36},\sigma)\end{bmatrix}=\begin{bmatrix}F_2(\rho_1,\theta_1,\sigma) & F_3(\rho_1,\theta_1,\sigma) & \cdots & F_{35}(\rho_1,\theta_1,\sigma)\\ F_2(\rho_2,\theta_2,\sigma) & F_3(\rho_2,\theta_2,\sigma) & \cdots & F_{35}(\rho_2,\theta_2,\sigma)\\ \vdots & \vdots & & \vdots\\ F_2(\rho_{36},\theta_{36},\sigma) & F_3(\rho_{36},\theta_{36},\sigma) & \cdots & F_{35}(\rho_{36},\theta_{36},\sigma)\end{bmatrix}\begin{bmatrix}Z_2\\ Z_3\\ \vdots\\ Z_{35}\end{bmatrix} \tag{5.190}$$

$$\begin{bmatrix}D(\rho_1,\theta_1,\sigma)\\ D(\rho_2,\theta_2,\sigma)\\ \vdots\\ D(\rho_{36},\theta_{36},\sigma)\end{bmatrix}=\begin{bmatrix}G_4(\rho_1,\theta_1,\sigma) & G_5(\rho_1,\theta_1,\sigma) & \cdots & G_{37}(\rho_1,\theta_1,\sigma)\\ G_4(\rho_2,\theta_2,\sigma) & G_5(\rho_2,\theta_2,\sigma) & \cdots & G_{37}(\rho_2,\theta_2,\sigma)\\ \vdots & \vdots & & \vdots\\ G_4(\rho_{36},\theta_{36},\sigma) & G_5(\rho_{36},\theta_{36},\sigma) & \cdots & G_{37}(\rho_{36},\theta_{36},\sigma)\end{bmatrix}\begin{bmatrix}Z_4\\ Z_5\\ \vdots\\ Z_{37}\end{bmatrix} \tag{5.191}$$

以上两式可以表示成更简洁的矩阵乘积的形式

$$\boldsymbol{\varphi}=\boldsymbol{F}\boldsymbol{Z}_{\mathrm{Odd}} \tag{5.192}$$

$$\boldsymbol{D}=\boldsymbol{G}\boldsymbol{Z}_{\mathrm{Even}} \tag{5.193}$$

$\boldsymbol{\varphi}$ 和 $\boldsymbol{D}$ 分别是 36 组光栅标记对应的相移量和最佳焦面偏移量，$\boldsymbol{F}$ 和 $\boldsymbol{G}$ 分别是奇像差和偶像差对应的灵敏度系数矩阵。基于 36 组二元光栅的空间像分布可以对奇像差和偶像差分别建立 36 个线性方程，而除去第一项常数项，奇像差和偶像差的个数各有 18 个。因此，求解方程组属于超定方程组，可以使用最小二乘法进行求解，求解公式如下：

$$\boldsymbol{Z}_{\mathrm{Odd}}=(\boldsymbol{F}'\boldsymbol{F})^{-1}\boldsymbol{F}'\boldsymbol{\varphi} \tag{5.194}$$

$$\boldsymbol{Z}_{\mathrm{Even}}=(\boldsymbol{G}'\boldsymbol{G})^{-1}\boldsymbol{G}'\boldsymbol{D} \tag{5.195}$$

直接通过空间像检测波像差的检测技术，为了满足成像位置偏移量和最佳焦面偏移量与 Zernike 像差之间的线性关系，要求成像满足三光束干涉条件，而 Z37 AIS 技术通过对空间像进行傅里叶分析提取出+1 级衍射光的光强和相位信息，并与偶像差和奇像差分

别建立线性关系，因而消除了三光束干涉条件的限制。标记的周期范围得以，扩展便于对光瞳进行充分抽样。傅里叶变换分析是对空间像的综合分析，其+1 级衍射光的强度和相位由光强分布的整体变化决定，这种处理方式减小了某处光强测量误差对检测精度的影响，有利于检测精度的提高。

5.4.2 仿真实验

下面使用光刻仿真软件 PROLITH，计算二元光栅标记的空间像，提取出了空间像+1 级频谱相位和+1 频谱的最佳焦面偏移量，验证了 Zernike 多项式和+1 级频谱相位及最佳焦面偏移量之间的线性关系，最终计算出灵敏度系数矩阵，并分析了 Z_{37}AIS 技术的求解精度。

+1 级衍射光对应的相移量和最佳焦面偏移量与奇像差偶像差之间的线性关系是该检测技术的关键，其检测精度很大程度上依赖于线性度的好坏。使用 0°方向的光栅图形作为检测标记，设置单项像差变化范围为 0～0.05λ，步长为 0.005λ，计算了包含单项像差的空间像。按照 Z_{37} AIS 的标准流程对空间像进行傅里叶变换，分析+1 级频谱分量的相位以及最佳焦面位置，所得的结果如图 5-67 和图 5-68 所示。

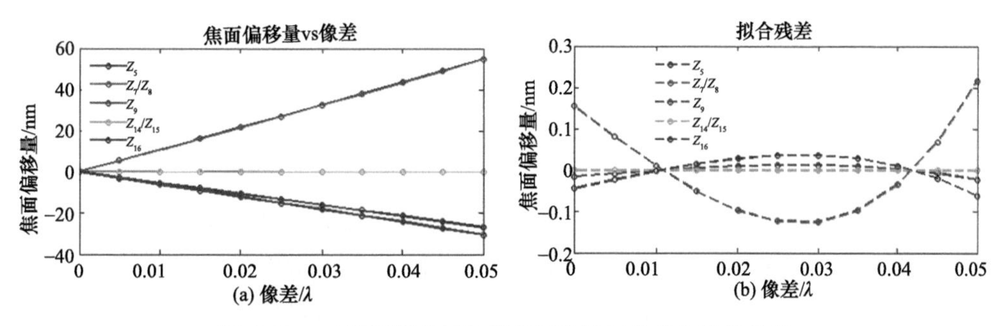

图 5-67　+1 级频谱分量最佳焦面位置与像差的线性关系

(a) +1 级频谱分量最佳焦面位置随像差的变化情况；(b) 拟合残差

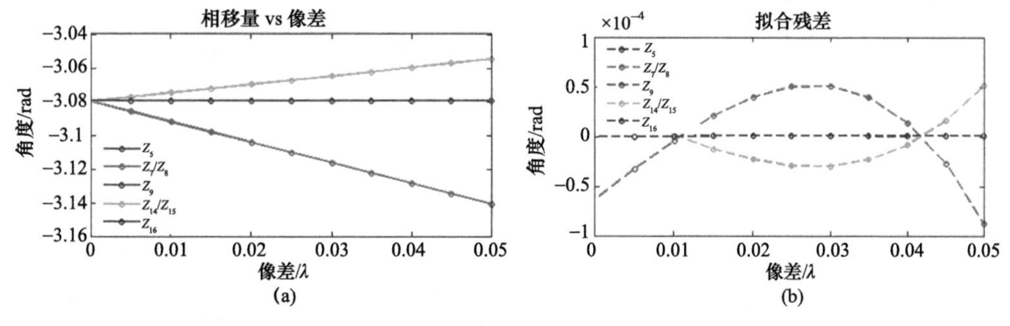

图 5-68　+1 级频谱分量相位与像差的线性关系

(a) +1 级频谱分量相移量随像差的变化情况；(b) 拟合残差

如图 5-67 所示，奇像差对+1 级频谱分量的最佳焦面位置完全没有贡献，而偶像差都会在+1 级频谱分量引入一定的最佳焦面偏移量，其中 Z_9 和 Z_{16} 引入的最佳焦面偏移量符号相反，而 Z_5 引入的成像位置偏移量与掩模方向有关。图 5-67 中给出的 Z_5 的结果是根据 0°掩模空间像计算的。对 Zernike 像差和+1 级频谱最佳焦面偏移量的拟合结果显示：Z_5，Z_{16} 的残余误差小于 0.1nm，Z_9 的残余误差稍大，但也小于 0.2nm，可见当像差幅度处于 0～0.05λ 的变化范围内时，奇像差和引起的+1 级频谱的最佳焦面位置之间存在良好的线性关系。

图 5-68 所示为+1 级频谱分量的相位随 Zernike 像差变化的情况，其中，Z_5，Z_9 和 Z_{16} 等偶像差对+1 级频谱分量的相位无影响，而 Z_7/Z_8 与 Z_{14}/Z_{15} 在空间像的+1 级频谱分量上引入方向相反的相移量。该相移量与奇像差之间成线性关系。通过图中的一次拟合的残差结果可以看出 Z_7/Z_8 、Z_{14}/Z_{15} 的残差小于 10^{-4}，说明相移量和奇像差在 0～0.05λ 的变化范围内存在良好的线性关系。其他条件与以上一致，将像差范围扩展至 0～0.08λ 的变化范围时的仿真结果如图 5-69 和图 5-70 所示。

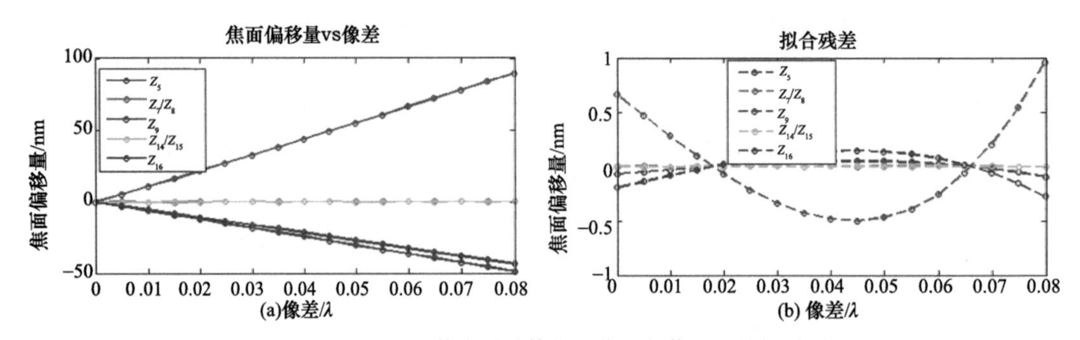

图 5-69　+1 级频谱分量最佳焦面位置与像差的线性关系

(a) +1 级频谱分量最佳焦面位置随像差的变化情况；(b) 拟合残差

如图 5-69 所示，+1 级频谱分量最佳焦面位置与奇像差仍成线性关系，但是从拟合的残差可以看出，像差变化范围扩大到 0～0.08λ 时，残差幅度有了较大增加。在像差变化范围比图 5-67 增长 60%的条件下，Z_9 引入+1 级频谱分量最佳焦面位置的拟合残差最大值从 0.2nm 左右增加到 1nm 左右，增幅为 400%，因此可以说在像差变化范围扩大为 0～0.08λ 时，+1 级频谱分量最佳焦面位置与奇像差之间的线性度有了较大的恶化。

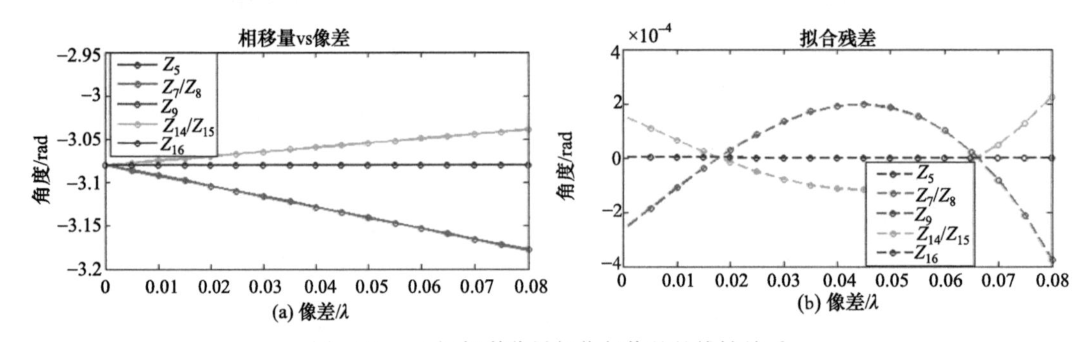

图 5-70　+1 级频谱分量相位与像差的线性关系

(a) +1 级频谱分量相移量随像差的变化情况；(b) 拟合残差

图 5-70 中表示了在 0～0.08λ 的像差变化范围内+1 级频谱分量的相位随 Zernike 像差变化的情况。可以看到，一次线性拟合的残差也大幅度增加，其中 Z_7/Z_8 引入的+1 级频谱分量最佳焦面位置的拟合残差增长了 300%左右。在像差变化范围为 0～0.08 时，+1

级频谱分量相位与像差的线性关系明显恶化。

基于以上的线性关系研究结果，分别在 0～0.05λ 和 0～0.08λ 的像差变化范围内研究 Z37 AIS 技术的检测精度。首先通过统计设计方法设计 Zernike 像差组合，利用 PROLITH 仿真对应的空间像并通过傅里叶分析计算出+1 级频谱分量的相位和最佳焦面位置；接着通过线性回归分析建立 1 级频谱分量的相位和最佳焦面位置与 Zernike 像差之间的线性关系；最后通过 20 组随机像差检验 Z37 AIS 技术的求解精度。仿真参数如表 5-17 所示。

表 5-17　Z37 AIS 技术仿真参数

照明波长 λ	193nm
数值孔径 NA	0.75
部分相干因子 σ	0.3
光栅角度	0°,30°,45°,90°,120°,135°
光栅周期	285nm， 343nm ，429nm，571nm ，857nm， 1716nm
线空比	1 : 1
像差种类	$Z_5,Z_7,Z_8,Z_9,Z_{14},Z_{15},Z_{16}$

图 5-71(a)表示当像差变化范围为−0.05～0.05λ 时 20 组随机像差中第 1 组随机像差的求解结果，图 5-71(b)表示 20 组随机像差的求解误差的统计结果。

从以上结果来看，输入像差和输出像差符合良好。20 组随机输入像差的计算结果显示，在像差变化范围为−0.05～0.05λ 时，求解误差的平均值小于 0.1nm(0.5mλ)，标准差小于 0.25nm(1.25mλ)，最大值也在 0.4nm(2mλ)以下。为了与以上结果进行对比，仿真了像差变化范围为−0.08～0.08λ 时 Z37 AIS 技术的检测精度，如图 5-72 所示。

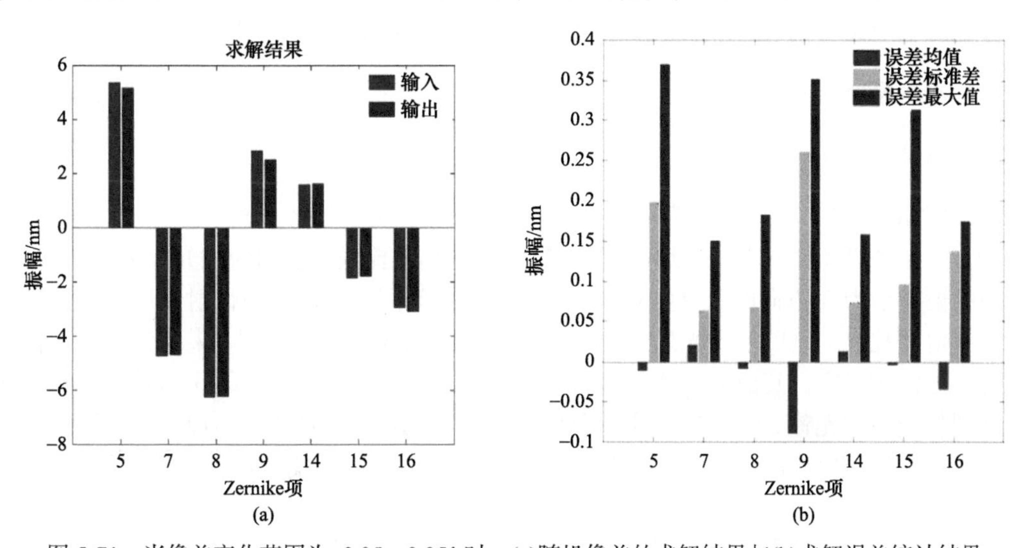

图 5-71　当像差变化范围为−0.05～0.05λ 时，(a)随机像差的求解结果与(b)求解误差统计结果

比较图 5-71 和图 5-72 的检测结果可以看出，像差变化范围扩展到−0.08～0.08λ 时，

求解误差有了较大增长，求解误差的标准差为 1～2nm，最大误差甚至达到 5nm。整体而言，奇像差的求解误差较小，而偶像差的求解误差较大。由于 Z_9 的线性度较差，其求解误差也较大，Z_9 的求解误差对 Z_5 的求解也引入一定的串扰，因此引起了 Z_5 较大的求解误差。以上分析表明 Z37 AIS 技术能够高精度地检测投影物镜的波像差，但是由于线性度范围的限制，Z37 AIS 技术最适合求解像差水平小于 0.05λ 的投影物镜波像差。当该技术用于幅度较大的波像差求解时，求解精度将严重下降。

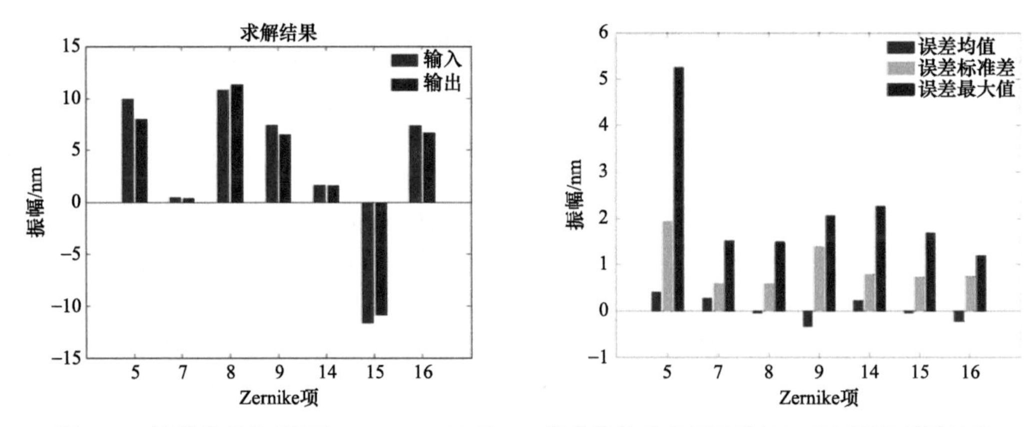

图 5-72 当像差变化范围为−0.08～0.08λ 时，(a)随机像差的求解结果与(b)求解误差统计结果

5.5 基于空间像解析线性模型的检测[6,27]

基于空间像解析线性模型的波像差检测技术(aberration measurement technique based on an analytical linear model of a through-focus aerial image，AMAI-ALM)采用解析公式建立标记的空间像与 Zernike 系数之间的线性关系，并据此求解波像差。

5.5.1 检测原理

5.5.1.1 旋转矩阵

采用如图 5-73 所示的掩模标记，该标记由分布在 0°、30°、45°、90°、120°和 135°六个方向上的等宽孤立空图形组成。图 5-74(a)为采用该掩模标记对应的光瞳采样示意图。图中的衍射谱为 0°方向的孤立空对应的衍射谱，中间圆孔表示 0 级衍射光形成的光源的像，其他圆孔表示高阶衍射光形成的光源的像，圆孔颜色的深浅代表采样强度，与衍射谱的复振幅相对应。其他方向(30°、45°、90°、120°和 135°)孤立空的作用是将光瞳采样扩展到整个衍射光瞳。图 5-74(a)中蓝色虚线表示与其他方向孤立空对应的衍射谱。采用这种掩模标记，仅需测量 6 个空间像就可以覆盖整个光瞳，所需空间像数目仅是 Z37 AIS 技术的 1/6。

采用安装在工件台上的空间像传感器测量通过焦面的空间像。由于传感器总是沿着孤立空的衍射方向扫描，因而对于传感器来说，空间像坐标总是沿着 x 轴的。根据 Abbe 成像公式，每个传感器采集的空间像都可以写成

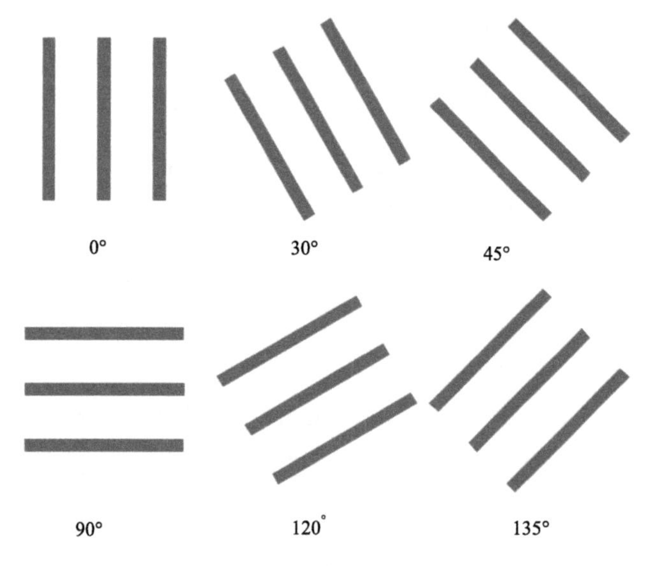

图 5-73　掩模标记示意图

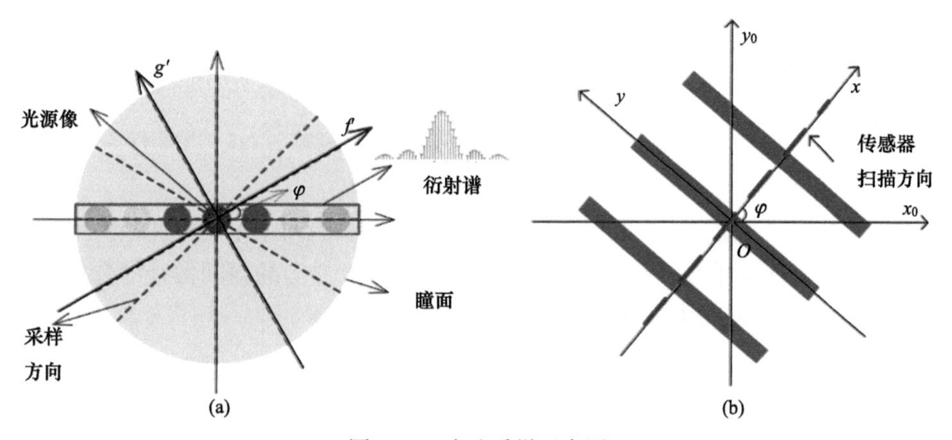

图 5-74　光瞳采样示意图

$$I^{\varphi}(x,z)=\iint_{-\infty}^{+\infty}J(f,g)\cdot I_{\text{coh}}^{\varphi}(f,g;x,z)\,\mathrm{d}f\mathrm{d}g \tag{5.196}$$

其中，φ 表示掩模标记的方向；$I_{\text{coh}}^{\varphi}(f,g;x,z)$ 为

$$I_{\text{coh}}^{\varphi}(f,g;x,z)=\left|E_{\text{coh}}^{\varphi}(f,g;x,z)\right|^{2} \tag{5.197}$$

通常需要在瞳面进行二维积分来计算 $E_{\text{coh}}^{\varphi}(f,g;x,z)$。对于一维掩模标记，可以通过快速计算方法计算 $E_{\text{coh}}^{\varphi}(f,g;x,z)$。如图 5-74(b)所示，将光瞳坐标旋转 φ 角得到旋转坐标系，旋转坐标系数中的衍射谱 $O_{2D}(f',g')=O(f')\delta(g')$，因而复振幅为

$$E_{\text{coh}}^{\varphi}(f,g;x,z)=\int_{-1-f}^{1-f}O(f')\exp\left\{\mathrm{i}kW^{\varphi}(f+f',g)\right\}\exp\{-\mathrm{i}2\pi hz\}\cdot\exp(-\mathrm{i}2\pi f'x)\,\mathrm{d}f' \tag{5.198}$$

其中，W^{φ}表示旋转坐标系中的波前：

$$W^{\varphi}(f,g)=\sum_{j=1}^{37}Z_jF_j(\rho,\theta+\varphi) \tag{5.199}$$

公式(5.198)简化了积分运算，然而该公式需要分别计算各个方向的复振幅。为了进一步简化，将 Zernike 多项式代入式(5.199)中得

$$\begin{aligned}W^{\varphi}&=\sum_{j=1}^{37}Z_jF_j(\rho,\theta+\varphi)\\&=\sum c_s^1R_n^0(\rho)+\sum c_t^2R_n^m(\rho)\cos\left[m(\theta+\varphi)\right]+\sum c_t^3R_n^m(\rho)\sin\left[m(\theta+\varphi)\right]\end{aligned} \tag{5.200}$$

其中，当$\Phi_j^m(\theta)$为 1 时，Zernike 系数Z_j用c_s^1表示，s表示该类型的 Zernike 系数的序号。当$\Phi_j^m(\theta)$为$\cos(m\theta)$和$\sin(m\theta)$时，Zernike 系数Z_j分别用c_t^2和c_t^3表示，t表示这两种类型的 Zernike 系数的序号。将式(5.200)展开成 Zernike 多项式的叠加，如下所示：

$$\begin{aligned}W^{\varphi}&=\sum c_s^1R_n^0(\rho)+\sum\left[c_t^2\cos(m\varphi)+c_t^3\sin(m\varphi)\right]R_n^m(\rho)\cos(m\theta)\\&\quad+\sum\left[c_t^3\cos(m\varphi)-c_t^2\sin(m\varphi)\right]R_n^m(\rho)\sin(m\theta)\\&=\sum_{j=1}^{37}Z_j'F_j(\rho,\theta)\end{aligned} \tag{5.201}$$

由上式可知，旋转坐标系里的波像差W^{φ}可采用未旋转的坐标系中的 Zernike 多项式表示。引入旋转矩阵$\boldsymbol{Q}$表示两种坐标系中的 Zernike 系数的关系：

$$\boldsymbol{Z}'=\boldsymbol{QZ} \tag{5.202}$$

其中，$\boldsymbol{Z}'=[Z_1',Z_2',\cdots,Z_{37}']^{\mathrm{T}}$，$\boldsymbol{Z}=[Z_1,Z_2,\cdots,Z_{37}]^{\mathrm{T}}$。矩阵$\boldsymbol{Q}$的值可根据式(5.201)确定(易知，角度为 0°时$\boldsymbol{Q}$是单位矩阵)。利用旋转矩阵，由 0°方向的空间像计算公式可计算任意方向的空间像I^{φ}，从而大大简化了计算过程。

5.5.1.2　拟合矩阵

投影物镜像差很小时有如下近似：

$$\exp(\mathrm{i}kW)\approx1+\mathrm{i}kW=1+\mathrm{i}k\sum_{j=1}^{37}Z_jF_j(\rho,\theta) \tag{5.203}$$

将式(5.203)代入式(5.198)中得

$$E_{\mathrm{coh}}(f,g;x,z)\approx E_{\mathrm{c}}+\mathrm{i}\sum_jZ_jE_j \tag{5.204}$$

其中，E_{c}与不含像差的项对应；E_j与像差Z_j相对应；E_{c}和E_j都是关于变量$(f, g; x, z)$的函数：

$$\begin{cases}E_{\mathrm{c}}=\int_{-1-f}^{1-f}O(f')\exp\left\{-\mathrm{i}k\sqrt{1-\left[(f+f')^2+g^2\right]NA^2}\cdot z\right\}\\\qquad\cdot\exp(-\mathrm{i}2\pi xf')\mathrm{d}f'\\E_j=k\int_{-1-f}^{1-f}F_j(\rho,\theta)\cdot O(f')\cdot\exp\left\{-\mathrm{i}k\sqrt{1-\left[(f+f')^2+g^2\right]NA^2}\cdot z\right\}\\\qquad\cdot\exp(-\mathrm{i}2\pi xf')\mathrm{d}f'\end{cases} \tag{5.205}$$

其中，(ρ, θ)是与坐标$\left(f+f',g\right)$相对应的极坐标；E_c和E_j都可以采用快速傅里叶变换计算。将式(5.205)代入式(5.197)，并且忽略二次项的影响，可得I_{coh}为

$$I_{coh}\left(f,g;x,z\right)\approx\left|E_c\right|^2+\sum_{j=1}^{37}Z_j\cdot 2\operatorname{Re}\left\{\mathrm{i}\cdot E_c^{*}E_j\right\} \tag{5.206}$$

将式(5.206)代入式(5.196)中，得到$I\left(x,z\right)$与 Zernike 像差满足的线性关系

$$I\left(x,z\right)\approx I_0\left(x,z\right)+\sum_{j=1}^{37}Z_jT_j\left(x,z\right) \tag{5.207}$$

其中，I_0对应零像差的拟合矩阵，T_j对应Z_j的拟合矩阵

$$\begin{cases} I_0\left(x,z\right)=\iint_{-\infty}^{+\infty}J\left(f,g\right)\cdot\left|E_c\right|^2\mathrm{d}f\mathrm{d}g \\ T_j\left(x,z\right)=\iint_{-\infty}^{+\infty}J\left(f,g\right)\cdot 2\operatorname{Re}\left\{\mathrm{i}\cdot E_c^{*}E_j\right\}\mathrm{d}f\mathrm{d}g \end{cases} \tag{5.208}$$

每个拟合矩阵的行列数都与空间像的行列数相同。利用旋转矩阵，可以将上述拟合矩阵推广到适用于任何方向的掩模标记。

5.5.1.3　像差求解

引入符号

$$\boldsymbol{b}=\begin{bmatrix} I^1(:)-I_0(:) \\ I^2(:)-I_0(:) \\ \vdots \\ I^6(:)-I_0(:) \end{bmatrix},\quad \boldsymbol{S}=\begin{bmatrix} \boldsymbol{T}\cdot\boldsymbol{Q}^1 \\ \boldsymbol{T}\cdot\boldsymbol{Q}^2 \\ \vdots \\ \boldsymbol{T}\cdot\boldsymbol{Q}^6 \end{bmatrix} \tag{5.209}$$

其中，I^1到I^6分别对应 0°、30°、45°、90°、120°和 135°方向掩模标记的空间像；$\boldsymbol{T}=[T_1(:),T_2(:),\cdots,T_{37}(:)]$，运算$A(:)$表示将矩阵$A$中的元素排成一列；$\boldsymbol{Q}^1$到$\boldsymbol{Q}^6$是 0°、30°、45°、90°、120°和 135°方向的掩模标记对应的旋转矩阵。根据式(5.202)、式(5.207)可得如下关系：

$$\boldsymbol{S}\cdot\boldsymbol{Z}=\boldsymbol{b} \tag{5.210}$$

因而，可以采用最小二乘法求解 Zernike 像差：

$$\boldsymbol{Z}=\left(\boldsymbol{S}^{\mathrm{T}}\cdot\boldsymbol{S}\right)^{-1}\cdot\left(\boldsymbol{S}^{\mathrm{T}}\cdot\boldsymbol{b}\right) \tag{5.211}$$

其中，$\boldsymbol{S}^{\mathrm{T}}$表示矩阵$\boldsymbol{S}$的转置矩阵。

5.5.1.4　Zernike 像差的拟合分析

用一维掩模标记的空间像检测像差时，串扰会造成检测精度的降低，本节将对这种串扰进行分析。

1. 相干照明

不失一般性，以一维掩模x方向空间像为例进行讨论。此时，对空间像有影响的

Zernike 像差有 21 个。为了方便，引入符号：

$$A_j = \boldsymbol{T}(:,j) = 2 \cdot \mathrm{Re}\left\{ \mathrm{i} \cdot E_{\mathrm{c}}^{*} E_j \right\} \tag{5.212}$$

其中，A_j表示矩阵 $\boldsymbol{T}$ 中的第 j 列。采用相干照明和一维掩模标记时，由于仅有一个点光源，此时的像差$W(\rho,\theta) \equiv W(|f|,0/\pi)$，即 Zernike 多项式中的角度$\theta$ 为 0 或π 。以第 4 和第 5 项 Zernike 多项式为例，它们满足关系：

$$F_4 = -F_1 + 2F_5 \tag{5.213}$$

根据式(5.205)可得

$$E_4 = -E_1 + 2E_5 \tag{5.214}$$

根据式(5.212)可知

$$\begin{aligned} A_4 &= 2\mathrm{Re}\left\{ \mathrm{i} \cdot E_1^{*} E_4 \right\} \\ &= 2\mathrm{Re}\left\{ \mathrm{i} \cdot E_1^{*} \left(-E_1 + 2E_5 \right) \right\} \\ &= 2\mathrm{Re}\left\{ -\mathrm{i} \left\| E_1 \right\|^2 + 2\mathrm{i} E_1^{*} E_5 \right\} \\ &= 2\mathrm{Re}\left\{ 2\mathrm{i} E_1^{*} E_5 \right\} \\ &= 2T(:,5) = 2A_5 \end{aligned} \tag{5.215}$$

式(5.215)表明矩阵 $\boldsymbol{T}$ 的第 4 列与第 5 列相关。这种相关性会造成矩阵 $\boldsymbol{T}$ 的秩降低，导致像差求解的串扰。通过类似的分析得到如表 5-18 所示的相关性。

表 5-18　相干照明导致的求解矩阵中列的相关性

序号	相关性
1	$A_4=2A_5$
2	$A_{10}=(2/3)A_2+(1/3)A_7$
3	$A_{12}=(2/3)A_9+A_5$
4	$A_{17}=(1/6)A_9+A_5$
5	$A_{19}=(1/2)A_{14}+(2/3)A_7-(1/6)A_2$
6	$A_{21}=(3/4)A_{16}+(5/12)A_9-(1/2)A_5$
7	$A_{26}=(1/10)A_{14}+(2/5)A_7+(1/2)A_2$
8	$A_{28}=(3/10)A_{16}+(2/3)A_9+(2/5)A_5$
9	$A_{30}=(3/5)A_{23}+(3/5)A_{14}-(4/15)A_7+(1/15)A_2$
10	$A_{32}=(4/5)A_{25}+(7/20)A_{16}-(1/4)A_9+(3/10)A_5$

为了分析像差串扰的形式，从对空间像有影响的 Zernike 多项式中选出 11 个线性独立的：$F_2, F_5, F_7, F_9, F_{14}, F_{16}, F_{23}, F_{25}, F_{34}, F_{36}, F_{37}$，并记为 $F_1' \sim F_{11}'$ 。为了方便，将对应

的 $A_2, A_5, A_7, A_9, A_{14}, A_{16}, A_{23}, A_{25}, A_{34}, A_{36}, A_{37}$ 分别记为 $A_1' \sim A_{11}'$，则

$$I(x,z) \approx I_0(x,z) + \sum_{j=1}^{37} Z_j T_j(x,z) = I_0(x,z) + \sum_{j=1}^{11} Z_j^c A_j'(x,z) \tag{5.216}$$

根据表 5-18 中的相关性关系，将 $A_4, A_{10}, A_{17}, A_{19}, A_{21}, A_{26}, A_{28}, A_{30}, A_{32}$ 用 $A_1' \sim A_{11}'$ 表示，从而得到 Z_j^c 与 Z_j 的关系，如表 5-19 所示。表 5-19 得到了像差之间的串扰关系。由于上述串扰的存在，采用相干照明或者部分相干因子很小的传统照明时，得到的像差实际上是 Zernike 像差的组合，从而导致波像差检测精度下降。

表 5-19　组合 Zernike 系数与实际 Zernike 系数关系表

序号	关系
Z_1^c	$Z_2+(2/3)Z_{10}-(1/6)Z_{19}+(1/2)Z_{26}+(1/15)Z_{30}$
Z_2^c	$2Z_4+Z_5+Z_{12}+Z_{17}-(1/2)Z_{21}+(2/5)Z_{28}+(3/10)Z_{32}$
Z_3^c	$Z_7+(1/3)Z_{10}+(2/3)Z_{19}+(2/5)Z_{26}-(4/15)Z_{30}$
Z_4^c	$Z_9+(2/3)Z_{12}+(1/6)Z_{17}+(5/12)Z_{21}+(2/3)Z_{28}-(1/4)Z_{32}$
Z_5^c	$Z_{14}+(1/2)Z_{19}+(1/10)Z_{26}+(3/5)Z_{30}$
Z_6^c	$Z_{16}+(3/4)Z_{21}+(3/10)Z_{28}+(7/20)Z_{32}$
Z_7^c	$Z_{23}+(3/5)Z_{30}$
Z_8^c	$Z_{25}+(4/5)Z_{32}$
Z_9^c	Z_{34}
Z_{10}^c	Z_{36}
Z_{11}^c	Z_{37}

2. 部分相干照明

部分相干光照明时，像差 W 是光瞳位置和点光源位置(f, g)的函数。光源位置不同，W 的形式就不同，而空间像又是不同点光源成像的叠加，从而造成解析分析像差串扰的困难，因而借助 MATLAB 软件中的 regress 函数对矩阵 $\boldsymbol{T}$ 中各列的相关性进行了分析。结果表明，对于 0°方向的掩模标记，矩阵 $\boldsymbol{T}$ 中存在如下的相关性关系：

$$A_{17} = -0.5A_9 + A_{12} \tag{5.217}$$

因而单独采用 0°方向的一维掩模标记求解像差时，依然会出现像差的串扰。

本节采用多方向掩模标记，并且采用具有较大部分相干因子的照明光源，有效地消除了像差求解时的串扰，提高了像差检测的精度。

5.5.2 仿真实验

采用数值仿真软件 MATLAB 计算线性拟合矩阵和旋转矩阵，采用国际通用的光刻仿真软件 PROLITH 和 Dr.LiTHO 生成测试空间像，采用本小节的方法求解波像差，并计算像差检测精度。采用周期为 3000nm，宽度为 200nm，方向分别为 0°、30°、45°、90°、120°、135°的孤立空。光刻机工作波长为 193nm，NA 为 0.75。采用σ=0.65 的传统照明，空间像 x 方向的测量范围为−600～600nm，间隔为 30nm；空间像 z 方向的测量范围为−2000～2000nm，间隔为 125nm。典型 Zernike 像差对应的拟合矩阵如图 5-75 所示。

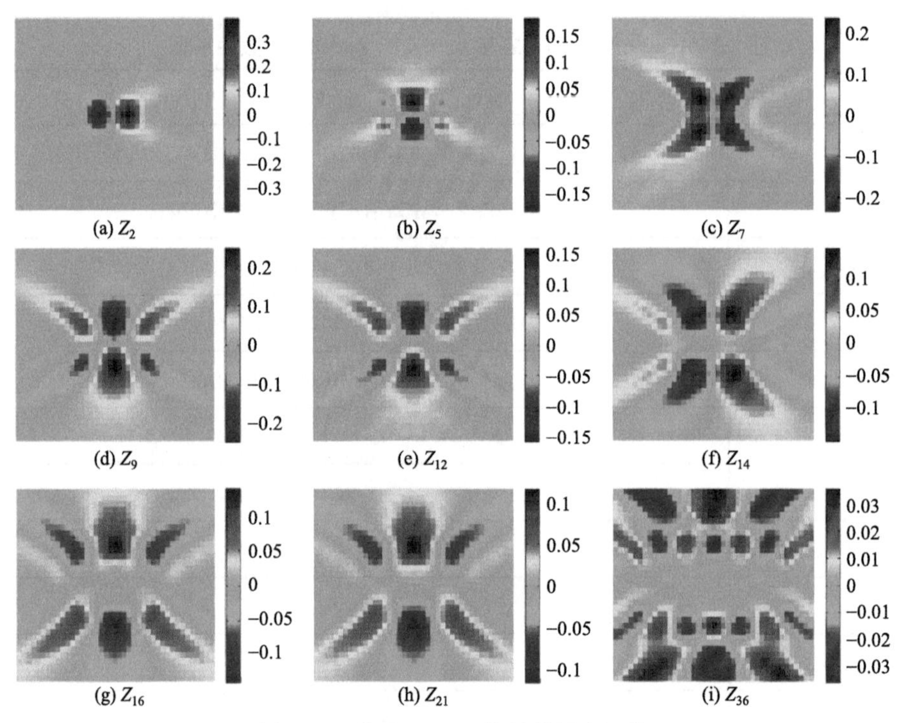

图 5-75　典型 Zernike 像差的拟合矩阵

由图 5-75 可知，Z_2、Z_7、Z_{14}之类的奇像差的线性拟合矩阵都是轴向对称、垂轴反对称的，而 Z_5、Z_9、Z_{12}、Z_{16}、Z_{21}、Z_{36}之类的偶像差的线性拟合矩阵都是垂轴对称、轴向反对称的。这是因为奇像差主要造成空间像垂轴平移和不对称，偶像差主要造成轴向平移和不对称。另外，图 5-75 还表明 Zernike 像差阶数增加时线性拟合矩阵的幅值范围有降低的趋势，这说明低阶像差对空间像的影响更大。

采用最小二乘法求解 Zernike 像差时需计算矩阵($\boldsymbol{S}^{\mathrm{T}}\boldsymbol{S}$)。图 5-76(a)给出了($\boldsymbol{S}^{\mathrm{T}}\boldsymbol{S}$)的值，图 5-76(b)为($\boldsymbol{S}^{\mathrm{T}}\boldsymbol{S}$)的绝对值的对数。图 5-76(a)中水平方向和竖直方向的坐标都是 Zernike 多项式索引。为了说明方便，图中仅显示了典型 Zernike 像差对应的值。根据式(5.201)可知，旋转矩阵不改变像差的奇偶性，因而矩阵($\boldsymbol{S}^{\mathrm{T}}\boldsymbol{S}$)的值主要由拟合矩阵 T_n(:)和 T_m(:)($1\leqslant n, m\leqslant 37$)决定。对矩阵($\boldsymbol{S}^{\mathrm{T}}\boldsymbol{S}$)的绝对值取对数是为了更好地区分($\boldsymbol{S}^{\mathrm{T}}\boldsymbol{S}$)的大小。图 5-76(b)中小于 1×10^{-10} 的值都被设置成 1×10^{-10}。由图 5-76 可知，奇偶像差对应的($\boldsymbol{S}^{\mathrm{T}}\boldsymbol{S}$)的值小

于 1×10^{-10}，这种现象是由奇偶像差对应的拟合矩阵的正交性决定的。由于这种性质，采用该技术求解像差时，奇偶像差的求解互相不影响。

为了说明该技术的建模精度，随机生成一组 Zernike 系数，然后采用光刻仿真软件得到该组 Zernike 系数对应的空间像，结果如图 5-77(a)所示。同时，根据前面得到的拟合矩阵，采用相同的 Zernike 系数拟合得到一组空间像，结果如图 5-77(b)所示，比较这两组空间像的差异，结果如图 5-77(c)所示。由图可知，这两组空间像差值的最大值为 1×10^{-2} 量级，与空间像光强的幅值对比，该差异很小。采用其他 Zernike 像差对拟合矩阵的建模精度进行分析，结果都表明该方法对空间像具有足够高的拟合精度。

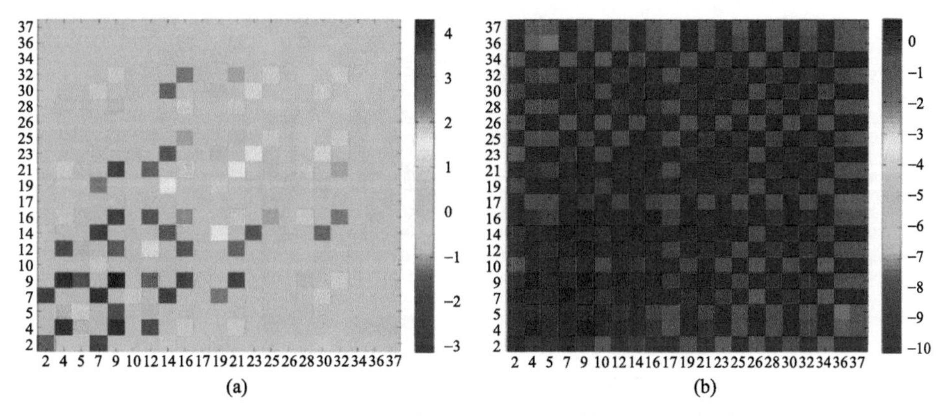

图 5-76 (a)($\boldsymbol{S}^{\mathrm{T}}\boldsymbol{S}$)的值；(b)($\boldsymbol{S}^{\mathrm{T}}\boldsymbol{S}$)绝对值的常用对数值

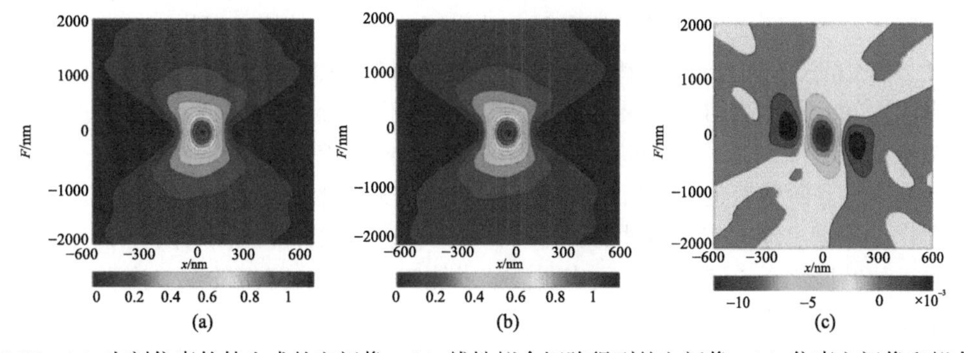

图 5-77 (a) 光刻仿真软件生成的空间像；(b) 线性拟合矩阵得到的空间像；(c) 仿真空间像和拟合空间像的差异

采用蒙特卡罗方法验证该方法的像差检测精度。首先采用光刻仿真软件 PROLITH 或者 Dr.LiTHO 生成测试空间像。Zernike 像差 Z_2～Z_{20} 的范围为-20～$20\mathrm{m}\lambda$(-3.9～$3.9\mathrm{nm}$)，Zernike 像差 Z_{21}～Z_{37} 的范围为-10～$10\mathrm{m}\lambda$。在这些范围内生成 100 组满足均匀分布的 Zernike 系数，然后输入光刻仿真软件中得到测试空间像。采用该技术求解 Zernike 像差，其中的一组求解结果如图 5-78 所示。

该结果中得到的 Zernike 系数与输入的 Zernike 系数的差异小于 $0.32\mathrm{m}\lambda$。输入 Zernike 系数对应的光瞳，采用解出的 Zernike 系数重建的光瞳，及两者差异如图 5-79 所示。

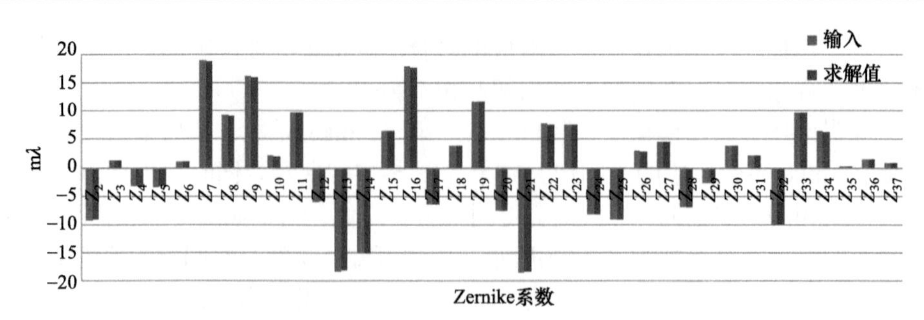

图 5-78　输入和求解值 Zernike 系数对比

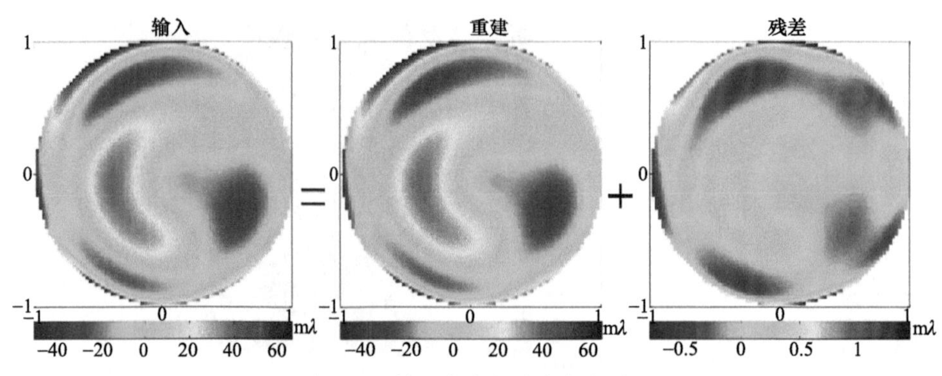

图 5-79　输入光瞳和重建光瞳对比

由图可知，输入光瞳和重建光瞳的差值小于 1.45mλ。为了进一步评估 Zernike 像差检测精度，计算 100 组求解结果的误差，并采用求解误差的均方根值(RMS)表示像差检测精度，得到前 37 阶 Zernike 像差的检测精度，如图 5-80 所示。

由图可知，该方法的 Zernike 像差检测精度优于 0.3mλ(0.06nm)，高阶像差 Z_{28}～Z_{37} 的像差检测精度甚至优于 0.15mλ。一方面这是由高阶像差的幅值较低造成的，另一方面表明该技术对高阶像差也有较高的灵敏度。该方法仅需要测试 6 个空间像，检测流程得到了简化，减少了加载掩模和对准的时间，从而减少了波像差检测时间。采用这种方法的光瞳重建精度优于 5.68mλ，从而表明该技术能实现 0.1mλ 量级的像差检测精度和 1mλ 量级的光瞳重建精度。

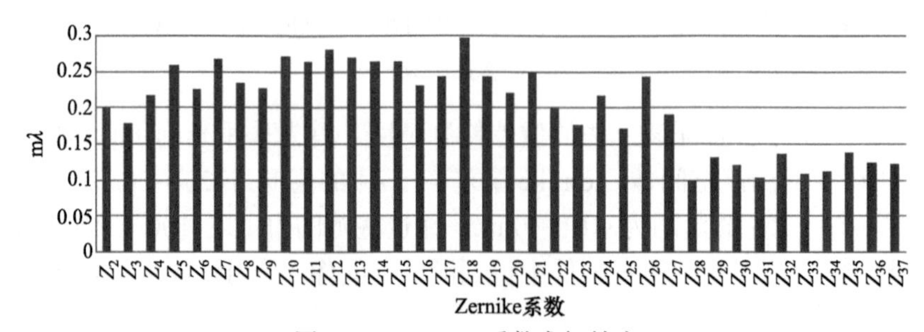

图 5-80　Zernike 系数求解精度

在不同的像差范围内都生成 20 幅测试空间像，采用同样的方法计算 Zernike 像差求解误差的 RMS，结果如图 5-81 所示。在 Zernike 像差范围达到 50mλ(λ=193nm) 时，该技术的像差检测精度达到了 0.8nm。可见，在 50mλ 像差范围内都可以采用该技术求解 Zernike 像差。考虑到实际光刻机中高阶像差的幅值范围更小，因而该技术的工作范围要大于 50mλ。

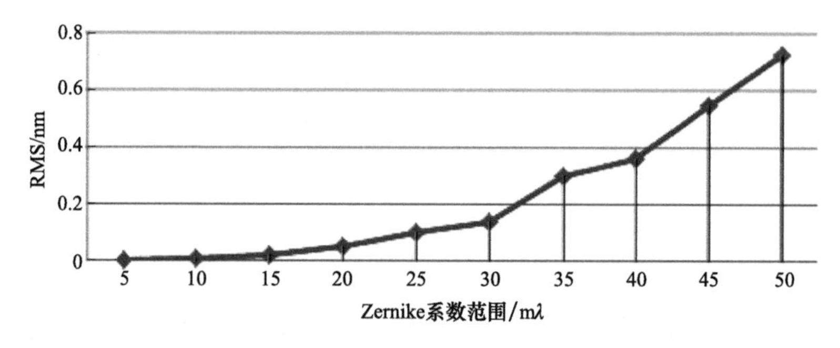

图 5-81　不同范围内的 Zernike 系数求解精度

5.5.3　技术优化

仿真结果表明 AMAI-ALM 技术有较高的波像差检测精度，且可以方便地利用解析公式对 AMAI-ALM 技术所用的光源和掩模标记进行优化，从而进一步提高检测精度。本节首先讨论通过光源与掩模优化提高 AMAI-ALM 技术检测精度的基本原理，然后通过仿真进行验证。

5.5.3.1　基本原理

AMAI-ALM 利用空间像强度分布来检测 Zernike 像差，单位 Zernike 像差引起的空间像改变越显著，则对像差的检测精度越高。采用求解矩阵的 RMS 表示单位像差引起的空间像改变量的大小：

$$F_n = \|S_n\|_2^2 \tag{5.218}$$

其中，S_n 表示式(5.209)中的矩阵 S 的第 n 列，与第 n 个 Zernike 像差对应。通过上述目标函数对光源和掩模进行优化可以提高 AMAI-ALM 的性能。

然而，采用上述目标函数没有发挥 AMAI-ALM 数值计算的优势，而且由于像差串扰等因素的影响，优化出来的光源与最终的像差检测精度并不一一对应。本节设计了直接以最终的像差检测精度为目标函数优化 AMAI-ALM 的方法。容易知道，AMAI-ALM 的求解矩阵 $\boldsymbol{S}_n$，对应零像差的矩阵 $\boldsymbol{I}_0$ 都可以表示成光源的线性叠加。考虑到光源的对称性，根据 Abbe 公式，将矩阵 $\boldsymbol{S}_n$ 和 $\boldsymbol{I}_0$ 表示为

$$\begin{cases} \boldsymbol{S}_n = \sum\limits_{i=1}^{M} a_i w_i \boldsymbol{S}_{a_i}^{n} \Big/ \sum\limits_{i=1}^{M} a_i w_i \\ \boldsymbol{I}_0 = \sum\limits_{i=1}^{M} a_i w_i \boldsymbol{I}_{a_i}^{0} \Big/ \sum\limits_{i=1}^{M} a_i w_i \end{cases} \tag{5.219}$$

其中，a_i 表示第 i 个点光源的系数；M 是点光源组数。为了评估最终的像差检测精度，

随机生成一定组数的 Zernike 像差，并且将每组 Zernike 像差对应的空间像也表示成光源的线性组合：

$$\boldsymbol{I}_n = \sum_{i=1}^{M} a_i w_i \boldsymbol{I}_{a_i}^n / \sum_{i=1}^{M} a_i w_i \tag{5.220}$$

其中，$\boldsymbol{I}_n$ 表示第 n 个测试空间像。光源优化过程中，根据式(5.219)和式(5.220)计算对应的求解矩阵和测试空间像，然后利用式(5.211)求解像差，从而得到 Zernike 像差检测精度。采用梯度的定义来计算像差精度对光源的函数：

$$\frac{\mathrm{d}A}{\mathrm{d}a_n} = \frac{A\left(\left[a_1, a_2, \cdots, a_n + \mathrm{d}a, \cdots, a_M\right]\right) - A\left(\left[a_1, a_2, \cdots, a_n, \cdots, a_M\right]\right)}{\mathrm{d}a} \tag{5.221}$$

其中，A 表示像差检测精度；da 是一个微小变量。而对于掩模的优化，考虑到掩模制造和像差检测的要求，将掩模标记限定为孤立空，因而通过在一定范围内遍历孤立空宽度的方法对掩模标记进行优化。

5.5.3.2 仿真验证

仿真中孤立空周期为 3000nm。光刻机工作波长为 193nm，NA 为 0.75。空间像 x 方向的测量范围为−600～600nm，间隔为 30nm；空间像 z 方向的测量范围为−2000～2000nm，间隔为 125nm。随机生成 20 组 Zernike 像差，Zernike 像差 Z_2～Z_{20} 的范围为−20～20mλ(−3.9～3.9nm)，Zernike 像差 Z_{21}～Z_{37} 的范围为−10～10mλ。改变光源时，根据式 (5.219)和式(5.220)计算求解矩阵和待测空间像，采用式(5.211)求解像差并计算像差检测精度，根据式(5.221)计算梯度并进行优化。优化时光源的离散间隔为 0.05，测试空间像的组数为 20，迭代次数为 200 次。孤立空的宽度为 250nm，方向为 0°、30°、45°、90°、120°、135°，初始照明为[0.65,0.0]的传统照明，优化后的结果和收敛性曲线如图 5-82 所示。

由图可知，仅对光源优化后，像差检测精度由 0.1120nm 提高到 0.0781nm，提高了约 30%。对掩模标记和光源进行优化，孤立空宽度变化范围为 150～650nm，宽度变化间隔为 50nm，孤立空的方向为 0°、30°、45°、90°、120°、135°，其他条件不变，优化后的掩模标记宽度为 500nm，优化后的光源和像差检测精度如图 5-82 所示。

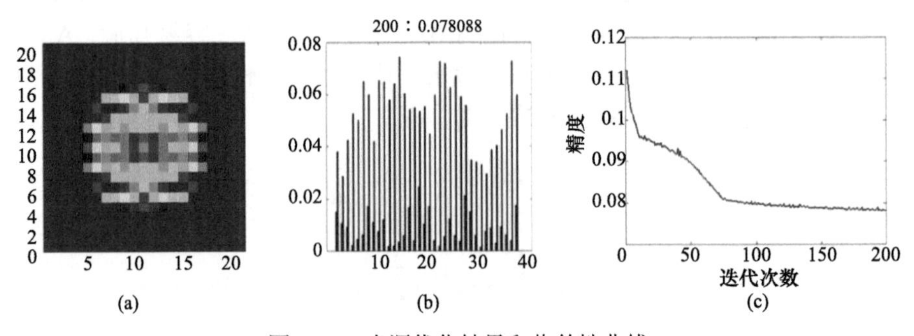

图 5-82　光源优化结果和收敛性曲线

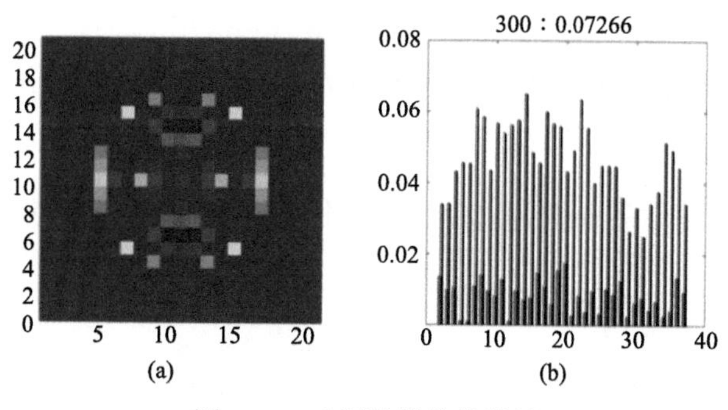

图 5-83　光源掩模优化结果

由图可知，光源和掩模标记都进行优化后，波像差检测精度进一步提高到了 0.07266nm，相对于未优化时提高了 35%。

参考文献

[1] 王帆. 光刻机投影物镜波像差原位检测技术的研究. 中国科学院上海光学精密机械研究所博士学位论文, 2006.

[2] 王帆, 王向朝, 马明英, 等. 一种新的光刻机多成像质量参数的原位检测技术. 中国激光, 2006, 33(4): 543-548.

[3] van der Laan H, Dierichs M, van Greevenbroek H, et al. Aerial image measurement methods for fast aberration set-up and illumination pupil verification. Proc. SPIE, 2001, 4346: 394-407.

[4] 彭勃. 大数值孔径光刻投影物镜波像差检测技术研究. 中国科学院上海光学精密机械研究所博士学位论文, 2011.

[5] Peng B, Wang X Z, Qiu Z, et al. Measurement technique for characterizing odd aberration of lithographic projection optics based on dipole illumination. Optics Communications, 2010, 283(11): 2309-2317.

[6] 闫观勇. 光刻机光源掩模优化与波像差检测技术研究. 中国科学院上海光学精密机械研究所博士学位论文, 2015.

[7] 闫观勇, 李思坤, 王向朝. 基于二次规划的光刻机光源优化方法. 光学学报, 2014, 34(10): 1022004.

[8] 闫观勇, 李思坤, 王向朝. 一种光刻机光源掩模优化方法. 发明专利, 专利号: ZL201510097250.6, 2016-12-07.

[9] 李兆泽, 李思坤, 王向朝. 基于随机并行梯度速降算法的光刻机光源与掩模联合优化方法. 光学学报, 2014, 34(9): 0911002.

[10] Wang F, Wang X Z, Ma M Y . Aberration measurement of projection optics in lithographic tools by use of an alternating phase shifting mask. Appl. Opt., 2006, 45: 281-287.

[11] 袁琼雁. 基于空间像传感的光刻机投影物镜波像差检测技术的研究. 中国科学院上海光学精密机械研究所博士学位论文, 2009.

[12] Yuan Q Y, Wang X Z, Qiu Z C, et al. Even aberration measurement of lithographic projection system based on optimized phase-shifting marks. Microelectronic Engineering, 2009, 86(1): 78-82.

[13] 邱自成. 基于标量与矢量场衍射理论的光刻成像模型及其应用. 中国科学院上海光学精密机械研究所博士学位论文, 2010.

[14] Qiu Z C, Wang X Z, Yuan Q Y,et al. Coma measurement by use of an alternating phase-shifting mask mark with a specific phase width. Appl. Opt., 2009, 48(2): 261-269.

[15] Qiu Z C, Wang X Z, Bi Q Y, et al. Translational-symmetry alternating phase shifting mask grating mark used in a linear measurement model of lithographic projection lens aberrations. Appl. Opt., 2009, 48(19):

3654-3663.

[16] Yuan Q Y, Wang X Z, Qiu Z C, et al. Coma measurement of projection optics in lithographic tools based on relative image displacements at multiple illumination settings. Opt. Express, 2007, 15(24): 15878-15885.

[17] 王帆, 王向朝, 马明英, 等. 基于双线空间像线宽不对称度的彗差测量技术. 光学学报, 2006, 26(5): 673-678.

[18] 王帆, 马明英, 王向朝. 光刻机成像光学系统像差现场测量方法. PCT 专利, 申请号: PCT/CN2006/003591.

[19] Wang F, Ma M Y, Wang X Z. Method for in-situ aberration measurement of optical imaging system in lithographic tools. U.S. Patent No. 8,035,801. 11 Oct. 2011.

[20] 王帆, 马明英, 王向朝. リソグラフィツールの光学イメージングシステムの収差をその場で測定する方法. 日本专利, 授权号: 特许 4911541, 2012.1.27.

[21] Yuan Q Y, Wang X Z, Qiu Z C, et al. Trefoil aberration measurement of lithographic projection optics based on linewidth asymmetry of the aerial image. Optik, 2010, 121(19): 1739-1742.

[22] Peng B, Wang X Z, Qiu Z C, et al. Even aberration measurement of lithographic projection optics based on intensity difference of adjacent peaks in an alternating phase shifting mask image. Applied Optics, 2010, 49(15): 2753-2760.

[23] Peng B, Wang X Z, Qiu Z C, et al. Aberration induced intensity imbalance of alternating phase shifting mask in lithographic imaging. Optics Letters, 2010, 35(9): 1404-1406.

[24] 涂远莹. 光刻投影物镜偏振像差检测与补偿技术研究. 中国科学院上海光学精密机械研究所博士学位论文, 2013.

[25] 涂远莹, 王向朝, 闫观勇. 基于空间像峰值光强差的奇像差测量技术. 光学学报, 2013, 33(5): 0512002-1.

[26] Tyminski J K, Hagiwara T, Kondo N,et al. Aerial image sensor: in-situ scanner aberration monitor. Proc. SPIE, 2006, 6152: 61523D.

[27] Yan G Y, Wang X Z, Li S K, et al. Aberration measurement technique based on an analytical linear model of a through-focus aerial image. Optics Express, 2014, 22(5): 5623-5634.

第 6 章　基于空间像主成分分析的波像差检测

基于空间像主成分分析的波像差检测技术(aberration measurement based on principal component analysis of aerial image，AMAI-PCA)与 Z37 AIS 技术(见第 5 章)同属于基于空间像光强分布测量的波像差检测技术。AMAI-PCA 技术通过引入主成分作为中间量建立 Zernike 系数和空间像光强分布之间的线性关系。根据此线性关系，由测得的空间像光强分布可计算出 Zernike 系数。相比于需要扫描多个方向、多种周期的数十个检测标记才能完成波像差检测的 Z37 AIS 技术，AMAI-PCA 技术检测标记的复杂度和数量明显降低，检测速度明显提高。

AMAI-PCA 技术的检测精度、可测 Zernike 像差项数等与采用的照明方式、照明参数、检测标记、光刻成像模型、Zernike 空间采样方式等因素有关。对这些因素进行优化、改进，可以实现高精度波像差检测、高阶波像差检测，以及浸液光刻机投影物镜的波像差检测。本章首先介绍 AMAI-PCA 的基本原理，之后系统介绍其优化与改进方法。

6.1　AMAI-PCA 技术

投影物镜波像差会影响空间像的位置和光强分布，TAMIS 技术利用波像差对标记空间像位置的影响检测波像差，而 AMAI-PCA 技术利用波像差对标记空间像光强分布的影响检测波像差。相比于 TAMIS 技术，AMAI-PCA 技术明显提高了 Zernike 系数的检测精度。本节首先介绍 AMAI-PCA 技术的检测原理，进行仿真与实验验证，然后对工程应用问题进行探讨。

6.1.1　检测原理[1,2]

6.1.1.1　空间像成像模型

光刻成像的基本过程包括照明系统发出的准单色光照射掩模，掩模对光场进行调制，经过掩模的衍射光进入投影物镜，通过投影物镜的会聚作用最终到达焦面，如图 6-1 所示。光刻成像的物理过程包括掩模的衍射、投影物镜的两次傅里叶变换和低通滤波作用，因此标量光刻成像公式可以表示如下：

$$\begin{aligned}I(x,y,z)=&\int_{-\infty}^{+\infty}\cdots\int J(f,g)\\&\cdot H(f+f',g+g')H^{*}(f+f'',g+g'')\cdot O(f',g')O^{*}(f'',g'')\\&\cdot\exp\left\{-\mathrm{j}2\pi\left(k'_{zp}-k''_{zp}\right)z\right\}\\&\cdot\exp\left\{-\mathrm{j}2\pi\left[\left(f'-f''\right)x+\left(g'-g''\right)y\right]\right\}\mathrm{d}f'\mathrm{d}g'\mathrm{d}f''\mathrm{d}g''\mathrm{d}f\mathrm{d}g\end{aligned}\tag{6.1}$$

其中，I 是像空间的光强；(x, y)是像空间的坐标；z 是离焦量；$J(f, g)$表示光源的分布；$(f,\ g)$是光源上点的坐标；$O(f',g')$ 表示掩模的傅里叶频谱；$O^*(f'',g'')$ 表示掩模傅里叶频谱的共轭；k'_{zp} 和 k''_{zp} 表示 z 向的传播矢量。根据角谱理论可以得到 z 向传播矢量为

$$\begin{cases} k'_{zp} = \dfrac{1}{\lambda}\sqrt{1-\left[(f+f')^2+(g+g')^2\right]NA^2} \\ k''_{zp} = \dfrac{1}{\lambda}\sqrt{1-\left[(f+f'')^2+(g+g'')^2\right]NA^2} \end{cases} \tag{6.2}$$

H 是光瞳函数，表示为

$$H(f,g)=\begin{cases} \exp\left[-\mathrm{j}kW(f,g)\right], & f^2+g^2\leqslant 1 \\ 0, & 其他 \end{cases} \tag{6.3}$$

其中，W 表示波像差，可以分解成 Zernike 多项式和其系数的乘积：

$$\begin{aligned} W(f,g) &= \sum_{n=1}^{\infty} Z_n R_n(f,g) \\ &= Z_1 + Z_2 f + Z_3 g + Z_4\left[2\left(f^2+g^2\right)-1\right] \\ &\quad + Z_5\left(f^2-g^2\right) + Z_6\cdot 2fg + Z_7\left[3\left(f^2+g^2\right)-2\right]f \\ &\quad + \cdots \end{aligned} \tag{6.4}$$

其中，$R_n(f,g)$ 是 n 阶 Zernike 多项式；Z_n 是 Zernike 系数。为便于分析像差与空间像之间的关系，将式(6.3)代入式(6.1)，可得

$$\begin{aligned} I(x,y,z) = &\int_{-\infty}^{+\infty}\cdots\int J(f,g)\cdot\exp\left\{\mathrm{j}k\left[W(f+f'',g+g'')-W(f+f',g+g')\right]\right\} \\ &\cdot O(f',g')O^*(f'',g'')\cdot\exp\left\{-\mathrm{j}2\pi\left(k'_{zp}-k''_{zp}\right)z\right\} \\ &\cdot\exp\left\{-\mathrm{j}2\pi\left[\left(f'-f''\right)x+\left(g'-g''\right)y\right]\right\}\mathrm{d}f'\mathrm{d}g'\mathrm{d}f''\mathrm{d}g''\mathrm{d}f\mathrm{d}g \end{aligned} \tag{6.5}$$

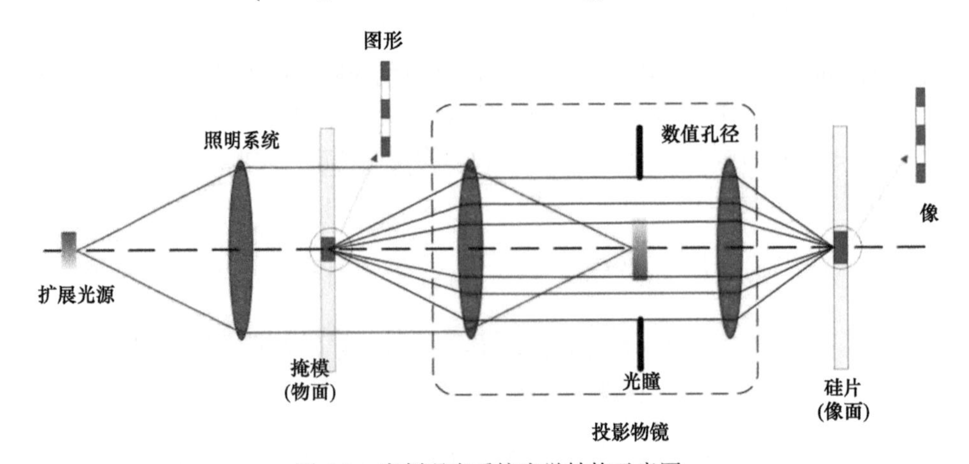

图 6-1　光刻曝光系统光学结构示意图

当波像差 W 较小时，用如下关系近似波像差的作用：

$$\begin{aligned}&\exp\left\{\mathrm{j}k\left[W(f+f'',g+g'')-W(f+f',g+g')\right]\right\}\\&\approx 1+\mathrm{j}k[W(f+f'',g+g'')-W(f+f',g+g')]\\&\approx 1+\mathrm{j}k\sum_n Z_n\left[R_n(f+f'',g+\hat{g}'')-R_n(f+f',g+g')\right]\end{aligned} \tag{6.6}$$

像面的光强表达式可以写成

$$I(x,y,z)=I_0(x,y,z)+I_1(x,y,z) \tag{6.7}$$

其中

$$\begin{cases}I_0(x,y,z)=\int_{-\infty}^{+\infty}\cdots\int J(f,g)O(f',g')O^*(f'',g'')\\\qquad\exp\left\{-\mathrm{j}2\pi\left(k'_{zp}-k''_{zp}\right)z\right\}\exp\left\{-\mathrm{j}2\pi\left[(f'-f'')x+(g'-g'')y\right]\right\}\mathrm{d}f'\mathrm{d}g'\mathrm{d}f''\mathrm{d}g''\mathrm{d}f\mathrm{d}g\\I_1(x,y,z)=\mathrm{j}k\sum_{n=1}^{37}c_n\int_{-\infty}^{+\infty}\cdots\int J(f,g)O(f',g')O^*(f'',g'')[R_n(f+f'',g+g'')-R_n(f+f',g+g')]\\\qquad\exp\left\{-\mathrm{j}2\pi\left(k'_{zp}-k''_{zp}\right)z\right\}\exp\left\{-\mathrm{j}2\pi\left[(f'-f'')x+(g'-g'')y\right]\right\}\mathrm{d}f'\mathrm{d}g'\mathrm{d}f''\mathrm{d}g''\mathrm{d}f\mathrm{d}g\end{cases} \tag{6.8}$$

通过式(6.7)和式(6.8)可以看出，光强可以表示为不受波像差影响的直流量和与波像差成线性关系的分量之和。这种线性关系正是基于空间像测量的波像差原位检测技术的理论基础。当然，上式是近似关系，只有当波像差的变化范围较小时才能较精确地表示光强的分布，后文会对波像差的变化范围与像差的求解精度进行讨论。

6.1.1.2　建模与像差求解流程

从成像理论可以看出，特征图形在像面上的光强分布将随着投影物镜波像差的变化而改变，即光强分布直接反映投影物镜的波像差信息。波像差的作用既改变光强分布的位置，也改变光强分布的轮廓。从空间像传感器采集到的空间像中可以提取出投影物镜的波像差。理论研究和实验结果都证明，空间像与 Zernike 像差之间存在一定的线性关系。当 Zernike 系数取值在一定范围内时，空间像与投影物镜波像差之间存在线性转换关系，通过空间像就可以解出对应的代表波像差的 Zernike 系数。最显著的线性关系包括检测标记的成像位置偏移量和最佳焦面偏移量分别与投影物镜的奇像差和偶像差之间的线性关系。

AMAI-PCA 技术利用像传感器采集检测标记在硅片面的空间像，并将采集到的整幅空间像作为输入信号，从中提取与 Zernike 像差紧密相连的变化信息，进而提取出 Zernike 像差。如果利用成像模型直接对空间像光强信息进行分析，变量数目过大，且由于像差之间的串扰，邻近区域的空间像光强分布互相关联，导致求解结果相互影响，从而降低求解精度。因此 AMAI-PCA 技术引入主成分分析，把空间像分布分解成相互正交的主成分与其系数的乘积。主成分之间相互正交，并按其在空间像中所占权重从大到小排列。每一个主成分代表原图像中一种特征分布，其主成分系数代表这种特征分布的含量。最终可以在主成分系数和 Zernike 像差之间建立转换关系，提取 Zernike 像差。

该技术引入三个空间：Zernike 空间、像空间及主成分空间。Zernike 空间是由影响空间像光强分布的波像差因素构成的多维空间；像空间是由 Zernike 空间因素的不同取值和组合对应的不同光强分布的空间像构成的；主成分空间是由像空间进行主成分分析(principal components analysis，PCA)后构成的统计学空间，通过线性模型(linear model，LM)可以从主成分空间变换到 Zernike 空间。图 6-2 所示为 AMAI-PCA 模型中的空间定义及由空间像到波像差的变换过程。图 6-3 所示为 AMAI-PCA 的建模和波像差求解的流程示意图。在该技术中，通过模拟仿真决定主成分并建立回归矩阵。AMAI-PCA 的模型建立步骤如下：①定义仿真条件，如照明设置、标记结构、空间像扫描参数等输入条件；②利用统计的方法生成一系列 Zernike 像差及其组合，根据像差组合，仿真计算一系列与之对应的空间像，这些空间像是像空间中的一组样本，可以代表像空间内所有的空间像；③对空间像集合进行主成分分析，得到表示空间像的正交基—主成分和与之对应的主成分系数；④基于以上条件，通过回归分析建立主成分系数与 Zernike 系数间的关系。

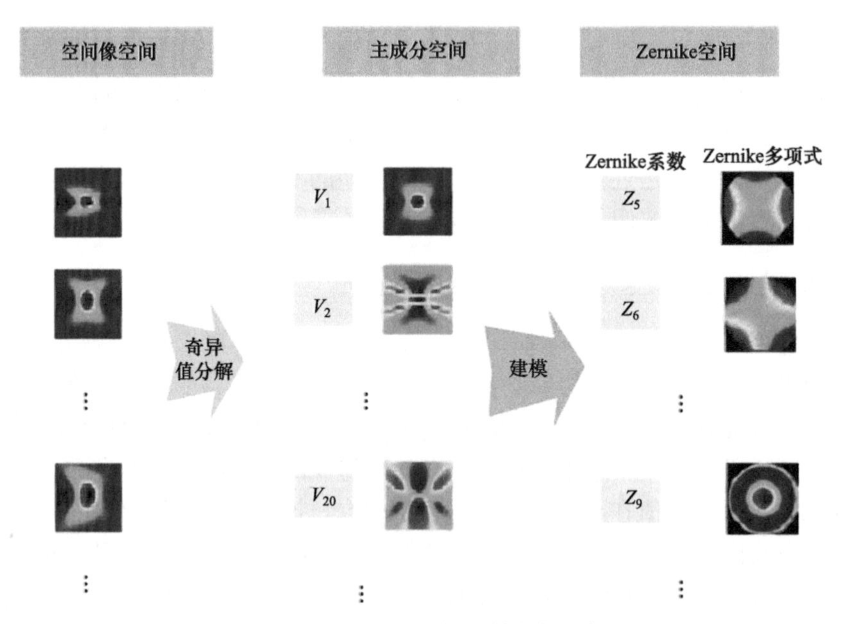

图 6-2　AMAI-PCA 空间及其变换示意图

一定条件下，空间像与 Zernike 系数满足线性关系，因而主成分系数与 Zernike 系数之间也有线性关系。通过对主成分系数与建立空间像的像差样本之间的线性回归分析，可以得到表示二者关系的线性回归矩阵。在像差水平较大的情况下，空间像与 Zernike 系数之间的关系就无法简单地使用线性关系来表示，它们满足更加复杂的二次关系，这

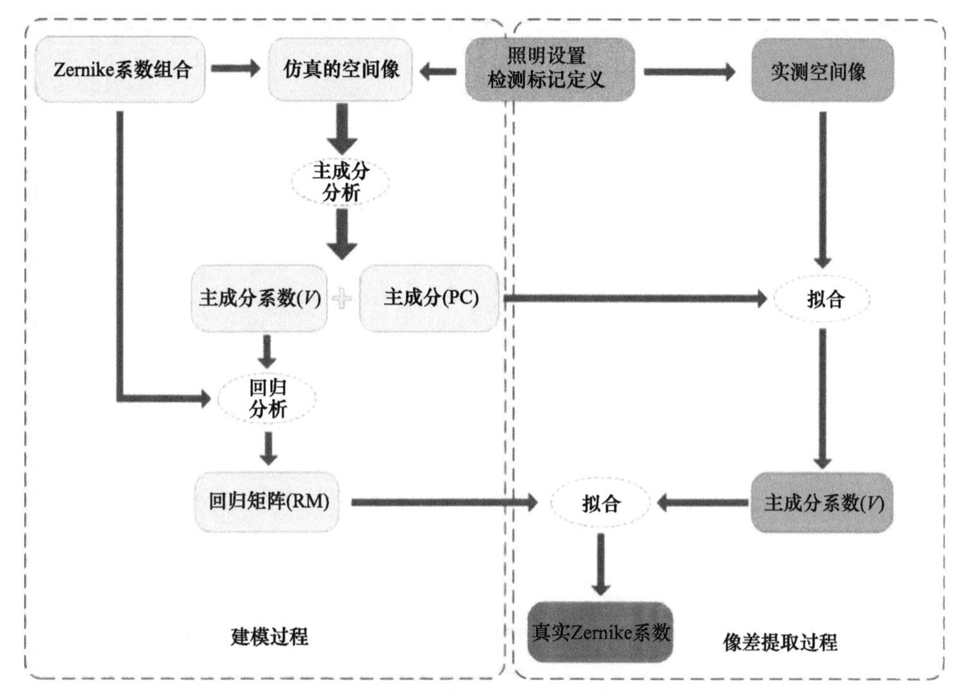

图 6-3　AMAI-PCA 建模与波像差求解过程示意图

时主成分系数与 Zernike 系数也需要采用二次关系来表示，因而要对主成分系数和像差样本进行二次回归分析，得到表示二次模型的回归矩阵。总之，采用回归分析的方法可以建立表示主成分系数与 Zernike 系数关系的回归矩阵。

在应用 AMAI-PCA 技术检测投影物镜波像差的过程中，首先要进行实际空间像的测量，此时掩模标记和照明模式等条件与建模步骤①中的仿真参数相同。获取实测空间像后，利用主成分分析计算实际空间像的主成分系数，最后利用建模步骤①中的回归矩阵求解波像差。

以上为 AMAI-PCA 技术的基本原理和工作流程的简要描述，下面将针对像空间的建立、空间像主成分分析、回归矩阵的建立和分析和波像差的求解进行详细的阐述。

6.1.1.3　像空间的建立

1. 空间像传感器模型

由于空间像传感器(aerial image sensor，AIS)对光强的响应取决于入射到传感器上入射光的角度，因此硅片面实际的空间像光强与传感器测得的光强并不一致。为了能够精确地从传感器测试数据中求解出 Zernike 系数，必须建立合适的传感器模型描述这种转换关系。光瞳面上的光强分布取决于照明设置和掩模上 AIS 标记对入射光的衍射。由于 AIS 线条的长度远大于光波长，因此可以忽略 AIS 线条长度方向的衍射。

光强分布可以写为照明系统出瞳光强和掩模衍射的卷积：

$$h(u)=\begin{cases}\int\left(\dfrac{\sin\left[\pi(u-u')W/\lambda\right]}{\pi(u-u')W/\lambda}\right)^2\cdot \text{pupil}(u',v)\mathrm{d}u', & u^2+v^2<1\\ 0, & 其他\end{cases} \tag{6.9}$$

其中,u,v 分别为光线在 x, y 两个方向衍射角的正弦;W 为 AIS 传感器标记在像方的线宽。pupil 表示照明系统光瞳函数:

$$\text{pupil}(u,v)=\begin{cases}1, & \sigma_{\text{inner}}^2<(u^2+v^2)<\sigma_{\text{outer}}^2\\ 0, & 其他\end{cases} \tag{6.10}$$

像传感器本身的结构决定了传感器对不同入射角的光强的响应,它的结构如图 6-4 所示。

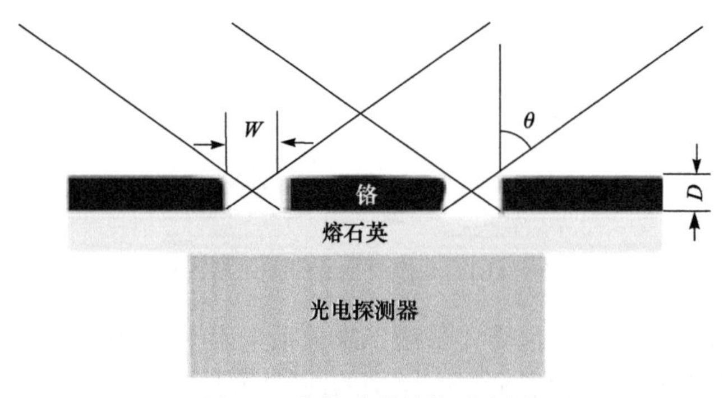

图 6-4　像传感器结构示意图

AIS 主要由三部分构成:光栅、熔石英和光电探测器。入射光在到达光电探测器前,首先要经过由不透光的铬层构成的光栅。图 6-4 中黑色部分为铬层,厚度为 D,该厚度也对光的传播产生影响。光栅的透光区域尺寸为 W,该宽度与光波长基本相当。经过光栅的入射光在铬层底部发生衍射,衍射光向各方向传播,一些衍射光角度太大,在石英层底面发生全反射或者是落在探测器的 NA 之外,光电探测器无法对这部分光产生响应。

传感器模型包含两部分,一部分是硅片面上的矩形透过函数,另一部分可以表示为传感器对光瞳上不同入射角光线的响应函数。由于光栅的存在,假设传感器的灵敏度只与垂直于光栅方向的光线有关,则传感器对角度为 θ 的入射光线的响应表示为

$$s(\theta)=\frac{W-D\tan\theta}{W} \tag{6.11}$$

传感器角度响应曲线如图 6-5 所示。考虑到水平和垂直两个方向的标记,传感器测量的总光强可表示为

$$I_{\text{total}}=\iint_{u,v} s(u,v)\cdot h(u,v)\cdot \mathrm{d}u\mathrm{d}v \tag{6.12}$$

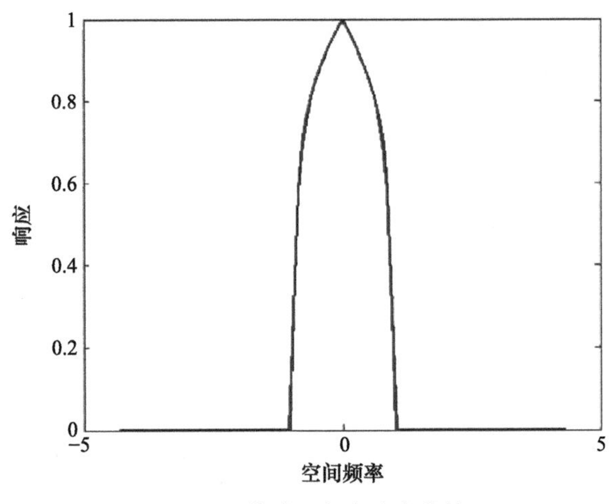

图 6-5　传感器角度响应曲线

2. Zernike 像差的组合方式

在 AMAI-PCA 中，为了准确建立主成分与 Zernike 系数的关系，需要计算各种像差组合对空间像的影响，要求仿真计算空间像时各输入因素的取值具有代表性。理想情况是穷举 Zernike 空间所有因素的所有可能取值和组合，得到所有可能的空间像分布。以 33 项 Zernike 系数为例(Z_5～Z_{37})，若采用析因设计(factorial design)，即便每个系数只取 3 种值，所有可能的组合也将达到 5000 万亿组，因此需采用有效的统计方法对 Zernike 像差空间进行抽样，Zernike 空间的生成方式直接影响最终波像差的检测范围与求解精度。

可采用统计试验设计方法描述 Zernike 空间。试验设计是一系列试验及分析方法的集合，通过有目的地改变一个系统的输入变量设置，观察系统的响应或输出的变化，进而用统计分析来研究输入输出变量之间的关系。因子(factors)是在试验中所研究的变量。为了研究因子对响应的影响，需要用到因子的两个或者更多个不同的取值，这些取值称为因子的水平(level)，因子的水平组合称为处理(treatment)。在实际应用中，通过试验设计可以分析影响因素之间交互作用的大小。试验设计对于开发和改善制造过程，提高产品质量是一个非常重要的工程工具。

如式(6.4)所示，可以用响应面法(response)表示空间像光强分布与波像差之间的关系，

$$\hat{y} = b_0 + \sum_{i=1}^{k} b_i x_i + \sum_{i=1}^{k}\sum_{j=1}^{k} b_{ij} x_i x_j \tag{6.13}$$

式中，$\hat{y}$ 代表空间像的光强分布；x_i 代表波像差。当波像差在一定范围内时，空间像的光强分布可以表示为不受波像差影响的直流量及与波像差成线性关系的分量之和。在线性区范围内，3 水平系统可以准确地描述各 Zernike 系数组合情况下的主效应和交互效应。对于 3^k 析因试验，随着参数 k 的增大，需要做的试验次数成倍增多。在实际应用中，采用部分析因设计进行抽样，可以忽略权重较小的高阶交互效应，在保证精度的情况下降低抽样数目。

BBD(box-behnken design)与 CCD(central-composite design)为常用的部分析因设计。BBD 是独立的二次设计，它不包含嵌入式析因和部分析因设计。BBD 的处理位于过程空间边的中点和中心位置，这些设计是可旋转的。以图 6-6 所示为例，这是一个 3 维(3

因素)的 BBD 的分布，所有因素只有−1，0，1 三种取值，一个取值组合遵循最多只有两个因素同时取非 0 值的原则，表现为只取各棱的中心点和立方体中心，而舍弃面中心，这样的组合方式可支持二阶以下模型分析。

CCD 包含一个嵌入中心点的析因或部分析因设计，处理在过程空间呈星形，根据星形的分布，CCD 可以分为 circumscribed、inscribed、faced 三种设计方式。根据设计像差的需要，选用 faced 的设计方式。

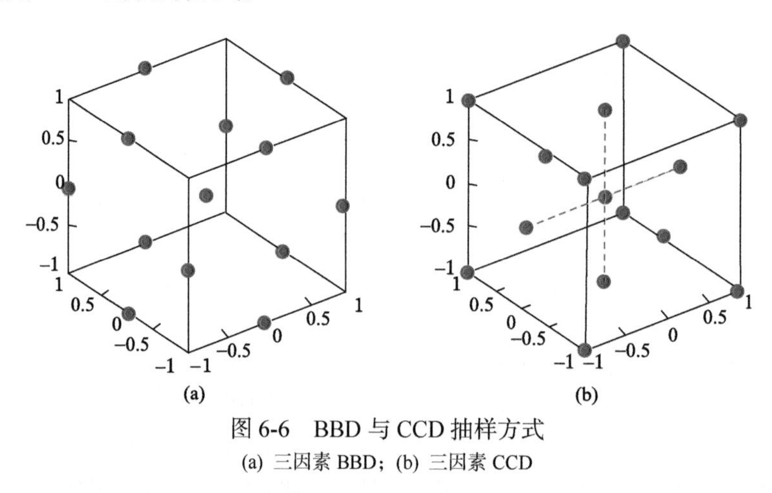

图 6-6　BBD 与 CCD 抽样方式

(a) 三因素 BBD；(b) 三因素 CCD

图 6-6 为三因素在 BBD 和 CCD 下的抽样方式，+/−1 代表 Zernike 像差的取值，每个维度代表不同的 Zernike 像差。图 6-6(a)为 BBD，抽样点全部来自正方体的棱边中点，而图 6-6(b)中 CCD 的抽样点来自于正方体的顶点和每个面的中点。

含 n 个 Zernike 空间因素的统计设计就是取 n 维 BBD 分布。此外，在统计取值(−1，0，1)的基础上，各因素再乘以各自的线性区间(在这个区间内的取值变化对空间像光强分布有线性影响，通常是 0 值附近的很小的一个取值范围)的边界值。如果认为 Zernike 系数 Z_5～Z_{37} 在 0.1λ 以内变化时对空间像的影响是线性的，每个 Zernike 系数就有 0.1λ，0，-0.1λ 三种取值。

图 6-7 所示为不同数量因子在三水平下的抽样结果。由于这两种抽样方式不同，所

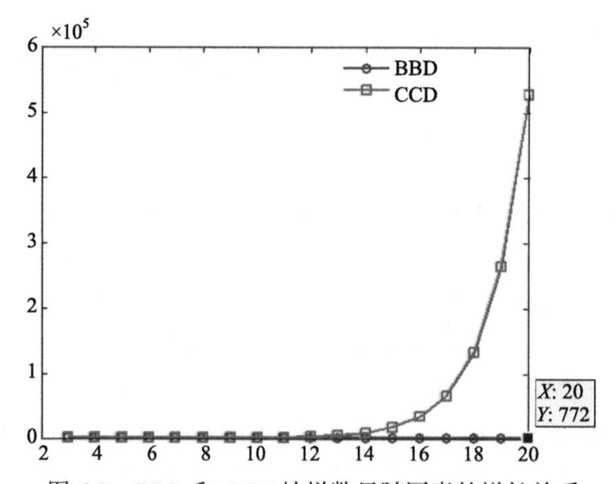

图 6-7　BBD 和 CCD 抽样数目随因素的增长关系

以会造成抽样效率的不同，最终导致拟合线性关系的拟合度不同，从而影响求解结果的精度。从图中可以发现，CCD 的增长数目大大超过 BBD。20 因子 BBD 的设计结果数目为 772 项，而 CCD 设计数目则高达 52720 项，因此，在设计包含较多 Zernike 像差的模型中，由于抽样数目太多，无法采用 CCD 方式。

6.1.1.4　空间像主成分分析

在建立好空间像集合后，一个重要的处理环节是对获取的空间像进行主成分分析(principal component analysis, PCA)，把空间像分解成主成分(principal component, PC)和对应主成分系数(principal components coefficients)的乘积，这就构成了主成分空间。主成分分解是一个线性过程，各主成分之间有很好的正交性，空间像空间的任何一幅具体的空间像都能由主成分空间的所有主成分乘以对应的一组特定主成分系数后线性叠加得到。这个环节的处理方式在很大程度上决定了最终的求解精度。

主成分分析是一种对数据进行简化分析的方法，能够有效地找出数据中最主要的元素，将原有的复杂数据降维。通过主成分分析，可以把原来多个变量化为少数几个互不相关的主成分(即综合变量)，达到数据化简、揭示变量之间的关系和进行统计解释的目的，为进一步分析总体的性质和数据的统计特性提供一些重要信息。

设 X_1, X_2, …, X_p 为某实际问题所涉及的 p 个随机变量，将这 p 个变量做线性组合，转换为新的变量 $\boldsymbol{Y}$，记为

$$\boldsymbol{Y}=\boldsymbol{A}\boldsymbol{X} \tag{6.14}$$

其中

$$\boldsymbol{Y}=\begin{bmatrix} Y_1 \\ Y_2 \\ \vdots \\ Y_p \end{bmatrix},\quad \boldsymbol{X}=\begin{bmatrix} X_1 \\ X_2 \\ \vdots \\ X_p \end{bmatrix},\quad \boldsymbol{A}=\begin{bmatrix} A_{11} & A_{12} & \cdots & A_{1p} \\ A_{21} & A_{22} & \cdots & A_{2p} \\ \vdots & \vdots & & \vdots \\ A_{p1} & A_{p2} & \cdots & A_{pp} \end{bmatrix}$$

$\boldsymbol{Y}$ 的协方差矩阵可表示为

$$\sum\boldsymbol{Y}=\mathrm{Cov}(Y_i,Y_j)=\boldsymbol{A}\sum X\boldsymbol{A}^{\mathrm{T}} \tag{6.15}$$

若 Y_i 与 $Y_j(i\neq j;\ I,j=1,2,\ \cdots,p)$彼此不相关，则 Y 的协方差矩阵为对角矩阵，即

$$\sum\boldsymbol{Y}=\mathrm{Cov}(Y_i,Y_j)=\boldsymbol{A}\sum X\boldsymbol{A}^{\mathrm{T}}=\begin{bmatrix} \sigma_1^2 & 0 & 0 & \cdots & 0 \\ 0 & \sigma_2^2 & 0 & \cdots & 0 \\ 0 & 0 & \sigma_3^2 & \cdots & 0 \\ \vdots & \vdots & \vdots & & \vdots \\ 0 & 0 & 0 & \cdots & \sigma_p^2 \end{bmatrix} \tag{6.16}$$

设 $\boldsymbol{X}$ 的协方差矩阵 $\sum\boldsymbol{X}$ 的特征根为 $\lambda_1\geqslant\lambda_2\geqslant\cdots\geqslant\lambda_p\geqslant0$，相应的特征向量为 V_1，V_2，…，V_p，则 $\boldsymbol{Y}$ 的协方差矩阵 $\sum\boldsymbol{Y}$ 可写为

$$\sum Y=\begin{bmatrix}\lambda_1 & 0 & 0 & \cdots & 0\\ 0 & \lambda_2 & 0 & \cdots & 0\\ 0 & 0 & \lambda_3 & \cdots & 0\\ \vdots & \vdots & \vdots & & \vdots\\ 0 & 0 & 0 & \cdots & \lambda_p\end{bmatrix} \tag{6.17}$$

且 $\boldsymbol{A}^{\mathrm{T}}=[v_1,v_2,\cdots,v_p]$，新变量 $\boldsymbol{Y}$ 可写为

$$\begin{cases}Y_1=v_1(1)X_1+v_1(2)X_2+\cdots+v_1(p)X_p=v_1^{\mathrm{T}}X\\ Y_2=v_2(1)X_1+v_2(2)X_2+\cdots+v_2(p)X_p=v_2^{\mathrm{T}}X\\ \qquad\vdots\\ Y_p=v_p(1)X_1+v_p(2)X_2+\cdots+v_p(p)X_p=v_p^{\mathrm{T}}X\end{cases} \tag{6.18}$$

Y_1是X_1, X_2, …, X_p的一切线性组合中方差最大者；Y_2是与Y_1不相关的X_1, X_2, …, X_p的所有线性组合中方差最大者。这样决定的新变量指标Y_1，Y_2，…，Y_p分别称为原随机变量X_1，X_2，…，X_p的第一，第二，…，第p主成分。其中，Y_1在总方差中占的比例最大，Y_2, Y_3, …，Y_p的方差依次递减。

在解决实际问题时，一般不是取p个主成分，而是根据累计贡献率的大小挑选前m个最大的主成分，这样既减少了变量的数目，又抓住了主要矛盾，简化了变量之间的关系。主成分个数的选取一般基于以下两个准则：①累计贡献率准则：如果前m个主成分的累计贡献率达到85%，表明取前m个主成分基本包含了全部指标所具有的信息；②特征根大于1准则：计算相关系数的特征根，选择特征根大于1的特征向量来确定主成分。其中累计贡献率的计算方法可表示为$\sum_{i=1}^{m}\lambda_i\Big/\sum_{i=1}^{p}\lambda_i\times100\%$。从以上分析可以看出，找主成分就是确定原来变量$X_j(j=1,2,\cdots,p)$在各主成分$Y_i(i=1,2,\cdots,m)$上的载荷$v_{ij}(i=1,2,\cdots,m;\ j=1,2,\cdots,p)$，从数学上容易知道，它们分别是$X_1$, X_2, …, X_p的相关矩阵的m个较大的特征根所对应的特征向量。

在像空间建立后，通过主成分分析，将每一幅空间像分解为主成分与对应主成分系数的乘积的线性叠加

$$AI=\sum_{i=1}^{N}V_i\mathrm{PC}_i+E_{\mathrm{T}} \tag{6.19}$$

式中，AI是空间像光强；N是主成分个数；PC_i是第i个主成分；V_i是与之相对应的第i个主成分系数；E_{T}是拟合残差。有多少幅空间像输入，就能相应得到多少个主成分，因此N与参与建模的空间像个数一致。在MATLAB中使用princomp函数进行主成分分析

[Coeff, Score, latent] = princomp(X)

其中，Score是主成分；Coeff是主成分系数；latent是本征值。使用princomp函数得到的X与主成分及其主成分系数：

X0= Score * Coeff

$$X0 = \mathrm{bsxfun}(@\mathrm{minus},\mathrm{X},\mathrm{mean}(X,1))$$

其中，$X0$ 表示矩阵 X 的每列元素减去其平均值后得到的新矩阵，因此用主成分重构图像时必须加上常数项才能正确地恢复出图像。

主成分分析的特点是主成分之间是相互正交的，并按照本征值的大小排列，通常本征值由大到小衰减得很快，因此一般前若干项的主成分比后面其他主成分显著得多，所以取前 m 项主成分就能达到精度上的要求，可以代表整个主成分空间。以 0/90°光栅的空间像为例，理论上可以求解 27 项 Zernike 系数(Z_5, Z_7, Z_9～Z_{12}, Z_{14}～Z_{17}, Z_{19}～Z_{21}, Z_{23}～Z_{32}, Z_{34}～Z_{37})。对 27 项模型的特征根进行分析发现，第 1 个主成分对应的特征根为 42.4。图 6-8 给出第 2～20 个主成分的特征根，可以看到第 2 到第 11 个主成分对应的特征根相对于第 1 个主成分对应的特征根要小很多，从第 12 个主成分开始对应的特征根都非常小。根据累计贡献率准则，只需用前 10 个主成分即可涵盖所有的空间像信息，剩余的主成分可以忽略。

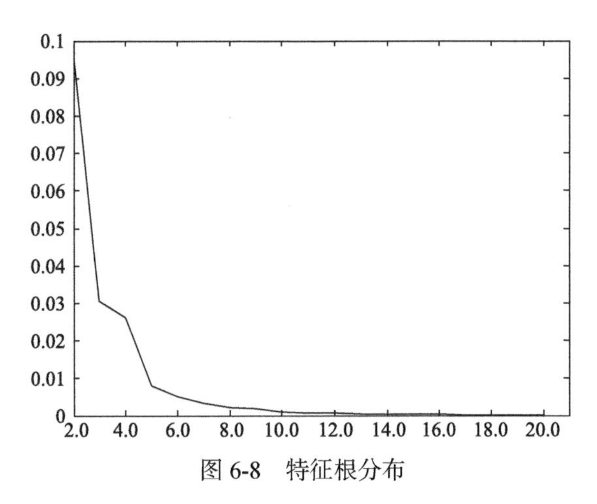

图 6-8　特征根分布

图 6-9 所示为空间像主成分分析的示意图，其中(a)所示为原始空间像，(b)为通过 5 个主成分恢复出的空间像残差，即原始图形与恢复图形的差值，(c)为采用不同的主成分个数时的残差均方根值(RMS)，当 PC 个数为 0 时，代表原始图像的 RMS 值。从图中可以看出，通过主成分拟合恢复出的空间像残差可以很小，当采用 5 个主成分时，残差的幅值即可降低到 10^{-3} 数量级。从图 6-9(c)可以看出，随着主成分个数的增加，残差快速下降。因此，用前几项主成分即可有效地恢复原始图像，主成分个数的选择取决于求解波像差的个数，一般情况下，选择的主成分个数在 15 以内。

由于各主成分之间相互正交，它们作为元向量构成一个空间，这样对于任意空间像都可以通过拟合唯一地求出与其对应的主成分系数。同时，单个主成分的系数往往仅受有限的几种输入参数的影响，这样就把空间像与全部模型因素之间的关系转换为各主成分与有限几个模型参数的关系，从而降低了复杂度，有利于建模。

图 6-10 是在取 33 项 Zernike 系数和两项照明设置(NA_o，NA_i)作为模型因素的情况下各个主成分对应的主成分系数与模型因素的关系。从图中可知，第一项主成分与所有模型因素均无关，对应了平均像差(近乎无像差)时多个照明模式下空间像的平均效果；

第二项主成分只与照明设置有关；第三项主成分与照明设置和有限的几种偶像差(Z_5、Z_9、Z_{12})有关；第四项主成分系数与照明设置和有限的几种奇像差(Z_7、Z_{14})有关。与获取到的空间像相比，主成分系数与模型因素之间的联系得到了一定程度的拆分与简化。

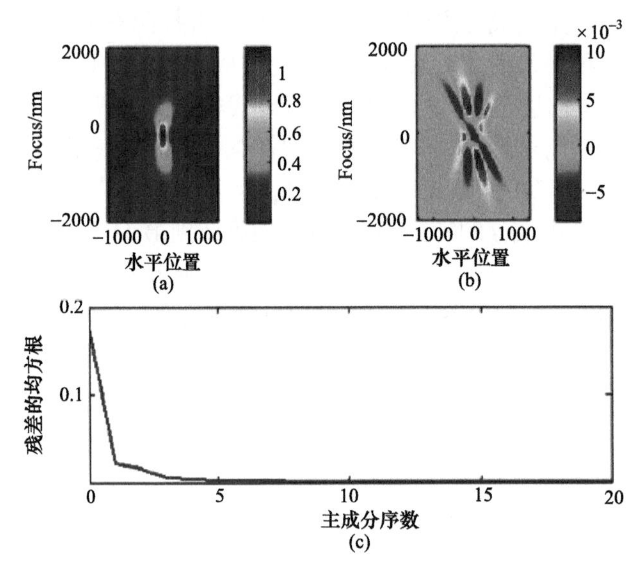

图 6-9　空间像主成分分析示意图

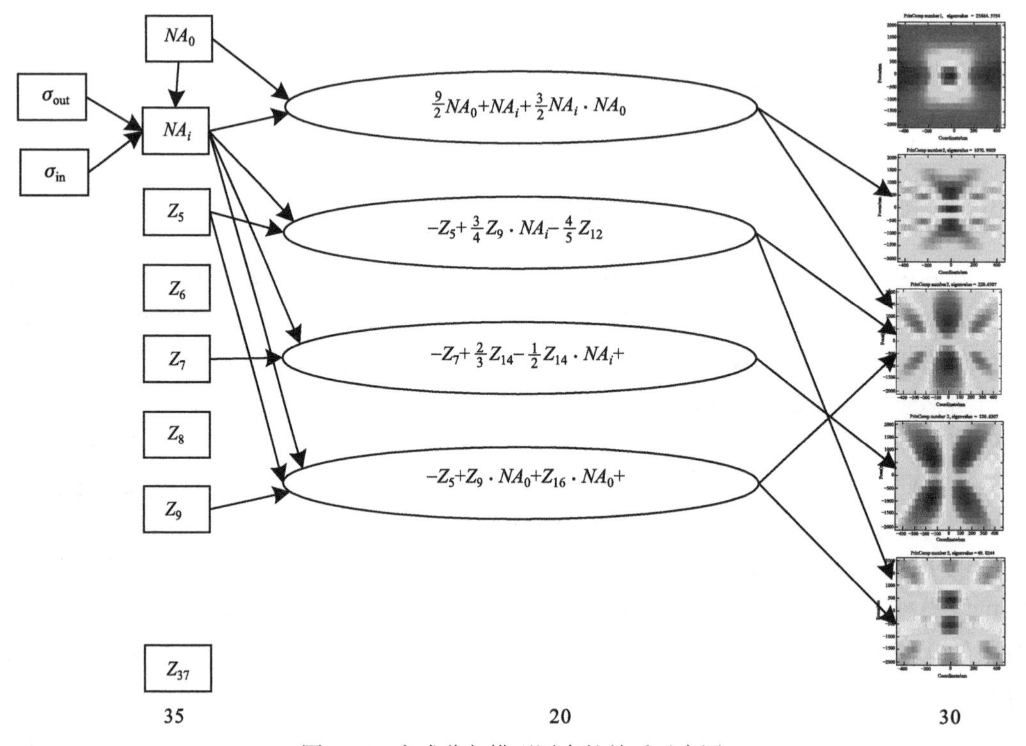

图 6-10　主成分与模型因素的关系示意图

6.1.1.5　回归矩阵的建立与分析

1. 回归矩阵建立

建立回归矩阵的目的是获得 Zernike 像差和主成分系数之间的拟合关系，当像差变化范围较小时可以建立线性回归关系，当像差变化范围较大时则需建立二次回归关系。在线性回归的条件下，两者的关系表示如下

$$V = RM \cdot Z + E_R = \begin{bmatrix} RM_1 \\ RM_2 \\ \vdots \\ RM_m \end{bmatrix} \cdot \begin{bmatrix} 1 \\ Z_5 \\ Z_6 \\ Z_7 \\ Z_8 \\ Z_9 \\ \vdots \\ Z_n \end{bmatrix} + E_R \tag{6.20}$$

式中，V 为主成分系数；RM 为回归矩阵(regression matrix)；Z 为由 Zernike 系数组成的向量。对每个回归矩阵，RM 的组成如下

$$RM = \begin{bmatrix} 1 & \text{Coeff}_{z5} & \text{Coeff}_{z6} & \cdots & \text{Coeff}_{zn} \end{bmatrix} \tag{6.21}$$

这种问题属于多元线性回归问题，可以用 MATLAB 中的 regress 命令完成。其调用格式为

$$[b, b_{\text{int}}, r, r_{\text{int}}, \text{stats}] = \text{regress}(Y, X) \tag{6.22}$$

其中，b 为回归系数；b_{int} 为回归系数的置信区间；r 为残差；r_{int} 为残差的置信区间。stats 是用于检验回归模型的统计量，用于判断回归方程的拟合优度。有四个数值，第一个是 R^2，这是衡量 Y 与 X 相关度的一个指标；第二个是 F，用于检验下面线性关系是否成立

$$y = \beta_0 + \beta_1 x_1 + \beta_2 x_2 + \cdots + \beta_m x_m + \varepsilon$$

第三个是与 F 对应的概率 p，若 $p<\alpha$ 拒绝 H_0，则回归模型成立，若接受 H_0，则只说明 Y 与 X 的线性关系不明显，可能存在非线性关系，如平方关系；第四个是残差的方差 s^2。如果要在 Zernike 像差和主成分系数之间建立二次回归关系，则回归矩阵和主成分系数之间的关系可以表达如下：

$$V = RM \cdot Z_{\text{quadratic}} \tag{6.23}$$

其中，$Z_{\text{quadratic}}$ 是包含二次以下关系的 Zernike 像差组合矩阵，由下式获得：

$$Z_{\text{quadratic}} = x2fx([1 \;\; Z_{\text{bbdesign}}], '\text{quadratic}') \tag{6.24}$$

其中，Z_{bbdesign} 是用 BBD 方式生成的 Zernike 像差组合矩阵；$x2fx$ 函数用来将线性关系转换为包含二次关系的矩阵。

通过以上过程，即可建立从 Zernike 空间经主成分空间到像空间的模型。该模型的特征决定了可以由空间像逆向求解得到与其对应的 Zernike 系数。

2. 回归矩阵分析

以上所述步骤建立了回归矩阵，而未分析 Zernike 像差和主成分系数之间的相关性。为了简化线性模型，运用方差分析能在基本不影响拟合精度的前提下将影响较大的输入参数甄别出来，将影响较小的项舍去。所谓方差分析，就是通过对实验数据进行分析，检验方差相同的各正态总体的均值是否相等，以判断分类型自变量对数值型因变量是否有显著影响。

进行方差分析时需要考察数据误差的来源，数据的误差是用平方和表示的。反映全部数据误差大小的平方和称为总平方和，记为 SST。反映组内误差大小的平方和称为组内平方和，也称为误差平方和，或残差平方和，记为 SSE。反映组间误差大小的平方和称为组间平方和，也称为因素平方和，记为 SSA。三者之间的关系为

$$\mathrm{SST}=\mathrm{SSA}+\mathrm{SSE} \tag{6.25}$$

其中，$\mathrm{SST}=\sum\left(y_i-\bar{y}\right)^2$；$\mathrm{SSA}=\sum\left(\hat{y}_i-\bar{y}\right)^2$；$\mathrm{SSE}=\sum\left(y_i-\hat{y}\right)^2$。方差分析过程中，主要考察因素平方和 SSA 的大小以及在总平方和 SST 中所占的比重，来判断该因素对因变量的影响是否显著。

$$R^2=\frac{\mathrm{SSA}}{\mathrm{SST}}=1-\frac{\mathrm{SSE}}{\mathrm{SST}} \tag{6.26}$$

R^2 是度量多元回归方程拟合优度的一个统计量，反映了在因变量的方差中被估计的回归方程所解释的比例。在 AMAI-PCA 技术中，R^2 系数至少需要大于 0.9。

回归方程的显著性检验包含线性关系检验和回归系数检验。线性关系检验主要是检验因变量同多个自变量的线性关系是否显著，在 k 个自变量中，只要有一个自变量与因变量的线性关系显著，F 检验就能通过，但这不一定意味着每个自变量与因变量的关系都显著。回归系数检验则是对每个回归系数分别进行单独的检验，它主要用于检验每个自变量对因变量的影响是否都显著。如果某个自变量没有通过检验，就意味着这个自变量对因变量的影响不显著，也许就没有必要将这个自变量放进回归模型中了。

线性关系检验是检验因变量 y 与 k 个自变量之间的关系是否显著，也称为总体显著性检验。检验的统计量 F 可由下式计算：

$$F=\frac{\mathrm{SSA}/k}{\mathrm{SSE}/\left(n-k-1\right)}\sim F\left(k,n-k-1\right) \tag{6.27}$$

在给定显著性水平 α 的情况下(如 α=0.05)，查 F 分布表得到 F_α，若 $F>F_\alpha$，则表明线性关系显著；若 $F<F_\alpha$，则表明线性关系不显著。

在回归方程通过线性关系检验后，就可以对各个回归系数 β_i 有选择地进行一次或多次检验。计算各回归系数的统计量 t 并进行分析。给定显著性水平 α(如 α=0.05)，查 t 分布表，得到 $t_{\alpha/2}$ 的值。若 $|t|>t_{\alpha/2}$，则该自变量对因变量的影响显著，反之当 $|t|<t_{\alpha/2}$ 时，该自变量对因变量的影响不显著。

由于 AMAI-PCA 技术的输入参数多，因此采用 MATLAB 里的 anovan 命令进行多因素方差分析。以分析当前主成分系数 PCvector 与 Zernike 系数 aberration-coeffs 之间的线性显著性关系为例，对应 MATLAB 命令为

$$[p,table,stats,\sim]=anovan\ (PCvector,\ [AberrationDesign],'varnames',\ names,\\ 'continuous',1:numLinearFactor,'model',model)$$

其中，names 是各项 Zernike 系数的名称列表；model 是一个$(N+1)\times N$的矩阵，其中 N 表示像差的个数。每一行表示一个分析对象组合(第 2 行至最后一行每行仅含一个 1，其余为全 0，表示每次独立分析主成分系数与单个 Zernike 系数本身的显著性关系，即线性关系分析；第一行为全零)；

anovan 的结果给出了各因素的误差平方和 SS(sum of squares)，自由度 df(degree of freedom)，均方 MS(mean square)，F 值(F-value)，P 值(P-value)等。均方 MSA、MSE 可由平方和 SSA、SSE 等分别除以自由度得到，F 值为 MSA 与 MSE 的比值。

根据 R^2、F 值、P 值可以判断哪些因素的影响比较显著，从而挑选出可以舍去的因素，简化线性模型。例如，具有较大 R^2 的因素对观测值的影响比较显著。再如，根据给定的显著性水平(如 $\alpha=0.05$)和自由度，查 F 分布表，得到相应的临界值 F_α，若某因素的 F 值大于 F_α，则表明该因素对观测值有显著影响；若该因素的 F 值小于 F_α，则表明该因素对观测值没有显著影响。在该技术中，直接利用方差分析表中的 P 值与显著性水平 α 的值进行比较，若 $P>\alpha$，则表明该因素对观测值有显著影响；或 $P<\alpha$，则表明该因素对观测值没有显著影响。

方差分析的作用是将无关项舍去，对应到回归矩阵中就是将无关项对应的回归系数置零。在不使用方差分析以前，回归矩阵通常每一项都有值，本来为零的项也有极小值存在。这在某些时候会造成较大误差。方差分析的最大好处就是可以在使用较少主成分的条件下高精度地求解像差。在不使用方差分析时，通常使用的主成分个数要随着建模像差个数的增长而一并增加。在建立不同项数模型的时候需要手动调整截取主成分个数，这样不仅繁琐，而且增加了求解结果的不确定性，而方差分析就能解决这一问题。

经过方差分析和回归分析，对于每一项主成分，不仅筛选出对于主成分系数影响最显著的输入因素，而且精确地得到了反映这个影响、贡献大小的线性关系系数。联合各个主成分的线性系数，就能建立回归矩阵 RM。

6.1.1.6　Zernike 系数求解

在实际波像差检测过程中，通过主成分分析，利用式(6.20)可得到与实际空间像相对应的主成分系数 V。根据拟合得到的主成分系数 V 和回归矩阵 RM，Zernike 系数可以由式(6.28)式求出，

$$Z=RM/V \tag{6.28}$$

以两个 H&V 方向的标记为例，两个方向分别求解的过程表示如下：

$$\begin{bmatrix} 1 \\ Z_{5\mathrm{H}} \\ \vdots \\ Z_{37\mathrm{H}} \end{bmatrix}=[RM_{\mathrm{H}}]/V_{\mathrm{H}} \tag{6.29}$$

$$\begin{bmatrix} 1 \\ Z_{5\mathrm{V}} \\ \vdots \\ Z_{37\mathrm{V}} \end{bmatrix} = \left[RM_{\mathrm{V}} \right] / V_{\mathrm{V}} \tag{6.30}$$

其中，下标 H 和 V 分别表示水平方向和垂直方向求解的结果。只要主成分的选取个数大于求解的像差个数，就能求得各自方向可解的 Zernike 像差。联立两个方向的回归矩阵和主成分系数的求解方式，可得

$$\begin{bmatrix} 1 \\ Z_5 \\ \vdots \\ Z_{37} \end{bmatrix} = \begin{bmatrix} RM_{\mathrm{H}} \\ RM_{\mathrm{V}} \end{bmatrix} \bigg/ \begin{bmatrix} V_{\mathrm{H}} \\ V_{\mathrm{V}} \end{bmatrix} \tag{6.31}$$

以上关系是在线性条件下获得的，如果在二次关系下建立回归矩阵，则求解出的 Zernike 系数也将包括 Zernike 系数之间的二次关系项。

6.1.2　仿真与实验[1,3]

下面通过仿真实验和光刻机实验，对 AMAI-PCA 技术进行验证，并进行性能评估。在仿真实验中，首先对传感器模型进行分析；然后，对照明设置、空间像扫描范围等影响波像差检测精度的关键参数进行仿真，得到的优化参数用于后续的仿真实验与光刻机实验；最后，对 AMAI-PCA 技术的波像差检测精度与测量范围进行评估，并与 TAMIS 技术进行对比。

6.1.2.1　仿真分析

通过仿真手段，对 AMAI-PCA 技术的一些特性进行研究，并评估该技术的波像差检测精度。仿真实验的内容主要包括：①传感器模型对波像差检测精度的影响分析；②照明条件、空间像扫描范围等参数对测量精度的影响分析；③ AMAI-PCA 精度与测量范围评估。在仿真实验中，利用 PROLITH 作为仿真工具，模拟在各种条件下的空间像。

为对比该技术与 TAMIS 的效果，利用 PROLITH 开展仿真实验，分别评估两种技术对 Z_5，Z_7，Z_8，Z_9，Z_{14}，Z_{15}，Z_{16} 等 7 项 Zernike 系数的检测精度。为保证二者具有可比较性，两种技术均采用二元掩模，特征图形为如图 6-11 所示的线宽为 250nm 的水平向和垂向的透光孤立空(isolated space)。

图 6-12 为 AMAI-PCA 技术的仿真实验验证流程图。实验中随机生成用于验证 AMAI-PCA 精度的 Zernike 系数，利用 PROLITH 光刻仿真软件，计算如图 6-11 所示孤立空的空间像，得到含有像差信息的光强分布。将这些空间像输入到 AMAI-PCA 的求解模型，即对空间像进行主成分分析，并将计算得到的主成分系数 V 代入回归矩阵，从而求解出 Zernike 系数。将求解出的 Zernike 系数与 PROLITH 仿真计算时采用的 Zernike 系数进行比较，二者的差值(验证用 Zernike 系数与求解出的 Zernike 系数的差值)用于评估

AMAI-PCA 的精度。

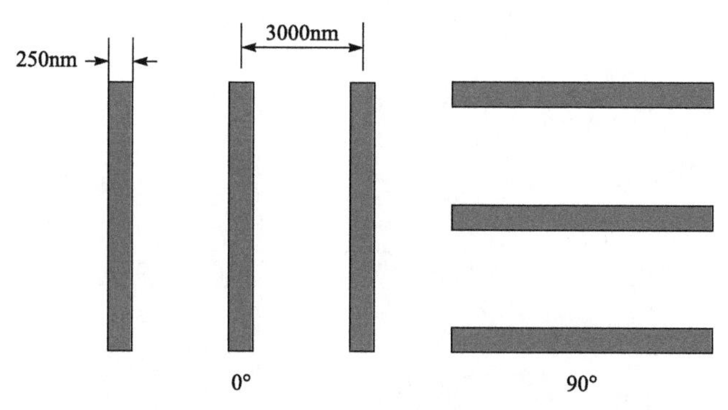

图 6-11　0°/90° 两方向 250nm 孤立空

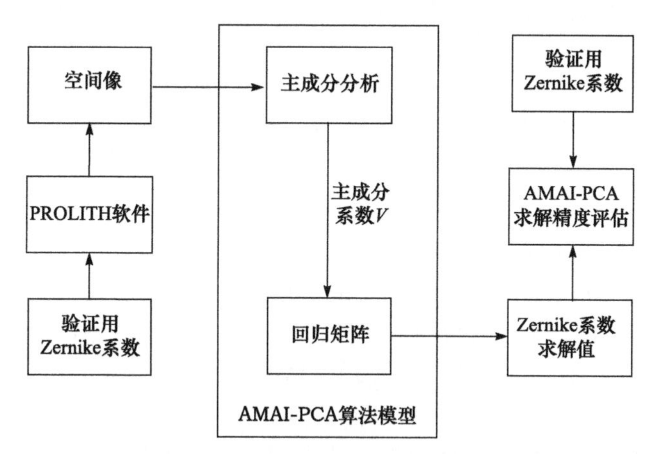

图 6-12　AMAI-PCA 仿真实验验证流程

为确保实验验证具有一般性，在构造验证用 Zernike 系数时，利用蒙特卡罗方法在指定的 Zernike 像差区间范围内随机生成多组 Zernike 系数组合，并分别求解。对于每个 Zernike 系数，在评估其求解精度时，分别计算 25 组差值的均值及均方根值，均值与均方根值之和反映了像差的求解精度。

实际上，像传感器扫描获得的空间像除受像差和照明方式的影响外，激光器光强波动、像传感器噪声、工件台掩模台定位误差等因素均会造成空间像扰动，光强噪声的存在会导致 AMAI-PCA 求解精度降低。为了保证仿真的有效性，在仿真计算空间像时，均附加光强噪声，该噪声模型为

$$n = aa \cdot I(x,z) + bb \cdot \left|\frac{\partial I(x,z)}{\partial x}\right| + cc \cdot \left|\frac{\partial I(x,z)}{\partial z}\right| \tag{6.32}$$

式中，n 为光强噪声；$I(x,z)$为空间上一点的光强值；$\left|\partial I(x,z)/\partial x\right|$ 为光强水平方向的梯度；$\left|\partial I(x,z)/\partial z\right|$ 为光强在光轴方向的梯度；aa, bb, cc 为与空间任一点光强及光强梯度相关的系数，通过测量实际光刻机中的空间像噪声，可以准确地对这些系数进行标定。

图 6-13(a)所示为在 ArF 扫描光刻机 SSA 600/10 的实测空间像噪声，图 6-13(b)为根

据式(6.32)噪声模型仿真计算的空间像噪声。从图中可以看出，仿真中加入的光强噪声与实际光强噪声在强度和分布上均吻合得很好，可以代表实际工况。

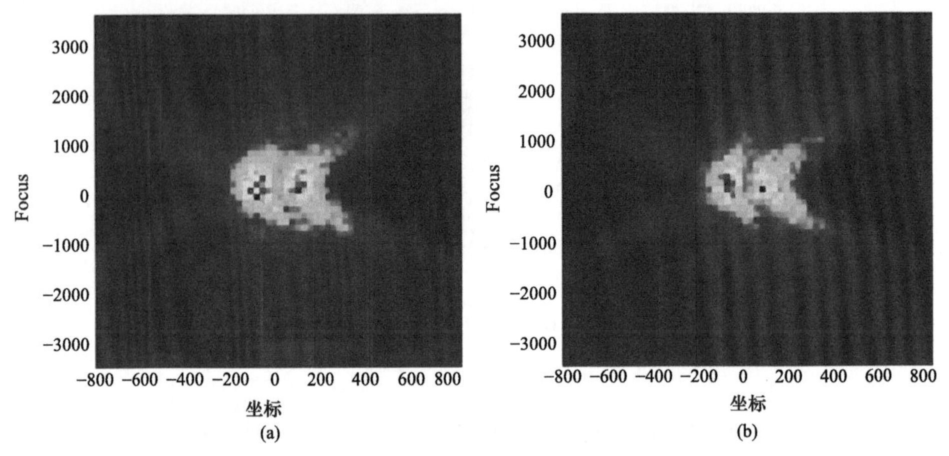

图 6-13　实测空间像噪声(a)与仿真空间像噪声(b)

1. 传感器模型对测量精度的影响

实测空间像的采集需要采用空间像传感器，而传感器的几何结构导致对各种方向的光线响应不同，由于传感器的宽度很大，接收到的空间像数据是几个位置空间像数据的总和，因而仿真空间像、主成分分析和求解像差时必须考虑传感器模型。为评估传感器模型的影响，通过仿真对比了有无传感器模型情况下的 AMAI-PCA 检测精度。图 6-14(a)为无传感器模型时的空间像成像结果，图 6-14(b)为有传感器模型时的空间像成像结果，图 6-14(c)是未使用传感器模型与使用传感器模型时的空间像差值。

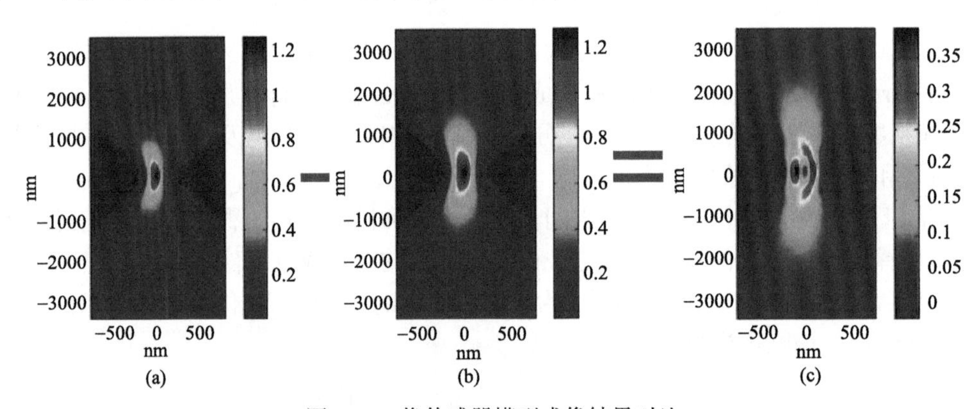

图 6-14　像传感器模型成像结果对比

从图可以看出，在两种情况下，不使用传感器模型和使用传感器模型的差别非常显著。传感器模型的主要作用是使 *XZ* 平面的空间像发生展宽,而光强的幅值没有太大改变，因此从图中可以看到中心区域的差别几乎为零，而光强中心两侧的差别则极其明显。在有无传感器模型条件下，分别求解了 Zernike 系数。仿真条件在表 6-1 中给出。

表 6-1　传感器模型仿真条件

数值孔径 *NA*	0.75
光源σ	0.65
波长λ	193nm
线宽 *CD*	250nm
X 范围	−900～900nm(61point)
Z 范围	−3500～3500nm(57point)
Zernike 像差变化范围	(−0.1～0.1λnm)
截取 *PC* 个数	9

图 6-15 所示为仿真计算得到的有无传感器模型时的 AMAI-PCA 精度对比。从以上结果可以看出，不使用传感器模型时，Zernike 像差的求解误差稍大；使用传感器模型时，Zernike 像差的求解精度有明显改善。基于该仿真结果，在后续的仿真实验与工程实验中，均采用传感器模型。

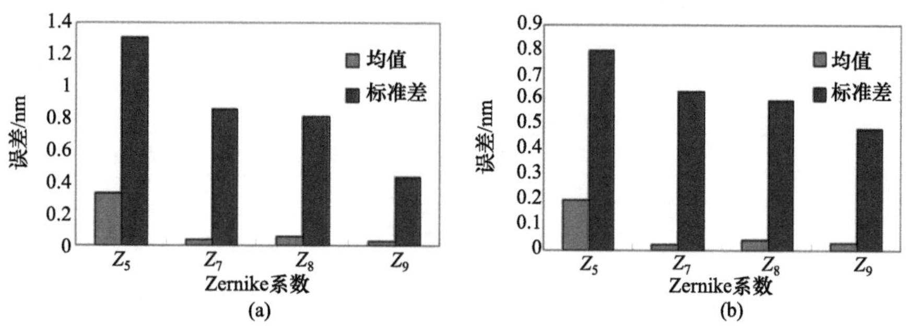

图 6-15　AMAI-PCA 在两种条件下的求解精度对比

(a) 无传感器模型；(b) 使用传感器模型

2. 检测系统参数对测量精度的影响

照明模式、部分相干因子σ及空间像测量扫描范围均会影响采集到的空间像。为评估这些参数对波像差检测精度的影响，下面依次针对这些参数进行仿真研究。从式(6.8)可以看出，像面上每一点的光强分布是光源中每一点源相干成像结果的权重和。不同的照明模式和部分相关因子设置对像差有不同的灵敏度，并影响空间像的光强分布。利用仿真手段，评估环形照明模式下部分相干因子σ对 AMAI-PCA 精度的影响。除光源设置外，仿真条件与表 6-1 相同。

在环形照明情况下，设置照明光源外径σ_{out}为 0.8 不变，照明光源内径σ_{in}因子在 0.2～0.5 之间变化，步长为 0.1。以 Z_5，Z_7，Z_8，Z_9 为例，随机生成 25 组像差组合，并比较各类 Zernike 像差在不同σ_{in}下的求解精度(mean+std)，仿真结果如图 6-16 所示。

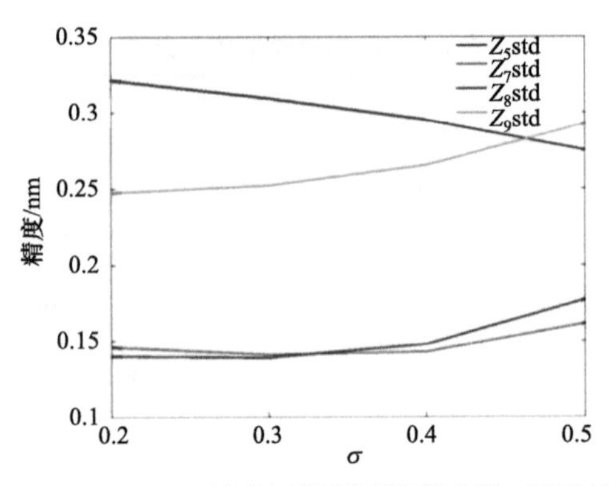

图 6-16 Z_5，Z_7，Z_8，Z_9 的求解精度随照明光源σ因子的变化情况

对比上述结果可以看出，在环形照明模式下，随着环带宽度($\sigma_{\text{out}}-\sigma_{\text{in}}$)的增加，$Z_5$ 的检测精度略有改善，而 Z_7，Z_8，Z_9 的检测精度稍有下降。在进行检测时可以综合考虑各类像差的检测要求，调整光源的参数设置。

空间像的扫描范围决定着实测空间像中包含的有效信息，为了确定 AMAI-PCA 技术在实际应用中空间像的扫描范围，通过仿真手段评估空间像范围对检测精度的影响。除测量范围外，其余仿真条件与表 6-1 中的相同。分别评估水平方向扫描范围为 600nm、1200nm、1800nm、2400nm 和 3000nm 下 Z_5，Z_7，Z_8，Z_9 的求解精度，图 6-17 为求解结果。

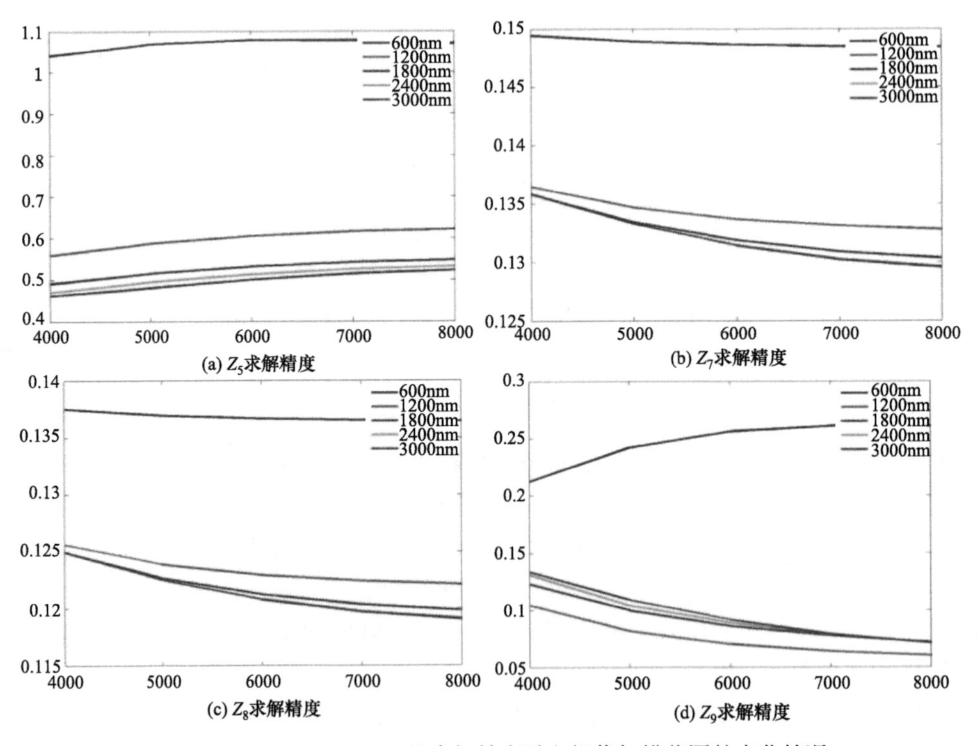

图 6-17 Z_5，Z_7，Z_8，Z_9 的求解精度随空间像扫描范围的变化情况

由以上结果可以看出，对于求解 Z_5，Z_7，Z_8，Z_9，其求解精度都随着水平方向测量

范围的扩展而改善，在水平方向仿真范围只有 600nm 时，其检测精度较差，然而当水平方向的仿真范围达到 1800nm 以后，再增加仿真区域宽度，精度改善已不明显。因此，在后续的仿真和光刻机试验中，均采用±900nm 作为空间像的范围区间。

3. 精度与测量范围评估

通过检测水平和垂直两个方向的孤立空空间像在多种照明模式下的成像位置偏移量和最佳焦面偏移量，ASML 公司的 TAMIS 技术可以快速、准确地计算像散(Z_5)、彗差(Z_7, Z_8, Z_{14}, Z_{15})与球差(Z_9, Z_{16})。该技术只利用空间像光强分布的位置信息，丢失了空间像中的大部分信息，因此 TAMIS 技术的检测精度有限，也仅能检测较低阶数的球差和彗差。要想提高检测精度和检测 Zernike 像差的项数，必须尽可能地利用空间像分布中更多的信息。下面通过仿真手段，分析 AMAI-PCA 与 TAMIS 两种技术对 Z_5，Z_7，Z_8，Z_9，Z_{14}，Z_{15}，Z_{16} 等 7 项 Zernike 系数的检测精度。为保证二者具有可比较性，两种技术均采用二元掩模，特征图形为如图 6-11 所示的线宽为 250nm 的水平向和垂向的透光孤立空。

仿真条件如表 6-2 所示，TAMIS 技术需要使用多种照明方式完成检测，仿真中设置 NA 变化范围为(0.45～0.75，步长 0.1)，照明部分相干因子变化范围为(0.3～0.8,步长 0.1)，即共计 24 种照明模式。

表 6-2　仿真条件

	AMAI–PCA	TAMIS
激光波长 λ	193nm	
掩模标记线宽	250nm	
掩模标记方向	0°/90°	
数值孔径 NA	0.75	0.45, 0.55, 0.65, 0.75
部分相干因子 σ	0.31	0.3, 0.4, 0.5, 0.6, 0.7, 0.8
空间像范围	x/y 方向：–900～900nm z 方向：–3500～3500nm	
空间像采样间隔	x/y 方向：30nm z 方向：250nm	

对于 AMAI-PCA，在上述仿真条件下，使用 BBD 设计出 62 种 Zernike 像差组合方式，按前述方法生成像空间并产生回归矩阵。验证检测结果的步骤如下：随机生成 30 组包含 Z_5，Z_7，Z_8，Z_9，Z_{14}，Z_{15}，Z_{16} 七项像差的 Zernike 像差组合，模拟投影物镜中的像差分布。仿真获得包含这些像差组合的空间像并计算主成分系数，通过回归矩阵求解 Zernike 像差。图 6-18 中给出了当像差在±0.05λ 范围时，TAMIS 技术与 AMAI-PCA 技术求解结果的对比。从图中可以看到，TAMIS 技术的最大求解误差发生在 Z_{16}，其误差值为 3.44nm，最大误差的平均值为 1.25nm；AMAI-PCA 技术的最大求解误差为 Z_9，其误差值为 0.21nm，最大误差的平均值为 0.16nm，其精度约为 TAMIS 技术的 7 倍。图 6-19 给出了当像差在±0.1λ 范围时，TAMIS 技术与 AMAI-PCA 技术求解结果的对比。从图中

可以看到，TAMIS 技术的最大求解误差发生在 Z_{16}，其误差值为 13.45nm，最大误差的平均值为 8.3nm；AMAI-PCA 技术的最大求解误差为 Z_8，其误差值为 1.7nm，最大误差的平均值为 1.1nm，其精度约为 TAMIS 技术的 8 倍。

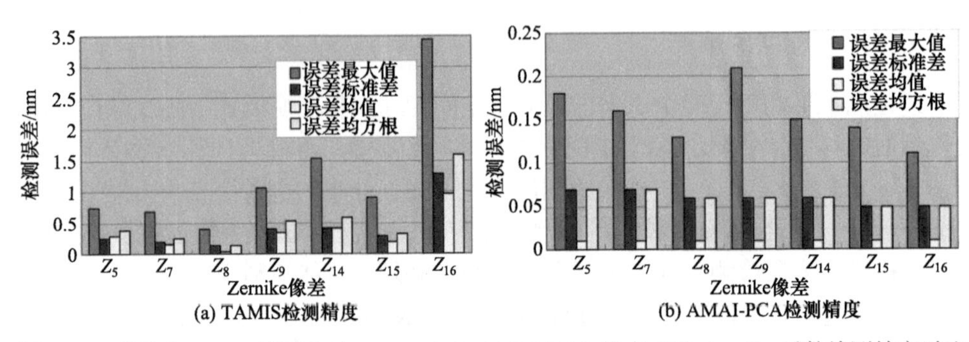

图 6-18　像差在±10nm 范围内时，TAMIS 与 AMAI-PCA 技术 7 项 Zernike 系数检测精度对比

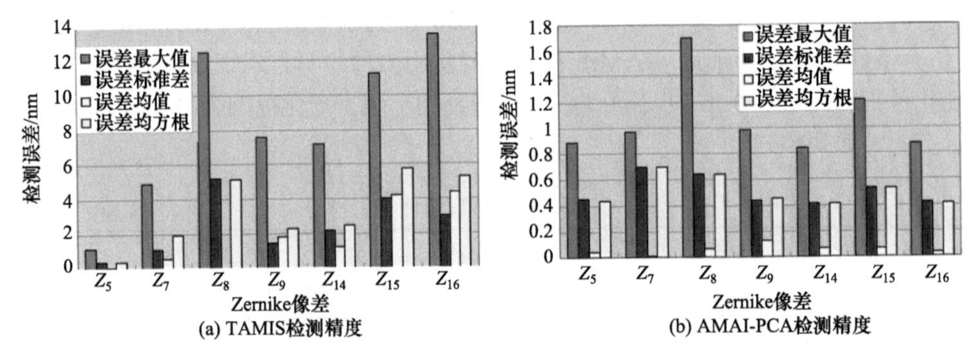

图 6-19　像差在±20nm 范围内时，TAMIS 与 AMAI-PCA 技术 7 项 Zernike 系数检测精度对比

由上述结果可以看出，AMAI-PCA 技术的检测精度相比于 TAMIS 技术有了大幅提高。尤其是当像差较大时，AMAI-PCA 的检测精度提升更为明显。TAMIS 技术由于直接依赖于成像位置偏移量及最佳焦面偏移量与 Zernike 像差的线性关系，因此在像差变化范围较大时，检测精度明显下降。掩模标记的结构和照明设置也对 TAMIS 技术的检测精度有较大影响，而 AMAI-PCA 技术由于在主成分空间与 Zernike 像差之间建立线性关系，对掩模的依赖程度较小，并且可以在单一照明方式下进行检测，因此该技术的检测时间可以大大缩短，同时对不同的掩模标记也有更强的适应性。

AMAI-PCA 算法模型的线性度对其检测范围非常重要，为评估算法线性度，需要仿真一系列随像差增加而改变的空间像。将仿真得到的空间像应用于 AMAI-PCA 算法模型，反演出像差值，并将反演计算出的像差值与输入值的差值作为求解精度。仿真条件如表 6-1 所示，在每个像差范围内，随机生成一种像差组合。仿真实验时，将彗差(Z_7, Z_8, Z_{14}, Z_{15})和球差(Z_9, Z_{16})同时作为输入波像差代入 PROLITH 中计算空间像。当像差大于 20nm 时，15%光强轮廓不再完全落在扫描范围内，这破坏了测量空间像的垂直对称性，影响了 AMAI-PCA 的求解精度，因此需要增加扫描范围。图 6-20 为仿真结果，显示了在不同波像差范围下的求解精度。从图中可以看出，当像差在 20nm 范围内时，AMAI-PCA 求解精度在 0.6nm 以内。求解精度随着像差范围的增加而降低，但即便像差恶化到 40nm，

AMAI-PCA 算法模型的线性度依然在 10%以内。

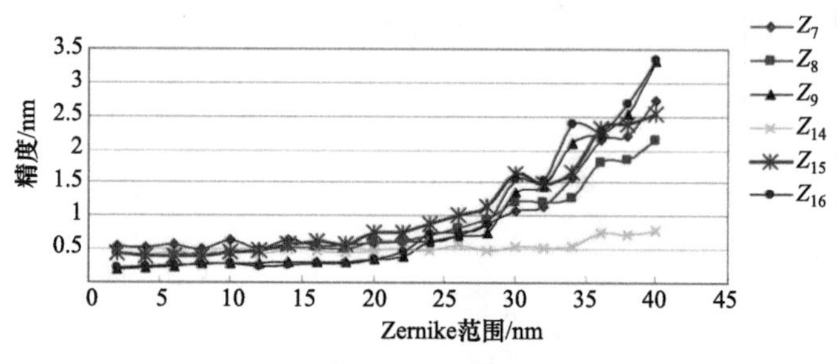

图 6-20　像差范围与求解精度关系

在仿真实验中，完成了如下主要工作：①评估了传感器模型对 AMAI-PCA 技术像差检测精度的影响；②完成了光刻机硬件对应的各种参数设置(照明方式、空间像扫描范围)对波像差检测精度的分析；③研究了基于该技术原理能够检测的 Zernike 系数的检测精度和测量范围。

通过以上工作可得出以下结论：①传感器模型能有效地提高 AMAI-PCA 的像差检测精度，在像空间建立过程中需要引入该模型；②采用环形照明模式，增大σ_{out}，可以进一步提高 AMAI-PCA 的检测精度；③为确保采集到的空间像包含足够的有效信息，当像差范围为 0.1λ 时，空间像水平扫描范围需要大于 1800nm，随着像差的增加，空间像扫描范围需要进一步增大。当像差范围为 0.1λ 内时，Z_5，Z_7，Z_8，Z_9，Z_{14}，Z_{15}，Z_{16} 可以实现 2nm 以下的检测精度。像差范围在 40nm 内时，AMAI-PCA 算法模型的线性度在 10%以内，能够满足实际波像差的检测需求。

6.1.2.2　光刻机实验

为验证 AMAI-PCA 技术的实际应用效果，并基于实际结果对 AMAI-PCA 的工程模型进行修正，在 ArF 步进扫描光刻机 SSA 600/10 开展了一系列实验工作。在光刻机实验中，利用 AMAI-PCA 技术检测投影物镜的像差，通过直接或间接手段对检测结果进行评估与验证，从而评估 AMAI-PCA 技术的性能。

SSA 600/10 是上海微电子装备有限公司(SMEE)开发的第一代步进扫描投影光刻机，图 6-21 所示为该样机的基本配置。从地板上传来的微小振动，也会影响光刻机的性能，造成光刻性能的恶化。为了隔绝外部世界传给光刻机内部世界的振动，SSA 600/10 采用主动减振器稳定投影物镜、照明系统、工件台、掩模台及测量传感器等关键分系统。投影物镜位于掩模台和工件台之间，掩模上的图形通过投影物镜，缩小 4 倍成像在硅片面处。照明系统能产生在硅片面尺寸为 22mm×8mm 的静态照明视场。照明系统中配置用于产生不同照明模式的衍射光学元件 DOE，通过自动切换 DOE，SSA 600/10 可以实现传统照明、环形照明、二极照明和四极照明。通过工件台与掩模台的同步扫描，SSA 600/10 能够实现最大为 22mm×32mm 的扫描曝光视场。该样机的主要指标如表 6-3 所示。

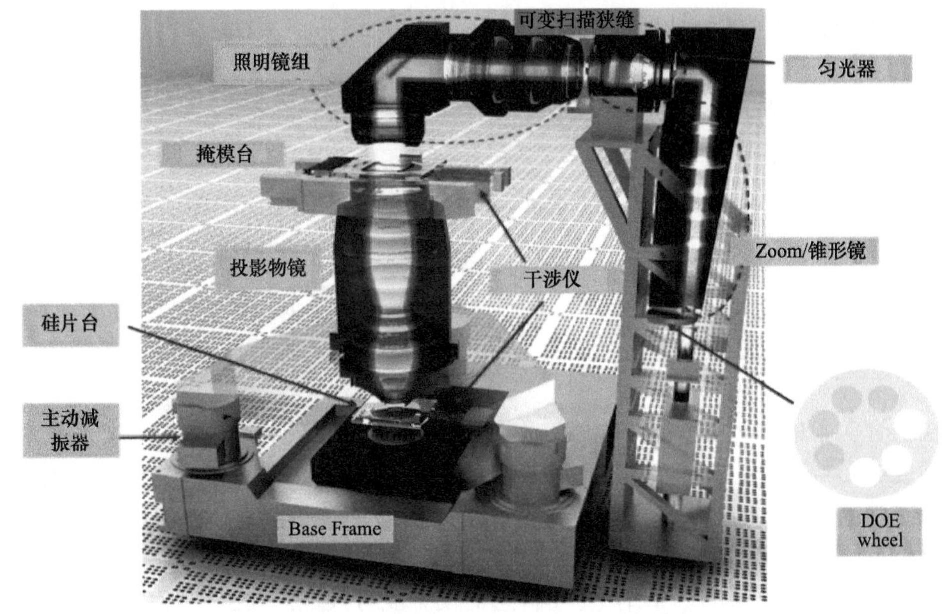

图 6-21　SSA 600/10 步进扫描投影光刻机基本配置

表 6-3　SSA600/10 步进扫描投影光刻机主要指标

投影物镜	最大扫描视场	22mm×32mm
	数值孔径 NA	0.5～0.75
	倍率	0.25
照明系统	照明模式	传统、环形、二极、四极
	σ_{out}	0.31～0.88
	环宽 $(\sigma_{out}-\sigma_{in})$	≥0.24
成像性能	分辨率	≤130nm
	焦深	≥0.4μm
	单机套刻误差	≤35nm(99.7%Max)
产率	200mm 硅片, 20mJ/cm²	≥50WPH

SSA 600/10 工件台上安装了一个用于掩模对准和波像差检测的空间像传感器。一块专用的二元掩模版用于空间像测试,该掩模版上的标记为如图 6-11 所示的周期性孤立空，沿掩模版的 X 方向分布有 9 个标记，用以测试不同视场点处的像差。掩模版上的标记通过投影物镜成像在硅片面处，空间像的光强分布受到投影物镜波像差的影响而失真，如图 6-22 所示。

工件台载着空间像传感器进行水平向和垂向三维扫描，以纳米级的采样间隔，将失真的空间像准确地提取出来。所有的实验均采用传统照明模式，投影物镜数值孔径设置为 0.75，部分相干因子为 0.88。空间像扫描范围与采样点采用仿真计算确定的值如下：水平方向扫描范围为 1.8μm，采样点为 61；焦面方向(Z 方向)扫描范围为 7μm，采样点为 57，即一幅实测空间像由 3477 个采样点构成。

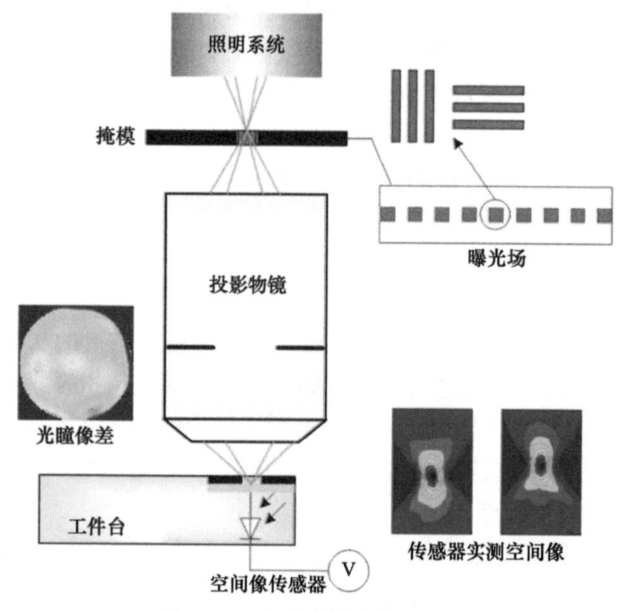

图 6-22　实验系统结构示意图

1. 重构与实测空间像的一致性测试

空间像重构是指利用 AMAI-PCA 基于实测空间像求解的 Zernike 系数，通过物理仿真重新生成空间像。Zernike 求解的结果越接近真值，则重构的空间像与实测空间像就越接近。在一系列验证步骤中，重构空间像与实测空间像的一致性是评价 AMAI-PCA 技术最为直观的方法。

图 6-23 所示为实测空间像与重构空间像的比较，图中上面部分为垂直方向线条的空

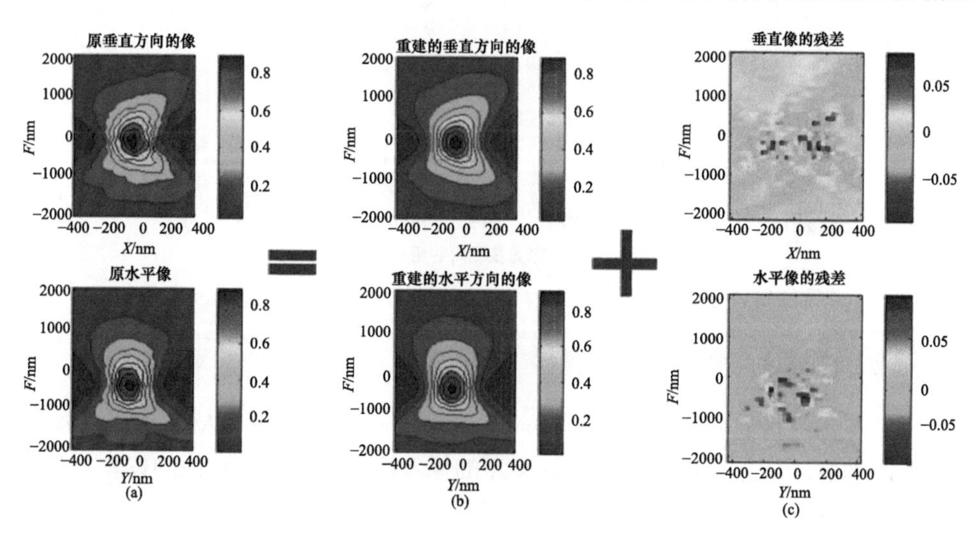

图 6-23　实测空间像与重构空间像的比较

间像，下面部分为水平方向线条的空间像。图 6-23(a)为实测空间像。将实测空间像代入 AMAI-PCA 算法模型，计算像散(Z_5)、彗差(Z_7,Z_8,Z_{14},Z_{15})与球差(Z_9,Z_{16})。将求解出的 Zernike 系数输入 PROLITH 软件，生成如图 6-23(b)所示的重构空间像。图 6-23(c)为重构空间像与实测空间像的差值，主要来自于空间像测量过程中的光强噪声及在 Z_{16} 以上的高阶波像差的影响。从图中可以看出，基于求解像差重构的空间像与实测空间像具有非常好的一致性，二者间的相关性大于 0.995。重构空间像与实测空间像的匹配说明 AMAI-PCA 求解的像差与真值较为一致。

2. 检测重复性测试

重复性测试的目的是评估随机噪声对 AMAI-PCA 检测结果的影响，重复性越高，说明该检测技术的鲁棒性越好；反之，则说明 AMAI-PCA 对光刻机系统中的扰动较为敏感。在 SSA 600/10 上开展重复性测试时，对投影物镜视场中的 9 个点的空间像均进行了测量，每个点的空间像重复测试 20 次，从每幅空间像中计算 Z_5, Z_7, Z_8, Z_9, Z_{14}, Z_{15} 及 Z_{16}。20 个测量结果的标准差反映了该点各像差测试的重复性。

图 6-24 所示为 9 个视场点的 Z_5, Z_7, Z_8, Z_9, Z_{14}, Z_{15} 及 Z_{16} 重复性测试结果，即 20 次测量的标准差。各像差的重复性从 0.5nm 到 2.3nm 不等，实测重复性较仿真结果略差，主要原因是工件台定位误差、投影物镜实际波像差及光强噪声等误差比预期值大。除此之外，由于每个点需要测试 20 次，整个测试过程需要花费 30 分钟测量 180 幅空间像。由于目前工件台设计不足，工件台电机的持续运动为系统带来较大的热载荷，从而造成定位精度下降，并影响 AMAI-PCA 的检测结果。预计在工件台热载荷下降的情况下，AMAI-PCA 的检测重复性会进一步提高。

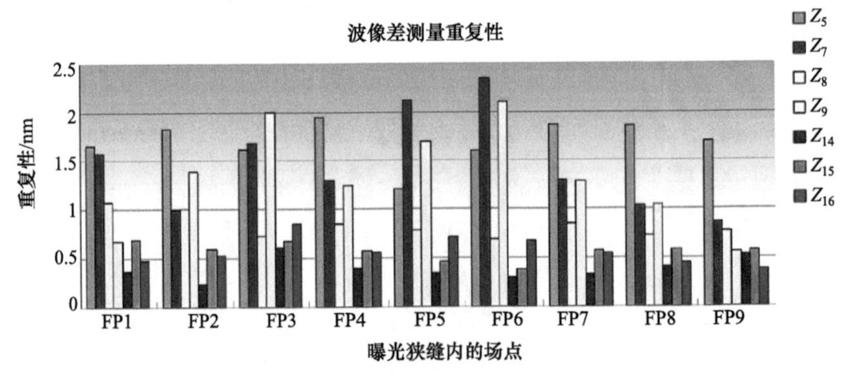

图 6-24　9 个视场点的 Z_5，Z_7，Z_8，Z_9，Z_{14}，Z_{15} 及 Z_{16} 的测试重复性

3. 彗差检测精度测试

由于没有相位测量干涉仪(phase measurement interferometer, PMI) 等手段检测投影物镜像差的真值，无法直接评估 AMAI-PCA 的像差检测结果与其真值的偏差，因此采用间接手段对检测结果进行评估。

投影物镜设计时，会保留一些可动镜片用于波像差的校正与控制。这些可动镜片通过电机驱动，能够以纳米级的精度进行运动。光刻机系统可以通过调整准分子激光器的波长、投影物镜可动镜片及掩模台高度等手段调整像差。每一个用于像差调整的单元，对各类像差均有一定的灵敏度系数，通过各单元的综合使用，可以实现在保证其他像差不变的情况下对指定像差进行调整。灵敏度系数来源于镜头的设计数据，可以精确地给出。

对于波长为 193nm 的光刻机，沿着非扫描方向变化的线性彗差 Z_7 随着波长的改变而改变。在不同的波长下，利用 AMAI-PCA 技术检测视场中各点的彗差 Z_7，利用测量数据可以计算 Z_7 的灵敏度系数。将测试得到的灵敏度系数与理论的灵敏度系数进行比较，可以间接评估 Z_7 的检测精度。实验中，分别在名义波长 λ_0 和 $\lambda_0\pm5$pm 及 λ_0+10pm 四种波长下测试视场中 9 个点的彗差 Z_7，并计算 Z_7 对波长的灵敏度，图 6-25 所示为 Z_7 对波长灵敏度的理论值与实测值的比较。从图中可以看出，理论值与实测结果吻合得很好，除了第 8 个和第 9 个视场点的误差达到 5nm 以外，其余视场点的误差均不超过 3nm。该实验结果表明 AMAI-PCA 技术能够精确检测彗差 Z_7。

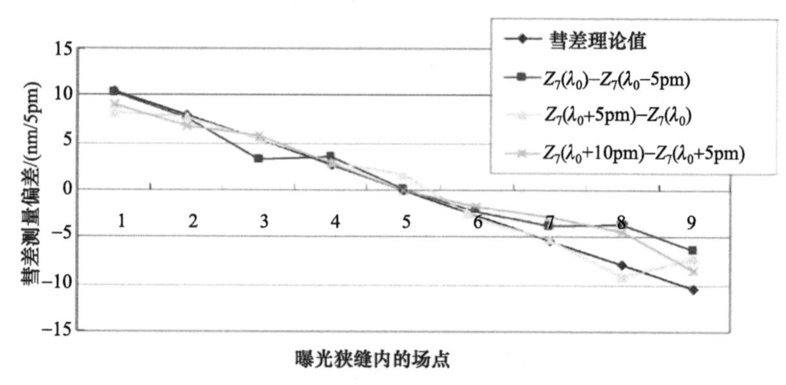

图 6-25　Z_7 对波长的灵敏度比较

在另一组实验中，对 AMAI-PCA 技术检测彗差 Z_8 的能力进行了评估。根据灵敏度系数，通过组合调整可动镜片与波长，在保证其他像差不变的情况下，使视场中各点的 Z_8 向下平移 5nm。调整 Z_8 前后，利用 AMAI-PCA 技术对各点的像差进行了测试，并对比了各点像差值的变化。调整前后，除 Z_8 以外的像差测试结果基本保持不变，其变化量均在 AMAI-PCA 的重复性测试结果范围以内。图 6-26 所示为 Z_8 的测试情况，最上边的曲线为调整前视场中 Z_8 的分布情况，最下边的曲线为调整后视场中 Z_8 的分布情况，中

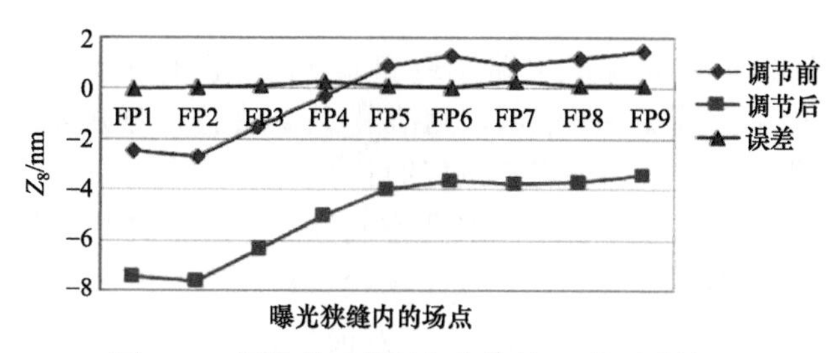

图 6-26　调整前后视场各点彗差 Z_8 的平移情况

间的曲线为 Z_8 的变化量与−5nm 的偏差值，该偏差值小于 0.6nm，说明 AMAI-PCA 技术可以准确地测量 Z_8 的变化量。0.6nm 的偏差值好于重复性测试结果，这是因为该测试只需要执行一次，热扰动对 AMAI-PCA 的结果影响不明显。

4. 球差检测精度测试

在实际的光刻技术应用中，球差的显著影响是造成孤立空的 Bossung 曲线发生倾斜，导致孤立空的工艺窗口减小的原因。这是由于受到球差的影响，空间像光强沿着焦面方向非对称分布，导致关键尺寸 *CD* 随着焦面高度的变化而改变。Bossung 曲线随着焦面变化的非对称效应被称为 Iso-Focal Tilt，该物理量单位用 nm/μm 来表示，即每 μm 离焦量引起 *CD* 的 nm 变化量。将像差检测结果与硅片曝光结果关联起来，是评估 AMAI-PCA 技术有效性最为直接的方法。在实验中，基于 AMAI-PCA 的检测结果修正了投影物镜的球差 Z_9。在 Z_9 修正前后，均利用 6%衰减的相移掩模版(phase shift mask, PSM)针对 150nm 的孤立空开展 FEM(focus-exposure matrix)曝光。即以 100nm 为步长，在不同的离焦量下曝光，利用扫描电镜对曝光硅片进行检测，测量不同离焦量下 150nm 孤立线的 *CD* 值。根据测试结果，可以得到视场中任一曝光视场点的 Bossung 曲线和 Iso-Focal Tilt 值。

图 6-27 所示为视场中心点的 Bossung 曲线，曝光条件为环形照明，投影物镜数值孔径设置为 0.72，部分相干因子 σ_{out} 为 0.62，σ_{in} 为 0.38。图 6-27(a)为 Z_9 未修正时的 Bossung 曲线，该曲线受球差的影响有一个非常明显的倾斜，此时 Iso-Focal Tilt 值为 30nm/μm。球差 Z_9 校正后，Bossung 曲线的倾斜有较大的改善，如图 6-27(b)所示，Iso-Focal Tilt 减小为 5 nm/μm。通过该实验，可以得出的结论是 AMAI-PCA 技术的应用能够有效提高工艺窗口。

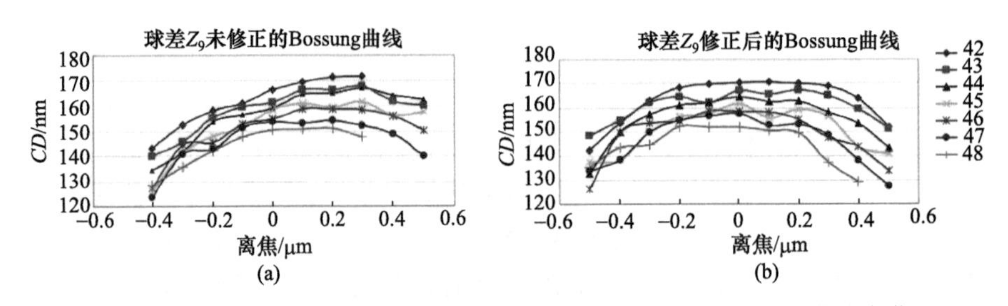

图 6-27 球差 Z_9 修正前后视场中心点 150nm 孤立线的 Bossung 曲线变化

5. CDU 预测

关键尺寸均匀性(CDU)是集成电路制造中非常重要的指标，准确预测曝光硅片的 CDU 是工艺控制的关键环节之一。根据预测结果，可以在硅片曝光前针对光刻机或 Track 等设备的参数进行调整，以达到提高 CDU 的目的。

CDU 预测实验的主要步骤包括：①利用空间像传感器测试视场内各点空间像；②基于测试空间像，利用 AMAI-PCA 算法模型求解投影物镜像差；③将计算得到的像差值输入物理仿真软件，计算各视场点的曝光结果，并描绘 Bossung 曲线；④利用 6%的衰减掩模版进行 FEM 曝光，利用扫描电镜对曝光后硅片进行测试；⑤对比预测 CDU 结果与实际曝光结果的差异，评估 AMAI-PCA 技术预测 CDU 的能力。

利用测试掩模，在多个视场点测试水平方向和垂直方向孤立空的空间像，以视场中三个点为例，图 6-28(a)所示为各点的实测空间像。将实测空间像输入 AMAI-PCA 模型，计算各视场点像差，图 6-28(b)所示为重构空间像。

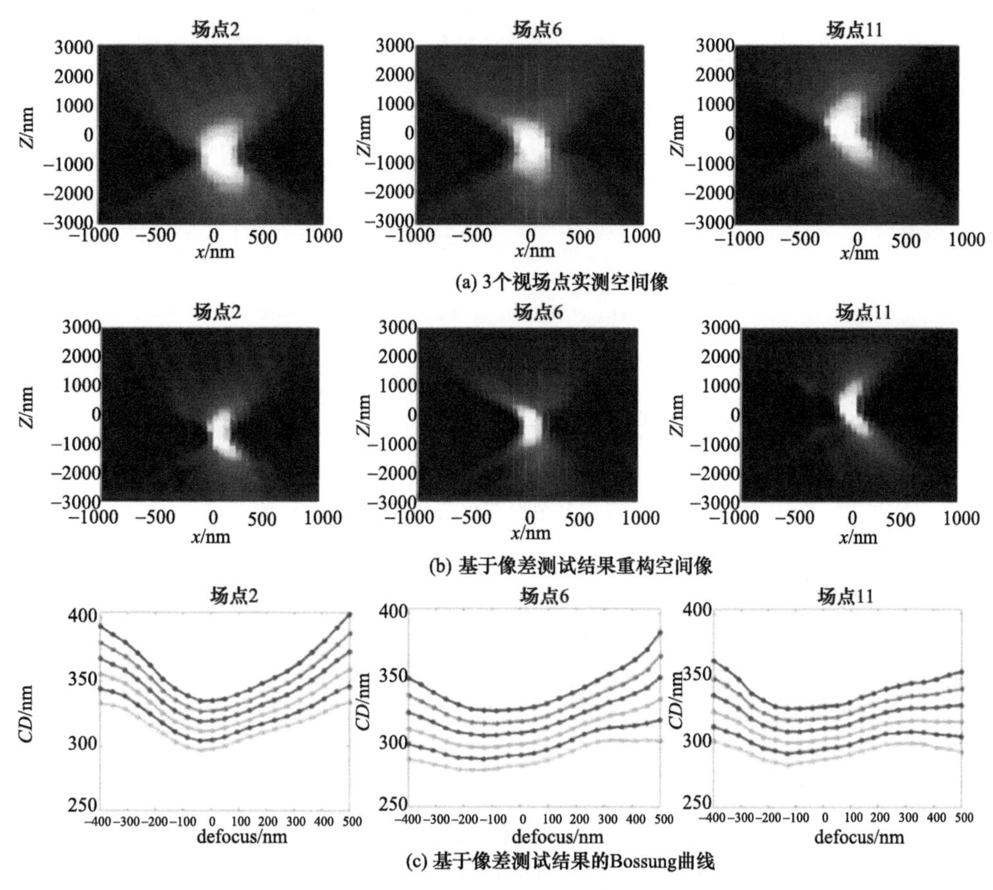

图 6-28　基于实测空间像预测的各视场点 Bossung 曲线

基于像差求解结果，利用 PROLITH 计算三个视场点的 Bossung 曲线，如图 6-28(c)点所示。由于受像差的影响，三个视场点的 Bossung 曲线相对于理想曲线均有一定的偏差，且由于各视场点的像差不同，各点的 Bossung 曲线的特征差异也较为明显。

为了对比基于实测空间像的 CDU 预测结果与实际曝光结果的差异，利用扫描电镜对全硅片的各曝光场进行测量，并对视场范围内 9 个点的 CDU 结果进行统计分析。如图 6-29 所示，蓝色曲线为基于测试空间像预测的各视场点的 CDU 结果，红色曲线为实测结果，其中垂向方向的线段代表实际的测量范围。CDU 的预测结果与测试结果的相关系数 R^2 为 0.66。在一定程度上，基于 AMAI-PCA 的计算结果，能够准确地预测像差对该视场点的影响，但预测结果与实测结果依然有一定的差异，主要的原因如下：①仿真中采用简化的光刻模型参数，由于没有对该光刻机模型参数进行准确标定，且不同像差对光刻胶响应存在差异，为预测结果带来一定误差；②后烘 PEB 等非投影物镜相关的工艺误差会导致各视场点 CDU 出现偏差，这部分误差在实验中无法预测；③仿真预测各视场点 CDU 均匀性时，认为各视场点的照明光瞳是一致的。但实际光刻机各视场点的照明光瞳存在一定差异，该差异会导致实测 CDU 与预测 CDU 的差异。

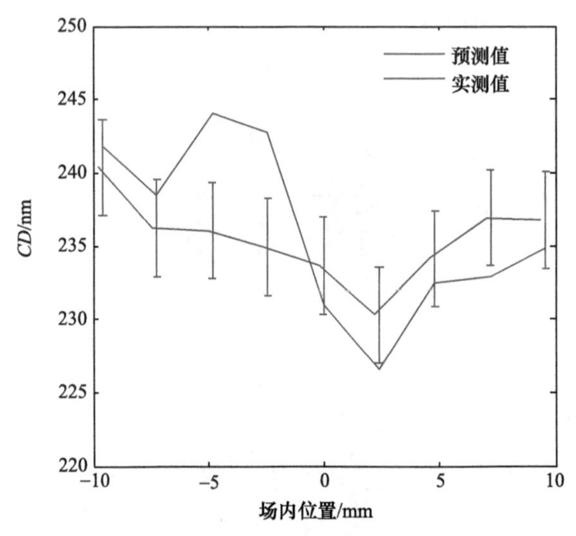

图 6-29　视场内 9 个点的预测与实测 CDU 差异

6.1.3　工程应用技术

要使该技术在光刻机中得到实际的工程应用，除前述考虑空间像传感器模型，以降低传感器几何结构导致的仿真空间像与实测空间像的差异之外，还需要考虑照明光源参数匹配、空间像降噪和空间像坐标校正等问题。

6.1.3.1　照明光源参数匹配[4]

光刻机实际照明光源和建模时所用照明光源参数之间存在一定的偏差，将影响 Zernike 系数的求解精度。为使建模所用照明光源参数和光刻机照明光源参数一致，需要对照明光源在光瞳面的光强分布进行实际测试，并通过在光源设置中增加高级参数进行相应的匹配。

实际光刻机上照明光源参数和建模所用的照明光源参数的不同主要体现在以下几个方面：①照明光源部分相干因子(σ)误差；②照明光源高斯形状分布(smooth)误差；③照明光源光强倾斜量(tilt)误差；④照明光源中心位置偏移(shift)误差。下面通过仿真结果进行说明。仿真所用的测试空间像的照明方式为传统照明方式，σ 为 0.65，建模用的照明方式同样为传统照明方式，σ 为 0.65 和 0.55 时，Zernike 像差的求解精度分别如图 6-30(a)和(b)所示。

由图 6-30 可以看出，光源的σ误差对 Zernike 像差求解精度的影响非常明显：当生成建模和测试用空间像的照明光源无σ误差时，Zernike 像差求解误差的 RMS 平均值小于 1nm；有σ误差时，Zernike 像差求解误差的 RMS 平均值大于 2nm。同样，照明光源的其他误差对 Zernike 像差求解精度和求解重复性都有一定的影响。同样设置不同的

smooth 参数、tilt 参数和 shift 参数，以仿真分析这些参数对 Zernike 像差求解精度的影响。仿真分析发现，smooth 参数和 shift 参数对 Zernike 像差求解精度的影响比较显著，tilt 参数对 Zernike 像差求解精度的影响可以忽略，因此对建模所用照明光源进行标定时，可以不考虑 tilt 参数误差的影响。

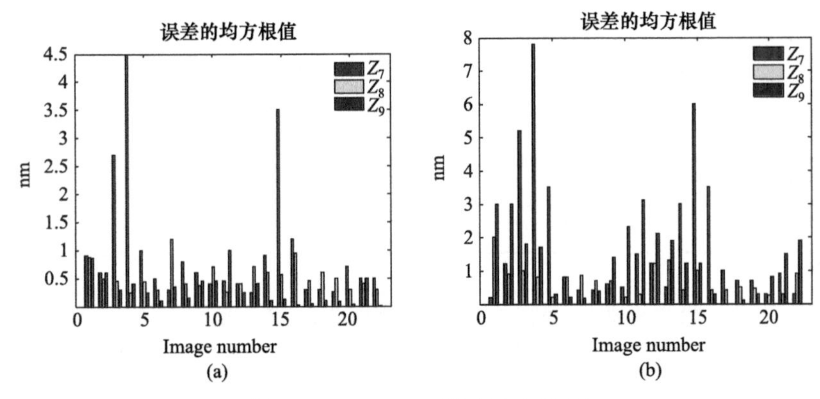

图 6-30　Zernike 系数的求解精度

(a) 测试空间像时照明的部分相干因子 0.65，建模时照明的部分相干因子 0.65；(b) 测试空间像时照明的部分相干因子 0.55，建模时照明的部分相干因子 0.55

1. 照明参数测试

通过空载掩模台，采用空间像传感器，在像面测量光源分布。选择离焦量为 400μm，测试的总宽度为 756μm，测量的点数为 31 个或者 51 个。光刻机实际测试得到的照明光源如图 6-31 所示。

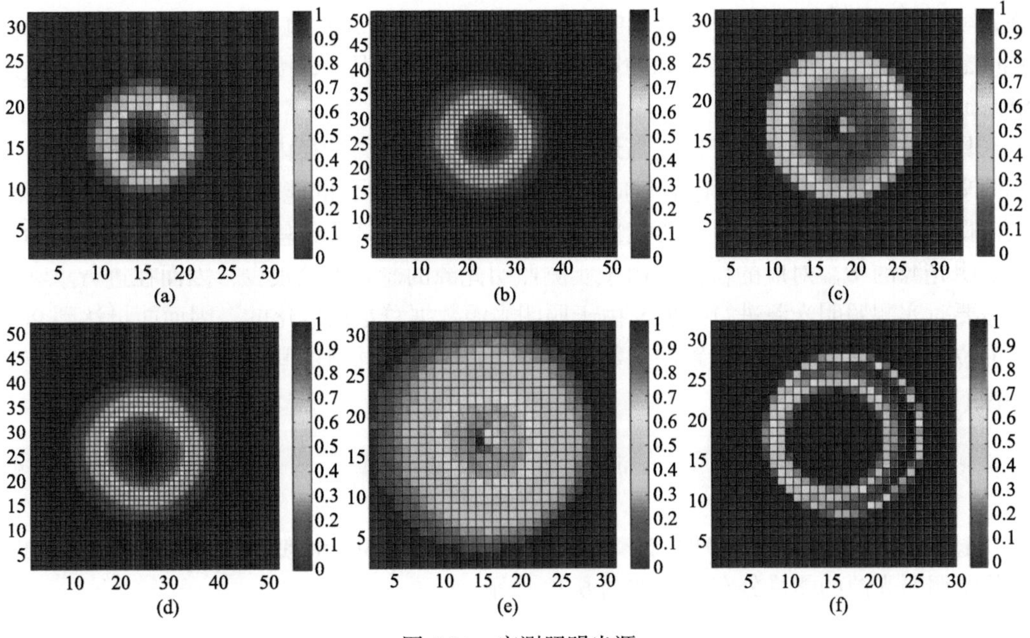

图 6-31　实测照明光源

图 6-31 实测照明光源对应的光刻机参数设置如表 6-4 所示。

表 6-4　实测光源对应的光刻机参数列表

	SigmaOut	SigmaIn	*NA*	点数
实测照明光源(a)	0.60	0.031	0.65	31
实测照明光源(b)	0.60	0.031	0.65	51
实测照明光源(c)	0.65	0.031	0.75	31
实测照明光源(d)	0.65	0.031	0.75	51
实测照明光源(e)	0.875	0.031	0.75	31
实测照明光源(f)	0.68	0.44	0.75	31

图 6-31 表明，照明光源内部并不是均匀分布的，除了光源的 SigmaOut 和 SigmaIn 参数需要标定之外，还需要标定光源的分布、位置偏移、分布的不均匀性等参数。

2. 照明参数拟合

照明光源部分相干因子 SigmaOut 定义为实际照明光源孔径角的正弦值相对于投影物镜 *NA* 的比值，即

$$\text{SigmaOut} = \frac{\sin(\theta_{\text{out}})}{NA} \tag{6.33}$$

实际照明光源测试中，在孔径角小于 θ_{out} 的位置处有光照射，光强不为 0；而在孔径角大于 θ_{out} 的位置处没有光照射，光强为 0。因而可以根据测量数据中最边缘处的非零值确定实测照明光源对应的 θ_{out}，再根据实测空间像的 *NA* 值就可以确定照明光源的 SigmaOut。考虑到噪声和暗光源的影响，边缘光强存在误差，因而不能以边缘位置确定 SigmaOut。

具体的计算方法如下：以光强最大值为中心，对不同半径内的光强进行求和，得到不同半径内的能量，直到非零值对应的边缘位置，并对得到的能量用总能量进行归一化，从而得到不同半径内的能量占总能量的百分比，认为能量达到总能量 90%时的半径为实际照明光源的 θ_{out} 对应的位置。由于实测照明光源的非零点数很少，因而在进行求和之前需要对实测照明光源进行插值。由于照明光源数据总是离散化的，因而能量达到 90%时的位置是离光强最大值位置的整数，根据测量间隔和插值的间隔就可以计算出对应的半径 r，从而有

$$\sin(\theta_{\text{out}}) = \frac{r}{\sqrt{r^2 + f^2}} \tag{6.34}$$

根据式(6.33)和式(6.34)便可计算出实测照明光源的 SigmaOut 值。一般仿真得到的实际传统照明光源的能量分布曲线如图 6-32 所示。

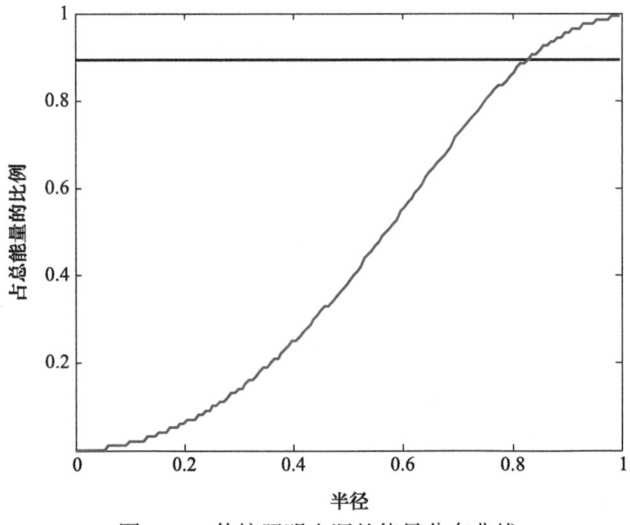

图 6-32　传统照明光源的能量分布曲线

根据达到能量 90%的位置计算实测照明光源(图 6-31)的 SigmaOut，将计算结果与光刻机上设置的照明光源部分相干因子参数进行对比，结果如图 6-33 所示。

计算得到的传统照明光源的σ误差如表 6-5 所示。

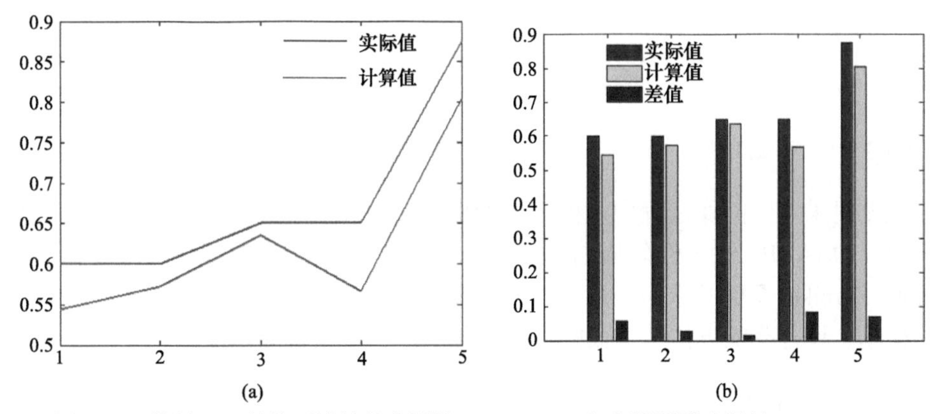

图 6-33　能量 90%的位置计算的光源的 SigmaOut(a)和实测照明光源的 SigmaOut(b)

表 6-5　实测照明光源σ误差表

实测照明光源	(1)	(2)	(3)	(4)	(5)
SigmaOut	0.056	0.028	0.015	0.084	0.071

表 6-5 表明计算得到的照明光源部分相干因子 SigmaOut 参数与光刻机上实际设置值有差别，但差别很小。照明光源的 smooth 参数与其光强分布密切相关。照明光源的 smooth 参数不同，光强则会表现出不同的高斯分布。由于这种高斯分布总是以光强最大值作为中心，因而为了拟合这个参数，可以将经过光源最大值的 x 方向的线取出来，然后进行拟合；两者匹配程度最好时的 smooth 参数为最终结果。根据上面方法计算的实测照明光源的 smooth 参数如表 6-6 所示。

表 6-6　实测照明光源 smooth 参数列表

实测照明光源	(1)	(2)	(3)	(4)	(5)
smooth	0.36	0.34	0.56	0.36	0.60

至此，根据实测照明光源的分布，对常用的传统照明光源所需的参数设置进行标定。以图 6-31 实测光源(a)为例，标定后的σ参数为 0.544，smooth 参数为 0.36，依据标定得到的参数仿真实测照明光源，并和实测照明光源进行对比，如图 6-34 所示，标定后的光源可以很好地反映实际照明光源的分布。

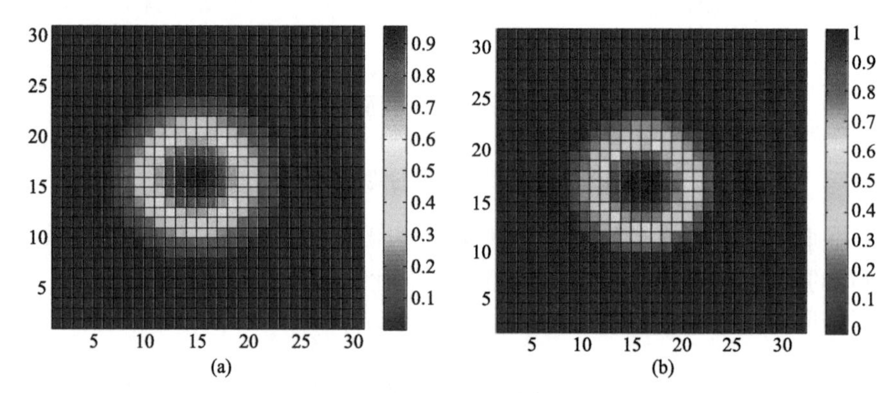

图 6-34　参数标定后照明光源仿真结果和实测结果对比
(a) 照明光源仿真结果；(b) 实测照明光源

6.1.3.2　空间像降噪

在光刻机采集空间像过程中，由于各种机械原因和环境影响，实测空间像含有多种光强噪声。AMAI-PCA 技术检测波像差需要应用整个空间像的光强分布信息，空间像噪声会降低 Zernike 系数的求解精度。因此，需要分析空间像噪声的主要来源，建立空间像噪声模型，设计降噪方法，从而降低空间像噪声，提高检测精度。

1. 噪声来源分析[5]

AMAI-PCA 方法使用空间像传感器(AIS)采集空间像。AIS 是一种点式光电探测器，每次只能采集一个像素大小的空间像光强(表示为空间像的一个像素)。AIS 嵌入在工件台上表面，通过移动工件台实现一幅空间像的扫描。分析空间像传感器的工作方式，可以知道空间像噪声主要由三个因素引起，如图 6-35 所示，分别为传感器响应噪声、干涉仪定位误差和电机定位误差。

空间像传感器使用光电二极管接收光，光电二极管的暗电流会产生白噪声，由于该类噪声很小，且与输入信号无关，所以传感器响应噪声对空间像噪声的影响有限。工件台的定位由干涉仪实现，通常用于工件台定位的干涉仪可以达到纳米甚至亚纳米量级分辨率。但由于实际生产过程中无法准确判断投影物镜光轴位置和理想焦面位置，所以空间像的整体定位会存在一定的位置偏离，而干涉仪的定位误差将使每一光强点的测量存

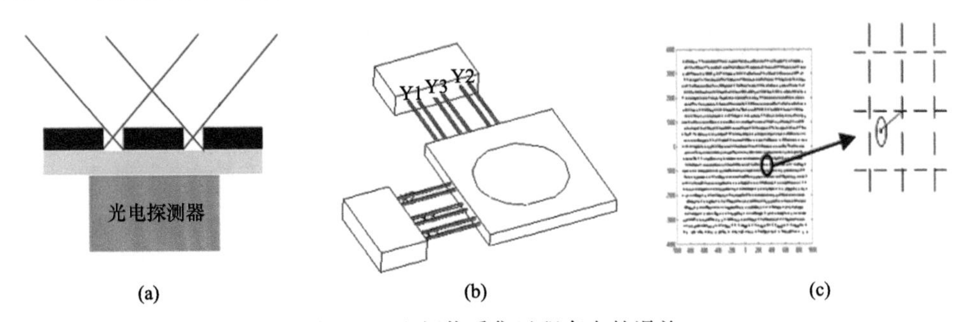

图 6-35　空间像采集过程存在的误差
(a)传感器响应噪声；(b)干涉仪定位误差；(c)工件台电机定位误差

在随机的位置误差。该位置误差反映在空间像光强上等价于空间像噪声。

工件台电机的定位误差是造成实测空间像光强误差的最重要来源。通常 90nm 光刻机存在 12nm 左右的套刻误差，其中超过 3nm 来源于电机的定位误差。由于硅片动态曝光的需要，工件台的步进速度和精度一直作为一对矛盾体而存在。为了追求高产率，需要光刻机的工件台在 250mm/s 的匀速下曝光若干个 26mm×33mm 的视场。该过程提高了空间像的采集速度，但电机的定位误差却导致实测空间像每个像素位置与名义位置发生偏移，从而不能将空间像光强插值到准确位置，造成空间像光强插值误差。电机定位误差对空间像的影响形式与干涉仪定位误差类似，但造成的空间像噪声幅度却大于后者。

这些误差或者产生于器件本身，或者产生于检测控制系统的误差，或者产生于软件实现过程中的算法误差等等。误差的来源虽然不同，但均对空间像的光强采集产生了扰动，将上述各类误差对空间像测量结果产生的影响统称为空间像噪声。

2. 噪声模型及其参数标定[5]

1) 噪声模型

根据前文关于空间像噪声来源的分析，可知工件台的定位误差是空间像采集数据的主要误差来源。图 6-36 表示没有噪声和像差影响的空间像在最佳焦面沿水平方向的光强分布。设光刻机工件台存在定位误差 ΔX，使用 AIS 采集 X_0 位置空间像光强 $\boldsymbol{I}(X_0)$时，得到的将是在 $X_0-\Delta X$ 和 $X_0+\Delta X$ 范围内光强的最小值 $\boldsymbol{I}_-$和最大值 $\boldsymbol{I}_+$之间的随机光强。只要在待测位置 $X_0\pm\Delta X$ 的范围内存在光强改变，该测量误差就存在，该区间内的光强变化量越大，测量误差的方差就越大。所以，在不同位置采集到的空间像的光强分布具有随机的测量误差，且该测量误差的方差与 $X_0\pm\Delta X$ 范围内的光强改变量成正比。

根据空间像采集过程特点，构建一种噪声模型，如下所示：

$$\begin{cases} I' = I + \text{noise} \\ \text{noise} \in \text{GaussNoise}\left(0,\ \ N_{\text{std}}\left(I, \dfrac{\partial I}{\partial H}, \dfrac{\partial I}{\partial F}\right)\right) \end{cases} \tag{6.35}$$

其中，I' 表示含有噪声的空间像光强分布；noise 表示添加的噪声，该噪声符合 $(0, N_{\text{std}}(I, \partial I/\partial H, \partial I/\partial F))$ 高斯噪声的正态分布，其标准差与像素位置的光强以及光强梯

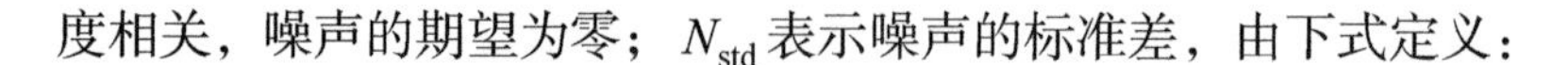

度相关，噪声的期望为零；N_{std} 表示噪声的标准差，由下式定义：

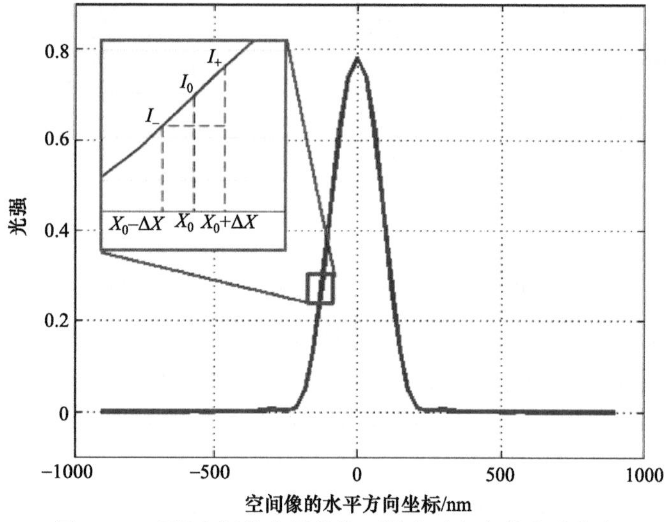

图 6-36　理想空间像在最佳焦面沿水平方向的光强分布

$$N_{\mathrm{std}}\left(I,\frac{\partial I}{\partial H},\frac{\partial I}{\partial F}\right)=a\cdot I+b\cdot\left|\frac{\partial I}{\partial H}\right|+c\cdot\left|\frac{\partial I}{\partial F}\right|+\varepsilon_{\mathrm{r}} \tag{6.36}$$

其中，I 是不含噪声的理想空间像的光强；a、b 和 c 分别是 I 的系数、I 对 H 方向偏导的系数以及 I 对 F 方向偏导的系数，统称为噪声标准差的拟合系数；ε_{r} 是模型残差；算符|××|表示取矩阵内各元素的绝对值。

2) 参数标定

为标定噪声模型参数，并对噪声模型进行验证，需要进行空间像噪声模型参数标定实验。在 ArF，NA=0.75 的光刻机上采集空间像，并对空间像的噪声进行提取和分析。首先，对光刻机投影物镜视场中心位置的空间像进行 20 次重复采集。如果空间像不含有噪声，那么 20 幅空间像基本一致，其标准差为零；如果含有噪声，则可计算得到噪声的标准差。测量结果如图 6-37 所示，噪声的标准差在空间像光强变化平缓的位置基本为零(排除少数光电探测器的热噪声)，光强变化越迅速的位置，噪声的标准差越大。

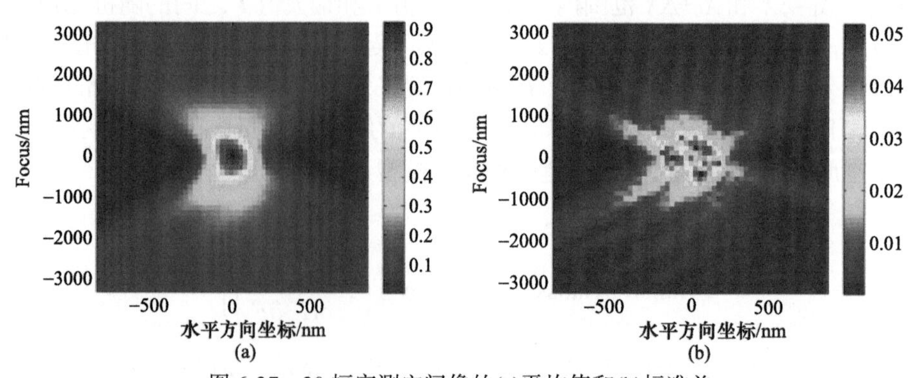

图 6-37　20 幅实测空间像的(a)平均值和(b)标准差

对噪声标准差进一步分析。图 6-38(a)表示图 6-37(a)的最佳焦面(F=0nm)位置的空间像横截面的光强分布。图 6-38(b)表示图 6-37(a)的空间像纵截面(H=0nm)位置的光强分布。由图 6-38(a)和图 6-38(b)可知，噪声标准差最大的位置在光强轮廓线的最陡处，说明噪声与空间像光强的梯度有关。该结果与光刻机工件台的定位精度有关，由于工件台定位存在随机误差，采集到的 20 次空间像光强不能准确对应相同像素位置，这种现象在光强变化剧烈的位置尤其显著。该实验结果验证了前文关于噪声标准差模型的分析结果。

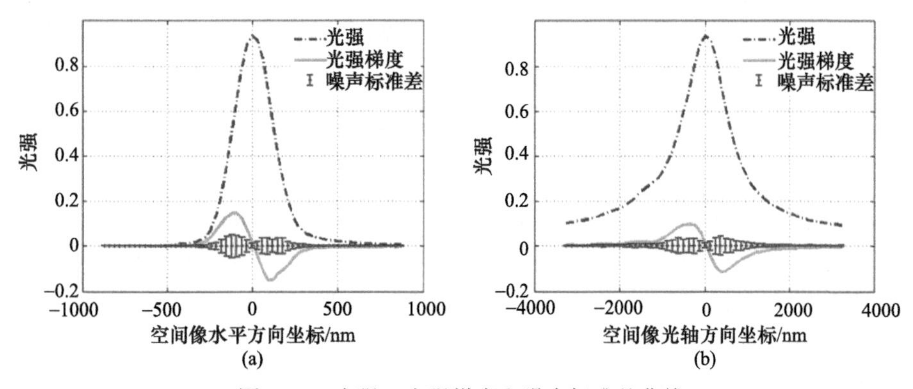

图 6-38　光强、光强梯度和噪声标准差曲线

(a) 水平方向光强分布(F=0nm)；(b) 垂直方向光强分布(H=0nm)

利用实测空间像，根据式(6.36)拟合噪声标准差。由于空间像光强分布所在各像素的噪声是随机的，噪声的期望值为零，因此可以将 20 幅重复采集的空间像的平均值(图 6-37(a))近似为理想的空间像 I，根据式(6.36)拟合实测噪声标准差的结果如图 6-39 所示，噪声标准差的拟合系数 a=0.0071，b=0.2181，c=0.2473。残差 ε_r(图 6-39(b))主要包含了空间像的光强分布对坐标方向的高阶偏导以及 AIS 的散粒噪声和热噪声等，其均方根值为 0.0015。实测噪声标准差(图 6-37(b))和利用模型计算得到的噪声标准差(图 6-39(a))的分布形状非常匹配，相关系数达到 0.9797，该结论验证了噪声标准差模型的正确性。在后续的数值仿真过程中，将利用这里标定的噪声标准差拟合系数 a、b 和 c 进行噪声模拟。

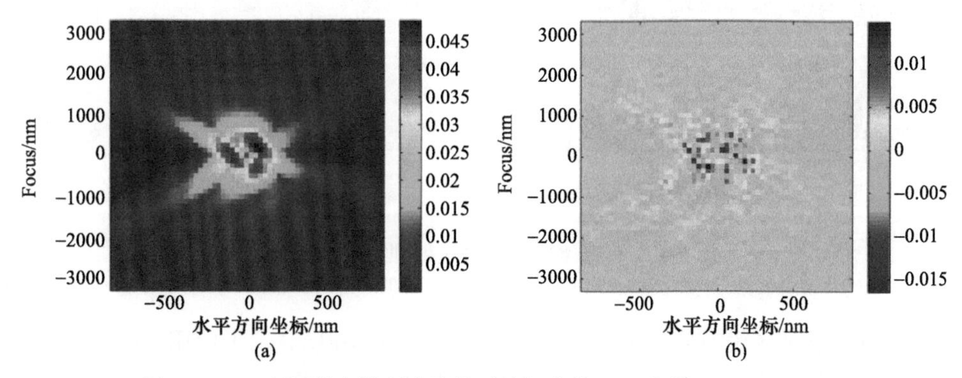

图 6-39　(a)利用噪声模型计算得到的标准差；(b)残差(RMS=0.0015)

3. 样条平滑滤波降噪法[6]

在实际测试的空间像光强数据中，光强噪声的幅度可以达到光强幅度的 3%左右。其效果是明显改变空间像光强分布，影响 Zernike 像差的求解精度。针对光强噪声的特性，需要设计滤波算法对光强噪声进行处理，以消除光强噪声的影响。为了尽可能消除滤波过程对 Zernike 像差求解的影响，滤波方法应该不改变光强的整体分布，并且使经过滤波后的光强分布尽量平滑。

样条平滑滤波是一种非常有效的滤波方法。样条平滑滤波综合考虑数据的拟合度和曲线的平滑度，能提供较为平滑的拟合曲线。其曲线拟合的目标函数为

$$S(g)=\sum_{i=1}^{n}\left\{Y_i-g(t_i)\right\}^2+\alpha\int_a^b\left\{g''(t)\right\}^2\mathrm{d}t \tag{6.37}$$

其中，$g(t)$ 为拟合曲线；Y_i 为原始数据；a、b 分别为拟合坐标的上下界；α 为曲线平滑度所占的比例。上式中的第一项表示拟合曲线和原始数据之间的拟合度，第二项表示拟合曲线的平滑度。通过设置 α 的值可以调节拟合后的曲线平滑程度。α 取值过大有可能形成过拟合状态，即不仅消除了噪声影响，而且也改变了光强分布。α 取值过小则可能无法消除噪声的影响。处理实测空间像数据时，α 的取值需要根据实际情况进行调节。图 6-40 显示了使用样条平滑滤波算法对空间像进行处理的效果。

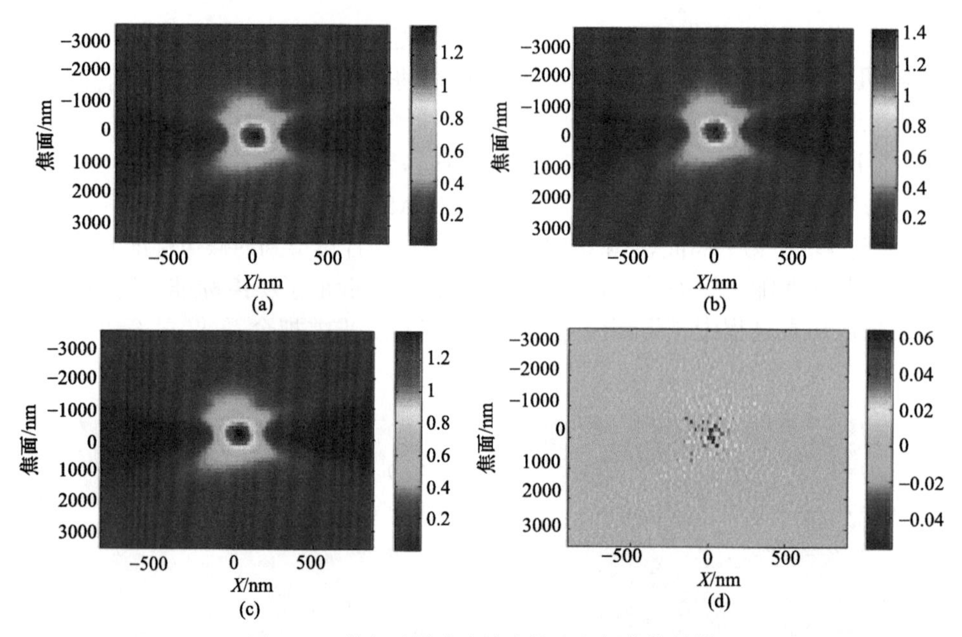

图 6-40　样条平滑滤波算法处理空间像的效果

(a) 原始空间像；(b)加入噪声的空间像；(c)使用样条滤波处理后的空间像；(d)滤除的噪声

图 6-40(a)显示了没有噪声时的空间像分布，图 6-40(b)显示了使用式(6.37)的噪声模型加入噪声后的空间像光强分布，图 6-40(c)和(d)分别显示了使用样条滤波处理后空间像光强分布和滤波前后空间像光强之差。对比图 6-40(a)、(b)和(c)，可以发现滤波算法大幅降低了空间像中的光强噪声，滤波后的空间像分布轮廓和原始空间像分布极为接近。

图 6-40(d)显示的滤除的噪声部分也和噪声模型预言的噪声分布基本一致。

4. 加权最小二乘降噪法[5,7]

虽然样条平滑滤波算法是一种有效的图像滤波方法，但是，光刻机空间像噪声种类和强度与光刻机性能有关。对于同一台光刻机，不同视场点的波像差种类和幅值也不相同，所以每个视场点的空间像都具有各自的细节。为此，滤波器的平滑因子等参数需要根据空间像细节实时调整，增加了降噪过程的复杂性。同时，样条平滑滤波算法通常存在卷积效果，会造成空间像的膨胀和模糊，不利于 Zernike 系数的高精度提取。基于加权最小二乘的空间像降噪方法不改变光强的整体分布，且降噪过程不会对 Zernike 像差求解产生影响，可实现对空间像的自适应、无损降噪。

1) 降噪原理

根据式(6.19)，空间像可以分解为 m 阶主成分按照一定权重线性叠加：

$$\boldsymbol{AI}(H,F;\boldsymbol{Z})=\sum_{j=1}^{m}\mathbf{PC}_j(H,F)\mathbf{PCC}_j(\boldsymbol{Z})+\boldsymbol{E}_{\mathrm{T}}+\boldsymbol{\varepsilon} \tag{6.38}$$

其中，$\boldsymbol{AI}$ 是维度为 n 的列向量，表示空间像的光强分布，其光强分布与 Zernike 系数有关；$\mathbf{PC}_j$ 是维度为 n 的主成分列向量；$\mathbf{PCC}_j$ 是主成分系数，表示主成分 $\mathbf{PC}_j$ 拟合空间像的权重，它与 Zernike 系数有关；$\boldsymbol{E}_{\mathrm{T}}$ 是舍位误差，由于主成分是相互正交的，空间像在各主成分上的投影结果——主成分系数不会受到舍位误差的影响；$\boldsymbol{\varepsilon}$ 是维度为 n 的列向量，表示空间像采集过程中的随机误差，也是主成分系数的主要误差来源。根据前文噪声模型的参数标定实验可以看出，空间像各像素的随机误差具有异方差性，即

$$\mathrm{Var}(\boldsymbol{\varepsilon})=\begin{bmatrix}a_1^2 & a_2^2 & \cdots & a_n^2\end{bmatrix}^{\mathrm{T}}\cdot\Sigma^2,\quad a_i\neq a_j \tag{6.39}$$

其中，Var 表示方差运算；Σ 表示 $\boldsymbol{\varepsilon}$ 各元素标准差的常数公因子，所以基于最小二乘法的主成分分解运算已经不再适用。

对式(6.38)左乘一个权重因子 $\boldsymbol{W}$，如下式所示：

$$\boldsymbol{W}\cdot\boldsymbol{AI}(H,F;\boldsymbol{Z})\cong\boldsymbol{W}\cdot\sum_{j=1}^{m}\mathbf{PC}_j(H,F)\mathbf{PCC}_j(\boldsymbol{Z})+\boldsymbol{W}\cdot\boldsymbol{\varepsilon} \tag{6.40}$$

$\boldsymbol{W}$ 是一个维度为 $n\times n$ 的方阵，它与空间像采集的随机误差 $\boldsymbol{\varepsilon}$ 有关。由于舍位误差不影响主成分系数 **PCC** 的求解，式(6.40)省略了舍位误差。根据加权最小二乘法原理，$\boldsymbol{W\varepsilon}$ 的方差的各个元素相等，即

$$\mathrm{Var}(\boldsymbol{W\varepsilon})=\boldsymbol{W}^2\cdot\begin{bmatrix}a_1^2 & a_2^2 & \cdots & a_n^2\end{bmatrix}^{\mathrm{T}}\cdot\boldsymbol{\Sigma}^2=\boldsymbol{C},\quad a_i\neq a_j \tag{6.41}$$

其中，$\boldsymbol{C}$ 是 n 维元素相等的列向量。由式(6.41)可得

$$\boldsymbol{W}^2 = \frac{\boldsymbol{C}}{\boldsymbol{\Sigma}^2} \cdot \begin{bmatrix} \frac{1}{a_1^2} & 0 & \cdots & 0 \\ 0 & \frac{1}{a_2^2} & & \vdots \\ \vdots & & \ddots & 0 \\ 0 & \cdots & 0 & \frac{1}{a_n^2} \end{bmatrix}_{n\times n}, \quad a_i \neq a_j \tag{6.42}$$

根据式(6.42)可求解 $\boldsymbol{W}$。式(6.42)中最简单的情况是令 $\boldsymbol{C}$ 的各元素等于 1，此时权重因子 $\boldsymbol{W}$ 等于 $\boldsymbol{\varepsilon}$ 的标准差的倒数。$\boldsymbol{\varepsilon}$ 的标准差可以通过对空间像进行多次采集计算得到。假设对同一幅空间像进行 s 次重复采集，采集过程中光刻机的各参数设置保持不变。这样采集得到的空间像在相同像素位置的光强值具有相关性。因为 s 幅空间像噪声的期望为零，噪声的标准差 $\boldsymbol{n}_{\text{std}}$ 可以直接通过计算 s 幅空间像的标准差得到，表达式如下：

$$\boldsymbol{n}_{\text{std}} = \sqrt{\frac{1}{s}\sum_{i=1}^{s}\left(\boldsymbol{ai}_i - \overline{\boldsymbol{ai}}\right)^2} = \begin{bmatrix} a_1 & a_2 & \cdots & a_n \end{bmatrix}^{\text{T}} \cdot \boldsymbol{\Sigma} \tag{6.43}$$

其中，$\boldsymbol{ai}_i$ 表示实测空间像；$\overline{\boldsymbol{ai}}$ 表示 s 幅空间像的期望值。于是便得到了权重因子 $\boldsymbol{W}$，是以列向量 $\boldsymbol{n}_{\text{std}}$ 各元素倒数组成的对角阵：

$$\boldsymbol{W} = \frac{1}{\boldsymbol{\Sigma}} \cdot \begin{bmatrix} \frac{1}{a_1} & 0 & \cdots & 0 \\ 0 & \frac{1}{a_2} & & \vdots \\ \vdots & & \ddots & 0 \\ 0 & \cdots & 0 & \frac{1}{a_n} \end{bmatrix} \tag{6.44}$$

基于式(6.44)中的权重因子 $\boldsymbol{W}$，利用加权最小二乘法计算主成分系数：

$$\mathbf{PCC}_j = \left(\mathbf{PC}^{\text{T}} \cdot \boldsymbol{W} \cdot \mathbf{PC}\right)^{-1} \cdot \left(\mathbf{PC}^{\text{T}} \cdot \boldsymbol{W} \cdot \boldsymbol{ai}_j\right) \tag{6.45}$$

其中，$\mathbf{PCC}_j$ 是利用加权最小二乘法计算得到的第 j 幅空间像 $\boldsymbol{ai}_j$ 的主成分系数。该主成分系数与 Zernike 系数直接相关，两种系数之间的关系可以通过多元线性回归分析获得，如下所示：

$$\boldsymbol{Z} = \left(\boldsymbol{RM}^{\text{T}} \cdot \boldsymbol{RM}\right)^{-1} \cdot \left(\boldsymbol{RM}^{\text{T}} \cdot \mathbf{PCC}\right) \tag{6.46}$$

其中，$\boldsymbol{Z}$ 是 Zernike 系数，表征投影物镜的成像质量；$\boldsymbol{RM}_j$ 是回归矩阵，表示主成分系数 $\mathbf{PCC}_j$ 与 Zernike 系数 $\boldsymbol{Z}$ 之间的线性关系。

根据式(6.43)和式(6.44)可知，该方法需要大量重复地采集空间像，利用统计方法从实测空间像中计算得到其标准差作为加权最小二乘法的权重因子。由于此时权重因子的精度很大程度上依赖于统计分析的实测空间像的个数，所以大量的空间像的采集过程实际上降低了这种波像差原位检测技术的实用性。

权重因子近似模型是为了平衡像差测量的速度和精度而提出的。该模型基于前述的噪声模型，并对其进行适当的修正。由于噪声的标准差是与空间像光强和光强对坐标的一阶偏导数密切相关的，于是噪声的标准差可以近似地写为

$$\boldsymbol{n}'_{\text{std}} = a' \cdot \boldsymbol{ai}' + b' \cdot \left| \frac{\partial(\boldsymbol{ai}')}{\partial H} \right| + c' \cdot \left| \frac{\partial(\boldsymbol{ai}')}{\partial F} \right| \tag{6.47}$$

其中，$\boldsymbol{ai}'$ 表示实测空间像光强；$\boldsymbol{n}'_{\text{std}}$ 表示基于 $\boldsymbol{ai}'$ 预测的噪声标准差；a', b'和 c'分别表示近似噪声标准差模型的拟合系数。这三个拟合系数是光刻机的固有特征属性，表征光刻机工件台的定位误差和空间像传感器噪声水平。于是，权重因子就等于噪声标准差 $\boldsymbol{n}'_{\text{std}}$ 的倒数。

本小节描述的权重因子近似模型提供了将加权最小二乘法用于实测空间像降噪的可能性，只需采集一幅实际空间像即可获得加权最小二乘法的权重因子，并从该空间像中提取波像差。模型中的拟合系数 a', b'和 c'有两种获取方法。第一种方法是事先对待测光刻机进行大量空间像采集，然后使用噪声模型标定拟合参数。这种方法得到的拟合参数较为准确。第二种方法是认为拟合参数为 $a' = b' = c' = 1$。这种方法虽然粗略，但对于降噪仍有较好的效果。

2) 仿真与实验

A. 数值仿真

为了验证上述方法的精度，首先分析主成分系数的测量精度，然后研究 Zernike 系数的测量精度。使用 0°和 90°两个方向的检测标记，检测标记是线宽为 250nm，周期为 3000nm 的孤立空，使用部分相干因子为 0.65 的传统照明方式。

首先，按照式(6.19)和式(6.20)建立空间像光强分布与 Zernike 系数之间的线性模型。图 6-41 所示是测试模型 0°方向检测标记对应的前五阶主成分，90°方向检测标记的前五阶主成分与 0°方向检测标记的前五阶主成分一致。主成分 PC_1 是空间像光强分布的直流分量，主成分 PC_2 和 PC_3 分别表示空间像的光强分布在水平和垂直方向上的偏导，主成分 PC_4 和 PC_5 分别表示空间像的光强分布在水平和垂直方向上的二阶偏导。图 6-42 所示是两个方向检测标记前五阶主成分系数的回归矩阵，可以看出，0°方向的 PCC_2 和 PCC_4 均与 Z_7 和 Z_{14} 相关，90°方向的 PCC_2 和 PCC_4 均与 Z_8 和 Z_{15} 相关，两个方向的 PCC_3 和 PCC_5 均与 Z_9 和 Z_{16} 相关。因此，如果某项主成分系数的测量含有误差，将直接影响对应项的 Zernike 系数的测量精度。

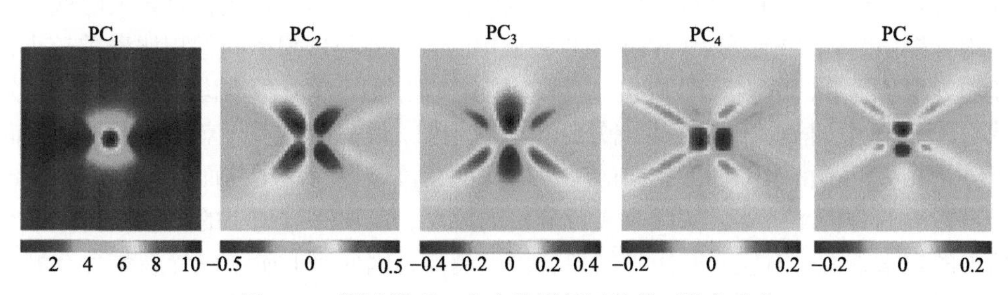

图 6-41　测试模型 0°方向检测标记的前五阶主成分

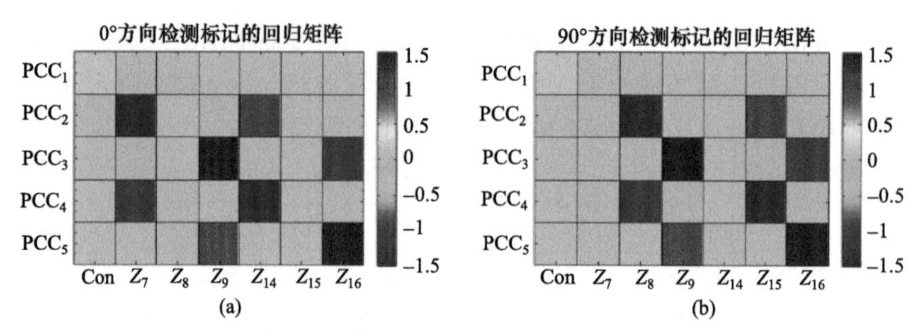

图 6-42 前五阶主成分系数的回归矩阵

(a) 0°方向检测标记；(b) 90°方向检测标记

将幅值在±0.1λ 范围内随机分布的低阶像差 Z_7，Z_8，Z_9，Z_{14}，Z_{15} 和 Z_{16} 作为光瞳波像差，输入光刻仿真软件 PROLITH，生成一组不含噪声的空间像，用主成分直接拟合该空间像，得到的主成分系数作为标准的主成分系数。对空间像添加噪声，并基于 LSQ 和 WLSQ 方法计算含有噪声的空间像的主成分系数，分别与标准主成分系数比较。

图 6-43 列举了 0°方向检测标记前 15 项主成分系数的计算结果。图 6-43(a)为三种算法求解的主成分系数值的比较，ideal 表示使用图 6-41 中的主成分直接拟合理想空间像得到的主成分系数；LSQ 表示使用最小二乘法的 AMAI-PCA 计算含有噪声的空间像得到的主成分系数；WLSQ 表示使用加权最小二乘法的 AMAI-PCA 计算含有噪声的空间像得到的主成分系数。图 6-43(b)表示 LSQ 和 WLSQ 两种算法计算主成分系数的误差。可以看出，除第 11 和第 14 两项主成分系数值 WLSQ 的误差略大于 LSQ 之外，WLSQ 对其余各项主成分系数的测量均取得了更高的精度。

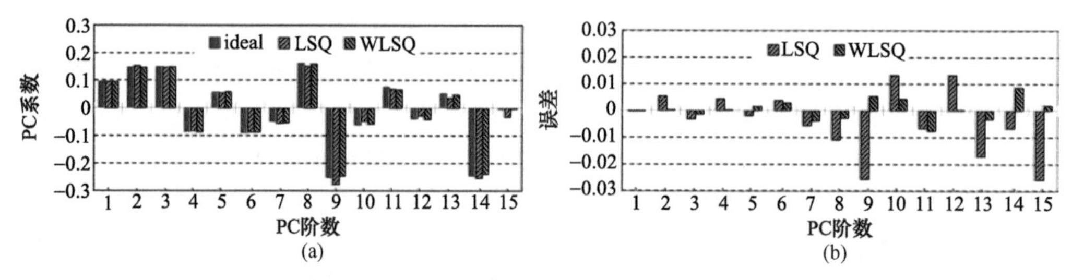

图 6-43 主成分系数测量结果(a)和测量误差(b)

图 6-44 是使用前 15 阶主成分和主成分系数重构的空间像与 PROLITH 仿真的理想空间像的比较。其中，使用 LSQ 方法重构的空间像与理想空间像相比含有较大的残差，其残差均方根值为 0.0012；使用 WLSQ 方法重构的空间像与理想空间像相比残差较小，其残差均方根值为 0.0007。从图 6-44 中可以看出，使用 LSQ 方法重构空间像的残差分布形状与图 6-41 中的 PC_2 和 PC_4 主成分分布形状相似，说明该残差与空间像在水平方向的梯度分量相关，是由水平梯度方向的噪声造成的，该结论验证了前面关于噪声表征形式和噪声影响的分析。另外，按照主成分分析的原理，阶次序号越小的主成分在样本空间中所占的权重越大，对应回归矩阵的拟合优度越高，因此当低阶主成分系数含有测量误差时，对 Zernike 系数测量精度的影响更加明显。所以，从残差的分布形状可以预测，使用 LSQ 方法计算与 PCC_2 和 PCC_4 相关的 Z_7 和 Z_{14} 时，误差将明显大于使用 WLSQ 方

法计算的结果。

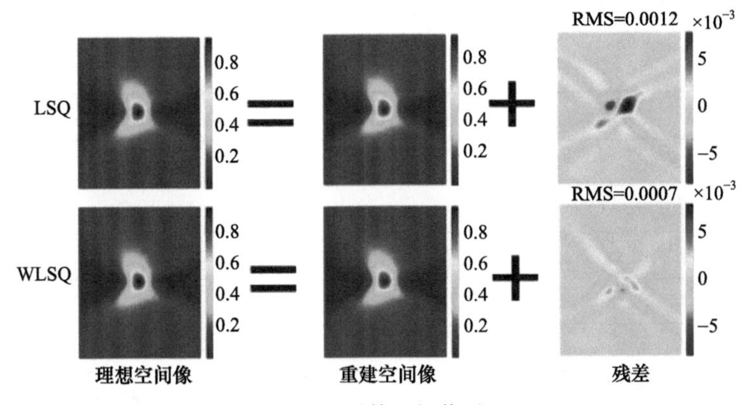

图 6-44　重构空间像对比

在上述工作的基础上，分别根据 LSQ 和 WLSQ 两种方法计算得到的主成分系数提取 Zernike 系数。计算结果如图 6-45 所示。图 6-45(a)表示 Zernike 系数的测量结果，图 6-45(b)表示输入光刻仿真软件 PROLITH 光瞳面的波前，其均方根值为 57.5mλ。与输入值比较可以看出，使用 WLSQ 方法得到的 Zernike 系数的测量误差，除 Z_{15} 外均小于使用 LSQ 方法得到的 Zernike 系数的测量误差。其中，Z_7 和 Z_{14} 的测量精度在使用 WLSQ 方法后得到了明显改善，该结论验证了前文关于主成分系数测量结果的分析。两种方法计算得到的最大误差均发生在 Z_{16}，使用 LSQ 方法计算的误差为−2.5mλ，使用 WLSQ 方法计算的误差为−1.5mλ，后者精度较前者提高 50%以上。

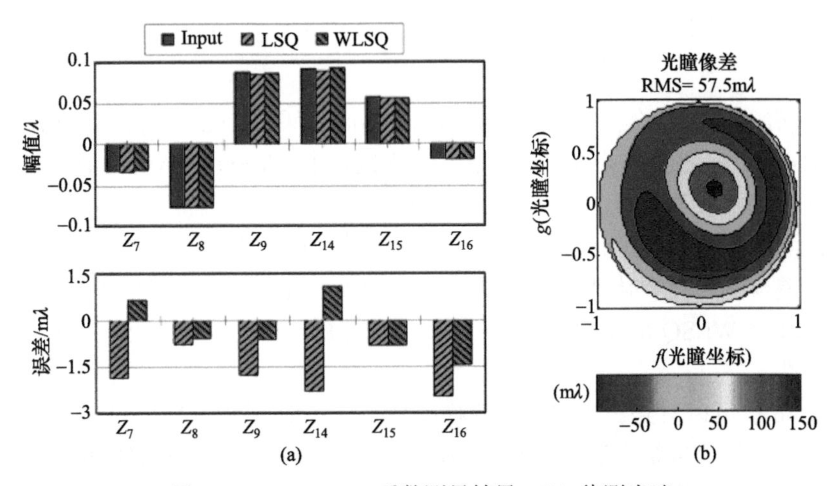

图 6-45　(a) Zernike 系数测量结果；(b) 待测光瞳

如前文所述，基于加权最小二乘法的 AMAI-PCA 需要一个精确的权重因子。通常而言，最佳的权重因子就是直接从大量实测空间像统计得到的噪声标准差。首先仿真测试采用统计标准差作为权重因子的 AMAI-PCA，分析空间像采样个数与波像差检测精度之间的关系。以蒙特卡罗方法开展研究，仿真设置见表 6-7。当每组测试的 Zernike 像差采样三幅空间像时，使用噪声的统计标准差作为权重因子；当只采样一幅或者两幅空间像时，使用近似的权重因子模型(参数设置为 $a' = b' = c' = 1$)。为了分析该降噪方法的效果，使用基于 LSQ 的 AMAI-PCA 作为对比。

表 6-7　仿真参数设置

光源	
波长 λ	193nm
照明方式	传统照明方式
部分相干因子 σ	0.65
检测标记	
类型	二元掩模，孤立空检测标记
线宽 / 周期	250nm / 3000nm
检测标记方向	0° / 90°
投影物镜	
数值孔径 NA	0.75
输入像差种类	$Z_7, Z_8, Z_9, Z_{14}, Z_{15}$ 和 Z_{16}
输入像差幅值	$-0.1\sim+0.1\lambda$
空间像	
空间像范围	x/y 方向：－900～900nm z 方向：－3500～3500nm
采样间隔	x/y 方向：30nm z 方向：125nm

图 6-46 给出了像差检测精度($|\text{mean}|+3\sigma$)与空间像采样个数之间关系，红色点为基于 LSQ 的 AMAI-PCA 的波像差检测结果，蓝色环为基于 WLSQ 的 AMAI-PCA 的波像差检测结果，红色的虚线和蓝色的实线分别由这些离散的检测结果拟合得到。由图可以看到两种方法检测波像差的精度都随着空间像采样个数的增加而提高。总体而言，基于 WLSQ 降噪的波像差检测精度要优于传统方法。这是因为 WLSQ 方法降低了空间像噪声的影响。另外，基于 WLSQ 的 AMAI-PCA 检测波像差的结果也更加紧凑，表明该方法具有更强的鲁棒性。

从图 6-46 也可以看到，当空间像采样个数小于 5 时，基于 WLSQ 的 AMAI-PCA 的波像差检测精度相比传统方法提高约 50%；当空间像采样个数增加到 20 时，波像差检测精度相比传统方法提高 30%左右。所以，如果允许较长的波像差检测时间，对一幅空间像反复 5 次采样，然后提取波像差，此时，波像差的检测精度可达约 0.7nm；如果对波像差进行快速检测，只需采集一幅空间像，此时，波像差的检测精度约为 1.2nm。

为了分析基于 WLSQ 的 AMAI-PCA 适用的噪声水平，通过改变噪声标准差的拟合系数实现对噪声水平的控制。在仿真空间像中添加不同水平的噪声，对每幅空间像均只采样一次，图 6-47 展示了像差检测精度($|\text{mean}|+3\sigma$)与噪声水平之间的关系。其中，红色

点表示使用传统 AMAI-PCA 检测波像差的精度；蓝色环表示基于 WLSQ 的 AMAI-PCA 检测波像差的精度；红色虚线和蓝色实线分别表示根据这些离散的检测结果的拟合曲线。当噪声水平的比例因子(即噪声标准差模型的拟合系数 a、b、c 的倍数)小于 0.2 时，两种方法的波像差检测精度几乎一致。当比例因子为 0.6 时，在两种方法的检测结果之间可以看到明显的边界，此时，基于 WLSQ 的 AMAI-PCA 检测波像差的精度比传统方法提高 30%左右。随着比例因子进一步增大，检测精度提高的幅度越大，这意味着该方法适用于空间像噪声较大的情况。

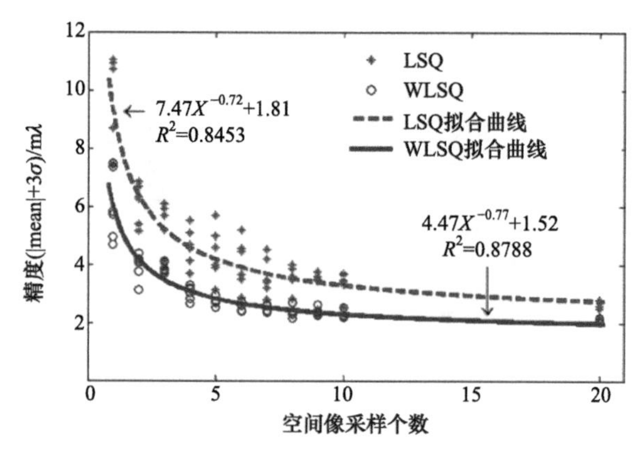

图 6-46　像差检测精度(|mean|+3σ)与空间像采样个数之间的关系

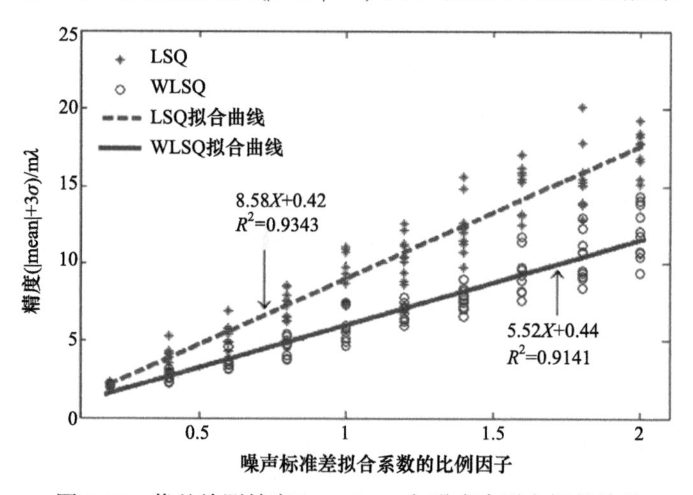

图 6-47　像差检测精度(|mean|+3σ)与噪声水平之间的关系

B. 实验

为了进一步验证基于加权最小二乘法 AMAI-PCA 的有效性，在光刻机(ArF，NA=0.75)上开展了像差调整量检测实验。光刻机结构如图 6-48 所示。实际光刻机中，可以通过调整可调透镜的位置参数准确地改变投影物镜某些波像差(Z_5, Z_7, Z_8 和 Z_9)值的大小。以 Z_8 为例进行波像差调整量测量实验。实验中使 Z_8 在曝光视场内漂移−5nm，并在调整前后分别采集 9 个视场点的空间像，每个视场点重复采集 20 次。分别采用 LSQ 和 WLSQ 的 AMAI-PCA 两种不同的方法对调整前后的 9 个视场点进行波像差检测。将调整前后的波像差相减得到两种方法波像差漂移量检测结果。

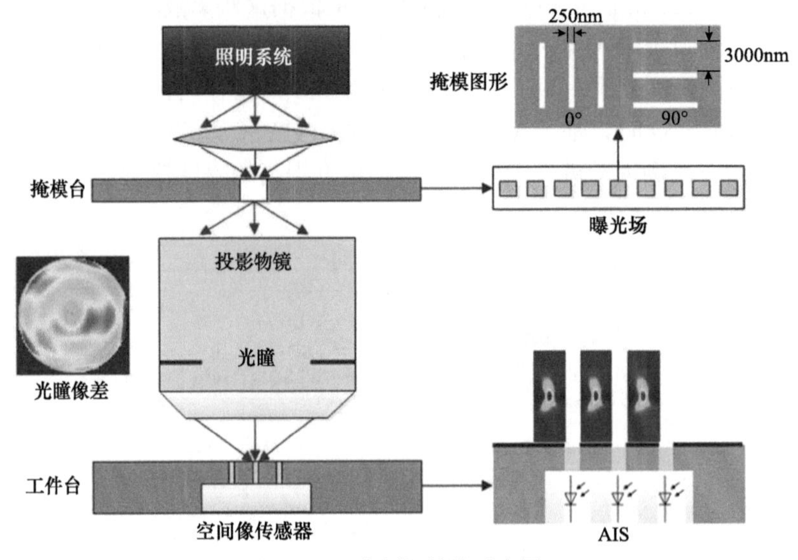

图 6-48　光刻机结构示意图

像差调整量检测结果如图 6-49 所示。图 6-49(a)～(c)分别为使用 LSQ 方法测量 Z_8 调整前后的像差值、像差调整量和测量误差值，其中最大误差约为 1.25nm，9 个视场点误差的均方根为 0.77nm。图 6-49(d)～(f)分别为使用 WLSQ 方法测量 Z_8 调整前后的像差值、像差调整量和测量误差值，其中最大误差约为 0.65nm，9 个视场点误差的均方根为 0.46nm。可见，相对于 LSQ 方法，采用 WLSQ 方法测量精度平均提高了 60%以上。同时，两种方法测量误差的分布形状很接近，但使用 WLSQ 方法测量结果误差的幅值更小，说明 WLSQ 方法抑制了噪声的影响。此外，从图 6-50 中可以看出，WLSQ 方法测量像差的重复精度(1σ)优于 1.5nm，与使用 LSQ 方法的 2nm 相比，重复精度提高了约 30%。

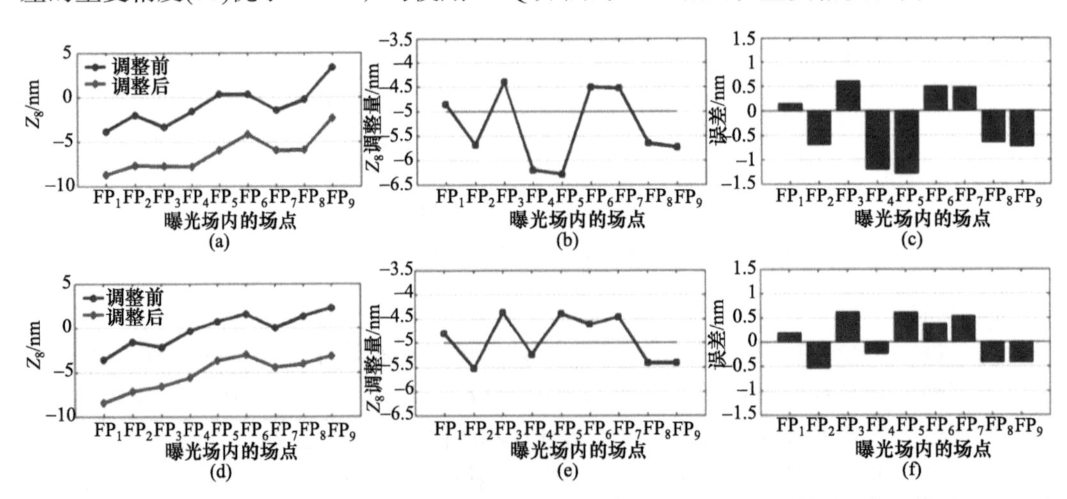

图 6-49　使用 LSQ 方法测量 Z_8 调整前后的(a)像差值、(b)像差调整量、(c)测量误差值；使用 WLSQ 方法测量 Z_8 调整前后的(d)像差值、(e)像差调整量、(f)测量误差值

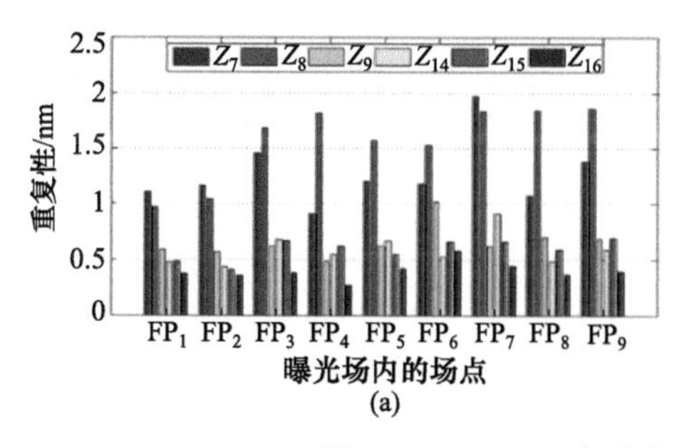

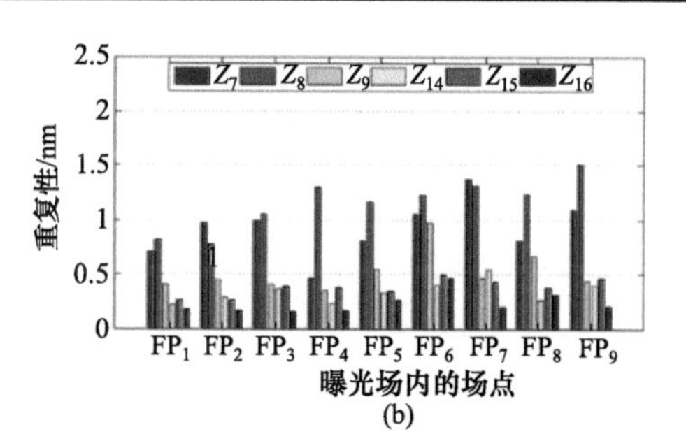

图 6-50　(a) LSQ 方法和(b) WLSQ 方法的重复精度

AMAI-PCA 的建模过程可以事先完成，在波像差的实测过程中，可以直接调用模型。测量过程的主要耗时为光刻机的参数设置时间、空间像的采集时间以及波像差的提取时间。该技术单幅空间像的波像差平均提取时间约为 9s，可以满足投影物镜波像差原位检测的需求。

6.1.3.3　空间像坐标校正

AMAI-PCA 技术测量过程中主要涉及两个坐标系，即建模坐标系和实测空间像坐标系。建模坐标系是仿真空间像集合并进行主成分分析和回归分析所用到的坐标系，其原点位置即为光刻机的最佳焦面和光轴的交点位置，是空间像光强的最大值位置。由于受物镜像差、对准误差、工件台定位误差等因素的影响，实测空间像最大光强位置相对于建模坐标系原点位置会发生一定的位置偏离。实测空间像坐标系和建模坐标系的位置偏离是 Zernike 系数求解误差的主要来源之一，需要对实测空间像进行坐标校正，以保证 Zernike 系数的求解精度。

1. 空间像位置偏移的影响[8]

下面分析空间像偏移对空间像拟合的影响。掩模标记为宽 250nm 的孤立空，空间像 X 方向的采集范围为−900～900nm，F 方向的采集范围为−3500～3500nm，没有像差时的仿真结果如图 6-51 所示。

没有空间像位置偏移时，拟合残差的最大值在 1×10^{-4} 量级；当空间像在 X 方向偏移量为 50nm 或 F 方向的偏移量为 500nm 时，空间像拟合残差的最大值在 1×10^{-2} 量级。该

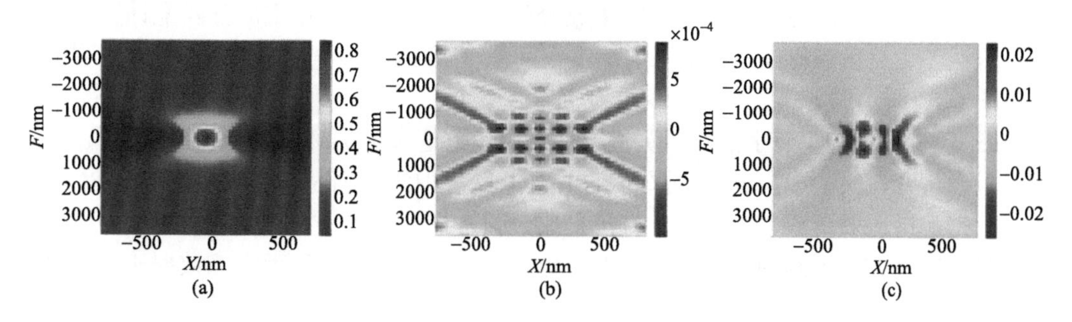

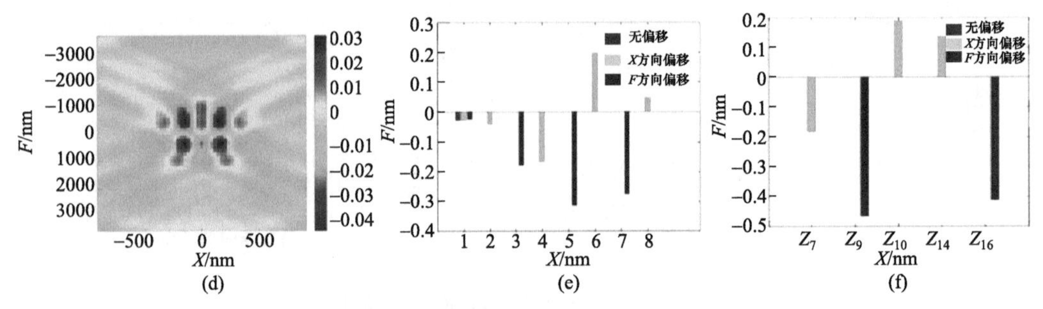

图 6-51　空间像位置偏移的影响分析

(a) 理想位置空间像；(b) 没有空间像偏移时的拟合残差；(c) X 方向偏移为 50nm 时的空间像拟合残差；(d) F 方向空间像偏移为 500 nm 时的空间像拟合残差；(e) 主成分系数的求解结果；(f) Zernike 系数的求解结果

结果表明，空间像的位置偏移造成了主成分拟合残差大幅增加。空间像位置偏移对主成分系数的影响如图 6-51(e)所示。当 X 方向有偏移时，第 2、4、6、8 个主成分系数出现了较大的误差；当 F 方向有位置偏移时，第 3、5、7 个主成分系数出现了较大的误差，这是由主成分的对称性的差异造成的。X 方向有偏移时，具有 X 方向反对称、F 方向对称特征的主成分对应的主成分系数将会受到影响；而 F 方向有偏移时，具有 F 方向反对称、X 方向对称特征的主成分对应的主成分系数将会受到影响。由于第一个主成分与零像差相对应，其在 X 方向和 F 方向都是对称的，因而空间像的位置偏移基本上不会影响第一个主成分系数的结果。根据回归矩阵对求得的主成分系数进行拟合，进一步得到 Zernike 系数的值，结果如图 6-51(f)所示。由图可知，X 方向的空间像位置偏移造成了 Zernike 像差 Z_7、Z_{10} 和 Z_{14} 的求解误差很大；F 方向的空间像位置偏移造成 Zernike 像差 Z_9 和 Z_{16} 的求解误差很大。这与 Zernike 像差对空间像影响的性质是一致的。

进一步分析了空间像位置偏移量与空间像拟合残差的关系，如图 6-52 所示。由图可知，拟合残差的均方根值(RMS)在偏移量变小时也变小，且收敛于偏移量接近于 0 的地方。

2. 主成分拟合法校正[8,9]

由于像差改变空间像的形状和位置，因此在像差未知的情况下，无法通过空间像的直接匹配来确定图像偏心位置。但是，无论像差如何改变，一幅空间像对应的主成分是确定的。可以将空间像分解为对应的主成分和主成分系数，通过主成分匹配计算空间像的位置误差，然后进行修正。由于增加了空间像坐标校正的步骤，AMAI-PCA 流程需更新成图 6-53 所示的形式。

图 6-53 中分别用蓝字框图、黄色方框、绿色方框表示 AMAI-PCA 中的过程、数据和结果，用灰色实心箭头表示数据的流向。图 6-53 中的无色虚箭头表示 AMAI-PCA 原先的数据流向，表示对实测空间像直接主成分拟合得到主成分系数。当空间像测量误差较大时，这种方法得到的主成分系数误差也很大，因而在新的流程中该数据流向被以蓝色实心箭头表示的数据流向代替。新的数据流向中，先对空间像坐标进行校正，然后根据校正后的空间像得到主成分系数。

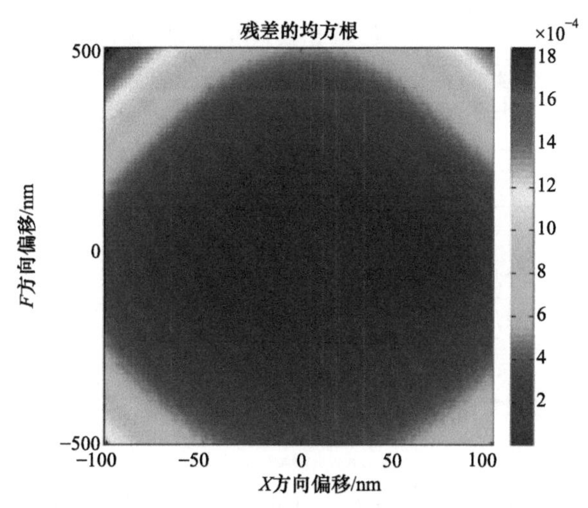

图 6-52　空间像拟合残差的 RMS 与空间像位置偏移量关系

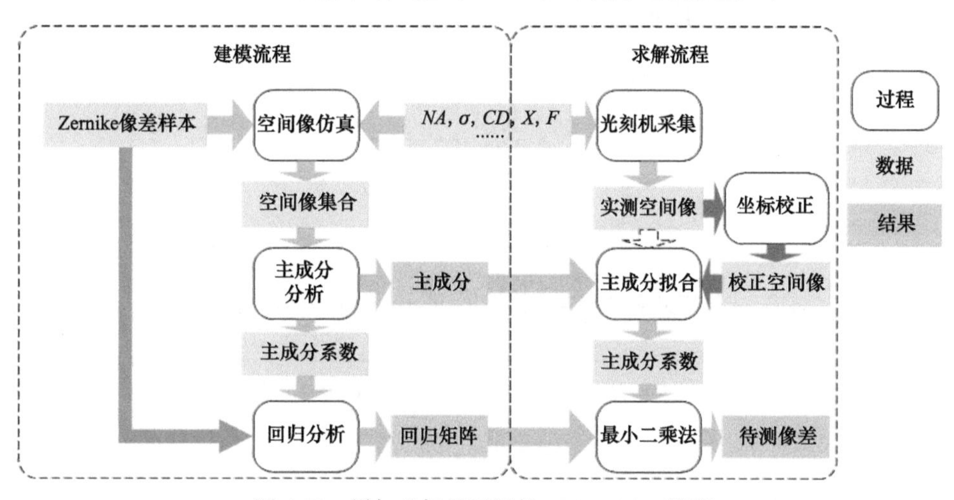

图 6-53　增加坐标校正后的 AMAI-PCA 流程

1) 校正原理

A. 基本思想

实测空间像位置相对名义空间像位置的偏移如图 6-54 所示。基于主成分拟合的空间像坐标校正方法的基本思想就是将主成分和空间像错开一定位置匹配，在一定的偏移范围重复这个过程，拟合残差最小时，空间像与主成分对应的坐标位置偏移就是空间像的偏移。基于主成分拟合的空间像坐标校正方法的基本流程为：①得到主成分矩阵 PC 的样条插值函数；②根据光刻机的实际情况设定 X 和 F 方向空间像可能偏移的范围，将 X_{shift} 和 F_{shift} 初始化为偏移范围内的最小值；③将名义坐标 X 和 F 坐标分别添加 X_{shift} 和 F_{shift}，代入样条插值函数求出有偏移的 PC 矩阵；④对待测空间像最小二乘拟合得到主成分系数 V，用对应的主成分和系数 V 重构空间像，以空间像重构误差的均方值为拟合残差；⑤调整 X_{shift} 和 F_{shift} 的大小，重复上述步骤，直到偏移范围达到最大值；⑥比较拟合残差，拟合残差最小时对应的 X_{shift} 和 F_{shift} 就是待测空间像的偏移量，相应的主成分系

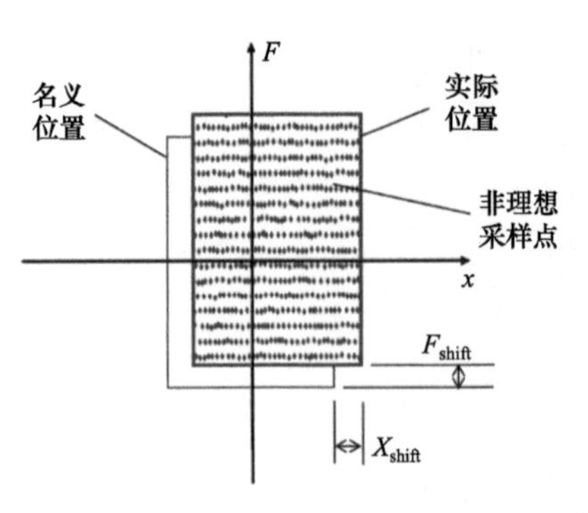

图 6-54　空间像位置偏移示意图

数就是实际的主成分系数。

采用上述方法进行空间像坐标校正，需要将模型中的 Z_5 去掉，这是因为对于 0°和 90°方向的一维掩模标记来说，Z_5 主要引起空间像的位置移动。Z_5 的作用通过下面的推导证明。当掩模标记为 0°和 90°方向的孤立空时：

$$\begin{cases} I_{\text{s0}}(x,y,z)=\iint J(f,g)\left|E_{\text{s0\_coh}}(f,g;x,y,z)\right|^2 \mathrm{d}f\mathrm{d}g \\ I_{\text{s90}}(x,y,z)=\iint J(f,g)\left|E_{\text{s90\_coh}}(f,g;x,y,z)\right|^2 \mathrm{d}f\mathrm{d}g \end{cases} \tag{6.48}$$

其中，$E_{\text{s0\_coh}}$ 和 $E_{\text{s90\_coh}}$ 分别表示位于 (f,g) 的点光源照明时，0°和 90°方向掩模标记对应的复振幅，其表达式如下所示：

$$\begin{aligned} E_{\text{s0\_coh}}(f,g;x,z)=&\iint \exp\{\mathrm{i}2\pi W(f+f',g)\}O_{\text{1D}}(f') \\ &\cdot\exp\left\{-\mathrm{i}\frac{2\pi}{\lambda}\sqrt{1-\left[(f+f')^2+g^2\right]NA^2}\cdot z\right\} \\ &\cdot\exp\{-\mathrm{i}2\pi xf'\}\mathrm{d}f' \end{aligned} \tag{6.49}$$

$$\begin{aligned} E_{\text{s90\_coh}}(f,g;y,z)=&\iint \exp\{\mathrm{i}2\pi W(f,g+g')\}O_{\text{1D}}(g') \\ &\cdot\exp\left\{-\mathrm{i}\frac{2\pi}{\lambda}\sqrt{1-\left[f^2+(g+g')^2\right]NA^2}\cdot z\right\} \\ &\cdot\exp\{-\mathrm{i}2\pi yg'\}\mathrm{d}g' \end{aligned} \tag{6.50}$$

其中，O_{1D} 表示一维掩模标记的衍射谱。W 中含有像散 Z_5 时，将 W 写成 Z_5 和 Z_5 之外的 Zernike 像差构成的波像差 W' 的和。其中，Z_5 对应的 Zernike 多项式为

$$F_5(f,g)=f^2-g^2 \tag{6.51}$$

将式(6.51)代入式(6.49)和式(6.50)中可得

$$\begin{aligned} E_{\text{s0\_coh}}(f,g;x,z)=&\iint \exp\{\mathrm{i}2\pi W'(f+f',g)\}O_{\text{1D}}(f') \\ &\cdot\exp\left\{\mathrm{i}2\pi Z_5\left[(f+f')^2-g^2\right]\right\} \\ &\cdot\exp\left\{-\mathrm{i}\frac{2\pi}{\lambda}\sqrt{1-\left[(f+f')^2+g^2\right]NA^2}\cdot z\right\} \\ &\exp\{-\mathrm{i}2\pi xf'\}\mathrm{d}f' \end{aligned} \tag{6.52}$$

和

$$
\begin{aligned}
E_{\mathrm{s90\_coh}}(f,g;y,z)=\iint &\exp\left\{\mathrm{i}2\pi W'(f,g+g')\right\}O_{\mathrm{1D}}(g') \\
&\cdot\exp\left\{\mathrm{i}2\pi Z_5\left[f^2-(g+g')^2\right]\right\} \\
&\cdot\exp\left\{-\mathrm{i}\frac{2\pi}{\lambda}\sqrt{1-\left[f^2+(g+g')^2\right]NA^2}\cdot z\right\} \\
&\cdot\exp\left\{-\mathrm{i}2\pi yg'\right\}\mathrm{d}g'
\end{aligned}
\tag{6.53}
$$

根据泰勒公式有如下的近似：

$$
\sqrt{1-x^2}\approx 1-\frac{x^2}{2} \tag{6.54}
$$

根据式(6.54)，式(6.52)和式(6.53)化简为

$$
\begin{aligned}
E_{\mathrm{s0\_coh}}(f,g;x,z)=&\exp\left\{-\mathrm{i}\frac{2\pi}{\lambda}z-\mathrm{i}2\pi Z_5g^2+\mathrm{i}\frac{\pi}{\lambda}g^2NA^2z\right\} \\
&\cdot\iint\exp\left\{\mathrm{i}2\pi W'(f+f',g)\right\}O_{\mathrm{1D}}(f') \\
&\cdot\exp\left\{\mathrm{i}\frac{2\pi}{\lambda}(f+f')^2\left(Z_5\lambda+\frac{NA^2z}{2}\right)\right\} \\
&\cdot\exp\left\{-\mathrm{i}2\pi xf'\right\}\mathrm{d}f'
\end{aligned}
\tag{6.55}
$$

和

$$
\begin{aligned}
E_{\mathrm{s90\_coh}}(f,g;y,z)=&\exp\left\{-\mathrm{i}\frac{2\pi}{\lambda}z+\mathrm{i}2\pi Z_5f^2+\mathrm{i}\frac{\pi}{\lambda}f^2NA^2z\right\} \\
&\cdot\iint\exp\left\{\mathrm{i}2\pi W'(f,g+g')\right\}O_{\mathrm{1D}}(g') \\
&\cdot\exp\left\{\mathrm{i}\frac{2\pi}{\lambda}(g+g')^2\left(\frac{zNA^2}{2}-\lambda Z_5\right)\right\} \\
&\cdot\exp\left\{-\mathrm{i}2\pi yg'\right\}\mathrm{d}g'
\end{aligned}
\tag{6.56}
$$

由式(6.55)和式(6.56)看出，Z_5 仅引起空间像的轴向偏移，而且两个方向的偏移方向是相反的。根据 $Z_5\lambda\pm(NA^2z)/2=0$ 可以得到，Z_5 引起的偏移量 δZ 满足

$$
|\delta Z|=\frac{2Z_5\lambda}{NA^2} \tag{6.57}
$$

综上可知，Z_5 主要引起空间像的位置移动。不进行坐标校正时，将 Z_5 包含在模型中不会造成像差检测精度恶化，然而空间像坐标校正时需要将其从模型除去。

B. 基于查表和双步长搜索的快速算法

采用不含像差 Z_5 的模型和上述空间像坐标校正方法，有效地降低了空间像位置误差

对像差检测的影响。然而，上述校正方法的速度慢，无法满足实时检测的需求。仿真结果表明，采用部分相干因子为 0.65 的传统照明，空间像垂轴和轴向的偏移范围分别为 100nm 和 500nm，垂轴和轴向的空间像坐标校正精度分别为 2nm 和 10nm 时，单幅空间像坐标校正时间超过了 10 分钟。分析表明，影响上述校正方法速度的原因主要有两方面：一是根据样条插值函数计算包含偏移的主成分速度较慢；二是由于实际空间像偏移范围较大，所以为了保证空间像坐标校正精度，又需要较小的步长，导致计算量很大。可以采用查表和双步长搜索算法解决这些问题。

如图 6-55 所示，首先采用通常的 AMAI-PCA 流程得到建模坐标范围对应的主成分，图 6-55 所示的粗红色线条对应的间隔为空间像坐标间隔。根据空间像坐标校正精度的要求，将空间像坐标间隔划分成更小的校正间隔，如图 6-55 所示的细红色线条对应的间隔。采用插值的方法得到以校正间隔为步长的主成分并保存下来，将这种主成分称为“高密度主成分”。由于空间像偏移，实测空间像范围一般会超过建模坐标范围，如图 6-55 所示。为了使实测空间像匹配，将待测空间像上下都删去一定的行，左右都删去一定的列，得到裁剪后的空间像。裁剪的原则是使裁剪后的空间像范围落在建模范围之内。根据空间像的偏移范围并考虑到足够的信息量，一般左右都删去 3 列，上下都删去 4 行。采用裁剪后的空间像和“高密度主成分”匹配时，直接从“高密度主成分”中查表得到带有偏移量的主成分。这种方法大幅降低了带有偏移量主成分的计算时间，然而需要存储的数据量也大幅增加，实际上是一种以空间换时间的方法。

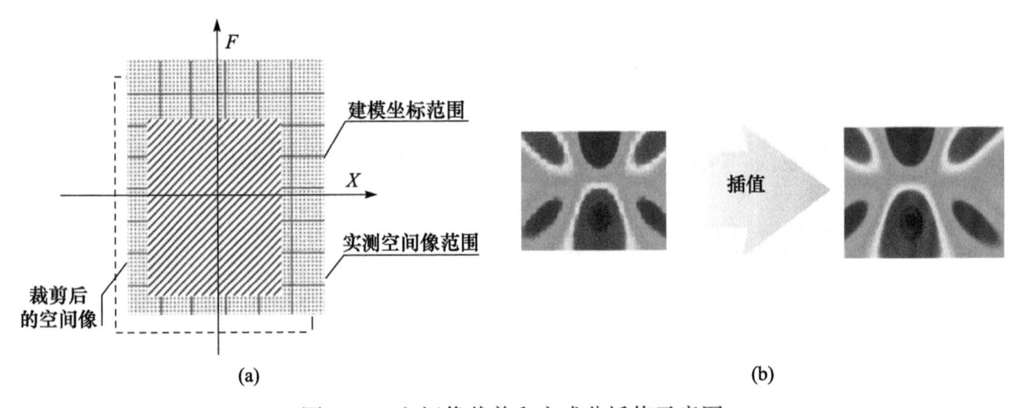

图 6-55　空间像裁剪和主成分插值示意图

上述流程减小了获得带有偏移量的主成分的时间，然而由于校正间隔很小，整个搜索过程费时依然较长，因而需要对该校正方法进一步优化。根据图 6-52 可知，残差分布的 RMS 单调减小到最小值。根据该规律，空间像坐标校正时可以首先找到最小值所在的粗略位置，然后再确定其精确位置。因此，设计了如下双步长搜索算法：首先采用较大的搜索步长(等于空间像坐标间隔)找到残差最小位置对应的位置；然后将该位置对应的上下左右一个步长内的区域作为精细搜索的区域；在该区域内采取较小的搜索步长(等于校正间隔)进行搜索找到残差最小的精确位置。采用该方法后，即保证了空间像坐标校正的精度，又大幅缩短了空间像坐标校正时间。

C. 自适应的空间像坐标校正方法

由于光刻机运行状态不断改变，空间像的偏移范围可能超过预设值。为了对偏移很大的空间像进行坐标校正，需尽可能扩大搜索范围，也即需从原始空间像中裁剪更多的数据。但是扩大搜索范围导致了空间像坐标校正时间的增加，这种时间增加仅对偏移范围很大的空间像有意义，对绝大多数空间像却是没有必要的。为了处理空间像偏移范围很大的情况，同时不增加空间像偏移较小时的校正时间，设计了一种自适应的空间像坐标校正方法。主要思想描述如下：对得到的空间像坐标校正结果，也即残差最小位置进行分析。如果该位置没有在搜索的边界上，说明对应的空间像偏移较小，不用额外处理；而该位置在搜索边界时，则进行额外的处理。如果该位置在空间像首行，说明残差最小位置可能在搜索区域之外，或空间像首行对应的位置不在搜索的区域之内，因而将空间像首行删除，重新进行空间像坐标校正。空间像坐标校正结果在首列、末列或末行时采取类似的措施，直到空间像坐标校正结果不在边界上。上面流程有效避免了搜索范围较小导致的空间像坐标校正误差，提高了算法鲁棒性。结合查表法和双步长搜索，以及自适应搜索方法的空间像坐标校正流程如下：①“粗校正”流程：采用实测空间像的名义步长进行空间像坐标校正，得到残差最小位置的初步结果；②对空间像坐标校正结果进行判断，如果残差最小位置在空间像的首行，将空间像的首行删除，转步骤①重新进行“粗校正”，空间像坐标校正结果在首列、末列或末行时，采取类似的措施，直到残差最小位置在搜索区域中间；③将“粗校正”流程得到的残差最小位置的上下左右一个空间像步长范围内的区域划定为“精校正”的搜索区域；④在“精校正”区域内，采用校正间隔搜索得到残差最小的位置；⑤根据上述“精校正”结果计算空间像偏移量，得到对应的主成分系数，采用回归矩阵求解像差。上述空间像坐标校正流程大幅提高了空间像坐标校正方法的性能，在校正精度不变的条件下，校正时间缩短到 0.5s 左右。

2) 仿真分析

为了分析算法的性能，仿真中仅采用部分 Zernike 像差建模，并比较不同模型阶数对空间像坐标校正精度和像差检测精度的影响。对于实验数据，也采用这种仅包含部分 Zernike 像差的模型求解，得到的 Zernike 像差是真实 Zernike 像差的组合。

仿真参数如表 6-8 所示。随机生成 11 组 Zernike 像差作为待测像差，并用光刻仿真软件得到这些像差对应的理想位置的空间像。随机生成 20 组偏移量，对每一组理想位置的空间像都采用插值方法得到带有偏移量的测试空间像。采用空间像坐标校正方法求解偏移量和像差，计算空间像坐标校正以及像差检测的精度和重复性。其中，精度采用求解误差的 RMS 表示，重复性用求解误差的 std 值表示。

表 6-8　仿真参数表

NA	0.75
照明方式	部分相干因子为 0.65 的传统照明
X 方向采样	−900～900nm，62 个离散点
F 方向采样	−3500～3500nm，57 个离散点
X 方向最大偏移量	200nm
F 方向最大偏移量	1000nm

将仅使用 Zernike 像差 Z_7、Z_8、Z_9 建模得到的模型称为“三项模型”，且待测空间像中也仅包含这三种像差。对于“三项模型”，采用 5 个主成分进行空间像坐标校正和 Zernike 像差求解，空间像坐标校正和像差求解结果如图 6-56 所示。

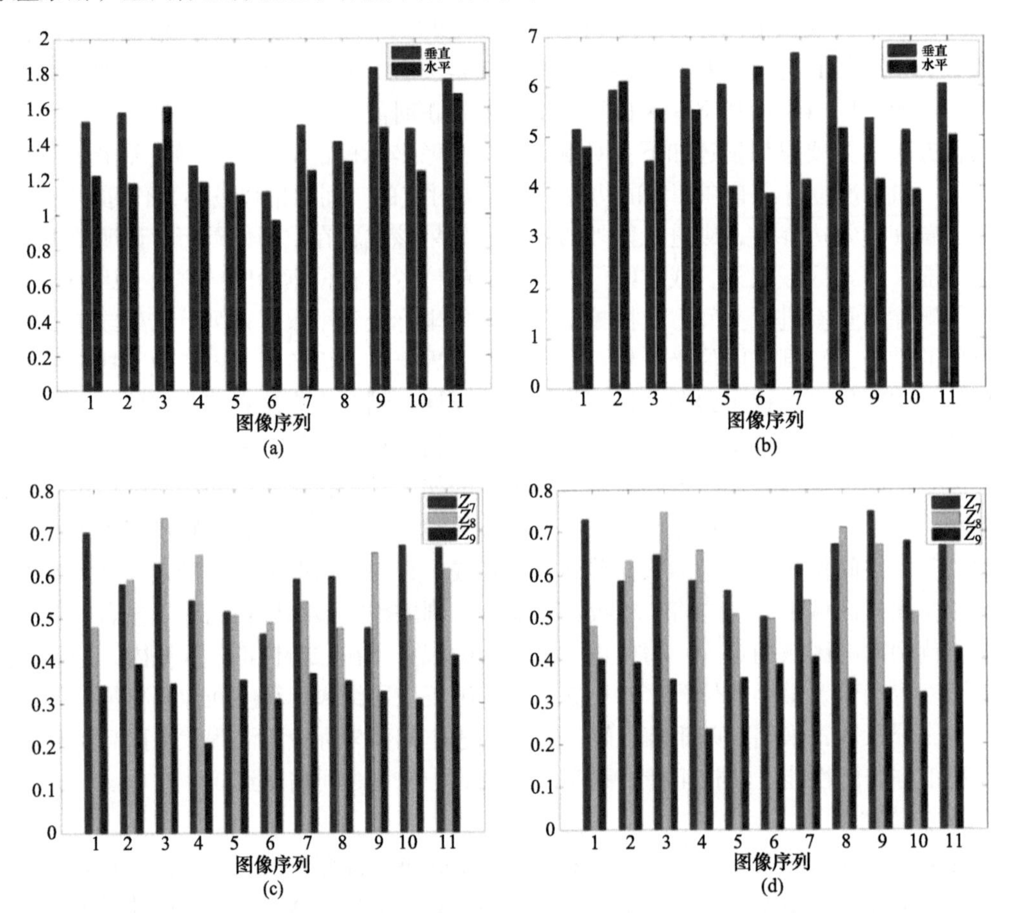

图 6-56　(a) X 方向和(b) F 方向的空间像坐标校正误差；(c)像差检测精度；(d)像差检测重复性

图 6-56 表明采用“三项模型”时，X、F 方向的空间像坐标校正精度的平均值分别为 1.39nm 和 5.329nm，像差检测重复性为 0.495nm，精度的均值为 0.534nm。类似地，将仅使用 Zernike 像差 Z_7、Z_8、Z_9、Z_{14}、Z_{15}、Z_{16} 建模得到的模型称为“六项模型”。采用“六项模型”时，采用 11 个主成分进行空间像坐标校正，采用 9 个主成分求解 Zernike 像差。空间像坐标校正和像差检测的结果如图 6-57 所示。由图可知，采用“六项模型”时，X、F 方向的空间像坐标校正精度的平均值分别为 1.68nm 和 10.0nm，像差检测的重复性为 0.725nm，像差检测精度的平均值为 1.11nm。与“三项模型”得到的结果相比，空间像坐标校正精度和像差检测精度都有所下降。

3) 实验验证

在光刻机上开展实验，采用 σ=0.8 的传统照明，其他条件与仿真条件一致。采集 11 个视场点的空间像，每个视场点采集 20 次，采用上述基于空间像拟合的方法进行空间像

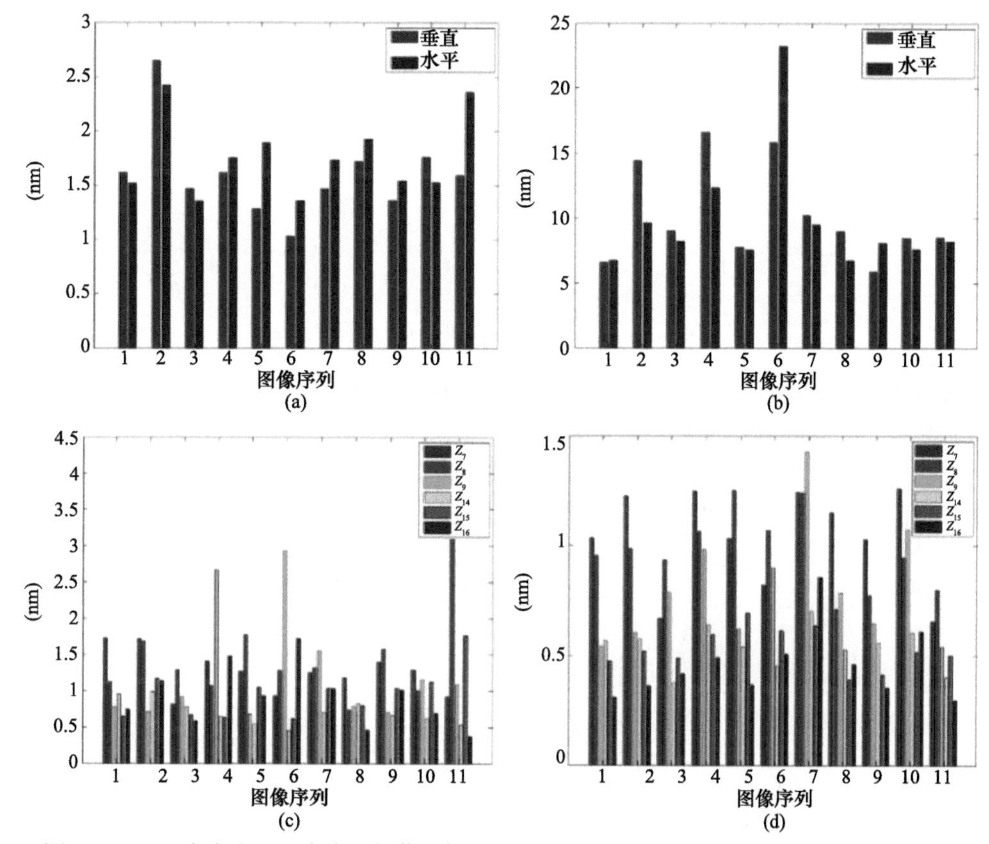

图 6-57　(a)X 方向和(b)F 方向空间像坐标校正误差；(c)像差检测精度；(d)像差检测重复性

坐标校正得到主成分系数，然后采用“三项模型”和“六项模型”求解 Zernike 像差。对于实测空间像，由于不知道 Zernike 像差的真值，因而只采用重复性对检测结果进行评价，而且空间像的实际偏移量也是未知的，求得的偏移量也只能用来评估测量过程的运动。“三项模型”时得到的空间像坐标校正结果如图 6-58 所示。图 6-58 的结果表明，X 和 Y 方向的偏移量是不同的，这主要是由 Z_5 等像差造成的。“三项模型”时的像差求解结果如图 6-59 所示。由图 6-59 可知，像差检测的重复性优于 1nm。

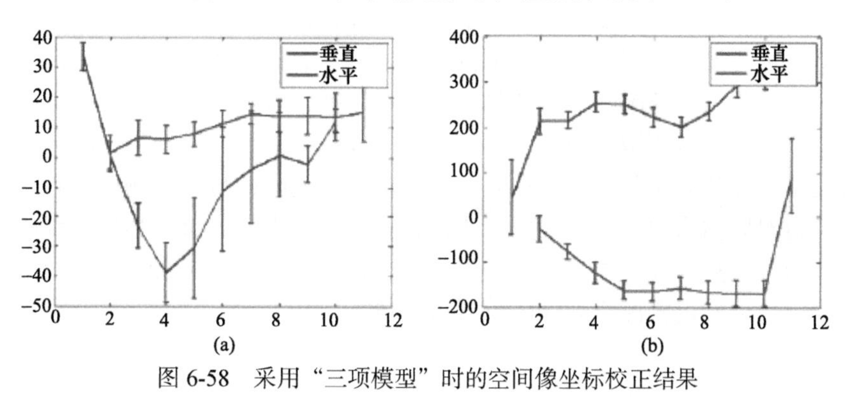

图 6-58　采用“三项模型”时的空间像坐标校正结果

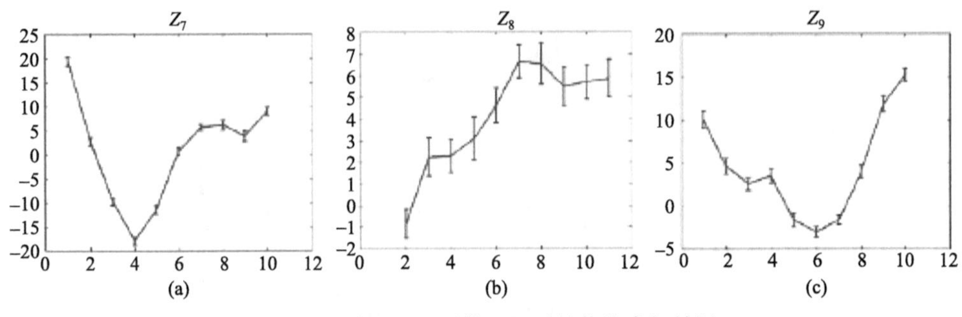

图 6-59　采用“三项模型”时的像差求解结果

采用“六项模型”时的空间像坐标校正结果如图 6-60 所示。与“三项模型”的结果类似，X 和 Y 方向的偏移量依然是不同的。对应的像差检测结果如图 6-61 所示。其中，Z_7～Z_9 和 Z_{14}～Z_{16} 的重复性都优于 2nm。光刻机的实验结果表明，通过空间像坐标校正消除了空间像位置误差对像差检测的影响，提高了像差检测的重复性。

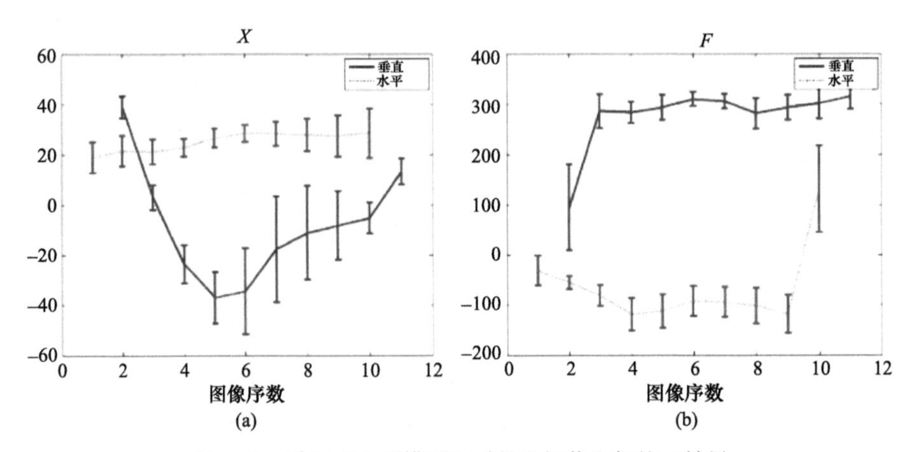

图 6-60　采用“六项模型”时的空间像坐标校正结果

3. 频谱平移法校正[6,10]

直接通过空间像的主成分进行匹配需要仿真较大范围的空间像，然后截取与图像范围相同的主成分进行匹配测试。由于需要的坐标校正精度小于空间像的采样间隔，所以需要对主成分进行插值，以获得非标准栅格点上的主成分分布。基于空间像频谱平移的校正方法可以克服这些缺陷。该方法的基本流程包括，首先按照普通流程生成空间像集合，然后对空间像进行离散傅里叶变换，得到空间像频谱集合。基于空间像频谱集合进行主成分分析，并建立回归矩阵。在求解 Zernike 像差时，也使用测试空间像的频谱进行求解。通过对频谱乘以一个相位因子来模拟空间像的平移，将平移后的频谱与原空间像频谱的主成分进行匹配，两者之间残差最小的位置就表明已经将偏移空间像移回了中心位置，因此可以确定实测空间像的位置偏移量。

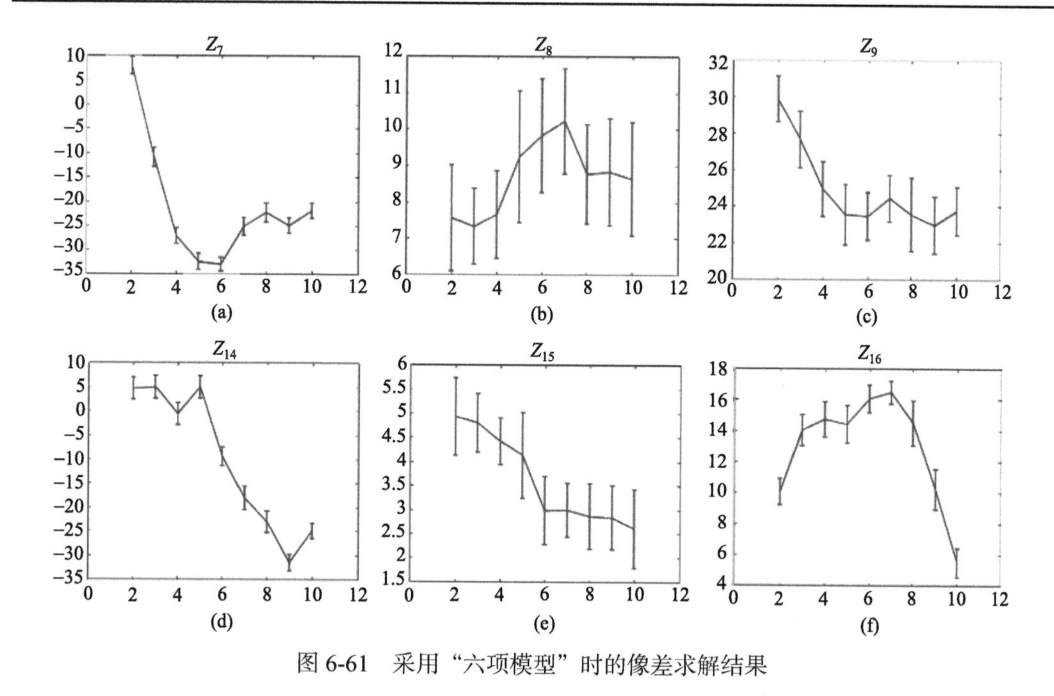

图 6-61　采用“六项模型”时的像差求解结果

首先使用 BBD 方法建立空间像集合，然后对每一幅空间像分别作离散傅里叶变换

$$Y_{p+1,q+1} = \sum_{j=0}^{m-1}\sum_{k=0}^{n-1}\omega_m^{jp}\omega_n^{kq}X_{j+1,k+1}, Y_{p+1,q+1} = \sum_{j=0}^{m-1}\sum_{k=0}^{n-1}\omega_m^{jp}\omega_n^{kq}X_{j+1,k+1} \tag{6.58}$$

其中

$$\omega_m = \mathrm{e}^{-2\pi\mathrm{i}/m} \tag{6.59}$$

$$\omega_n = \mathrm{e}^{-2\pi\mathrm{i}/n} \tag{6.60}$$

使用上式进行变换时频率(0,0)分布在矩阵的边缘，还需要使用 fftshift 函数将频谱的零点坐标移回矩阵中心，得到空间像对应的频谱。将每个频谱矩阵排成一列，最后得到的频谱集合形式如下：

$$\text{Spectrum} = \left[S_1\ \ S_2 \cdots S_i \cdots S_N\right] \tag{6.61}$$

其中，S_n 代表第 n 幅空间像频谱对应的一列数据。通过主成分分析将其分解为主成分和对应的主成分系数，表示形式如下：

$$\text{[Coeff,Score,Latent]=princompnew(Spectrum)} \tag{6.62}$$

其中，Coeff 是主成分系数；Score 是主成分；Latent 是本征值；它们之间的关系为

$$\text{Spectrum} = \text{Score} * \text{Coeff}$$

然后对主成分系数进行线性回归分析。其方式如下：

$$b = \text{regress}(\text{PCCoeff}, [1\ \ A_{\text{BB}}]) \tag{6.63}$$

其中，b 为回归系数；PCCoeff 为某一项主成分系数，而 A_{BB} 为 BBD 得到的像差组合。

依次对第 1～N 个主成分系数进行如上的线性回归分析，最后生成如下回归矩阵：

$$RM = \left[b_1\, b_2 \cdots b_i \cdots b_N\right]' \tag{6.64}$$

首先对空间像进行处理，将空间像的频谱乘以一定的位移因子，得到含有位置偏移的空间像频谱

$$\text{Spectrum}_{\text{shift}} = \text{Spectrum} * \exp(2\pi z f_z \text{i}) * \exp(2\pi x f_x \text{i}) \tag{6.65}$$

其中，x,z 分别为水平方向和轴向坐标；f_x, f_z 分别为水平方向和轴向对应的频谱。将以上空间像频谱与对应的主成分和主成分系数乘积比较，两者之间差别最小的频谱就对应于空间像的偏心位置

$$[z_{\text{shift}}, x_{\text{shift}}] = [z, x], \quad \left|(\text{Spectrum}_{\text{shift}} - \sum_{i=1}^{N} \text{Score}_i * \text{Coeff}_i)\right| \to \text{minimum} \tag{6.66}$$

求解式(6.66)需要在设定的空间像位置误差范围内寻找使残差最小的值。由于该函数在给定区间内拥有多个最小值，所以无法使用无约束非线性最优化方法进行求解，因此通过在设定的偏心范围内进行搜索的办法寻找残差最小值点。最先设计的是用同样的位移间隔扫描空间像，计算每个位置的残差大小，从而寻找偏心位置。这种方式在速度和精度之间存在矛盾。如果设置太小的步长，则所需时间可能长达数十秒。针对这个问题，作出了以下改进，把搜索级别设为两级，首先进行粗搜，用较大的间隔搜索偏心位置；紧接着进行精细搜索，将粗搜求解出的偏心位置作为下一次精细搜索的初始值，用粗搜的搜索间隔确定精细搜索的范围。这种方式的原理如图 6-62 所示。

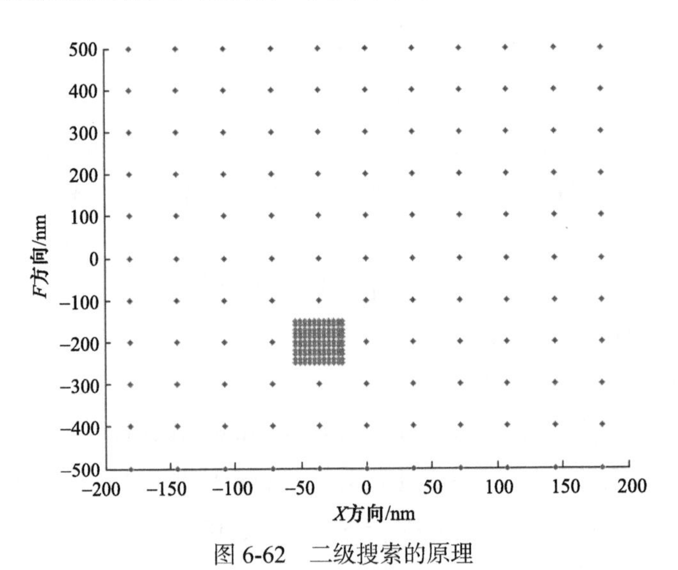

图 6-62　二级搜索的原理

这种方式相对等间隔的搜索方式而言，搜索时间大大下降，由 10s 量级减少到 0.1s 量级，大大节省了坐标校正耗费的时间，而校正精度完全相同，因为校正精度由精细搜索的精度决定。通过以上步骤确定空间像的偏移位置后，在频谱上乘以相应的相位偏移

得到校正后的空间像频谱，

$$\text{Spectrum} = \text{Spectrum}_{\text{shift}} * \exp(-2\pi z_{\text{shift}} f_z \text{i}) * \exp(-2\pi x_{\text{shift}} f_x \text{i}) \tag{6.67}$$

6.2　高精度波像差检测方法

本节通过对 Zernike 空间的采样方式、检测标记结构和参数等进行优化，解决 AMAI-PCA 检测幅值较大的波像差时模型线性度差、采用孤立空检测标记时空间像坐标校正精度低以及 Zernike 像差之间存在串扰等问题，提高波像差检测精度。

6.2.1　多级 BBD 采样法[1,11]

AMAI-PCA 技术在建模的过程中需要利用主成分分析的方法对含有各类波像差的空间像进行抽样，对像空间抽样越充分，模型的精度越高。AMAI-PCA 技术使用的 BBD 抽样方法仅对所需预测线性度的区间中点和端点处进行抽样，然后根据三抽样点对应的函数值进行拟合得到线性模型。该抽样方法适用于目标线性度较高的情况，但是由于空间像光强分布与 Zernike 系数的线性区间有限，对于幅值较大的波像差检测，使用 BBD 抽样会产生较大的误差。采用多级 BBD 抽样方式，提高预测区间的抽样点数，可以部分修正模型误差，从而提高波像差检测精度，拓展波像差的可测幅值范围。

6.2.1.1　检测原理

主成分系数与 Zernike 系数之间不是完美的线性关系，如图 6-63 所示。当波像差较大时，二次项对空间像光强的影响变得较为显著，无法用线性模型准确描述主成分系数与 Zernike 系数之间的关系。只在 Zernike 系数变化区间中选取 3 个(−1, 0, 1)采样点无法构建准确的像空间，不足以精确地拟合波像差。多级 BBD 抽样方法是为有效提高 Zernike 空间的抽样密度而提出的。多级 BBD 将多个不同幅度的 BBD 组合，将这些 Zernike 系数组合连接起来形成像差组合设置。

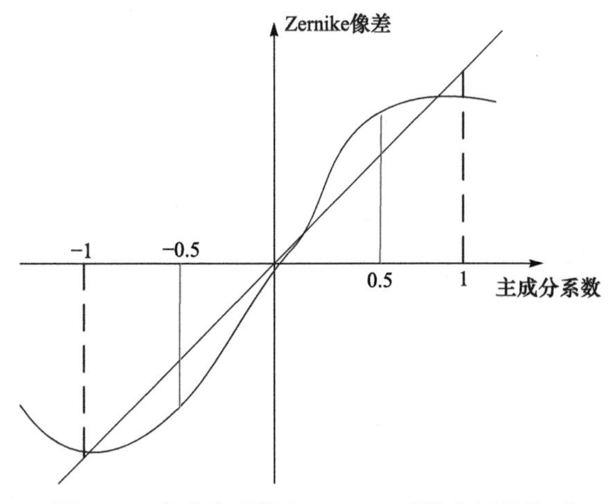

图 6-63　主成分系数和 Zernike 系数之间的关系

图 6-64 所示为多级 BBD 的抽样方式。多级 BBD 的抽样数目相对于传统 BBD 要细化很多，可以更为精细地体现 Zernike 系数的变化，多级 BBD 设计的实质是在 Zernike 系数变化区间内选取更多的抽样点，细化抽样间隔，提高回归系数拟合的准确性，增大线性拟合优度，从而进一步提升 Zernike 系数的求解精度。从图 6-64 及多级 BBD 的实施方式可以看出，每增加一级，理论上 Zernike 系数变化区间内就会增加两倍抽样点数，建模所需生成的空间像个数相对于 BBD 便增多一倍，建模所需时间相对于 BBD 同样增加一倍，所以对于用几级 BBD，需要统筹平衡求解速度与计算精度。

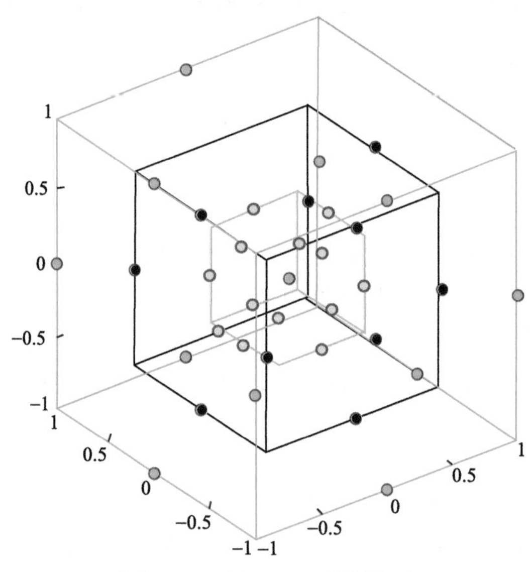

图 6-64　多级 BBD 抽样方式

从 BBD 设计原理上可以得出，BBD 设计具有很高的正交性，尽可能地满足抽样的完备性要求，并且抽样结果依据所具有的很低的冗余度进行设计。冗余度的定义如下所示：

$$r = t \times \frac{k!(p-1)!}{(k+p-1)!} \tag{6.68}$$

其中，k 为因子数；p 为水平数；t 为处理(即抽样组数)。对于 3 水平系统，从 4 因素 BBD 设计结果可以看出每个区组都是正交的，其冗余度为 1.8，而析因设计的冗余度则为 5.4，随着因素数的增加，BBD 设计可以很好地降低设计组合下抽样结果的冗余度。多级 BBD 设计依照该设计原理进行分析，则 4 因素二级 BBD 设计的冗余度为 0.77，可以看出 4 因素二级 BBD 的冗余度远低于 BBD 冗余度。

6.2.1.2　仿真实验

1. 显著性分析

这里主要分析的是分别以 Zernike 系数幅值为 0.1λ 和 0.2λ 时 BBD 方式建模和二级 BBD 方式建模，主成分和单个 Zernike 系数之间的线性显著性关系，这一关系可以更直接地反映出建模方式对主成分及对 Zernike 系数求解精度的影响。均方 MSA、MSE 可由平方和 SSA、SSE 等分别除以自由度得到，F 值为 MSA 与 MSE 的比值。具有较大误差平方和的因素对观测值的影响比较显著。表 6-9 和表 6-10 分别给出 BBD 和二级 BBD 0.1λ 建模，主成分和单个 Zernike 系数之间的线性显著性关系；以及 BBD 和二级 BBD 0.2λ 建模，主成分和单个 Zernike 系数之间的线性显著性关系。

由表 6-9 可以看出，Zernike 系数幅值为 0.1λ 时，BBD 方式建模和二级 BBD 方式建模，主成分和单个 Zernike 系数之间的线性显著性关系是基本相同的，并且都是集中在主成分权重比较大的前几项，因此反映到回归矩阵上，BBD 方式建模和二级 BBD 方式建模的回归矩阵同样是基本相同的，两种建模方式都可以给出非常高的 Zernike 系数求解精度，并且两种建模方式下 Zernike 系数的求解精度是基本相同的。二级 BBD 方式建模并不会给求解结果带来实质性的改变。

表 6-9　BBD 和二级 BBD 建模主成分和单个 Zernike 系数显著性关系(Zernike 系数幅值 0.1λ)

PC Nr.	BBD						二级 BBD					
	Z_7	Z_8	Z_9	Z_{14}	Z_{15}	Z_{16}	Z_7	Z_8	Z_9	Z_{14}	Z_{15}	Z_{16}
2	5.5	5.5	0.0	4.5	4.5	0.0	5.5	5.5	0.0	4.5	4.5	0.0
3	0.0	0.0	6.4	0.0	0.0	3.6	0.0	0.0	6.4	0.0	0.0	3.6
4	0.0	0.0	3.6	0.0	0.0	6.4	0.0	0.0	3.6	0.0	0.0	6.4
5	4.4	4.4	0.0	5.5	5.5	0.0	4.4	4.4	0.0	5.5	5.5	0.0
6	0.0	0.0	0.0	0.0	0.0	0.0	0.0	0.0	0.0	0.0	0.0	0.0
7	0.0	0.0	0.0	0.0	0.0	0.0	0.0	0.0	0.0	0.0	0.0	0.0
8	0.0	0.0	0.0	0.0	0.0	0.0	0.0	0.0	0.0	0.0	0.0	0.0
9	0.0	0.0	0.0	0.0	0.0	0.0	0.0	0.0	0.0	0.0	0.0	0.0
10	0.0	0.0	0.0	0.0	0.0	0.0	0.0	0.0	0.0	0.0	0.0	0.0

表 6-10　BBD 和二级 BBD 建模主成分和单个 Zernike 系数显著性关系(Zernike 系数幅值 0.2λ)

PC Nr.	BBD						二级 BBD					
	Z_7	Z_8	Z_9	Z_{14}	Z_{15}	Z_{16}	Z_7	Z_8	Z_9	Z_{14}	Z_{15}	Z_{16}
2	5.5	5.4	0.0	4.4	4.4	0.0	5.5	5.4	0.0	4.3	4.3	0.0
3	0.0	0.0	6.3	0.0	0.0	3.4	0.0	0.0	6.2	0.0	0.0	3.5
4	0.0	0.0	0.0	0.0	0.0	0.0	0.0	0.0	0.0	0.0	0.0	0.0
5	0.0	0.0	0.0	0.0	0.0	0.0	0.0	0.0	3.3	0.0	0.0	6.1
6	3.6	0.0	0.0	5.1	0.0	0.0	3.8	4.1	0.0	5.2	5.5	0.0
7	0.0	4.1	3.2	0.0	5.5	6.5	0.0	0.0	0.0	0.0	0.0	0.0
8	0.0	0.0	0.0	0.0	0.0	0.0	0.0	0.0	0.0	0.0	0.0	0.0

续表

PC Nr.	BBD						二级 BBD					
	Z_7	Z_8	Z_9	Z_{14}	Z_{15}	Z_{16}	Z_7	Z_8	Z_9	Z_{14}	Z_{15}	Z_{16}
9	0.4	0.0	0.0	0.1	0.0	0.0	0.3	0.0	0.0	0.1	0.0	0.0
10	0.0	0.0	0.0	0.0	0.0	0.0	0.0	0.0	0.1	0.0	0.0	0.2
11	0.0	0.0	0.0	0.0	0.0	0.0	0.0	0.0	0.0	0.0	0.0	0.0
12	0.0	0.4	0.5	0.0	0.0	0.0	0.0	0.0	0.2	0.0	0.0	0.1
13	0.1	0.0	0.0	0.0	0.0	0.0	0.2	0.4	0.0	0.0	0.0	0.0
14	0.0	0.0	0.0	0.0	0.0	0.0	0.0	0.0	0.0	0.0	0.0	0.0
15	0.3	0.0	0.0	0.4	0.0	0.0	0.0	0.0	0.0	0.0	0.0	0.0
16	0.0	0.0	0.0	0.0	0.0	0.0	0.0	0.0	0.0	0.0	0.0	0.0
17	0.0	0.0	0.0	0.0	0.0	0.0	0.3	0.0	0.0	0.3	0.0	0.0
18	0.0	0.1	0.0	0.0	0.1	0.0	0.0	0.1	0.0	0.0	0.1	0.0
19	0.0	0.0	0.0	0.0	0.0	0.0	0.0	0.0	0.0	0.0	0.0	0.0
20	0.0	0.0	0.0	0.0	0.0	0.0	0.0	0.0	0.0	0.0	0.0	0.0
21	0.0	0.0	0.1	0.0	0.0	0.1	0.0	0.0	0.0	0.0	0.0	0.0
22	0.0	0.0	0.0	0.0	0.0	0.0	0.0	0.0	0.0	0.0	0.0	0.0
23	0.0	0.0	0.0	0.0	0.0	0.0	0.0	0.0	0.0	0.0	0.0	0.0
24	0.0	0.0	0.0	0.0	0.0	0.0	0.0	0.0	0.0	0.0	0.0	0.0
25	0.0	0.0	0.0	0.0	0.0	0.0	0.0	0.0	0.0	0.0	0.0	0.0

由表 6-10 可以看出，Zernike 系数幅值为 0.2λ 时，BBD 方式建模和二级 BBD 方式建模，主成分和单个 Zernike 系数之间的线性显著性关系有一些不同，由于主成分是按权重从大到小排列的，通过二级 BBD 方式建模，Zernike 系数和一些权重比较大的主成分之间的线性显著性关系得到了改善，由于线性显著性关系的不同直接影响了 Zernike 系数的求解精度，因此二级 BBD 方式建模对 Zernike 系数求解的精度有一定的改善作用。

对比表 6-9 和表 6-10，Zernike 系数幅值为 0.2λ，BBD 和二级 BBD 方式建模时主成分和单个 Zernike 系数的线性显著性关系要差于 Zernike 系数幅值为 0.1λ，BBD 和二级 BBD 方式建模时主成分和单个 Zernike 系数的线性显著性关系，所以 Zernike 系数幅值为 0.2λ 的 6 项模型的线性拟合优度要差于 Zernike 系数幅值为 0.1λ 的线性拟合优度，并且出现了分散。这说明当 Zernike 系数增大到 0.2λ 时，空间像光强分布特征同 Zernike 系数之间的线性关系已经有一定程度的恶化，这种恶化会在一定程度上影响 Zernike 系数的求解精度。

利用方差齐性检验(F-test)评估 Zernike 系数幅值分别为 0.1λ 和 0.2λ 时，BBD 和二级 BBD 两种建模方式下主成分与单个 Zernike 系数之间的显著性关系，该关系可以更直接地反映出建模方式对主成分及对 Zernike 系数求解精度的影响。在评估中，针对 Z_7，Z_8，

Z_9，Z_{14}，Z_{15}，Z_{16}六项 Zernike 系数，计算前 30 个主成分与单个 Zernike 系数的显著关系。基于计算结果发现，当 Zernike 系数幅值为 0.1λ 时，BBD 和二级 BBD 两种建模方式下，主成分和单个 Zernike 系数之间的线性显著性关系是基本相同的，并且都是集中在主成分权重比较大的前几项，反映到回归矩阵上，两种建模方式下的回归矩阵同样是基本相同的，因此均可得到较高的 Zernike 系数求解精度。当 Zernike 系数幅值为 0.2λ 时，空间像光强分布特征同 Zernike 系数之间的线性关系已经有一定程度的恶化，BBD 和二级 BBD 两种方式下的主成分和单个 Zernike 系数之间的线性显著性关系有一些不同。二级 BBD 建模方式下，Zernike 系数和一些权重比较大的主成分之间的线性显著性关系得到了提高。

2. 多级 BBD 求解精度评估

通过仿真评估 BBD、二级 BBD 和四级 BBD 三种设计方法对 Zernike 系数 Z_7，Z_8，Z_9，Z_{14}，Z_{15}，Z_{16}求解精度的影响，仿真条件如表 6-11 所示。

表 6-11　仿真条件

激光波长 λ	193nm
掩模标记线宽	250nm
掩模标记方向	0°/90°
数值孔径 NA	0.75
部分相干因子σ	0.65
空间像范围	x/y 方向：−900～900nm z 方向：−3500～3500nm
空间像采样间隔	x/y 方向：30nm z 方向：250nm

在上述仿真条件下，使用 BBD、二级 BBD 和四级 BBD 设计出不同种 Zernike 像差组合方式，按 AMAI-PCA 方法生成像空间并产生回归矩阵。验证检测结果步骤如下：随机生成 30 组包含 Z_7，Z_8，Z_9，Z_{14}，Z_{15}，Z_{16} 的 Zernike 像差组合，模拟投影物镜中的像差分布。仿真获得包含这些像差组合的空间像并计算主成分系数，通过回归矩阵求解 Zernike 像差。

图 6-65 中给出了像差分别在±0.1λ 和±0.2λ 范围时，用三种设计方法求解结果(mean+3σ)的对比。其中(a)为像差在±0.1λ 时的对比结果，(b)为像差在±0.2λ 时的对比结果。

由图 6-65 的结果可以看出，当像差在±0.1λ 范围内时，BBD、二级 BBD 和四级 BBD 方式建模时 Zernike 系数的求解精度基本相当，该仿真实验结果与方差齐性检验(F-test)分析结论一致。当像差在±0.2λ 范围内时，二级 BBD 和四级 BBD 在一定程度上好于 BBD 方式建模 Zernike 系数的求解精度，求解精度提高 30%以上。这主要是由于采用多级 BBD 方式建模时，权重较大的主成分和 Zernike 系数之间的线性显著性关系得到了一定程度的改善，从而使得线性拟合优度同样得到改善。二级和四级 BBD 方式建模 Zernike 系数

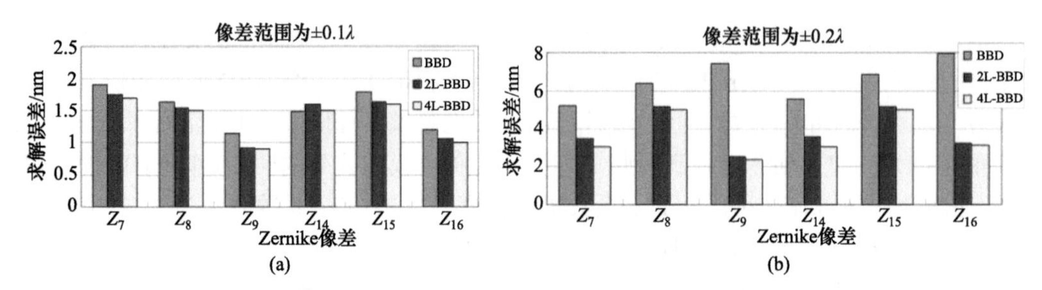

图 6-65　BBD、二级 BBD 和四级 BBD 三种建模方式下 Zernike 像差求解精度比较

的求解精度基本一致，说明当波像差在 0.2λ 范围内时，二级 BBD 即可较为精确地求解 Zernike 系数。图 6-66 所示为在 BBD、二级 BBD 和四级 BBD 三种建模方式下像差求解精度(mean+3σ)随 Zernike 像差幅值范围的变化。从图中可以看出，随着待求解的 Zernike 像差幅值的变大，Zernike 系数的求解误差也在不断变大，并呈现出一种指数增长关系。当Zernike系数幅值比较小时(≤0.1λ)，三种建模方式下Zernike系数的求解精度是相当的，但随着 Zernike 像差幅值的增加，二级 BBD 和四级 BBD 建模方式下 Zernike 系数的求解精度好于 BBD 建模方式下 Zernike 系数的求解精度。

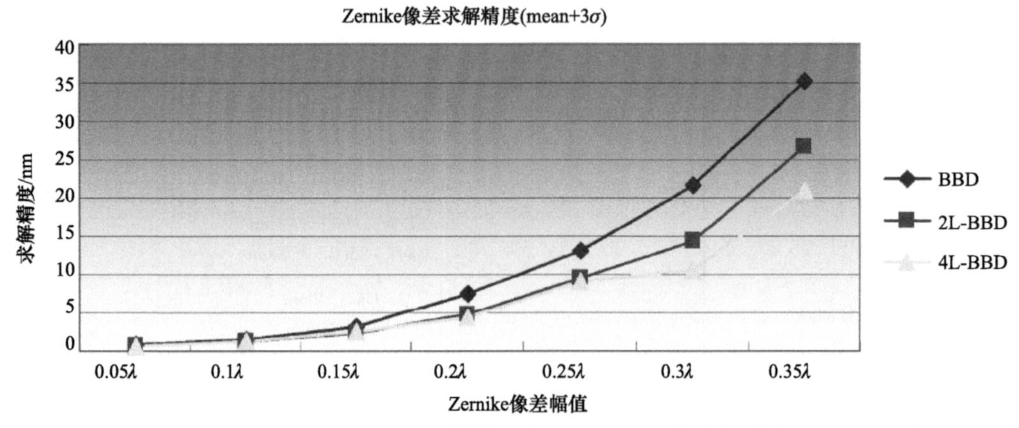

图 6-66　BBD、二级 BBD 和四级 BBD 三种建模方式下 Zernike 系数求解精度(mean+3σ)随 Zernike 像差幅值范围的变化

6.2.2　Three-Space 标记检测法[8,12]

使用孤立空检测标记时，难以进行高精度的空间像坐标校正，从而导致波像差检测精度较低。在分析影响空间像坐标校正精度原因的基础上，设计了 Three-Space 检测标记，并对这种标记的参数进行了优化，提高了空间像坐标校正精度，从而提高了检测精度。

6.2.2.1　检测原理

基于主成分拟合的空间像坐标校正的基本思想是，根据拟合残差最小的位置寻找空间像的实际偏移量。拟合残差与空间像位置偏移量的关系如图 6-52 所示。由图可知，空间像偏移名义位置较大值时，拟合残差较大，很容易将其与没有偏移的情况区分开。然而，空间像偏移量比较小时对应的拟合残差与没有偏移时对应的拟合残差的差别较小，因而空间像偏移范围较小时的坐标校正容易受到各种噪声的影响。另外，投影物镜的波像差本身也会造成空间像的移动，由于投影物镜的像差一般都较小，这种由像差造成的空间像平移也较小。像差导致的空间像平移与实际的空间像偏移无法区分，这也造成了坐标校正误差，进而造成主成分系数的误差，导致像差检测精度降低。无论是噪声还是像差，都可看作是对空间像坐标校正的轻微扰动。为了提高空间像坐标校正精度，掩模标记要对这种扰动(包括像差)不敏感；为了提高像差检测精度，该掩模标记要对像差敏感。空间像坐标校正和像差检测这两种需求是矛盾的，掩模标记应该平衡这两种需求。首先对掩模标记的形式进行分析，图 6-67 给出了宽和窄两种透射空图形对应的衍射谱。

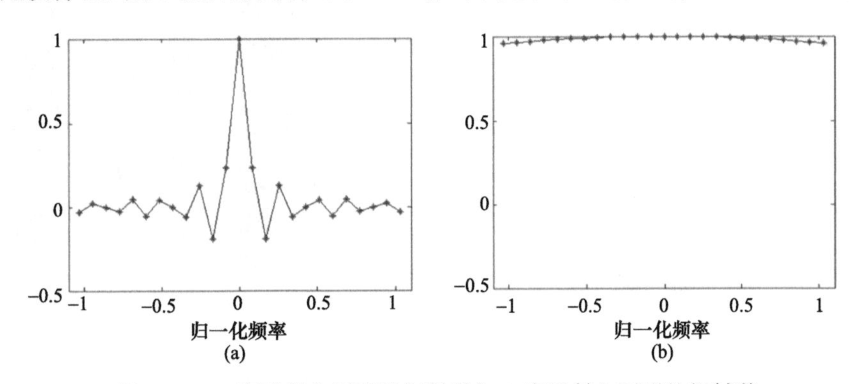

图 6-67　(a)宽透射空图形的衍射谱与(b)窄透射空图形的衍射谱

对于一个很宽的透射空来说，其衍射谱相当于位于原点的脉冲函数，仅能采集光瞳上的一点，无法对光瞳像差有效采样，因而较宽的透射空图形适用于空间像坐标校正。另一方面，很窄的孤立空的衍射谱很宽，可以采集足够的光瞳信息，因而适用于波像差检测。因而，将两种透射空图形结合可能同时提高空间像坐标校正和像差检测的精度。据此设计了如图 6-68 所示的由三个透射空图形构成的 Three-Space 掩模标记。

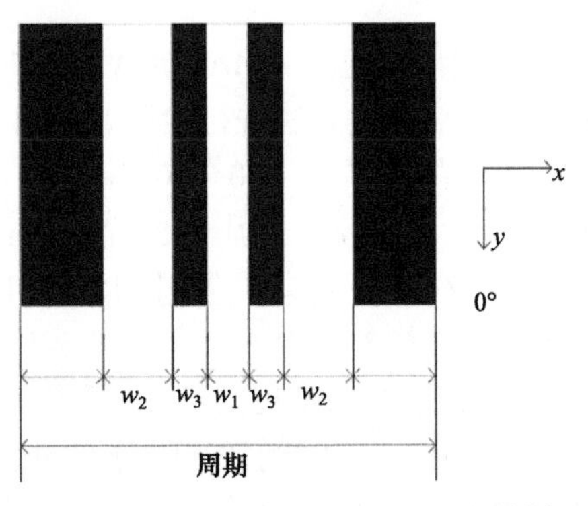

图 6-68　三个透射空图形构成的 Three-Space 掩模标记及其参数

对图 6-68 中的参数 w_1、w_2、w_3 优化来提高波像差检测精度。设周期为 3000nm，空间像采样范围为−900～900nm，w_1、w_2、w_3 的最小值都是 250nm，即

$$\begin{cases} w_1, w_2, w_3 \geqslant 250 \\ w_1/2 + w_2/2 + w_3 \leqslant 900 \end{cases} \tag{6.69}$$

设参数 w_1、w_2、w_3 都以 50nm 的离散间隔取值，由式(6.69)可知共有 112 组不同的组合。将所有 w_1、w_2、w_3 组合首先按照 w_1 升序排列，w_1 相同时按 w_2 升序排列，w_2 相同时按 w_3 升序排列。依次根据每组中的 w_1、w_2、w_3 设置掩模标记，按照 AMAI-PCA 的建模流程得到主成分和回归矩阵，并采用前面的精度评估方法评估像差检测精度，各组掩模标记对应的精度如图 6-69 所示。

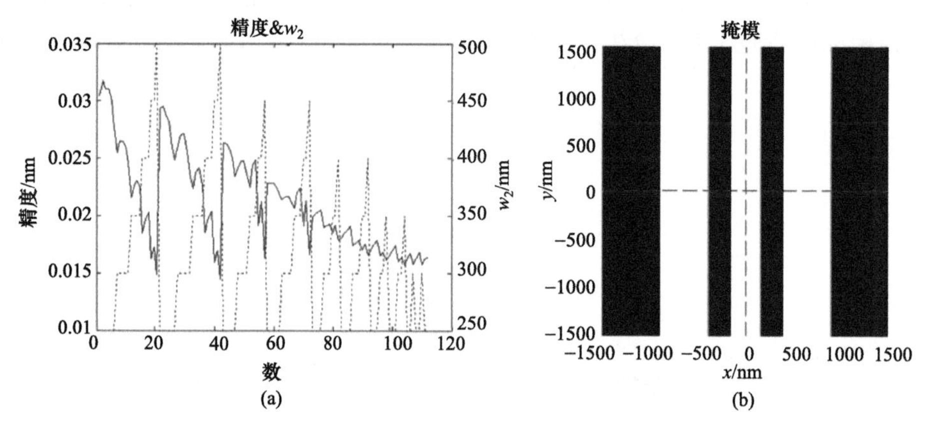

图 6-69　Three-Space 掩模标记优化结果

图 6-69(a)表明，采用第 42 组参数时的像差检测精度最高，此时 w_1=300nm，w_2=500nm，w_3=250nm，对应的掩模标记如图 6-69(b)所示。该掩模标记由中间较窄的空和两边较宽的空组成。可以预期这种掩模标记既可以提高波像差检测精度，又可以提高空间像坐标校正精度。

6.2.2.2　仿真实验

为了描述方便，将基于优化掩模标记的 AMAI-PCA 技术叫做 AMAI-OM 技术。采用仿真软件 PROLITH 或 Dr.LITHO 对上述方法进行验证。采用σ_{out}=0.96，σ_{in}=0.58 的环形照明，NA 为 0.75。空间像 X 方向的范围为−900～900nm，采样步长为 30nm。空间像方向的范围为−3500～3500nm，采样步长为 125nm。Zernike 系数范围为−50～50mλ(λ=193nm)。随机生成 30 组 Zernike 像差，采用 PROLITH 生成理想位置的空间像，用 AMAI-PCA 和 AMAI-OM 求解波像差，检测精度如图 6-70 所示。

由图 6-70 可知，优化掩模标记后的精度提高不大。采用光刻机实验评估空间像偏移范围，在同一视场点多次采集空间像，将空间像光强分布的最大值当成空间像中心的近似位置，通过该位置与名义位置的偏差范围评估空间像的偏移范围。根据该方法得到空间像在 X 和 F 方向的最大偏移范围分别为 100nm 和 500nm，同时计算了采样位置与理想格点位置的偏差范围，得到 X、F 方向的采样位置偏移理想格点的范围分别小于 13nm 和 19nm。

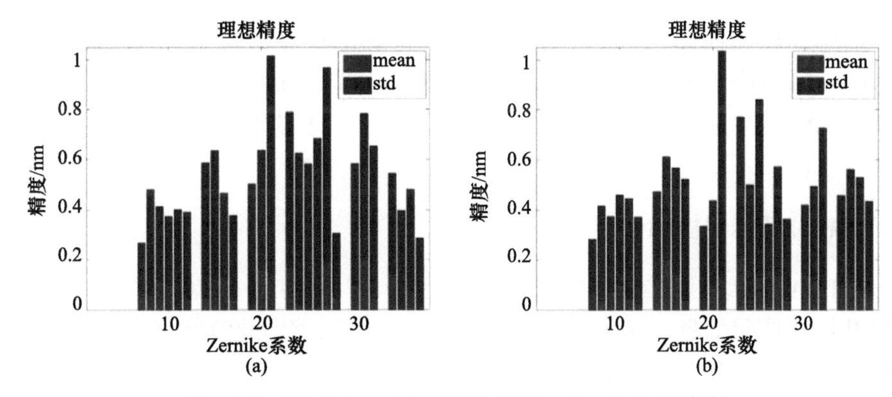

图 6-70　(a) AMAI-PCA 和(b) AMAI-OM 的检测精度

根据得到的空间像偏移范围和采样格点偏移范围生成测试空间像。对每一组理想空间像，用数值计算软件 MATLAB 插值得到有偏移量、采样位置不规则、包含噪声的空间像作为测试空间像；进行空间像坐标校正，得到偏移量和 Zernike 像差，将求解结果与输入值比较，分别得到偏移量求解误差和 Zernike 系数误差；进行 20 组测试，计算求解误差的 RMS 值和像差检测精度。对 30 组 Zernike 系数都进行上述测试，结果如图 6-71 所示。

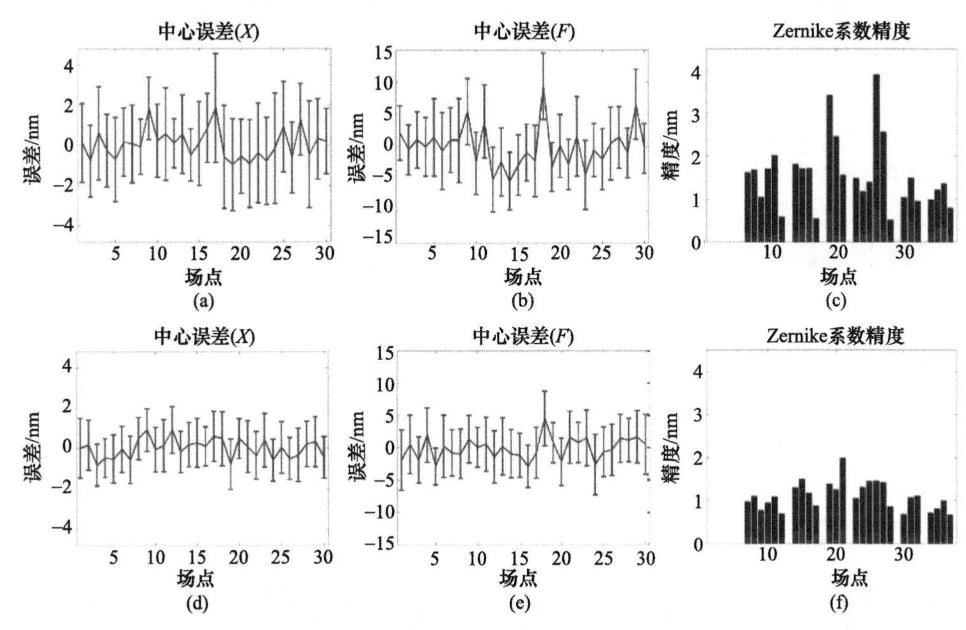

图 6-71　空间像坐标校正精度和像差检测精度的对比

(a)～(c) AMAI-PCA；(d)～(f) AMAI-OM

将均值的绝对值和标准差的和(|mean|+std)的最大值作为精度。由图可知，对于孤立空图形，X 和 F 方向上的空间像坐标校正精度分别约为 4nm 和 15nm；对于优化的掩模标记，X 和 F 方向上的空间像坐标校正精度分别约为 2nm 和 10nm。优化后，X 和 F 方向的坐标校正精度分别提高了 50%和 33%。对于孤立空掩模标记，由于空间像位置偏移校正精度较差，像差检测精度恶化严重，单项 Zernike 精度最差达到了

4nm。而采用优化掩模标记，由于空间像位置得到了很好的校正，最终的像差检测精度优于 2nm，因而优化掩模标记降低了实测中空间像位置偏移和噪声对检测精度的影响。结合优化照明和优化掩模标记的波像差检测方案有望在实际光刻机上取得良好的性能。

6.2.3　阶梯相位环标记检测法[5,13]

AMAI-PCA 技术采用二元光栅作为检测标记，需要采集一定焦深范围内的空间像光强分布以获取偶像差信息。这种空间像分布方式对不同类别的波像差具有相似的响应特征，例如，彗差和三波差都会导致空间像产生“香蕉型”形变，造成不同种类的波像差之间产生串扰，降低了 Zernike 系数的检测精度。采用阶梯相位环标记可以将属于不同焦深的空间像特征成像在同一个焦面内，从而只需在水平面采集一幅空间像即可同时提取奇偶波像差。基于阶梯相位环的 AMAI-PCA 技术抑制了波像差测量过程中的像差串扰问题，提高了检测精度。

6.2.3.1　波像差串扰分析

如果将检测标记视为投影物镜系统的输入，那么输出的空间像即为投影物镜系统响应。假设忽略杂散光和透过率变化等因素对投影物镜系统的影响，仅用波像差表征投影物镜系统的性能，此时，基于空间像的像差检测方法实质上是根据投影物镜系统对检测标记的空间像响应来提取波像差。

在波像差幅值相同的情况下，若空间像的形变量越大，则检测标记对波像差的灵敏度越大，像差检测精度越高。另一方面，检测标记对不同波像差的空间像响应差异越大，则不同波像差在测量过程中越不容易发生串扰。反之，当检测标记对不同波像

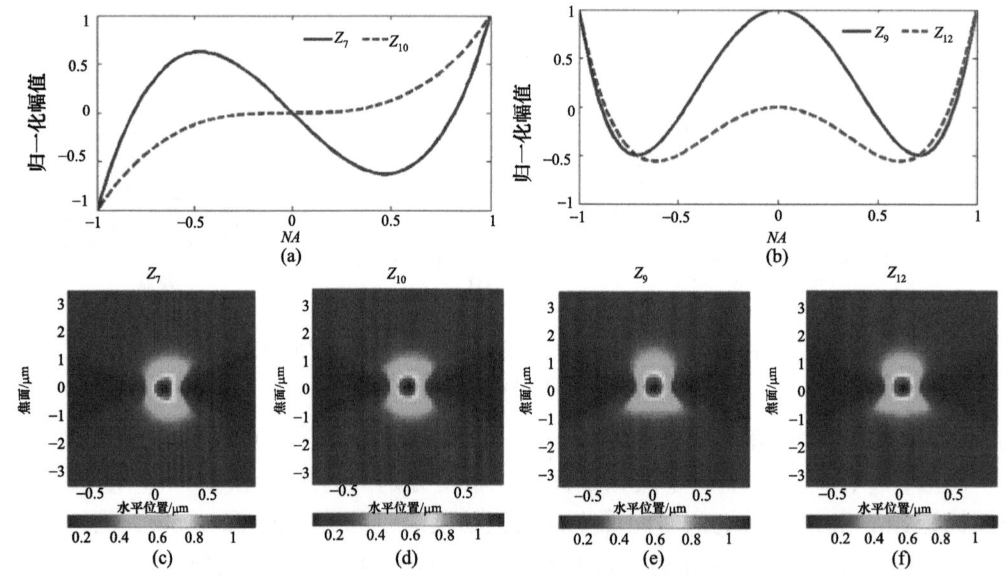

图 6-72　含有不同波像差的投影物镜系统对孤立空检测标记的空间像响应(仿真条件：0.65σ的传统照明，250nmCD，0.75NA，Z_7=Z_{10}=Z_9=Z_{12}=0.1λ)

差具有相近似的空间像响应时，检测得到的波像差之间会存在串扰，从而降低了波像差检测精度。

AMAI-PCA 使用孤立空作为检测标记。如图 6-72 所示，(a)和(b)分别为奇像差 Z_7(彗差)和 Z_{10}(三波差)，偶像差 Z_9(球差)和 Z_{12}(像散)沿 0°径向角方向的分布曲线，(c)～(f)分别为四个波像差对应的孤立空空间像的光强分布。其中 Z_7 和 Z_{10} 沿 0°径向角方向具有相似的分布趋势，故其空间像出现了相似的香蕉型形变。由于 Z_7 对相位的调制幅度比 Z_{10} 剧烈，所以 Z_7 对应的空间像比 Z_{10} 对应的空间像形变量大。同理，Z_9 和 Z_{12} 对空间像的影响也非常相似。由于含有 Z_7 和 Z_{10} 的空间像具有相似的形变特征，当采集到的空间像出现此类形变特征时，测量得到的 Z_7(1θ 族)和 Z_{10}(3θ 族)之间易出现串扰。同样的情况也存在于 Z_9(0θ 族)和 Z_{12}(2θ 族)之间。这种不同族的波像差在像差提取过程中出现串扰的问题，在很大程度上限制了 AMAI-PCA 的像差检测能力。

6.2.3.2　检测标记设计

为了弥补孤立空检测标记对波像差的空间像响应具有相似性的问题，可采用二维检测标记，使波像差对其空间像的影响特征更易区分，从而避免 AMAI-PCA 提取波像差过程中的串扰问题。

二维检测标记的空间像信息更多地由 XY 面空间像承载，但是偶像差对空间像的影响主要由具有一定焦深分布的空间像表征。为了消除二者之间的矛盾，可在二维检测标记引入相移，将不同焦面的空间像信息集中在同一焦面。

二维检测标记设计以双光束干涉的波像差检测技术所用检测标记作为基础。如 4.2.1 节所述，该技术使用 16 个不同方向的相移光栅标记，使掩模标记的 0 级与+1 级的衍射光进入光瞳并在硅片上干涉成像；再根据频谱分析等算法，将曝光后的各个检测标记的光刻胶最佳焦面位置与各类波像差建立线性关系。该技术可以对高阶 Zernike 像差进行检测，但是由于该方法依赖于曝光显影等工艺，并且耗时长，不适合于投影物镜波像差的实时测量。

图 6-73 是基于双光束干涉的波像差检测技术所用检测标记的结构图。该检测标记为一维相移光栅掩模，一个周期内有三个阶梯相位 a、b 和 c，它们的线宽比例关系为 1:2:1。相位依次为 0°、90°和 180°。假设检测标记材料的折射率为 n_a，检测标记所在空间介质的折射率为 n_b，则 90°相移对应的厚度差 $h=\lambda/4(n_a-n_b)$，其中 λ 为曝光波长。

该检测标记的优点有两个：

(1)该检测标记使用三级阶梯相位，其 XY 面的空间像对偶像差较敏感，可从一幅 XY 空间像提取奇像差和偶像差。二元检测标记无法从一幅 XY 面空间像提取偶像差。

(2)该检测标记在光瞳内的抽样区域简单可控。当标记的周期满足 $\lambda/NA(1-\sigma)\leqslant$ 周期 $\leqslant 2\lambda/NA(1+\sigma)$(其中，$NA$ 表示投影物镜数值孔径，σ 表示光源的部分相干因子，$\sigma\leqslant 1/3$)时，−1 级衍射光光强为零，而更高级次的衍射光不能射入光瞳，只有 0 级光和+1 级光参与成像，如图 6-74 所示。这样的特点有利于对光瞳面波前进行可控的抽样：改变周期可以控制+1 级光的位置，改变 σ 可以控制抽样光斑的面积。

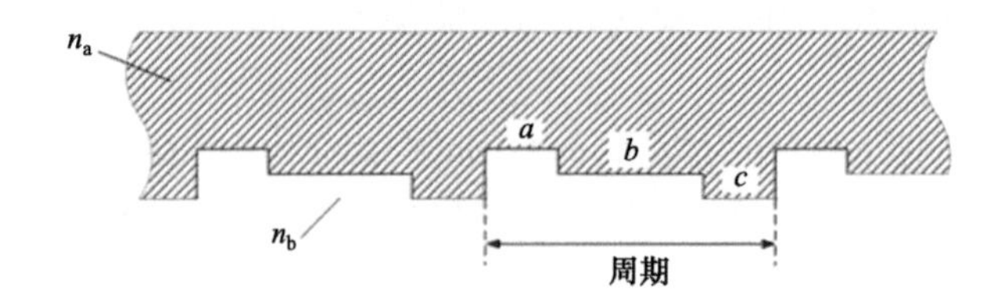

图 6-73　双光束干涉波像差检测技术的检测标记

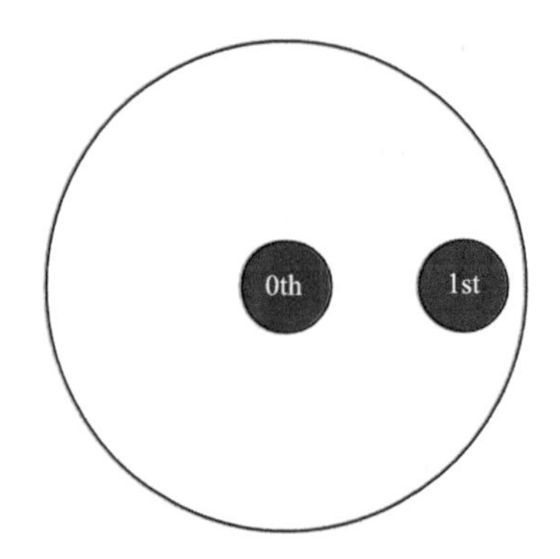

图 6-74　紫色部分为图 6-73 中掩模的衍射光

将图 6-73 所示一维检测标记弯曲成为圆环形，即构造得到了二维检测标记，如图 6-75(a)所示。这样的环状结构可以对光瞳面进行 360°全角度抽样，克服了一个检测标记一个抽样方向的局限。原一维掩模标记的周期也变为过圆心的径向分布(图 6-75(a) 中周期)。称沿径向周期性改变的相位环为周期式相位环，两个相邻的等相位的相位环之间的距离称为相位环周期。

在相位环周期数足够多的情况下，图 6-75 所示的检测标记在光瞳面内的衍射谱将出现类似一维掩模标记时的 0 级和+1 级式的双级次分布，并且由于掩模标记的环状特征，衍射谱也将具有环状特征，如图 6-75(b)所示。周期的个数越多，双光束干涉的特点越明显，如图 6-75(c)所示。衍射谱由两部分构成：中心圆盘和外围同心圆环。这样的光瞳抽样方式对于光轴具有旋转对称性，它的一个优点是即便掩模台存在一个微旋转误差(这样的误差是造成套刻误差的来源之一)，该检测标记仍然可以正常工作。同时，由于采用圆

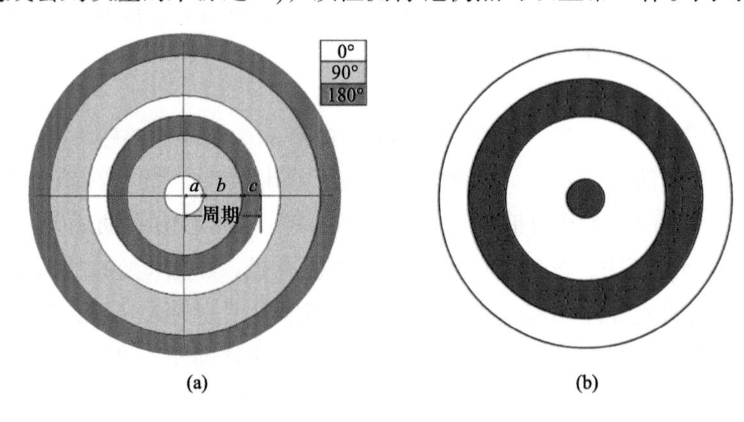

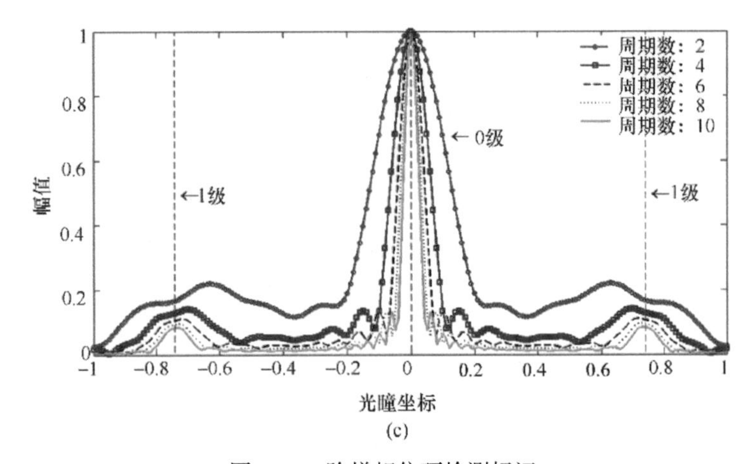

图 6-75　阶梯相位环检测标记

(a)结构示意图(以两周期为例);(b)检测标记频谱在光瞳内分布俯瞰图;(c)检测标记频谱在光瞳内分布截面图

(仿真条件：周期=400nm, *NA*=0.75)

对称的检测标记，空间像不容易受到光学系统衍射极限和光学邻近效应的影响，波像差在空间像中的表征也更加显著，不同种类的波像差更容易根据空间像进行区分。

然而，此类标记的衍射谱会造成 0 级光能量的叠加，+1 级光的能量则沿一个圆环分散分布。当相位环周期数无限增大时，相位环的衍射谱将逐渐逼近双光束干涉的条件，但另一方面，如图 6-75(c)所示，+1 级光和 0 级光的能量比例也随之下降，造成双光束干涉所成空间像对比度下降，不利于高精度波像差检测。

于是，简化检测标记的结构仅使用一个相位环周期，并添加一个辅助相位环来近似其余周期的影响，从而矫正衍射谱的能量分布。此时，检测标记的透过率函数可以写为

$$t(r)=\mathrm{circ}\left(\frac{r}{r_1}\right)\cdot\left(1-\mathrm{e}^{\mathrm{i}\frac{\pi}{2}}\right)+\mathrm{circ}\left(\frac{r}{r_2}\right)\cdot\left(\mathrm{e}^{\mathrm{i}\frac{\pi}{2}}-\mathrm{e}^{\mathrm{i}\pi}\right)$$
$$+\mathrm{circ}\left(\frac{r}{r_3}\right)\cdot\left(\mathrm{e}^{\mathrm{i}\pi}-1\right)+\mathrm{circ}\left(\frac{r}{r_4}\right) \tag{6.70}$$

其中，r_1，r_2，r_3和 r_4分别为相位环 a，b，c 和辅助环的外径，当使用平行光垂直照射该检测标记时，其衍射谱为

$$O(f_r)=\frac{r_1\cdot J_1(2\pi r_1 f_\mathrm{r})}{f_\mathrm{r}}\cdot(1-\mathrm{i})+\frac{r_2\cdot J_1(2\pi r_2 f_\mathrm{r})}{f_\mathrm{r}}\cdot(\mathrm{i}+1)$$
$$-2\cdot\frac{r_3\cdot J_1(2\pi r_3 f_\mathrm{r})}{f_\mathrm{r}}+\frac{r_4\cdot J_1(2\pi r_4 f_\mathrm{r})}{f_\mathrm{r}} \tag{6.71}$$

其中，f_r 表示归一化后的光瞳坐标；J_1 表示第一类贝塞尔函数。添加辅助相位环后，可以很容易地获得双衍射级次，同时实现 0 级与+1 级衍射光的强度平衡。对辅助相位环进行优化后得到，当周期=400nm 时，添加环宽 150nm 的辅助环，可使一个周期的相位环标记的衍射谱光强的对比度最高。

最终的检测标记如图 6-76(a)所示，该标记由透光的圆盘 a 和圆环 b，c，d 构成，圆环 d 外区域透光率为 0。环宽(像方尺寸)由内向外依次为 100nm，200nm，100nm 及 150nm，相位依次为 0°，90°，180°和 0°。假设投影物镜光轴方向为 Z 轴方向，对于二维检测标记，其主要空间像信息是在垂直光轴的 XY 平面分布的。其中，位于投影物镜理想物理焦面(这里指投影物镜不存在像差时的最佳焦面，以下简称物理焦面)的空间像光强分布与波像差通常具有最佳线性关系。同时，由于相位环检测标记尺寸较大，空间像焦深大于 0.2μm，空间像在物理焦面附近的光强变化很小，利于波像差的提取。

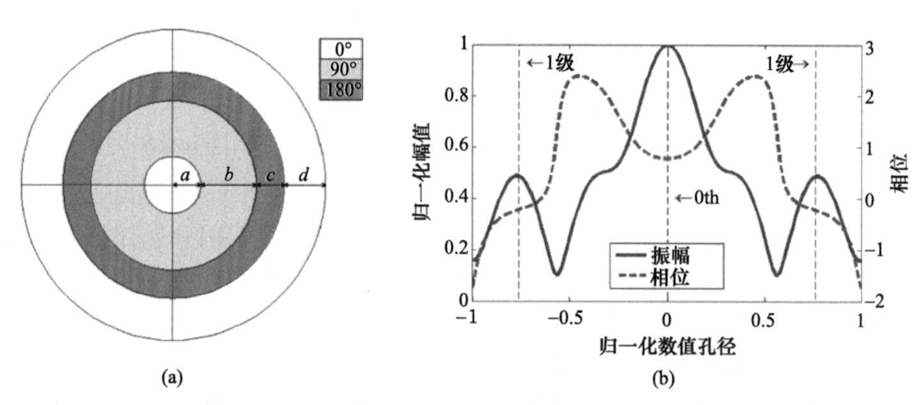

图 6-76　(a)添加辅助环后的检测标记；(b)检测标记频谱在光瞳内分布截面图

图 6-76(a)中的相位环检测标记采用了旋转对称的环状结构，其衍射谱可以在光瞳面对波前进行全方向的抽样。在理论上，仅需一幅空间像即可提取所有角频率的 Zernike 波像差。图 6-76(b)为该检测标记的衍射谱，蓝色实线表示衍射谱在投影物镜的光瞳内归一化的光强幅值分布截面图，红色虚线表示衍射谱的相位分布截面图。由图 6-76(b)可知，衍射谱光强由两部分组成，分别是低频的 0 级圆斑和高频的+1 级圆环，这样的衍射谱既能实现较高的成像对比度，也能对波前进行充分抽样；并且得益于阶梯相位，该检测标记对光瞳面的波前具有调制作用，可以将本来属于不同焦深的空间像特征成像在同一个焦面内，从而只需在水平面采集一幅空间像即可同时提取奇偶波像差。

该检测标记虽然是环形结构，但尺寸较大。目前掩模制造技术可充分满足检测标记加工精度要求。当然，如果检测标记在加工时存在较大误差，就会对像差测量结果产生不利影响。如果检测标记存在较大误差，可以对实际的检测标记进行缺陷标定。在 AMAI-PCA 线性模型建立的过程中，可以对仿真软件进行缺陷参数修正，使检测标记的误差对波像差测量结果的影响降到最小。

图 6-77 为含有不同波像差的成像系统对相位环检测标记的空间像响应。与一维孤立空检测标记不同，波像差对相位环空间像的影响呈现于该波像差角频率对应的周期性。这个性质非常重要，它令每个主成分均只对应一族波像差的影响，从而抑制了波像差测量过程中的串扰问题。

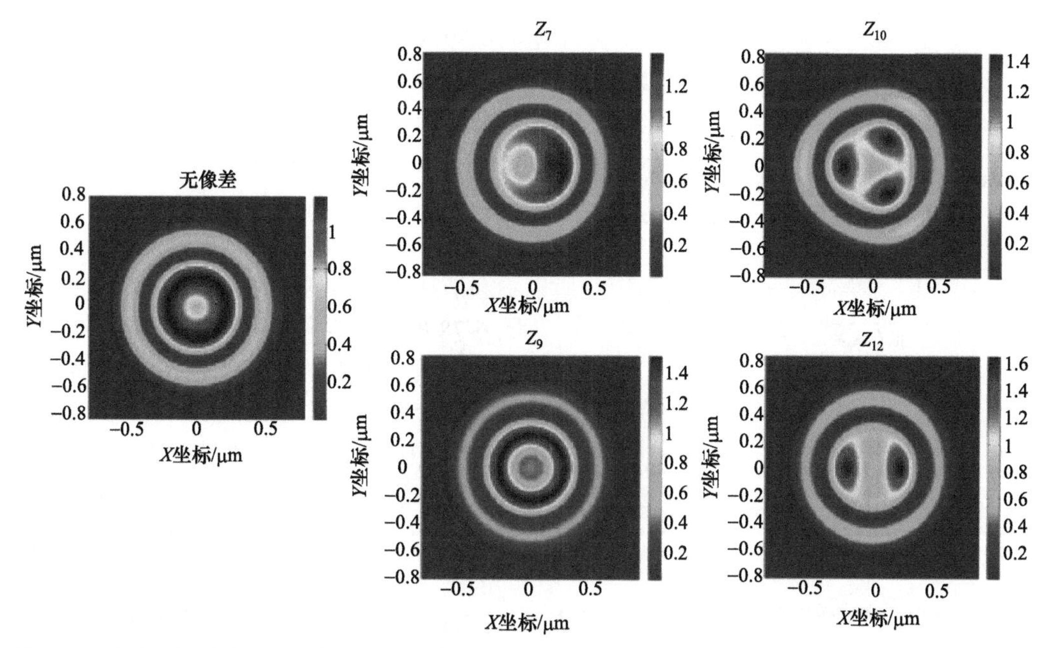

图 6-77　含有不同波像差的成像系统对相位环检测标记的空间像响应(仿真条件：0.65σ 的传统照明，250nmCD，0.75NA，$Z_7=Z_{10}=Z_9=Z_{12}=0.1\lambda$)

6.2.3.3　检测原理

基于阶梯相位环的 AMAI-PCA 仍然是利用空间像光强分布与 Zernike 系数之间的线性关系测量波像差。该技术仅需一幅焦面空间像即可提取多种奇偶像差。但是，因为实际空间像采集过程中无法获知投影物镜的理想物理焦面，所以需要首先测量空间像的离焦误差。

光刻工艺通过曝光一张 FEM 硅片获得工艺窗口，工艺窗口的中心位置所对应的焦面即为光刻胶曝光的最佳焦面。但是，由于各类像差的存在以及光刻胶折射率的影响，基于光刻胶曝光工艺得到的最佳焦面往往不是投影物镜的理想物理焦面；并且工件台也具有定位误差，该误差值一般不超过 10nm。由于球差与离焦误差对空间像具有相似的影响效果，当工件台存在 10nm 的 Z 向定位误差时，通常可以造成 5mλ 的球差检测误差。这样的检测精度在实际应用中是不可接受的，所以抑制离焦误差的影响对波像差检测具有实际意义。为了消除由离焦误差引起的波像差检测误差，需要首先精确测量离焦误差，采用迭代算法可以确定离焦误差。

不同焦面位置的空间像具有各自的细节特征，这些特征的差别可以用主成分来区分。利用不同焦面位置的前 30 阶主成分拟合实测空间像，得到的拟合残差主要为高阶主成分的舍位误差，拟合残差越小，则表明主成分所在焦面越接近实测空间像所在焦面。于是，建立不同焦面位置的主成分模型数据库，分别拟合实测空间像，以拟合残差最小为原则确定实测空间像离焦误差。

由于实测空间像通常含有噪声，拟合残差中不但包括有用的主成分高阶舍位残差信息，也包括无用的空间像噪声信息。为了提高信噪比，使主成分的高阶舍位残差显著大

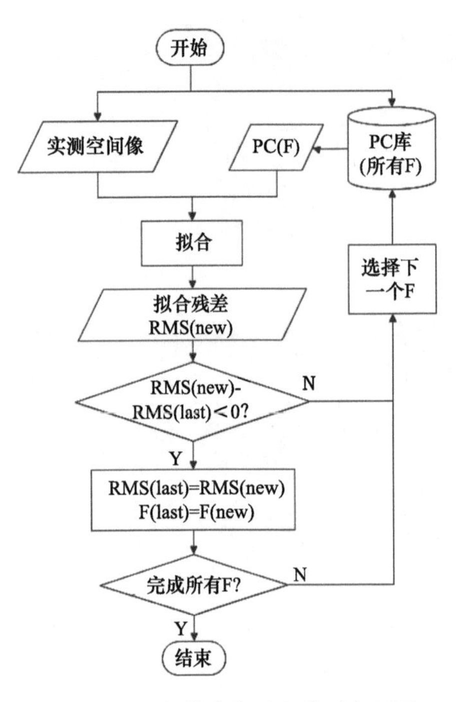

图 6-78　空间像离焦误差检测流程图

于空间像噪声，两个相邻主成分模型之间的焦面距离不宜过小。同时，鉴于目前通常使用的光刻机工件台的定位误差较小，无须大范围地建立数据库。使用1nm作为主成分模型的Z向采样间距，Z向采样范围为±10nm。由于模型的建立过程可以事先完成，作为像差检测时的数据库来调用，所以不会消耗额外的测量时间。

图 6-78 所示为空间像离焦误差测量流程图。用离焦位置为 F 的主成分(PC)来拟合实测空间像，计算拟合残差的均方根值(RMS)，并与之前离焦位置为 F(last)的拟合结果进行比较，保留残差均方根值小的一方，再根据算法选择下一个焦面位置 F(new)，重复上述步骤直到获得最小拟合残差的离焦位置 F 为止。该过程可以利用优化算法,但每次选取的步长需要根据主成分库(PC 库)中的模型确定。在离焦误差确定后，适用的 AMAI-PCA 模型也就确定了，再利用对应离焦位置的 AMAI-PCA 模型从实测空间像中提取波像差。

6.2.3.4　仿真实验

为了对基于阶梯相位环的 AMAI-PCA 的性能进行评估，分别对理想空间像、含有离焦误差的空间像以及含有离焦误差和噪声的空间像进行仿真测试。

当仿真空间像中不含离焦误差和噪声时，波像差的检测误差为 AMAI-PCA 的系统误差。本测试利用 Dr.LITHO 产生仿真空间像。Dr.LITHO 是德国 Fraunhofer 研究所开发的一款可靠性经过多方验证的光刻仿真软件，随机生成了 50 组测试用 Zernike 系数，代入 Dr.LITHO 产生空间像，并进行模型系统误差的测试。仿真参数设置如表 6-12 所示。其中，检测标记结构如图 6-76(a)所示，光源照明方式及偏振方向如图 6-79 所示。随机生成 50 组 Zernike 系数，单项 Zernike 系数幅值在±20mλ 范围内服从正态分布，由此得到的光瞳面波像差幅值在±50mλ 范围内分布。

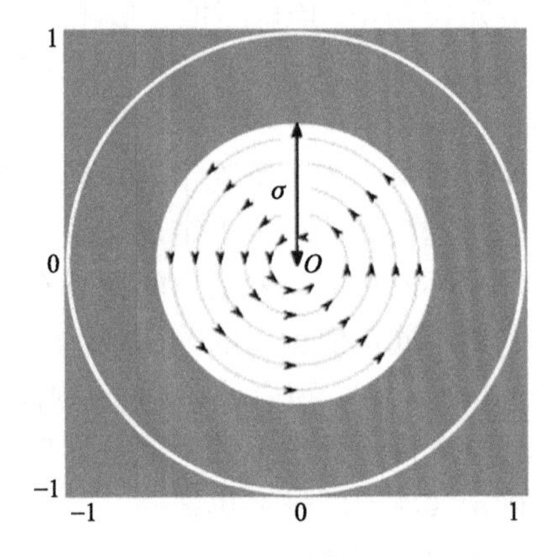

图 6-79　光源照明方式及偏振方向

首先，建立空间像光强分布与 Zernike 系数之间的线性模型。如图 6-80 所示，上半部分图案表示 Zernike 多项式，下半部分图案表示主成分图形。其中，Zernike 多项式与其下方的主成分图形具有非常高的相似度，它们之间存在显著的对应关系。另一方

表 6-12　仿真参数设置

光源	
波长 λ	193nm
照明方式	传统照明方式
部分相干因子σ	0.2
偏振方式	切向偏振
检测标记	
类型	阶梯相位环
环宽	100nm/200nm/100nm/150nm
环相位	0°/90°/180°/0°
投影物镜	
数值孔径 NA	0.75
输入像差种类	$Z_5 \sim Z_{16}$
输入像差幅值	$-20\sim20\text{m}\lambda$
空间像	
空间像范围	X/Y 方向: $-800\sim800\text{nm}$
采样间隔	X/Y 方向: 25nm

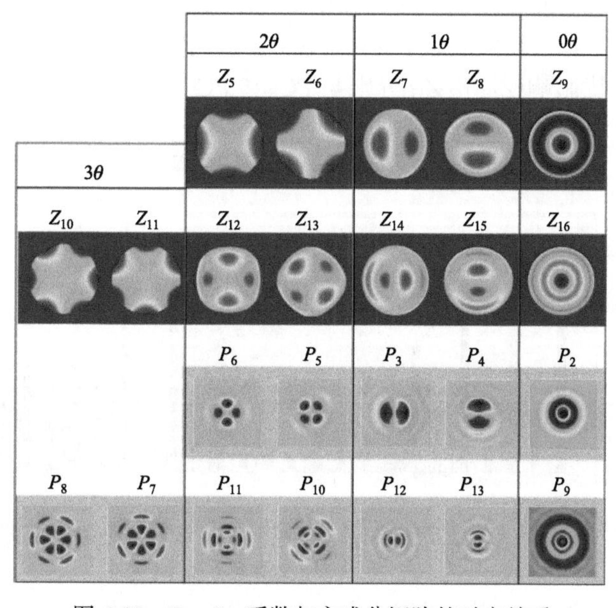

图 6-80　Zernike 系数与主成分矩阵的对应关系

面，这种高相似度表现为不同族的波像差之间主成分相互差别很大。

图 6-81 是回归矩阵，可以看出回归矩阵不但将奇偶像差区分开来，而且进一步将不同族的波像差自动分开。这将减少像差之间的串扰误差，提高波像差的检测精度。

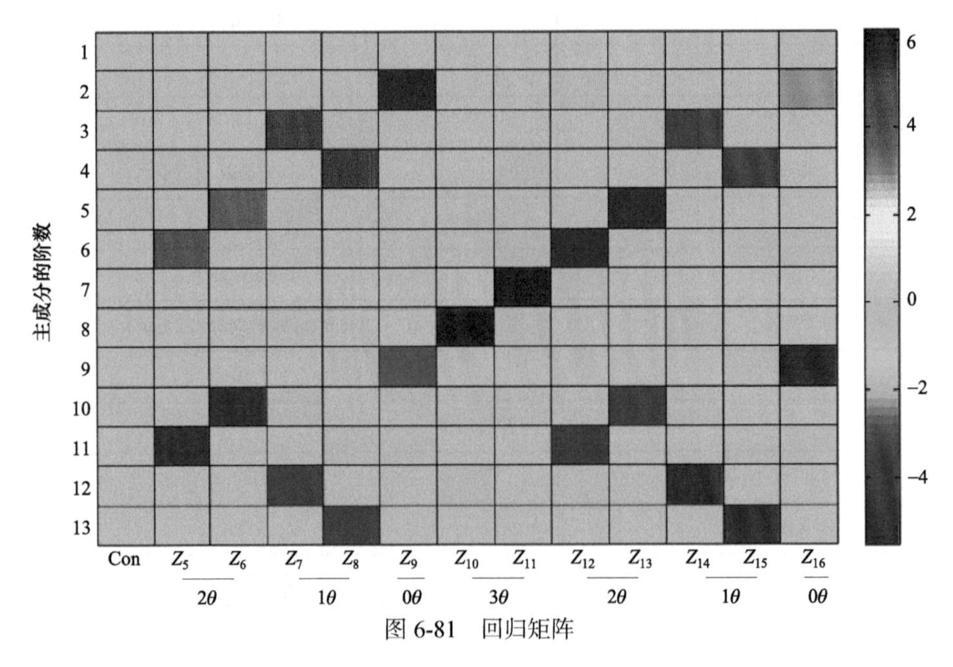

图 6-81　回归矩阵

该技术仅需一个相位环检测标记即可检测 12 项 Zernike 系数，比基于 H/V 方向的二元光栅检测标记的 AMAI-PCA 增加 5 项。图 6-82 表示利用该线性模型测量 50 组波像差的统计结果。该图依次展示了 Z_5～Z_{16} 共 12 项 Zernike 系数的最大误差(max error)、标准差(std error)、平均误差(mean error)和均方根误差(RMS error)。其中，最大系统误差出现在五阶彗差 Z_{14} 和 Z_{15}，误差幅值低于 1mλ。由于三波差 Z_{10} 和 Z_{11} 在回归矩阵中没有同族波像差内部间的串扰影响(Z_{10} 和 Z_{11} 分别与 PC_8 和 PC_7 一一对应)，所以像差测量精度最

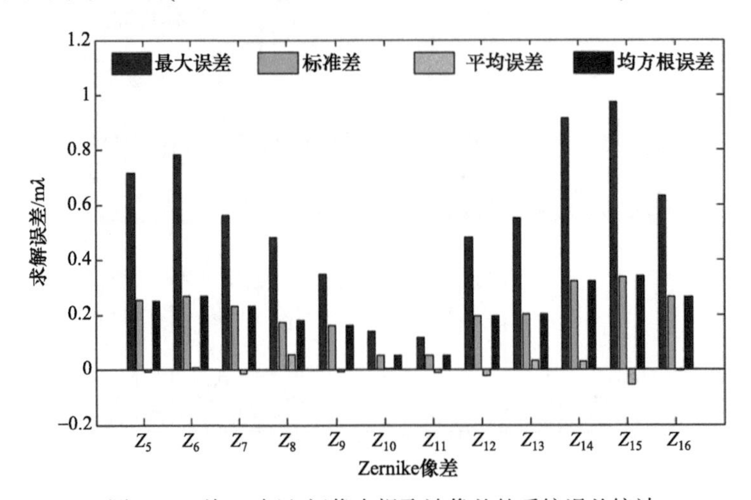

图 6-82　从 50 幅空间像中提取波像差的系统误差统计

高，优于 0.2mλ，而 AMAI-PCA 在相同波像差幅值范围内最大误差约为 1.15mλ，该技术的像差测量精度提高了约 15%。

为了验证离焦误差测量方法的有效性，设计仿真实验进行测试。测试中使用 Dr.LITHO 生成上文中的 50 幅空间像对应的离焦空间像，离焦误差在−10～+10nm 范围内服从正态随机分布。如图 6-83 所示，在±10nm 离焦位置处的空间像相对于物理焦面处的空间像发生了细微变化，其中空间像中心位置光强分布的离焦效应较为明显。

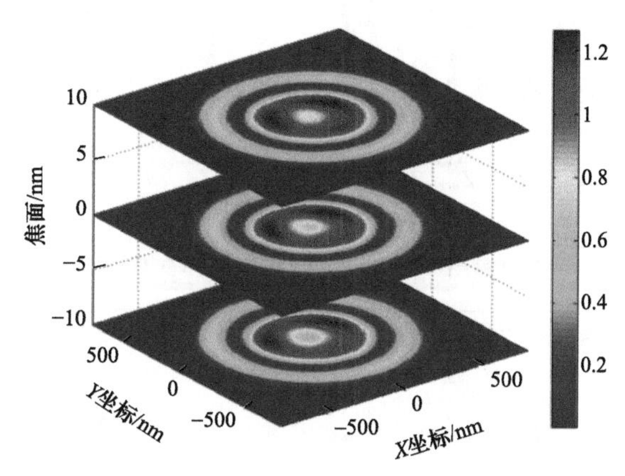

图 6-83　不同离焦位置的空间像

首先，使用上文中理想物理焦面位置的线性模型测量上述含有离焦误差的空间像，测量结果显示 Z_9 和 Z_{16} 的最大误差可达 4.2mλ，而其余 10 项 Zernike 系数的测量精度也有 10%左右的下降，可见离焦误差对波像差的检测精度影响很大。

然后，采用 6.2.3.3 节中的离焦误差测量方法，并使用对应离焦量的线性模型检测波像差。测量过程中，先在−10～+10nm 的范围内，每间隔 1nm 建立一个线性模型，按照上文所述方法确定离焦误差大小并提取波像差。像差测量结果如图 6-84 所示，与图 6-82 相比，除球差 Z_9 和 Z_{16} 外，其余 Zernike 系数的检测精度下降不足 1%。Z_9 和 Z_{16} 的最大误差约增加 0.4mλ。12 项 Zernike 系数的最大误差发生在 Z_{16} 处，幅值为 1.05mλ，比最大系统误差增大 0.05mλ，但比没有定焦时的检测精度提高 3mλ。同时，仿真过程的中间结果表明，离焦误差的测量精度优于 1nm。

因为离焦误差的测量方法采用比较拟合空间像的残差最小为原则，该方法易受到空间像噪声的影响。空间像在采集过程中会含有噪声，下面将对含有离焦误差和高斯噪声情况的空间像进行波像差提取。

按照实际噪声水平，向上述 50 幅含有离焦误差的空间像中添加标准差为 0.03 的高斯噪声。12 项 Zernike 系数的测量结果如图 6-85 所示，与离焦误差对 Zernike 系数测量精度的影响情况不同，空间像噪声导致所有 Zernike 系数测量精度下降。此时，最大误差仍然出现在 Z_{16} 项，约为 1.6mλ。这个最大误差仍然小于像差幅值的 10%，可以满足实际使用的需求。实际的像差提取过程中，还会对空间像进行降噪处理，那么 Zernike 像差的提取精度将更高。

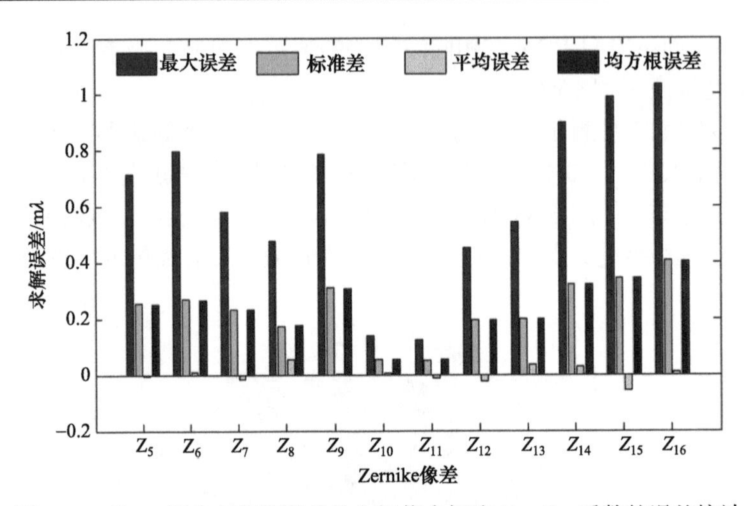

图 6-84　从 50 幅含有离焦误差的空间像中提取 Zernike 系数的误差统计

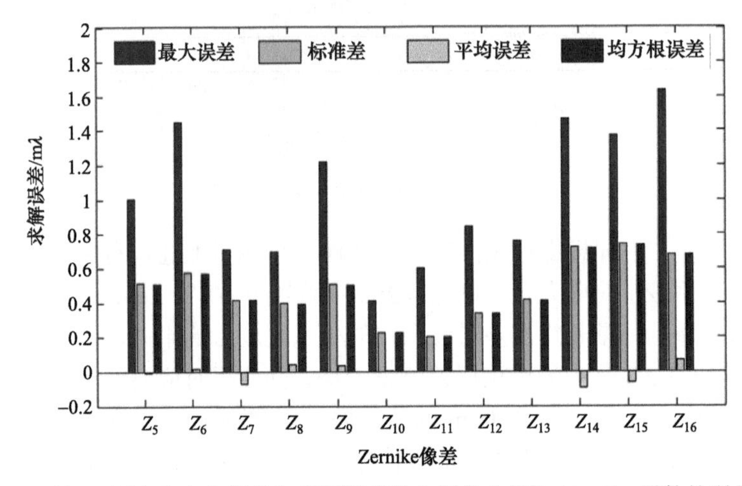

图 6-85　从 50 幅含有离焦误差和高斯噪声的空间像中提取 Zernike 系数的误差统计

6.3　高阶波像差检测方法

AMAI-PCA 技术采用 0°和 90°两个方向的孤立空检测标记，只能用于 Z_5，Z_7，Z_8，Z_9，Z_{14}，Z_{15}，Z_{16} 等低阶波像差的检测，无法检测更高阶的 Zernike 像差。随着光刻分辨率的提高，高阶波像差对分辨率和套刻精度的影响越发明显，需要对高阶波像差进行高精度的检测与控制。本节通过优化照明光源、检测标记和检测模型等，将 AMAI-PCA 技术进行拓展，使其能够用于 33 项(Z_5～Z_{37})、60 项(Z_5～Z_{64})Zernike 系数的高精度检测。

6.3.1　多照明设置法[4,14]

当使用不同照明方式照明时，检测标记的衍射光将受到投影物镜不同光瞳位置的调制，产生具有一定差异的空间像。使用不同照明方式建立的 AMAI-PCA 模型可提高波像差检测灵敏度，特别是对于容易发生串扰的 Zernike 系数，这种方法可以有效区分串扰。

该方法有效扩展了可测 Zernike 系数的项数，实现了极坐标系下 Z_5～Z_{37} 中除正弦 2-θ 项和正弦 4-θ 项外所有 27 项 Zernike 像差的精确求解。

6.3.1.1　检测原理

在不同照明方式下，同一 Zernike 像差对空间像光强分布特征的影响是不同的(图 6-86)。通过对不同照明方式下的空间像集合进行主成分分析，可以全面提取各个像差对空间像光强分布特征的影响信息，从而改善主成分系数与 Zernike 系数之间的线性关系。

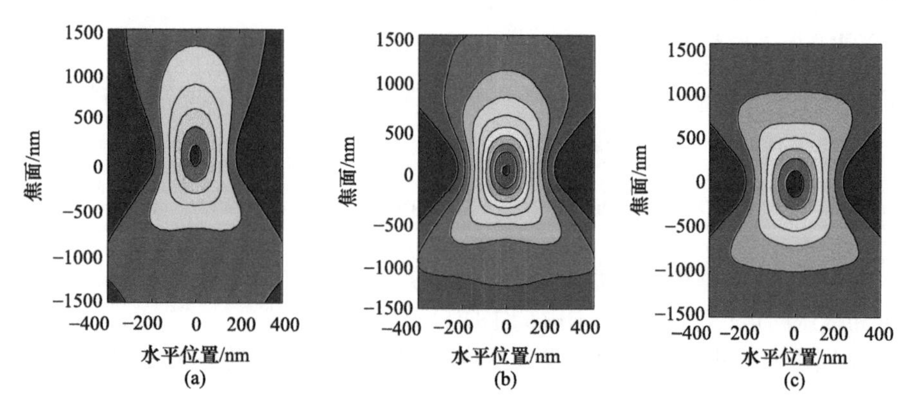

图 6-86　不同照明方式下 Zernike 像差 Z_9 对空间像光强分布特征的影响

(a)传统照明 σ=0.5；(b)环形照明 σ_{out}=0.7，σ_{in}=0.5；(c)环形照明 σ_{out}=0.9，σ_{in}=0.7

基于多种照明方式的 AMAI-PCA 技术的检测包括以下 3 个步骤。

1. 空间像样本集合生成与主成分分析

采用焦面设计方式生成一组 Zernike 系数矩阵作为输入，采用不同照明方式(部分相干因子 $\sigma_n(n = 1,2,3)$)，通过物理仿真，得到不同照明方式下的空间像样本集合 AIM^{σ_n}。对每一组空间像样本集合 AIM^{σ_n} 进行主成分分析，关系如下：

$$\text{AIM}^{\sigma_n} = \begin{bmatrix} \text{PC}_1^{\sigma_n} & \text{PC}_2^{\sigma_n} & \cdots & \text{PC}_t^{\sigma_n} \end{bmatrix} \cdot \begin{bmatrix} V_1^{\sigma_n} \\ V_2^{\sigma_n} \\ \vdots \\ V_t^{\sigma_n} \end{bmatrix} + E_{\text{T}}^{\sigma_n} \tag{6.72}$$

其中，AIM^{σ_n} 为 $p\times t$ 的矩阵(p 为空间像像素个数，t 为 Box–Behnken 设计生成的 Zernike 像差组数)；$\text{PC}_i^{\sigma_n}$ 为 $p\times 1$ 的主成分向量；$V_i^{\sigma_n}$ 为 $1\times t$ 的主成分系数向量；$E_{\text{T}}^{\sigma_n}$ 为 $p\times t$ 的残差；σ_n 为部分相干因子，下标 $n(n = 1,2,3)$ 表示不同的照明设置。

2. 回归拟合

采用线性回归分析方法建立主成分系数与 Zernike 系数之间的线性关系模型。在不同的照明方式下，可以得到不同的线性回归矩阵，线性回归关系式如下所示。

$$\begin{bmatrix} V_1^{\sigma_n} \\ V_2^{\sigma_n} \\ \vdots \\ V_t^{\sigma_n} \end{bmatrix} = \begin{bmatrix} RM_1^{\sigma_n} \\ RM_2^{\sigma_n} \\ \vdots \\ RM_t^{\sigma_n} \end{bmatrix} \cdot ZM + E_R^{\sigma_n} \tag{6.73}$$

其中，$RM_i^{\sigma_n}$ 为线性 $1\times(m+1)$的线性回归矩阵；ZM 为$(m+1)\times t$ 的 Zernike 系数矩阵；$E_R^{\sigma_n}$ 为 $t\times t$ 的残差矩阵；m 是建模所用 Zernike 像差个数。

3. Zernike 像差的求解

不同照明方式下采得的空间像 AI^{σ_n} 与其对应照明方式下的主成分进行拟合，得到空间像的主成分系数$V^{\sigma_n}{}'$，关系式如下：

$$AI^{\sigma_n} = \begin{bmatrix} \mathrm{PC}_1^{\sigma_n} & \mathrm{PC}_2^{\sigma_n} & \cdots & \mathrm{PC}_{q_n}^{\sigma_n} \end{bmatrix} \cdot V^{\sigma_n}{}' + V_{\mathrm{T}}^{\sigma_n}{}' \tag{6.74}$$

其中，AI^{σ_n} 为 $p\times 1$ 的实测空间像向量；$V^{\sigma_n}{}'$ 为 $q_n\times 1$ 的实测空间像主成分系数；$E_{\mathrm{T}}^{\sigma_n}{}'$ 为 $p\times 1$ 的残差向量；q_n 为用于求解的主成分个数。

联合不同照明方式下得到的主成分系数 $V^{n}{}'$和线性回归矩阵 RM^{n}，进行最小二乘拟合，即可得到待求解的 Zernike 像差。

$$\begin{bmatrix} V^{\sigma_1}{}' \\ V^{\sigma_2}{}' \\ V^{\sigma_3}{}' \end{bmatrix} = \begin{bmatrix} RM^{\sigma_1} \\ RM^{\sigma_2} \\ RM^{\sigma_3} \end{bmatrix} \cdot \begin{bmatrix} 1 \\ Z_5 \\ Z_7 \\ Z_8 \\ \vdots \\ Z_{37} \end{bmatrix} + E_R' \tag{6.75}$$

其中，$V^{\sigma_1}{}',V^{\sigma_2}{}'$和 $V^{\sigma_3}{}'$为 $q_n\times 1$ 的实测空间像主成分系数矩阵；RM^{σ_1}，RM^{σ_2}，RM^{σ_3}为求解 Zernike 像差所用的 $q_n\times(1+m)$的线性回归矩阵；E_R' 为$(q_1+q_2+q_3)\times 1$ 的残差向量。主成分系数矩阵$V^{\sigma_n}{}'$和回归矩阵RM^{σ_n}如下：

$$V^{\sigma_n}{}' = \begin{bmatrix} V_1^{\sigma_n}{}' \\ V_2^{\sigma_n}{}' \\ \vdots \\ V_{q_n}^{\sigma_n}{}' \end{bmatrix}, \quad RM^{\sigma_n} = \begin{bmatrix} RM_1^{\sigma_n} \\ RM_2^{\sigma_n} \\ \vdots \\ RM_{q_n}^{\sigma_n} \end{bmatrix} \tag{6.76}$$

6.3.1.2 仿真实验

采用由 KLA-Tencor Co. Ltd 开发的光刻仿真软件 PROLITH 进行仿真，由于主成分系数与 Zernike 系数之间的线性度直接反映主成分系数与 Zernike 系数之间线性关系的好坏，所以计算了这一参数，并把基于多种照明方式下 AMAI-PCA 方法的这一参数和单一照明方式下 AMAI-PCA 方法的这一参数进行对比。为保证对比的有效性，采用和单一照明方式下 AMAI-PCA 方法相同的参数设置和掩模标记。仿真参数如表 6-13 所示。

表 6-13 仿真参数设置

	基于多种照明方式的 AMAI-PCA 方法	单一照明方式 AMAI-PCA 方法
照明方式	传统照明：$\sigma=0.5$ 环形照明：$\sigma_{out}=0.7$，$\sigma_{in}=0.5$ 环形照明：$\sigma_{out}=0.9$，$\sigma_{in}=0.7$	传统照明：$\sigma=0.65$
波长	193nm	
CD	250nm	
周期	3000nm	
方向	0°/90°	
NA	0.75	
空间像范围	*X* 方向：−900～900nm　*Z* 方向：−3500～3500nm	
采样间隔	*X* 方向：30nm　*Z* 方向：125nm	

在实际计算过程中，主成分分析得到的主成分和主成分系数是按照权重从大到小排列的，一般选用前 20 个主成分和主成分系数，当主成分系数与 Zernike 系数之间的线性度大于 0.99 时，认为二者之间的线性关系成立。图 6-87(a)是基于多种照明方式的 AMAI-PCA 方法主成分系数与 Zernike 系数之间的线性度，图 6-87(b)是单一照明方式 AMAI-PCA 方法主成分系数与 Zernike 系数之间的线性度。通过对比可以看出，基于多种照明方式的 AMAI-PCA 方法，有效地改善了主成分系数与 Zernike 系数之间的线性关系，增加了线性度大于 0.99 的方程数目。当需求解高阶 Zernike 像差时，线性方程组系数矩阵的秩大于等于待求解的 Zernike 像差的数目，采用最小二乘拟合即可求解 Zernike 像差。而基于单一照明方式的 AMAI-PCA 方法，主成分系数与 Zernike 系数之间线性度大于 0.99 的项很少。当需求解高阶 Zernike 像差时，方程数小于待求解的 Zernike 像差的数目而无法求解。

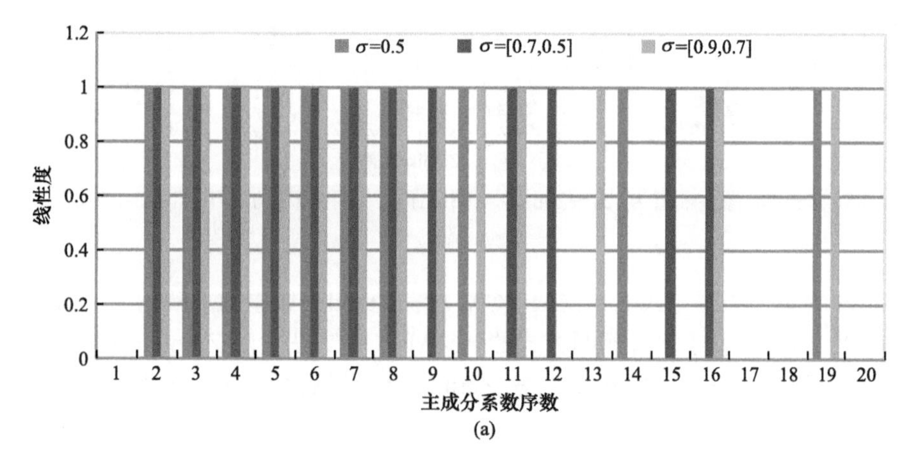

(a)

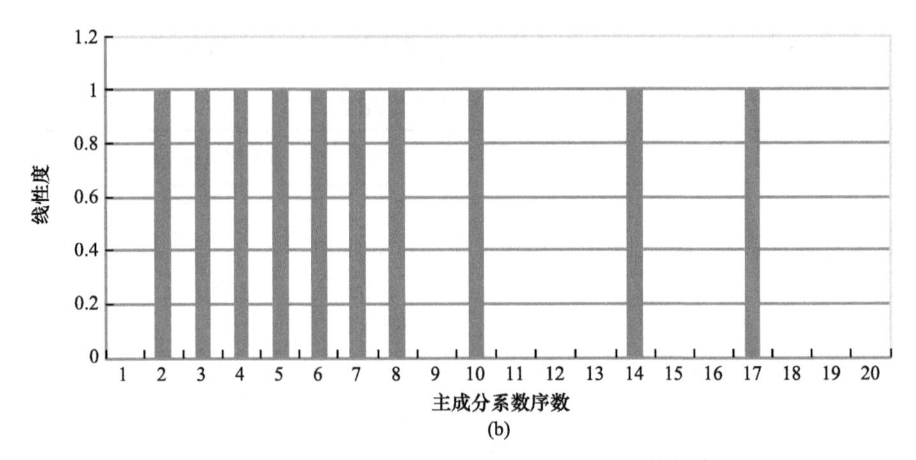

(b)

图 6-87　主成分系数与 Zernike 系数之间的线性度

(a)多种照明方式下 AMAI-PCA 方法主成分系数与 Zernike 系数之间的线性度；(b)单一照明方式下 AMAI-PCA 方法主成分系数与 Zernike 系数之间的线性度

随机生成 100 组 Zernike 系数，来模拟实际投影物镜的波像差分布。利用 PROLITH 仿真空间像，采用基于多种照明方式的 AMAI-PCA 方法进行 Zernike 像差的求解。通过计算求解得到的 Zernike 像差与输入的 Zernike 像差之间的绝对偏差，来评估二者之间的差别。图 6-88 为基于多种照明方式的 AMAI-PCA 方法 Zernike 像差求解精度，其中最大误差、标准差、平均误差和均方根误差为 100 次偏差求得的结果。由图 6-88 可以看出，基于多种照明方式的 AMAI-PCA 方法有效地扩展了 Zernike 像差的求解阶数，实现了精确求解极坐标系下除正弦 2-θ 项和正弦 4-θ 项外所有 Zernike 像差，即 Z_5，Z_7～Z_{12}，Z_{14}～Z_{17}，Z_{19}～Z_{21}，Z_{23}～Z_{28}，Z_{30}～Z_{32}，Z_{34}～Z_{37}。Zernike 像差求解的最大误差在 0.43～0.78mλ 范围内，标准差和均方根误差在 0.14～0.4 mλ 范围内。

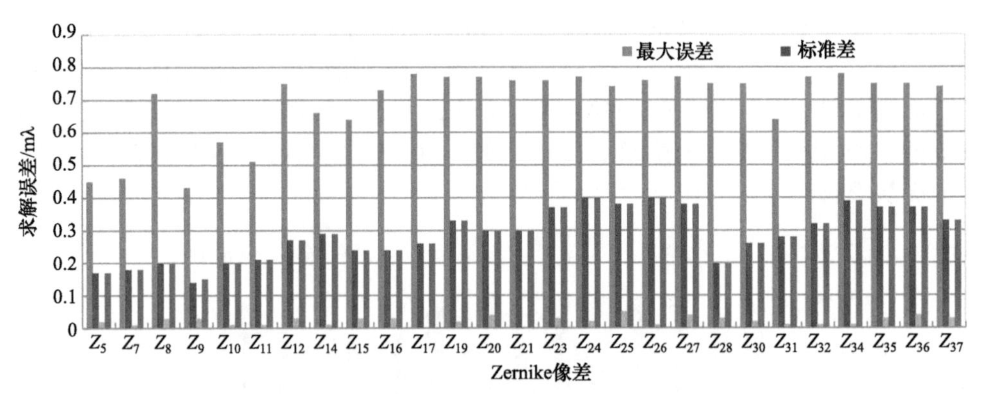

图 6-88　Zernike 像差幅值为−20～20mλ(λ=193nm)时，多种照明方式下 AMAI-PCA Zernike 系数求解精度

图 6-89 为单一照明方式下 AMAI-PCA 方法 Zernike 像差的求解精度。对比图 6-88 和图 6-89 可以看出，基于多种照明方式的 AMAI-PCA 方法低阶 Zernike 像差求解精度平均值比单一照明方式下 AMAI-PCA 方法 Zernike 像差求解精度平均值提高了 10%以上。

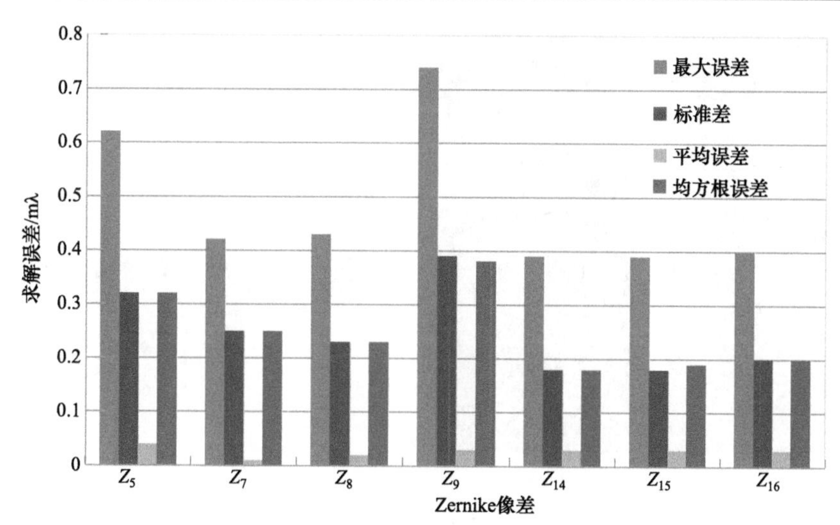

图 6-89　Zernike 像差幅值为−20～20mλ(λ=193nm)时，单一照明方式下 AMAI-PCA 方法 Zernike 系数求解误差

6.3.2　环形照明检测法[8,15]

AMAI-PCA 利用空间像光强分布与 Zernike 像差的线性关系求解波像差，如果某项 Zernike 像差对空间像光强分布没有明显影响，就无法求解。从本质上而言，照明光源和掩模标记对波像差检测性能的影响都与光瞳采样有关。为扩展可测 Zernike 像差的项数，需要对照明光源或掩模标记进行优化，以提高光瞳采样的有效性。本节在 0°/90° 孤立空检测标记下，采用环形照明光源，通过对其参数进行优化，实现了 27 项 Zernike 系数的检测，且检测精度相对传统照明方式得到大幅提高。

6.3.2.1　光瞳采样分析

光源上每一点对应的入射光线，经过掩模都会发生衍射。所有的同级衍射光都在光瞳面上会聚成光源的像，且各个衍射级次会聚成的光源的像发生叠加，这种叠加得到的图形叫“光瞳采样图”。这种图形表征了掩模和照明共同作用时的光瞳分布，可以用来分析波像差检测技术的性能。以 AMAI-PCA 技术中宽 250nm、周期 3000nm 的孤立空掩模为例，该掩模及其衍射谱分别如图 6-90(a)和(b)所示。

照明方式分别采用如图 6-91(a)所示的相干照明，图 6-91(b)所示的部分相干因子 σ 为 0.65 的传统照明，图 6-91(c)所示的相干因子 σ_{in}=0.6、σ_{out}=0.8、张角 φ=30°的二极照明，图 6-91(d)所示的 σ_{in}=0.4、σ_{out}=0.8、张角 φ=45°的四极照明，图 6-91(e)所示的 σ_{in}=0.4、σ_{out}=0.8 的环形照明。图 6-90 中的衍射谱和图 6-91(a)～(e)对应的照明方式分别产生的光瞳采样如图 6-91(f)～(j)所示。

由图 6-90 可知，该孤立空图形的衍射谱沿 0°方向分布，且在光瞳内有多个衍射级次，该衍射谱将光源沿 0°方向平移叠加。当采用相干照明时，光瞳采样与衍射谱图形完全一致，导致仅在 0°方向采样，对于 Z_8 等有效信息主要存在于 90°方向的像差，这种采样无法对其检测。采用图 6-91(b)所示的传统照明时，光瞳采样图在光瞳的中心位置取得最大

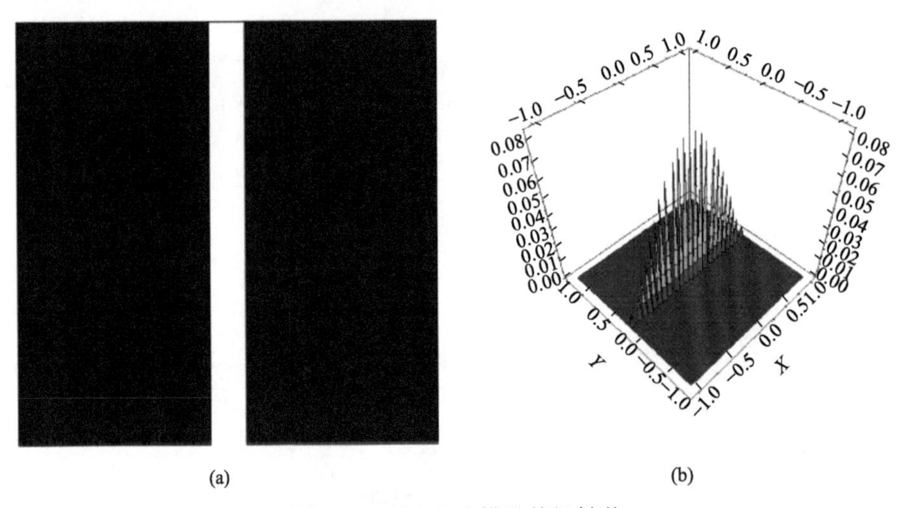

图 6-90　孤立空掩模及其衍射谱

值，对有效信息在光瞳中心附近的像差采样最好；而采用图 6-91(c)所示的二极照明时，光瞳中心附近位置的采样降低，对二极照明中心位置附近的采样增强，可以有效检测主要信息在二极照明中心位置附近的像差。采用图 6-91(d)所示的四极照明时，对中心位置完全没有采样。采用图 6-91(e)所示的环形照明时，光瞳采样的范围与采用传统照明的方式类似，只是最大采样位置发生了变化。

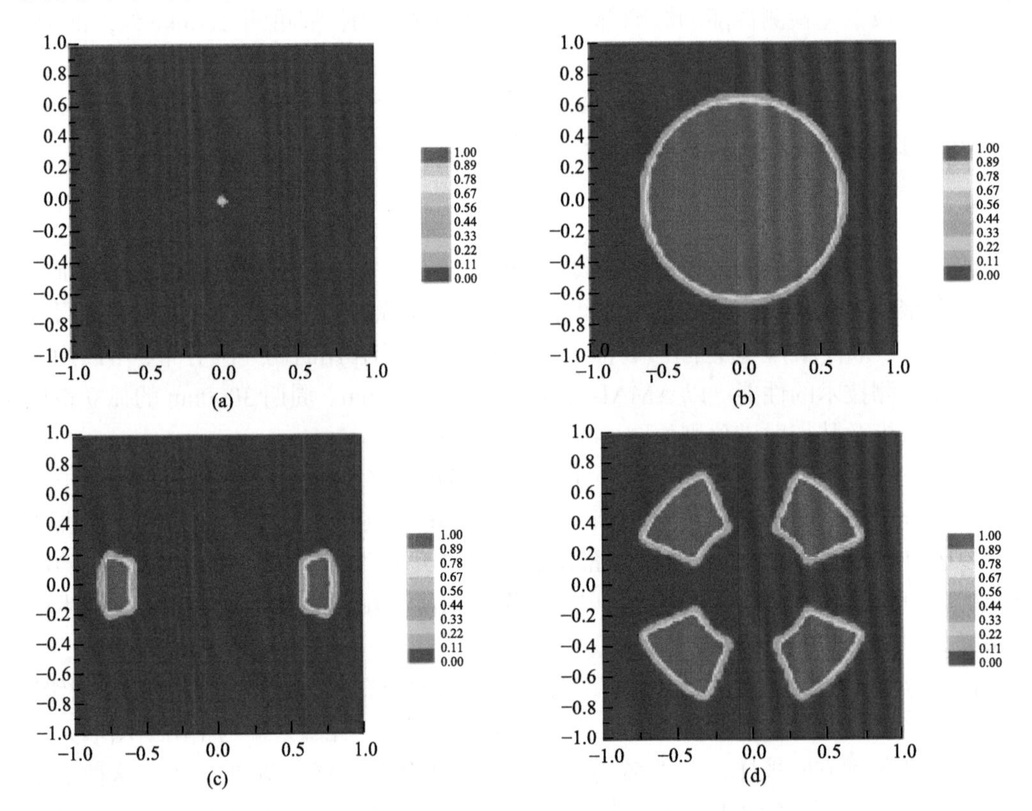

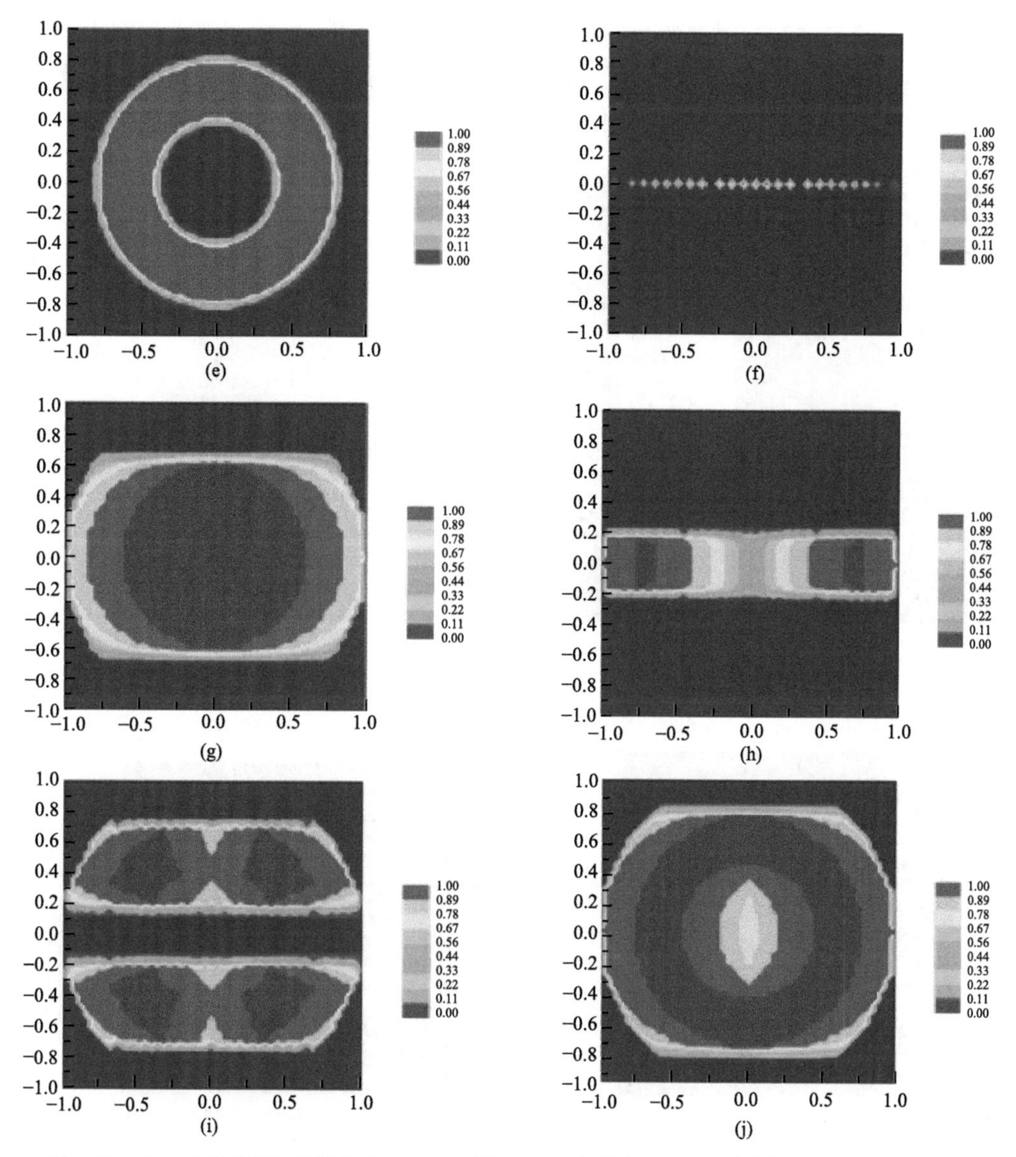

图 6-91 (a)～(e)不同的照明方式；(f)～(j)图 6-90 中的掩模和这些照明方式对应的光瞳采样

当掩模发生变化时，其衍射谱也将发生变化。采用图 6-92(a)所示的相移掩模，其中相移区的透过率为 1，相移为 180°，相移区、非相移区和不透光区的宽度都是 150nm，其衍射谱如图 6-92(b)所示。分别采用如图 6-91(a)～(e)所示的照明方式，对应的光瞳采样如图 6-93(a)～(e)所示。

比较图 6-93(a)～(e)所示的光瞳采样与图 6-91(f)～(j)对应的结果可知，衍射谱的改变导致光瞳采样发生了很大变化，像差对成像的影响也会随之变化，因而波像差检测性能也会受到影响。

光瞳采样对不同的 Zernike 像差的影响不同。图 6-94 给出了常见的几种 Zernike 像差 x 方向的分布示意图。由图可知，当光瞳采样位置集中在中心位置附近的时候，奇像差

Z_7、Z_{14}、Z_{23} 除了符号和斜率的差别之外，其分布都相当于一个经过原点的直线，而 Z_9 和 Z_{16} 都具有类似于二次分布的形式，因而此时 Z_7、Z_{14}、Z_{23} 对成像的影响，以及 Z_9 和 Z_{16} 对成像的影响都无法区分，导致像差检测精度降低。而如果光瞳采样最大值位于 0.6

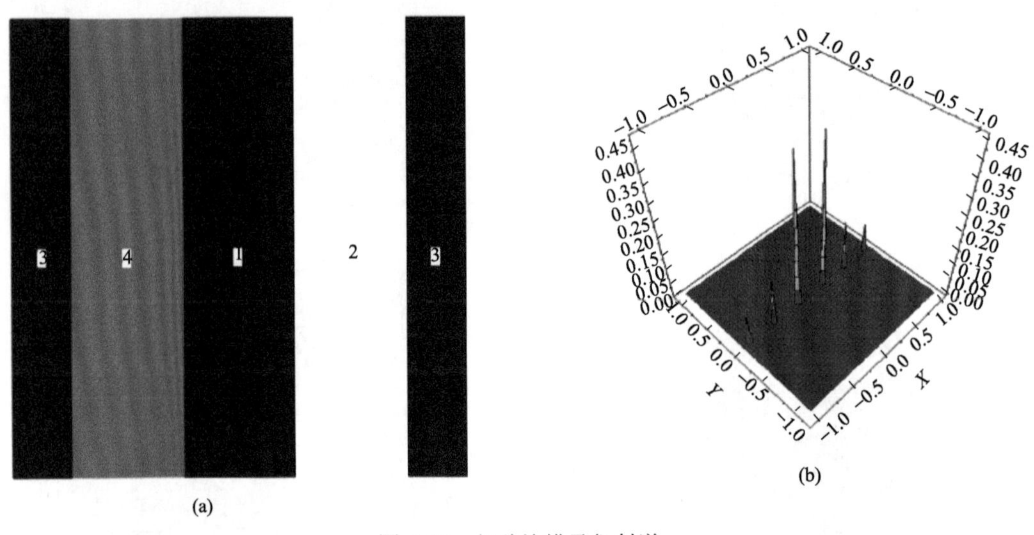

图 6-92　相移掩模及衍射谱

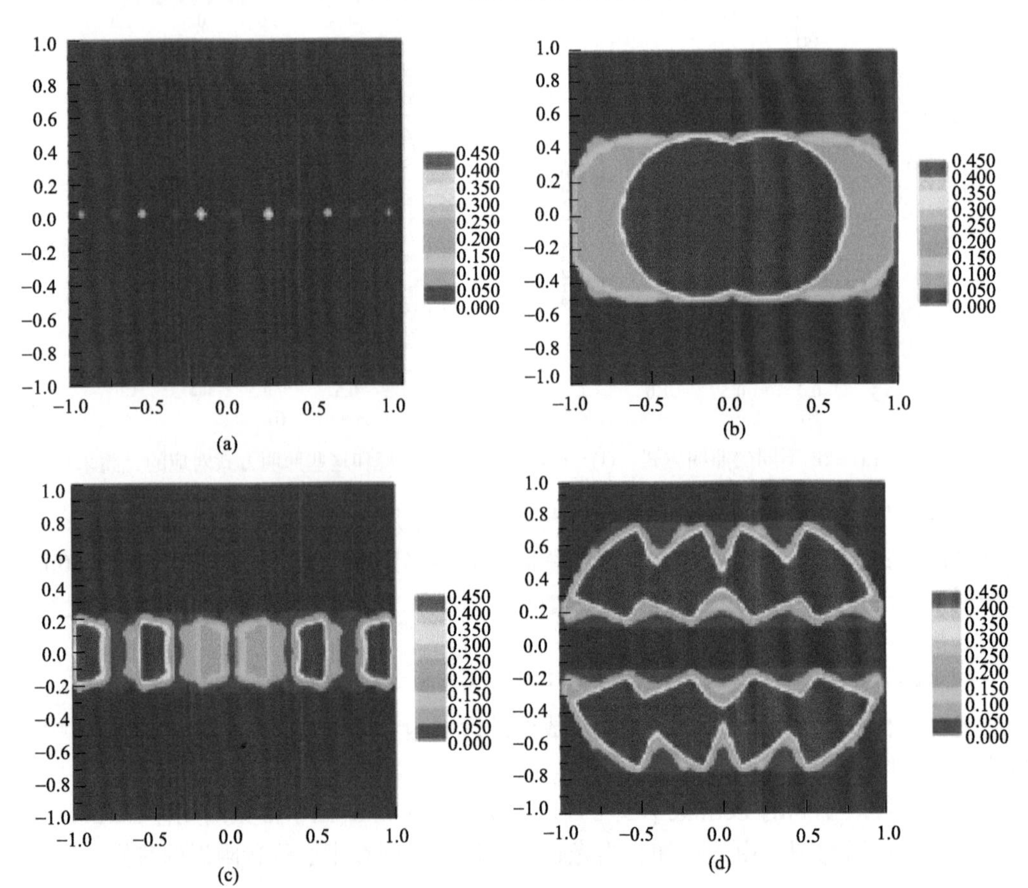

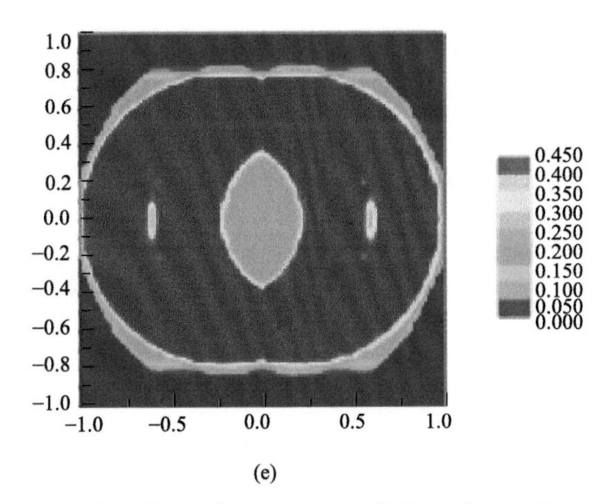

(e)

图 6-93　相移掩模和与图 6-91(a)～(e)照明方式对应的光瞳采样

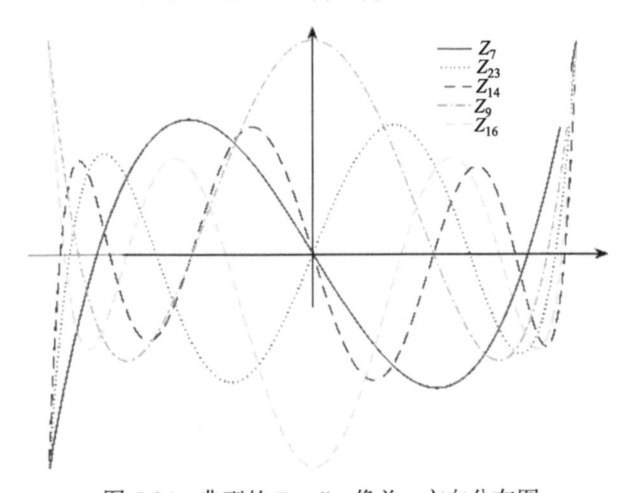

图 6-94　典型的 Zernike 像差 x 方向分布图

附近时，Z_7、Z_{14} 取最大值，就拉大了整体像差水平，严重影响成像质量。综上所述，为了有效检测某种类型的像差，需要根据其对应的 Zernike 多项式分布形式设计光瞳采样。

6.3.2.2　检测模型

AMAI-PCA 利用空间像光强分布与 Zernike 像差的线性关系来求解波像差。如果某项 Zernike 像差对空间像光强分布没有显著影响；就无法求解。Zernike 像差 Z_1～Z_{37} 中，Z_1 对空间像光强分布没有任何影响，Z_2 和 Z_3 仅造成空间像垂轴(x 或 y 方向)平移；Z_4 造成空间像轴向移动，因而建模时可以不考虑像差 Z_1～Z_4。采用光刻仿真软件仿真波像差 Z_6～Z_{37} 对 0°和 90°的一维掩模标记的空间像光强分布的影响。仿真结果表明，Zernike 像差 Z_6、Z_{13}、Z_{18}、Z_{22}、Z_{29} 和 Z_{33} 也几乎不影响空间像光强分布。因而，采用 0°和 90°的一维掩模标记建模时，仅需考虑 27 种 Zernike 像差 Z_5、Z_7～Z_{12}、Z_{14}～Z_{17}、Z_{19}～Z_{21}、Z_{23}～Z_{28}、Z_{30}～Z_{32}、Z_{34}～Z_{37}。采用 BBD 方法生成 Zernike 系数组合并得到对应的空间像集合，然后通过主成分分析得到对应的主成分。其中，0°和 90°两个方向的主成分是相同的，都用矩阵 PC 进行表示，PC 中的每一列对应一个主成分。对主成分系数和 Zernike 系数组合进行回归分析得到回归矩阵。用 RM_0 和 RM_1 分别表示 0°和 90°方向的回归矩阵。回归分析过程中同时得到了回归的统计性质，如拟合优度 R^2，显著水平，p 值等。设 0°和 90°方向的空间像分别为 I_0 和 I_1，主成分系数分别为 V_0 和 V_1，对应的拟合残差分别为 I_{er}^0 和 I_{er}^1，引入符号：

$$I=\begin{bmatrix} I_0 \\ I_1 \end{bmatrix},\ V=\begin{bmatrix} V_0 \\ V_1 \end{bmatrix},\ I_{er}=\begin{bmatrix} I_{er}^0 \\ I_{er}^1 \end{bmatrix} \tag{6.77}$$

则可得

$$I=\mathrm{PC}\cdot V+I_{er} \tag{6.78}$$

其中，主成分系数 V 和 Zernikc 像差 Z 的关系为

$$RM\cdot Z=V+V_{er} \tag{6.79}$$

其中，RM 为两个方向的总回归矩阵；V_{er} 为总回归误差：

$$RM=\begin{bmatrix} RM_0 \\ RM_1 \end{bmatrix},\quad V_{er}=\begin{bmatrix} V_{er}^0 \\ V_{er}^1 \end{bmatrix} \tag{6.80}$$

根据主成分分析的性质可知，各个主成分是相互正交的，而且对空间像的影响也会逐渐降低。图 6-95 给出了主成分的性质。

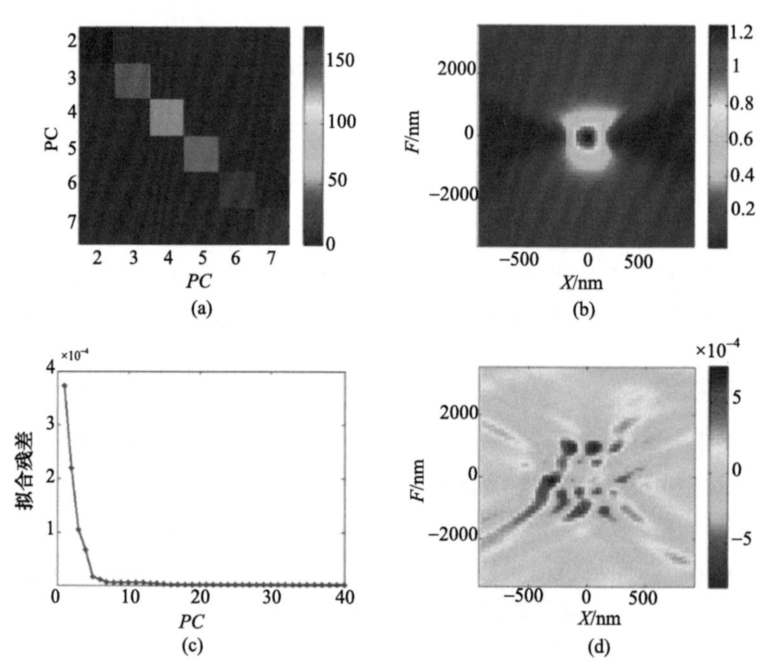

图 6-95　(a)主成分的内积；(b)包含像差的空间像；(c)拟合残差和主成分的关系；(d)30 个主成分拟合空间像得到的拟合残差

图 6-95(a)表明主成分的内积仅在对角线上不为零，证明了主成分的正交性，且对角

线上的内积值迅速变小，说明主成分的权重逐渐降低，因而，采用前几个主成分就可以高精度地表征空间像。图 6-95(b)为含有像差的空间像，采用主成分对该空间像进行拟合。图 6-95(c)为拟合残差的 RMS 与主成分的关系曲线。图 6-95(c)表明采用前几个主成分拟合空间像时，拟合残差迅速减小。综合考虑拟合残差的大小和求解 Zernike 像差的需要，一般选前 30 个主成分。图 6-95(d)为采用前 30 个主成分拟合空间像时的残差示意图。对比图 6-95(d)和图 6-95(b)可知，采用前 30 阶主成分拟合空间像时，拟合残差几乎可以忽略不计。

针对 AMAI-PCA 技术采用的如图 6-11 所示的 0°/90°孤立空检测标记，用回归矩阵对得到的主成分系数拟合可以得到 Zernike 像差。回归误差 V_{er} 会对 Zernike 像差求解带来较大的误差。通过优化照明减少回归误差是提高像差检测精度的重要途径。首先通过回归矩阵性质分析设计合适的优化方法。将回归矩阵表示成下面的形式：

$$RM = \begin{bmatrix} rm_1 & rm_2 & \cdots & rm_N \end{bmatrix}^{\mathrm{T}} \tag{6.81}$$

其中，$rm_i\,(1 \leqslant i \leqslant N)$ 表示回归矩阵中的第 i 行，每一行都对应一个回归误差，都有 27 列。采用拟合优度 R^2 定量表示回归误差的大小，R^2 越大，线性关系越好，回归误差就越小，通常要求 $R^2>0.99$。将满足 $R^2>0.99$ 的行称为线性行。

奇像差和偶像差分别造成空间像垂轴和轴向的不对称性，而主成分也分别是左右或上下不对称的。回归矩阵中这两类像差对应的值不会同时非零，因而奇像差和偶像差可以分别求解。而且，Zernike 多项式中包含 cos 函数和 sin 函数的奇像差，分别影响 0°和 90°方向的空间像，这两类像差在回归矩阵中对应的值也不同时非零。根据上面的分析，27 个 Zernike 像可分为三种类型：0°奇像差、90°奇像差和偶像差。其中，0°奇像差和 90°奇像差各有 8 个，偶像差有 11 个，如表 6-14 所示。

表 6-14　像差类型

编号	1	2	3	4	5	6	7	8	9	10	11
0°奇像差	Z_7	Z_{10}	Z_{14}	Z_{19}	Z_{23}	Z_{26}	Z_{30}	Z_{34}			
90°奇像差	Z_8	Z_{11}	Z_{15}	Z_{20}	Z_{24}	Z_{27}	Z_{31}	Z_{35}			
偶像差	Z_5	Z_9	Z_{12}	Z_{16}	Z_{17}	Z_{21}	Z_{25}	Z_{28}	Z_{32}	Z_{36}	Z_{37}

回归矩阵中这 3 种像差对应的值不会同时非零。以表 6-15 所示的 0°方向空间像对应的回归矩阵为例。由表 6-15 可知，第 1、3、5 行与偶像差对应；第 2、4、6 行与奇像差对应，0°奇像差对应的值非零，90°奇像差对应的值为零。这与上述对像差类型的分析是吻合的。

表 6-15　0°方向回归矩阵特点

行	Z_7	Z_8	Z_9	Z_{10}	Z_{11}	Z_{12}	Z_{14}	Z_{15}	Z_{16}
1	0	0	1.0745	0	0	0.6844	0	0	−0.9012
2	−1.0308	0	0	−0.2532	0	0	1.1334	0	0

续表

行	Z_7	Z_8	Z_9	Z_{10}	Z_{11}	Z_{12}	Z_{14}	Z_{15}	Z_{16}
3	0	0	−0.9485	0	0	−0.5559	0	0	−0.3495
4	−1.2889	0	0	−0.2235	0	0	0.0166	0	0
5	0	0	−0.4548	0	0	−0.1470	0	0	−0.8027
6	−0.9339	0	0	0.0772	0	0	−0.9292	0	0

根据上述分析，得到一个求解 27 个 Zernike 像差的必要条件：0°和 90°方向的回归矩阵分别至少含有 8 个与 0°和 90°奇像差相关的非零行，并都有不低于 6 个与偶像差相关的非零行。与偶像差相关的非零行是偶像差总数的一半，这是因为偶像差对两个方向的空间像都有影响，与其相关的非零行在 0°和 90°方向的回归矩阵中都存在。一般地，回归矩阵中与奇偶像差对应的行是交替出现的，因而该必要条件等价于 0°或 90°方向的回归矩阵中非零行总数至少为 16 个。对于个别奇偶像差对应的回归矩阵的行不是交替出现的情况，可分别计算回归矩阵中与 0°和 90°方向像差对应的非零行的个数。

当 0°和 90°方向的回归矩阵中 16 个非零行是线性行(对应的 R^2>0.99)时，回归误差的影响将会减少到最小。一般情况下，线性行都满足非零的要求。分别将 0°和 90°方向回归矩阵中所有非零、线性的行构成回归矩阵 RM_L^0 和 RM_L^1，其对应的主成分系数分别是 V_L^0 和 V_L^1。引入符号

$$RM_L = \begin{bmatrix} RM_L^0 \\ RM_L^1 \end{bmatrix}, \quad V_L = \begin{bmatrix} V_L^0 \\ V_L^1 \end{bmatrix} \tag{6.82}$$

则此时的回归误差可以忽略不计，因而有

$$RM_L \cdot Z = V_L \tag{6.83}$$

采用最小二乘拟合可以得到 Zernike 像差。

6.3.2.3 光源优化

AMAI-PCA 建模时间很长且不是解析模型，无法采用复杂的优化方法。一般是通过对环形和传统照明的部分相干因子遍历的方法来优化照明。对于 BBD 方法，采用 27 个像差建模时需生成 1416 个空间像。如果环形照明的最小环宽为 0.02，部分相干因子最大为 1，则照明总数为 50+49+⋯+1=1275 种，因而仅环形照明的遍历时间也很长。采用“元照明”方法可以减少遍历所需要的时间。将环形宽度为 0.02 的环形照明称为“元照明”，则“元照明”共有 50 组，分别记为 $s_1, s_2, \cdots, s_{50}$。“元照明”对应的空间像为“元空间像”，记为 I_{s_1}，I_{s_2}，⋯，$I_{s_{50}}$。“元空间像”可以事先计算，由于其他环形照明都可以采用“元照明”叠加得到，相应的空间像也可以用“元空间像”叠加得到

$$I(x,y,z) = \frac{\sum_i s_i I_{s_i}}{\sum_i s_i} \tag{6.84}$$

这里的 s_i 是环形照明。

该方法仅需计算 50 种照明方式对应的空间像，而且“元照明”的环宽仅为 0.02(图 6-96)，使“元空间像”的计算速度很快。通过这种方法完成了环形照明的遍历。

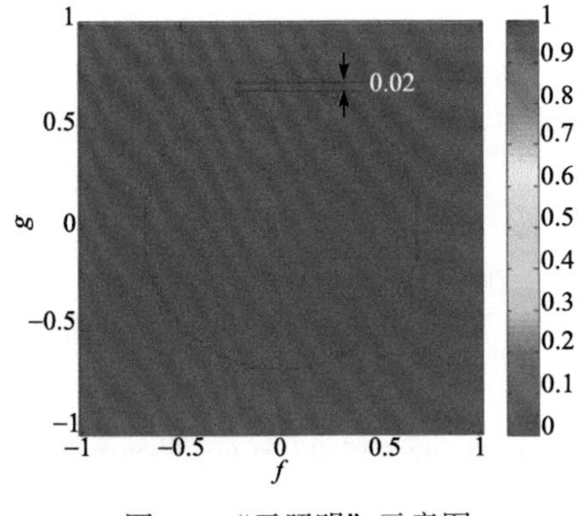

图 6-96“元照明”示意图

采用上述方法计算空间像，进行主成分分析和线性回归得到主成分和回归矩阵。统计每种照明对应的回归矩阵中线性行数目，结果如图 6-97 所示。

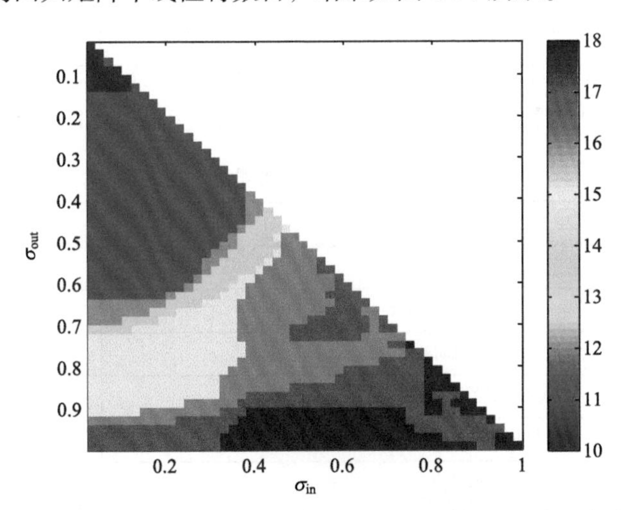

图 6-97　回归矩阵中线性行数目与环形照明相干因子的关系

根据图 6-97 可知，当回归矩阵中线性行数目大于等于 16 时，要求 σ_{out}≥0.7，σ_{in}≥0.2，且增加 σ_{out}，有助于增加线性行数目。对线性行数目大于等于 16 的照明的回归矩阵，比较不同照明对应的像差检测精度，从而选择最优的照明方式。采用 6.3.3.3 节介绍的模型精度评估方法分析各种照明条件对应的波像差检测精度，结果如图 6-98 所示。其中，仅考虑了回归矩阵中线性行数目大于等于 16 的照明方式，且图 6-98 中的精度为相对精度。

图 6-98 表明，当照明光源的 σ_{out}≥0.86，且 σ_{in} 为 0.3～0.75 时，可以获得较好的求解精度，且当 σ_{out}=0.96，σ_{in}=0.58 时，对应的像差检测精度最高。

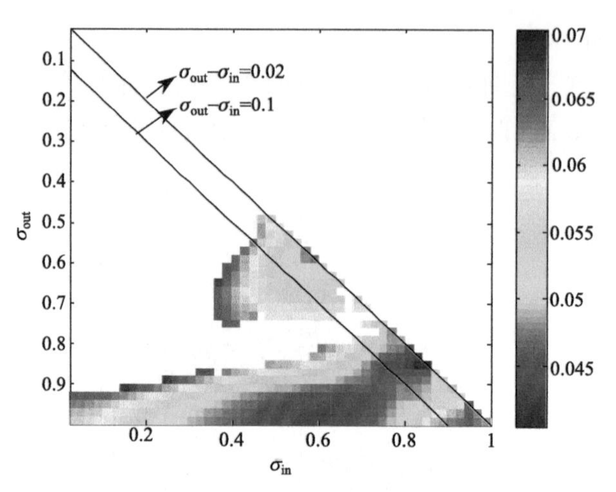

图 6-98　不同照明方式对应的检测精度

6.3.2.4　仿真实验

采用光刻仿真工具 Dr.LITHO 或 PROLITH 对上述方法进行验证。为了方便，将该技术基于优化照明光源的 AMAI-PCA 记为 AMAI-OS(In situ aberration measurement technique based on an aerial image with an optimized source)。首先分析不同仿真工具成像精度的影响。采用相干照明，其他仿真参数如表 6-16 所示。分别采用 Dr.LITHO、PROLITH 以及 MATLAB 光刻成像程序，计算不包含像差时的空间像，如图 6-99 所示。

表 6-16　仿真参数表

参数	值
波长 λ/nm	193
数值孔径 NA	0.75
孤立空宽度 CD/nm	250
孤立空周期/nm	3000
垂轴采样范围 X/Y/nm	−900～900
轴向采样范围/nm	−3500～3500
垂轴采样点数	61
轴向采样点数	57

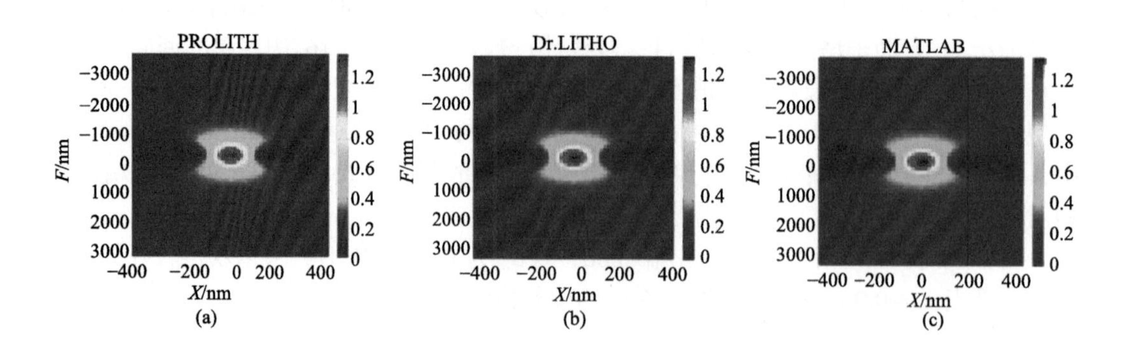

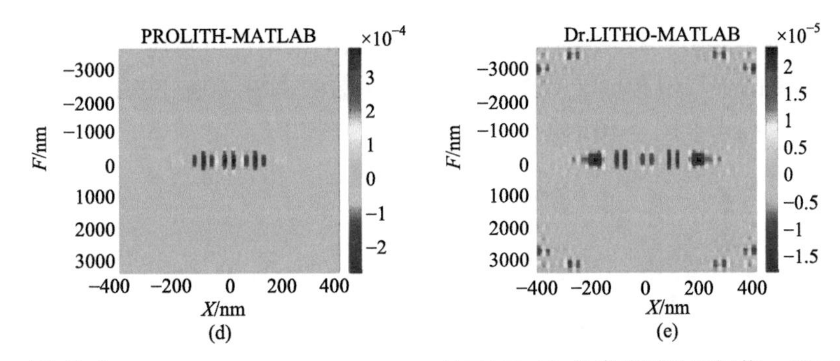

图 6-99　无像差时，(a)PROLITH，(b)Dr.LITHO，(c)MATLAB 仿真得到的空间像，(d)PROLITH 和 MATLAB 仿真结果差异，(e)Dr.LITHO 和 MATLAB 仿真结果差异

图 6-99(d)和(e)分别为 MATLAB 的成像结果与 PROLITH 和 Dr.LITHO 的差异。MATLAB 的成像结果与两个仿真软件的差异都不超过 10^{-4}。含有 0.1λ 的 Z_7，其他条件不变，相应的结果如图 6-100 所示。

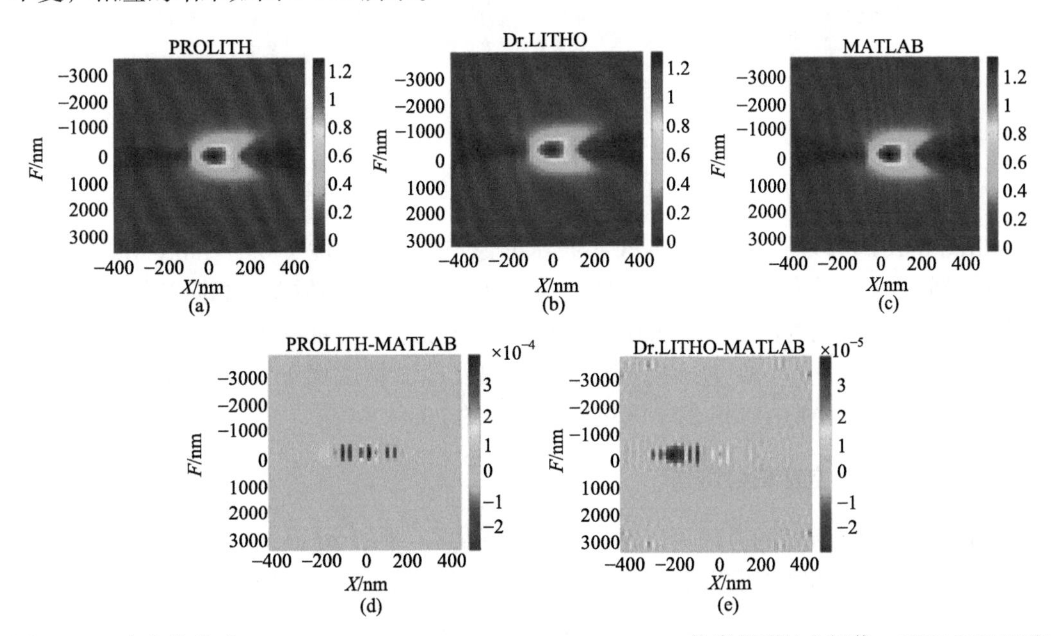

图 6-100　含有像差时，(a)PROLITH，(b)Dr.LITHO，(c)MATLAB 仿真得到的空间像，(d)PROLITH 和 MATLAB 仿真结果差异，(e)Dr.LITHO 和 MATLAB 仿真结果差异

结果表明，各种仿真工具生成的空间像的差异最大值也小于 10^{-4}。含有其他像差时也有类似的结论。采用部分相干照明时，不同软件仿真得到的空间像差异略大，这主要是由于不同软件生成的照明是不同的。上述结果表明，各种仿真工具得到的成像差异不大，仿真时可采用上述任意一种仿真工具。根据表 6-16 的参数生成空间像，AMAI-PCA 采用σ_{out}=0.65 的传统照明，AMAI-OS 中采用优化得到的σ_{out}=0.96，σ_{in}=0.58 的环形照明。Z_5～Z_{16} 的范围为−20～20mλ，Z_{17}～Z_{37} 的范围为−10～10mλ。采用数值软件生成 100 组 Zernike 系数，并用光刻仿真软件得到测试空间像。分别采用 AMAI-PCA 和 AMAI-OS

方法求解 Zernike 系数。将求解得到的结果与输入的结果进行对比，得到每组结果的偏差。以这些偏差的平均值和标准差作为 Zernike 系数的求解误差，并用其衡量 Zernike 系数的求解精度，结果如图 6-101 所示。

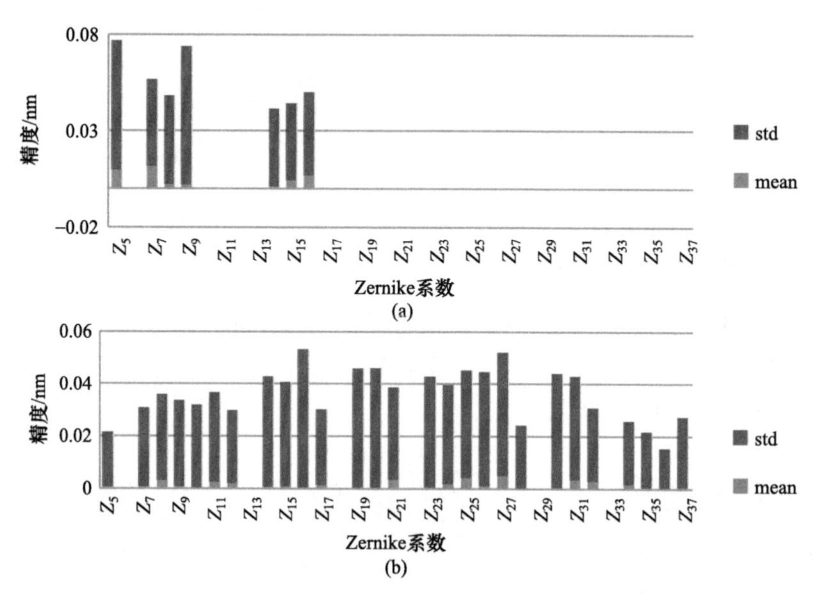

图 6-101　(a)AMAI-PCA，(b)AMAI-OS 的 Zernike 像差检测精度

由图 6-101 可以看出，AMAI-PCA 技术的像差检测精度优于 0.077nm(0.4mλ)，但它仅可以求解少数几个像差，而且由于像差的串扰，求解得到的像差是高阶和低阶 Zernike 像差的组合，这是因为回归矩阵 RM_0 和 RM_1 中满足线性的行都小于 16；而 AMAI-OS 技术可以求解所有的 27 种 Zernike 像差，且像差检测精度优于 0.053nm(0.27mλ)。与 AMAI-PCA 相比，AMAI-OS 的检测精度提高了约 20%。

6.3.3　六方向孤立空标记检测法[1,16]

通过增加检测标记的方向可以增加回归矩阵的秩，使得 AMAI-PCA 能够测量更多项的 Zernike 系数，同时也可以降低回归矩阵的条件数，提高 AMAI-PCA 模型对波像差的灵敏度和线性模型的质量，从而提高波像差检测精度。六方向孤立空标记通过在初始的两方向检测标记(水平 0°和垂直 90°)的基础上增加四个方向的检测标记，可以对 33 项 Zernike 像差(Z_5～Z_{37})进行较充分的抽样，从而使 AMAI-PCA 具备 33 项 Zernike 系数(Z_5～Z_{37})的检测能力。通过对照明光源进行优化，可提高该技术的检测精度。

6.3.3.1　检测原理

1. 基本思想

在光刻机中，照明光源为准单色光的部分相干照明，成像面上每一点的光强依赖于物面光源上相关两点的共同作用。在如图 6-102 所示的部分相干成像系统中，像面光强分布是光源中每一个点源相干成像结果的权重和。基于部分相干的光刻成像过程一般是

通过 Hopkins 成像理论描述的。根据 Hopkins 光学成像理论，光刻机像面光强分布可以表达为

$$I(x_i,y_i)=\iiiint_{-\infty}^{+\infty}\mathrm{TCC}(f',g';f'',g'')O(f',g')O^*(f'',g'')\cdot\exp\{-\mathrm{j}2\pi[(f'-f'')x_i+(g'-g'')y_i]\}\mathrm{d}f'\,\mathrm{d}g'\,\mathrm{d}f''\,\mathrm{d}g'' \tag{6.85}$$

$O(f,\ g)$为光刻掩模标记的空间频谱，可通过对掩模标记的空间分布进行二维傅里叶变换直接获取$\mathrm{FT}^{-1}\left[M(x_i,y_i)\right]=O(f,g)$；TCC(transmission cross coefficient)为交叉传递函数，定义为

$$\mathrm{TCC}(f',g';f'',g'')=\iint_{-\infty}^{+\infty}J(f_s,g_s)H(f'+f_s,g'+g_s)H^*(f''+f_s,g''+g_s)\mathrm{d}f_s\mathrm{d}g_s \tag{6.86}$$

式中，$J(f_s,g_s)$为光瞳面上的有效光源函数，可表示为

$$J(f_s,g_s)=\begin{cases}\dfrac{1}{\pi\sigma^2}, & f^2+g^2\leqslant\sigma^2\\ 0, & 其他\end{cases} \tag{6.87}$$

σ为部分相干因子，代表照明光源在光瞳面上的充满程度。$H(f,\ g)$为空间传递函数，包含了光刻机投影物镜的所有像差信息 $W(f,g)$

$$H(f,g)=H_0(f,g)\exp\left[-\mathrm{j}\frac{2\pi}{\lambda}W(f,g)\right],\quad f^2+g^2<1 \tag{6.88}$$

式中，$H_0(f,g)$为无像差的光瞳函数。将坐标归一化，并转化为极坐标表示，则空间传递函数可表示为

$$H(f,g)=H_0(\rho,\theta)\exp\left[-\mathrm{j}\frac{2\pi}{\lambda}W(\rho,\theta)\right] \tag{6.89}$$

ρ 为光瞳面上的半径；θ 为方位角。将式(6.86)与式(6.89)代入式(6.85)可以发现，硅片面任意一点的光强受光瞳采样位置的影响。对于 0° 和 90° 两个方向的一维光栅，只能在光瞳的 x 和 y 轴两个方向采样，因此无法检测诸如 Z_6 和 Z_{13} 等在两个轴上分布为 0 的像差，且对于 Z_{10} 和 Z_{11} 等三波差的灵敏度也较低，无法对之进行精确测量。

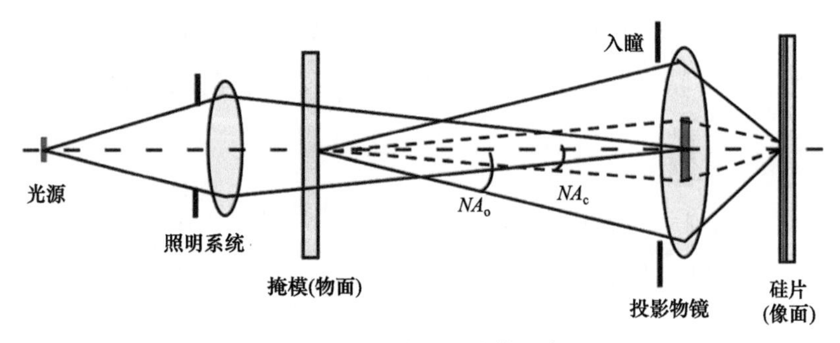

图 6-102　部分相干成像示意图

Z_5～Z_{37}为在瞳面极坐标下 0θ～5θ 的像差，为了能够精确检测 33 项 Zernike 系数，需要将用于投影物镜波像差检测的掩模标记设计为多方位角的光栅结构。光栅方位角的改变实质上是一个对波像差进行光瞳面离散采样的过程，随着光栅方位角的不同，光栅的−1 级和+1 级衍射光线也会相应地投射于光瞳的不同方位 θ。当光栅结构取不同的方位角 θ 时，相当于在光瞳面的旋转角 θ 处进行取样；不同方位角 θ 处的波像差通常不相同，从而使得同一视场点的光栅，由于不同的方位角，其空间像的光强分布也不同。采用上述离散方法，通过空间像传感器扫描成像方法，可以测得光瞳面所有采样点 θ 处的光强。通过主成分分析方法，可建立波像差 $W(\rho, \theta)$与光强 $I(x, y)$之间的关系，从测得的光强反演出波像差 $W(\rho, \theta)$，求解 Z_5～Z_{37}甚至更多项的 Zernike 系数，这就是基于多方位角光栅实现 33 项 Zernike 系数检测的基本原理。

2. 标记设计

仍采用线宽为 250nm 的孤立空作为光栅标记，通过增加线条方向的方法来实现对光瞳多方位角的采样。光栅方向，即光瞳离散采样点的选择直接决定 AMAI-PCA 能够求解出哪些 Zernike 系数，并影响其求解精度。在理论上，光栅的方向越多，Zernike 求解的项目越多，精度越高，测试所需时间越长，因此在实践中需要通过误差理论分析采样方案的优劣获得最优的光瞳采样方案。

如式(6.20)所示：$RM \cdot Z = V$，式中 V 为主成分系数，是通过对实测空间像进行主成分分析得到的值；Z 为待求解的 Zernike 系数；RM 为回归矩阵。可以通过条件数讨论分析回归矩阵的构造，优化标记方向的设计。

对于线性系统 $RM \cdot Z = V$，假设 V 精确，RM 有误差 δRM，计算得到的 Z 为 $Z+\delta Z$，即

$$(RM + \delta RM)(Z + \delta Z) = V \tag{6.90}$$

$$\begin{aligned} &RM \cdot (Z + \delta Z) + \delta RM \cdot (Z + \delta Z) = V \Rightarrow \delta Z = RM^{-1} \cdot \delta RM \cdot (Z + \delta Z) \\ &\Rightarrow \frac{\|\delta Z\|}{\|Z + \delta Z\|} \leqslant \|RM^{-1}\| \cdot \|\delta RM\| = \|RM\| \cdot \|RM^{-1}\| \cdot \frac{\|\delta RM\|}{\|RM\|} \end{aligned} \tag{6.91}$$

$$\begin{aligned} &(RM + \delta RM) \cdot Z + (RM + \delta RM) \cdot \delta Z = V \\ &\Rightarrow (RM + \delta RM) \cdot \delta Z = -\delta RM \cdot Z \\ &\Rightarrow RM(I + RM^{-1} \cdot \delta RM)\delta Z = -\delta RM \cdot V \\ &\Rightarrow \delta Z = -(I + RM^{-1} \cdot \delta RM)^{-1} \cdot RM^{-1} \cdot \delta RM \cdot V \end{aligned} \tag{6.92}$$

若 δRM 充分小，使得 $\|RM^{-1} \cdot \delta RM\| \leqslant \|RM^{-1}\| \cdot \|\delta RM\| < 1$，即保证 $I + RM^{-1} \cdot \delta RM$ 为非奇异矩阵，则有

$$\frac{\|\delta Z\|}{\|Z\|} \leqslant \frac{\|RM^{-1}\| \cdot \|\delta RM\|}{I - \|RM^{-1}\| \cdot \|\delta RM\|} = \frac{\|RM\| \cdot \|RM^{-1}\| \dfrac{\|\delta RM\|}{\|RM\|}}{I - \|RM\| \cdot \|RM^{-1}\| \cdot \dfrac{\|\delta RM\|}{\|RM\|}} \tag{6.93}$$

其中，$\|RM\|$ 为矩阵 RM 的范数。从上式可以看出，$\|RM\| \cdot \|RM^{-1}\|$ 越小，由 RM 相对误

差引起的 Z 的相对误差及绝对误差就越小；$\|RM\|\cdot\|RM^{-1}\|$ 越大，Z 的相对误差及绝对误差就越大。因此 $\|RM\|\cdot\|RM^{-1}\|$ 实际上反映了 Z 对输入数据变化的灵敏度，表征了线性系统的病态程度。$\text{cond}(RM)=\|RM\|\cdot\|RM^{-1}\|$ 称为矩阵 RM 的条件数，该条件数反映了式 (6.20)中回归矩阵 RM 的变化对 Zernike 系数的影响。对于回归矩阵 RM，定义其条件数为最大和最小特征根的比值，当矩阵 RM 的条件数很大时，回归矩阵对误差的传递作用就很大，因而变量选择要使回归矩阵的条件数变小。

标记个数与方向的选取直接决定了 RM 的条件数。以 4 个掩模标记方向为例，图 6-103 中(a)为角度分别为 0°, 45°, 90°, 135° 四个方向的掩模标记，(b)和(c)为四个方向采样对 Z_{18} 和 Z_{29} 的影响。从图中可以看出，这四个方向上对光瞳面上波前的幅值变化没有影响，所以这四个方向上的光瞳采样没有效果，也就无法求解这两个 4θ 像差；从数学的角度来看，四个掩模方向共贡献了 44 个方程(11 个主成分)，是超定方程组，但分析方程组的系数矩阵发现，该系数矩阵的秩为 31，较需要求解的全部 33 项像差缺失两项，从而印证了以上的判断。当从回归矩阵中去除 Z_{18}、Z_{29} 两项后，回归矩阵的条件数为 13.3。

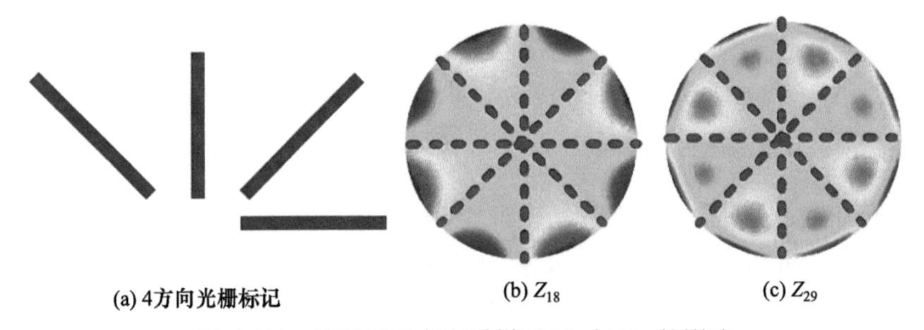

(a) 4方向光栅标记　(b) Z_{18}　(c) Z_{29}

图 6-103　光瞳面 4 方向采样对 Z_{18} 与 Z_{29} 的影响

4 个方向的光瞳离散采样方式无法准确求解 Z_5～Z_{37}，在实践中采用 6 个光栅方向，以实现光瞳在 6 个角度的采样。6 个方向的掩模标记可贡献 66 个方程，且 66 个方程中涵盖了所有待测未知数的系数，方程组的秩为 33，相对于 33 个 Zernike 未知数，方程组是超定的，所以仅用线性模型即可求解 33 项 Zernike 系数值。在选取光栅方向时，通过比较由之决定的回归矩阵 RM 的条件数来决定采样方案。图 6-104 所示为最终选定的两种光栅标记方案，对于第一种采样方式，以等角步长采样，即 30°为步长，6 个采样角度分别为 0°，30°，60°，90°，120°，150°。另外一种采样方式与 Nikon 公司的 Z37AIS 方式相同，即光栅标记方向分别为 0°，45°，60°，90°，135°，150°。两种光栅标记设计对应不同的光瞳采样分布，对于等间隔的光栅设计，在光瞳上的采样也是均匀分布的，从图 6-104 可以看到两处光瞳采样分布的差异。

对于第一种光栅设计方案，回归矩阵的条件数为 5.7；第二种光栅设计方案对应的回归矩阵条件数为 8.2。两种设计方案的回归矩阵条件数较为接近，理论上第一种设计方案对误差的传递较第二种方案略小，具有更高的精度和鲁棒性。

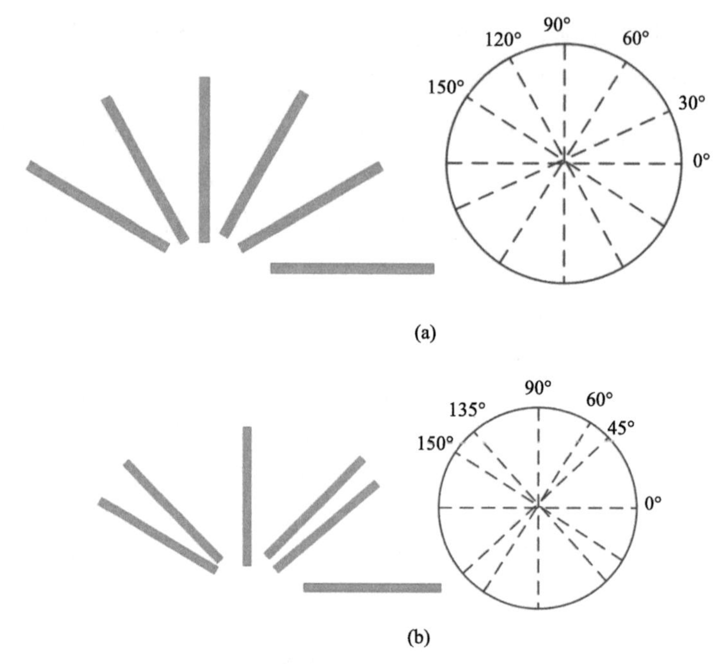

图 6-104　6 方向孤立空掩模标记设计方案

(a)等间隔 6 方向孤立空标记及其光瞳采样分布；(b)不等间隔 6 方向孤立空标记及其光瞳采样分布

3. 旋转矩阵法建模

在 AMAI-PCA 模型中，主成分是表征空间像形变特征的方法，通过对大量仿真空间像进行主成分分析得到。由于空间像的特征不随孤立空方向的改变而改变，所以 AMAI-PCA 模型各方向的主成分可以共用，如共用 0°方向孤立空检测标记空间像的主成分。但这样做的前提是回归矩阵第 i 项行向量必须与第 i 阶主成分相对应。因为各方向模型在多元线性回归分析时使用的自变量预测因子(Zernike 系数)相同，所以仅需对 Zernike 系数做相应角度旋转，即可令下式成立

$$AI(\varphi)=PC(0)\cdot RM(0)\cdot\left[\mathrm{Rot}(\varphi)Z(0)\right]+E_{\mathrm{T}} \tag{6.94}$$

其中，$AI(\varphi)$表示 φ 方向检测标记的空间像；PC(0)表示 0°方向检测标记对应主成分；$RM(0)$表示 0°方向检测标记对应回归矩阵；Rot(φ)表示旋转矩阵，该矩阵可以将 0°方向光瞳波像差旋转 φ 角度，并得到新极坐标系下的 Zernike 系数值；$Z(0)$表示 0°方向极坐标系对应的 Zernike 系数；E_{T} 表示舍位误差，包括高阶主成分的舍位误差，以及旋转矩阵向高阶 Zernike 系数传递过程中的舍位误差。

波像差用 Zernike 多项式来表示：$W=\sum_{j=1}^{37}Z_jR_j(\rho,\theta)$，其中，$Z_j$ 是 Zernike 系数，R_j 是 Zernike 多项式。Zernike 多项式可以表示成半径相关的多项式 $A_n^m(\rho)$ 和角度相关的多项式 $\varPhi_j^m(\theta)$ 的乘积：

$$R_j(\rho,\theta)=A_n^m(\rho)\varPhi_j^m(\theta) \tag{6.95}$$

其中，$\Phi_j^m(\theta)$ 为 1、cos($m\theta$)或 sin($m\theta$)中的一个，n 和 m 由 Zernike 多项式阶数 j 决定。

由于在不同坐标系下总的波像差都保持不变，因而

$$W=\sum_{j=1}^{37} Z_j R_j(\rho,\theta+\varphi)=\sum_{j=1}^{37} Z_j^{\varphi} R_j(\rho,\theta) \tag{6.96}$$

根据公式(6.95)，式(6.96)左边可以表示成

$$\begin{aligned}\sum_{j=1}^{37} Z_j R_j(\rho,\theta+\varphi)=&\sum c_{n,s}^1 A_n^0(\rho)+\sum c_{n,t}^2 A_n^m(\rho)\cos[m(\theta+\varphi)]\\ &+\sum c_{n,t}^3 A_n^m(\rho)\sin[m(\theta+\varphi)]\\ =&\sum c_{n,s}^1 A_n^0(\rho)+\sum\left[c_{n,t}^2\cos(m\varphi)+c_{n,t}^3\sin(m\varphi)\right]A_n^m(\rho)\cos(m\theta)\\ &+\sum\left[c_{n,t}^3\cos(m\varphi)-c_{n,t}^2\sin(m\varphi)\right]A_n^m(\rho)\sin(m\theta)\end{aligned} \tag{6.97}$$

当 $\Phi_j^m(\theta)$ 为 1 时 Zernike 系数 $Z_j=c_{n,s}^1$，s 表示该类型的 Zernike 系数的序号。当 $\Phi_j^m(\theta)$ 为 cos($m\theta$)或 sin($m\theta$)时，Zernike 系数 Z_j 分别用 $c_{n,t}^2$ 和 $c_{n,t}^3$ 表示，t 表示这两种类型的 Zernike 系数的序号。同样，式(6.96)右边可以写成下面的形式：

$$\sum_{j=1}^{37} Z_j^{\varphi} R_j(\rho,\theta)=\sum c_{n,s}^{1,\varphi} A_n^0(\rho)+\sum c_{n,t}^{2,\varphi} A_n^m(\rho)\cos(m\theta)+\sum c_{n,t}^{3,\varphi} A_n^m(\rho)\sin(m\theta) \tag{6.98}$$

由于 Zernike 多项式具有正交性，根据式(6.96) ~ 式(6.98)可知，

$$\begin{cases}c_{n,s}^{1,\varphi}=c_{n,s}^1\\ c_{n,t}^{2,\varphi}=c_{n,t}^2\cos(m\varphi)+c_{n,t}^3\sin(m\varphi)\\ c_{n,t}^{3,\varphi}=c_{n,t}^3\cos(m\varphi)-c_{n,t}^2\sin(m\varphi)\end{cases} \tag{6.99}$$

可见，新坐标系下的 Zernike 系数与原坐标系下的 Zernike 系数满足线性关系。用旋转矩阵 Rot(φ)表示两者之间的关系：

$$Z(\varphi)=\mathrm{Rot}(\varphi)\cdot Z(0) \tag{6.100}$$

其中，矩阵 Rot(φ)是一个 37 阶方阵。0°光瞳坐标对应的旋转矩阵 Rot(0)是单位阵。其他的旋转矩阵根据式(6.99)得到。于是，式(6.94)可以变换为

$$\begin{aligned}AI(\varphi)&=\mathrm{PC}(0)\cdot RM(0)\cdot Z(\varphi)+E_{\mathrm{T}}\\ &\approx \mathrm{PC}(0)\cdot RM(0)\cdot\left[\mathrm{Rot}(\varphi)\cdot Z(0)\right]\\ &=\mathrm{PC}(0)\cdot\left[RM(0)\cdot\mathrm{Rot}(\varphi)\right]\cdot Z(0)\\ &=\mathrm{PC}(0)\cdot RM(\varphi)\cdot Z(0)\end{aligned} \tag{6.101}$$

可以根据旋转矩阵得到任意 φ 方向的回归矩阵。旋转矩阵的本质是将 φ 角坐标系下的 Zernike 系数向 0°坐标系的投影过程。如图 6-105 所示，列举了 30°、60°和 90°三个方向由式(6.99)确定的旋转矩阵。

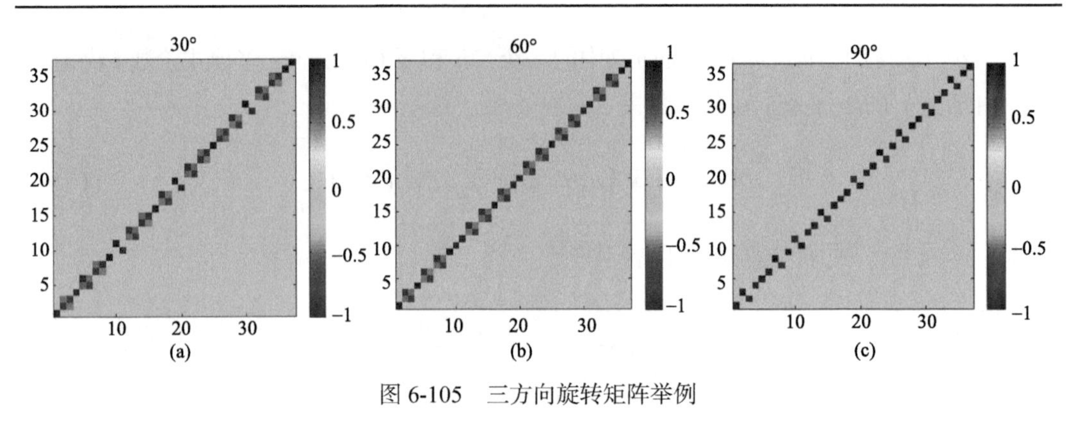

图 6-105　三方向旋转矩阵举例

6.3.3.2　仿真实验

为了评估两种掩模标记设计下 AMAI-PCA 的求解精度，利用仿真实验对之进行分析。仿真条件如表 6-17 所示。

表 6-17　仿真条件

数值孔径 NA	0.75
光源 σ	0.65
波长 λ	193nm
光栅方向	1. 0°，30°，60°，90°，120°，150° 2. 0°，45°，60°，90°，135°，150°
线宽 CD	250nm
X 范围	−900～900nm(61point)
Z 范围	−3500～3500nm(57point)
截取 PC 个数	11

在仿真实验中，将 SSA600/10 的投影物镜在离线测试平台检测得到的 Zernike 波像差作为输入条件，通过 PROLITH 软件模拟计算两组光栅标记设计下的空间像，根据各角度孤立空的空间像，利用 AMAI-PCA 技术求解 Z_5～Z_{37}，并与输入的 Zernike 系数进行比较。图 6-106 为两种标记设计下 Zernike 系数的仿真结果，从图中可以看出 Zernike

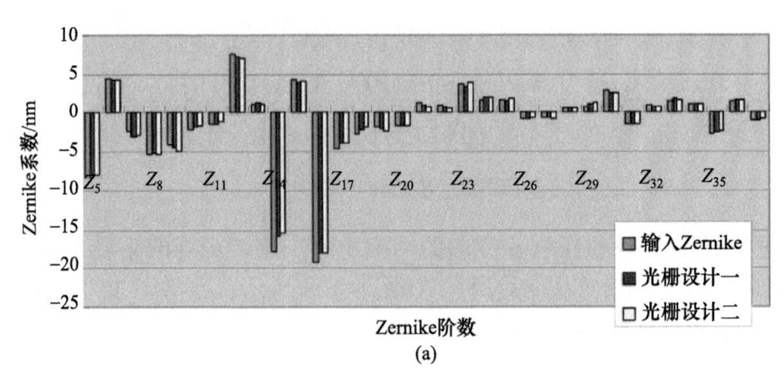

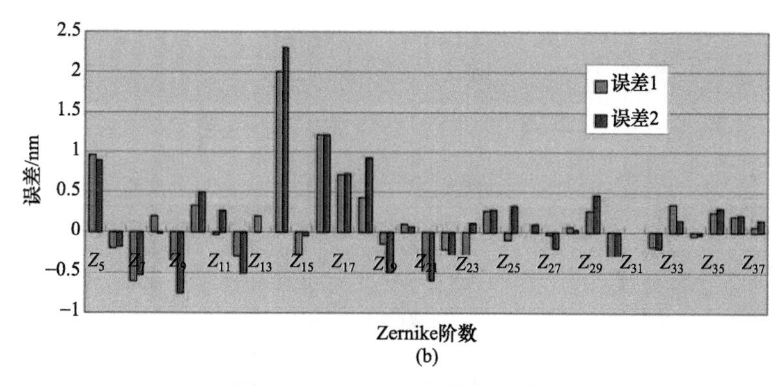

图 6-106　Z_5～Z_{37}仿真求解结果

系数的分布情况，以及像差检测结果与真实值之间的差别。投影物镜的最大像差为球差 Z_{16}，其值为 19.3nm；其次为彗差 Z_{14}，其值为 17.7nm；Z_{20} 以上的高阶像差值较小。

对于第一组光栅设计，平均精度为 0.34nm，最大误差为彗差 Z_{14} 的测试结果，误差为 2nm；其次为球差 Z_{16} 的测试结果，误差为 1.2nm。对于第二组光栅设计，平均精度为 0.4nm，最大误差为彗差 Z_{14} 的测试结果，误差为 2.3nm；其次为球差 Z_{16} 的测试结果，误差为 1.2nm。从求解结果可以看出，求解误差与像差的绝对值成正比。两个光栅设计下的 AMAI-PCA 求解精度基本相当，等间隔光栅设计方案的求解误差略好于第二种光栅设计方案，该结论与条件数的分析结果一致。

基于等角度间隔的 6 方向光栅设计，利用 MATLAB 软件在[-0.1λ, 0.1λ]区间上随机生成 5 组 33 维向量(Z_5～Z_{37})作为 Zernike 系数，分别进行 5 组仿真分析，其余仿真条件如表 6-17 所示。图 6-107 所示为仿真结果，最左边一列为输入的波像差，中间一列为通

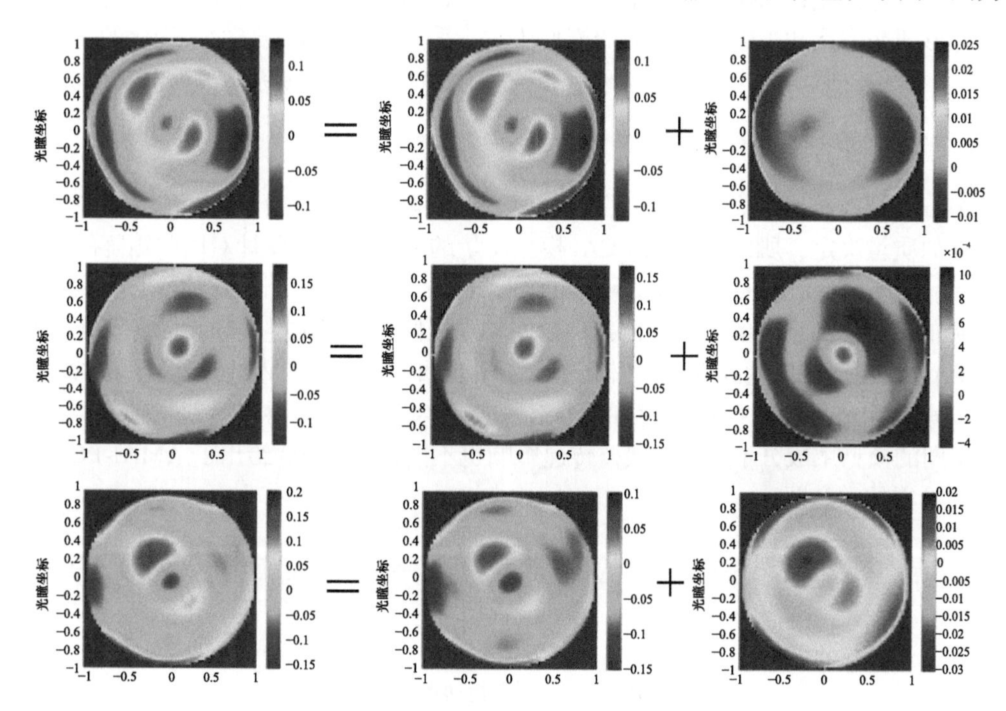

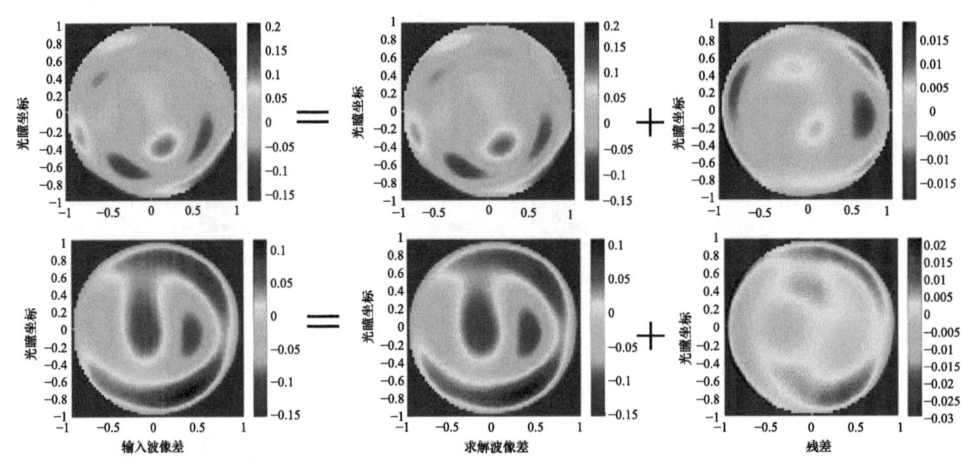

图 6-107　波前重构结果

过 AMAI-PCA 技术求解出的波像差，最右边一列为计算结果与输入结果之差。从仿真结果可以看出，AMAI-PCA 能够精确地反演出输入的波像差，最大残差在 0.012λ，即输入值的 12%。该检测精度能够用于范围在±0.1λ 的波像差检测。

6.3.3.3　照明优化[17]

AMAI-PCA 线性模型的质量决定了波像差的检测精度。通过对照明方式、检测标记的优化，以及联合优化等技术，可以提高 AMAI-PCA 线性模型的质量，使空间像的形变对波像差具有更高的灵敏度。在采用六方向孤立空检测标记的条件下，对 AMAI-PCA 的照明参数进行优化，以误差传递水平为评价标准，测试多种参数设置情况的传统照明方式、环形照明方式和二极照明方式的模型质量。采用模型质量最高的、优化的二极照明方式，相对传统照明方式，大幅提升了 Z_5～Z_{37} 共 33 项 Zernike 系数的检测精度。

1. 检测模型精度评价方法

AMAI-PCA 模型包含主成分矩阵和线性回归矩阵。由于该模型的精度主要由线性回归矩阵的质量决定，所以 AMAI-PCA 模型质量的评价方法主要针对回归矩阵的质量评价。基本的评价参数有回归矩阵的秩(rank)、条件数等，其中回归矩阵的秩必须大于等于模型所用 Zernike 系数的个数，而条件数则体现了回归矩阵的整体质量。基于条件数评估 AMAI-PCA 模型质量的方法，仅仅考虑了由于回归矩阵而引入的误差传递。实际上，空间像噪声首先会导致主成分系数的误差，主成分系数的误差再传递到 Zernike 系数误差。不同的模型主成分不同，对误差传递影响也不同。图 6-108 给出了 AMAI-PCA 中误差传递过程的示意图。

图 6-108　误差传递示意图

首先，根据空间像噪声对主成分系数误差进行评估；然后，根据主成分系数误差评估结果对 Zernike 系数误差进行评估。对主成分系数(或 Zernike 系数)进行评估时，不仅希望得到主成分系数(或 Zernike 系数)中单个分量的误差，还希望得到主成分系数(或 Zernike 系数)中每个分量之间的相互影响。协方差矩阵可以满足这种要求。随机列向量 $\boldsymbol{X}$ 的协方差矩阵定义为

$$\mathrm{Cov}(\boldsymbol{X})=E\left[\left(\boldsymbol{X}-E(\boldsymbol{X})\right)\left(\boldsymbol{X}-E(\boldsymbol{X})\right)^{\mathrm{T}}\right] \tag{6.102}$$

其中，$E(\boldsymbol{X})$表示随机向量的期望。协方差矩阵对角线上的元素为 $\boldsymbol{X}$ 中分量的方差，非对角线元素表示 $\boldsymbol{X}$ 中各分量的相关性。所以，$\boldsymbol{X}$ 的协方差矩阵不仅可以用来评估 $\boldsymbol{X}$ 中每个分量的误差大小，还可以用来评估 $\boldsymbol{X}$ 中各分量的相互关系。如果向量 $\boldsymbol{Y}=\boldsymbol{A}\boldsymbol{X}$，容易得到向量 $\boldsymbol{Y}$ 的协方差矩阵满足关系：

$$\mathrm{Cov}(\boldsymbol{Y})=\boldsymbol{A}\mathrm{Cov}(\boldsymbol{X})\boldsymbol{A}^{\mathrm{T}} \tag{6.103}$$

根据协方差的定义和性质，首先对主成分系数误差进行评估。空间像 AI 可以写成如下形式：

$$AI=\mathrm{PC}\cdot V+I_{\mathrm{error}} \tag{6.104}$$

其中，I_{error} 表示空间像噪声导致的光强误差。假设光强误差的协方差矩阵满足正态分布 $N\left(0,\ \boldsymbol{I}\sigma_I^2\right)$，即对角线的元素都为 σ_I^2，其他位置的元素为 0。根据协方差矩阵的性质，可知主成分系数的协方差矩阵(covariance matrix)为

$$\begin{aligned}\mathrm{Cov}(V)&=\left[\left(\mathrm{PC}^{\mathrm{T}}PC\right)^{-1}\cdot\mathrm{PC}^{\mathrm{T}}\right]\cdot\mathrm{Cov}(AI)\cdot\left[\left(\mathrm{PC}^{\mathrm{T}}\mathrm{PC}\right)^{-1}\cdot\mathrm{PC}^{\mathrm{T}}\right]^{\mathrm{T}}\\&=\left(\mathrm{PC}^{\mathrm{T}}\mathrm{PC}\right)^{-1}\cdot\left(\mathrm{PC}^{\mathrm{T}}\mathrm{PC}\right)\cdot\left(\mathrm{PC}^{\mathrm{T}}\mathrm{PC}\right)^{-1}\cdot\sigma_I^2\\&=\left(\mathrm{PC}^{\mathrm{T}}\mathrm{PC}\right)^{-1}\cdot\sigma_I^2.\end{aligned} \tag{6.105}$$

对于多方向空间像的情况，由于各个方向的主成分系数的求解相互没有影响，因而总的主成分系数误差的协方差矩阵 $\mathrm{Cov}\left(V_{\mathrm{total}}\right)$ 可以表示为

$$\mathrm{Cov}\left(V_{\mathrm{total}}\right)=\begin{bmatrix}\mathrm{Cov}(V_1)&&&\\&\mathrm{Cov}(V_2)&&\\&&\ddots&\\&&&\mathrm{Cov}(V_M)\end{bmatrix} \tag{6.106}$$

其中，$\mathrm{Cov}(V_i)$ $(1\leqslant i\leqslant M)$ 表示第 i 个检测标记方向对应的主成分系数误差矩阵。从 PC 中选出满足线性关系的行，得到线性回归矩阵 RM 与主成分系数满足如下关系：

$$RM\cdot Z=V+\varepsilon \tag{6.107}$$

其中，ε 表示回归分析误差。ε 的协方差矩阵为

$$\mathrm{Cov}(\varepsilon)=\mathrm{Cov}(V_{\mathrm{total}})\cdot\sigma_v^2 \tag{6.108}$$

其中，σ_v 表征主成分系数误差的幅值。由于 $\mathrm{Cov}(\varepsilon)$ 不满足同方差性正态分布的特点，不能直接类比式(6.105)计算 Z 的协方差矩阵。引入矩阵 P，满足性质：

$$P^{\mathrm{T}}P=PP=\mathrm{Cov}(V_{\mathrm{total}}) \tag{6.109}$$

对式(6.107)左乘 P^{-1}：

$$P^{-1}RM\cdot Z=P^{-1}V+P^{-1}\varepsilon=P^{-1}V+f \tag{6.110}$$

其中，$f=P^{-1}\varepsilon$。f 的协方差矩阵为

$$\begin{aligned}\mathrm{Cov}(f)&=E(ff^{\mathrm{T}})=E(P^{-1}\varepsilon\varepsilon^{\mathrm{T}}P^{-1})\\&=P^{-1}PPP^{-1}\sigma_v^2=I\sigma_v^2\end{aligned} \tag{6.111}$$

可见 f 的协方差矩阵与 I_{error} 有类似的性质，根据式(6.110)，采用与式(6.105)类似的推导过程，得到

$$\begin{aligned}\mathrm{Cov}(Z)&=\left[(P^{-1}RM)^{\mathrm{T}}(P^{-1}RM)\right]^{-1}\sigma_v^2\\&=\left[RM^{\mathrm{T}}P^{-1}P^{-1}RM\right]^{-1}\sigma_v^2\\&=\left[RM^{\mathrm{T}}\mathrm{Cov}(V_{\mathrm{total}})^{-1}RM\right]^{-1}\sigma_v^2\end{aligned} \tag{6.112}$$

根据上式，便可以对 AMAI-PCA 模型传递误差的 Zernike 系数误差进行评价，并在模型优化的过程中选择误差传递水平低的 AMAI-PCA 的模型参数。

2. 优化方法与结果

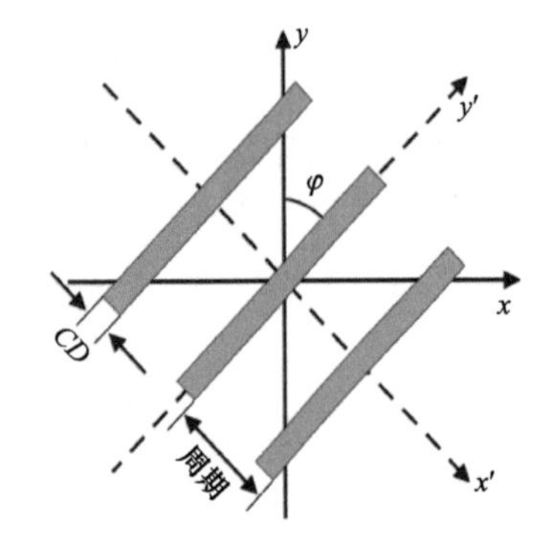

图 6-109　传统 AMAI-PCA 检测标记结构

本小节中，检测标记仍然沿用传统 AMAI-PCA 的二元掩模图形——孤立空检测标记，此处的检测标记为 6 个方向，而非 0°和 90°两个方向，采用 6 个方向的检测标记可以实现 Z_5～Z_{37} 共 33 项 Zernike 系数的测量。如图 6-109 所示，线宽 $CD=250\text{nm}$，周期=3000nm(硅片面尺寸)，检测标记方向角 φ 的取值可以自由设置。

此处使用波像差检测技术中常用的两组 φ 角组合来验证所提优化方法，这两组 φ 角组合为：①检测标记 1，φ 角取值 0°, 30°, 60°, 90°, 120° 和 150°；②检测标记 2，φ 角取值 0°, 30°, 45°, 90°, 120° 和 135°。选择三类照明方式进行优化，包括传统照明、环形照明和二极照明。由于四极照明方式主要应用于二维掩模图形，所以此处未予考虑。另外，由于传统照明方式属于特殊的环形照明，只需将环形照明的 σ_{in}

参数设置为零，即可对传统照明进行优化。

如图 6-110 所示，本小节所优化的二极照明有两种不同形式。第一种二极照明根据其形状称为弧形二极照明，如图 6-110(b)所示。该二极照明方式具有四个自由度，它根据环形照明方式演变得到，是环形照明的对称两段。第二种二极照明方式根据其形状称为圆形二极照明，如图 6-110(c)所示。该二极照明方式仅有三个自由度，并且两个圆形光斑的面积仅由σ_c决定，更容易保持恒定。其中，图 6-109 和图 6-110 中的φ角相同，二极照明方式的两极中心连线与所用检测标记的周期方向相同，并且使用φ角方向的检测标记时必须使用φ角的二极照明与之匹配。如图 6-110(b)所示，弧形二极照明另有一个开口角表征参数，即α角。本小节所优化的弧形二极照明将该参数设置为恒定值 30°。

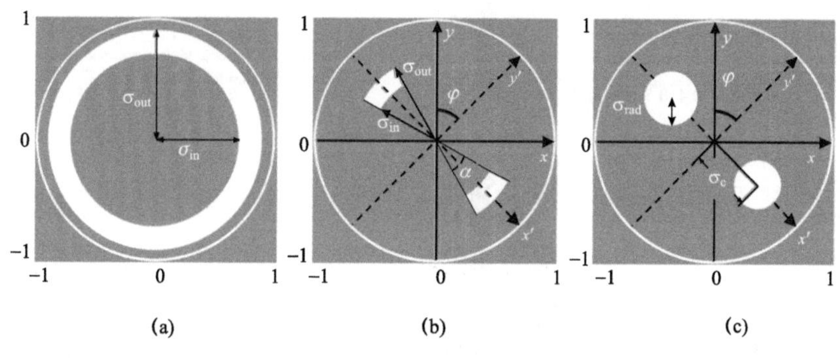

图 6-110　照明方式示意图

(a)环形照明；(b)弧形二极照明；(c)圆形二极照明

采用上述模型精度评价方法对 AMAI-PCA 线性模型进行评价。在光源优化过程中，利用光刻仿真软件 PROLITH 对各类照明方式条件下的空间像进行仿真。设置环形照明和弧形二极照明的σ_{in}取值范围是 0～0.9，σ_{out}取值范围是 0.05～0.95。对于圆形二极照明，σ_c的取值范围是 0.05～0.9，σ_{rad}的取值范围是 0.05～0.9。

最终的优化结果如图 6-111 所示。使用两类二极照明方式比使用传统照明方式和环形照明方式具有更高的像差检测精度。同时，使用检测标记 1 比使用检测标记 2 具有更高的波像差检测精度。

具体而言，传统照明方式在σ=0.5～0.6 的区间时，AMAI-PCA 的模型质量最差，当σ=0.15～0.25 或σ=0.7～0.9 时模型精度最高。环形照明也具有相似的趋势，当σ_{out}=0.15～0.25，σ_{in}=0.05～0.2 或σ_{out}=0.7～0.9，σ_{in}=0.05～0.3 时，模型精度最高，但当σ_{in}和σ_{out}均较大时，模型的质量迅速恶化。弧形二极照明方式具有非常大的参数区间，可以获得优质 AMAI-PCA 模型，模型质量随σ_{out}参数的增大而提高。圆形二极照明方式的优质 AMAI-PCA 模型区间也较大，但随着参数σ_c和σ_{rad}的增大，模型质量迅速恶化，这主要由照明光源尺寸已经超出光瞳边界所致。虽然弧形二极照明方式比圆形二极照明方式具有更大的优质模型的参数区间，但是最佳的模型质量却是使用圆形二极照明方式获得的。如图 6-111(e)所示，当圆形二极照明方式参数设置为σ_c = 0.55，

$\sigma_{rad} = 0.05$ 时，AMAI-PCA 的模型质量最优。这意味着使用两个点光源的照明方式配合孤立空检测标记具有最优的光瞳面抽样效率，此时的光瞳抽样分布为一系列呈直线排列、等间距分布的抽样点。对于真实光刻机，可以使用σ_{rad}较小的圆形二极照明方式代替两个点光源。下面的仿真测试将使用$\sigma_c = 0.55$，$\sigma_{rad} = 0.05$ 的圆形二极照明方式作为仿真光源的参数。

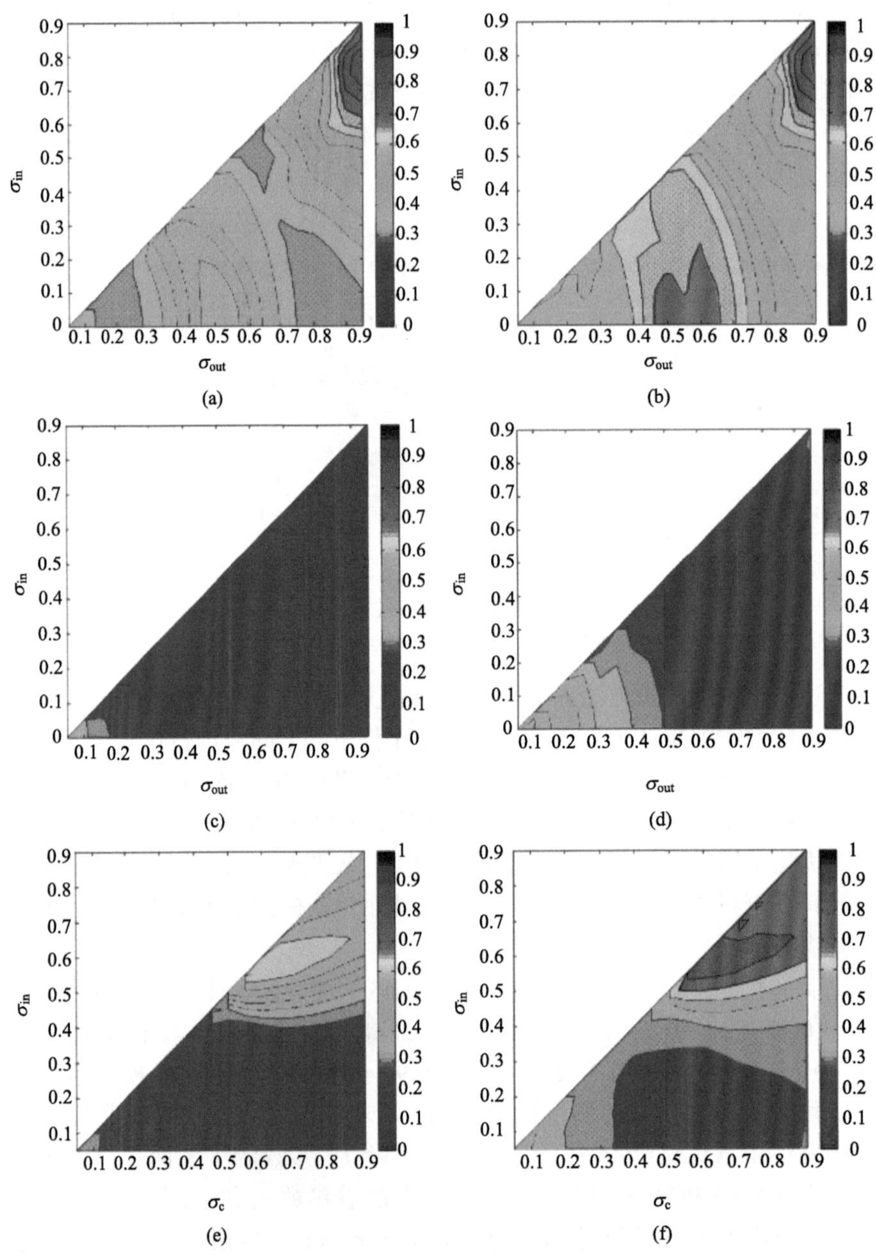

图 6-111　使用不同的照明光源，Zernike 系数测量误差等高线图

(a)标记 1，环形照明；(b)标记 2，环形照明；(c)标记 1，弧形二极照明；(d)标记 2，弧形二极照明；(e)标记 1，圆形二极照明；(f)标记 2，圆形二极照明

3. 仿真实验

基于二极照明的 AMAI-PCA 仍然基于空间像光强分布与 Zernike 系数之间的线性关系提取波像差。利用旋转矩阵方法，仅需建立检测标记为 0°方向的线性模型，再利用旋转矩阵完成 30°, 60°, 90°, 120°, 150°回归矩阵模型的建立。为了验证上述优化结果的有效性，设计了仿真实验。利用光刻仿真软件 PROLITH 按照表 6-18 设置仿真参数。对照明方式优化前和优化后的 AMAI-PCA 分别进行像差检测，并对比二者精度。

表 6-18　仿真参数设置

参数	优化前的 AMAI-PCA	优化后的 AMAI-PCA
光源		
照明波长	193nm	
照明类型 部分相干因子 σ	环形照明: $\sigma=0.65$	圆形二极照明: $\sigma_c=0.55$, $\sigma_{rad}=0.05$
检测标记		
检测标记 *CD* / 周期	250nm / 3000nm	
检测标记方向角 φ	0°, 30°, 60°, 90°, 120°, 150°	
投影物镜		
数值孔径 *NA*	0.75	
输入像差种类和幅值	Z_5 ～ Z_{37}: −50～+50mλ	
空间像		
空间像范围	*X*/*Y* 方向: −900～900nm *Z* 方向: −3500 ～ 3500nm	
空间像采样间隔	*X*/*Y* 方向: 30nm *Z* 方向: 125nm	

随机生成了 50 组测试用 Zernike 系数，单项 Zernike 系数幅值在−50～50mλ 范围内服从正态分布，由此得到的光瞳面波像差幅值在−150 ～ 150mλ 范围内分布。以一组待测投影物镜的光瞳像差为例，如图 6-112 所示，其对应的两种照明方式空间像如图 6-113 所示，上图表示使用传统照明方式的仿真空间像，下图表示使用优化后二极照明方式的仿真空间像。对于相同的波像差参数输入，两种照明方式得到的空间像形状差异很大。其中，上图中 6 幅图形的改变特征很难用肉眼分辨，而下图中的图形改变特征更加清晰。在此处可以看出下图中对波像差的灵敏度更高。

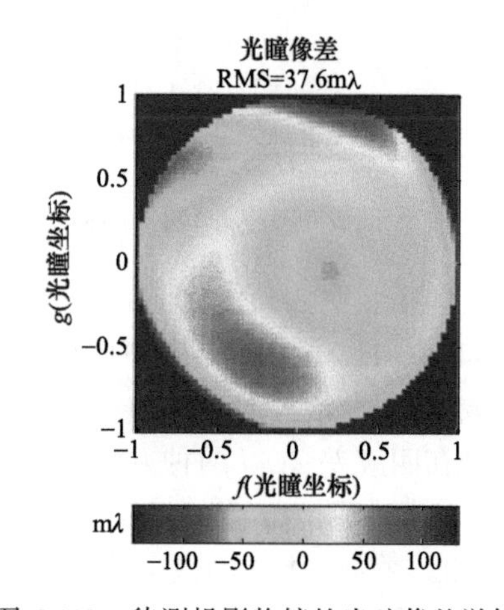

图 6-112　待测投影物镜的光瞳像差举例

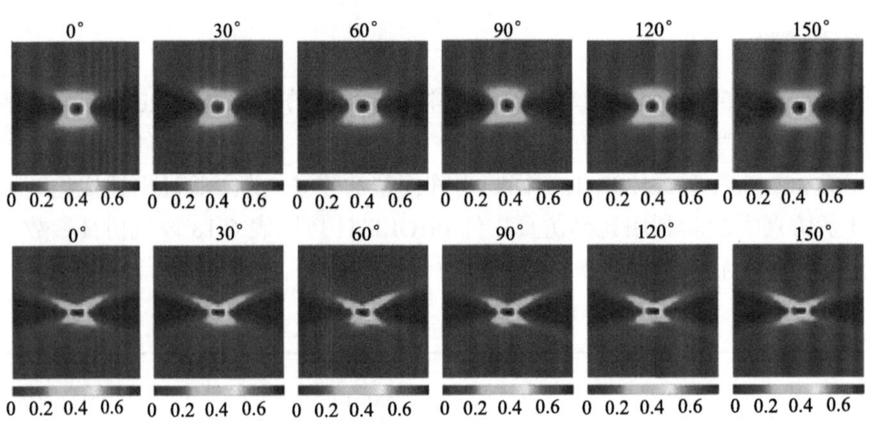

图 6-113　两种照明方式 6 个方向检测标记的仿真空间像

基于两种照明方式的 AMAI-PCA 主成分模型如图 6-114 所示，选取了其中的前五阶主成分，其中，上图中五幅主成分图像为基于传统照明方式得到，下图中五幅主成分图像为基于优化后的二极照明方式得到。将两种主成分模型进行对比可以看出，优化照明方式后的主成分模型具有更多的空间像特征信息，对不同的空间像具有更好的区分能力。在回归矩阵的建立过程中，利用旋转矩阵，通过旋转 0°方向的回归矩阵得到其余方向的回归矩阵，使基于 6 方向二元光栅检测标记的 AMAI-PCA 建模速度提高了 5 倍。

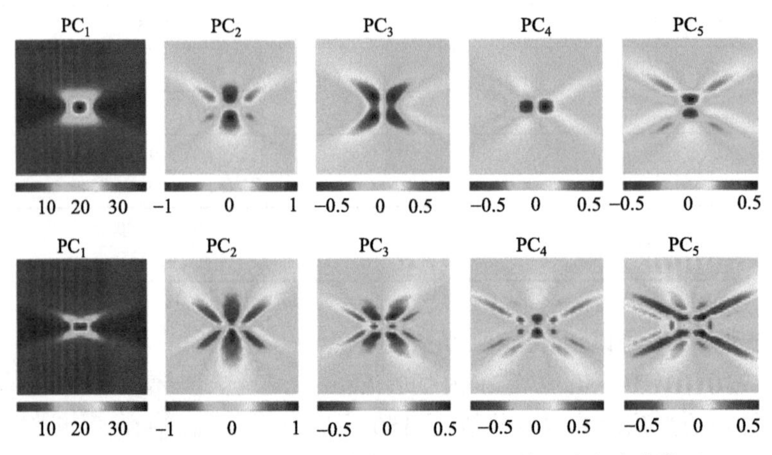

图 6-114　两种照明方式对应的 AMAI-PCA 前五阶主成分模型

利用照明方式优化前后的两种 AMAI-PCA 模型测量图 6-112 展示的波像差。检测结果如图 6-115 所示，其中使用传统照明方式的 AMAI-PCA 检测波像差的最大误差出现在三波差 Z_{13}，最大误差约为 2.3mλ；使用优化后的二极照明，最大误差为 2mλ，最大误差出现在四波差 Z_{17}。两种方法的最大误差比较，后者比前者检测精度提高了 15%。

利用照明方式优化前后的两种 AMAI-PCA 模型对 50 组波像差进行测量，再对 Zernike 系数的检测误差进行统计分析。以(|mean|+3σ)作为 AMAI-PCA 的波像差检测精度，结果如图 6-116 所示。除个别项外，优化后的 AMAI-PCA 检测波像差的精度绝大部分优于优化前的检测精度。优化前的精度最差项为 Z_{12}，精度为 2.7mλ；优化后的精度最

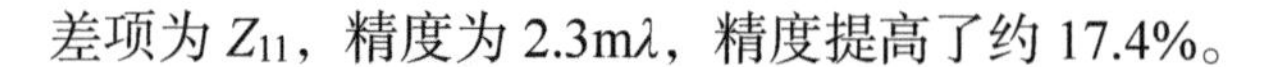

差项为 Z_{11}，精度为 2.3mλ，精度提高了约 17.4%。

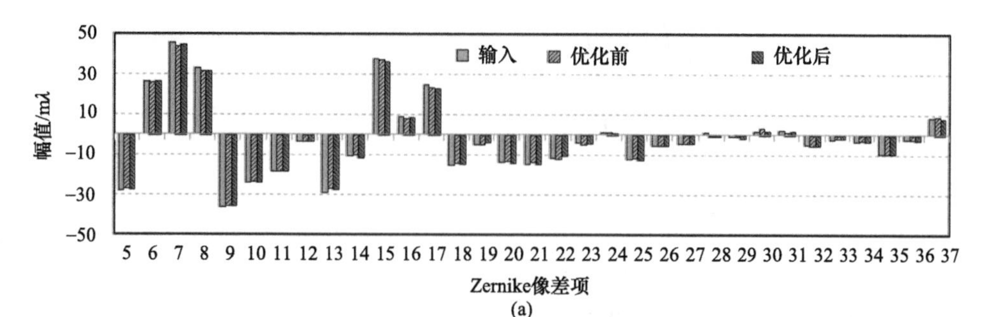

(a)

误差/mλ

Zernike像差项

(b)

图 6-115 单组 Zernike 系数测量结果

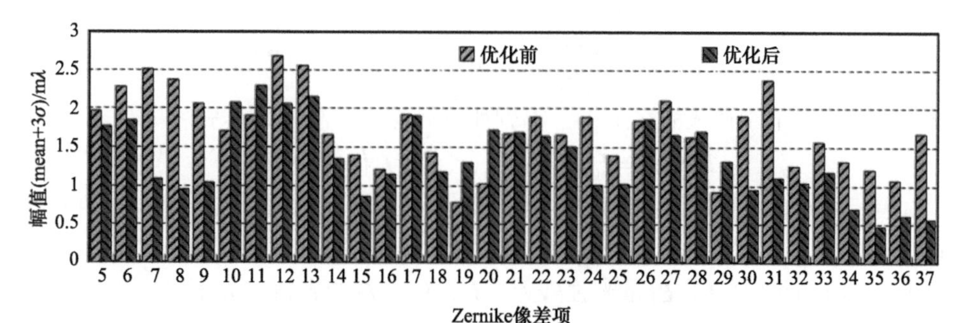

图 6-116 50 组 Zernike 系数测量结果统计

6.3.4 二阶模型检测法[5,17]

AMAI-PCA 技术线性模型建立的前提假设是待测波像差的 Zernike 系数足够小，且相互之间的影响足够弱。对于高阶波像差的检测而言，由于高阶 Zernike 项的引入，这种前提假设已经不再适用。作为对线性模型的自然延伸，二阶模型引入了 Zernike 像差之间的平方项和交叉项，可以增加 AMAI-PCA 模型的适用范围。采用六方向孤立空检测标记，可实现 60 项 Zernike 系数(Z_5～Z_{64})的检测。

6.3.4.1 检测原理

1. 基本原理

首先基于部分相干成像理论推导空间像光强分布与 Zernike 系数之间的二阶关系。

光刻成像公式可以由下式表示：

$$\begin{aligned}\boldsymbol{I}(x,y)=&\iiint\!\!\!\iiint_{-\infty}^{+\infty}\boldsymbol{J}(f,g)\\&\cdot\exp\left\{\mathrm{j}k\left[\boldsymbol{W}(f+f'',g+g'')-\boldsymbol{W}(f+f',g+g')\right]\right\}\\&\cdot\boldsymbol{O}(f',g')\boldsymbol{O}^*(f'',g'')\\&\cdot\exp\left\{-j2\pi\left[(f'-f'')x+(g'-g'')y\right]\right\}\\&\mathrm{d}f'\mathrm{d}g'\mathrm{d}f''\mathrm{d}g''\mathrm{d}f\mathrm{d}g\end{aligned}\tag{6.113}$$

其中，$\exp\left\{\mathrm{j}k\left[\boldsymbol{W}(f+f'',g+g'')-\boldsymbol{W}(f+f',g+g')\right]\right\}$ 表征投影物镜成像质量。用 $\boldsymbol{P}$ 来表示由出瞳面波前像差导致的相位改变，如下式所示：

$$\begin{aligned}\boldsymbol{P}(f,g;f',g';f'',g'')&=\exp\left\{\mathrm{j}k\left[\boldsymbol{W}(f+f'',g+g'')-\boldsymbol{W}(f+f',g+g')\right]\right\}\\&=1+\boldsymbol{P}_L(f,g;f',g';f'',g'')+\boldsymbol{P}_Q(f,g;f',g';f'',g'')+\boldsymbol{E}_{\mathrm{P}}\end{aligned}\tag{6.114}$$

其中，$\boldsymbol{P}_L$ 表示影响空间像的 Zernike 像差的线性组合；$\boldsymbol{P}_Q$ 表示影响空间像的 Zernike 像差的二阶组合；$\boldsymbol{E}_{\mathrm{P}}$ 是舍位误差。$\boldsymbol{P}_L$ 和 $\boldsymbol{P}_Q$ 如下式所示：

$$\begin{aligned}\boldsymbol{P}_L(f,g;f',g';f'',g'')&=\mathrm{j}k\sum_n Z_n\left[\boldsymbol{R}_n(f+f'',g+g'')-\boldsymbol{R}_n(f+f',g+g')\right]\\\boldsymbol{P}_Q(f,g;f',g';f'',g'')&=-\frac{k^2}{2}\sum_n {Z_n}^2\left[\boldsymbol{R}_n(f+f'',g+g'')^2+\boldsymbol{R}_n(f+f',g+g')^2\right]\\&\quad+k^2\sum_n\sum_m Z_nZ_m\boldsymbol{R}_n(f+f'',g+g'')\boldsymbol{R}_m(f+f',g+g')\end{aligned}\tag{6.115}$$

将式(6.114)和式(6.115)代入式(6.113)，得到如下像面光强分布表达式：

$$\boldsymbol{I}(x,y)=\boldsymbol{I}_0(x,y)+\boldsymbol{I}_1(x,y)+\boldsymbol{I}_2(x,y)+\boldsymbol{E}_{\mathrm{I}}\tag{6.116}$$

其中，$\boldsymbol{I}_0$ 表示没有像差影响的空间像光强直流分量；$\boldsymbol{I}_1$ 表示受 Zernike 像差线性组合影响的空间像光强分量；$\boldsymbol{I}_2$ 表示受 Zernike 像差二阶组合影响的空间像光强分量，其中包括交叉分量和平方分量两部分；$\boldsymbol{E}_{\mathrm{I}}$ 是光强残差。$\boldsymbol{I}_0$，$\boldsymbol{I}_1$ 和 $\boldsymbol{I}_2$ 的表达式如下：

$$\begin{cases}\boldsymbol{I}_0(x,y)=\iiint\!\!\!\iiint_{-\infty}^{+\infty}\boldsymbol{J}(f,g)\cdot\boldsymbol{O}(f',g')\boldsymbol{O}^*(f'',g'')\exp\left\{-\mathrm{j}2\pi\left[(f'-f'')x+(g'-g'')y\right]\right\}\\\quad\mathrm{d}f'\mathrm{d}g'\mathrm{d}f''\mathrm{d}g''\mathrm{d}f\mathrm{d}g\\\boldsymbol{I}_1(x,y)=\iiint\!\!\!\iiint_{-\infty}^{+\infty}\boldsymbol{J}(f,g)\cdot\boldsymbol{O}(f',g')\boldsymbol{O}^*(f'',g'')\exp\left\{-\mathrm{j}2\pi\left[(f'-f'')x+(g'-g'')y\right]\right\}\\\quad\boldsymbol{P}_L(f,g;f',g';f'',g'')\mathrm{d}f'\mathrm{d}g'\mathrm{d}f''\mathrm{d}g''\mathrm{d}f\mathrm{d}g\\\boldsymbol{I}_2(x,y)=\iiint\!\!\!\iiint_{-\infty}^{+\infty}\boldsymbol{J}(f,g)\cdot\boldsymbol{O}(f',g')\boldsymbol{O}^*(f'',g'')\exp\left\{-\mathrm{j}2\pi\left[(f'-f'')x+(g'-g'')y\right]\right\}\\\quad\boldsymbol{P}_Q(f,g;f',g';f'',g'')\mathrm{d}f'\mathrm{d}g'\mathrm{d}f''\mathrm{d}g''\mathrm{d}f\mathrm{d}g\end{cases}\tag{6.117}$$

如图 6-117 所示，与线性模型的 AMAI-PCA 相似，二阶模型的流程也包括建模和像差提取两部分。

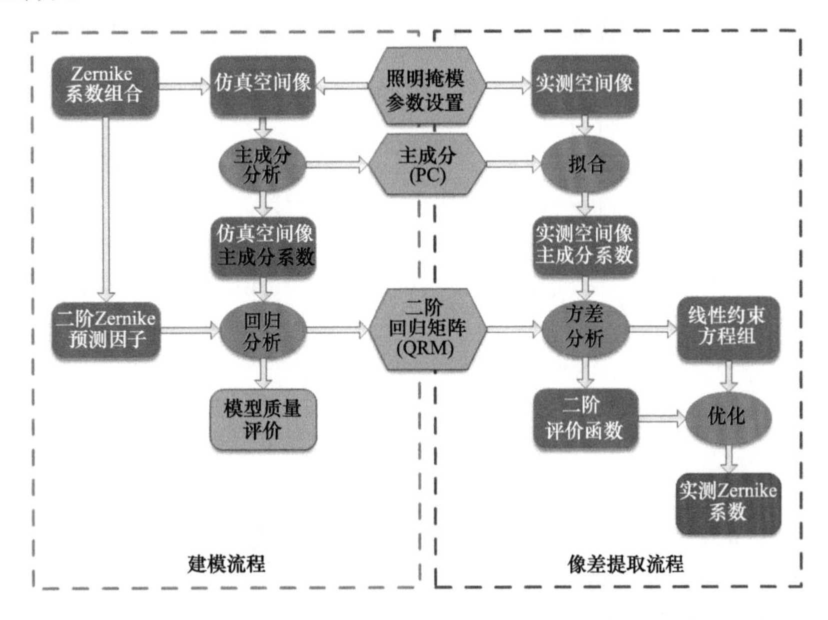

图 6-117　基于二阶模型 AMAI-PCA 的建模和像差提取流程图

2. 二阶模型

如前文所述，BBD 属于析因设计，满足二阶模型的要求，所以在建模过程中仍然先利用 BBD 对 Zernike 像差进行抽样；然后将设计好的 Zernike 系数组合输入光刻仿真软件 PROLITH 的光瞳设置单元，并利用 PROLITH 产生仿真空间像。

将仿真空间像组成仿真空间像训练库，然后对所有训练用仿真空间像进行主成分分析得到主成分和主成分系数，它们之间的关系如下：

$$\boldsymbol{AI}=\left[\boldsymbol{PC}_1\quad \boldsymbol{PC}_2\quad \cdots\quad \mathbf{PC}_r\right]\cdot\begin{bmatrix}\mathbf{PCC}_1\\ \mathbf{PCC}_2\\ \vdots\\ \mathbf{PCC}_r\end{bmatrix}+\boldsymbol{E}_{\mathrm{T}} \tag{6.118}$$

其中，$\boldsymbol{AI}$ 表示仿真空间像；$\mathbf{PC}_i(1\leqslant i\leqslant r)$表示主成分，所有的主成分相互正交；下标 i 是主成分的阶数，主成分的阶数 i 越小，$\mathbf{PC}_\mathrm{T}$ 对仿真空间像的影响权重越大；$\mathbf{PCC}_i$ 表示与 $\mathbf{PC}_i$ 对应的主成分系数；$\boldsymbol{E}_\mathrm{T}$ 是舍位误差，它通常很小，而且不影响 $\mathbf{PCC}_r$ 项的计算。

主成分的形状与 Zernike 像差直接相关，根据主成分与 Zernike 像差的关系对主成分进行分类：将与 Zernike 系数线性组合有关的主成分称为线性主成分，记作 **LPC**，它的系数记作 **LPCC**；将与 Zernike 系数二阶组合有关的主成分称为二阶主成分，记作 **QPC**，它的系数记作 **QPCC**。当然，主成分还与 Zernike 系数的更高阶组合有关，但由于其对空间像的影响非常有限，所以不予考虑。

式(6.118)的本质是，先建立空间像光强分布与主成分之间的线性关系，然后根据多元线性回归分析标定主成分系数与 Zernike 系数之间的回归矩阵。如果使用二阶

Zernike 系数作为回归分析的预测因子，则根据多元线性回归分析标定的是主成分系数与 Zernike 系数之间的二阶关系，就得到了二阶回归矩阵。方程(6.119)反映了该回归分析的过程：

$$\begin{aligned}\mathbf{PCC} &= \mathbf{QRM}\cdot\begin{bmatrix}1\\ \boldsymbol{Z}_L\\ \boldsymbol{Z}_Q\end{bmatrix}+\boldsymbol{E}_{\mathrm{F}}\\ &=\left[\boldsymbol{C},\quad \boldsymbol{L},\quad \boldsymbol{Q}\right]\cdot\begin{bmatrix}1\\ \boldsymbol{Z}_L\\ \boldsymbol{Z}_Q\end{bmatrix}+\boldsymbol{E}_{\mathrm{F}}\\ &= \boldsymbol{C}+\boldsymbol{L}\boldsymbol{Z}_L+\boldsymbol{Q}\boldsymbol{Z}_Q+\boldsymbol{E}_{\mathrm{F}}\end{aligned},\quad \boldsymbol{Z}_L=\begin{bmatrix}Z_1\\ Z_2\\ \vdots\\ Z_n\end{bmatrix},\quad \boldsymbol{Z}_Q=\begin{bmatrix}Z_1Z_2\\ Z_1Z_3\\ \vdots\\ Z_{n-1}Z_n\\ Z_1^2\\ \vdots\\ Z_n^2\end{bmatrix} \tag{6.119}$$

其中，**PCC** 是一个 $s\times 1$ 的列向量；s 是拟合空间像的主成分个数；**QRM** 表示二阶回归矩阵，包括一个常数项 $\boldsymbol{C}$、一个线性项 $\boldsymbol{L}$ 和一个二阶项 $\boldsymbol{Q}$；$\boldsymbol{C}$ 是一个 $s\times 1$ 的列向量；$\boldsymbol{L}$ 是 $s\times n$ 的矩阵(n 是待测 Zernike 系数的个数)；$\boldsymbol{Q}$ 是 $s\times l$ 的矩阵(l 是条件组合运算的结果，因为 $\boldsymbol{Q}$ 包含了 C_n^2 列的交叉项和 C_n^1 列的平方项，所以总列数 $l = C_n^2 + C_n^1 = C_{n+1}^2$)。同样，多元线性回归分析的预测因子也包含三部分，分别是常数项 l、线性项 $\boldsymbol{Z}_L$($n\times 1$ 的列向量)和二阶项 $\boldsymbol{Z}_Q$($l\times 1$ 的列向量)。$\boldsymbol{E}_{\mathrm{F}}$ 表示多元线性回归分析的残差。

为了选择最好的回归方程来提取 Zernike 系数，对回归矩阵进行方差分析，将决定系数 R^2 作为拟合优度来评估回归矩阵的质量。根据决定系数，可以筛选出用于提出 Zernike 系数的回归矩阵。另外，方差分析的结果还包含了显著性水平等评价参数。据此，可以判别回归矩阵的每一行向量对应的 **PC** 项属于 **LPC** 项，还是 **QPC** 项，分别称之为 **LRE** 和 **QRE**。

采用上述过程，建立了空间像光强分布与 Zernike 系数之间的二阶模型，得到了主成分 **PC** 和二阶回归矩阵 **QRM**。

3. Zernike 系数提取

在像差提取过程中，首先从实测空间像中提取出主成分系数。该过程与传统的线性模型 AMAI-PCA 相同，使用 **PC** 项，包括 **LPC** 项和 **QPC** 项，拟合实测空间像，得到主成分系数 **LPCC** 项和 **QPCC**。

然后，需要从实测的主成分系数中提取 Zernike 系数。由式(6.119)可知，Zernike 系数的提取过程是多元二阶方程组的求解过程。这是一个二次规划问题，需要利用优化算法进行求解。使用非线性最小二乘法寻找该多元二阶方程组的最优解。非线性最小二乘法是一种局部优化算法，必须结合充分的约束条件才能实现快速收敛。可以根据建模过程中的方差分析的结果，从二阶回归矩阵 **QRM** 中筛选出拟合优度较好的 **LRE** 项建立线性约束方程组，如下式所示：

$$\begin{bmatrix} \mathrm{LPCC}_1 \\ \mathrm{LPCC}_2 \\ \vdots \\ \mathrm{LPCC}_i \end{bmatrix} = \begin{bmatrix} \mathbf{LRE}_1 \\ \mathbf{LRE}_2 \\ \vdots \\ \mathbf{LRE}_i \end{bmatrix} \cdot \boldsymbol{Z}, \quad \boldsymbol{Z} = \begin{bmatrix} Z_1 \\ Z_2 \\ \vdots \\ Z_n \end{bmatrix} \tag{6.120}$$

其中，$\mathrm{LPCC_i}$ 是 $\mathbf{LPC}_i$ 的系数，其下标 i 是 **LPCC** 项的序数；$\boldsymbol{Z}$ 是 $n\times1$ 的列向量，表示待测的 n 个 Zernike 系数。

然后，筛选出拟合优度高的 **QRE** 项，建立如下所示的回归方程组：

$$f(\boldsymbol{Z}) = \begin{bmatrix} f_1(\boldsymbol{Z}) \\ f_2(\boldsymbol{Z}) \\ \vdots \\ f_j(\boldsymbol{Z}) \end{bmatrix} = \begin{bmatrix} C_1 \\ C_2 \\ \vdots \\ C_j \end{bmatrix} + \begin{bmatrix} \boldsymbol{L}_1 \\ \boldsymbol{L}_2 \\ \vdots \\ \boldsymbol{L}_j \end{bmatrix} \boldsymbol{Z} + \boldsymbol{Z}^{\mathrm{T}} \begin{bmatrix} \boldsymbol{Q}'_1 \\ \boldsymbol{Q}'_2 \\ \vdots \\ \boldsymbol{Q}'_j \end{bmatrix} \boldsymbol{Z} - \begin{bmatrix} \mathrm{QPCC}_1 \\ \mathrm{QPCC}_2 \\ \mathrm{M} \\ \mathrm{QPCC}_j \end{bmatrix}, \quad \boldsymbol{Z} = \begin{bmatrix} Z_1 \\ Z_2 \\ \vdots \\ Z_n \end{bmatrix} \tag{6.121}$$

其中，QPCC_j 是 $\mathbf{QPC}_j$ 的系数，其下标 j 是 **QPCC** 项的序数；$\boldsymbol{C}$ 是 **QRE** 项的常数部分；$\boldsymbol{L}$ 是 **QRE** 项的线性相关部分；$\boldsymbol{Q}$ 是 **QRE** 项的二阶相关部分；$\boldsymbol{Q}'$可以由 $\boldsymbol{Q}$ 得到，相应地，$\boldsymbol{Z}_Q$ 项也被 $\boldsymbol{Z}^{\mathrm{T}}$ 和 $\boldsymbol{Z}$ 的乘积所代替，将矩阵 $\boldsymbol{Q}$ 变换成矩阵 $\boldsymbol{Q}'$，如式(6.122)所示，通过减小矩阵的行列数，大大减少了计算时间。仿真表明，采用矩阵 $\boldsymbol{Q}'$的优化速度比采用矩阵 $\boldsymbol{Q}$ 时快约 10 倍。

$$\begin{cases} p = q, \quad \boldsymbol{Q}'_{j(p,q)} = \boldsymbol{Q}_{j(p+C_n^2)} \\ p < q, \quad \boldsymbol{Q}'_{j(p,q)} = \dfrac{1}{2} \times \boldsymbol{Q}_{j(C_n^2 - C_{n-p+1}^2 + q - p)}, \\ p > q, \quad \boldsymbol{Q}'_{j(p,q)} = \boldsymbol{Q}'_{j(q,p)} \end{cases} \quad \begin{matrix} p = 1,2,\cdots,n \\ q = 1,2,\cdots,n \end{matrix} \tag{6.122}$$

方程(6.122)表示矩阵 $\boldsymbol{Q}$ 和矩阵 $\boldsymbol{Q}'$之间的元素转换关系。对于第 j 项 **QRE**，$\boldsymbol{Q}_j$ 是一个 $1\times\boldsymbol{l}$ 的行矢量，$\boldsymbol{Q}'_j$ 是一个 $n\times n$ 的对称矩阵，其中 $\boldsymbol{Q}'_j$ 的下标 p 表示行数，q 表示列数。为了更好地理解方程(6.122)，需要了解 $\boldsymbol{Q}$ 的数据结构。根据方程(6.119)，行向量 $\boldsymbol{Q}_j$ 的第一部分是交叉分量。例如，$\boldsymbol{Q}_{j(1)}$($\boldsymbol{Q}_j$ 的第 1 个元素)是 $Z_1 * Z_2$ 的系数，$\boldsymbol{Q}_{j(2)}$是 $Z_1 * Z_3$ 的系数，以此类推。行向量 $\boldsymbol{Q}_j$ 的第二部分是平方分量。例如，$\boldsymbol{Q}_{j(C_n^2+1)}$ ($\boldsymbol{Q}_j$ 的第 C_n^2+1 个元素)是 Z_1^2 的系数，以此类推。

最小二乘法的评价函数(cost function)可以用方程(6.123)表示，它是回归方程组 $f(\boldsymbol{Z})$ 的 2 范数(即每个方程元素的平方和)的最小值。该评价函数的优化参数就是待测 Zernike 系数向量。

$$CF(\boldsymbol{Z}) = \min_{Z} \left\| f(\boldsymbol{Z}) \right\|^2 = \min_{Z} \left[f_1(\boldsymbol{Z})^2 + f_2(\boldsymbol{Z})^2 + \cdots + f_j(\boldsymbol{Z})^2 \right] \tag{6.123}$$

利用非线性最小二乘法寻找使评价函数 $CF(\boldsymbol{Z})$获得最小值时的 Zernike 系数就是待测 Zernike 系数。

6.3.4.2 仿真实验

1. 模型线性度分析

采用基于二阶模型的 AMAI-PCA，可以提高像差检测的精度，拓宽像差检测的阶数和幅值范围。以满足一定检测精度要求的最大像差范围为线性度，本小节以单项 Zernike 系数 Z_5，Z_7 和 Z_9 为例，分析基于二阶模型的线性度。

按照表 6-19 所示参数设置光刻仿真软件。以 Z_5 为例，首先，在±0.5λ 范围内，按照 0.01λ 的步长取 Z_5，输入光刻仿真软件 PROLITH 中生成 100 幅待测空间像；然后，建立幅值为 0.2λ 的 AMAI-PCA 线性模型和二阶模型；最后，利用建好的模型分别测量每幅空间像对应的像差，得到两种模型的 AMAI-PCA 对 Z_5 的线性响应。测量结果如图 6-118 所示。使用线性模型时，Z_5 的测量结果在±0.2λ 内具有较高的检测精度，按照 10%的幅值误差水平衡量，该方法的线性区间为±0.36λ，在整个 Z_5 的测试区间内，线性模型检测像差的误差均方根值(RMS)为 37mλ；而二阶模型则具有更高的检测精度，特别是线性区间达到了±0.48λ，在整个 Z_5 的测试区间内，二阶模型检测像差的误差均方根值(RMS)为 20mλ。相对于线性模型，二阶模型精度提高了 85%。

表 6-19 仿真参数设置

光源	
波长 λ	193nm
照明方式	传统照明方式
部分相干因子 σ	0.65
检测标记	
类型	二元掩模，孤立空检测标记
线宽 / 周期	250nm / 3000nm
检测标记方向	0° / 90°
投影物镜	
数值孔径 NA	0.75
输入像差种类	Z_5 / Z_7 / Z_9
输入像差幅值	−0.5～+0.5λ，0.01λ/step
空间像	
空间像范围	x/y 方向： −900～900nm z 方向： −3500～3500nm
采样间隔	x/y 方向：30nm z 方向：125nm

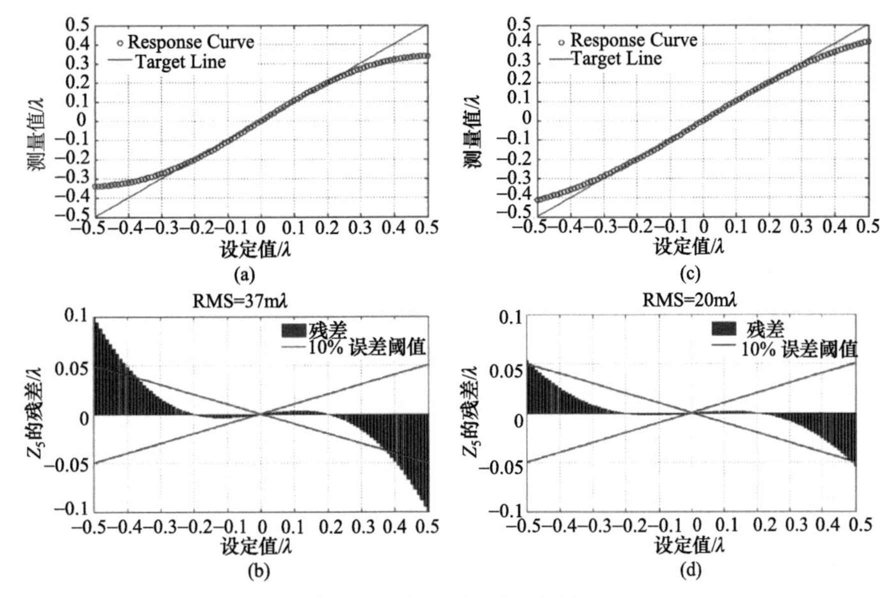

图 6-118　线性响应和残差曲线

(a)线性模型对 Z_5 的线性响应；(b)线性模型对 Z_5 的残差；(c)二阶模型对 Z_5 的线性响应；(d)二阶模型对 Z_5 的残差

采用同样的方法得到彗差 Z_7 和球差 Z_9，结果如图 6-119 和图 6-120 所示。基于线性模型的 AMAI-PCA 对±0.3λ 范围内的 Z_7 和±0.25λ 范围内的 Z_9 有比较好的线性响应，但是对该范围以外的 Z_7 和 Z_9 线性响应非常差。由图 6-120(b)可知，即便 Z_9 处于线性度较高的±0.1λ 范围内，也有部分区域的测量误差大于像差幅值的 10%。由此可见，单项 Zernike 系数的线性模型，其可测区间为±0.25λ，而对于 37 阶 Zernike 系数的 AMAI-PCA 线性模型而言，由于 Zernike 波像差之间存在相关性，其可测区间将更小，因而传统的 AMAI-PCA 技术无法对含有较大像差的投影物镜进行全 37 阶 Zernike 系数的测量。

基于线性模型的 AMAI-PCA 适用于像差幅值较小的情况，而当像差幅值增大时，空间像光强分布与 Zernike 之间的高阶关系变得越来越显著，尤其是其中的 Zernike 像差的二阶组合项对空间像的主成分有重要贡献。此时，仅用线性模型会包含较大误差，因而当像差较大时，需要应用空间像与 Zernike 像差之间的二阶模型。

与线性模型结果相比，基于二阶模型的 AMAI-PCA 使整个测量区间的线性响应精度得到了显著提高。如图 6-119 和图 6-120 所示，Z_7 在测量区间内误差的 RMS 减小了 85%，Z_9 则减小了 91%以上。若以误差占总像差幅值的 10%作为线性度的评价指标，则 Z_7 的可

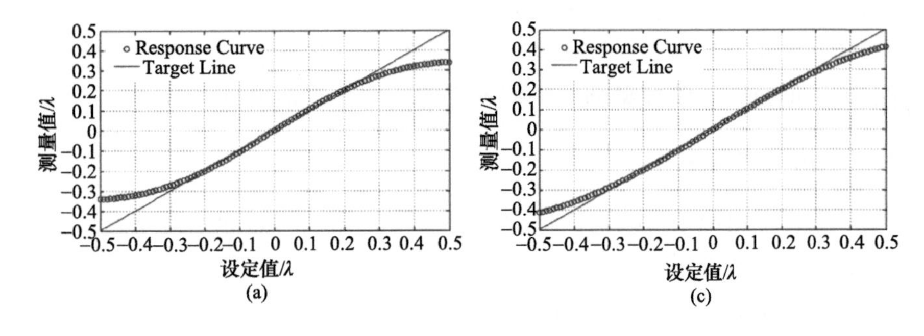

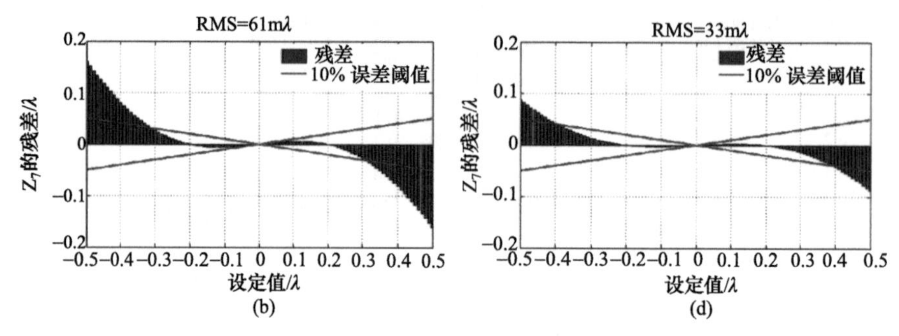

图 6-119　线性响应和残差曲线

(a)线性模型对 Z_7 的线性响应；(b)线性模型对 Z_7 的残差；(c)二阶模型对 Z_7 的线性响应；(d) 二阶模型对 Z_7 的残差

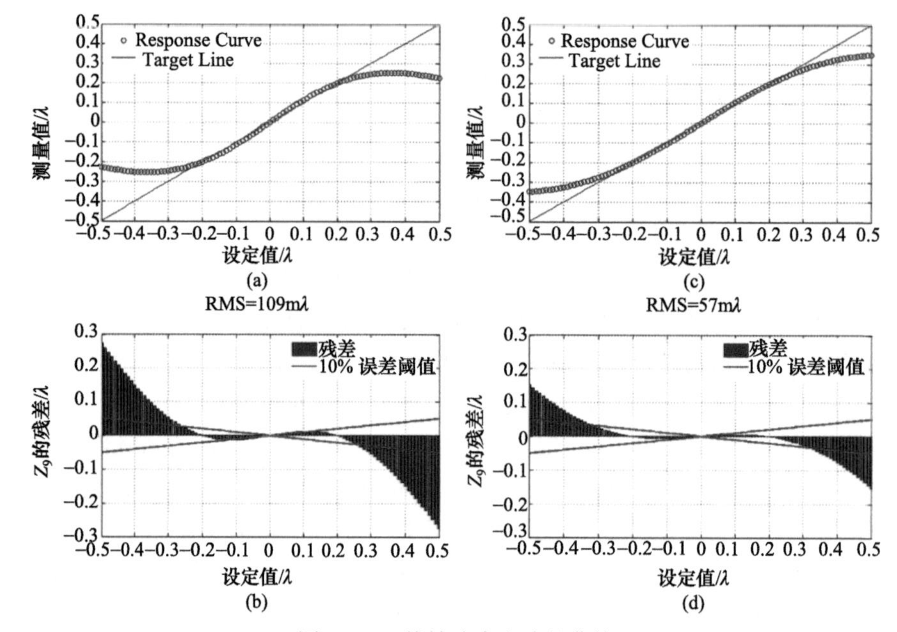

图 6-120　线性响应和残差曲线

(a)线性模型对 Z_9 的线性响应；(b)线性模型对 Z_9 的残差；(c)二阶模型对 Z_9 的线性响应；(d) 二阶模型对 Z_9 的残差

测区间拓展到了±0.38λ，Z_9 的可测区间拓展到了±0.32λ，并且在可测区间内误差均明显小于 10%的评价指标。

对于低阶的单项 Zernike 系数而言，AMAI-PCA 的二阶模型将该技术的像差可测区间拓展 20%左右，精度提高 80%以上。然而，随着待测 Zernike 像差项数的增加，Zernike 多项式在光瞳面的正交性将在空间像中丢失，所以线性模型和二阶模型的像差幅值可测区间都将缩减。但是，二阶模型缩减的程度仍然要弱于线性模型。

2. 37 项 Zernike 系数检测

下面分别采用 AMAI-PCA 的线性模型和二阶模型测量 Zernike 系数，并比较二者的精度。按照表 6-20 中情况设置光源和掩模参数，其中光源采用了二极照明方式，使用光刻仿真软件 PROLITH 产生空间像并进行像差提取。

表 6-20　仿真参数设置

光源	
波长 λ	193nm
照明方式	圆形二极照明
部分相干因子	$\sigma_c = 0.55$, $\sigma_{rad} = 0.05$
检测标记	
类型	二元掩模，孤立空检测标记
线宽 / 周期	250nm / 3000nm
检测标记方向 φ	0°, 30°, 60°, 90°, 120°, 150°
投影物镜	
数值孔径 NA	0.75
输入像差种类	$Z_5 \sim Z_{37}$
输入像差幅值	−50～+50mλ
空间像	
空间像范围	x/y 方向：−900～900nm z 方向：−3500～3500nm
采样间隔	x/y 方向：30nm z 方向：125nm

测试所用 Zernike 系数在±50mλ 范围内随机分布。为了方便比较，仍以图 6-112 所示的一组待测 Zernike 波像差为例进行仿真测试。首先建立空间像光强分布与 Zernike 系数之间的二阶模型。主成分和回归矩阵的获取方式参见式(6.118)和式(6.119)。基于 n 维方差分析的结果，从 **PC** 中选出线性的 **LPC** 项和二阶的 **QPC** 项。如图 6-121 所示，蓝色的

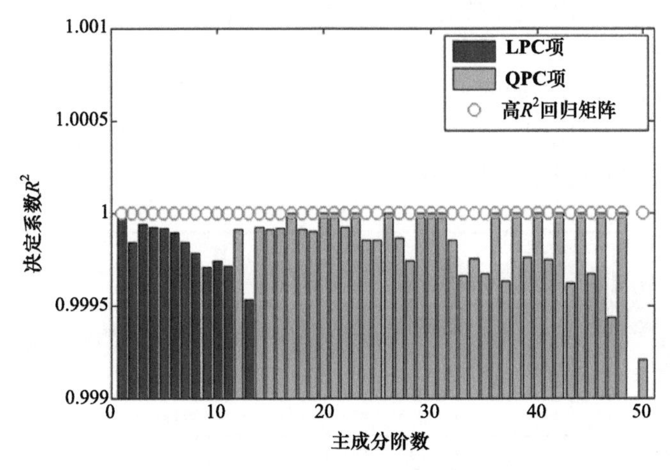

图 6-121　多元线性回归分析中，0°方向检测标记回归矩阵的拟合优度

条形图是 LPC 项的决定系数(R^2)，绿色的条形图是 QPC 项的决定系数(R^2)，橙色环状标记标注了 R^2 大于 0.999 的回归矩阵。从该图中可以看出，**LPC** 项出现在主成分的低阶项中，**QPC** 项出现在 **LPC** 项之后的高阶项中。由于采用了优化的照明方式，**LRE** 项和 **QRE** 项的质量都非常高。而 **QPC** 项的 R^2 整体高于 **LPC** 项，表明可以使用较少的 **QRE** 项来提取 Zernike 系数，从而减少了求解多元二次方程组的时间。

图 6-122 给出了 0°方向孤立空检测标记的前 5 阶 **LPC** 项和 **QPC** 项。根据主成分分析的原理和 n 维方差分析的原理，可知 **PC**$_1$ 表示常数项，**PC**$_2$ 到 **PC**$_5$ 表示空间像光强对垂直和水平坐标的一阶偏导和二阶偏导，**QPC** 项表示更高阶的偏导，其中，**PC**$_{12}$, **PC**$_{14}$, **PC**$_{15}$ 和 **PC**$_{16}$ 表示 Zernike 的平方和交叉组合的主成分，**PC**$_{17}$ 表示交叉组合的主成分。

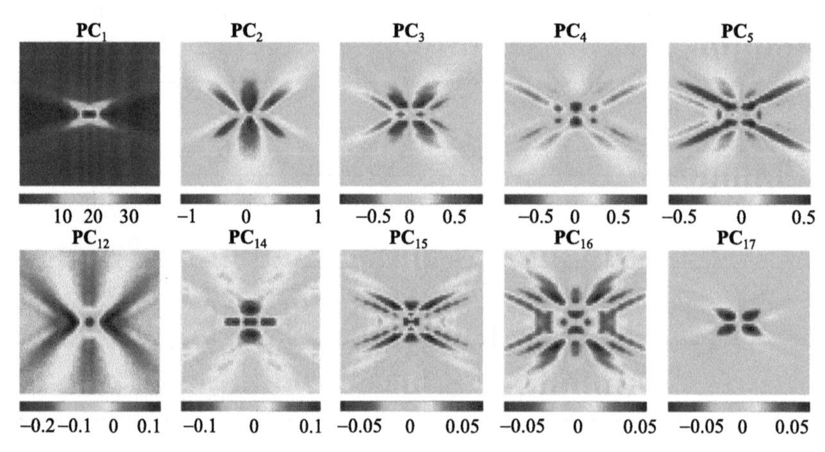

图 6-122 检测标记为 0°方向时，主成分的前 5 阶 **LPC** 项和 **QPC** 项

使用 **LPC** 项和 **QPC** 项分别拟合空间像，得到线性主成分的系数 **LPCC** 和二阶主成分的系数 **QPCC**。然后，根据式(6.120)和式(6.121)建立两个方程组：一个是基于 **LPCC** 项和 **LRE** 项建立的线性方程组，另一个是基于 **QPCC** 项和 **QRE** 项建立的二次方程组。使用非线性最小二乘法求解这个优化问题，把二次方程组作为评价函数，把线性方程组作为线性约束条件。

Zernike 系数的测量结果如图 6-123 所示。图 6-123(a)给出了输入 Zernike 系数和求解得到的 Zernike 系数的对比图，图 6-123(b)给出了 Zernike 像差的测量误差。由图可知，所有 Zernike 系数的测量误差都小于 0.8mλ。

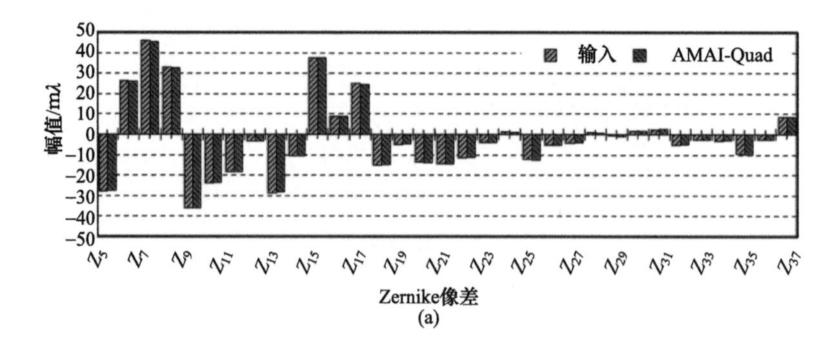

(a)

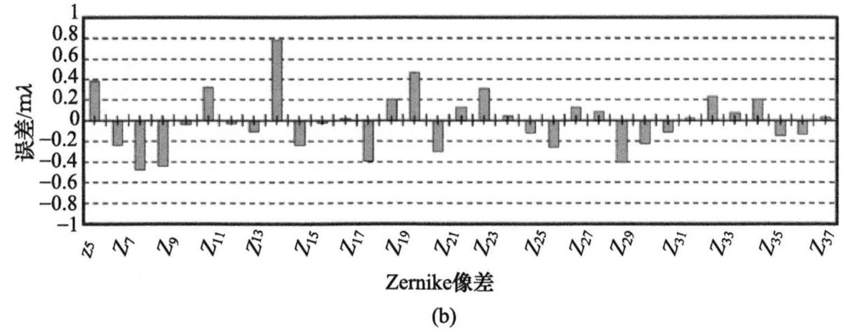

图 6-123　基于二阶模型的 AMAI-PCA 方法的像差测量结果

利用蒙特卡罗方法评估二阶模型 AMAI-PCA 的波像差检测精度，随机产生了 50 组含有 33 项 Zernike 系数(Z_5～Z_{37})的像差组合，将其代入 PROLITH 并产生空间像；然后，利用基于二阶模型的 AMAI-PCA 从这些空间像中提取 Zernike 系数，并对其进行统计分析。其中，精度用(|mean|+3σ)来表示，精度随像差范围的变化曲线如图 6-124 所示，粗线表示使用二阶模型法的 Zernike 像差精度，细线表示像差幅值 10%的阈值。由该图可见，像差检测精度随像差幅值的增大而恶化，像差检测精度与像差幅值近似呈现指数关系。如果以像差幅值 10%的阈值作为衡量标准，则线性区间可以达到±90mλ。其中，当波像差幅值为 50mλ 时，精度可达 1.7mλ，与基于线性模型的 AMAI-PCA 相比(图 6-116)，精度提高 30%以上。

相对于线性的 AMAI-PCA 方法，基于二阶模型的 AMAI-PCA 方法从空间像中提取 Zernike 系数时，需要额外的时间来完成优化算法。像差求解速度与待测 Zernike 项的个数、所选的优化算法及计算机硬件水平有关。在本小节的仿真实验中，从一幅空间像提取波像差需要多消耗约 2s 的时间(intel dual core pentium PC，主频 2.6GHz)。

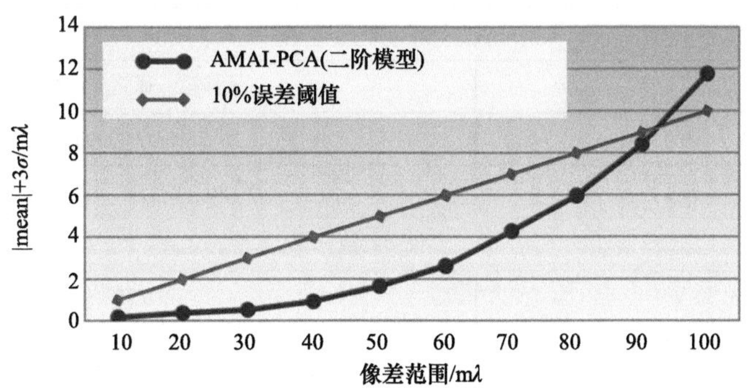

图 6-124　基于二阶模型的 AMAI-PCA 方法的像差测量范围

3. 64 项 Zernike 系数检测

基于二阶模型的 AMAI-PCA 方法，不但可以提高 Zernike 像差的检测精度和可测幅值范围，同时也可以对更高阶 Zernike 像差进行检测。如前文所述，为了提高光刻机投影物镜的分辨率，ASML 公司的 FlexWave 技术已经将波像差的测量和校正范围拓展至 64 阶 Zernike 系数。FlexWave 技术是通过集成小型化的 PMI 实现波像差检测的。图 6-125 为 Z_5～Z_{64} Zernike 多项式。

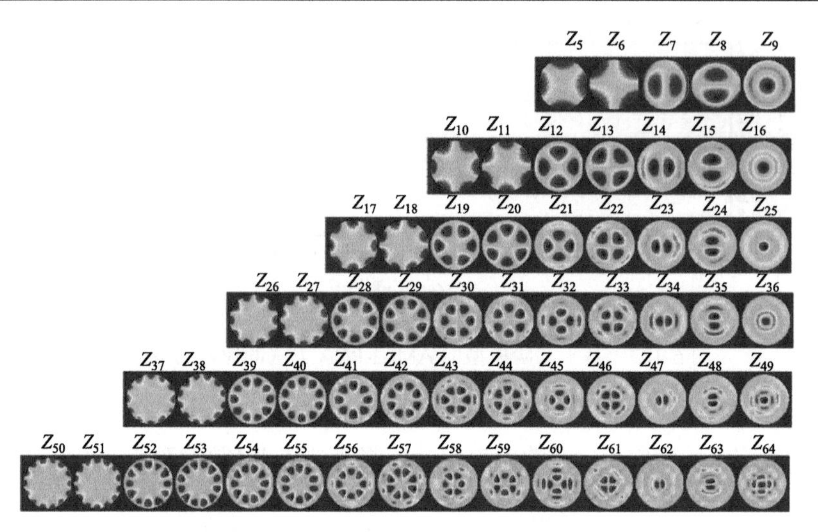

图 6-125　60 项 Zernike 多项式(Z_5～Z_{64})

目前尚未出现基于空间像测量的投影物镜波像差检测技术可以检测 64 阶 Zernike 系数的报道。下面通过仿真验证二阶模型的 AMAI-PCA 检测 60 项 Zernike 系数(Z_5～Z_{64})的能力。仿真条件如表 6-21 所示。

表 6-21　60 项 Zernike 系数测量仿真实验参数设置

光源	
波长 λ	193nm
照明方式	圆形二极照明
部分相干因子	$\sigma_c = 0.55$, $\sigma_{rad} = 0.05$
检测标记	
类型	二元掩模，孤立空检测标记
线宽 / 周期	250nm / 3000nm
检测标记方向 φ	0°, 30°, 45°, 90°, 120°, 135°
投影物镜	
数值孔径 NA	0.75
输入像差种类	Z_5 ～ Z_{64}
输入像差幅值	Z_5 ～ Z_{16}:　−50～+50mλ Z_{17} ～ Z_{36}:　−20～+20mλ Z_{37} ～ Z_{64}:　−10～+10mλ
空间像	
空间像范围	x/y 方向：　−900～900nm z 方向：　−3500～3500nm
采样间隔	x/y 方向：30nm z 方向：125nm

由于表 6-21 所用的 6 个方向检测标记采用相等的旋转角间隔，它们在光瞳面的衍射谱呈现相同的等角间隔，而这样的波前采样方式恰好与 15°六波差(Z_{38}和 Z_{53}，如图 6-125 所示)光瞳面相位为零的位置吻合，这意味着(0°, 30°, 60°, 90°, 120°, 150°)6 个方向检测标记对 Z_{38}和 Z_{53}的抽样效率最低，因而本小节测试使用(0°, 30°, 45°, 90°, 120°, 135°)6 个方向检测标记。

通常而言，投影物镜像差以低阶项为主，如初级球差、彗差、像散等，高阶波像差的幅值非常小。即使出现高阶像差漂移，其幅值也远远小于低阶波像差，所以仿真中对 60 项 Zernike 系数的幅值进行阶梯赋值，具体见表 6-21。

60 项 Zernike 系数的测量结果如图 6-126 所示。50 组 Zernike 像差测量结果的最大误差(max error)约为 4mλ，最大标准差误差(std error)约为 1.2mλ，最大平均误差(mean error)约为 0.22mλ，最大均方根误差(RMS error)约为 1.2mλ。由此可见，基于二阶模型的 AMAI-PCA 可以将 Zernike 像差的检测范围拓展至 Z_{64}。

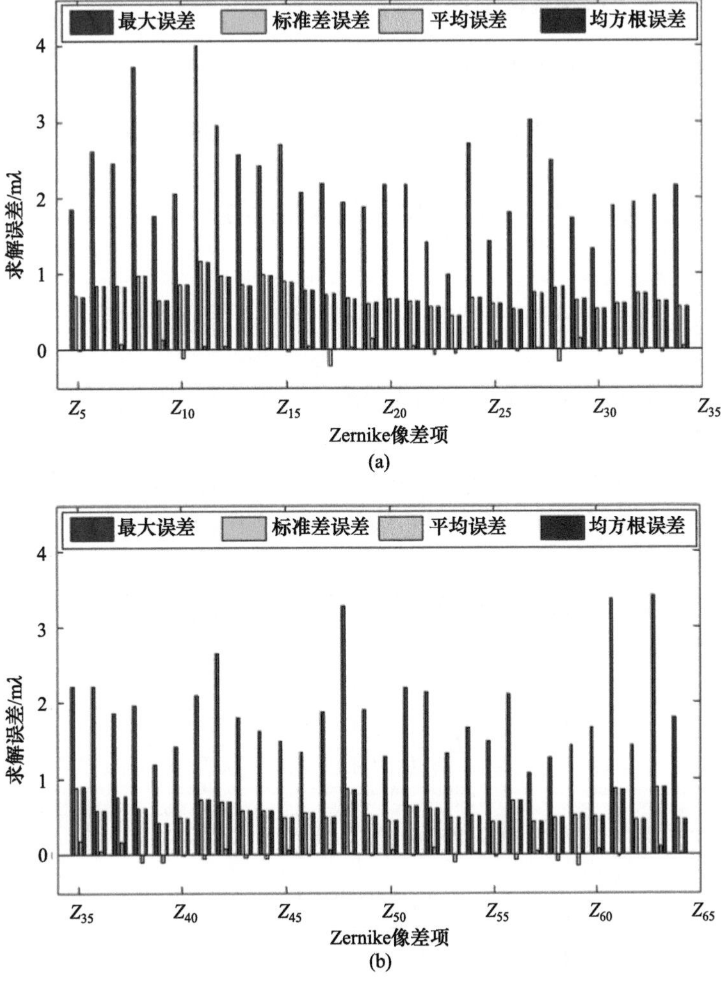

图 6-126 二阶模型的 AMAI-PCA 测量 60 项 Zernike 系数结果

(a)Z_5～Z_{34}；(b)Z_{35}～Z_{64}

6.4　浸液光刻机投影物镜波像差检测

由于浸液光刻机的数值孔径很大，标量成像模型难以准确表征其空间像，因此基于标量成像模型的 AMAI-PCA 技术不适用于浸液光刻机投影物镜的波像差检测。本节在建立基于矢量光刻成像理论的检测模型基础上，通过优化检测标记、像空间采样方式和照明方式，对 AMAI-PCA 技术进行进一步拓展，使其适用于浸液光刻机的波像差检测。首先建立浸液光刻机投影物镜的空间像光强分布与 Zernike 系数之间的线性关系，采用偏振光照明和矢量光刻成像模型，并考虑投影物镜的偏振像差，准确表征浸液光刻机的空间像，从而建立与浸液光刻机匹配的检测模型；然后在基于矢量光刻成像模型的 AMAI-PCA 技术的基础上，将检测标记由六方向孤立空改进为八方向孤立空，实现了 60 项 Zernike 系数($Z_5 \sim Z_{64}$)的高精度检测；最后，采用一元线性采样方法结合多偏振照明方法，在不损失波像差求解精度的前提下提高求解速度。

6.4.1　基于矢量成像模型的波像差检测[18,19]

浸液光刻机的数值孔径达到 1.35，标量成像模型不能准确地表征其空间像，需要使用矢量光刻成像模型。本小节建立基于矢量光刻成像理论的检测模型，对 AMAI-PCA 技术进行拓展，使其能够适用于浸液光刻机的波像差检测。

6.4.1.1　检测原理

1. 矢量成像模型

对于超高 NA(hyper-NA，NA=1.35)的浸液光刻机，其成像过程不适于用标量光刻成像模型描述，必须考虑光的矢量特性，采用矢量光刻成像模型进行描述。标量光刻成像模型仅需考虑光的传播方向，在矢量光刻成像模型中还需要考虑光的振动方向。一般可以将光波分解成垂直于子午面振动的 TE 波和平行于子午面振动的 TM 波，两种模式分别用 s 和 p 表示。

图 6-127 为矢量光刻成像模型中偏振光的传播过程示意图，光束 L 沿 z 轴方向传播，其光波矢量可以表示为

$$\boldsymbol{E}_0 = \begin{bmatrix} E_x \\ E_y \\ 0 \end{bmatrix} = \begin{bmatrix} E_\perp \\ E_\parallel \end{bmatrix} \tag{6.124}$$

光线 $P_s P_i$ 的光波矢量为方向余弦的函数，表达式为

$$\boldsymbol{k} = k(\alpha, \beta, \gamma) \tag{6.125}$$

其中，$\alpha = f\sin\theta_{\text{obj}}$，$\beta = g\sin\theta_{\text{obj}}$，$\gamma = \sqrt{1-(f^2+g)^2\sin^2\theta_{\text{obj}}}$ 。

s 方向的单位向量为

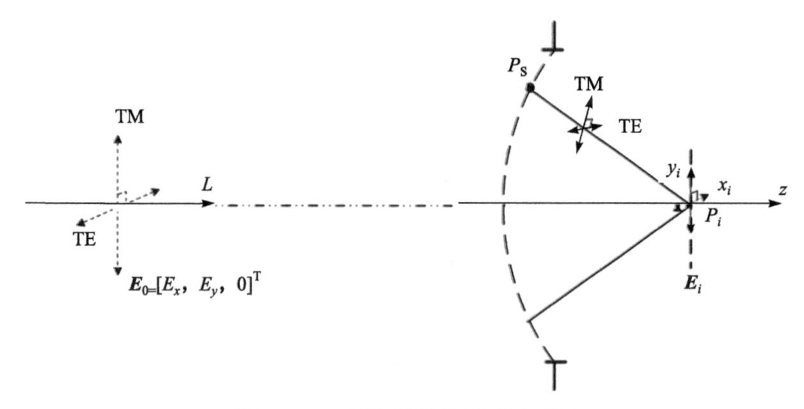

图 6-127　偏振光传播过程示意图

$$s_{\perp} \equiv \frac{\boldsymbol{k} \times \boldsymbol{z}}{|\boldsymbol{k} \times \boldsymbol{z}|} = \begin{bmatrix} \dfrac{\beta}{\sqrt{1-\gamma^2}} \\ \dfrac{-\alpha}{\sqrt{1-\gamma^2}} \\ 0 \end{bmatrix} \tag{6.126}$$

p 方向的单位向量为

$$s_{\parallel} \equiv \boldsymbol{k} \times s_{\perp} = \begin{bmatrix} \dfrac{\alpha\gamma}{\sqrt{1-\gamma^2}} \\ \dfrac{\beta\gamma}{\sqrt{1-\gamma^2}} \\ -\sqrt{1-\gamma^2} \end{bmatrix} \tag{6.127}$$

空间直角坐标系(x,y,z)与坐标系(s, p)的映射关系为

$$P_{x\perp} = x \cdot s_{\perp} = \frac{\beta}{\sqrt{1-\gamma^2}}, P_{y\perp} = y \cdot s_{\perp} = -\frac{\alpha}{\sqrt{1-\gamma^2}}, P_{z\perp} = z \cdot s_{\perp} = 0 \tag{6.128}$$

$$P_{x\parallel} = x \cdot s_{\parallel} = \frac{\alpha r}{\sqrt{1-\gamma^2}}, P_{y\parallel} = y \cdot s_{\parallel} = \frac{\beta r}{\sqrt{1-\gamma^2}}, P_{z\parallel} = z \cdot s_{\parallel} = -\sqrt{1-\gamma^2} \tag{6.129}$$

其中，$P_{x\perp}$ 表示 x 偏振光向 s 方向的映射；$P_{x\parallel}$ 表示 x 偏振光向 p 方向的映射；$P_{y\perp}$ 表示 y 偏振光向 s 方向的映射；$P_{y\parallel}$ 表示 y 偏振光向 p 方向的映射；$P_{z\perp}$ 表示 z 偏振光向 s 方向的映射；$P_{z\parallel}$ 表示 z 偏振光向 p 方向的映射。

对于光波 $\boldsymbol{E}_0$，从坐标系$(\hat{x}, \hat{y}, \hat{z})$到坐标系$(s, p)$的映射关系为

$$\begin{bmatrix} E_{\perp} \\ E_{\parallel} \end{bmatrix} = \begin{bmatrix} P_{x\perp} & P_{y\perp} \\ P_{x\parallel} & P_{y\parallel} \end{bmatrix} \begin{bmatrix} E_x \\ E_y \end{bmatrix} \tag{6.130}$$

光线 $P_s P_i$ 从坐标系(s, p)到坐标系(x,y,z)的映射关系为

$$\boldsymbol{E}_i^{\perp}=\begin{bmatrix}P_{x\perp x} & P_{y\perp x}\\ P_{x\perp y} & P_{y\perp y}\\ P_{x\perp z} & P_{y\perp z}\end{bmatrix}\begin{bmatrix}E_x\\ E_y\end{bmatrix} \tag{6.131}$$

$$\boldsymbol{E}_i^{\parallel}=\begin{bmatrix}P_{x\parallel x} & P_{y\parallel x}\\ P_{x\parallel y} & P_{y\parallel y}\\ P_{x\parallel z} & P_{y\parallel z}\end{bmatrix}\begin{bmatrix}E_x\\ E_y\end{bmatrix} \tag{6.132}$$

其中

$$P_{x\perp x}=\frac{\beta^2}{1-\gamma^2},P_{y\perp x}=\frac{-\alpha\beta}{1-\gamma^2},P_{x\perp y}=\frac{-\alpha\beta}{1-\gamma^2},P_{y\perp y}=\frac{\alpha^2}{1-\gamma^2},P_{x\perp z}=0,P_{y\perp z}=0 \tag{6.133}$$

$$P_{x\parallel x}=\frac{\alpha^2\gamma}{1-\gamma^2},P_{y\parallel x}=\frac{\alpha\beta\gamma}{1-\gamma^2},P_{x\parallel y}=\frac{\alpha\beta\gamma}{1-\gamma^2},P_{y\parallel y}=\frac{\beta^2\gamma}{1-\gamma^2},P_{x\parallel z}=-\alpha,P_{y\parallel z}=-\beta \tag{6.134}$$

其中，$P_{x\perp x}$ 为 x 偏振光向 s 方向映射后在 x 方向的投影分量；$P_{x\parallel x}$ 为 x 偏振光在向 p 方向映射后在 x 方向的投影分量；$P_{y\perp x}$ 为 y 偏振光向 s 方向映射后在 x 方向的投影分量；$P_{y\parallel x}$ 为 y 偏振光向 p 方向映射后在 x 方向的投影分量；$P_{x\perp y}$ 为 x 偏振光向 s 方向映射后在 y 方向的投影分量；$P_{x\parallel y}$ 为 x 偏振光向 p 方向映射后在 y 方向的投影分量；$P_{y\perp y}$ 为 y 偏振光向 s 方向映射后在 y 方向的投影分量；$P_{y\parallel y}$ 为 y 偏振光向 p 方向映射后在 y 方向的投影分量；$P_{x\perp z}$ 为 x 偏振光向 s 方向映射后在 z 方向的投影分量；$P_{x\parallel z}$ 为 x 偏振光在向 p 方向映射后在 z 方向的投影分量；$P_{y\perp z}$ 为 y 偏振光向 s 方向映射后在 z 方向的投影分量；$P_{y\parallel z}$ 为 y 偏振光向 p 方向映射后在 z 方向的投影分量。

由于 P_i 点的光场是 s 和 p 两个方向分量的叠加，则 P_i 点的光场为

$$\boldsymbol{E}_i=\boldsymbol{E}_i^{\perp}+\boldsymbol{E}_i^{\mathrm{P}}=\begin{bmatrix}P_{x\perp x}+P_{x\parallel x} & P_{y\perp x}+P_{y\parallel x}\\ P_{x\perp y}+P_{x\parallel y} & P_{y\perp y}+P_{y\parallel y}\\ P_{x\parallel z} & P_{y\parallel z}\end{bmatrix}\begin{bmatrix}E_x\\ E_y\end{bmatrix}=\boldsymbol{M}_0\boldsymbol{E}_0 \tag{6.135}$$

其中，$\boldsymbol{M}_0$ 为一个3×2传递矩阵，表示投影物镜对入射光矢量的映射作用，其表达式为

$$\boldsymbol{M}_0=\begin{bmatrix}P_{x\perp x}+P_{x\parallel x} & P_{y\perp x}+P_{y\parallel x}\\ P_{x\perp y}+P_{x\parallel y} & P_{y\perp y}+P_{y\parallel y}\\ P_{x\parallel z} & P_{y\parallel z}\end{bmatrix} \tag{6.136}$$

将式(6.1)中的 $O(f,g)$ 用 $O(f,g)\boldsymbol{M}_0(f,g)\boldsymbol{J}_{\text{Jones}}(f,g)\boldsymbol{E}_0$ 代替，得到矢量光刻成像模型的表达式如下：

$$\begin{aligned}I(\hat{x}_i,\hat{y}_i)=&\int_{-\infty}^{+\infty}\cdots\int J(f,g)H(f+f',g+g')H^*(f+f'',g+g'')\\ &\cdot O(f',g')\boldsymbol{M}_0(f+f',g+g')\boldsymbol{J}_{\text{Jones}}(f+f',g+g')\boldsymbol{E}_0\\ &\cdot O^*(f'',g'')\boldsymbol{M}_0^*(f+f'',g+g'')\boldsymbol{J}_{\text{Jones}}{}^*(f+f'',g+g'')\boldsymbol{E}_0^*\\ &\cdot\exp\left\{-\mathrm{j}2\pi\left[(f'-f'')x_i+(g'-g'')y_i\right]\right\}\mathrm{d}f\mathrm{d}g\mathrm{d}f'\mathrm{d}g'\mathrm{d}f''\mathrm{d}g''\end{aligned} \tag{6.137}$$

其中，$H(f,g)$ 为光瞳函数，包含了光刻机投影物镜的波像差；$\boldsymbol{J}_{\text{Jones}}(f,g)$ 为一个2×2的琼斯矩阵，表示光刻机投影物镜在光瞳面坐标 (f,g) 处的偏振像差，其表达式为

$$\boldsymbol{J}_{\text{Jones}}(f,g)=\begin{bmatrix} J_{xx} & J_{xy} \\ J_{yx} & J_{yy} \end{bmatrix}=\begin{bmatrix} a_0+a_1 & a_2-\text{j}a_3 \\ a_2+ja_3 & a_0-a_1 \end{bmatrix} \tag{6.138}$$

其中，$a_k(k=0,1,2,3)$ 是泡利(Pauli)矩阵的复数系数；a_0 的幅值表示标量透射率，相位为 0；$a_1 \sim a_3$ 的实部和虚部分别表示不同本征偏振态之间的衰减和相位延迟；j 表示复数虚部符号。

由式(6.137)可知，采用矢量光刻成像模型时，不仅要求有效光源 $J(f,g)$ 与平移的光瞳函数 $H(f+f',g+g')$ 和 $H(f+f'',g+g'')$ 有重叠(与标量光刻成像模型相同)，而且要求矢量 $O(f',g')\boldsymbol{M}_0(f+f',g+g')\boldsymbol{E}_0$ 和矢量 $O^*(f'',g'')\boldsymbol{M}_0^*(f+f'',g+g'')\boldsymbol{E}_0^*$ 的方向不能相互垂直。

2. 光强分布与 Zernike 系数的线性关系模型

光刻成像过程可以表示为掩模上检测标记的衍射光谱在光刻机投影物镜光瞳面受到波像差的相位调制，因此测得的空间像中会包含光刻投影物镜的波像差信息。对于超高数值孔径投影物镜，不仅存在波像差，而且偏振像差也不能忽略，因此需要重新建立空间像光强分布与 Zernike 像差之间的线性关系。

将代表光瞳函数的式(6.3)代入式(6.137)，在 $f^2+g^2 \leqslant 1$ 条件下，得到矢量光刻成像模型的空间像光强分布：

$$\begin{aligned} I(x_i,y_i)=&\int\cdots\int_{-\infty}^{+\infty} J(f,g) \\ &\cdot\exp\{\text{j}k[W(f+f'',g+g'')-W(f+f',g+g')]\} \\ &\cdot O(f',g')\boldsymbol{M}_0(f+f',g+g')\boldsymbol{J}_{\text{Jones}}(f+f',g+g')\boldsymbol{E}_0 \\ &\cdot O^*(f'',g'')\boldsymbol{M}_0^*(f+f'',g+g'')\boldsymbol{J}_{\text{Jones}}{}^*(f+f'',g+g'')\boldsymbol{E}_0^* \\ &\cdot\exp\{-\text{j}2\pi[(f'-f'')x_i+(g'-g'')y_i]\}\text{d}f\text{d}g\text{d}f'\text{d}g'\text{d}f''\text{d}g'' \end{aligned} \tag{6.139}$$

由于超高 NA 的投影物镜的波像差比干式光刻机的波像差更小，因此波像差引起的投影物镜光瞳面相位变化完全可以用其泰勒(Taylor)展开式的第 0 阶和第 1 阶项近似表示，将式(6.6)代入式(6.139)，可得

$$\begin{aligned} I(x_i,y_i)=&I_{\text{DC}}(x_i,y_i)+I_{\text{Lin}}(x_i,y_i) \\ =&\int\cdots\int J(f,g)\times[O(f',g')\boldsymbol{M}_0(f+f',g+g')\boldsymbol{J}_{\text{jones}}(f+f',g+g')\boldsymbol{E}_0] \\ &\times[O(f'',g'')\boldsymbol{M}_0(f+f'',g+g'')\boldsymbol{J}_{\text{jones}}(f+f'',g+g'')\boldsymbol{E}_0]^* \\ &\times\exp\{-\text{i}2\pi[(f'-f'')\hat{x}_i+(g'-g'')\hat{y}_i]\}\text{d}f\text{d}g\text{d}f'\text{d}g'\text{d}f''\text{d}g'' \\ &+\text{j}k\sum_n Z_n\cdot\int\cdots\int J(f,g)[R_n f+f'',g+g'' - R_n f+f',g+g'] \\ &\times[O(f',g')\boldsymbol{M}_0(f+f',g+g')\boldsymbol{J}_{\text{jones}}(f+f',g+g')\boldsymbol{E}_0] \\ &\times[O(f'',g'')\boldsymbol{M}_0(f+f'',g+g'')\boldsymbol{J}_{\text{jones}}(f+f'',g+g'')\boldsymbol{E}_0]^* \\ &\times\exp\{-\text{i}2\pi[(f'-f'')x_i+(g'-g'')y_i]\}\text{d}f\text{d}g\text{d}f'\text{d}g'\text{d}f''\text{d}g'' \end{aligned} \tag{6.140}$$

由式(6.140)可知，矢量光刻成像模型的空间像光强分布可以表示为不受投影物镜波像差影响的直流分量 $I_{\mathrm{DC}}(x_i,y_i)$ 和与波像差线性相关的分量 $I_{\mathrm{Lin}}(x_i,y_i)$ 的叠加。因此，当投影物镜波像差足够小且不同 Zernike 像差对空间像影响的相关性较弱时，空间像光强分布与 Zernike 像差之间存在线性关系。下面用仿真实验来验证此线性关系。

以 3 级 X 彗差 Z_7 为例，设置 Z_7 在[0, 50mλ]区间以间隔 5mλ 递增，并设置一定的偏振像差，该偏振像差由一个琼斯矩阵 $\boldsymbol{J}_{\mathrm{Jones}}(f,g)$ 表示，其中 J_{xx}、J_{xy}、J_{yx} 和 J_{yy} 的幅值和相位均采用泡利 Zernike 多项式生成，系数 a_0 的幅值和 a_1～a_3 的实部范围为[−0.15, 0.15]，系数 a_0 的相位为 0，a_1～ a_3 的虚部范围为[−20mλ, 20mλ]。依次测得空间像光强分布，将得到的空间像光强分布分别与无波像差时的空间像光强分布作差，并计算均方根值(RMS)，以 Z_7 为横坐标，以计算得到的均方根值为纵坐标，作如图 6-128 所示的 Relation Curve 曲线。对曲线 Relation Curve 进行线性拟合，得到的线性关系如图 6-128 所示的 Fit Linear。由图 6-128 可知，曲线 Relation Curve 与曲线 Fit Linear 几乎是完全重合的，因此，可以认为在 50mλ 的 Zernike 系数幅值范围内，空间像光强分布与 Z_7 满足线性关系。

对空间像进行主成分分析，得到主成分和相应的主成分系数。空间像的主成分表征空间像的形变特性，根据主成分的特性，每一幅空间像都可以用有限阶主成分与主成分系数乘积叠加的形式近似表示，表达式如下：

$$I(x,y,z;Z)=\sum_{j=1}^{m}PC_j(x,y,z)\cdot V_j(Z)+E_{\mathrm{T}} \tag{6.141}$$

其中，I 表示空间像光强分布；Z 表示 Zernike 系数；PC 表示主成分；V 表示主成分系数；E_{T} 表示分解误差。由式(6.141)可知，空间像被分解成了主成分和主成分系数，即将代表投影物镜波像差的 Zernike 系数从空间像中分离到主成分系数中，并建立了空间像与主成分系数之间的一一对应关系。

将主成分分析之后得到的主成分与主成分系数乘积得到的重构空间像与测得空间像进行对比，得到残差的曲线，如图 6-128 所示的 Residual。Residual 是一条非常接近横坐标的曲线，验证了在 50mλ 的 Zernike 系数幅值范围内，空间像光强分布与 Z_7 满足线性

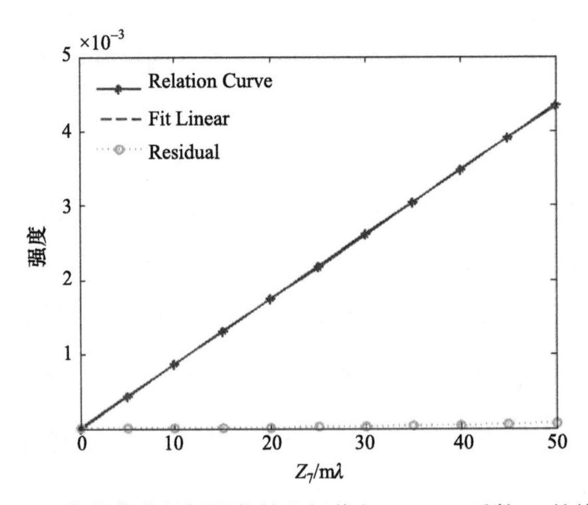

图 6-128　超高数值孔径投影物镜空间像与 Zernike 系数 Z_7 的线性关系

关系。Z_5～Z_{37} 33 阶 Zernike 像差中其余 Zernike 系数也具有这种线性关系。由此建立了超高 NA 投影物镜的空间像光强分布与 Zernike 系数之间的线性关系。

3. Zernike 系数提取

基于上述线性关系，提取 Zernike 系数的具体流程如图 6-129 所示。为便于论述，本小节将基于矢量光刻成像模型的 AMAI-PCA 技术简称为矢量 AMAI-PCA 技术，将基于标量成像模型的 AMAI-PCA 技术简称为标量 AMAI-PCA 技术。

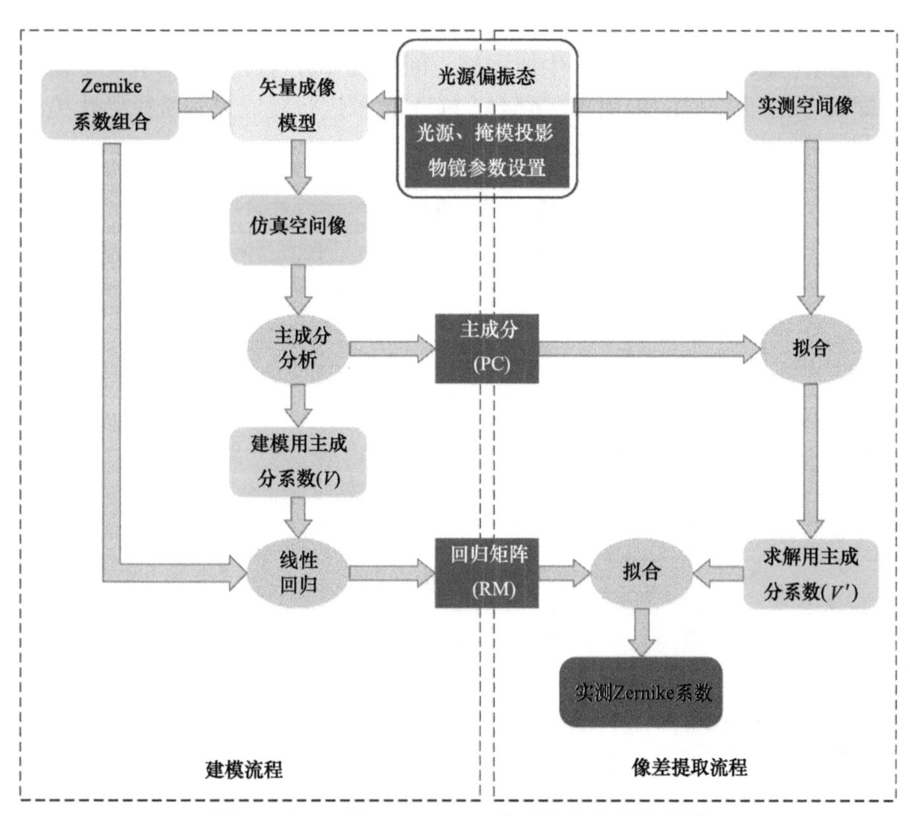

图 6-129 矢量 AMAI-PCA 技术波像差提取流程

矢量 AMAI-PCA 技术测量波像差包括建模阶段和波像差提取阶段。建模阶段采用 BBD 统计抽样方法设定 33 项 Zernike 系数 Z_5～Z_{37} 的组合 Z_U，并随机设定一组偏振像差 PT；采用偏振光照明模式和矢量光刻成像模型，使用专业的光刻仿真软件 PROLITH 进行仿真，得到仿真空间像集合，对仿真空间像集合进行主成分分析，获取仿真空间像的主成分以及相应的主成分系数。将主成分系数和 Zernike 系数组合作为已知数据，采用最小二乘法拟合计算线性回归矩阵 R_M，如下式所示：

$$V = R_M \cdot Z_U \tag{6.142}$$

根据线性回归矩阵 R_M 建立主成分系数与 Zernike 系数之间的线性关系。

波像差提取阶段随机设定 33 项 Zernike 系数 Z_5～Z_{37}，采用光刻仿真软件 PROLITH 进行仿真，得到待测空间像，对待测空间像进行主成分分析，得到待测空间像的主成分系数，然后与式(6.142)得到的线性回归矩阵 R_M 按照最小二乘法进行拟合，得到待测光刻机投影物镜波像差的 33 项 Zernike 系数。波像差的检测精度定义为：测量误差平均值+3×测量误差标准差，即(mean+3×std)。

6.4.1.2 数值仿真

为了对矢量 AMAI-PCA 技术的性能进行评估，进行了超高 NA 的浸液光刻机投影物镜波像差检测的仿真测试，并与标量 AMAI-PCA 技术进行比较。通常 Z_5～Z_{37} 是浸液光刻机投影物镜中存在的主要的波像差，基于此，随机生成了 50 组测试用 Zernike 系数，代入专业光刻仿真软件 PROLITH 生成测试空间像，并进行浸液光刻机投影物镜波像差的检测，同时在相同条件下使用标量 AMAI-PCA 技术进行浸液光刻机投影物镜波像差的检测，仿真条件如表 6-22 所示。

表 6-22 仿真条件

	矢量 AMAI-PCA 技术	标量 AMAI-PCA 技术
光源		
波长 λ	193nm	193nm
照明类型	四极照明	四极照明
偏振态	X 方向线偏振	无
部分相干因子 $\sigma_{\text{cen}}, \sigma_{\text{rad}}$	0.8,0.3	0.8,0.3
检测标记		
检测标记形状	孤立空组合	孤立空组合
检测标记线宽	250nm	250nm
检测标记周期	3000nm	3000nm
方向取向	0°、30°、45°、90°、120°、135°	0°、30°、45°、90°、120°、135°
投影物镜		
数值孔径 NA	1.35	1.35
输入像差范围	$Z_5 \sim Z_{37}$	$Z_5 \sim Z_{37}$
单个像差幅值范围	$-0.02 \sim 0.02\lambda$	$-0.02 \sim 0.02\lambda$
偏振像差	$\text{Re}\,a_0 \sim \text{Re}\,a_3: -0.15 \sim 0.15$ $\text{Im}\,a_0 = 0$ $\text{Im}\,a_1 \sim \text{Im}\,a_3: -20 \sim 20\text{m}\lambda$	无

续表

	矢量 AMAI-PCA 技术	标量 AMAI-PCA 技术
光刻成像模型		
光刻成像模型	矢量成像模型	标量成像模型
空间像采样		
采样范围	X/Y 方向: −2000～2000nm Z 方向: −900nm～900nm	X/Y 方向: −2000～2000nm Z 方向: −900～900nm
采样间隔	X/Y 方向: 30nm Z 方向: 125nm	X/Y 方向: 30nm Z 方向: 125nm

矢量 AMAI-PCA 技术采用的光源照明模式及偏振态如图 6-130(a)所示，标量 AMAI-PCA 技术采用的光源照明模式如图 6-130(b)所示；光源照明模式采用离轴照明中的四极照明，其部分相干因子[σ_{cen}, σ_{rad}]=[0.8,0.3]，矢量 AMAI-PCA 技术的照明模式中光源点的偏振态为 X 方向线偏振，标量 AMAI-PCA 技术的照明模式中光源点无偏振。

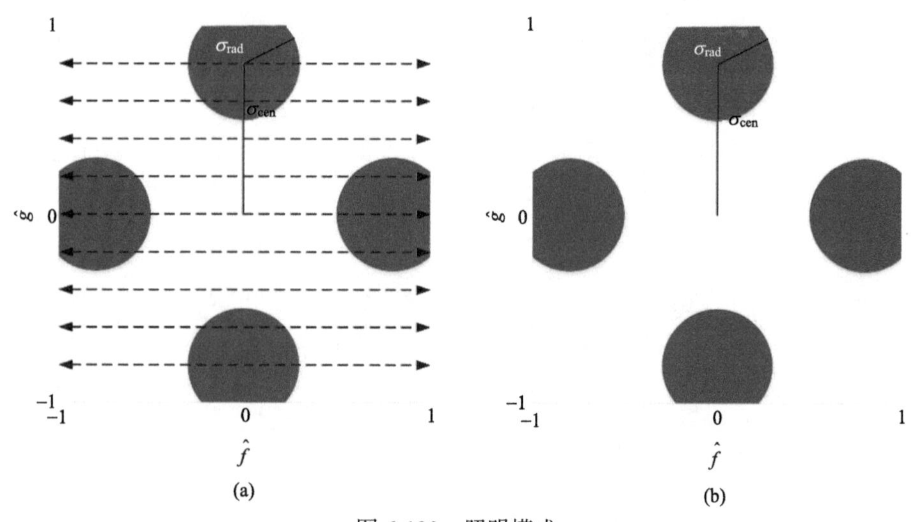

图 6-130　照明模式

(a)矢量 AMAI-PCA 技术；(b) 标量 AMAI-PCA 技术

检测标记如图 6-131 所示，检测标记为孤立空组合，该组合有 6 个具有不同方向取向的孤立空，6 个方向取向分别为 0°、30°、45°、90°、120°和 135°，每个孤立空的线宽为 250 nm，周期为 3000 nm。随机生成 50 组 Zernike 系数，单项 Zernike 系数幅值在−0.02～0.02λ 范围内服从正态分布，偏振像差由一个琼斯矩阵 $\boldsymbol{J}_{\text{Jones}}(\hat{f},\hat{g})$ 表示，其中 J_{xx}、J_{xy}、J_{yx} 和 J_{yy} 的幅值和相位均采用泡利 Zernike 多项式生成，系数 a_0 的幅值和 a_1～ a_3 的实部范围为[−0.15, 0.15]，系数 a_0 的相位为 0，a_1～a_3 的虚部范围为[−0.02λ, 0.02λ]。

根据式(6.141)和式(6.142)建立了浸液光刻机空间像光强分布与 Zernike 系数之间的线性模型。掩模 0°方向检测标记的前九阶主成分如图 6-132 所示，30°、45°、90°、120°和 135°方向检测标记前九阶主成分一致。第一阶主成分 PC_1 是空间像光强分布的直流分

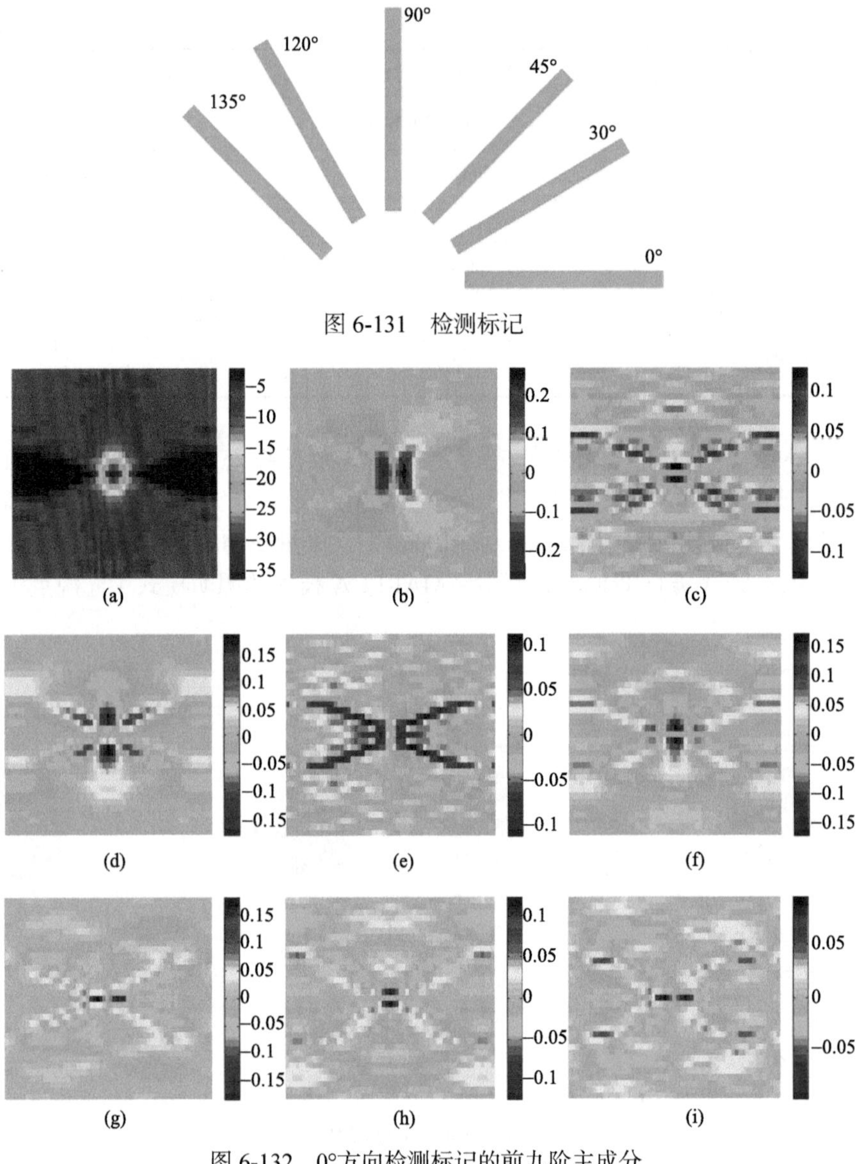

图 6-131　检测标记

图 6-132　0°方向检测标记的前九阶主成分

(a)～(i) PC_1～PC_9

量，第二阶、第三阶主成分 PC_2、PC_3 分别代表了空间像光强分布在水平和垂直方向上的偏导，第四阶、第五阶主成分 PC_4、PC_5 分别代表了空间像光强分布在水平和垂直方向上的二阶偏导，第六阶、第七阶主成分 PC_6、PC_7 分别代表了空间像光强分布在水平和垂直方向上的三阶偏导，第八阶、第九阶主成分 PC_8、PC_9 分别代表了空间像光强分布在水平和垂直方向上的四阶偏导。图 6-133 为分别采用标量 AMAI-PCA 技术和矢量 AMAI-PCA 技术得到的空间像光强分布，以及它们的差值。

由图 6-133 可知，标量 AMAI-PCA 技术与矢量 AMAI-PCA 技术在得到建模空间像时就有细微的不同，导致所建立的检测模型不同，最终影响了浸液光刻机投影物镜波像差检测的精度。图 6-134(a)为采用矢量 AMAI-PCA 技术检测 50 组含随机波像差的测试空间像的统计结果，依次所示为 Z_5～Z_{37} 33 项 Zernike 系数检测的平均误差(mean error)和标准差(std error)。由此统计结果可知，Z_5～Z_{37} 33 项 Zernike 系数检测的最大平均误差出现在 3 阶球差 Z_9，最大平均误差为 0.0236nm；最大标准差出现在 3 阶像散 Z_5，最大标准差为 0.0484 nm，检测精度为 0.164 nm。因此矢量 AMAI-PCA 技术在 -0.02～0.02λ 的单项 Zernike 系数幅值范围内的检测精度优于 $0.85\mathrm{m}\lambda$。

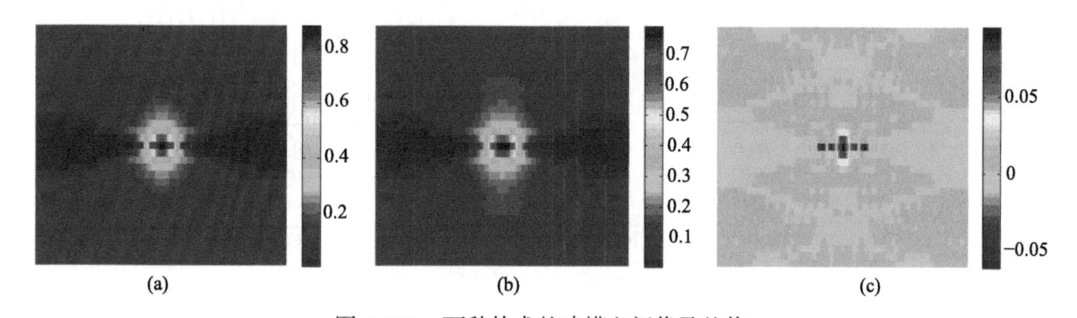

图 6-133　两种技术的建模空间像及差值

(a) 标量 AMAI-PCA 技术获得的空间像；(b)矢量 AMAI-PCA 技术获得的空间像；(c)空间像差值

图 6-134(b)为采用标量 AMAI-PCA 技术检测 50 组含随机波像差的测试空间像的统计结果，依次展示了 Z_5～Z_{37} 33 项 Zernike 系数检测的平均误差和标准差。由此统计结果可知，最大平均误差为 0.125 nm，最大标准差为 0.409 nm，检测精度为 1.29 nm。

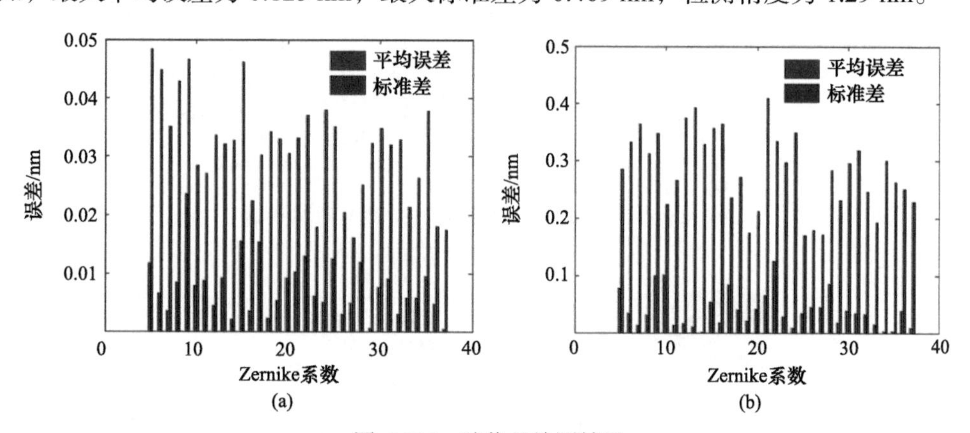

图 6-134　波像差检测结果

(a) 矢量 AMAI-PCA 技术；(b) 标量 AMAI-PCA 技术

矢量 AMAI-PCA 技术在构建线性模型时采用偏振光照明和矢量成像模型仿真得到空间像，比标量 AMAI-PCA 技术采用非偏振光照明和标量成像模型仿真得到的空间像更精确，因此建立的线性模型与浸液光刻机更加匹配。

改变照明光源中光源点的偏振方式，分别换成 Y 方向偏振、径向偏振和切向偏振三种情况，其余条件不变，采用矢量 AMAI-PCA 技术检测 50 组含随机波像差的测试空间像，对照明光源点 Y 方向偏振情况的检测结果如图 6-135 所示，对照明光源点沿径向偏振情况的检测结果如图 6-136 所示，对照明光源点沿切向偏振情况的检测结果如图 6-137 所示。

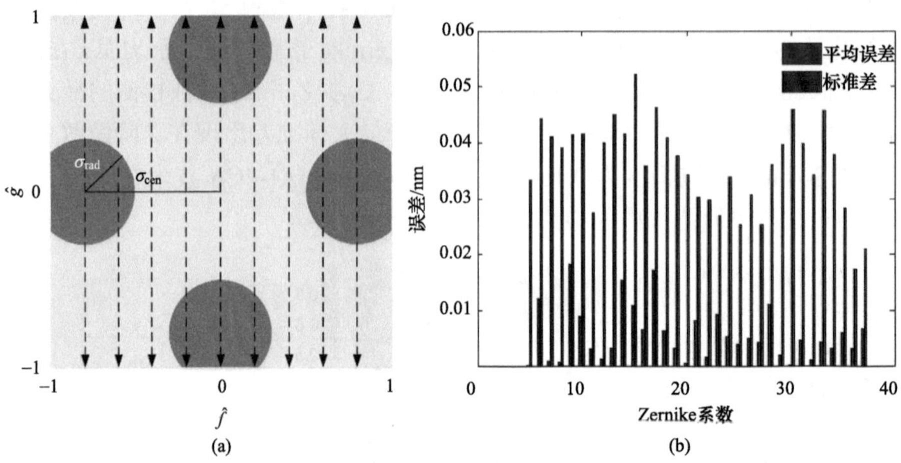

图 6-135　Y 方向偏振照明模式及波像差检测结果

(a) 照明模式；(b) 波像差检测结果

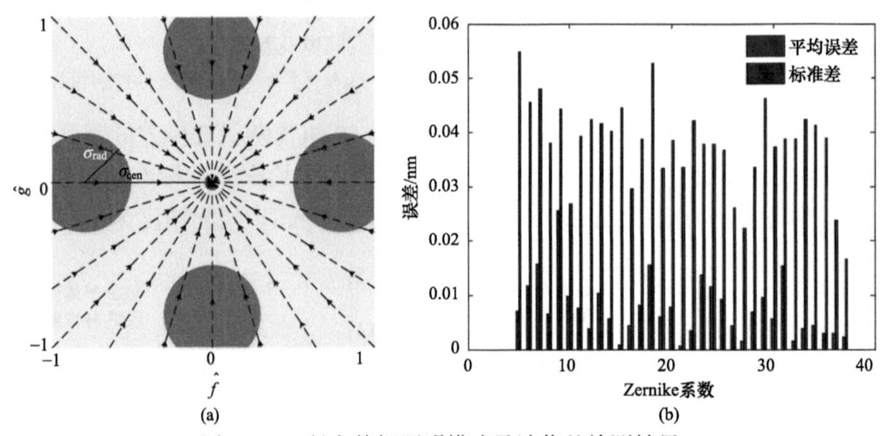

图 6-136　径向偏振照明模式及波像差检测结果

(a) 照明模式；(b) 波像差检测结果

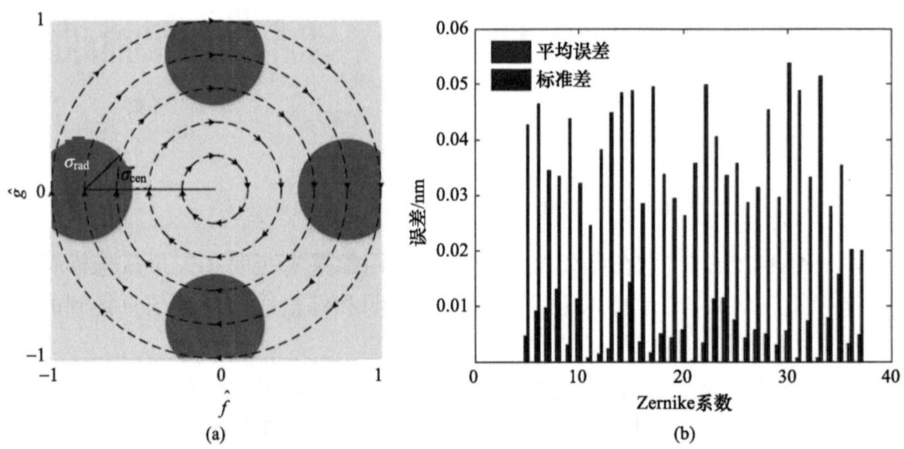

图 6-137　切向偏振照明模式及波像差检测结果

(a) 照明模式；(b) 波像差检测结果

相比于照明光源点 X 方向偏振情况，这三种偏振照明模式下，Z_5～Z_{37} 33 项 Zernike 系数检测的最大平均误差和最大标准差均有微小的变化，最大平均误差均小于 0.0256 nm，最大标准差均小于 0.055 nm，检测精度均优于 0.174 nm，即在 $-0.02 \sim 0.02\lambda$ 的单项 Zernike 系数幅值范围内的检测精度优于 0.91mλ。

6.4.2　基于八方向孤立空标记的高阶波像差检测[18,20]

6.4.1 节采用六方向孤立空检测标记，在矢量光刻成像模型的基础上实现了适用于超高 NA 物镜的 33 项 Zernike 系数(Z_5～Z_{37})的检测。本小节对该技术进行优化，采用八方向孤立空标记优化光瞳采样，使得检测标记的空间像包含投影物镜 37 阶以上的高阶波像差信息，从而实现 60 项 Zernike 系数(Z_5～Z_{64})的高精度检测。

6.4.2.1　检测原理

1. 检测标记设计

光刻机投影物镜中的波像差通常使用一组相互正交的 Zernike 多项式表征，如式(6.4)所示。在式(6.4)中，波像差是用光瞳面直角坐标 (f,g) 的形式表示的。此外，波像差还可以用光瞳面极坐标 (ρ,θ) 的形式表示，将 $f=\rho\cdot\cos\theta, g=\rho\cdot\sin\theta$ 代入公式(6.4)，可得波像差的极坐标表达式：

$$
\begin{aligned}
W(\rho,\theta) &= \sum_{n=1}^{\infty} Z_n R_n(\rho,\theta) \\
&= Z_1 + Z_2\cdot\rho\cos\theta + Z_3\cdot\rho\sin\theta + Z_4\cdot\left(2\rho^2-1\right) \\
&\quad + Z_5\cdot\rho^2\cos 2\theta + Z_6\cdot\rho^2\sin 2\theta + Z_7\cdot\left(3\rho^3-2\rho\right)\cos\theta \\
&\quad + \cdots
\end{aligned}
\tag{6.143}
$$

其中，Z_n 为 Zernike 系数；$R_n(\rho,\theta)$ 为 n 阶 Zernike 多项式(极坐标形式)；ρ 为光瞳面上的半径；θ 为方位角。表 6-23 为光刻机投影物镜高阶波像差中第 37～64 阶 Zernike 像差对应的 Zernike 多项式。

表 6-23　第 37～64 阶 Zernike 多项式

n	名称	$R_n(\rho,\theta)$
37	11th-Order six-foil	$\rho^6\cos(6\theta)$
38	11th-Order six-foil rotated 15°	$\rho^6\sin(6\theta)$
39	11th-Order five-foil rotated 18°	$(7\rho^7-6\rho^5)\cos(5\theta)$
40	11th-Order five-foil	$(7\rho^7-6\rho^5)\sin(5\theta)$
41	11th-Order four-foil	$(28\rho^8-42\rho^6+15\rho^4)\cos(4\theta)$

续表

n	名称	$R_n(\rho, \theta)$
42	11th-Order four-foil rotated 22.5°	$(28\rho^8 - 42\rho^6 + 15\rho^4)\sin(4\theta)$
43	11th-Order three-foil rotated 30°	$(84\rho^9 - 168\rho^7 + 105\rho^5 - 20\rho^3)\cos(3\theta)$
44	11th-Order three-foil	$(84\rho^9 - 168\rho^7 + 105\rho^5 - 20\rho^3)\sin(3\theta)$
45	11th-Order astigmatism Hor./Ver.	$(210\rho^{10} - 504\rho^8 + 420\rho^6 - 140\rho^4 + 15\rho^2)\cos(2\theta)$
46	11th-Order astigmatism ±45°	$(210\rho^{10} - 504\rho^8 + 420\rho^6 - 140\rho^4 + 15\rho^2)\sin(2\theta)$
47	11th-Order x-coma	$(462\rho^{11} - 1260\rho^9 + 1260\rho^7 - 560\rho^5 + 105\rho^3 - 6\rho)\cos(\theta)$
48	11th-Order y-coma	$(462\rho^{11} - 1260\rho^9 + 1260\rho^7 - 560\rho^5 + 105\rho^3 - 6\rho)\sin(\theta)$
49	11th-Order spherical	$924\rho^{12} - 2772\rho^{10} + 3150\rho^8 - 1680\rho^6 + 420\rho^4 - 42\rho^2 + 1$
50	13th-Order seven-foil rotated 12.86°	$\rho^7\cos(7\theta)$
51	13th-Order seven-foil	$\rho^7\sin(7\theta)$
52	13th-Order six-foil	$(8\rho^8 - 7\rho^6)\cos(6\theta)$
53	13th-Order six-foil rotated 15°	$(8\rho^8 - 7\rho^6)\sin(6\theta)$
54	13th-Order five-foil rotated 18°	$(36\rho^9 - 56\rho^7 + 21\rho^5)\cos(5\theta)$
55	13th-Order five-foil	$(36\rho^9 - 56\rho^7 + 21\rho^5)\sin(5\theta)$
56	13th-Order four-foil	$(120\rho^{10} - 252\rho^8 + 168\rho^6 - 35\rho^4)\cos(4\theta)$
57	13th-Order four-foil rotated 22.5°	$(120\rho^{10} - 252\rho^8 + 168\rho^6 - 35\rho^4)\sin(4\theta)$
58	13th-Order three-foil rotated 30°	$(330\rho^{11} - 840\rho^9 + 756\rho^7 - 280\rho^5 + 35\rho^3)\cos(3\theta)$
59	13th-Order three-foil	$(330\rho^{11} - 840\rho^9 + 756\rho^7 - 280\rho^5 + 35\rho^3)\sin(3\theta)$
60	13th-Order astigmatism Hor./Ver.	$(792\rho^{12} - 2310\rho^{10} + 2520\rho^8 - 1260\rho^6 + 280\rho^4 - 21\rho^2)\cos(2\theta)$
61	13th-Order astigmatism ±45°	$(792\rho^{12} - 2310\rho^{10} + 2520\rho^8 - 1260\rho^6 + 280\rho^4 - 21\rho^2)\sin(2\theta)$
62	13th-Order x-coma	$(1716\rho^{13} - 5544\rho^{11} + 6930\rho^9 - 4200\rho^7 + 1260\rho^5 - 168\rho^3 + 7\rho)\cos(\theta)$
63	13th-Order y-coma	$(1716\rho^{13} - 5544\rho^{11} + 6930\rho^9 - 4200\rho^7 + 1260\rho^5 - 168\rho^3 + 7\rho)\sin(\theta)$
64	13th-Order spherical	$3432\rho^{14} - 12012\rho^{12} + 16632\rho^{10} - 11550\rho^8 + 4200\rho^6 - 756\rho^4 + 56\rho^2 - 1$

由式(6.139)和式(6.143)可知，像面上任意一点的光强受光瞳面采样位置的影响，因

此，光瞳面采样效率也决定了波像差检测的能力。在 6.3.3 节中，使用两种六方向孤立空检测标记，使 AMAI-PCA 技术具备了检测光刻投影物镜 Z_5～Z_{37} 33 阶 Zernike 像差的能力，其中一种六方向孤立空检测标记的 6 个方向取向分别是 0°，30°，60°，90°，120°和 150°(称为等角度间隔 6 方向标记)，如图 6-138(a)所示。该检测标记在光瞳面的衍射谱也呈现相同的等角间隔，图 6-139(a)和(b)分别表示这六个方向对 15°旋转六波差(Z_{38}和 Z_{53})光瞳面采样的效果。由图 6-139 可知，这六个方向的采样方式恰好与 15°旋转六波差光瞳面相位为零的位置相吻合，这意味着此六个方向的采样对 Z_{38}和 Z_{53}光瞳面上波前的幅值变化没有影响。因此，这六个方向上的光瞳面采样对 Z_{38}和 Z_{53}没有效果，也就无法求解 Z_{38}和 Z_{53}这两个高阶 Zernike 像差。

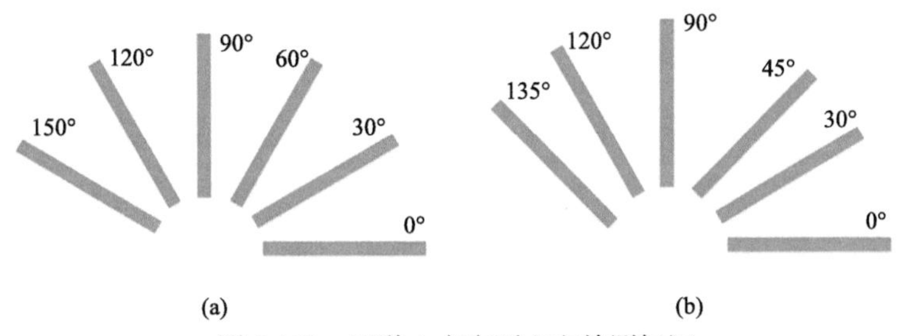

图 6-138　两种六方向孤立空检测标记

(a)等角度间隔六方向标记；(b)不等角度间隔六方向标记

另一种六方向孤立空检测标记的 6 个方向取向分别是 0°，30°，45°，90°，120°和 135°(称为不等角度间隔 6 方向标记)，如图 6-138(b)所示。该检测标记可以实现 Z_5～Z_{64} 60 阶 Zernike 像差的光瞳面采样，但该检测标记对高阶波像差的光瞳面采样效率较低(回归矩阵的条件数较大)，因此高阶波像差检测精度也较低。

采用八方向孤立空检测标记，可以实现超高数值孔径投影物镜高阶波像差的高精度检测。该检测标记由含 8 个方向取向的一维孤立空组合构成，孤立空宽度为 250 nm，周期为 3000 nm，8 个方向取向分别为 0°，30°，45°，60°，90°，120°，135°和 150°，如图 6-140 所示。

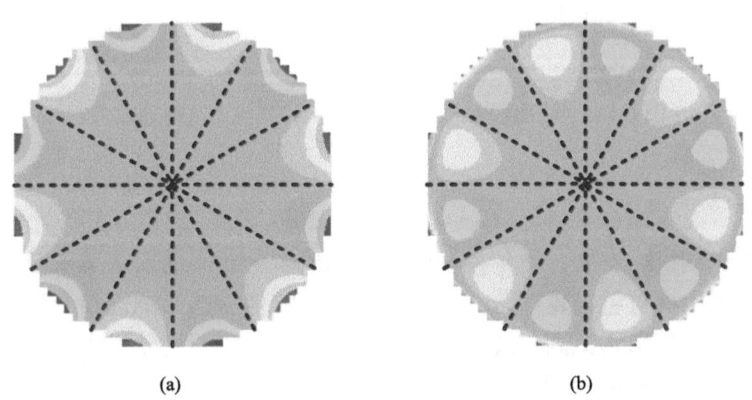

图 6-139　使用六方向检测标记对两种光瞳面采样的效果

(a) Z_{38}；(b) Z_{53}

该检测标记的八个方向对 15°旋转六波差(Z_{38}和 Z_{53})光瞳面采样的效果如图 6-141 所示。该检测标记对其余高阶 Zernike 像差也可进行类似的高效率光瞳面采样，因此，该检测标记可以实现对 Z_5～Z_{64} 60 阶 Zernike 像差的高效率光瞳面采样，进而有利于实现 Z_5～Z_{64} 60 阶 Zernike 像差的高精度检测。

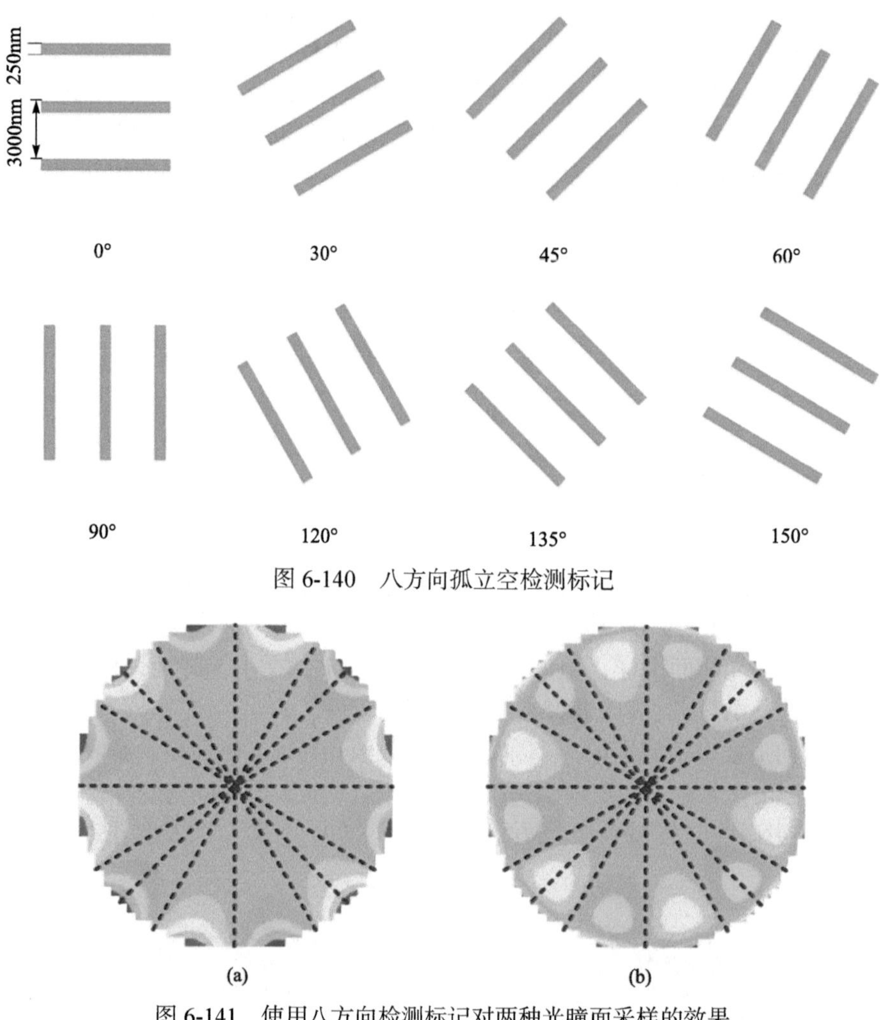

图 6-140　八方向孤立空检测标记

图 6-141　使用八方向检测标记对两种光瞳面采样的效果

(a) Z_{38}；(b) Z_{53}

2. 线性关系建立

随着浸液光刻机的发展，光刻机套刻精度和成像分辨率的要求越来越高，光刻投影物镜的像差容限也变得越来越严苛，投影物镜高阶波像差的影响逐渐变得不可忽略，为了实现浸液光刻机投影物镜高阶波像差的高精度检测，需要建立投影物镜的空间像光强分布与高阶波像差 Zernike 系数之间的线性关系。

以 11 阶 X 彗差 Z_{47} 为例，设置 Z_{47} 的幅值在[0, 50mλ]区间以间隔 5mλ 递增，并设置一定的偏振像差，该偏振像差由一个琼斯矩阵 $\boldsymbol{J}_{\text{Jones}}(f,g)$ 表示，其中 J_{xx}、J_{xy}、J_{yx} 和 J_{yy}

的幅值和相位均采用泡利 Zernike 多项式生成，系数 a_0 的幅值和 a_1～a_3 的实部范围为[−0.15, 0.15]，系数 a_0 的相位为 0，a_1～a_3 的虚部范围为[−20mλ, 20mλ]。依次测得空间像光强分布，将得到的空间像光强分布分别与无波像差时的空间像光强分布作差，并计算均方根值(RMS)，以 Zernike 系数 Z_{47} 为横坐标，计算得到的均方根值为纵坐标，画出曲线，如图 6-142 所示的 Relation Curve 曲线。对曲线 Relation Curve 进行线性拟合，得到的线性关系如图 6-142 所示的 Fit Linear 曲线。由图 6-142 可知，曲线 Relation Curve 与曲线 Fit Linear 几乎是完全重合的，因此，可以认为在 50mλ 的 Zernike 系数幅值范围内，空间像光强分布与 Zernike 系数 Z_{47} 满足线性关系。Z_{38}～Z_{64} Zernike 像差中其余 Zernike 系数也具有这种线性关系。由此建立了浸液光刻机投影物镜的空间像光强分布与高阶波像差 Zernike 系数之间的线性关系。

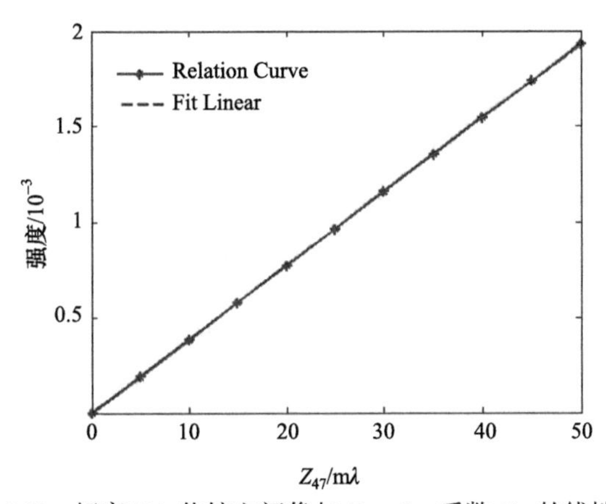

图 6-142　超高 NA 物镜空间像与 Zernike 系数 Z_{47} 的线性关系

3. Zernike 系数求解

基于此线性关系，结合八方向孤立空标记可以实现超高 NA 物镜的 64 阶 Zernike 系数的检测。为便于论述，本节将该技术简称为 Z64 AMAI-PCA。在高阶波像差检测模型中，主成分代表了浸液光刻机投影物镜空间像的特征信息。为了得到代表特征信息的主成分，需要对大量的仿真空间像进行主成分分析，而仿真空间像的数量直接决定了建模速度。检测标记和空间像抽样方式决定了所需的仿真空间像的数量，在高阶波像差检测模型中，若继续采用 BBD 统计抽样方式(检测标记一个方向孤立空所需的仿真空间像数量为 $t=\left[4\cdot N/2+1\right]$，$N$ 为 Zernike 系数的项数。对于 60 项 Zernike 系数组合，需要仿真 7081 个空间像)，加上检测标记包含八个方向的孤立空，因此，空间像采样数量将达到 56648(7081 ×8)个，庞大的空间像采样数量将会耗费大量的仿真时间，拖慢建模速度(在计算机配置 CPU: Pentium Dual-Core E5300, 2.60GHz; Memory: 4GB 条件下，仿真时间长达 8 天左右)。为了节约建模所用的仿真时间，采用旋转矩阵法(见 6.3.3.1 节中第 3 部分)计算高阶波像差检测模型的回归矩阵，只需仿真检测标记单个方向的空间像集合进行主成分分析，通过计算得到回归矩阵，从而缩短建模仿真时间。

Z64 AMAI-PCA 技术包括模型建立过程和波像差求解过程。模型建立过程主要包含以下 5 个步骤。

步骤 1：定义仿真的光刻参数，如照明模式、掩模上检测标记和 Zernike 系数组合(Z_U)等；照明模式采用偏振光照明；掩模上检测标记采用八方向孤立空标记；Zernike 系数组合采用 BBD 统计抽样方法设定 60 项 Zernike 系数 Z_5～Z_{64} 的组合 Z_U，并随机设定一组偏振像差 PT。

步骤 2：应用光刻仿真软件 PROLITH，仿真计算 0°方向检测标记的空间像光强分布 I_0。

步骤 3：对仿真空间像 I_0 进行主成分分析，得到仿真空间像的主成分(PC_0)和相应的主成分系数(V_0)。

步骤 4：对主成分系数(V_0)和 Zernike 系数组合(Z_U)进行多元线性回归分析，得到 0°方向的线性回归矩阵(R_0)，如下所示：

$$V_0 = R_0 \cdot Z_U \tag{6.144}$$

步骤 5：根据 0°方向的线性回归矩阵(R_0)和旋转回归矩阵，得到 φ 方向的线性回归矩阵 R_φ，结合八个方向的线性回归矩阵得到联合线性回归矩阵 R'_M。根据联合线性回归矩阵 R'_M 建立了主成分系数与 Zernike 系数之间的线性关系。

波像差求解过程：随机设定 60 项 Zernike 系数 Z_5～Z_{64}，采用光刻仿真软件 PROLITH 进行仿真，得到待测空间像，对待测空间像进行主成分分析，得到待测空间像的主成分系数，然后与模型建立过程中得到的联合线性回归矩阵 R'_M 按照最小二乘法进行拟合，得到待测浸液光刻机投影物镜波像差的 60 项 Zernike 系数。

6.4.2.2　数值仿真

为了对 Z64 AMAI-PCA 技术的性能进行评估，进行了浸液光刻机投影物镜高阶波像差检测的仿真测试。通常 Z_{38}～Z_{64} 是浸液光刻机投影物镜中存在的主要的高阶波像差，且像差幅值比低阶波像差要小得多，基于此，随机生成了 50 组测试用 Zernike 系数，代入光刻仿真软件 PROLITH 生成测试空间像，并进行浸液光刻机投影物镜高阶波像差的检测，仿真条件如表 6-24 所示。

表 6-24　仿真条件

光源	
波长 λ	193nm
照明类型	四极照明
偏振态	X 方向线偏振
部分相干因子 σ_{cen}，σ_{rad}	0.8, 0.3
检测标记	
检测标记形状	八角度孤立空组合
检测标记线宽	250nm

续表

检测标记	
检测标记周期	3000nm
方向取向	0°、30°、45°、60°、 90°、120°、135°、150°
投影物镜	
数值孔径 *NA*	1.35
输入像差范围	$Z_5 \sim Z_{64}$
单个像差幅值范围	$Z_5 \sim Z_{36}$：$-0.02 \sim 0.02\lambda$ $Z_{37} \sim Z_{64}$：$-0.01 \sim 0.01\lambda$
偏振像差	$\mathrm{Re}\,a_0 \sim \mathrm{Re}\,a_3 : -0.15 \sim 0.15$ $\mathrm{Im}\,a_0 = 0$ $\mathrm{Im}\,a_1 \sim \mathrm{Im}\,a_3 : -0.02 \sim 0.02\lambda$
光刻成像模型	
光刻成像模型	矢量成像模型
空间像采样	
采样范围	*X*/*Y* 方向: –2000 ~ 2000nm *Z* 方向: –900 ~ 900nm
采样间隔	*X*/*Y* 方向: 30nm *Z* 方向: 125nm

Z64 AMAI-PCA 技术的光源照明模式及偏振状态如图 6-143 所示,光源照明模式采用离轴照明中的四极照明，其部分相干因子为$[\sigma_{cen}, \sigma_{rad}]=[0.8,0.3]$，光源点的偏振状态为 X 方向线偏振。随机生成 50 组 Zernike 系数，Z_5～Z_{36} 单项 Zernike 系数幅值在-0.02～0.02λ 范围内服从正态分布，Z_{37}～Z_{64} 单项 Zernike 系数幅值在-0.01λ～0.01λ 范围内服从正态分布，偏振像差由一个琼斯矩阵 $\boldsymbol{J}_{\mathrm{Jones}}(f,g)$ 表示，其中 J_{xx}、J_{xy}、J_{yx} 和 J_{yy} 的幅值和相位均采用泡利 Zernike 多项式生成，系数 a_0 的幅值和 a_1～a_3 的实部范围为[-0.15, 0.15]，系数 a_0 的相位为 0，a_1～a_3 的虚部范围为[-0.02λ, 0.02λ]。

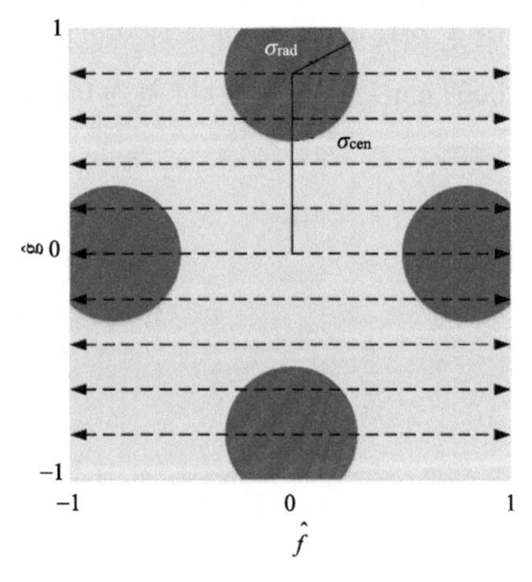

图 6-143　照明模式

图 6-144 为八个方向的旋转矩阵，其中,

图 6-144(a)是一个单位矩阵。根据 7 个旋转矩阵 $R_{\mathrm{ot}}^{\varphi}$ 和 0°方向孤立空检测标记的线性回归矩阵 R_0，其余 7 个方向的线性回归矩阵 R_{φ}(φ=30°, 45°, 60°, 90°, 120°, 135°和 150°)可以通过公式计算得到，从而快速得到联合线性回归矩阵 R_M。因此，在高阶波像差检测模型建立过程中，只需要仿真 0°方向孤立空检测标记的空间像，建模用空间像的仿真所需时间从原来的 8 天减少到 1 天左右，建模速度提升了 7 倍。

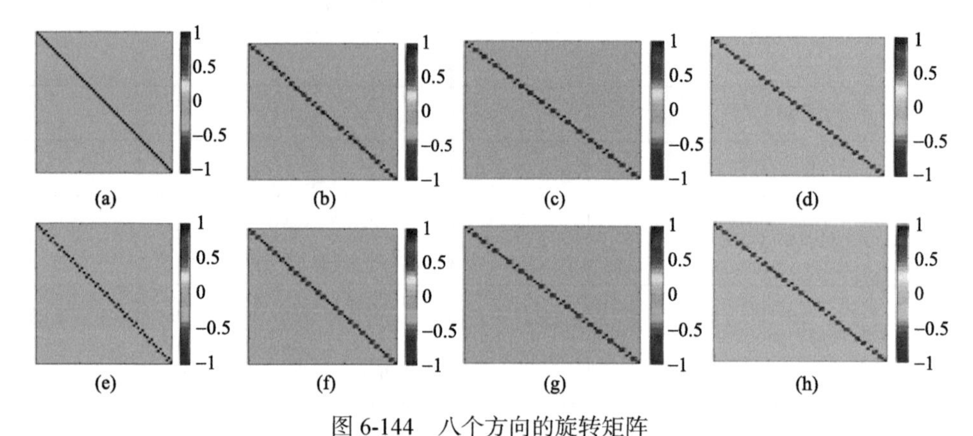

图 6-144　八个方向的旋转矩阵

(a) 0°；(b) 30°；(c) 45°；(d) 60°；(e) 90°；(f) 120°；(g) 135°；(h) 150°

图 6-145(a)为采用 Z64 AMAI-PCA 技术检测 50 组含随机高阶波像差的测试空间像的统计结果，依次所示为 Z_5～Z_{64} 60 项 Zernike 系数检测的平均误差和标准差。由此统计结果可知，Z_5～Z_{64} 60 项 Zernike 系数检测的最大平均误差出现在 9 阶±45°像散 Z_{33}，最大平均误差为 0.0129 nm；最大标准差出现在 5 阶三波差 Z_{11}，最大标准差为 0.0626 nm，检测精度为 0.1980 nm。因此采用 Z64 AMAI-PCA 技术在所述的单项 Zernike 系数幅值范围内的检测精度优于 1.03mλ。

图 6-145(b)为采用六方向孤立空检测标记(0°, 30°, 45°, 90°, 120°, 135°)检测 50 组含随机高阶波像差的测试空间像的统计结果，依次所示为 Z_5～Z_{64} 60 项 Zernike 系数检测的平均误差和标准差。由此统计结果可知，Z_5～Z_{64} 60 项 Zernike 系数检测的最大平均误差为 0.0607 nm(Z_{61})；最大标准差为 0.6546 nm(Z_{61})，检测精度为 2.0245 nm。该技术可以实现

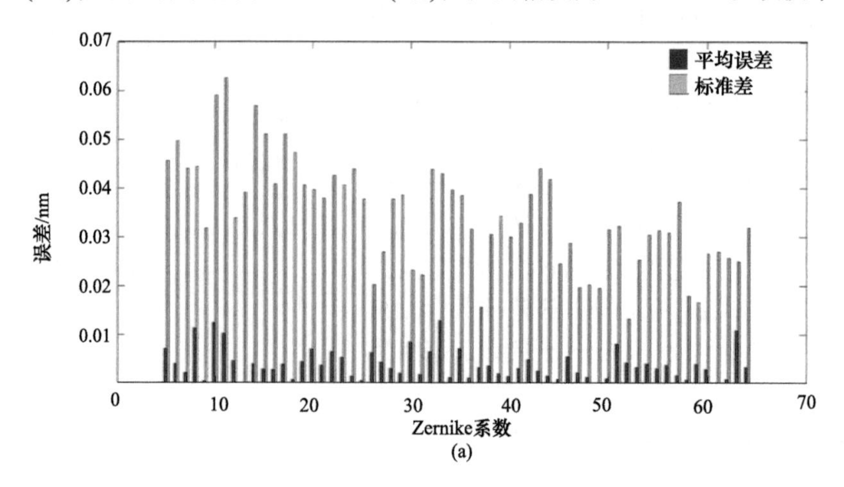

(a)

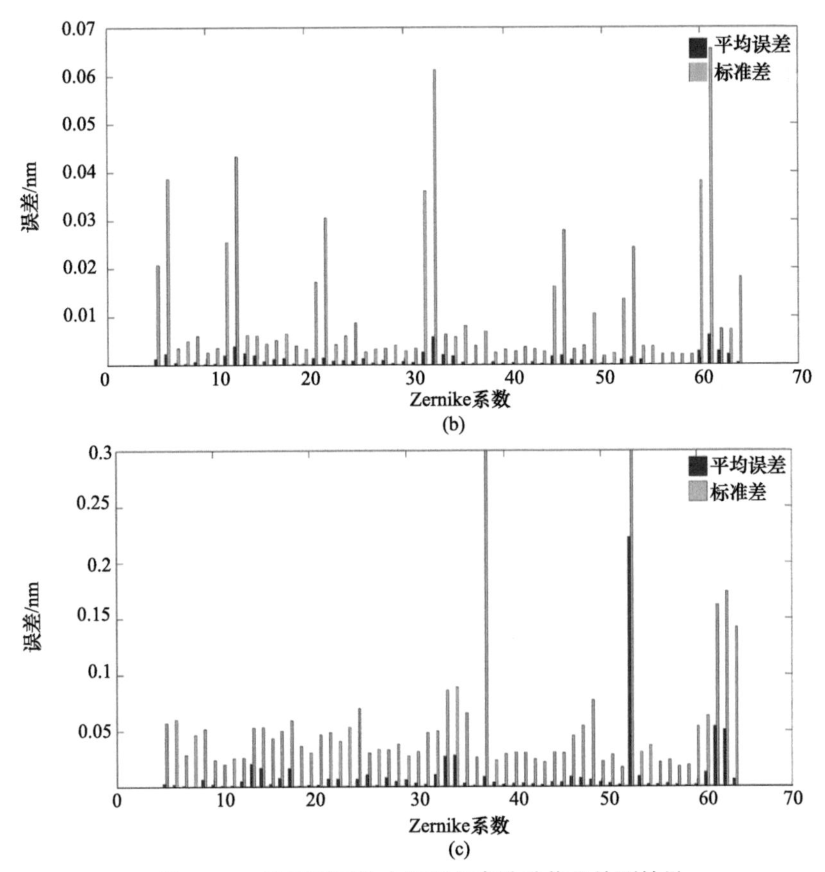

图 6-145　采用不同技术得到的高阶波像差检测结果

(a) Z64 AMAI-PCA 技术；(b) AMAI-PCA 技术(0°，30°，45°，90°，120°，135°)；
(c)AMAI-PCA 技术(0°，30°，60°，90°，120°，150°)

浸液光刻机投影物镜波像差(Z_5～Z_{37})的高精度检测，但由于检测模型的限制，难以实现高阶波像差(Z_5～Z_{64})的高精度检测。

图 6-145(c)为采用六方向孤立空检测标记(0°, 30°, 60°, 90°, 120°, 150°)检测 50 组含随机高阶波像差的测试空间像的统计结果，依次所示为 Z_5～Z_{64} 60 项 Zernike 系数检测的平均误差和标准差。由此统计结果可知，其中两项 Zernike 系数无法被检测到，分别是 Z_{38}(标准差: 23.7 nm)和 Z_{53}(标准差: 45.8 nm)。除此之外，Z_5～Z_{64} 中 58 项 Zernike 系数检测的最大平均误差为 0.0537 nm，最大标准差为 0.1739 nm，检测精度为 0.5727 nm。

由图 6-145 可知，采用 Z64 AMAI-PCA 技术的高阶波像差检测结果明显优于两种使用六方向孤立空检测标记的技术，这也可以通过回归矩阵 R'_M 的条件数来判断，Z64 AMAI-PCA 技术的联合线性回归矩阵 R'_M 的条件数为 6.1710，而当采用基于六方向孤立空检测标记的 AMAI-PCA 技术时，回归矩阵 R_M 的条件数分别为 98.2755 和 4944.5。由此可以看出，六方向孤立空检测标记对浸液投影物镜的光瞳面采样效率较低，因此，建立的检测模型对高阶波像差的灵敏度也较低，导致最终的波像差检测精度较低；而 Z64 AMAI-PCA 技术所采用的八方向孤立空检测标记可以实现对光瞳面波前的高效率采样，实现了 Z_5～Z_{64} 60 项 Zernike 系数的高精度检测。

改变照明光源中光源点的偏振方式，分别换成 Y 方向线偏振、径向偏振和切向偏振三种情况，其余条件不变，采用 Z64 AMAI-PCA 技术检测 50 组含随机高阶波像差的测试空间像，对照明光源点 Y 方向线偏振情况的高阶波像差检测结果如图 6-146(a)所示；

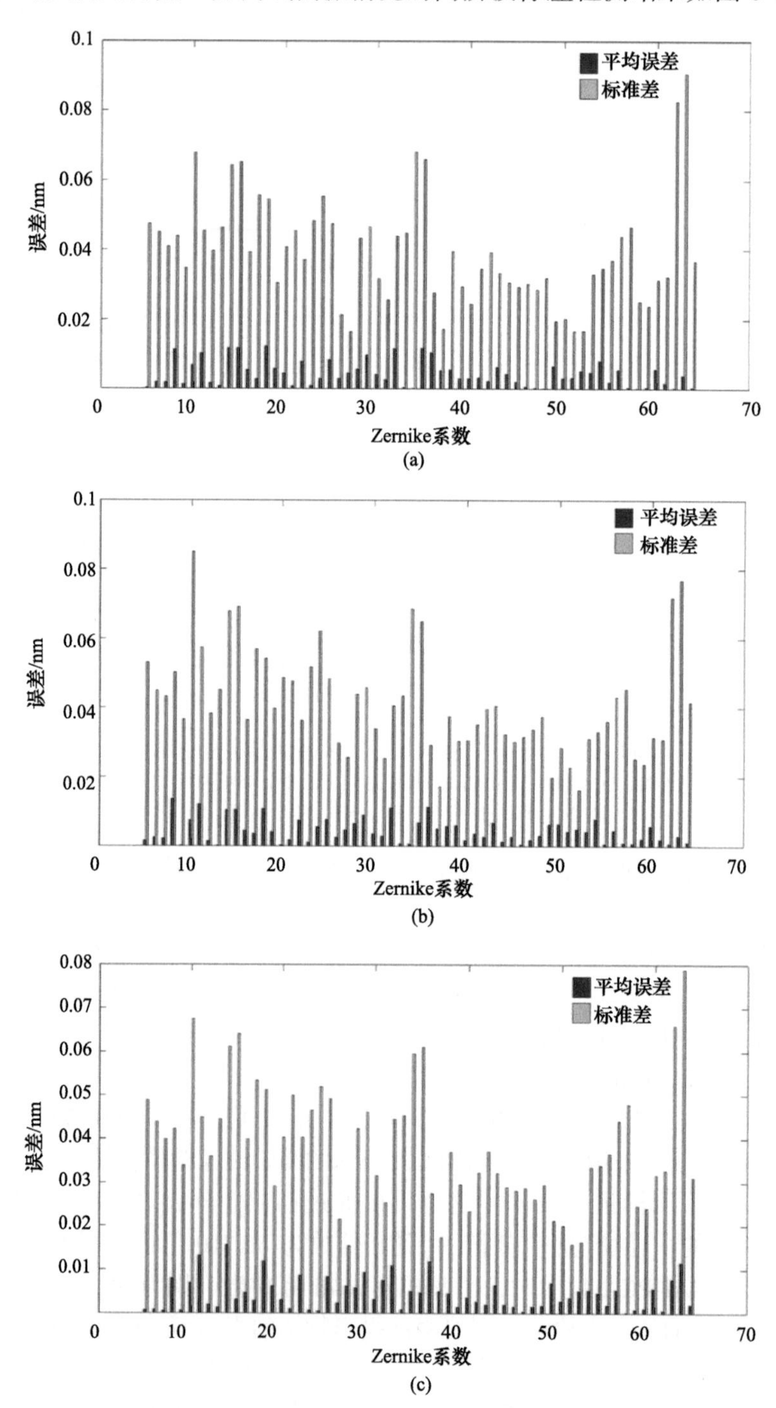

图 6-146　四极照明模式下的高阶波像差检测结果

(a) Y 方向线偏振；(b)径向偏振；(c)切向偏振

对照明光源点沿径向偏振情况的高阶波像差检测结果如图 6-146(b)所示；对照明光源点沿切向偏振情况的高阶波像差检测结果如图 6-146(c)所示。

相比于照明光源点 X 方向线偏振的情况，在这三种偏振照明模式下，$Z_5 \sim Z_{64}$ 60 项 Zernike 系数检测的最大平均误差和最大标准差均有微小的变化，最大平均误差均小于 0.0184 nm，最大标准差均小于 0.0821nm，检测精度均优于 0.251nm。因此，在这三种偏振照明模式下，当单项 Zernike 系数 $Z_5 \sim Z_{36}$、$Z_{37} \sim Z_{64}$ 的幅值分别在$-0.02 \sim 0.02\lambda$ 和$-0.01 \sim 0.01\lambda$ 范围内时，浸液光刻机投影物镜高阶波像差的检测精度优于 1.3mλ。

6.4.3　基于线性采样的波像差快速检测[18,21]

面向超高 NA 物镜的波像差检测，6.4.1 节和 6.4.2 节分别对 AMAI-PCA 技术的空间像计算模型和检测标记进行了改进，实现了高阶波像差的高精度检测。建模过程均采用 BBD 统计抽样方式对空间像进行抽样。该方法虽然抽样充分，但导致建模时间过长，而且回归矩阵维度大，使得波像差求解速度较慢。本小节通过线性采样代替 BBD 统计抽样，可加快建模过程，降低回归矩阵的维度，从而提高波像差的求解速度。

6.4.3.1　检测原理

上述 Z64 AMAI-PCA 技术采用 BBD 统计抽样方式对空间像进行采样，建立浸液光刻机空间像光强分布与 Zernike 系数之间的线性关系模型。由于 BBD 统计抽样方式意味着需要在该技术的建模阶段生成大量的仿真空间像(为了检测 $Z_5 \sim Z_{64}$，需要 7081 个空间像参与建模)，建模速度比较缓慢，根据式(6.144)得到的回归矩阵维度也比较大，导致波像差的求解速度较慢。

根据浸液光刻机投影物镜的空间像光强分布与 Zernike 系数($Z_5 \sim Z_{64}$)之间良好的线性关系，可以对空间像的采样方式进行适当的简化，采用线性采样方式，对 $Z_5 \sim Z_{64}$ 每一项 Zernike 系数均采用三点采样，其中 $Z_5 \sim Z_{36}$ 每一项 Zernike 系数的采样值分别为-0.02λ、0 和 0.02λ，$Z_{37} \sim Z_{64}$ 每一项 Zernike 系数的采样值分别为-0.01λ、0 和 0.01λ，如图 6-147 所示，横坐标表示 Zernike 系数，纵坐标表示采样空间像，颜色条是指对应的 Zernike 系数值，单位为 λ。

如前所述，为了检测投影物镜的高阶波像差，相比于采用 BBD 统计抽样方式需要生成 7081 个仿真空间像，采用线性采样方式只需生成 121 个仿真空间像进行建模，因此，线性采样方式有效地加快了建模过程，降低了回归矩阵的维度，进而加快了波像差求解过程。使用线性采样代替 BBD 统计抽样方式，可提高 Z64 AMAI-PCA 技术的高阶波像差的求解速度。

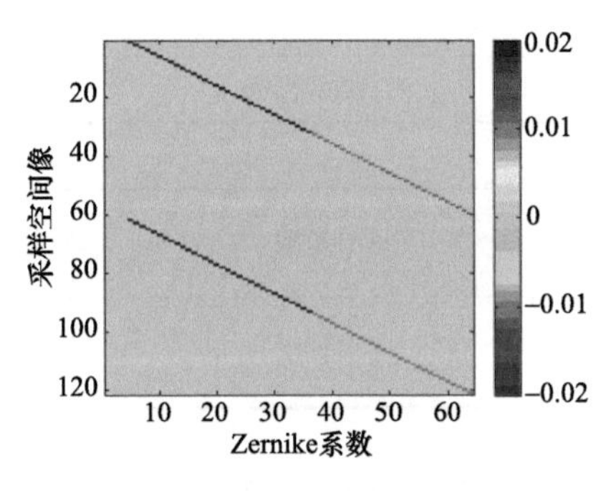

图 6-147　线性采样方式示意图

6.4.3.2　数值仿真

为了对该快速求解方法的性能进行评估，进行仿真测试。随机生成 50 组测试用 Zernike 系数(Z_5～Z_{64})，输入光刻仿真软件 PROLITH，获得测试空间像，进行浸液光刻机投影物镜高阶波像差求解，并在相同条件下使用 Z64 AMAI-PCA 检测技术进行高阶波像差的求解，表 6-25 为仿真条件。

表 6-25　仿真条件

光源	
波长 λ	193 nm
照明模式	四极照明
偏振方向	X 方向线偏振
部分相干因子 σ_{cen}, σ_{rad}	0.8, 0.3
检测标记	
检测标记形状	八方向孤立空组合
检测标记线宽	250nm
检测标记周期	3000nm
方向取向	0°、30°、45°、60°、90°、120°、135°、150°
统计采样方法	
统计采样方法	线性采样
投影物镜	
数值孔径 NA	1.35
输入像差范围	Z_5～Z_{64}
单个像差幅值范围	Z_5～Z_{36}：-0.02λ～0.02λ Z_{37}～Z_{64}：-0.01λ～0.01λ
偏振像差	Re a_0～ Re a_3: -0.15～0.15 Im a_0=0 Im a_1～ Im a_3: -0.02～0.02λ
光刻成像模型	
光刻成像模型	矢量成像模型
空间像采样	
采样范围	X/Y 方向: −900～900 nm Z 方向: −2000～2000 nm
采样间隔	X/Y 方向: 30 nm Z 方向: 125 nm

照明模式均采用四极照明(部分相干因子为[σ_{cen}, σ_{rad}]=[0.8,0.3]，偏振状态为 X 方向线偏振)。检测标记均采用八方向孤立空标记。在建模过程中，采用线性采样方式，Z64

AMAI-PCA 技术采用 BBD 统计抽样方式。

生成 50 组随机的 Zernike 系数，$Z_5 \sim Z_{64}$ 中单项 Zernike 系数在其幅值范围内均满足正态分布，其中 $Z_5 \sim Z_{36}$ 单项 Zernike 系数幅值范围为$[-0.02\lambda, 0.02\lambda]$，$Z_{37} \sim Z_{64}$ 单项 Zernike 系数幅值范围为$[-0.01\lambda, 0.01\lambda]$，偏振像差由一个琼斯矩阵 $\boldsymbol{J}_{\text{Jones}}(f,g)$ 表示，其中 J_{xx}、J_{xy}、J_{yx} 和 J_{yy} 的幅值和相位均采用泡利 Zernike 多项式生成，系数 a_0 的幅值和 $a_1 \sim a_3$ 的实部在$[-0.15, 0.15]$范围内，系数 a_0 的相位为 0，$a_1 \sim a_3$ 的虚部在$[-0.02\lambda, 0.02\lambda]$范围内。

图 6-148 为采用线性采样方法求解 50 组含随机高阶波像差的测试空间像的统计结果，依次所示为 $Z_5 \sim Z_{64}$ 60 项 Zernike 系数检测的平均误差和标准差。由此统计结果可知，$Z_5 \sim Z_{64}$ 60 项 Zernike 系数检测的最大平均误差 0.0175 nm，最大标准差为 0.0854 nm，检测精度为 0.2668 nm。因此，采用线性采样方法在所述的单项 Zernike 系数幅值范围内的求解精度优于 1.38mλ。

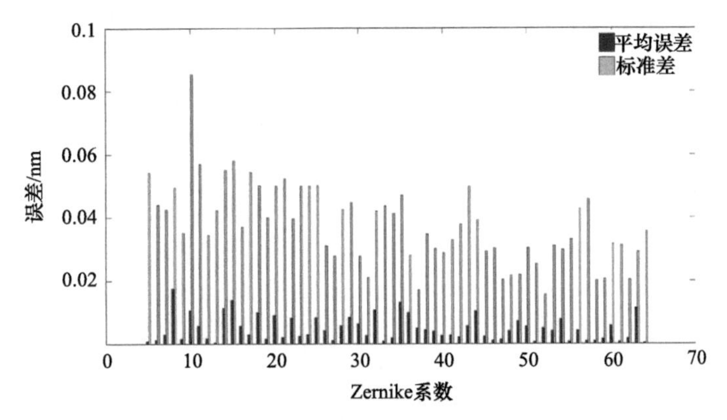

图 6-148　线性采样方式下的高阶波像差求解结果

图 6-149 为采用线性采样方法与 Z64 AMAI-PCA 技术分别在四极照明 X 方向偏振条件下的高阶波像差求解精度结果，其中 Fast 表示采用线性采样方法得到的高阶波像差求解精度，Conventional 表示采用 Z64 AMAI-PCA 技术得到的高阶波像差求解精度。由图 6-149 可知，相比于 Z64 AMAI-PCA 技术，采用线性采样方法得到的投影物镜高阶波

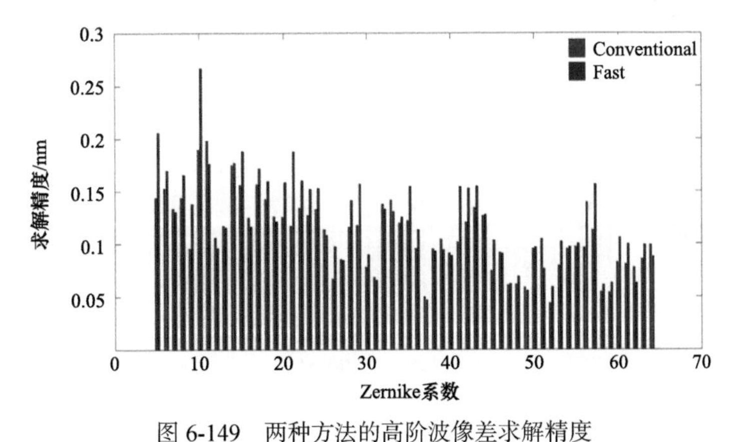

图 6-149　两种方法的高阶波像差求解精度

像差求解精度降低了约 35%，但波像差求解速度提高了 8 倍以上，同时建模速度提高了约 57.5 倍。

改变照明光源中光源点的偏振方式，分别换成 Y 方向线偏振、径向偏振和切向偏振三种情况，其余条件不变，采用线性采样方法求解 50 组含随机高阶波像差的测试空间像，图 6-150 为四极照明分别在三种偏振情况下(Y 方向线偏振、径向偏振和切向偏振)的高阶波像差求解结果。

相比于照明光源点 X 方向线偏振的情况，此三种偏振照明模式下，Z_5～Z_{64} 60 项 Zernike 系数求解的最大平均误差和最大标准差均有微小的变化，最大平均误差均小于 0.0156 nm，最大标准差均小于 0.0907 nm，求解精度均优于 0.276 nm。在这三种偏振照明模式下，当单项 Zernike 系数 Z_5～Z_{36}、Z_{37}～Z_{64} 的幅值分别在−0.02～0.02λ 和−0.01～0.01λ 范围内时，浸液光刻机投影物镜高阶波像差的求解精度优于 1.43mλ，相比于 Z64 AMAI-PCA 技术，虽然线性采样方法的求解精度有所降低(仍在检测需求范围内)，但波像差求解速度提高了 8 倍以上，同时建模速度提高了约 57.5 倍。

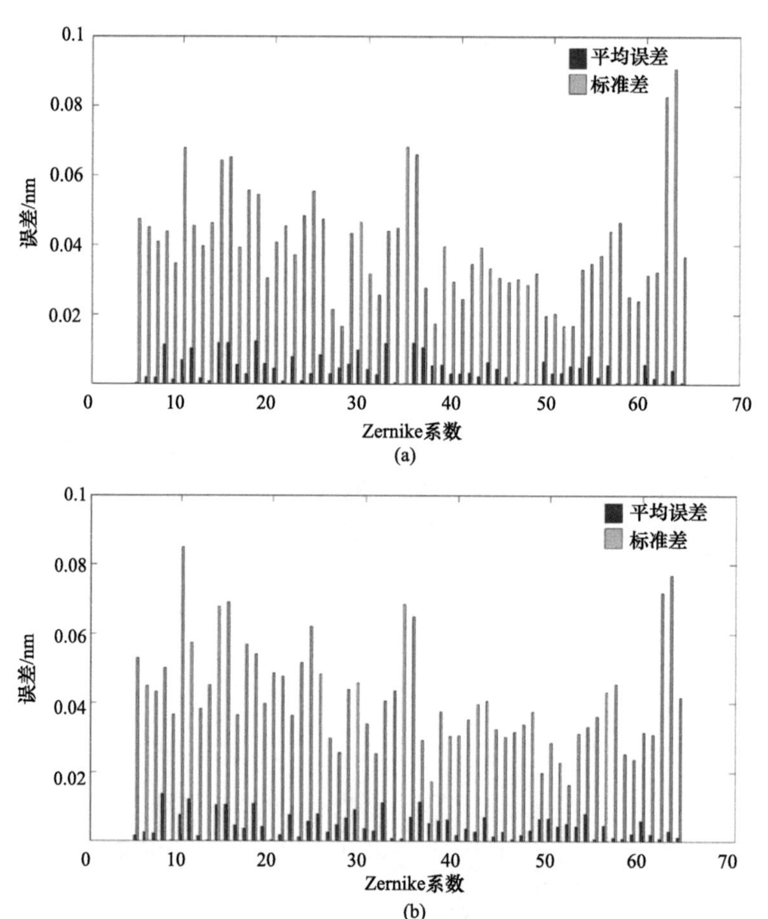

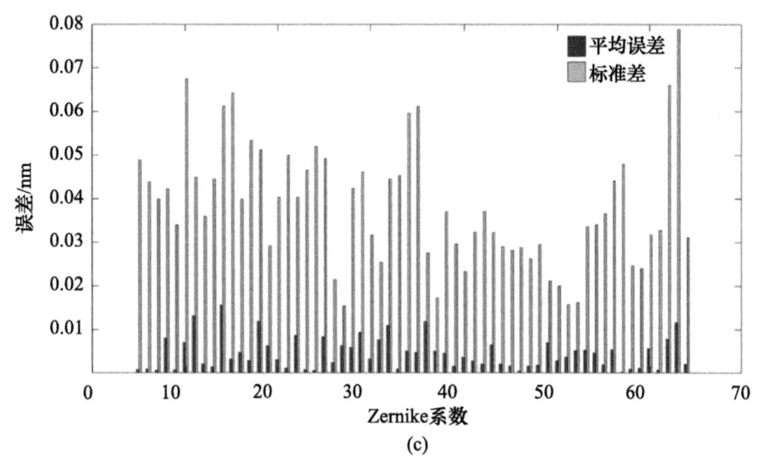

图 6-150　四极照明模式下的高阶波像差求解结果

(a) *Y* 方向线偏振；(b)径向偏振；(c)切向偏振

6.4.4　基于多偏振照明条件的高精度波像差检测[18,21]

6.4.3 节采用线性采样代替 BBD 统计采样，减少了建模所需的空间像数量，虽然提高了建模和波像差求解速度，但降低了求解精度。本节结合不同偏振照明模式下的空间像进行建模，提高了光瞳采样有效性，在一定程度上弥补了线性采样方式带来的不足，实现了快速波像差求解，同时提高了求解精度。

6.4.4.1　检测原理

通过线性采样代替 BBD 统计抽样降低求解精度的原因可以从 Zernike 多项式的表达式进行分析。为方便起见，以八方向孤立空检测标记的 0°方向孤立空为例进行分析，根据 Zernike 多项式，在 0°方向上投影物镜高阶波像差(Z_5～Z_{64})中多项 Zernike 系数之间是线性相关的：

$$
\begin{aligned}
Z_4 &= 2Z_5 - Z_1 \\
Z_{10} &= \frac{1}{3}Z_7 + \frac{2}{3}Z_2 \\
Z_{12} &= \frac{2}{3}Z_9 + 4Z_5 - \frac{2}{3}Z_1 \\
Z_{17} &= \frac{1}{6}Z_9 + Z_5 - \frac{1}{6}Z_1 \\
Z_{19} &= \frac{1}{2}Z_{14} + 2\left(\frac{1}{3}Z_7 + \frac{2}{3}Z_2\right) \\
Z_{21} &= \frac{3}{4}Z_{16} + \frac{15}{4}Z_9 + 18Z_5 - \frac{15}{4}Z_1 \\
Z_{26} &= \frac{1}{10}Z_{14} + \frac{6}{5}\left(\frac{1}{3}Z_7 + \frac{2}{3}Z_2\right)
\end{aligned}
$$

$$
\begin{aligned}
Z_{28} &= \frac{2}{5}Z_{21} + \frac{4}{3}Z_9 + \frac{28}{5}Z_5 - \frac{4}{3}Z_1 \\
Z_{30} &= \frac{3}{5}\left(Z_{23} + Z_{14}\right) - \frac{4}{5}Z_7 + \frac{28}{15}Z_2 \\
Z_{32} &= \frac{4}{5}Z_{25} + \frac{14}{30}Z_{21} - 12Z_{17} + \frac{91}{36}Z_9 + \frac{451}{30}Z_5 - \frac{51}{20}Z_1 \\
Z_{37} &= \frac{1}{20}Z_{16} + \frac{1}{4}Z_9 + \frac{9}{20}Z_4 + \frac{1}{4}Z_1 \\
Z_{39} &= \frac{1}{5}Z_{23} + \frac{3}{5}Z_{14} + \frac{2}{5}Z_7 - \frac{1}{5}Z_2 \\
Z_{41} &- \frac{2}{5}Z_{25} + \frac{7}{10}Z_{16} - \frac{1}{5}Z_7 + \frac{1}{10}Z_1 \\
Z_{43} &= \frac{2}{3}Z_{34} + \frac{8}{15}Z_{23} - \frac{3}{10}Z_{14} + \frac{2}{15}Z_7 - \frac{1}{30}Z_2 \\
Z_{45} &= \frac{5}{6}Z_{36} + \frac{3}{10}Z_{25} - \frac{7}{30}Z_{16} + \frac{1}{6}Z_9 - \frac{1}{10}Z_4 + \frac{1}{30}Z_1 \\
Z_{50} &= \frac{1}{35}Z_{23} + \frac{6}{35}Z_{14} + \frac{2}{5}Z_7 + \frac{2}{5}Z_2 \\
Z_{52} &= \frac{4}{35}Z_{25} + \frac{9}{20}Z_{16} + \frac{15}{28}Z_9 + \frac{1}{20}Z_4 - \frac{3}{20}Z_1 \\
Z_{54} &= \frac{2}{7}Z_{34} + \frac{24}{35}Z_{23} + \frac{3}{14}Z_{14} - \frac{2}{7}Z_7 + \frac{1}{10}Z_2 \\
Z_{56} &= \frac{10}{21}Z_{36} + \frac{24}{35}Z_{25} - \frac{2}{15}Z_{16} - \frac{5}{42}Z_9 + \frac{11}{70}Z_4 - \frac{1}{15}Z_1 \\
Z_{58} &= \frac{5}{7}Z_{47} + \frac{10}{21}Z_{34} - \frac{32}{105}Z_{23} + \frac{6}{35}Z_{14} - \frac{8}{105}Z_7 + \frac{2}{105}Z_2 \\
Z_{60} &= \frac{6}{7}Z_{49} + \frac{11}{42}Z_{36} - \frac{3}{14}Z_{25} + \frac{1}{6}Z_{16} - \frac{5}{42}Z_9 + \frac{1}{14}Z_4 - \frac{1}{42}Z_1
\end{aligned}
\tag{6.145}
$$

由式(6.145)可知，这些 Zernike 项在 0°方向上是线性相关的，对于其余方向角度的检测标记，也存在类似的线性相关性。在 6.4.3 节的快速求解方法中，由于采用单一偏振照明模式和线性采样，建立的高阶波像差快速求解模型在检测空间像时，因式(6.145)所示的线性相关性，不同 Zernike 像差之间存在串扰，导致投影物镜高阶波像差求解精度降低。

为了在提高建模速度的同时提升高阶波像差求解速度和精度，需要减小求解过程中不同 Zernike 像差之间存在的串扰。由于所研究的求解技术是根据空间像的形变特征信息反推出投影物镜的波像差，因此当波像差(Zernike 像差组合)一致时，增加空间像的形变特征可以减小 Zernike 像差间的串扰，提高求解精度。

采取多种偏振照明模式是有效增加空间像形变特征的方法，图 6-151 为四极照明(部分相干因子为$[\sigma_{cen}, \sigma_{rad}]=[0.8,0.3]$)在四种常用偏振条件($X$ 方向线偏振、Y 方向线偏振、径向偏振和切向偏振)下均施加了相同三级球差 $Z_9=0.02\lambda$ 的仿真空间像光强分布。

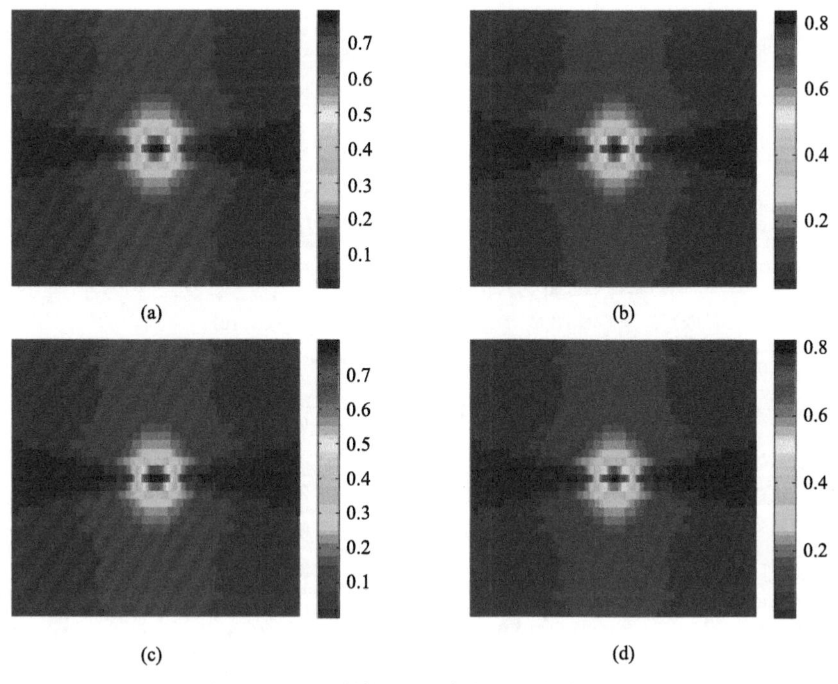

图 6-151　不同偏振照明条件下的仿真空间像

(a) X 方向线偏振；(b) Y 方向线偏振；(c)径向偏振；(d)切向偏振

虽然图 6-151 中四个仿真空间像看起来十分相似，但实则有较大差异。图 6-152 为图 6-151 中四个仿真空间像两两之间的差值，其中，Y-X 表示 Y 方向线偏振条件下的空间像与 X 方向线偏振条件下的空间像之差，R-X、A-X、R-Y、A-Y 和 A-R 的含义类似。由图 5.7 可知，每个仿真空间像之间均存在差异，且差异较大，因此，即使在相同波像差情况下，偏振照明模式不同，得到的空间像也不同，空间像形变特征信息自然也不同。Z_5～Z_{64} 中其余 Zernike 系数也具有类似的特性，因此，若结合多种偏振照明模式进行波像差求解，由于空间像形变特征信息增多，浸液光刻机投影物镜高阶波像差的求解精度也会得到相应的提升。通过采用多偏振照明模式，可以实现快速、高精度的波像差求解。为便于论述，将基于多偏振照明和线性采样的波像差快速求解方法简称为 Z64 AMAI-PCA- MPI(multi-polarized illuminations)。

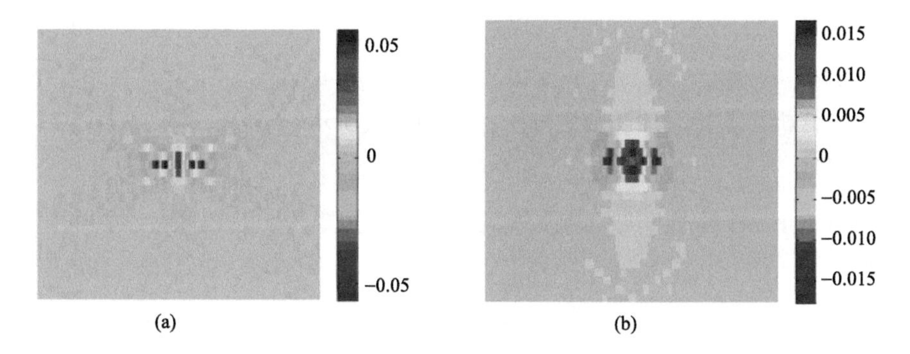

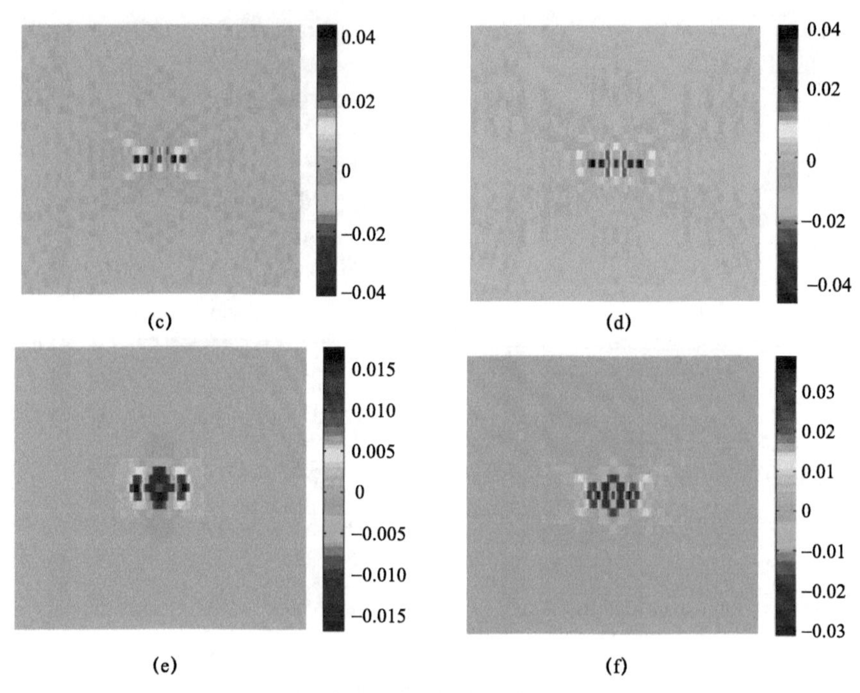

图 6-152 不同偏振照明条件下仿真空间像的差异

(a) *Y-X*；(b) *R-X*；(c) *A-X*；(d) *R-Y*；(e) *A-Y*；(f) *A-R*

基于超高 NA 物镜的空间像与 Zernike 系数(Z_5～Z_{64})之间良好的线性关系，Z64 AMAI-PCA-MPI 技术的具体流程如图 6-153 所示，该方法包括快速建模过程和波像差求解过程。其中，快速建模过程主要包括如下步骤。

(1) 相关光刻仿真参数的定义：照明模式采用 $N(N>1)$种偏振光照明；检测标记采用八方向孤立空标记；Zernike 系数组合采用线性采样方式设定 60 项 Zernike 系数 Z_5～Z_{64} 的组合 Z_U，并在此基础上随机设置一组偏振像差 P。

(2) 在第 $i(1\leqslant i\leqslant N)$种偏振照明模式下，运用光刻仿真软件 PROLITH，计算空间像集合 I_i，依次获得 N 种偏振照明模式下的空间像光强分布集合。

(3) 依次对每一种偏振照明模式下的仿真空间像集合采用主成分分析，获得仿真空间像的主成分(PC_i)和对应的主成分系数(V_i)，如下式所示：

$$I_i = PC_i \cdot V_i \tag{6.146}$$

(4) 对每一种偏振照明模式下得到的主成分系数(V_i)和 Zernike 系数组合(Z_U)进行多元线性回归分析，获得线性回归矩阵(R_{Mi})，如下式所示：

$$V_i = R_{Mi} \cdot Z_U \tag{6.147}$$

(5) 联合每一种偏振照明模式下得到的线性回归矩阵，获得联合线性回归矩阵，如下式所示：

$$R_{MU} = [R_{M1}, R_{M2}, \cdots, R_{MN}]^{\mathrm{T}} \tag{6.148}$$

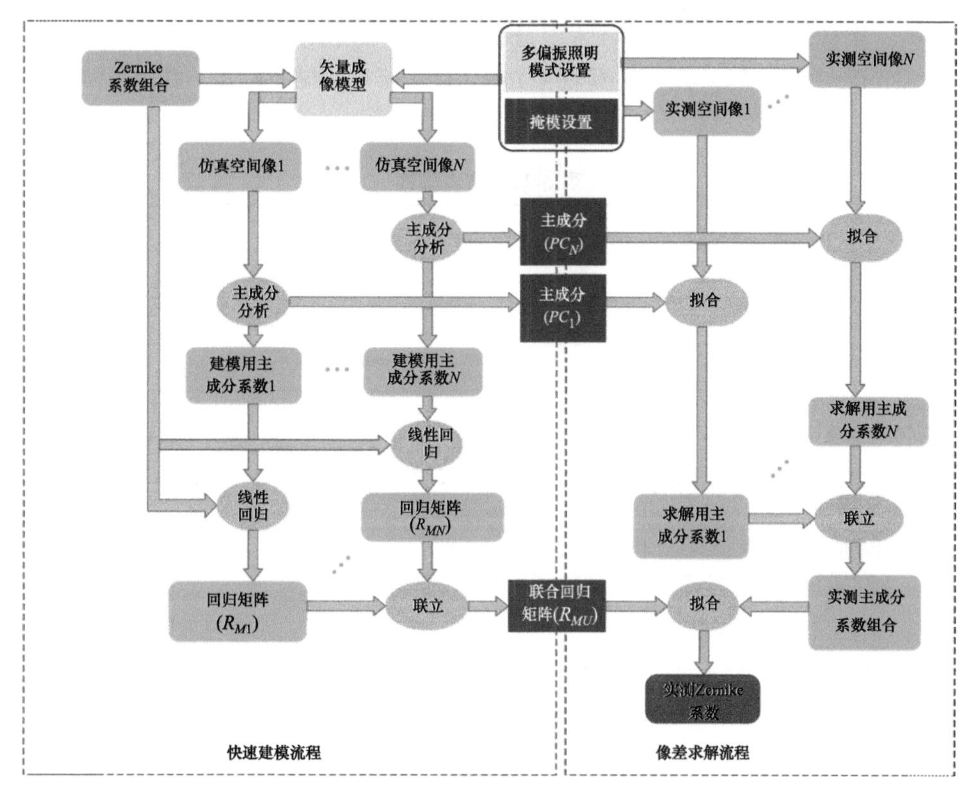

图 6-153　Z64 AMAI-PCA-MPI 技术的高阶波像差求解流程

根据联合线性回归矩阵 R_{MU} 建立了多偏振照明模式下主成分系数与 Zernike 系数之间的线性关系。

波像差求解过程包括如下步骤：

(1) 随机设定 60 项 Zernike 系数 Z_5～Z_{64}，依次获得 N 种偏振照明模式下的待测空间像(运用光刻仿真软件 PROLITH)；

(2) 通过在不同照明模式下拟合快速建模过程中得到的主成分(PC_i)，依次获得 N 种偏振照明模式下待测空间像的主成分系数，V_1'，V_2'，…，V_N'；

(3) 联合不同偏振照明模式下获得的主成分系数和快速建模过程中获得的联合线性回归矩阵 R_{MU}，获得待测浸液光刻机投影物镜的高阶波像差 Z_5～Z_{64}，公式如下：

$$\begin{bmatrix} V_1' \\ V_2' \\ \vdots \\ V_N' \end{bmatrix} = R_{MU} \cdot \begin{bmatrix} 1 \\ Z_5 \\ Z_6 \\ \vdots \\ Z_{64} \end{bmatrix} \tag{6.149}$$

6.4.4.2　数值仿真

为了评估基于多偏振照明和线性采样的波像差快速求解方法的性能，进行了相应的仿真实验，并与 Z64 AMAI-PCA 技术以及 AMAI-PCA 技术进行对比。随机生成了 50 组测试用 Zernike 系数，输入光刻仿真软件 PROLITH 获得测试空间像，并进行浸液光刻机投影物镜高阶波像差的求解。表 6-26 为仿真条件设置。

表 6-26　仿真条件

光源	
波长 λ	193 nm
照明模式	四极照明
偏振方向	X 方向线偏振和 Y 方向线偏振
部分相干因子 σ_{cen}, σ_{rad}	0.8, 0.3
检测标记	
检测标记形状	八方向孤立空
检测标记线宽	250 nm
检测标记周期	3000 nm
方向取向	0°、30°、45°、60°、90°、120°、135°、150°
统计采样方法	
统计采样方法	线性采样
投影物镜	
数值孔径 NA	1.35
输入像差范围	Z_5～Z_{64}
单个像差幅值范围	Z_5～Z_{36}：-0.02～0.02λ Z_{37}～Z_{64}：-0.01～0.01λ
偏振像差	Re a_0～ Re a_3: -0.15～0.15 Im a_0=0 Im a_0～ Im a_3: -0.02～0.02λ
光刻成像模型	
光刻成像模型	矢量成像模型
空间像采样	
采样范围	X/Y 方向: -900～900 nm Z 方向: -2000～2000 nm
采样间隔	X/Y 方向: 30 nm Z 方向: 125 nm

照明模式选用四极照明(部分相干因子为[σ_{cen}, σ_{rad}]=[0.8,0.3])，Z_{64} AMAI-PCA-MPI 技术采用光源点偏振态分别为 X 方向线偏振和 Y 方向线偏振的两种方式，检测标记为八方向孤立空标记。

生成 50 组随机的 Zernike 系数，Z_5～Z_{64} 中单项 Zernike 系数在其幅值范围内均满足正态分布，其中 Z_5～Z_{36} 单项 Zernike 系数幅值范围为[-0.02λ, 0.02λ]，Z_{37}～Z_{64} 单项 Zernike

系数幅值范围为[$-0.01\lambda, 0.01\lambda$]，偏振像差由一个琼斯矩阵 $\boldsymbol{J}_{\text{Jones}}(f,g)$ 表示，其中 J_{xx}、J_{xy}、J_{yx} 和 J_{yy} 的幅值和相位均采用泡利 Zernike 多项式生成，系数 a_0 的幅值和 a_1～a_3 的实部范围为[$-0.15, 0.15$]，系数 a_0 的相位为 0，a_1～a_3 的虚部范围为[$-0.02\lambda, 0.02\lambda$]。在建模过程中，Z64 AMAI-PCA-MPI 技术采用线性采样方式，Z64 AMAI-PCA 技术和 AMAI-PCA 技术采用 BBD 统计抽样方式。

Z_{64} AMAI-PCA-MPI 技术求解 50 组生成的测试空间像的统计结果如图 6-154 所示，依次所示为 Z_5～Z_{64} 60 项 Zernike 系数求解的平均误差和标准差。由此统计结果可知，Z_5～Z_{64} 60 项 Zernike 系数求解的最大平均误差出现在 5 阶 Y 彗差 Z_{15}，最大平均误差为 0.0199 nm；最大标准差出现在 5 阶 30°旋转三波差 Z_{10}，最大标准差为 0.0670 nm，求解精度为 0.2037 nm。因此 Z64 AMAI-PCA-MPI 技术在所述的单项 Zernike 系数幅值范围内的求解精度优于 1.06mλ。

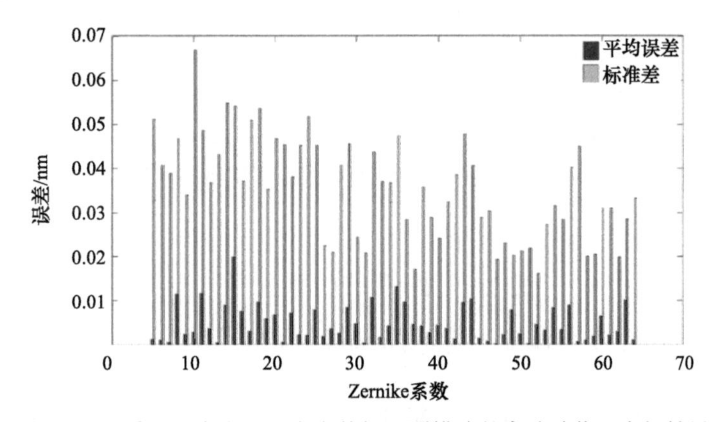

图 6-154　采用 X 方向和 Y 方向偏振照明模式的高阶波像差求解结果

由上述高阶波像差求解结果可知，Z64 AMAI-PCA-MPI 技术对浸液光刻机投影物镜高阶波像差的求解精度与 Z64 AMAI-PCA 技术相当，波像差求解速度提高了 5 倍以上；而相比于 AMAI-PCA 技术，Z64 AMAI-PCA-MPI 的波像差求解速度提高了 3 倍以上。

相比于 BBD 统计抽样方式，线性采样方式的样本抽样不完全充分，采用线性采样方式建立的快速求解模型求解高阶波像差时会损失一部分求解精度，但建模速度和高阶波像差求解速度得以大幅提升。在多偏振照明模式下，由于相同波像差在不同偏振照明模式下的空间像光强分布不同，结合不同偏振照明模式下的空间像求解高阶波像差时，空间像形变特征更为明显，提高了波像差求解精度，弥补了因不完全充分采样而损失的求解精度。

因此，Z64 AMAI-PCA-MPI 技术采用多偏振照明模式和线性采样方式有效地降低了采样数，提高了采样效率，加快了建模过程和波像差求解过程，实现了浸液光刻机投影物镜高阶波像差(Z_5～Z_{64})的快速建模和高精度快速求解。径向偏振和切向偏振也是两种常用的偏振照明模式。采用径向偏振照明模式和切向偏振照明模式，其他条件不变，采用 Z64 AMAI-PCA-MPI 技术求解 50 组含随机高阶波像差的测试空间像，高阶波像差求解结果如图 6-155 所示。

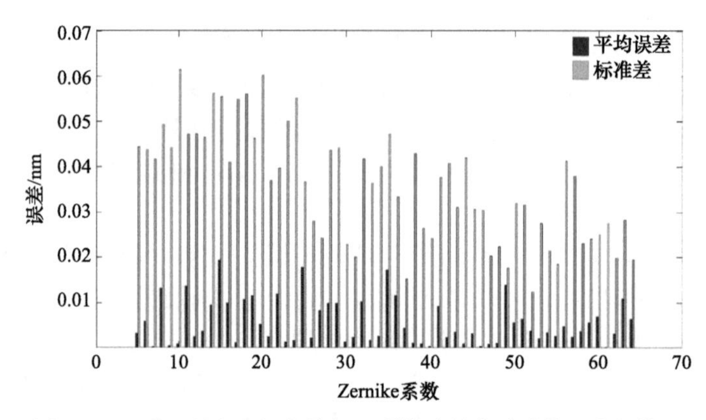

图 6-155　采用径向和切向偏振照明模式的高阶波像差求解结果

相比于结合 X 方向线偏振照明和 Y 方向线偏振照明模式下的高阶波像差求解结果，在结合径向偏振和切向偏振照明模式下，$Z_5 \sim Z_{64}$ 60 项 Zernike 系数求解的最大平均误差和最大标准差均有微小的变化，最大平均误差为 0.0194nm，最大标准差为 0.0614nm，求解精度为 0.1860nm。在此多偏振照明模式下，当单项 Zernike 系数 $Z_5 \sim Z_{36}$、$Z_{37} \sim Z_{64}$ 的幅值分别在$-0.02 \sim 0.02\lambda$ 和$-0.01 \sim 0.01\lambda$ 范围内时，浸液光刻机投影物镜高阶波像差的快速求解精度优于 0.94mλ。

参考文献

[1] 段立峰. 基于空间像主成分分析的光刻机投影物镜波像差检测技术.中国科学院上海光学精密机械研究所博士学位论文, 2012.

[2] Duan L F, Wang X Z, Bourov A Y, et al. In situ aberration measurement technique based on principal component analysis of aerial image. Opt. Express, 2011, 19(19): 18080-18090.

[3] Duan L F, Wang X Z, Yan G Y, et al. Practical application of AMAI-PCA to measure wavefront aberration of lithographic lens. Journal of Micro/Nanolithography, MEMS, and MOEMS, 2012,11(2):023009.

[4] 徐东波. 基于空间像的光刻投影物镜波像差检测技术研究.中国科学院上海光学精密机械研究所硕士学位论文，2012.

[5] 杨济硕. 基于空间像测量的光刻机投影物镜波像差检测技术研究.中国科学院上海光学精密机械研究所博士学位论文，2013.

[6] 彭勃. 大数值孔径光刻投影物镜波像差检测技术研究.中国科学院上海光学精密机械研究所博士学位论文，2011.

[7] Yang J S, Wang X Z, Li S K, et al. Adaptive denoising method to improve aberration measurement performance. Optics Communications, 2013, 308: 228-236.

[8] 闫观勇. 光刻机光源掩模优化与波像差检测技术研究.中国科学院上海光学精密机械研究所博士学位论文，2015.

[9] 闫观勇,王向朝,杨济硕,等. 自适应定心的光刻机投影物镜波像差检测方法. 发明专利，专利号：ZL201110260843.1，2013-05-08.

[10] 彭勃，王向朝，杨济硕，等. 基于空间像频谱的光刻投影物镜波像差检测系统及方法. 发明专利，专利号：ZL201110202648.3，2012-10-10.

[11] Duan L F, Wang X Z, Xu D B, et al. Extended AMAI-PCA technique based on multi-level Box–Behnken design. Optik, 2013, 124(22): 5513-5516.

[12] Yan G Y, Wang X Z, Li S K, et al. Aberration measurement based on principal component analysis of aerial images of optimized marks. Optics Communications, 2014, 329: 63-68.

[13] 杨济硕, 王向朝, 李思坤, 等. 基于相位环空间像主成分分析的投影物镜波像差检测方法. 光学学报, 2014, 34(2): 0211004.

[14] Xu D B, Wang X Z, Bu Y, et al. In situ aberration measurement technique based on multi-illumination settings and principal component analysis of aerial images. Chin. Opt. Lett., 2012,10: 121202.

[15] Yan G Y, Wang X Z, Li S K, et al. In situ aberration measurement technique based on an aerial image with an optimized source. Optical Engineering, 2013, 52(6): 063602.

[16] 段立峰，王向朝，徐东波. 基于空间像检测的投影物镜波像差原位测量方法. 发明专利，专利号：ZL201210115759.5, 2014-02-12.

[17] Yang J S, Wang X Z, Li S K, et al. High order aberration measurement technique based on quadratic Zernike model with optimized source. Optical Engineering, 2013, 52(5): 053603.

[18] 诸波尔. 浸没式光刻机投影物镜波像差检测技术研究. 中国科学院上海光学精密机械研究所博士学位论文，2018.

[19] Zhu B E, Wang X Z, Li S K, et al. Wavefront aberration measurement method for a hyper-NA lithographic projection lens based on principal component analysis of an aerial image. Applied Optics, 2016, 55(17):3192-3198.

[20] Zhu B E, Li S K, Wang X Z, et al. High-order wavefront aberration measurement method for hyper-NA lithographic projection lens based on a binary target and rotated regression matrix. Optics Communications, 2019,431:158-166.

[21] 诸波尔,李思坤,王向朝,等.基于多偏振照明的浸没式光刻机投影物镜高阶波像差快速检测技术.光学学报,2018,38(07):143-151.